Müller-Pouillets

Lehrbuch der Physik

11. Auflage

Unter Mitwirkung zahlreicher Gelehrter herausgegeben von

A. Eucken O. Lummer † E. Waetzmann

In fünf Bänden:

I. Mechanik und Akustik II. Lehre von der strahlenden Energie (Optik)
III. Wärmelehre IV. Elektrizität und Magnetismus
V. Physik der Erde und des Kosmos (einschl. Relativitätstheorie)

Band II: Lehre von der strahlenden Energie (Optik)

Springer Fachmedien Wiesbaden GmbH

Müller-Pouillets

Lehrbuch der Physik

11. Auflage

Zweiter Band

Lehre von der strahlenden Energie

(Optik)

Zweite Hälfte — Zweiter Teil

Unter Mitwirkung von

E. Back, Hohenheim-Stuttgart; D. Coster, Groningen;
B. Gudden, Erlangen; G. Hertz, Berlin-Charlottenburg;
A. Kratzer, Münster i. W.; R. Ladenburg, Berlin-Dahlem;
L. Meitner, Berlin-Dahlem; F. Paschen, Berlin-Charlottenburg;
W. Pauli, Zürich; R. W. Pohl, Göttingen

Herausgegeben von

Karl Wilhelm Meissner

Frankfurt a. M.

Mit 223 Figuren im Text

Springer Fachmedien Wiesbaden GmbH
1929

ISBN 978-3-322-83489-8   ISBN 978-3-322-83490-4 (eBook)
DOI 10.1007/978-3-322-83490-4

———

Softcover reprint of the hardcover 11th edition 1929

INHALTSVERZEICHNIS ZUM ZWEITEN BANDE.
ZWEITE HÄLFTE, ZWEITER TEIL.

Die Lehre von der strahlenden Energie (Optik).

Neunundzwanzigstes Kapitel.

Allgemeine Grundlagen der Quantentheorie des Atombaues.
Von W. Pauli, Zürich.

Nachtrag.

I. Über die Anwendung der Vorstellung des Magnetelektrons zur Deutung der Spektren.

II. Über die neuere Quantenmechanik.

Seite

7. Atomtheorie und Röntgenspektren.

8. Das Röntgenspektrum in seiner Abhängigkeit von chemischen und physikalischen Zuständen des Atoms.

9. Das kontinuierliche Röntgenspektrum.

10. Die Dispersion der Röntgenstrahlen.

11. Schwächung der Röntgenstrahlung in der Materie; sekundäre Strahlung.

Fünfunddreißigstes Kapitel.

Die γ-Strahlen.

Von L. Meitner, Berlin-Dahlem.

Seite

Sechsunddreißigstes Kapitel.

Die magnetische Drehung der Polarisationsebene (Faradayeffekt).

Von R. Ladenburg, Berlin-Dahlem.

A. Experimentelles.

B. Theorie.

C. Quantitative Prüfung der Theorie.

Siebenunddreißigstes Kapitel.

Die transversale magnetische Doppelbrechung.

Von R. Ladenburg, Berlin-Dahlem.

A. Doppelbrechung als Folge des Zeemaneffekts (Voigteffekt).

Achtunddreißigstes Kapitel.

Der magnetooptische Kerreffekt.

(Veränderung polarisierten Lichtes bei der Reflexion an
ferromagnetischen Spiegeln im Magnetfeld.)

Von R. Ladenburg, Berlin-Dahlem.

Neununddreißigstes Kapitel.

Die elektrische Doppelbrechung (elektrischer Kerreffekt).

Von R. Ladenburg, Berlin-Dahlem.

A. Experimentelles.

B. Theorien der elektrischen Doppelbrechung.

C. Vergleich der Theorien mit der Erfahrung.

Vierzigstes Kapitel.

Einfluß elektrischer Felder auf Spektrallinien (Starkeffekt).

Von R. Ladenburg, Berlin-Dahlem.

A. Der Starkeffekt an Wasserstoff- und He⁺-Linien.

Einundvierzigstes Kapitel.

Umwandlungen der strahlenden Energie.

(Lichtelektrische Wirkung, Fluoreszenz, Phosphoreszenz,
Photochemische Vorgänge.)

Von R. W. Pohl, Göttingen und B. Gudden, Erlangen.

A. Lichtelektrische Wirkung.

Von R. W. Pohl, Göttingen.

I. Äußere lichtelektrische Wirkung.

DRUCKFEHLERVERZEICHNIS

zur zweiten Hälfte — erster und zweiter Teil.

Seite 939, Zeile 25 von oben lies $sin\, i = n\,.\,sin\, r$ statt $sin\, i = sin\, r$.

„ 989, „ 4 „ unten und S. 990, Zeile 6 von oben lies Poggendorff statt Poggendorf.

„ 1115, „ 3 „ „ ist die Klammer [links vor das Zeichen $=$ zu setzen.

„ 1117, „ 4 „ oben lies Beleuchtung[sstärke] statt Beleuchtungs[stärke].

„ 1127, „ 14 „ unten lies Reemissionsrichtung statt Richtung.

„ 1127, „ 1 „ „ lies ε' statt ε.

„ 1129, Formel 15a lies D^d statt D.

„ 1132, Zeile 3 von oben lies kurze Wellen statt lange Wellen.

„ 1133, „ 22 „ „ lies $\lambda = 4{,}4\,\mu$ statt $4{,}25\,\mu$.

„ 1139, „ 1 „ unten lies Werten statt Werte.

„ 1139, „ 2 „ „ lies der statt de.

„ 1157, „ 25 „ oben lies n gleicher statt n-gleicher.

„ 1159, Fig. 888 lies K_1' statt K_1.

„ 1172, Zeile 6 von unten lies Milchglasscheibe statt Mattglasscheibe.

„ 1185, „ 2 „ oben lies Milchglasscheibe statt Mattscheibe.

„ 1185, „ 9 „ „ lies Milchglasscheibe statt Mattglasscheibe.

„ 1190, „ 8 „ „ lies Abschwächungsfaktor statt Abgleichungsfaktor.

„ 1214, „ 16 „ unten lies im statt in.

„ 1220, „ 7 „ „ lies Spektralbezirke statt pektralbezirke.

„ 1251, letzte Formel lies E_{T_F} statt E_T.

„ 1259, Zeile 5 von unten, ergänze Klammer).

„ 1266, Formel 64c lies $J_\cup$ statt $J_\cap$.

„ 1320, Zeile 3 von unten lies „Kolorimetrie" statt „Kolorimetrie.

„ 1325, „ 14 „ „ lies Klemmfuter statt Klemfutter.

„ 1338, „ 1 „ oben lies 568 statt 560.

„ 1339, „ 6 „ „ lies Fig. 1004 statt 1104.

„ 1346, Formel 6a lies λ_x' statt λ'.

„ 1347, Zeile 9 von oben lies $d_2 - d_1$ statt $d_1 - d_1$.

„ 1352, „ 9 „ unten lies Kombinationen statt Kombination.

„ 1363, „ 4 „ „ lies Flußspatplatte statt Flutspatplatte.

„ 1390, „ 7 „ „ lies Fig. 1040 statt 1041.

„ 1393, „ 19 „ oben lies deren statt dessen.

„ 1396, „ 8 „ unten lies Temperaturstrahlern statt Temperaturstrahlen.

„ 1407, „ 14 „ oben lies Fig. 1052 statt 1152.

„ 1408, „ 14 „ „ lies Fig. 1053 statt 1153.

„ 1416, „ 14 „ „ lies Konstante statt Konstanten.

„ 1425, „ 4 „ unten lies $S_4,\ S_5,\ S_6$ statt $S_5,\ S_6,\ S_7$.

Seite 1429, Zeile 9 von unten lies und statt ünd.

„ 1431, „ 18 „ oben lies Rubenssche statt Rubensche.

„ 1432, „ 2 „ unten lies „ „ „

„ 1568, Formel 27 lies v_1/v_2 statt v_2/v_1.

„ 1570, Formel 32 lies $E_s^r \left(\dfrac{\cos \alpha}{\cos \beta} + n \right) = E_s^e \left(\dfrac{\cos \alpha}{\cos \beta} - n \right)$

$$\text{und} \quad E_p^r \left(n \frac{\cos \alpha}{\cos \beta} + 1 \right) = E_p^e \cdot \left(n \frac{\cos \alpha}{\cos \beta} - 1 \right).$$

„ 1575, erste Tabelle, letzte Zeile, lies — 0,58 statt — 0,56.

„ 1578, Zeile 3 von unten lies E_p^r / E_s^r statt E_s^r / E_p^r.

„ 1584, „ 12 „ oben lies § 13 statt § 17.

„ 1594, „ 3 „ „ lies E_s^e statt E_p^e.

„ 1595, Formel 50 lies § 13 statt § 17.

„ 1595, Fig. 1092 lies E^e statt E, E_s^e statt E_s, E_p^e statt E_p, E_s^r statt R_s, E_p^r statt R_p.

„ 1633, Tabelle 10a, Zeile 2 lies 1,58750 statt 1,5850.

„ „ 16 lies 1,4798 „ 1,4790.

„ 1684, Zeile 8 von unten lies Extrapolation statt Extrapolarisation.

„ 1707, „ 10 „ oben lies berechnet statt berechne.

„ 1709, „ 2 „ „ lies zur zweiten Hälfte statt zum zweiten Teil.

„ 1844, „ 8 „ „ lies Elektronen statt Elektonen.

„ 1927, „ 7 „ unten lies ν_{el} statt ν_e.

„ 1935, „ 18 „ „ lies Russell statt Russel.

„ 2082, „ 2 „ „ lies Whiddington statt Whiddigton.

„ 2294, Fig. 1309 lies G statt g.

Allgemeine Grundlagen der Quantentheorie des Atombaues [1]).

§ 1. Rutherfords Kernatom. Die Quantentheorie ist, wie wir in Kapitel XXVII gesehen haben, aus Betrachtungen über das Problem des Wärmestrahlungsgesetzes entstanden. Ihre weitere Entwicklung erfolgte jedoch seit den grundlegenden Arbeiten von Bohr aus dem Jahre 1913 in engster Anlehnung an die Probleme des Atombaues und die Erklärung der Gesetzmäßigkeiten der Spektren. Von den hauptsächlichsten theoretischen Gesichtspunkten und Ergebnissen, die hierbei in neuerer Zeit zutage getreten sind, soll dieses Kapitel handeln [2]). Bevor wir auf die Quantentheorie des Atombaues eingehen, wollen wir in diesem Abschnitt die allgemeinen Vorstellungen über die Art und Anzahl der Bausteine der Atome besprechen, zu denen die physikalischen und chemischen Erfahrungsergebnisse geführt haben.

Seit der Entdeckung der Grundgesetze in der Chemie durch Lavoisier und Dalton war man bestrebt, die verschiedenen chemischen Elemente als aus demselben Urstoff bestehend aufzufassen. Diese Bestrebungen gewannen festeren Boden, als Mendelejeff und Lothar Meyer das natürliche System der Elemente aufstellten. Ordnet man die Elemente nach wachsendem Atomgewicht, so zeigen sich in den chemischen Eigenschaften der Elemente bestimmte Regelmäßigkeiten. Man kann nämlich die in dieser Reihenfolge geordneten Elemente derart in Gruppen oder, wie man auch sagt, in Perioden teilen, daß die chemischen Eigenschaften der Elemente, die an homologen Stellen in den verschiedenen Gruppen stehen (z. B. die Elemente aus der ersten, oder der zweiten, oder der letzten Stelle in jeder Gruppe), weitgehend analog sind. In der folgenden Tabelle ist dieses natürliche System der Elemente dargestellt. Links von dem Namen eines jeden chemischen Elementes steht

---

[1]) Von Prof. Dr. W. Pauli in Zürich.

[2]) Wir können hier teils wegen der Kürze des zur Verfügung stehenden Raumes, teils infolge der dem Charakter dieses Lehrbuches entsprechenden Beschränkung in der Verwendung mathematischer Hilfsmittel nur das Allernotwendigste auf diesem Gebiete besprechen. Wegen näherer Einzelheiten vergleiche man außer den Kapiteln XXIX bis XXXIV dieses Lehrbuches die Speziallehrbücher A. Sommerfeld, Atombau und Spektrallinien, 4. Aufl., Braunschweig 1924; M. Born, Vorlesungen über Atommechanik, Berlin 1925, sowie die folgenden, gesammelte Abhandlungen und Vorträge von N. Bohr enthaltenden Broschüren: N. Bohr, Abhandlungen über Atombau, Braunschweig 1921; Derselbe, Drei Aufsätze über Spektren und Atombau, 2. Aufl., Braunschweig 1924; Derselbe, Quantentheorie der Linienspektren, Braunschweig 1923; ferner die Monographie von E. Buchwald, Das Korrespondenzprinzip, Braunschweig 1923.

eine fortlaufende Nummer, die sogenannte Ordnungszahl oder Atomnummer des betreffenden Elementes, sowie sein chemisches Symbol, während die Zahl rechts vom Namen des Elementes das Atomgewicht angibt. Auf die wenigen gemäß den chemischen Eigenschaften der betreffenden Elemente angenommenen Abweichungen ihrer Reihenfolge im natürlichen System von der Anordnung nach wachsendem Atomgewicht (wie z. B. bei Ar–K, Co–Ni, Te–J) sowie auf die angenommenen Lücken (bei den Atomnummern 43, 61, 75, 85 und 87) kommen wir später (§ 3) noch zu sprechen.

I. Periode.

| 1 | H | Wasserstoff | 1,008 |
| 2 | He | Helium | 4,00 |

II. Periode.

3	Li	Lithium	6,94
4	Be	Beryllium	9,02
5	B	Bor	10,82
6	C	Kohlenstoff	12,00
7	N	Stickstoff	14,008
8	O	Sauerstoff	16,000
9	F	Fluor	19,00
10	Ne	Neon	20,2

III. Periode.

11	Na	Natrium	23,00
12	Mg	Magnesium	24,32
13	Al	Aluminium	26,97
14	Si	Silicium	28,06
15	P	Phosphor	31,04
16	S	Schwefel	32,07
17	Cl	Chlor	35,46
18	Ar	Argon	39,88

IV. Periode.

19	K	Kalium	39,10
20	Ca	Calcium	40,07
21	Sc	Scandium	45,10
22	Ti	Titan	48,1
23	V	Vanadium	51,0
24	Cr	Chrom	52,01
25	Mn	Mangan	54,93
26	Fe	Eisen	55,84
27	Co	Kobalt	58,97
28	Ni	Nickel	58,68
29	Cu	Kupfer	63,57
30	Zn	Zink	65,37
31	Ga	Gallium	69,72
32	Ge	Germanium	72,60
33	As	Arsen	74,96
34	Se	Selen	79,2
35	Br	Brom	79,92
36	Kr	Krypton	82,9

V. Periode.

37	Rb	Rubidium	85,5
38	Sr	Strontium	87,6
39	Y	Yttrium	89,0
40	Zr	Zirkon	91,2
41	Nb	Niobium	93,5
42	Mo	Molybdän	96,0
43			

44	Ru	Ruthenium	101,7
45	Rh	Rhodium	102,9
46	Pd	Palladium	106,7
47	Ag	Silber	107,88
48	Cd	Cadmium	112,4
49	In	Indium	114,8
50	Sn	Zinn	118,7
51	Sb	Antimon	121,8
52	Te	Tellur	127,5
53	J	Jod	126,92
54	X	Xenon	130,2

VI. Periode.

55	Cs	Cäsium	132,8
56	Ba	Barium	137,4
57	La	Lanthan	138,9
58	Ce	Cerium	140,2
59	Pr	Praseodym	140,9
60	Nd	Neodym	144,3
61			
62	Sm	Samarium	150,4
63	Eu	Europium	152,0
64	Gd	Gadolinium	157,3
65	Tb	Terbium	159,2
66	Dy	Dysprosium	162,5
67	Ho	Holmium	163,5
68	Er	Erbium	167,7
69	Tu	Thulium	169,4
70	Yb	Ytterbium	173,5
71	Cp	Cassiopeium	175,0
72	Hf	Hafnium	178,6
73	Ta	Tantal	181,5
74	W	Wolfram	184,0
75			
76	Os	Osmium	190,9
77	Ir	Iridium	193,1
78	Pt	Platin	195,2
79	Au	Gold	197,2
80	Hg	Quecksilber	200,6
81	Tl	Thallium	204,4
82	Pb	Blei	207,2
83	Bi	Wismut	209,0
84	Po	Polonium	(210,0)
85			
86	Em	Emanation	(222,0)

VII. Periode.

87			
88	Ra	Radium	226,0
89	Ac	Actinium	(226)
90	Th	Thorium	232,1
91	Pa	Protactinium	(230)
92	U	Uran	238,2

Wie aus der Tabelle ersichtlich, stehen an der ersten Stelle der Perioden die chemisch einwertigen Elemente H und die Alkalimetalle Li, Na, K, Rb, Cs, während am Ende der Perioden die chemisch nicht- reaktionsfähigen Edelgase He, Ne, Ar, Kr, X, Em ihre Stelle haben. Man sieht weiter, daß im natürlichen System keine einfache Periodizität der chemischen Eigenschaften vorliegt, wie schon daraus hervorgeht, daß die einzelnen „Perioden" nicht alle gleich lang sind. So enthält die erste Periode nur die 2 Elemente H und He, die zweite und dritte Periode enthält je 8 Elemente. In der vierten und fünften Periode sind je 18 Elemente enthalten, unter denen sich die Eisen- bzw. Rutheniummetalle befinden. Die chemischen Eigenschaften der im natürlichen System aufeinanderfolgenden Elemente (Fe, Co, Ni bzw. Ru, Rh, Pd) jeder dieser beiden Gruppen sind einander sehr ähnlich. Diese in den beiden ersten Perioden noch nicht vorkommende Erscheinung von aufeinanderfolgenden Elementen mit ähnlichen chemischen Eigenschaften findet sich in der sechsten Periode von 32 Elementen wieder, und zwar nicht nur bei den zu den Eisen- und Rutheniummetallen der vorhergehenden Perioden analogen Platinmetallen (Os, Ir, Pt), sondern in noch viel ausgeprägterem Maße bei der Familie der seltenen Erden (57 La bis einschließlich 71 Cp). Die Ähnlichkeit der chemischen Eigenschaften der Elemente dieser Familie ist eine so weitgehende, daß ihre Trennung oft mit großen Schwierigkeiten verbunden war. In der siebenten Periode sind die radioaktiven Elemente enthalten, die unter Aussendung von schnell bewegten zweifach geladenen Heliumatomen, sogenannten α-Teilchen, oder von Elektronen (β-Strahlen) zerfallen und sich dabei in Elemente mit anderen chemischen Eigenschaften verwandeln. Wir müssen annehmen, daß die folgenden Elemente mit höherem Atomgewicht deshalb nicht mehr in merklicher Menge vorkommen, weil sie zu rasche radioaktive Umwandlungen erleiden und deshalb nicht stabil existenzfähig sind.

Nachdem es durch die Aufstellung des natürlichen Systems offenbar geworden war, daß die chemischen Eigenschaften der verschiedenen Elemente in gesetzmäßiger Weise miteinander zusammenhängen, war der Gedanke kaum mehr von der Hand zu weisen, daß diese Elemente aus einheitlichen Bausteinen bestehen. Einen Beweis hierfür brachten jedoch erst physikalische Erscheinungen, ebenso wie erst physikalische Tatsachen die atomistische Konstitution der Materie überhaupt bewiesen haben, die durch die chemischen Gesetze zwar nahegelegt war, aber aus ihnen allein noch nicht zweifelsfrei gefolgert werden konnte.

Zunächst drängte sich die Annahme auf, daß einer der Bausteine der Atome das Elektron sei, das Elementarteilchen der negativen Elektrizität, dem wir in den Kathodenstrahlen begegnen, wo es sich mit großer Geschwindigkeit bewegt. Dort ist es erkennbar an seiner spezifischen Ladung, dem Quotienten $\frac{e}{m}$ aus seiner Ladung $— e$ und Masse m, welcher Quotient aus der Ablenkung der Strahlen durch elektrische und magnetische Felder bestimmt werden kann. Der genaueste Wert für die spezifische Ladung des Elektrons beträgt $\frac{e}{m} = 1{,}769 \cdot 10^7$

elektromagnetische CGS-Einheiten. (Dieser Wert ist indirekt ermittelt, vgl. § 2.) Mittels des bereits in Kap. XXVII, § 7 benutzten, von Millikan bestimmten Wertes $e = 4,774 \cdot 10^{-10}$ elektrostatische Einheiten der Ladung des Elektrons folgt daraus für seine Masse $m = 0,899 \cdot 10^{-27}$g, das ist 1833 mal kleiner als die Masse $m_H = 1,649 \cdot 10^{-24}$g eines H-Atoms [deren Wert sich aus dem Atomgewicht 1,008 des Wasserstoffs und der Loschmidtschen Zahl (vgl. Kap. XXVII, § 6 b) ergibt]. Dieses Elektron mit stets dem gleichen Wert von $\dfrac{e}{m}$ kann nun in mannigfacher Weise aus den verschiedensten chemischen Stoffen abgetrennt oder als in ihnen physikalisch wirksam erkannt werden. Nicht nur in den Kathodenstrahlen und Gasentladungen ist es vorhanden, sondern es tritt auch beim lichtelektrischen Effekt (vgl. Kap. XXVII, § 8) sowie beim Erhitzen von Metallen (Glühelektronen) aus der Materie frei aus. Ferner konnte aus der Theorie der Dispersionserscheinungen durchsichtiger Körper (dem Verlauf des Brechungsindex mit der Wellenlänge des Lichtes) auf die Wirksamkeit von Elektronen geschlossen werden. Weiter ließ sich aus dem Zeemaneffekt — der Beeinflussung der Frequenz und Polarisation der Spektrallinien durch ein Magnetfeld, dessen Wirkung man den leuchtenden Stoff aussetzt — zweifellos entnehmen, daß die von den Atomen emittierten Spektren auf Elektronenbewegungen zurückzuführen sind (siehe unten § 6). Diese Beispiele für das Vorkommen der Elektronen in der Materie mögen hier genügen.

Da das gesamte Atom normalerweise elektrisch neutral ist, muß außer den Elektronen auch die positive Elektrizität am Aufbau der Atome beteiligt sein. Über die nähere Art und Weise, in der diese in den Atomen auftritt, war man jedoch lange Zeit im unklaren. Eine Zeitlang schien am aussichtsreichsten ein von J. J. Thomson[1]) vorgeschlagenes Modell. Nach diesem sollten die Elektronen sich innerhalb einer positiv geladenen Kugel von räumlich konstanter Ladungsdichte bewegen. Die Dimensionen der positiv geladenen Kugel sollte dabei von derselben Größenordnung sein, wie die Dimensionen der Atome und Moleküle, die sich aus der kinetischen Gastheorie ergeben haben, das ist etwa 10^{-8} cm. Als Vorteil dieses Modells erschien, daß die Elektronen in der positiven Kugel stabile Gleichgewichtslagen besitzen, um welche sie überdies harmonische Schwingungen mit von der Amplitude weitgehend unabhängiger Frequenz[2]) vollführen können. Und zwar folgt dieses Resultat, welches eine auf der klassischen Elektronentheorie basierende Erklärung des Vorhandenseins von scharfen Spektrallinien zu ermöglichen schien (vgl. Kap. XXVII, § 6 a), einfach aus dem Coulombschen Gesetz, ohne daß außer den elektrostatischen Kräften noch andere Kräfte fremder Natur als wirksam angenommen werden.

Indessen war bereits Lenard[3]) der Wahrheit näher gekommen, der sich das Atom aus einer Anzahl von Dynamiden, Kraftzentren, bestehend denkt,

---

[1]) J. J. Thomson, Phil. Mag. 7, 237, 1904.
[2]) Streng gilt diese Unabhängigkeit, wenn sich nur ein einziges Elektron in der Kugel befindet.
[3]) P. Lenard, Ann. d. Phys. 12, 714, 1903; insbesondere S. 735—744.

deren Dimensionen klein sind gegenüber der des ganzen Atoms und deren Anzahl in einem Atom dem Atomgewicht annähernd proportional ist. Diese Dynamiden denkt sich Lenard im ganzen als elektrisch neutral und erwähnt als einfachstes Bild derselben das eines elektrischen Dipols. Zu diesen Vorstellungen gelangte Lenard bei der Deutung seiner Versuche über die Durchdringbarkeit der Materie für Kathodenstrahlen. Es hatte sich nämlich ergeben, daß der „wirksame Querschnitt" der Atome, der die freie Weglänge der Kathodenstrahlelektronen in der Materie bestimmt, nur für kleine Geschwindigkeiten der letzteren mit dem gaskinetischen Querschnitt übereinstimmt, für größere Geschwindigkeiten der Elektronen aber wesentlich kleiner ist. Es mußten also die Atome als durchdringbar angenommen werden. Da sich ferner der wirksame Querschnitt eines Atoms aus den Experimenten als annähernd proportional seiner Masse ergab, mußte dasselbe für die Anzahl der Dynamiden pro Atom angenommen werden.

Die entscheidende Klärung der Rolle der positiven Elektrizität im Bau der Atome brachte jedoch erst eine Arbeit von Rutherford[1]) im Jahre 1911. Die Schlüsse dieses Forschers basieren auf den Versuchsergebnissen über die Streuung der α-Teilchen bei ihrem Durchtritt durch dünne Metallfolien. Neben einer nach den Gesetzen des Zufalls verteilten Streuung der α-Teilchen um kleine Winkel, die durch wiederholte Ablenkung dieser Teilchen bei ihrem Vorübergang an den verschiedenen Atomen zustande kommt, ergaben sich auch vereinzelte Ablenkungen der α-Teilchen um sehr große Winkel (bis zu etwa 120°). Da die Häufigkeit und Verteilung der letzteren keineswegs durch Extrapolation aus den Gesetzen der Streuung um kleine Winkel gewonnen werden kann, nimmt Rutherford an, daß jede dieser großen Ablenkungen bei einem einzigen, sehr zentralen Vorübergang eines α-Teilchens an einem Atom zustande kommt. Es ist klar, daß nur ein sehr starkes elektrisches Kraftfeld eine solche Ablenkung hervorrufen kann. Weiter konnte nun Rutherford durch Rechnung zeigen, daß dieses Kraftfeld als ein von einer Zentralladung herrührendes Coulombsches Feld angenommen werden muß, um von der beobachteten Abhängigkeit der Anzahl der gestreuten α-Teilchen vom Ablenkungswinkel und von ihrer Anfangsgeschwindigkeit Rechenschaft zu geben. Wenn ferner die großen Ablenkungen eines α-Teilchens zustande kommen sollen, sobald dessen ursprüngliche Bahn sehr nahe auf die Zentralladung hinzielt, können, wie sich aus der Rechnung ergab, die Dimensionen der Zentralladung nicht größer als 10^{-13} bis 10^{-12} cm sein. Die Größe der Ladung ergab sich aus den Versuchen als annähernd gleich dem halben Atomgewicht. Ihr Vorzeichen konnte zwar zunächst noch nicht mit Sicherheit ermittelt werden, jedoch war, da das negative Elektron als Baustein der Atome bereits bekannt war, die einfachere Annahme, die sich auch bewährt hat, die, daß die Zentralladung positiv ist. Für die positive Zentralladung des Atoms hat sich die Bezeichnung Kern eingebürgert und dementsprechend nennt

---

[1]) E. Rutherford, Phil. Mag. **21**, 669, 1911. Vgl. hierzu die Messungen der Streuung der α-Strahlen von H. Geiger und E. Marsden, ebenda **25**, 604, 1913 und die neueren genaueren Messungen von J. Chadwick, ebenda **40**, 734, 1920

man auch **Rutherfords** Atommodell, nach welchem das Atom aus dem positiv geladenen Kern besteht, um den sich negative Elektronen bewegen, das **Kernatom.** Wenn Z die Zahl der Elektronen im neutralen Atom ist, so muß offenbar die Ladung des Kernes Ze betragen, wenn $-e$ die Elektronenladung bedeutet. Weiter muß im Kern beinahe die ganze Masse des Atoms vereinigt sein, da ja, wie wir gesehen haben, die Masse eines Elektrons gegenüber der Masse selbst des leichtesten Atoms, des H-Atoms, sehr klein ist.

Thomsons Atommodell war somit durch die **Rutherford**schen Ergebnisse endgültig widerlegt. Man sieht jedoch, daß das Kernatom **Rutherfords** sich von **Lenards** Dynamidenatom hinsichtlich der von den Versuchen geforderten Durchdringbarkeit für Kathodenstrahlen nicht wesentlich unterscheidet. Man kann sagen, daß das Kernatom dadurch aus dem Dynamidenatom hervorgeht, daß man sich die Dipoldynamiden zerlegt und ihre positiven Teile im Mittelpunkt des Atoms vereinigt denkt, während ihre negativen Teile mit Elektronen identifiziert werden.

Rutherfords Ergebnis, daß die Kernladungszahl Z annähernd gleich ist dem halben Atomgewicht, wurde weiter gestützt durch Versuchsergebnisse über die Stärke der Zerstreuung der Röntgenstrahlen, aus denen die mit Z übereinstimmende Gesamtzahl der Elektronen der neutralen Atome annähernd entnommen werden kann. Es kann nämlich das Mitschwingen der Elektronen im Atom unter dem Einfluß der auffallenden Röntgenstrahlung, das gemäß der Elektronentheorie deren Zerstreuung verursacht, für alle Elektronen im Atom als gleich stark angesehen werden, da die Wechselwirkungskräfte zwischen den Teilchen des Atoms bei so kurzwelliger Strahlung praktisch bereits keine Rolle mehr spielen. Die Stärke der Zerstreuung der Röntgenstrahlen ist deshalb der Elektronenzahl Z proportional und kann überdies nach einer zuerst von J. J. **Thomson** abgeleiteten Formel auch dem Absolutwert nach berechnet werden. Es ergab sich wieder Z als annähernd gleich dem halben Atomgewicht.

Es erhob sich nun die Frage nach dem genauen Wert der Kernladungszahl Z bei den verschiedenen chemischen Elementen. Hier hat zuerst **van den Broek**[1]) die folgende, sehr einfache Annahme eingeführt: Die **Kernladungszahl** Z **des Atoms eines chemischen Elementes stimmt überein mit seiner Ordnungszahl im natürlichen System der Elemente.** Sie ist also bei H = 1, bei He = 2, bei Li = 3 usw. Diese Annahme ist mit den angegebenen Versuchsresultaten innerhalb deren Genauigkeit im Einklang (die Ordnungszahl ist in gewissen Grenzen ungefähr gleich dem halben Atomgewicht). Endgültig bewiesen wird sie durch die Gesetzmäßigkeiten der Röntgenspektren, die wir weiter unten (§ 3) besprechen werden. Hier sei zunächst hervorgehoben, daß die Tatsache, daß niemals ein mehr als einfach positiv geladenes Wasserstoffatom beobachtet wurde, mit der Annahme der einfachen Ladung des Wasserstoffkernes im besten Einklang steht. Auch ist es befriedigend, daß das von den radioaktiven

---

[1]) A. **van den Broek**, Physik. Zeitschr. **14**, 32, 1913.

Körpern ausgeschleuderte α-Teilchen, das sich, wie bereits erwähnt, als ein He^{++}-Ion erwiesen hat, nun einfach als isolierter He-Kern ohne Außenelektronen gedeutet werden kann. Das Kernatom sowie die van den Broeksche Annahme haben ferner eine Bestätigung erhalten in den radioaktiven Verschiebungssätzen und der Existenz von sogenannten Isotopen, die wir nun besprechen wollen.

Unter den radioaktiven Elementen fand man solche, die sich zwar durch das Atomgewicht und ihre Lebensdauer unterscheiden, die einander aber in ihren chemischen und den meisten physikalischen Eigenschaften vollkommen gleichen. Dieses ist in so hohem Maße der Fall, daß es überhaupt unmöglich ist, diese Elemente mit chemischen Methoden voneinander zu trennen. Man konnte überdies die radioaktiven Elemente nur dann in das natürliche System einordnen, wenn man diesen chemisch identischen Elementen denselben Platz im System zuwies, so daß an einer Stelle des natürlichen Systems hier nicht ein einziges Element, sondern eine ganze Gruppe von Elementen zu stehen kommt. (In der Tabelle auf S. 1710 ist der Einfachheit halber stets jeweils nur eines von diesen Elementen angegeben.) Die Elemente einer solchen Gruppe nannte man isotope (dies bedeutet „gleichstellige") Elemente oder kurz Isotope.

Ferner konnten die Gesetze, welche die Änderung der Stelle eines Elementes im natürlichen System bei einer radioaktiven Umwandlung desselben beherrschen, auf die folgende, sehr einfache Form gebracht werden. Jedesmal, wenn ein radioaktives Element eine von der Emission von α-Strahlen (He^{++}-Teilchen) begleitete Umwandlung erfährt, rückt es im natürlichen System um zwei Stellen nach links, bei einer Umwandlung unter Aussendung von β-Strahlen (Elektronen) rückt es im natürlichen System um eine Stelle nach rechts. Dies sind die sogenannten radioaktiven Verschiebungssätze, die nach vorbereitenden Arbeiten verschiedener Verfasser von Soddy und Fajans aufgestellt wurden.

Diese Erfahrungsergebnisse lassen nun auf Grund der Vorstellung des Kernatoms eine einfache Deutung zu. Zunächst werden die meisten physikalischen und die chemischen Eigenschaften eines Elementes nur von den Kräften, die vom Atom ausgehen, seiner Elektronenkonfiguration und ihrer Beeinflußbarkeit durch äußere Kräfte abhängen. Wegen der im Vergleich zur Masse der Elektronen großen Masse des Kernes und seiner kleinen Dimensionen werden nun diese Atomeigenschaften (bis auf eventuelle ganz kleine Effekte) durch die Ladung des Kernes völlig bestimmt und von dessen Masse und innerem Bau unabhängig sein. Wir müssen deshalb erwarten, daß Elemente gleicher Kernladung, aber verschiedener Masse und Struktur des Kernes weitgehend gleiche Eigenschaften aufweisen werden. Hierdurch gelangt man unmittelbar zu einer physikalischen Deutung der Existenz von isotopen Elementen. Es hat sich überdies gezeigt, daß auch die optischen Spektren und die Röntgenspektren von Isotopen (von einigen minutiösen Differenzen in der Lage der optischen Spektrallinien bei verschiedenen Bleiisotopen abgesehen) vollkommen identisch sind, so daß wir schließen müssen, daß an der Entstehung dieser Spektren nur die außerhalb des Kernes befindlichen Elektronen beteiligt sind. Wir sehen aus diesen Tatsachen, daß das Atomgewicht etwas mehr Äußerliches und daß die eigentliche Bestimmungsgröße der Eigenschaften eines Elements die Ordnungszahl ist.

Auf Grund der van den Broekschen Annahme der Übereinstimmung von Kernladungszahl und Ordnungszahl können wir nun sogleich auch die radioaktiven Verschiebungssätze vom Standpunkt des Kernatoms aus interpretieren. Da bei den radioaktiven Umwandlungen die chemischen Eigenschaften der Elemente sich ändern, muß dasselbe auch von der Ladung der Kerne dieser Elemente gelten. Wir müssen deshalb annehmen, daß die bei den α- und β-Umwandlungen emittierten Teilchen aus dem Kerne stammen. (Dies schließt nicht aus, daß bei den radioaktiven Umwandlungen außerdem durch sekundäre Prozesse auch aus der Atomperipherie Elektronen ausgelöst werden.) Da nun bei einer α-Umwandlung wegen der zweifach positiven Ladung des α-Teilchens die Kernladung des Elements um 2 abnehmen, bei der β-Umwandlung aber wegen der einfach negativen Ladung des Elektrons um 1 zunehmen muß, gelangen wir nun unter der Annahme der Gleichheit von Kernladungszahl und Atomnummer im natürlichen System unmittelbar zu den Verschiebungssätzen von Soddy und Fajans.

Wir fügen hier noch hinzu, daß nach Untersuchungen von Aston auch die meisten der gewöhnlichen Elemente, die keine merkbaren radioaktiven Umwandlungen zeigen, aus einem Gemisch von Isotopen mit verschiedenen Atomgewichten bestehen. Daß die Atomgewichte der reinen Elemente nach Astons Befund (von wenigen, überdies im Prinzip theoretisch verständlichen Ausnahmen abgesehen) Multipla der Atomgewichte von H und He sind, ist ein starkes Argument dafür, daß die Kerne aller Elemente selbst wieder aus H-Kernen, He-Kernen und Elektronen bestehen. Diese Annahme, die auch mit dem Auftreten von α-Teilchen als Produkten des radioaktiven Zerfalls von Elementen in schönstem Einklang ist, findet ferner eine Stütze in neueren, grundlegenden Untersuchungen Rutherfords, in denen es diesem Forscher gelungen ist, durch Bombardement von Atomen einiger Elemente mit α-Teilchen in diesen einen radioaktiven Zerfall künstlich auszulösen, bei dem nicht α-Teilchen, sondern H-Kerne aus dem Kern des zerfallenden Elementes ausgeschleudert werden. Da sich ferner bei Zusammenstößen von α-Teilchen und H-Kernen, bei denen die stoßenden Teilchen einander besonders nahe kommen (bis auf etwa 10^{-13} cm), Andeutungen eines komplexen Baues der α-Teilchen gezeigt haben, können wir heute mit ziemlicher Sicherheit annehmen, daß alle Materie letzten Endes aus H-Kernen und Elektronen aufgebaut ist. Die H-Kerne spielen dabei die Rolle der Elementarteilchen der positiven Elektrizität und es wurde deshalb für sie der Name Proton vorgeschlagen.

Die positiven und negativen elektrischen Elementarteilchen selbst (das sind also H-Kerne und Elektronen) bergen heute noch verschiedene ungelöste Rätsel in sich. Was ist der tiefere Grund für die Asymmetrie der positiven und der negativen Elementarteilchen, die sich in der so bedeutenden Verschiedenheit ihrer Massen äußert? Besteht zwischen der Gravitationswirkung und der elektrischen Kraftwirkung der Elementarteilchen aufeinander gar kein Zusammenhang? Warum ist erstere so ungeheuer viel geringer als letztere? Welches sind die Kräfte, die diese Elementarteilchen gegenüber der elektrostatischen Abstoßung ihrer Teile zusammenhalten? Oder hat es keinen Sinn, den Kraftbegriff und den elektromagnetischen Feldbegriff auf die Gebiete im Innern dieser Teilchen anzuwenden? Hängen alle diese Fragen auch mit der Quantentheorie zusammen?

Wir wollen hier nicht näher auf die Besprechung dieser Fragen eingehen, auf welche die heutige Physik noch keine bestimmte Antwort geben kann. Auch werden wir uns nicht weiter mit dem Problem des Baues der Kerne beschäftigen. Für das Folgende wird es uns völlig genügen, den Kern eines Elementes der Ordnungszahl Z als eine elektrische Punktladung vom Betrage $+ Ze$ und einer bestimmten (aus dem Atomgewicht und der Loschmidtschen Zahl zu entnehmenden) Masse M anzusehen, die von einem Coulombschen Kraftfeld umgeben ist [1]).

§ 2. Die Grundpostulate der Quantentheorie des Atombaues.

Gemäß den im vorigen Abschnitt dargelegten Vorstellungen vom Atom besteht dieses aus einem zentralen Kern und ihn umlaufenden Elektronen, die nach dem Coulombschen Kraftgesetz vom Kern angezogen werden und nach demselben Gesetz einander wechselseitig abstoßen. Man kann sonach das Atom mit einem Planetensystem vergleichen, dessen Sonne der Kern und dessen Planeten die Elektronen bilden. Nachdem dieses Bild einmal gewonnen war, entstand sogleich das Programm, auf seiner Grundlage die physikalischen und chemischen Eigenschaften der verschiedenen Elemente als Funktion der Atomnummer Z zu berechnen.

Es ist indessen leicht einzusehen, daß man in dieser Richtung zu der Erfahrung gänzlich widersprechenden Resultaten gelangt, wenn man die Gesetze der gewöhnlichen Mechanik und Elektrodynamik auf das Kernatom anwendet. Da nämlich die Mechanik bei diesem Atommodell (im Gegensatz zum Thomsonschen Modell) keine Möglichkeit von stabilen Ruhelagen für die Elektronen ergibt, müßten die Elektronen gemäß der klassischen Elektrodynamik (vgl. Kap. XXVII, § 6 b) infolge ihrer ungleichförmigen Bewegung dauernd Energie ausstrahlen und es wären überdies wegen der hierdurch bewirkten fortwährenden Änderung der Dimensionen und Umlaufszeiten der Elektronenbewegung die Frequenzen der ausgesandten Strahlung über ein kontinuierliches Spektralintervall verteilt. Diese Ausstrahlung würde nicht eher aufhören, als bis alle Elektronen in den Kern gefallen wären. Um die Stabilität des Kernatoms theoretisch zu erfassen und aus ihm überhaupt bestimmt definierte physikalische und chemische Eigenschaften der Stoffe ableiten zu können und um ferner der erfahrungsgemäßen Emission

---

[1]) Wie im Nachtrag I und in Kap. XXXI erörtert wird, hat es sich jedoch als notwendig erwiesen, dem Elektron eine ausgezeichnete Achse, ein magnetisches Moment und ein Impulsmoment zuzusprechen.

von scharfen Spektrallinien durch die Atome Rechnung zu tragen, ist man demnach zu einem tiefgehenden Eingriff in die Gesetze der klassischen Theorie genötigt.

Bohr erkannte nun, daß der hier erforderliche Eingriff in die klassischen Gesetze prinzipiell von derselben Art (wenn auch noch weitergehend) ist wie derjenige, der in Plancks Quantentheorie der Wärmestrahlung schon vorlag, wo grundsätzlich Diskontinuitäten in die Beschreibung der Naturerscheinungen eingeführt wurden. So stellte Bohr zwischen der Lehre vom Atombau und der Quantentheorie eine Verbindung her; er begründete die Quantentheorie des Atombaues. Diese beruht auf zwei Postulaten, von denen das erste die Stabilität der Atome und die Bestimmtheit ihrer Eigenschaften, das zweite ihre Emission von scharfen Spektrallinien ins Auge faßt. Wir haben diese Postulate, um die physikalischen Zusammenhänge deutlicher hervortreten zu lassen, bereits in § 8 des Kap. XXVII zum größten Teil vorweggenommen; sie mögen jedoch hier noch explizite wie folgt formuliert werden:

1. Die Atome sind, im Widerspruch zu ihrer von der klassischen Theorie geforderten ständigen Energieabnahme durch Ausstrahlung, in einer diskreten Mannigfaltigkeit von bestimmten Zuständen, den stationären oder Quantenzuständen wenigstens während einer gewissen Zeit existenzfähig. Diese stationären Zustände haben bestimmte wohldefinierte Eigenschaften, insbesondere bestimmte Energiewerte und sind durch eine eigentümliche, der klassischen Theorie fremde Stabilität ausgezeichnet. Diese äußert sich darin, daß das Atom durch vorübergehende äußere Einwirkungen (z. B. Zusammenstöße mit Elektronen oder anderen Atomen) keine anderen dauernden Veränderungen erleiden kann, als eine vollständige Überführung von einem stationären Zustand in einen anderen.

2. Ein Atom in einem gewissen stationären Zustand kann nur Strahlung von bestimmten scharfen Frequenzen emittieren, die den möglichen Übergängen von diesem Zustand zu Zuständen kleinerer Energie entsprechen und die entgegen der klassischen Elektrodynamik im allgemeinen mit den Frequenzen der Bewegung des Atoms im ursprünglichen Zustand nicht übereinstimmen. Die einem bestimmten Übergang aus einem Anfangszustand mit der Energie E' in einen Endzustand mit der Energie E'' entsprechende emittierte Strahlung ist monochromatisch und ihre Frequenz ν ist durch die Quantengleichung gegeben

$$h\nu = E' - E'' \quad\cdots\cdots\cdots\cdots\cdots (\mathrm{I})$$

(Bohrsche Frequenzbedingung). Ferner können Atome im letzteren Zustand unter der Einwirkung von äußerer Strahlung dieser Frequenz ν infolge von Absorption dieser Strahlung in den ersteren Zustand größerer Energie zurückgeführt werden. (Vergleiche hierzu Einsteins statistische Gesetze der Häufigkeit dieser Übergangsprozesse, Kap. XXVII, § 8.)

Auf eine Diskussion der Gültigkeitsgrenzen dieser Postulate, welche die Analogie des Kernatoms mit einem Planetensystem in verschiedener Hinsicht stark einschränken, insbesondere auf die Frage der Schärfe der Definition der stationären Zustände und der Frequenz der emittierten Strahlung können wir hier nicht näher eingehen [1]). Jedoch wollen wir hier noch auf einen von verschiedenen Verfassern entwickelten Gesichtspunkt kurz hinweisen, der vielleicht für die Weiterentwicklung der Theorie von großer Bedeutung ist, da er die beiden in der hier gegebenen Darstellung als logisch voneinander unabhängig erscheinenden Grundpostulate einheitlich aufzufassen gestattet. Er knüpft an die Quantelung der Energie der Eigenschwingungen in einem mit Strahlung erfüllten Hohlraum an, wie sie in § 9 des Kap. XXVII zur Herleitung der Planckschen Strahlungsformel verwendet wurde. Dort wurde angenommen, daß auch ein solcher Hohlraum nur in bestimmten stationären Zuständen existenzfähig ist, in denen die Energie jeder Eigenschwingung der Frequenz v einem ganzen Vielfachen von hv gleich ist. Denken wir uns nun in einen solchen Hohlraum ein Atom gebracht, so können wir die mit Emission oder Absorption von Strahlung verknüpften Übergangsprozesse als Wechselwirkung von Atom und Strahlungshohlraum auffassen, die analog ist zur Wechselwirkung von zwei Atomsystemen bei Zusammenstößen. Es müssen daher vor und nach dem Prozeß beide Systeme sich in stationären Zuständen befinden. Machen wir noch die Zusatzhypothese daß nur die zu e i n e r der Eigenschwingungen des Hohlraumes gehörige Quantenzahl sich bei diesem Prozeß ändern kann, und zwar nur um e i n e Einheit — wofür allerdings von diesem Standpunkt aus noch keine Begründung gegeben werden kann —, so gelangen wir unmittelbar zur Frequenzbedingung (I). Es ist zwar eine Schwäche dieser Überlegung, daß sie einen begrenzten Hohlraum und die Ausbildung von stehenden Schwingungen voraussetzt und nicht die freie Ausbreitung der Strahlung im Raum ins Auge faßt; jedoch ist vielleicht die Hoffnung nicht ganz unberechtigt, daß durch eine Weiterbildung der Quantentheorie der Strahlung (vgl. Kap. XXVII, § 12) eine Verallgemeinerung der hier durchgeführten Betrachtung in dieser Richtung gelingen wird.

Was nun die Anwendung der Grundpostulate auf die Erklärung der Spektren und den Atombau betrifft, so können wir, bereits ohne auf Einzelheiten einzugehen, sogleich ein allgemeines von Ritz aufgestelltes Gesetz der Spektren, das K o m b i n a t i o n s p r i n z i p, auf Grund der Frequenzbedingung interpretieren. Dieses besagt, daß jede Frequenz des Spektrums eines bestimmten Elementes als Differenz zweier Größen dargestellt werden kann, die einer für das betreffende Spektrum charakteristischen Mannigfaltigkeit von sogenannten S p e k t r a l t e r m e n angehören. Durch dieses Prinzip ist die Mannigfaltigkeit der Spektrallinien auf die geringere Mannigfaltigkeit der Terme zurückgeführt. (Wir werden allerdings später sehen, daß die auf Grund des Kombinationsprinzips aus bekannten Linien durch Summen- oder Differenzbildung vorausberechneten neuen Linien in gewissen Fällen nur unter besonderen äußeren Bedingungen, normalerweise aber nicht auftreten.)

---

[1]) Vgl. hierzu N. B o h r , Über die Grundpostulate der Quantentheorie, Zeitschr. f. Phys **13**, 117, 1923, ferner Handbuch d. Physik, Berlin 1926, Bd. XXIII, Quantentheorie.

Dieses Prinzip, für das die klassische Elektrodynamik keine naturgemäße Erklärung liefert, ist nun in der Tat eine direkte Folge der Frequenzbedingung (I), indem einfach jedem Spektralterm ein bestimmter stationärer Zustand des Atoms mit einem bestimmten, dem Wert des Termes proportionalen Energiewert E, oder wie man kurz zu sagen pflegt, ein „Energieniveau" des Atoms zuzuordnen ist. Auf die allgemeinen Folgerungen aus der Frequenzbedingung für die Anregung von Spektrallinien kommen wir in § 4 zurück.

Für die weitere Durchführung des Programms der Berechnung der physikalischen und chemischen Eigenschaften der Elemente als Funktion der Atomnummer kommt es nun darauf an, Methoden zur Festlegung der stationären Zustände eines Atoms mit gegebener Kernladung und Elektronenzahl, und insbesondere zur Berechnung ihrer Energiewerte, anzugeben. Vollständig ist dies bisher nur gelungen für Atome mit einem einzigen Elektron, wie H, He$^+$, Li^{++} usw. Die theoretische Erklärung der Gesetzmäßigkeiten der Spektren solcher Atome, insbesondere des Wasserstoffspektrums, die wir nun besprechen wollen, war in der Tat eine der ersten und schönsten Leistungen der Bohrschen Theorie.

§ 3. Die Bohrsche Theorie des Wasserstoffspektrums [1]. a) **Die empirischen Gesetze der wasserstoffähnlichen Spektren.** Die Wellenzahlen v, das sind die reziproken Werte der Wellenlängen, der am längsten bekannten Spektrallinien des Wasserstoffs lassen sich durch eine überaus einfache Formel berechnen, die zuerst von Balmer aufgestellt wurde. Diese Formel lautet

$$v = R_{\mathrm{H}}\left(\frac{1}{n''^2} - \frac{1}{n'^2}\right) \quad\cdots\cdots\cdots\cdots (1)$$

worin R_{H} eine Konstante bedeutet und die Zahl n'' für die von Balmer dargestellte Spektralserie den festen Wert 2 hat, während n' die Folge der ganzen Zahlen 3, 4, 5, ... durchläuft. Wie man sieht, häufen sich die Linien, die der Reihe nach mit H_α, H_β, H_γ, ... bezeichnet zu werden pflegen (dem $lim\ n' = \infty$ entsprechend) an der Stelle $v = R_{\mathrm{H}}\ ^1/_4$, die deshalb die Seriengrenze genannt wird. Die Genauigkeit, mit der dieses Balmersche Gesetz erfüllt ist, geht aus der folgenden Tabelle hervor, in der zuerst die Werte von n' und n'' in Form eines dem Übergangsprozeß entsprechenden Symbols

	$(n' \to n'')$	λ beob.	λ ber.
H_α	$(3 \to 2)$	6563,07	6563,04
H_β	$(4 \to 2)$	4861,52	4861,49
H_γ	$(5 \to 2)$	4340,64	4390,66
H_δ	$(6 \to 2)$	4101,90	4101,90
H_ε	$(7 \to 2)$	3970,24	3970,25

[1] Bohrs grundlegende Arbeit ist erschienen in Phil. Mag. **26**, 1, 1913 und als erste der in Fußnote S. 1709 zitierten gesammelten „Abhandlungen über Atombau" abgedruckt. Vgl. ferner den ersten der ebendort zitierten „Drei Aufsätze über Spektren und Atombau".

$(n' \rightarrow n'')$, sodann die empirischen und die aus Formel (1) mit dem unten angegebenen Wert von R_H berechneten Werte der Wellenlängen λ angegeben sind.

Der Index H in der Bezeichnung R_H soll bedeuten, daß es sich hier um die zur Darstellung gerade des Wasserstoffspektrums gemäß (1) erforderliche Konstante handelt.

Diese Konstante wird die Rydbergsche Konstante genannt, weil Rydberg zuerst ihr grundsätzliches Auftreten in den Spektren auch der übrigen Elemente und damit ihre universelle Bedeutung erkannt hat. Ihr genauester Zahlenwert beträgt

$$R_H = 109\,677,69 \pm 0,06 \ \mathrm{cm}^{-1}.$$

Es konnten ferner auch Linien des Wasserstoffs experimentell festgestellt werden, deren Wellenzahlen durch die Formel (1) wiedergegeben werden, wenn man der Zahl n'' von 2 verschiedene Werte erteilt, und zwar entspricht dem Werte $n'' = 1$ eine von Lyman im Ultravioletten nachgewiesene Serie, während zum Werte $n'' = 3$ einige von Paschen gefundene Linien im ultraroten Spektralgebiet gehören. Wir müssen also den Wert $n'' = 2$ in der Balmerserie als zufällig ansehen, was übrigens schon Balmer selbst vermutet hat, und allgemein die Linien des Wasserstoffspektrums uns durch (1) dargestellt denken, worin n' und n'' beliebige ganze Zahlen sind.

Früher schrieb man außerdem noch zwei von Pickering in Sternspektren gefundene Serien dem Wasserstoff zu, die in der Form

$$\nu = R \left[\frac{1}{\left(\dfrac{3}{2}\right)^2} - \frac{1}{n^2} \right], \ n = 2, 3, \ldots$$

und

$$\nu = R \left[\frac{1}{2^2} - \frac{1}{\left(n + \dfrac{1}{2}\right)^2} \right], \ n = 2, 3, \ldots$$

dargestellt wurden, worin R nahezu gleich ist der in (1) auftretenden Konstante R_H. Wie wir sehen werden, schreibt jedoch die Bohrsche Theorie diese Spektralserien dem einfach ionisierten Helium (He^+) zu. In Übereinstimmung mit der Theorie haben dann auch experimentelle Untersuchungen von Fowler[1]) und Paschen[2]) ergeben, daß diese Serien auch in reinem He auftreten. Weiter ergab sich in Übereinstimmung mit der Theorie, daß die Wellenzahlen des He^+-Spektrums in Wahrheit in der Form dargestellt werden müssen:

$$\nu = 4\,R_{\mathrm{He}} \left(\frac{1}{n''^2} - \frac{1}{n'^2} \right) \ldots \ldots \ldots \ldots (2)$$

Um speziell die erwähnten Pickeringschen Linien zu erhalten, ist hierin zu setzen $n'' = 3$, $n' = 4, 6, 8, \ldots$ bzw. $n'' = 4$, $n' = 5, 7, 9, \ldots$ Man sieht daraus, daß durch die ältere Schreibweise nur die Hälfte der entsprechenden durch (2) gegebenen Serien dargestellt wird, die zufällig geraden bzw. un-

---

[1]) A. Fowler, Phil. Trans. 1914 und Proc. Roy. Soc. 90, 426, 1914.
[2]) F. Paschen, Ann. d. Phys. 50, 901, 1916.

geraden Werten von n' entspricht. Die fehlenden Hälften der Serien sowie auch noch weitere durch (2) dargestellte Linien, die anderen Werten von n'' entsprechen, konnten jedoch später experimentell festgestellt werden, was eine volle Bestätigung der Theorie bedeutete.

Der Wert der Konstante R_{He} in (2) ergab sich als nicht genau übereinstimmend mit dem früher angegebenen Wert R_{H}, sondern als gleich

$$R_{\mathrm{He}} = 109\,722,14 \pm 0,04.$$

Die Differenz zwischen den Werten R_{H} und R_{He} ist zwar gering im Vergleich mit den Werten der Konstanten selbst, fällt aber dank der großen Genauigkeit spektroskopischer Messungen doch weit außerhalb des Bereiches der Versuchsfehler. Diese Differenz äußert sich auch unmittelbar in folgendem Umstand. Wäre genau $R_{\mathrm{H}} = R_{\mathrm{He}}$, so würden die durch (2) dargestellten He-Linien mit den Werten $n'' = 4$, $n' = 6, 8. 10,\ldots$ genau mit den durch (1) gegebenen, den Werten $n'' = 2$, $n' = 3, 4, 5,\ldots$ entsprechenden Balmerlinien zusammenfallen. In Wirklichkeit fallen jedoch diese He-Linien zwar in große Nähe der Balmerlinien, lassen sich aber, wie Paschen gezeigt hat, doch deutlich von ihnen trennen.

Wie wir sehen werden, kann die geringe Verschiedenheit der Werte der Konstanten R_{H} und R_{He} von der Bohrschen Theorie besonders einfach und anschaulich gedeutet werden.

b) Die stationären Zustände eines Atoms mit einem Elektron. Wir wollen nun zur Besprechung der Deutung der empirischen Gesetze (1) und (2) auf Grund der Postulate der Quantentheorie des Atombaues übergehen. Gemäß der im vorigen Paragraphen dargelegten, auf diesen Postulaten basierenden theoretischen Deutung des Kombinationsprinzips werden wir zunächst dazu geführt, den die Spektren (1) bzw. (2) emittierenden Atomen stationäre Zustände mit den Energiewerten

$$E_n = -\frac{R_{\mathrm{H}}\,h\,c}{n^2} \quad \text{bzw.} \quad E_n = -\frac{4\,R_{\mathrm{He}}\,h\,c}{n^2} \quad \ldots \ldots \ldots (3)$$

zuzuschreiben. Der Faktor der Lichtgeschwindigkeit c rührt hierin daher, daß in der Frequenzbedingung (I) ν die Schwingungszahl (sec^{-1}), in (1) dagegen die Wellenzahl (cm^{-1}) der emittierten Spektrallinie bedeutet. Ferner ist das negative Vorzeichen gewählt, weil eine positive Arbeitsleistung erforderlich ist, um das Elektron vom Atom gänzlich abzutrennen und deshalb die Energiewerte der stationären Zustände kleiner sein müssen, als der als Nullpunkt gewählte Energiewert des (im $\lim n = \infty$ realisierten) Systems, das aus dem Kern und dem vollständig abgetrennten, unendlich weit von diesem entfernten, in Ruhe befindlichen Elektron besteht.

Die ganze Zahl n, deren Wert einen bestimmten stationären Zustand charakterisiert, heißt Quantenzahl. Wir müssen offenbar annehmen, daß das Elektron dem Kern durchschnittlich um so näher kommen wird, je größer der Absolutwert der Energie, je kleiner also die zum betreffenden stationären Zustand gehörige Quantenzahl ist. Der Zustand kleinster Energie, der zum Wert $n = 1$ gehört und von dem aus keine spontanen Übergänge zu anderen stationären Zuständen möglich sind, bei dem also auch keine Emission von Strahlung stattfinden kann, stellt den Normalzustand oder Grundzustand des betreffenden Atoms dar. Um nun weiter zu einer näheren Vorstellung über die stationären Zustände der betrachteten Atome zu gelangen, müssen wir zunächst untersuchen, zu welchen Folgerungen die klassische Mechanik für die Bewegung des Elektrons um den Kern in unserem Falle führen würde.

Denken wir uns also einen Kern, dessen Ladung wir sogleich allgemein als vom Betrage Ze annehmen, und ein diesen umlaufendes Elektron mit der Ladung $-e$, das mit der Coulombschen Kraft Ze^2/r^2 umgekehrt proportional dem Quadrat seiner Entfernung r vom Kern von diesem angezogen wird. Sehen wir zunächst von der von der Elektrodynamik geforderten Ausstrahlung ab, so sind die mechanischen Bahnen hier vollständig analog denen beim sogenannten Zweikörperproblem im Planetensystem und ihre Eigenschaften werden durch die Keplerschen Gesetze beschrieben.

Betrachten wir der Anschaulichkeit halber zunächst die Kreisbahnen, bei denen also die Entfernung r von Elektron und Kern einen festen Wert hat, der mit a bezeichnet werden möge. Wir wollen hier ferner zunächst zur Vereinfachung den Kern als ruhend ansehen, was infolge seiner im Vergleich zur Masse des Elektrons sehr großen Masse eine gute Näherung darstellt. Es sei indessen schon hier bemerkt, daß wir die folgenden Relationen gleich in einer solchen Form schreiben werden, bei welcher die Befreiung von den beiden genannten einschränkenden Voraussetzungen (Kreisbahn, fester Kern) ohne weiteres möglich ist. Zu diesem Zwecke möge auch für die Masse des den als fest angenommenen Kern umlaufenden Elektrons zunächst der Buchstabe μ gesetzt werden, über dessen genaue Bedeutung wir später verfügen werden. Wäre die Annahme des festen Kernes genau richtig, so müßte natürlich μ mit der wahren Masse des Elektrons übereinstimmen.

Ist nun ω die Umlaufsfrequenz (Tourenzahl) pro Zeiteinheit des Elektrons ($2\pi\omega$ also seine Winkelgeschwindigkeit), so muß wegen der notwendigen Gleichheit von Zentrifugalkraft $\mu(2\pi\omega)^2 a$ und Coulombscher Anziehungskraft Ze^2/a^2 auf der betrachteten Kreisbahn des Elektrons die Relation gelten

$$\mu(2\pi\omega)^2 a = \frac{Ze^2}{a^2}$$

oder

$$\omega^2 a^3 = \frac{Ze^2}{4\pi^2\mu} \quad\ldots\ldots\ldots\ldots\ldots\ldots (4)$$

Diese bildet den Inhalt des dritten Keplerschen Gesetzes für unseren Fall. Man sieht ferner aus dieser Relation, daß hier die kinetische Energie

$$E_{\text{kin}} = \frac{\mu}{2}(2\pi\omega a)^2$$

gleich ist der Hälfte des absoluten Betrages der potentiellen Energie

$$E_{\text{pot}} = -\frac{Ze^2}{a},$$

die stets einen negativen Wert besitzt. Wir schreiben diesen Sachverhalt in der Form

$$2\,\overline{E_{\mathrm{kin}}} = -\,\overline{E_{\mathrm{pot}}} \quad\cdots\cdots\cdots\cdots\cdots (5)$$

worin die Querstriche die Bildung der zeitlichen Mittelwerte der betreffenden Größen über den Umlauf des Elektrons bedeuten sollen. Da die kinetische wie die potentielle Energie bei den Kreisbahnen zeitlich konstant sind, ändert diese Mittelbildung in unserem Falle nichts am Werte dieser Energien; ihr Sinn wird jedoch bei der später vorzunehmenden Verallgemeinerung für beliebige Bahnen ersichtlich werden. Für die Gesamtenergie

$$E = E_{\mathrm{kin}} + E_{\mathrm{pot}}$$

erhalten wir sodann aus (5) mit Rücksicht auf $E_{\mathrm{pot}} = -\,Ze^2/a$ den Wert

$$E = -\,\frac{Ze^2}{2\,a} \quad\cdots\cdots\cdots\cdots\cdots (6)$$

Drücken wir endlich die Umlaufsfrequenz ω als Funktion der Energie E aus, indem wir a aus (4) und (6) eliminieren, so erhalten wir die Relation

$$\omega^2 = \frac{2\,(-\,E)^3}{\pi^2\,Z^2\,e^4\,\mu} \quad\cdots\cdots\cdots\cdots (7)$$

die wir später benutzen werden.

Wir wollen nun in Rechnung stellen, daß der Kern in Wirklichkeit nicht fest ist, sondern sich infolge der vom Elektron auf ihn ausgeübten Anziehungskraft ebenfalls bewegen wird. Der feste Punkt unseres Systems ist vielmehr der Schwerpunkt von Kern und Elektron, um den beide Körper bei der betrachteten Bahn Kreise beschreiben werden. Ist M die Masse des Kernes, a_1 sein Abstand vom Schwerpunkt, und sind m, a_2 die entsprechenden Größen für das Elektron, bedeutet ferner a, wie früher, den bei der Kreisbahn festen Abstand von Kern und Elektron, so gilt nach der Definition des Schwerpunktes bekanntlich

$$M a_1 = m a_2,$$

also wegen

$$a = a_1 + a_2$$

$$a_1 = \frac{m}{M+m}\,a, \quad a_2 = \frac{M}{M+m}\,a.$$

Die Zentrifugalkraft auf das Elektron wird hier also gleich $m\,(2\,\pi\,\omega)^2\,a_2$ $= \dfrac{M\,m}{M+m}\,(2\,\pi\,\omega)^2\,a$, während der Ausdruck für die Coulombsche Kraft bestehen bleibt. Daher bleibt die Relation (4) auch bei Berücksichtigung der Mitbewegung des Kernes gültig, wenn man in ihr für μ den Wert einsetzt

$$\mu = \frac{M\,m}{M+m} \quad \mathrm{oder} \quad \frac{1}{\mu} = \frac{1}{M} + \frac{1}{m} \quad\cdots\cdots\cdots (8)$$

Das gleiche gilt aber auch für die weiteren Relationen (5) bis (7), wenn man unter E_{kin}, E_{pot} und E kinetische, potentielle und Gesamtenergie des ganzen, aus Kern und Elektron bestehenden Systems versteht. Denn es ist dann zunächst nach wie vor $E_{\text{pot}} = -\dfrac{Ze^2}{a}$, und weiter erhält man, indem man a_1 und a_2 durch a ausdrückt:

$$E_{\text{kin}} = \frac{M}{2}(2\pi\omega)^2 a_1^2 + \frac{m}{2}(2\pi\omega)^2 a_2^2 = \frac{1}{2}\frac{Mm^2 + mM^2}{(m+M)^2}(2\pi\omega a)^2$$

$$= \frac{1}{2}\frac{mM}{m+M}(2\pi\omega a)^2 = \frac{1}{2}\mu(2\pi\omega a)^2.$$

Die effektive Masse ist hier sonach durch die Relation (8) gegeben. Wäre $M = \infty$, in welchem Falle der Kern mit dem Schwerpunkt zusammenfallen und gänzlich ruhen würde, so wäre μ gleich der Elektronenmasse m. Da das Verhältnis m/M, wie wir gesehen haben, sehr klein, nämlich etwa gleich $^1/_{1800}$ ist, so ist in Wahrheit μ von m nur wenig verschieden.

Betrachten wir nun nicht mehr bloß Kreisbahnen, sondern die allgemeinst möglichen mechanischen Bahnen von Kern und Elektron, so besagt das erste Keplersche Gesetz, daß sie Ellipsen sind, deren Brennpunkte mit dem Schwerpunkt des Systems zusammenfallen. Auch die Bahnen der Bewegung des Elektrons relativ zum Kern sind Ellipsen, deren Brennpunkt aber hier mit dem Kern zusammenfällt. Die Rechnung ergibt ferner, daß die Relationen (4) bis (8) auch hier bestehen bleiben, wenn man nunmehr unter a die große Halbachse der letzteren (relativen) Ellipse versteht und in (5) die zeitlichen Mittelwerte der im Laufe der Bewegung nun nicht mehr konstanten Werte der kinetischen und potentiellen Energie einsetzt.

Diese Resultate können wie folgt abgeleitet werden. Nehmen wir zunächst den Kern als ruhend an, so lautet mit Verwendung von Polarkoordinaten r, φ in der Bahnebene für das umlaufende Elektron der Energiesatz:

$$\frac{\mu}{2}\left[\left(\frac{dr}{dt}\right)^2 + r^2\left(\frac{d\varphi}{dt}\right)^2\right] - \frac{Ze^2}{r} = E \cdot \dots \dots \dots (1^*)$$

und der Drehimpulssatz

$$\mu r^2 \frac{d\varphi}{dt} = P \dots \dots \dots \dots \dots (2^*)$$

worin P den konstanten Wert des Impulsmoments des Elektrons bedeutet. Da $\frac{1}{2} r^2 d\varphi$ das Element dF der vom Radiusvektor, dem Fahrstrahl vom Kerne zum Elektron, überstrichenen Fläche F ist, so ist diese der Zeit proportional und es gilt, wenn wir für $t = 0$ auch $F = 0$ setzen, die Relation

$$F = \frac{P}{2\mu}t \dots \dots \dots \dots \dots \dots (3^*)$$

Es ist dies das zweite Keplersche Gesetz. Drücken wir nun $\dfrac{d\varphi}{dt}$ in (1*) mittels (2*) durch P und r aus, so ergibt sich

$$\frac{\mu}{2}\left(\frac{dr}{dt}\right)^2 = E + \frac{Ze^2}{r} - \frac{P^2}{2\mu r^2}.$$

Führen wir hierin mittels Division durch die quadrierte Gleichung (2*) noch statt t als unabhängige Variable, so folgt

$$\frac{P^2}{2\mu r^4}\left(\frac{dr}{d\varphi}\right)^2 = E + \frac{Ze^2}{r} - \frac{P^2}{2\mu r^2},$$

und wenn wir vorübergehend zur Abkürzung setzen

$$\varrho = \frac{1}{r},$$

gibt dies die Differentialgleichung

$$\frac{1}{2}\left(\frac{d\varrho}{d\varphi}\right)^2 = \frac{\mu E}{P^2} + \frac{Ze^2\mu}{P^2}\varrho - \frac{1}{2}\varrho^2 \quad\cdots\cdots\cdots\cdots (4^*)$$

Aus dieser könnte durch eine einfache Integration φ als Funktion von ϱ ermittelt werden. Es ist aber rechnerisch bequemer, diese Differentialgleichung nach φ zu differenzieren. Dann kann ein gemeinsamer Faktor $\dfrac{d\varrho}{d\varphi}$ fortgelassen werden und die Gleichung wird linear. Es ergibt sich

$$\frac{d^2\varrho}{d\varphi^2} + \varrho - \frac{Ze^2\mu}{P^2} = 0 \quad\cdots\cdots\cdots\cdots\cdots (5^*)$$

Man erkennt (in Analogie zur Bewegungsgleichung des harmonischen Oszillators) sogleich, daß das Integral dieser Differentialgleichung bei geeigneter Wahl des Nullpunkts von φ die Form haben muß

$$\varrho - \frac{Ze^2\mu}{P^2} = C\cos\varphi,$$

worin C eine Integrationskonstante ist. Dies fällt nun in der Tat unter die Form

$$\frac{1}{r} = \varrho = \frac{1 + \varepsilon\cos\varphi}{a(1-\varepsilon^2)} \quad\cdots\cdots\cdots\cdots (6^*)$$

der Gleichung einer Ellipse mit dem Kern als Brennpunkt mit der großen Halbachse a und der Exzentrizität ε (erstes Keplersches Gesetz). Durch Vergleich der Konstanten folgt weiter, daß der sogenannte Parameter $p = a(1-\varepsilon^2)$ der Ellipse, die für $\varphi = \dfrac{\pi}{2}$ angenommene Ordinate im Brennpunkt, gleich ist

$$p = a(1-\varepsilon^2) = \frac{P^2}{Ze^2\mu} \quad\cdots\cdots\cdots\cdots (7^*)$$

während $C = \dfrac{\varepsilon}{p}$ gesetzt wurde. Diese Größe erhält man durch die Energiekonstante E ausgedrückt, wenn man (6^*) in (4^*) einsetzt und die konstanten (von φ unabhängigen) Glieder auf beiden Seiten einander gleichsetzt. Man erhält nach einigen einfachen Umformungen mit Rücksicht auf (7^*)

$$\frac{1}{2}\frac{1-\varepsilon^2}{p^2} = -\frac{\mu E}{P^2} \quad\text{oder}\quad \frac{1}{2}\frac{1-\varepsilon^2}{p^2} = -\frac{E}{Ze^2}\frac{1}{p},$$

also schließlich

$$\frac{1}{2a} = -\frac{E}{Ze^2},$$

woraus die Relation (6) des Textes unmittelbar hervorgeht.

Weiter können wir die Relation (4) (drittes Keplersches Gesetz) erhalten, indem wir (3^*) speziell auf die ganze von der Bahn umschlossene Fläche anwenden. Wir haben dann auf der linken Seite für F den Betrag $a^2\sqrt{1-\varepsilon^2}\,\pi$ dieser Fläche und auf der rechten Seite für t die Umlaufszeit $1/\omega$ einzusetzen. Durch Quadrieren folgt

$$\omega^2 = \frac{P^2}{4\mu^2 a^4(1-\varepsilon^2)\pi^2},$$

woraus mittels (7^*) die abzuleitende Gleichung (4) hervorgeht.

Um endlich den Mittelwert der kinetischen Energie des Elektrons zu berechnen, gehen wir aus von den vektoriell geschriebenen Bewegungsgleichungen

$$\mu\frac{d^2\mathfrak{r}}{dt^2} = -\frac{Ze^2}{r^2}\cdot\frac{\mathfrak{r}}{r},$$

in denen $\mathfrak{r}$ den Fahrstrahl vom Kern zum Elektron bedeutet. Diese Gleichungen multiplizieren wir skalar mit $\mathfrak{r}$ und formen die linke Seite um gemäß

$$\mathfrak{r}\frac{d^2\mathfrak{r}}{dt^2} = \frac{d}{dt}\left(\mathfrak{r}\frac{d\mathfrak{r}}{dt}\right) - \left(\frac{d\mathfrak{r}}{dt}\right)^2.$$

Dann erhalten wir

$$\frac{d}{dt}\left(\mu\mathfrak{r}\frac{d\mathfrak{r}}{dt}\right) - \mu\left(\frac{d\mathfrak{r}}{a}\right)^2 = -\frac{Ze^2}{r}.$$

Da $\dfrac{1}{2}\,\mu\left(\dfrac{d\mathfrak{r}}{dt}\right)^2$ gleich der kinetischen, $-\dfrac{Ze^2}{r}$ gleich der potentiellen Energie des Elektrons ist, können wir dies schreiben

$$\frac{d}{dt}\left(\mu\,\mathfrak{r}\,\frac{d\mathfrak{r}}{dt}\right) - 2\,E_{\text{kin}} = E_{\text{pot}} \ldots \ldots \ldots \ldots (8^*)$$

Bilden wir den Mittelwert über die geschlossene Keplerellipse, so liefert das erste Glied offenbar keinen Beitrag und es folgt die Gleichung (5) des Textes.

Zum Schluß müssen wir noch die Legitimität der Einführung der effektiven Masse (8) zur Berücksichtigung der Mitbewegung des Kernes in unserem allgemeinen Falle der Ellipsenbahnen nachweisen. Hat $\mathfrak{r}$ dieselbe Bedeutung wie früher und sind $\mathfrak{r}_1$ bzw. $\mathfrak{r}_2$ die Vektoren vom Schwerpunkt zum Kern bzw. zum Elektron, so gilt

$$M\,\mathfrak{r}_1 + m\,\mathfrak{r}_2 = 0, \qquad \mathfrak{r} = \mathfrak{r}_2 - \mathfrak{r}_1,$$

also

$$\mathfrak{r}_1 = -\frac{m}{M+m}\,\mathfrak{r}, \qquad \mathfrak{r}_2 = \frac{M}{M+m}\,\mathfrak{r}.$$

Die Bewegungsgleichungen lauten nun:

$$M\,\frac{d^2\mathfrak{r}_1}{dt^2} = \frac{Ze^2}{r^2}\,\frac{\mathfrak{r}}{r}, \qquad m\,\frac{d^2\mathfrak{r}_2}{dt^2} = -\frac{Ze^2}{r^2}\,\frac{\mathfrak{r}}{r},$$

also folgt für die relative Bewegung des Elektrons um den Kern die Gleichung

$$\mu\,\frac{d^2\mathfrak{r}}{dt} = -\frac{Ze^2}{r^2}\,\mathfrak{r}$$

gerade mit der durch (8) gegebenen Bedeutung von μ. Ferner folgt analog wie im Text für die gesamte kinetische Energie von Kern und Elektron

$$E_{\text{kin}} = \frac{M}{2}\left(\frac{d\mathfrak{r}_1}{dt}\right)^2 + \frac{m}{2}\left(\frac{d\mathfrak{r}_2}{dt}\right)^2 = \frac{\mu}{2}\left(\frac{d\mathfrak{r}}{dt}\right)^2,$$

womit die fragliche Behauptung voll bewiesen ist.

Ziehen wir jetzt auch die von der klassischen Elektrodynamik geforderte Ausstrahlung in Betracht, so würden die spektralen Frequenzen des emittierten Lichtes mit den Frequenzen der Bewegung übereinstimmen. Nun ist die Bewegung auf einer Keplerellipse eine periodische und jede periodische Bewegung mit der Umlaufsfrequenz ω kann nach dem Fourierschen Satz in harmonische Sinusschwingungen aufgelöst werden, deren Frequenzen die Wertereihe ω, $2\,\omega$, $3\,\omega$, ... durchlaufen. Die erste Schwingung heißt dabei Grundschwingung, die übrigen Oberschwingungen. Die von einem auf einer Keplerellipse mit der Frequenz ω umlaufenden Elektron emittierte Strahlung hätte also nach der klassischen Elektrodynamik die Frequenzen

$$\nu_{\text{kl}} = \tau\,\omega, \qquad \tau = 1,\,2,\,3,\cdots \ldots \ldots \ldots \ldots (9)$$

(Auf einer Kreisbahn würden im besonderen die Oberschwingungen mit $\tau \neq 1$ fortfallen.) Zwar würde die Ausstrahlung, wie bereits im vorigen Paragraphen erwähnt, eine dauernde Verkleinerung der Bahndimensionen und damit eine stetige Veränderung der Größe ω in (9) zur Folge haben, bis schließlich das Elektron in den Kern fällt. Da aber eine Abschätzung der pro Zeiteinheit ausgestrahlten Energie nach Gl. (54) in § 6 c des vorigen Kapitels zeigt, daß im allgemeinen das Elektron erst eine große Zahl von Umläufen vollführen muß, ehe seine Energie sich durch Ausstrahlung merklich ändert, kommt dennoch in der klassischen Theorie der Gl. (9) ein bestimmter physikalischer Sinn zu.

Wir müssen nun diese Ergebnisse der klassischen Theorie verwerten, um über die stationären Zustände des betrachteten Atoms mit einem Elektron bestimmte Aussagen machen zu können. Hierzu verhilft uns zunächst der folgende physikalische Gesichtspunkt, den wir später in allgemeinerer Form durchführen werden. Obwohl in der Quantentheorie der einfache Zusammenhang zwischen der Frequenz des emittierten Lichtes und der Frequenz der Bewegung aufgegeben wird, ist es naturgemäß zu verlangen, daß wenigstens im Grenzfall sehr großer Werte der Quantenzahl n und gegenüber diesem Werte selbst kleinen Differenzen $n' - n''$ dieser Zahl im Anfangs- und Endzustand die durch die Bedingung (I) bestimmten, den verschiedenen Übergängen entsprechenden quantentheoretischen Frequenzen mit den durch (9) gegebenen klassischen Frequenzen übereinstimmen werden. Denn nach (3) und (7) unterscheiden sich in diesem Grenzfall auch die Werte der Energie und der Bewegungsfrequenz im Anfangs- und Endzustand nur wenig voneinander. Diese Forderung führt uns nun zu einer Bestimmung des Wertes der Konstanten R in (1) und (2). Setzen wir im Hinblick auf (3), die Konstante zunächst unbestimmt lassend, allgemein

$$E = - \frac{Kh}{n^2},$$

so erhalten wir nach (I) für die quantentheoretischen Frequenzen im betrachteten Grenzfall die Werte

$$\nu_{\mathrm{qu}} = K \left(\frac{1}{n''^2} - \frac{1}{n'^2} \right) = K \frac{n' + n''}{n'^2 n''^2} (n' - n'') \sim \frac{2K}{n^3} \tau,$$

wenn wir

$$\tau = n' - n'' \quad \cdots \cdots \cdots \cdots \cdots \quad (10)$$

setzen und im übrigen für n' und n'' den gemeinsamen Wert n einführen. Andererseits folgt aus (9) und (7) mit Einsetzung des Wertes $E = - \dfrac{Kh}{n^2}$ der Energie für die klassische Frequenz der Strahlung der Ausdruck

$$\nu_{\mathrm{kl}} = \frac{2K}{n^3} \left(\frac{Kh^3}{2\pi^2 Z^2 e^4 \mu} \right)^{1/2} \tau.$$

Die beiden Ausdrücke von ν_{qu} und ν_{kl} fallen im betrachteten Grenzfall dann zusammen, wenn

$$K = \frac{2\pi^2 Z^2 e^4 \mu}{h^3}.$$

Erinnern wir uns noch der Bedeutung (8) von μ, so können wir also die Energiewerte E_n der stationären Zustände eines Atoms mit einem Kerne der Ladung Ze, der von einem einzigen Elektron umlaufen wird, schreiben:

$$E_n = - Z^2 \frac{1}{1 + \dfrac{m}{M}} R h c \frac{1}{n^2} \cdots \cdots \cdots \cdots \cdots (11)$$

worin die nunmehr universelle Rydbergsche Konstante R den Wert hat:

$$R = \frac{2\pi^2 e^4 m}{c h^3} \cdots \cdots \cdots \cdots \cdots (12)$$

Gehen wir von den Energiewerten (11) mittels der Frequenzbedingung (I) zu den Wellenzahlen des emittierten Spektrums zurück, so sehen wir zunächst, daß für das Wasserstoffspektrum (1) in Übereinstimmung mit den allgemeinen Annahmen über das Kernatom $Z = 1$ gesetzt werden muß, dagegen das Spektrum (2) einem Atom mit der Kernladungszahl $Z = 2$, das ist, da es sich ja um ein Atom mit einem einzigen Elektron handelt, einem He^{+}-Ion zuzuschreiben ist. Von letzterem Ergebnis war bereits oben ausführlich die Rede.

Weiter sehen wir, daß gemäß (11) die Konstanten R_H und R_{He} in (1) und (2) die Werte haben:

$$R_H = R\ \frac{1}{1 + \dfrac{m}{M_H}}, \qquad R_{He} = R\ \frac{1}{1 + \dfrac{m}{M_{He}}} \ \cdots \cdots (13)$$

Wären die Massen der Kerne unendlich groß, so würden die Konstanten in (1) und (2) übereinstimmend den durch (12) gegebenen Wert haben, der somit sozusagen den idealen Wert der Rydbergkonstante für unendlich schweren Kern darstellt. Wir können also sagen, daß die Verschiedenheit von R_H und R_{He} von der Mitbewegung des Kernes herrührt, die ja, wie wir gesehen haben, den Faktor $\dfrac{1}{1 + m/M}$ in (11) bedingt. Da das Verhältnis $\dfrac{M_{He}}{M_H}$ aus den Atomgewichten dieser Gase bekannt und gleich ist $\dfrac{4,001}{1,0077}$, kann aus den angegebenen empirischen Werten von R_H und R_{He} das Verhältnis M_H/m von H-Kernmasse und Elektronenmasse gemäß

$$\frac{M_H}{m} = \frac{R_H - \dfrac{M_H}{M_{He}} R_{He}}{R_{He} - R_H} \ \cdots \cdots \cdots \cdots (14)$$

berechnet werden. Es ergibt sich der bereits in § 1 angegebene Wert

$$\frac{M_H}{m} = 1833 \pm 3,$$

aus dem mittels des aus der Elektrolyse bekannten Wertes von e/M_H weiter der Wert der spezifischen Ladung des Elektrons sich zu

$$\frac{e}{m} = (1,7686 \pm 0,003) . 10^7 \text{ elektromagnetische CGS-Einheiten}$$

ergibt. Daß dieser (zurzeit genaueste) Wert der spezifischen Ladung des Elektrons mit den anderen empirischen Bestimmungen dieser Größe innerhalb deren Versuchsgenauigkeit übereinstimmt, kann als eine schlagende Bestätigung der Bohrschen Theorie angesehen werden. Es folgt sodann die durch (12) gegebene, dem Wert $M = \infty$ entsprechende Konstante, durch Multiplikation von R_H mittels des nunmehr bekannten Faktors $1 + \dfrac{m}{M_H}$ zu

$$R = 109\,737{,}11 \pm 0{,}06.$$

Die Hauptleistung der Bohrschen Theorie des Wasserstoffspektrums liegt nun darin, daß sie diese Rydbergsche Konstante gemäß (12) auf andere universelle Konstante, insbesondere das Wirkungsquantum h zurückführt. Unter Zugrundelegung des angegebenen Wertes von e/m und des schon öfters benutzten Millikanschen Wertes von e ergibt sich aus dem empirischen Werte von R gemäß (12) der zurzeit genaueste Wert des Wirkungsquantums h zu

$$h = (6{,}545 \pm 0{,}013) \cdot 10^{-27} \text{ erg sec.}$$

Seine gute Übereinstimmung mit auf andere Weise ermittelten Werten dieser Konstanten (vgl. Kap. XXVII, § 8) ist zugleich eine vollkommene Bestätigung der Bohrschen Theorie.

Bei der theoretischen Ableitung der Rydbergkonstante R haben wir nur im Grenzfall großer Quantenzahlen von der klassischen Theorie Gebrauch gemacht. Um die Energiewerte (11) selbst, nämlich ihre bisher nur als empirisch gegeben vorausgesetzte Abhängigkeit von n, theoretisch deuten zu können, müssen wir auf die Methoden zur Bestimmung der stationären Zustände ein wenig näher eingehen. Für eine ausgedehnte Klasse von mechanischen Systemen, die sogenannten mehrfach periodischen Systeme, gibt es eine vollständige Theorie zur Festlegung der stationären Zustände und zur Berechnung ihrer Energiewerte. Diese Theorie beruht auf der fundamentalen Annahme, daß bei derartigen mechanischen Systemen für die Bewegung in den stationären Zuständen selbst — im Gegensatz zu den von Ausstrahlung begleiteten Übergangsprozessen und den Zusammenstößen mit anderen Atomsystemen — die klassische Mechanik und Elektrodynamik gültig ist. Dies soll so weit zutreffen, als die Kräfte zwischen den Teilchen des Systems konservativ sind, das heißt ein Energieintegral besitzen, also mit Vernachlässigung der unmittelbar mit der von der klassischen Elektrodynamik geforderten Ausstrahlung zusammenhängenden Dämpfungskraft [vgl. Kap. XXVII, § 6c, Gl. (55)]. Von dieser Annahme einer so weitgehenden Gültigkeit der klassischen Theorie, die a priori wohl kaum zu erwarten war und der auch bei weitem kein so allgemeiner Geltungsbereich zuzukommen scheint, wie den im vorigen Paragraphen formulierten Grundpostulaten der Bohrschen Theorie, wird in § 5 noch weiter die Rede sein. Dort werden auch die Definition der mehrfach periodischen Systeme sowie die allgemeinen physikalischen Prinzipien, die den Regeln zur Festlegung der stationären Zustände dieser Systeme zugrunde liegen, besprochen werden [1]).

Für uns ist hier wichtig, daß die rein (einfach) periodischen Systeme, bei denen die mechanischen Bahnen bei beliebigen Anfangsbedingungen geschlossen sind und die Bewegung daher periodisch ist, einen besonders einfachen Spezialfall der mehrfach periodischen Systeme bilden. Denn mit einem derartigen rein periodischen System haben wir es ja gerade bei einem Atom

---

[1]) Wie im Nachtrag II erläutert, ist die Grundannahme der Theorie der Periodizitätssysteme, daß für die Beschreibung der stationären Zustände die klassische Kinematik und Mechanik brauchbar sei, heute zugunsten der allgemeineren Quantenmechanik verlassen. Daher wird auch die Übereinstimmung, zu der diese Theorie beim Wasserstoffatom auch bei kleinen Quantenzahlen mit der empirisch feststehenden genauen Proportionalität der Energiewerte zu $1/n^2$ führt, heute mehr als zufällig angesehen.

mit einem Elektron zu tun, da die Keplerellipsen periodische und geschlossene Bahnen sind. Für solche Systeme gilt folgende Regel zur Festlegung der stationären Zustände, wenn wir hier vorläufig voraussetzen, daß weder die Massen noch die Kräfte von der Geschwindigkeit der Teilchen abhängen: Man bilde die mechanische Wirkungsgröße (sie hat die Dimension einer Wirkung, das ist erg sec)

$$J = \int\limits_0^{1/\omega} 2\,E_{\text{kin}}\,dt = \frac{2\,\overline{E_{\text{kin}}}}{\omega} \quad\cdots\cdots\cdots\cdots (15)$$

worin ω wieder die Umlaufszahl der betrachteten mechanischen Bahn bedeutet. Dann sind die Werte dieser Wirkungsgröße J in den stationären Zuständen ganzzahlige Multipla des Planckschen Wirkungsquantums h:

$$J = n\,h \quad\cdots\cdots\cdots\cdots\cdots\cdots (16)$$

Man sieht zunächst, daß für den harmonischen Oszillator, wo die Periode ω eine von den Anfangsbedingungen unabhängige Konstante v_0 ist und wo gemäß Gl. (47) in § 6 a des Kap. XXVII für jede Bahn $\overline{E_{\text{kin}}} = \overline{E_{\text{pot}}}$ gilt, also $2\,\overline{E_{\text{kin}}}$ gleich der Energie E ist, diese Vorschrift (15), (16) unmittelbar auf die früher angenommenen, durch Gl. (74) des Kap. XXVII gegebenen Energiewerte $E_n = n\,h\,v_0$ führt.

Wenden wir sodann unsere Vorschrift auf das betrachtete Kernatom mit einem Elektron an, so folgt aus (5) und (6) sogleich

$$J = -\frac{2\,E}{\omega},$$

und nach (7)

$$J^2 = \frac{4\,E^2}{\omega^2} = \frac{2\,\pi^2\,Z^2\,e^4\,\mu}{(-E)},$$

also

$$\left.\begin{aligned} E &= -\frac{2\,\pi^2\,Z^2\,e^4\,\mu}{J^2}, \quad a = -\frac{Z\,e^2}{2\,E} = \frac{J^2}{4\,\pi^2\,Z\,e^2\,\mu}, \\ \omega &= -\frac{2\,E}{J} = \frac{4\,\pi^2\,Z^2\,e^4\,\mu}{J^3} \end{aligned}\right\} \quad\cdots (17)$$

Aus der letzten Beziehung folgt

$$\omega = \frac{dE}{dJ} \quad\text{oder}\quad dE = \omega\,dJ \quad\cdots\cdots\cdots (18)$$

eine Relation, von der man zeigen kann, daß sie für alle periodischen Systeme aus der Definition (15) von J folgt und die wir in § 5 benutzen werden.

Setzen wir in den Ausdruck (17) für E den Wert $J = n\,h$ ein, so folgt zunächst

$$E_n = -\frac{2\,\pi^2\,Z^2\,e^4\,\mu}{h^2}\,\frac{1}{n^2}$$

in Übereinstimmung mit (11) und (12), so daß die Proportionalität von E_n zu $1/n^2$ nunmehr theoretisch begründet erscheint. Sodann folgt für den Wert der Halbachse a im stationären Zustand mit dem Wert n der Quantenzahl, den man als „n-quantig" zu bezeichnen pflegt, der Ausdruck

$$a_n = \frac{n^2}{Z}\left(1 + \frac{m}{M}\right) a_1 \quad \ldots \ldots \ldots \ldots (19)$$

worin gesetzt ist

$$a_1 = \frac{h^2}{4\,\pi^2 e^2 m} \cdot \quad \ldots \ldots \ldots \ldots (20)$$

Die Größe a_1 bestimmt die Dimensionen des H-Atoms ($Z = 1$) in seinem einquantigen Zustand ($n = 1$), von dem bereits erwähnt wurde, daß er den Normalzustand (kleinster Energie) dieses Atoms bildet. Stellen wir uns die Elektronenbahn in diesem Zustand speziell als Kreis vor, so ist a_1 der Radius des Kreises, den das Elektron in diesem Zustand um den Schwerpunkt des Atoms beschreibt. Der Zahlenwert der durch (20) gegebenen Größe a_1 beträgt

$$a_1 = 0{,}532 \cdot 10^{-8}\,\text{cm},$$

und es ist bemerkenswert, daß die so ermittelten quantentheoretischen Dimensionen des H-Atoms der Größenordnung nach mit den gaskinetisch ermittelten Atomdimensionen übereinstimmen. (Es ist aus Dimensionsbetrachtungen leicht einzusehen, daß die klassische Theorie nicht zu bestimmten Werten für die Größe eines Kernatoms führen kann.) Allgemein folgt aus (19), daß die Halbachsen der Bahnen in den verschiedenen stationären Zuständen proportional der Zahlenreihe 1, 4, 9, . . . anwachsen. Es ist jedoch eine wesentliche Forderung der Bohrschen Theorie des Wasserstoffspektrums, daß in einem bestimmten Quantenzustand nur die Energie und damit die große Halbachse der Bahn, nicht aber deren Form (Exzentrizität) festgelegt wird.

§ 4. Allgemeine Folgerungen über Ursprung und Anregungsbedingungen der Spektren. a) Röntgenspektren. Durch Laues Entdeckung der Interferenz der Röntgenstrahlen in Kristallen und ihre weitere Verfolgung durch W. H. und W. L. Bragg war die Möglichkeit einer genauen Bestimmung der spektralen Zusammensetzung der Wellenlängen der Röntgenstrahlen gegeben und damit die notwendige Grundlage für die bald darauf einsetzende Entwicklung einer Röntgenspektroskopie geschaffen worden. Es ergab sich dabei zunächst, frühere mehr qualitative Resultate Barklas verschärfend und präzisierend, daß die in Röntgenröhren erzeugte Strahlung aus zwei Arten von Strahlungen mit verschiedenen Entstehungsbedingungen zusammengesetzt ist. Die erste ist die Bremsstrahlung, die das bereits in § 8 des Kap. XXVII erwähnte kontinuierliche, nach der kurzwelligen Seite gemäß der Quantengleichung $eV = h\nu$ scharf begrenzte Spektrum besitzt; die zweite Strahlungsart besteht aus scharfen, für das verwendete Antikathodenmaterial charakteristischen Spektrallinien und wird Fluoreszenz- oder Eigenstrahlung genannt.

Über die Bremsstrahlung möge hier dem im vorigen Kapitel Gesagten nur wenig hinzugefügt werden. Diese Strahlung entsteht, wenn ein Elektron bei seinem Vorbeifliegen am Kern eines Atoms infolge der ihm vom Kraftfeld des Kernes erteilten Beschleunigung einen Teil seiner Energie in Form von Strahlung abgibt. Quantentheoretisch müssen wir diese Ausstrahlung Übergangsprozessen zuschreiben, bei welchen Richtung und Größe der Geschwindigkeit des vor wie nach dem Prozeß freien Elektrons sich diskontinuierlich ändern. Da hierbei die kinetische Energie des Elektrons eines kontinuierlichen Wertebereichs fähig ist, folgt aus der Frequenzbedingung (I) in der Tat, daß derartige Übergangsprozesse zu einem kontinuierlichen Spektrum der beobachteten Beschaffenheit Anlaß geben müssen.

In diesem Abschnitt wollen wir uns indessen im folgenden nur mit der Eigenstrahlung beschäftigen, und zwar zunächst mit den charakteristischen Gesetzmäßigkeiten, welche die Abhängigkeit der Lage der Röntgenlinien von der Atomnummer des sie emittierenden Elementes regeln. Diese sind zum erstenmal in einer grundlegenden Untersuchung von Moseley [1]) aufgedeckt worden.

Die Röntgenlinien eines Elementes lassen sich in verschiedene Serien ordnen, die von ähnlicher Struktur sind, wie die im vorigen Abschnitt besprochenen optischen Serien, indem die Linien einer Serie sich an einer bestimmten Stelle, der Seriengrenze, häufen. In der Reihenfolge zunehmender Wellenlänge ihrer Grenzen werden diese Serien als K-, L-, M-... Serie bezeichnet. Im Gegensatz zu den optischen Spektren ist ferner die Lage der Linien eines Elementes weitgehend unabhängig davon, in welcher chemischen Verbindung dieses vorhanden ist, und überdies sind auch die Röntgenspektren der verschiedenen Elemente von homologem Bau, so daß entsprechende Serienlinien durch die Reihe der chemischen Elemente hindurch verfolgt werden können. Dabei fand nun Moseley das folgende fundamentale Gesetz: **Die Frequenz einer bestimmten Serienlinie bei verschiedenen Elementen ist dem Quadrat Z^2 der Atomnummer proportional.** Dies wird durch die folgende Fig. 1123 [2]) demonstriert, in der für zwei (mit K_{α_1} und K_{β_1} bezeichnete) Linien der K-Serie die Werte der Quadratwurzel $\sqrt{v}$ aus der Schwingungszahl als Ordinate und die Ordnungszahlen Z als Abszisse aufgetragen sind. Das Moseleysche Gesetz äußert sich dabei in dem mit großer Annäherung geradlinigen Verlauf der Kurven. Der im natürlichen System der Elemente zum Ausdruck gebrachte periodische Wechsel der chemischen Eigenschaften macht sich also bei den Röntgenspektren, wenigstens bei der ersten gröberen Orientierung, in keiner Weise geltend.

Durch dieses Resultat ergab sich vor allem die Möglichkeit, die Ordnungszahl der Elemente endgültig zu bestimmen. Wie aus der Fig. 1123 ersichtlich, machen sich nämlich die vom Fehlen einiger Elemente im natürlichen System befindlichen Lücken (vgl. $Z = 43$) in den Röntgenspektren sofort bemerkbar Ferner folgen die Röntgenspektren auch an denjenigen Stellen der natürlichen, im periodischen System der Elemente angenommenen Reihenfolge der Elemente, wo diese von der Reihenfolge der wachsenden Atomgewichte abweicht (wie z. B. an der Stelle $Z = 27$, 28 und $Z = 52$, 53 in der Figur).

---

[1]) H. G. J. Moseley, Phil. Mag. **26**, 1024, 1913; **27**, 703, 1914.
[2]) Die Fig. 1123 ist mit freundlicher Erlaubnis des Verlages Julius Springer, Berlin, dem Bohrschen Nobelvortrag über den Bau der Atome, Naturwissensch. **11**, 606, 1923 entnommen und zwar S. 613, Fig. 3.

Aus den Erfahrungsergebnissen folgt jedoch überdies auch eine endgültige Bestätigung der van den Broekschen Annahme der Übereinstimmung von Kernladungs- und Ordnungszahl, wenn wir diese Ergebnisse mit Moseley vom Standpunkt der Bohrschen Theorie aus interpretieren. Zunächst führt die weitgehende Unabhängigkeit der Röntgenlinien von den näheren chemischen

Fig. 1123.

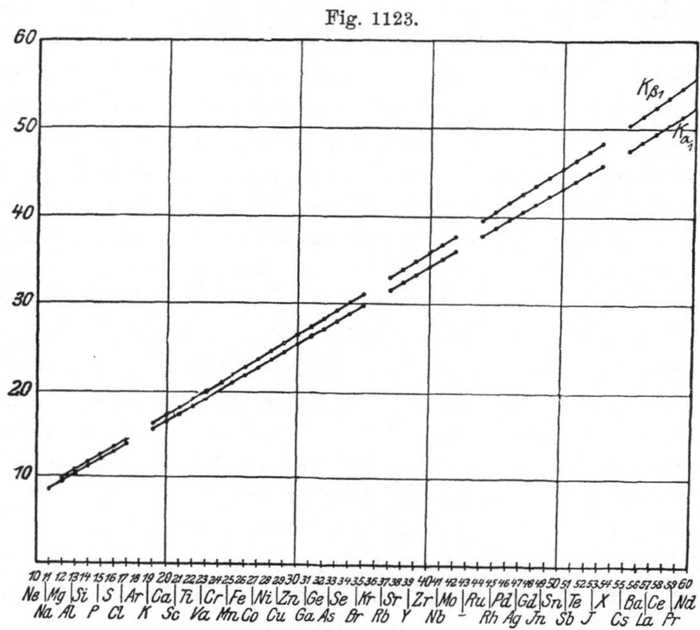

Eigenschaften und dem chemischen Zustand des sie emittierenden Elementes, die ja wesentlich durch das Verhalten der äußersten Elektronen des Atoms bedingt werden, zu der Annahme, daß bei der Emission der Röntgenlinien nur die innersten Elektronen des Atoms beteiligt sind.   In diesen Gebieten des Atoms muß ja wegen der hohen Ladung des Kernes dessen Anziehungskraft auf die Elektronen ihre Abstoßungskraft untereinander bei weitem überwiegen.   Infolgedessen können wir hier die Bahnen der Elektronen in erster Näherung als wasserstoffähnlich ansehen und die Resultate des vorigen Abschnittes anwenden.   Aus den durch Gl. (11) gegebenen Energiewerten der stationären Zustände eines Atoms mit einem Kern der Ladung $+ Ze$ und einem einzigen Elektron ergibt sich nun die Frequenz ν der emittierten Strahlung, die dem Sprung dieses Elektrons aus einer Bahn mit dem Wert n' der Quantenzahl in eine Endbahn mit dem Wert n'' dieser Quantenzahl entspricht, zu

$$\nu = R Z^2 \left(\frac{1}{n''^2} - \frac{1}{n'^2} \right) \cdots \cdots \cdots \cdots (21)$$

Hierin bedeutet R die durch (12) gegebene Rydbergzahl, da bei schwereren Atomen der von der Mitbewegung des Kernes herrührende Korrektionsfaktor vernachlässigt werden kann.   Man sieht, daß dieses Resultat eine theoretische Erklärung der Proportionalität von ν zu Z^2 in sich schließt.

Moseley zeigte jedoch weiter, daß auch die absoluten Größen der Frequenzen der Röntgenlinien durch die Formel (21) mit einer gewissen Annäherung wiedergegeben werden. Die Werte der Röntgenfrequenzen werden somit ebenso wie die der optischen Frequenzen wesentlich durch die Rydbergzahl bedingt. Zur Darstellung der beobachteten Werte von v muß man dabei in (21) für Z statt der wahren Größe der Kernladungszahl eine effektive Kernladungszahl Z_{eff} einsetzen, die um einen annähernd konstanten Betrag s kleiner ist als die erstere:

$$Z_{\text{eff}} = Z - s.$$

Dies ist theoretisch verständlich, wenn man bedenkt, daß die Wirkung der übrigen Elektronen, namentlich derjenigen, die sich auf weiter im Innern des Atoms befindlichen Bahnen bewegen als das springende Elektron, in einer teilweisen Abschirmung der vollen Kernladung bestehen wird. Die Größe s wird deshalb auch Abschirmungszahl genannt. Was ferner die den einzelnen Röntgenlinien entsprechenden Werte n' und n'' der Quantenzahl im Anfangs- und Endzustand betrifft, so fand Moseley das folgende, einfache Resultat: Alle Linien der K-Serie entsprechen dem Übergang eines Elektrons in eine einquantige Bahn ($n'' = 1$). Für die in der Fig. 1123 gezeichnete langwelligste Linie K_α dieser Serie ist ferner $n' = 2$. Die Wellenzahl v_{K_α} dieser Linie wird annähernd durch die Formel dargestellt:

$$v_{K_\alpha} = R \left(\frac{1}{1^2} - \frac{1}{2^2} \right) (Z - 1)^2.$$

Die Linien der L-Serie entsprechen dem Übergang eines Elektrons in eine zweiquantige Bahn ($n'' = 2$). Für die langwelligste Linie L_α dieser Serie ist $n' = 3$ und ihre Wellenzahl v_{L_α} wird annähernd durch die Formel wiedergegeben:

$$v_{L_\alpha} = R \left(\frac{1}{2^2} - \frac{1}{3^2} \right) (Z - 7{,}4)^2.$$

Wenn auch diese Moseleyschen Formeln für die Werte der Frequenzen der Röntgenlinien keineswegs endgültig sind und die beobachteten Werte nur sehr annähernd darstellen (von einem Zusatzglied in den Formeln, das von der Veränderlichkeit der Masse des Elektrons mit seiner Geschwindigkeit herrührt, wird noch weiter unten in § 8 die Rede sein), so können sie doch dazu dienen, die zu den verschiedenen Röntgenlinien gehörigen Werte von n' und n'', wenigstens für die kurzwelligeren Linien, mit Sicherheit zu bestimmen. Es ergab sich dabei, daß zu denselben Werten von n' und n'' im allgemeinen mehrere Röntgenlinien gehören; die verschiedenen Röntgenserien sind im allgemeinen noch komplex. So gibt es zwar stets nur eine K-Serie, aber bei den Elementen mit höherer Atomnummer z. B. drei L-Serien und fünf M-Serien.

Bei der Einordnung der Röntgenlinien in Serien unter Berücksichtigung ihrer Komplexität müssen vor allem die Anregungsbedingungen der Röntgenlinien in Betracht gezogen werden. Es hat sich nämlich gezeigt daß keineswegs jede Röntgenlinie bei einer solchen durchlaufenen Spannung V

der anregenden Elektronen zum erstenmal erscheint, die gemäß der Quantengleichung $eV = h\nu$ dem Wert ν ihrer Frequenz entspricht. Vielmehr erscheinen die Röntgenlinien erst bei einer höheren Spannung als dieser und dann erscheinen alle Linien einer Serie zugleich. So kann man von der Anregungsspannung einer Röntgenserie sprechen; diese ergibt sich aus der lichtelektrischen Gleichung $eV = h\nu$, wenn man für ν die Seriengrenze einsetzt. Es konnten z. B. Webster und seine Schüler die den drei L-Serien entsprechenden Anregungsgrenzen genau experimentell bestimmen.

Die Größe von $h\nu$ für eine bestimmte Seriengrenze ist nun offenbar in der Näherung, mit der die Serienlinien durch (21) dargestellt werden, analog wie im Fall des Wasserstoffspektrums gleich der Arbeit, die erforderlich ist, um das Elektron aus der den Linien der Serie gemeinsamen Endbahn vollständig vom Atom abzulösen [dem Wert $n' = \infty$ in (21) entsprechend]. Wir müssen daher aus den Anregungsversuchen schließen, daß es notwendig ist, ein Elektron aus dem Innern des Atoms vollständig zu entfernen, um die Emission der Röntgenlinien hervorzurufen. Es entspricht dies einer Vorstellung über das Zustandekommen der Röntgenlinien, die zuerst von Kossel[1]) entwickelt und durch die Erfahrung später vollkommen bestätigt wurde. Gemäß dieser Vorstellung werden die Röntgenlinien als von ionisierten Atomen herrührend aufgefaßt, und zwar von solchen, die in einer ihrer inneren Elektronengruppen infolge der vorausgegangenen Ionisation eine leere Stelle aufweisen. Diese leere Stelle kann dann unter Emission von Strahlung ausgefüllt werden, indem ein Elektron aus einer der weiter außen befindlichen, loser gebundenen Gruppen in dieselbe hineinspringt, nunmehr wieder in der letzteren Gruppe eine Lücke zurücklassend. Wir können dies mit Bohr als einen Prozeß der Reorganisation des Atoms nach einer vorausgegangenen Störung bezeichnen.

Diese Kosselschen Vorstellungen führen in Verbindung mit Moseleys Ergebnissen zu interessanten Folgerungen über die Elektronenbahnen der inneren Gruppen im Normalzustand der Atome. Da nach Moseley die K-Serie (L-Serie) dem Übergang eines Elektrons aus einer mehrquantigen in eine einquantige (zweiquantige) Bahn entspricht, müssen wir annehmen, daß zur Anregung der K-Serie, L-Serie, ... die Entfernung eines Elektrons aus einer einquantigen, zweiquantigen, ... Bahn des neutralen Atoms erforderlich ist. Deshalb wird auch oft die innerste einquantige Elektronengruppe, als „K-Schale", die nächste zweiquantige Gruppe als „L-Schale" usw. bezeichnet. Der Linie K_α entspricht dann z. B. ein Übergang eines Elektrons aus der zweiquantigen L-Schale in die durch Ionisation sozusagen verletzte einquantige K-Schale. Neuerdings wurde von Bohr die prinzipielle Wichtigkeit der in diesen Ergebnissen enthaltenen Existenz von mehrquantigen Elektronenbahnen im Normalzustand der (neutralen) Atome betont. Die Elektronen auf den zweiquantigen Bahnen der L-Schale der

---

[1]) W. Kossel, Verh. d. D. Phys. Ges. **16**, 953, 1914.

neutralen Atome können offenbar nicht wie ein Elektron auf einer zweiquantigen Bahn im Wasserstoffatom unter Ausstrahlung in eine einquantige Bahn übergehen. Die K-Schale und allgemein die inneren Elektronengruppen im Normalzustand eines Atoms sind in einem besonderen, abgeschlossenen Zustand, der die Eigentümlichkeit hat, daß kein weiteres Elektron, sei es durch Emission oder Absorption von Strahlung, sei es infolge anderer äußerer Einwirkungen, in eine dieser Gruppen aufgenommen werden kann. Eine befriedigende theoretische Erklärung dieser Abgeschlossenheit der inneren Elektronengruppen, die aufs engste mit dem heute noch dunklen Mechanismus der feineren Wechselwirkung der Elektronen im Atom zusammenhängt, existiert bisher noch nicht (vgl. hierzu auch § 15 und Nachtrag II, § 20).

Die Abgeschlossenheit der inneren Elektronengruppen kommt auch in den Erscheinungen der Absorption der Röntgenstrahlen zum Ausdruck, die zugleich eine Bestätigung der Kosselschen Vorstellungen vom Zustandekommen der Röntgenlinien bilden. Es hat sich gezeigt, daß die Absorptionsspektren im Röntgengebiet nicht aus scharfen Linien bestehen, also insbesondere die Emissionslinien nicht auch in Absorption erscheinen, sondern sich vielmehr über einen kontinuierlichen Wellenlängenbereich erstrecken. Die den Seriengrenzen entsprechenden Stellen äußern sich jedoch, wie insbesondere aus Untersuchungen von E. Wagner hervorgeht, im Spektrum als Diskontinuitäten, auch Absorptionskanten genannt, indem auf der kurzwelligeren Seite der Kanten die Absorption sprungweise stärker ist als auf der langwelligeren.

Dieses Verhalten entspricht nun gerade den genannten theoretischen Vorstellungen. Zunächst kommen für die Absorption der Röntgenstrahlung die Atome, die in einer inneren Gruppe ionisiert sind, praktisch nicht in Betracht, da sie infolge der beträchtlichen Wahrscheinlichkeit eines Übergangsprozesses, welcher der Schließung dieser Lücke unter Ausstrahlung entspricht, nur während sehr kurzer Zeit und daher in äußerst geringer Anzahl vorhanden sein können. Wir haben daher hier nur die anfangs neutralen Atome in Betracht zu ziehen. Diese können offenbar die von den ionisierten Atomen herrührenden Röntgenemissionslinien gewiß nicht absorbieren. Sie können aber weiter infolge der Abgeschlossenheit der inneren Elektronengruppen nur solche Röntgenstrahlung absorbieren, die entweder eine vollständige Ablösung eines Elektrons aus einer inneren Elektronengruppe, oder seine Überführung in eine äußere, unabgeschlossene Elektronengruppe bzw. in eine unbesetzte Bahn an der Atomperipherie bewirken kann. Die zu den letzteren Prozessen erforderliche Energie ist indessen relativ nur sehr wenig geringer als die der völligen Loslösung des Elektrons aus den inneren Gruppen des Atoms entsprechende. Diese Energiebeträge sind nun offenbar gerade gleich den Werten von $h\nu$ für die Seriengrenzen der Röntgenemissionsspektren. Gemäß der Frequenzbedingung (I) ist daher gerade das beobachtete Aussehen des Absorptionsspektrums zu erwarten, indem z. B. einfallende Strahlung mit einer Frequenz ν größer als die K-Kante ν_K imstande ist, Elektronen aus der K-Schale zu entfernen, die dabei den Überschuß

$h\nu - h\nu_K$ als kinetische Energie behalten, während Strahlung mit einer Frequenz kleiner als ν_K nur Elektronen aus den L-, M-, ...-Schalen ablösen kann und daher schwächer absorbiert werden wird; Entsprechendes gilt offenbar an jeder Seriengrenze. Man muß den Absorptionsvorgang hier also als von einem lichtelektrischen Effekt begleitet auffassen, wobei jedoch in der lichtelektrischen Gleichung (71) in § 8 des Kap. XXVII für die Ablösungsarbeit P die $h\nu$-Werte der Seriengrenzen einzusetzen sind. In der Tat konnte M. de Broglie direkt experimentell zeigen, daß die Geschwindigkeiten der durch monochromatische Röntgenstrahlung aus den Atomen lichtelektrisch ausgelösten Elektronen dieser Gleichung mit den angegebenen Werten für die Austrittsarbeit genügen.

Die Frequenzen der Röntgenlinien selbst stehen mit denen der Absorptionskanten (Anregungsgrenzen, Seriengrenzen) in einem sehr einfachen Zusammenhang, der sich unmittelbar aus der Anwendung der Frequenzbedingung (I) auf den Emissionsvorgang unter Zugrundelegung der Kosselschen Vorstellungen ergibt. Wir beziehen dabei zweckmäßig die Energiewerte des Anfangs- wie des Endzustandes, die einem im Innern ionisierten Atom entsprechen, auf den Energiewert des neutralen Atoms in seinem Normalzustand als Nullpunkt, indem wir diesen Zustand als einen eindeutig bestimmten voraussetzen. (Dies bedeutet, daß wir unser Augenmerk nicht auf das springende Elektron, sondern auf die springende leere Stelle im Atom richten wollen.) Es werden dann die Energiewerte positiv — im Gegensatz zu den negativen Energiewerten (3) der stationären Zustände des Wasserstoffatoms, die auf den Fall des vollständig abgelösten Elektrons als Nullpunkt bezogen sind — und offenbar gleich den $h\nu$-Werten für die der Herstellung der betreffenden Zustände aus dem neutralen Atom entsprechenden Absorptionskanten. Daher ist nach der Frequenzbedingung (I) die **Frequenz jeder Röntgenemissionslinie gleich der Differenz der Frequenzen zweier Absorptionskanten.** Dieses Gesetz hat sich in der Tat als exakt erfüllt erwiesen und beweist damit die genaue Gültigkeit der Frequenzbedingung (I) im Röntgengebiet.

Diese Anwendung der Frequenzbedingung möge noch an der Emission der K_α-Linie als Beispiel demonstriert werden. Diese entspricht dem Übergang eines Elektrons aus der L-Schale in die K-Schale, wobei anfangs in der K-Schale, am Ende des Prozesses in der L-Schale ein Elektron fehlt. Wir haben daher in (I) für die Energie E' des Anfangszustandes zu setzen $E' = h\nu_K$, für die Energie E'' des Endzustandes $E'' = h\nu_L$, wenn ν_K und ν_L die K- und die L-Absorptionskanten bedeuten und wir der Einfachheit halber von der Komplexität der L-Serien absehen. Daher ergibt sich $\nu_{K_\alpha} = \nu_K - \nu_L$.

Da somit die Absorptionskanten zugleich als Termwerte im Sinne des Ritzschen Kombinationsprinzips fungieren, spricht man auch von einem „K-Niveau", von „L-Niveaus" usw. Es hat sich jedoch gezeigt, daß nicht alle denkbaren Kombinationen zwischen den Termen tatsächlich auftretenden Emissionslinien entsprechen, sondern daß gewisse, die Möglichkeit der Kombinationen zwischen den Termen einschränkende Regeln hinzutreten. Diese

Regeln hängen mit der Komplexität der Terme zusammen, die offenbar modellmäßig bedeutet, daß die Elektronen des in einer bestimmten Gruppe ionisierten Atoms sich noch in verschiedenen Konfigurationen anordnen können. Näheres hierüber, wie über den Zusammenhang der genauen Werte der Röntgenterme mit den feineren Einzelheiten des natürlichen Systems der Elemente, der in neueren Untersuchungen von Bohr und Coster zutage getreten ist, vgl. Kap. XXXIV dieses Lehrbuches.

b) Optische Spektren. Die Gesetzmäßigkeiten der optischen Spektren sind hinsichtlich ihrer Variation von Element zu Element bei weitem nicht so einfache wie die der Röntgenspektren, da bei ihrer Emission die äußersten Elektronen des Atoms wesentlich beteiligt sind und sie daher zu den im natürlichen System zum Ausdruck gebrachten Regelmäßigkeiten der chemischen Eigenschaften der Elemente eine direktere Beziehung haben. So sind nur die Spektren der Elemente an den ersten drei Stellen der Perioden des natürlichen Systems, der Alkalien, Erdalkalien und Erden, von verhältnismäßig einfachem Bau, während es überhaupt erst in neuester Zeit gelungen ist, einige der komplizierteren Spektren anderer Elemente in Serien zu ordnen. Indessen ist es gerade dieser Zusammenhang zwischen den optischen und chemischen Eigenschaften der Elemente, der viel zur theoretischen Aufklärung der letzteren beigetragen hat. Hiervon wird in § 8 noch genauer die Rede sein. Hier wollen wir zunächst nur die allgemeinsten Gesetzmäßigkeiten der optischen Spektren und ihrer Anregungsbedingungen besprechen.

Wie im Zusammenhang mit dem Kombinationsprinzip bereits in § 2 erwähnt wurde, lassen sich die Frequenzen ν der optischen Spektren stets als Differenz zweier Termwerte schreiben, die einer für das betreffende Spektrum charakteristischen Termmannigfaltigkeit angehören. Jedem dieser für die einfachsten Spektren schon seit längerer Zeit empirisch bekannten Termwerte können wir nun gemäß der Frequenzbedingung (I), ähnlich wie bei den wasserstoffähnlichen Spektren, einen bestimmten stationären Zustand des das Spektrum emittierenden Atoms zuordnen; den Energiewert dieses Zustandes erhält man, wenn man den Termwert mit negativem Vorzeichen versieht und mit der Planckschen Konstante h multipliziert. Die Mannigfaltigkeit der so erhaltenen Energiewerte der der Emission der optischen Spektren entsprechenden stationären Zustände, ist im allgemeinen eine kompliziertere als die zum Wasserstoffspektrum gehörige, die im vorigen Abschnitt betrachtet wurde und gemäß (3) einfach aus der Wertereihe

$$E_n = -\frac{Rhc}{n^2}$$

besteht. Es lassen sich jedoch die zur Emission der sogenannten Bogenspektren der anderen Elemente gehörigen Energiewerte wenigstens bei den einfachsten Spektren in einzelne Reihen ordnen, die von ähnlicher Form sind wie die des Wasserstoffspektrums. Wie aus Ergebnissen von Rydberg hervorgeht, können die Energiewerte einer solchen Reihe durch Ausdrücke der Form

$$E_n = -\frac{Rhc}{(n-a)^2} \quad \cdots\cdots\cdots\cdots\cdots (22)$$

dargestellt werden, worin R wieder die Rydbergsche Konstante bedeutet und n die Reihe der ganzen Zahlen, von einer bestimmten, nicht notwendig mit 1 zusammenfallenden Zahl angefangen, durchläuft. Die Größe a ist dabei annähernd konstant, indem jedenfalls die Werte von a mit wachsendem n rasch nach einer Konstanten konvergieren. Man sieht übrigens, daß die Werte von n durch die Darstellung (22) der empirisch gegebenen Energiewerte im allgemeinen nur bis auf eine willkürliche, gemeinsame und ganzzahlige additive Konstante bestimmt sind, die durch geeignete Wahl von a stets kompensiert werden kann. In gewissen Fällen sind jedoch einige der Termreihen sehr wasserstoffähnlich, indem bei geeigneter Wahl von n die Größe a einen (gegenüber 1) sehr kleinen Wert hat. Die verschiedenen Termreihen unterscheiden sich dabei stets durch verschiedene Werte von a. Wir bemerken noch, daß die Energiewerte (22) oft auch zweckmäßig in der Form

$$E_n = -\frac{R\,h\,c}{n^{*\,2}} \quad \cdots\cdots\cdots\cdots\cdots \quad (23)$$

geschrieben werden, worin die Größe n^* effektive Quantenzahl genannt wird und sich somit aus den Termwerten direkt empirisch bestimmen läßt. Die Formel (22) sagt dann aus, daß sich die Werte der effektiven Quantenzahlen in einer Termreihe von der Reihe der ganzen Zahlen annähernd um eine Konstante unterscheiden.

Die Linien einer Spektralserie sind dann wie beim Wasserstoffspektrum solche, die einem gemeinsamen Endzustand entsprechen, bei denen also der (dem Absolutwert nach) größere der beiden Terme der gleiche ist. Bezeichnen wir diesen mit A, so lassen sich demnach die Wellenzahlen v der Linien einer Serie in der Form schreiben:

$$v = A - \frac{R}{(n-a)^2} \quad \cdots\cdots\cdots\cdots\cdots \quad (24)$$

Der Wert von A ist demnach die Seriengrenze, das ist die Stelle, an der sich die Serienlinien (im $lim\ n = \infty$) häufen.

Das allgemeine Auftreten der Rydbergzahl bei den in Rede stehenden Energiewerten und ihre Ähnlichkeit mit denen der stationären Zustände des Wasserstoffatoms können wir nun mit Bohr durch die folgende allgemeine Vorstellung deuten: In den stationären Zuständen, die der Emission der Bogenspektren der Elemente entsprechen, und deren Energiewerte durch Formeln der Form (22) dargestellt werden können, verbleibt ein Elektron des Atoms wenigstens während des größten Teiles seiner Umlaufszeit in Abständen von den Elektronenbahnen des übrigen Teiles des Atoms, des sogenannten Atomrestes, die groß sind gegenüber den Dimensionen dieser Bahnen. Da der Atomrest unter diesen Umständen auf das andere Elektron, das sogenannte Serienelektron, annähernd so wirken wird, wie wenn alle seine Elektronen im Kern vereinigt wären, das heißt bei einem im ganzen neutralen Atom mit einem Coulombschen Kraftfeld einer Ladung $+e$ ist auf Grund dieser Vorstellung eine gewisse Ähnlichkeit der Termreihen der Bogenspektren mit denen des Wasserstoffspektrums verständlich. Die Bogenspektren der Elemente müssen deshalb überdies der Bindung eines Elektrons durch einen einfach geladenen Atomrest in einem im ganzen neutralen Atom zugeschrieben werden.

Hier können wir sogleich eine Folgerung ziehen über die Darstellung der Terme der Spektren, die in analoger Weise von ionisierten Atomen emittiert werden. Bei diesen wird der Atomrest annähernd äquivalent einer Ladung vom Betrage $+ 2e$ sein, die zugehörigen Energiewerte werden daher hier eine Ähnlichkeit mit denen der stationären Zustände des He^+-Ions aufweisen, die gemäß (3) durch

$$E_n = - \frac{4\,R\,h\,c}{n^2}$$

gegeben sind. Sie werden daher ebenso wie die der Bogenspektren darstellbar sein, nur mit dem Unterschiede, daß die Konstante R durch $4\,R$ ersetzt ist:

$$E_n = - \frac{4\,R\,h\,c}{(n-a)^2} = - \frac{4\,R\,h\,c}{n^{*2}} \quad \dots \dots \dots \quad (25)$$

Diese von Bohr auf Grund seiner Theorie vorausgesagte Darstellung der Spektralterme konnte von Fowler[1]) in der Tat als für die sogenannten Funkenspektren zutreffend nachgewiesen werden, die also der Bindung eines Elektrons von einem zweifach geladenen Atomrest in einem im ganzen einfach geladenen Atomion zugeschrieben werden müssen. Neuerdings ist es Paschen und Fowler im Falle der von Al^{+++} und Si^{++++} emittierten Spektren auch gelungen, zu zeigen, daß in deren Termdarstellung die Konstante R durch $9\,R$ bzw. $16\,R$ ersetzt werden muß, im Einklang mit der durch die Theorie geforderten Proportionalität der Energiewerte in den stationären Zuständen zu Z^2 gemäß (11).

Die allgemeine Vorstellung Bohrs über das Zustandekommen der optischen Spektren wird vollkommen bestätigt durch die Bedingungen ihrer Anregung und ihr Verhalten in Absorption. Die Verhältnisse, denen wir hier begegnen, sind grundverschieden von denen bei den Röntgenspektren. Diese Verschiedenheit rührt daher, daß wir es bei den Röntgenspektren mit inneren, abgeschlossenen Elektronengruppen und einem Reorganisationsprozeß des Atoms zu tun haben, während bei den optischen Spektren das emittierende Elektron im allgemeinen an der Atomperipherie in sonst unbesetzten Bahnen umläuft und diese Spektren daher den Prozeß der Bindung dieses Elektrons durch den Atomrest begleiten.

Was die Bedingungen der Anregung der optischen Spektren durch Elektronenstoß betrifft, so muß vor allem berücksichtigt werden, daß bei gewöhnlicher Temperatur im allgemeinen [gemäß der durch Gl. (75) in § 9 des Kap. XXVII gegebenen Verteilung der Atome auf die verschiedenen stationären Zustände bei thermischem Gleichgewicht] sich die überwiegende Mehrzahl der Atome im Grundzustand befindet, der dem kleinsten

---

1) A. Fowler, Phil. Trans. 1914, l. c., Note 1 auf S. 1721.

Energiewert entspricht. Die erste Erregung von Linienemission erfolgt dann, mit einem unelastischen Verlauf des Elektronenstoßes verknüpft, bei derjenigen von den Elektronen durchlaufenden Spannung V, die gemäß der Relation $eV = h\nu$ der langwelligsten Emissionslinie mit dem Normalzustand als Endzustand entspricht. Hierbei wird allein diese Linie von den Atomen emittiert. Die zugehörige Spannung heißt Resonanzspannung. (Vergleiche hierzu das in § 8 des Kap. XXVII angegebene Beispiel der Quecksilberlinie $\lambda = 2536$ Å.) Sodann wird jede weitere, einem Übergang in den Normalzustand entsprechende Emissionslinie bei der gemäß der Quantengleichung $eV = h\nu$ dem Wert ihrer Frequenz entsprechenden Spannung angeregt, wobei zugleich auch alle anderen Emissionslinien mit demselben Anfangszustand erscheinen. Es ist dies ein überzeugender Beweis nicht allein für die energetische Natur der Spektralterme, sondern auch für die von der Quantentheorie geforderte Unabhängigkeit der Prozesse, die zur Emission der verschiedenen Linien einer Serie Anlaß geben. Endlich erfolgt Ionisation der Atome bei einer Spannung, die dem zum Normalzustand gehörigen Termwert (der zugleich als Seriengrenze auftritt) entspricht (Ionisierungsspannung). Bei weiterer Steigerung der Spannung erfolgt dann schließlich die Anregung der Linien des Funkenspektrums bzw. zweifache Ionisation. (Näheres hierüber vgl. Kap. XXX dieses Lehrbuches.)

Auch das Verhältnis der Absorptionsspektren der Elemente zu ihren Emissionsspektren im optischen Gebiet ist in bester Übereinstimmung mit der Theorie. Da, wie erwähnt, unter normalen Bedingungen sich praktisch alle Atome im Normalzustand befinden, erscheinen alle diejenigen Emissionslinien zugleich als Absorptionslinien, die einem Übergang von einem angeregten Zustand in den Normalzustand entsprechen. Wegen der im allgemeinen sehr geringen Anzahl von Atomen, die sich von Hause aus in einem angeregten Zustand befinden, treten dagegen in der Regel solche Emissionslinien, die dem Übergang zwischen zwei angeregten Zuständen des Atoms entsprechen, in Absorption nicht auf.

In dieser Verbindung ist ein Versuch von Füchtbauer[1]) von großem theoretischen Interesse, dessen Ergebnis folgendermaßen schematisch beschrieben werden kann. Es sei ν_{12} die Frequenz einer Linie, die beim Übergang von einem angeregten Zustand 2 nach dem Normalzustand 1 emittiert wird, und es seien ν_{2x} die Frequenzen der Linien, die zu Übergängen von höheren angeregten Zuständen x nach dem Zustand 2 gehören. Dann werden normalerweise nur die Frequenz ν_{12}, nicht aber die Frequenzen ν_{2x} als Absorptionslinien erscheinen. Füchtbauer hat jedoch gezeigt, daß Absorption der letzteren Frequenzen ν_{2x} dann stattfindet, wenn das einfallende Licht zugleich auch die Frequenz ν_{12} enthält. Durch die Absorption von Licht der letzteren Frequenz wird in der Tat bewirkt, daß eine merkliche Anzahl von Atomen in den für die Absorption der Frequenzen ν_{2x} erforderlichen Zustand 2 gebracht wird. Der Versuch beweist ferner, daß diese

---

[1]) C. Füchtbauer, Physik. Zeitschr. **21**, 635, 1920. Wiederholt und erweitert von R. W. Wood, Proc. Roy. Soc. **126**, 679, 1924.

Atome im Mittel eine endliche Zeit in diesem Zustand 2 verweilen, ehe sie, der Emission von ν_{12} entsprechend, in den Normalzustand 1 zurückfallen; denn anderenfalls wäre offenbar für die Absorption der Frequenzen ν_{2x} keine hinreichend große Chance vorhanden.

Außer den Absorptionslinien, deren Vorhandensein einen charakteristischen Unterschied der Absorptionsspektren im optischen Gebiet von denen im Röntgengebiet bedeutet, gibt es auch im optischen Gebiet noch ein in der Absorption im Röntgengebiet vollständig analoges, von einem lichtelektrischen Effekt (gänzlichen Loslösung eines Elektrons vom Atom) begleitetes Absorptionsspektrum, das auf der kurzwelligen Seite der der Ionisierungsspannung entsprechenden Seriengrenze liegt und diese als scharfe Kante besitzt[1]). Im optischen Gebiet sind diese kontinuierlichen, an Seriengrenzen anschließenden Spektra, z. B. beim Wasserstoff, auch in Emission beobachtet. Sie entsprechen einem Übergangsprozeß, bei welchem ein mit kinetischer Energie begabtes, freies Elektron von einem ursprünglich ionisierten Atom in einer Quantenbahn eingefangen wird. Der kontinuierliche Charakter des Spektrums kommt dabei gemäß der Frequenzbedingung (I) dadurch zustande, daß die anfängliche kinetische Energie des Elektrons, um welche die Energiedifferenz zwischen Anfangs- und Endzustand die zugehörige Ionisierungsarbeit offenbar übertrifft, alle möglichen, über einen kontinuierlichen Bereich verteilten Werte haben kann.

Über die Bandenspektren, die von der Theorie den Molekülen zugeschrieben werden, vgl. Kap. XXXII dieses Bandes.

§ 5. Die Quantentheorie der mehrfach periodischen Systeme. a) Mechanische Eigenschaften und Festlegung der stationären Zustände mehrfach periodischer Systeme. Wie wir im vorigen Abschnitt gesehen haben, gelangt man mit Hilfe der Grundpostulate der Quantentheorie des Atombaues bereits unter Zugrundelegung ganz allgemeiner theoretischer Vorstellungen zu einer vorläufigen ersten Übersicht über die Gesetzmäßigkeiten und Entstehungsbedingungen der Spektren. Die weitere Ausbildung der Theorie beruht jedoch wesentlich auf den Methoden zur genaueren Festlegung der stationären Zustände sowie den allgemeinen Prinzipien, dem Adiabaten- und Korrespondenzprinzip, die für diese Methoden die physikalische Begründung liefern. Da jedoch deren vollständige Darstellung höhere mathematische Hilfsmittel erfordert, müssen wir uns hier auf die allgemeinen physikalischen Gesichtspunkte beschränken und wegen Einzelheiten der mathematischen Deduktionen auf die Spezialliteratur[2]) verweisen. Wir werden hier auch nicht auf die Einzelheiten der historischen Ent-

---

[1]) Holtsmark, Physik. Zeitschr. **20**, 88, 1921.

[2]) Vgl. hierzu außer der in Note 2 auf S. 1709 genannten Literatur: M. Planck, Verh. d. D. Phys. Ges. **17**, 407 und 438, 1915; Ann. d. Phys. **50**, 385, 1916; W. Wilson, Phil. Mag. **29**, 795, 1915 und **31**, 156, 1916; A. Sommerfeld, Münch. Ber. 1915, S. 425, 459; Ann. d. Phys. **51**, 1, 1916; P. S. Epstein, Ann. d. Phys. **50**, 489 und **51**, 168, 1916; K. Schwarzschild, Berl. Ber. 1916, S. 548; J. M. Burgers, Het Atommodell van Rutherford-Bohr, Leidener Diss. 1918.

wicklung der Quantentheorie der mehrfach periodischen Systeme eingehen und wollen diesbezüglich nur bemerken, daß den ersten entscheidenden Fortschritt durch Verallgemeinerung der Quantentheorie für nicht rein periodische Systeme und ihre Anwendung zur Erklärung der Spektren nach vorbereitenden Arbeiten von Planck und Wilson die in § 8 besprochene Theorie der Feinstruktur der Wasserstofflinien von Sommerfeld gebracht hat. Der weitere Ausbau der Theorie erfolgte dann durch Epstein, Schwarzschild und Burgers[1]).

Es möge ein mechanisches System aus verschiedenen Teilchen bestehen, die im Lauf ihrer Bewegung stets in endlichem Abstand voneinander bleiben (Abgeschlossenheit des Systems), und es werde weiter vorausgesetzt, daß sowohl die Wechselwirkungskräfte zwischen den Teilchen als auch die eventuell vorhandenen unter konstanten Bedingungen auf die Teilchen wirkenden äußeren Kräfte aus einem Energiepotential ableitbar seien, das nur von den Lagen und eventuell Geschwindigkeiten der Teilchen, nicht aber explizite von der Zeit abhängig ist (konservatives System). Ein solches mechanisches System heißt mehrfach periodisch, wenn die allgemeinste mechanisch mögliche Bewegung der Teilchen des Systems sich in der im folgenden näher angegebenen Weise als eine Summe von harmonischen Schwingungen mit scharfen Frequenzen darstellen läßt. Diese Frequenzen sollen sich für jede mechanische Bahn aus einer festen Anzahl s von Grundfrequenzen ω_1, $\omega_2 \ldots \omega_s$ durch wiederholte Addition und Subtraktion zusammensetzen, wobei die Zahl s, der sogenannte Periodizitätsgrad des Systems, nicht größer sein soll als die Anzahl f seiner mechanischen Freiheitsgrade. Sie sind demnach von der Form

$$\nu_{\tau_1 \ldots \tau_s} = \tau_1 \omega_1 + \tau_2 \omega_2 + \cdots + \tau_s \omega_s \cdots \cdots \cdots (26)$$

worin die Größen $\tau_1 \ldots \tau_s$ alle positiven und negativen ganzen Zahlen durchlaufen. Um die Zahl s eindeutig zu definieren, müssen wir noch fordern, daß keine der durch (26) gegebenen Größen $\nu_{\tau_1 \ldots \tau_s}$ für alle mechanischen Bahnen des Systems identisch verschwindet; es läßt sich nämlich zeigen, daß man in diesem Falle eine Darstellung der Frequenzen ν von der Form (26) auch mit einer Anzahl von Grundfrequenzen erzielen könnte, die geringer ist als die ursprünglich gegebene. (Mathematisch drückt man diese Bedingung so aus, daß die Grundfrequenzen $\omega_1 \ldots \omega_s$ linear ganzzahlig unabhängig sein sollen.)

Die Verschiebung ξ eines jeden Teilchens in einer beliebigen Richtung relativ zum Schwerpunkt des ganzen Systems kann somit nach Voraussetzung in der Form geschrieben werden:

$$\xi = \sum_{\tau_1, \tau_2 \ldots \tau_s} C_{\tau_1 \ldots \tau_s} \cos (2\pi \nu_{\tau_1 \ldots \tau_s} t + \delta_{\tau_1 \ldots \tau_s}) \cdots \cdots \cdots (27)$$

worin die s-fache Summe über alle positiven und negativen ganzzahligen Werte der Größen $\tau_1 \ldots \tau_s$ zu erstrecken ist. Von den Phasenkonstanten $\delta_{\tau_1 \ldots \tau_s}$ werde angenommen, daß sie ähnlich wie die Frequenzen $\nu_{\tau_1 \ldots \tau_s}$ gegeben seien durch

$$\delta_{\tau_1 \ldots \tau_s} = \tau_1 \delta_1 + \tau_2 \delta_2 + \cdots + \tau_s \delta \cdots \cdots \cdots (26')$$

---

[1]) Siehe Fußnote 2 auf S. 1743.

worin $\delta_1 \ldots \delta_s$ willkürliche, von den Anfangsbedingungen abhängige Werte haben können. Da die allgemeine Lösung eines mechanischen Systems von f Freiheitsgraden $2f$ willkürliche Konstanten besitzen muß, bleiben somit außer den s-Phasenkonstanten noch $2f - s$ weitere Konstanten zur Verfügung. Diese wollen wir **wesentliche Bahnkonstanten** nennen, da sie die Form der betrachteten Bahn bestimmen und im allgemeinen die Größe der Grundfrequenzen $\omega_1 \ldots \omega_s$, der Amplituden $C_{\tau_1 \ldots \tau_s}$ der in (27) auftretenden harmonischen Schwingungen sowie die Energie E des Systems von ihnen abhängen. Ist der Periodizitätsgrad s des Systems kleiner als die Anzahl f seiner Freiheitsgrade, was in vielen praktisch wichtigen Fällen zutrifft, so heißt das System **entartet**, weil es, wie wir sehen werden, in gewisser Hinsicht als singulärer Sonderfall erscheint. Bei nichtentarteten Systemen, wo demnach $f = s$ ist, stimmt die Anzahl $2f - s = s$ der wesentlichen Bahnkonstanten offenbar mit der Zahl s der Phasenkonstanten überein, während erstere im entarteten Fall größer ist als letztere.

Die auf diese Weise definierten mehrfach periodischen Systeme sind in der Tat eine natürliche Verallgemeinerung der rein periodischen Systeme. Diese sind nämlich offenbar in jenen als Spezialfall enthalten, indem sie als mehrfach periodische Systeme mit dem Periodizitätsgrad $s = 1$ aufgefaßt werden können. In diesem Sonderfall besteht ja nach (26) das „Spektrum der Bewegung" einfach in den ganzzahligen Vielfachen einer Grundfrequenz ω und die Bewegung wird periodisch mit der Periode $1/\omega$. Es gehören demnach die rein periodischen Systeme mit mehr als einem Freiheitsgrad zu den entarteten Systemen. Als ein Beispiel für ein System der letzteren Art haben wir das Atom mit einem einzigen Elektron kennengelernt, das vom Kern mit einer **Coulomb**schen Kraft angezogen wird. Dieses System mit dem Periodizitätsgrad $s = 1$ ist offenbar entartet, denn die Zahl seiner Freiheitsgrade beträgt 2 oder 3, je nachdem wir das System als ein ebenes oder räumliches auffassen. Bei der ersteren Auffassung ist die Anzahl $2f - s$ der wesentlichen Bahnkonstanten gleich 3, nämlich Halbachse und Exzentrizität der Keplerellipse, sowie die Lage des Perihels, des kernnächsten Bahnpunktes, der durch den Winkel der Halbachse mit einer festen Geraden in dieser Ebene bestimmt wird. Fassen wir das mechanische System als ein räumliches auf, so kommen noch zwei weitere wesentliche Bahnkonstanten hinzu, welche die Lage der Bahnebene im Raum bestimmen. Als solche können gewählt werden der Neigungswinkel der Bahnebene gegen eine feste Ebene, sowie die sogenannte Knotenlänge, der Winkel zwischen der Schnittlinie dieser beiden Ebenen, der Knotenlinie, mit einer festen Geraden in der letzteren Ebene (die Perihellänge wird dann passend als Winkel zwischen der Halbachse der Bahn und der Knotenlinie definiert). Diese fünf wesentlichen Bahnkonstanten werden zusammen mit der Phasenkonstante, welche die Zeit des Durchganges des umlaufenden Körpers durch das Perihel bestimmt, in der Astronomie in analoger Weise auch für die Planeten als Bahnelemente ihrer Keplerellipsen verwendet.

In Verallgemeinerung der in § 3 bei diesem speziellen System benutzten und für rein periodische Systeme durch Gl. (15) definierten Wirkungsgröße J läßt sich nun bei einem mehrfach periodischen System mit dem Periodizitätsgrad s zu jeder seiner drei Grundfrequenzen stets eine eindeutig definierte Wirkungsgröße (von der Dimension erg sec) zuordnen. Diese drei Wirkungsgrößen J_1, J_2 ... J_s bestimmen gewisse Eigenschaften der mechanischen Bahnen und können selbst als wesentliche Bahnkonstanten gewählt werden. Bei einem entarteten System gibt es dann, da die Gesamtzahl der wesentlichen Bahnkonstanten $2f - s$ beträgt, außer diesen noch $2(f - s)$ weitere wesentliche Konstanten, die wir als **überzählige Bahnkonstanten** bezeichnen wollen. Es läßt sich jedoch zeigen, daß die Energie E des Systems stets eine Funktion der Wirkungsgrößen J_1 ... J_s allein ist (so wie auch die Energie der Keplerellipse nur von der durch J festgelegten Halbachse, nicht aber von den vier überzähligen Bahnkonstanten, nämlich von Exzentrizität, Perihellänge, Neigung der Bahnebene und Knotenlänge, abhängt). Diese Funktion hat die Eigenschaft, daß man aus ihr durch Differentiation nach den Größen J_k die Grundfrequenzen ω_k erhält:

$$\omega_k = \frac{\partial E}{\partial J_k}, \quad k = 1 \ldots s \text{ oder } \delta E = \omega_1 \delta J_1 + \omega_2 \delta J_2 + \cdots + \omega_s \delta J_s \quad (28)$$

worin bei der letzteren Schreibweise δE als Energieunterschied zweier nahe benachbarten mechanischen Bahnen aufgefaßt werden kann. Die Relationen (28) sind offenbar die Verallgemeinerung der für rein periodische Systeme gültigen Relation (18). Auch die für die letzteren Systeme bestehende Relation (15) kann in einfacher Weise für ein beliebiges mehrfach periodisches System verallgemeinert werden, indem der Mittelwert der doppelten kinetischen Energie, der über relativ zu den reziproken Grundfrequenzen $1/\omega_k$ lange Zeiten zu erstrecken ist, für jede mechanische Bahn den Wert hat

$$2\,\overline{E_{\mathrm{kin}}} = \omega_1 J_1 + \omega_2 J_2 + \cdots + \omega_s J_s \ldots \ldots \ldots (29)$$

Ebenso wie in der Relation (15) muß dabei die doppelte kinetische Energie durch andere Ausdrücke ersetzt werden, wenn die Abhängigkeit der Massen der Teilchen oder der äußeren Kräfte von ihrer Geschwindigkeit berücksichtigt werden soll. Durch die Relationen (28) und (29) sind die Wirkungsgrößen J_1 ... J_s im allgemeinen eindeutig bestimmt.

Die allgemeine Definition der Wirkungsgrößen J_1 ... J_s kann am einfachsten formuliert werden, wenn man die sogenannten **Winkelvariablen** w_1, w_2 ... w_s benutzt. Es sind dies diejenigen Funktionen der Lagen und Geschwindigkeiten der Teilchen des Systems, die bei der mechanischen Bewegung linear sind in der Zeit, so daß gilt $w_k = \omega_k t + \delta_k$, $k = 1 \ldots s$ und demnach in den trigonometrischen Funktionen in der Fourierdarstellung (27) der Koordinaten der Teilchen gemäß (26) und (26′) als Argument $2\pi(\tau_1 w_1 + \tau_2 w_2 + \cdots + \tau_s w_s)$ auftreten. Es sind also Lagen und Geschwindigkeiten der Teilchen des Systems einfach periodische Funktionen der Winkelvariablen mit der Periode 1. (Von der Normierung der Phasenkonstanten δ_k bei der Definition der Winkelvariablen brauchen wir hier nicht zu sprechen.) Sind nun x, y, z die Lagenkoordinaten und $p_x = m\dot{x}$, $p_y = m\dot{y}$, $p_z = m\dot{z}$ die Impulse eines der Teilchen des Systems und denken wir uns diese als Funktionen der Winkelvariablen gegeben, so lautet die allgemeine Definition der Wirkungsgrößen J_k ... J_s folgendermaßen:

$$J_k = \int_0^1 \left(\sum_x p_x \frac{\partial x}{\partial w_k} \right) dw_k, \quad k = 1, 2 \ldots s \ldots \ldots \ldots (9^*)$$

worin die Summe über alle Teilchen des Systems und über alle drei Koordinaten (auch über die nicht angeschriebenen Koordinaten y, z) zu erstrecken ist. Man kann zeigen, daß die so definierten Größen J_k von den w_k (auch denjenigen, über die jeweils nicht integriert wurde) unabhängig sind und nur von den wesentlichen Bahnkonstanten abhängen, sowie daß sie der Relation (28) und (29) genügen. Es ist ferner leicht zu sehen, daß bei rein periodischen Systemen ($s = 1$) die so definierte Größe J in die gemäß Gl. (15) berechnete übergeht. Denn man kann hier auch t statt w als unabhängige Variable einführen und es ist

$$\sum p_x \frac{d x}{d t} = \sum m \left(\frac{d x}{d t}\right)^2 = 2\, E_{\text{kin}}.$$

Die volle Bedeutung der im Integranden auftretenden Summe wird erst ersichtlich, wenn man sich der Hilfsmittel der höheren Mechanik bedient. Diese gestattet, wie hier nur kurz angedeutet werden kann, sich von der speziellen Wahl der kartesischen Koordinaten zu befreien und zur Beschreibung eines mechanischen Systems von f Freiheitsgraden allgemein f generalisierte Impulskoordinaten $p_1 \ldots p_f$ und ebenso viele zu diesen konjugierte generalisierte Lagenkoordinaten $q_1 \ldots q_f$ zu verwenden. Der 2 f-dimensionale Raum der Größen p und q heißt der Phasenraum des Systems. Er bietet sich namentlich dann als ein naturgemäßes Hilfsmittel zur Beschreibung des physikalischen Geschehens dar, wenn man die statistischen Anwendungen der Theorie als Ausgangspunkt der Betrachtung wählt. Bei einem mehrfach periodischen System sind nun allgemein die Koordinaten p_i, q_i periodische Funktionen der (in der Zeit linearen) Winkelvariablen w_1, $w_2 \ldots w_s$ mit der Periode 1. Einem Fortschreiten einer dieser Winkelvariablen, etwa w_k, von 0 bis 1 unter Konstanthaltung der übrigen Winkelvariablen entspricht daher im Phasenraum der p, q eine geschlossene Kurve C_k (die im allgemeinen keine mechanische Bahnkurve ist). Das in (9*) auftretende Integral kann dann einfach als Kurvenintegral über die Kurve C_k geschrieben werden in der Form

$$J_k = \int\limits_{C_k} \sum_{i=1}^{f} p_i\, d q_i, \quad k = 1, 2 \ldots s \ldots \ldots \ldots \ldots \quad (10^*)$$

Der Integrand ist hierin von der Wahl der Koordinaten p, q unabhängig. In vielen Fällen kann jedoch durch eine spezielle Wahl dieser Koordinaten eine besondere Vereinfachung erzielt werden (wie z. B. bei den unten unter § 6 gegebenen Beispielen), indem bei dieser Koordinatenwahl zu den Integralen (10*) jeweils nur ein Posten der Summe $\Sigma p_i\, d q_i$ einen Beitrag gibt, während die Beiträge der anderen Posten der Summe verschwinden. Man spricht dann von Separation der Variablen bei der betreffenden Koordinatenwahl, weil in diesem Fall die Bewegung nach den f Paaren von Variablen (p, q) in Komponenten zerlegt werden kann, die in gewisser Hinsicht voneinander unabhängig sind. Wir müssen uns hier auf diese Andeutungen beschränken und im übrigen auf die bereits oben zitierte Literatur verweisen.

In den beiden folgenden Abschnitten werden wir sehen, daß die im Adiabaten- und Korrespondenzprinzip zusammengefaßten physikalischen Gesichtspunkte unter der fundamentalen Voraussetzung der Gültigkeit der klassischen Mechanik bei der Bewegung in den stationären Zuständen mehrfach periodischer Systeme es als gerechtfertigt erscheinen lassen, diese stationären Zustände durch die folgende Regel festzulegen. Es sollen die Werte der Wirkungsgrößen $J_1 \ldots J_s$ in diesen Zuständen ganzzahlige Multipla der Planckschen Konstante h sein:

$$J_k = n_k h, \quad k = 1, 2 \ldots s \ldots \ldots \ldots \ldots \ldots \quad (\text{II})$$

Die Anzahl dieser sogenannten Zustandsbedingungen oder Quantenbedingungen sowie der Quantenzahlen n ist demnach gleich dem Periodizitätsgrad des Systems. Man sieht überdies, daß die eine Zustandsbedingung (16) für rein periodische Systeme in (II) als Spezialfall enthalten ist.

b) **Beispiele von mehrfach periodischen Systemen.** Wir wollen nun die voranstehenden allgemeinen Erörterungen durch zwei einfache konkrete Beispiele demonstrieren. Das erste dieser Beispiele ist ein ebener, anisotroper Oszillator, der die einfachste Verallgemeinerung des im vorigen Kapitel betrachteten linearen Oszillators darstellt. Er besteht aus einem in einer Ebene beweglichen Teilchen, das in folgender Weise an eine Gleichgewichtslage gebunden ist. Die Kraftkomponenten in zwei aufeinander senkrechten, ausgezeichneten Richtungen, in welche wir uns die x- und die y-Achse eines Koordinatensystems mit der Gleichgewichtslage des Teilchens als Ursprung gelegt denken, sind den Koordinatenwerten x, y des Teilchens proportional, jedoch mit verschiedenen Proportionalitätsfaktoren. Es gelten dann für die Projektionen der Bewegung des Teilchens auf diese beiden Richtungen Bewegungsgleichungen, die genau die Form der Gl. (42) für den linearen Oszillator haben:

$$m\ddot{x} = -f_1 x, \quad m\ddot{y} = -f_2 y.$$

Die beiden Projektionen der Bewegung des Teilchens auf die x- und die y-Achse stimmen daher mit der Bewegung eines linearen Oszillators völlig überein:

$$x = A_1 cos(2\pi v_1 t + \delta_1), \quad y = A_2 cos(2\pi v_2 t + \delta_2) \cdot \cdot \cdot \cdot (30)$$

Die Frequenzen v_1 und v_2 dieser beiden Bewegungskomponenten sind jedoch verschieden, nämlich analog zu Gl. (44) des Kap. XXVII gegeben durch

$$2\pi v_1 = \sqrt{\frac{f_1}{m}}, \quad 2\pi v_2 = \sqrt{\frac{f_2}{m}}.$$

Die beiden speziellen Bewegungen, bei denen entweder $x = 0$ oder $y = 0$ ist, sind offenbar als Eigenschwingungen unseres Oszillators anzusehen, da sie rein periodisch sind und die allgemeinste Bewegung sich aus ihnen zusammensetzen läßt. Die Energie einer jeden Eigenschwingung ist dabei für sich konstant:

$$E_1 = \frac{m}{2}\dot{x}^2 + \frac{f_1}{2}x^2 = \frac{f_1}{2}A_1^2, \quad E_2 = \frac{m}{2}\dot{y}^2 + \frac{f_2}{2}y^2 = \frac{f_2}{2}A_2^2$$

und es ist analog zu Kap. XXVII, Gl. (47) die kinetische Energie jeder Eigenschwingung im Mittel gleich ihrer potentiellen Energie. Die Gesamtenergie ist die Summe der Energien E_1 und E_2 der einzelnen Eigenschwingungen.

Falls die Frequenzen ω_1 und ω_2 ein rationales Verhältnis haben, lassen sich beide als Multipla einer gemeinsamen kleineren Frequenz ω darstellen, die durch (30) dargestellte Bewegung ist rein periodisch mit der Periode $1/\omega$ und die Bahnkurve ist geschlossen. Das System ist dann offenbar entartet. Insbesondere gilt dies im Falle des isotropen Oszillators, wenn die beiden Frequenzen v_1 und v_2 einander gleich sind.

Im allgemeinen Fall, wo die Frequenzen v_1 und v_2 zueinander inkommensurabel sind, ist jedoch der anisotrope Oszillator vom Periodizitätsgrad 2. Die durch (30) dargestellte Bahnkurve ist die bekannte Lissajouskurve, die in der folgenden Fig. 1124 dargestellt ist. Sie erfüllt das Rechteck

$$-A_1 \leqq x \leqq +A_1, \quad -A_2 \leqq y \leqq +A_2$$

überall dicht.

Ganz unabhängig von der allgemeinen Theorie der mehrfach periodischen Systeme wird man in diesem Fall kaum zweifeln, daß man die stationären Zustände erhält, wenn man auf die einzelnen Eigenschwingungen die Quantenbedingung Kap. XXVII, Gl. (74) für den linearen Oszillator anwendet (vgl. den analogen Fall bei den Eigenschwingungen des Strahlungshohlraumes in § 5, des Kap. XXVII):

$$E_1 = n_1 h \nu_1, \quad E_2 = n_2 h \nu_2 \ldots \ldots \ldots \ldots (31)$$

Wir können überdies an unserem Beispiel des ebenen Oszillators die Eigentümlichkeiten der entarteten Systeme anschaulich erfassen. Betrachten wir zu diesem Zweck den isotropen Oszillator, der einen singulären Sonderfall des anisotropen Oszillators darstellt. Da hier die beiden Frequenzen ν_1 und ν_2 einander gleich sind, folgt aus (30) in diesem Falle als Bahnkurve eine feste Ellipse mit der Gleichgewichtslage des Teilchens als Mittelpunkt (nicht als Brennpunkt wie bei der Keplerellipse). Sie erfüllt offenbar nicht mehr eine ganze Fläche überall dicht. Es ist dies eine bei entarteten Systemen stets auftretende Erscheinung. Wir können also verallgemeinernd sagen: Die entarteten Systeme sind ein singulärer Sonderfall (Grenzfall) der nichtentarteten Systeme. Bei ersteren ist der von der allgemeinsten Bahnkurve des Systems dicht erfüllte Bereich von geringerer Dimension als bei diesen.

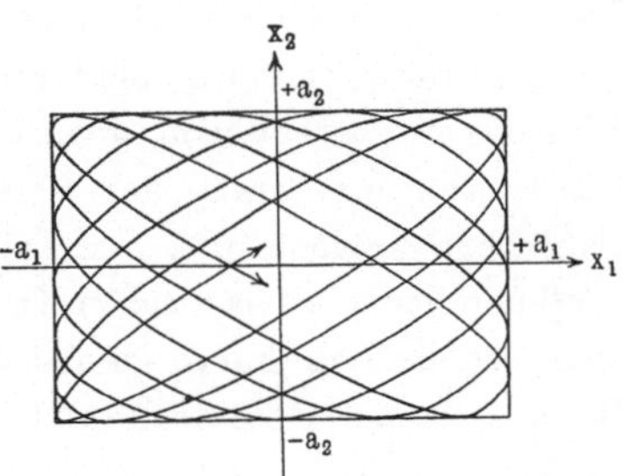

Gemäß der Theorie der rein periodischen Systeme sind die stationären Zustände des isotropen ebenen Oszillators durch eine einzige Quantenbedingung [Gl. (15)] festgelegt. Diese führt wie beim linearen Oszillator auf die Energiewerte

$$E = n h \nu \ldots \ldots \ldots \ldots \ldots \ldots (32)$$

Es wäre in der Tat gänzlich sinnlos, in diesem Falle auch die Energie der einzelnen Eigenschwingungen E_1 und E_2 (und nicht bloß ihre Summe) noch als quantenmäßig bestimmt anzunehmen, da ja die Achsenrichtungen unseres Koordinatensystems dann in keiner Weise mehr vor irgendwelchen anderen Richtungen ausgezeichnet sind. Erst nachdem wir die Eigenfrequenzen ν_1 und ν_2 in bestimmten aufeinander senkrechten Richtungen ein wenig gegeneinander verstimmt haben, stellen sich die durch (31) gegebenen stationären Zustände ein. Da der Wert von n in der Grenze $\nu_1 = \nu_2$ gleich wird dem Wert von $n_1 + n_2$, zerfällt dabei jeder durch (32) gegebene stationäre Zustand in $n + 1$ (den Werten $n_1 = 0, 1 \ldots n$ entsprechende) neue Zustände, deren Energiedifferenzen dem Wert von $\nu_1 - \nu_2$ proportional sind. Auch diese Aufspaltung der stationären Zustände eines entarteten Systems beim Übergang zum nichtentarteten System in mehrere Zustände mit nur wenig verschiedener Energie ist eine allgemeine Erscheinung.

Beim isotropen Oszillator haben die Kraftkomponenten in der x- und y-Richtung die Werte $-fx$ und $-fy$. Die Kraft ist daher hier stets zum Mittelpunkt gerichtet und hat den Betrag fr, wenn r den Abstand des schwingenden Teilchens vom Mittelpunkt bedeutet. Der isotrope Oszillator gehört daher (im Gegensatz zum anisotropen Oszillator) einer allgemeinen Klasse von mechanischen Systemen an, die für die Erklärung der Spektren von großer Bedeutung sind. Diese Systeme bestehen aus einem Teilchen, das von einem Zentrum mit einer stets nach diesem hin gerichteten Kraft angezogen wird, deren Betrag nur von der Entfernung r des Teilchens von diesem Zentrum abhängt (in einer im übrigen beliebigen Weise). Man nennt deshalb eine solche Kraft eine Zentralkraft und die Bewegung, die das Teilchen unter ihrem Einfluß vollführt, eine **Zentralbewegung**. Zu dieser Klasse von Bewegungen gehört offenbar auch die unter dem Einfluß der **Coulomb**schen Kraft des Kernes vom Elektron im Wasserstoffatom beschriebene Keplerellipse. Im Falle der **Coulomb**schen Kraft (proportional zu $1/r^2$) und der quasielastischen Kraft beim harmonischen Oszillator (proportional zu r) ist die Bahnkurve geschlossen und das betrachtete System ist entartet. Bei allen anderen Zentralkraftfeldern ist dies jedoch nicht der Fall und das System hat den Periodizitätsgrad 2.

Wir können nun durch eine einfache geometrische Symmetriebetrachtung auf Grund der Energie und des Drehimpulssatzes (Flächensatzes) die Form einer allgemeinen Zentralbahn bestimmen. Gemäß dem Energiesatz ist die kinetische Energie eine Funktion der Entfernung r allein. Dies gilt ferner nach dem Drehimpulssatz auch von der azimutalen (auf den Radiusvektor senkrechten) Geschwindigkeitskomponente, da man diese erhält, indem man den konstanten Wert des Drehimpulses durch das Produkt aus Masse und „Hebelarm" r dividiert. Daher ist schließlich auch die radiale (dem Radiusvektor parallele) Geschwindigkeitskomponente bei einer vorgegebenen Bahn durch den Wert von r allein bestimmt. Da nun die Bahn stets im endlichen bleiben soll, wird es einen maximalen und einen minimalen Wert von r geben (Aphel und Perihel), für den offenbar die radiale Geschwindigkeitskomponente verschwindet. In den zugehörigen Bahnpunkten wird daher der Wert der Geschwindigkeit stets derselbe sein. Die geometrischen Verhältnisse von jedem Perihel der Bahn angefangen (Kräfte wie Anfangsbedingungen) sind daher völlig gleich und daher müssen die **Kurvenbogen zwischen je zwei aufeinanderfolgenden Perihelpunkten kongruent** sein. In entarteten Fällen können diese Perihelpunkte vollständig zusammenfallen, aber im allgemeinen werden sie auf dem Kreis mit dem Minimalwert von r als Radius gleich lange Bogen abschneiden. Denkt man sich nun dieses Fortschreiten des Perihels durch eine passende Drehung des Bezugssystems rückgängig gemacht, so wird die Bahn von diesem gedrehten Bezugssystem aus als rein periodisch und geschlossen erscheinen. Wir können also umgekehrt sagen: **Die allgemeinste Zentralbahn kann geometrisch aus einer periodischen Bahn durch Überlagerung einer gleichförmigen Rotation erhalten werden.** Die Bahn wird dann offenbar den Kreisring, dessen

Begrenzungskreise die Perihel- und die Apheldistanz als Radien haben, überall dicht erfüllen. (Vgl. Fig. 1125. Die Bahn hat die Form einer Rosette.)

Die Wirkungsgröße, die der überlagerten gleichförmigen Rotation entspricht, hat nun, wie sich aus der Theorie der mehrfach periodischen Systeme ergibt, eine sehr einfache mechanische Bedeutung. Sie ist gleich dem mit $2\,\pi$ multiplizierten Impulsmoment P des Teilchens. Die zugehörige Quantenbedingung lautet daher nach (II) einfach: Das Impulsmoment P des Teilchens ist ein Multiplum von $h/2\,\pi$:

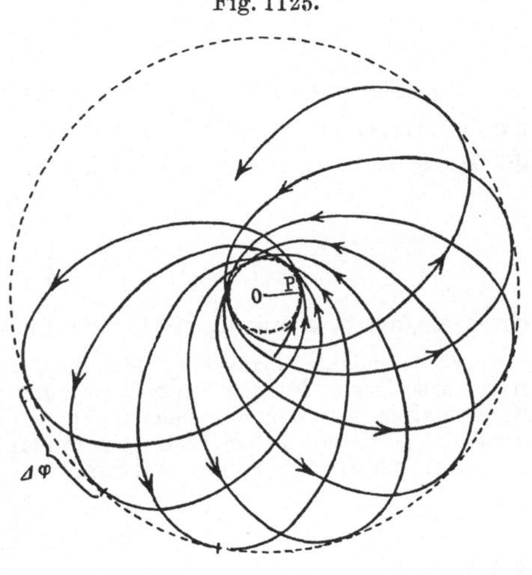

Fig. 1125.

$$P = k\,\frac{h}{2\,\pi}\quad\cdots\cdots(33)$$

Die zweite, der rein periodischen „radialen" Bewegung (die Entfernung r wird ja durch die überlagerte Rotation nicht verändert und bleibt daher eine rein periodische Funktion der Zeit) entsprechende Wirkungsgröße J ist ein wenig komplizierter definiert. Sie ist gegeben durch

$$J_r = \int\limits_0^{1/\omega} m\left(\frac{d\,r}{d\,t}\right)^2 d\,t = n_r h \cdots\cdots\cdots\cdots(34)$$

worin das Integral über eine Periode $1/\omega$ der radialen Bewegung zu erstrecken ist.

Um in den entarteten Fällen des harmonischen Oszillators und des Coulombschen Kraftfeldes den Zusammenhang der früher in Gl. (15) für rein periodische Systeme definierten Größe J mit den hier eingeführten Größen J_r und P zu ermitteln, hat man das Verhältnis der Umlaufszahlen ω_r der radialen Bewegung (radialer Umlauf = Bewegung von einem Perihel zum nächsten) und der Umlaufszahl ω_φ der azimutalen Bewegung (azimutaler Umlauf = Fortschreiten des Polarwinkels von 0 bis $2\,\pi$) wesentlich zu beachten. Für den isotropen harmonischen Oszillator läuft der Radiusvektor von einem Perihel bis zum zweitnächsten, während φ von 0 bis $2\,\pi$ läuft und die Ellipse sich schließt, so daß hier gilt

$$^1/_2\,\omega_r = \omega_\varphi = \omega \text{ (Oszillator)}.$$

Während bei der Keplerellipse der Radiusvektor bei einem Bahnumlauf gerade von einem Perihel zum nächsten gelangt, so daß hier gilt

$$\omega_r = \omega_\varphi = \omega \text{ (Coulombfeld)}.$$

Beachtet man noch, daß $2\,E_{\mathrm{kin}}$ gleich ist der Summe des Integranden von (34) und von $\dot{\varphi}\, P$, so sieht man, daß für die durch (15) definierte Größe $J = n\,h$ gilt

$$J = 2\,J_r + 2\,\pi\,P, \quad n = 2\,n_r + |k| \text{ (isotroper Oszillator)} \quad \cdot \ (35\,\mathrm{a})$$

und

$$J = J_r + 2\,\pi\,P, \quad n = n_r + |k| \text{ (Coulombsches Feld)} \cdot \cdot \ (35\,\mathrm{b})$$

In letzterem Falle gilt daher, da nach (34) n_r nicht negativ sein kann, stets

$$|k| \leqq n \cdot \cdot \cdot \cdot \cdot \cdot \cdot \cdot \cdot \cdot \cdot \cdot \cdot \cdot \cdot \ (35\,\mathrm{c})$$

Für die spätere Anwendung bemerken wir noch, daß bei Berücksichtigung der relativistischen Veränderlichkeit der Masse mit der Geschwindigkeit für die Masse m in (34) der Ausdruck

$$m = \frac{m_0}{\sqrt{1 - \dfrac{v^2}{c^2}}} \cdot \cdot \cdot \cdot \cdot \cdot \cdot \cdot \cdot \cdot \cdot \cdot \ (36)$$

einzusetzen ist, worin m_0 die konstante Ruhmasse bedeutet.

Es ist leicht einzusehen, daß die Quantenbedingungen (33) und (34) für die stationären Zustände einer Zentralbewegung vermöge deren einfacher Periodizitätseigenschaften aus der allgemeinen Form (9*) dieser Bedingungen folgen. Man braucht zu diesem Zweck den Integranden in (9*) nur in Polarkoordinaten zu schreiben, wobei er die Form annimmt

$$m \frac{d\,r}{d\,t}\, \frac{\partial\, r}{\partial\, w_k} + P \frac{\partial\, \varphi}{\partial\, w_k},$$

und zu setzen

$$r = P_1\,(w_1), \quad \varphi = w_2 + P_2\,(w_1).$$

Hierin sind P_1 und P_2 periodische Funktionen mit der Periode 1, w_1 entspricht der rein periodischen radialen Bewegung und w_2 der überlagerten Rotation. Man bemerkt übrigens, daß in Polarkoordinaten hier „Separation der Variablen" im oben angegebenen Sinne vorliegt.

Kehren wir zum Schluß nochmals zum entarteten Fall des ebenen isotropen, harmonischen Oszillators zurück, so sehen wir nun, daß wir ihn noch auf eine zweite Weise als Grenzfall von nichtentarteten Systemen auffassen können. Wir wählen diesmal als solche nicht anisotrope Oszillatoren, sondern allgemeine Zentralsysteme, indem wir deren Kraftgesetz allmählich in die Proportionalität mit r übergehen lassen. Es wird dann das Fortschreiten des Perihels, die Frequenz der überlagerten gleichförmigen Rotation der Bahn, immer kleiner, bis schließlich beim quasielastischen Kraftgesetz die Ellipse feststeht. Während, wie bereits erwähnt, eine geeignete Kombination der Quantenbedingungen (33) und (34) dabei in (32) übergeht, dürfen diese Quantenbedingungen im entarteten Fall nicht mehr einzeln angewandt werden. Auch hier zerfällt ein durch (32) gegebener stationärer Zustand des entarteten harmonischen Oszillators beim Übergang zum nichtentarteten System mit etwas verändertem Zentralkraftfeld, wie eine einfache Abzählung auf Grund von (35) zeigt, in $n + 1$ stationäre Zustände. Daß diese Auffassung physikalisch richtig ist, folgt schon daraus, daß die bei geringer Anisotropie des Oszillators anzuwendenden Quantenbedingungen (31) ganz andere Bahneigenschaften als das Impulsmoment festlegen; da dieses auf der Lissajouskurve in Fig. 1124 überdies gar nicht konstant ist, würde bereits die geringste Anisotropie des Oszillators bewirken, daß sich sein Impulsmoment in hinreichend langer Zeit um endliche Beträge verändert. Indem wir die Verschiedenheit der Fig. 1124 und 1125 für den Typus der Bahnen des schwach anisotropen, harmonischen und des isotropen, schwach anharmonischen Oszillators sowie die Verschiedenheit der zugehörigen Quantenbedingungen (31), (33) und (34) für beliebige entartete Systeme verallgemeinern, können wir sagen: Die entarteten Systeme können im allgemeinen auf mehrfache Weise als Grenzfälle von nichtentarteten Systemen angesehen werden. Die zu den Zustandsbedingungen des entarteten Systems hinzutretenden neuen Zustandsbedingungen sind dabei in der Regel gänzlich verschieden. Wir können in diesem Sinne die entarteten Systeme als **Verzweigungsstellen** der mehrfach periodischen Systeme bezeichnen.

§ 6. Das Adiabatenprinzip. Das von Ehrenfest[1]) aufgestellte Adiabatenprinzip gestattet, aus den Zustandsbedingungen einfacher spezieller Systeme — z. B. aus den Bedingungen (31) für den anisotropen Oszillator — diejenigen für andere Systeme abzuleiten, die aus ersteren durch mechanische Transformationen bestimmter Art hervorgehen. Es beruht auf einer Verallgemeinerung der Überlegungen, denen wir in § 5 des Kap. XXVII begegnet sind, wo die Änderung der Energien der einzelnen Eigenschwingungen eines von Strahlung erfüllten Hohlraumes bei seiner langsamen Kompression betrachtet wurde (vgl. auch § 9, Kap. XXVII).

Eine adiabatische Transformation eines mechanischen Systems ist allgemein eine solche, bei welcher gewisse Parameter des Systems (das sind das System charakterisierende Konstanten) langsame Veränderungen erleiden, die folgende Bedingungen erfüllen. Erstens sollen die Kräfte auf die Teilchen des Systems in jedem Augenblick solche sein, wie wenn die Systemparameter konstant den momentanen Wert innegehabt hätten, d. h. die Kräfte sollen von der Änderungsgeschwindigkeit der Parameter nicht abhängen. Sodann sollen die Veränderungen so langsam erfolgen, daß in Zeiten von der Größenordnung der Umlaufsperioden des Systems (bei einem mehrfach periodischen System der reziproken Grundfrequenzen) die Parameter sich noch nicht merklich geändert haben; oder, mit anderen Worten, das System soll schon viele volle Zyklen aller bei der betreffenden mechanischen Bahn möglichen Konfigurationen durchlaufen haben, bevor die Parameter sich merklich ändern. Konsequenterweise sollen auch im Endeffekt nur diejenigen Veränderungen der Bahn berücksichtigt werden, die direkt von der schließlich erreichten Änderung der Parameter selbst herrühren, die der Änderungsgeschwindigkeit der Parameter proportionalen Effekte sollen dagegen vernachlässigt werden. (Extrapolation auf Änderungsgeschwindigkeit Null der Parameter, unendlich langsamer Prozeß.) Endlich soll die Veränderung der Parameter gleichmäßig vorgenommen werden, ohne Zusammenhang mit den Umlaufsphasen des Systems. Wir bemerken noch, daß die Bezeichnung adiabatisch von der Analogie mit unendlich langsamen thermodynamischen Prozessen herrührt, bei denen die Systeme stets Gleichgewichtszustände durchlaufen.

---

[1]) P. Ehrenfest, Ann. d. Phys. **51**, 327, 1916.

Als Beispiele für solche adiabatischen Transformationen seien folgende genannt: Wir können die Eigenfrequenzen ν_1, ν_2 eines anharmonischen Oszillators langsam verändert denken; analog können wir beim Kernatom mit einem Elektron die Ladung Ze des Kernes als langsam variierend annehmen; oder man denke sich die im Kern konzentrierte Ladung allmählich über einen großen Raum ausgebreitet, wodurch Rutherfords Kernatom adiabatisch in Thomsons Atommodell übergeht. Man kann auch zur Coulombschen Kraft eine Zentralkraft hinzufügen, die einer anderen Potenz von r proportional ist, wobei ihr Koeffizient als der veränderliche Parameter fungiert, indem er mit dem Wert Null beginnend langsam zunimmt. Schließlich können wir ein Atom einem allmählich entstehenden äußeren elektrischen Feld aussetzen, etwa indem wir einen zweiten geladenen Körper an das Atom heranbringen.

Wir wollen nun die adiabatischen Transformationen mit der Quantentheorie in Verbindung bringen. Zunächst liegt es offenbar im Begriff der stationären Zustände, daß bei solchen Transformationen, solange wir von Ausstrahlungsvorgängen absehen, das betrachtete System dauernd in einem stationären Zustand verbleibt, so daß ein stationärer Zustand des Anfangssystems bei der Transformation schließlich in einen stationären Zustand des Endsystems übergeht[1]). Ferner erscheint es konsequent, sobald man die klassische Mechanik für die Bewegung in den stationären Zuständen als gültig annimmt, sie auch bei mechanischen Transformationen in dem Umfang beizubehalten, in dem sie mit der Existenz von stabilen stationären Zuständen überhaupt vereinbar ist. In diesem Sinne sagt das Adiabatenprinzip aus: Die klassische Mechanik bleibt bei adiabatischen Transformationen gültig (im Gegensatz z. B. zum Fall von Zusammenstößen von Atomen); sie führt bei diesen zu richtigen Resultaten, zum Verbleiben des Systems in einem stationären Zustand, indem sie die in den Zustandsbedingungen (II) auftretenden Größen J invariant läßt.

Diese Aussage, die Invarianz der Größen J bei der adiabatischen Transformation, gilt dabei, wie Ehrenfest und Burgers[2]) nachgewiesen haben, unter der Bedingung, daß während der Transformation der mehrfach periodische Charakter der Bewegung, ihre Darstellbarkeit durch Reihen der Form (27), gewahrt bleibt und der Periodizitätsgrad der Bewegung sich nicht ändert. Die letztere Forderung verbietet den Hindurchgang durch ein System, das in einem höheren Grad entartet ist als das Ausgangssystem. Sie erscheint verständlich, wenn man bedenkt, daß bei diesem Hindurchgang durch ein entartetes System eine Grundfrequenz des Systems allmählich verschwindet, so daß die zugehörige Periode unendlich lang wird. (Vgl. hierzu die Beispiele im vorigen Abschnitt.) Es kann daher hier die Bedingung nicht eingehalten werden, daß bei einer merk-

---

[1]) Diese Aussage, sowie die unten besprochene thermodynamische Seite des Adiabatenprinzips bleiben auch in der neuen Quantenmechanik bestehen; nicht aber die Aussagen über die Anwendbarkeit der klassischen Mechanik und die Form der Zustandsbedingungen.

[2]) J. M. Burgers, Amst. Versl. **25**, 849, 918, 1005, 1917; Ann. d. Phys. **52**, 195, 1917.

lichen Änderung der Parameter des Systems dieses bereits viele volle Zyklen aller bei der betreffenden mechanischen Bahn möglichen Konfigurationen durchlaufen haben soll. Nur diejenigen unter den Zustandsbedingungen (II) bleiben hier adiabatisch invariant, die zu den auch im entarteten System nicht verschwindenden Grundfrequenzen gehören. Die übrigen Zustandsbedingungen treffen unter den Bewegungsmöglichkeiten, die von den stationären Zuständen dieses entarteten Systems aus beim .Übergang zu einem nicht-entarteten System durch eine adiabatische Transformation gemäß der klassischen Mechanik erreichbar sind, noch eine weitere quantentheoretische Auswahl. Wir kommen hierauf bei der Besprechung des Korrespondenzprinzips im folgenden Abschnitt noch zurück.

Die Bedeutung des Adiabatenprinzips für die Festlegung der stationären Zustände mehrfach periodischer Systeme ist die folgende: Statt die Invarianz der Zustandsbedingungen gegenüber adiabatischen Transformationen aus ihrer als gegeben betrachteten Form (II) zu folgern, kann man diese Invarianz auch auf Grund des Adiabatenprinzips postulieren. Von diesem Standpunkt aus kann man umgekehrt aus der Gültigkeit der Zustandsbedingungen (II) für ein spezielles System, z. B. den anisotropen Oszillator, die Richtigkeit dieser Form der Zustandsbedingungen auch für alle diejenigen Systeme folgern, die aus diesem speziellen System durch eine adiabatische Transformation unter Einhaltung der oben genannten Forderungen hervorgehen.

Das Adiabatenprinzip hat auch noch eine thermodynamische Seite. Ehren-fest[1]) konnte nämlich zeigen, daß die Resultate der statistischen Wärmetheorie nur dann mit dem zweiten Hauptsatz im Einklang sind, wenn die in der statistischen Verteilung (75) in § 9 des Kap. XXVII· eingeführten statistischen Gewichte g_n gegenüber adiabatischen Transformationen invariant sind. Dies führt dazu, ebenso wie beim linearen Oszillator [vgl. Gl. (77), l. c.], diese Gewichte allgemein für alle stationären Zustände eines nichtentarteten Systems als gleich anzunehmen. In Verallgemeinerung der früher für den linearen, harmonischen Oszillator durchgeführten Betrachtung kann man zeigen, daß dann die Verteilung (75) im Grenzfall großer Quantenzahlen bei solchen Systemen stets mit der auf Grund der klassischen Mechanik erhaltenen Verteilung übereinstimmt. Das statistische Gewicht eines stationären Zustandes eines entarteten Systems muß dann ferner gleichgesetzt werden der Summe der Gewichte der stationären Zustände von nichtentarteten Systemen, die im Grenzfall der Entartung in ersteren Zustand übergehen (vgl. vorigen Paragraphen). Man muß fordern, daß das so erhaltene statistische Gewicht unabhängig ist von der Weise, wie man diesen Grenzübergang vornimmt, da man anderenfalls mit dem zweiten Hauptsatz in Widerspruch gerät.

§ 7. Das Korrespondenzprinzip. a) Der Grenzfall großer Quantenzahlen. Während sich die bisherigen Überlegungen nur auf die Eigenschaften der stationären Zustände selbst bezogen haben, wollen wir nun auch die Übergangsprozesse und das hierbei vom Atom emittierte Spektrum in Betracht ziehen. Wir beginnen damit, das auf Grund der Frequenzbedingung (I) quantentheoretisch berechnete Spektrum des Lichtes, das von einem mehrfachen periodischen System mit den durch (II) festgelegten stationären Zuständen emittiert wird, mit dem gemäß der klassischen Elektrodynamik zu erwartenden Spektrum im Grenzfall großer Quantenzahlen zu vergleichen. Bereits in § 3 haben wir im speziellen Falle des Wasser-

---

¹) P. Ehrenfest, Physik. Zeitschr. **15**, 660, 1914.

stoffatoms gesehen, daß die auf diese beiden Weisen berechneten Frequenzen des emittierten Lichtes in diesem Grenzfall zusammenfallen. Nunmehr wollen wir zeigen, daß dies allgemein für jedes mehrfach periodische System zutrifft.

Im Grenzfall großer Quantenzahlen können wir die in (I) auftretende Energiedifferenz $E' - E''$ zwischen Anfangs- und Endzustand als Funktion der Werte der Größen J_k in diesen Zuständen ermitteln, indem wir uns diese Differenz in eine Reihe nach den Differenzen $J'_k - J''_k$ der Wirkungsgrößen J_k in diesen beiden Zuständen entwickelt denken und von ihr nur das erste Glied beibehalten:

$$E' - E'' = \sum_k \frac{\partial E}{\partial J_k} (J'_k - J''_k).$$

Denn es sind ja hier die Differenzen $J'_k - J''_k$ klein gegenüber den Werten dieser Größen selbst. Setzen wir gemäß (I) $\nu = \dfrac{E' - E''}{h}$, gemäß (II) $J'_k - J''_k = (n''_k - n'_k)\,h$, und stützen wir uns auf die Relation (28), deren Bestehen für unseren Schluß von entscheidender Bedeutung ist, so erhalten wir für die quantentheoretische Frequenz ν der bei dem betrachteten Übergangsprozeß emittierten Strahlung den im Grenzfall großer Quantenzahlen asymptotisch gültigen Ausdruck

$$\nu_{qu} \sim (n'_1 - n''_1)\,\omega_1 + \cdots + (n'_s - n''_s)\,\omega_s.$$

Andererseits besteht das auf Grund der klassischen Theorie ermittelte Spektrum des emittierten Lichtes einfach aus den durch (26) gegebenen, in der Darstellung der Bewegung des Atoms auftretenden Frequenzen

$$\nu_{kl} = \tau_1\,\omega_1 + \cdots + \tau_s\,\omega_s,$$

worin die Größen $\tau_1 \ldots \tau_s$ alle positiven und negativen ganzen Zahlen durchlaufen. [Ebenso wie bei der analogen Betrachtung beim Wasserstoffatom ist dabei vorausgesetzt, daß, klassisch berechnet, die Energie des Systems sich erst bei vielen Umläufen merklich ändern würde. Sonst wäre offenbar die Darstellung (26) der Bewegung im Atom bei der Berechnung der Ausstrahlung nach der klassischen Theorie nicht berechtigt, da die Frequenzen $\omega_1 \ldots \omega_s$ ihren bestimmten Sinn verlieren würden. Bohr schließt daher, daß die genannte Bedingung der relativen Kleinheit der klassisch berechneten, in Zeiten von der Ordnung der Umlaufsperioden ausgestrahlten Energie auch für die Anwendbarkeit der Zustandsbedingungen (II) notwendig ist.] Man sieht, daß in der Tat im betrachteten Grenzfall großer Quantenzahlen das klassische und das quantentheoretische Spektrum asymptotisch zusammenfallen. Einem Übergangsprozeß mit den Werten $n'_1 \ldots n'_s$ bzw. $n''_1 \ldots n''_s$ der Quantenzahlen im Anfangs- und Endzustand entspricht eine Frequenz der emittierten Strahlung, die in diesem Grenzfall übereinstimmt mit der Frequenz derjenigen Kombinationsschwingung in der Fourierzerlegung (26) der Bewegung im Atom, deren Zahlen $\tau_1 \ldots \tau_s$ gegeben sind durch

$$\tau_k = n'_k - n''_k, \quad k = 1, 2, \ldots s \cdots\cdots\cdots (37)$$

Auf die prinzipielle Bedeutung dieser Zuordnung einer bestimmten harmonischen Schwingungskomponente der Bewegung im Atom zu jedem Übergangsprozeß kommen wir später noch zurück.

Was nun den physikalischen Sinn der Übereinstimmung des klassischen und des quantentheoretischen Spektrums des vom System emittierten Lichtes im Grenzfall großer Quantenzahlen betrifft, so ist einerseits zu betonen, daß der prinzipielle Gegensatz zwischen klassischer Theorie und Quantentheorie bei diesem Grenzübergang keineswegs allmählich verschwindet. Während nämlich nach der klassischen Theorie die Bewegung im Atom und dessen Energieabgabe zwangläufig mit der Ausstrahlung verbunden sind, erfolgt nach der Quantentheorie die Änderung der Bewegung im Atom und seiner Energie, die durch die Emission von Strahlung der verschiedenen durch (I) gegebenen Frequenzen bedingt ist, in grundsätzlich voneinander unabhängigen, diskontinuierlichen Prozessen. Andererseits müssen wir fordern, daß allgemein die statistischen Resultate der Quantentheorie und der klassischen Theorie, die sich auf das Verhalten vieler Atome oder das eines einzigen Atoms während längerer Zeit beziehen, im Grenzfall großer Quantenzahlen miteinander übereinstimmen müssen. Es ist dies eine Bedingung, der alle quantentheoretischen Gesetze genügen müssen. Denn nur dadurch wird es verständlich, daß sich die klassische Theorie überhaupt zur Beschreibung vieler Phänomene in so weitem Umfang bewährt hat.

Dieser Gesichtspunkt kann, wie Bohr[1]) in voller Allgemeinheit zum ersten Male im Jahre 1918 gezeigt hat, dazu benutzt werden, um die Intensität und Polarisation der Spektrallinien mittels Resultaten der klassischen Theorie zu beurteilen. Betrachten wir deshalb zuerst diese letzteren Resultate etwas näher.

Haben wir es allgemein mit einem aus bewegten Teilchen bestehenden System zu tun, dessen Dimensionen klein sind gegenüber der Wellenlänge des emittierten Lichtes, so ist gemäß der klassischen Elektrodynamik die Beschaffenheit des emittierten Lichtes durch den zeitlichen Verlauf des elektrischen Momentes des Systems bestimmt, das definiert ist als die über alle Teilchen des Systems erstreckte Summe $\mathfrak{P} = \Sigma\, e\,\mathfrak{r}$; hierin bedeutet e die Ladung der Teilchen und $\mathfrak{r}$ deren (vektoriell zu denkenden) Abstand von einem festen Punkt. Die gesamte vom System in der Zeiteinheit ausgestrahlte Energie ergibt sich auf Grund einer einfachen Verallgemeinerung der in § 6 c des vorigen Kapitels für die von einem einzelnen Teilchen ausgestrahlte Energie angegebenen Gleichung (54) zu

$$\frac{dE}{dt} = -\frac{2}{3\,c^3}\,\ddot{\mathfrak{P}}^2 \quad\ldots\ldots\ldots\ldots\quad (38)$$

worin die beiden Punkte zweimalige Differentiation nach der Zeit bedeuten. Um die ausgestrahlte Energie einer bestimmten Frequenz zu erhalten, müssen wir die Projektionen $\mathfrak{P}_x$, $\mathfrak{P}_y$, $\mathfrak{P}_z$ des Vektors $\mathfrak{P}$ nach drei festen Raumrichtungen

---

[1]) N. Bohr, Quantentheorie der Linienspektren, l. c. Fußnote 2 auf S. 1709.

durch Reihen der Form (27) in ihre harmonischen Komponenten zerlegen und in den Ausdruck (38) für $\mathfrak{P}$ die herausgegriffene harmonische Schwingung der betrachteten Frequenz $\nu_{\tau_1 \ldots \tau_s}$ einsetzen. Hat diese die Form

$$\left.\begin{aligned}
\mathfrak{P}_x &= C^{(x)}_{\tau_1 \ldots \tau_s} \cos\left(2\,\pi\,\nu_{\tau_1} \ldots_{\tau_s} t + \delta^{(x)}_{\tau_1} \ldots_{\tau_s}\right), \\
\mathfrak{P}_y &= C^{(y)}_{\tau_1 \ldots \tau_s} \cos\left(2\,\pi\,\nu_{\tau_1} \ldots_{\tau_s} t + \delta^{(y)}_{\tau_1} \ldots_{\tau_s}\right), \\
\mathfrak{P}_z &= C^{(z)}_{\tau_1 \ldots \tau_s} \cos\left(2\,\pi\,\nu_{\tau_1} \ldots_{\tau_s} t + \delta^{(z)}_{\tau_1} \ldots_{\tau_s}\right),
\end{aligned}\right\} \quad \ldots \ldots (39)$$

und führen wir die Abkürzung ein

$$\left| C_{\tau_1} \ldots_{\tau_s} \right|^2 = \left(C^{(x)}_{\tau_1} \ldots_{\tau_s} \right)^2 + \left(C^{(y)}_{\tau_1} \ldots_{\tau_s} \right)^2 + \left(C^{(z)}_{\tau_1} \ldots_{\tau_s} \right)^2,$$

so erhalten wir demnach für die pro Zeiteinheit ausgestrahlte Energie dieser Frequenz gemäß (38) den Ausdruck

$$\frac{d\,E_{\tau_1} \ldots_{\tau_s}}{d\,t} = -\frac{1}{3\,c^3}\left(2\,\pi\,\nu_{\tau_1} \ldots_{\tau_s}\right)^4 \left| C_{\tau_1} \ldots_{\tau_s} \right|^2 \quad \ldots \ldots (40)$$

Wir haben hierin die zweimalige Differentiation nach der Zeit ausgeführt und über eine Periode der betrachteten Schwingung gemittelt, wobei die Quadrate der Kosinus den Wert $1/2$ ergeben.

So wie für die Intensität der emittierten Strahlung von der Frequenz $\nu_{\tau_1} \ldots_{\tau_s}$ die Summe $\left| C_{\tau_1} \ldots_{\tau_s} \right|^2$ der Amplitudenquadrate, so ist für deren Polarisation nach der klassischen Elektrodynamik die Form der betreffenden harmonischen Schwingung (39) des elektrischen Momentes maßgebend. Diese Form, die offenbar durch die Verhältnisse der Amplituden und durch die Phasen in (39) bestimmt ist, ist im allgemeinen elliptisch, und das gleiche gilt daher für die Polarisation des emittierten Lichtes. Die klassische Elektrodynamik führt weiter zu dem Resultat, daß die Schwingung des elektrischen Vektors des emittierten Lichtes in jeder Blickrichtung geometrisch ähnlich ist der Projektion der Schwingung (39) des elektrischen Momentes auf eine zur Blickrichtung senkrechte Ebene. In vielen praktisch wichtigen Fällen ist nun die Schwingung des elektrischen Momentes des Atoms im speziellen in einer ausgezeichneten Richtung linear oder in einer Ebene senkrecht zu dieser Richtung zirkular. Im ersteren Falle wird nach der angegebenen Regel in der Schwingungsrichtung (longitudinale Beobachtung) kein Licht emittiert, während bei Beobachtung senkrecht zu dieser Richtung (transversal) linear polarisiertes Licht wahrgenommen wird, dessen elektrischer Vektor parallel zur Schwingungsrichtung des elektrischen Momentes schwingt. Im zweiten Fall der zirkularen Schwingung des elektrischen Momentes nimmt man bei (longitudinaler) Beobachtung in der ausgezeichneten Richtung, das ist senkrecht zur Schwingungsebene, zirkular polarisiertes Licht wahr, während bei transversaler Beobachtung linear polarisiertes Licht mit einem senkrecht zur ausgezeichneten Richtung schwingenden elektrischen Vektor erscheint. Ist die ausgezeichnete Richtung durch eine Symmetrieachse des Atoms gegeben, so wird bei Vorhandensein von Atomen in allen möglichen Orientierungen, wie es unter gewöhnlichen Bedingungen stets der Fall ist, die Polarisation der von den einzelnen Atomen kommenden Strahlung nicht direkt zur Wahrnehmung gelangen. Ist jedoch die ausgezeichnete Richtung die Achse (Richtung) eines äußeren Kraftfeldes, so wird die Polarisation der Strahlung direkt in Erscheinung treten. Man bezeichnet dann die einer linearen Schwingung des elektrischen Momentes in der Feldrichtung entsprechenden Spektrallinien als „parallel zum Feld polarisiert" oder „π-Komponenten", während die einer zirkularen Schwingung des elektrischen Momentes in einer Ebene senkrecht zum Feld entsprechenden Spektrallinien als „senkrecht zum Feld polarisiert" oder „σ-Komponenten" bezeichnet werden. Wie man sieht, richten sich diese Bezeichnungen nach den Ergebnissen der (transversalen) Beobachtung senkrecht zur Feldrichtung. In der (longitudinalen) Beobachtung parallel der Feldrichtung erscheinen die π-Komponenten gar nicht und die σ-Komponenten als links- und rechtszirkular polarisiert. Wir werden im folgenden Abschnitt beim Zeemaneffekt diese Ergebnisse anzuwenden haben.

Wir wollen nun die Konsequenzen unserer Forderung ableiten, daß die wahre quantentheoretische Intensität und Polarisation der von einem mehrfach periodischen System emittierten Spektrallinien im Grenzfall großer Quantenzahlen mit der in der eben besprochenen Weise zu ermittelnden klassischen Intensität und Polarisation dieser Linien übereinstimmen muß. Quantentheoretisch ist die Intensität des Lichtes einer Frequenz v, die gemäß (I) einem bestimmten Übergang aus einem Zustand mit den Werten $n_1' \ldots n_s'$ der Quantenzahlen nach einem Zustand mit den Werten $n_1'' \ldots n_s''$ dieser Zahlen entspricht, durch die in § 10 des Kap. XXVII eingeführte Wahrscheinlichkeit A des spontanen Auftretens dieses Übergangsprozesses bestimmt. Es wird nämlich von einer größeren Zahl von Atomen, die sich in dem betreffenden Anfangszustand befinden, im Mittel pro Atom in der Zeiteinheit die Energie

$$h\,v\,A^{n_k'}_{n_k''}$$

emittiert. Indem wir diesen quantentheoretischen und den früher erhaltenen klassischen Ausdruck (40) für die pro Zeiteinheit emittierte Energie einander gleichsetzen, erhalten wir mit Rücksicht auf (37) die zur Berechnung der Übergangswahrscheinlichkeit A benutzbare, für den Grenzfall großer Quantenzahlen asymptotisch geltende Relation

$$h\,v\,A^{n_k'}_{n_k'-\tau_k} \sim \frac{1}{3\,c^3}\Big(2\,\pi\,v_{\tau_1 \ldots \tau_s}\Big)^4 \Big| C_{\tau_1 \ldots \tau_s}\Big|^2 \quad \ldots \ldots \quad (41)$$

Man sieht, daß diese Betrachtung als eine Verallgemeinerung der in § 10 des Kap. XXVII durchgeführten Bestimmung der Übergangswahrscheinlichkeiten beim linearen, harmonischen Oszillator aufgefaßt werden kann. In entsprechender Weise kann auch die Polarisation der dem betrachteten Übergangsprozeß entsprechenden Strahlung, für welche die Quantentheorie noch gar kein Ausdrucksmittel bietet, zunächst im Grenzfall großer Quantenzahlen aus der Polarisation der Strahlung ermittelt werden, die gemäß der klassischen Theorie von der zugehörigen harmonischen Schwingung (39) des elektrischen Momentes bedingt würde.

Für kleine Quantenzahlen kann die Relation (41) schon deshalb keine exakte Gültigkeit beanspruchen, weil der Wert der rechten Seite dieser Relation im allgemeinen ganz verschieden ist, je nachdem die Amplitude $C_{\tau_1 \ldots \tau_s}$ für die Anfangs- oder für die Endbahn genommen wird (nur für große Quantenzahlen sind diese Werte asymptotisch gleich). Die Relation (41) kann daher im allgemeinen nur als eine verhältnismäßig ungenaue Abschätzung der Übergangswahrscheinlichkeiten benutzt werden; als solche hat sie sich jedoch in vielen Fällen bewährt. Es ist eine Lücke in der bisher erreichten Formulierung der Quantentheorie, daß sie die genauen Werte der Übergangswahrscheinlichkeiten, die nach neueren empirischen Ergebnissen wenigstens in speziellen Fällen einfache Gesetzmäßigkeiten zu befolgen scheinen, nicht zu berechnen gestattet. Dieses wichtige, noch ungelöste Problem dürfte nur mit neuen physikalischen Gesichtspunkten angreifbar sein [1]).

b) Die Korrespondenz zwischen dem Spektrum des emittierten Lichtes und der Bewegung im Atom. Trotz der Unbestimmtheit der voranstehenden Überlegungen hinsichtlich des Quantitativen ist es unter Umständen dennoch möglich, aus ihnen auch für kleine Quantenzahlen genaue Schlüsse über das Vorkommen von Übergangsprozessen zu ziehen. Wenn nämlich für alle mechanischen Bahnen des Systems die harmonischen Schwingungen, die zu gewissen Werten von $\tau_1 \ldots \tau_s$ gehören, im elektrischen Moment des Systems nicht auftreten, werden wir schließen können, daß Übergangsprozesse mit den gemäß (37) entsprechenden Werten von $n_k' - n_k''$ nicht vorkommen, d. h. die Wahrscheinlichkeit Null besitzen (Auswahlregeln). Ebenso ist ein eindeutiger Schluß auf die Polarisation der Strahlung möglich, wenn die zu bestimmten Werten der τ_k gehörige harmonische Schwingung im elektrischen Moment des Systems für alle seine mechanischen Bahnen stets lineare bzw. zirkulare Form hat. Wir werden in diesem Falle auch für kleine Quantenzahlen bei den diesen Werten der τ_k gemäß (37) entsprechenden Übergangsprozessen auf eine Polarisation der Strahlung schließen können, die mit der betreffenden klassisch zu erwartenden Polarisation übereinstimmt. Einige Beispiele für diese Schlußweise werden wir weiter unten diskutieren.

Wir können hieraus ersehen, daß die im vorigen besprochenen Überlegungen, abgesehen von der asymptotischen Übereinstimmung der statistischen Resultate der Quantentheorie und der klassischen Theorie im Grenzfall großer Quantenzahlen, auch eine rein quantentheoretische Seite haben. Deren prinzipielle Bedeutung wurde von Bohr in späteren Arbeiten besonders hervorgehoben [2]). In der Tat wird durch die Relation (37) jedem Übergangsprozeß eine bestimmte „korrespondierende" harmonische Schwingungskomponente der Bewegung in den stationären Zuständen zugeordnet, deren Vorkommen im elektrischen Moment

---

[1]) Im Nachtrag wird dargelegt, wie man durch Weiterführung dieser Überlegungen zur Heisenbergschen Form der Quantenmechanik geführt wurde, die als eine quantitative Präzisierung und Weiterbildung des Korrespondenzprinzips angesehen werden kann.

[2]) Vgl. den zweiten Aufsatz der in Note 2 auf S. 1709 zitierten „Drei Aufsätze über Spektren und Atombau".

des Atoms als die Ursache des betreffenden Übergangsprozesses angesehen werden kann. Dieses rein quantentheoretische Gesetz wird von Bohr als Korrespondenzprinzip bezeichnet, wobei die Aufmerksamkeit weniger auf die Beziehung zwischen klassischer Theorie und Quantentheorie, als vielmehr auf den Zusammenhang (die Korrespondenz) zwischen dem emittierten Spektrum und der Bewegung im Atom gerichtet wird[1]). Dieser erscheint als eine Verallgemeinerung des (in der Quantentheorie nicht mehr zutreffenden) klassischen Zusammenhanges zwischen Spektrum und Bewegung, nach welchem die Frequenzen der Bewegung im Atom einfach gleich sein sollen den Frequenzen des emittierten Lichtes.

Ebenso wie das Adiabatenprinzip ist auch das Korrespondenzprinzip von Bedeutung für die physikalische Begründung der Zustandsbedingungen (II) von mehrfach periodischen Systemen. Zunächst ist klar, daß die vom Korrespondenzprinzip geforderte Zuordnung der Fourierkomponenten der Bewegung zu den Übergangsprozessen nur dann eindeutig ist, wenn die Anzahl der Zustandsbedingungen mit der Anzahl der Grundfrequenzen der Bewegung, das ist mit dem Periodizitätsgrad des Systems, übereinstimmt. Sodann erhält auch das Hinzutreten von neuen Zustandsbedingungen beim Übergang von einem entarteten zu einem nicht entarteten System durch das Korrespondenzprinzip eine einfache Deutung. Denken wir uns nämlich diesen Übergang durch das Hinzufügen eines störenden Kraftfeldes vorgenommen, so werden in der Bewegung neue Grundfrequenzen auftreten, die der Stärke des störenden Kraftfeldes proportional sind (vergleiche die Beispiele am Ende von § 5). Den harmonischen Schwingungen mit aus diesen neuen Grundfrequenzen zusammengesetzten Frequenzen korrespondieren dann solche Übergänge, bei denen nur die neu hinzutretenden Quantenzahlen sich ändern. Andererseits wird jede harmonische Schwingung des entarteten Systems sich beim Übergang zum nicht entarteten System im allgemeinen in verschiedene harmonische Schwingungen spalten, deren Frequenzen sich von denen der ersteren Schwingungen um verschiedene der neuen Frequenzen unterscheiden können. Dem entspricht gemäß der Gleichung (28) auch eine der Stärke des störenden Kraftfeldes proportionale Aufspaltung der Energiewerte der stationären Zustände des Systems und damit gemäß der Frequenzbedingung (I) eine ebensolche Aufspaltung der vom System emittierten Spektrallinien (vgl. die genannten Beispiele). Es möge hier nur kurz angedeutet werden, daß es Bohr gelungen ist, in anschaulicher Weise die beim Übergang zum nicht entarteten System hinzutretenden Zustandsbedingungen durch Benutzung der in der Astronomie verwendeten Methoden der Störungstheorie abzuleiten. Und zwar sind für die neu hinzutretenden Zustandsbedingungen und die Energiewerte der stationären Zustände bei schwachem Störungsfeld in erster Näherung nur die sogenannten säkularen Störungen maßgebend, das sind die Störungen mit den neuen, der Stärke des störenden

---

[1]) Gemäß der neueren Quantenmechanik tritt nach Schrödinger an Stelle der „Bewegung" im Atom allgemeiner ein durch kontinuierliche Funktionen beschriebenes Feld.

Kraftfeldes proportionalen Frequenzen. Es zeigt sich nun, daß nicht die Wirkungsgrößen des entarteten Systems, sondern nur dessen $2 \, (f - s)$ überzählige Bahnkonstanten (im Sinne von § 5) diesen säkularen Störungen unterworfen sind. Infolgedessen lassen sich die säkularen Störungen formal aus den Bewegungsgleichungen eines mechanischen Systems von $f - s$ Freiheitsgraden bestimmen. Außer diesen säkularen Störungen sind im allgemeinen noch kurzperiodische Störungen vorhanden, deren Grundfrequenzen in erster Näherung denen des ursprünglich vorhandenen entarteten Systems gleich sind. Diese können sich unter Umständen dadurch geltend machen, daß sie im elektrischen Moment des Systems harmonische Schwingungskomponenten erzeugen, die im ursprünglichen System nicht vorhanden waren und deren Amplituden der Stärke des störenden Kraftfeldes proportional sind. Dies bewirkt nach (41) auf Grund des Korrespondenzprinzips das Auftreten neuer Spektrallinien mit einer dem Quadrat der Stärke des störenden Kraftfeldes proportionalen Intensität (Durchbrechung von Auswahlregeln). Beispiele für ein solches Verhalten werden wir im folgenden Abschnitt kennenlernen.

Auch aus dem Korrespondenzprinzip (der Forderung der Übereinstimmung der quantentheoretischen und der klassischen Frequenzen im Grenzfall großer Quantenzahlen) und dem Adiabatenprinzip zusammen ist zwar ein eindeutiger Schluß auf die Form (II) der Zustandsbedingungen mehrfach periodischer Systeme noch nicht möglich, indem noch besondere Normierungen oder Festsetzungen in speziellen Systemen (z. B. beim harmonischen Oszillator) hinzutreten müssen. Wir können jedoch sagen, daß mittels der Zustandsbedingungen (II) auf die einfachste Weise die Forderungen dieser beiden Prinzipien befriedigt werden.

Dem Korrespondenzprinzip scheint überdies auch für kompliziertere Systeme als die mehrfach periodischen, wie den Atomen mit mehr als einem Elektron, wo die allgemeine Lösung der mechanischen Bewegungsgleichungen keine Darstellung in der Form (27) mehr zuläßt, eine große Bedeutung zuzukommen. Bei solchen Systemen ist nach neueren Ergebnissen die klassische Mechanik zur vollständigen Beschreibung der Bewegung in den stationären Zuständen sicher nicht brauchbar. Es muß sogar als ein Mangel der jetzigen Fassung der Quantentheorie bezeichnet werden, daß die so weitgehende Benutzung der klassischen Mechanik bei der Berechnung der Eigenschaften und der Energiewerte der stationären Zustände mehrfach periodischer Systeme keine nähere Begründung erfährt und nicht durch allgemeinere physikalische Ansätze legitimiert wird. Es ist daher ein großer Vorzug des Korrespondenzprinzips, daß seine Anwendung, im Gegensatz z. B. zum Adiabatenprinzip, nicht notwendig an die Gültigkeit der klassischen Mechanik für die Bewegung in den stationären Zuständen des Atoms gebunden ist. Denn dieses Prinzip formuliert ja einfach einen Zusammenhang zwischen den Periodizitätseigenschaften der Bewegung im Atom und dem Auftreten von mit Ausstrahlung verknüpften Übergangsprozessen zwischen seinen stationären Zuständen. Es können daher aus empirischen Regeln, welche die letzteren beherrschen, mittels des Korrespondenzprinzips Rückschlüsse auf die Eigenschaften der Bewegung im Atom gezogen werden, und zwar auch in Fällen, wo uns die Gesetze, welche diese Bewegung bestimmen, in ihren Einzelheiten noch unbekannt sind.

c) **Einige Anwendungen des Korrespondenzprinzips.** Als erstes Anwendungsbeispiel des Korrespondenzprinzips wollen wir hier die mit Ausstrahlung verbundenen Übergangsprozesse bei einem ebenen, anisotropen harmonischen Oszillator betrachten. Da in diesem Falle in der Bewegung nach (30) nur die Grundschwingungen auftreten, können hier nur solche Übergangsprozesse vorkommen, bei denen eine der Quantenzahlen um eine Einheit springt, während die andere Quantenzahl unverändert bleibt. Die Polarisation der emittierten Strahlung wird überdies linear sein, entsprechend der Linearität der zugehörigen harmonischen Schwingung. Für den linearen Oszillator (mit einem Freiheitsgrad) wurde diese Überlegung bereits in Kap. XXVII, § 9 durchgeführt, und wir erkennen jetzt, daß diese eine spezielle Anwendung des Korrespondenzprinzips darstellt.

Im Gegensatz zum harmonischen Oszillator kann beim Wasserstoffatom die in der Balmerformel auftretende Quantenzahl um beliebig viele Einheiten springen, entsprechend dem Auftreten aller Oberschwingungen in der Fourierschen Darstellung der Bewegung des Elektrons auf der Keplerellipse [siehe Gl. (9)]. Man sieht daraus, daß es zu einem korrespondenzmäßigen Verständnis der empirisch feststehenden unbeschränkten Kombinationsfähigkeit der Terme (3) des Wasserstoffspektrums erforderlich ist, nicht nur speziell Kreisbahnen, bei denen nur die Grundschwingung auftritt, sondern allgemein elliptische Bahnen heranzuziehen.

Ein weiteres für die Erklärung der Spektren wichtiges Beispiel für die Anwendung des Korrespondenzprinzips bietet die in § 5 b besprochene Zentralbewegung dar. Es wurde dort gezeigt, daß die allgemeinste Zentralbewegung aus einer rein periodischen Bewegung mit einer überlagerten gleichförmigen Rotation besteht. Die rein periodische Bewegung werde nun dargestellt durch

$$\bar{x} = \sum_\tau A_\tau \cos\left(2\,\pi\,\tau\,\omega\,t + \alpha_\tau\right), \quad \bar{y} = \sum_\tau B_\tau \cos\left(2\,\pi\,\tau\,\omega\,t + \beta_\tau\right).$$

Sie besteht demnach aus im allgemeinen elliptischen Schwingungen mit den Frequenzen $\tau\,\omega$. Durch Überlagerung einer gleichförmigen Rotation mit der Umlaufszahl o entsteht daraus eine Bewegung, die offenbar gegeben ist durch

$$x = \bar{x}\,\cos 2\,\pi\,o\,t - \bar{y}\,\sin 2\,\pi\,o\,t,$$
$$y = \bar{x}\,\sin 2\,\pi\,o\,t + \bar{y}\,\cos 2\,\pi\,o\,t.$$

Durch Einsetzen der Ausdrücke für $\bar{x}$ und $\bar{y}$ erhält man hieraus

$$\left.\begin{array}{l} \left.\begin{array}{l} x \\ y \end{array}\right| = \sum_\tau C_{\tau,\,+1} \genfrac{}{}{0pt}{}{\cos}{\sin}\left[2\,\pi\,(\tau\,\omega + o)\,t + \gamma_{\tau,\,+1}\right] \\[2ex] \quad + \sum_\tau C_{\tau,\,-1} \genfrac{}{}{0pt}{}{\cos}{-\sin}\left[2\,\pi\,(\tau\,\omega - o)\,t + \gamma_{\tau,\,-1}\right) \end{array}\right\} \quad \cdots\cdots \ (42)$$

Hierin sind die Größen $C_{\tau,\,\pm1}$ und $\gamma_{\tau,\,\pm1}$ definiert durch die Formeln

$$C_{\tau,\,\pm1}\cos\gamma_{\tau,\,\pm1} = {}^1\!/_2\left(A_\tau\cos\alpha_\tau \mp B_\tau\sin\beta_\tau\right),$$
$$C_{\tau,\,+1}\sin\gamma_{\tau,\,\pm1} = {}^1\!/_2\left(A_\tau\sin\alpha_\tau \pm B_\tau\cos\beta_\tau\right),$$

in denen entweder überall das obere oder überall das untere Vorzeichen zu nehmen ist. **Durch die überlagerte gleichförmige Rotation wird demnach jede elliptische Schwingung mit der Frequenz $\tau\omega$ in eine links- und eine rechtszirkulare Schwingung mit den Frequenzen $\tau\omega + o$ bzw. $\tau\omega - o$ aufgespalten.**

Aus der Darstellung (42) der Zentralbewegung können wir nun auf Grund des Korrespondenzprinzips schließen: **Die zur Grundfrequenz o gehörige Impulsquantenzahl k kann bei den mit Ausstrahlung verbundenen Übergangsprozessen nur um 1 zu- oder abnehmen:**

$$k' - k'' = \pm 1 \quad \cdots \cdots \cdots \cdots \cdots \quad (43)$$

Die emittierte Strahlung ist dabei bei einer zur Bahnebene senkrechten Beobachtungsrichtung links- bzw. rechtszirkular polarisiert.

Die hier aus dem Korrespondenzprinzip abgeleitete Auswahlregel kann offenbar infolge der Bedeutung (33) von k auch dahin formuliert werden, daß das Impulsmoment des Systems bei den Übergängen um $h/2\pi$ zu- oder abnehmen muß. Es ist dies im Einklang mit einem Ergebnis, das von Bohr und Rubinowicz [1]) auch unabhängig vom Korrespondenzprinzip durch eine formale Anwendung des Gesetzes der Erhaltung des Drehimpulses auf den Ausstrahlungsprozeß erhalten wurde. Auf diesem Wege kommt man zu dem Schluß, daß das Impulsmoment eines Systems sich allgemein bei einem mit Strahlung verbundenen Übergangsprozeß nicht um mehr als $h/2\pi$ ändern kann. Die genannten Verfasser stützen sich dabei auf ein Resultat der klassischen Theorie, nach welchem das Verhältnis des von einem mechanischen System der betrachteten Art ausgestrahlten Drehimpulses zur ausgestrahlten Energie nicht größer sein kann als $\dfrac{1}{2\pi\nu}$, wenn ν die emittierte Frequenz bedeutet. Setzt man gemäß der Frequenzbedingung (I) die beim Elementarprozeß emittierte Energie gleich $h\nu$ und wendet den Satz der Erhaltung des Drehimpulses auf diesen an, so folgt in der Tat der zu beweisende Satz. In unserem Fall der Zentralbewegung schließt jedoch das Korrespondenzprinzip über diesen hinausgehend auch diejenigen Übergangsprozesse aus, bei denen der Drehimpuls des Teilchens unverändert bleibt.

Dieses Resultat liegt wesentlich an dem Umstand, daß die Zentralbewegung eine ebene Bewegung ist und die überlagerte Rotation um eine zur Bahnebene normale Achse erfolgt. Haben wir es allgemeiner mit einer überlagerten, gleichförmigen Rotation, der eine neue Grundfrequenz o entspricht, um irgend eine ausgezeichnete Achse zu tun, so ist die Änderung der Periodizitätseigenschaften der ursprünglichen Bewegung die folgende. Jede Schwingungskomponente parallel der Rotationsachse bleibt offenbar unverändert und behält ihre ursprüngliche Frequenz bei. Diesen Schwingungskomponenten entsprechen korrespondenzmäßig solche Übergangsprozesse, bei denen die zur Frequenz o der überlagerten Rotation gehörige Quantenzahl

---

[1]) N. Bohr, Quantentheorie der Linienspektren, Teil I; A. Rubinowicz, Physikal. Zeitschr. **19**, 441 und 465, 1918.

unverändert bleibt. Die in eine Ebene senkrecht zur Rotationsachse projizierten ursprünglich vorhandenen harmonischen Schwingungen werden dagegen wie bei der Zentralbewegung in zwei links- bzw. rechtszirkulare Schwingungen mit Frequenzen aufgespalten, die gegenüber der ursprünglichen Frequenz um o vermehrt bzw. vermindert sind. Diesen entsprechen Übergangsprozesse, bei denen die zur Frequenz o gehörige Quantenzahl um 1 zu- bzw. abnimmt und die Strahlung (bei Beobachtung parallel zur Rotationsachse) zirkular polarisiert ist. Zusammenfassend können wir also sagen:

Die einer gleichförmigen Rotation um eine Achse entsprechende Quantenzahl kann nur um 0 oder ± 1 springen. Im ersten Falle ist das Licht parallel zur Achse der überlagerten Rotation polarisiert, im letzteren Falle senkrecht zur Achse und zirkular. Nur wenn wie bei einer Zentralbewegung die überlagerte Rotation um eine Achse senkrecht zur Bahnebene erfolgt, fallen die ersteren Übergänge fort. Umgekehrt kann aus dem Bestehen einer solchen Auswahl- und Polarisationsregel gefolgert werden, daß die betreffende Grundfrequenz in der Bewegung nur in Form einer gleichförmigen Rotation um eine Achse auftritt.

Wir werden in den folgenden Abschnitten verschiedene Anwendungen dieser Überlegungen kennenlernen, und wir werden sehen, daß im Einklang mit der Betrachtung von Bohr und Rubinowicz das Gesamtimpulsmoment des Atoms durch eine Quantenzahl festgelegt wird, die Auswahlregeln der erwähnten Form gehorcht.

§ 8. Die Feinstruktur der wasserstoffähnlichen Spektren. Wie bereits in § 5 erwähnt, stellte Sommerfelds Theorie der Feinstruktur der wasserstoffähnlichen, durch Gl. (1) und (2) dargestellten Spektren die erste grundsätzliche Erweiterung der Quantentheorie von rein periodischen Systemen auf solche mit einem Periodizitätsgrad größer als 1 dar. Die Sommerfeldsche Theorie beruht auf einer Berücksichtigung der von der Relativitätstheorie geforderten, durch (36) dargestellten Abhängigkeit der Masse des Elektrons von seiner Geschwindigkeit[1]. Diese hat zur Folge, daß in einem Atom mit einem Elektron die Elektronenbahn nicht genau eine rein periodische, geschlossene ist, sondern eine solche vom allgemeinen, durch Fig. 1125 dargestellten Zentralbahntypus mit fortschreitendem Perihel. Für diesen Fall wandte Sommerfeld zu (33) und (34) äquivalente Bedingungen zur Festlegung der stationären Zustände des Atoms an und gelangte damit zu einer Berechnung ihrer Energiewerte, aus denen sich dann weiter gemäß der Frequenzbedingung (I) die Schwingungszahlen der vom Atom emittierten Spektrallinien ergeben[2].

---

[1] Bohr hatte bereits früher (vgl. Abh. VII aus dem Jahre 1915 der gesammelten „Abhandlungen über Atombau") diesen Umstand als Ursache der Feinstruktur der wasserstoffähnlichen Spektren wahrscheinlich gemacht, ohne daß es ihm jedoch gelungen war, zu einer Festlegung der stationären Zustände in diesem Falle und damit zu einer quantitativen Berechnung der Feinstruktur zu gelangen.

[2] Wir begnügen uns hier damit, die Resultate der Rechnung anzugeben, und müssen wegen ihrer Durchführung auf das zu Beginn dieses Kapitels zitierte Werk von A. Sommerfeld, Atombau und Spektrallinien, verweisen.

Bevor wir auf das genauere Ergebnis dieser Rechnung eingehen, erinnern wir daran, daß die durch (34) definierte Quantenzahl n im Grenzfall der völlig vernachlässigten Abhängigkeit der Masse des Elektrons von seiner Geschwindigkeit in die durch (15) und (16) definierte Quantenzahl n für die Keplerellipse übergeht. Diese in erster Linie für die Energiewerte der stationären Zustände maßgebende, in der Balmerformel auftretende Quantenzahl n wollen wir mit Bohr als Hauptquantenzahl bezeichnen. Durch die Zustandsbedingung (39) zerfällt dann jeder der den Termen der Balmerformel entsprechenden stationären Zustände in eine Anzahl von weiteren, durch die Nebenquantenzahl k gekennzeichneten Zuständen, deren Energieunterschiede relativ zu den ursprünglichen Energiewerten (3) (ebenso wie die Aufspaltung $\Delta \nu$ der Spektrallinien relativ zu ihren ursprünglichen, durch die Balmerformel gegebenen Frequenzen ν selbst) gemäß (28) von derselben Größenordnung sind, wie die Frequenz der relativistischen Periheldrehung relativ zur Umlaufsfrequenz. Für das letztere Verhältnis ergibt nun die Mechanik die Größenordnung v^2/c^2, wenn v die Geschwindigkeit des Elektrons in seiner Bahn und c die Lichtgeschwindigkeit bedeutet. Für die einquantige Kreisbahn des Wasserstoffatoms ($Z = 1$) hat nach (17) der Quotient $\dfrac{v}{c} = \dfrac{a(2\,\pi\,\omega)}{c}$ den Wert

$$\alpha = \frac{2\,\pi\,e^2}{h\,c} \cdot \ldots \ldots \ldots \ldots \ldots \ldots (44)$$

Mit Einsetzung der früher angegebenen Zahlenwerte von e und h erhält man für diese Konstante und ihr für die Größe der Linienaufspaltung maßgebendes Quadrat die numerischen Werte

$$\alpha = (7{,}299 \pm 0{,}005) \cdot 10^{-3}, \quad \alpha^2 = (5{,}322 \pm 0{,}007) \cdot 10^{-5}.$$

Wegen der außerordentlichen Kleinheit dieser Konstante handelt es sich hier bei kleinen Kernladungszahlen Z wirklich um eine „Feinstruktur" der wasserstoffähnlichen Spektren.

Wenn wir nun dazu übergehen, uns von den Elektronenbahnen in den durch die Quantenbedingungen (33) und (34) festgelegten stationären Zuständen des Atoms ein anschauliches Bild zu machen, so werden wir zunächst in erster Näherung von den kleinen zu α^2 proportionalen Abweichungen in der kinematischen Bedeutung der Größe J in (34) von der entsprechenden Größe (15) bei der Keplerellipse absehen können. Wir werden demnach für die Halbachsen der Bahnen die durch (19) angegebenen Werte

$$a = \frac{a_1}{Z}\,n^2 \cdot \ldots \ldots \ldots \ldots \ldots \ldots (19)$$

beibehalten können (die von der Mitbewegung des Kernes herrührenden Korrektionsgrößen wollen wir hier vernachlässigen). Die Nebenquantenzahl k legt gemäß (33) das Impulsmoment P der Bahn fest. Dieses ist gemäß der Mechanik bestimmt durch den sogenannten Parameter p der Ellipse [das ist die halbe auf der großen Achse senkrecht stehende und durch den Brennpunkt gehende Sehne; ihre Länge ist gleich $a\,(1 - \varepsilon^2)$, wenn ε die numerische Exzentrizität der Ellipse bedeutet], indem die Relation gilt:

$$P^2 = Z e^2 \mu\, p$$

[vgl. hierzu die Relation (7*)]. Wir erhalten daher gemäß der Quantenbedingung (33)

$$P = k \, \frac{h}{2\,\pi} \quad \ldots \ldots \ldots \ldots \ldots \quad (33)$$

und mit dem Wert (20) von a_1 die zu (19) analoge Relation

$$p = \frac{a_1}{Z} k^2 \quad \ldots \ldots \ldots \ldots \ldots \quad (45)$$

Wegen $p = a\,(1 - \varepsilon^2)$ folgt hieraus für das Verhältnis der kleinen Halbachse $b = a \sqrt{1 - \varepsilon^2}$ zur großen Halbachse a der mit der relativistischen Periheldrehung begabten Ellipsen in den stationären Zuständen der rationale Wert

$$\frac{b}{a} = \frac{k}{n}. \quad \ldots \ldots \ldots \ldots \ldots \quad (46)$$

Man sieht daraus, daß im Einklang mit (35) k nicht größer als n sein kann:

$$k \leqq n \quad \ldots \ldots \ldots \ldots \ldots \quad (35\,\mathrm{c})$$

Der Wert $k = 0$ würde überdies der durch den Kern gehenden Geraden entsprechen und werde deshalb ausgeschlossen. Der Wert $k = n$ entspricht

Fig. 1126.

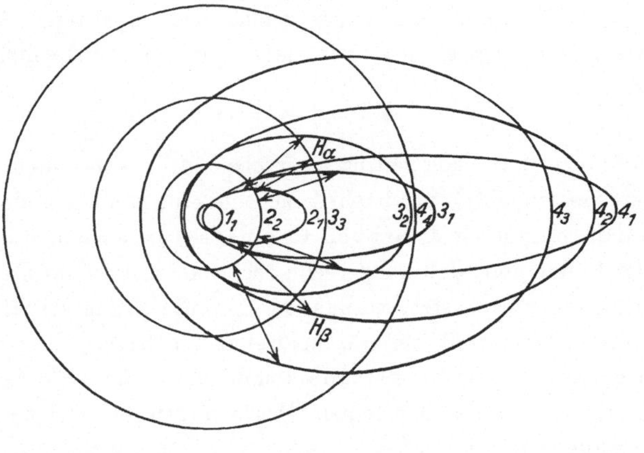

andererseits stets der Kreisbahn. Allgemein werde mit Bohr die Elektronenbahn, die dem stationären Zustand mit bestimmten Werten n der Hauptquantenzahl und k der Nebenquantenzahl entspricht, als „n_k-Bahn" bezeichnet. Auf diese Weise erhalten wir für den einquantigen Normalzustand des Atoms nur die kreisförmige 1_1-Bahn, für den zweiquantigen Zustand, der den zur Balmerserie gehörigen Endzustand darstellt, erhalten wir zwei Bahnen, eine elliptische 2_1-Bahn und eine kreisförmige 2_2-Bahn; dem dreiquantigen Zustand entsprechen drei Bahnformen, die 3_1-, 3_2- und 3_3-Bahn usw. Die betreffenden, von Sommerfeld abgeleiteten Bahnen sind in der obigen Fig. 1126, mit dem zugehörigen Symbol n_k versehen, dargestellt, wobei aus zeichnerischen Gründen die Periheldrehung der Bahnen nicht zum Ausdruck gebracht ist.

Für die Energie $E_{n,k}$ des bei Berücksichtigung der relativistischen Massenveränderlichkeit durch die zwei Quantenzahlen n und k charakterisierten stationären Zustandes eines Atoms der Kernladung Ze und einem einzigen Elektron ergibt nun die Ausrechnung nach Sommerfeld den Wert

$$E_{n,k} = -\frac{Z^2 R h c}{n^2}\left[1 + \alpha^2 Z^2\left(-\frac{3}{4 n^2} + \frac{1}{n k}\right) + \cdots\right] \cdots \quad (47)$$

Hierin haben wir nur das erste, bei kleinen Werten von Z praktisch allein ausschlaggebende Glied einer Reihenentwicklung nach Potenzen von $\alpha^2 Z^2$ beibehalten. Die zwei Terme, in die der Grundterm der Balmerserie aufgespalten wird und die einer 2_1- und einer 2_2-Bahn entsprechen, haben daher nach der Theorie eine Wellenzahldifferenz von

$$\varDelta \nu_H = R\,\frac{\alpha^2}{2^4} = (0{,}3650 \pm 0{,}0005)\ \mathrm{cm}^{-1}.$$

In der Balmerserie des Wasserstoffspektrums sind die Terme mit einer Hauptquantenzahl größer als 2 nicht mehr aufgelöst. Daher äußert sich die Energiedifferenz der beiden zweiquantigen Endterme einfach darin, daß alle Linien dieser Serie ein enges Dublett bilden, dessen Wellenzahldifferenz den angegebenen Wert hat. Dagegen konnte Paschen [1]) bei den He⁺-Linien ($Z = 2$), wo infolge größerer Linienschärfe die Verhältnisse günstiger liegen, eine nahezu vollständige Auflösung der erreichten Feinstruktur.

Nach der Theorie sollten dabei gemäß der im vorigen Abschnitt für Zentralbewegungen abgeleiteten, aus dem Korrespondenzprinzip folgenden Auswahlregel

$$k' - k'' = \pm 1 \cdot \cdots \cdots \cdots \cdots \quad (43)$$

nur solche Feinstrukturkomponenten erscheinen, wo bei den zugehörigen Übergangsprozessen die Quantenzahl k sich um eine Einheit ändert. Indessen zeigt eine nähere, in einer Arbeit von Kramers [2]) im einzelnen durchgeführte theoretische Diskussion, daß schon sehr schwache elektrische Felder, wie sie in den Entladungsröhren stets vorhanden sind, die Exzentrizität der Bahnen sowie die Gleichförmigkeit der Periheldrehung beträchtlich stören können. Hierdurch entstehen neue Schwingungskomponenten im elektrischen Moment des Atoms (vgl. hierzu die allgemeinen Überlegungen des vorigen Abschnittes), die in Übergängen mit $k' - k'' = 0$ oder ± 2 korrespondieren. In der Tat zeigte sich, daß die Intensität der betreffenden, der Regel (43) widersprechenden Feinstrukturkomponenten stark mit den Entladungsbedingungen variiert. Das Erscheinen dieser neuen Feinstrukturkomponenten unter dem Einfluß von störenden elektrischen Feldern ist auch zu berücksichtigen, wenn es sich,

---

[1]) F. Paschen, Ann. d. Phys. **50**, 901, 1916.
[2]) H. A. Kramers, Intensities of spectral lines. D. kgl. danske Vid. Selsk. Skrifter, 8. Raekke, III, 5, 1919. Diese Arbeit enthält eine allgemeine theoretische Diskussion der Intensitäten der Linienkomponenten sowohl der ungestörten wie der durch äußere elektrische oder magnetische Felder beeinflußten Spektren von H und He⁺, die auf der aus dem Korrespondenzprinzip folgenden Relation (41) basiert.

wie in der Balmerserie, um die Lage von nicht vollständig aufgelösten, aus mehreren Komponenten bestehenden Linien handelt [1]).

Im ganzen hat sich eine vollständige Übereinstimmung der Sommerfeldschen Formel (47) mit der beobachteten Lage der Feinstrukturkomponenten ergeben. Insbesondere konnte Paschen den Wert von $\Delta \nu_H$ aus der Feinstruktur des He^+-Spektrums zu

$$(\Delta \nu_H = 0{,}3645 \pm 0{,}0045)\,cm^{-1}$$

berechnen, in bestem Einklang mit dem oben angegebenen theoretischen Wert. Wegen Einzelheiten des Vergleiches der Theorie mit der Erfahrung siehe Kap. XXXI dieses Lehrbuches.

Sommerfeld hat gezeigt, daß die Formel (47) auch für die Theorie der Röntgenspektren von großer Bedeutung ist. Er vergleicht dabei die Röntgenterme, abgesehen von der in dem Subtrahieren einer Abschirmungskonstante von der Kernladungszahl Z bestehenden Korrektur mit den Termen eines Spektrums, das von einem Atom mit einem einzigen, um den Kern der Ladung Ze umlaufenden Elektron emittiert würde. Der Unterschied gegenüber der aus dem gleichen Gesichtspunkt entspringenden Moseleyschen Darstellung der Röntgenlinien besteht darin, daß nunmehr auch die relativistische Abhängigkeit der Masse des Elektrons von seiner Geschwindigkeit berücksichtigt wird. Bei großen Werten von Z wird dabei der Korrektionsterm in (47) wegen seiner Proportionalität mit Z^4 schon sehr beträchtlich, und es müssen hier auch die zu höheren Potenzen von $\alpha^2 Z^2$ proportionalen, in (47) fortgelassenen Glieder berücksichtigt werden. Zunächst hat sich ergeben, daß unabhängig von der Komplexität der Röntgenterme ihre Größe (z. B. die des einfachen einquantigen K-Termes) bei größeren Werten von Z sich nur dann richtig ergibt, wenn zur Moseleyschen Darstellung die relativistischen Korrektionen, von denen die erste in (47) angeschrieben ist, hinzugefügt werden. Sodann konnte auch die Energiedifferenz gewisser Röntgenterme mit dem gleichen Werte der Hauptquantenzahl n durch Formeln dargestellt werden, die mit den aus (47) sich ergebenden Ausdrücken für den „relativistischen" Energieunterschied von zwei entsprechenden stationären Zuständen des wasserstoffähnlichen Atoms übereinstimmen. Indessen scheint der Vollständigkeit der Analogie der Komplexität der Röntgenterme mit der relativistischen Feinstruktur der Spektren, die von den Atomen mit einem einzigen Elektron emittiert werden, zunächst der Umstand entgegenzustehen, daß immer nur die Energiedifferenz gewisser Niveaupaare, nicht aber etwa die aller demselben Werte von n entsprechenden Röntgenniveaus mittels rela-

---

[1]) Neuere Beobachtungen sprechen stark dafür, daß diejenigen Linienkomponenten, die sich aus Gleichung (47) ergeben, wenn man hierin $k' - k'' = 0$ setzt, in Wahrheit auch bei Abwesenheit störender Kraftfelder vorhanden sind Hierdurch ist trotz der Richtigkeit der Sommerfeldschen Formel (47) eine Revision der Vorstellungen erforderlich, die der ursprünglichen Sommerfeldschen Feinstrukturtheorie zugrunde lagen. Hier brachte erst die Annahme des magnetischen Elektrons die theoretische Klärung, die zugleich auch die Analogie der Wasserstoffeinstruktur zu derjenigen der Röntgenspektren wiederherstellte. (Vgl. hierzu den Nachtrag.)

tivistischer Formeln dargestellt werden kann. (Vgl. hierzu Kap. XXXIV dieses Lehrbuches.) Einer vollständigen theoretischen Deutung der Komplexität der Röntgenterme stehen heute noch große prinzipielle Schwierigkeiten entgegen, und es kann daher auch die Bedeutung des hier in Rede stehenden wichtigen Befundes von Sommerfeld noch nicht als geklärt angesehen werden.

§ 9. Theorie des normalen Zeemaneffekts.

Ebenso wie beim Einfluß der von der Relativitätstheorie geforderten Abhängigkeit der Masse von der Geschwindigkeit auf die Bewegung im Atom mit einem einzigen Elektron, haben wir es auch im Falle von solchen Atomen, die unter dem Einfluß homogener elektrischer oder magnetischer Felder stehen, mit mehrfach periodischen Systemen zu tun. Durch Anwendung der Quantentheorie solcher Systeme auf diesen Fall gelangt man zu einer ins einzelne gehenden theoretischen Erklärung des Starkeffekts und Zeemaneffekts der H- und He$^+$-Linien, das ist ihrer Aufspaltung in verschiedene polarisierte Komponenten, wenn der leuchtende Stoff der Wirkung eines elektrischen bzw. magnetischen Feldes ausgesetzt wird. Auf die Theorie des Starkeffekts, der Einwirkung von elektrischen Feldern, die zuerst in den in § 5 zitierten Arbeiten von Schwarzschild und Epstein gegeben wurde, können wir hier nicht näher eingehen [1]). Dagegen wollen wir die wichtigsten Ergebnisse der Theorie des Zeemaneffekts, der Beeinflussung der Spektrallinien durch ein magnetisches Feld, wo die Verhältnisse wesentlich einfacher liegen, in diesem Abschnitt besprechen. Die quantentheoretische Behandlung dieses Problems wurde zuerst von Sommerfeld [2]) und Debye [2]) durchgeführt. Wir können dabei sogar allgemeiner ein Atom betrachten, das aus mehreren umlaufenden Elektronen besteht.

Wir wollen zunächst untersuchen, welche Beeinflussung der Bewegung im Atom und der von ihm emittierten Spektrallinien durch die Anwesenheit eines äußeren, homogenen Magnetfeldes mit der Feldstärke H nach der klassischen Theorie zu erwarten ist. Gemäß der Elektronentheorie ist die Kraft des Magnetfeldes auf jedes der Elektronen auf der Richtung der magnetischen Feldstärke und der Geschwindigkeit v des Elektrons senkrecht und von der Größe $e\,\dfrac{v}{c}\,H$. Legen wir die x- und y-Achse eines Koordinatensystems in eine Ebene senkrecht zum Felde, die z-Achse parallel dem Felde, so hat diese Kraft bei Berücksichtigung des negativen Vorzeichens der Ladung des Elektrons die Komponenten

$$K_x = -\frac{e}{c}\,\dot{y}\,H, \quad K_y = \frac{e}{c}\,\dot{x}\,H, \quad K_z = 0,$$

---

[1]) In der oben zitierten Arbeit von Kramers wird gezeigt, daß auch die beobachteten Intensitäten der einzelnen Starkeffektkomponenten in völliger Übereinstimmung mit den aus dem Korrespondenzprinzip berechneten sind. Ferner hat Kramers in Zeitschr. f. Phys. **3**, 199, 1920 auch den Starkeffekt bei Berücksichtigung der relativistischen Feinstruktur behandelt.

[2]) A. Sommerfeld, Physik. Zeitschr. **17**, 491, 1916; P. Debye, ebenda **17**, 507, 1916.

worin die Punkte über den Ortskoordinaten des Elektrons wie üblich Differentiation nach der Zeit bedeuten. Man sieht, daß diese Kraft von derselben Form ist, wie die als Folge einer Rotation des Systems als Ganzes um die z-Achse auftretende Corioliskraft. Diese hat ja, falls die Rotation im positiven Sinne mit der Winkelgeschwindigkeit u erfolgt, die Komponenten

$$K_x = 2\,m\,u\,\dot{y}, \quad K_y = -\,2\,m\,u\,\dot{x}, \quad K_z = 0.$$

Bestimmen wir sonach die Winkelgeschwindigkeit u der Rotation aus der Gleichung $2\,m\,u = \dfrac{e}{c}\,H$ zu $u = \dfrac{e}{2\,m\,c}\,H$ und somit die aus u mittels Division durch $2\,\pi$ hervorgehende Umlaufszahl o_H der Drehung zu

$$o_H = \frac{e}{4\,\pi\,m\,c}\,H \quad \ldots \ldots \ldots \ldots \ldots \quad (48)$$

und denken wir uns das ganze Elektronensystem mit dieser Umlaufszahl im positiven Sinne um eine durch den Kern gehende, der z-Achse parallele Gerade gedreht, so werden die Corioliskraft und die Kraft des Magnetfeldes einander gerade aufheben. Es werden nur noch zweierlei Zusatzkräfte auf die Elektronen wirken. Erstens die Zentrifugalkraft, die aber bei allen praktisch herstellbaren magnetischen Feldstärken vernachlässigt werden kann, da sie dem Quadrat der kleinen Drehungszahl o_H proportional ist (sie verhält sich zur Corioliskraft wie die Frequenz o_H zu den Umlaufsfrequenzen ω der ursprünglichen Elektronenbewegung). Zweitens könnten dadurch Zusatzkräfte entstehen, daß die Kräfte zwischen den Teilchen des Systems durch die überlagerte Rotation verändert werden. Solange diese Kräfte wie die Coulombschen Kräfte nur vom Abstand der Teilchen voneinander abhängen, ist das jedoch sicher nicht der Fall, da ja der Abstand der Teilchen durch die überlagerte Rotation nicht verändert wird. Die relativistische Abhängigkeit der Masse der Elektronen von der Geschwindigkeit sowie die magnetischen Kräfte der Elektronen des Atoms untereinander, die ebenfalls von der Geschwindigkeit der Teilchen abhängen, erzeugen allerdings bei einer überlagerten Rotation Zusatzkräfte der hier in Betracht gezogenen Art. Jedoch zeigt sich, daß diese im allgemeinen unmerklich klein sind. Mit diesen Vernachlässigungen bewirkt sonach das Magnetfeld eine Drehung des gesamten Elektronensystems um eine zur magnetischen Feldstärke parallele, durch den Kern gelegte Achse. Der Sinn der Drehung ist von der Kraftlinienrichtung aus gesehen der positive, das ist der dem Uhrzeigersinn entgegengesetzte, und ihre Umlaufszahl ist durch (48) bestimmt. Das hier abgeleitete Ergebnis bildet den Inhalt des Larmorschen Theorems.

Die überlagerte Rotation mit der Frequenz o_H hat nun gemäß den Überlegungen in § 7 eine Aufspaltung jeder harmonischen Schwingungskomponente mit der Frequenz ω im elektrischen Moment des Atoms in zwei zirkulare Schwingungen in der Ebene senkrecht zum Felde mit den Frequenzen $\omega + o_H$ und $\omega - o_H$ und eine lineare Schwingung parallel zum Felde mit unveränderter Frequenz ω zur Folge. Daher muß nach der klassischen

Theorie auch jede Spektrallinie mit der Schwingungszahl ν im Magnetfeld in ein Triplett aufgespalten werden, das aus einer π-Komponente mit unveränderter Frequenz ν und zwei σ-Komponenten mit den Frequenzen $\nu + o_H$ und $\nu - o_H$ besteht. Bei longitudinaler Beobachtung erhält dabei diejenige σ-Komponente eine größere Frequenz (Violettverschiebung), die im gleichen Sinne wie die Larmordrehung zirkular polarisiert ist. Gemäß der obigen Überlegung ist dies bei negativer Ladung der umlaufenden Teilchen für einen den Kraftlinien des Magnetfeldes entgegenblickenden Beobachter die linkszirkulare Komponente, bei der die Schwingungsrichtung im entgegengesetzten Sinne des Uhrzeigers umläuft. Einen aus einem Triplett der beschriebenen Art bestehenden sogenannten normalen Zeemaneffekt hat H. A. Lorentz kurz nach Zeemans Entdeckung auf Grund der Elektronentheorie berechnet, indem er diese speziell auf einen isotropen, harmonischen Oszillator anwandte. In der Tat hat in vielen Fällen, insbesondere bei den wasserstoffähnlichen Spektren, die Beobachtung einen solchen normalen Zeemaneffekt ergeben. Auf das Vorkommen von komplizierteren, anomalen Zeemantypen, deren Deutung der klassischen Theorie wie der Quantentheorie Schwierigkeiten bietet, kommen wir am Schlusse dieses Kapitels noch kurz zurück [1]).

Wir wollen nun zeigen, daß das eben abgeleitete Ergebnis der klassischen Theorie auf Grund des Korrespondenzprinzips auch in der Quantentheorie unverändert bestehen bleibt. Zu diesem Zwecke vergleichen wir gemäß der Relation (28) die Energiewerte in solchen benachbarten mechanischen Bahnen, die denselben Werten der Wirkungsgrößen J des durch das Magnetfeld unbeeinflußten Atoms entsprechen und sich nur durch die zur Larmordrehung gehörige Wirkungsgröße J_H unterscheiden. Für die Energiedifferenz δE solcher Bahnen ergibt die Relation (28) offenbar

$$\delta E = o_H \, \delta J_H.$$

Da nun die Frequenz o_H der Larmordrehung gemäß (48) analog wie die Frequenz eines harmonischen Oszillators eine von der Wahl der mechanischen Bahn, also von den Wirkungsgrößen unabhängige Konstante ist, ergibt die Integration dieser Gleichung in unserem Falle ohne weiteres

$$E = o_H J_H + \text{const.}$$

Gehen wir gemäß den Zustandsbedingungen (II) zu den Energiewerten in den stationären Zuständen über, und bezeichnen wir die zu J_H gehörige Quantenzahl mit m [2]), so daß gilt $J_H = m\,h$, so ergibt sich

$$E = m\, o_H h + E_0 \cdot \cdot \cdot \cdot \cdot \cdot \cdot \cdot \cdot \cdot \cdot \cdot \quad (49)$$

Hierin hängt E_0 nur von den schon bei Abwesenheit des äußeren Magnetfeldes auftretenden Quantenzahlen ab. Da die Grundfrequenz o_H in die Be-

---

[1]) Eine Theorie dieses Effektes gelingt unter der Annahme, daß das freie Elektron ein magnetisches Eigenmoment besitzt (vgl. Nachtrag). Dort wird auch betont, daß bereits beim Wasserstoffspektrum Abweichungen vom normalen Zeemaneffekt vorhanden sind, wenn die Zeemanaufspaltung nicht groß gegenüber der Feinstruktur ist.

[2]) Man wird diese Quantenzahl nicht mit der Elektronenmasse verwechseln.

wegung im Atom nur in Form einer überlagerten gleichförmigen Rotation um die Richtung des Magnetfeldes eingeht, folgt ferner nach den Resultaten von § 7 aus dem Korrespondenzprinzip die folgende Auswahl- und Polarisationsregel beim Zeemaneffekt: Die der Larmordrehung entsprechende Quantenzahl m kann sich bei mit Ausstrahlung verbundenen Übergangsprozessen nur um ± 1 oder 0 ändern. Der erste Fall gibt Anlaß zu σ-Komponenten, der zweite zu π-Komponenten. Auf Grund der Frequenzbedingung (I) folgt daraus gemäß (49) sogleich, daß auch nach der Quantentheorie der Zeemaneffekt in einem Lorentzschen Triplett bestehen sollte, wie es oben beschrieben wurde.

Um nun zu einer näheren Vorstellung über die stationären Zustände des Atoms im Magnetfeld und die kinematische Bedeutung der zur Larmordrehung gehörigen Wirkungsgröße J_H zu gelangen, betrachten wir zunächst das Ergebnis der Anwendung des Adiabatenprinzips auf den Vorgang des langsamen Einschaltens des Magnetfeldes. Bei diesem Vorgang entsteht nach dem Induktionsgesetz ein elektrisches Wirbelfeld, welches nach einer bereits vor längerer Zeit durchgeführten Überlegung von Langevin bewirkt, daß zugleich mit dem Einschalten des Magnetfeldes in jedem Moment auch die zugehörige Larmordrehung mit der durch (48) gegebenen, der jeweiligen Stärke des Magnetfeldes entsprechenden Umlaufszahl auftritt. Das, was an dem Langevinschen Resultat über das bisher Gesagte hinausgeht, ist der Umstand, daß, von einem mit dieser Umlaufszahl sich drehenden Bezugssystem aus gesehen, die Bahnen der Elektronen beim Einschalten des Feldes gänzlich ungeändert bleiben. Nach dem Adiabatenprinzip kann nun (vgl. § 6) die neu hinzutretende Quantenbedingung $J_H = m h$ nur unter den klassisch-adiabatisch von den stationären Zuständen des Atoms bei Abwesenheit des Feldes aus erreichbaren mechanischen Bewegungsmöglichkeiten eine Auswahl treffen. Daher muß die vom mitgedrehten Bezugssystem aus gesehene Bewegung in den stationären Zuständen des Atoms im Magnetfeld mit der Bewegung in einem stationären Zustand des Atoms bei Abwesenheit des Feldes völlig übereinstimmen.

Nunmehr berechnen wir die Energieänderung des Atoms infolge der Larmordrehung bei ungeänderter Dimension und Gestalt der Elektronenbahnen. Zu diesem Zwecke führen wir neben der Koordinate z parallel der Achse des Magnetfeldes in der Ebene senkrecht zum Felde Polarkoordinaten r, φ ein, so daß gilt $x = r \cos\varphi$, $y = r \sin\varphi$. Sind r, φ, z die Koordinaten der ursprünglichen Bewegung eines der vorhandenen Elektronen, so sind $r, \varphi + 2\pi o_H t, z$ die Koordinaten der durch die Larmordrehung modifizierten Bewegung (t bedeutet die Zeit). Daher ist die Änderung der kinetischen Energie des Elektrons durch die überlagerte Drehung gleich

$$\frac{m}{2}[\dot{r}^2 + r^2(\dot{\varphi} + 2\pi o_H)^2 + \dot{z}^2] - \frac{m}{2}[\dot{r}^2 + r^2\dot{\varphi}^2 + \dot{z}^2],$$

und dies ist mit Vernachlässigung von zu o_H^2 proportionalen Größen gleich

$$m\, r^2\, \dot{\varphi}\, 2\pi o_H.$$

Beachtet man, daß die potentielle Energie durch die Larmordrehung nicht verändert wird und daß die über alle Elektronen des Atoms erstreckte Summe $\Sigma\, m\, r^2\, \dot{\varphi}$ gleich ist der Komponente P_H des Impulsmomentes des ganzen Atoms in der Richtung der Feldstärke, so erhält man schließlich für die Energie des Atoms im Magnetfeld den Ausdruck

$$E = 2\,\pi\, o_H\, P_H + E_0 \qquad \cdots \cdots \cdots \cdots \quad (50)$$

worin E_0 die Energie bei Abwesenheit des Feldes bedeutet.

Der Vergleich mit (49) legt es nahe, die zur Larmorfrequenz gehörige Wirkungsgröße J gleich $2\,\pi\, P_H$ zu setzen[1]), was gleichbedeutend ist mit folgender Form der zugehörigen Quantenbedingung: Die Komponente P_H des resultierenden Impulsmomentes des Atoms parallel dem Felde ist ein Multiplum von $h/2\,\pi$.

$$P_H = m\, \frac{h}{2\,\pi} \qquad \cdots \cdots \cdots \cdots \cdots \quad (51)$$

In der Tat führt die allgemeine Theorie der mehrfach periodischen Systeme, deren Anwendung jedenfalls bei einem Atom mit einem einzigen Elektron berechtigt ist, in unserem Falle auf diese Form der Zustandsbedingung. [Man verifiziert leicht, daß bei Definition (9*) der Wirkungsgrößen für den Fall, daß die zur betrachteten Wirkungsgröße gehörige Winkelvariable nur in Form einer überlagerten gleichförmigen Rotation um eine Achse in den Ausdrücken für die Koordinaten auftritt, diese Wirkungsgröße sich als gleich der mit $2\,\pi$ multiplizierten Komponente des Impulsmomentes des Systems um diese Achse ergibt.]

Wir wollen hier den durch (50) dargestellten Energieunterschied des Atoms mit und ohne äußeres Magnetfeld noch durch den Begriff des magnetischen Momentes erläutern. Das magnetische Moment eines Stromkreises ist gleich dem Produkt aus Stromstärke und umlaufener Fläche. Denken wir zunächst an ein einziges Elektron und eine Kreisbahn vom Radius r und der Umlaufszahl ν, so ist die Stromstärke $\frac{1}{c}\,e\nu$, die Fläche $r^2\pi$, der Betrag des magnetischen Momentes also

$$|M| = \frac{1}{c}\,e\,\pi\,\nu\,r^2.$$

Der Faktor $1/c$ rührt daher, daß die Stromstärke im elektromagnetischen Maße gemessen werden muß. Auch für eine nicht kreisförmige Bahn bleibt dieser Ausdruck richtig, wenn wir ν durch $\frac{1}{2\,\pi}\,\dot{\varphi}$ ersetzen und über alle Elektronen im Atom summieren. Beachten wir noch, daß $\Sigma\, m\, r^2\, \dot{\varphi}$ gleich dem Impulsmoment $\mathfrak{J}$ des Atoms um die betrachtete Achse ist, so erhalten wir also vektoriell geschrieben:

$$\mathfrak{M} = -\frac{e}{2\,m_0\,c}\,\mathfrak{J} \qquad \cdots \cdots \cdots \cdots \quad (52)$$

---

[1]) Es ist durch die beiden Relationen (49) und (50) die Größe P_H in den stationären Zuständen nur bis auf eine additive Konstante bestimmt.

worin das negative Vorzeichen von der Elektronenladung herrührt. Dieses Verhältnis $e/2\,m_0\,c$ von magnetischem und mechanischem Moment ist für Elektronenbahnen charakteristisch. Auf Grund der Formel (48) für die Larmorfrequenz erkennt man leicht die Relation

$$2\,\pi\,o_H.\,|\Im| = |\mathfrak{M}|\,.\,H \quad\cdots\cdots\cdots\cdots (52\,\mathrm{a})$$

so daß (50) auch geschrieben werden kann:

$$E - E_0 = -(\mathfrak{M}\,\mathfrak{H}) \quad\cdots\cdots\cdots\cdots (50\,\mathrm{a})$$

Das bedeutet: die zusätzliche Energie des Atoms im Felde ist gleich der potentiellen Energie eines dem Atom äquivalenten Stabmagnets vom Moment $\mathfrak{M}$ im Felde.

Der Betrag M_0 des magnetischen Momentes, der gemäß (52) dem Werte $h/2\,\pi$ des Impulsmomentes entspricht und der durch

$$M_0 = \frac{e\,h}{4\,\pi\,m_0\,c} \quad\cdots\cdots\cdots\cdots (53)$$

oder

$$M_0\,H = o_H h \quad\cdots\cdots\cdots\cdots (53\,\mathrm{a})$$

gegeben ist, heißt ein **Bohrsches Magneton**. Er beträgt, mit der Loschmidtschen Zahl pro Mol multipliziert, also für das Mol umgerechnet,

$$M_0 = 5584 \text{ abs. Einh. pro Mol.}$$

Betrachten wir nun speziell Atome mit einem einzigen Elektron, und zwar bei ungestört ausgebildeter relativistischer Feinstruktur, so hatte sich ergeben, daß das totale Impulsmoment P des Atoms gleich ist $k\,\dfrac{h}{2\,\pi}$, worin k die zur relativistischen Periheldrehung gehörige Quantenzahl bedeutet:

$$P = k\,\frac{h}{2\,\pi} \quad\cdots\cdots\cdots\cdots (33)$$

Ist α der Winkel zwischen der Normale auf die Bahnebene, die wir kurz als Atomachse bezeichnen wollen, und der Feldrichtung, so gilt offenbar

$$P_H = P\cos\alpha.$$

Zunächst folgt, daß die Quantenzahl m dem absoluten Werte nach nicht größer als k sein kann, da ja die Komponente des Impulsmomentes parallel dem Felde (vom Vorzeichen abgesehen) den Betrag des Impulsmomentes selbst gewiß nicht übertreffen kann [1]:

$$|m| \leqq k \quad\cdots\cdots\cdots\cdots (54)$$

Weiter sehen wir, daß der Winkel α zwischen Atomachse und Feldrichtung gemäß (33) und (51) in den stationären Zuständen nur solche Werte haben kann, bei denen der zugehörige Richtungskosinus $\cos\alpha$ ein Multiplum von $1/k$ ist:

$$\cos\alpha = m/k.$$

Es sind daher bei Anwesenheit des Magnetfeldes nur ganz bestimmte Orientierungen der Atomachsen im Raume quantentheoretisch möglich (Richtungs-

---

[1] Näheres über die möglichen Werte der Quantenzahl m vgl. Nachtrag.

quantelung). Diese merkwürdige Folgerung der Quantentheorie haben zuerst Sommerfeld und Debye abgeleitet.

Die Existenz der Richtungsquantelung hat neuerdings eine sehr direkte experimentelle Bestätigung erfahren durch einen Versuch von Gerlach und Stern [1]) über die Ablenkung von Atomstrahlen in einem inhomogenen Magnetfeld. Von einem solchen Felde wird auf das Atom als Ganzes eine Kraft ausgeübt, die sich bei gegebener Beschaffenheit des Feldes als proportional zu dem Kosinus des Winkels zwischen Atomachse und Feldrichtung und damit zur Komponente des magnetischen Momentes in der Feldrichtung ergibt. Nach der klassischen Theorie, wo die Werte von $cos\,\alpha$ keiner Einschränkung unterliegen, würde daher der Atomstrahl im inhomogenen Magnetfeld in ein kontinuierliches Band auseinandergezogen werden, während nach der Quantentheorie, entsprechend den diskreten Werten (54) von $cos\,\alpha$, eine bestimmte Anzahl von diskreten Werten für die Ablenkung zu erwarten ist. Der Versuch entscheidet nun zugunsten der Quantentheorie.

Wir können hier nicht auf weitere Einzelheiten eingehen und möchten nur noch bemerken, daß die Versuche zunächst mit Silberatomen, neuerdings auch mit anderen Metallen sowie mit atomarem Wasserstoff gemacht worden sind. Auch hier läßt jedoch die Quantentheorie nur bestimmte Orientierungen der Atomachsen im Felde zu, und es lassen sich die Ergebnisse der Ablenkungsversuche in eine eindeutige Beziehung setzen zur Energieänderung der Atome im Felde, die aus den spektroskopischen Termwerten des (im allgemeinen anomalen) Zeemaneffekts entnommen werden kann.

§ 10. Serienstruktur der optischen Spektren und Bohrsche Theorie des natürlichen Systems der Elemente [2]). a) Klassifikation der stationären Zustände des Atoms durch Vergleich mit denen einer Zentralbewegung. Wie bereits in § 4 hervorgehoben wurde, ist die Mannigfaltigkeit der Terme der optischen Spektren von Elementen mit höheren Atomnummern komplizierter als diejenige der durch (3) gegebenen Balmerterme des einfachen Wasserstoffspektrums, indem die Terme der erstgenannten Spektren in verschiedene, annähernd durch Formeln vom Typus (22) dargestellte Reihen zerfallen, von denen jede für sich ·zu den Balmertermen in gewisser Hinsicht analog erscheint. Diese verschiedenen Termreihen werden von den Spektroskopikern mit den Buchstaben $s, p, d, f, \ldots$ bezeichnet und die Terme der einzelnen Reihen noch durch eine Laufzahl unterschieden. Von der überdies noch vorhandenen Komplexität der einzelnen Terme dieser Reihen, von der im folgenden Abschnitt noch die Rede sein wird, sehen wir vorläufig ab.

---

[1]) W. Gerlach und O. Stern, Ann. d. Phys. **74**, 673, 1924. Daselbst auch Literaturangaben über frühere, vorläufige Veröffentlichungen.

[2]) Vgl. hierzu die Arbeit von N. Bohr in Ann. d. Phys. **71**, 228, 1923, sowie den dritten der auf S. 1709 zitierten „Drei Aufsätze über Spektren und Atombau"; ferner Bohrs Nobelvortrag „Über den Bau der Atome" in Naturw. **11**, 606, 1923 (auch als Broschüre erschienen).

Die Terme der d- und f-Reihe sind im allgemeinen bereits sehr wasserstoffähnlich, und die Laufzahlen dieser Terme können daher den Werten der Quantenzahl der Wasserstoffterme, die diesen Termen sehr nahe liegen, gleichgesetzt werden. Es zeigt sich dabei, daß in diesen Fällen die Laufzahl der d-Terme mit 3, die der f-Terme mit 4 beginnt, so daß diese Terme hier mit $3d$, $4d$, ... bzw. $4f$, $5f$, ... zu bezeichnen sind. Auf die Frage der rationellen Festlegung der Numerierung von Termreihen, die stark von der Reihe der Balmerterme abweichen, werden wir im folgenden noch zurückkommen.

Die Erfahrung hat ferner ergeben, daß unter gewöhnlichen Versuchsbedingungen nicht alle denkbaren Kombinationen zwischen diesen Termen tatsächlich auftreten, indem bei der angegebenen Anordnung s, p, d, f, ... der Termreihen die Terme einer Reihe nur mit denen der Nachbarreihen kombinieren: die s-Reihe kombiniert nur mit der p-Reihe, die p-Reihe nur mit der s- und d-Reihe, die d-Reihe nur mit der p- und f-Reihe usw. Dies führt dazu, die verschiedenen Termreihen durch eine neue Quantenzahl k zu charakterisieren, indem man den s, p, d, f, ...-Termen der Reihe nach die Werte $k = 1, 2, 3, 4, ...$ zuordnet. Eine solche quantentheoretische Klassifikation der Termreihen wurde zuerst von Sommerfeld[1] durchgeführt. Die Kombinationsregel besagt dann einfach, daß sich der Wert von k bei den Übergangsprozessen nur um eine Einheit ändern kann. Diese Regel ist offenbar ganz analog der Auswahlregel

$$k' - k'' = \pm 1 \quad \cdots \cdots \cdots \cdots \cdots \cdots \quad (43)$$

welche die Impulsquantenzahl bei einer Zentralbewegung befolgt. Auf Grund des Korrespondenzprinzips können wir daher schließen: **Die Bewegung des Serienelektrons in den der Emission der optischen Spektren entsprechenden stationären Zuständen ist (in der Näherung, mit der man von der Komplexität der Terme absehen kann) eine ebene Bewegung mit denselben Periodizitätseigenschaften wie eine Zentralbewegung. Die Quantenzahl k, welche die verschiedenen Termreihen charakterisiert, gehört dabei zur Frequenz der überlagerten gleichförmigen Drehung der Bahn in ihrer Ebene.**

Man sieht, daß, von diesem Standpunkt aus, zwischen der Serienstruktur der wasserstoffunähnlichen Spektren und der relativistischen Feinstruktur der wasserstoffähnlichen Spektren Analogien bestehen, obwohl sie nach den verursachenden Kräften und nach ihrer Größenordnung gänzlich verschieden sind[2]; denn es sind ja diese Differenzierungen der Termmannigfaltigkeit

---

[1] A. Sommerfeld, Münch. Ber. 1916, S. 131.

[2] Die Energiedifferenzen der stationären Zustände mit gleichem n, aber verschiedenem k in den wasserstoffunähnlichen Spektren, können schon wegen ihrer beträchtlichen Größe nicht dem Einfluß des Relativitätsgliedes, sondern müssen vielmehr den elektrischen Wechselwirkungskräften zwischen den Elektronen des Atomrestes und dem Serienelektron zugeschrieben werden (vgl. unten). Die relativistische Abhängigkeit der Masse der Elektronen von der Geschwindigkeit kann daher in den Atomen mit mehr als einem Elektron offenbar keine neue Grundfrequenz in der Bewegung des Serienelektrons und daher auch keine weitere Aufspaltung der Terme erzeugen, sondern nur eine kleine Verschiebung dieser Terme bewirken.

beide an eine überlagerte gleichförmige Drehung der Elektronenbahn in ihrer Ebene geknüpft. Diese Analogie äußert sich auch im Verhalten der Serienlinien der wasserstoffunähnlichen Spektren gegenüber äußeren elektrischen Feldern (Starkeffekt). Diese Serienlinien zeigen nämlich, falls sich die zugehörigen Terme von den entsprechenden Wasserstofftermen beträchtlich unterscheiden, ebenso wie die relativistische Feinstruktur in sehr schwachen elektrischen Feldern, nur eine kleine, dem Quadrat der Feldstärke proportionale Aufspaltung. Nur wenn mindestens einer der zu einer Spektrallinie gehörenden Terme sehr nahe dem entsprechenden Wasserstoffterm liegt, zeigt sie schon bei praktisch zugänglichen elektrischen Feldstärken, ähnlich dem Starkeffekt der Wasserstofflinien, eine zur Feldstärke proportionale Aufspaltung. Dagegen bewirkt das elektrische Feld auch im ersteren Falle, ebenso wie es bei der relativistischen Feinstruktur die Regel (43) durchbrechende Komponenten hervorruft (vgl. § 8), das Erscheinen von neuen Spektralserien mit zum Quadrat der Feldstärke proportionaler Intensität, die Übergängen entsprechen, bei denen k unverändert bleibt oder sich um zwei Einheiten ändert. Diese neuen Serien bestehen somit aus solchen Linien, deren Schwingungszahlen sich gemäß dem Ritzschen Kombinationsprinzip als Summe oder Differenz aus denen der gewöhnlichen Serienlinien berechnen lassen, während solche sogenannte Kombinationslinien gemäß der Auswahlregel (43) unter gewöhnlichen Bedingungen nicht auftreten.

Wenn wir nun dazu übergehen, die Vorstellung der Zentralbewegung auch dynamisch zu verwerten, um im Sinne der Quantentheorie der mehrfach periodischen Systeme Schlüsse über die den verschiedenen stationären Zuständen zukommenden Bahnen und ihre Energiewerte zu ziehen, müssen wir bedenken, daß wir noch keine vollständige Quantentheorie der Atomsysteme mit mehr als einem Elektron besitzen, und daß uns eine ausreichende physikalische Grundlage zur quantitativen Berechnung der Spektren dieser Atome heute noch fehlt. Es liegt dies, wie bereits in § 7 erwähnt, an einem Versagen der klassischen Mechanik bei der Beschreibung der stationären Zustände dieser Atome[1]). So würde z. B. die Mechanik viel größere und andersartige Abweichungen der Bewegung der Elektronen im Atom von einer Zentralbewegung ergeben, als die der Wirklichkeit entsprechenden. Wenn wir also auch nicht annehmen, daß die gewöhnliche Mechanik in den stationären Zuständen der Atome mit mehr als einem Elektron direkt anwendbar ist, so besteht doch zwischen den Eigenschaften der stationären Zustände eines

---

[1]) Dieser Sachverhalt tritt besonders klar zutage beim Spektrum des (neutralen) Heliumatoms. Dasselbe besteht aus zwei getrennten Termsystemen, dem Ortho- und Parheliumsystem, die normalerweise nicht miteinander kombinieren. Wie M. Born und W. Heisenberg (Zeitschr. f. Phys. **16**, 229, 1923; Berichtigung hierzu ebenda **25**. 175, 1924) gezeigt haben, führt die Anwendung der Quantentheorie der mehrfach periodischen Systeme auf die gegenseitigen Bahnstörungen der beiden Elektronen im Heliumatom zu der Erfahrung völlig widersprechenden Resultaten. Es ergeben sich nicht allein unrichtige Werte für die Größe der Spektralterme, sondern auch kein hinreichender Anhaltspunkt für ein Verständnis des Nichtkombinierens des Ortho- und Parheliumspektrums. (Vergleiche jedoch über die Deutung dieser Erfahrungstatsachen nach der neuen Quantenmechanik, Nachtrag II, § 20.)

solchen Atoms und den aus der klassischen Theorie unter Zugrundelegung des Coulombschen Gesetzes berechneten Eigenschaften der Bewegung des betrachteten Systems sicherlich ein logischer Zusammenhang. Wir müssen die ersteren als modifizierte und in vielen Fällen vereinfachte Abbilder der letzteren betrachten. In diesem Sinne ist es auch verständlich, daß sich das mehrfach periodische Modell eines Atoms, nach welchem die Abweichungen der Kräfte des Atomrestes auf das Serienelektron von denen einer Punktladung (in erster Näherung) als Zentralkräfte angenommen werden, in einem gewissen Umfang als provisorisches Hilfsmittel bewährt hat.

Das angegebene Modell führt dazu, die eben eingeführte Quantenzahl k gemäß (33) mit dem durch $h/2\,\pi$ dividierten Impulsmoment des Serienelektrons in seiner Bahnebene zu identifizieren und die Hauptquantenzahl n durch die Relation (34) zu definieren. Was die Bahnen in den stationären Zuständen betrifft, so muß man zweierlei Bahntypen unterscheiden, die als extreme Fälle anzusehen sind, zwischen denen Übergangstypen vorkommen können. Die Bahnen erster Art des Serienelektrons laufen vollständig außerhalb des Gebietes des Atomrestes, und die zur Coulombschen Kraft der Punktladung vom Betrag der Gesamtladung des Atomrestes hinzutretende Zentralkraft ist relativ klein. Die Bahnen sind dann ihrer Gestalt nach sehr angenähert Keplerellipsen, deren große Achse sich in der Bahnebene langsam dreht. Mit solchen Bahnen haben wir es offenbar bei solchen Termreihen zu tun, wo die Termwerte nur wenig von denen der Wasserstoffterme abweichen. Dies trifft stets zu bei hinreichend großen Werten von k, wo die Bahndimensionen groß sind. Bei den Alkalien z. B. ist dieser Fall realisiert für $k \geq 3$, bei Li auch für $k = 2$. Hier steht nun zunächst die teilweise bereits früher erwähnte Tatsache, daß die aus der Termgröße entnommene Laufzahl der in der Nähe von Wasserstofftermen liegenden d- und f-Termreihen mit 3 bzw. 4 und die Laufzahl der p-Terme des Li mit 2 beginnt, in bestem Einklang mit der für Zentralbewegungen gültigen Ungleichung (35), gemäß welcher $k \leq n$ ist. Wir können daher hier die Laufzahl mit der Hauptquantenzahl n identifizieren und mit Benutzung der in § 8 eingeführten Bezeichnung „n_k-Bahn" die den p-Termen des Li entsprechenden Bahnen als 2_2-, 3_2-, $\ldots$-Bahnen und die den d- und f-Termen der Alkalien allgemein entsprechenden Bahnen als 3_3-, 4_3-, $\ldots$- bzw. 4_4-, 5_4-, $\ldots$-Bahnen bezeichnen. Sodann konnte Sommerfeld zeigen, daß für Bahnen erster Art die gemäß den Quantenbedingungen (33) und (34) berechneten Energiewerte der stationären Zustände in der Tat wie die den beobachteten Spektraltermen entsprechenden Energiewerte annähernd durch Formeln vom Typus (22) dargestellt werden können.

Bei den Bahnen zweiter Art dagegen, die zuerst von Bohr in systematischer Weise in die Theorie eingeführt und voll verwertet wurden, dringt das Serienelektron bei jedem Umlauf, wenn auch nur während einer relativ zur ganzen Umlaufsperiode kurzen Zeit, tief in das Gebiet des Atomrestes ein. Die auf das Serienelektron ausgeübte Kraft können wir dabei als Coulombsche Kraft mit einer von der Entfernung des Elektrons vom Kern abhängigen, nach innen stark zunehmenden effektiven Kernladungszahl beschreiben. Im Gebiet außerhalb des Atomrestes wollen wir hier von den relativ geringen Abweichungen des Kraftfeldes vom Coulombschen Feld der Punktladung absehen. Dann besteht die Bahn in diesem Gebiet aus Bogen von Keplerellipsen, und es wird offenbar der Zusammenhang der Dimensionen dieser Ellipsenbogen mit der Energie und dem Drehimpuls derselbe sein wie bei wirklichen Keplerellipsen. Ist daher n^* die durch (23) definierte, direkt aus den empirisch bestimmten spektroskopischen Termen entnehmbare effektive Quantenzahl, so genügen die Halbachse a und der Parameter p den zu (20) und (45) analogen Relationen

$$a = \frac{a_1}{Z}\, n^{*2}, \qquad p = \frac{a_1}{Z}\, k^2 \cdot \cdot \cdot \cdot \cdot \cdot \cdot \cdot \cdot \quad (55)$$

worin für Z die Gesamtladungszahl des Atomrestes, also bei Bogenspektren 1, bei einfachen Funkenspektren 2 einzusetzen ist. Da bei einer Zentralbahn Energie und Drehimpuls des Serienelektrons konstant bleiben, sind daher die zur selben Bahn gehörigen äußeren Schlingen kongruent, sie liegen außerdem in derselben Ebene und sind nur um einen bestimmten Winkel gegeneinander verdreht [1]). Diese aufeinanderfolgenden elliptischen äußeren Schlingen sind durch innere Schlingen verbunden zu denken, auf denen die Bewegung stark von der auf einer Keplerellipse abweicht.

Die Relationen (55) können dazu benutzt werden, um zu beurteilen, ob eine Bahn erster oder zweiter Art vorliegt. Wenn nämlich der auf Grund der Werte (55) von a und p berechnete Abstand des Perihels der zu den äußeren Schlingen gehörigen Ellipse (er ist für Ellipsen mit nicht allzu kleiner Exzentrizität praktisch gleich dem halben Parameter p) beträchtlich größer ist als die Dimensionen der Elektronenbahnen des Atomrestes, so haben wir es offenbar mit einer Bahn erster Art zu tun; ist er kleiner als diese, so liegt eine Bahn zweiter Art vor. Auf diese Weise und auf Grund anderer Kriterien gelangte Bohr z. B. dazu, den s-Termen der Alkalien und ebenso den p-Termen, mit Ausnahme der des Lithiums, Bahnen zweiter Art zuzuordnen. Diese Verhältnisse werden durch die folgende Fig. 1127 veranschaulicht, in der die Bahnen des Leuchtelektrons in den der Emission des Bogenspektrums des Kaliums entsprechenden stationären Zuständen dargestellt sind [2]). Der Atomrest ist dabei als punktierter Kreis angedeutet.

Zunächst sieht man aus der Fig. 1127, daß die zu einer bestimmten Termreihe gehörigen Bahnen, die dem gleichen Wert von k entsprechen, die innere Schlinge nahezu gemeinsam haben, da sie nach (55) denselben Wert des Parameters besitzen. Wir können daraus durch folgende einfache, von Bohr herrührende Überlegung die angenäherte Gültigkeit der Rydbergschen Formel (23) für die Terme mit gleichem k auch bei Bahnen zweiter Art theoretisch begründen. Dabei gehen wir aus von der Definition (34) der Hauptquantenzahl und von der Bemerkung, daß wir offenbar die effektive

---

[1]) Auch eine solche Bewegung läßt sich darstellen als Überlagerung einer gleichförmigen Drehung über eine rein periodische geschlossene Bahn.

[2]) Die Fig. 1127 ist mit freundlicher Erlaubnis des Verlages Julius Springer, Berlin, dem Nobelvortrag von N. Bohr, Naturwiss. **11**, 606, 1923 entnommen, und zwar entspricht sie der dortigen Fig. 8, S. 618.

Quantenzahl n^* multipliziert mit h erhalten, wenn wir das Integral in (34) über die den äußeren Ellipsenbogen ergänzende Keplerellipse statt über die wahre Bewegung erstrecken. Bezeichnet S_i die wahre innere Schlinge, $\overline{S}_i$ die vom Elektron nicht durchlaufene innere Schlinge der die äußeren Bogen ergänzenden Keplerellipse, so gilt daher

$$(n - n^*)\,h = \int\limits_{S_i} m \left(\frac{d\,r}{d\,t}\right)^2 d\,t - \int\limits_{\overline{S}_i} m \left(\frac{d\,r}{d\,t}\right)^2 d\,t \cdot \cdot \cdot \cdot \cdot \cdot \text{(56)}$$

da bei dieser Differenzbildung die den beiden Integrationswegen gemeinsame äußere Schlinge herausfällt. In der Tat hängt nun die rechte Seite nur von dem den Bahnen mit gleichem k annähernd gemeinsamen inneren Teil der Bahn ab, ist also innerhalb einer Termreihe annähernd konstant, wie es die Rydbergformel verlangt.

Weiter folgt aus der Definition (34) der Hauptquantenzahl, daß diese für eine Bahn zweiter Art des Leuchtelektrons stets größer sein muß als die

Fig. 1127.

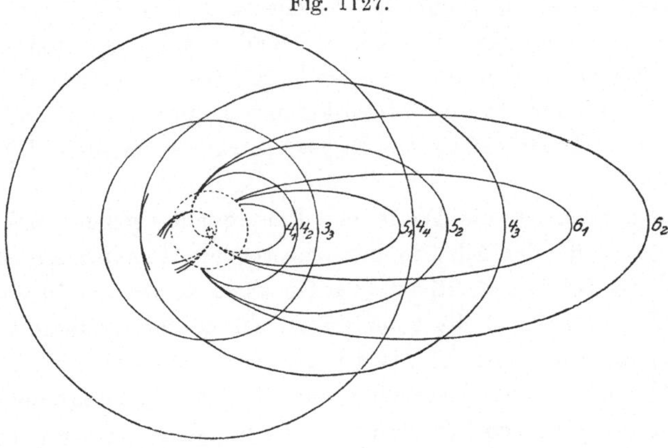

größte Hauptquantenzahl n_i der Elektronenbahnen des Atomrestes, die zum gleichen Wert von k gehören. Es wird nämlich das Serienelektron auf seiner inneren Schlinge annähernd der gleichen Kraft ausgesetzt sein wie das Elektron des Atomrestes, das die Bahn mit der Hauptquantenzahl n_i und der gleichen Quantenzahl k beschreibt, wenn wir Stellen gleicher Entfernung vom Kern vergleichen. Infolgedessen muß die radiale Geschwindigkeit des Leuchtelektrons größer sein als die des im Atomrest gebundenen Elektrons im gleichen Abstand vom Kern, damit ersteres das Gebiet des Atomrestes wieder verlassen kann. Deshalb wird der Beitrag der inneren Schlinge zum Integral in (34) beim Serienelektron bereits größer als das entsprechende Integral über die Bahn des Atomrestelektrons. Hieraus folgt unmittelbar die zu beweisende Behauptung $n > n_i$.

Infolgedessen müssen, wie aus dem Folgenden noch deutlicher hervorgehen wird, die Hauptquantenzahlen entsprechender, zu Bahnen zweiter Art gehörender Terme in homologen Elementen als mit wachsender Atomnummer ständig anwachsend angenommen werden. So folgt z. B. für die Alkalien, daß dem größten s-Term, der dem Normalzustand der Alkaliatome entspricht, bei Li, Na, K, Al, Cs der Reihe nach eine 2_1-, 3_1-, 4_1-, 5_1-, 6_1-Bahn zukommt. Ebenso entspricht dem größten p-Term dieser Elemente eine 2_2-, 3_2-, 4_2-, 5_2-, 6_2-Bahn. (Vgl. die zugehörigen Symbole n_k in der Fig. 1127 für das K-Atom.)

Bei Li bedarf es dabei noch einer besonderen Betrachtung, warum im Normalzustand das äußere Elektron nicht in einer 1_1-Bahn umläuft. Zunächst zeigt eine genauere Berechnung, auf die wir hier nicht eingehen können, daß bei solchen Zentralkräften, welche die empirischen Werte der p- und d-Terme des Li darstellen, eine den Atomrest umschließende 1_1-Bahn nicht existenzfähig wäre, da sie von den Kräften des Atomrestes in sein Gebiet gezogen würde. Es bliebe also nur die Möglichkeit, daß alle drei Elektronen Bahnen von gleicher Form und Umlaufszeit, sogenannte äquivalente Bahnen beschreiben, da ja die beiden Elektronen des Atomrestes bereits in 1_1-Bahnen gebunden sind. (Aus ähnlichen Gründen folgt allgemein, daß im selben Gebiet eines Atoms Bahnen verschiedener Elektronen mit denselben Werten von n und k nur als äquivalente Bahnen möglich sind.) Diese Möglichkeit muß aber aus empirischen Gründen ausgeschlossen werden, da ein solches Modell für den Normalzustand des Li-Atoms einen viel zu großen Wert für den Grundterm des Li-Spektrums ergeben würde und auch mit den chemischen Eigenschaften des Li (seiner Einwertigkeit z. B.) unvereinbar wäre.

Während demnach die Werte der Hauptquantenzahlen entsprechender Terme in der Reihe der Alkalien mit wachsender Atomnummer ständig zunehmen, ist das bei den effektiven Quantenzahlen keineswegs in diesem Maße der Fall. So wächst z. B. die zum Normalzustand der Alkaliatome gehörige effektive Quantenzahl von Li bis Cs nur sehr langsam und bleibt stets zwischen 1,5 und 2. Dieses Verhalten der effektiven Quantenzahlen, mit dem die homologen chemischen Eigenschaften der Alkalien eng zusammenhängen, ist nun, wie Bohr gezeigt hat, auf Grund der hier betrachteten Bahntypen verständlich. Im Falle eines relativ großen Unterschiedes des Kraftfeldes im Gebiet des Atomrestes und im Außengebiet des Atoms können wir nämlich zu einer ersten, groben Abschätzung der effektiven Quantenzahl gelangen, wenn wir in Gl. (56) das zweite Glied vernachlässigen und das erste ersetzen durch das entsprechende Integral über die Bahn eines Atomrestelektrons mit dem gleichen Wert von k und dem zu diesem k-Wert gehörigen maximalen, oben mit n_i bezeichneten Wert der Hauptquantenzahl. Das letztere Integral hat offenbar nach (33) und (34) den Wert $(n_i - k)\,h$, so daß wir die annähernd geltende Beziehung erhalten $n - n^* (=) n_i - k$ oder

$$n^* (=) n - n_i + k \quad \cdots \quad \cdots \cdots \cdots \cdots (57)$$

Wie wir unter b) noch genauer besprechen werden, ist nun für die Alkalien n_i immer um 1 geringer als die angegebenen Werte der Hauptquantenzahl n des dem Normalzustand entsprechenden größten s-Termes. Für diesen erhalten wir daher wegen $k = 1$ die Abschätzung $n^* = 2$, und ebenso ergibt sich für den größten p-Term der Näherungswert $n^* = 3$ Man sieht, daß diese Abschätzung eine sehr grobe ist, aber sie zeigt, wie stark die den Bahnen zweiter Art entsprechenden Termwerte von den Wasserstofftermen gleicher Hauptquantenzahl abweichen und macht das geringe Anwachsen von n^*, im Gegensatz zur regelmäßigen Zunahme von n um 1 bei jeder Periode des natürlichen Systems, in der nach wachsender Atomnummer geordneten Reihe chemisch homologer Elemente (wie z. B. der Alkalien) verständlich [1]).

Das unseren Betrachtungen zugrunde liegende Zentralkraftmodell des Atoms bringt es also mit sich, daß, im Gegensatz zum Wasserstoffatom, bei den höheren Atomen Bahnen mit kleinem k aber großem n wegen ihres Eindringens in das Gebiet des Atomrestes unter Umständen energetisch stark bevorzugt sind vor Bahnen mit kleinerem n aber größerem k (vgl. z. B. in Fig. 1127 für das K-Atom die stärkere Bindung der 4_1- gegenüber der 3_3-Bahn). Betrachten wir jedoch Ionen verschiedener Elemente mit gleicher Elektronenzahl, so wird das Kraftfeld im Innern des Atoms infolge der wachsenden Kernladung relativ immer weniger verschieden vom Kraftfeld im Außengebiet [wobei die Abschätzung (57) der effektiven Quantenzahl n^* zusehends schlechter wird], und es stellt sich allmählich die wasserstoffähnliche Reihenfolge der Größe der Termwerte wieder her.

Dies wird durch die folgenden Termtafeln Fig. 1128 und 1129 gezeigt, von denen die erste Tafel die beobachteten Terme der Spektren von Na, Mg$^+$, Al^{++} und Si^{+++} darstellt. Diese Atome bzw. Atomionen haben offenbar dieselbe Elektronenzahl, und die Spektren entsprechen der Bindung des 11. Elektrons. Die Terme der drei letzteren Spektren sind darin, mit Rücksicht auf die Ladungszahlen 2, 3, 4 des Atomrestes, um direkt verglichen werden zu können, gemäß (11) durch 4, 9 und 16 dividiert. Man sieht, wie die effektiven Quantenzahlen der Bahnen zweiter Art entsprechenden s- und p-Terme ($k = 1$ und 2) beträchtlich nach rechts rücken, während sie für die zu Bahnen erster Art gehörenden Terme mit $k \geqq 3$ nahezu stehenbleiben.

Noch deutlicher kommt das analoge Verhalten in der zweiten Termtafel zum Ausdruck, in der die Termwerte des Bogenspektrums von K und des Funkenspektrums von Ca dargestellt sind (letztere durch 4 dividiert), die der Bindung des 19. Elektrons durch einen einfach bzw. zweifach geladenen Atomrest entsprechen. Die s- und p-Terme rücken wieder stark nach rechts, das ist in der Richtung der Terme des Wasserstoff- bzw. Heliumfunkenspektrums mit der gleichen Hauptquantenzahl. Die d-Terme rücken aber stark nach links, und insbesondere gilt dies vom größten d-Term, zu dem eine 3_3-Bahn gehört und der bei Ca$^+$ bereits größer ist als der zu einer 4_2-Bahn gehörige p-Term. Es liegt dies daran, daß er in das Gebiet der dreiquantigen Bahnen des Atomrestes rückt und infolgedessen schließlich einer höheren effektiven Kernladung gegenübersteht als die vierquantigen

---

[1]) Es bietet übrigens keine Schwierigkeit, unter Zugrundelegung spezieller Annahmen über das Zentralkraftfeld die Werte von n^* genau zu berechnen. Solche Rechnungen sind von verschiedenen Verfassern, besonders von E. Fues, bereits ausgeführt worden.

Bahnen. Wir können mit Bohr extrapolieren, daß beim Spektrum des zweifach geladenen Ions des nächsten Elementes Sc die wasserstoffähnliche Reihenfolge der Termwerte bereits so weit hergestellt sein wird, daß die 3_3-Bahn

Fig. 1128.

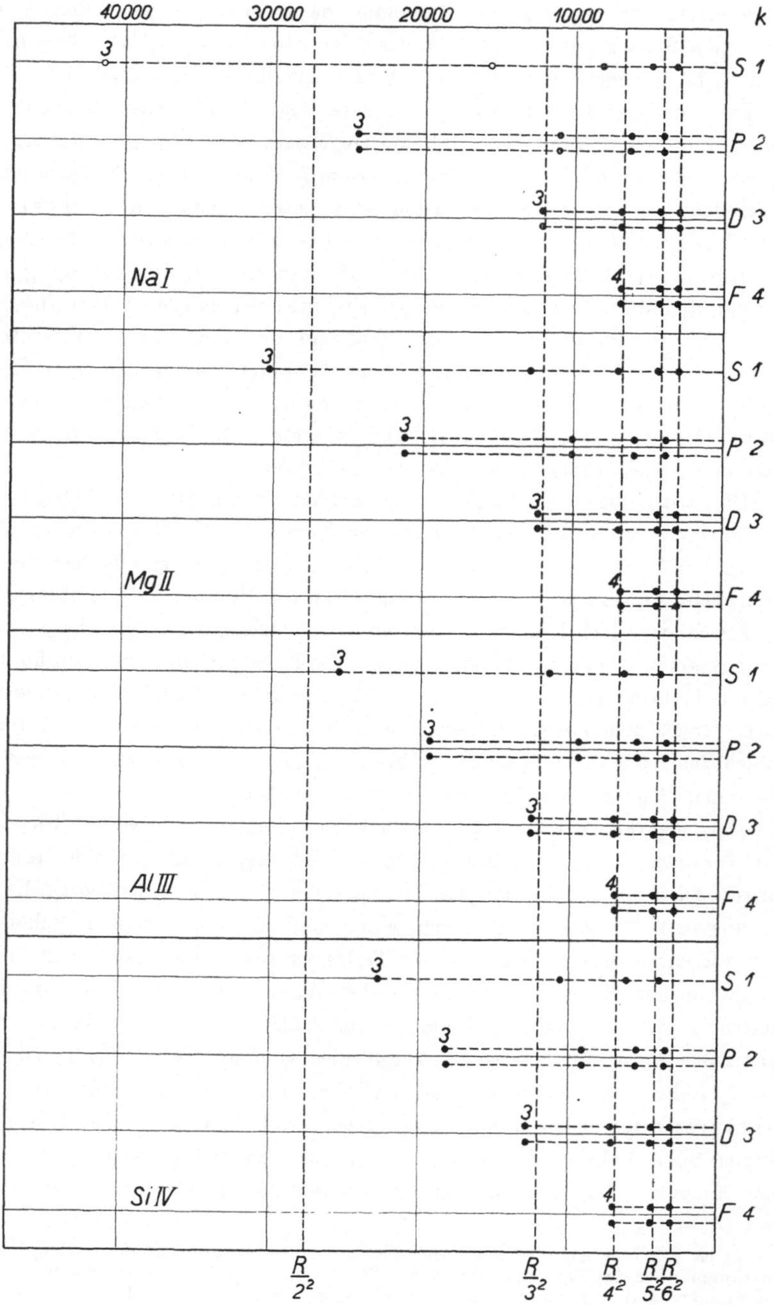

Termtafel.

im Sc^{++} stärker gebunden ist als die 4_1-Bahn und daher im Normalzustand des Sc^{++}, also auch des Sc selbst, auftreten wird.

Wir sehen also, daß die Elektronenkonfiguration im Normalzustand von Ionen verschiedener Elemente mit gleicher Elektronenzahl nicht notwendig dieselbe ist, da in den höher geladenen Ionen die energetische Bevorzugung der Bahnen mit großem n und kleinem k vor denen mit kleinem n und größerem k allmählich verschwindet. Diese Folge aus dem zugrunde gelegten Zentralkraftmodell führt nun unmittelbar zur Bohrschen Deutung des natürlichen Systems der Elemente, die wir im folgenden besprechen.

Fig. 1129.

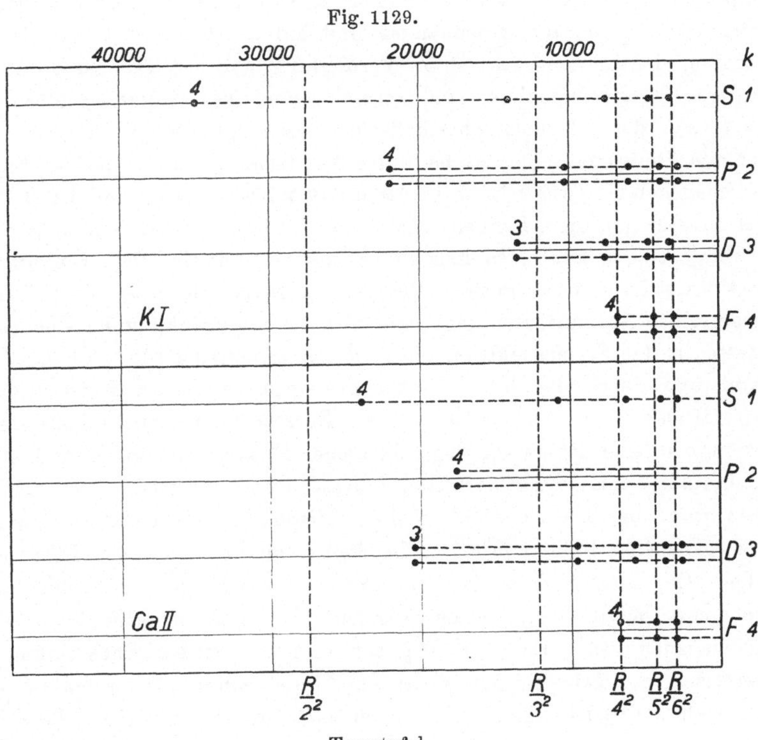

Termtafel.

b) Quantentheoretische Deutung der Abweichungen von der einfachen Periodizität im natürlichen System der Elemente. Zunächst verallgemeinern wir die aus den optischen Spektren gewonnenen Ergebnisse mit Bohr dahin, daß wir alle Elektronenbahnen im Atom, auch die der inneren Elektronengruppen, wo sich mehrere Elektronen in äquivalenten Bahnen bewegen, wie die Bahnen in den stationären Zuständen einer Zentralbewegung durch die beiden Quantenzahlen n und k klassifizieren. Zwar würde in diesem Falle die klassische Mechanik auch nicht annähernd mehr einen Zentralbahncharakter ergeben, aber es scheint dessen ungeachtet die Annahme natürlich, daß hier nicht plötzlich eine neue quantentheoretische Klassifikation der Elektronenbahnen Platz greift.

Ferner denkt sich Bohr die verschiedenen Elektronen eines Atoms vom Kern nacheinander unter Emission des zugehörigen Spektrums eingefangen und setzt voraus, daß dabei die Quantenzahlen n und k eines jeden Elektrons, die es in seiner Bahn im Normalzustande eines Atomions einmal angenommen hat, unverändert bestehen bleiben, wenn weitere Elektronen im Atom gebunden werden (Permanenz der Quantenzahlen). Selbst wenn diese Voraussetzung in einzelnen Fällen Ausnahmen erleiden sollte, dürfte sich nichts Wesentliches an den allgemeinen Bohrschen Überlegungen ändern.

Endlich hat Bohr betreffs der Frage des Abschlusses der Elektronengruppen im Atom, mit der die Längen (2, 8, 18, 32, ...) der Perioden im natürlichen System zusammenhängen und auf die wir bereits bei der Besprechung der Röntgenspektren in Verbindung mit der Existenz von mehrquantigen Elektronenbahnen im Normalzustand des Atoms gestoßen sind [vgl. § 4a)], die folgenden physikalischen Gesichtspunkte entwickelt. Wenn nicht alle Elektronen eines Atoms unter Ausstrahlung in einquantige Bahnen übergehen können (wie z. B. im Li-Atom das dritte Elektron aus der 2_1-Bahn nicht in eine mit den Bahnen der beiden anderen Elektronen äquivalente 1_1-Bahn springen kann), so handelt es sich hier um eine Beschränkung der mit Ausstrahlung verbundenen Übergangsprozesse, die man als prinzipiell von derselben Art auffassen kann, wie z. B. die Beschränkung der Übergangsprozesse in den Serienspektren, die in der Auswahlregel (43) zum Ausdruck kommt und durch das Korrespondenzprinzip in einfacher Weise gedeutet wird. Bohr nimmt deshalb an, daß das Korrespondenzprinzip auch für das Verständnis der Existenz von abgeschlossenen Elektronengruppen im Atom im Prinzip einen Anhaltspunkt darbietet. Indessen ist es beim jetzigen, sehr lückenhaften Stand der Theorie nicht möglich, diesen Gesichtspunkt zu verwerten, um im gegebenen Falle a priori zu beurteilen, ob eine bestimmte Elektronenkonfiguration abgeschlossen ist oder nicht. Diese Frage scheint mit den im folgenden Abschnitt besprochenen Gesetzen der Komplexstruktur der Spektren zusammenzuhängen. Es muß demnach erst die weitere Entwicklung der Theorie zeigen, inwieweit der Bohrsche Gesichtspunkt, der jedenfalls noch durch andere Überlegungen zu ergänzen sein wird, das Richtige trifft. Vorläufig müssen wir den Abschluß der Elektronengruppen im Atom und damit die Länge der Perioden im natürlichen System der Elemente als erfahrungsmäßig gegeben annehmen, ohne sie a priori theoretisch ableiten zu können[1]).

Wenn wir nun von diesem Standpunkt das natürliche System der Elemente betrachten, so sehen wir zunächst, daß mit dem He die einquantige Elektronengruppe abgeschlossen ist. Diese Elektronengruppe, in der Bezeichnung der Theorie der Röntgenspektren die K-Schale [vgl. § 4a)], enthält demnach im abgeschlossenen Zustande bei allen Elementen zwei Elektronen. In den folgenden Elementen bis Neon bildet sich die zweiquantige Gruppe, die L-Schale, aus, die sonach im abgeschlossenen Zustand 8 Elektronen enthält. Gemäß der Zentralbahnklassifikation müssen wir uns diese Gruppe

---

[1]) Über den jetzigen Stand dieser Frage vgl. Nachtrag.

in zwei Untergruppen geteilt denken, die den 2_1- und 2_2-Bahnen entsprechen. Auf die Frage der Verteilung der Elektronen auf diese Untergruppen kommen wir sogleich zurück. In der dritten Periode bildet sich zunächst die dreiquantige Gruppe, und zwar die 3_1- und 3_2-Bahnen wieder zur abgeschlossenen Achterschale der Edelgase aus, die bei Argon erreicht wird. Dies bedeutet aber nur einen vorläufigen Abschluß der dreiquantigen Gruppe, denn in den folgenden Elementen der vierten Periode treffen wir neue Verhältnisse.

Wie wir schon gesehen haben, folgt aus dem Bogenspektrum des auf das Ar folgenden Kaliums, daß das letzte (das ist das 19.) Elektron dieses Atoms im Normalzustand in einer 4_1-Bahn gebunden ist, und dies konnte auch, die Abgeschlossenheit der Edelgasschale vorausgesetzt, aus dem zugrunde gelegten Zentralkraftmodell des Atoms durch Abschätzung der effektiven Quantenzahlen theoretisch gefolgert werden. Weiter aber folgte aus dem Modell, daß bei der Betrachtung der Atomionen der folgenden Elemente mit derselben Elektronenzahl 19 bald ein Punkt kommen muß, wo (wie im H-Atom) die 3_3-Bahn fester gebunden ist als die 4_1-Bahn, und aus den empirischen Ergebnissen der Spektren konnte entnommen werden, daß dieser Punkt bereits bei Sc^{++} erreicht ist. Es muß dann weiter ein Wettstreit zwischen den 3_3- und den 4_1-Bahnen in ihrer relativen Bindungsstärke erfolgen, und dieser gibt Anlaß zu im natürlichen System aufeinander folgenden chemisch ähnlichen Elementen wie den Eisenmetallen, da es sich um Anlagerung einer inneren Elektronengruppe handelt. Erst im einfach geladenen Kupferion Cu^+ erreicht die dreiquantige Gruppe, die M-Schale, ihre endgültig abgeschlossene Achtzehnerkonfiguration. Im Edelgas Krypton ist außerdem die aus 4_1- und 4_2-Bahnen bestehende Achterschale ausgebildet. Ähnlich ist es in der folgenden fünften Periode, wo die Pd-Metalle dem Wettstreit von 5_1- und 4_3-Bahnen ihre Entstehung verdanken und in dem diese Periode beendenden Edelgas Xenon neben den endgültig abgeschlossenen K-, L- und M-Schalen, die aus 4_1-, 4_2- und 4_3-Bahnen bestehende, als Achtzehnerkonfiguration vorläufig abgeschlossene N-Schale sowie die hier aus acht Elektronen in 5_1- und 5_2-Bahnen bestehende Außenschale der Edelgase vorhanden ist.

In der sechsten Periode des Systems kommt nun nicht nur bald ein Punkt, wo das auf die Konfiguration des Xenon folgende (das ist das 55.) Elektron in einer 5_3-Bahn fester gebunden ist als in einer 6_1-Bahn, sondern es wird auch bald in einer 4_4-Bahn fester gebunden als in einer 5_3-Bahn. Da hier eine noch weiter innen gelegene Gruppe sich ausbildet als in den früheren Perioden des Systems, weisen auch die aufeinander folgenden Elemente hier eine noch viel ausgesprochenere Ähnlichkeit in den chemischen Eigenschaften auf. Es sind dies die seltenen Erden. Am Ende dieser Periode haben wir schließlich im Edelgas Emanation, nicht nur die K-, L- und M-Schale vollständig abgeschlossen, sondern auch die vierquantige aus 32 Elektronen bestehende N-Schale; die fünfquantige Gruppe ist vorläufig abgeschlossen in der aus 5_1-, 5_2- und 5_3-Bahnen bestehenden Achtzehnerschale, und außen befindet sich die aus 6_1- und 6_2-Bahnen bestehende, für die Edelgase charakteristische Achterschale. Die Vorstellungen über die gradweise Entwicklung der Elektronengruppen im Atom sind überdies auch mit den Ergebnissen der Röntgenspektren im besten Einklang (vgl. Kap. XXXIV dieses Lehrbuches).

Es entsteht nun die weitere Frage, wie sich in den abgeschlossenen Elektronenschalen die Elektronen auf die einzelnen, durch verschiedene Werte von k gekennzeichneten Untergruppen verteilen. Hier hat sich eine von Stoner[1]) und Main Smith[2]) namentlich im Hinblick auf die Röntgenspektren und die chemischen Eigenschaften aufgestellte Klassifikation der Elektronen bewährt. Gemäß dieser wird (entgegen den älteren von Bohr entwickelten Vorstellungen) angenommen, daß die Abgeschlossenheit einer n_k-Untergruppe nicht davon abhängt, ob noch Elektronen anderer Untergruppen (mit derselben oder mit verschiedener Hauptquantenzahl) im Atom vorhanden sind, und daß die Anzahl der Elektronen in einer abgeschlossenen n_k-Untergruppe nicht vom Wert von n, sondern nur von k abhängt. Unter dieser Annahme können wir diese Anzahl $N(k)$ aus den Periodenlängen im natürlichen System der Elemente empirisch bestimmen. Aus der Abgeschlossenheit der He-Schale folgt, daß für die 1_1-Gruppe $N = 2$ ist; dasselbe muß also dann für die 2_1-, 3_1-... Gruppe gelten. Da ferner die L-Schale 8 Elektronen enthält, bleiben für die 2_2-Gruppe noch 6 Elektronen zur Verfügung; also gilt $N(2) = 6$ auch für die 3_2-, 4_2-,...Gruppe. Aus der Zahl 18 der Elektronen in der abgeschlossenen dreiquantigen Gruppe entnimmt man weiter für die Maximalzahl der 3_3-Elektronen $18 - (2 + 6) = 10$, aus der Zahl 32 der Elektronen in der abgeschlossenen vierquantigen Gruppe folgt endlich die Maximalzahl der 4_4-Elektronen zu $32 - (2 + 6 + 10) = 14$. Wir sehen, daß $N(k)$ stets um 4 wächst, wenn k um eins zunimmt, und wir werden also verallgemeinernd sagen können, daß $N(k)$ durch

$$N(k) = 4k + 2 \cdot \cdot \cdot \cdot \cdot \cdot \cdot \cdot \cdot \cdot \cdot \cdot \cdot (58)$$

gegeben ist. Auf die theoretische Bedeutung dieser Zahl sowie der von Stoner und Main Smith angenommenen weiteren Unterteilung der n_k-Untergruppen können wir erst im Nachtrag I, § 15 eingehen. Hier sei noch eine Übersichtstabelle über die Anordnung der Elektronen im Normalzustand der verschiedenen Elemente beigefügt, soweit diese aus den Spektren entnommen werden konnte (die Elektronenanordnung des Edelgases mit $Z = 118$ ist theoretisch extrapoliert).

Zusammenfassend können wir sagen, daß Bohr auf Grund des Zentralkraftmodells des Atoms mit den früher beschriebenen Bahntypen und den hier besprochenen physikalischen Prinzipien zu einer quantentheoretischen Erklärung des Auftretens von chemisch ähnlichen Elementen (wie den Fe-, Pd- und Pt-Metallen und den seltenen Erden) in den späteren Perioden des natürlichen Systems der Elemente gelangt ist. Sie beruht auf der Betrachtung der quantentheoretisch gegebenen Anzahl der verschiedenen Bahntypen und der modellmäßigen Abschätzung ihrer relativen Bindungsstärke. Heute sind

[1]) E. C. Stoner, Phil. Mag. **48**, 719, 1924.
[2]) Main Smith, Chemistry and atomic structure. London 1924.

Übersicht über die Elektronengruppen im Normalzustand der Atome der Elemente.

Element	1_1	2_1	2_2	3_1	3_2	3_3	4_1	4_2	4_3	4_4	5_1	5_2	5_3	5_4	6_1	6_2	6_3	7_1	7_2
1 H	1																		
2 He	2																		
3 Li	2	1																	
4 Be	2	2																	
5 B	2	2	1																
6 C	2	2	2																
10 Ne	2	2	6																
11 Na	2	2	6	1															
12 Mg	2	2	6	2															
13 Al	2	2	6	2	1														
14 Si	2	2	6	2	2														
18 A	2	2	6	2	6														
19 K	2	2	6	2	6		1												
20 Ca	2	2	6	2	6		2												
21 Sc	2	2	6	2	6	1	2												
22 Ti	2	2	6	2	6	2	2												
28 Ni	2	2	6	2	6	8	2												
29 Cu	2	2	6	2	6	10	1												
30 Zn	2	2	6	2	6	10	2												
31 Ga	2	2	6	2	6	10	2	1											
32 Ge	2	2	6	2	6	10	2	2											
36 Kr	2	2	6	2	6	10	2	6											
37 Rb	2	2	6	2	6	10	2	6			1								
38 Sr	2	2	6	2	6	10	2	6			2								
39 Y	2	2	6	2	6	10	2	6	1		2								
40 Zr	2	2	6	2	6	10	2	6	2		2								
47 Ag	2	2	6	2	6	10	2	6	10		1								
48 Cd	2	2	6	2	6	10	2	6	10		2								
49 In	2	2	6	2	6	10	2	6	10		2	1							
50 Sn	2	2	6	2	6	10	2	6	10		2	2							
54 X	2	2	6	2	6	10	2	6	10		2	6							
55 Cs	2	2	6	2	6	10	2	6	10		2	6			1				
56 Ba	2	2	6	2	6	10	2	6	10		2	6			2				
57 La	2	2	6	2	6	10	2	6	10		2	6	1		2				
58 Ce	2	2	6	2	6	10	2	6	10	1	2	6	1		2				
59 Pr	2	2	6	2	6	10	2	6	10	2	2	6	1		2				
71 Cp	2	2	6	2	6	10	2	6	10	14	2	6	1		2				
72 Hf	2	2	6	2	6	10	2	6	10	14	2	6	2		2				
79 Au	2	2	6	2	6	10	2	6	10	14	2	6	10		1				
80 Hg	2	2	6	2	6	10	2	6	10	14	2	6	10		2				
81 Tl	2	2	6	2	6	10	2	6	10	14	2	6	10		2	1			
82 Pb	2	2	6	2	6	10	2	6	10	14	2	6	10		2	2			
86 Em	2	2	6	2	6	10	2	6	10	14	2	6	10		2	6			
87 —	2	2	6	2	6	10	2	6	10	14	2	6	10		2	6		1	
88 Ra	2	2	6	2	6	10	2	6	10	14	2	6	10		2	6		2	
118 —	2	2	6	2	6	10	2	6	10	14	2	6	10	14	2	6	10	2	6

also gerade die Abweichungen von der einfachen Periodizität im natürlichen System der Elemente theoretisch verständlich, während die auf dem Abschluß der Gruppen beruhende Periodizität selbst noch ungeklärt ist.

Es ist wohl eines der wichtigsten Ergebnisse der Bohrschen Theorie des Atombaues, daß sie das Auftreten der genannten Familien von chemisch ähnlichen Elementen erklären kann. Und es ist überraschend, daß eine solche Erklärung bereits möglich war, bevor eine Überwindung der prinzipiellen Schwierigkeiten gelungen ist, die der vollständigen Berechnung der Eigenschaften der stationären Zustände von nicht mehrfach periodischen Systemen entgegenstehen. Diese Schwierigkeiten, die sich auch im quantitativen Verhalten der Serienterme bemerkbar machen, treten offen zutage in den Gesetzmäßigkeiten der Komplexstruktur der Spektren, die wir im folgenden Abschnitt noch kurz besprechen wollen.

§ 11. Komplexstruktur der optischen Spektren. Die Grenzen der heutigen Form der Quantentheorie.

Die im vorigen Abschnitt durch bestimmten Werte von n und k gekennzeichneten Terme sind im allgemeinen nicht einfach, sondern zerfallen in mehrere Terme von mehr oder weniger verschiedener Größe. So sind in den Bogenspektren der Alkalien nur die s-Terme einfach, alle anderen Terme aber doppelt (Dublettsystem). Die Dublettgrößen entsprechender Terme wachsen dabei in der Reihe der Alkalien mit deren Atomnummer in charakteristischer Weise stark an. Dieselbe Struktur weisen auch die Funkenspektren der Erdalkalien auf. Es ist dies ein spezieller Fall des spektroskopischen Verschiebungssatzes von Sommerfeld und Kossel, nach welchem die Spektra der Atome bzw. Atomionen verschiedener Elemente mit gleicher Elektronenzahl eine analoge Struktur aufweisen. Dies ist ja in der Tat zu erwarten, wenn in diesen Fällen die Elektronenkonfiguration dieselbe ist. Insbesondere hat gemäß diesem Satz das einfache Funkenspektrum eines Elements die gleichen Termmultiplizitäten wie das Bogenspektrum des im natürlichen System vorangehenden Elementes (daher die Bezeichnung Verschiebungssatz in Anlehnung an die radioaktiven Verschiebungssätze, vgl. § 1).

Die Bogenspektren der Erdalkalien bestehen aus einem einfachen Termsystem und einem Tripletsystem, bei letzterem sind nur die s-Terme einfach, alle übrigen Terme aber dreifach. Dieser Sachverhalt wird verallgemeinert durch den Rydbergschen Wechselsatz, der besagt, daß Elemente mit ungerader Valenz (wie z. B. die einwertigen Alkalien) Bogenspektra mit gerader maximaler Multiplizität (bei den Alkalien 2) und umgekehrt Elemente mit gerader Valenz (z. B. die zweiwertigen Erdalkalien) Spektren mit ungerader maximaler Multiplizität (bei den Erdalkalien 1 und 3) besitzen.

Bei der im wesentlichen schon von Rydberg durchgeführten Termdarstellung der beobachteten Komplexstruktur der Spektrallinien zeigte es sich. daß nicht alle denkbaren Kombinationen zwischen den verschiedenen Termkomponenten wirklich vorkommen. Sommerfeld[1] konnte die hier

---

[1] A. Sommerfeld, Ann. d. Phys. **63**, 221, 1920.

bestehenden Kombinationsregeln in eine sehr einfache Form bringen, indem er die Komplexität der Terme durch eine dritte Quantenzahl charakterisierte, die wir mit j bezeichnen wollen. Bei sinngemäßer Wahl der Werte dieser Quantenzahl sind dann nämlich die tatsächlich allein auftretenden Kombinationen diejenigen, bei denen die Zahl j sich um ± 1 oder 0 ändert. Aus dieser Auswahlregel können wir auf Grund des Korrespondenzprinzips gemäß den Überlegungen von § 7 folgern: Über die Zentralbahn des Serienelektrons lagert sich noch eine gleichförmige Präzession der Ebene seiner Bahn um eine feste, ausgezeichnete Achse des Atoms, welche die Komplexität der Terme verursacht. Das Ergebnis von Rubinowicz und Bohr, daß der Gesamtdrehimpuls des Atoms sich bei einem Übergangsprozeß nicht um mehr als $\dfrac{h}{2\pi}$ ändern kann, legt es ferner nahe, die Sommerfeldsche Quantenzahl j als resultierendes Impulsmoment des Atoms (in der Einheit $\dfrac{h}{2\pi}$ gemessen) zu interpretieren.

Man kann dieses Ergebnis auch dynamisch interpretieren, wenn man schwache Abweichungen der Kräfte des Atomrestes auf das Leuchtelektron von der zentralen Symmetrie annimmt und ein nicht verschwindendes resultierendes Impulsmoment $s\,\dfrac{h}{2\pi}$ des Atomrestes voraussetzt. Dann würde nämlich gemäß der klassischen Mechanik eine gleichförmige Präzession des ganzen Atoms um die Achse seines Gesamtimpulsmomentes eintreten, das sich durch vektorielle Zusammensetzung aus dem Impulsmoment $s\,\dfrac{h}{2\pi}$ des Atomrestes und $k\,\dfrac{h}{2\pi}$ des Leuchtelektrons ergibt; überdies würden die Zustandsbedingungen der Quantentheorie der mehrfach periodischen Systeme in diesem Falle eine Quantelung des resultierenden Impulsmomentes des Atoms ergeben, so daß dieses in der Tat mit $j\,\dfrac{h}{2\pi}$ identifiziert werden könnte und sich die zu gleichen Werten von n und k, aber verschiedenen Werten von j gehörigen stationären Zustände durch eine verschiedene Orientierung der Bahnebene des Serienelektrons zum Atomrest unterscheiden würden.

Wir müssen indessen diese dynamische Deutung als weniger gesichert ansehen als die durch das Korrespondenzprinzip geforderten Periodizitätseigenschaften der Bewegung und den Zusammenhang der Quantenzahl j mit dem Gesamtimpulsmoment des Atoms, der sich allgemein bewährt hat. Es war nämlich auf Grund dieses einfachen Modelles nicht möglich, die beobachtete Anzahl der Terme der Komplexstruktur in naturgemäßer Weise zu deuten. Insbesondere ist, wie Bohr gezeigt hat, die modellmäßige Deutung der durch den Wechselsatz geforderten Änderung des Typus der Komplexstruktur bei Anlagerung eines weiteren Elektrons im Atom (z. B. beim Übergang vom einfach geladenen Ion zum neutralen Atom) mit Schwierigkeiten verbunden. Auch ist es nicht gelungen, durch geeignete Annahmen über die physikalische Natur des von der Zentralsymmetrie abweichenden Teiles der

Kräfte des Atomrestes auf das Leuchtelektron das früher erwähnte charakteristische Anwachsen des Abstandes der verschiedenen, zu gleichen Werten von n und k gehörigen Spektralterme mit der Atomnummer bei chemisch homologen Elementen zu erklären. Dieses steht nach neueren Ergebnissen von Millikan und Landé in einem sehr einfachen Zusammenhang mit den Gesetzmäßigkeiten der Komplexität der Röntgenterme und läßt sich formal durch eine Verallgemeinerung der Sommerfeldschen Formel für ein relativistisches Dublett darstellen (vgl. § 8).

Die Unzulänglichkeit der bisher erreichten Formulierung der Quantentheorie tritt schließlich am deutlichsten zutage in der Erscheinung des anomalen Zeemaneffektes. Dieser besteht in einer Zerlegung der ursprünglichen Linie, die komplizierter ist als das in § 9 besprochene Lorentzsche Triplet und wesentlich von der Art der betreffenden Serie abhängt. Der anomale Zeemaneffekt tritt bei allen Spektrallinien auf, deren Terme nicht einfach sind und eine Komplexstruktur besitzen. Nach den Überlegungen von § 9 können wir hieraus auf Grund des Korrespondenzprinzips unmittelbar schließen, daß im Gegensatz zum Resultat der klassischen Elektrodynamik das Larmorsche Theorem in diesen Fällen nicht gültig ist. Die anomalen Zeemaneffekte sind von Landé in eingehenden Untersuchungen analysiert worden, und es gelang ihm zu zeigen, daß die beobachteten Linienaufspaltungen mittels der Frequenzbedingung (I) dargestellt werden können, wenn man geeignete Aufspaltungen der einzelnen Terme im Felde annimmt. Ferner fand Landé, daß auch diese anomalen Zeemanterme, deren Werte einfache Gesetzmäßigkeiten befolgen, durch eine neu hinzutretende Quantenzahl m charakterisiert werden können. die genau derselben Auswahl- und Polarisationsregel gehorcht, wie beim normalen Zeemaneffekt die Quantenzahl, welche die Komponente des Impulsmomentes des Atoms in der Feldrichtung festlegt (vgl. § 9). Trotz verschiedener Bemühungen ist es indessen noch nicht gelungen, das Versagen des Larmorschen Theorems und die von (49) abweichenden Werte der Termaufspaltungen beim anomalen Zeemaneffekt in befriedigender Weise zu deuten [1]).

Wir müssen hoffen, daß hier die weitere Entwicklung der Quantentheorie unter allmählicher Befreiung von den Begriffen der klassischen Theorie ein den Eigenschaften der Erscheinungen adäquates Begriffssystem schaffen wird. Dies dürfte zunächst eine weitere Verschärfung des Gegensatzes zwischen den Vorstellungen der Quantentheorie und der klassischen Theorie mit sich bringen. Es ist jedoch anzunehmen, daß hierbei nicht nur die in § 2 formulierten allgemeinen Grundpostulate der Quantentheorie und insbesondere die Frequenzbedingung (I) in weitem Umfange gültig bleiben werden, sondern auch die asymptotische Übereinstimmung der statistischen Resultate von klassischer und Quantentheorie im Grenzfall großer Quantenzahlen und der im Korrespondenzprinzip zum Ausdruck gebrachte Zusammenhang zwischen der Möglichkeit von Übergangsprozessen und den Periodizitätseigenschaften der Bewegung im Atom.

---

[1]) Vgl. Nachtrag.

Nachtrag.

I. Über die Anwendung der Vorstellung des Magnetelektrons zur Deutung der Spektren.

§ 12. Alkali- und Röntgendubletts. Wasserstoff-Feinstruktur. Wie bereits in Kap. XXIX, § 11 erwähnt, bestehen die Terme der Alkalibogenspektren, abgesehen von den einfachen s-Termen, aus Dubletts, die nach Sommerfeld durch eine dritte Quantenzahl j, welche die Auswahlregel

$$\Delta j = 0, \pm 1$$

erfüllt, klassifiziert werden können. Um diese Quantenzahl als gesamtes Impulsmoment des Atoms, das sich aus einem für die s-, p-, d- ... Terme charakteristischen Bahnimpulsmoment des Leuchtelektrons und aus einem weiteren Impulsmoment s zusammensetzt, deuten zu können, müssen zunächst einige Abänderungen an den Ergebnissen der Quantentheorie der Periodizitätssysteme vorgenommen werden. Damit sich die Termmannigfaltigkeit richtig ergibt, ist es nämlich erstens notwendig, das zusätzliche Impulsmoment s gleich $1/2$, also halbzahlig anzunehmen (wir drücken hier und im folgenden die Impulsmomente immer in der Einheit $\frac{h}{2\pi}$ aus), und zweitens das Bahnimpulsmoment nicht mit k, sondern mit einer Zahl zu identifizieren, die um 1 geringer ist und mit l bezeichnet werden möge. Diese Zahl

$$l = k - 1 \quad\cdots\cdots\cdots\cdots\cdots (1)$$

nimmt also für die s-, p-, d-...Terme die Werte an 0, 1, 2, ...; ferner ist bei bestimmter Hauptquantenzahl n die Zahl l stets kleiner oder gleich $n-1$. Setzt man die ganze Zahl l mit $s = 1/2$ zu einer halbzahligen Resultierenden zusammen, so erhält man die beiden j-Werte

$$j = l + 1/2 \quad\text{und}\quad j = l - 1/2 \cdots\cdots\cdots\cdots (2)$$

nur für die s-Terme, wo $l = 0$, ergibt sich nur der eine Wert $j = 1/2$. Wir bezeichnen dementsprechend die Alkaliterme, indem wir j als Index beifügen, durch s; $p_{1/2}\, p_{3/2}$; $d_{3/2}\, d_{5/2}$; ... Im Sinne der anschaulichen Interpretation der stationären Zustände des Atoms durch klassisch-mechanische Modelle wären die beiden Dubletterme dadurch gekennzeichnet, daß in einem Falle das Zusatzmoment s mit dem Bahnmoment l gleichgerichtet, im anderen Falle entgegengerichtet ist. Nach der neueren Quantenmechanik entsprechen zwar die klassischen Modelle nicht voll der Wirklichkeit, sie können aber zur qualitativen Orientierung durchaus herangezogen werden und liefern sogar auch quantitative Resultate, die im Grenzfall großer Quantenzahlen asymptotisch richtig sind. Wir werden uns daher hier zunächst auf die klassischen Modelle berufen und die Verfeinerungen der neuen Quantenmechanik nachträglich als Korrektur hinzufügen. Ein erst durch die neue Quantenmechanik ins rechte Licht gerückter Umstand ist der, daß, wie erwähnt, das Bahnimpulsmoment um 1 kleiner ist, als früher angenommen wurde, den s-Termen insbesondere also impulslose Zustände zukommen. Wir werden in II, § 17, hierauf zurückkommen.

Was weiter die Frage nach der Natur des Zusatzmomentes s betrifft, so war man früher der Ansicht, daß es als resultierender Drehimpuls des Atomrestes anzusehen ist, dem in den Atomen der Alkalimetalle das eine Valenz- und Leuchtelektron gegenübersteht. Aber dieser Atomrest hat ja eine edelgasähnliche Konfiguration und einer solchen muß (z. B. auf Grund des Fehlens eines Paramagnetismus bei ihr) ein verschwindendes resultierendes Moment zugeordnet werden. Überdies führte die Deutung von s als Moment des Atomrestes auch sonst auf Widersprüche. Es mußte also s eine Eigenschaft des Elektrons selbst sein. Goudsmit und Uhlenbeck [1] haben diesen Gedanken konsequent zu Ende verfolgt, indem sie annahmen, daß jenes Impulsmoment schon dem freien Elektron zukommen muß. Dieses ist also nicht mehr als bloße Punktladung aufzufassen, sondern besitzt auch eine ausgezeichnete Achse und parallel zu dieser ein mechanisches und ein magnetisches Moment. Über das Verhältnis vom magnetischen Moment zum Impulsmoment des Elektrons muß man, um den im folgenden Abschnitt zu besprechenden anomalen Zeemaneffekt zu erklären, wie hier vorweggenommen werden soll, annehmen, daß es doppelt so groß ist als der entsprechende Quotient der von der Schwerpunktsbewegung des Elektrons herrührenden Momente, der gemäß Kap. XXIX, Gl. (52) $\dfrac{e}{2\,m_0\,c}$ beträgt. Der Quotient aus magnetischem und mechanischem Eigenmoment beträgt also $\dfrac{e}{m_0\,c}$, und da dieses $1/2\,\dfrac{h}{2\,\pi}$ beträgt, hat das magnetische Moment den Wert

$$M = \frac{e}{m_0\,c}\,{}^1/_2\,\frac{h}{2\,\pi} = \frac{e\,h}{4\,\pi\,m_0\,c} = 1\ \text{Magneton},$$

wie diese Einheit in Kap. XXIX, Gl. (53) definiert wurde.

Ein eingehenderes Verständnis dieser Eigenschaften des Elektrons, die wir hier einfach als empirisch gegeben zu betrachten haben, wird erst von einer tiefergehenden Theorie der Struktur des Elektrons zu erwarten sein. Diesbezüglich sei hier nur erwähnt, daß die energetische Deutung der Elektronenmasse im Sinne des Satzes von der Trägheit der Energie zu Schwierigkeiten führt, wenn man die magnetische Energie des das Elektron umgebenden Feldes hierbei mit berücksichtigt. Ohne nähere Vorstellungen über die Struktur des Elektrons zu entwickeln, wollen wir im folgenden kurz vom „Magnetelektron" sprechen [2].

---

[1] S. Goudsmit und G. E. Uhlenbeck, Naturwissensch. **13**, 953, 1925; Nature **117**, 264, 1926. Unabhängig von einer Anwendung auf die Deutung der Spektren ist die Hypothese eines Elektrons mit einem gequantelten Impulsmoment bereits früher von A. H. Compton, Journ. Frankl. Inst. **192**, 145, 1921, gelegentlich diskutiert worden.

[2] In einer mehr die kinematischen Verhältnisse ins Auge fassenden Weise wird auch von einem „rotierenden Elektron" (englisch „spin-elektron") gesprochen. Die Vorstellung eines rotierenden materiellen Gebildes halten wir aber nicht für

Wie wir sogleich sehen werden, kann auf Grund der Vorstellung des Magnetelektrons nicht nur das Vorhandensein der Alkalidubletts, sondern auch deren absolute Größe theoretisch gedeutet werden. Bevor wir hierauf eingehen, soll jedoch der Zusammenhang der Alkalidubletts mit der Feinstruktur der Röntgenspektren und der des Wasserstoffspektrums noch kurz dargelegt werden. Dieser ist unabhängig von Landé[1]) und von Millikan und Bowen[2]) erkannt worden und wird durch die Ergebnisse der experimentellen Untersuchungen der beiden letztgenannten Verfasser im äußersten Ultraviolett besonders deutlich. Sie konnten unter anderem die höheren Funkenspektren der ionisierten Atome mit einem Valenzelektron in der „natriumähnlichen" Reihe Na I, Mg II, Al III, Si IV bis Cl VII ausmessen, und es ergaben sich betreffs der Abhängigkeit der Spektralterme von der Kernladungszahl Z folgende Gesetzmäßigkeiten:

1. Vergleicht man zwei Terme gleicher Hauptquantenzahl n und gleichem l, z. B. $np_{3/2}$ und $np_{1/2}$, so kann ihre Differenz formal mit Hilfe der Sommerfeldschen Formel (47) von Kap. XXIX, § 8 für die Wasserstoff-Feinstruktur dargestellt werden, wenn man in ihr statt k einmal den Wert von $j + 1/2$ in einem, dann den Wert von $j + 1/2$ im anderen der verglichenen Zustände einsetzt und die beiden Ausdrücke subtrahiert. Ferner ist die wahre Kernladungszahl Z durch eine effektive Kernladung $Z - d$ zu ersetzen, die sich von ersterer durch die Abschirmungszahl d unterscheidet (vgl. Kap. XXIX, § 4a). Wir haben also

$$\varDelta_1 \nu = \nu_{j\,=\,l\,+\,1/2} - \nu_{j\,=\,l\,-\,1/2} = R\,\frac{\alpha^2\,(Z-d)^4}{n^3}\left(\frac{1}{l} - \frac{1}{l+1}\right)$$

$$= R\,\frac{\alpha^2\,(Z-d)^4}{n^3}\,\frac{1}{l\,(l+1)} \quad \cdot \cdot \cdot \cdot \cdot \cdot \cdot \cdot \cdot \cdot \cdot \cdot \cdot \cdot \cdot \quad (3)$$

Die Abschirmungszahlen d sind namentlich bei kleineren Kernladungen nicht genau konstant, konvergieren aber bei wachsendem Z nach einem konstanten Wert[3]). Wegen der formalen Anwendung der Sommerfeldschen Formel sprach man früher von „relativistischen" Dubletts. Aber die Korrektionen wegen der Abhängigkeit der Elektronenmassen von der Geschwindigkeit hängen in Wahrheit nur von n und l ab. Wir wissen heute, daß sich die hier verglichenen Terme nur durch die Stellung des Eigenmomentes des Elektrons zum Bahnmoment unterscheiden, und sprechen daher von magnetischen Dubletts. Auf die theoretische Begründung ihrer Darstellbarkeit durch Formel (3) kommen wir noch zu sprechen.

2. Vergleicht man zwei Terme gleicher Hauptquantenzahl n mit gleichem j, aber verschiedenem l, z. B. s und $p_{1/2}$; $p_{3/2}$ und $d_{3/2}$; $d_{5/2}\ldots$, so kann ihre Differenz

---

wesentlich und sie empfiehlt sich auch nicht wegen der Überlichtgeschwindigkeiten, die man dann mit in Kauf nehmen muß. Die Bezeichnung „Magnetelektron" soll die Aufmerksamkeit auf das elektromagnetische Feld des Elektrons lenken.

[1]) A. Landé, Zeitschr. f. Phys. **24**, 88, 1924; **25**, 46, 1924.

[2]) R. A. Millikan und J. S. Bowen, Phys. Rev. **23**, 1, 1924; **24**, 209, 223, 1924; **25**, 295, 591, 600, 1925; **26**, 150, 310, 1925.

[3]) Die Dubletts der d- und f-Terme verhalten sich bei kleinen Werten von Z zunächst komplizierter als man nach (3) erwarten sollte.

durch eine Verschiedenheit der Abschirmungszahlen a in der Moseleyschen Formel von Kap. XXIX, § 4a dargestellt werden: Es ist

$$\Delta_2 v = v_{l\,=\,j\,+\,1/2} - v_{l\,=\,j\,-\,1/2} \sim 2\,\frac{R\,Z}{n^2}\,\Delta a \left.\vphantom{\int}\right\}$$

oder

$$\Delta_2 \sqrt{\frac{v}{R}} = \frac{\Delta a}{n} \left.\vphantom{\int}\right\} \qquad \dots \dots (4)$$

wobei die letztere Zahl von Z annähernd unabhängig ist. Man spricht hier von Abschirmungsdubletts.

Dieselben Gesetzmäßigkeiten hatten sich bereits früher auch bei den Röntgenspektren ergeben, deren Termmannigfaltigkeit genau denen der Alkali-

Fig. 1130.

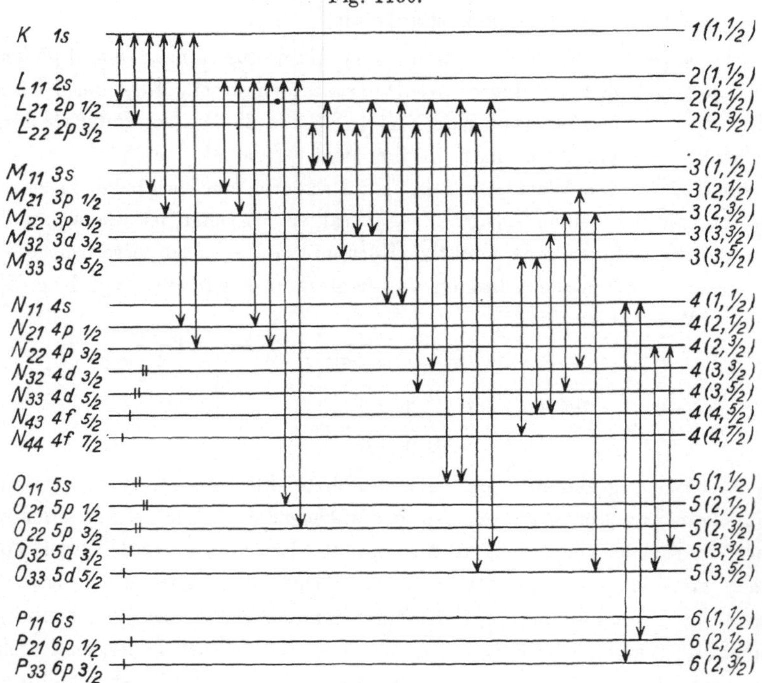

spektren gleicht. Es hängt dies damit zusammen, daß die Terme der Röntgenspektren Atomen entsprechen, bei denen ein Elektron aus einer abgeschlossenen Schale entfernt ist, und auf die betreffende leere Stelle im Atom beziehen sich dann die Quantenzahlen n, l, j. Nur die energetische Reihenfolge aller Terme ist in diesem Falle gegenüber dem Fall des Vorhandenseins eines Elektrons (neben abgeschlossenen Schalen) die umgekehrte. Die Art der Quantenzahlen l und j äußert sich in der Verschiedenheit ihrer Auswahlregeln $\Delta l = \pm 1$ einerseits und $\Delta j = 0, \pm 1$ andererseits. Der Zusammenhang der Röntgenniveaus mit den Alkalitermen ist durch die obige Fig. 1130 wiedergegeben, in die auch die gemäß den Auswahlregeln möglichen Linien eingezeichnet sind. (Näheres Kap. XXXIV dieses Lehrbuches.)

Die Formeln (3) und (4) für die Dubletts können wir in die folgende Formel

$$\frac{\nu}{R} = \frac{(Z - d_{n,\,l})^2}{n^2} + \alpha^2 \frac{(Z - d_{n,\,l,\,j})^4}{n^3}\left(\frac{1}{j + {}^1\!/_2} - \frac{3}{4\,n}\right) + \cdots \cdots \quad (5)$$

zusammenfassen, in der bei den Abschirmungszahlen stets die Quantenzahlen beigefügt sind, von denen diese abhängen. Auch ist noch das weitere, von l und j unabhängige Glied der Sommerfeldschen Formel (47) hinzugefügt. Das Zeichen ... deutet das Hinzukommen von weiteren Korrektionen an, die zu höheren Potenzen von Z proportional sind. Die Unabhängigkeit des Faktors von Z^4 von der Quantenzahl l ist empirisch gut gesichert, denn sie äußert sich darin, daß in den Abschirmungsdubletts die zu Z^4 proportionalen Terme gänzlich fortfallen.

Zu den Atomen mit einem Valenzelektron gehören nicht nur die alkaliähnlichen, sondern auch die wasserstoffähnlichen Atome, die überhaupt nur ein Elektron besitzen. Wir werden erwarten, daß deren Feinstruktur dadurch aus derjenigen der röntgen- und alkaliähnlichen Spektren hervorgeht, daß man in letzterer alle Abschirmungszahlen, die ja von der Wechselwirkung verschiedener Elektronen untereinander herrühren, gleich Null setzt[1]). Dann fallen die Niveaus, die früher ein Abschirmungsdublett gebildet haben (gleiches j, aber verschiedenes l), exakt zusammen und aus (5) wird

$$\frac{\nu}{R} = \frac{Z^2}{n^2} + \frac{\alpha^2 Z^4}{n^3}\left(\frac{1}{j + {}^1\!/_2} - \frac{3}{4\,n}\right) + \cdots \cdots \cdots \quad (5\,a)$$

Man sieht, daß nach dieser Auffassung die Lage der Feinstrukturkomponenten zwar dieselbe ist, wie die nach der alten Auffassung, denn die bei bestimmter Hauptquantenzahl möglichen Zahlwerte von $j + {}^1\!/_2$ sind dieselben wie die möglichen Werte von k, nämlich 1, 2, ... n; wegen der Auswahlregel $\varDelta j = 0, \pm 1$ können aber schon im ungestörten Atom solche Komponenten auftreten, die nach der früheren Theorie ausgeschlossen waren. Eine nähere Diskussion der Beobachtungen vom Standpunkt dieser neuen Theorie aus ist in Kap. XXXI gegeben.

Es handelt sich nun darum, ob die Theorie unter Zugrundelegung des Magnetelektrons zunächst von der Formel (5a) für die Wasserstoff-Feinstrukturniveaus Rechenschaft geben kann. Dies ist in der Tat der Fall, wenn man überdies die neue Quantenmechanik zur Verschärfung der Resultate heranzieht. Wir wollen hier nur den allgemeinen Gedankengang der Theorie kurz andeuten. Bringt man ein ruhendes Magnetelektron in ein äußeres homogenes Magnetfeld der Stärke H, so beträgt seine Energieänderung im Feld

$$- (\mathfrak{M}\,\mathfrak{H}) = \frac{e}{m\,c}\,(\mathfrak{s}\,\mathfrak{H}),$$

---

[1]) Schon vor Aufstellung der Annahme des magnetischen Elektrons ist diese Klassifikation der Wasserstoff-Feinstrukturterme von Goudsmit und Uhlenbeck, Physica 5, 266, 1925 und von J. C. Slater, Proc. Nat. Ac. 11, 732, 1925, angegeben und diskutiert worden. Über den Zeemaneffekt der Wasserstoff-Feinstruktur in schwachen Feldern vgl. A. Sommerfeld und A. Unsöld, Zeitschr. f. Phys. 36, 259, 1926. Eine Diskussion der Intensitäten der Feinstrukturkomponenten auf Grund des jetzigen Standes der Theorie findet sich bei A. Sommerfeld, Three Lectures on Atomic Physics, Kap. I, London 1926.

wenn $\mathfrak{M}$ sein magnetisches und $\mathfrak{s}$ sein mechanisches Moment bedeuten. Nach der Relativitätstheorie hat dies zur Folge, daß auch ein im elektrischen Feld der Stärke $\mathfrak{E}$ mit der Geschwindigkeit $\mathfrak{v}$ bewegtes Magnetelektron eine von der Stellung seiner Achse zur Richtung $\mathfrak{E}$ abhängige Energie besitzt. Auch wenn im Ruhsystem kein Magnetfeld vorhanden ist, wird nämlich in dem mit dem Elektron mitbewegten System ein Magnetfeld der Stärke

$$\mathfrak{H}' = \frac{1}{c}\,[\mathfrak{E}\,\mathfrak{v}]$$

und deshalb eine Zusatzenergie

$$W' = -\,(\mathfrak{M}\,\mathfrak{H}') = \frac{e}{m\,c}\left(\mathfrak{s}\left[\mathfrak{E}\,\frac{\mathfrak{v}}{c}\right]\right)$$

vorhanden sein. Der Übergang zum Ruhsystem erfordert indessen eingehendere Betrachtungen und das Resultat ist, wie Thomas[1]) gezeigt hat, dieses, daß man im wasserstoffähnlichen Atom einen nur halb so großen Energiewert, gemittelt über den Umlauf des Elektrons in seiner Bahn, also

$$W = \overline{\frac{e}{2\,m\,c}\left(\mathfrak{s}\left[\mathfrak{E}\,\frac{\mathfrak{v}}{c}\right]\right)} \ \ldots \ldots \ldots \ldots \ldots \quad (6)$$

zur Energie des unmagnetischen Elektrons hinzufügen muß, um die säkulare Bewegung, die in einer Präzession des Eigenimpulses $\mathfrak{s}$ und des Bahnimpulses $\mathfrak{l}$ um ihre Resultierende $\mathfrak{j} = \mathfrak{l} + \mathfrak{s}$ besteht, richtig zu erhalten.

Für $\mathfrak{E}$ hat man nun in (6) die Feldstärke des Kernes am Ort des Elektrons, die durch

$$\mathfrak{E} = \frac{Z\,e}{r^3}\,\mathfrak{r}$$

gegeben ist, einzusetzen. Da der Bahnimpuls

$$\mathfrak{l} = m_0\,[\mathfrak{r}\,\mathfrak{v}]$$

zeitlich konstant ist, ergibt sich zunächst

$$W = \frac{Z\,e^2}{2\,m_0{}^2\,c^2}\,\overline{\frac{1}{r^3}}\,(\mathfrak{s}\,\mathfrak{l}) \ \ldots \ldots \ldots \ldots \ldots \quad (6\,\mathrm{a})$$

Für den Mittelwert von $\dfrac{1}{r^3}$ erhält man nach der gewöhnlichen Mechanik

$$\overline{\frac{1}{r^3}} = \frac{1}{a_0{}^3}\,\frac{Z^3}{n^3\,l^3},$$

wenn a_0 der in Kap. XXIX, Gl. (20) eingeführte, durch

$$a_0 = \frac{h^2}{4\,\pi^2\,m_0\,e^2}$$

definierte Wasserstoffatomradius im Normalzustand ist. Setzt man noch $|\mathfrak{l}| = l\dfrac{h}{2\,\pi}$, $|\mathfrak{s}| = {}^1\!/_2\,\dfrac{h}{2\,\pi}$ in (6 a) ein, so erhält man schließlich

$$W = \pm\,\alpha^2\,R\,h\,\frac{Z^4}{2\,n^3\,l^2} \ldots \ldots \ldots \ldots \ldots \quad (7)$$

---

[1]) L. H. Thomas, Nature **117**, 514, 1926. Eine ausführliche Diskussion der klassisch-elektrodynamischen Seite der Theorie findet sich bei J. Frenkel, Zeitschr. f Phys. **37**, 243, 1926 und L. H. Thomas, Phil. Mag. **3**, 1, 1927; die Anwendung der Quantenmechanik bei W. Heisenberg und P. Jordan, Zeitschr. f. Phys. **37**, 263, 1926. Betreffend die wellenmechanische Formulierung s. ferner W. Pauli, ebenda **43**, 601, 1927 und C. G. Darwin, Proc. Roy. Soc. (A), **116**, 227, 1927.

worin R die Rydbergkonstante [Gl. (12), S. 1728] und α die Feinstrukturkonstante [Gl. (44), S. 1766] bedeutet. Das obere Vorzeichen gilt, wenn $\mathfrak{l}$ und $\mathfrak{s}$ gleichgerichtet, also $j = l + 1/_2$ ist, das untere, wenn $\mathfrak{l}$ und $\mathfrak{s}$ entgegengerichtet sind, also für $j = l - 1/_2$. Die Quantenmechanik modifiziert dies zu[1])

$$W = + \alpha^2 R h \frac{Z^4}{n^3} \frac{1}{2\,(l + 1/_2)\,(l + 1)} \qquad \text{für} \quad j = l + 1/_2 \,^{2)}$$

$$\text{und} \quad W = - \alpha^2 R h \frac{Z^4}{n^3} \frac{1}{2\,l\,(l + 1/_2)} \qquad \text{für} \quad j = l - 1/_2 \qquad \Bigg\} \cdot \cdot (7a)$$

Hierzu kommen nun noch die von der Abhängigkeit der Elektronenmasse von der Geschwindigkeit herrührenden Terme, die nur von l und nicht von j abhängen. Gemäß der älteren Quantentheorie wären dies die von Sommerfeld angegebenen Terme [Gl. (47), Kap. XXIX], aber die neuere Quantenmechanik ergibt, daß hier $l + 1/_2$ an Stelle von k zu treten hat:

$$W_1 = - \alpha^2 R h \frac{Z^4}{n^3} \left(\frac{1}{l + 1/_2} - \frac{3}{4\,n} \right) \quad \cdot \cdot \cdot \cdot \cdot \cdot \cdot \cdot \cdot \quad (8)$$

Für die gesamte Termänderung $\varDelta \nu$ infolge von Relativitätskorrektion und Wechselwirkungsenergie zwischen Bahnmoment l und Eigenmoment s folgt endlich nach (7a) und (8)

$$\text{und} \quad \frac{\varDelta \nu}{R} = - \frac{W + W_1}{R h} = \frac{\alpha^2 Z^4}{n^3} \left(\frac{1}{l + 1} - \frac{3}{4\,n} \right) \quad \text{für } j = l + 1/_2$$

$$\frac{\varDelta \nu}{R} = - \frac{W + W_1}{R h} = \frac{\alpha^2 Z^4}{n^3} \left(\frac{1}{l} - \frac{3}{4\,n} \right) \qquad \text{für } j = l - 1/_2.$$

In beiden Fällen also $\quad \dfrac{\varDelta \nu}{R} = \dfrac{\alpha^2 Z^4}{n^3} \left(\dfrac{1}{j + 1/_2} - \dfrac{3}{4\,n} \right),$

wie es die Erfahrung gemäß (5a) verlangt.

Das Zusammenfallen der Terme mit gleichem j, aber verschiedenem l beim Wasserstoffatom ist sehr merkwürdig. Gemäß dem klassischen Modell entsprächen diesen zusammenfallenden Zuständen z. B. in der zweiquantigen Elektronengruppe der Fall der 2_1-Ellipse mit gleichgerichteten Momenten l und s und der 2_2-Kreis mit entgegengerichteten Momenten l und s. Zwar ist dieses Zusammenfallen der Terme, wie wir gesehen haben, durch die Quantenmechanik (wenigstens was die Korrektionen erster Ordnung betrifft) rechnerisch bestätigt, aber die tiefere Bedeutung dieses Umstandes ist noch unklar. Vielleicht darf man eine weitere Aufklärung dieses Sachverhaltes durch eine Theorie der zu höheren Potenzen von Z proportionalen Korrektionen erwarten, die heute wegen unserer ungenauen Kenntnis der Struktur des Elektrons noch auf nicht völlig überwundene Schwierigkeiten stößt[3]).

---

[1]) Vgl. Heisenberg und Jordan, l. c. Anm.

[2]) Auch für die s-Terme ($l = 0$) muß man diesen Wert als richtig annehmen, um mit der Erfahrung im Einklang zu bleiben, obwohl für diesen Sonderfall die theoretische Begründung noch wenig befriedigend ist.

[3]) Eine vollständige Berechnung der Wasserstoff-Feinstruktur wird durch die neuere Theorie des Elektrons von P. A. M. Dirac, Proc. Roy. Soc. **117**, 610 und **118**, 351, 1928 ermöglicht, welche auch die Forderung der relativistischen Invarianz erfüllt.

Daß das Zusammenfallen der Terme mit gleichem n und j, aber verschiedenem l in Atomen mit mehr als einem Elektron aufhören muß, ist theoretisch verständlich. Denn die elektrische Wechselwirkung der Elektronen und damit auch die Abschirmungszahlen a und d in (5) werden wesentlich von l abhängen müssen. Auch die weitgehende Unabhängigkeit der Größe a von j ist im Hinblick auf die Isotropie der abgeschlossenen Schalen und die Äquivalenz einer Schale mit einem fehlenden Elektron zu einer Schale mit einem einzigen vorhandenen Elektron verständlich. Das Auftreten der Abschirmungsdubletts ist damit zugleich auch theoretisch gedeutet. Was die Größe der Alkalidubletts betrifft, so ist die Formel (3), die erst bei höher ionisierten Atomen von praktischem Wert ist, zu ihrer Abschätzung nicht geeignet. Landé[1]) hat aber gezeigt, daß man auf Grund der Vorstellung der eindringenden Bahnen wenigstens für das Dublett der p-Terme die folgende Formel theoretisch begründen kann, die eine gute Annäherung darstellt und insbesondere den Gang der Dublettgröße mit der Atomnummer in der Reihe Li, Na, K, Rb, Cs gut wiedergibt:

$$\varDelta_1 \nu = R\alpha^2 \frac{Z_i^2 Z_a^2}{n^3}\, \frac{1}{l(l+1)} \quad\cdots\cdots\cdots\cdots \text{(3a)}$$

Hierin ist Z_i eine im inneren Gebiet des Atoms herrschende Kernladung, die sich von der gesamten Kernladung annähernd um eine Konstante unterscheidet; die effektive Kernladung Z_a im Außengebiet ist 1 bei den Bogenspektren, 2 bei den Funkenspektren usw.

§ 13. Anomaler Zeemaneffekt.

Wie zuerst Landé gezeigt hat, läßt sich auch bei den vom normalen Lorentzschen Triplett abweichenden Zeemantypen die Linienaufspaltung im Sinne der Frequenzbedingung auf eine Aufspaltung der Spektralterme im Felde zurückführen. Solange die durch das äußere Feld bewirkte Termaufspaltung klein ist gegenüber der Komplexstruktur der betreffenden Terme des ungestörten Atoms (z. B. der Dublettaufspaltung bei gegebenem n und l bei den Alkalien), ist die erstgenannte Aufspaltung proportional der Feldstärke H des äußeren Magnetfeldes. Wir sprechen in diesem relativen Sinne von „schwachen" äußeren Feldern. Wie Landé weiter gezeigt hat, ist dann die Energieänderung $E - E_0$ des Atoms gegenüber dem feldfreien Falle gegeben durch

$$E - E_0 = o_H h m g \quad\cdots\cdots\cdots\cdots\cdots \text{(9)}$$

worin o_H die durch Kap. XXIX, Gl. (48) gegebene Larmorfrequenz und g einen für den betreffenden Term des ungestörten Atoms charakteristischen, in vielen Fällen rationalen Faktor bedeutet. Die neu hinzukommende Quantenzahl m kann von $-j$ bis $+j$ laufende, je um eine Einheit fortschreitende Werte annehmen:

$$-j \leqq m \leqq +j \quad\cdots\cdots\cdots\cdots\cdots \text{(10)}$$

ist also zugleich mit j halb- oder ganzzahlig (bei den Alkalispektren also

---

[1]) A. Landé, Zeitschr. f. Phys. l. c., Anm. 1, S. 1795.

halbzahlig). Es gilt für diese Quantenzahl m wie beim normalen Zeemaneffekt (Kap. XXIX, § 9) die Auswahlregel

$$\varDelta m = \left\{ \begin{array}{l} 0, \; \pi\text{-Komponente} \\ \pm\, 1, \; \sigma\text{-Komponenten} \end{array} \right\} \quad\cdots\cdots\cdots \quad (11)$$

Gemäß dem Korrespondenzprinzip wird man sie daher als Quantenzahl der Komponente des totalen Impulsmomentes des Atoms parallel dem Felde deuten müssen. Wie bereits in Kap. XXIX, § 9 ausgeführt wurde, ist das Auftreten eines von 1 verschiedenen Faktors g in (9) und damit eine Abweichung des Zeemantypus vom Lorentzschen Triplett weder vom Standpunkt der klassischen Elektrodynamik, noch vom Standpunkt der Quantentheorie aus verständlich, solange man dem Elektron keine anderen Eigenschaften zuschreibt als Ladung und Masse. Sobald man von der Vorstellung des Magnetelektrons ausgeht, wird die Sachlage jedoch völlig anders. Bedeutet nämlich $\mathfrak{M}$ das totale magnetische Moment des Atoms, das ist die Resultierende aus den magnetischen Bahn- und Eigenmomenten der Elektronen des Atoms in einem bestimmten Zeitmoment, $\mathfrak{J}$ die entsprechende Resultierende der Impulsmomente der Elektronen, so wird, wenn das Verhältnis der magnetischen und mechanischen Eigenmomente der Elektronen vom entsprechenden Quotienten für die Bahnmomente [vgl. Kap. XXIX, Gl. (52)] verschieden ist, erstens die Resultierende $\mathfrak{M}$ im Gegensatz zu $\mathfrak{J}$ im allgemeinen nicht zeitlich konstant sein, und zweitens wird $\mathfrak{M}$ in einem bestimmten Zeitmoment eine von $\mathfrak{J}$ verschiedene Richtung haben. Wegen der Wechselwirkungskräfte zwischen den Eigenmomenten und den Bahnmomenten der Elektronen, wie sie für den Fall eines einzigen Elektrons im vorigen Abschnitt betrachtet wurden, wird aber $\mathfrak{M}$ im ungestörten Atom, wenn $\mathfrak{M}$ nicht von vornherein zu $\mathfrak{J}$ parallel ist, eine Präzession um $\mathfrak{J}$ vollführen. In den im oben definierten Sinne schwachen äußeren Magnetfeldern ist es dann erlaubt, bei der Berechnung der Energieänderung des Atoms im Felde über diese Präzession zu mitteln. Ist dann $\overline{\mathfrak{M}}$ der zeitliche Mittelwert von $\mathfrak{M}$ oder, was dasselbe ist, die Komponente von $\mathfrak{M}$ parallel $\mathfrak{J}$, so kann in diesem Falle die fragliche Energieänderung gleichgesetzt werden:

$$E - E_0 = -(\overline{\mathfrak{M}}\,\mathfrak{H}) \quad\cdots\cdots\cdots\cdots \quad (12)$$

Setzt man nun

$$\overline{\mathfrak{M}} = -\frac{e}{2\,m_0\,c}\, g\,\mathfrak{J} \quad\cdots\cdots\cdots\cdots \quad (13)$$

so stimmt gemäß

$$(\mathfrak{J}\,\mathfrak{H}) = m\,\frac{h}{2\,\pi}\,H$$

und gemäß Kap. XXIX, Gl. (48) der Energieausdruck (12) mit (9) überein. Auf Grund von Kap. XXIX, Gl. (53) kann man sodann den Sinn von (13) auch so formulieren: Der Landésche Aufspaltungsfaktor g der Zeemanterme gibt direkt den Wert des Quotienten aus dem mittleren totalen magnetischen Moment zum Gesamtimpulsmoment des ungestörten Atoms an, wenn ersteres in der Einheit des Bohrschen

Magnetons, letzteres in der Einheit $h/2\pi$ gemessen wird. Daß dieser Quotient von 1 verschieden sein, daß somit überhaupt eine Abweichung der Zeemantypen vom Lorentzschen Triplett auftreten kann, wird auf die Eigenschaft des freien Elektrons zurückgeführt, daß für sein magnetisches und mechanisches Eigenmoment dieser Quotient nicht gleich 1 ist, sondern den Wert 2 hat.

Was nun die Werte von g betrifft, so sind sie für verschiedene Atomarten verschieden. Der einfachste Fall ist der bei den Alkalibogenspektren vorliegende, wo nur ein einziges Elektron vorhanden ist, das sich in einer nicht abgeschlossenen Schale befindet. Bedeutet l wieder dessen Bahnmoment, $s = \frac{1}{2}$ dessen Eigenimpulsmoment, so ist offenbar der Betrag von $\overline{\mathfrak{M}}$, gemessen in Magnetonen, gleich

$$\overline{M} = l \cos(l, j) + 2 s \cos(s, j) \quad\cdots\cdots\cdots\cdots \quad (14)$$

In unserem Falle ist gemäß den Vorstellungen des vorigen Abschnittes

$$\cos(s, j) = \pm 1, \quad \cos(l, j) = 1,$$

also

$$\text{für } j = l + \tfrac{1}{2}, \quad \overline{M} = l + 1 = j + \tfrac{1}{2}, \quad g = \frac{\overline{M}}{j} = 1 + \frac{1}{2j},$$

$$\text{für } j = l - \tfrac{1}{2}, \quad \overline{M} = l - 1 = j - \tfrac{1}{2}, \quad g = \frac{\overline{M}}{j} = 1 - \frac{1}{2j}.$$

Die Quantenmechanik modifiziert dies im Einklang mit der Erfahrung zu

$$g = 1 \pm \frac{1}{2\left(l + \frac{1}{2}\right)} \quad \text{für } j = l \pm \tfrac{1}{2} \quad\cdots\cdots\cdots \quad (15)$$

was für große l und j mit dem oben angegebenen Ausdruck für g asymptotisch übereinstimmt. Aus diesem Falle großer Quantenzahlen l und j kann bereits entnommen werden, daß unsere Annahme des Wertes 2 vom Verhältnis von magnetischem und mechanischem Eigenmoment des Elektrons der Wirklichkeit entspricht. Dies ergibt sich auch direkt aus dem Werte $g = 2$ für die s-Terme, wo gemäß $l = 0$ das Bahnmoment verschwindet [in (15) ist hier das obere Vorzeichen allein zu nehmen], das Eigenmoment also allein wirksam ist. Dieser Wert $g = 2$ und somit der Energie ± 1 Magneton mal Feldstärke im äußeren Magnetfeld ist im Normalzustand (diesem entspricht ja ein s-Term) der Ag- und K-Atome und neuerdings auch der H-Atome durch Versuche über Ablenkung der Atomstrahlen im inhomogenen Magnetfeld nach Stern und Gerlach direkt bestätigt.

Ein allgemeinerer Fall, wo sich die g-Werte leicht berechnen lassen, ist der, wo die Eigenmomente $\frac{1}{2}$ der Elektronen sich zunächst zu einer Resultierenden s, die Bahnmomente $l^{(p)}$ der einzelnen (mit dem Index p bezeichneten) Elektronen zu einer Resultierenden l zusammenschließen, derart, daß l und s bereits merklich konstant sind bei Mittelung der Bewegung über eine Zeit, die kurz ist relativ zu der Periode der überlagerten Präzession von l und s um ihre gemeinsame Resultierende j. Es ist dann offenbar l stets ganzzahlig und die $l = 0, 1, 2, \ldots$ entsprechenden Terme werden mit $S, P, D, \ldots$

bezeichnet. Die Zahl s ist halb- oder ganzzahlig, je nachdem eine gerade oder ungerade Anzahl von Elektronen in unabgeschlossenen Gruppen vorhanden ist, und kann ferner offenbar nicht größer sein als die halbe Zahl der Elektronen in unabgeschlossenen Gruppen; die Zahl j ist zugleich mit s halb- oder ganzzahlig und ihr Wertevorrat ist durch die Ungleichung

$$|l-s| \leqq j \leqq l+s \quad \cdots \cdots \cdots \cdots \quad (16)$$

bestimmt. Die Anzahl der bei gegebenem s und l möglichen Werte von j ist für $l \leqq s$ gleich $2\,l + 1$, also bei anwachsendem l zunächst gleich $1, 3, 5, \ldots$, bis sie bei $l \geqq s$ den permanenten Wert $2\,s + 1$ annimmt, der gerade oder ungerade ist, je nachdem s halb- oder ganzzahlig ist. Der so definierte Geradheitscharakter der Multiplizität wechselt also nach dem oben über s Gesagten bei Fortschreiten der Elektronenzahl im Atom um je eine Einheit (Verallgemeinerung des sogenannten Rydbergschen Wechselsatzes). Man spricht in diesem Falle der Quantelung der Resultierenden s und l auch von normalen Multipletts und bezeichnet dann nach dem Vorschlag von Russell und Saunders die Terme mit ^rS_j, ^rP_j, $\ldots$, worin $r = 2\,s + 1$ den Grad der (maximalen und permanenten) Multiplizität, der Index rechts unten den j-Wert angibt.

Wenn wir nun zur Betrachtung des Zeemaneffekts dieser normalen Multipletts in schwachen Feldern übergehen, so bleiben zunächst die in den Gl. (9), (10), (11) zusammengefaßten Aussagen auch hier bestehen. Ferner gilt in diesem Falle nun wieder für $\overline{M}$ die Gl. (14) und für j

$$j = l\cos(l,j) + s\cos(s,j),$$

also

$$\overline{M} = j + s\cos(s,j).$$

Nun ist j die Resultierende im Vektorparallelogramm von l und s, also gilt vektoriell geschrieben:

$$\mathfrak{j} = \mathfrak{l} + \mathfrak{s}, \quad l^2 = (\mathfrak{j} - \mathfrak{s})^2 = j^2 + s^2 - 2\,sj\cos(s,j),$$

$$\cos(s,j) = \frac{j^2 + s^2 - l^2}{2\,sj},$$

folglich

$$g = \frac{\overline{M}}{j} = 1 + \frac{j^2 + s^2 - l^2}{2\,j^2}.$$

Die Quantenmechanik modifiziert dies zu

$$g = 1 + \frac{j(j+1) + s(s+1) - l(l+1)}{2\,j(j+1)} \quad \cdots \cdots \quad (17)$$

Eben diese Formel für g ist von Landé als Ausdruck der Erfahrungsergebnisse ermittelt worden. Für $s = {}^1/_2$ (Dubletts), also $j = l \pm {}^1/_2$, geht sie in den Ausdruck (15) für g über, den sie somit als Spezialfall enthält. Im Falle der (stets einfachen) S-Terme, wo $l = 0$, $j = s$ gilt, folgt aus (17) unmittelbar $g = 2$. Ein interessanter Fall ist ferner der der Singuletterme, wo $s = 0$ und daher nach (16) $j = l$ ist. In diesem Falle führt (17) auf $g = 1$, was auch modellmäßig unmittelbar klar ist, da hier nur Bahnmomente magnetisch wirksam sind. Die Linien, die bei Kombination zweier Singuletterme entstehen, haben also stets den Zeemaneffekt des gewöhnlichen Lorentzschen Tripletts.

Wir haben bisher nur den Zeemaneffekt in schwachen Feldern betrachtet, wo die Zeemanaufspaltung klein ist relativ zur Multiplettaufspaltung. Bei wachsender Feldstärke hört die Energieänderung des Atoms auf, zu dieser proportional zu sein, zugleich wird die Auswahlregel $\varDelta j = 0, \pm 1$ durchbrochen [wobei aber die Auswahl- und Polarisationsregel (11) bestehen bleibt]. Das Endresultat dieser zuerst von Paschen und Back entdeckten und daher auch als Paschen-Backeffekt bezeichneten Umwandlung des Linienbildes besteht darin, daß dieses sich, sobald die Zeemanaufspaltung schließlich groß geworden ist gegenüber der ursprünglichen Multiplettaufspaltung („starke Felder"), dem normalen Lorentzschen Triplett asymptotisch nähert. Dies ist auch modellmäßig verständlich. Denn im Falle starker Felder können wir die Wechselwirkungsenergie zwischen l und s vernachlässigen bzw. nachträglich als kleine Störung hinzufügen. Es werden sich dann l und s nicht mehr zu einer Resultierenden j zusammenschließen, sondern sie werden einzeln um die Feldachse präzessieren, und zwar der Vektor l mit der Larmorfrequenz o_H und der Vektor s mit der doppelten Larmorfrequenz $2\,o_H$, da sein magnetisches Moment relativ zu seinem mechanischen Moment doppelt so groß ist als bei l. Dieser Bewegung korrespondiert eine unabhängige Quantelung der Komponenten m_l und m_s des Bahn- und des Eigenimpulsmomentes in der Feldrichtung. Wir haben hiermit

$$-l \leqq m_l \leqq l, \quad -s \leqq m_s \leqq s \quad \ldots \ldots \ldots \quad (18)$$

$$m = m_l + m_s, \quad E = o_H h(m_l + 2 m_s) + const = o_H h(m + m_s) + const \quad (19)$$

Die bei E hinzugefügte Konstante ist unabhängig von der Feldstärke, kann aber von m_l und m_s einzeln abhängen und ist in erster Näherung gleich dem Mittelwert der Wechselwirkungsenergie zwischen l und s über die beschriebene Präzessionsbewegung. Aus der Termmannigfaltigkeit (19) in Verbindung mit der Auswahl- und Polarisationsregel (11) würde allerdings noch nicht das Lorentzsche Triplett als Aufspaltungsbild in starken Feldern folgen. Es gilt aber in starken Feldern außer (11) auch noch

$$\varDelta m_s = 0 \quad \ldots \ldots \ldots \ldots \ldots \ldots \quad (20)$$

d. h. die Linienkomponenten, bei denen sich m_s ändert, erlöschen schließlich bei wachsender Feldstärke. Denn bei unabhängiger Bewegung der Vektoren l und s um die Feldrichtung wird die für die Ausstrahlung maßgebende translatorische Bewegung der Elektronen in starken Feldern die Präzessionsfrequenz $2\,o_H$ von s nicht enthalten. Wenn sowohl (11) als auch (20) besteht, folgt aber für die Linienaufspaltung nach (19) unmittelbar

$$\varDelta v = \frac{E' - E''}{h} = o_H \varDelta m = \begin{cases} \pm 1 \text{ für } \sigma\text{-Komponenten,} \\ 0 \text{ für } \pi\text{-Komponenten,} \end{cases}$$

was mit dem Lorentzschen Triplett übereinstimmt.

Bei den einfachen s-Termen ist $l = 0$, also auch $m_l = 0$, ferner $g = 2$, $m_s = m$ und die Energiewerte (9) und (19) stimmen hier überein. Ein Unterschied zwischen „schwachen" und „starken" Feldern und eine demensprechende Umwandlung gibt es bei diesen Termen nicht. Das gleiche gilt von den ebenfalls einfachen Singulettermen, wo $s = 0$, $m_s = 0$, $g = 1$ und $m_l = m$ ist. Die Energiewerte der Alkalidubletts in starken Feldern sind in (19) als Spezialfall enthalten, indem hier $s = \frac{1}{2}$, also $m_s = \pm \frac{1}{2}$ zu setzen ist.

Einzelheiten über Linienaufspaltungen und den Verlauf der Umwandlung beim Übergang von schwachen zu starken Feldern, ferner Intensitätsfragen werden in Kap. XXXI besprochen. Hier soll nur noch eine methodische Bemerkung Platz finden, die für das Folgende nützlich sein wird. Betrachten wir ein beliebiges Atom und seien $l^{(p)}$ und $s^{(p)} = \frac{1}{2}$ die Bahnmomente und Eigenmomente der verschiedenen Elektronen. Bei vorgegebenen Werten dieser Momente der Einzelelektronen werden im ungestörten Atom im allgemeinen mehrere stationäre Zustände möglich sein. Auch wenn nicht der Fall normaler Multipletts vorliegt, wird es stets theoretisch erlaubt sein, so starke Magnetfelder in Betracht zu ziehen, daß die Zeemanaufspaltung groß wird gegenüber den Energieunterschieden aller genannten Zustände des ungestörten Atoms. Dann werden die Komponenten $m_l^{(p)}$ und $m_s^{(p)}$ der Momente jedes einzelnen Elektrons in der Feldrichtung gequantelt sein, und es wird gelten

$$- l^{(p)} \leqq m_l^{(p)} \leqq l^{(p)}, \quad m_s^{(p)} = + \tfrac{1}{2} \text{ oder } - \tfrac{1}{2} \cdots (21)$$

und für resultierendes Impulsmoment m in der Feldrichtung und totale magnetische Energie des Atoms:

$$\left. \begin{aligned} m &= \sum_p \left(m_l^{(p)} + m_s^{(p)} \right); \quad E = \sum_p \left(m_l^{(p)} + 2\, m_s^{(p)} \right) o_H h + const \\ &= \sum_p \left(m^{(p)} + m_s^{(p)} \right) + const \end{aligned} \right\} \quad (22)$$

Dieser Fall erweist sich für eine Übersicht aller möglichen Zustände eines Atoms oft als vorteilhaft.

§ 14. Allgemeiner Bau der Spektren. Die beiden Termsysteme der Atome mit zwei Valenzelektronen.

Bereits im vorigen Abschnitt wurde hervorgehoben, daß man die bei vorgegebenen Momenten $l^{(p)}$ und $s^{(p)} = \frac{1}{2}$ der einzelnen Elektronen möglichen Quantenzustände stets dadurch erhalten kann, daß man sich zunächst ein Hilfsfeld angelegt denkt, das eine Quantelung der Komponenten $m_l^{(p)}$, $m_s^{(p)}$ der Momente aller Elektronen in der Feldrichtung bewirkt. Die möglichen Werte von der Komponente m des totalen Impulsmomentes in der Feldrichtung sind dann in Reihen gemäß der Ungleichung (10) zu bringen und hieraus sind die j-Werte abzulesen, die den einzelnen bei Abwesenheit des Feldes realisierten Termen entsprechen. Hat man z. B. zwei Elektronen in s-Termen, aber mit verschiedenen Hauptquantenzahlen, für die also $l^{(1)} = l^{(2)} = 0$, $s^{(1)} = s^{(2)} = \frac{1}{2}$ ist, so wird

$$m_l^{(1)} = m_l^{(2)} = 0, \quad m_s^{(1)} = \pm \tfrac{1}{2}, \quad m_s^{(2)} = \pm \tfrac{1}{2}$$

und wir haben die vier möglichen Werte von m:

$$m_s^{(1)} = + \tfrac{1}{2}, \quad m_s^{(2)} = + \tfrac{1}{2}; \quad m = 1,$$
$$m_s^{(1)} = + \tfrac{1}{2}, \quad m_s^{(2)} = - \tfrac{1}{2}; \quad m = 0,$$
$$m_s^{(1)} = - \tfrac{1}{2}, \quad m_s^{(2)} = + \tfrac{1}{2}; \quad m = 0,$$
$$m_s^{(1)} = - \tfrac{1}{2}, \quad m_s^{(2)} = - \tfrac{1}{2}; \quad m = -1.$$

Und wir haben für m die beiden Reihen

$$-1, \; 0, \; 1 \quad \text{und} \quad 0,$$

entsprechend zwei Termen des Atoms bei Abwesenheit des Feldes mit $j = 0$ und $j = 1$.

Man kann auch ohne Einführung des Hilfsfeldes vorgehen, indem man die verschiedenen Impulse $l^{(p)}$, $s^{(p)}$ sukzessive zu gequantelten, resultierenden Impulsen zusammensetzt. Dabei ist die Regel zu befolgen, daß der aus irgend zwei gequantelten Impulsen i_1 und i_2 zusammengesetzte Impuls, wenn er gequantelt ist, die zugleich mit $i_1 + i_2$ ganz- oder halbzahligen durch die Ungleichungen

$$|i_1 - i_2| \leqq i \leqq i_1 + i_2$$

bestimmten Werte annehmen kann. Auf diese Weise erhält man alle möglichen Werte von j, unabhängig von der Reihenfolge, in der die Einzelimpulse zusammengesetzt werden.

Nehmen wir hierfür den bei den Erdalkaliatomen und beim Heliumatom normalerweise realisierten Fall als Beispiel, daß wir zwei Valenzelektronen in nicht abgeschlossenen Schalen haben, von denen eines einem s-Term entspricht: $l^{(1)} = 0$, $s^{(1)} = \tfrac{1}{2}$, das andere aber einen beliebigen Wert von $l^{(2)}$ und $s^{(2)} = \tfrac{1}{2}$ besitzen möge. Setzen wir zunächst $l^{(2)}$ und $s^{(2)}$ zusammen, so erhalten wir die möglichen Impulse

$$j^{(2)} = l^{(2)} + \tfrac{1}{2} \quad \text{und} \quad j^{(2)} = l^{(2)} - \tfrac{1}{2}$$

des äußeren Elektrons. Dieser Impuls $j^{(2)}$ setzt sich nun mit dem Impuls $s^{(1)} = \tfrac{1}{2}$ des inneren Elektrons zusammen. Für $j^{(2)} = l^{(2)} + \tfrac{1}{2}$ erhalten wir

$$j = j^{(2)} + \tfrac{1}{2} = l^{(2)} + 1 \quad \text{und} \quad j = j^{(2)} - \tfrac{1}{2} = l^{(2)},$$

ebenso für $j^{(2)} = l^{(2)} - \tfrac{1}{2}$

$$j = l^{(2)} \quad \text{und} \quad j = l^{(2)} - 1.$$

Indem wir noch den Index 2 beim Buchstaben l fortlassen, was hier deshalb erlaubt ist, weil für das erste Elektron $l^{(1)} = 0$ ist, sprechen wir das Resultat so aus, daß durch Zusammensetzen der Impulse

$$(0, \tfrac{1}{2}) \quad \text{und} \quad (l, \tfrac{1}{2})$$

der beiden Elektronen die möglichen resultierenden Impulse

$$j = l + 1, \; l, \, l, \; l - 1$$

entstehen, d. h. zwei Terme mit $j = l$ und je ein Term mit $j = l + 1$ und $l - 1$.

Zum gleichen Resultat hinsichtlich der Anzahl der möglichen j-Werte wären wir gekommen, wenn wir zunächst die beiden Impulse $s^{(1)} = \tfrac{1}{2}$ und

$s^{(2)} = \frac{1}{2}$ zu $s = 0$ oder 1 und dann jeden dieser Werte von s mit l zusammengesetzt hätten. Denn in diesem Falle folgt für

$$s = 0, \quad j = l,$$

für
$$s = 1, \quad j = l + 1,\ l,\ l - 1.$$

Wenn wir jedoch nicht nur nach der Anzahl der möglichen Terme und ihrer j-Werte, sondern auch nach ihrer Gruppierung fragen, genügt eine bloße Abzählung natürlich nicht und wir müssen modellmäßige Überlegungen anstellen. Es kommt dann hierfür wesentlich die Größe der Kopplungsenergie zwischen den einzelnen Momentvektoren in Frage. Ist in dem oben diskutierten Beispiel die Energie zwischen den Vektoren $s^{(2)}$, $l^{(2)}$ wesentlich größer als die zwischen $s^{(2)}$, $s^{(1)}$ und $l^{(2)}$, $s^{(1)}$, so wird sich zunächst $s^{(2)}$ und $l^{(2)}$ zur Resultierenden $j^{(2)}$ zusammenschließen und diese wird ihrer Größe nach bereits merklich zeitlich konstant sein beim Mitteln über Zeitintervalle, die kurz sind gegenüber den Perioden der überlagerten Präzession von $j^{(2)}$ und $s^{(1)}$ um ihre Resultierende j. In diesem Falle wird auch der Abstand der Terme mit gleichem $j^{(2)}$ klein sein gegenüber dem Abstand der Terme mit verschiedenem $j^{(2)}$. Die Terme gruppieren sich gemäß dem oben erhaltenen Resultat in zwei Paare:

$$j^{(2)} = l - \tfrac{1}{2}, \quad j = l - 1,\ l$$

und
$$j^{(2)} = l + \tfrac{1}{2}, \quad j = l,\ l + 1$$

[„$(2 + 2)$-Gruppierung"]. Ist umgekehrt die Wechselwirkungsenergie zwischen $s^{(2)}$, $s^{(1)}$ groß gegenüber der Wechselwirkungsenergie zwischen $(l^{(2)}, s^{(1)})$ und $(s^{(2)}, l^{(2)})$, so werden sich zuerst $s^{(2)}$, $s^{(1)}$ zur Resultierenden s zusammenschließen und wir haben den Fall der normalen Multipletts (vgl. vorigen Abschnitt). In unserem Beispiel Singuletts und Tripletts:

$$s = 0, \quad j = l,$$
$$s = 1, \quad j = l - 1,\ l,\ l + 1,$$

den wir als „$(1 + 3)$-Gruppierung" bezeichnen können. Für die Gruppierung der Terme ist also, im Gegensatz zu ihrer Anzahl, die Reihenfolge, in welcher die einzelnen Momentvektoren sich zu Resultierenden zusammensetzen, von wesentlicher Bedeutung.

Die Erfahrung zeigt nun, daß die Bogenspektren der zweiwertigen Erdalkalien und die Funkenspektren der Erden aus Singulettermen und Triplettermen bestehen, soweit das erste Valenzelektron nicht angeregt ist und in seinem Normalzustand, der $l^{(1)} = 0$ entspricht, verbleibt. Die Triplettaufspaltung ist von derselben Größenordnung wie die Dublettaufspaltung der Alkalien und wird auch durch ähnliche Formeln beherrscht. Aber der Abstand der Singuletterme von den Triplettermen ist (von wenigen Ausnahmen, z. B. im Quecksilberspektrum, abgesehen) beträchtlich größer als die Triplettaufspaltung und von derselben Größenordnung, wie der Unterschied der verschiedenen Terme mit verschiedenem l, aber gleicher Hauptquantenzahl voneinander bzw. der Unterschied dieser Terme von den entsprechenden Wasserstofftermen. Auch sind die Interkombinationslinien zwischen Singulett- und Triplettermen relativ schwach gegenüber den Kombinationen innerhalb desselben Termsystems. Einen vollkommen analogen Bau wie die Erdalkalispektren zeigt auch das Spektrum des Heliums, das aus einem Singulettsystem („Parhelium" genannt) und einem Triplettsystem („Orthohelium" genannt) besteht. Entsprechend der kleinen Kernladung des He ist die Aufspaltung der Orthoheliumterme (in $\Delta\nu$ gemessen) eine viel geringere. Lange Zeit hindurch waren nur zwei Komponenten des tiefsten P-Termes des Orthoheliums bekannt, aber neuerdings ist die Auflösung der Orthoheliumlinien so' weit vergrößert worden, daß die Feststellung von drei verschiedenen Komponenten bei mehreren Termen gelungen ist, so daß die Analogie mit den übrigen Erdalkalispektren hergestellt ist[1]). Interkombinationslinien zwischen Para- und Orthothermen treten beim He fast gar nicht auf; nur die im Ultravioletten gelegene Resonanz- und Absorptionslinie $1\,^1S_0 - 2\,^3P_1$ ist von solchen beobachtet.

Aus dem weiten Abstand von Singulett- und Triplettermen bei den genannten Spektren müßten wir auf Grund unserer vorigen, auf dem klassischen Modell basierenden Überlegung schließen, daß in den betreffenden Atomen die Kopplungsenergie zwischen den Vektoren $(s^{(1)}, s^{(2)})$ groß ist gegenüber denjenigen zwischen $(s^{(2)}, l^{(2)})$ und $(s^{(1)}, l^{(2)})$. Hierfür gibt uns jedoch unser Modell des Magnetelektrons keine Erklärung; denn gemäß diesem sollte zwischen $s^{(1)}$ und $s^{(2)}$ nur dieselbe Wechselwirkung bestehen wie zwischen zwei magnetischen Dipolen. Diese Energie ist aber viel zu gering, um für die Deutung des Unterschieds zwischen Singulett- und Triplettermen in Frage zu kommen. Hier schien anfangs eine große Schwierigkeit für das Modell des Magnetelektrons vorzuliegen. Sie löst sich aber, wie Heisenberg gezeigt hat, durch Anwendung der Quantenmechanik auf das vorliegende Problem. Diese führt hier zu qualitativ anderen Resultaten als die klassischen Modelle. Wir werden hierauf erst in II, § 20 näher eingehen können. Hier werden wir im folgenden formal so überlegen, als ob zwischen $s^{(1)}, s^{(2)}$ in unserem Beispiel und allgemein zwischen den Eigenmomenten $s^{(p)}$ der Elektronen im Atom Kopplungsenergien von derselben Größenordnung vorhanden wären, wie die elektrische Wechselwirkungsenergie zwischen den verschiedenen Elektronen (bzw. wie die Abweichung der elektrischen Wechselwirkung des Leuchtelektrons mit dem Atomrest von derjenigen, die man erhielte, wenn die ganze Ladung des Atomrestes im Kern vereinigt wäre). Durch die Quantenmechanik wird dieses Vorgehen gerechtfertigt.

---

[1]) W. V. Houston, Proc. Nat. Acad. **13**, 91, 1927 und G. Hansen, Nature **119**, 237, 1927. Die relativen Lagen der drei Termkomponenten sind jedoch andere als bei den Erdalkalispektren, wofür die Quantenmechanik eine Erklärung gibt (vgl. Nachtrag II, § 20). Das Li^+-Spektrum, das sonst einen analogen Bau wie das He-Spektrum aufweist und auch in ein Ortho- und ein Parasystem zerfällt, besitzt jedoch nach einem Befund von H. Schüler, Ann. d. Phys. **76**, 292, 1925; Zeitschr. f. Phys. **42**, 487, 1927, die Anomalie einer viel größeren Komplexität des tiefsten P-Termes des Orthosystems. Dies hängt vielleicht mit einer Komplexität des Li-Kernes zusammen. In diesem Zusammenhang ist auch zu erwähnen, daß zahlreiche Spektrallinien eine Hyperfeinstruktur mit sehr kleiner Aufspaltung, sogenannte Trabanten, aufweisen, die durch die im Text zugrunde gelegte theoretische Klassifikation der Zustände des Atoms nicht wiedergegeben wird. Ihre Natur ist noch nicht geklärt.

Gemäß diesem Standpunkt ist in unserem Falle eine „$(2+2)$-Gruppierung" der Terme nur bei hohen Kernladungen, etwa bei hochionisierten Atomen oder bei Röntgentermen zu erwarten. Denn die magnetischen Wechselwirkungsenergien zwischen $l^{(p)}$ und $s^{(p)}$ wachsen bei gleicher Elektronenzahl und zunehmender Kernladung, wie wir im vorigen Abschnitt gesehen haben, proportional Z^4 an, während die elektrischen Wechselwirkungsenergien zwischen den Elektronen und damit auch die scheinbaren Kopplungsenergien zwischen den verschiedenen $s^{(p)}$ nur proportional Z sind. Auch bei gleicher Elektronenzahl, also z. B. neutralen Atomen, ist in analog gebauten Atomen (z. B. Erdalkalien) bei wachsender Atomnummer ein Zunehmen der Kopplungsenergien zwischen den Momenten $l^{(p)}$ und $s^{(p)}$ desselben Elektrons relativ zu der Kopplung der verschiedenen $s^{(p)}$ untereinander zu erwarten, indem erstere ähnlich wie die Dublettaufspaltung [Gl. (3a)] hier proportional Z_i^2 zunimmt, letztere aber wie die elektrische Energie zwischen den Elektronen von derselben Größenordnung bleibt.

Die Kopplungsverhältnisse zwischen den Momentvektoren im Atom können im allgemeinen bei mehreren wirksamen Elektronen sehr verwickelt sein. Doch sind zwei (einander ausschließende) Spezialfälle von besonderer Bedeutung. Der eine ist der der normalen Multipletts, wo alle $l^{(p)}$ zu einer Resultierenden l, alle $s^{(p)}$ zu einer Resultierenden s zusammengeschlossen sind; diesen haben wir schon im vorigen Abschnitt betrachtet [in unserem speziellen Beispiel von zwei wirksamen Elektronen, von denen eines $l^{(2)} = 0$ aufwies, ist dies die „$(1+3)$-Gruppierung"]. Der andere Fall ist der, wo die Kopplungsenergien zwischen den Momenten $l^{(p)}$, $s^{(p)}$ je eines Elektrons viel größer sind als diejenigen zwischen anderen Momentvektoren. Es sind dann zunächst die Vektoren $l^{(p)}$, $s^{(p)} = {}^1/_2$ zu einer Resultierenden $j^{(p)} = l^{(p)} \pm {}^1/_2$ (für $l^{(p)} = 0$ gilt nur das obere Vorzeichen) zusammengeschlossen [in unserem speziellen Beispiel ist dies die „$(2+2)$-Gruppierung"]. Dieser Fall liegt der Klassifikation der Elektronen im Atom durch die drei jedem Elektron individuell zukommenden Quantenzahlen $n^{(p)}$, $l^{(p)}$, $j^{(p)} = l^{(p)} \pm {}^1/_2$ zugrunde, die Main Smith und Stoner verwendet haben. Auf diesem Wege gelangten diese Verfasser dazu, die Bohrschen n_k- bzw. (n, l)-Untergruppen mittels der Quantenzahl $j^{(p)}$ (außer für $l = 0$) noch in zwei weitere Untergruppen zu unterteilen. Namentlich im Hinblick auf Anwendungen, die sich auf nicht völlig abgeschlossene Schalen beziehen, ist jedoch zu betonen, daß diese Klassifikation der Elektronen im Atom nur dann physikalisch gerechtfertigt erscheint, wenn der hier geschilderte Kopplungsfall vorliegt. Gemäß den obigen Überlegungen dürfte er nur für große effektive Kernladungen, also bei Elementen hoher Atomnummer und bei Elektronen im Innern des Atoms am ausgeprägtesten realisiert sein.

§ 15. Abschluß der Elektronengruppen und Ausschließungsregel.

Im vorigen Abschnitt wurde eine ganz allgemeine Eigenschaft des Atombaues und der Spektren noch nicht betrachtet, nämlich diejenige, die im Abschluß der Elektronengruppen im Atom zum Ausdruck kommt, der für das natürliche

System der Elemente entscheidend ist. In Kap. XXIX, § 10 b) haben wir bereits gesehen, daß man die unmittelbar aus den Atomnummern der Edelgase zu entnehmende Zahl $2\,n^2$ der Elektronen der n-quantigen Gruppe in ihrem abgeschlossenen Zustand nach Stoner dahin zu ergänzen hat, daß eine bestimmte n_k-Untergruppe dann abgeschlossen ist, wenn sie

$$N(k) = 4\,k - 2$$

oder mit Einführung von $l = k - 1$

$$N(l) = 4\,l + 2$$

Elektronen enthält. Stoner hat nun auf den wichtigen Zusammenhang hingewiesen, daß diese Zahl von Elektronen genau übereinstimmt mit dem Gewicht der Zustände mit der Quantenzahl l in den Alkalispektren, d. h., wie wir heute wissen, der Zustände eines einzigen Elektrons, wobei unter Gewicht die Anzahl der Teilzustände (Zeemanterme) zu verstehen ist, in welche die beiden zu l gehörigen Alkalidubletterme zusammengenommen in einem äußeren Magnetfeld zerfallen. Ein Zustand mit der Quantenzahl j zerfällt ja im Magnetfeld gemäß (10) in $2\,j + 1$ Terme und dies gibt für $j = l - \frac{1}{2}$ und $j = l + \frac{1}{2}$ zusammengenommen gerade

$$2\,l + (2\,l + 2) = 4\,l + 2$$

Zustände. Stoner hat auf Grund seiner weiteren Unterteilung der Elektronenzustände mit Hilfe der zu jedem Elektron gehörenden individuellen Quantenzahl j dieses Ergebnis gleich dahin verallgemeinert, daß in einer Teiluntergruppe mit den Quantenzahlen n, l, j, entsprechend dem Gewicht des betreffenden Zustandes, maximal nur $2\,j + 1$ Elektronen enthalten sein können. So kommt Stoner dazu, die 6 Elektronen in der abgeschlossenen Untergruppe mit $l = 1$ ($k = 2$) in $2 + 4$, die maximal 10 Elektronen für $= 2$ ($k = 3$) in $4 + 6$, die maximal 14 Elektronen für $l = 3$ ($k = 4$) in $6 + 8$ zu unterteilen usw. Zum gleichen Resultat ist unabhängig auch Main Smith auf Grund chemischer Tatsachen gelangt. Diese letztere Formulierung ist indessen, wie wir heute auf Grund der Vorstellung des Magnetelektrons wissen, nur in dem Umfang zutreffend, in welchem die Einführung einer Quantenzahl j als resultierendes Impulsmoment aus Eigenmoment und Bahnmoment eines einzigen Elektrons in einem Atom sinnvoll möglich ist (vgl. vorigen Abschnitt).

Wichtiger als die Unterteilung der Untergruppen ist die Stonersche Feststellung der Übereinstimmung der maximalen Elektronenzahl einer zu bestimmten Quantenzahlen n, l gehörigen Untergruppe mit der gesamten Anzahl der zu diesen Werten der Quantenzahlen gehörigen Zustände eines Elektrons in einem äußeren Felde. Dies legt folgende Verallgemeinerung der Stonerschen Ergebnisse nahe, die auch Aussagen über die möglichen Zustände von nicht völlig abgeschlossenen Schalen enthält und sich bisher bei der Deutung komplizierter Spektren stets bewährt hat[1]. Man denke

---

[1] W. Pauli jr. Zeitschr. f. Phys. **31**, 765, 1925.

sich ein äußeres Magnetfeld angelegt, welches so stark ist, daß die Quantelung eines jeden Elektrons, mit p bezeichnet, durch die vier Quantenzahlen $n^{(p)}$, $l^{(p)}$, $m_l^{(p)}$, $m_s^{(p)}$ in ihr Recht tritt. Dann soll es niemals vorkommen können, daß für zwei Elektronen im Atom die Werte aller vier Quantenzahlen die gleichen sind; oder, was dasselbe ist, ein durch die Werte von $n^{(p)}$, $l^{(p)}$, $m_l^{(p)}$, $m_s^{(p)}$ gekennzeichneter Zustand im Atom ist bereits durch ein einziges Elektron „besetzt". Man kann diesen Satz auch als „Verbot äquivalenter Elektronen" oder kurz als „Ausschließungsregel" bezeichnen. Kennt man die Zustände im Felde, so kann man daraus leicht durch Ordnen der Werte von $m = \sum_p m_l^{(p)} + m_s^{(p)}$, in Reihen gemäß (10) auch die Zahl und j-Werte der Zustände des Atoms bei Abwesenheit des Feldes ermitteln. Es ist klar, daß das Stonersche Resultat hierin als Spezialfall enthalten ist, denn wenn mehr Elektronen mit bestimmten Werten von $n^{(p)}$, $l^{(p)}$ vorhanden wären, als die Zahl der zugehörigen Teilzustände $n^{(p)}$, $l^{(p)}$, $m_l^{(p)}$, $m_s^{(p)}$ beträgt, so müßte offenbar mindestens ein Teilzustand doppelt besetzt sein.

Wir wollen hier auf die Anwendungen dieser Regel auf kompliziertere Schalen [1]) nicht eingehen und nur zwei einfache Folgerungen aus ihr erwähnen. Die eine betrifft den Fall, daß aus einer abgeschlossenen (n, l)-Untergruppe ein Elektron entfernt ist. Durch Angabe eines einzigen unbesetzten Zustandes $n^{(p)}$, $l^{(p)}$, $m_l^{(p)}$, $m_s^{(p)}$ sind dann die Zustände der übrigen Elektronen völlig bestimmt. Daraus ist leicht zu entnehmen, daß die Zahl und j-Werte einer solchen Untergruppe, in der nur ein Elektron fehlt, mit denen der Zustände eines Elektrons übereinstimmen müssen. Dies ist es auch gerade, was wir von den Röntgen- und Alkalispektren her wissen.

Die zweite Folgerung betrifft die Erdalkalispektren. Betrachten wir den Sonderfall, daß nicht nur das erste Valenzelektron sich in einem s-Term $l^{(1)} = 0$ befindet, sondern das zweite Valenzelektron ebenfalls, $l^{(2)} = 0$, und daß dieses außerdem noch dieselbe Hauptquantenzahl besitzt wie das erste, so ist gemäß der Ausschließungsregel, da hier ja $m_l^{(1)} = m_l^{(2)} = 0$ ist, nur der einzige Zustand möglich:

$$m_s^{(1)} = +\,^1/_2, \quad m_s^{(2)} = -\,^1/_2, \quad \text{also} \quad m = 0.$$

Vertauschung der m_s-Werte der beiden Elektronen liefert hier nichts Neues, da die Elektronen sich hier nicht mehr durch die Hauptquantenzahl unterscheiden, und $m_s^{(1)} = m_s^{(2)} = \pm\,^1/_2$ ist hier ja verboten. Dies bedeutet aber einen Term mit $j = 0$, $l = 0$, $s = 0$, d. h. einen Singulett-S-Term. In der Tat hat sich gezeigt, daß die Folge der Triplett-S-Terme bei den Erdalkalien und im Heliumspektrum stets mit einer Hauptquantenzahl beginnt, die um 1 größer ist als die Hauptquantenzahl des den Singulett-S-Termen angehörenden Normalzustandes des Atoms.

---

[1]) Vgl. hierzu das Buch von F. Hund, Linienspektren und periodisches System der Elemente. Berlin 1927.

Durch Hinzunahme der Ausschließungsregel zu den im vorigen Abschnitt geschilderten, auf der Vorstellung des Magnetelektrons basierenden Methoden ist man imstande, die Anzahl sowie die Werte der Quantenzahlen der Terme eines komplizierten Atoms und bis zu einem gewissen Grade auch ihre Anordnung zu überschauen. Aber der eigentliche physikalische Sinn der Ausschließungsregel ist noch nicht geklärt. Wie in § 20 näher ausgeführt wird, steht zwar die Quantenmechanik in keinerlei Widerspruch zur Ausschließungsregel und hat auch dazu geführt, sie für Moleküle oder auch für die Elektronen in den Atomgittern des festen Zustandes zu verallgemeinern, indem diese Regel weniger für das Kernatom als vielmehr für die Elektronen als charakteristisch angesehen wird. Zu einer befriedigenden theoretischen Begründung der Ausschließungsregel reicht jedoch die heutige Form der Quantenmechanik noch nicht aus.

II. Über die neuere Quantenmechanik.

§ 16. Die de Broglieschen Materiewellen. Bereits am Schluß des Kap. XXVII wurde erwähnt, daß zu dem eigentümlichen Zusammenbestehen von korpuskularen und wellenmäßigen Eigenschaften, das wir bei der Lichtstrahlung kennengelernt haben, bei der Materie ein Gegenstück existiert. Um dieses zu erläutern, gehen wir aus von einer von Duane[1]) herrührenden Formulierung der Theorie der Beugung des Lichtes, die auf der Lichtquantenvorstellung basiert.

Betrachten wir der Einfachheit halber ein ebenes Gitter, das aus parallelen Strichen mit dem Abstand a besteht, und denken wir uns monochromatisches Licht senkrecht auf die Gitterstriche, aber unter einem beliebigen Winkel ϑ gegen die Gitterebene auffallend. Ist ϑ' der Winkel der Austrittsrichtung des Lichtes gegen die Gitterebene, so wird (im Grenzfall einer unendlich großen Anzahl der Gitterstriche) nach der Wellentheorie nur in solchen Richtungen Licht von merklicher Intensität austreten, wo der Gangunterschied der von aufeinanderfolgenden Strichen ausgehenden Wellen ein ganzes Vielfaches der Wellenlänge λ beträgt. Dieser ist aber gegeben durch $a \cos \vartheta - a \cos \vartheta'$, so daß wir erhalten:

$$a\,(\cos \vartheta - \cos \vartheta') = n\,\lambda \quad \ldots \ldots \ldots \ldots \quad (1)$$

Wenn wir versuchen, dieses Resultat vom Standpunkt der Lichtquantenauffassung zu deuten, so wird natürlich das Verhalten eines Lichtquants durch die ganze, ausgedehnte Anordnung der Gitterstriche bestimmt sein müssen, unabhängig davon, ob etwa diese Gitterstriche von Lichtquanten bereits getroffen sind oder nicht; denn die Beugungserscheinung ist unabhängig von der Lichtintensität. Wie Duane bemerkt hat, kann man aber die einschränkende Bedingung, die gemäß (1) der Reflexion eines Lichtquants auferlegt wird, in Analogie zu den Bedingungen zur Festlegung stationärer

---

[1]) W. Duane, Proc. Nat. Acad. Amer. **9**, 159, 1923. Die Theorie ist weiter ausgeführt bei A. H. Compton, ebenda **9**, 359, 1923 und P. Epstein und P. Ehrenfest, ebenda **10**, 133, 1924.

Zustände formulieren, wenn man den Rückstoß ins Auge faßt, den das Gitter bei der Reflexion eines Lichtquants erfährt. Legen wir die x-Richtung in die Gitterebene senkrecht zu den Strichen, so führt eine Verschiebung des Gitters in dieser Richtung um den Betrag a das Gitter in sich über. Es liegt daher nahe, die x-Koordinate als einer zyklischen Winkelkoordinate analog zu behandeln, nur daß hier die Periode a an die Stelle der Periode 2π tritt. Ist dann $\varDelta p_x$ die Komponente der Änderung des Impulses des Gitters in der x-Richtung, so wird sie der „Zustandsbedingung"

$$\int_0^a \varDelta p_x\, dq = \varDelta p_x . a = n h \cdot \cdot \cdot \cdot \cdot \cdot \cdot \cdot \cdot \cdot (2)$$

genügen müssen. Da ferner nach den Erhaltungssätzen die Impulsänderung des Lichtquants der des Gitters entgegengesetzt gleich ist, muß dann eine Zustandsbedingung der Form (2) auch für die möglichen Änderungen der Komponenten des Lichtquantimpulses in der x-Richtung bei der Reflexion am Gitter gelten. Da offenbar die letzteren durch

$$\varDelta p_x = \frac{h\nu}{c}\,(\cos\vartheta - \cos\vartheta')$$

gegeben sind (wegen der großen Masse des Gitters ist die Frequenzänderung des Lichtquants zu vernachlässigen) und da $\lambda = \dfrac{c}{\nu}$, ist in der Tat (2) mit (1) gleichbedeutend.

Gegen die Zwangsläufigkeit der Begründung von (2) lassen sich allerdings Bedenken erheben, aber es kommt uns hier mehr darauf an, daß diese Bedingung tatsächlich Geltung hat und daß sie nach der Duaneschen Auffassung in der Periodizität des Gitters, nicht aber in der des Lichtes ihren Grund hat. Wenn die Übereinstimmung zwischen der Relation (2) der Korpuskulartheorie und der Relation (1) der Wellentheorie des Lichtes mehr als ein bloßer Zufall sein soll, muß daher (2) auch bei der Reflexion eines materiellen Teilchens am Gitter gültig sein[1]). Ist die Masse des reflektierten Teilchens klein gegen die des Gitters (bzw. der Gitteratome), so daß seine Energieänderung bei der Reflexion vernachlässigt werden kann und bedeutet p den Absolutbetrag seines Impulses, so ergibt (2)

$$a p\,(\cos\vartheta - \cos\vartheta') = n h,$$

und dies stimmt mit (1) überein, wenn wir setzen

$$\lambda = \frac{h}{p} = \frac{h}{m v} \cdot \cdot \cdot \cdot \cdot \cdot \cdot \cdot \cdot \cdot \cdot \cdot \cdot \cdot \cdot (\mathrm{I})$$

wenn m die Masse, v die Geschwindigkeit des Teilchens bedeutet. (Für kleine Geschwindigkeiten kann natürlich m der Ruhmasse m_0 gleichgesetzt werden, genauer gilt gemäß der Relativitätstheorie $m = \dfrac{m_0}{\sqrt{1 - v^2/c^2}} \cdot$) Es müssen

---

[1]) Dieser Gedankengang findet sich bei P. Jordan, Zeitschr. f. Phys. **37**, 376, 1926.

sich also nach dieser Theorie materielle Teilchen, die mit der Geschwindigkeit v bewegt sind, hinsichtlich der Beugung an einem Gitter wie Wellen mit der durch (I) gegebenen Wellenlänge λ verhalten. Die Entdeckung der undulatorischen Eigenschaften der Materie sowie des quantitativen Zusammenhanges (I) zwischen Wellenlänge und Bewegungsgröße rührt von de Broglie[1]) her, der auf Grund allgemeiner Betrachtungen über die Gesetzmäßigkeiten des Verhaltens von Wellen und Korpuskeln hierauf geführt wurde. Auf seine weiteren grundlegenden Resultate über die Interpretation der Zustandsbedingungen mittels dieser Wellen und über ihre Frequenz und Phasengeschwindigkeit werden wir sogleich noch zu sprechen kommen.

Was die praktischen Möglichkeiten des Nachweises der Beugung der de Broglieschen Wellen betrifft, so liegen die Verhältnisse hierfür natürlich um so günstiger, je größer die Wellenlänge ist. Zwar ist diese bei der Teilchengeschwindigkeit Null unendlich groß, aber bei Elektronen ($m_0 = 9,0 \cdot 10^{-28}\,g$) mit $v = 5,94 \cdot 10^7\,\mathrm{cm\ sec^{-1}}$, was 1 Volt entspricht, hat sie bereits den Wert $\lambda = 1,23 \cdot 10^{-7}\,cm$, also von der Größenordnung der Wellenlängen der Röntgenstrahlen. Bei anderen materiellen Teilchen ist die Wellenlänge bei gleicher Geschwindigkeit gemäß (I) infolge ihrer größeren Masse entsprechend kleiner. Es ist aber zu erwarten, daß bei den de Broglieschen Wellen dieselben experimentellen Methoden zur Wellenlängenbestimmung zum Ziele führen werden, wie bei den Röntgenstrahlen. So ist bei Reflexion von Wellen mit der Wellenlänge λ an einem Raumgitter, wie sie in den Kristallen vorliegen, für Netzebenen mit dem Abstand d nur für Winkel ϑ zwischen einfallendem Strahl und Netzebene, die der Braggschen Beziehung

$$2\,d\,\sin\vartheta = n\,\lambda \quad\cdots\cdots\cdots\cdots\cdots\cdots \quad (3)$$

genügen, (reguläre) Reflexion zu erwarten. [Überdies kann diese Beziehung ebenso wie (1) nach Duane auf Grund der Korpuskularvorstellung mittels der Verallgemeinerung der Quantenbedingung (2) für das Raumgitter abgeleitet werden.] Neuere Experimente von Davisson und Germer[2]) über die Reflexion von Elektronen an einem Nickel-Einkristall haben diese Erwartung innerhalb der Versuchsgenauigkeit durchaus bestätigt und auch Übereinstimmung der Wellenlänge mit der nach (I) berechneten ergeben, so daß der experimentelle Nachweis der Beugung und Interferenz von materiellen Strahlen hiermit wohl als erbracht gelten kann.

Bereits an der Übereinstimmung von (1) und (2) haben wir gesehen, daß eine Bedingung zur Festlegung stationärer Zustände, die verlangt, daß ein gewisses Wirkungsintegral ein ganzes Vielfaches von h ist, gleichbedeutend ist mit einer wellentheoretischen Forderung, daß ein gewisser Gangunterschied gleich ist einer ganzen Zahl von Wellen. Wie de Broglie gezeigt hat, gilt dies für seine Materiewellen ganz allgemein. Betrachten wir zunächst als Beispiel einen Massenpunkt mit der Masse m, der sich zwischen zwei zu

---

[1]) L. de Broglie, Ann. de phys. 3, 22, 1925.
[2]) C. Davisson und L. H. Germer, Nature 119, 558, 1927.

seiner Bahn senkrechten Wänden mit dem Abstand l kräftefrei hin und her bewegt und von diesen reflektiert wird. Die Zustandsbedingung verlangt dann, daß

$$\oint p\,dq = 2\,p\,l = n\,h.$$

Dies ist aber gleichbedeutend damit, daß eine ganze Zahl von Knoten (oder Wellentälern), die im Abstand $\lambda/2$ aufeinanderfolgen, zwischen den Wänden Platz findet. Denn gemäß (I) geht die eben angeschriebene Gleichung über in

$$l = \frac{\lambda}{2}\,n.$$

Um diese Deutung der Zustandsbedingung für beliebige Systeme zu verallgemeinern, müssen Annahmen darüber eingeführt werden, wie bei diesen die Wellenlänge der Materiewellen vom Orte abhängt. Hat man ein einziges Teilchen unter dem Einfluß eines Kraftfeldes, das durch eine in vorgegebener Weise vom Orte abhängige potentielle Energie $V(x, y, z)$ charakterisiert werden kann, so gilt in der klassischen Mechanik unter Vernachlässigung der Relativitätskorrektion für den Absolutbetrag p des Impulses

$$p = \sqrt{2\,m\,(E - V)} \quad \cdots \cdots \cdots \cdots \cdots \quad (4)$$

wenn E die längs der Bahn des Teilchens konstante Energie bedeutet. De Broglie nimmt nun an, daß mit Beibehaltung dieser Ortsabhängigkeit von p die Grundgleichung (I) für die Wellenlänge auch hier bestehen bleibt, so daß diese dann auch die Ortsabhängigkeit von λ wiedergibt. Er zeigte sodann, daß die unter Zugrundelegung dieser Ortsfunktion λ auf Grund der Gesetze der geometrischen Optik (nicht der Wellenoptik) konstruierten Strahlen mit den Teilchenbahnen der klassischen Mechanik genau übereinstimmen.

Die Gesetze der geometrischen Optik werden am einfachsten in Form des Fermatschen Prinzips eingeführt, welches besagt, daß zwischen zwei vorgegebenen Endpunkten der wirkliche Strahl dadurch ausgezeichnet ist, daß die Zahl der Wellen zwischen diesen Punkten beim Übergang vom wirklichen Strahl zu einem Nachbarstrahl stationär bleibt. Da die Wellenzahl durch

$$\int_{P_1}^{P_2} \frac{ds}{\lambda}$$

gegeben ist, wenn ds das Bogenelement ist, bedeutet dies, daß die Variation dieses Integrals bei festen Endpunkten verschwindet:

$$\delta \int_{P_1}^{P_2} \frac{ds}{\lambda} = 0.$$

Setzt man für λ den aus (I) und (4) folgenden Ausdruck ein, so folgt unter Weglassung des konstanten Faktors $\sqrt{2\,m}/h$

$$\delta \int_{P_1}^{P_2} \sqrt{(E - V)}\,ds = 0,$$

und von diesem Wirkungsprinzip ist es bekannt, daß es zu denselben Bahnformen führt wie die mechanischen Bewegungsgleichungen.

Betrachten wir nun die Zustandsbedingung der Quantentheorie der Periodizitätssysteme für ein rein periodisches System, wie es z. B. im Wasserstoffatom realisiert ist, in ihrer Beziehung zu den Materiewellen. Diese Bedingung lautet:

$$\oint (p_x\,dx + p_y\,dy + p_z\,dz) = nh \qquad\cdots\cdots\cdots\cdots (5)$$

wobei über den ganzen Bahnumlauf zu integrieren ist. Da der Impulsvektor mit den Komponenten p_x, p_y, p_z parallel der Bahntangente ist, kann diese Bedingung auch geschrieben werden

$$\oint p\,ds = nh,$$

wenn p wieder den Betrag des Impulses, ds das Bogenelement der Bahn bedeutet. (Dies gilt auch bei Berücksichtigung der Relativitätskorrektion, falls nur die Bahn rein periodisch ist.) Drücken wir gemäß (I) den Impuls p durch die Wellenlänge λ aus, so erhalten wir hieraus

$$\oint \frac{ds}{\lambda} = n \qquad\cdots\cdots\cdots\cdots\cdots\cdots (6)$$

Das Wirkungsquantum h hat sich herausgehoben bzw. es steckt implizite in der Wellenlänge λ. Die Quantenbedingung ist also damit gleichbedeutend, daß eine ganze Zahl von Wellen auf den geschlossenen Strahl des betrachteten periodischen Systems zu liegen kommt. Ähnliches gilt, wie de Broglie gleichfalls gezeigt hat, für mehrfach periodische Systeme, wenn man (5) beim Umlauf über jede „Quasiperiode" des Systems fordert. Doch soll hierauf nicht näher eingegangen werden, denn wie im folgenden Abschnitt dargelegt werden soll, stellt sowohl die Strahlenoptik als auch die Quantentheorie der Periodizitätssysteme gegenüber der eigentlichen Quantenmechanik nur eine erste Annäherung dar.

Wir haben bisher noch gar nicht vom zeitlichen Ablauf der de Broglieschen Wellen gesprochen, sondern nur von ihrem räumlichen Verlauf. Der erstere wird beschrieben durch Schwingungszahl ν und Phasengeschwindigkeit U, die mit der Wellenlänge λ durch die Gleichung

$$U = \lambda \nu \qquad\cdots\cdots\cdots\cdots\cdots\cdots (7)$$

verknüpft sind. Fassen wir zunächst den kräftefreien Fall ins Auge, wo λ nicht vom Orte abhängt. Wenn U von λ abhängig ist, muß von der Phasengeschwindigkeit U eine Gruppen- oder Signalgeschwindigkeit W unterschieden werden, welche die Bedeutung hat, daß lokale Erregungen, die als Übereinanderlagerung von Wellen mit nahe benachbarten Werten von λ (und ν) dargestellt werden können, sich mit dieser Gruppengeschwindigkeit fortpflanzen[1]). Als allgemeine Folge des Superpositionsprinzips der Wellen ist

---

1) Vgl. Bd. I dieses Lehrbuches.

unter Einführung des Buchstabens k für die Wellenzahl, das ist die reziproke Wellenlänge:

$$k = 1/\lambda \quad\cdots\cdots\cdots\cdots\cdots\quad (8)$$

diese Gruppengeschwindigkeit W gegeben durch

$$W = \frac{d\nu}{dk} \quad\cdots\cdots\cdots\cdots\cdots\quad (9)$$

Für den Fall, daß U von λ unabhängig ist, wird wegen $\nu = kU$ speziell $U = W$.

    Um den Anschluß an den zeitlichen Ablauf der Bewegung eines Korpuskels zu erreichen, ist es nun naturgemäß anzunehmen, daß (zunächst für den kräftefreien Fall) die Gruppengeschwindigkeit W mit der Teilchengeschwindigkeit v übereinstimmt. Zwar ist es nicht möglich, durch Übereinanderlagerung ebener Wellen benachbarter Schwingungszahlen einen Zustand zu erhalten, bei dem die Erregung dauernd auf ein Raumstück kleiner Dimension begrenzt bleibt. Aber wir müssen (auch wenn der Zusammenhang des Verhaltens der Korpuskeln mit dem Wellenfeld nur als ein statistischer betrachtet wird, vgl. unten § 19) jedenfalls verlangen, daß sich ein solches „Wellenpaket" wenigstens während einer hinreichend kurzen Zeit so fortbewegt wie eine Korpuskel. Wir verlangen also

$$W = \frac{d\nu}{dk} = v \quad\cdots\cdots\cdots\cdots\cdots\quad (10)$$

Andererseits hängen Energie E des Partikels und sein Impuls p, die beide Funktionen seiner Geschwindigkeit v sind, mit dieser durch die Gleichung

$$dE = v\,dp \quad \text{oder} \quad \frac{dE}{dp} = v \quad\cdots\cdots\cdots\cdots\quad (11)$$

zusammen. Diese Gleichung gilt sowohl in der klassischen wie in der relativistischen Mechanik, denn sie drückt nur den Energiesatz aus. Nach (I) ist nun

$$p = hk,$$

also folgt aus (10) und (11)

$$\frac{d\nu}{dk} = h\frac{d\nu}{dp} = v = \frac{dE}{dp} \quad \text{oder} \quad [h\frac{d\nu}{dE} = 1,$$

das heißt bis auf eine unbestimmt bleibende additive Konstante, die wir zunächst in die Energie E mit einbezogen denken:

$$h\nu = E, \quad \nu = E/h \quad\cdots\cdots\cdots\cdots\quad (\text{II})$$

    Die Relativitätstheorie gestattet, diese additive Konstante zu bestimmen. Sie verlangt, daß die Phase der de Broglieschen Wellen unabhängig vom Bezugssystem ist, und dies erweist sich nur dann als erfüllt, wenn in (II) die Energie gemäß dem Satz von der Trägheit der Energie normiert wird, so daß einem ruhenden Massenteilchen die Energie $E = m_0 c^2$ und demnach die Frequenz

$$\nu_0 = \frac{m_0 c^2}{h} \quad\cdots\cdots\cdots\cdots\cdots\quad (12)$$

zugeordnet wird. Allgemein ist nach der Relativitätstheorie

$$E = m c^2, \quad p = m v \text{ mit } m = \frac{m_0}{\sqrt{1 - v^2/c^2}},$$

so daß die Phasengeschwindigkeit U, die gemäß (7), (I) und (II) gegeben ist durch

$$U = \frac{v}{k} = \frac{E}{p} \quad \cdots \cdots \cdots \cdots \cdots \quad (7\,\mathrm{a})$$

den Wert erhält

$$U = c^2/v \quad \cdots \cdots \cdots \cdots \cdots \cdots \quad (13)$$

Sie ist für ein ruhendes Teilchen unendlich groß und stets größer als die Lichtgeschwindigkeit, im Gegensatz zur Gruppengeschwindigkeit, die ja mit v übereinstimmt. Da die Schwingungszahl v längs eines Strahles im Gegensatz zur Wellenlänge nicht variieren kann, ist es überdies erlaubt, die Relation (II) auch im Falle eines Kräftepotentials als gültig anzunehmen.

Der Nachweis, daß die Relativitätstheorie die Normierung der additiven Konstante in (II) gemäß (12) fordert, kann am einfachsten folgendermaßen erbracht werden. Allgemein ist die Wellenphase φ einer ebenen, in der x-Richtung fortschreitenden Welle gegeben durch

$$\varphi = 2\,\pi\,(\nu\,t - k\,x).$$

Diese Phase muß vom Bezugssystem unabhängig sein. In demjenigen Bezugssystem (x', t'), wo das Teilchen ruht, ist nach (I) $\lambda = \infty$, d. h. $k = 0$, also

$$\varphi = 2\,\pi\,\nu_0\,t'.$$

Gemäß der Lorentztransformation gilt

$$t' = \frac{t - v/c^2\,x}{\sqrt{1 - v^2/c^2}},$$

also wird

$$\varphi = 2\,\pi\left(\frac{\nu_0}{\sqrt{1 - v^2/c^2}}\,t - \frac{\nu_0\,v/c^2}{\sqrt{1 - v^2/c^2}}\,x\right).$$

Der Koeffizient von x gibt hierin den Wert von k an, der gemäß (II) mit

$$\frac{p}{h} = \frac{m_0}{h}\frac{v}{\sqrt{1 - v^2/c^2}}$$

übereinstimmen muß. Diese Übereinstimmung findet nur dann statt, wenn

$$\frac{\nu_0}{c^2} = \frac{m_0}{h} \quad \text{oder} \quad \nu_0 = \frac{m_0\,c^2}{h}$$

gesetzt wird, wie es (12) verlangt. Zugleich ergibt dann der Koeffizient von t

$$\nu = \frac{\nu_0}{\sqrt{1 - v^2/c^2}} = \frac{1}{h}\frac{m_0\,c^2}{\sqrt{1 - v^2/c^2}} = \frac{E}{h}$$

in Übereinstimmung mit (I). So ergibt sich auch umgekehrt die Gleichung (10) als eine Folge aus (II) und dem Relativitätsprinzip.

Die Form der Gleichung (II) läßt einfache Beziehungen zur Bohrschen Frequenzbedingung für die Lichtemission erwarten. Es ist aber zu betonen, daß es noch nicht sicher ist, wieweit den Schwingungszahlen $\nu = E/h$, insbesondere der durch (12) bestimmten, zum ruhenden Elektron gehörenden

Schwingungszahl v_0 ein realer physikalischer Vorgang entspricht[1]). Die endgültige Klärung dürfte hier erst eine tiefergehende (den Forderungen des Relativitätsprinzips genügende) Quantentheorie des Elektrons und Protons bringen, die wir heute noch nicht besitzen.

§ 17. Schrödingers Eigenfunktionen. Anwendung auf Atome mit einem Elektron.

Einen wesentlichen Schritt über de Broglie hinaus ging Schrödinger[2]), indem er den Standpunkt der geometrischen Optik durch den der Wellenoptik ersetzte. Für den kräftefreien Fall (Wellenlänge unabhängig vom Orte) hat dies zwar keinen Unterschied zur Folge, wenn wir nur unendlich ausgedehnte ebene Wellen betrachten. Bei diesen ist die Amplitude ψ der Wellen nach de Broglie gegeben durch

$$\psi = A \cos 2\pi [vt - (\mathfrak{k}\mathfrak{r}) + \delta] \quad\ldots\ldots\ldots \quad (14)$$

wenn $\mathfrak{k}$ einen Vektor in Richtung der Fortpflanzung der Welle mit dem Betrage $k = 1/\lambda$, A und δ willkürliche Amplituden und Phasenkonstanten und $\mathfrak{r}$ den Vektor vom Koordinatenursprung zum Aufpunkt mit den Komponenten x, y, z bedeuten. Gemäß (I) und (II) sind v und $\mathfrak{k}$ gleich der Energie E bzw. dem Impulsvektor $\mathfrak{p}$ dividiert durch das Wirkungsquantum h. Für einen Massenpunkt mit der Ruhmasse m_0 besteht aber, wie man durch Elimination von v aus

$$E = \frac{m_0 c^2}{\sqrt{1 - v^2/c^2}}, \qquad \mathfrak{p} = \frac{m_0 \mathfrak{v}}{\sqrt{1 - v^2/c^2}}$$

erkennt, die Beziehung

$$\mathfrak{p}^2 - E^2/c^2 + m_0^2 c^2 = 0;$$

also gilt für $\mathfrak{k}$ und v die entsprechende Beziehung

$$\mathfrak{k}^2 - \frac{v^2}{c^2} + \frac{m_0^2 c^2}{h^2} = 0 \quad\ldots\ldots\ldots\ldots \quad (15)$$

die als Dispersionsgesetz der de Broglieschen Wellen aufgefaßt werden kann.

Bereits im kräftefreien Falle unterscheiden sich aber die Wellenoptik und die Strahlenoptik hinsichtlich der Aussagen über die allgemeinsten möglichen Wellenfunktionen ψ. Die erstere sagt aus, daß diese allgemeinste Funktion ψ stets durch Übereinanderlagerung von ebenen Wellen verschiedener Fortpflanzungsrichtung und Frequenz aufgefaßt werden kann [wobei für jede ebene Partialwelle die Relation (15) zu Recht besteht]. Es ist dies das sogenannte Superpositionsprinzip der Wellen. Dieses ist gleichbedeutend mit dem Bestehen einer linearen Differentialgleichung für die Wellen-

---

[1]) F. London, Naturw. 15, 15, 1927 und J. C. Slater, Nature 117, 587, 1926 haben vorgeschlagen, die durch (12) bestimmte Periode beim ruhenden Elektron mit einer Rotation desselben in Zusammenhang zu bringen, die zu dessen Eigenmoment (vgl. Nachtrag I) Anlaß geben soll. Es ist aber bisher noch nicht gelungen, aus dieser Auffassung weitere verwertbare Konsequenzen zu ziehen.

[2]) Die Arbeiten Schrödingers sind in den Ann. d. Phys. 1926 erschienen und unter dem Titel „Abhandlungen zur Wellenmechanik" (im folgenden zitiert als „Abh. z. W."), Leipzig 1927, in Buchform zusammengefaßt. Vgl. ferner die Arbeiten von V. Fock, Zeitschr. f. Phys. 38, 242, 1926 und O. Klein, ebenda 37, 895, 1926 sowie den Bericht von L. de Broglie, Journ. de phys. 7, 321, 1926.

funktion ψ. Denn für eine ebene Partialwelle gilt zunächst, wenn $\varDelta$ wie üblich den Operator $\dfrac{\partial^2}{\partial x^2} + \dfrac{\partial^2}{\partial y^2} + \dfrac{\partial^2}{\partial z^2}$ bedeutet, gemäß (14)

$$\varDelta\psi = -4\pi^2\mathfrak{k}^2\psi, \quad . \ \frac{\partial^2\psi}{\partial t^2} = -4\pi^2\nu^2\psi,$$

also besteht zufolge (15) für eine solche ebene Welle die Relation

$$-\varDelta\psi + \frac{1}{c^2}\frac{\partial^2\psi}{\partial t^2} + \frac{4\pi^2 m_0^2 c^2}{h^2}\,\psi = 0 \ . \ . \ . \ . \ . \ . \ . \ (16)$$

Da dies eine lineare Differentialgleichung ist, genügen dieser Gleichung auch alle Funktionen ψ, die als Summe von ebenen Partialwellen, die der Gleichung (15) genügen, dargestellt werden können.

Die Folgerungen, die man hieraus für die allgemeine Form der Lösung ψ zieht, sind von denen der geometrischen Optik verschieden. Letztere läßt scharf begrenzte und beliebig enge Strahlenbündel zu, nicht aber die Wellenoptik. Gemäß dieser tritt an „schattenwerfenden" Gegenständen stets eine Beugung auf und vor allem läßt die Gleichung (16) keine Lösung zu, bei der die Erregung ψ dauernd auf einen hinreichend engen Raum (etwa von der Größenordnung der Dimensionen des Elektrons) begrenzt bleibt. Es scheint schon aus diesem Grunde kaum möglich, die im folgenden darzustellende Theorie als „Kontinuumsphysik" oder „Feldphysik" im alten Sinne zu deuten, d. h. so, als ob es nun wieder möglich geworden wäre, in prinzipiell derselben Weise wie in der klassischen Physik das Naturgeschehen durch kontinuierliche Feldfunktionen zu beschreiben. Vielmehr wird die Verknüpfung dieser stetigen Funktionen mit den physikalischen Messungsergebnissen in einer von der klassischen Physik grundsätzlich verschiedenen Weise erfolgen müssen, die wir als „korrespondenzmäßig" oder „statistisch" bezeichnen können. Wir werden hierauf in § 19 noch ausführlicher zurückkommen müssen.

Zunächst mögen die Vereinfachungen besprochen werden, die an der Gleichung (16) eintreten, wenn die Relativitätskorrektion, die von der Abhängigkeit der Masse des der Welle entsprechenden Teilchens von der Geschwindigkeit herrühren, vernachlässigt werden kann, wenn dessen Geschwindigkeit also klein ist gegen die Lichtgeschwindigkeit. Es ist in diesem Falle bequem, erstens als Nullpunkt der Energie ihren Wert für das ruhende Teilchen anzusetzen und zweitens den Übergang von (14) zur komplexen Schreibweise

$$\psi = A\,e^{2\pi i\,[\nu t - (\mathfrak{k}\mathfrak{r}) + \delta]} \ . \ . \ . \ . \ . \ . \ . \ . \ . \ . \ (14')$$

zu vollziehen und von ψ auch den Faktor $e^{2\pi i\,m_0 c^2 t}$ abzuspalten, so daß nunmehr ν für das ruhende Teilchen formal gleich Null zu setzen ist. Da in diesem Falle (15) entsprechend der Relation

$$\mathfrak{p}^2 = 2\,m_0 E$$

übergeht in

$$h^2\mathfrak{k}^2 = 2\,m_0 h\nu \ . \ . \ . \ . \ . \ . \ . \ . \ . \ . \ (15')$$

tritt an Stelle von (16) wegen

$$\frac{\partial \psi}{\partial t} = 2\pi i v \psi$$

die Differentialgleichung

$$-\frac{h^2}{4\pi^2} \Delta\psi = 2 m_0 \frac{h}{2\pi i} \frac{\partial \psi}{\partial t} \cdot \ldots \ldots \ldots \ldots (16')$$

oder für zeitlich monochromatische Wellen

$$-\frac{h^2}{4\pi^2} \Delta\psi = 2 m_0 E \psi \ \cdot \ldots \ldots \ldots \ldots (17)$$

Man hätte diese Gleichung natürlich auch direkt aus (16) ohne den Übergang über (15) gewinnen können. Ferner hätte man in (14') im Exponenten auch i durch $-i$ ersetzen können, dann müßte dies auch in allen folgenden Gleichungen geschehen. Doch soll hier der Einfachheit halber an dem Pluszeichen in (14') festgehalten werden.

Die nächste Frage ist nun die, wie diese Betrachtungen zu verallgemeinern sind für den Fall eines Teilchens in einem äußeren Kraftfeld, das durch die potentielle Energie $V(x, y, z)$ des Teilchens in ihrer Abhängigkeit vom Orte beschrieben wird. Wir vernachlässigen im folgenden die Relativitätskorrektionen durchweg, ferner genügt es zunächst, den Fall einer bestimmten Energie, also zeitlich monochromatischen ψ-Funktion zu betrachten. Der Gedankengang Schrödingers ist dann der folgende: In einem inhomogenen Medium (wo die Wellenlänge vom Orte abhängt) ist die geometrische Optik nur so weit als gültig zu erwarten, als die Abweichung der Strahlen von geraden Linien auf Strecken von der Größenordnung der Wellenlänge gering ist. Für geschlossene Strahlen ist dies (im Durchschnitt) offenbar damit gleichbedeutend, daß die Zahl n der Wellen auf diesen, die gemäß (6) nach de Broglie mit der Quantenzahl n übereinstimmt, groß ist. Wir werden also bei kleinen Quantenzahlen Abweichungen von den Quantenbedingungen der Theorie der Periodizitätssysteme erwarten, auch wird hier der Begriff des „Strahles" und damit auch der der mechanischen Bahn versagen müssen. In inhomogenen Medien gilt nun, unabhängig von der Natur der Wellen, für zeitlich monochromatische Schwingungen in vielen Fällen eine Gleichung der Form

$$\Delta\psi + \left(\frac{2\pi}{\lambda}\right)^2 \psi = 0,$$

was Schrödinger auch für die de Broglieschen Wellen als gültig annimmt. Im Gebiet der geometrischen Optik galt gemäß (I) und (4):

$$\frac{1}{\lambda^2} = \frac{p^2}{h^2} = \frac{1}{h^2} 2 m_0 (E - V).$$

Diesen Wert für die Wellenlänge setzt Schrödinger in die angeschriebene allgemeine Wellengleichung ein und erhält so

$$-\frac{h^2}{4\pi^2} \Delta\psi = 2 m_0 [E - V(x, y, z)] \psi \cdot \ldots \ldots \ldots (III)$$

Für $V = 0$ geht diese Schrödingersche Gleichung in die Gleichung (17) des kräftefreien Falles über. Ferner läßt sich auf Grund des allgemeinen Zusammenhanges von Wellenoptik und geometrischer Optik in der Tat zeigen, daß im Grenzfall von auf Strecken von der Ordnung der Wellenlänge schwach gekrümmten Strahlen (großen Quantenzahlen) die Wellennormalen der Lösungen von (III) mit den auf Grund des Fermatschen Prinzips konstruierten Strahlen übereinstimmen. Doch würde es uns zu weit führen, hierauf näher einzugehen.

Hier müssen wir nun betonen, daß die Schrödingersche Herleitung seiner Gleichung vom Standpunkt einer „Kontinuumsphysik" oder „Wellentheorie" im gewöhnlichen Sinne ganz inkonsequent erscheinen muß. Denn von diesem Standpunkt aus ist es gar nicht einzusehen, warum der angegebene Ausdruck für die Wellenlänge außerhalb des Geltungsbereiches der geometrischen Optik noch richtig bleiben soll. Die Gleichung (III) enthält vielmehr implizite sowohl den Wellenbegriff als auch den Korpuskelbegriff, letzteren in Gestalt der potentiellen Energie V eines Massenpunktes (für die wir, wie sogleich zu zeigen sein wird, beim Wasserstoffatom die Coulombsche Energie zwischen den Punktladungen Kern und Elektron werden einsetzen müssen). Gerade auf dieser Verquickung von „Korpuskular"- und „Wellenauffassung" scheint uns der Wahrheitsgehalt und die große Fruchtbarkeit der Schrödingerschen Gleichung zu beruhen.

Bevor wir aus der Schrödingerschen Gleichung weitere Folgerungen ziehen, sei hier noch eine formale Zwischenbemerkung eingeschaltet. Für zeitlich nichtmonochromatische Wellen werden wir, ganz analog dem Übergang von (17) zu (16'), in (III) $E\psi$ zu ersetzen haben durch $\dfrac{h}{2\pi i}\dfrac{\partial \psi}{\partial t}$, und wir werden schreiben können:

$$-\frac{h^2}{4\pi^2}\frac{1}{2m_0}\,\varDelta\psi + V\psi = \frac{h}{2\pi i}\frac{\partial \psi}{\partial t} \quad\cdots\cdots\quad (18)$$

Vergleichen wir dies mit dem Energiesatz

$$H(p_x, p_y, p_z, x, y, z) = E$$

der klassischen Mechanik, worin H die Hamiltonsche Funktion

$$H = \frac{1}{2m_0}(p_x^2 + p_y^2 + p_z^2) + V(x, y, z)$$

bedeutet, so sehen wir, daß (18) aus dem Energiesatz der klassischen Mechanik formal dadurch entsteht, daß wir in der Hamiltonschen Funktion die Impulse p_x, p_y, p_z durch die Differentialoperatoren $\dfrac{h}{2\pi i}\dfrac{\partial}{\partial x}, \dfrac{h}{2\pi i}\dfrac{\partial}{\partial y}, \dfrac{h}{2\pi i}\dfrac{\partial}{\partial z}$, ferner E durch $\dfrac{h}{2\pi i}\dfrac{\partial}{\partial t}$ ersetzen, während x, y, z bzw. $f(x, y, z)$ einfach Multiplikation mit diesen Variablen bzw. ihrer Funktion f bedeuten soll, und den so entstehenden Operator H auf die Funktion ψ anwenden:

$$H\Big(\frac{h}{2\pi i}\frac{\partial}{\partial x}, \frac{h}{2\pi i}\frac{\partial}{\partial y}, \frac{h}{2\pi i}\frac{\partial}{\partial z}, x, y, z\Big)\cdot\psi = \frac{h}{2\pi i}\frac{\partial}{\partial t}\psi \quad\cdots\quad (18')$$

Das Quadrat des Operators $\dfrac{h}{2\pi i}\dfrac{\partial}{\partial x}$ z. B. bedeutet nämlich seine zweimalige Anwendung, also hier $-\dfrac{h^2}{4\pi^2}\dfrac{\partial^2}{\partial x^2}$, wie es (18) verlangt.

Von den weiteren Folgerungen aus der Differentialgleichung (III) ist die wichtigste, daß diese Gleichung besondere Quantenbedingungen überflüssig macht. Die Forderung, daß die Lösung ψ überall regulär und im Unendlichen beschränkt sein soll, ist nämlich im allgemeinen gar nicht für beliebige Werte des Parameters E erfüllbar, sondern nur für gewisse Werte von E, die Eigenwerte, welche je nach der Gestalt von $V(x, y, z)$ eine diskrete Zahlenfolge bilden oder teilweise auch kontinuierliche Bereiche erfüllen („Streckenspektrum"). Man kann dies nach Schrödinger durch folgende heuristische Überlegung plausibel machen. Betrachten wir speziell einen einzigen Freiheitsgrad, wo V nur von x abhängt, und $\varDelta \psi$ durch $d^2 \psi / d x^2$ ersetzt werden kann. Für einen Wert von E, wo die klassische Bahn periodisch ist, wird nur für das Werteintervall von x, das von dieser klassischen Bahn durchstrichen wird, $E - V$ positiv sein; für Werte von x außerhalb dieses Intervalls, wo $E - V$ negativ ist, wird die „Wellenlänge" und die „Fortpflanzungsgeschwindigkeit" der Welle gemäß (III) imaginär! Nun hat nur im ersteren Intervall $\varDelta \psi$, d. h. hier $d^2 \psi / d x^2$ gemäß (III) entgegengesetztes Vorzeichen wie ψ, d. h. dort ist die Kurve $\psi(x)$ oberhalb (unterhalb) der Abszissenachse konkav nach unten (oben), und zwar um so mehr, je größer der Absolutbetrag von ψ ist. Außerhalb dieses Intervalls, insbesondere für sehr große Werte von x, hat aber $\varDelta \psi$ gleiches Vorzeichen wie ψ, so daß hier die $\psi(x)$-Kurve um so stärker in der Richtung von der Abszissenachse fort gekrümmt ist, je weiter sie von dieser entfernt ist. Ein solches Verhalten ist einem ständigen Anwachsen von ψ offenbar günstig, und es ist plausibel, daß nur für spezielle Werte von E ein Anwachsen von ψ über alle Grenzen vermieden wird.

Die Formulierung der Quantelung eines Systems als Eigenwertproblem in der neueren Quantenmechanik muß gegenüber der älteren Quantelungsvorschrift der Theorie der Periodizitätssysteme als äußerst wesentlicher Fortschritt angesehen werden. Sie ist auch keineswegs an spezielle Formen der Funktion V der potentiellen Energie gebunden wie diese älteren Methoden. Die Resultate der neueren Quantenmechanik weichen von denen der älteren Theorien in einigen Punkten ab. So ergibt sich beim harmonischen Oszillator das Vorhandensein einer Nullpunktsenergie vom Betrag $\dfrac{h \nu_0}{2}$ pro Freiheitsgrad, und in der Tat scheint das thermische Verhalten der festen Körper (Dampfdruck von Isotopen) für das Vorhandensein einer solchen Nullpunktsenergie zu sprechen. Für das Wasserstoffatom ergeben sich richtig die Balmerterme

$$E_n = - \frac{R h Z^2}{n^2}$$

neben einem kontinuierlichen Termspektrum mit $E > 0$, das den „Hyperbelbahnen" des Elektrons in der klassischen Mechanik entspricht. Dieser Energiewert spaltet bei Hinzufügen eines schwachen nicht - Coulombschen Zentralfeldes in n (nicht in $n + 1$) Teilterme auf, die den Werten $0, 1, \ldots n - 1$ der Azimutalquantenzahl l entsprechen. In einem äußeren axialsymmetrischen Kraftfeld spaltet ferner jeder zu einem Wertepaar (n, l) gehörige Term, in (höchstens) $2l + 1$ Terme auf, die zu den Werten $-l$, $-(l-1)$, ... $(l-1)$, l der Quantenzahl m_l für die Impulskomponente parallel der Feldrichtung gehören. (Vgl. Nachtrag I; das Eigenmoment des Elektrons ist hier noch außer Betracht gelassen.) Der Starkeffekt und der normale Zeemaneffekt folgen auch aus der neuen Quantenmechanik ebenso wie aus der früheren. Erstere hat jedoch den Vorzug, daß in ihr besondere „Pendelbahnverbote" (vgl. Kap. XXIX, § 8) überflüssig sind. Ein Problem, bei dem sich die neue Quantenmechanik der früheren Theorie überlegen gezeigt hat, ist auch das eines Elektrons unter dem Einfluß zweier fester Ladungszentren, wie es im Wasserstoffmolekülion $(H_2{}^+)$ vorliegt. Hier führt die neuere Quantenmechanik zu einem Energiewert für den Normalzustand dieses Ions, welcher der Erfahrung entspricht[1]), während die ältere Quantentheorie völlig versagte.

Es ist noch zu betonen, daß diese Resultate teilweise bereits vor Erscheinen der Schrödingerschen Arbeiten auf Grund der historisch etwas älteren, von Heisenberg herrührenden Formulierung der Quantenmechanik mittels der Matrizenmethode abgeleitet wurden. Diese soll im folgenden Abschnitt besprochen werden. Da sich die völlige mathematische Äquivalenz beider Formulierungen der Quantenmechanik zeigen läßt, werden wir keine prinzipielle Unterscheidung einführen zwischen Resultaten, die mit Hilfe der Matrizenmethode und solchen, die nach der Methode der Eigenfunktionen abgeleitet sind, sondern werden stets von der Quantenmechanik schlechtweg sprechen.

Es soll noch kurz angegeben werden, wie die Balmerterme des Wasserstoffatoms aus der Schrödingerschen Differentialgleichung (III) hergeleitet werden können. Man hat zunächst für ein Atom mit einem Kern der Ladung Ze und einem einzigen Elektron für V die elektrostatische Wechselwirkungsenergie zweier Punktladungen im Abstand r einzusetzen in der Form

$$V = -\frac{Ze^2}{r}.$$

Die Differentialgleichung (III) nimmt hier deshalb die Form an

$$\frac{h^2}{4\pi^2}\,\varDelta\psi + 2m_0\left(E + \frac{Ze^2}{r}\right)\psi = 0 \quad \ldots \ldots \ldots \quad (19)$$

oder in Polarkoordinaten geschrieben

$$\frac{\partial^2\psi}{\partial r^2} + \frac{2}{r}\frac{\partial\psi}{\partial r} + \frac{1}{r^2}\left[\frac{1}{\sin\vartheta}\frac{\partial}{\partial\vartheta}\left(\sin\vartheta\frac{\partial\psi}{\partial\vartheta}\right) + \frac{1}{\sin^2\vartheta}\frac{\partial^2\psi}{\partial\varphi^2}\right] + \frac{8\pi^2 m_0}{h^2}\left(E + \frac{Ze^2}{r}\right)\psi = 0.$$

Diese Gleichung kann man durch den Ansatz lösen

$$\psi(r, \vartheta, \varphi) = \chi(r)\,f(\vartheta, \varphi) \ldots \ldots \ldots \ldots \ldots \quad (20)$$

welcher der Separation der Variablen in der klassischen Mechanik entspricht. Man erhält dann für χ und f die Differentialgleichungen

$$\frac{1}{\sin\vartheta}\frac{\partial}{\partial\vartheta}\left(\sin\vartheta\frac{\partial f}{\partial\vartheta}\right) + \frac{1}{\sin^2\vartheta}\frac{\partial^2 f}{\partial\varphi^2} + Cf = 0 \ldots \ldots \ldots \quad (21\,\text{a})$$

und

$$\frac{d^2\chi}{dr^2} + \frac{2}{r}\frac{d\chi}{dr} + \left[\frac{8\pi^2 m_0}{h^2}\left(E + \frac{Ze^2}{r}\right) - \frac{C}{r^2}\right]\chi = 0 \ldots \ldots \ldots \quad (21\,\text{b})$$

---

[1]) Ö. Burrau, Mitt. d. dän. Ges. der Wissensch., math.-phys. Kl., 1927.

Die Differentialgleichung (21a) ist nun in der Potentialtheorie wohlbekannt. Sie führt auf die allgemeinsten Kugelfunktionen und besitzt nur dann eine eindeutige Lösung, die in den Polen $\vartheta = 0$ und $\vartheta = \pi$ regulär ist, wenn C die speziellen Werte hat

$$C = l(l+1) \quad \ldots \ldots \ldots \ldots \ldots \ldots \ldots (22)$$

worin l eine nicht negative ganze Zahl bedeutet. Diesen Wert setze man in die Gleichung (21b) ein. Ferner empfiehlt es sich, in dieser Gleichung r und E dimensionslos zu machen mittels der Substitutionen

$$r = \varrho \, \frac{h^2}{8 \, \pi^2 \, m_0 \, Z \, e^2} = \varrho \, \frac{a_0}{2 \, Z} \quad \ldots \ldots \ldots \ldots (23)$$

$$E = -\, R \, h \, Z^2 \cdot \alpha = -\, \frac{2 \, \pi^2 \, e^4 \, Z^2 \, m_0}{h^2} \, \alpha \quad \ldots \ldots \ldots (24)$$

wenn a_0 den durch Kap. XXIX, Gl. (20) definierten „Radius der Elektronenbahn" im Normalzustand des Wasserstoffatoms, wie er in der alten Theorie definiert wird, und R die Rydbergsche Konstante bedeutet; die Größen ϱ und α sind jetzt dimensionslos. Dies gibt für χ die Differentialgleichung

$$\frac{d^2 \chi}{d \varrho^2} + \frac{2}{\varrho} \frac{d \chi}{d \varrho} + \left[\frac{1}{\varrho} - \frac{\alpha}{4} - \frac{l(l+1)}{\varrho^2} \right] \chi = 0 \quad \ldots \ldots \ldots (25)$$

Nun ist es für die Diskussion der Lösung bequem, die Substitution zu machen

$$\chi = e^{-\frac{1}{2}\sqrt{\alpha}\,\varrho} \, F(\varrho) \quad \ldots \ldots \ldots \ldots \ldots (26)$$

wobei zu bemerken ist, daß der Exponent für negatives α (positive Energie) imaginär wird. Es hebt sich dann nämlich das Glied $-\frac{\alpha}{4} F$, das aus der eckigen Klammer in (25) stammt, gegen ein Glied fort, das aus dem Differentialquotienten $\frac{d^2 \chi}{d \varrho^2}$ entsteht, und man erhält für F die Differentialgleichung

$$\frac{d^2 F}{d \varrho^2} + \left(\frac{2}{\varrho} - \sqrt{\alpha} \right) \frac{d F}{d \varrho} + \left[\frac{1 - \sqrt{\alpha}}{\varrho} - \frac{l(l+1)}{\varrho^2} \right] F = 0 \quad \ldots \ldots (27)$$

Nun setzen wir für F die Potenzreihe an

$$F = \sum_{p=0}^{\infty} a_p \varrho^p \quad \ldots \ldots \ldots \ldots \ldots \ldots (28)$$

(womit bereits zum Ausdruck gebracht ist, daß F für $\varrho = 0$ endlich bleiben soll); diese denken wir uns in (27) eingesetzt und den entstehenden Ausdruck nach Potenzen von ϱ geordnet. In dem so entstandenen Ausdruck müssen die Koeffizienten der Potenzen von ϱ einzeln verschwinden. Das Verschwinden des Koeffizienten von ϱ^{p-2} wird durch die Gleichung ausgedrückt

$$p \, (p+1) \, a_p + 2 \, p \, a_p - \sqrt{\alpha} \, (p-1) \, a_{p-1} + (1 - \sqrt{\alpha}) \, a_{p-1} - l \, (l+1) \, a_p = 0$$

oder

$$[p \, (p+1) - l \, (l+1)] \, a_p = (\sqrt{\alpha} \cdot p - 1) \, a_{p-1} \quad \ldots \ldots \ldots (29)$$

Diese Gleichung gilt ihrer Herleitung nach auch für $p = 0$, wenn von vornherein gemäß (28) $a_{-1} = 0$ gesetzt wird. Daß in ihr nur zwei aufeinanderfolgende Koeffizienten auftreten und nicht drei, wie es bei der ursprünglichen Gl. (25) der Fall gewesen wäre, liegt wesentlich an dem erwähnten Fortfallen des Gliedes mit $\frac{\alpha}{4} F$ bei der Substitution (26). Es folgt zunächst, daß für den ersten nicht verschwindenden Koeffizienten der Reihe $a_0, a_1, \ldots$ notwendig die linke Seite von (29) verschwinden, also

$$p \, (p+1) = l \, (l+1)$$

sein muß. Für nicht negatives p ist dies aber nur möglich, wenn $p = l$ ist. Die **Potenzreihenentwicklung der im Nullpunkt regulären Lösung von (27) [also auch von (25)] beginnt daher mit ϱ^l;** es ist

$$a_p = 0 \quad \text{für} \quad p < l \ . \ . \ . \ . \ . \ . \ . \ . \ . \ . \ (30)$$

Die weitere Diskussion wollen wir hier nur für positives α (negative Energie), also reelles $\sqrt{\alpha}$, das wir überdies positiv wählen werden, durchführen. Für positive Energie (negatives α, imaginäres $\sqrt{\alpha}$) hat Schrödinger gezeigt, daß die bei $r = 0$ reguläre Lösung von (25) für $r \to \infty$ unter beständigen Oszillationen wie $1/r$ gegen Null strebt, so daß die positiven Energiewerte, die freien Elektronen („Hyperbelbahnen" in der klassischen Mechanik) entsprechen, jedenfalls zu den Eigenwerten gehören.

Sei also jetzt $E < 0$, $\alpha > 0$, $\sqrt{\alpha} > 0$. Dann haben wir die beiden Fälle wesentlich zu unterscheiden, wo die Reihe (28) für F abbricht und wo dies nicht der Fall ist. Ersteres wird offenbar dann der Fall sein, wenn für einen gewissen Wert $p = n$, für den a_{p-1} von Null verschieden ist, das ist also für $n > l$, die rechte Seite von (29) verschwindet. Es ist dann

$$\sqrt{\alpha}\, n - 1 = 0; \quad \alpha = \frac{1}{n^2}, \quad E_n = -\frac{R\,h\,Z^2}{n^2} \quad \text{mit} \quad n > l \ . \ . \ . \ . \ (31)$$

[letzteres gemäß (24)]. Nach (29) ist dann $a_n = 0$ und die Reihe (28), die mit der Potenz ϱ^l beginnt, bricht bei der Potenz ϱ^{n-1} ab. Die Funktion $F(\varrho)$ ist dann gleich ϱ^l mal einem Polynom $(n-1-l)$ten Grades (das übrigens lauter positive reelle Wurzel hat). Infolge des Faktors $e^{-1/2\,\sqrt{\alpha}\,\varrho}$ in (26) verschwindet daher hier χ im Unendlichen und die **Energiewerte (31) sind sicher Eigenwerte.** Zugleich ist wegen $n > l$ gezeigt, daß für diese Eigenwerte die Zahl l bei gegebenem n nur die Werte $0, 1, \ldots n-1$ durchlaufen kann. Für $l = 0$ (s-Terme) wird die Kugelfunktion $f(\vartheta, \varphi)$ in (20) eine Konstante, die Eigenfunktion ist also kugelsymmetrisch. Wie aus dem folgenden Abschnitt hervorgehen wird, entspricht dem auch eine kugelsymmetrische Ladungsverteilung und wir können von einer elektrischen Isotropie der s-Terme sprechen. Für den Grundzustand $n = 1$ ist außerdem auch F konstant und die Eigenfunktion ist einfach dem Exponentialfaktor in (26) proportional.

Wir haben noch zu zeigen, daß für alle anderen positiven Werte von α, für die die Reihe (28) sicher nicht abbricht, χ für $\varrho \to \infty$ über alle Grenzen anwächst. Zunächst sind hier für hinreichend große p die Koeffizienten von a_p und a_{p-1} auf beiden Seiten von (29) sicher positiv, also behalten schließlich die a_p dasselbe Vorzeichen. Da F nur bis auf einen konstanten Faktor bestimmt ist, können wir ohne Beschränkung der Allgemeinheit annehmen, daß die Koeffizienten a_p für hinreichend große p schließlich alle positiv sind. Es wächst also hier F sicher stärker als jede Potenz von ϱ mit ϱ ins Unendliche. Wir müssen aber noch zeigen, daß F mit $\varrho \to \infty$ sogar so stark anwächst, daß der Faktor $e^{-1/2\,\sqrt{\alpha}\,\varrho}$ in (26) kompensiert wird und auch $\chi(\varrho)$ noch zugleich mit ϱ ins Unendliche wächst. Dieser Nachweis gelingt sehr einfach durch eine Abschätzung des Wachstums der Koeffizienten a_p mit p. Aus (29) folgt

$$\lim_{p \to \infty} p \cdot \frac{a_p}{a_{p-1}} = \lim \frac{\sqrt{\alpha}\, p^2 - p}{p(p+1) - l(l+1)} = \sqrt{\alpha},$$

also gilt für hinreichend großes a_p (wo die a_p überdies alle positiv sind), wenn δ beliebig nahe unterhalb 1, aber fest gewählt wird, sicher

$$a_p \geqq \delta \sqrt{\alpha}\, \frac{a_{p-1}}{p}, \quad a_{p+1} \geqq \delta \sqrt{\alpha}\, \frac{a_p}{p+1} \geqq (\delta \sqrt{\alpha})^2 \frac{a_{p-1}}{(p+1)p}, \ \ldots$$

also gilt bei geeigneter Wahl der positiven Konstante C für hinreichend große p auch

$$a_p \geqq C \frac{(\delta \sqrt{a})^p}{p!}.$$

Für hinreichend große Werte von ϱ, wo nur die Koeffizienten mit großem p den Ausschlag geben, gilt daher sicher auch

$$F(\varrho) = \sum_{p=0}^{\infty} a_p \, \varrho^p \geqq C \sum_{p=0}^{\infty} \frac{(\delta \sqrt{a})^p}{p!} \, \varrho^p = C \, e^{\delta \sqrt{a} \, \varrho}.$$

Der Faktor $e^{\delta \sqrt{a} \, \varrho}$ kompensiert, da δ beliebig nahe an 1 war, in der Tat den Faktor $e^{-1/2 \sqrt{a} \, \varrho}$ in (26), so daß auch $\chi(\varrho)$ ins Unendliche wächst, was zu beweisen war. Daher sind die Eigenwerte (31) die einzigen für $a > 0$.

§ 18. Die Berechnung der Übergangswahrscheinlichkeiten (Intensitäten) in der Quantenmechanik. Zusammenhang der Eigenfunktionen mit Heisenbergs Matrizen.

Bisher haben wir nur die Eigenwerte E zur Deutung der Erfahrungstatsachen herangezogen, nicht aber die Eigenfunktionen ψ selbst. Diese bestimmen jedoch die Einsteinschen Übergangswahrscheinlichkeiten A_m^n der Emission; während die ältere Quantentheorie im allgemeinen nur qualitative Abschätzungen für diese gab, können sie auf Grund der neuen Quantenmechanik quantitativ berechnet werden. Um zu diesem Ziel zu gelangen, gehen wir aus von einem Erhaltungssatz, der aus der Schrödingerschen Differentialgleichung gefolgert werden kann. Wir legen die Form (18) der Schrödingerschen Gleichung zugrunde, die auf der komplexen Schreibweise [analog zu (14′)] der Eigenfunktionen beruht. Diese Form lautet also

$$\frac{h^2}{4 \pi^2} \frac{1}{2 m_0} \varDelta \psi + \frac{h}{2 \pi i} \frac{\partial \psi}{\partial t} - V \psi = 0 \quad \ldots \ldots \ldots (18)$$

und ihre allgemeine Lösung ist

$$\psi = \sum_n c_n \psi_n \, e^{\frac{2 \pi i}{h} E_n t} \quad \ldots \ldots \ldots \ldots (32)$$

worin ψ_n die zum Eigenwert E_n gehörige (von t unabhängige) Lösung von (III) ist und über alle Eigenfunktionen mit unbestimmten Faktoren c_n summiert wird[1]. Für die zu ψ konjugiert komplexe Funktion ψ^* gilt offenbar die Gleichung

$$\frac{h^2}{4 \pi^2} \frac{1}{2 m_0} \varDelta \psi^* - \frac{h}{2 \pi i} \frac{\partial \psi^*}{\partial t} - V \psi^* = 0 \quad \ldots \ldots \ldots (18')$$

die aus (18) mittels Ersetzen von i durch $-i$ entsteht (dabei ist V als reell angenommen).

---

[1] Wir beschränken uns hier auf diskrete Werte E_n; bei kontinuierlich verteilten Eigenwerten müssen die Summen über n durch Integrale über E ersetzt werden.

Nun multiplizieren wir (18) mit ψ^*, (18′) mit ψ und subtrahieren die letztere Gleichung von ersterer: Die mit V multiplizierten Glieder fallen hierbei fort und es ergibt sich

$$-\frac{h^2}{4\pi^2}\frac{1}{2m_0}(\psi\,\varDelta\,\psi^* - \psi^*\,\varDelta\,\psi) + \frac{h}{2\pi i}\frac{\partial}{\partial t}(\psi\,\psi^*) = 0$$

oder durch $\dfrac{h}{2\pi i}$ gekürzt und mit m_0 multipliziert

$$\frac{h}{2\pi i}\frac{1}{2}(\psi\,\varDelta\,\psi^* - \psi^*\,\varDelta\,\psi) + m_0\frac{\partial}{\partial t}(\psi\,\psi^*) = 0.$$

Nach einer bekannten und überdies unmittelbar zu verifizierenden Formel aus der Potentialtheorie gilt nun

$$\psi\,\varDelta\,\psi^* - \psi^*\,\varDelta\,\psi = div\,(\psi\,grad\,\psi^* - \psi^*\,grad\,\psi).$$

Führen wir also den (reellen) Vektor ein

$$\mathfrak{i} = \frac{h}{2\pi i}\frac{1}{2}(\psi\,grad\,\psi^* - \psi^*\,grad\,\psi) \quad\cdots\cdots\cdots\quad (33)$$

und den Skalar

$$\mu = m_0\,\psi\,\psi^* \quad\cdots\cdots\cdots\cdots\cdots\quad (34)$$

so gilt die Kontinuitätsgleichung [1])

$$div\,\mathfrak{i} + \frac{\partial\mu}{\partial t} = 0 \quad\cdots\cdots\cdots\cdots\cdots\quad (\text{IV})$$

die (wie in der Hydrodynamik und in der Elektrostatik) ausdrückt, daß sich $\mathfrak{i}$ und μ wie Stärke des Stromes pro Volumeneinheit und substantielle Dichte einer Strömung verhalten. Integrieren wir (IV) über den ganzen Raum, so gibt der Term mit $div\,\mathfrak{i}$ Anlaß zu einem Oberflächenintegral, das wir als verschwindend annehmen können, da $\mathfrak{i}$ im Unendlichen hinreichend rasch nach Null abnimmt, und wir erhalten

$$\int\mu\,dV = konst \quad\cdots\cdots\cdots\cdots\quad (35)$$

(d. h. unabhängig von der Zeit). Multiplizieren wir andererseits (IV) mit der Koordinate x und integrieren nachher, so bleibt durch partielle Integration von $div\,\mathfrak{i}$ der Term $-\int\mathfrak{i}_x\,dV$ zurück und wir erhalten (gleich allgemein vektoriell geschrieben)

$$\int\mathfrak{i}\,dV = \frac{d}{dt}\int\mu\,\mathfrak{r}\,dV \quad\cdots\cdots\cdots\cdots\quad (36)$$

---

[1]) Vgl. hierzu außer der in Anm. 2, S. 1819 zitierten Literatur auch E. Madelung, Zeitschr. f. Phys. **40**, 322, 1927. (Es scheint uns jedoch in keiner Weise vorteilhaft, eine der „Geschwindigkeit" der Strömung entsprechende Größe $\mathfrak{i}/\mu$ explizite in die Gleichungen einzuführen, wie dies bei Madelung geschieht.) Ferner O. Klein, ebenda **41**, 407, 1927, wo insbesondere das Verhältnis der Quantenmechanik auch zum Korrespondenzprinzip betrachtet wird.

Man kann dies auch als „Schwerpunktsatz" interpretieren, wenn man den Radiusvektor $\Re$ des Schwerpunktes durch

$$\Re = \frac{\int \mu \, \mathfrak{r} \, dV}{\int \mu \, dV}$$

definiert. Nach (35) gilt dann nämlich auch

$$\cdot \frac{d\,\Re}{d\,t} \cdot \int \overline{\mu \, d \, V} = \int \mathfrak{i} \, d \, V.$$

Außer dem „Erhaltungssatz" (IV) gibt es noch einen weiteren, den man auf folgende Weise erhält: Man multipliziere einerseits (18) mit $grad \; \psi^*$, andererseits übe man auf (18) die Operation $grad$ aus und multipliziere nachher mit ψ^*, dies subtrahiere man von dem zuerst erhaltenen Resultat; d. h. man bilde, symbolisch geschrieben,

$$(18) \; grad \; \psi^* - \psi^* \, grad \; (18),$$

ebenso bilde man

$$(18') \; grad \; \psi - \psi \, grad \; (18').$$

Die beiden so erhaltenen Resultate addiere man und dividiere durch 2. Es ergibt sich

$$\frac{h^2}{4\,\pi^2} \frac{1}{4\,m_0} \left[(grad \; \psi^*)\, \varDelta \, \psi - \psi^* \, \varDelta \; grad \; \psi + (grad \; \psi)\, \varDelta \; \psi^* - \psi \, \varDelta \; grad \; \psi^* \right]$$

$$+ \frac{h}{2\,\pi\,i} \frac{1}{2} \frac{\partial}{\partial t} (\psi \; grad \; \psi^* - \psi^* \; grad \; \psi) + (grad \; V)\, \psi \, \psi^* = 0.$$

Es bedeutet offenbar das zweite Glied gemäß (33) einfach $\dfrac{\partial \, \mathfrak{i}}{\partial t}$, während im letzten Glied $- grad \, V$ gleich dem Kraftausdruck der klassischen Mechanik an der betreffenden Stelle ist. Die eckige Klammer des ersten Gliedes, die ja einen Vektor darstellt, wollen wir nun so umschreiben, daß sie als Divergenz eines Tensors erscheint, analog dem Spannungstensor in der Elastizitätstheorie. Betrachten wir speziell die x-Komponente dieses Vektors, so ist

$$\frac{\partial \, \psi^*}{\partial x} \varDelta \, \psi - \psi \, \varDelta \, \frac{\partial \, \psi^*}{\partial x} = \frac{\partial}{\partial x} \left(\frac{\partial \, \psi^*}{\partial x} \frac{\partial \, \psi}{\partial x} - \psi \, \frac{\partial^2 \, \psi^*}{\partial x^2} \right)$$

$$+ \frac{\partial}{\partial y} \left(\frac{\partial \, \psi^*}{\partial x} \frac{\partial \, \psi}{\partial y} - \psi \, \frac{\partial^2 \, \psi^*}{\partial x \, \partial y} \right) + \frac{\partial}{\partial z} \left(\frac{\partial \, \psi^*}{\partial x} \frac{\partial \, \psi}{\partial z} - \psi \, \frac{\partial^2 \, \psi^*}{\partial x \, \partial z} \right)$$

und eine entsprechende Gleichung gilt bei Vertauschung von ψ und ψ^*. Führen wir also einen Tensor ein gemäß

$$\left. \begin{aligned} S_{xx} &= \frac{h^2}{4\,\pi^2} \frac{1}{4\,m_0} \left(2 \frac{\partial \, \psi^*}{\partial x} \frac{\partial \, \psi}{\partial x} - \psi \, \frac{\partial^2 \, \psi^*}{\partial x^2} - \psi^* \frac{\partial^2 \, \psi}{\partial x^2} \right) \\ S_{xy} &= \frac{h^2}{4\,\pi^2} \frac{1}{4\,m_0} \left(\frac{\partial \, \psi^*}{\partial x} \frac{\partial \, \psi}{\partial y} + \frac{\partial \, \psi}{\partial x} \frac{\partial \, \psi^*}{\partial y} - \psi \, \frac{\partial^2 \, \psi^*}{\partial x \, \partial y} - \psi^* \frac{\partial^2 \, \psi}{\partial x \, \partial y} \right) = S_{yx} \end{aligned} \right\} (37)$$

. . . .

und die entsprechenden, durch zyklische Vertauschung entstehenden Gleichungen für die übrigen Tensorkomponenten, so gilt

$$Div\,S + \frac{\partial\,\mathfrak{i}}{\partial\,t} + (grad\,V)\,(\psi\,\psi^*) = 0 \,\cdots\cdots\cdots\;(V)$$

wenn, wie üblich, unter $Div\,S$ ein Vektor mit den Komponenten

$$Div_x\,S = \frac{\partial\,S_{x\,x}}{\partial\,x} + \frac{\partial\,S_{x\,y}}{\partial\,y} + \frac{\partial\,S_{x\,z}}{\partial\,z}\cdots$$

verstanden wird [1]). Durch Integration gewinnt man aus (V)

$$\frac{d}{d\,t}\int \mathfrak{i}\,d\,V = -\int (grad\,V)\,(\psi\,\psi^*)\,d\,V = -\frac{1}{m_0}\int (grad\,V)\,\mu\,d\,V \,\cdots\,(38)$$

Wir wollen uns nun fragen, welche Konsequenzen für die einzelnen räumlichen Eigenfunktionen ψ_n aus den Integralsätzen (35), (36), (38) folgen. Zu diesem Zweck setzen wir (32) zunächst in (35) ein. Wir erhalten

$$\int (\psi\,\psi^*)\,d\,V = \sum_n \sum_m \left[c_n\,c_m^*\,e^{\frac{2\,\pi\,i}{h}(E_n - E_m)\,t}\int (\psi_n\,\psi_m^*)\,d\,V \right] = const.$$

Dies kann aber nur erfüllt sein, wenn

$$\int (\psi_n\,\psi_m^*)\,d\,V = 0 \quad \text{für} \quad n \neq m \,\cdots\cdots\cdots\;(39)$$

Zunächst folgt dies zwar nur für $E_n \neq E_m$; wenn aber zu einem bestimmten Eigenwert E mehrere, sagen wir g, linear unabhängige Lösungen der Differentialgleichung (III) gehören — es ist dann dieser Eigenwert entartet und es kommt dem betreffenden Quantenzustand das Gewicht g zu —, so kann man unter diesen stets solche auswählen, daß (39) erfüllt ist. Die Gleichung (39) besagt, daß das Funktionensystem der ψ_n orthogonal ist. In der Funktion ψ_n war noch ein konstanter Faktor willkürlich. Diesen wollen wir uns hier und im folgenden stets so normiert denken, daß für alle n gilt

$$\int |\psi_n|^2\,d\,V = 1 \,\cdots\cdots\cdots\cdots\cdots\;(39')$$

Ein Phasenfaktor $e^{2\pi i\,\delta_n}$ bleibt sodann in jedem ψ_n noch immer willkürlich.

Setzen wir nun (32) auch in (36) ein, so folgt

$$\frac{h}{2\,\pi\,i}\sum_{n,\,m} c_n\,c_m^*\,\frac{1}{2}\,e^{2\pi i\left[\frac{1}{h}(E_n - E_m)\,t + (\delta_n - \delta_m)\right]}\int (\psi_n\,grad\,\psi_m^* - \psi_m^*\,grad\,\psi_n)\,d\,V$$

$$= m_0\,\frac{d}{d\,t}\sum_n \sum_m c_n\,c_m^*\,e^{2\pi i\left[\frac{1}{h}(E_n - E_m)\,t + (\delta_n - \delta_m)\right]}\int \mathfrak{r}\,\psi_n\,\psi_m^*\,d\,V.$$

---

[1]) Bezüglich der „Erhaltungssätze" möge hier noch folgendes bemerkt werden. Bei Vernachlässigung der Relativitätskorrektionen sind Ladungsdichte und Massendichte einander proportional und es kann daher zwischen dem Erhaltungssatz der Ladung und dem der Energie bei Vorhandensein eines Teilchens erst klar unterschieden werden, wenn man die relativistischen Modifikationen der Grundgleichungen in Betracht zieht. Für diesen Fall hat Schrödinger, Ann. d. Phys. 82, 265, 1927 die Kontinuitätsgleichungen für die Ladung einerseits [Verallgemeinerung von (IV)], für Energie und Impuls andererseits [Verallgemeinerung von (V); es tritt zu dieser Vektorgleichung noch eine skalare Gleichung hinzu] abgeleitet. Doch sind die physikalische Bedeutung und der Geltungsbereich der relativistisch verallgemeinerten Gleichungen noch nicht befriedigend geklärt. Auch der in Anmerkung 3, S. 1799 erwähnten relativistischen Theorie des Elektrons von Dirac haften noch grundsätzliche Schwierigkeiten an, die mit der Möglichkeit zweier verschiedener Vorzeichen von ν bei gegebenem $\mathfrak{i}$ gemäß Gl. (15) zusammenhängen.

Dies ist allgemein nur möglich, wenn die Faktoren von $c_n c_m^*$ einzeln übereinstimmen. Setzen wir also

$$\nu_m^n = -\nu_n^m = \frac{E_n - E_m}{h}; \quad \delta_n^m = \delta_m - \delta_n \quad \cdots \cdots \quad (40)$$

$$x_m^n = e^{2\pi i\left(\nu_m^n t + \delta_m^n\right)} a_m^n; \quad a_m^n = \int x\,\psi_n\,\psi_m^*\,dV \quad \cdots \cdots \quad (41)$$

$$(p_x)_m^n = e^{2\pi i\left(\nu_m^n t + \delta_m^n\right)} b_m^n; \quad b_m^n = \frac{h}{2\pi i}\frac{1}{2}\int\left(\psi_n\frac{\partial\psi_m^*}{\partial x} - \psi_m^*\frac{\partial\psi_n}{\partial x}\right)dV$$

$$= \frac{h}{2\pi i}\int\psi_n\frac{\partial\psi_m^*}{\partial x}\,dV = -\frac{h}{2\pi i}\int\psi_m^*\frac{\partial\psi_n}{\partial x}\,dV \quad \cdots \cdots \cdots \quad (42)$$

(letztere Gleichungen folgen durch partielle Integration), so gilt

$$(p_x)_m^n = m_0\frac{d x_m^n}{dt} = m_0\,2\pi i\,\nu_m^n x_m^n \cdots \quad \cdots \cdots \quad (43)$$

und entsprechende Gleichungen für y und z. Ebenso folgt aus (38) mit

$$\mathfrak{R} = -\operatorname{grad} V; \quad (\mathfrak{R}_x)_m^n = -\int\frac{\partial V}{\partial x}\psi_n\,\psi_m^*\,dV$$

$$\frac{d}{dt}(p_x)_m^n = 2\pi i\,\nu_m^n(p_x)_m^n = (\mathfrak{R}_x)_m^n \cdots \quad \cdots \cdots \quad (44)$$

und entsprechende Gleichungen für y und z.

Wir erhalten also an Stelle der mechanischen Bewegungsgleichungen der klassischen Mechanik entsprechende Relationen zwischen einzelnen harmonischen Partialschwingungen, deren Frequenzen gemäß (40) übereinstimmen mit den aus der Bohrschen Bedingung berechneten. Daß allerdings nur die Differenzen der einzelnen de Broglieschen Frequenzen $\frac{E_n}{h}$ in den in ψ-quadratischen Ausdrücken für μ und i vorkommen, nicht aber ihre Summen, liegt nur an der eigentümlichen komplexen Schreibweise, die wir zur Herleitung der Erhaltungssätze benutzt haben. Es scheint daher kaum berechtigt, die Lichtschwingungen im Sinne eines kontinuierlichen Kopplungsmechanismus als Schwebungen der de Broglieschen Wellen zu betrachten. Überhaupt wird man auf Widersprüche geführt, wenn man zugleich der Energie des Systems und dem zeitlichen Ablauf der Schwingungen ψ physikalische Realität im Sinne der Kontinuumsphysik zuordnen will. Aus den Versuchen von Franck und Hertz über Elektronenstoß sowie aus den Versuchen über Ablenkung von Atomstrahlen in äußeren Kraftfeldern wissen wir, daß die Atome die diskreten Energiewerte $E_1 \ldots E_n \ldots$ besitzen, und es erscheint nicht sinnvoll, $E = \sum_n |c_n|^2 E_n$ mit unbestimmten Faktoren c_n als Energie des Atoms anzusehen, wie es gelegentlich von Schrödinger versucht wurde. Auch werden wir zunächst keine näheren Vorstellungen über den Mechanismus der Strahlungsemission bilden, aber es scheint sicher, daß er nicht mit Hilfe der klassischen Elektrodynamik beschrieben werden kann (vgl. den folgenden Paragraphen).

Einen Anhaltspunkt für die Berechnung der Linienintensitäten (Übergangswahrscheinlichkeiten der Emission) gewinnt man aber aus dem Umstand, daß gerade dann, wenn die Partialschwingungen (41) und (42) mit den gemäß (39') normierten Eigenfunktionen gebildet werden, diese im Grenzfall großer Quantenzahlen mit den harmonischen Fourierkomponenten der auf Grund der klassischen Mechanik berechneten Bewegung des Teilchens asymptotisch zusammenfallen. Auf den Beweis dafür, der mittels des Zusammenhanges von geometrischer Optik und Wellenoptik geführt werden kann, können wir hier nicht eingehen [1]). Auf Grund des Bohrschen Korrespondenzprinzips liegt es daher nahe, allgemein die gemäß (41) mit den normierten Eigenschwingungen ψ des elektrischen Momentes $\mathfrak{P} = e \iint \mathfrak{r}\,(\psi\,\psi^*)\,d\,V$ gebildeten Partialschwingungen als für die Übergangswahrscheinlichkeiten bestimmend anzusehen. Im Gegensatz zu der früheren Quantentheorie ist diese Bestimmung aber jetzt eine quantitative und erfolgt gemäß der zu Gleichung (41), Kap. XXIX nachgebildeten Relation

$$\overline{h\,\nu}_m^n\,A_m^n = \frac{4\,e^2}{3\,c^3}\left(2\,\pi\,\nu_m^n\right)^4 \left|\mathfrak{r}_m^n\right|^2 \quad\ldots\ldots\ldots\ldots (45)$$

[Der Faktor 4 gegenüber (41) l.c. rührt nur von der komplexen Schreibweise der Partialschwingungen her.] Sie bedeutet, daß die Lichtintensität der Frequenz ν_m^n von vielen Atomen im Zustand n im Durchschnitt pro Atom gleich ist der Strahlungsintensität, die ein die Schwingung mit den Amplituden $x_m^n,\,y_m^n,\,z_m^n$ vollführender harmonischer Oszillator gemäß {der klassischen Elektrodynamik pro Zeiteinheit emittieren würde. Statt der Übergangswahrscheinlichkeit A_m^n ist es, namentlich in bezug auf Anwendungen in der Dispersionstheorie, oft zweckmäßig, die „Stärke des Oszillators" f_m^n einzuführen, die gegeben ist durch

$$A_m^n = f_m^n\,\gamma_m^n;\quad \text{mit}\quad \gamma_m^n = \frac{8\,\pi^2\,e^2\,\left(\nu_m^n\right)^2}{3\,c^3\,m_0} \quad\ldots\ldots (46)$$

worin γ_m^n die Dämpfungskonstante eines {klassisch ausstrahlenden linearen harmonischen Oszillators mit Ladung e, Masse m_0 und Frequenz ν_m^n ist [vgl. Kap. XXVII, Gl. (57)]. Aus (45) und (46) folgt dann

$$f_m^n = \frac{8\,\pi^2\,m_0}{h}\,\nu_m^n\left|\mathfrak{r}_m^n\right|^2 \quad\ldots\ldots\ldots\ldots\ldots (47)$$

Nun ist es nur mehr ein kleiner Schritt, zur historisch älteren Heisenbergschen Formulierung der Quantenmechanik [2]) zu gelangen. Diese geht davon aus, jede klassisch kinematische Größe $F\,(p_\varrho,\,q_\varrho)$, in der p_ϱ die Impulskoordinaten (z. B. bei kartesischen Koordinaten $p_x,\,p_y,\,p_z$), q_ϱ konjugierte

<hr>

[1]) Vgl. C. Eckart, Proc. Nat. Ac. **12**, 684, 1926; P. Debye, Physik. Zeitschr. **28**, 170, 1927.

[2]) W. Heisenberg, Zeitschr. f. Phys. **33**, 879, 1925; M. Born und P. Jordan, ebenda **34**, 858, 1925; P. A. M. Dirac, Proc. Roy. Soc. **109**, 642. 1925; M. Born, P. Jordan und W. Heisenberg, Zeitschr. f. Phys. **35**, 557, 1926.

Lagenkoordinaten (z. B. einfach die Ortskoordinaten x, y, z des Teilchens) bedeuten, zu repräsentieren durch ein Schema

$$F_m^n = \left| F_m^n \right| e^{2\pi i \left(\tilde{\nu}_m^n \, t + \delta_m^n \right)}$$

von so viel Partialschwingungen, als es Paare von stationären Zuständen gibt. Es werden dann alle Relationen zwischen den Impuls- und Lagenkoordinaten ersetzt durch Relationen zwischen den ihnen zugeordneten Partialschwingungen $(p_\varrho)_m^n$ und $(q_\varrho)_m^n$, für welche überdies, wie wir aus (41) und (42) schon wissen, die Relationen

$$\left(p_\varrho\right)_m^n = \left(p_{\varrho\,n}^{\ m}\right)^*; \quad q_{\varrho\,m}^{\ \ n} = \left(q_{\varrho\,n}^{\ \ m}\right)^* \quad \cdots \cdots \cdots \cdot (48)$$

bestehen. Sind die Schemata zweier Funktionen F und G bekannt, so definiert Heisenberg als Schema des Produktes zweier Funktionen FG den Ausdruck

$$\left(FG\right)_m^n = \sum_l F_l^n \, G_m^l \quad \cdots \cdots \cdots \cdots \cdot (49)$$

Es ist dann im allgemeinen $\left(FG\right)_m^n$ von $\left(GF\right)_m^n$ verschieden.

Er wurde sodann dazu geführt, für die Schemata der p_ϱ und q_ϱ folgende Relationen zu postulieren, worin wir für die gesamten Schemata (Matrizen) fette Buchstaben einführen

$$\boldsymbol{p}_\varrho \boldsymbol{p}_\sigma - \boldsymbol{p}_\sigma \boldsymbol{p}_\varrho = 0, \quad \boldsymbol{q}_\varrho \boldsymbol{q}_\sigma - \boldsymbol{q}_\sigma \boldsymbol{q}_\varrho = 0, \quad \boldsymbol{p}_\varrho \boldsymbol{q}_\sigma - \boldsymbol{q}_\sigma \boldsymbol{p}_\varrho$$

$$= \left\{ \begin{array}{l} 0 \quad\quad \text{für } \varrho \neq \sigma \\[2mm] \dfrac{h}{2\pi i}\, \boldsymbol{1} \ \text{für } \varrho = \sigma \end{array} \right\} \quad \cdots \cdot (\text{VI})$$

Hierin bedeutet das Verschwinden einer Matrix einfach das Verschwinden aller Elemente, Gleichheit zweier Matrizen, Gleichheit aller Elemente, die Matrix $\boldsymbol{1}$ eine solche, deren Elemente bloß an den Stellen mit $n = m$ von Null verschieden sind (man spricht dann von „Diagonalmatrix"), und zwar hier speziell gleich 1 sind. Der Energie wird auch eine Diagonalmatrix $\boldsymbol{E}$ zugeordnet, deren Elemente E_n^n gleich den betreffenden Eigenwerten E_n sind. Es wird dann weiter für jedes spezielle mechanische System ein Energiesatz

$$\boldsymbol{H}(\boldsymbol{p}, \boldsymbol{q}) = \boldsymbol{E} \ (\text{Diagonalmatrix}) \ \cdots \cdots \cdots \cdot (\text{VII})$$

definiert, worin $\boldsymbol{H}(\boldsymbol{p}, \boldsymbol{q})$ die Matrix der „Hamilton-Funktion" (d. h. der Energie, ausgedrückt durch Impuls- und Lagenkoordinaten) bedeutet. In unserem Falle ist also

$$\boldsymbol{H} = \frac{1}{2\,m_0}\left(\boldsymbol{p}_x^2 + \boldsymbol{p}_y^2 + \boldsymbol{p}_z^2\right) + \boldsymbol{V}(x, y, z) = \boldsymbol{E} \ \cdots \cdot (\text{VII}')$$

Man kann nun zeigen, daß (VI) und (VII) im Verein mit der Multiplikationsvorschrift (49) und der ergänzenden Realitätsforderung (48) ausreichend sind, um die Matrixelemente (Partialschwingungen) von $\boldsymbol{p}_\varrho$ und $\boldsymbol{q}_\varrho$ zu berechnen. Auch sind die „Bewegungsgleichungen"

$$\frac{d\,\boldsymbol{p}_\varrho}{d\,t} = -\frac{\partial \boldsymbol{H}}{\partial \boldsymbol{q}_\varrho}, \ \frac{d\,\boldsymbol{q}_\varrho}{d\,t} = \frac{\partial \boldsymbol{H}}{\partial \boldsymbol{p}_\varrho} \ \cdots \cdots \cdots \cdot (50)$$

eine Folge von (VI) und (VII). Im Falle eines Teilchens in einem gegebenen Potentialfeld [Hamilton-Funktion (VII′)] besagen diese Gleichungen

$$\frac{d\,p_x}{d\,t} = -\frac{\partial\,V}{\partial\,x}, \;\cdots; \quad \frac{d\,x}{d\,t} = \frac{1}{m_0}\,p_x, \cdots \cdots \cdots (50')$$

Es hat sich nun der wichtige Nachweis erbringen lassen, daß die durch (41) und (42) definierten Matrixelemente (Partialschwingungen) erstens die Relationen (VI) erfüllen, und daß zweitens auf Grund dieser Ausdrücke für die Matrixelemente die Energiegleichung (VII′) mit der Schrödingerschen Differentialgleichung (III) gleichbedeutend wird. Die Bewegungsgleichungen (50′) sind dann offenbar mit (43), (44) gleichbedeutend. Es würde uns zu weit führen, hier auf diesen Nachweis näher einzugehen, und wir müssen diesbezüglich auf die Literatur verweisen [1]).

Dagegen soll noch auf eine Folgerung aus den Relationen (VI) hingewiesen werden, die für die Dispersionstheorie von Wichtigkeit ist. Das Diagonalelement von

$$p_x\,x - x\,p_x$$

an der Stelle (n, n) hat nach (VI) den Wert $\dfrac{h}{2\,\pi\,i}$. Bilden wir dieses Element gemäß der Vorschrift (49), worin speziell $m = n$ zu setzen ist, so erhalten wir

$$\sum_m \left(p_{x\,m}^{\;n}\,x_n^{\,m} - x_m^{\,n}\,p_{x\,n}^{\;m}\right) = \frac{h}{2\,\pi\,i}.$$

Nun ist nach (43) $p_{x\,m}^{\;n} = m_0\,2\,\pi\,i\,v_m^{\,n}\,x_m^{\,n}$ und nach (48) $x_m^{\,n}\,x_n^{\,m} = \left|x_m^{\,n}\right|^2$, also wird

$$\sum_m p_{x\,m}^{\;n}\,x_n^{\,m} = m_0\sum_m 2\,\pi\,i\,v_m^{\,n}\left|x_m^{\,n}\right|^2 = -m_0\sum_m 2\,\pi\,i\,v_n^{\,m}\left|x_m^{\,n}\right|^2$$

[letzteres nach (40)]. Ferner erhält man für

$$-\sum_m x_m^{\,n}\,p_{x\,n}^{\;m} = -m_0\sum_m 2\,\pi\,i\,v_n^{\,m}\left|x_m^{\,n}\right|^2$$

denselben Wert. Also folgt, wenn man noch mit $\dfrac{2\,\pi\,i}{h}$ multipliziert,

$$\frac{8\,\pi^2\,m_0}{h}\sum v_n^{\,m}\left|x_m^{\,n}\right|^2 = 1.$$

Nun ist aber zu beachten, daß nach (40) $v_n^{\,m}$ positiv ist, wenn $E_m > E_n$ (Absorptionsübergänge vom Zustand n aus), negativ, wenn $E_m < E_n$ (Emissionsübergänge vom Zustand n aus); summiert man noch über die entsprechenden Gleichungen für die y- und z-Koordinate und führt die durch (47) gegebenen Größen $f_m^{\,n}$ ein, so erhält man

$$\sum_{m\,(E_m > E_n)}\left|f_m^{\,n}\right| - \sum_{m\,(E_m < E_n)}\left|f_m^{\,n}\right| = 3 \cdots \cdots \cdots (51)$$

---

[1]) E. Schrödinger, Ann. d. Phys. **79**, 739, 1926; C. Eckart, Phys. Rev. **28**, 711, 1926.

Diese Relation wurde durch Betrachtungen, die an die Dispersionstheorie anknüpfen, zuerst von Thomas und Reiche[1]) sowie von Kuhn[2]) aufgestellt (vgl. Kap. XXVIII dieses Lehrbuches).

§ 19. Verallgemeinerung auf Mehrkörpersysteme. Eigenfunktionen im mehrdimensionalen Raum. Statistische Deutung der de Broglieschen Wellen.

Die Quantenmechanik von Systemen mit mehreren Elektronen bietet vom Standpunkt der Heisenbergschen Matrizenmethode aus keine neuen Probleme mehr dar. Denn die Gleichungen (VI) und (VII) mit den Ergänzungen (48), (49) und der Folge (50) bleiben hier einfach bestehen wenn man unter p_ϱ, q_ϱ alle Impuls- und Lagenkoordinaten des Systems versteht, der Index ϱ sich also sowohl auf verschiedene Raumrichtungen als auch auf verschiedene Teilchen bezieht. Bei Verwendung kartesischer Koordinaten ist die Energiefunktion in der Form

$$H = \frac{1}{2\,m_0} \sum_\varrho p_\varrho^2 + V(q_\varrho)$$

anzusetzen. Bei Übergang von der Methode der Matrizen zur Methode der Eigenfunktionen ergibt sich sodann, wie Schrödinger gezeigt hat, daß es hier notwendig ist, eine Eigenfunktion $\psi\,(q_1 \ldots q_f)$ im mehrdimensionalen Konfigurationsraum der Lagenkoordinaten aller Teilchen des Systems einzuführen. Diese genügt dann der Differentialgleichung

$$-\frac{1}{2\,m_0}\,\frac{h^2}{4\,\pi^2} \sum_\varrho \frac{\partial^2\,\psi}{\partial\,q_\varrho^2} + V(q_\varrho)\,\psi = E\,\psi \quad\cdots\cdots\cdots\; (\mathrm{III}')$$

die eine Verallgemeinerung von (III) darstellt. Konstruiert man nämlich die Impuls- und Ortsmatrizen jedes einzelnen Teilchens wieder nach der Vorschrift (41), (42), so ist (VI) erfüllt und (III') und (VII) werden wieder äquivalent.

Es ist zu hoffen, daß in diesem quantenmechanischen Ansatz für Energiewerte und Übergangswahrscheinlichkeiten in Mehrkörpersystemen (der noch durch Glieder zu ergänzen ist, die den Relativitätskorrektionen und dem Eigenmoment des Elektrons wenigstens in erster Näherung Rechnung tragen), wenn man für V die Coulombsche Wechselwirkungsenergie zwischen den Kernen und Elektronen des betrachteten Systems einsetzt, bereits eine quantitative Theorie des Baues auch der komplizierteren Atome und Moleküle und der von ihnen emittierten Spektren enthalten ist. Bisher sind allerdings, was die Eigenwerte E betrifft, hauptsächlich nur Folgerungen qualitativer Art aus (III') gezogen worden (vgl. den folgenden Paragraph), aber sie lassen bereits erkennen, daß die neue Quantenmechanik die Erfahrungstatsachen auch dort (wenigstens qualitativ) richtig wiedergibt, wo die ältere Quantentheorie (die ja überdies an einen speziellen Periodizitätscharakter der Lösung der klassisch-mechanischen Gleichungen gebunden war) bereits völlig versagte. Hinsichtlich der Intensitäten ist zu bemerken, daß die Theorie eine vollständige Begründung

---

[1]) W. Thomas, Naturwiss. **13**, 627, 1925; F. Reiche und W. Thomas, Zeitschr. f. Phys. **34**, 510, 1925.

[2]) W. Kuhn, Zeitschr. f. Phys. **33**, 408, 1925.

der Regeln gestattet, die für die Intensitäten der Multipletts und ihrer Zeemankomponenten bereits früher auf halbempirischen Wege aufgestellt worden waren.

Auf den ersten Anblick mag das von einer Analogie zur klassischen Partikelmechanik herrührende Auftreten des mehrdimensionalen Raumes bei der Eigenfunktion ψ befremdend erscheinen. Dieser fügt sich aber einer statistischen Deutung der de Broglieschen Wellen gut ein, die bereits auf ältere Diskussionen über den Dualismus von Korpuskeln und Wellen in der Optik zurückgeht und im Rahmen der neueren Quantenmechanik namentlich von Born[1]) in seiner Theorie der Stoßvorgänge hervorgehoben wurde. Eine solche nur statistische Verknüpfung der Funktion ψ mit physikalischen Messungsergebnissen wird durch folgende Umstände nahegelegt.

1. Wie wir bereits in § 2 betont haben, ist es, von Sonderfällen abgesehen[2]), nicht möglich, ein „Wellenpaket" zu konstruieren, welches dauernd auf einen engen Raum begrenzt bleibt. Die Lokalisierung der Massenteilchen scheint also ein Faktum zu sein, das durch irgend eine Art von Wellengleichung allein nicht ausgedrückt werden kann.

2. Eine ähnliche Lokalisierungsfrage tritt auf, wenn man mit Born einen Teilchenstrom (etwa Elektronenstrom) bestimmter Richtung betrachtet, der auf ein Hindernis stößt, das etwa durch eine mit der Entfernung rasch abfallende potentielle Energiefunktion charakterisiert werden kann. Repräsentiert man den Teilchenstrom durch eine ebene Welle, so ergibt die Schrödingersche Differentialgleichung eine Zerstreuung dieser Welle nach allen Seiten. Es ist aber klar, daß die Ladung des Elektrons nicht zugleich nach allen Seiten zerstreut werden kann. Auch gelten in Wirklichkeit, wie aus den Franck-Hertzschen Versuchen bekannt ist, die Sätze der Erhaltung von Energie und Impuls für den einzelnen Stoßprozeß.

3. Die Eigenfunktion im mehrdimensionalen Raum ist vom Standpunkt einer im Sinne der klassischen Kontinuumsphysik verstandenen, den Partikelbegriff vermeidenden „Wellenmechanik" aus unverständlich. Es kommt hier noch folgender besonderer Umstand hinzu: Gemäß der Frequenzbedingung ist die Emissionsfrequenz als Differenz der totalen Energie E des Systems im Anfangs- und Endzustand, dividiert durch h, bestimmt. Dies scheint es notwendig zu machen, der de Broglieschen Welle des Gesamtsystems die Frequenz $\nu = E/h$ in jedem Zustand zuzuordnen. Betrachten wir nun zwei lose gekoppelte Teilsysteme mit den Teilenergien E_1 und E_2, so daß jedem der beiden Systeme, wenn es allein vorhanden wäre, die Frequenz $\nu_1 = E_1/h$ bzw. $\nu_2 = E_2/h$ zukäme. Dem Gesamtsystem kommt dann aber (bei Fehlen von Kopplung) nur die Frequenz $\nu = E/h = \dfrac{E_1 + E_2}{h} = \nu_1 + \nu_2$ zu.

Eine solche Additivität der Frequenzen (mit Verschwinden der Teilfrequenzen) kann aber niemals durch eine gewöhnliche Übereinanderlagerung der Einzel-

---

[1]) M. Born, Zeitschr. f. Phys. **37**, 863, 1926; **38**, 803, 1926.

[2]) Ein solcher Sonderfall ist der harmonische Oszillator, für den Schrödinger, Naturwiss. **14**, 664, 1926, ein Wellenpaket der verlangten Art angegeben hat.

wellen zustande kommen: De Brogliesche Wellen, die zu verschiedenen Teilsystemen (z. B. Massenteilchen) gehören, dürfen nicht (in demselben Raum) einfach superponiert werden.

Diesen Umständen und den Erfahrungstatsachen wird man gerecht, wenn man die Eigenfunktion $\psi_E(q_1 \ldots q_f)$ auf folgende Weise deutet: Es gibt

$$|\psi_E(q_1 \ldots q_f')|^2 \, d\,q_1 \ldots d\,q_f$$

die Wahrscheinlichkeit dafür an, daß bei vielen Systemen der betrachteten Art bei gegebener Energie E die Koordinaten $q_1 \ldots q_f$ der Teilchen des Systems zugleich bzw. in vorgegebenen infinitesimalen Intervallen $(q_\varrho,\ q_\varrho + d\,q_\varrho'')$ liegen. Im Bornschen Fall gibt dann offenbar die Intensität der Streuwellen in einer bestimmten Richtung die Wahrscheinlichkeit dafür an, daß bei einem einzelnen Stoßvorgang ein Teilchen in die betreffende Richtung geworfen wird. Von Jordan[1]) und Dirac[1]) ist dieser Ansatz sehr erweitert worden durch Heranziehung allgemeiner Transformationen, die die entsprechende Wahrscheinlichkeit anzugeben gestatten, wenn statt der Energie $E = H(p_\varrho, q_\varrho)$ irgend eine Funktion $F(p_\varrho, q_\varrho)$ vorgegebene Werte hat, und wenn statt nach den Wahrscheinlichkeiten von Wertebereichen der q_ϱ nach denen irgendwelcher f Variablen $Q_\varrho(q_1 \ldots q_f)$ gefragt wird.

Auf dieser Erweiterung der Theorie fußend, hat sodann Heisenberg[2]) eine nähere Analyse der quantenkinematischen Begriffe durchgeführt. Er zeigte, daß der Begriff „Ort des Teilchens" zwar einen bestimmten Sinn hat, daß aber jede genaue Ortsbestimmung des Teilchens eine endliche Änderung seines Impulses und der Energie des Systems zur Folge hat. Es sind Impuls p und Ort q eines Teilchens nie zugleich mit beliebiger Genauigkeit bestimmbar, sondern wenn der Ort des Teilchens mit einem Fehler der Ordnung $\Delta\,q$ bestimmt wird, kann gleichzeitig die Bewegungsgröße p nur mit einem Fehler der Ordnung $\Delta\,p \sim h/\Delta\,q$ bestimmt werden, und umgekehrt. Auf Grund der Heisenbergschen Überlegungen scheint es, daß die quantenmechanischen Begriffe und die statistische Deutung der ψ-Funktionen bereits so weit zu einer vollständigen und widerspruchsfreien Beschreibung der Erscheinungen ausreichen, als die elektromagnetische Strahlung außer Betracht bleiben kann. Insbesondere ließ sich durch eine auf der statistischen Deutung der Eigenfunktionen basierende Verwendung der von de Broglie und Schrödinger betrachteten „Wellenpakete" zeigen, daß im Grenzfall großer Quantenzahlen die statistischen Resultate der Quantenmechanik in die der klassischen Kinematik und Mechanik übergehen.

Die Einordnung der Elektrodynamik in die Quantentheorie ist aber noch sehr unvollständig, sowohl was die Natur des Lichtes selbst als auch was seine Wechselwirkungen mit den geladenen materiellen Teilchen betrifft. Bezüglich der letzteren hat Dirac[3]) einen aussichtsreichen Ansatz gemacht.

---

[1]) P. Jordan, Zeitschr. f. Phys. **40**, 809, 1927; P. A. M. Dirac, Proc. Roy. Soc. **113**, 621, 1927; vgl. auch F. London, Zeitschr. f. Phys. **40**, 193, 1926.
[2]) W. Heisenberg, Zeitschr. f. Phys. **43**, 172, 1927.
[3]) P. A. M. Dirac, Proc. Roy. Soc. **114**, 243, 710, 1927.

Dieser geht aus von der in Kap. XXVII, § 2 dargelegten Betrachtungsweise, bei der ein Atom in einem Strahlungshohlraum ins Auge gefaßt und die Wechselwirkung zwischen diesem und den Strahlungsoszillatoren des Hohlraumes als analog zur Wechselwirkung zwischen zwei materiellen Systemen angesehen wird. Das Bornsche quantenmechanische Schema der letzteren überträgt dann Dirac auch auf die erstere, wobei dann die ψ-Funktion auch von den unendlich vielen Variablen der Hohlraumoszillatoren abhängt. Nimmt man die Wechselwirkungsenergie zwischen Strahlung und Materie in möglichst engem Anschluß an die klassische Theorie an, so erhält man nicht nur eine Rechtfertigung dafür, daß bei einem Emissions- oder Absorptionsprozeß jeweils nur eine Hohlraumeigenschwingung und nur mit einem Quant beteiligt ist (wofür uns früher bei dieser Betrachtungsweise die Begründung noch fehlte), sondern man erhält auch quantitative Ausdrücke für die Häufigkeit der Emissions-, Absorptions- und Streuprozesse, die im Einklang mit der Erfahrung und mit anderen Theorien sind.

§ 20. Heisenbergs Theorie des Heliumspektrums. Quantenmechanik und Äquivalenzregel.

Als Anwendung der Quantenmechanik von Mehrkörpersystemen soll hier noch die Theorie der Spektren von Atomen mit zwei Elektronen betrachtet werden. Wie in Nachtrag I, § 14 näher ausgeführt wurde, besteht dieses aus zwei Termsystemen (Singulett- und Triplettsystem), die fast gar nicht miteinander kombinieren und sich durch den Wert der Quantenzahl s des resultierenden Eigenmomentes der Elektronen unterscheiden ($s = 0$ für Singuletts, $s = 1$ für Tripletts). Der Energieunterschied zwischen beiden Termsystemen kann aber nicht durch eine Wechselwirkung der Elektronenmagnete erklärt werden.

Wie Heisenberg[1]) gezeigt hat, führt nun die Quantenmechanik zu einer vollständigen Aufklärung dieser Schwierigkeit, denn sie zeigt, daß im Gegensatz zur älteren Quantentheorie die neue Quantenmechanik bereits bei Vernachlässigung der Elektronenmomente zum Vorhandensein von zwei Termsystemen führt, die bei dieser Vernachlässigung überdies nicht kombinieren würden. Es beruht dies darauf, daß wir es hier speziell mit einem System aus zwei genau gleichartigen Teilchen zu tun haben, so daß bei Vertauschung der zwei Teilchen (Elektronen) die potentielle Energie ihren Wert nicht ändert; ebenso müssen auch alle Funktionen der Teilchenkoordinaten, die für die Ausstrahlung oder für das Verhalten des Atoms bei Stößen maßgebend sind, symmetrisch in den Teilchenkoordinaten sein.

Um zu sehen, wie dieses Resultat zustande kommt, betrachten wir mit Heisenberg einen besonders einfachen Fall eines aus zwei gleichen Teilchen bestehenden Systems, bei dem sich die Resultate der älteren Quantentheorie von denen der neueren noch nicht wesentlich unterscheiden. Dieser besteht in zwei linearen Oszillatoren derselben Eigenfrequenz und Masse, die um dieselbe Gleichgewichtslage schwingen. Diese Oszillatoren koppeln wir, indem

---

[1]) W. Heisenberg, Zeitschr. f. Phys. **38**, 411, 1926; **39**, 499, 1926; **41**, 239, 1927.

wir für jeden Oszillator noch eine Kraft hinzufügen, die die der Elongation des zweiten Oszillators proportional ist, jedoch so, daß die Symmetrie in den Oszillatoren gewahrt bleibt. Die Energiefunktion lautet dann

$$H = \frac{1}{2\,m}(p_1{}^2 + p_2{}^2) + \frac{m}{2}(2\,\pi\,\nu_0)^2(q_1{}^2 + q_2{}^2) + m\,4\,\pi^2\,\lambda\,q_1\,q_2 \quad \cdot\cdot\ (52)$$

worin das letzte Glied die Kopplung beschreibt, q_1, q_2 die Orts-, p_1, p_2 die Impulskoordinaten der Oszillatoren sind.

Setzen wir

$$\left.\begin{aligned} Q_1 &= \frac{1}{\sqrt{2}}(q_1 + q_2), & Q_2 &= \frac{1}{\sqrt{2}}(q_1 - q_2), \\ P_1 &= \frac{1}{\sqrt{2}}(p_1 + p_2), & P_2 &= \frac{1}{\sqrt{2}}(p_1 - p_3) \end{aligned}\right\} \quad \cdot\ \cdot\ \cdot\ \cdot\ (53)$$

(wodurch die kanonische Form der Bewegungsgleichungen gewahrt bleibt), ferner

$$\nu_1{}^2 = \nu_0{}^2 + \lambda, \quad \nu_2{}^2 = \nu_0{}^2 - \lambda \cdot\cdot\cdot\cdot\cdot\cdot\cdot\cdot\cdot (54)$$

so geht (52) über in

$$H = H_1 + H_2; \quad H_1 = \frac{1}{2\,m}(P_1{}^2 + \nu_1{}^2 Q_1{}^2); \quad H_2 = \frac{1}{2\,m}(P_2{}^2 + \nu_2{}^2 Q_2{}^2).$$

Es ist jetzt Separation der Koordinaten vollzogen. Die allgemeinste Bewegung besteht darin, daß Q_1 und Q_2 mit beliebigem Amplitudenverhältnis harmonische Schwingungen mit den etwas verschiedenen Frequenzen ν_1, ν_2 vollführen. Ist nur eine der beiden Schwingungen vorhanden, so sind bei der Schwingung mit der Frequenz ν_1 gemäß (53) die beiden Oszillatoren in gleicher Phase, bei der Schwingung mit der Frequenz ν_2 in entgegengesetzter Phase. Das zu $(q_1 + q_2)$ proportionale gesamte elektrische Moment des Systems enthält also nur die Schwingung ν_1.

In der Quantenmechanik sind die Energiewerte der einzelnen harmonischen Oszillatoren gegeben durch

$$E_1 = h\,\nu_1\,(n_1 + {}^1\!/_2), \quad E_2 = h\,\nu_2\,(n_2 + {}^1\!/_2); \quad E = E_1 + E_2 \cdot\cdot\ (55)$$

wenn wir die „Nullpunktsenergie" $\dfrac{h\,\nu}{2}$, von der oben die Rede war, hinzuzählen. Im Fall verschwindender Kopplung $(\lambda = 0)$ $\nu_1 = \nu_2$ wird also

$$E = h\,\nu\,(n + 1) \quad \text{mit} \quad n = n_1 + n_2 \quad \text{für} \quad \lambda = 0 \cdot\cdot\cdot (55')$$

Für sehr kleines λ zerfällt also jeder Zustand mit dem Wert n in $(n + 1)$ Zustände, den Werten $n_1 = 0, 1, \ldots n$; $n_2 = n \ldots 0$ entsprechend. Der unterste Zustand $n = 0$ ist einfach, der nächste $n = 1$ ist zweifach, der dritte $n = 2$ dreifach, usw. Diese Aufspaltnng der ursprünglich vorhandenen Terme in mehrere kann man als „Resonanz" bezeichnen, da sie auf der ursprünglichen Gleichheit der Oszillatorfrequenzen beruht. Da nun im elektrischen Moment des Systems (die Ladung der beiden Teilchen muß als genau gleich angenommen werden) nur die Frequenz ν vorkommt, erhält man auf Grund des Korrespondenzprinzips zunächst die Auswahlregel, daß nur solche Ausstrahlungsprozesse vorkommen, bei denen die Quantenzahl n_1 sich um 1 ändert, n_2 aber unverändert bleibt. Man kann mit Heisenberg auch die höheren Näherungen betrachten, bei denen die Ausstrahlungen höheren Momenten von q_1 und q_2 proportional sind. Diese sind aber jedenfalls symmetrisch in q_1, q_2, was bei Einführung der Variablen Q_1, Q_2 nach (53) zur Folge hat, daß sie ihren Wert nicht ändern, wenn man (bei unverändertem Wert von Q_1) $+ Q_2$ durch $- Q_2$ ersetzt (was ja der Vertauschung von q_1 und q_2 entspricht). Es kann also Q_2 in diesen höheren Momenten nur in gerader Potenz auftreten; in ihrer Fourierzerlegung tritt neben einem beliebigen Vielfachen von n_1 ein gerades Vielfaches von n_2 auf. Dies führt zu der (weniger scharfen) Auswahlregel: Die Quantenzahl n_1 kann sich (in höheren Näherungen) zwar um beliebige Beträge, n_2 aber nur um eine gerade Zahl ändern. Von dieser Auswahlregel kann man einsehen, daß sie auch bei Stoßprozessen gültig bleiben muß.

Gemäß dieser Auswahlregel kann man die Quantenzustände unserer gekoppelten Oszillatoren in zwei getrennte Systeme zerlegen, die nicht miteinander kombinieren können: Das eine System besteht aus den Termen mit geraden Werten von n_2, das andere aus denen mit ungeraden n_2-Werten. Das erstere, welches den Normalzustand $n_1 = n_2 = 0$ enthält, können wir das „Parasystem“, das zweite das „Orthosystem“ nennen. Wir sehen im „Orthosystem“ bereits das Analogon zum Nichtvorkommen von „äquivalenten“ Zuständen, indem der Übergang vom tiefsten Zustand des Orthosystems ($n_1 = 0$, $n_2 = 1$) zum Normalzustand, der dem Parasystem angehört, ausgeschlossen ist.

Die Quantenmechanik lehrt nun, daß im Gegensatz zur klassischen Mechanik jene Aufspaltung der Terme des ungekoppelten Systems durch „Resonanz“ auch in komplizierten Systemen, wo die Frequenz vom Energieinhalt abhängig ist (z. B. bei anharmonischen Oszillatoren), stattfindet, wenn nur die Teilsysteme (Teilchen, Elektronen) hinsichtlich ihrer physikalischen Wirkungen vollkommen vertauschbar sind und die Energie symmetrisch von den Variablen der Teilsysteme abhängt. Auch zerfallen dann immer die Quantenzustände in zwei getrennte Gruppen, die auf keine Weise ineinander übergeführt werden können, weder durch Strahlung noch durch Stöße[1]). Das eine der beiden Systeme, welches wir das „Orthosystem“ nennen wollen, enthält keine äquivalenten Zustände. Die beiden Systeme können in einfacher Weise durch die zugehörigen Eigenfunktionen $\psi_E(q_1, q_2)$ gekennzeichnet werden, wenn mit q_1 und q_2 bzw. die kartesischen Koordinaten x_1, y_1, z_1 und x_2, y_2, z_2 der beiden Teilchen bezeichnet werden. Im Parasystem ändert die Eigenfunktion bei Vertauschen von q_1 und q_2 ihren Wert nicht (symmetrische Lösung), im Orthosystem ändert sie hierbei ihr Vorzeichen (antisymmetrische Lösung, durch Überstreichen gekennzeichnet):

$$\left.\begin{aligned}
\psi_E(q_1, q_2) &= \psi_E(q_2, q_1) \qquad \text{(Para)} \\
\overline{\psi_E}(q_2, q_1) &= -\,\overline{\psi_E}(q_2, q_1) \qquad \text{(Ortho)}
\end{aligned}\right\} \quad \cdots \cdots \cdot (56)$$

---

[1]) Dieses Resultat ist unabhängig von Heisenberg, auch von P. A. M. Dirac, Proc. Roy. Soc. **112**, 661, 1926, abgeleitet worden; in dieser Arbeit wird jedoch das Eigenmoment der Elektronen noch nicht mit berücksichtigt.

Das Nichtkombinieren der beiden Systeme kann dann leicht folgendermaßen begründet werden. In Verallgemeinerung von (41), (42) gilt für die zum Paar E, $\overline{E}$ von Zuständen gehörige Matrixkomponente einer beliebigen Funktion $f(q_1, q_2)$ der Koordinaten

$$f_{E,\overline{E}} = \iint f(q_1, q_2)\, \psi_E(q_1, q_2)\, \overline{\psi_{\overline{E}}}\,(q_1, q_2)\, d\,q_1\, d\,q_2 \cdots \cdots (57)$$

Es gehöre nun E dem Para-, $\overline{E}$ dem Orthosystem an, und es sei f symmetrisch in q_1 und q_2. Dann kann man einerseits q_1 und q_2 im ganzen Integranden von (57) vertauschen, ohne den Wert von $f_{E,\overline{E}}$ zu ändern, da dies nur auf eine Änderung der Benennung der Integrationsvariablen hinausläuft; andererseits ändert der Integrand sein Vorzeichen bei Vertauschung von q_1 und q_2, da f und ψ_E unverändert bleiben, während $\overline{\psi_{\overline{E}}}$ sein Vorzeichen ändert. Also folgt $f_{E,\overline{E}} = -f_{E,\overline{E}}$ und $f_{E,\overline{E}} = 0$. **Unter den angegebenen Bedingungen verschwindet also die Matrix** $f_{E,\overline{E}}$.

Die Anwendung dieser Theorie auf Atome mit zwei Elektronen liefert nun (bereits bei Vernachlässigung der Eigenmomente) nach näheren Rechnungen von Heisenberg nicht nur das Zerfallen der Terme in zwei nicht kombinierende Systeme (Ortho und Para, letzteres enthält den Normalzustand), sondern auch die qualitativ richtige Lage der Terme und die richtige Größenordnung ihrer Differenz (die somit in der Tat nichts mit den Elektronenmagneten zu tun hat).

Gemäß weiterer Überlegungen von Heisenberg, von denen wir hier nur das Resultat angeben wollen, tritt bei Berücksichtigung der Elektronenmomente folgende Änderung der Sachlage ein: Die „grobe" Resonanz zwischen dem „Ortho-" und „Parasystem" wird gestört, indem zwischen diesen Termen nun schwache Interkombinationen möglich werden. Ferner wird jeder der ursprünglichen Terme in vier Feinstrukturterme aufgespalten (bei den S-Termen mit $l = 0$ sind es nur zwei Terme). Innerhalb dieses neuen Gesamtsystems von Termen tritt aber eine neue „feine" und exakte Resonanz nunmehr hinzu, indem diese wieder in zwei Gruppen zerfallen, die in Strenge nicht kombinieren und nicht ineinander überführbar sind. In der einen Gruppe sind die früheren Paraterme ein Triplettsystem ($s = 1$), die Orthoterme ein Singulettsystem; in der zweiten Gruppe sind die Paraterme ein Singulettsystem ($s = 0$) und die Orthoterme ein Triplettsystem ($s = 1$). Die Erfahrung zeigt, daß nur die zweite Termgruppe in der Natur vorkommt. Eine theoretische Erklärung hierfür fehlt noch völlig.

Ganz ähnlich liegt die Sachlage bei Atomen mit N Elektronen. Es gibt stets eine Lösung der quantenmechanischen Gleichungen, bei der die Ausschließungsregel erfüllt ist und die der Erfahrung entspricht. Führt man für jedes Elektron eine weitere, dem Eigenmoment des Elektrons Rechnung tragende Koordinate ein, so können die zu dieser Lösung gehörenden Eigenfunktionen ganz ähnlich wie die Orthofunktionen in (56) dadurch charakterisiert werden, daß sie bei Vertauschen aller dieser vier Koordinatenwerte, die zu je zwei Elektronen gehören, ihr Vorzeichen ändert („antisymmetrische Lösung"). Das Nichtkombinieren der zugehörigen Zustände mit denen anderer Gruppen folgt durch eine analoge Überlegung wie diejenige, die oben an Gleichung (57) angeknüpft wurde.

Faßt man wie in § 18 das Korrespondenzprinzip als gänzlich losgelöst von der klassischen Mechanik und als quantitative Aussage auf, die eine Verknüpfung herstellt zwischen dem diskontunierlichen wirklichen Geschehen und dessen Beschreibung mittels kontinuierlicher Funktionen, so können wir sagen, daß der Abschluß der Elektronengruppen im Atom auch eine korrespondenzmäßige Seite hat (vgl. Kap. XXIX, S. 1786). Dies ist nämlich insofern der Fall, als diejenigen Zustände, welche der die Ausschließungsregel befriedigenden Lösung der quantenmechanischen Gleichungen entsprechen, mit den anderen Zuständen nicht kombinieren können. Aber er hat auch eine nicht-korrespondenzmäßige Seite, insofern, als diese anderen Zustände von vornherein nicht vorhanden sind. Letzteres scheint eine Eigenschaft der Elektronen zu sein, die mit ihrem Eigenmoment zusammenhängt. Die Quantenmechanik gestattet auch für kompliziertere Systeme wie Moleküle und das „Elektronengas" durch Konstruktion einer „antisymmetrischen" Lösung die Ausschließungsregel zu verallgemeinern, und es ist wohl anzunehmen, daß auch in diesen Systemen diese spezielle Lösung allein der Wirklichkeit entspricht. Wie sich die positiven Kerne diesbezüglich verhalten, ist noch nicht ganz sichergestellt [1]. Jedenfalls ist hier noch eine Lücke in der Theorie vorhanden. Es ist zu hoffen, daß sie durch eine künftige, vollständigere Theorie der elektrischen Elementarteilchen ausgefüllt werden wird.

---

[1] Nach Ergebnissen von F. Hund, Zeitschr. f. Phys. **42**, 92, 1927, und D. M. Dennisson, Proc. Roy. Soc. **115**, 483, 1927, über die spezifische Wärme von H_2 und nach der Analyse der Absorptionslinien des Viellinienspektrums dieses Moleküls (durch T. Hori, Zeitschr. f. Phys. **44**, 834, 1927) scheint es, daß erstens die Protonen ebenfalls ein Eigen-Impulsmoment vom Betrag $1/2\, h/2\pi$ besitzen und daß zweitens für diese eine Ausschließungsregel desselben Inhalts besteht wie für Elektronen.

Dreißigstes Kapitel.

Anregung von Spektrallinien[1].

§ 1. Allgemeines über Anregung von Spektrallinien. Es ist bekannt, daß man das Linienspektrum eines Elements auf sehr mannigfaltige Weise erzeugen kann, und daß der Charakter des Spektrums in vielen Fällen außerordentlich stark von der Art der Erzeugung abhängt. So hat man schon seit langer Zeit unterschieden zwischen dem Flammenspektrum, das man erhält, wenn man ein Salz oder Metall in einer Bunsenflamme verdampft, dem Bogenspektrum, welches von einem elektrischen Lichtbogen ausgesandt wird, der mit der zu untersuchenden Substanz beschickt wird, und dem Funkenspektrum, dem Spektrum des Funkens zwischen Elektroden, welche das betreffende Element enthalten. Bei den Linienspektren der Gase, welche man in der Regel in einer Geisslerschen Röhre erzeugt, erhält man verschiedene Spektra in verschiedenen Teilen der Entladung und bei verschiedener Art der elektrischen Erregung. So treten hier z. B. bei Vergrößerung der Stromdichte durch Anschaltung eines Kondensators neue Linien auf, welche den Funkenlinien der Metalle entsprechen. In manchen Fällen erhält man von demselben Element unter verschiedenen Bedingungen ganz verschiedene und voneinander unabhängige Spektra, so daß man z. B. im Falle des Heliums daran gezweifelt hat, ob man es wirklich mit einem einheitlichen Element zu tun hätte.

In allen Fällen, bei der Flamme sowie bei den verschiedenen Formen der elektrischen Entladung, handelt es sich um sehr komplizierte Erscheinungen. Um zu einem Verständnis der die Linienemission beherrschenden Gesetzmäßigkeiten zu gelangen, war es nötig, die Elementarvorgänge näher kennenzulernen, welche für die Emission einer bestimmten Strahlung durch ein einzelnes Atom nötig sind. Dies ist möglich geworden durch die Untersuchung der Serienbeziehungen in den Linienspektren, durch die Erforschung der Wechselwirkungen zwischen Elektrizitätsträgern und Atomen in der elektrischen Entladung und vor allem durch die Bohrsche Theorie des Atoms. Nach dieser Theorie kann ein Atom außer in seinem Normalzustand auch in unendlich vielen diskreten stationären Zuständen von höherer Energie existieren. Jedem Übergang aus einem dieser stationären Zustände in einen anderen ist eine Spektrallinie zugeordnet, und zwar durch die Gleichung $h\nu = E_2 - E_1$. Hierin bedeutet h die Plancksche Konstante, ν die Frequenz

---

[1] Bearbeitet von Prof. Dr. G. Hertz in Berlin-Charlottenburg (1925).

der Spektrallinie und E_1 bzw. E_2 die Energie des Atoms in den beiden stationären Zuständen. Nur wenn das Atom sich in dem höheren der beiden stationären Zustände, d. h. in demjenigen höherer Energie befindet, ist es imstande, die betreffende Spektrallinie zu emittieren. Nur wenn es sich in dem niedrigeren der beiden stationären Zustände befindet, ist es imstande, Licht von der Frequenz dieser Spektrallinie zu absorbieren. Die aufeinanderfolgenden stationären Zustände entsprechen mit wachsender Energie immer loserer Bindung eines der Elektonen des Atoms. Die Werte der Energie des Atoms konvergieren dabei gegen einen Grenzwert, welcher der völligen Abtrennung dieses Elektrons entspricht, also dem Zustand des ionisierten Atoms.

Um die Emission einer bestimmten Spektrallinie herbeizuführen, ist es daher nötig, daß das Atom auf irgend eine Weise aus seinem Normalzustand in den höheren der beiden stationären Zustände gebracht wird, welche zu dieser Spektrallinie gehören. Dies kann z. B. dadurch geschehen, daß die Temperatur so weit erhöht wird, daß die kinetische Energie der thermischen Bewegung ausreicht, um bei einem Zusammenstoß eines der Atome in den höheren Zustand zu bringen. Diese Art der Erregung spielt in der Flamme die Hauptrolle, die Erscheinung wird hier jedoch dadurch verwickelter, daß auch die lebhaften chemischen Umsetzungen Emission von Spektrallinien veranlassen können, denn die bei einer chemischen Reaktion frei werdende Energie kann dazu benutzt werden, eines der beteiligten Atome in einen höheren stationären Zustand zu überführen.

Auch bei der elektrischen Entladung können verschiedene Vorgänge bei der Anregung der Lichtemission zusammenwirken. In erster Linie sind es hier die Stöße der unter dem Einfluß des Feldes schnell bewegten Elektronen und positiven Ionen, welche den Atomen die nötige Energie zuführen, um sie in höhere stationäre Zustände zu überführen. Außerdem aber muß bei der Wiedervereinigung eines positiven Ions mit einem Elektron zu einem neutralen Atom die dabei freiwerdende Energie als Strahlung ausgesandt werden, da sie nach dem Impulssatz nicht als kinetische Energie des Atoms in Erscheinung treten kann. Bei diesem Wiedervereinigungsleuchten können neben dem hierbei auftretenden, an die Seriengrenze anschließenden kontinuierlichen Spektrum ebenfalls alle Spektrallinien des Elements ausgesandt werden, da das Atom aus dem Zustand des positiven Ions auf dem Wege über einen oder mehrere dazwischen liegende stationäre Zustände in den Normalzustand zurückkehren kann.

§ 2. Anregung des Atoms durch Elektronenstoß.

Die weitaus wichtigste Rolle bei der Anregung der Lichtemission in der elektrischen Entladung spielen jedoch in fast allen Fällen die Elektronen, welche im elektrischen Felde genügende kinetische Energie erworben haben, um beim Zusammenstoß mit einem Atom dieses in einen höheren stationären Zustand zu überführen. Im Gegensatz zum Normalzustand des Atoms nennt man jeden höheren stationären Zustand des Atoms einen „angeregten" Zustand. Den Vorgang der Überführung des Atoms in einen angeregten Zustand durch den

Stoß eines Elektrons, nennt man die Anregung des Atoms durch Elektronenstoß. Da diese Art der Anregung die einzige ist, die bereits eingehender experimentell untersucht ist, so wollen wir zunächst nur diese ins Auge fassen. Ferner wollen wir uns zunächst auf die Erscheinungen in Edelgasen und Metalldämpfen beschränken, da die Verhältnisse hier sehr viel einfacher liegen als bei den anderen Gasen, wo durch die Mehratomigkeit der Moleküle und durch das Mitwirken chemischer Kräfte verwickeltere Erscheinungen auftreten.

Die experimentelle Untersuchung des Verhaltens von langsamen Elektronen in Edelgasen und Metalldämpfen hat ergeben, daß die Zusammenstöße zwischen Elektronen und Atomen in bezug auf den Energieaustausch wie Zusammenstöße zwischen völlig elastischen Kugeln verlaufen, solange die Geschwindigkeit des Elektrons unterhalb eines für das Atom charakteristischen „kritischen" Wertes bleibt. Das bedeutet, daß bei einem solchen Zusammenstoß zwischen einem Elektron und einem Atom keinerlei Energie an die inneren Freiheitsgrade des Atoms abgegeben wird. Dies ist in bester Übereinstimmung mit der Bohrschen Theorie. Da das Atom nach dieser Theorie nur in den diskreten stationären Zuständen bestehen kann, so kann es im Normalzustand nur bestimmte Energiebeträge aufnehmen, nämlich die Beträge, um welche die Energie des Atoms in den höheren stationären Zuständen größer ist als im Normalzustand. Zu jedem stationären Zustand gehört also ein bestimmtes Energiequant, welches das Atom aufzunehmen imstande ist. Dieses Energiequant ist gleich der Arbeit, welche geleistet werden muß, um das Atom aus seinem Normalzustand in den betreffenden höheren stationären Zustand zu bringen. Unter diesen Energiequanten befindet sich ein kleinstes, es entspricht dem Übergang des Atoms aus dem Normalzustand in den nächst höheren stationären Zustand, also in denjenigen, dessen Energie sich am wenigsten von der des Normalzustandes unterscheidet. Diesen kleinsten Energiebetrag, den das Atom aufzunehmen imstande ist, nennt man die Anregungsarbeit des Atoms, er stellt zugleich den „kritischen" Wert der kinetischen Energie eines Elektrons dar. Solange nämlich die kinetische Energie des stoßenden Elektrons kleiner ist als die Anregungsarbeit, kann beim Zusammenstoß keine Energie an die inneren Freiheitsgrade des Atoms übertragen werden. Sobald aber die kinetische Energie des Elektrons die Anregungsarbeit überschreitet, kann sein Zusammenstoß mit einem Atom zur Überführung des Atoms in einen höheren stationären Zustand führen. Da man experimentell Elektronen einer bestimmten Geschwindigkeit in der Regel dadurch herstellt, daß man sie eine bestimmte Spannung frei durchlaufen läßt, so ist es gebräuchlich, ihren Bewegungszustand nicht durch ihre Geschwindigkeit oder kinetische Energie zu charakterisieren, sondern durch die Spannung, die sie frei durchlaufen haben müssen, um diese Geschwindigkeit zu erwerben. Der kritischen Geschwindigkeit des Elektrons, unterhalb welcher es nicht imstande ist, dem Atom beim Zusammenstoß Energie zuzuführen, entspricht ein kritischer für das Atom charakteristischer Spannungswert, welcher die „Anregungsspannung" des Atoms genannt wird. Die Anregungsspannung eines Atoms ist also diejenige

Spannung, die ein Elektron mindestens frei durchlaufen haben muß, um bei einem Zusammenstoß Energie an das Atom übertragen und es dabei in einen höheren stationären Zustand überführen zu können. Sie entspricht dem Übergang des Atoms aus seinem Normalzustand in den nächst höheren stationären Zustand. Ebenso entspricht dem Übergang des Atoms aus seinem Normalzustand in jeden der höheren stationären Zustände eine bestimmte zu leistende Arbeit und damit ein Mindestwert von kinetischer Energie eines stoßenden Elektrons, durch welche es ihm möglich gemacht wird, das Atom bei einem Zusammenstoß in den betreffenden höheren stationären Zustand zu überführen. Es gehört also zu jedem stationären Zustand eine bestimmte Mindestspannung, die ein Elektron mindestens frei durchlaufen haben muß, um beim Zusammenstoß das Atom in diesen Zustand zu bringen, diese nennen wir die Anregungsspannung des betreffenden Zustandes.

Die kinetische Energie eines Elektrons ist gleich dem Produkt aus seiner Ladung und der frei durchlaufenden Spannung, sie muß im Falle der Anregungsspannung gerade gleich sein der Arbeit, die geleistet werden muß, um das Atom aus seinem Normalzustand in den betrachteten höheren stationären Zustand zu bringen. Die Anregungsspannung ist also gegeben durch die Gleichung $V.e = E_n - E_0$, wobei e die Ladung des Elektrons, E_0 bzw. E_n die Energie des Atoms im Normalzustand bzw. in dem höheren stationären Zustand bezeichnet.

Die Bedingungen für die Anregung von Spektrallinien durch Elektronenstoß ergeben sich ohne weiteres. Ein Atom durch einen Elektronenstoß zur Emission einer bestimmten Spektrallinie anregen, heißt nämlich nach Bohr nichts anderes als das Atom durch den Elektronenstoß in den höheren der beiden zu der betreffenden Spektrallinie gehörigen stationären Zustände bringen. Es besteht also für jede Spektrallinie eine bestimmte Anregungsspannung, welche ein Elektron mindestens frei durchlaufen haben muß, um bei Stoß die Emission dieser Spektrallinie herbeiführen zu können, und diese Anregungsspannung ist gleich der Anregungsspannung für den höheren der beiden zu der Spektrallinie gehörigen stationären Zustände. Ist die Energie des Atoms in diesen beiden Zuständen E_1 bzw. E_2, seine Energie im Normalzustand E_0, so ist demnach die Anregungsspannung der Spektrallinie gegeben durch die Gleichung:

$$Ve = E_2 - E_0.$$

Vergleichen wir dies mit der Bohrschen Frequenzbeziehung: $hv = E_2 - E_1$, so sehen wir, daß im allgemeinen keinerlei Beziehung zwischen der Frequenz der Spektrallinie und ihrer Anregungsspannung besteht. Nur für eine wichtige Gruppe von Linien ist dies der Fall, nämlich für diejenigen, für welche der niedrigere der beiden zugehörigen stationären Zustände der Normalzustand des Atoms ist. Es sind die Absorptionslinien des unerregten Atoms, und zu ihnen gehören als wichtigste die sogenannten Resonanzlinien. Hier st $E_1 = E_0$, die obige Gleichung für die Anregungsspannung ergibt in diesem Falle zusammen mit der Bohrschen Frequenzgleichung die einfache Beziehung:

$$Ve = hv.$$

Führt man an Stelle der Frequenz die Wellenlänge λ ein, so erhält man nach Einsetzen der zahlenmäßigen Werte für e und h die einfache Formel $V = \dfrac{12\,345}{\lambda}$, welche die Anregungsspannung in Volt ergibt, wenn der Wert von λ in Å.-E. eingesetzt wird.

Um in einem konkreten Falle die Anregungsspannung einer Spektrallinie berechnen zu können, müssen wir die Energie des Atoms in den beiden zu der Spektrallinie gehörigen stationären Zuständen kennen. Dies ist für alle diejenigen Linien der Fall, die solchen Spektren angehören, die bereits vollständig in Serien aufgelöst worden sind. Die Serienformeln, durch welche in diesen Fällen die Frequenzen der einzelnen Serienlinien dargestellt werden, geben diese Frequenz stets in der Form $v = T_m - T_n$, also als die Differenz von zwei Größen, den sogenannten Termen. Nach Bohr bedeuten diese Terme die durch h dividierten Werte der Energie des Atoms in den verschiedenen stationären Zuständen, wie man sieht, wenn man die Bohrsche Frequenzgleichung in der Form niederschreibt:

$$h\,v = h\,(T_m - T_n) = E_2 - E_1.$$

Wir dürfen jedoch die mit h multiplizierten Termwerte nicht ohne weiteres mit den oben mit E bezeichneten Werten der Energie des Atoms in den verschiedenen stationären Zuständen identifizieren. Wie ein näherer Vergleich zeigt, bedeuten die mit h multiplizierten Serienterme vielmehr die negativ genommenen Werte der Energie des Atoms, wobei die Energie des Atoms im Zustand des positiven Ions, also nachdem eines seiner Elektronen in unendliche Entfernung gebracht worden ist, gleich Null gesetzt wird. Da die Energie des Atoms in den stationären Zuständen stets kleiner ist als die des positiven Ions, so ergeben sich auf diese Weise für die negativ genommene Energie, und damit auch für die Terme, positive Werte, wobei nun jedoch dem Zustand kleinster Energie der größte Termwert entspricht. Nennen wir die Energie des Atoms im Zustand des positiven Ions E_∞, so besteht demnach zwischen dem zu einem bestimmten stationären Zustand gehörigen Term und der Energie des Atoms in diesem Zustand die Beziehung:

$$h\,T_n = E_\infty - E_n.$$

Führen wir mit Hilfe die Beziehung der Termwerte an Stelle der Energiewerte in die Gleichung für die Anregungsspannung ein, so erhalten wir:

$$V e = h\,(T_0 - T_2),$$

wobei T_0 der dem Normalzustand des Atoms entsprechende Term und T_2 der kleinere der beiden zu der Spektrallinie gehörigen Terme ist (vgl. hierzu auch die Betrachtungen in Kap. XXXI, § 4).

Diese Formel ermöglicht es, für jede Spektrallinie die Anregungsspannung unmittelbar aus dem Serienschema zu entnehmen.

§ 3. Beispiele. Als Beispiel zum vorhergehenden betrachten wir einen Vertreter der Alkalimetalle, das Natrium. In Fig. 1131 ist das Serienschema des Natriums vereinfacht graphisch dargestellt[1]). Jeder Punkt des Schemas entspricht einem Term, also einem stationären Zustand des Natriumatoms, und zwar sind diese Punkte so eingezeichnet, daß ihr Abstand von der Ordinatenachse der Größe des Terms proportional ist. Die Terme sind in verschiedene Reihen eingeordnet und mit Buchstaben und Ziffern bezeichnet. Bezüglich der Bedeutung dieser Reihen und Bezeichnungen sei auf das folgende Kapitel verwiesen. Die an die Abszissenachse angeschriebenen Zahlen geben die Termwerte, jedoch nicht in der Skala der Frequenzen, sondern in den in der Spektroskopie üblichen Wellenzahlen[2]). Ihr Nullpunkt bedeutet den Termwert Null, er entspricht also dem Zustand des positiven Ions, gegen den sämtliche Termreihen konvergieren. Der Normalzustand des Natriumatoms wird dargestellt durch den größten Term, der mit $1s$ bezeichnet ist. Die Verbindungslinien zwischen den Termpunkten bedeuten die Spektrallinien, deren Frequenz gleich der Differenz der beiden zugehörigen Terme ist.

Fig. 1131.

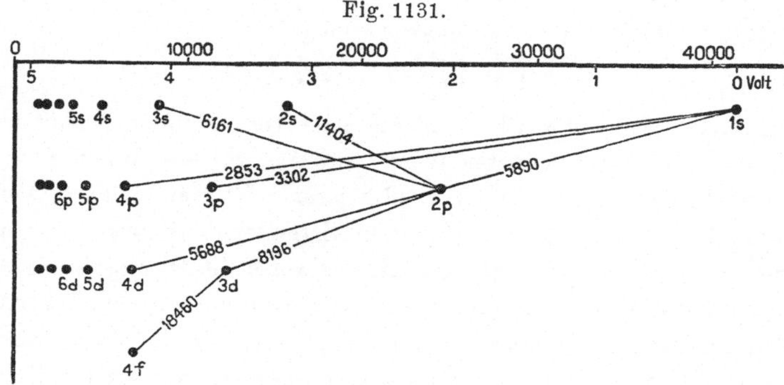

Termschema des Natriumatoms.

Die Anregungsspannung einer beliebigen Spektrallinie ist entsprechend der Formel $Ve = h\,(T_0 - T_2)$ proportional dem in horizontaler Richtung gemessenen Abstand des kleineren der beiden zu der Spektrallinie gehörigen Terme von dem dem Normalzustand entsprechenden Term $1s$, sie ist also unmittelbar aus der Figur abzulesen. Ihre Werte sind in Volt ebenfalls an die Abszissenachse angeschrieben, wobei jetzt der Nullpunkt dieser Skala beim Term $1s$ liegt.

Lassen wir nun einen Strahl von Elektronen, die durch Durchlaufen einer bestimmten Spannung eine bestimmte einheitliche Geschwindigkeit erworben haben, in Natriumdampf eintreten und mit den Natriumatomen zusammenstoßen. Was ist dann zu erwarten, wenn wir die beschleunigende Spannung von Null an größer und größer werden lassen? Der dem Normal-

---

[1]) In Wirklichkeit sind bei den Alkalimetallen alle Terme außer den s-Termen doppelt; so besteht z. B. der Term $2p$ aus zwei nahe beieinander liegenden Termen $2p_1$ und $2p_2$. Die p_2-Terme sowie die dazu gehörigen Linien sind in der Figur der Einfachheit wegen fortgelassen. Bei den d- und f-Termen liegen beim Natrium die Dubletterme ohnehin so nahe beieinander, daß sie nicht getrennt werden können.

[2]) Unter „Wellenzahl" versteht man die Frequenz geteilt durch die Lichtgeschwindigkeit, sie ist für eine Spektrallinie gleich dem reziproken Wert der Wellenlänge (vgl. Kap. XXXI, § 2).

zustand am nächsten liegende Term ist der Term $2\,p$. Durch Einsetzen der zahlenmäßigen Werte der Terme $1\,s$ und $2\,p$ erhält man für die Anregungsspannung den Betrag von 2,1 Volt, den man übrigens aus der Figur mit Hilfe der angeschriebenen Voltskala direkt ablesen kann. Wir haben also zu erwarten, daß, solange die beschleunigende Spannung unterhalb 2,1 Volt bleibt, die Elektronen mit den Natriumatomen vollkommen elastisch zusammenstoßen, ohne ihren Zustand irgendwie zu beeinflussen. Sobald aber die beschleunigende Spannung diesen Wert erreicht hat, werden die Elektronen imstande sein, die gestoßenen Natriumatome in den Zustand $2\,p$ zu überführen. Wie man weiter aus der Figur ablesen kann, werden die Natriumatome hierdurch instand gesetzt, die Linie 5890, die charakteristische gelbe Natriumlinie zu emittieren, jedoch noch keine der anderen Serienlinien. Die Anregungsspannung des Natriumatoms ist also gleichzeitig die Anregungsspannung der gelben Natriumlinie, der Resonanzlinie des Natriums. Sie läßt sich demnach auch aus der Frequenz dieser Linie mit Hilfe der Beziehung $V e = h \nu$ berechnen. Lassen wir die Spannung weiter steigen, so werden die Natriumatome durch die Elektronenstöße in immer höhere und höhere stationäre Zustände gebracht werden können, und dabei werden jedesmal, wenn wieder ein weiterer Zustand erreicht wird, alle die Linien neu auftreten, zu denen dieser Zustand als höherer stationärer Zustand gehört. Schließlich wird die Energie der Elektronen so groß werden, daß sie imstande sind, das Atom durch einen Stoß in den Zustand eines positiven Ions zu überführen, d. h. eines der Elektronen des Atoms völlig von dem Atom abzutrennen.

Die Spannung, welche die Elektronen frei durchlaufen haben müssen, um die hierzu nötige Energie zu erwerben, nennt man die Ionisierungsspannung des Atoms. Diese für die Theorie der elektrischen Entladung sehr wichtige Größe können wir nun ebenfalls unmittelbar aus dem Serienschema ablesen. Wir haben dazu nur unsere Formel für die Anregungsspannung eines Zustandes auf den Zustand des positiven Ions anzuwenden. Der diesem Zustand entsprechende Termwert ist Null, wir erhalten also als Gleichung für die Ionisierungsspannung $V e = h\,T_0$, wobei T_0 im Falle des Natriums den Term $1\,s$ bedeutet. Zahlenmäßig ergibt sich auf diese Weise die Ionisierungsspannung des Natriums in 5,1 Volt. Wie im folgenden Kapitel gezeigt wird, ist der Wert des Terms $1\,s$ gleich der Frequenz der Grenze der Hauptserie.

Zusammenfassend können wir also sagen: Sowohl die Anregungs- als auch die Ionisierungsspannung des Natriumatoms läßt sich mit Hilfe der Formel $V e = h \nu$ berechnen, indem man für ν im Falle der Anregungsspannung die Frequenz der Resonanzlinie, im Falle der Ionisierungsspannung die Frequenz der Grenze der Hauptserie einsetzt. Da die Anregungsspannung des Atoms im Falle der Alkalimetalle mit der Anregungsspannung der Resonanzlinie identisch ist, so ist sie vielfach auch als Resonanzspannung bezeichnet worden. Es sei jedoch darauf hingewiesen, daß diese Identität nur in dem besonders einfachen Falle der Alkalimetalle besteht. Wie beim Quecksilber gezeigt werden wird, ist dies im allgemeinen keineswegs der Fall, so daß die Benutzung des Namens Resonanzspannung für die Anregungsspannung des Atoms leicht zu Irrtümern führen kann.

Fig. 1132 zeigt in derselben Darstellung das Seriensystem des Quecksilbers, welches aus zwei Systemen besteht, von denen jedes prinzipiell genau so aufgebaut ist wie das des Natriums. Die mit großen Buchstaben bezeichneten Terme des einen sind einfach (Singulettsystem), die des anderen sind dreifach (Triplettsystem) und werden mit kleinen Buchstaben bezeichnet [1]). Nicht allen möglichen Übergängen zwischen zwei stationären Zuständen entsprechen Spektrallinien, da durch das „Auswahlprinzip" eine große Anzahl derartiger Übergänge ausgeschlossen werden (vgl. das Kapitel über die Serienspektren). So ist z. B. von den drei $2p$-Termen des Triplettsystems der Term $2p_1$ der einzige, welcher mit $1S$ kombiniert, d. h.: von den den Termen $2p_0$ und $2p_2$

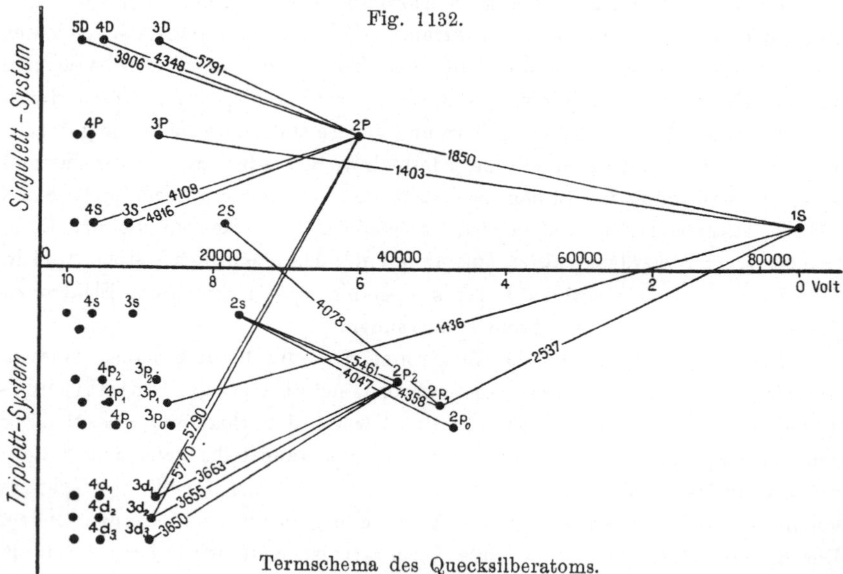

Termschema des Quecksilberatoms.

entsprechenden Zuständen aus kehrt das Atom nicht spontan in den Normalzustand zurück, dementsprechend werden die diesen Übergängen entsprechenden Spektrallinien unter normalen Umständen nicht emittiert. Die Linien $1S — 2p_1$ (Wellenlänge 2537 Å) und $1S — 2P$ (Wellenlänge 1850 Å) sind Resonanzlinien. Ihre Anregungsspannung ergibt sich also nach der Formel $Ve = h\nu$ zu 4,87 bzw. 6,67 Volt. Die Ionisierungsspannung ergibt sich in ganz analoger Weise wie beim Natrium mit Hilfe derselben Formel aus der Grenze der Hauptserie des Einzelliniensystems zu 10,39 Volt. Dagegen ist die Anregungsspannung des Atoms hier nicht mehr mit der Anregungsspannung irgend einer Linie identisch. Der dem Normalzustand nächst höhere stationäre Zustand ist nämlich der Zustand $2p_0$. Die Anregungs-

---

[1]) Die neueren Bezeichnungsweisen ^1S, ^1P, $^1D\ldots$, ^3S, ^3P, $^3D\ldots$ sind im folgenden Kapitel besprochen.

spannung für diesen Zustand berechnet sich aus dem Termwert zu 4,65 Volt. Der $2p_0$-Zustand, in welchen das Atom durch den Stoß von Elektronen übergeführt werden kann, das diese Spannung frei durchlaufen hat, ist ein Zustand, in welchem das Atom höhere Energie besitzt als im Normalzustand, aus welchem es aber doch nicht spontan in den Normalzustand zurückkehren kann. Ein solcher Zustand wird nach Franck als metastabil bezeichnet. Für eine Anregungsspannung, welche dem Übergang des Atoms in einen metastabilen Zustand entspricht, wird zum Unterschied von Anregungsspannungen, welche zu Linienemission gehören, der Name Umwandlungsspannung gebraucht. Der typische Fall einer solchen Umwandlung in einen metastabilen Zustand findet sich beim Helium (vgl. Kap. XXXI).

In vollkommen analoger Weise, wie es hier für Natrium und Quecksilber als Vertreter der ersten beiden Gruppen des periodischen Systems gezeigt worden ist, kann man in allen Fällen die Anregungs- und Ionisierungsspannungen aus den Serientermen ableiten, wo das Spektrum bereits in Serien aufgelöst ist. Umgekehrt können unter Umständen Messungen der Anregungs- und Ionisierungsspannungen benutzt werden, um unvollständige Seriensysteme zu ergänzen, wenn auch die Genauigkeit derartiger Messungen niemals mit der Genauigkeit spektroskopischer Messungen zu vergleichen ist. Die elektrischen Methoden zur Messung dieser Spannungen werden an anderer Stelle behandelt (Bd. IV dieses Lehrbuches).

Fig. 1133.

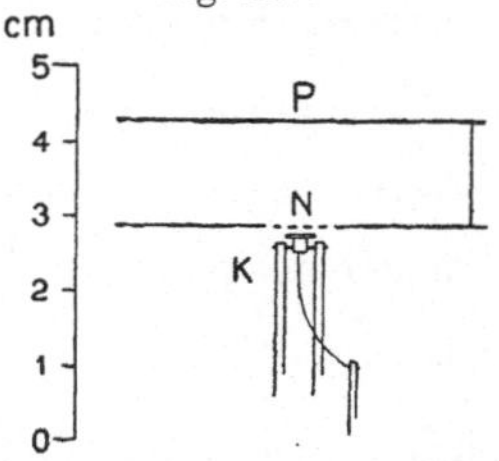

Anordnung zur Beobachtung der Anregung durch Elektronenstoß.

§ 4. Experimentelles. Bei der Untersuchung der Anregung von Spektrallinien durch Elektronenstoß benutzt man in der Regel eine Glühkathode zur Erzeugung der Elektronen, welche dann durch ein variables elektrisches Feld beschleunigt werden und dann in einen feldfreien Raum eintreten, in welchem sie mit den Atomen des zu untersuchenden Gases zusammenstoßen. Eine Anordnung, welche die sukzessive Anregung der Spektrallinien mit wachsender Elektronengeschwindigkeit gut zu beobachten und auch zu demonstrieren gestattet, ist in Fig. 1133 dargestellt. Hierin bedeutet K eine Äquipotentialkathode, welche durch einen den sie tragenden Draht durchfließenden Strom erhitzt wird, und deren obere Fläche mit Bariumoxyd bedeckt ist, so daß sie schon bei Rotglut eine große Anzahl Elektronen emittiert. Diese Elektronen werden auf einem kurzen Wege durch eine zwischen die Kathode und das feine Drahtnetz N angelegte Spannung beschleunigt und treten dann durch N in den feldfreien Raum zwischen N und den ihm gegenüberstehenden und auf gleichem Potential befindlichen Platte P ein, wo sie mit den Atomen des zu untersuchenden Gases zusammenstoßen. Die als Folge dieser Zusammenstöße auftretende Lichtemission kann dann mit Hilfe eines Spektroskops beobachtet werden. Im allgemeinen muß man, um Störungen durch Raumladungen zu vermeiden, mit niedrigen Drucken und kleinen Stromdichten arbeiten.

Zum ersten Male ist die quantenhafte Anregung einer Spektrallinie experimentell von J. Franck und G. Hertz [1]) nachgewiesen worden, welche zeigten, daß durch Elektronen mit einer 5 Volt entsprechenden Geschwindigkeit in Quecksilberdampf allein die Resonanzlinie 2537 Å angeregt wird. Dieselbe Erscheinung wurde dann von Mc Lennan und Henderson [2]) auch an Zink und Cadmium nachgewiesen. Für dieselben Metalle zeigten Mc Lennan und Ireton [3]) auch für die dem Einzelliniensystem angehörige kurzwelligere Resonanzlinie das quantenhafte Auftreten von der dieser Linie

Tabelle 1.

Element	Wellenlänge der Resonanzlinie	Anregungsspannung Volt	Ionisierungs- spannung Volt
Lithium	6708	1,840	5,368
Natrium	5890	2,095	5,116
Kalium	7665	1,610	4,321
Rubidium	7800	1,582	4,158
Cäsium	8521	1,448	3,877

Tabelle 2.

Element	Wellenlänge der Resonanzlinien	Anregungsspannung der Resonanzlinien Volt	Ionisierungs- spannung Volt
Magnesium	4571 2852	2,700 4,327	7,613
Calcium	6573 4227	1,878 2,920	6,087
Zink	3076 2139	4,012 5,771	9,353
Strontium	6893 4608	1,791 2,679	5,670
Cadmium	3261 2289	3,784 5,394	8,955
Barium	7911 5536	1,560 2,230	5,118
Quecksilber	2537 1850	4,866 6,674	10,392

entsprechenden Anregungsspannung an. Eine große Anzahl von Metallen der ersten beiden Gruppen des periodischen Systems sind mittels einer verbesserten Methode von Foote, Meggers und Mohler [4]) untersucht worden. In allen Fällen konnten sie durch Messung der Anregungsspannungen der Resonanzlinien und der Ionisierungsspannungen bestätigen, daß diese sich aus den Frequenzen der Resonanzlinien bzw. der Grenze nach der Gleichung $Ve = h\nu$ berechnen lassen. Die Tabellen 1 und 2 geben für die Alkalimetalle bzw. für die Metalle der zweiten Gruppe des periodischen

[1]) J. Franck und G. Hertz, Verh. d. D. Phys. Ges. **16**, 512, 1914.
[2]) J. C. Mc Lennan und Henderson, Proc. Roy. Soc. **91**, 485, 1915.
[3]) J. C. Mc Lennan und H. J. C. Ireton, Phil. Mag. **36**, 461, 1918.
[4]) P. D. Foote, W. F. Meggers und F. L. Mohler, Phil. Mag. **42**, 1002, 1921; **43**, 659, 1922; Astroph. Journ. **55**, 145, 1922.

Systems die Wellenlängen der Resonanzlinien sowie die Werte der Anregungsspannungen der Resonanzlinien und die Ionisierungsspannungen.

Der Nachweis der quantenhaften Anregung der höheren Serienlinien bei den zugehörigen Anregungsspannungen gelang zunächst nicht infolge nicht genügend einheitlicher Elektronengeschwindigkeiten und infolge von Störung durch Raumladungen. Durch Verfeinerung der Untersuchungsmethoden wurde dieser Nachweis jedoch ebenfalls ermöglicht. Fig. 1134 zeigt Aufnahmen des Quecksilberspektrums, die bei zwei verschiedenen beschleunigenden Spannungen mit Hilfe des in Fig. 1133 dargestellten Rohres aufgenommen sind [1]. An die Linien sind die Wellenlängen in Å.-E. und dahinter in Klammern die aus den Serientermen berechneten Anregungsspannungen angeschrieben (vgl. das Serienschema in Fig. 1132, in welcher alle hier vorkommenden Linien eingezeichnet sind). Man sieht, daß bei der niedrigeren Spannung nur Linien von einer Anregungsspannung kleiner als 8 Volt auftreten, während die bei Erhöhung der Spannung hinzutretenden Linien sämtlich solche von höherer Spannung sind. Besonders auffallend ist das Verhalten der starken Linie 3650,

Fig. 1134.

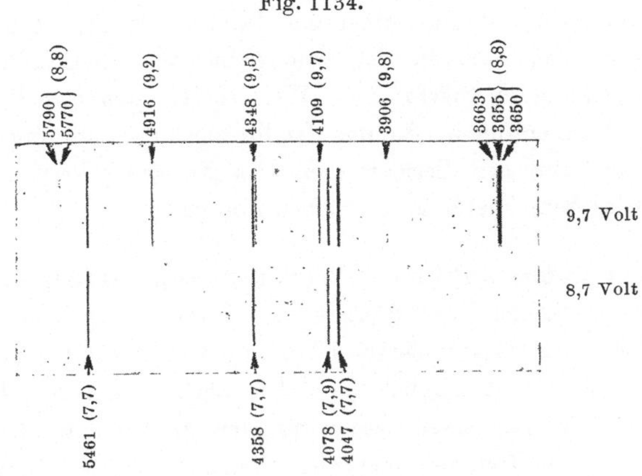

Stufenweise Anregung des Quecksilberspektrums.

welche bei der höheren Spannung weitaus die stärkste Linie ist, bei der niedrigeren Spannung aber vollständig fehlt Es sei noch bemerkt, daß die Spektra mit einem Glasspektrographen aufgenommen sind, so daß die Resonanzlinien, die natürlich bei beiden Spannungen ebenfalls auftreten, hier fehlen.

Außer beim Quecksilber [2] ist das sukzessive Auftreten der höheren Serienlinien bei den aus den Termen zu berechnenden Anregungsspannungen beim Cäsium [3], sowie bei den Edelgasen Helium und Neon [4] nachgewiesen worden, so daß diese Folgerung der Bohrschen Theorie experimentell durchaus sichergestellt ist.

---

[1] G. Hertz, Zeitschr. f. Phys. **22**, 18, 1924.
[2] Siehe auch J. A. Eldrige, Phys. Rev. **23**, 685, 1924.
[3] A. Le. Hughes und C. F. Hagenow, Phys. Rev. **24**, 229, 1924.
[4] G. Hertz, l. c.

Ebenso wie das neutrale Atom kann auch das positive Ion, das aus ihm durch vollständige Abtrennung eines Elektrons entsteht, in einer unendlichen Reihe von stationären Zuständen existieren, welche nun immer loserer Bindung eines zweiten Elektrons entsprechen und gegen den Zustand des doppelt positiv geladenen Ions konvergieren, in welchem auch das zweite Elektron völlig abgetrennt ist. Die Spektrallinien, welche den Übergängen zwischen diesen stationären Zuständen entsprechen, bilden das Spektrum des positiven Ions. Im Lichtbogen, wo die Lichtemission hauptsächlich durch Stöße sehr langsamer Elektronen angeregt wird, wird fast ausschließlich das Spektrum des neutralen Atoms ausgesandt, welches man daher das Bogenspektrum des betreffenden Elements nennt. Im Funken dagegen, wo die Elektronen durch hohe Spannungen beschleunigt werden, tritt das Spektrum des positiven Ions mit großer Intensität auf, dieses Spektrum wird daher das Funkenspektrum genannt. Für die Anregung des positiven Ions zur Emission des Funkenspektrums gelten genau dieselben Überlegungen wie für die Anregung des Bogenspektrums. Wollen wir jedoch das neutrale Atom zur Emission einer Linie des Funkenspektrums anregen, so müssen wir ihm zunächst die Ionisierungsenergie zuführen und außerdem die Energie die nötig ist, um das positive Ion in den höheren der beiden zu der Spektrallinie gehörigen stationären Zustände zu überführen. Wir erhalten demnach die Anregungsspannung einer Funkenlinie als Summe der Ionisierungsspannung des neutralen Atoms und der aus den Serientermen des Funkenspektrums auf die gewöhnliche Weise berechneten Anregungsspannung.

§ 5. Anregungsfunktion. Wirkung von Stößen zweiter Art.

Die bisher besprochenen Überlegungen und Versuche beziehen sich auf den kritischen Wert der Elektronengeschwindigkeit, unterhalb dessen eine Anregung der Linien nicht möglich ist. Die nächste wichtige Frage ist die folgende: Ein Elektron, dessen Geschwindigkeit groß genug ist, um ein Atom zur Emission einer bestimmten Spektrallinie anzuregen, stoße mit einem Atom zusammen. Wie groß ist dann die Wahrscheinlichkeit dafür, daß es wirklich zur Emission der Spektrallinie kommt. Diese Wahrscheinlichkeit ist eine Funktion der Elektronengeschwindigkeit, sie wird nach Seeliger die Anregungsfunktion der Spektrallinie genannt. Über ihren Verlauf ist noch wenig Sicheres bekannt, fest steht jedenfalls, daß sie für die meisten Linien in der Gegend von etwa 100 bis 200 Volt ein Maximum besitzt.

Indessen würde auch eine genaue Kenntnis des Verlaufs der Anregungsspannung noch nicht genügen, um den Charakter der in einer elektrischen Entladung auftretenden Linienemission, insbesondere die Intensitätsverteilung vorauszusagen. Es treten nämlich in beinahe allen Fällen noch Vorgänge auf, welche die Erscheinungen komplizieren. So kann es z. B. bei größeren Stromdichten vorkommen, daß ein Elektron mit einem Atom zusammenstößt, welches sich bereits in einem höheren stationären Zustand befindet, in den es etwa durch einen vorhergehenden Elektronenstoß oder auch durch Lichtabsorption gelangt sein kann. Es ist ohne weiteres deutlich, daß durch einen derartigen Stoß Linien angeregt werden können, auch wenn die von dem Elektron durchlaufene Spannung kleiner als die Anregungsspannung dieser Linien ist. Mit dem Auftreten solcher „Mehrfachstöße" ist besonders bei Elementen mit metastabilen Zuständen von großer Lebensdauer zu rechnen. Eine wichtige Rolle spielen ferner, besonders bei Gemischen mehrerer Gase, die sogenannten Stöße zweiter Art. Sie bilden die Umkehrung der bisher besprochenen Stöße, bei welchen die kinetische Energie des stoßenden Teilchens benutzt wird, um das gestoßene Atom in einen höheren stationären Zustand zu überführen. Ein solcher Stoß zweiter Art ist ein Zusammenstoß zwischen einem in einem höheren stationären Zustand befindlichen Atom und einem Elektron oder einem Atom, bei welchem das angeregte Atom ohne Strahlung in einen niedrigeren stationären Zustand übergeht und die hierbei frei werdende Energie in kinetische Energie des Elektrons bzw. der Atome verwandelt wird. Das Vorkommen solcher Stöße ist von Klein und Rosseland [1]) theoretisch vorausgesagt und von Franck und Cario [2]) experimentell nachgewiesen worden. Eine besondere Art von Stößen zweiter Art sind solche zwischen einem angeregten und einem nicht angeregten Atom, bei welchem ein Teil der frei werdenden Energie dazu benutzt wird, das vor dem Stoß nicht angeregte Atom anzuregen. Handelt es sich dabei um Atome verschiedener Elemente, so kann auf diese Weise die Energie, die dem Atom des einen Elements durch Elektronenstoß zugeführt worden ist, die Emission einer Spektrallinie des anderen Elements bewirken. Andererseits können Stöße zweiter Art zwischen angeregten Atomen und Elektronen bewirken, daß diese viel höhere Geschwindigkeiten erlangen als dem von ihnen frei durchlaufenen elektrischen Felde entspricht. Man sieht, daß die Verhältnisse in einer elektrischen Entladung im allgemeinen so verwickelt sind, daß eine quantitative Theorie der dabei auftretenden Lichtemission vorläufig noch nicht möglich ist.

Bei den Gasen mit mehratomigen Molekülen tritt die Energie der Rotation und der Schwingungen der Atome des Moleküls gegeneinander mit in die Energiebilanz ein, welche für einen Zusammenstoß zwischen einem Elektron und dem Molekül aufzustellen ist. Außerdem ist die experimentelle Untersuchung der Linienanregung hier durch das Auftreten nicht völlig elastischer Stöße auch unterhalb der Anregungsspannung sowie durch den Einfluß chemischer Kräfte (Elektronenaffinität) sehr viel schwieriger. Qualitativ scheinen jedoch auch hier die beobachteten Erscheinungen durchaus im Einklang mit der Bohrschen Theorie zu sein.

[1]) O. Klein und S. Rosseland, Zeitschr. f. Phys. 4, 46, 1921.
[2]) J. Franck, Zeitschr. f. Phys. 9, 259, 1922; G. Cario, ebenda 10, 185, 1922.

Einunddreißigstes Kapitel.

Serienspektren[1]).

§ 1. Vorbemerkung. Während die Spektralanalyse anfangs eine Analyse zur Erkennung der chemischen Elemente in irdischen und astronomischen Lichtquellen darstellte und durch die Entdeckung neuer Elemente sowie durch den Nachweis bekannter Stoffe auf der Sonne und den Sternen große Erfolge hatte, ist heute eine neue Anwendung dieser Disziplin entstanden, indem sie die Analyse des Atombaues ermöglicht. Zu dem früheren Zweck dienten die Wellenlängentabellen der Spektren, in denen die stärkeren Spektrallinien des Spektrums eines Elementes zahlenmäßig festgelegt wurden. Zu der neuen Anwendung führen die Gesetzmäßigkeiten, welche über die Lagerung der Linien im Laufe der letzten 40 Jahre entdeckt worden sind, und ihre Deutung durch Niels Bohr. Die Seriengesetze, welche die wichtigsten dieser Gesetze sind, sollen im folgenden kurz dargelegt werden.

§ 2. Experimentelle Grundlagen der Gesetze. Die Gesetzmäßigkeiten beziehen sich auf die Schwingungszahlen $\tilde{\nu} = c/\lambda_{\mathrm{vac}}$ (c = Lichtgeschwindigkeit im Vakuum, λ_{vac} = Wellenlänge im Vakuum nach Zentimetern gemessen). In der praktischen Serienanalyse läßt man die Konstante c fort und bezieht die Gesetze auf die sogenannte „Wellenzahl" $\nu = 1/\lambda_{\mathrm{vac}}$. Sie bedeutet die Anzahl Wellenlängen, welche im Vakuum auf der Strecke eines Zentimeters liegen. Ist die Wellenlänge gemessen nach der in der Spektroskopie gebräuchlichen „internationalen Ångström-Einheit" (intn. Å.-E.), welche 10^{-8} cm[2]) beträgt, so ist $1/\lambda$ mit 10^8 zu multiplizieren. $\lambda = 5000$ Å.-E. entspricht $\nu = 20\,000$ cm^{-1}.

Die Einheit der Wellenlängen ist jetzt die „internationale" Å.-E. Verschieden davon ist die von H. A. Rowland benutzte „Rowlandsche" Å.-E., welche allen spektroskopischen Arbeiten bis etwa 1914 zugrunde liegt. Bis etwa 1888 war die von Ångström eingeführte oder diese verbessert durch Thalén im Gebrauch. Diese älteren Wellenlängenskalen gründen sich auf absolute Messungen der Wellenlängen der gelben Natriumlinien D_1 und D_2 mit Hilfe von Beugungsgittern. Es lag zugrunde der

Skale von	der Wert für D_1	bezogen auf Luft von
Thalén	5895,81 Å.-E.	16⁰ C und 760 mm Druck
Rowland	5896,156 „	20⁰ C „ 760 „ „
Nach intn. Å.-E. ist D_1 . .	5895,930 „	15⁰ C „ 760 „ „

---

[1]) Von Prof. Dr. F. Paschen in Charlottenburg.
[2]) Die Einheit sollte 10^{-10} m sein. Daher rührt die Bezeichnung „tenth meter" in der englischen Literatur.

Die internationale Å.-E. gründet sich auf den Wert 6438,4696 Å.-E. der Wellenlänge einer starken scharfen Linie des Cadmium-(Vakuum-)Bogens, welcher von A. Michelson und von Bénoit, Fabry und Perot durch Interferenzen an einer planparallelen Luftplatte variabler Dicke (Interferometer) bestimmt wurde. Zur Umrechnung der Wellenlängen aus der Rowlandschen in die internationale Skale wäre der Faktor $\dfrac{5895,930}{5896,156}$ anzuwenden. Es kommen aber noch kleine weitere Differenzen in Betracht, welche teils von der verschiedenen Temperatur (20^0 in der Rowlandskale, 15^0 in der intn.), teils von Fehlern in den Rowlandschen Bestimmungen anderer Wellenlängen herrühren. Dies ist berücksichtigt in einer Tabelle mittlerer Korrekturen, welche von H. Kayser (Handbuch der Spektroskopie, Bd. VI, S. 890) angegeben ist.

Zur Messung einer Wellenlänge im internationalen System kann das Eisenspektrum dienen. Ausgewählte Linien dieses Spektrums sind von Fabry und Buisson 1908 interferometrisch auf die rote Cadmiumlinie bezogen, und zwar Linien zwischen 2374 und 6495 Å.-E. Ähnliche Messungen von Eversheim und Pfund wurden mit diesen zum Mittel vereinigt und 1910 durch internationale Vereinbarung als sekundäre Standards angenommen. Es sind Linien zwischen 3371 und 6750 des Eisenbogens.

Außerdem liegen jetzt vor interferometrische Messungen einer Reihe von Linien des Heliums, Neons, Argons, Kryptons und Xenons, ausgeführt vom Bureau of Standards in Washington, Lord Rayleigh, Eversheim, Meissner, ferner einiger stärkerer Linien von Natrium, Lithium, Zink, Cadmium und Quecksilber, ausgeführt von Perot und Fabry. Als tertiäre Standards gelten solche Gitter- oder auch interferometrische Messungen, welche an die ausgewählten sekundären Standards anschließen. So ist das gesamte Spektrum des Eisenbogens besonders durch die Messungen von Burns[1]) in intn. Å.-E. bekannt und kann als Vergleichsspektrum dienen, wobei allerdings zu beachten ist, daß viele Linien besonders wegen des Poleffekts als Normalen ungeeignet sind.

Die sicheren Normalen dieser Art (Genauigkeit etwa 10^{-3} Å.-E.) reichen von 8600 bis 2800 Å.-E. Dazu kommen noch die Messungen von Fabry und Buisson bis 2374 Å.-E.[2]) und im Ultrarot interferometrische Messungen von A. Ignatieff[3]), teils mit phosphoreszierender Platte, teils mit Thermosäule (He 20581,31, 10830,32 stark, 10829,11 schwach, und Cd 10394,70 intn. Å.-E.), welche auf 0,01 Å.-E. genau sind.

Wellenlängen unterhalb 2374 Å.-E. werden bisher in zweiter oder höherer Gitterordnung gegen längere niederer Gitterordnung bestimmt. (Z. B. C. Runges Messung der Aluminiumlinien zwischen 1900 und 1875 Å.-E.

---

[1]) Journ. de phys. (5) 3, 457, 1913 und Bureau of Standards Washington Bulletin 12, 179, 1915; University of California Publications Lick Observatory Bulletin 1913.

[2]) Lisir Kumar Mitra, Ann. d. phys. (9) 19, 315—319, 1923, mißt interferometrisch Linien des Kupfers bis 2112 Å.-E.

[3]) A. Ignatieff, Ann. d. Phys. IV, 43, 117, 1914.

oder Lymans Messungen im Schumanngebiet.) Ebenso wurden von F. Paschen und H. M. Randall ultrarote Linien bis $5\,\mu$ auf Grund der Beugungsgesetze des Gitters gegen kurzwellige Normalen oder gegen die Normalen von Ignatieff gemessen.

Vielfach hat es noch keinen Sinn, die früheren Messungen (von Kayser und Runge, Eder und Valenta, Exner und Haschek), welche auf die Rowlandsche Einheit bezogen sind, der internationalen Skale einzuordnen, weil es sich um unscharfe Linien handelt, deren Messungsfehler große sind.

Die nach intn. Å.-E. gemessene Wellenlänge ist die Länge in Luft von 15^0C und 760 mm Druck λ_L. Die Wellenlänge im Vakuum λ_{vac} ergibt sich mit Hilfe des Brechungsexponenten der Luft n_L:

$$\lambda_{\mathrm{vac}} = \lambda_L \cdot n_L = \lambda_L + \lambda_L(n_L - 1).$$

Die additive Konstante $\lambda_L(n_L - 1)$ ist in Tabellen niedergelegt, für Wellenlängen der Rowlandschen Skale in Kaysers Handbuch der Spektroskopie, Bd. II, S. 514, für solche der internationalen Skale im Bulletin **14**, 697, 1918 des Bureau of Standards Washington. Erstere Korrektion ist aus Kayser und Runges Bestimmung der Dispersion der Luft, letztere aus einer Bestimmung des Bureau of Standards abgeleitet [Bulletin **14**, 617, 1918] [1]

§ 3. Der Begriff einer Serie. Unter einer Spektralserie versteht man eine Aufeinanderfolge von Linien etwa folgenden Aussehens im Spektrum:

Fig. 1135.

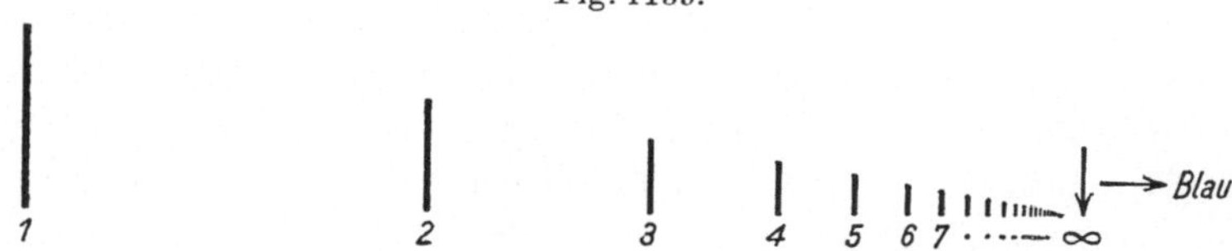

Eine starke Linie 1 ist die Grundlinie. Es folgen nach kleineren Wellenlängen schwächer und unschärfer werdende Linien in immer geringerem Abstand, um so mehr, je reiner das Spektrum ist, je länger man es exponiert und je ungestörter der Leuchtvorgang ist (Vakuum). Es scheinen unendlich viele Linien. Aber sie häufen sich immer mehr und scheinen daher an einer bestimmten Stelle, der Grenze der Serie (Pfeil ↓), auszulaufen. Numeriert man die Linien wie in der Figur, so kann man die Wellenzahlen ν der Linien durch einen Ausdruck dargestellt denken, der die Form hat:

$$\nu_n = A - f_{(n)}.$$

ν_n ist die Wellenzahl der n-ten Serienlinie, A die der Grenze; $f_{(n)}$ ist eine Wellenzahl, welche der n-ten Linie entspricht. Denkt man n alle ganzen Zahlen durchlaufend, so bedeutet $f_{(n)}$ eine Folge von Wellenzahlen, welche „Termfolge" heißen möge. $f_{(n)}$ heißt der n-te „Term" dieser Folge. Sind die Abszissen obiger Skizze Wellenzahlen, so ist $f_{(n)} = A - \nu_n$ dargestellt durch die Entfernung der n-ten Linie von der Grenze.

---

[1] H. Kaysers „Tabelle der Schwingungszahlen" (Verlag S. Hirzel, Leipzig 1925) erspart die Korrektion auf das Vakuum.

Die Funktion $f_{(n)}$, welche den Term in seiner Abhängigkeit von n mathematisch darstellt, ist in den meisten Fällen nicht exakt bekannt. Nur im Falle des Wasserstoffs weiß man durch die Entdeckung von Balmer, daß $f_{(n)} = \dfrac{R}{n^2}$ ist, wo R eine Konstante vorstellt und n eine ganze Zahl ist.

Für Serien anderer Spektren kann man diese Funktion darstellen durch den Ausdruck:

$$f_{(a,\,n)} = \frac{R}{(n + a + \alpha f_{(a,\,n)})^2}.$$

R ist dieselbe Konstante. a und α sind Konstanten, welche für die Termfolge charakteristisch sind. Es gibt in einem Spektrum mehrere solche Termfolgen, welche durch verschiedene Werte a und α gekennzeichnet werden. Die obige Formel wurde empirisch gefunden. Rydberg fand die universelle Geltung der Konstanten R und der Form obigen Ausdruckes. Er fügte im Nenner des Wasserstoffausdruckes zu n die additive Konstante a hinzu, W. Ritz die Größe $\alpha f_{(a,\,n)}$. Statt dieser letzteren sind auch andere Funktionen genommen, von Ritz auch α/n^2, von Hicks α/n. Eine solche Formel stellt die beobachteten Terme einer Termfolge in jedem Falle nur angenähert dar. Es treten meist große Abweichungen für den größten Anfangsterm (niedersten Wertes n) und kleinere für die weiteren Glieder auf. Erst von einem höher numerierten Term an ist die Darstellung durch obige Formel eine genügende. Eine bessere Darstellung der Anfangsglieder läßt sich erzielen, wenn man in der Klammergröße des Nenners noch ein Glied $\alpha' f_{(a,\,n)}^2$ hinzufügt, wie A. Sommerfeld aus theoretischen Gründen vorgeschlagen hat. Doch handelt es sich stets nur um eine Interpolationsformel, da die Konstanten a, α und α' in jedem Falle aus Beobachtungen ermittelt werden müssen.

Die Formel dient heute dazu, in einem Seriensystem die absoluten Werte der Terme festzulegen. Meistens folgt eine der vorhandenen Termfolgen wenigstens für höhere Werte n einer solchen Formel. Berechnet man die Grenze einer Serie, welche diese Termfolge enthält, nach der Formel, so sind dadurch sämtliche Werte der Terme des Systems festgelegt (vgl. z. B. § 7, Spektrum des He I). Zum Nachweis einer Serie oder einer Termfolge ist eine Tabelle der Werte $R/(m + a)^2$ sehr nützlich (vgl. S. 1871). Außer diesem rein rechnerischen Verfahren gibt das physikalische Verhalten der Linien wichtige Anhaltspunkte für die zu einer Serie gehörenden Linien, indem z. B. alle Linien einer Serie eine charakteristische Unschärfe zeigen, wenn sie im Luftbogen erzeugt werden. Schließlich hat man für die Terme eines Seriensystems in den Kombinationen wichtige Kontrollen (vgl. S. 1870).

Im Falle des Wasserstoffspektrums gibt es nur eine einzige Funktion $f_{(n)} = R/n^2$, und die Grenze A ist ein Wert derselben für einen bestimmten Wert n.

Durch die Formel

$$v = \frac{R}{n^2} - \frac{R}{m^2}, \quad \left.\begin{array}{l} n = 1,\,2,\,3\ldots \\ m = 2,\,3,\,4\ldots \end{array}\right\} \ m > n \ \cdot \ \cdot \ \cdot \ \cdot \ \cdot \ \cdot \ \cdot \ (1)$$

werden alle Linien des Wasserstoffspektrums dargestellt, und zwar in diesem Falle mit großer Präzision.

Im Falle anderer Serienspektren gibt es mehrere verschiedene Termfolgen, also Funktionen $f_{(a,n)}$, $f_{(b,n)}$ usw. Es ist auch hier die Grenze A einer Serie der Wert $f_{(a,n)}$ eines Terms einer dieser Termfolgen für einen bestimmten Wert n. Eine Serie eines solchen Seriensystems läßt sich danach formal darstellen durch den Ausdruck

$$\nu = f_{(a,\,n)} - f_{(b,\,m)}, \quad m = n,\, n+1,\, n+2\ldots,$$

wo n eine bestimmte, m eine variable ganze Zahl gleich oder größer als n ist. Indem jeder Term Grenze von Serien sein kann, gibt es eine große Mannigfaltigkeit möglicher Serien, welche indessen durch theoretische Überlegungen erheblich eingeschränkt wird.

Aus der gegebenen Ordnung erhellt als wesentliches Merkmal einer Spektrallinie, daß ihre Wellenzahl stets als Differenz zweier Zahlenwerte darzustellen ist. Diese Zahlenwerte sind solche zweier Terme, welche gewissen Termfolgen entnommen sind, die für das Spektrum charakteristisch sind. Die Gewißheit dieser Einsicht ist durch die Entdeckung von W. Ritz gewonnen, daß die Differenz je zweier Terme der vorhandenen Termfolgen eine existenzfähige Linie gibt. Dies ist das sogenannte „Kombinationsprinzip von Ritz“. Bei regelmäßiger Leuchterregung treten nicht alle möglichen Kombinationen (Differenzen) auf. Man kann aber durch elektrische oder magnetische Kräfte viele gewöhnlich fehlende Kombinationen erzwingen (siehe S. 1870).

§ 4. Deutung durch Niels Bohr. Die Tatsache, daß die Schwingungszahl einer Spektrallinie als Differenz zweier Terme darstellbar ist, deutet Niels Bohr in folgender Weise: Das Atommodell von Rutherford besteht aus einem positiv geladenen Kern, der die Hauptmasse des Atoms enthält, aber sehr klein ist, und welcher von um ihn kreisenden Elektronen umgeben ist. Das Atom ist neutral, wenn die positive Kernladung gleich der Summe der negativen Ladungen der Elektronen ist. Numeriert man die Elemente nach ihrer Stellung im periodischen System, so ist die Nummer (Ordnungszahl) eines Elementes gleich der Anzahl um den Kern kreisender Elektronen und daher auch gleich der Anzahl positiver Elementarladungen des Kernes. Das Wasserstoffatom besitzt eine positive Elementarladung und ein umlaufendes Elektron, Helium 2, Lithium 3 usw. Die Bahnen dieser Elektronen sind bestimmte für jedes Atom. Der Kern wird nämlich jedes der Elektronen an sich heranziehen, es „binden“, wie Bohr sagt, so weit es möglich ist. Die Energie des Systems Atomrest und zu bindendes Elektron wird dabei zu einem Minimum werden. Bevor das Elektron gebunden ist, wird die Energie dieses Systems einen größeren Wert haben. Eine Spektrallinie wird angeregt, wenn bei diesem Prozeß der Einfangung eines Elektrons durch einen Atomrest das Elektron von einer äußeren Bahn auf eine dem Atomrest nähere gelangt, wobei die Energie des Systems von einem höheren Wert auf einen niederen sinkt.

Sei C die Energie des Atomrestes allein und $C - E_a$ die Energie im Anfangs- und $C - E_e$ im Endzustand, wobei $E_e > E_a$ ist, so wird nach Bohr eine Spektrallinie der Schwingungszahl $\tilde{\nu}$ ausgesandt gemäß der Bedingung:

$$h\,\tilde{\nu} = E_e - E_a, \quad \text{also} \quad \tilde{\nu} = \frac{E_e}{h} - \frac{E_a}{h} \quad \ldots \ldots \ldots (2)$$

Hier bedeutet h das Plancksche Wirkungsquantum und $h\,\tilde{\nu}$ das Elementarquantum der Energie von der Schwingungszahl $\tilde{\nu}$.

Dieselbe Bedingung gilt nach A. Einstein für den Prozeß der Elektronenauslösung durch Beleuchtung mit Licht der Schwingungszahl $\tilde{\nu}$ (lichtelektrischer Effekt). Das Energiequantum $h\,\tilde{\nu}$ verwandelt sich hierbei in mechanisch-elektrische Energie. Es wird nämlich ein Elektron aus dem Metall frei gemacht und erlangt kinetische Energie. In unserem Falle wird die Energiedifferenz $E_e - E_a$ zweier Atomzustände frei und verwandelt sich in den Betrag $h\,\tilde{\nu}$ der Strahlung der Schwingungszahl $\tilde{\nu}$. Aber es war die Folgerung aus dem Kombinationsprinzip der Serien, welche Bohr zu dieser Annahme veranlaßte. Denn die Wellenzahl ν einer Spektrallinie ist die Differenz eines Grenzterms $f_{(a,\,n)}$ und eines Folgeterms $f_{(b,\,m)}$:

$$\nu = f_{(a,\,n)} - f_{(b,\,m)}.$$

Wir sehen, daß der Term $f_{(a,\,n)} = \dfrac{E_e}{h\,.\,c}$ sein muß und die durch $h\,.\,c$ dividierte Energie des Atomsystems in einem seiner möglichen Zustände bedeuten muß. Wir schließen mit Bohr aus dem Vorhandensein der Terme einer Termfolge auf die Existenz einer Reihe von stationären Zuständen des Systems Atomrest — einzufangendes Elektron und verdeutlichen uns dies Bild, indem wir uns den Atomrest zunächst ohne Elektron mit einer (unbekannten) Energie C vorstellen. Kommt ein Elektron in seinen Bannkreis, wird es nicht etwa direkt auf den Atomrest zufliegen, sondern stationär in einer fernen Bahn um denselben kreisen, wobei die Energie den Wert $C - E_a$ hat und keine nennenswerte Strahlung ausgesandt wird. Strahlung der Schwingungszahl $\tilde{\nu}$ entsteht, sobald dieser stationäre Zustand des Atoms mit einem anderen abwechselt, in welchem die Energie den Wert $C - E_e$ hat. Die spektroskopisch erschlossenen Termfolgen stellen also Folgen von Energiebeträgen E_e bzw. E_a dar, um welche die Energie des Atoms bei der Einfangung eines Elektrons geändert wird. Sie geben uns ein Bild dieses Einfangungsprozesses.

§ 5. Spezielles und verallgemeinertes Wasserstoffspektrum. (Einfangung des ersten Elektrons.) Das Modell der Lichtemission konnte von Bohr im Falle des Wasserstoffspektrums streng durchgeführt werden und ergab völlige Übereinstimmung mit allen Tatsachen. Auch für das ionisierte Helium ergab sich das Spektrum, welches sich als identisch mit einem früher irrtümlich dem Wasserstoff zugeschriebenen Spektrum erwies. Diese Beispiele begründeten die Zuversicht in die Richtigkeit der Gedanken von Bohr Bezüglich der theoretischen Behandlung des Problems sei auf Kap. XXIX verwiesen. Wir betrachten hier die Resultate. Diese betreffen die Werte der

Energie in den stationären Zuständen, welche bei der Einfangung des ersten Elektrons durch einen Kern von der positiven Ladung Z vorkommen.

Das Elektron und der Kern bewegen sich unter dem Einfluß der gegenseitigen, dem Quadrat der Entfernungen umgekehrt proportionalen Anziehungskraft nach den Gesetzen der Mechanik in elliptischen Bahnen um den gemeinsamen Schwerpunkt, der im Zentrum der Zentralkraft, also in einem der Brennpunkte liegt. Die große Achse $2\,a$ ist dann durch die Arbeit W bestimmt, welche das Elektron von seiner Bahn fort ins Unendliche bringt, durch die Beziehung:

$$2\,a = \frac{Z\,e^2}{W}\,\frac{M}{M+\mu} \quad\cdots\cdots\cdots\cdots\cdots \quad (3)$$

$Z\,e$ und M sind Ladung und Masse des Kerns, $-\,e$ und μ des Elektrons. Die Quantentheorie läßt bestimmte Werte von W als allein mögliche zu nach der Forderung:

$$J = n\,.\,h \quad\cdots\cdots\cdots\cdots\cdots\cdots \quad (4)$$

Hier bedeutet $J = \int p\,.\,ds$ die Wirkung des Impulses p über die durchlaufene Bahn. Die Quantentheorie ergibt für die Arbeit W_n in der n-ten Quantenbahn:

$$W_n = \frac{2\,\pi^2\,.\,Z^2\,e^4\,\mu}{J^2}\,\frac{M}{M+\mu} = \frac{h\,R'_\infty\,Z^2}{n^2}\,\frac{M}{M+\mu} \quad\cdots\cdots \quad (5)$$

Wendet man die Bohrsche Frequenzbedingung (2) an, so ergibt sich

$$\tilde{\nu} = \left(\frac{R'}{n^2} - \frac{R'}{n'^2}\right) Z^2 \frac{M}{M+\mu} \quad\cdots\cdots\cdots\cdots \quad (6)$$

für die Strahlung beim Übergang von der Quantenbahn n' auf diejenige n. Es ist:

$$R'_Z = \frac{2\,\pi^2\,e^4\,\mu}{h^3}\,Z^2\,\frac{M}{M+\mu} = Z^2\,R'_\infty\,\frac{M}{M+\mu}; \quad R'_\infty = \frac{2\,\pi^2\,e^4\,\mu}{h^3} \quad\cdots \quad (7)$$

R'_∞ ist die Rydbergfrequenz für einen Kern unendlich großer Masse und der Ladung $Z = 1$. Schreibt man (6) in Wellenzahlen ν statt in Schwingungszahlen $\tilde{\nu}$, so ist auch die Rydbergfrequenz R' durch $R'/c = R$, die Rydbergkonstante zu ersetzen. R oder R' läßt sich aus universellen Konstanten ermitteln, der Wert ist aber aus den spektroskopischen Messungen viel genauer bekannt und beträgt:

$$R_\infty = 109\,737,1\ \mathrm{cm}^{-1}.$$

Der Faktor $\dfrac{M}{M+\mu}$ reduziert auf eine Kernmasse M. Er rührt von der Mitbewegung des Kernes her, welche durch die genauen Messungen an den Linien des Spektrums He$^+$ erwiesen wurde. Die Rydbergkonstanten für Wasserstoff R_H und Helium R_He ergeben sich zu:

$$R_\mathrm{H} = 109\,677,69 \quad\text{und}\quad R_\mathrm{He} = 109\,722,14.$$

Das Spektrum He$^+$ oder He II führt wegen $Z = 2$ die Konstante $4 \times R_\mathrm{He}$. Weitere quantitative Beziehungen sind:

Die in (5) definierte Energie W_n beträgt:

$$W_n = Z^2\,\frac{2\,\pi^2\,e^4\,\mu}{h^2\,n^2}\,\frac{M}{M+\mu} = Z^2\,\frac{W_1}{n^2}; \quad W_1 = \frac{2\,\pi^2\,e^4\,\mu}{h^2}\,\frac{M}{M+\mu} \quad\cdot \quad (8)$$

W_1 ist die Energie in der Ruhebahn („Normalzustand") des Wasserstoffatoms. Ihr Betrag ist $2,152 . 10^{-11}$ Erg. Den gleichen Betrag an Energie muß ein fremdes Elektron haben, um das Elektron aus der Ruhebahn im Wasserstoffatom ins Unendliche zu stoßen. Man nennt dies die Ionisationsenergie des Wasserstoffatoms und rechnet sie nach Volt. Für die Umrechnung in Volt gilt die Beziehung:

$$W_1 = \frac{V e . 10^8}{3 . 10^{10}}; \quad V = W_1 \frac{300}{e} \text{ Volt.}$$

Der angegebene Wert von W_1 entspricht $13,54$ Volt.

Für die Umrechnung eines Termwertes T in Volt gilt die Beziehung:

$$c\,T\,h = V \frac{e}{c} \cdot 10^8,$$

$$V = \frac{T}{\dfrac{e . 10^8}{c^2 \, h}} = \frac{T}{8102}.$$

Es folgt wie oben $\dfrac{R_\mathrm{H}}{8102} = \dfrac{109\,678}{8102} = 13,54$ Volt.

Für die große Achse der Bahn ergibt sich:

$$2\,a_n = \frac{h^2}{2\,\pi^2\,\mu\,e^2} \frac{n^2}{Z} = 2\,a_1 \frac{n^2}{Z}; \quad 2\,a_1 = \frac{h^2}{2\,\pi^2\,\mu\,e^2} \quad \cdots \quad (9)$$

$2\,a_1$ ist der Durchmesser der einquantigen Endbahn $n = 1$, auf welcher das Elektron im neutralen Atom kreist. Der Wert von $2\,a_1$ ist $1,056 . 10^{-8}$ cm.

Die Anzahl Umläufe pro Sekunde ω_n ist gegeben:

$$\omega_n = \frac{4\,\pi^2\,Z^2\,e^4\,\mu}{h^3\,n^3} \frac{M}{M + \mu} = \omega_1 \frac{Z^2}{n^3}; \quad \omega_1 = \frac{4\,\pi^2\,e^4\,\mu}{h^3} \frac{M}{M + \mu} \quad \cdots (10)$$

ω_1 gibt die Umlaufszahl in der Ruhebahn des Wasserstoffatoms. Der Wert ist $6,595 . 10^{15}$ sec^{-1}.

Die Geschwindigkeit V_1 in dieser Bahn ist $2\,\pi\,\omega_1 . a_1 = 2,19 . 10^8$ cm/sec, und das Verhältnis $\alpha = \dfrac{V_1}{c}$ zur Lichtgeschwindigkeit ist $\alpha = \dfrac{2\,\pi\,e^2}{h . c} = 7,29 . 10^{-3}$ und stellt eine für relativistische Rechnungen wichtige Konstante vor. Den angegebenen Zahlenwerten entsprechen folgende Werte der universellen Konstanten:

$$e = 4,774 . 10^{-10} \text{ elektrost. Einh.,} \quad \mu = 0,8996 . 10^{-27} \text{ g,}$$
$$e/\mu = 1,769 . 10^7 . c \quad \text{„} \quad \text{„} \quad h = 6,54 . 10^{-27} \text{ Erg} \times \text{sec,}$$
$$c = 3,00 . 10^{10} \text{ cm 'sec.}$$

Um den Beobachtungen weiter gerecht zu werden, bedarf es noch der Berücksichtigung der Veränderlichkeit der Masse des Elektrons mit seiner Geschwindigkeit, welche von der Relativitätstheorie gefordert wird. Dies führt zu einer „Relativitätskorrektion", und zwar zu einer „allgemeinen" oder mittleren, wenn man zunächst nur Kreisbahnen mit mittleren Geschwindigkeiten zugrunde legt. Man erhält dabei nach Bohr für das Spektrum der Bindung des ersten Elektrons durch einen Kern Z-facher Ladung:.

$$\nu = R_\infty \frac{M}{M + \mu} Z^2 \left(\frac{1}{n^2} - \frac{1}{n'^2} \right) \left[1 + \frac{\alpha^2}{4} Z^2 \left(\frac{1}{n^2} + \frac{1}{n'^2} \right) \right]; \quad \alpha = \frac{2 \pi e^2}{h \cdot c} \cdot \quad (11)$$

Diese Korrektion ist sehr klein und im Falle des ionisierten Heliums soeben bemerkbar[1]). Betreffs der relativistischen Feinstruktur der Wasserstofflinien, welche aus der Sommerfeldschen Theorie der Quantelung der elliptischen Bahnen folgt, vgl. § 10.

Betreffs der Linien des Wasserstoffspektrums und ebenso auch beliebiger anderer Spektren ist folgende allgemeine Bemerkung wichtig: $R_H/1^2$ ist der Term größten Zahlenwertes des Wasserstoffspektrums. Er heißt wohl der „tiefste" Term, weil die Energie des Systems ein Minimum ist. Sein Zahlenwert, gemessen nach cm^{-1} oder wie oben nach Volt, bedeutet die Energiedifferenz des Ions gegenüber dem unangeregten Atom. Der Termwert Null entspricht dem Ion. Umgekehrt ist die Anregungsenergie Null für den Ruhezustand des Atoms, $R_H/1^2$ für den Zustand des Ions und $R_H/1^2 - R_H/n^2$ für den n-ten Quantenzustand und daher auch für jede Linie $\nu = R_H/n'^2 - R_H/n^2$, deren Emission diesen Zustand als Ausgangszustand hat. Nur für die Linien $\nu = R_H/1^2 - R_H/n^2$, welche den Ruhezustand als Endzustand haben, ist die Anregungsenergie gleich ihrer Wellenzahl. Licht dieser Frequenz regt diese Linien an. Solche Linien heißen Resonanzlinien (vgl. S. 1846). Die stärkste und vollkommenste Resonanzlinie des Wasserstoffspektrums ist $\nu = R_H/1^2 - R_H/2^2$. Alles absorbierte Licht dieser Frequenz wird wieder ausgestrahlt. Die übrigen Linien $\nu = R_H/1^2 - R_H/n^2$, $n > 2$, sind deshalb schwächer und unvollkommenere Resonanzlinien, weil die Anregungsenergie nur zum Teil mit gleicher Frequenz wieder emittiert wird, zum anderen Teil nämlich mit Frequenzen

$$\nu = R_H/n'^2 - R_H/n^2 \quad \text{und} \quad R_H/1^2 - R_H/n'^2, \quad \text{wo} \quad 1 < n' < n$$

ist. Da nur eine Resonanzlinie durch Licht ihrer Frequenz angeregt werden kann, haben diese Linien vor den anderen besondere Eigenschaften. Sie sind Absorptionslinien und zeigen „Selbstumkehr". Auch haben sie größere spektrale Breite, welche aus der gegenseitigen Beeinflussung der Strahlung und der Atome in der Lichtquelle folgt. Alle anderen Linien gebrauchen mehr Anregungsenergie, als sie wieder emittieren, nämlich die Anregungsenergie des Endzustandes ihrer Emission mehr. Ist diese für eine Mehrzahl von Atomen vorhanden, so kann auch eine Absorption von Strahlung solcher Linien eintreten. Nur die reinen Resonanzlinien absorbieren ohne Anregung.

Das Spektrum des Wasserstoffs entsprechend der Einfangung eines Elektrons durch einen einfach geladenen Kern ($Z = 1$) einer 1847 mal größeren Masse folgt der Bohrschen Formel

$$\nu = R_H \left(\frac{1}{n^2} - \frac{1}{m^2} \right) \left[1 + \frac{\alpha^2}{4} \left(\frac{1}{n^2} + \frac{1}{m^2} \right) \right];$$

$$R_H = R_\infty \frac{1}{1 + 1/1847} = 109\,677{,}69.$$

---

[1]) F. Paschen, Bohrs Heliumlinien. Ann. d. Phys. **50**. 901, 1916.

Sehen wir von der Relativitätskorrektion ab (eckige Klammer), so baut sich das Spektrum auf aus der einzigen Termfolge R_H/n^2:

$n =$	1	2	3	4	5	6	7
R_H/n^2 ...	109 677,69	27 419,42	12 186,41	6 854,85	4 387,11	3 046,60	2 238,32

$n =$	8	9	10	11	12	13	14
R_H/n^2 ...	1 713,71	1 354,05	1 096,78	906,43	761,65	648,98	559,58

Beobachtet sind:

I. Die von Th. Lyman [1]) gefundene Serie

$$\nu = R_H\left(\frac{1}{1^2} - \frac{1}{n^2}\right), \quad n = 2, 3 \ldots$$

Grenze $R_H/1^2 = 109\,677,69$ (Resonanzlinien).

n	ν ber.	λ_{vac} ber.	λ_{vac} beob;
2	82 258,27	1215,68	1216,0
3	97 491,28	1025,73	1026,0
4	102 822,84	972,55	972,7
5	105 290,58	949,75	—
6	106 631,09	937,81	—

II. Die Balmer-Serie $\nu = R_H\left(\dfrac{1}{2^2} - \dfrac{1}{n^2}\right), \quad n = 3, 4, 5\ldots$

Grenze $R_H/2^2 = 27\,419,42$.

Balmer [2]) fand 1885 die Darstellung der damals bekannten vier sichtbaren und einiger in Sternen von W. H. Vogel und Huggins gefundener ultravioletter Wasserstofflinien durch den Ausdruck:

$$\lambda = 3645,6\,\frac{m^2}{m^2 - 4}, \quad m = 3, 4, 5\ldots$$

Diese Formel ist fast identisch mit unserer obigen, zuerst von Rydberg angegebenen Formel. 3645,6 Å.-E. ist die Grenze dieser Serie. Es sind in Sternenspektren 29 Linien, in Geisslerröhren 20 Linien dieser Serie beobachtet. Die ersten vier Zahlen folgender Tabelle rühren von Messungen durch Paschen, die anderen von Dyson her.

n	ν ber.	λ_L ber.	λ_L beob.	
3	15 233,01	6562,80	6562,80	H_α
4	20 564,57	4861,38	4861,33	H_β
5	23 032,31	4340,51	4340,47	H_γ
6	24 372,82	4101,78	4101,74	H_δ
7	25 181,10	3970,11	3970,06	H_ε
8	25 705,71	3889,09	3889,00	H_ζ
9	26 065,37	3835,43	3835,38	
10	26 322,64	3797,93	3797,92	
11	26 512,99	3770,67	3770,65	
⋮	⋮	⋮	⋮	
31	27 305,29	3661,25	3661,21	

[1]) Th. Lyman, Astrophys. Journ. **23**, 181, 1906; **43**, 89, 1916.
[2]) J. J. Balmer, Verh. d. Naturforsch. Ges. zu Basel **7**, 548 und Wied. Ann. **25**, 280, 1885.

Die Abweichungen würden für $n = 4,\ 5,\ 6$ völlig verschwinden, wenn die Relativitätskorrektion angebracht und die relativistische Feinstruktur berücksichtigt wäre. Angegeben sind die Intensitätsmaxima, während die Linien mindestens doppelte sind. Nach Michelson ist der Abstand der beiden beobachtbaren Komponenten für H_α 0,14 Å-E., für H_β 0,08 Å.-E. Die größere Wellenlänge ist im allgemeinen die stärkere. Die experimentelle Forschung über die Feinstruktur der Wasserstofflinien ist erschwert durch die starke Dopplerverbreiterung der Komponenten. Nach Versuchen von Ebert, Gehrcke und Lau, Merton und anderen gelang G. Hansen bei der Temperatur der flüssigen Luft der Nachweis dreier Komponenten von der Linie H_α, welche im Einklang mit Sommerfelds Theorie und neueren quantentheoretischen Schlüssen sind (G. Hansen, Ann. d. Phys. **78**, 558, 1925); vgl. hierzu S. 1894.

III. Die von W. Ritz vorhergesagte und von Paschen gefundene Serie

$$\nu = R_{\mathrm{H}} \left(\frac{1}{3^2} - \frac{1}{n^2} \right), \quad n = 4,\ 5,\ 6 \ldots$$

Exakte Messung der zwei ersten durch Paschen, rohe Messung von drei weiteren Gliedern der Serie von Brackett[1]).

Grenze $\nu = 12\,186{,}41$.

n	ν ber.	λ_L ber.	λ_L beob.
4	5 331,56	18 751,35	18 751,3 Å.-E.
5	7 799,30	12 818,32	12 817,6 „
6	9 139,81	10 941,15	1,09 μ
7	9 947,69	10 053,19	1,01 „
8	10 472,70	9 548,64	0,95 „

IV. Die Serie $\nu = R_{\mathrm{H}} \left(\dfrac{1}{4^2} - \dfrac{1}{n^2} \right)$, $n = 5,\ 6,\ 7 \ldots$, beobachtet von Brackett.

n	ν ber.	λ_L ber. (μ)	λ_L beob. (μ)
5	2467,74	4,0523	4,05
6	3808,25	2,6259	2,63

Das Spektrum des ionisierten Heliums. Das einzige weitere bekannte Spektrum der Einfangung des ersten Elektrons ist das Funkenspektrum des Heliums. Es wurde entdeckt von A. Fowler, aber zunächst entsprechend früherer irrtümlicher Meinungen dem Wasserstoff zugeschrieben. Bohr deutete es als Spektrum He II des ionisierten Heliumatoms. Das neutrale Heliumatom besitzt zwei Elektronenbahnen. Die Einfangung des zweiten Elektrons erzeugt das gewöhnliche Spektrum He I. Hier handelt es sich um die Einfangung des

---

[1]) F. S. Brackett, Nature **109**, 209, 1922 (Nr. 2729).

ersten Elektrons durch einen zweifach positiv geladenen Heliumkern. Es gilt die Formel von Bohr:

$$\nu_{\mathrm{He}} = R_{\mathrm{He}}\,4\left(\frac{1}{n^2} - \frac{1}{m^2}\right)\left[1 + \alpha^2\left(\frac{1}{n^2} + \frac{1}{m^2}\right)\right];$$

$$R_{\mathrm{He}} = R_\infty \frac{1}{1 + \dfrac{1}{4 \times 1847}} = 109\,722{,}14.$$

Abgesehen von der Relativitätskorrektion und Feinstruktur baut sich dieses Spektrum auf aus der Termfolge $4\,R_{\mathrm{He}}/n^2$, $n = 1, 2 \ldots$

$n =$	1	2	3	4	5	6	7
$4\,R_{\mathrm{He}}/n^2$ . .	438 888,58	109 722,14	48 765,40	27 430,54	17 555,54	12 191,35	8 956,91

$n =$	8	9	10	11	12	13	14
$4\,R_{\mathrm{He}}/n^2$ . . .	6 857,64	5 418,38	4 388,89	3 627,18	3 047,84	2 596,97	2 239,23

Die Termwerte gerader Zahlen n stimmen nahe mit denjenigen der Wasserstoffolge überein. Die Differenzen sind durch die Verschiedenheit der Kernmassen bedingt. Es müssen daher neben allen Linien des Wasserstoffspektrums solche des He II-Spektrums auftreten. Der genaue Nachweis dieser neben den ersten Linien der Balmer-Serie war ein wichtiger Beweis für die Mitbewegung des Kernes und für die Bohrsche Zuweisung dieses Spektrums zum Helium, und die genaue Messung führt nach Bohr zu einer feinen Bestimmung von M/μ und e/μ (siehe Paschen, Bohrs Heliumlinien). Beobachtet sind:

$$\text{I.} \quad \nu = 4\,R_{\mathrm{He}}\left(\frac{1}{1^2} - \frac{1}{n^2}\right), \quad n = 2, 3 \ldots \text{ (Resonanzlinien)};$$

von Lyman gefunden (Astrophys. Journ. **60**, 1, 1924).

	$n =$	2	3
λ_{vac}	ber.	303,7	256,25
	beob..	303,6	256,3

$$\text{II.} \quad n = 4\,R_{\mathrm{He}}\left(\frac{1}{2^2} - \frac{1}{n^2}\right), \quad n = 3, 4 \ldots;$$

von Lyman gefunden. Es sind Linien:

	$n =$	3	4	5	6	7	8	9	10
λ_{vac}	ber. . . .	1640,51	1215,19	1084,99	1025,32	992,41	972,15	958,74	949,37
	beob. . .	1640,4	1215,2	1085,2	—	—	—	—	—

$n = 4, 6 \ldots$ liegen neben Linien des Wasserstoffs.

$$\text{III.} \quad \nu = 4\,R_{\mathrm{He}}\left(\frac{1}{3^2} - \frac{1}{n^2}\right), \quad n = 4, 5, 6 \ldots$$

Diese Serie ist von A. Fowler entdeckt. Die Linien wurden dann von Paschen mit großer Dispersion analysiert und als Tripletts erkannt, deren drei Komponenten aber noch weitere Aufspaltungen haben. Diese besonders an der ersten Linie 4686 Å.-E. weitgehend gelungene Analyse wurde im Zusammenhang mit Sommerfelds Theorie der relativistischen Feinstruktur diskutiert, mit der sie nach Sommerfeld, Paschen und Kramers im Einklang steht. Die als berechnet angegebenen Zahlenwerte beziehen sich auf Kreisbahnen des Elektrons, während die angegebenen intensivsten Komponenten anderen Bahnen entsprechen und außerdem noch infolge der allgemeinen Relativität abweichen.

n	ν ber.	λ_L ber.	λ_L beob.	Int.
4	21 334,80	4685,87	4685,75	20
5	31 209,86	3203,20	3203,14	10
6	36 574,05	2733,38	2733,32	8
7	39 808,49	2511,28	2511,22	7
8	41 907,76	2385,46	2385,42	6
9	43 347,02	2306,25	2306,22	5
10	44 376,51	2252,74	2252,71	3
11	45 138,23	2214,72	2214,69	2
12	45 717,56	2186,64	2186,62	1
13	46 168,43	2165,29	2165,27	$1/2$

$$\text{IV.} \quad \nu = 4\,R_{\text{He}}\left(\frac{1}{4^2} - \frac{1}{n^2}\right), \quad n = 5, 6 \ldots$$

Die Linien gerader Werte n liegen neben denen der Balmer-Serie. Die anderen waren von Pickering schon in Sternen gefunden, dem Wasserstoff zugeschrieben und als Pickering-Serie bezeichnet. Die Linien sind nach der relativistischen Theorie vierfache mit weiterer Aufspaltung der Komponenten. In den Versuchen von Paschen waren die Linien nicht stark genug, um mehr als eine Andeutung solcher Struktur geben zu können. Berechnet ist wieder die Kreisbahnkomponente ohne Relativitätskorrektion, als beobachtet angegeben das Intensitätsmaximum.

n	ν	λ_L ber.	λ_L beob.	Int.
5	9 875,06	10 123,77	—	—
6	15 239,25	6 560,19	6560,13	3
7	18 473,69	5 411,60	5411,55	3
8	20 572,96	4 859,40	4859,34	4
9	22 012,22	4 541,66	4541,61	4
10	23 041,71	4 338,74	4338,69	4
11	23 803,42	4 199,90	4199,85	2
12	24 382,76	4 100,10	4100,00	1

§ 6. Die Spektren der Einfangung weiterer Elektronen können nicht mehr vollständig berechnet werden, weil ein unlösbares Mehrkörperproblem vorliegt, unlösbar auch deswegen, weil die bekannten Gesetze der Himmelsmechanik für die atomistische Mechanik nicht auszureichen scheinen. Man hat sich daher vorläufig damit begnügen müssen, die Hauptzüge der empirischen Gesetze auf allgemeine Prinzipien zurückzuführen und aus den empirischen Gesetzen Eigenschaften des Atomsystems abzuleiten. Soweit die Seriensysteme in Termfolgen aufgelöst vorliegen, bieten sie zu dieser Anwendung das Material. Diese Atomanalyse ist zuerst von N. Bohr in erfolgreicher Weise durchgeführt. Ein zusammenfassendes Resultat ist Bohrs Tabelle der Anordnung der Elektronenbahnen bei den neutralen Atomen.

Habe ein z-fach geladener Kern $z - p$ Elektronen bereits gebunden, welche ihn in großer Nähe umkreisen, so wirkt dieser Atomrest in großer Entfernung wie ein p-fach geladener Punkt. Solange daher das nächste (p-letzte) Elektron bei seiner Einfangung noch entfernte Bahnen beschreibt, werden die stationären Zustände des Atomsystems sich wenig unterscheiden von denen, welche bei der Einfangung des ersten Elektrons durch einen Kern der Ladung p vorkommen. Die entsprechenden Terme werden also nahe dargestellt sein durch $p^2 R/n^2$. Tatsächlich geht dieselbe Konstante R in die Terme ein wie beim Wasserstoff (abgesehen von der geringen Modifikation des Wertes durch die Masse des Kernes). Sie heißt die Rydbergkonstante, weil Rydberg zuerst empirisch erkannte, daß sie in alle Serien (der Bogenspektren) mit nahe gleichem Betrag eingeht. Die Einfangung des letzten Elektrons ($p = 1$) erzeugt das Bogenspektrum. Es ist für hohe Werte n dem Wasserstoffspektrum ähnlich, das erste Funkenspektrum ($p = 2$) ebenso dem Spektrum He II. Man nennt ferner das Spektrum der Einfangung des p-letzten Elektrons das p-te Spektrum des Atoms. Entsprechend den Werten $p^2 R/n^2$ höherer Terme sind diese p^2-mal vergrößert, ebenso auch ihre Differenzen. Das Spektrum ist also — roh gesprochen — p^2-mal nach großen Wellenzahlen verschoben und dabei (ebenfalls in Wellenzahlen gemessen) p^2-mal auseinandergezogen, verglichen mit dem Wasserstoffspektrum oder mit dem Spektrum der Einfangung des letzten Elektrons. Bekannt sind z. B. die Serienspektren der Einfangung der drei letzten Elektronen durch den Kern des Aluminiumatoms: Das Bogenspektrum Al I (R/n^2), das erste Funkenspektrum Al II ($4\,R/n^2$) und das zweite Funkenspektrum Al III ($9\,R/n^2$).

Für nicht ferne Bahnen müssen wir erwarten, daß die Ladungen der nahen Elektronen das Zentralfeld stören, welches in großer Entfernung angenommen werden kann. In der Tat drückt sich diese Einwirkung der Anwesenheit mehrerer Elektronen in Kernnähe durch das Auftreten mehrerer verschiedener Termfolgen in einem Spektrum aus. Wir unterscheiden Folgen von:

$$s\text{-}\quad p\text{-}\quad d\text{-}\quad f\text{-}\quad g\text{- usw. Termen}$$
$$k = 1\quad 2\quad 3\quad 4\quad 5 \ldots$$

genannt nach dem Charakter der Linien [s = scharf, p = prinzipale, nämlich Hauptserienlinien, d = diffuse, f = fundamental (Hicks)] [1]). Die folgenden Reihen, von Paschen f', f'' … bezeichnet, werden jetzt als g-, h-, i- … Reihen bezeichnet. Statt einer einzigen Termfolge wie bei der Einfangung des ersten Elektrons gibt es also eine Reihe Termfolgen, und die Werte der Terme dieser Folgen unterscheiden sich, wenigstens für niedere Laufzahlen n, bedeutend voneinander und von den Termen des Wasserstoffspektrums. Rein formal trägt die Quantentheorie dem Rechnung, indem neben der Hauptquantenzahl n, welche für das Verständnis des Wasserstoffspektrums (bei Vernachlässigung der relativistischen Feinstruktur) genügt, eine Nebenquantenzahl k eingeführt wird, welche wie n nur ganze Zahlenwerte annimmt. Sommerfeld schreibt den Termfolgen die untergesetzten Werte von k zu. Nach Bohr bleibt der Charakter der Zentralbewegung noch im allgemeinen bewahrt. Die inneren Elektronen bewirken nur eine gleichförmige Rotation der großen Ellipsenachse in der Bahnebene (Perihelbewegung). Dann ist die Energie hauptsächlich von der Zentralbewegung abhängig, für welche die

---

[1]) Hicks hat inzwischen gesehen, daß seine Annahme einer „fundamentalen" f-Reihe nicht haltbar ist und erläutert (Phil. Mag., März 1927) die Bezeichnungen von p, s, d, f als prima, seconde, dritte, fourth-Reihe. Die Spektroskopiker haben die Bezeichnung der f-Reihe beibehalten zur Ehrung des unermüdlichen und für die Spektroskopie begeisterten Serienforschers Hicks.

Hauptquantenzahl n bestimmend ist. Die Nebenquantenzahl k bedingt das Impulsmoment des Elektrons in seiner Bahn. Bei geringer Abweichung von der Keplerbewegung sind die Bahndimensionen:

$$2\,a = n^2\,2\,a_1, \quad 2\,p = k^2.\,2\,a_1,$$

wo $2\,a$ die große Achse, $2\,p$ den Parameter der Ellipse, $2\,a_1$ den Durchmesser der kleinsten Wasserstoffbahn bedeuten. Diese Bahn heißt nach Bohr eine n_k-Bahn. k kann also höchstens gleich n werden, wenn ein Kreis vorliegt.

Aus dem Korrespondenzprinzip folgert Bohr, daß bei einem Übergang von einer n_k-Bahn auf eine $n'_{k'}$-Bahn $n - n'$ wie beim Wasserstoff beliebige ganzzahlige Werte, $k - k'$ aber nur den Wert ± 1 annehmen kann. Aus letzterem folgt, daß in obiger Reihe immer nur Terme benachbarter Termfolgen miteinander kombinieren können. Durch elektrische Felder wird die einfache Zentralbewegung so gestört, daß auch Übergänge statthaben können, für welche k ungeändert bleibt oder sich um mehr als 1 ändert. Es treten dann Kombinationen zwischen beliebigen Termfolgen auf: um so leichter, je langsamer die überlagerte Rotation ist, oder je wasserstoffähnlicher die Terme sind. Diese Regeln für das Kombinationsprinzip stehen im Einklang mit den Tatsachen und haben wesentlich dazu beigetragen, die scheinbare Regellosigkeit der Kombinationen durch die richtige Ordnung zu ersetzen.

Weiter muß man erwarten, daß die Zahlenwerte der Terme allgemein gegenüber denjenigen der Wasserstoffterme vergrößert erscheinen und erst für große Werte n und k diesen asymptotisch genähert werden. Denn je näher die Bahn an den Atomrest heranreicht, um so weniger wird die Kernladung z durch die Gesamtladung $z - p$ der inneren Elektronen neutralisiert (abgeschirmt). Man müßte also die für jede Bahn wirksame größere „effektive" Ladung des Kernrumpfes p^* statt p in die Termformel $p^{*2}R/n^2$ einsetzen. Statt dessen läßt man p bestehen und ändert die wahre Hauptquantenzahl n in die kleinere „effektive" Hauptquantenzahl n^* um. In der (Ritzschen) Serienformel bedeutet die Größe $n + a + \alpha f_{(n)}$ diese effektive Quantenzahl. Da $n^* < n$, muß $a + \alpha f_{(n)}$ eine negative Größe [1] $- \varDelta$ sein. Diese von n abhängige Größe heißt der Quantendefekt. Wir haben also $n^* = n - \varDelta$ und $f_{(n)} = p^2 R/n^{*2}$. In der praktischen Spektroskopie ist es nötig, diese Terme kurz zu bezeichnen. Das Wichtigste ist n, das nächst Wichtige die Art der Termfolge, s-, p-, d-, f-Folge, die hier durch die Größe a im Nenner gekennzeichnet ist. Man bezeichnet den Term als (n, a) oder auch kurz $n\,a$ und versteht darunter das, was S. 1859 z. B. mit $f_{(a, n)}$ bezeichnet ist, also den Zahlenwert des Terms. Die Ritzsche Formel wäre demnach:

$$f_{(a,\,n)} \text{ oder } (n, a) \text{ oder } n\,a = \frac{p^2 R}{[n + a + \alpha\,(n,\,a)]^2}.$$

Man unterscheidet nun zwei Arten von Termfolgen, je nachdem die Elektronenbahnen das innere Elektronensystem umschließen und höchstens berühren oder in dieses System eintauchen.

---

[1] Bei der willkürlichen Numerierung S. 1858 kann diese Größe positiv sein. Wenn n aber die wahre Quantenzahl vorstellt, muß sie negativ werden, indem die Zahlen n um so viel Einheiten vergrößert, wie die Zahlen a verkleinert werden.

Im ersten Falle, der für Bahnen $k > 2$ im allgemeinen vorliegt, hat $\varDelta$ einen nicht erheblichen Wert, aber dieser vergrößert sich mit wachsendem n merklich. n^* nimmt ab. Bedenkt man, daß eine 3_3-Bahn kreisförmig ist, eine n_3-Bahn bei wachsendem n aber mit ihrem Perihel dem Kerne näher kommt, bei sehr großem n bis in die halbe Entfernung, so ist verständlich, daß der Termwert mit wachsendem n wächst, um sich einem Grenzwerte asymptotisch zu nähern. Der Wert α in der Ritzschen Formel ist im allgemeinen positiv. Nach Bohr kommt die Verstärkung der Bindung durch eine Polarisation des Atomrestes durch das Leuchtelektron zustande. Der Kern wird angezogen, die Elektronen des Atomrestes abgestoßen, und es entsteht ein Dipol, dem die zusätzliche Wirkung zugeschrieben wird. Beim Umlauf des Leuchtelektrons kann es dabei zu Resonanzerscheinungen kommen, welche bei einem bestimmten Gliede einer Termfolge maximal wirken. Die Termfolge ist dann anomal (f-Folge bei Al II nach Schrödinger). Es kommt, besonders bei großen Dimensionen des Atomrestes, auch vor, daß das Perihel die Sphäre der inneren Elektronen berührt oder schneidet. Auch in diesem Falle ist die Änderung im besprochenen Sinne erheblich. Die effektive Quantenzahl ändert sich bei einem höheren Term erheblich, und die Ritzsche Formel versagt. (P-Folge in Ca I, D-Folge in Mg I, P-Folge in den Singuletts von Hg I.)

Der zweite Fall, daß eine Elektronenbahn tief in das innere System eintaucht, kommt bei den s- und p-Folgen vor. In diesem Falle wirkt auf das Perihel ein großer Teil der Kernladung. Infolge der Rotation der Achse hat die Bahn eine kleinere Schleife im Innern (vgl. Kap. XXIX, § 10). Dann wird die Bindung in diesem Schleifenteil außerordentlich vermehrt und der Termwert so vergrößert, daß die effektive Quantenzahl um mehrere Einheiten kleiner sein kann als die wahre. So ist die effektive Quantenzahl n^* der Grundbahn im Cäsiumatom 1,87, während die wahre $n = 6$ ist. Diese 6_1-Bahn wird also so stark gebunden wie eine fiktive Wasserstoffbahn $R/1{,}87^2$. Bohr gibt eine genauere Überlegung für diese Verhältnisse (vgl. S. 1780). In diesem Falle bleibt bei verändertem n die Schleife im Innern nahe von gleicher Ausdehnung und trägt gleich viel zur Abnahme der Quantenzahl bei. Die einzige, allerdings nur kleine Änderung rührt von der äußeren Bahn her, welche mit wachsendem n größer wird, so daß die von ihr herrührende Vergrößerung des Termwertes (Verkleinerung der Quantenzahl) geringer wird. Die Terme solcher Folgen weichen sehr stark von den Wasserstofftermen ab. Aber die Abweichung wird mit wachsendem n etwas kleiner. Ihre effektive Quantenzahl nähert sich dabei niemals derjenigen n der entsprechenden Wasserstoffbahn, sondern einem Werte $n - a$, wo a mehrere Einheiten betragen kann. Der Wert von α in Ritz' Formel ist negativ.

Bei der Untersuchung einer Serie benutzt man (nach Rydberg) eine Tabelle[1]) der Werte $R/(n + a)^2$, in die man eine gefundene Termfolge hineinpaßt. Der Unterschied der beiden Arten von Serien ist hier eingezeichnet (Fig. 1136).

---

[1]) Rydberg Term Tables by F. Paschen, Journ. Opt. Soc. **16**, 231, 1928.

Das allgemeine Schema eines Spektrums, welches sich aus den möglichen Kombinationen ergibt, ist folgendes (Fig. 1137). Hier bedeuten Striche Übergänge von einem Niveau auf ein anderes, also Linien. Es sind nur Übergänge zu den Grundtermen der verschiedenen Folgen eingezeichnet. Jeder Term jeder Folge kann dieselbe Rolle übernehmen wie hier der Grundterm, also Grenze von zwei Serien sein.

Fig. 1136.

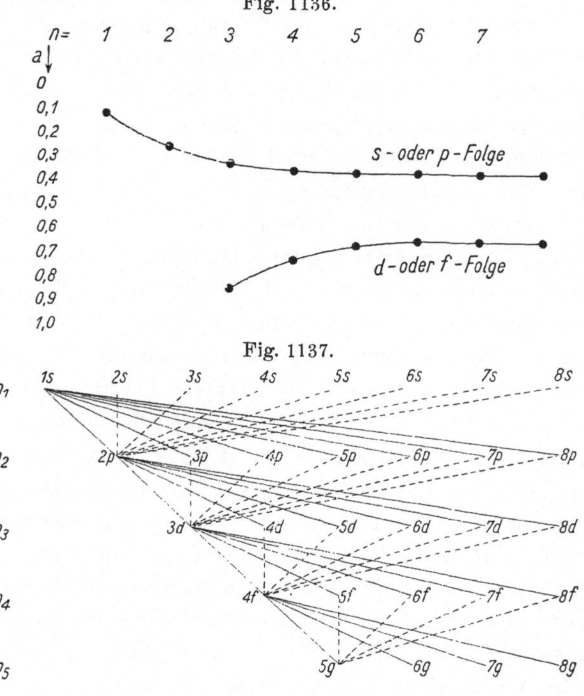

Fig. 1137.

So ist: $\qquad v = ns - mp, \quad n = 1, 2, 3 \dots$
$$\left. \begin{array}{l} v = ns - mp, \quad n = 1, 2, 3 \dots \\ \qquad\qquad\qquad\; m = 2, 3, 4 \dots \end{array} \right\} m > n \quad \dots\dots \quad (1)$$

die Zusammenfassung aller **Hauptserien** des Spektrums, von denen

$$v = 1s - mp, \quad m = 2, 3, 4 \dots \qquad\dots\dots\dots \quad (1\,\mathrm{a})$$

die stärkste ist (eingezeichnet) und Resonanzlinien enthält;

$$\left. \begin{array}{l} v = mp - ns, \quad m = 2, 3, 4 \dots \\ \qquad\qquad\qquad\; n = 2, 3, 4 \dots \end{array} \right\} n \gtreqless m \quad \dots\dots \quad (2)$$

die Zusammenfassung aller II. (scharfen) **Nebenserien**, von denen

$$v = 2p - ns, \quad n = 2, 3, 4 \dots \qquad\dots\dots\dots \quad (2\,\mathrm{a})$$

die stärkste ist (eingezeichnet);

$$\left. \begin{array}{l} v = mp - nd, \quad m = 2, 3, 4 \dots \\ \qquad\qquad\qquad\; n = 3, 4, 5 \dots \end{array} \right\} n > m \quad \dots\dots \quad (3)$$

die Zusammenfassung aller I. (diffusen) **Nebenserien**, von denen

$$v = 2p - nd, \quad n = 3, 4, 5 \dots \qquad\dots\dots\dots \quad (3\,\mathrm{a})$$

die stärkste ist (eingezeichnet).

$$v = 3d - mf, \quad m = 4, 5, 6 \dots \qquad\dots\dots\dots \quad (4\,\mathrm{a})$$

ist die stärkste sogenannte **Bergmann**-Serie oder f-Serie usw.

Die graphischen Darstellungen, z. B. die von Bohr, beruhen auf obigem Schema. Als Abszissen dienen die Werte der Wellenzahlen für eingezeichnete Termwerte oder die Werte der effektiven Quantenzahlen n^* für die eingetragenen wahren Quantenzahlen n. Die Terme der Termfolgen oder die wahren Quantenzahlen werden als Punkte eingetragen, und zwar wie in obigem Schema für jede Folge in einer Horizontalreihe. Die Verbindungsstriche geben die Linien (vgl. die Tabellen im letzten Abschnitt).

Die Tabelle der Zahlenwerte der Terme läßt berechnen, die graphische Darstellung läßt übersehen: 1. Den größten Term, welcher die Bindungsstärke des Elektrons in der Ruhebahn und die Ionisierungsenergie bestimmt. 2. Die Anregungsspannung einer Linie. Sie ist gegeben durch die Differenz des größten Terms (der Ruhebahn) und des subtraktiven Terms der Linie, da das Leuchtelektron von der Ruhebahn auf die Anfangsbahn der Linie zu heben ist (G. Hertz). 3. Den zweitgrößten Term. Unterscheidet sich dessen Nebenquantenzahl k von der des größten um ± 1, so ist der direkte Übergang zwischen diesen beiden Termen hin (Absorption) und zurück (Emission) möglich und gibt eine „Resonanzlinie". Das unangeregte Atom absorbiert diese Strahlung und sendet sie von selber wieder aus. Ist ein Übergang vom zweitgrößten zum größten Term durch das Auswahlprinzip der k-Quanten verboten (z. B. größter Term ein s-Term, zweitgrößter ein d-Term), so stellt der zweitgrößte Term einen Zustand des Atoms vor, welcher durch Absorption und Emission von Strahlung oder durch Elektronenstoß erreicht, nicht von selber unter Emission von Strahlung verlassen werden kann. Das Atom kann von ihm aus also nicht von selber in den normalen Endzustand übergehen[1]). Ein solcher Zustand heißt nach J. Franck ein metastabiler. In einem metastabilen Zustand würde das Atom ohne Störung durch Elektronen oder einfallende Strahlung lange verweilen. Andererseits kann es die Energie dieses Zustandes beim Zusammenstoß mit Elektronen und auch mit Atomen wieder abgeben. Die Gelegenheit dazu ist infolge der Langlebigkeit dieses Zustandes gegeben. Die Verweilzeit in gewöhnlichen Anregungszuständen hat die Größenordnung von 10^{-7} sec, in metastabilen dagegen unter den Verhältnissen einer Glimmentladung etwa $1/100$ sec. Da der metastabile Zustand ein tiefer Atomzustand ist, wie bei den tiefen d-Termen in den Spektren Ca II, Sr II, Ba II, Cu I, so sind die Linien, welche ihn als Endzustand haben, sehr intensiv.

§ 7. Das Bogenspektrum He I des Heliums (Einfangung des zweiten Elektrons durch den Heliumkern).
Die Serienanalyse dieses Spektrums rührt von C. Runge und F. Paschen (1895) her. Die letzte, wichtige Ergänzung ist der Nachweis des größten S-Terms durch Th. Lyman (1923). Die Wellenlängen stammen urprünglich von C. Runge und F. Paschen, sind aber ergänzt und auf das internationale System bezogen von F. Paschen. Das Spektrum besteht aus zwei voneinander unabhängigen Seriensystemen, dem

---

[1]) Eine geringe Übergangswahrscheinlichkeit besteht. (Spektren der Nebel nach J. S. Bowen.)

der Einfachlinien (Parhelium) und der Doppellinien (Orthohelium). In Wirklichkeit sind die letzteren Tripletts, deren zwei stärkste Linien sehr nahe zusammenfallen.

I. Einfachlinien (Parhelium). Termfolgen.

$n =$	1	2	3	4	5	6	7	8	9
nS (n_1)	198293	32033,3	13445,9	7370,5	4647,2	3195,8	2331,8	1776,0	1397,9
nP (n_2)[1]		27175,9	12101,4	6818,1	4368,3	3035,8	2231,6	1709,4	1351,1
nD (n_3)			12205,8	6864,3	4392,5	3050,0	2240,7	1715,3	1355,5
nF (n_4)				6857,8	4390,7				
$nF'(n_5)$				4391					

II. Doppellinien (Orthohelium). Termfolgen.

$n =$	2	3	4	5	6	7	8	9	10	11
ns (n_1)	38454,7	15073,9	8012,5	4963,7	3374,5	2442,5	1849,2	1448,4	1165,2	958,0
$np_2(n_2)$	29223,9[2]	12746,1	7093,6	4509,9	3117,8	2283,8	1743,9	1375,3	1112,4	918,0
nd (n_3)		12209,1	6866,2	4393,5	3050,6	2241,0	1715,6	1355,4	1097,7	907,2
nf (n_4)			6858,2	4389,0						
$nf'(n_5)$			4390							

Die Termfolgen sind noch weiter bekannt als hier angegeben, nS bis $n = 13$, nP bis $n = 20$, nD bis $n = 14$, ns bis $n = 15$, np_1 bis $n = 22$ nd bis $n = 21$. Sie sind abgeleitet aus den folgenden Serien, deren Auffindung und Analyse den ersten Schritt der experimentellen Erforschung dieses Spektrums darstellte (angegeben λ_L beob. intern. Å.-E. und ν beob.). Man findet, daß die Werte ν den Zahlen obiger Termtabellen nach der Serienkombination entsprechen.

I. Einfachlinien.

Stärkste Hauptserie $\nu = 1S - nP$, $n = 2, 3\ldots$, Grenze $1S = 198293$ (Lyman).

$n =$	2	3	4	5	6	7	8
λ_{vac}	584,40	537,12	522,21	515,65	512,09	510,05	508,59
ν	171115	186178	191493	193930	195278	196059	196622

Zweite Hauptserie $\nu = 2S - nP$, $n = 3, 4\ldots$, Grenze $2S = 32033,30$.

$n =$	2	3	4	5
λ_L	20581,31	5015,680	3964,732	3613,640
ν	4857,45	19931,9	25215,3	27665,1

$n =$	6	7	8	9
λ_L	3447,590	3354,550	3296,786	3258,275 ...
ν	28997,5	29801,7	30323,9	30682,3 ...

Zweite Nebenserie (II. N. S.) $\nu = 2P - nS$, $n = 3, 4\ldots$, Grenze $2P = 27175,9$.

$n =$	3	4	5	6
λ_L	7281,360	5047,735	4437,552	4168,965
ν	13729,9	19805,4	22528,6	23980,0

$n =$	7	8	9	10
λ_L	4023,973	3935,914	3878,183	3838,094 ...
ν	24844,0	25399,9	25778,0	26047,2 ...

---

[1] Die Terme dieser Reihe sind die einzigen, welche kleiner sind als die Terme des Wasserstoffspektrums gleicher Zahlen n.

[2] Doppelt $2p_1 = 29222,85$, $2p_2 = 29223,87$, $\Delta p_i = 1,02$.

Erste. Nebenserie (I. N. S.) $\nu = 2P - nD$, $n = 3, 4\ldots$,   Grenze $2P = 27\,175{,}9$.

$n =$	3	4	5	6
λ_L	6678,150	4921,930	4387,931	4143,759
ν	14970,1	20311,6	22783,4	24125,9

$n =$	7	8	9	10
λ_L	4009,270	3926,530	3871,819	3833,574 …
ν	24935,2	25460,6	25820,3	26077,9 …

Nächste I. N. S. $\nu = 3P - 4D$: $\lambda_{L\,\text{beob.}} = 19090{,}6$, $\nu_{\text{beob.}} = 5236{,}8$.

Bergmann- oder f-Serie $\nu = 3D - nF$, $n = 4, 5\ldots$,
Grenze $3D = 12\,205{,}8$.

$n =$	4	5
λ_L	18693,4	12792,3
ν	5348,0	7815,1

Im elektrischen Felde ist von J. Stark und seinen Schülern (Liebert) eine Reihe von verbotenen Kombinationen gefunden, z. B. die Serien $2P - nP$, $2S - nS$, $2S - nD$, von Tschulanowsky $2P - nF$.

II. Doppellinien.

Nur der Term $2p$ ist doppelt beobachtet. Daher bestehen die Kombinationen desselben aus Doppellinien von der Wellenzahldifferenz $\Delta 2p_i = 1{,}02$. Auch alle anderen Linien werden Doppellinien sein, ohne daß sie bisher als solche beobachtet wurden. Die Duplizität ist anderer Art als bei den Alkalien. Wahrscheinlich liegt eine weitergehende Komplexstruktur vor[1]). Hier wird nur die stärkere Komponente der Doppellinien aufgeführt.

Hauptserie $\nu = 2s - np$, $n = 2, 3, 4\ldots$, $2s = 38454{,}64$, $n = 2$ ist doppelt.

$n =$	2	3	4	5	6
λ_L	10830,32	3888,649	3187,744	2945,104	2829,073
ν	9230,81	25708,6	31361,1	33944,8	35336,89

$n =$	7	8	9	10
λ_L	2763,800	2723,191	2696,119	2677,135
ν	36171,4	36710,8	37079,4	37342,3

II. N. S. $\nu = 2p_2 - ns$, $n = 3, 4, 5\ldots$, $2p_2 = 29\,223{,}87$ Doppellinien.

$n =$	3	4	5	6	7
λ_L	7065,200	4713,143	4120,817	3867,477	3732,861
ν	14150,0	21211,3	24260,2	25849,3	26781,5

$n =$	8	9	10	11
λ_L	3651,481	3599,304	3562,950	3536,820
ν	27374,6	27775,2	28058,6	28265,9

I. N. S. $\nu = 2p_2 - nd$, $n = 3, 4, 5\ldots$, $2p_2 = 29\,223{,}87$ Doppellinien.

$n =$	3	4	5	6	7
λ_L	5875,622	4471,479	4026,189	3819,614	3705,004
ν	17014,8	22357,7	24830,4	26173,2	26982,9

$n =$	8	9	10	11
λ_L	3634,235	3587,252	3554,394	3530,487
ν	27508,3	27868,6	28126,2	28316,6

---

1) Nach der neuen Quantensystematik der Spektra haben die Theoretiker angenommen, daß Tripletts vorliegen. Heisenberg berechnet die Art des Tripletts und findet p_2 sehr nahe bei p_1. G. Hansen findet bei Kühlung der Lichtquelle

$\nu = 3p - 4d$, $\lambda_L = 17003{,}3$, $\nu = 5879{,}6$ Anfang der nächsten I. N. S.

Bergmann- oder f-Serie $\nu = 3d - nf$, $n = 4, 5 \ldots$, $3d = 12209{,}1$.

$$
\begin{array}{ccc}
n = & 4 & 5 \\
\lambda_L & 18683{,}4 & 12784{,}1 \\
\nu & 5350{,}9 & 7820{,}1
\end{array}
$$

Im elektrischen Felde ist von J. Stark und seinen Schülern (Koch) eine Reihe verbotener Kombinationen gefunden, z. B. die Serien $2p - np$, $2s - ns$, $2s - nd$.

Die effektiven Quantenzahlen $n^* = n - \varDelta = \sqrt{\dfrac{R_{\mathrm{He}}}{(n_1 a)\,\mathrm{beob.}}}$ wären:

Doppellinien, Termfolge $(n, s)\,(n_1)$.

$n =$	2	3	4	5	6
n^*	1,68917	2,69795	3,70052	4,70160	5,70217

$n =$	7	8	9	10	11
n^*	6,70257	7,70279	8,70299	9,70375	10,70227

n^* nähert sich mit wachsendem n dem Wert $n - 0{,}297$. Die Abweichungen von diesem Wert lassen sich darstellen durch $- \sigma(n, s)$.

Doppellinien, Termfolge $(n, d)\,(n_3)$.

$n =$	3	4	5	6	7
n^*	2,99782	3,99751	4,99738	5,99725	6,99722

$n =$	8	9	10	11	12
n^*	7,99727	8,99763	9,99782	10,99724	11,99708

n^* nähert sich mit wachsendem n dem Wert $n - 0{,}003$. Die Abweichungen von diesem Wert lassen sich darstellen durch $+ \delta(n, d)$. Letzterer Betrag ist hier kleiner als bei den meisten d-Folgen.

Aus diesen beiden Reihen von effektiven Quantenzahlen ersieht man, wie man zu den Termwerten der Termtabelle gelangen kann, wenn man im Spektrum die Serien erkannt hat. Die oben angeführte Serie $2p_2 - ns$ sei dazu ausgewählt. Die Wellenlängen und Wellenzahlen der einzelnen Linien seien durch Messung festgelegt. Man bildet die Differenzen aufeinanderfolgender Wellenzahlen und vergleicht diese mit den Differenzen $\varDelta$ einer Horizontalreihe der S. 1871 erwähnten Tabelle der Werte $\dfrac{R}{(n + a)^2}$. Im Falle unserer Serie findet man für die höheren Glieder fast die Differenzen der Zahlen $\dfrac{R}{(n - 0{,}3)^2}$:

$n =$	6	7	8	9	10	11	12
λ	3867,477	3732,861	3651,981	3599,304	3562,950	3536,820	3517,327
ν	25849,33	26781,50	27374,61	27775,24	28058,63	28265,92	28422,56
$\varDelta\nu$		932,17	593,11	400,63	283,39	207,29	156,64
$\dfrac{R}{(n-0{,}3)^2}$	3377,56	2444,58	1850,85	1449,82	1166,30	958,49	801,64
$\varDelta'$		932,98	593,73	401,03	283,52	207,81	156,85
$\nu + \dfrac{R}{(n-0{,}3)^2}$		29226,08	29225,46	29225,06	29224,93	29224,41	29224,20

mit flüssigem Wasserstoff mit einem Interferenzapparat großer Auflösungskraft (Perot-Fabry-Etalon) wirklich die von Heisenberg errechnete Struktur. Auch bei Li II werden die groben Züge der von Schüler beobachteten Feinstruktur von Heisenberg berechnet.

Die Zahlen der letzten Reihe stellen den Wert des Terms $2p_2$ dar. Sie würden sich dem Wert 29223,87 nähern, wenn nicht $n - 0,3$ als effektive Quantenzahl gewählt wäre, sondern $n - 0,297$. Durch Interpolation zwischen den Reihen der Tabelle findet man aufeinanderfolgende Differenzen Δ, welche gleich den beobachteten werden. Die Differenzen $29223,87 - \nu$ der Serie ergeben die Werte der Terme ns, nämlich:

$n =$	3	4	5	6	7
ns	15073,9	8012,5	4963,7	3374,5	2442,5
n^*	2,69795	3,70052	4,70160	5,70217	6,70257

$n =$	8	9	10	11
ns	1849,2	1448,4	1165,2	957,95
n^*	7,70279	8,70299	9,70375	10,70227

Die Werte n^* sind mit $R_{\mathrm{He}} = 109722,14$ berechnet nach $n^* = \sqrt{\dfrac{R_{\mathrm{He}}}{ns}}$. Die asymptotische Annäherung der Werte n^* an einen Wert $n - s$ ist ein Zeichen, daß die Terme keinen konstanten additiven Fehler haben. Man sieht weiter, daß eine Änderung des Wertes $2p$ um $+ E$ zugleich eine Änderung aller Werte ns um $+ E$ bewirken würde.

Zu obiger Termreihe ns gehört noch der Term $2s$, welcher die Linie $2s - 2p_1$ erzeugt.

$$\lambda = 10830,32,$$
$$\nu = 9230,81 = 2s - 2p,$$
$$2s = 38454,7,$$
$$2^* = 1,68917.$$

Die Werte n^* lassen sich für niedere n darstellen durch:

$$n^* = n - s - \sigma\,(ns),$$

nach Ritz.

Nicht alle Serien folgen diesem Gesetze. Man findet aber in einem Serienspektrum immer eine Serie, für die man mit obigem Verfahren aus den höheren Gliedern einen konstanten Wert der Grenze und damit auch eine asymptotische Annäherung der Werte n^* an $n - a$ erzielen kann. Die Werte der Terme für die Grenze und die Folgeterme kann man dann annehmen.

Aus der Serie $2p_2 - nd$ findet man die Werte der Terme nd mit dem gleichen Fehler $+ E$, den $2p_2$ hat. Aus der Serie $3d - nf$ ergeben sich die Terme nf. Aus der Serie $2s - np$ erhält man die Werte np. Alle so berechneten Termwerte haben den Fehler $+ E$ des Terms $2p_2$, abgesehen von Beobachtungsfehlern der Linien.

Die Termtabelle des Heliumspektrums, die man auch graphisch anschaulich darstellen kann, lehrt: Das zweite Elektron wird in einer 1_1-Bahn gebunden. Die Ionisierungsenergie ist $1S/8102 = 24,475$ Volt. $1S - mP$ sind keine vollkommenen Resonanzlinien, weil von mP auch ein Übergang nach $2S$ möglich ist, welches ein metastabiles Niveau ist. Die Strahlung $1S - mP$ wird also beim rückwärtigen Prozeß nicht völlig wieder zurückgewonnen als Strahlung.

Der Zustand des Orthoheliums ist als ganzer metastabil, weil keine nennenswerten Kombinationen zwischen den beiden Seriensystemen vorkommen

Eine Mindestspannung von $(1\,S - 2\,s)/8102 = 159\,838/8102 = 19{,}73$ Volt, welche Umwandlungsspannung heißt, bringt das Atom in den Zustand des Orthoheliums. D. h., Elektronen von 19,73 Volt Geschwindigkeit können das neutrale Heliumatom in den Grundzustand der metastabilen Atomkonfiguration versetzen. Es verbleibt dann in diesem Zustand und emittiert unter Strahlungs- oder Elektronenstoßanregung Linien des Orthoheliumspektrums, bis ein Zusammenstoß mit Elektronen oder Atomen es wieder in den Zustand des Parheliums versetzt, wonach es in den normalen Grundzustand gelangen kann.

Angeregte Atome von Helium enthalten demnach je nach dem Grade der Anregung 19,73 bis 24,475 Volt in sich, die sie an Elektronen oder Atome abgeben können, wenn sie dieselben nicht ausstrahlen. Am zahlreichsten und wirksamsten wegen der großen Lebensdauer sind die Atome mit 19,73 Volt. In dem Zustande $2\,s$ kann das Atom Licht der Linie $\nu = 2\,s - 2\,p_i$, $\lambda = 10\,830$ Å.-E., absorbieren und mit gleichem Betrage wieder aussenden. Die Linie ist daher eine Resonanzlinie, wie es von Paschen[1]) experimentell gefunden ist.

Die Namen Parhelium und Orthohelium rühren von C. Runge und F. Paschen her, welche die beiden Seriensysteme fanden, und da damals (1895) in einem Spektrum nie mehr als ein Seriensystem bekannt war, glaubten, daß es sich um zwei verschiedene Gase handele. Die Namen werden für die beiden Zustände des Atoms weiter verwendet.

Nach Lyman soll die Zwischenkombination $1\,S - 2\,p_i$ existieren; beob. $\lambda = 591{,}56$ Å.-E., $\nu = 169\,044{,}6$. Da das Orthosystem ein Triplett- system ist, wäre es die Kombination $1\,S - 2\,p_1$. Durch diese wäre ein Strahlungsübergang zwischen Tripletts und Singuletts gegeben. Während aber bei den übrigen Spektren der Atome mit zwei Valenzelektronen der $2\,p_i$-Zu- stand der Tripletts der zweittiefste Term, und die entsprechende Kombination eine starke Resonanzlinie ist, während weiter die Nachbarniveaus $2\,p_2$ und $2\,p_0$ metastabil sind, sind die Verhältnisse bei Helium ganz anders. Metastabil sind da das $2\,s$-Niveau der Tripletts, wie oben erläutert, und das nächst höhere $2\,S$-Niveau der Singuletts. Erst dann folgt das $2\,p_i$-Niveau der Tripletts, welches mit keinem seiner Terme metastabil ist. Die Zwischenkombination $1\,S - 2\,p_i$ ist darum eine schwächere Linie und der Strahlungsübergang zwischen den beiden Zuständen ein nicht so häufiger wie bei den anderen Systemen zweier Valenzelektronen. Daher ist der Zustand der Tripletts beim Helium auch dann noch erheblich stabiler, wenn Lymans Deutung richtig ist. Da die Wellenlängenmessung sehr schwierig ist, ist die Deutung schwer zu beweisen.

Wegen der Metastabilität des Niveaus $2\,S$ sind die darauf aufgebauten Serien sehr intensiv. Das im Sichtbaren und langwelligen Ultraviolett ge- legene Spektrum des Parheliums ist fast so intensiv wie das des Orthoheliums. Bei den Erdalkalien sind die entsprechenden Serien bedeutend schwächer.

Im Bogenspektrum des Heliums haben wir das Bild der Einfangung des zweiten Elektrons vor uns, für welches in neuester Zeit als weiteres Beispiel

---

[1]) F. Paschen, Ann. d. Phys. **45**, 625, 1914.

das Spektrum Li II[1]) bekanntgeworden ist. Bohr behandelt an Hand der Spektren und auf Grund des Korrespondenzprinzips unter Berücksichtigung der Wechselwirkung zwischen Elektronenbahnen und Atomrest die Frage, in welchen Bahnen die einzeln nacheinander eingefangenen Elektronen gebunden werden. Die endgültige Ruhebahn bedeutet für das Elektron stabilste Bindung unter den bei dieser Bindung wieder veränderten Bedingungen des Atomrestes. So muß das zweite Elektron wie das erste in einer 1_1-Bahn gebunden werden. Aber nach dem Korrespondenzprinzip können diese beiden Bahnen nicht in derselben Ebene liegen. Nach Rechnungen von A. Landé und H. Kramers sind die beiden Bahnen unter 120^0 gegeneinander „gekreuzt". Dagegen sollen die Elektronenbahnen, welche dem Orthoheliumsystem zuzuordnen sind, komplanar zu der 1_1-Bahn des ersten Elektrons liegen und als tiefstes Niveau eine 2_1-Bahn haben. Zwischenkombinationen sollen nach dem Korrespondenzprinzip ausgeschlossen sein.

Die neuere Quantentheorie führt zu anderer Auffassung der Verhältnisse. Heisenberg hat das Heliummodell behandelt und gelangt zu Resultaten, welche richtig sind (siehe Kap. XXIX).

In § 11 dieses Kapitels sind die für die praktische Spektroskopie in Betracht kommenden Gesichtspunkte dargelegt. Danach ist das Heliumspektrum analog den übrigen Spektren zweier Valenzelektronen und muß aus einem Singulett- und daneben aus einem Triplettsystem bestehen.

§ 8. Fortsetzung der Betrachtungen über die Einfangung weiterer Elektronen. Die Einfangung der beiden ersten Elektronen in 1_1-Bahnen kehrt bei allen Elementen wieder. Die Radien dieser Kreise nehmen umgekehrt proportional zur Kernladung ab. Sie bilden die K-Schale der Atome. Weitere 1_1-Bahnen können nicht in ihr Platz haben (nach Paulis Prinzip), so daß das dritte Elektron in einer 2_1-Bahn gebunden wird, welche zuerst bei Lithium I auftritt. Dieses Spektrum hat große Ähnlichkeit mit dem Wasserstoffspektrum. Für die höheren Quantenbahnen (n und k höhere Werte) verhält sich der Atomrest gegenüber dem Elektron wie der Wasserstoffkern. Ähnliche Spektren sind immer dann vorhanden, wenn auf eine abgeschlossene Elektronenschale ein Elektron in einer n_1-Bahn anlagert (Alkalien).

Das vierte Elektron wird nach dem Spektrum Beryllium I auch in einer 2_1-Bahn gebunden, und diese zusammen mit der vorletzten 2_1-Bahn spielen dieselbe Rolle wie die zwei 1_1-Bahnen des Heliumatoms. In der Tat kehren die Grundzüge des letzteren Spektrums wieder, indem ein Termsystem von Singuletts mit dem Grundterm und ein anderes Termsystem von Tripletts vorhanden ist. Es ist bei Be I noch nicht analysiert. Dasselbe Bild kehrt immer wieder, wenn auf eine abgeschlossene Elektronenschale zwei n_1-Elektronen folgen (Erdalkalien).

Das fünfte Elektron gelangt nach dem Spektrum von Bor I und C II (Fowler) in eine 2_2-Bahn und gibt das charakteristische Spektrum der Erd-

---

[1]) H. Schüler, Naturwiss. **12**, 579, 1924 und S. Werner, Nature **115**, 191, 1925 und **116**, 574, 1925.

metalle, welches dann auftritt, wenn nach Bindung zweier n_1-Elektronen ein drittes in einer n_2-Bahn dazukommt.

Die Bindung der nächstfolgenden Elektronen kennen wir nicht, weil die Spektren noch nicht erkannt sind. Im Sauerstoffatom scheint nach einem Funde von Hopfield eine 2_2-Bahn die Ruhebahn zu sein. Jedenfalls ist im Neon eine sehr stabile, in sich abgeschlossene Konfiguration erreicht, die zwei 1_1-, zwei 2_1- und sechs 2_2-Bahnen besitzt. Von nun an wiederholt sich ein ähnlicher Vorgang, wie er beim Lithium begann. Das 11-te Elektron im Na I steht einem abgeschlossenen Rumpfe gegenüber und gibt ein dem Li I ähnliches Spektrum, das zwölfte wird nach dem Spektrum Mg I ähnlich wie das vierte eingefangen usw. Erst wenn wieder ein in sich abgeschlossenes System erreicht ist, was beim Argon eintritt, wiederholt sich dies Bild zum dritten Male. Das erste Elektron, welches nach Abschluß solcher Gruppen eingefangen wird, gibt immer das für die Alkalien charakteristische Spektrum. Die Hauptquantenzahl seiner Ruhebahn entspricht der Nummer der Periode im System der Elemente. Das zweite gibt das der Erdalkalien, das dritte das der Erden. Über das vierte, fünfte usw. geben die Spektren bisher noch keine sichere Kunde. So einfach, wie hier geschildert, vollzieht sich indessen der sukzessive Aufbau nicht. Im Argonatom ist das 18. Elektron gebunden. Zu der Neonanordnung sind zwei 3_1- und sechs 3_2-Bahnen hinzugekommen. Die Anordnung ist so weit in sich abgeschlossen, daß das 19. Elektron im Kalium I noch nach Art der Alkalispektren gebunden werden kann, nämlich, wie Bohr zeigt, in einer 4_1-Bahn. Diese Bahn ist stärker als eine 3_3-Bahn gebunden. Aber mit steigender Kernladung ändern sich die Verhältnisse. In Ca II zeigt das Spektrum bereits einen Termwert der 3_3-Bahn, der wenig schwächer ist als der 4_1-Term, der noch die Ruhebahn bildet. Vom Scandiumatom erwartet Bohr, daß es sein 19. Elektron in einer 3_3-Bahn binde. Danach wäre ein erheblicher Unterschied in der Bindung des 19. Elektrons, also in den Spektren K I, Ca II, Sc III, während im allgemeinen die Spektren der Bindung des gleichzahligen Elektrons einander sehr ähnlich sind (vgl. die Spektren der Bindung des 11. Elektrons, S. 1915). Nach Bohr beginnt beim Scandium die Nachholung in der Entwicklung der zurückgebliebenen Elektronengruppe mit der Hauptquantenzahl 3. Sie besteht in der Ausbildung von zehn 3_3-Bahnen. Zu der Ausbildung von 4_1-Bahnen, welche bei Sc I und Ti I wohl noch vorkommen, kommt es bei den nächsthöheren Atomen wohl nicht mehr. Jedenfalls steht im Cu I dem 29. Elektron ein Rumpf mit abgeschlossenen 18 3-quantigen Bahnen gegenüber, so daß die Bindung ähnlich wie bei den Alkalien erfolgt. Diese Gruppe der in der Entwicklung zurückgebliebenen inneren Elektronenbahnen von Scandium bis Nickel zeigt in ihrem chemischen und physikalischen Verhalten Besonderheiten, welche durch Bohrs Interpretation eine Deutung erfahren. Ähnliche Verhältnisse wiederholen sich später bei den seltenen Erden und noch einmal oberhalb des Radiums (in der Atomtabelle von J. Thomson eingeklammerte Gruppen).

Zur Veranschaulichung folgt hierunter die Tabelle der Elektronenanordnung der Elemente nach Bohr und Stoner, sowie die Tabelle des

Tabelle der Elektronenbahnen des neutralen Atoms
nach Bohr und Stoner.

Nr.	n_K	1_1	2_1	2_2	3_1	3_2	3_3	4_1	4_2	4_3	4_4	5_1	5_2	5_3	5_4	5_5	6_1	6_2	6_3	7_1
1	H	1																		
2	He	2																		
3	Li	2	1																	
4	Be	2	2																	
5	B	2	2	1																
·		·	·	·																
10	Ne	2	2	6																
11	Na	2	2	6	1															
12	Mg	2	2	6	2															
13	Al	2	2	6	2	1														
·		·	·	·	·	·	·													
18	Ar	2	2	6	2	6														
19	K	2	2	6	2	6		1												
20	Ca	2	2	6	2	6		2												
21	Sc	2	2	6	2	6	1	(2)												
22	Ti	2	2	6	2	6	2	(2)												
·		·	·	·	·	·	·	·	·	·	·									
29	Cu	2	2	6	2	6	10	1												
30	Zn	2	2	6	2	6	10	2												
31	Ga	2	2	6	2	6	10	2	1											
·		·	·	·	·	·	·	·	·	·	·									
36	Kr	2	2	6	2	6	10	2	6											
37	Rb	2	2	6	2	6	10	2	6			1								
38	Sr	2	2	6	2	6	10	2	6			2								
39	Y	2	2	6	2	6	10	2	6	1		(2)								
40	Zr	2	2	6	2	6	10	2	6	2		(2)								
·		·	·	·	·	·	·	·	·	·	·	·	·	·	·	·				
47	Ag	2	2	6	2	6	10	2	6	10		1								
48	Cd	2	2	6	2	6	10	2	6	10		2								
49	In	2	2	6	2	6	10	2	6	10		2	1							
·		·	·	·	·	·	·	·	·	·	·	·	·	·	·	·				
54	X	2	2	6	2	6	10	2	6	10		2	6							
55	Cs	2	2	6	2	6	10	2	6	10		2	6				1			
56	Ba	2	2	6	2	6	10	2	6	10		2	6				2			
57	La	2	2	6	2	6	10	2	6	10		2	6	1			(2)			
58	Ce	2	2	6	2	6	10	2	6	10	1	2	6	1			(2)			
59	Pr	2	2	6	2	6	10	2	6	10	2	2	6	1			(2)			
·		·	·	·	·	·	·	·	·	·	·	·	·	·	·	·	·	·	·	
71	Cp	2	2	6	2	6	10	2	6	10	14	2	6	1			(2)			
72	Hf	2	2	6	2	6	10	2	6	10	14	2	6	2			(2)			
·		·	·	·	·	·	·	·	·	·	·	·	·	·	·	·				
79	Au	2	2	6	2	6	10	2	6	10	14	2	6	10			1			
80	Hg	2	2	6	2	6	10	2	6	10	14	2	6	10			2			
81	Tl	2	2	6	2	6	10	2	6	10	14	2	6	10			2	1		
·		·	·	·	·	·	·	·	·	·	·	·	·	·	·	·	·	·	·	
86	Em	2	2	6	2	6	10	2	6	10	14	2	6	10			2	6		
87	—	2	2	6	2	6	10	2	6	10	14	2	6	10			2	6		1
88	Ra	2	2	6	2	6	10	2	6	10	14	2	6	10			2	6		2
89	Ac	2	2	6	2	6	10	2	6	10	14	2	6	10			2	6	1	(2)
90	Th	2	2	6	2	6	10	2	6	10	14	2	6	10			2	6	2	(2)
·		·	·	·	·	·	·	·	·	·	·	·	·	·	·	·	·	·	·	·
118	?	2	2	6	2	6	10	2	6	10	14	2	6	10	14		2	6	10	4 4

natürlichen Systems der Elemente in einer Darstellungsweise, wie sie von Julius Thomson zuerst benutzt ist und von Bohr nach den jetzigen Kenntnissen modifiziert angegeben wurde.

Tabelle des natürlichen Systems der Elemente
nach J. Thomson und N. Bohr.

Fig. 1138.

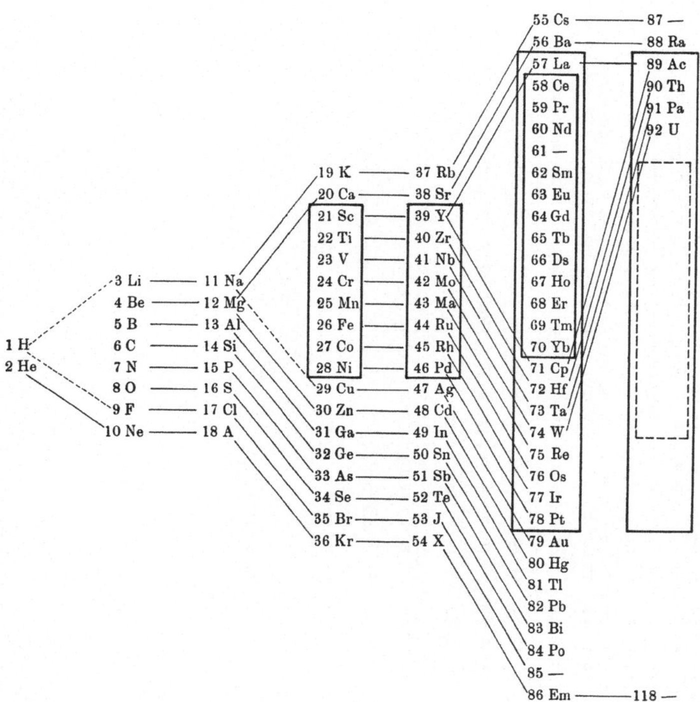

§ 9. Die Mehrfachlinien (Dubletts, Tripletts usw.).

§ 9. Die Mehrfachlinien (Dubletts, Tripletts usw.). Schon lange war bekannt (Mascart 1869, Hartley 1883), daß in dem Spektrum eines Elementes gewisse Gruppen von Linien auftreten, welche sämtlich das gleiche Bild darbieten: Dubletts von gleicher Wellenzahldifferenz (Schwingungsdifferenz) ihrer Komponenten und charakteristischem Intensitätsverhältnis derselben, Tripletts derselben Eigenschaften. Bei chemisch ähnlichen Elementen gibt es gleichartige Gebilde dieser Art, so Dubletts bei den Alkalien, Tripletts bei den Erdalkalien. Die Weite der Gebilde nimmt mit höherer Atomzahl stark zu, so daß z. B. bei Cäsium die Dubletts, bei Barium oder Quecksilber die Tripletts nicht mehr mit einem Blick im Spektrum übersehen werden können. Aber selbst diese weit aufgespaltenen Gebilde befolgen, wie neuere exakte Wellenlängenmessungen beweisen, das Gesetz der Konstanz der Schwingungsdifferenzen innerhalb eines Spektrums mit einer an sonstigen Naturphänomenen kaum gekannten Präzision.

Die Serienordnung führt diese Multiplizitäten auf mehrfache Termwerte zurück. Wenn der Term $2p$ zwei verschiedene Werte $2p_1$ und $2p_2$ hat, so besteht die I. und II. N. S., welche beide die Grenze $2p_i$ besitzen, aus Doppellinien der Schwingungsdifferenz $\varDelta 2p_i = 2p_1 - 2p_2$. So ist es z. B. bei den Alkalien und Erden. Ist der zweite Term ein einfacher, wie es die s-Terme immer sind, so ist ein Dublett vorhanden. Ist aber auch dieser ein zweifacher, wie z. B. der $3d$-Term, welcher wie der p-Term in den genannten Beispielen zwei Werte $3d_1$ und $3d_2$ hat, so entsteht ein komplizierteres, zuerst von Rydberg erkanntes Gebilde, in welchem sowohl die Differenz $\varDelta 2p_i$ wie diejenige $\varDelta 3d_j$ vorkommt. Ähnliche Gesetze gelten für Tripletts, wo die s-Terme einfach, die Terme höherer Nebenquantenzahlen aber je dreifache Werte haben.

Die Bezeichnung der Glieder eines Mehrfachterms hat im Laufe der Zeit gewechselt. Bis etwa 1923 wurde der Teilterm, welcher die stärksten Kombinationen gab, mit dem Index 1 unten rechts bezeichnet, also p_1, d_1 ... Jetzt wird als Index die sogenannte „innere Quantenzahl", auf ganze Zahlen abgerundet, angegeben. Diese Bezeichnung wird hier benutzt.

Folgende Bilder zeigen die gewöhnlich vorkommenden Liniengruppen: Fig. 1139 1), 2) und 3) für Dubletts, Fig. 1140 4), 5) und Fig. 1141 6) für Tripletts.

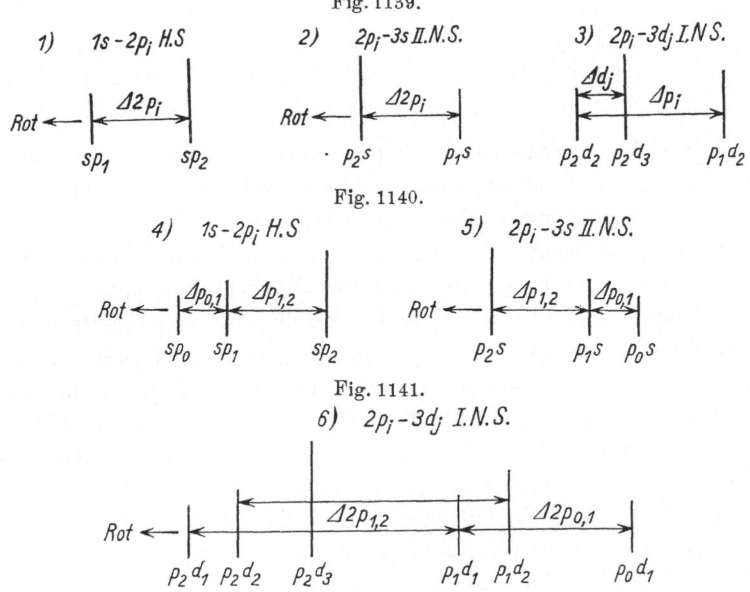

Ist in den Fig. 1139 3) und 1141 6) der stärkste d-Term, welcher d_3 bezeichnet ist, von größerem Zahlenwert, also im Falle 6) $3d_3 > 3d_2 > 3d_1$, so liegen die sogenannten Satelliten, nämlich p_2d_2 in 3) und p_2d_1, p_2d_2, p_1d_1 in 6) nicht auf der langwelligen (rot), sondern auf der kurzwelligen Seite neben den sogenannten Hauptlinien p_2d_3 in 3) und p_2d_3, p_1d_2 in 6). Die d-Terme heißen dann „verkehrte", im gewöhnlichen Falle „regelrechte".

Bei regelrechten d-Termen ist der Abstand der Hauptlinien voneinander kleiner, bei verkehrten größer als bei den Dubletts oder Tripletts sp_i der II. N. S.

Andere Konfigurationen, anderen Zahlenverhältnissen der p_i- und d_j-Werte und der $\varDelta p_i$- und $\varDelta d_j$-Differenzen entsprechend, sind zuerst durch S. Popow, neuerdings mehrfach bekanntgeworden. Das „Rydbergschema" bleibt immer bestehen. Es lautet für den Fall 6) eines $p_i\,d_j$-Tripletts:

$$
\begin{array}{llll}
 & \underline{m\,p_2} & \underline{m\,p_1} & \underline{m\,p_0} \\[4pt]
\varDelta d_{2,3}\;\cdot\;\cdot & p_2 d_3 = m p_2 - n d_3 & & \underline{n\,d_3} \\
\varDelta d_{1,2}\;\cdot\;\cdot & p_2 d_2 = m p_2 - n d_2 \quad p_1 d_2 = m p_1 - n d_2 & & \underline{n\,d_2} \\
 & \underbrace{p_2 d_1 = m p_2 - n d_1}_{\varDelta p_{1,2}}\;\; \underbrace{p_1 d_1 = m p_1 - n d_1}_{\varDelta p_{0,1}}\;\; p_0 d_1 = m p_0 - n d_1 & & \underline{n\,d_1}
\end{array}
$$

Beispiel $2p_i - 3d_j$ des CdI (angegeben: λ_L, Intensität, ν, $\varDelta 2 p_i$ und $\varDelta 3 d_j$):

	$2\,p_2$	$2\,p_1$	$2\,p_0$	
	$\underline{2\,p_2}$	$\underline{2\,p_1}$	$\underline{2\,p_0}$	
(20)	3 610,448			
	27 689,51			$\underline{3\,d_3}$
$\varDelta 3\,d_{2,3}$	18,11			
(8)	3 612,812	(8) 3 466,141		
	27 671,40 1170,88	28 842,28		$\underline{3\,d_2}$
$\varDelta d_{1,2}$	12,12	12,12		
(3)	3 614,394	(3) 3 467,598	(6) 3 403,600	
	27 659,28 1170,88	28 830,16 542,08	29 372,24	$\underline{3\,d_1}$
	$\varDelta p_{1,2}$	$\varDelta p_{0,1}$		

Die Schwingungsdifferenzen sind je konstant zwischen benachbarten Zahlen in den zwei Vertikalreihen $\varDelta p_i$ und zwischen zwei untereinander stehenden Horizontalreihen $\varDelta d_j$. Am stärksten sind $p_2 d_3$, $p_1 d_2$, $p_0 d_1$; $p_2 d_2$ und $p_2 d_1$ erscheinen als Satelliten von $p_2 d_3$ in abnehmender Stärke, $p_1 d_1$ als Satellit von $p_1 d_2$. Die fehlenden Möglichkeiten $p_1 d_3$, sowie $p_0 d_3$ und $p_0 d_2$ treten nach Paschen und Back[1]) in starken Magnetfeldern auf.

Die Schwingungsdifferenz $\varDelta n p_i$ eines Dubletts und Tripletts nimmt im allgemeinen ab mit zunehmender Termnummer n. $\varDelta 2 p_i$ ist die größte Schwingungsdifferenz. Daher besteht eine H. S. $1s - n p_i$ aus Dubletts [Fig. 1139 1)] oder Tripletts [Fig. 1140 4)], welche von Glied zu Glied verengt werden. Eine Umkehrungsserie zur I. N. S. $3 d_j - n p_i$ besteht aus zusammengesetzten Dubletts oder Tripletts [Fig. 1139 3) bzw. 1141 6)] mit spiegelbildlicher Lagerung aller Komponenten, in denen die Differenz $\varDelta 3 d_j$ erhalten bleibt, diejenige $\varDelta n p_i$ zu 0 abnimmt. Ihre Grenze ist $3 d_j$, besteht aus zwei bzw. drei verschiedenen Grenzen (AlII). Im allgemeinen, jedoch nicht immer, wird $\varDelta n p_i > \varDelta n d_j > \varDelta n f_i \ldots$ erfüllt sein.

In den Bogenspektren einer Gruppe des periodischen Systems der Elemente ist die Art der Termmultiplizität dieselbe (Dubletts in den Bogenspektren der Alkalien), und es nimmt die Schwingungsdifferenz im allgemeinen stark

---

1) Physica, 31. Oktober 1921.

mit dem Atomgewicht zu. Bei niederen Atomgewichten ist nur die Multiplizität des p-Terms beobachtet. Die des f-Terms tritt erst in den Bogenspektren hoher Atomgewichte auf. Bei Funkenspektren sind die Differenzen der Termwerte noch viel mehr als die Terme selber (p^2-fach beim p-ten Spektrum) vergrößert. Sie zeigen daher schon bei niederen Atomgewichten Differenzierungen der f-Terme.

Schwingungsdifferenzen $\varDelta 2\,p_i$ und $\varDelta 3\,d_j$ in den Bogenspektren der Alkalien. Zahlen in Klammern sind die Atomnummern (Kernladungen).

	Li I (3)	Na I (11)	K I (19)	Rb I (37)	Cs I (55)
$\varDelta 2\,p_i$	0,34	17,18	57,71	237,6	554,0
$\varDelta 3\,d_j$	—	—	2,74	—	97,9

Schwingungsdifferenzen $\varDelta 2\,p_i$, $\varDelta 3\,d_j$ und $\varDelta 4\,f_j$ in den Spektren der Einfangung des 11. Elektrons.

	Na I (11)	Mg II (12)	Al III (13)	Si IV (14)
$\varDelta 2\,p_i$ . .	17,18	91,55	238	460
$\varDelta 3\,d_j$ . .	—	0,99	2,28	—
$\varDelta 4\,f_j$ . .	—	—	0,38	—

Ein Dublett oder Triplett zeigt charakteristische Intensitätsverhältnisse, das Dublett $2\,p_i$ der Alkalibogenspektren nach Rogestwenski oder Füchtbauer z. B. das Verhältnis [1]) 2 : 1 der Komponenten $2\,p_2$ und $2\,p_1$. Das fällt so in die Augen, daß man daran die Dubletts der Nebenserien erkennt.

Quantitativ einfacher beobachtbar ist der anomale Zeemaneffekt solcher Komponenten einer Liniengruppe. Unter Verweis auf den besonderen Artikel hierüber sei hier folgendes bemerkt: Es gibt Spektren, deren Terme sämtlich einfache Terme und deren Linien daher Einfachlinien sind. Diese haben die magnetische Aufspaltung des normalen Lorentztripletts. Wenn die Terme multiple sind, so treten in den Linien der entstehenden Gruppen anomale Zeemanaufspaltungen auf. Diese befolgen die (verallgemeinerte) Prestonregel: Unabhängig von der Termnummer n, von dem Vorzeichen des Terms (H. S. oder II. N. S.), von der Weite der Schwingungsdifferenz, also von der chemischen Natur des Elementes ist der quantitative Zeemantypus nur bestimmt durch die Art (Quantenzahl k und j) der kombinierten Terme. So hat die Linie $n\,p_1 - m\,s$ eines Dubletts immer denselben, nur von p_1 und s, nicht von n oder m oder ihren Vorzeichen abhängigen Zeemantypus. Jede Linie $n\,p_i - m\,d_j$ eines zusammengesetzten Dubletts oder Tripletts einer I. N. S. oder einer Umkehrungsserie $m\,d_j - n\,p_i$ hat ihren charakteristischen Typ und kann daran erkannt werden. Das ist verständlich, wenn man bestimmte magnetische Aufspaltungen der Terme annimmt, die bei einfachen Termen nach Sommerfeld und Debye der Larmorpräzession entsprechen, bei differenzierten

---

[1]) Neuerdings ist dies allgemein geklärt durch Arbeiten von Dorgelo und Burger. Das Intensitätsverhältnis ist das der inneren Quantenzahlen, vgl. S. 1888.

Termen nach v. Lohuizen verschiedene und abweichende sind. A. Landé hat die Aufspaltungen der verschiedenen einzelnen Terme und die Kombinationsregeln für sie angegeben.

Die Gesetze der Liniengruppen, besonders der zusammengesetzten der I. N. S. nach Rydbergs Ordnung sind offensichtlich Beispiele für das Walten von Auswahlregeln in Quantengesetzen. Aber unsere diesbezügliche Kenntnis, formal sehr umfangreich, ist bezüglich der modellmäßigen Deutung erst neuerdings entwickelt. Sommerfeld tat den ersten Schritt. Er führte formal eine dritte Art von Quantenzahlen, die „inneren", ein und gab die Auswahlregeln an, welche der Erfahrung entsprechen. Wie eine Hauptquantenzahl n sich auf Nebenquantenzahlen $k = n,\ n - 1,\ n - 2 \ldots$ verteilen kann, so kann eine Nebenquantenzahl k wieder einer Reihe „innerer" Quantenzahlen zugeordnet sein. Dabei muß weiter unterschieden werden, ob es sich um Einfachlinien, Dubletts, Tripletts oder weitergehende Multiplizitäten handelt. Hier sei nun der neuere Fortschritt sogleich angeschlossen. Auf Grund von Untersuchungen von Catalán und Back am Manganspektrum und Fräulein H. Gieseler am Chromspektrum konnten die Gesetze der inneren Quantenzahlen verallgemeinert und zusammen mit den Gesetzen der anomalen Zeemanaufspaltungen behandelt werden. Nach Vorarbeiten von A. Sommerfeld und H. Gieseler gelang Landé die Aufstellung der empirischen Gesetze, welche alle bisher bekannten Liniengruppen und die magnetischen Aufspaltungen aller ihrer Komponenten beherrschen. In der Kolonne der Alkalien (ein Leuchtelektron gegenüber einem abgeschlossenen Atomrest) gibt es bei den Bogenspektren nur Dubletts. In der der Erdalkalien (zwei Elektronen außerhalb des abgeschlossenen Atomrestes) kommt im Bogenspektrum ein Seriensystem von Einfachlinien und außerdem eines von Tripletts vor. In der der Erden (drei Elektronen außerhalb) gibt es Dubletts und außerdem Quartetts. In der nächsten Kolonne erwartet man außer Singuletts, Tripletts sogenannte Quintetts. In der dann folgenden tritt zu den Dubletts und Quartetts neu hinzu ein System von Sextetts. So würde es weitergehen. Chrom gehört in die 6. Kolonne und führt ungeradzahlige Multipletts, und zwar höchstens Septetts, Mangan in der 7. Kolonne führt geradzahlige bis zu Oktetts.

Die Regeln für derartige Gebilde sind in der folgenden Tabelle von A. Landé enthalten. (Die neuere Entwicklung der Quantentheorie, Dresden und Leipzig 1926, S. 65.)

Die Tabelle enthält die Terme mit abgerundeten Indizes, die inneren Quantenzahlen nach Landé (JL), und nach Sommerfeld (JS), die Nebenquantenzahlen K nach Landé, sowie die Größe l, welche nach neuer Systematik an die Stelle von K tritt, sowie die Rumpfquantenzahlen R nach Landé, bzw. die Quantenzahlen r der neueren Darstellung. Die größte innere Quantenzahl eines multiplen Terms ist nach Sommerfeld $l + r$, die kleinste $l - r$. Daraus folgt die Zunahme der Multiplizität innerhalb eines Multipletts bis zur Maximalzahl (6 bei Sextetts). Nach Landé folgt dasselbe aus der Bedingung: $(R - K) + 1/2 \leqq J \leqq (R + K) - 1/2$. Zum Beispiel sind bei Quintetts vorhanden ein s-Term $J = 2$, drei p-Terme $J = 3,\ 2,\ 1$, fünf d-Terme

$J = 4, 3, 2, 1, 0$, fünf f-Terme $J = 5, 4, 3, 2, 1$. Die Multiplizität steigt an, bis 5 erreicht ist, und bleibt dann 5-fach.

Außerdem gilt nach Landé eine Regel für die Schwingungsdifferenzen Δp_i, Δd_i, Δf_i angenähert, welche praktisch wichtig ist. Die entsprechenden Zahlenwerte stehen als $\Delta\nu$ in der letzten Horizontalreihe. Das Verhältnis $\Delta p_{1,2} : \Delta p_{0,1}$, der Tripletts $(R = \frac32)$ ist danach $2:1$, der Quintetts $(R = \frac52)$ $3:2$.

Multiplettstruktur.

J	S	0	1	2	3	4	5	$\frac12$	$\frac32$	$\frac52$	$\frac72$	$\frac92$	$\frac{11}2$	S	J
	L	$\frac12$	$\frac32$	$\frac52$	$\frac72$	$\frac92$	$\frac{11}2$	1	2	3	4	5	6	L	
l	K													K	l
0	$\frac12$	s_0				Singuletts		s_1				Dubletts		$\frac12$	0
1	$\frac32$		p_1			$R=\frac12$		p_1	p_2			$R=\frac22$		$\frac32$	1
2	$\frac52$			d_2		$r=0$			d_2	d_3		$r=\frac12$		$\frac52$	2
3	$\frac72$				f_3					f_3	f_4			$\frac72$	3
0	$\frac12$		s_1			Tripletts			s_2			Quartetts		$\frac12$	0
1	$\frac32$	p_0	p_1	p_2		$R=\frac32$		p_1	p_2	p_3		$R=\frac42$		$\frac32$	1
2	$\frac52$		d_1	d_2	d_3	$r=1$		d_1	d_2	d_3	d_4	$r=\frac32$		$\frac52$	2
3	$\frac72$			f_2	f_3	f_4				f_2	f_3	f_4	f_5		$\frac72$	3
0	$\frac12$			s_2		Quintetts				s_3		Sextetts		$\frac12$	0
1	$\frac32$		p_1	p_2	p_3	$R=\frac52$			p_2	p_3	p_4	$R=\frac62$		$\frac32$	1
2	$\frac52$	d_0	d_1	d_2	d_3	d_4	$r=2$	d_1	d_2	d_3	d_4	d_5	$r=\frac52$	$\frac52$	2
3	$\frac72$		f_1	f_2	f_3	f_4	f_5	f_1	f_2	f_3	f_4	f_5	f_6	$\frac72$	3
l	K													K	l
	$\Delta\nu$		1	2	3	4	5		$\frac32$	$\frac52$	$\frac72$	$\frac92$	$\frac{11}2$	$\Delta\nu$	

Für die Kombination zweier Terme K, J und $K'\,J'$ gilt die Regel, daß

$$K' - K = \pm 1 \quad \text{und} \quad J' - J = \begin{cases} +1 \\ \;\;0 \\ -1 \end{cases} \text{ist, wobei } 0 - 0 \text{ bzw. nach Landé}$$

$\frac12 - \frac12$ verboten ist.

Der Vergleich der Fig. 1139, 1140 und 1141 mit der Tabelle zeigt, daß diese Bedingungen erfüllt sind. Zugleich sieht man die Sommerfeldsche Regel, daß die Linien die stärksten sind, bei denen die Änderung von J im gleichen Sinne erfolgt, wie die von K. Bei Änderung im ungleichen Sinne entstehen die schwächsten Linien.

Landé hat ein Modell zum Verständnis der Komplexstruktur zugrunde gelegt, in dem R einen Drehimpuls $\dfrac{R\,h}{2\pi}$ des Atomrumpfes bedeutet, der mit dem azimutalen Drehimpuls $\dfrac{K \cdot h}{2\pi}$ rektoriell zu $J \cdot \dfrac{h}{2\pi}$ dem Gesamtimpuls des Systems zusammengesetzt ist (Fig. 1142). Daraus folgt die oben gegebene Strukturregel der Multipletts und die Intervallregel. Nach Landé soll die

Elektronenbahn mit Perihelbewegung um die J-Achse eine Präzessionsbewegung machen. Das Korrespondenzprinzip führt dann zu der angegebenen Auswahlregel der J (nach Bohr). Die Tabelle bildet weiter den Ausgangspunkt für die Ableitung der anomalen Zeemaneffekte der einzelnen Multipletterme durch Landé. Ein Term spaltet gemäß einer magnetischen Quantenzahl $m = J - {}^1/_2$, $J - {}^3/_2 \ldots - (J - {}^1/_2)$ in $2\,J$ Komponenten auf. Der Wert der Aufspaltung ist nach Landé $m g o$, wo

$$g = 1 + \frac{J^2 - {}^1/_4 + R^2 - K^2}{2\,(J^2 - {}^1/_4)}$$

und o die normale Aufspaltung bedeutet. Landé zeigt, daß damit die Zeemaneffekte aller Terme obiger Tabelle richtig beschrieben werden.

Indem man annimmt, daß alle magnetischen Einzelkomponenten gleiche Wahrscheinlichkeit haben, folgt für ein sehr schwaches Feld das Quanten-

Fig. 1142.

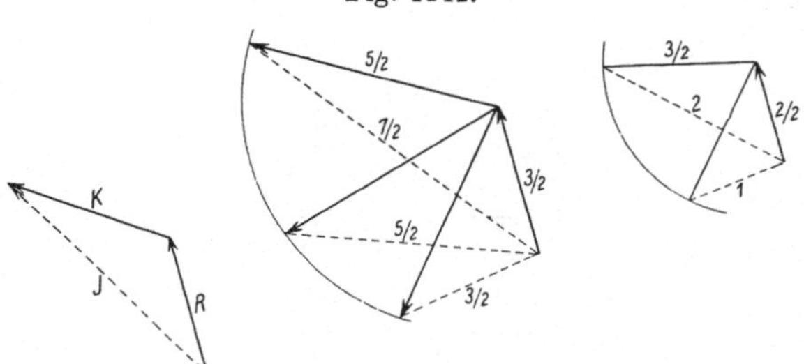

gewicht $2\,J$ eines Terms. Darauf läßt sich die von Dorgelo und Burger[1]) zur Berechnung der relativen Intensitäten der Komponenten eines Multipletts gegebene Regel verstehen. Die beiden Linien eines Dubletts $s p_2$ und $s p_1$ haben das Intensitätsverhältnis $2:1$, die 3 Linien eines Tripletts $R = {}^3/_2$ dasjenige $5:3:1$, eines Tripletts $R = {}^5/_2$ $7:5:3$ usw. Bei zusammengesetzten Gebilden ($p d$-Multipletts), kommen sowohl die J-Werte der P-Terme wie der d-Terme in Betracht. Für das $p d$-Dublett ergibt sich:

	d_2	d_3	
1	5	0	p_1 .
2	1	9	p_2
	2	3	

Die Summe der Zahlen unter d_2 muß zur Summe der Zahlen unter d_3 im Verhältnis $2:3$ stehen. Ebenso die Summe in der Reihe p_1 zur Summe in der Reihe p_2 wie $1:2$. Die verbotene Kombination $p_1\,d_3$ erhält die Zahl 0. Dann erfüllen die übrigen Zahlen die Bedingungen. Die drei Linien stehen im Intensitätsverhältnis $1:9:5$. Auch für kompliziertere Multipletts ist von Dorgelo und Burger die richtige Lösung gefunden.

---

[1]) Dorgelo, Zeitschr. f. Phys. **13**, 206, 1923; Burger und Dorgelo, ebenda **23**, 258, 1924.

Auf Grund der vektoriellen Zusammensetzung der Impulsvektoren sind gewisse Liniengruppen zu verstehen, welche in den Bogenspektren der Erdalkalien vorkommen. Sie sind durch Rydberg lange bekannt. Ihre Termanalyse gelang durch Nachweis ihrer Zeemaneffekte auf Grund der Landéschen Gesetze R. Götze. Danach sind es Kombinationen zwischen dem Triplett-p-Term und einem davon verschiedenen, in der gewöhnlichen p-Termfolge nicht vorkommenden p-Term, der mit p' bezeichnet wurde. Eine zweite (schief-symmetrische) Gruppe war nach Götze als eine dd'-Gruppe anzusehen. Die Deutung dieser p'- oder d'-Terme gelang Russell und Saunders und führte dann sofort zu einer Verallgemeinerung, die besonders von Heisenberg, Pauli und Hund durchgeführt wurde, und welche zum Verständnis komplizierterer Spektra führte. Das Wesentliche dieses wichtigen Fortschrittes sei an den Erdalkalispektren hier erläutert:

Das neutrale Atom der Erdalkalien hat 2 Valenzelektronen. Gewöhnlich lagert das erste derselben in einer s-Bahn mit $K = 1/2$ an, und das zweite allein bedingt durch seine Bahnen das Spektrum. Dies besteht aus einem System von Singulett- und dazu aus einem von Triplett-Termen. Die Ruhebahn ist eine S-Bahn $K = 1/2$ des Singulettsystems, bei Helium eine 1 S-Bahn, bei Beryllium eine 2 S-Bahn, bei Mg eine 3 S-Bahn und so fort. Die besonderen p' und d'-Terme können verstanden werden, wenn man annimmt, daß nicht nur das letzte, sondern auch das vorletzte Elektron „angeregt", das heißt, aus ihren Ruhebahnen gehoben werden.

Dann ist die Wechselwirkung zwischen den beiden Elektronenbahnen größer als die zwischen dem Rumpf und jeder Bahn. Es setzen sich die Impulsmomente der beiden Elektronenbahnen zu einem resultierenden zusammen, der dann mit R zusammen den J- und g-Wert des Terms bedingt. Die so entstehenden Terme sind verschieden von denen, bei denen nur ein Elektron beteiligt ist.

Zwei Elektronenbahnen mit den Impulsen K_1 und K_2 geben einen resultierenden Impuls L nach der Regel:

$$|K_1 - K_2| + 1/2 \leqq L \leqq |K_1 + K_2| - 1/2.$$

Für $K_1 = 1/2$ und $K_2 = 3/2$ gibt es $L = 3/2$. Es ändert $K_1 = 1/2$ nichts an K_2, aber $K_1 = 3/2$ und $K_2 = 3/2$ geben $L = 1/2, 3/2, 5/2$.

Diese L-Impulse setzen sich mit den Rumpfimpulsen, die bei 2 Elektronen ein Singulettrumpf $R = 1/2$ und ein Triplettrumpf $R = 3/2$ sind, zusammen nach der Regel:

$$|R - L| + 1/2 \leqq J \leqq |R + L| - 1/2.$$

Für $K_1 = 3/2$ erhält man daher:

$$\text{mit } K_2 = 1/2 \quad L = 3/2 \begin{cases} R = 1/2 \quad J = 3/2 \quad g = 1 \text{ ein } {}^1P\text{-Term} \\ R = 3/2 \quad J = 1/2, 3/2, 5/2 \quad g = 0/0, 3/2, 3/2 \text{ ein } {}^3P\text{-Term.} \end{cases}$$

Es sind dieselben p-Terme wie bei $K_1 = 1/2$, $K_2 = 3/2$. Gemäß $K_2 = 1/2$ würde man sie s-Terme nennen können. Im Neonspektrum sind sie auch so bezeichnet. Man bezeichnet sie aber besser nach $L = 3/2$ als p-Terme, und zwar nach neuem Gebrauche mit großem Buchstaben, dem oben links die

Multiplizität als Index angehängt ist. Die g-Werte folgen aus Landés g-Formel, in der L statt K eingesetzt wird.

$$K_1 = {}^3/_2 \text{ und } K_2 = {}^3/_2 \text{ gibt } L = {}^5/_2,\ {}^3/_2,\ {}^1/_2.$$

$$R = {}^1/_2 \quad L = {}^1/_2 \quad _n \quad J = {}^1/_2 \quad g = 1,\ {}^1S$$
$$L = {}^3/_2 \quad _n \quad J = {}^3/_2 \quad g = 1,\ {}^1P$$
$$L = {}^5/_2 \quad _n \quad J = {}^5/_2 \quad g = 1,\ {}^1D$$

$$\overline{R = {}^3/_2 \quad L = {}^1/_2 \qquad J = {}^3/_2 \qquad g = 2 \qquad {}^3S}$$
$$L = {}^3/_2 \quad J = {}^5/_2,\ {}^3/_2,\ {}^1/_2 \quad g = {}^3/_2,\ {}^3/_2,\ {}^0/_0 \quad {}^3P$$
$$L = {}^5/_2 \quad J = {}^7/_2,\ {}^5/_2,\ {}^3/_2 \quad g = {}^4/_3,\ {}^7/_6,\ {}^1/_2 \quad {}^3D.$$

Die entstehenden Terme sind nach ihren Werten J und g bezeichnet. Die pp'-Gruppen bei Be und Mg, Zn, Cd versteht man so, daß der p'-Term obiger ^3P-Term ist, also als Übergang von

$$^3P' = \begin{matrix} K_1 & K_2 \\ {}^3/_2, & {}^3/_2 \end{matrix} \ \longrightarrow\ ^3P = \begin{matrix} K_1 & K_2 \\ {}^1/_2, & {}^3/_2. \end{matrix}$$

Es ändert sich hierbei also der K-Wert des einen Elektrons um 1, der des anderen um Null.

Diese Gruppen, von denen besonders Millikan und Bowen im äußersten Ultraviolett viele Beispiele fanden, bestehen aus sechs Linien:

$$p\ J = {}^5/_2\ {}^3/_2\ {}^1/_2\ \overset{p'}{J'}$$

Der Übergang $J' = {}^1/_2 \to J = {}^1/_2$ ist verboten.

$\oplus$	$\times$		${}^5/_2$
$\times$	$\oplus$	$\times$	${}^3/_2$
	$\times$		${}^1/_2$

Die sechs Linien sind fast äquidistant, da die p'-Differenzen nahe gleich den p-Differenzen sind.

$$pp'\text{-Gruppe in Cd I nach Ruark.}$$

(1)	2262,25		(1)	2203,9		
	44189,9	1169,6		45359,5		p'_2
	1271,3			1270,3		
(10)	2329,27		(5)	2267,42	(5) 2239,86	
	42918,6	1170,6		44089,2 542,5	44631,7	p'_1
				748,9		
			(5)	2306.61		
				43340,3		p'_0
	p_2			p_1	p_0	

Nach der Deutung muß dies Gebilde in der Nähe der Linie des Funkenspektrums liegen, welche dem Übergang vom p-Zustand in den Ruhezustand (s) entspricht. Das ist im Falle des Cadmiums das Dublett

$$\begin{array}{cc} s - p_2 & s - p_1 \\ 2144,39 & 2265,06 \\ 46618,52 & 44135,30 \end{array}$$

des Funkenspektrums.

Ferner muß die Bogenlinie $1\,S - 2\,P$ in der Nähe liegen. Das ist im Falle des Cd $\lambda = 2288,79$, $\nu = 43691,2$. Auch der $^1D_2$-Term obiger Tabelle, welcher mit den $^3P_2$- und $^3P_1$-Termen der gewöhnlichen P-Reihe kombiniert, ist von Sawyer bei Zn I und Mg I gefunden als Dublett $^3P_j - {}^1D_2$, dessen rote Komponente die stärkere ist.

In den Funkenspektren von Ca, Sr, Ba ist der zweitgrößte Term ein d-Term. In den Bogenspektren kommt daher der Fall in Betracht: $K_1 = {}^5/_2,$

$K_2 = {}^3/_2$. Das gibt $L = {}^7/_2,\ {}^5/_2,\ {}^3/_2$, also F-, D-, P-Terme im Singulett- und Triplett-System.

$K_1 = {}^5/_2,\ K_2 = {}^5/_2$ gibt $L = {}^9/_2,\ {}^7/_2,\ {}^5/_2,\ {}^3/_2,\ {}^1/_2$, also im Singulett- und Triplett-System G-, F-, D-, P-, S-Terme.

Die PP'-Gruppe entspricht $P' = {}^5/_2,\ {}^5/_2 \to P = {}^1/_2,\ {}^3/_2$, also dem Übergang $K_1 \to K_1 - 2$, $K_2 \to K_2 - 1$.

Eine DD'-Gruppe entspricht $D' = {}^5/_2,\ {}^3/_2 \to D = {}^5/_2,\ {}^1/_2$. Also L ändert sich bei diesen Kombinationen nicht. Die K-Werte der einzelnen Elektronen ändern sich dabei so, daß der eine K-Wert regulär um ± 1, der andere um 0 oder 2 geändert wird. Innerhalb dieser zusammengesetzten und gestrichenen Terme sind wiederum Kombinationen möglich (z. B. $P'D'$) wie zwischen den gewöhnlichen Termen.

Wenn mehr als zwei Elektronen außen (Valenzelektronen) sind, setzen ihre K-Werte sich zu einem L zusammen, das hoch sein kann, wenn auch die einzelnen K-Werte klein sind. So ist es zu verstehen, wenn ein F-Term als tiefster in einem Spektrum auftritt, obwohl nach Bohrs Elektronenaufbau nur d-Terme in den Elektronenbahnen vorkommen (Titan).

Von F. Hund rührt eine Diskussion des Termaufbaues für die aufeinander folgenden Elemente der Eisengruppe nach den von Russell und Saunders gegebenen Prinzipien her. In seinem Buche „Linienspektren und Periodisches System der Elemente“ gibt Hund auf Grund der 1927 bestehenden Quantengesetze eine systematische Behandlung der komplizierten Spektren.

§ 10. Relativistische Beziehungen. Im vorigen wurde nach Landé ein Modell der vektoriellen Zusammensetzung der Impulsvektoren zum Verständnis benutzt. Dabei wurde angenommen, daß der Rumpf einen Impuls hat. Es gibt eine andere Klasse von Erscheinungen, welche zu ganz anderen Modellvorstellungen zwingen. Es sind die von Sommerfeld entdeckten und von Landé und Millikan und Bowen weiter geförderten relativistischen Beziehungen.

Nach Sommerfeld ist der Term n_k des allgemeinen Wasserstoffspektrums dargestellt durch

$$n_k = R \cdot Z^2 \left[\frac{1}{n^2} + \frac{\alpha^2}{n^4} Z^2 \left(\frac{1}{4} + \frac{n-k}{k} \right) \right],\quad \alpha = \frac{2\pi e^2}{he} = \frac{v_1}{c},\quad \alpha^2 = 5{,}32 \times 10^{-5}.$$

In der runden Klammer entspricht $^1/_4$ der allgemeinen Relativitätskorrektion für Kreise $n = k$, $\dfrac{n-k}{k}$ dem Zusatz für die Ellipse n_k

$$n_k - n_{k+1} = RZ^4 \frac{\alpha^2}{n^3 k (k+1)} = \Delta \nu_H \frac{Z^4 z^4}{n^3 k (k+1)}.$$

Für $Z = 1$ $\qquad\qquad 2_1 - 2_2 = \Delta \nu_H = \dfrac{R\alpha^2}{2^4} = 0{,}365.$

Diese relativistische Feinstruktur erwies sich zunächst für die Wasserstofflinien $Z = 1$ und die Linien von He II $Z = 2$ als gültig.

Sommerfeld zeigte dann, daß sie auch für die sogenannten relativistischen oder regulären Dubletts der Röntgen-Spektrallinien gilt.

Unter Verweis auf Kap. XXXIV (Röntgenspektren) sei hier die völlige Analogie der Röntgen- mit den Alkalispektren betont, welche in der Tabelle zum Ausdruck kommt:

	K_{11}	L_{11}	L_{21}	L_{22}	M_{11}	M_{21}	M_{22}	M_{32}	M_{33}
Term	$1\,s_1$	$2\,s_1$	$2\,p_1$	$2\,p_2$	$3\,s_1$	$3\,p_1$	$3\,p_2$	$3\,d_2$	$3\,d_3$
$n =$	1	2	2	2	3	3	3	3	3
$K =$	$^1/_2$	$^1/_2$	$^3/_2$	$^3/_2$	$^1/_2$	$^3/_2$	$^3/_2$	$^5/_2$	$^5/_2$
$J =$	1	1	1	2	1	1	2	2	3

Es gibt einen K-Term $\dfrac{R\cdot(z-1)^2}{1^2}$, 3 L-Terme $L_i = \dfrac{R\,(z-s_i)^2}{2^2}$, 5 m-Terme $M_j = \dfrac{R\,(z-s_i)^2}{3^2}$ usw. Nach Moseley ist für einen Term ν $\sqrt{\dfrac{\nu}{R}}$ nahe proportional mit z. Die Geraden L_{11} und L_{21} des Moseley-

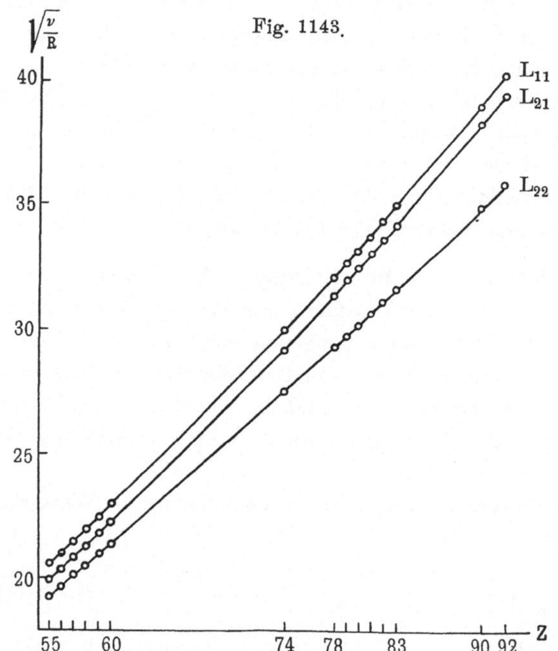

Diagrammes laufen parallel und bilden ein irreguläres oder Abschirmungsdublett. Für sie ist $\sqrt{\dfrac{\nu_{11}}{R}} - \sqrt{\dfrac{\nu_{21}}{R}} = \dfrac{s_{21} - s_{11}}{2}$. Die Geraden L_{21} und L_{22} bilden das reguläre oder relativistische Dublett. Sie bilden einen Winkel miteinander (Fig. 1143).

J. S. Bowen und Millikan[1]) zeigen, daß das Gesetz der irregulären Dubletts auch für die optischen Serienspektra gültig ist: entweder in dieser Form oder auch in der Form, daß $\nu_{11} - \nu_{21}$ oder $2s - 2p_1$ proportional

---

[1]) Physic. Review 1924, S. 209.

§ 10.   Relativistische Beziehungen.   1893

mit z wächst, wenn man gleiche Elektronenzustände, aber verschiedene Kerne betrachtet. Zum Beispiel geben sie die Tabelle:

z		λ	$\dfrac{2s - 2p_1}{\nu}$	$\varDelta$	$\sqrt{2s} - \sqrt{2p_1}$
3	Li I . . .	6708	14903,8		39,470
				17023,8	
4	Be II . . .	3132	31927,6		44,297
				16431,1	
5	B III . . .	2068	48358,7		45,594
				16122,5	
6	C IV . . .	1550	64481,2		46,068
				15973,9	
7	N V . . .	1240	80455,1		46,276

Dieselben Gesetze gelten für $3s - 3p_1$ und $3p_2 - 3d_1$ in den Spektren Na I, Mg II, Al III, Si IV, P V, S VI.

Für die regulären Dubletts ist $L_{21} - L_{22} = (Z - s)^4 \dfrac{R\alpha^2}{24} = \varDelta \nu_H (Z - s)^4$ in erster Näherung nach Sommerfeld. Für höhere Kernladungen Z sind höhere Glieder der relativistischen Gesetze heranzuziehen. Dann ergibt sich s konstant $= 3{,}5$ für die L-Dubletts. Ähnliches gilt für die regulären Dubletts der M-Schale, nämlich für M_{21} und M_{22} $s = 8{,}5$ und M_{32} und M_{33} $s = 13{,}0$.

Die Kombinationsregeln, nach denen die Röntgenlinien entstehen, sind dieselben wie bei den Alkalispektren, nämlich

$$K \longrightarrow K \pm 1, \qquad J \longrightarrow \begin{cases} J + 1 \\ 0 \\ J - 1 \end{cases}$$

Erster Index.   Zweiter Index.

Der Widerspruch, der hier mit dem früheren auftritt ist der, daß zwar die Kombinationsregeln betreffend K und J die früheren sind, daß aber die relativistischen Gesetze sich nicht auf K, sondern auf J beziehen. Verschiedene Werte K bedeuten aber nach früherem verschiedene Exzentrizitäten der Ellipsen und daraus ist die relativistische Beziehung abgeleitet. Verschiedene Werte J bedeuten verschiedene Neigung der Bahn relativ zur R-Achse bei gleicher Exzentrizität der Bahn, so daß für relativistische Verschiedenheiten die Berechnungsbasis entfällt.

Landé zeigt nun, daß auch die optischen Dubletts dieselben Gesetze befolgen. Sie sind relativistische. Die Verhältnisse sind da komplizierter als bei den Röntgenlinien, da die Bahnen teils innen im Felde der Kernladung Z_i, teils außen im Felde $Z_a = 1, 2, 3$ verlaufen. Es wirkt wegen großen Wertes Z_i nur der innere Teil der Bahn. Würde die innere Schleife im Innern als Ellipse fortgesetzt, so wäre $\varDelta \nu_i = \dfrac{R\alpha^2}{n_i^3} \dfrac{Z_i^4}{K(K+1)}$. Landé multipliziert dies mit t_i/t_a, wo t_i die Zeit innen, t_a außen bedeutet

$$t = \frac{1}{\nu_n} = \frac{n^3}{2 R z^2}.$$

So kommt er zur Formel

$$\varDelta \nu = \varDelta \nu_i \frac{t_i}{t_a} = \frac{R\alpha^2}{n_a^3} \frac{Z_a^2 Z_i^2}{K(K+1)}$$

für das relativistische Intervall der beiden bis Z_i eindringenden Bahnen K und $K + 1$ bei gemeinsamem n_a. Für große Z_i müssen wie bei Sommerfeld höhere Relativitätskorrektionen berücksichtigt werden. Z_i ist $Z - s_i$, wo s_i die während t_i wirksame Abschirmungszahl darstellt, also angibt, wie viele Elektronen ungefähr zwischen Perihel und Kern abschirmend wirken. Die Verwertung des empirischen Materials geschieht wie bei Sommerfeld nach der Formel:

$$Z - s_i = Z_i = \sqrt{\frac{\Delta v\, n_a^3\, K(K+1)}{R\alpha^2 Z_a^2}} + \text{höhere Relativitätskorrektion.}$$

Für die P_i-Dublets ist $K = 1$. n_a wird aus $v = R Z_a^2 / n_a^2$ berechnet. Es folgt $s_i = 3{,}5$ bis 4, also dieselbe Abschirmung wie bei den L-Dubletts der Röntgenspektren.

Ist die L-Schale noch nicht völlig besetzt, so erhält man eine kleinere Abschirmungszahl s_i. J. S. Bowen und R. A. Millikan geben derartige Beispiele. $\Delta\, 2\, p_i$ finden sie in Li_I, Be_{II}, B_{III}, C_{IV}, N_V und erhalten für diese $s_i = 1{,}8$ bis $2{,}0$. Für B_I, C_{II}, N_{III}, O_{IV} erhalten sie aus den Grunddubletts $s_i = 2{,}25$ bis $2{,}44$.

Aus den Berechnungen Landés und den experimentellen neuen Funden von Millikan und Bowen ergibt sich unzweifelhaft, daß die Dubletts im ganzen optischen und Röntgengebiet relativistischen Ursprungs sind.

<table>
<tr><td>Fig. 1144.</td><td>Fig. 1145.</td></tr>
</table>

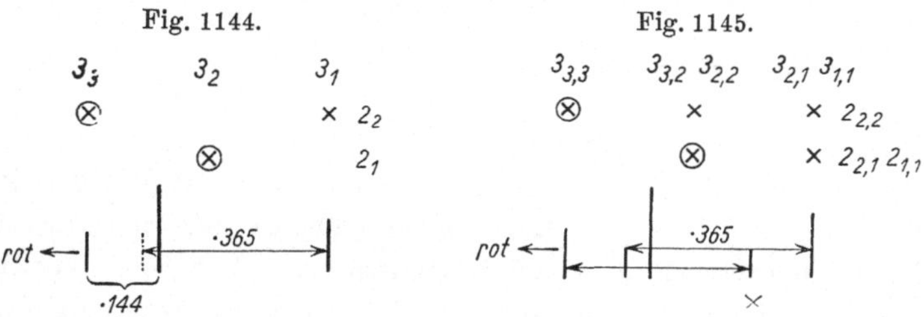

Als letzte Erkenntnis folgt nun noch die, daß die Linien des Wasserstoffs und He II, welche einem Kern und einem einzigen Elektron entsprechen, zur vollständigen Darstellung wie die Linien eines Dublettspektrums drei Quantenzahlen bedürfen. Es ist außer n und K noch eine J hinzuzunehmen. Die rote Wasserstofflinie H_α entspricht dem Übergang von $n = 3$ auf $n = 2$. Nimmt man nur die Nebenquantenzahl K an, so ergibt sich Fig. 1144. Diese war mit der Erfahrung schwer zu vereinen. Nimmt man aber wie bei den Dublettspektren zwei Nebenquantenzahlen K und J an, von denen benachbarte K-Niveaus zusammenfallen, benachbarte J-Niveaus aber die relativistischen Differenzen haben (wie bei den Alkalien), so entsteht Fig. 1145. Diese ist mit der Erfahrung (G. Hansen) in Übereinstimmung.

Die Auffindung der Komponenten $\begin{matrix} 3_{2,1} \rightarrow 2_{1,1} \\ 3_{1,1} \rightarrow 2_{2,1} \end{matrix}$ ($\times$) durch G. Hansen gab die Entscheidung.

Beweisender noch ist die Feinstruktur der Linie 4686 von He II, welche dem Übergang von $n = 4 \rightarrow n = 3$ entspricht. Hier war die Komponente ($\times$) $\begin{matrix} 4_{1,1} \rightarrow 3_{2,1} \\ 4_{2,1} \rightarrow 3_{1,1} \end{matrix}$ schon im Anfang von Paschen beobachtet. Nach dem ursprünglichen Modell entsprach sie dem Übergang $4_1 \to 3_1$ der verboten war. Jetzt muß sie auftreten. Ihre Stärke war kaum vereinbar mit der früheren Annahme, daß elektrische Felder gestört hätten. Denn ihre Erzeugung durch Gleichstrom im Innern einer Zylinderkathode bei niederem Drucke schloß elektrische Felder aus.

Theoretisches Schema 4686 He II.

		$4_{4,4}$	$4_{4,3}$ / $4_{3,3}$	$4_{3,2}$ / $4_{2,2}$	$4_{2,1}$ / $4_{1,1}$	gemessen:
$3_{3,3}$		**5,810**	5,837	*5,890*		5,903 (2)
$3_{3,2}$	$3_{2,2}$		**5,710**	5,764	*5,924*	5,809 (7) 5,707 (7,5)
$3_{2,1}$	$3_{1,1}$			**5,384**	*5,544*	5,551 (1) $\times$ 5,388 (3)

Es ist also auch dieser Fall eines Kerns und eines einzigen Elektrons nur zu verstehen unter Annahme der drei Quantenzahlen, von denen K sich um $\pm\,1$ ändert, die dritte J oder $\varkappa$ genannt um 0 und $\pm\,1$. Wie bei den Röntgen- und sonstigen optischen Dubletts besteht die relativistische Differenz zwischen den J- oder $\varkappa$-Zahlen.

Die Idee des „spinning electron" (Goudsmit und Uhlenbeck) hebt die Schwierigkeit. Die neue Quantentheorie (Heisenberg und Jordan) zeigt, daß damit die relativistischen Niveaus bleiben, aber zwischen den J- (oder $\varkappa$)-Werten auftreten.

Man sieht neuerdings ganz ab von einem Modell und teilt den Elektronen bestimmte Quantenzahlen zu, deren Regeln allein zur Beschreibung verwendet werden. Ein Rumpfimpuls kommt nicht in Frage. Die Edelgase sind impulslos. Der Impuls des neutralen Atoms rührt nur von den Valenzelektronen her, beim Alkaliatom also von dem einen Elektron außen.

Das Alkalielektron erhält seine Duplizität aus den zwei verschiedenen relativistischen Bahnformen n, K und $\varkappa = K \pm \frac{1}{2}$. Der Impuls $\pm\,\frac{1}{2}$ rührt vom spinning electron her. W. Pauli nimmt dies für beliebige Elektronen an, die weiter hinzukommen. Die Multiplizität baut sich auf der Duplizität $K \pm \frac{1}{2}$ jedes Elektrons auf. Dazu denkt man sich die Anlagerung der Elektronen in einem starken Magnetfeld ausgeführt. In ihm hat jedes Elektron noch $2\varkappa$ weitere Möglichkeiten gemäß den äquatorialen Quantenzahlen m $|m| \leqq \varkappa - \frac{1}{2}$, also $m = \pm\,\frac{1}{2}, \frac{3}{2} \dots (\varkappa - \frac{1}{2})$.

Das erste Elektron sei als s-Term gebunden. $K = \frac{1}{2}$, $\varkappa = 1$ ($\varkappa = 0$ existiert nicht), m hat die beiden Möglichkeiten $m = \pm\,\frac{1}{2}$; wenn ein zweites Elektron in einer p-Bahn anlagert, so hat es sechs Möglichkeiten:

$$n', \tfrac{3}{2}, 2, m = \pm\,\tfrac{3}{2} \pm \tfrac{1}{2} \quad \text{und} \quad n', \tfrac{3}{2}, 1, m = \pm\,\tfrac{1}{2}.$$

Jeder dieser sechs Fälle kann mit einem der zwei obigen Fälle zusammenkommen. Das sind zwölf Möglichkeiten. Das ist die Multiplizität des Erdalkali-p-Terms im Magnetfeld: 1 ^1P-Term mit 3 Zeemankomponenten, 3 verschiedene ^3P-Terme mit 1, 3, 5 Komponenten. Dies kann für weitere Elektronen so fortgesetzt werden. So entsteht die Multiplizität im Magnetfeld. Läßt man das Feld dann Null werden, so fallen je $2\,\varkappa$ Zeemanterme zu einem ungespaltenen Term vom Gewicht $2\,\varkappa$ zusammen. Der sukzessive Aufbau des Elektronengerüstes um den Kern folgt hieraus, wenn man noch die Regel von W. Pauli hinzunimmt, daß dieselbe Kombination n, K, $\varkappa$, m der vier Quantenzahlen nur einmal vorkommen darf. Man beginnt mit $n = 1$ und schreibt die möglichen Werte der Quantenzahlen hin. Denkt man das Magnetfeld dann verschwindend, so unterscheiden sich die Elektronen nur noch in n, K, $\varkappa$.

Die möglichen Werte n, K, $\varkappa$, m.

K_{11}	$1\,s_1$	$(1\,^1/_2\ 1\,^1/_2)\ (1\,^1/_2\ 1-^1/_2)$	2 Möglichkeiten
L_{11}	$2\,s_1$	$(2\,^1/_2\ 1\,^1/_2)\ (2\,^1/_2\ 1-^1/_2)$ . . . 2 Möglichkeiten	
L_{21}	$2\,p_1$	$(2\,^3/_2\ 1\,^1/_2)\ (2\,^3/_2\ 1-^1/_2)$ . . . 2 „	8 Möglichkeiten
L_{22}	$2\,p_2$	$(2\,^3/_2\ 2\pm^3/_2)\ (2\,^3/_2\ 2\pm^1/_2)$ . . . 4 „	
M_{11}	$3\,s_1$	$(3\,^1/_2\ 1\pm^1/_2)$ . . . 2 Möglichkeiten	
M_{21}	$3\,p_1$	$(3\,^3/_2\ 1\pm^1/_2)$ . . . 2 „	
M_{22}	$3\,p_2$	$(3\,^3/_2\ 2\pm^3/_2\pm^1/_2)$ . . . 4 „	18 Möglichkeiten
M_{32}	$3\,d_2$	$(3\,^5/_2\ 2\pm^3/_2\pm^1/_2)$ . . . 4 „	
M_{33}	$3\,d_3$	$(3\,^5/_2\ 3\pm^5/_2\pm^3/_2\pm^1/_2)$ . . . 6 „	

Die Anzahl Möglichkeiten bedeuten die Anzahl Elektronen in den angegebenen Röntgenschalen. In der Reihenfolge von oben nach unten werden die einzelnen Elektronen vom Kern gebunden: In der K-Schale zwei, zuerst bei H und He, dann bei Li und Be zwei in der L_{11}-Schale, dann bei B und C zwei in der $L_{2,1}$-Schale, dann bei N, O, F, Ne vier in der L_{22}-Schale. Sie ist bei Ne voll. Dann werden von der M-Schale nur die M_{11}-, M_{21}-, M_{22}-Elektronen bei den Elementen Na bis Ar eingefangen. Das nächste und übernächste besetzt bei K und Ca die N_{11}-Schale und es wird (aus energetischen Gründen) nachträglich bei den Elementen Sc bis Zn die M_{32}- und M_{33}-Schale aufgefüllt. So geht es weiter. Man erhält so die Besetzungszahlen der Tabelle von Bohr und Stoner.

§ 11. Neuere Systematik der optischen Terme.

Auf Grund der Vektorenzusammensetzung war in § 9 nach Landé gezeigt, wie die Zusammensetzung von Termen behandelt werden kann. Die moderne Behandlung sieht von Rumpfimpulsen ab und ersetzt sie durch solche des „spinning electron". Die Arbeiten von Pauli, Heisenberg und Hund haben dahin geführt, daß man die tiefsten Terme und alle optischen Eigenschaften der Spektren qualitativ berechnen kann. Die Resultate sind durchaus bestätigt. Darum sei das Schema hier gegeben:

1. Eine Elektronenbahn ist gegeben durch die Quantenzahlen n, k und j wie früher. j wird zerlegt in l und r. $l = k - 1$ ist die Quantenzahl des Impulsmoments der Bahn und hat die Werte 0, 1, 2, 3 ... für s, p, d, f ... Bahnen. r entspricht dem „spinning electron" und ist $^1/_2$. Es ist $j = l \pm r$.

Die beiden Momente beziehen sich also auf die gleiche Achse und sind gleich-
oder entgegengesetzt gerichtet. Zur Charakterisierung einer Elektronenbahn
genügt dies noch nicht, indem einem Wert von j noch Elektronen entsprechen
können, die sich unterscheiden. Erst die Einführung von magnetischen
Quantenzahlen gibt die letzte Kennzeichnung. Dazu denke man sowohl l
wie r auf die Richtung eines magnetischen Feldes projiziert. Die Komponenten nehmen da je nach der Neigung die Werte an: diejenigen m_l von l
die Werte $-l$, $-l+1$, ..., $l-1$, l, im ganzen $2l+1$, die Komponenten
m_r von r, bei einem Elektron die Werte $-\frac{1}{2}$, $+\frac{1}{2}$. Ein Elektron ist
charakterisiert durch n, k, m_l, m_r. Der Quantenzahl l entsprechen $2(2l+1)$
mögliche und voneinander verschiedene Elektronenbahnen oder der Quanten-
zahl k, $2(2k-1)$ verschiedene, nämlich $2\,n_1$-, $6\,n_2$-, $10\,n_3$-, $14\,n_4$-Elektronen.

2. Wenn in einem Atom mehrere Elektronen vorhanden sind, setzen sich
die einzelnen Bahnmomente l_i zu einer gequantelten Resultierenden L zusammen, die ganzzahlig ist. $l^1 = 0$ und $l^2 = 1$ geben $L = 1$, $l^1 = 1$,
$l^2 = 1$ geben $L = 0$, 1, 2 usw. Die Zahl L bedingt wie diejenige l^i eines
Elektrons den Typus der Bahn und die möglichen Kombinationen. Ebenso
setzen sich die Elektronenmomente r^i zu einer gequantelten Resultierenden R
zusammen, welche für eine ungerade Anzahl halbzahlig und für eine gerade
Zahl Elektronen ganzzahlig ist. Zwei Elektronen geben $R = 0$ und $R = 1$,
drei Elektronen $R = \frac{1}{2}$ und $\frac{3}{2}$, vier Elektronen $R = 0$, 1, 2 usw. Die
Achsen der Elektronenkreisel sind also parallel.

Die Multiplizität ϱ des Terms ist durch R bestimmt. Denn die innere
Quantenzahl J des zusammengesetzten Terms entsteht wie bei Landé S. 1887
durch vektorielle Zusammensetzung von L und R. Es ist $J = L - R$,
$L - R + 1$ ... $L + R - 1$, $L + R$, hat also $\varrho = 2R + 1$ verschiedene
Werte. Es ergibt sich die laut Tabelle S. 1887 mit L bis zur vollen anwachsende Multiplizität. Zwei Elektronen geben $R = 0$, $\varrho = 1$ und $R = 1$,
$\varrho = 3$, als Singuletts und Tripletts. Drei Elektronen geben $R = \frac{1}{2}$, $\varrho = 2$
und $R = \frac{3}{2}$, $\varrho = 4$, also Dubletts und Quartetts, vier Elektronen $R = 0$,
$\varrho = 1$, $R = 1$, $\varrho = 3$, $R = 2$, $\varrho = 5$, also Singuletts, Tripletts und
Quintetts usw. Während bei Landé die additive Zahl $\pm\,\frac{1}{2}$ unverständlich
ist, ist hier nicht geklärt, weshalb $l = K - 1$ als Bahnimpulsmoment auftritt.
Eine s-Bahn hat das Impulsmoment 1. Das Impulsmoment l der Bahn
ist aber hier als Null anzusetzen. Ebenso ist hier ungeklärt, weshalb das
magnetische Moment des spinning electron mit doppeltem Werte in die Zeemanaufspaltungen eingeht, sowie bei Landé das magnetische Moment des Rumpfes.
Die von Landé hervorgehobenen Schwierigkeiten haben nur eine andere
Form angenommen.

Man versieht die Terme S, P, D, F ... oben links mit einem Index, der
ϱ angibt, unten rechts mit dem Wert von J. $^1S_0$ ist Singulett-S-Term, $^3P_{0,1,2}$
ist Triplett P-Term. Die kleinen Buchstaben s, p, d, f ... behält man wohl
für die einzelnen Elektronen (und also auch Bogenspektra der Alkalien) bei.
Der Index J wird, wenn halbzahlig auch wohl um $\frac{1}{2}$ erhöht. Statt $^2P_{1/2,\,3/2}$
schreibt man also wohl $^2P_{1,2}$, ebenso für ein p-Elektron $p_{1,2}$. Doch ist der

Gebrauch da verschieden. Die Elektronenkonfiguration eines zusammengesetzten Terms deutet man durch Exponenten an. $(s^2 p^2)$ bedeutet zwei s- und zwei äquivalente p-Elektronen. Dieser Konfiguration entsprechen drei verschiedene Terme, unter anderen ein $^3P_{0,1,2}$-Term. Dieser ist zu unterscheiden von dem $^3P_{0,1,2}$-Term der Konfiguration $(s^2 p, s)$. Man schreibt dazu $(s^2, p^2)\ ^3P_{0,1,2}$. In der anderen Konfiguration bedeutet das letzte s, daß eins der p-Elektronen auf eine höhere s-Bahn gehoben sein kann.

Die magnetischen Quantenzahlen m_L und m_R sind je additiv aus denen m_{l^i} und m_{r^i} zusammengesetzt. Hierdurch erst sind L und R entstanden. Letztere geben daher die magnetischen Aufspaltungen in schwachem und starkem Feld, genau wie bei Landé.

3. Nie können zwei Elektronen mit den gleichen Werten n, k, m_l und m_r an dem Bau der Elektronenhülle des Atoms beteiligt sein. Daher ist die Zahl N der Elektronen von den Quantenzahlen n und k wie oben unter 1. $2(2k-1)$. Ist eine Elektronengattung n, k mit dieser maximalen Zahl N vorhanden, so muß ihr Gesamtimpulsmoment Null sein. Denn jeder Wert m_{l^i} und jeder m_{r^i} ist als positiver und als negativer vertreten, woraus die vollständige Kompensation folgt. Für eine abgeschlossene Schale von p- oder d-Elektronen folgt also wie für $2s$-Elektronen $m_L = m_R = 0$ oder $L = 0$ und $R = 0$. Das heißt: Der Zustand ist ein $^1S_0$-Term.

Sind von den N-Elektronen nur X vorhanden, so muß ihre Resultante entgegengesetzt gleich sein der der übrigen $N-X$-Elektronen. Die Terme sind daher in beiden Fällen gleiche. Der Unterschied ist nur der, daß bei $X \gtreqless N/2$ regelrechte Terme vorliegen, deren kleinstem Wert J der tiefste Term (von größtem Zahlenwert) entspricht. Für $X > N/2$ sind die Terme verkehrte. $2\,p$-Elektronen geben das $^3P_0$-Niveau eines regelrechten ^3P-Terms als tiefstes. $6 - 2 = 4\,p$-Elektronen geben das $^3P_2$-Niveau eines verkehrten ^3P-Terms als tiefstes. Die Röntgenterme sind verkehrte Dubletterme. Die empirisch bestätigten Regeln über regelrechte und verkehrte Terme sind theoretisch von J. C. Slater behandelt (Phys. Rev. **28**, 291, 1026).

4. Resultieren aus einer Gruppe von Elektronen Terme gleichen Wertes L, aber verschiedenen Wertes R, so liegt der Term höchster Multiplizität ϱ am tiefsten. Wenn also ein ^2F-Term und ein ^4F-Term entstehen, liegt der ^4F-Term tiefer.

Resultieren Terme gleichen Wertes R, aber verschiedenen L, so liegt der Term höchster Zahl L am tiefsten. Ein ^4F-Term liegt tiefer als ein ^4D-Term (auch dies nach Slater).

5. Man muß zwei verschiedene Arten von Termen unterscheiden:

1. $\sum l_i - L =$ gerade Zahl $(0, 2 \ldots)$ gewöhnliche Terme.

2. $\sum l_i - L =$ ungerade Zahl $(1, 3 \ldots)$ gestrichene Terme.

Für ein einziges Elektron ist $\sum l_i = l_i$, und die Terme sind gewöhnliche und ungestrichene Terme. Kommt jetzt ein zweites Elektron mit gleichem n und k dazu, so sind von den kombinierten Termen einige zu stricheln. Innerhalb jeder der beiden Kategorien 1. und 2. gilt als Kombinationsregel

$\varDelta L = \pm 1$. Für eine Kombination zwischen 1. und 2. aber gilt $\varDelta L = 0$ oder 2. Wenn also zwei Terme gleichen L kombinieren, ist einer zu stricheln, nämlich der, der nicht den gewöhnlichen Termfolgen (eines Elektrons) entspricht.

Beispiel: Zwei Elektronen (Erdalkalispektrum). $r^1 = {}^1/_2$, $r^2 = {}^1/_2$ ergeben $R = 0$, und $R = 1$, also $\varrho = 1$ und $\varrho = 3$: Singuletts und Tripletts.

		l^1		
		0 (s)	1 (p)	2 (d)
l^2	(s) 0	$S \leftarrow$	P	D
	(p) 1	P	$S\ P'\ D \leftarrow$	$P\ D'\ F$
	(d) 2	D	$P\ D'\ F$	$S\ P'\ D\ F'\ G \leftarrow$
	(f) 3	F	$D\ F'\ G$	$P\ D'\ F\ G'\ H$

Ist das erste Elektron in seiner Ruhebahn $l^1 = 0$, so entsteht gemäß der ersten Abteilung das gewöhnliche Spektrum mit S, P, D, F-Folgen von Singuletts und Tripletts, wenn das zweite l^2 angeregt ist. Ist auch das erste angeregt, $l^1 = 1$, so entstehen mit $l^2 = 1$ S, P', D-Terme, von denen S. 1889 die Rede war, und an die sich mit weiterer Anregung $l^2 > 1$ noch wenig beobachtete Terme anschließen. Die Terme $l^1 = 2$ und $l^2 = 1$ oder 2 sind die von Russell und Saunders zuerst bei den Erdalkalien gedeuteten.

In den mit $\leftarrow$ gekennzeichneten Reihen sind die Elektronen äquivalent, wenn auch ihre Hauptquantenzahlen n gleich sind $n^1 = n^2$. Daher fallen einige Terme aus. Dies sei für $l^1 = l^2 = 1$ diskutiert.

Zwei äquivalente n_2-Bahnen: Für jedes Elektron ist $l = 1$ und $r = {}^1/_2$, also $m_l = -1, 0, +1$, $m_r = -{}^1/_2, +{}^1/_2$. Verschieden sind dann folgende übereinanderstehende Paare von m_l und m_r

$$\begin{array}{cccccc} m_r\ +{}^1/_2 & +{}^1/_2 & +{}^1/_2 & -{}^1/_2 & -{}^1/_2 & -{}^1/_2 \\ m_l\ +1 & 0 & -1 & +1 & 0 & -1 \end{array}\Bigg\}\ \text{weitere Paare sind nicht möglich.}$$

Man hat je zwei Werte m_r und die beiden zugehörigen (darunter stehenden) von m_l zu addieren und erhält die 15 möglichen Werte von m_R und m_L:

$$\begin{array}{l} m_R = 1\ \ 1\ \ 0\ \ 0\ \ 0\ \ \ 1\ \ 0\ \ 0\ \ \ 0\ \ 0\ \ \ 0\ \ \ 0\ \ -1\ -1\ -1 \\ m_L = 1\ \ 0\ \ 2\ \ 1\ \ 0\ -1\ \ 1\ \ 0\ -1\ \ 0\ -1\ -2\ \ \ 1\ \ \ 0\ -1 \end{array}$$

In Gruppen geordnet:

	I	II									III				
m_R	0	1	1	1	0	0	0	-1	-1	-1	0	0	0	0	0
m_L	0	1	0	-1	1	0	-1	1	0	-1	2	1	0	-1	-2

	m_R			m_L					R	L	ϱ	K	Term
I	0			0					0	0	1	1	$^1S_0$
II	-1	0	$+1$	-1	0	$+1$			1	1	3	2	$^3P_{0,1,2}$
III	0			-2	-1	0	$+1$	$+2$	0	2	1	3	$^1D_2$

Es fallen also die fünf Terme $^3S_1$, $^1P_1$, $^3D_{1,2,3}$ aus. Von den fünf möglichen sind bei Be, Mg, Zn, Cd gefunden: der $^3P_{0,1,2}$-Term bezeichnet als $^3P'$-Term und wahrscheinlich bei Mg I und Zn I auch der $^1D_2$-Term (vgl. S. 1889).

Die berechneten Terme sind Grundterme bei der Elektronenanordnung $(s^2 p^2)$, also in den Spektren C I, N II, Si I, Sn I, Pb I. Höhere Anregungszustände sind dann:

1. $(s^2 p s)$. Eins der p-Elektronen geht auf eine höhere s-Bahn über. Es entstehen ^1P- und ^3P-Terme, welche mit den Grundtermen zu starken Linien kombinieren, z. B. die PP'-Gruppe bei 672 Å.-E. in N II.

2. $(s^2 p n p)$. Eins der p-Elektronen geht auf eine höhere p-Bahn über. Es entstehen Singulett und Triplett S-, P'-, D-Terme, welche mit den P-Termen der Anordnung 1. kombinieren: beobachtet und gedeutet bei N II von A. Fowler im gewöhnlichen Ultraviolett.

3. $(s^2 p n d)$. Es entstehen P-, D'-, F-Terme im Singulett- und Triplettsystem, welche mit den Grundtermen kombinieren: starke $P' P$-Gruppe bei 534 Å.-E. in N II.

4. Die bei N II weiter auftretende Konfiguration $(s p^3)$, deren Kombinationen mit dem Grundzustand und dem Zustand 2. in N II starke Linien geben, enthält drei äquivalente p-Elektronen und bedarf besonderer Diskussion.

Die erwähnten Beispiele aus dem Spektrum N II entstammen Arbeiten von Millikan und Bowen, welche mit ihrem „hot spark" die stärksten Gruppen fanden und deuteten, ferner einer Arbeit von A. Fowler, der N II im Sichtbaren und anstoßendem Violett und Ultraviolett bearbeitet hat. Weitere Beispiele bietet das Spektrum Pb I dar, welches von Thorsen und Grotrian und Gieseler bearbeitet ist, und Si I nach Arbeiten von A. Fowler und J. C. Mc Lennan und W. W. Shaver.

Als weiteres Beispiel der Diskussion zusammengesetzter Terme sei behandelt der Fall dreier Elektronen, welcher bei den Bogenspektren der Erdmetalle B, Al, In usw. vorliegt. Die beiden ersten Elektronen sind s-Elektronen und bilden eine in sich abgeschlossene Untergruppe. Das dritte kann nicht ein gleiches s-Elektron sein, sondern ist ein p-Elektron gleicher Hauptquantenzahl (bei B $n = 2$, bei Al $n = 3$). Die Grundfiguration ist $(s^2 p)$ und stellt ein regelrechtes $^2P_{1/2,\ 3/2}$-Dublett vor.

In dem das p-Elektron
höhere p-Zustände durchläuft, entsteht die $^2P'$-Folge des gewöhnl. Dublettspektrums

„	s-	„	„	„	„	^2S-	„	„	„	„
„	d-	„	„	„	„	^2D-	„	„	„	„
„	f-	„	„	„	„	^2F-	„	„	„	„

Da die zwei ersten s-Elektronen $r^1 = + {}^1/_2$ und $r^2 = - {}^1/_2$ besitzen, gibt $r^3 = \pm {}^1/_2$ nur ein Dublettspektrum. Die stärkste Linie, zugleich Resonanzlinie ist das Dublett $(s^2 s) \rightarrow (s^2 p)$. Die nächst stärkste ist das zusammengesetzte Dublett $(s^2 d) \rightarrow (s^2 p)$.

Die Untersuchung der Spektra C II durch Fowler und N III durch Millikan und Bowen haben nun ergeben, daß außer diesem Spektrum eine Reihe weiterer starker Linien auftreten, welche durch die Annahme der Anregung des vorletzten s-Elektrons verstanden werden können.

1. Der Konfiguration $(s\,p^2)$ entsprechen ein ^2S-, ein ^2D-, ein $^2P'$- und ein $^4P'$-Term. Wenn nämlich an die oben behandelte Konfiguration (p^2), welche einen $^1S_0$-, einen $^1D_2$- und einen $^3P'_{0,1,2}$-Term gibt, ein s-Elektron mit $l = 0$ $r = \pm\,{}^1/_2$ gelagert wird, entstehen aus den ersten beiden Singulettermen die Dubletterme ^2S und ^2D und aus dem Triplett P-Term $l = 1$, $r = 1$, $L = 1$, $R = {}^1/_2$ und $R = {}^3/_2$, also die Terme $^2P'_{1/_2\,3/_2}$ und $^4P'_{3/_2\,5/_2}$. Die P-Terme sind zu stricheln, da $\Sigma\,l_i = 2$, während $L = 1$ ist. Sie kombinieren daher mit dem P-Term der Dubletts, ebenso wie die Terme ^2S und ^2D. Dem Übergang

$(s\,p^2)\,^2S$	$\rightarrow (s^2\,p)\,^2P$ entspricht in C II das Paar	1037 Å.-E.	in N III bei 764 Å.-E.
$(s^2\,3\,p)\,^2P$	$\rightarrow (s\,p^2)\,^2S$	„	„ „ „ „	2837 „
$(s\,p^2)\,^2P'$	$\rightarrow (s^2\,p)\,^2P$	„	„ „ das Quartett 904	„ „ „ „ 686 „
$(s\,p^2)\,^2D$	$\rightarrow (s^2\,p)\,^2P$	„	„ „ das Paar 1335	„ „ „ „ 991 „

Schließlich ist die Konfiguration (p^3) möglich, welche einen Quartett $^4S'$- und einen Dublett ^2P-, sowie Dublett $^2D'$-Term gibt. Dem Übergang

$(p^3)\,^2P$	$\rightarrow (s\,p^2)\,^2P'$ entspricht	in N III 1184 Å.-E.
$(p^3)\,^2P$	$\rightarrow (s\,p^2)\,^2S$	„	„ „ 1006 „
$(p^3)\,^2P$	$\rightarrow (s\,p^2)\,^2D$	„	„ „ 773 „
$(p^3)\,^4S'$	$\rightarrow (s\,p^2)\,^4P'$	„	„ „ 772 „
$(p^3)\,^2D'$	$\rightarrow (s\,p^2)\,^2P'$	„	in C II das Paar 2509 bis 2512
$(p^3)\,^2D'$	$\rightarrow (s\,p^2)\,^2D$	„	„ „ „ „ „ 1324 Å.-E.
$(s^2\,3\,p)\,^2P$	$\rightarrow (s\,p^2)\,^2D$	„	„ „ „ „ „ 1760,6 „
$(s^2\,4\,p)\,^2P$	$\rightarrow (s\,p^2)\,^2D$	„	„ „ „ „ „ 1141,5 „

Bei C II sind von Paschen Quartetts gefunden, deren Deutung noch aussteht. Die Deutung der obigen Linien von C II rührt von Paschen her (noch unveröffentlicht) [1]).

Verschiebung der Seriengrenze. Durchläuft ein Elektron seine höheren Anregungszustände, so entsteht eine Termfolge, und die Werte der Terme sind durch die Grenze bestimmt, in der der Wert Null wird. Dieser Nullpunkt der Termwerte entspricht dem Ion, welches nach Entfernung des Leuchtelektrons zurückbleibt. Die gewöhnlichen Termreihen, z. B. die Reihen der Tripletts und Singuletts bei den Bogenspektren der Erdalkaliatome, haben alle denselben Grenzzustand, nämlich das unangeregte Ion, dessen letztes Elektron im Zustand ^2S ist. Die Termwerte liegen also sämtlich fest, wie sie aus den gewöhnlichen Serien ermittelt sind. Ist aber, wie in den letzten Diskussionen das vorletzte Elektron des Atoms oder, was dasselbe ist, das letzte des entstehenden Ions noch angeregt, so ist der Grenzzustand dieses Ions von höherer Energie als der des unangeregten Ions. Der Wert des Terms P' in den Erdalkalispektren (Mg I, Al II), der aus der Wellenzahl der Gruppe PP' mit Hilfe des Terms ^3P der gewöhnlichen Serien berechnet wird, ist kleiner als der der Energie entsprechende wahre Termwert von P'. Die Differenz ist gleich der Wellenzahl der Funkenlinie, die der Anregung des Ions von dem s- in den p-Zustand entspricht (vgl. S. 1889). Von Russell und Saunders wurde dies bei Ca I bewiesen.

---

[1]) Eine neue Arbeit von A. Fowler und E. W. H. Selwyn, Proc. Roy. Soc. **120**, 312, 1928 enthält dasselbe und außerdem die Analyse einer Reihe von Quartettgruppen.

Befindet sich andererseits das Ion in einem Multiplettzustand, so sind die verschiedenen Multiplettniveaus dieses Ions Grenzen derjenigen Termfolgen des Bogenspektrums, welche nach den Auswahlgesetzen zu ihnen gehören. Die Termreihen des Bogenspektrums zerfallen dann in Gruppen, welche in der Größe der Terme um die Multiplettintervalle gegeneinander verschoben sind. Ein Beispiel ist das Neonspektrum, bei dem nach Paschen zwei verschiedene Termsysteme vorhanden sind, deren gegenseitige Verschiebung 782 cm^{-1} ist. Diese Differenz ist von Grotrian als Differenz $2\,p_2 - 2\,p_1$ des p-Zustandes des Ions gedeutet. Da die Atome mit 3 Valenzelektronen einen $^2P_{1,2}$-Zustand innehaben, werden bei 4 Valenzelektronen ähnliche Verhältnisse obwalten (für PbI und PbII von Grotrian und Gieseler gefunden).

In solchen Fällen befolgt die eine Gruppe von Termen die gewöhnliche Ritzsche Formel, so daß ihre Termwerte in gewöhnlicher Weise bestimmt werden können. Die Terme der anderen Gruppe, welche zunächst aus Kombinationen mit den vorigen Termen ermittelt seien, befolgen die Ritzsche Formel erst, wenn man sie um die Verschiebungsdifferenz vermehrt oder vermindert. Die P'-Terme von CaI müssen z. B. um $\nu = 13\,700$ vergrößert werden. Dies ist die Differenz $2\,^2S - 3\,^2D$ des Funkenspektrums CaII. Ohne diese Korrektion werden die Terme P' höherer Hauptquantenzahl bei CaI negativ und nähern sich asymptotisch dem Wert $-13\,700$. Das war der Ausgangspunkt der Entdeckung von Russell und Saunders. Im Falle des Neons ist die Differenz 782, des Argons nach Meissner 1423 und des PbI etwa 14000.

Die tiefsten Terme, welche bei äquivalenten p-Elektronen $l = 1$ vorkommen, enthält folgende Tabelle (nach Hund), welche die Symmetrie der X mit $N - X$ Elektronen erkennen läßt.

Zahl p-Elektronen	Terme		
0	^1S		
1	^2P		
2	^1S	^1D ^3P	
3	^2P		^2D ^4S
4	^1S	^1D ^3P	
5	^2P		
6	^1S		

Bei drei Elektronen ist der tiefste Term ein $^4S_2$-Term. Dann folgt ^2D und ^2P. Dies ist bei As I bestätigt. Weitere Einzelheiten der Spektren sind aus N I und besonders O II nach Fowler, Millikan und Bowen bekannt.

Bei vier Elektronen ist der tiefste Term ein verkehrter ^3P-Term. Dann folgen ^1D und ^1S. Diese Terme knüpfen an den tiefsten Term $^4S_2$ des Ions mit drei Elektronen an. Geht das letzte p-Elektron auf höhere s-Bahnen, so entstehen Termreihen von $^5S_2$ und $^3S_1$, geht es auf höhere p-Bahnen, so entstehen Termreihen von $^5P_{1,2,3}$ und $^3P_{0,1,2}$; geht es auf höhere d-Bahnen, so entstehen

Termreihen von $^5D_{0,1,2,3,4}$ und $^3D_{1,2,3}$. Diese Termreihen sind im Falle O I schon lange bekannt und finden jetzt ihre Deutung, nachdem der Grundzustand $^3P_{0,1,2}$ von Hopfield gefunden ist.

Weitere Komplikationen sind möglich, indem an den ^2D- oder ^2P-Zustand des Ions angeschlossen wird. Die Nordlichtlinie ist nach Mc Lennan eine Linie von O I. Nach L. A. Sommer ist die Deutung der Linie analog derjenigen der Linien in den Spektren der Nebelsterne durch J. S. Bowen, und zwar als Übergang von einem der metastabilen Grundzustände ^1S oder ^1D aus. Aus dem Zeemaneffekt schließt Mc Lennan auf den Übergang von ^1S nach ^1D.

Ein Beispiel des 6-Elektronenspektrums ist das des Neons. Der Zustand des Ions ist der verkehrte ^2P-Grundterm des 5-Elektronenspektrums, von dem bei F I Andeutungen vorliegen. Der Grundterm des 6 $2p$-Elektronensystems ist ein $^1S_0$-Term. Wird ein p-Elektron in den $3s$-Zustand angeregt, so entstehen die Terme $^1P_1$, $^3P_2$, $^3P_1$, $^3P_0$, von denen die beiden ersten aus dem $^2P_{3/2}$-Zustand, die beiden letzten aus dem höheren $^2P_{1/2}$-Zustand entstanden zu denken sind. Diese vier Terme sind die von Paschen gefundenen Terme $1,5\,s_2$, $1,5\,s_5$, $1,5\,s_4$, $1,5\,s_3$. Von ihnen kombinieren nur die beiden $J = 1$ mit dem Grundzustand $^1S_0$ und geben die starken von G. Hertz gefundenen Linien 735,7 und 743,5 Å.-E. Die beiden anderen Niveaus sind metastabil, insbesondere das $^3P_2$ oder $1,5\,s_5$. Die Terme $1,5\,s_4$ und $1,5\,s_3$ sind um 782 verschoben und gehören zu $^2P_{1/2}$ des Ions. Anregung des gehobenen Elektrons zu höheren s-Bahnen ergibt immer gleiche vier Terme, also vier Termreihen, welche sich wie s-Folgen verhalten und darum von Paschen als solche bezeichnet wurden. Mit dem Grundterm geben sie nur die zwei Serien $^1S_0 - n\,s_4$ und $^1S_0 - n\,s_2$. Hierbei sind die Termfolgen s_2 und s_4 von Paschen zu vertauschen. Wird das letzte Elektron auf eine höhere p-Bahn angeregt, so entstehen S-, P'-, D-Terme im Singulett- und Triplettsystem, d. h. jedesmal zehn Terme, von denen die Terme $^3P_1$, $^3P_0$, $^3D_2$, $^3D_1$ dem Zustand $^2P_{1/2}$ des Ions zugeordnet sind, die Terme $^3P_2$, $^1S_0$, $^1D_2$, $^1P_1$, $^3S_1$, $^3D_3$ dem Zustand $^2P_{3/2}$. Dies sind die zehn p-Terme der Paschenschen Analyse, von denen die vier p_1, p_3, p_4, p_5 um 782 erhöht werden müssen, d. h. sie gehören zu $^2P_{1/2}$ des Ions. Die übrigen gehören zu $^2P_{3/2}$. Diese zehn Termreihen verhalten sich wie p-Reihen und kombinieren zu Hauptserien mit den vier vorigen s-Termen. Die tiefsten Terme dieser zehn Reihen kombinieren mit den vorigen vier (s)-Reihen zu s-Serien. Dabei existieren nur solche Serien, wie sie mit den Auswahlregeln der inneren Quantenzahlen der oben gegebenen Terme verträglich sind. Die Terme p_2 und p_5 Paschens sind z. B. die Terme $^3P_1$ und $^3D_1$. Sie kombinieren mit allen vier s-Termen Paschens. Dies ist zulässig nach den inneren Quantenzahlen und weil der $^3P_1$-Term ein gestrichener Term ist.

Die Anregung des letzten Elektrons in eine d-Bahn gibt P-, D'- F-Terme im Singulett- und Triplettsystem, im ganzen jedesmal 12 Terme, welche mit den 12 als d bzw. d' oder s', s'', s''', s'''' bezeichneten Termen Paschen identifiziert werden können. Sie kombinieren unter Auswahl mit den zehn p-Termen und geben d-Serien.

§ 12. Graphische Darstellung der Zusammensetzung von Termen oder Impulsmomenten.

Nach Breit (Phys. Rev. **28**, 334, 1926) stellt man einen Term graphisch dar, indem die Werte m_l oder m_L als Abszissen, die-

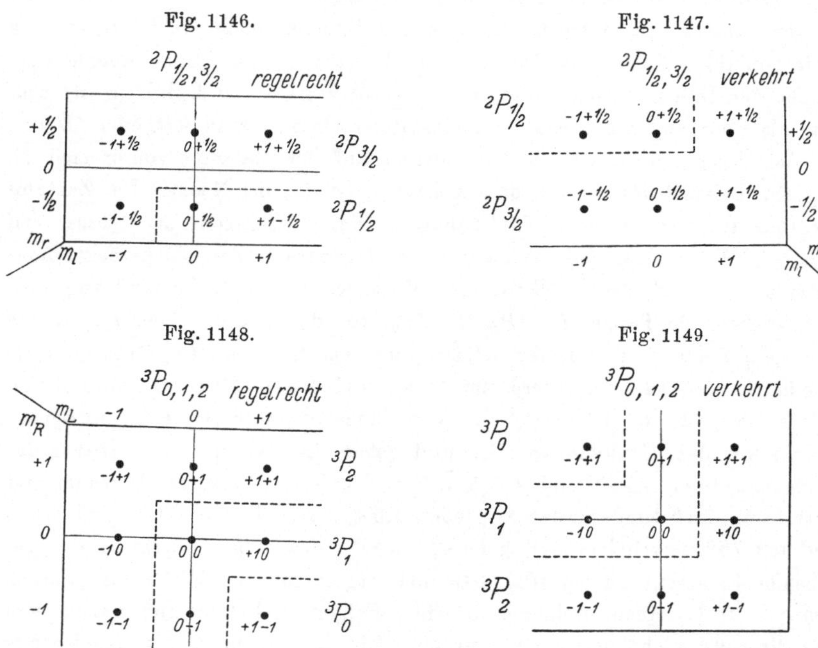

jenigen m_r oder m_R als Ordinaten aufgezeichnet werden. Man sieht dabei die Zusammensetzung und auch die Aufspaltung in starkem Felde $(m_l + 2\,m_r)$ (Fig. 1146 bis 1149). Dieselbe Darstellung kann zur Zusammensetzung zweier

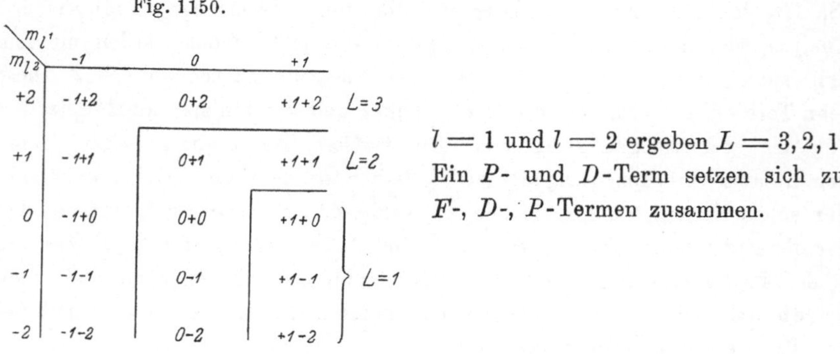

$l = 1$ und $l = 2$ ergeben $L = 3, 2, 1$. Ein P- und D-Term setzen sich zu F-, D-, P-Termen zusammen.

Vektoren m_l oder zweier m_r dienen (Fig. 1150 und 1151). Schließlich lassen sich so zwei Terme zusammensetzen, wobei die von den Teilkomponenten des ersten Terms resultierenden neuen Terme graphisch geschieden hervortreten (Fig. 1152 bis 1156).

Zwei Elektronen $r^1 = {}^1/_2$ und $r^2 = {}^1/_2$ geben $R = 1$ und $R = 0$ (Tripletts und Singuletts) (Fig. 1151).

Fig. 1151.

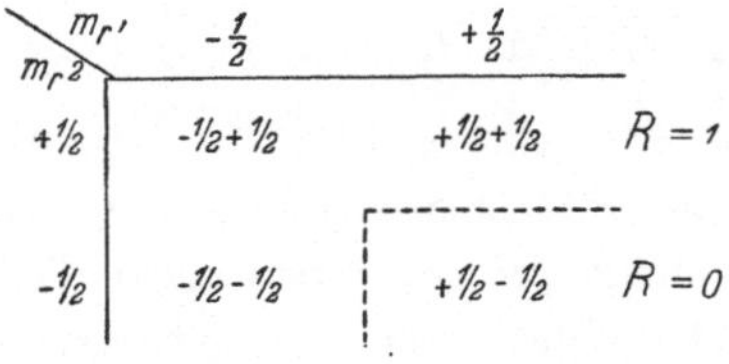

Ein ${}^2P_{1/2,\,3/2}$-Term und ein s-Elektron zusammengesetzt (Fig. 1152):

Fig. 1152.

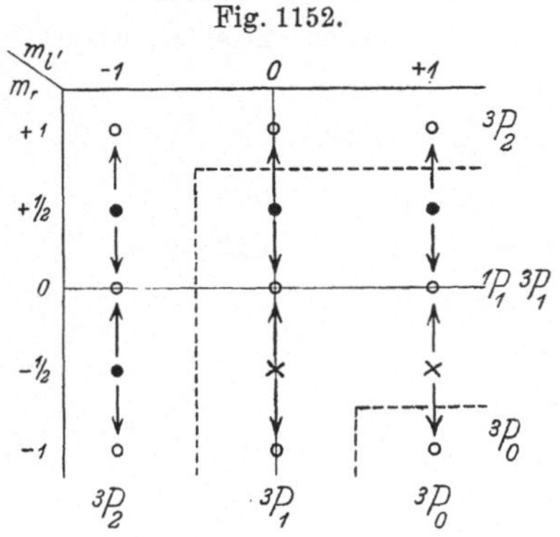

● ● ● ${}^2P_{3/2}$,   × × ${}^2P_{1/2}$.

○ ○ ○ neue Terme, entstanden durch Pfeile nach oben ($m_{l2} = 0$, $m_{r2} = + {}^1/_2$), oder nach unten ($m_{l2} = 0$, $m_{r2} = - {}^1/_2$).

Aus ${}^2P_{3/2}$ entstehen die Terme ${}^1P_1$ u. ${}^3P_2$.

,, ${}^2P_{1/2}$,,   ,,   ,, ${}^3P_1$,, ${}^3P_0$.

Ist das ${}^2P$-Dublett ein verkehrtes, so ist auch das Triplett ${}^3P$ verkehrt.

Die Zusammensetzung zweier ${}^2P_{1/2,\,3/2}$-Elektronen ergibt D-P-S-Terme im Singulett- und Triplettsystem.   Um das zweite p-Dublett an das erste anzusetzen, hat man an jeden Punkt des ersten anzusetzen: $m_{l2} = -1, 0, +1$ und $m_{r2} = -{}^1/_2, +{}^1/_2$. $m_{l2} = -1$ und $m_{r2} = -{}^1/_2$ bedeuten einen Pfeil

links nach unten: 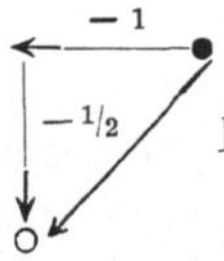 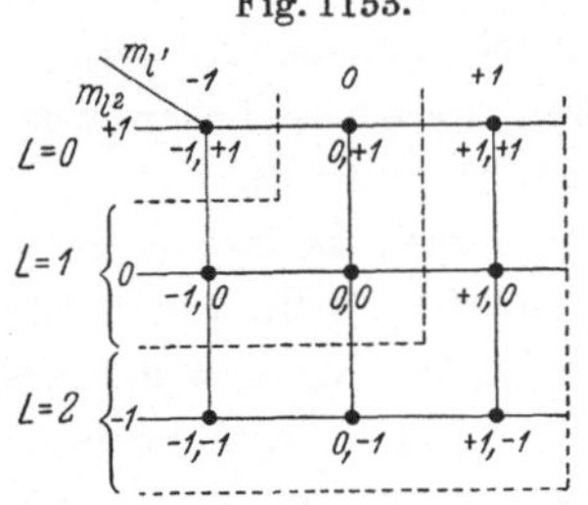 Bei der Zusammensetzung sind die Bedingungen

zu beachten, welchen die Einzelvektoren $m_l{}^i$ und $m_r{}^i$ unterliegen.   Die gegebene Zusammensetzung entspricht folgenden Einzeldiagrammen:

1. Zusammensetzung der Vektoren m_{l1} und m_{l2} (Fig. 1153).

Fig. 1153.

Es müssen also für entstehende P-Terme die Kombinationen genommen werden:

$$m_{l1} = \begin{vmatrix} 0 \end{vmatrix} \ \begin{vmatrix} 0 \end{vmatrix} \ \begin{vmatrix} -1 \end{vmatrix}$$
$$\text{und} \quad m_{l2} = \begin{vmatrix} +1 \end{vmatrix} \ \begin{vmatrix} 0 \end{vmatrix} \ \begin{vmatrix} 0 \end{vmatrix}$$

Diese Zusammensetzung der zwei Vektoren $l^i = 1$ ist die „verkehrte".
Der entstehende D-Term ist also der tiefste.

Die Zusammensetzung der Vektoren m_{r1} und m_{r2} ist die gewöhnliche, und es müssen für einen entstehenden ^3P-Term folgende Kombinationen genommen werden:

$$m_{r1} = \left| \; +\,^1/_2 \; \right| \; -\,^1/_2 \; \left| \; -\,^1/_2 \; \right|$$
$$m_{r2} = \left| \; +\,^1/_2 \; \right| \; +\,^1/_2 \; \left| \; -\,^1/_2 \; \right|$$

Würde man für die Zusammensetzung der m_{l^i} das gewöhnliche Schema anwenden, so würden einige der neu entstehenden Terme zum Teil aus $^2P_{3/2}$, zum Teil aus $^2P_{1/2}$ entspringen. Mit der getroffenen Zuordnung ist jeder resultierende Term einem einzigen Ausgangsterm zugeordnet.

Wenn das ^2P-Dublett, welches zugrunde liegt, ein verkehrtes wäre, so würde auch das entstehende ^3P-Triplett verkehrt werden (Beispiel: Neon).

Fig. 1154.

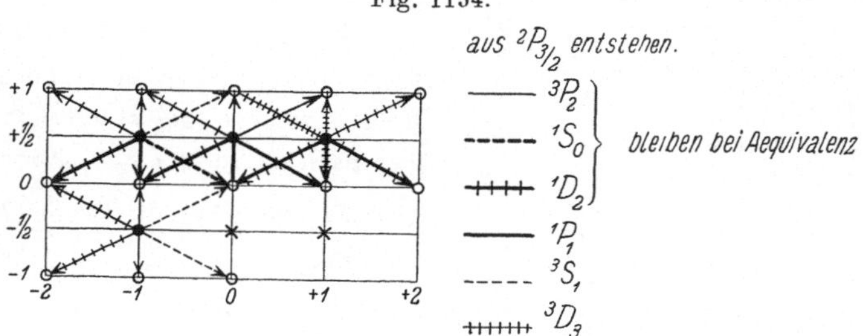

Fig. 1155.

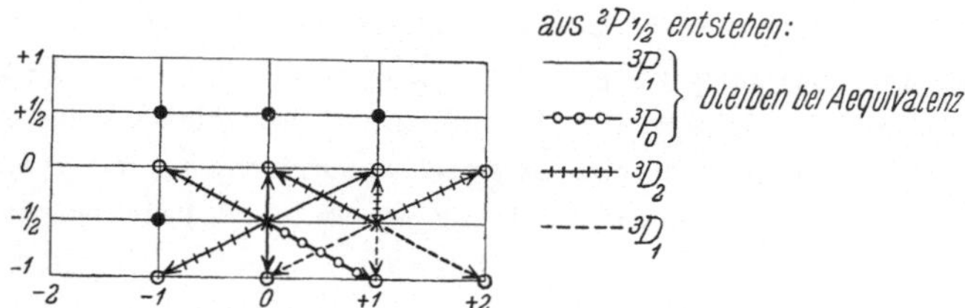

Ändert das zweite ^2P-Elektron seine Hauptquantenzahl, so entsteht eine Termreihe. Sind beim ersten Gliede derselben beide ^2P-Elektronen äquivalent, so bleiben von den resultierenden Termen nur die Terme $^3P_{0,1,2}$, $^1D_2$, $^1S_0$. Die Termreihen der übrigen Terme beginnen erst beim nächsten Gliede. Ähnlich ist es ja in den Reihen der Terme $^1S_0$ und $^3S_1$, welche bei der Zusammensetzung zweier s-Elektronen entstehen. Bei niedersten und gleichen Quantenzahlen sind sie äquivalent, und es entsteht nur ein $^1S_0$-Term. Erst beim nächsten Gliede, wo das zweite s-Elektron die nächst höhere Quantenzahl hat, tritt ein $^3S_1$-Term dazu (Spektren der Erdalkalien).

Im Falle äquivalenter p-Elektronen, unter denen keines bevorzugt ist, ist die Zusammensetzung jedenfalls etwas verändert. Es sind dann folgende Fälle nämlich unmöglich: für die Bildung von $^3P_2$ die Kombination $0, +^1/_2$ mit $0, +^1/_2$ und für die von $^3P_1$ $0, -^1/_2$ mit $0, -^1/_2$. Man kann in diesem Falle nach Russell (Phys. Rev. 1927) aus dem Schema von Breit in etwas anderer Weise die allein existenzfähigen Terme ableiten:

$$m_{r1} = +^1/_2 \text{ und } m_{r2} = +^1/_2 \quad \text{oder} \quad m_{r1} = -^1/_2 \text{ und } m_{r2} = -^1/_2$$

bedingen, daß die Werte von m_{l1} und m_{l2} verschieden sein müssen und auch nicht solche sein können, die durch Vertauschung ineinander übergehen. In dem Zusammensetzungsdiagramm der Vektoren m_{l1} und m_{l2} fällt daher die Diagonale fort. Die beiden übrigbleibenden Ecken von drei Paaren oben links und unten rechts sind gleichwertig. Wir haben daher:

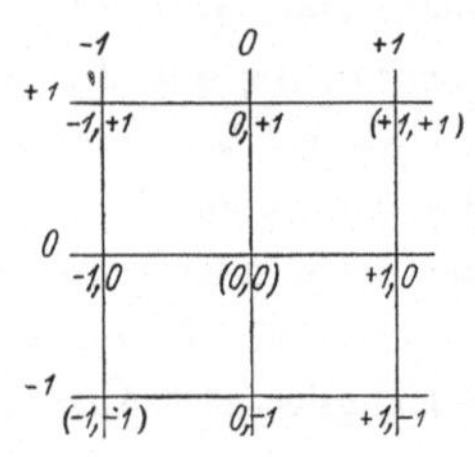

Fig. 1156.

$$m_L$$
$$m_{r1} = + \tfrac{1}{2}, \; m_{r2} = + \tfrac{1}{2}, \; m_R = + 1, \; -1 \quad 0 \quad +1$$
$$m_{r1} = - \tfrac{1}{2}, \; m_{r2} = - \tfrac{1}{2}, \; m_R = - 1, \; -1 \quad 0 \quad +1.$$

Für die Werte $m_{r1} = - \tfrac{1}{2}$ und $m_{r2} = + \tfrac{1}{2}$ oder $m_{r1} = + \tfrac{1}{2}$ und $m_{r2} = - \tfrac{1}{2}$ gilt das vollständige Diagramm der Werte m_{l1} und m_{l2}, welches ergibt:

1. $m_L = 0$;   2. $m_L = -1,\ 0,\ +1$;   3. $m_L = -2,\ -1,\ 0,\ +1,\ +2.$

Insgesamt ergibt sich daher:

$$\left.\begin{aligned}
m_R &= +1, & m_L &= -1,\ 0,\ +1 \\
m_R &= 0, & m_L &= -1,\ 0,\ +1 \\
m_R &= -1, & m_L &= -1,\ 0,\ +1
\end{aligned}\right\} \begin{aligned} R &= 1 \\ & \\ L &= 1 \end{aligned} \quad \text{oder ein } {}^3P_{0,1,2}\text{-Term,}$$

$$m_R = 0, \quad m_L = 0, \quad R = 0, \quad L = 0: \ \text{ein } {}^1S_0\text{-Term,}$$

$$m_R = 0, \quad m_L = -2,\ -1,\ 0,\ +1,\ +2, \; R = 0, \; L = 2: \ \text{ein } {}^1D_2\text{-Term.}$$

In ähnlicher Weise kann man die Zusammensetzung dreier äquivalenter p-Elektronen überlegen:

3 p-Elektronen: $r^1 = r^2 = r^3 = \tfrac{1}{2}, \quad l^1 = l^2 = l^3 = 1.$

1. Wenn die drei Werte m_r^i gleich sind, ist ihre Summe $+\tfrac{3}{2}$ oder $-\tfrac{3}{2}$ und die Summe $\sum m_l^i = 0$, weil m_l^i nur die drei verschiedenen Werte $-1,\ 0,\ +1$ hat, die dann den drei Werten m_r^i zuzuordnen sind.

2. Wenn zwei Werte m_r^i gleich sind, ist die Resultierende ihrer Werte m_l^i wie im Falle zweier p-Elektronen auf eine der Ecken des m_l^i-Diagramms beschränkt und gibt nur die drei Werte $-1,\ 0,\ +1$. Kommt das dritte Elektron dazu, dessen m_{r3} entgegengesetzt den zwei ersten Werten ist, so ist $\sum m_r^i = +\tfrac{1}{2}$ oder $-\tfrac{1}{2}$, und $m_{l3} = -1,\ 0,\ +1$ gibt mit den drei gleichen Werten der Resultierenden der zwei ersten Elektronen das vollständige Breit-Schema, nämlich

$$m_L = -2,\ -1,\ 0,\ +1,\ +2; \quad m_L = -1,\ 0,\ +1; \quad m_L = 0.$$

Gesammelt:

$$m_R = -\tfrac{3}{2},\ -\tfrac{1}{2},\ +\tfrac{1}{2},\ +\tfrac{3}{2}; \, m_L = 0, \, R = \tfrac{3}{2}, \, L = 0: \ \text{ein } {}^4S_{3/2}\text{-Term,}$$

$$m_R = -\tfrac{1}{2},\ +\tfrac{1}{2}; \, m_L = -1,\ 0,\ +1; \, R = \tfrac{1}{2}, \, L = 1: \ \text{ein } {}^2P_{1/2,\,3/2}\text{-Term,}$$

$$m_R = -\tfrac{1}{2},\ +\tfrac{1}{2}; \, m_L = -2,\ -1,\ 0,\ +1,\ +2; \; R = \tfrac{1}{2}, \; L = 2:$$
$$\text{ein } {}^2D_{3/2,\,5/2}\text{-Term.}$$

Sind zwei der p-Elektronen äquivalent, das dritte nicht, so entsteht aus dem ${}^1S_0$-Term der zwei äquivalenten ein ${}^2P$-Term, aus dem ${}^1D_2$-Term die Terme ${}^2P,\ {}^2D,\ {}^2F$, aus dem ${}^3P_{0,1,2}$-Term diejenigen ${}^2S,\ {}^2P,\ {}^2D,\ {}^4S,\ {}^4P,\ {}^4D$. Diese Terme sind in O II zum Teil nachgewiesen.

§ 13. Spektroskopische Lichtquellen (zum Zweck der Serienanalyse).

Die Bunsenflamme gibt nur die Linien niedrigster Anregung der Bogenspektren der Alkalien, Erdalkalien und Erden. Etwas weiter geht die Anregung in der Knallgasflamme. Der Gleichstrombogen zwischen Kohleelektroden, gespeist mit Metallen oder ihren Salzen, ist die meist gebräuchliche Lichtquelle, mit der Kayser und Runge, Exner und Haschek, Eder und Valenta die Spektren erzeugten. Die ersten Serienanalysen sind an diesen Spektren gemacht worden. Man erhält verbreiterte Linien, und zwar je nach der Serie mit charakteristischer Unschärfe oder Umkehrung, die für die Zuordnung der Linien wertvoll ist. In diesem Luftbogen findet man nicht viele Serienglieder. Aber einige Metalle lassen sich in Glas- oder Quarzgefäßen zu einem Vakuumbogen verwenden, wie es zuerst mit Quecksilber von Aarons gezeigt wurde. Solche Vakuumbögen mit Zn, Cd, Tl, Ca geben lichtstarke reine Spektren mit vielen Gliedern der Serien und haben besonders die Analyse der Singulettsysteme bei den Bogenspektren der Erdalkalien und Zn, Cd, Hg ermöglicht.

Der Funke, kondensiert oder oszillatorisch (im Schwingungskreis), erzeugt ein Leuchten, welches neben dem Bogenspektrum die Funkenspektren enthält, um so höhere, je weniger oszillatorisch die Entladung ist. Im Schwingungskreis gibt der Funke hauptsächlich Linien des Bogenspektrums. Der „hot spark" Millikans in einem hohen Vakuum gibt Linien höherer Funkenspektren. Aber das Funkenspektrum enthält niemals höhere Glieder einer Serie. Ähnlich ist das Spektrum eines durch Entladung einer großen Kapazität zerstäubten Drähtchens nach Anderson oder eines Unterwasserfunkens, bei dem starke Linienverbreiterungen und Umkehrungen vorkommen oder eines Abreißbogens im äußersten Vakuum.

Für die Beobachtung des Zeemaneffekts läßt man Funken parallel den Kraftlinien des Magnetfeldes übergehen und erhält nur die ersten Glieder der Serien. Auch Bogen- oder Glimmentladungen parallel den Kraftlinien, welche ohne Feld höhere Serienglieder emittieren, nehmen schon in schwachem Felde den Charakter des Funkens an. Die höheren Serienglieder werden schwach, und es treten Funkenlinien neu auf.

Die Geisslerschen Röhren verschiedener Form haben die Kenntnis der Gasspektra vermittelt. Gewöhnlich ist die positive Säule in engen Kapillaren oder weiteren Röhren in Längssicht oder transversaler Beobachtung benutzt. Die Serienspektra von Wasserstoff, Sauerstoff, Schwefel, Selen und von den Edelgasen Helium, Neon, Argon sind so ermittelt, und zwar wegen der großen Reinheit mit außerordentlich hohen Gliedern der Serien. In den Kapillaren erscheint nur das Bogenspektrum des stromtragenden Gases. Die Scheidung der Spektren ist hier reiner als im Bogen, wo stets eine Reihe von Linien des ersten Funkenspektrums zugegen sind. Wasserstoff und Sauerstoff geben in der positiven Säule Banden des Molekülspektrums. Man vermeidet sie und erhält nur das Spektrum des Atoms in den mittleren Teilen einer längeren und weiten Röhre nach Wood.

Dagegen enthält das negative Glimmlicht auch das erste Funkenspektrum lichtstark. Das Glimmlichtleuchten kann nach Paschen lichtstark gemacht werden durch Verwendung eines hohlen Zylinders als Kathode. Solche Kathode enthält das Leuchtphänomen im Innern. An der inneren Wand ist zunächst die I. Kathodenschicht, dann ringförmig der Crookessche Dunkelraum vorhanden. Das Glimmlicht selber befindet sich innen um die Achse herum. Bei einem Durchmesser von 15 mm und einer Länge von 30 mm enthält ein etwa 10 mm dickes Volumen das negative Glimmlicht, welches bei einem Druck von der Größenordnung 1 mm und einer Stromstärke von 0,1 Amp. gleichmäßig und hell leuchtet. Es hat den Vorteil, daß in diesem Raume kein elektrisches Feld vorhanden ist. Alle Linien, welche hier ermittelt werden, sind ungestört und zeigen keine Verbreiterung durch Starkeffekte, solange der Druck klein bleibt. Erst bei Drucken oberhalb 2 mm treten Linienverbreiterungen infolge von Starkeffekten auf. Eine weitere Folge der Störungsfreiheit ist das Auftreten von hohen Seriengliedern sowohl im Bogen- wie im Funkenspektrum des Gases.

H. Schüler zeigt, daß man den Zylinder vorn und hinten abschließen kann. In der vorderen Wand allein ist ein Schlitz von 1 mm Weite, dem man zweckmäßig in der Mitte eine Erweiterung gibt. Es ist möglich, die innere Wand des fast völlig geschlossenen Hohlraumes zur Kathode zu machen. Wenn man als Anode einen größeren Zylinder nahe um die Kathode legt und über eine Funkenstrecke Entladungen durch das Rohr gehen läßt, springt der Strom einer Gleichstromquelle im Innern an. Hier sieht man durch den Schlitz das innere Glimmlichtleuchten. In der Erweiterung aber bildet sich ein sehr helles Leuchten aus, welches fast nur das Bogenspektrum enthält. Hier treten die Elektronen aus dem Innern heraus. Besteht die Kathode aus Kohle, so kann man in einem Edelgase die Banden der Kohleverbindungen und auch Kohlelinien völlig beseitigen, wenn man das Edelgas kontinuierlich durchströmen läßt (nach Paschen). Dies ist die einzige Anordnung, mit der man allein das Spektrum des Edelgases haben kann, ohne daß zerstäubte Teile des Kathodenmaterials zugegen sind. Ähnlich sind die ersten Funkenspektren von Zink, Cadmium und Lithium erzeugt, indem diese Stoffe in der Kathode verdampft wurden, so daß nach Abpumpen des Gases die Entladung durch die reinen Metalldämpfe ging. Die Serienanalyse gelang wegen der Reinheit und Lichtstärke des Spektrums (nach H. Schüler und von Salis).

Mischt man diesem Leuchten im Edelgase absichtlich einen anderen Körper bei: entweder durch elektrische Zerstäubung, indem man in den Kohlehohlraum Stückchen desselben hineinlegt (Bor), oder indem die Kathode aus dem Stoffe besteht (Aluminium), oder indem man außerhalb der Kathode den Stoff durch elektrische Heizung verdampft, so hat man wieder ein einfaches Phänomen, welches für eine rationelle Serienforschung geeignet ist. Bei spärlichem Vorhandensein des Fremdkörpers wird derselbe hauptsächlich durch die Energie der metastabilen Zustände der Edelgasatome angeregt, d. h. im Helium durch $E = 19{,}73$ Volt, im Neon durch 16,6 Volt, im Argon durch 11,5 Volt. Es kommt nun darauf an, von welchem Zustand aus das Atom diese Anregung empfängt. Wird es erstens als neutrales Atom angeregt, so erscheinen alle Terme des Funkenspektrums angeregt, welche größer sind als $T_0 + T_0^+ - E$. Zweitens: die Anregung des einfach geladenen Ions durch E gibt alle Terme größer als $T_0^+ - E$. T_0 ist der Grundterm des Bogenspektrums, T_0^+ ist der Grundterm des I. Funkenspektrums. E bedeutet in cm^{-1} die Anregungsenergie des metastabilen Zustandes des Edelgases. Im negativen Glimmlicht kommen beide Anregungen vor und das Funkenspektrum erstreckt sich bis zur Grenze des II. Falles. Im Helium sind die ersten Funkenspektren von Mg, Al, Zn, Cd z. B. vollständig da, im Neon dagegen schon nicht mehr.

Auch in dem positiven Lichte, dem man durch thermische Verdampfung spärlich solche Dämpfe zumischen kann, ist das Phänomen noch ähnlich, wenn auch hier die Zahl der vom Ionenzustand aus angeregten Atome zugunsten der vom Zustand des neutralen Atoms aus angeregten vermindert ist. In einiger Entfernung von der positiven Lichtsäule, in einem seitlichem Ansatzrohr findet nur die Anregung vom neutralen Atomzustand aus statt. Diese Verhältnisse, welche nach Überlegungen Paschens und Versuchen von Frerichs geklärt wurden, sind sehr geeignet zur Serienforschung in solchen Fällen, wo die Spektren noch nicht entwirrt sind, vielleicht auch im Falle von Multiplettspektren, da die Anregung sehr helles und regelmäßiges Leuchten erzielt, und die Serien mit hohen Gliedern erscheinen. Als Arbeitshypothese genügt die, daß alles Leuchten des Fremdkörpers durch die Energie des metastabilen Zustandes hervorgebracht wird. Eine erste Anregung versetzt das neutrale Atom in den Zustand des Funkenspektrums nach 1. Von ihm geht es unter Aussendung von Linien des Funkenspektrums über in den Zustand des einfach geladenen Ions. Da kann zweierlei vorkommen. Entweder es fängt ein Elektron ein, sendet Linien des Bogenspektrums aus und kommt in den Zustand des neutralen Atoms oder es wird nach 2. angeregt und sendet weitere Linien des Funkenspektrums aus. Das Spektrum Al II ist nach diesen Methoden lichtstark mit hohen Seriengliedern erzeugt, so daß seine Analyse gelang.

§ 14. Übersicht über die bekannten Seriengesetze in den Bogen- und Funkenspektren der Alkalien, Erdalkalien und Erden gewinnt

man aus den Fig. 1157 bis 1163. Diese sind entnommen N. Bohrs Abhandlung „Linienspektren und Atombau" im Kayser-Heft der Annalen der Phys. (**71**, 228, 1923). Dargestellt sind (vgl. S. 1873) durch Punkte die Werte der Terme und die zugehörigen wahren Hauptquantenzahlen n. Oben ist eine Teilung nach effektiven Quantenzahlen n^*, unten nach Wellenzahlen v. Man liest also unten den Wert des Terms, oben die effektive Quantenzahl n^* ab.

Die Spektren der Alkalien wurden hauptsächlich analysiert von Kayser und Runge und von Rydberg. Nur bezüglich der f-Serien und einiger ultraroter Linien wurden die Gesetze ergänzt durch Bergmann, F. Paschen und H. M. Randall, neuerdings auch in einigen Feinheiten der d- und f-Reihe durch Meissner und Datta.

Bezüglich der großen Differenzen zwischen den (angeschriebenen) wahren und den effektiven Quantenzahlen der s- und p-Terme sei auf S. 1871 verwiesen. Die wahre Quantenzahl n der größten s- und p-Terme nimmt von

Fig. 1157.

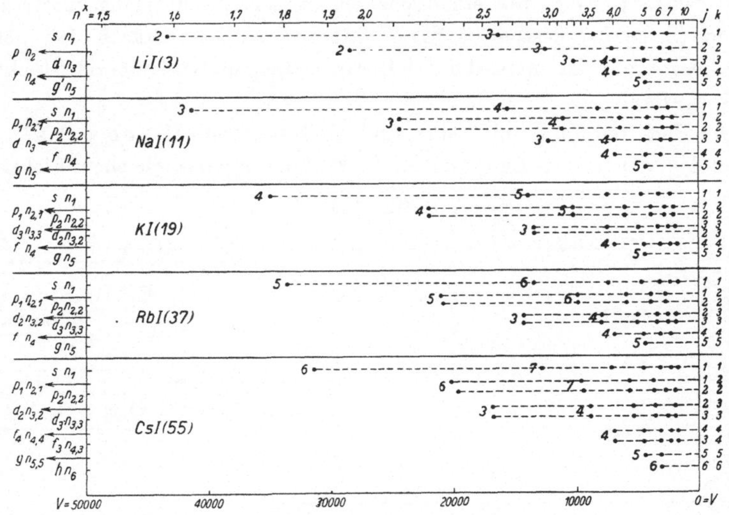

Fig. 1158.

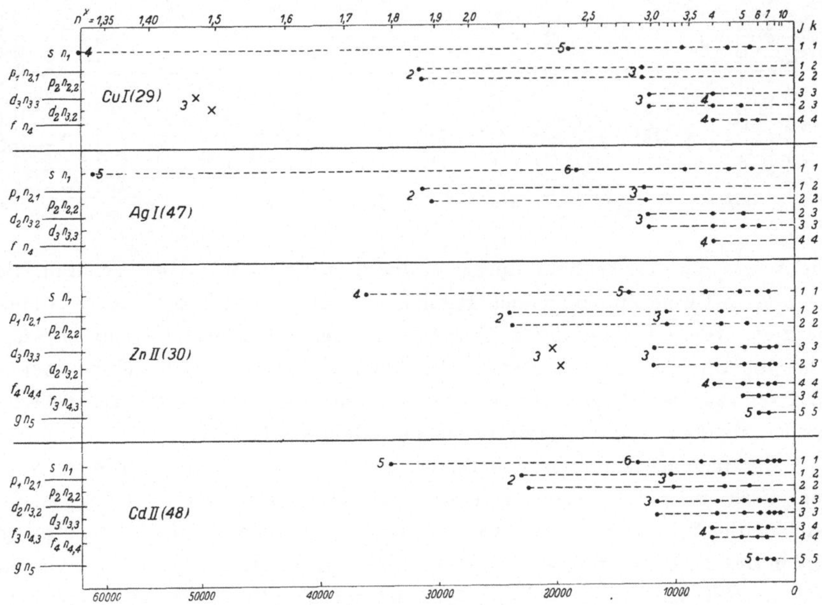

einem zum nächsten Alkali um 1 zu, die effektive Zahl n^* wächst nur unbedeutend. Auch dies deutet Bohr (Göttinger Vorträge). Die größten s-Terme geben die Ionisierungsspannung, und der Übergang von den p_i-Termen erm größten s-Term Resonanzlinien, wie Li 6708, die D-Serien des Natriums usw.

Die Bogenspektren von Cu und Ag, sind von Kayser und Runge analysiert und von H. M. Randall vervollständigt.

In Cu I tritt als zweitgrößter Term ein von Randall gefundener auf, der nach Größe, Kombinationen und Zeemaneffekt einer 3_3-Bahn angehört. Es ist nach Sven Werner ein doppelter. Er entspricht einem metastabilen Zustand (S. 1873), dessen häufiges Auftreten aus der Stärke der (gelben) Linien hervorgeht. Er entsteht durch Heraushebung des vorletzten $3\,d$-Elektrons in eine 4_1-Bahn.

Die Spektren Zn II und Cd II sind analysiert von G. von Salis [1]). Sie sind analog denen von Cu I und Ag I (Einfangung des gleichen Elektrons).

Fig. 1159.

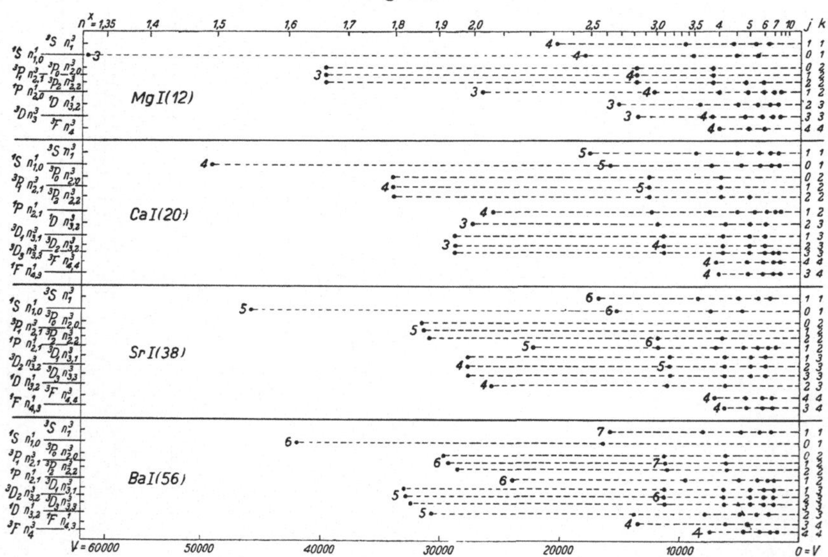

Die Werte der Terme sind durch 4 dividiert ($p = 2$). Hier gehören die p- und d-Terme eindringenden Bahnen an. Daher rührt die andere Numerierung. Die $3\,d$-Bahn in Zn II entspricht der isolierten $3\,d$-Bahn in Cu I. Aber die Bindung ist schwächer. Im übrigen verhalten sich diese Funkenspektren zu den Bogenspektren von Cu und Ag wie die Funkenspektren der Erdalkalien (Fig. 1162) zu denen der Alkalien (Fig. 1157).

Die Bogenspektra der Erdalkalien und von Zn, Cd, Hg wurden serienanalytisch untersucht zuerst von Kayser und Runge und Rydberg. Sie fanden die Nebenserien der Tripletts, Rydberg auch die I. N. S. einfacher Linien des Mg I. Es fanden weiter: F. Paschen die Hauptserien der Tripletts und die f-Serien, die Einfachliniensysteme von Zn, Cd (nach wichtiger Vorarbeit von F. A. Saunders) und Hg, und mit Lorenser von Mg. Damit war der Bau dieser letztgenannten Spektren vollständig erkannt. F. A. Saunders fand die schwierigen Einfachliniensysteme von Ca, Sr, Ba, deren

---

[1]) Tübinger Dissertation, 1924.

Spektren er auch sonst erheblich vervollständigte (nach Vorarbeiten von Lorenser). Die Hauptserien der Tripletts von Ca I, Sr I, Ba I scheinen noch verbesserungsbedürftig.

Die Ionisationsenergie ist durch den ^1S-Term (der Einfachlinien) gegeben. Von diesem gibt es nur einen Übergang zum $^3P_1$- und $^1P_1$-Term, welcher zu Resonanzlinien führt. Die Bindung der d-Bahnen nimmt von Mg zu Ba zu und führt bei Ba I zu metastabilen Zuständen.

In den Bogenspektren der Erdmetalle überwiegt ein Seriensystem von Dubletts. Die Nebenserien fanden Kayser und Runge und Rydberg, die

Fig. 1160.

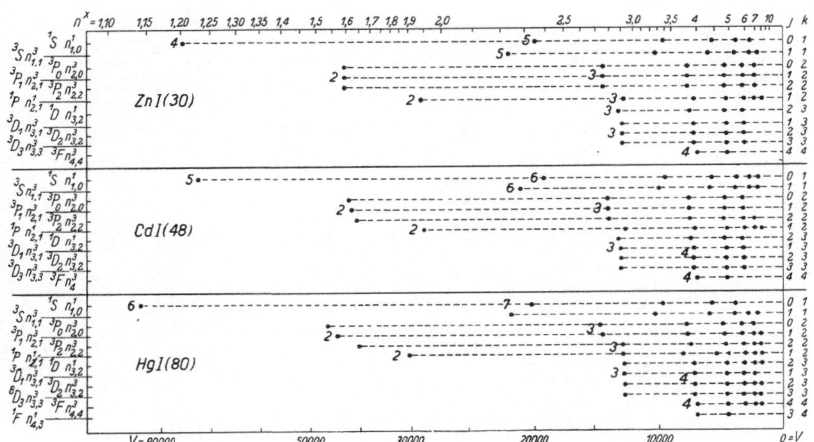

Hauptserien Paschen, das Spektrum des Galliums Paschen und Meissner (nach Vorarbeit von Rydberg). Außer den Dublettserien führen die Bogenspektra der Erden noch Quartetts. Beim Scandium I wurden von Catalán neben Dubletts solche Gebilde gefunden, über deren Serienzugehörigkeit noch nichts bekannt ist. Im Spektrum Al I scheint ein Quartett nachweisbar. Im Spektrum C II, dem Abbild des Spektrums B I, sind von Paschen mehrere Quartettgruppen festgestellt [1]). Hier werden nur die Termfolgen der Dubletts dargestellt.

Der größte Term ist hier nicht ein s-, sondern der p_1-Term. Die grüne Linie 5350 $6 p_2 - 7 s$ von Tl I ist Absorptions- und Resonanzlinie.

Die ersten Funkenspektra der Erdalkalien Mg II, Ca II, Sr II, Ba II wurden gefunden: diejenigen von Ca, Sr, Ba von Lorenser, nachdem Runge und Paschen an den Zeemantypen und Paschen und Popow im Ultrarot ihre Grundgebilde erkannt hatten, dasjenige von Mg in einer grundlegenden Arbeit von A. Fowler, der auch die Analysen von Lorenser systematischer verwertete. Serienrechnungen zu diesen Spektren liegen von E. Fues vor. Alle Termwerte sind durch 4 dividiert. Die Spektren entsprechen nach Bohrs

---

[1]) Inzwischen von Fowler analysiert S. 1901, Anmerkung.

Aufbauprinzip denen von Na I, K I, Rb I und Cs I (Einfangung des Elektrons gleicher Nummer).

Fig. 1161.

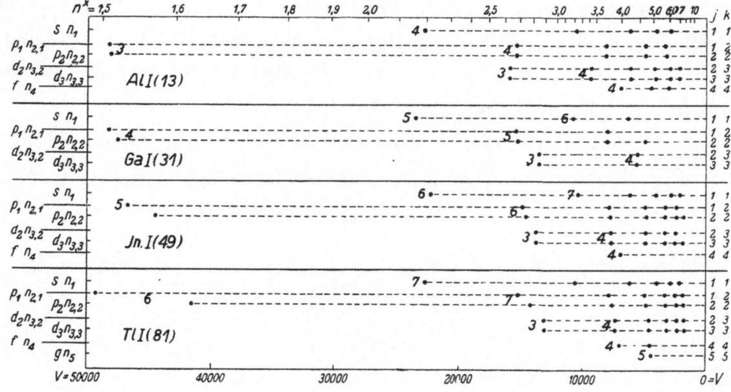

Fig. 1162.

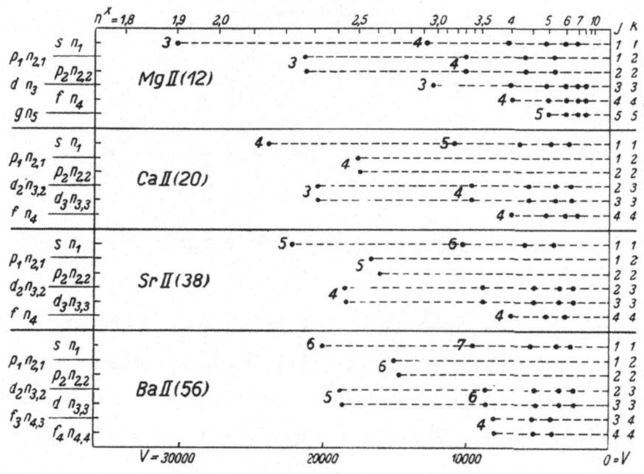

Fig. 1163.

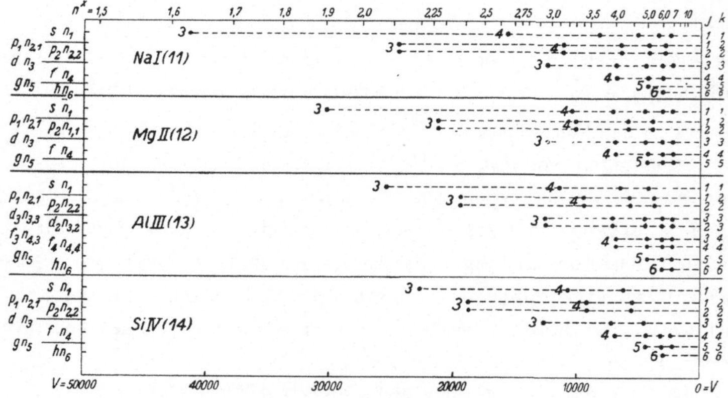

In Ca II, Sr II und Ba II entsprechen die höchsten d-Terme metastabilen Zuständen und geben sehr starke Linien.

Zum Schluß sei die Einfangung des 11-ten Elektrons in den

Spektren	Na I	Mg II	Al III	Si IV
Ladung	11	12	13	14
p^2	1	4	9	16

ähnlich dargestellt, indem alle Termwerte durch Division mit p^2 „reduziert" sind auf Werte, welche mit entsprechenden Wasserstofftermen verglichen werden können.

Das Spektrum Al III rührt von Paschen, das Si IV von A. Fowler her. Man sieht die Ähnlichkeit des Spektrums in den vier Fällen. Die größten „reduzierten" Termwerte der s- und p-Folge nehmen von Na I zu Si IV ab und nähern sich den der Hauptquantenzahl 3 zugehörigen Werten. Dies rührt daher, weil der Unterschied der Bindung innerhalb und außerhalb des Atomwertes mit steigender Kernladung geringer wird. Man sieht weiter, wie die verschiedenen dreiquantigen und vierquantigen Zustände je zusammenrücken. Im Falle eines sehr stark geladenen Kernes müßten sie je in einen einzigen zusammenfallen. Denn das reduzierte Spektrum der Einfangung des 11. Elektrons durch einen solchen Kern wäre fast dasselbe, wie das reduzierte der Einfangung des ersten.

Die Numerierung der Hauptquantenzahlen in den Figuren entspricht zum Teil noch älteren Überlegungen. Es muß folgendes geändert werden:

Fig. 1157: In Rb I beginnt die d-Folge mit $n = 4$, in Cs I mit $n = 5$.

Fig. 1158: In Cu I und Zn II beginnen die p- und d-Folgen mit $n = 4$, in Ag I und Cd II mit $n = 5$.

Fig. 1160: Die p- und d-Folgen beginnen in Zn I mit $n = 4$, in Cd I mit $n = 5$, in Hg I mit $n = 6$, in Hg I die f-Folge mit $n = 5$.

Fig. 1161: Die d-Folgen beginnen in Ga I mit $n = 4$, in Ju I mit $n = 5$, in Tl I mit $n = 6$, in Tl I die f-Folge mit $n = 5$.

Bandenspektren[1]).

§ 1. Aussehen der Bandenspektren. Bezeichnungen. Außer den im vorausgehenden Abschnitt beschriebenen Linienspektren gibt es noch andere Spektren, die in ihrem Aussehen und in ihren Gesetzmäßigkeiten grundsätzlich von jenen sich unterscheiden. Betrachtet man z. B. den Kohlebogen in einem Spektroskop von geringem Auflösungsvermögen, so fallen in dem kontinuierlichen Grunde eine Reihe von helleren Bändern auf, die meistens an einer scharf definierten Stelle beginnen, dort ziemlich große Intensität haben und sich allmählich abschwächen. In der Fig. 1164 ist eine ganze Anzahl von solchen ·Bändern erkennbar; beispielsweise beginnt ein solches Band mit starker Intensität bei 5165 Å und verläuft von da nach kürzeren Wellen, um sich allmählich zu verlieren. Man bezeichnet eine solche Erscheinung im Spektrum als eine „Bande" (französisch la bande = das Band) und die Stelle, wo sie beginnt, als die Kante der Bande. Verläuft die Bande von der Kante aus, so wie die Bande 5165 im Kohlespektrum, nach kurzen Wellen, so nennt man die Bande nach kurzen Wellen (nach Violett) abschattiert; im entgegengesetzten Falle ist die Bande nach Rot abschattiert. Häufig liegen nun mehrere solcher Banden beieinander und bilden eine Gruppe, in der die einzelnen Teilbanden nach dem Augenschein regelmäßig aufeinanderfolgen. Im Kohlebogen können wir deutlich mehrere solcher Bandengruppen erkennen; z. B. beginnt eine solche bei 4737, eine zweite bei 4606, eine weitere bei 4216 Å. Der Wechsel zwischen starker und schwacher Intensität ist dabei — man vergleiche etwa die Gruppe bei 4606 — ähnlich dem Wechsel von Licht und Schatten an einer kannelierten Säule. Aus diesem Grunde wird das beschriebene Spektrum wohl auch als kanneliertes Spektrum bezeichnet. Häufig besteht nun ein Spektrum aus mehreren solchen Gruppen, die unter sich ähnlich sind und wieder gesetzmäßig zueinander liegen. Die Gesamtheit aller zusammengehörenden Gruppen bezeichnen wir dann als Bandensystem[2]). In der Fig. 1164 gehören einem solchen System an die Gruppen 5635, 5165, 4737 einerseits, sowie 4606, 4216 andererseits.

---

[1]) Von Prof. Dr. A. Kratzer in Münster i. W. — Ausführliche Darstellungen des empirischen Materials finden sich bei H. Kayser, Handbuch der Spektroskopie, und H. Konen, Das Leuchten der Gase und Dämpfe, Braunschweig 1913; ferner R. Mecke, Physik. Zeitschr. **26**, 217, 1925; **28**, 479, 1927. Bulletin of the National Research Council, Molecular Spectra in Gases, Washington 1926.

[2]) In der Literatur wird häufig zwischen Gruppe und System nicht unterschieden und die Bezeichnung Gruppe nach dem Vorgang von Deslandres auch für das als System bezeichnete Gebilde verwendet.

Die geschilderte Anordnung der Teilbanden im Spektrum kann als typisch für die Bandenspektren bezeichnet werden. Wir illustrieren sie nochmals durch die oberste Spalte der Fig. 1167, die die sogenannten negativen Stickstoffbanden darstellt. Trotzdem kann der Anblick verschiedener Bandenspektren noch sehr mannigfaltig sein. Eine besondere Vereinfachung besteht darin, daß die einzelnen Gruppen nur eine Teilbande enthalten. Andererseits kann auch die Zahl der Teilbanden in jeder Gruppe sehr groß (30 und mehr) werden. Sind dabei gleichzeitig die Abstände der Gruppen voneinander klein, so greifen jetzt die einzelnen Gruppen übereinander. Aus dem vorher schon für den Anblick regelmäßigen Kantenspektrum ist ein Pseudokantenspektrum geworden, das sich erst bei sorgfältiger Untersuchung als nach dem gleichen Gesetz gebaut erweist. In manchen Fällen sind die Kanten unscharf und nur mangelhaft erkennbar: wir haben eine sogenannte diffuse Bande vor uns.

Wird ein Bandenspektrum mit einem Spektrographen von großer Dispersion und hohem Auflösungsvermögen untersucht, so zeigt sich, daß jedes Band aus zahlreichen, oft äußerst scharfen Linien besteht, die an der Kante besonders dicht liegen und sich dort nur selten vollständig trennen lassen. Häufig zeigt sich auch, daß diese Linien von zwei oder mehr Kanten ausgehen; die nahe beieinander liegen; man kann so von einer Struktur der Kanten sprechen. Aber auch die einzelnen Linien erweisen sich oft bei genauer Untersuchung

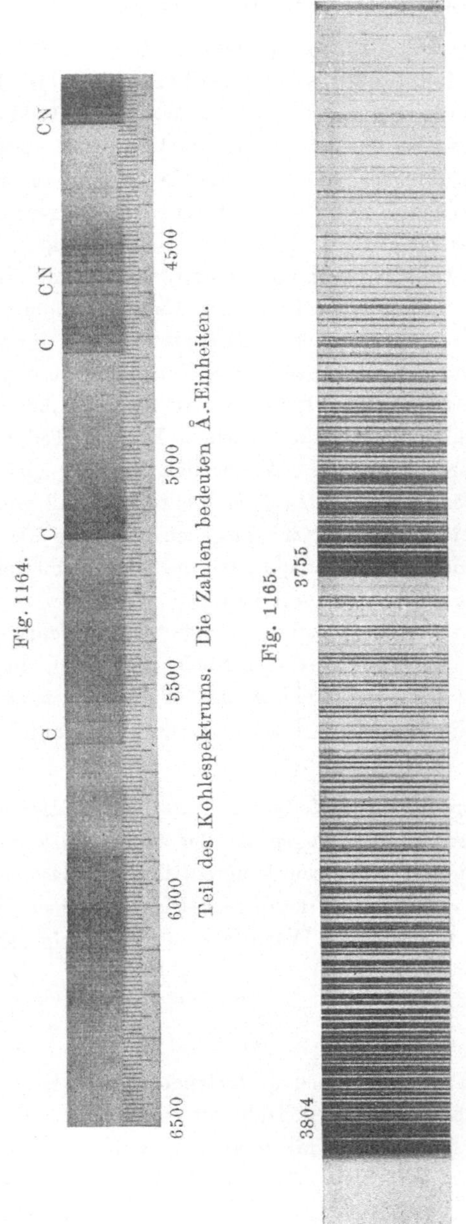

als doppelt und dreifach, zeigen also eine **Feinstruktur**. Als Beispiel einer solchen Feinstruktur stellt die Fig. 1165 eine Gruppe aus dem Stickstoffspektrum dar. Man erkennt deutlich eine regelmäßige Folge von Linien, von denen anscheinend jeweils drei zusammengehören.

§ 2. Die empirischen Gesetzmäßigkeiten der Bandenspektren. Seriengesetz in der Teilbande.

Es ist klar, daß eine Anordnung von Linien oder Kanten, wie sie in den Fig. 1164 und 1165 zum Ausdruck kommt, schon bei den ersten Beobachtern trotz ungenauer Messungen den Eindruck von Regelmäßigkeit hervorrufen mußte; es ist aber erst im Jahre 1885, dem gleichen Jahre, in dem Balmer seine grundlegende Formel für die Linienspektren fand, H. Deslandres gelungen, auf Grund von eigenen Messungen die Gesetze der Bandenspektren zu formulieren[1]).

Die Deslandresschen Gesetze sondern sich in drei Teile. Fürs erste war über die Verwandtschaft der von verschiedenen Kanten des gleichen Bandensystems ausgehenden Linienanordnungen eine Aussage zu machen, dann die Anordnung der Linien in einer Teilbande im einzelnen festzulegen, und endlich mußten die einzelnen Kanten (Teilbanden) zueinander in Beziehung gebracht werden. Wir wollen uns hier gleich mit dem zweiten Punkte beschäftigen. Deslandres stellte fest, daß von einer Kante eine oder mehrere Linienfolgen (Serien) ausgehen, in denen die Intervalle aufeinanderfolgender Linien einer Serie eine arithmetische Reihe (erster Ordnung) bilden (zweites Deslandressches Gesetz).

Um die einzelnen Linien einer solchen Serie zu unterscheiden, wollen wir, an einer beliebigen Stelle beginnend, die Linien fortlaufend numerieren und diese Laufzahl m der Wellenzahl $\nu = 1/\lambda$ als Index beigeben. Das zweite Deslandressche Gesetz lautet dann[2]):

$$\nu_{m+1} - \nu_m = 2b + 2Cm \quad\cdots\cdots\cdots\cdots (1)$$

Hier ist die Differenz $2C$ der arithmetischen Reihe von der Numerierung unabhängig, dagegen ist der Wert von b mit der Wahl der Laufzahl verknüpft. Von diesem Differentialgesetz, das nach Deslandres nur näherungsweise gelten soll, kann man leicht zu einem Integralgesetz übergehen. Wenn (1) für beliebige Werte von m erfüllt sein soll, so muß offenbar

$$\nu_m = a + 2m\left(b - \frac{C}{2}\right) + Cm^2$$

oder

$$\nu_m = A + 2mB + m^2C \quad\cdots\cdots\cdots\cdots\cdots (1\,\text{a})$$

sein. Die hier neu auftretende Konstante A ist für einen Wert von m der beobachteten Wellenzahl zu entnehmen. Für (1a) ist bemerkenswert, daß es seine Form nicht ändert, wenn die Numerierung abgeändert, z. B. $m' = m + \delta$ eingeführt wird. Mit dieser neuen Laufzahl m' geht (1a) über in

$$\nu_{m'} = A' + 2m'B' + m'^2C,$$

---

[1]) Zusammenfassende Darstellung in Journ. d. phys. (2) **10**, 276, 1891. Einzelarbeiten. Compt. rend. **100**, 854, 1885; **103**, 375, 1886; **104**, 972, 1887; **106**, 842, 1888.

[2]) Heute ist es für uns selbstverständlich, daß wir das Gesetz auf Schwingungszahlen, nicht auf Wellenlängen beziehen. Als Deslandres das Gesetz aufstellte, war dies durchaus nicht der Fall.

wo nur C seinen Wert beibehalten hat. Insbesondere kann man auch m' so wählen, daß B' verschwindet; setzt man nämlich

$$m' = m + B/C,$$

so erhält man

$$v_{m'} = A' + m'^2 C \quad \ldots \ldots \ldots \ldots \ldots (1\,\mathrm{b})$$

Bei dieser Festlegung ist erreicht, daß $m' = 0$ die Kante liefert, die durch $v_0 = A'$ gegeben wird. Ist C positiv, so ist die Bande nach Violett, ist C negativ, nach Rot abschattiert. Da die Abänderung der Laufzahl den Wert von C nicht beeinflußt, muß dieses Kennzeichen allgemeine Geltung haben.

§ 3. Die Bandkante. Die Gl. (1 a) und (1 b) lassen noch einen wesentlichen Unterschied zwischen der Kante und der Seriengrenze der Linien-

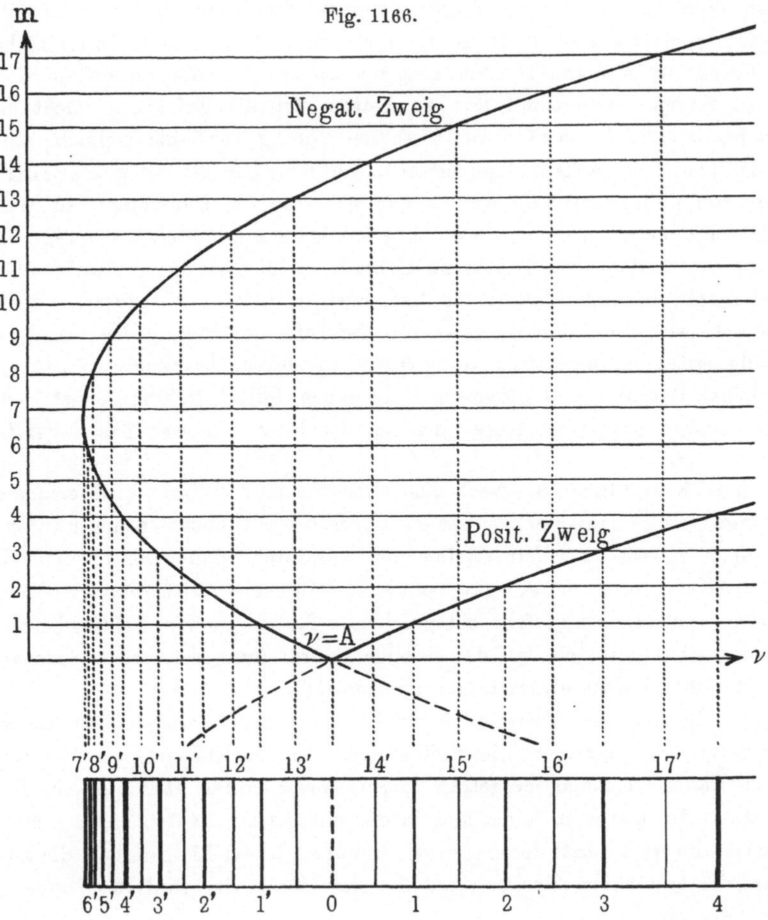

spektren erkennen. Bei diesen war die Grenze ein Häufungspunkt in strengem mathematischem Sinne des Wortes, an dem sich unendlich viele Linien unendlich dicht zusammendrängten. Die Bandkante dagegen ist lediglich eine Anhäufung einer endlichen Anzahl von Linien, die in (1 b) durch kleine

Zahlenwerte von m' dargestellt werden. Am klarsten wird dieser Sachverhalt, wenn wir Gl. (1a) graphisch darstellen. Wir wollen in Fig. 1166 die Wellenzahlen ν_m auf der Abszissenachse, die Laufzahlen m als Ordinaten auftragen. Betrachten wir vorübergehend m als stetig veränderlich, so stellt (1a) eine Parabel dar. Die Wellenzahlen ν_m ergeben sich durch Projektion aller Parabelpunkte mit ganzzahligen Ordinatenwerten auf die ν-Achse. Der Übergang von (1a) zu (1b) bedeutet nun lediglich eine Verschiebung des Nullpunktes von m, so daß $m' = 0$ Parabelachse wird. Die Kante stellt sich als der Scheitel der Parabel heraus, und die Anhäufung der Linien ist lediglich durch den steilen Anstieg der Kurve am Scheitel bedingt.

Die Fig. 1166 legt noch eine weitere Frage nahe. Wir haben in der Figur die Parabel über den Scheitel hinaus gezeichnet und sehen, daß wir auf diese Weise zu zwei Linienfolgen kommen, die beide an der Kante ihren Ursprung haben und dort stetig ineinander übergehen. Tatsächlich ist eine große Anzahl von Banden ausgemessen worden, die gerade dieses Verhalten zeigen. Man kann dies so deuten, daß die Erfahrung nicht dafür spricht, daß die Form (1b) vor (1a) den Vorzug verdient; vielmehr scheint es, daß (1a) sich zweckmäßiger erweist, weil man hiermit mit ganzzahligen (positiven und negativen) Werten von m, ohne die Konstanten zu ändern, gleichzeitig zwei von einer Kante ausgehende Serien darstellen kann [1]). Unter diesen Umständen wird es sehr zweifelhaft, ob überhaupt die Kante eine besondere physikalische Bedeutung hat, oder ob diese nur sozusagen zufällig existiert, weil die Funktion (1a), die die Linienanordnung beschreibt, notwendig einen, mathematisch völlig bedeutungslosen, Extremalwert hat. Das Verdienst, darauf zuerst hingewiesen zu haben, fällt J. N. Thiele zu [2]), jedoch wurde erst durch Heurlinger die Entscheidung in dieser Frage gefällt [3]).

§ 4. Kantengesetz. Nach dem Gesagten muß es bedenklich erscheinen, die gegenseitige Lage der Teilbanden durch die Wellenzahlen der Kanten beschreiben zu wollen. Wir dürfen aber vermuten, daß auch für den Fall, daß die Kante nicht der Ausgangspunkt der Linienserie ist, die verschiedenen Kanten wenigstens ungefähr entsprechende Stellen in den Teilbanden eines Systems einnehmen, so daß das richtige Anordnungsgesetz wenigstens angenähert sich als Kantengesetz aussprechen läßt.

In Fig. 1167 sehen wir in der mit I bezeichneten Spalte eine schematische Zeichnung der negativen Stickstoffbanden. In den Reihen 0 bis 4 sind dieselben Kanten nochmals eingetragen; jede Reihe enthält aber nur eine Kante aus jeder Gruppe; z. B. findet sich in der mit 0 bezeichneten „Längsreihe" jedesmal die erste Kante der ersten vier Gruppen, in der Längsreihe 1 die zweite Kante der ersten vier Gruppen und die erste Kante der fünften Gruppe usw.

---

[1]) In der Figur ist die Parabel an $m = 0$ gespiegelt und das Spiegelbild als positiver Zweig bezeichnet. Man überzeugt sich leicht, daß die daraus abgeleiteten Frequenzen genau mit denen übereinstimmen, die man bei negativen Werten von m aus der ursprünglichen Parabel erhält.

[2]) J. N. Thiele, Astrophys. Journ. **6**, 65, 1897.

[3]) T. Heurlinger, Diss. Lund, 1918.

Diese Längsreihen sind nun dadurch ausgezeichnet, daß die Wellenzahlen der Kanten sich mit guter Annäherung darstellen lassen durch

$$\nu_k = A - Dn + En^2,$$

wo A, D, E Konstanten sind und n aufeinanderfolgende ganze Zahlwerte annimmt.

Die Art, wie die Längsserien ausgewählt wurden, scheint etwas willkürlich, doch wird dieser Eindruck verschwinden, wenn wir jetzt die Längsserien unter sich vergleichen. In der Figur sind durch schräge, von links oben nach rechts unten verlaufende Linien Querverbindungen hergestellt. Werden die Abstände der Reihen (die Höhen) gleich groß gemacht, wie dies in unserer Figur der Fall ist, so sind die Querlinien parallel und nur wenig von Geraden

Fig. 1167.

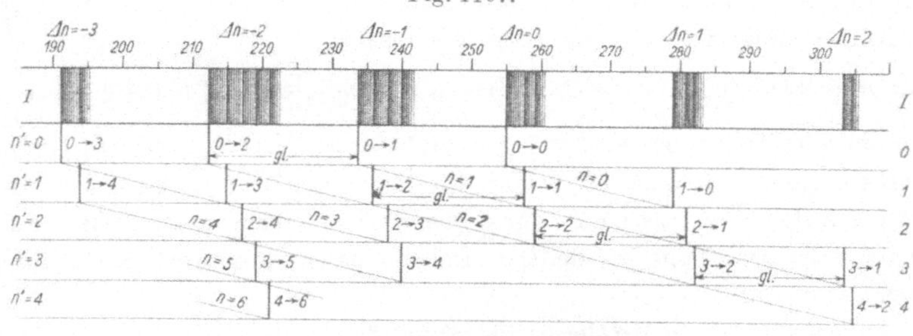

Negative Stickstoffbanden.
Die Skala gibt Wellenzahlen in Einheiten von 100 cm^{-1},
so daß z. B. 270 bedeutet: 27000 cm^{-1}.

verschieden. Dies heißt aber nichts anderes, als daß entsprechende, zwischen Querlinien liegende Kantenabstände in den Längsserien gleich sind. In der Figur ist dies für einen solchen Abstand durch ein beigedrucktes gl (gleich) angedeutet. Die verschiedenen Längsserien gehen demnach auseinander hervor, wenn man der Konstanten A verschiedene, den Konstanten D und E in allen Längsserien gleiche Werte gibt. Dabei haben Kanten, die auf ein und derselben Querlinie liegen, dieselben Werte von n. Führen wir zur Unterscheidung der Längsserien die Laufzahl n' ein, so drückt sich dieser Sachverhalt aus in der Formel:

$$\nu_k = A\,(n') - Dn + En^2 \quad \cdots \cdots \cdots \quad (2\,\mathrm{a})$$

wo nur A mit n' sich ändert. Aus dem Umstand, daß die Querlinien sich nur wenig von Geraden unterscheiden, folgt, daß näherungsweise die Darstellung gelten muß:

$$A\,(n') = A_0 + n'\,F - n'^2\,G + \cdots,$$

in der das quadratische Glied klein gegen das lineare ist. Fassen wir die beiden letzten Gleichungen zusammen, so erhalten wir das Deslandressche Kantengesetz (drittes Deslandressches Gesetz)

$$\nu_k = A_0 - nD + n^2E + n'F - n'^2G + \cdots \quad \cdots \cdots \quad (2)$$

das von Deslandres in der Form (2a) bereits im Jahre 1887 gefunden und im Jahre 1919 in der endgültigen Form (2) aufgestellt wurde.

Die im Deslandresschen Kantengesetz festgelegte Anordnung wird außer durch die mathematische Gesetzmäßigkeit auch noch durch das physikalische Verhalten der Banden befürwortet. Bei einer genauen Untersuchung zeigt sich häufig, daß in der Linienanordnung der Banden Unregelmäßigkeiten auftreten, z. B. daß ein Dublett an einer Stelle innerhalb der regelmäßigen Linienfolge abnorm weit oder eng ist. Solche „Störungen" wiederholen sich nun in einem Bandensystem, und zwar bemerkenswerterweise gerade so, daß sie entweder in allen Teilbanden einer Querserie oder in allen Banden einer Längsserie auftreten. Wie Deslandres selbst hervorgehoben hat, ist dies eine starke Stütze für die physikalische Zweckmäßigkeit seiner Anordnung.

§ 5. Das Molekül als Träger der Bandenspektren.

Als wichtigstes Ergebnis der Deslandresschen Untersuchungen können wir das Linien- und das Kantengesetz zusammenfassen in die Formel

$$\nu = A + 2\,m\,B\,(n, n') + m^2\,C\,(n, n') - n\,D + n^2 - E + n'\,F\,n'^2\,G + \cdots \quad (3)$$

Jede einzelne Teilbande ist durch ein bestimmtes Wertepaar n', n, jede Linie innerhalb einer Teilbande durch einen bestimmten Wert von m gegeben. Nun tritt die Aufgabe an uns heran, für diesen gesetzmäßigen Zusammenhang eine physikalische Erklärung zu finden. Dabei müssen uns zwei Gesichtspunkte leiten.

Zunächst zeigt ein Vergleich von (3) mit den Formeln der Linienspektren, etwa der Balmerschen Formel

$$\nu = R\left(\frac{1}{2^2} - \frac{1}{n^2}\right),$$

daß die Bandenspektren offenbar durch grundsätzlich andere Vorstellungen zu deuten sind. Andererseits ist bereits seit den Untersuchungen von Plücker und Hittorf (1865) bekannt, daß chemische Verbindungen niemals Linienspektren, sondern immer Bandenspektren aussenden. Wir dürfen deshalb vermuten, daß die Bandenspektren eine charakteristische Äußerung der Moleküle und an deren besondere Eigenschaften geknüpft sind.

Von den Linienspektren her wissen wir, wie wir uns das Zustandekommen einer Spektrallinie vorzustellen haben: Das atomare System ist in einem bestimmten, nach den Gesetzen der Quantentheorie festgelegten stationären Zustand. Auf irgend eine uns nicht näher bekannte Weise geht nun das System in einen anderen „gequantelten" Zustand über. Diese Zustandsänderung ist im allgemeinen mit einer Änderung des Energieinhaltes des Systems verbunden. Ist bei dem Vorgange Energie frei geworden, so kann sich diese frei gewordene Energie $\varDelta W$ als strahlende Energie äußern, und zwar in einer monochromatischen Strahlung, deren Frequenz ν (Zahl der Schwingungen in der Zeiteinheit) sich nach der Bohrschen Frequenzbedingung ergibt aus

$$\nu h = \varDelta W \quad\cdots\cdots\cdots\cdots\cdots\cdots (4)$$

($h = $ Plancksches Wirkungsquantum). Ist der Vorgang mit einer Energieaufnahme vom Betrage $\varDelta W$ verknüpft, so kann diese Energie einem etwa vorhandenen Strahlungsfelde durch Absorption monochromatischer Strahlung der Frequenz ν entnommen werden.

Es kommt also vor allem darauf an, die Energieinhalte der atomaren Systeme zu bestimmen. Solange wir es mit Atomen zu tun haben, kommen wir, wie dies in Kap. XXIX gezeigt wurde, immer wieder auf Formeln vom Typus des Balmerterms. Anders wird die Sachlage, wenn zwei oder mehr Atome zu einem Molekül vereinigt sind. Jetzt kommen zu der mehr oder minder stark abgeänderten Elektronenbewegung noch ganz neue Bewegungsmöglichkeiten hinzu. Da die Atome im Molekül nicht vollkommen starr aneinander gebunden sein werden, so können sie sich noch um kleine Beträge aus ihrer Gleichgewichtslage entfernen, sie können um die Gleichgewichtslage schwingen. Den einfachsten Fall, ein zweiatomiges Molekül, können wir uns unter dem Bilde einer Hantel vorstellen. Die beiden Atome verhalten sich, was ihre mechanischen Trägheitseigenschaften anbelangt, wie zwei sehr kleine Kugeln, in denen die Massen jedes einzelnen Atoms vereinigt sind. Diese beiden Kugeln haben in ihrer Gleichgewichtslage voneinander einen festen Abstand, können aber längs ihrer Verbindungslinie noch gegeneinander schwingen.

Außer diesem inneren Freiheitsgrad sind aber auch noch äußere Freiheitsgrade hinzugekommen. Das Atom kann als Ganzes im Raum nur Translationsbewegungen erfahren, während das Molekül alle Freiheitsgrade des starren Körpers hat, also auch Rotations- oder, genauer gesagt, Präzessionsbewegungen ausführen kann. Das beschriebene vereinfachte, zweiatomige Molekülmodell hat die mechanischen Eigenschaften eines symmetrischen Kreisels, kann demnach als allgemeine Bewegung eine reguläre Präzession und, falls das Impulsmoment keine Komponente in der Richtung der Figurenachse (Atomverbindungslinie) hat, eine einfache Rotation um eine Achse senkrecht zur Symmetrieachse ausführen.

§ **6. Die Energie eines Moleküls.** Nachdem wir eben gesehen haben, daß beim Molekül der Energieausdruck infolge der neuen Freiheitsgrade eine wesentliche Veränderung gegenüber der Atomenergie erfahren muß, können wir nun darangehen, diese Energie zu berechnen[1]).

a) **Elektronenanteil.** Über die auf die Elektronenbewegung entfallende Energie läßt sich ohne spezielle Annahmen nicht mehr sagen, als daß sie in erster Annäherung durch einen Balmerterm dargestellt wird. Der Beweis für diese Behauptung liegt darin, daß der Molekülrumpf auf ein weit entferntes Elektron in erster Näherung mit einem Coulombschen Felde wirkt, so daß die äußeren Elektronenbahnen balmerartig werden. Für eine genauere Bestimmung des Elektronenterms steht nach Hund[2]) folgender Weg zur Verfügung: Läßt man die Kerne sehr nahe zusammenrücken gegen die Dimensionen der Elektronenbahn, so haben wir in erster Näherung das Atomproblem vor

---

[1]) Vgl. etwa A. Sommerfeld, Atombau und Spektrallinien, 4. Auflage (Braunschweig 1925), Kap. 9, dort auch weitere Literaturangaben.
[2]) F. Hund, Zeitschr. f. Phys. **40**, 742, 1927.

uns mit der entsprechenden Zahl von äußeren Elektronen. Bei weiterer Trennung gelangen wir zum Problem der festen Zentren, und gehen wir endlich zum Falle sehr großen Kernabstandes über (fast getrennte Atome), so läuft das Elektron nur um ein Atom, das andere erzeugt lediglich ein Störfeld (Starkeffekt). Wir sehen, daß das Verhalten des Elektronenanteils zwar qualitativ verständlich ist — wir können auf den gerade vorliegenden Fall immer von zwei einfacheren Problemen gewissermaßen interpolieren —, eine geschlossene Formel für die Energie läßt sich jedoch nicht geben. Wir führen deshalb die Elektronenenergie zunächst als eine in bestimmter, uns nicht näher bekannter Weise von Quantenzahlen l abhängende Größe W_{el} ein und kommen später auf Einzelheiten zurück.

b) **Schwingungsanteil.** Günstiger liegen die Verhältnisse bei der Schwingung. Nach der Quantenmechanik wird die Energie eines harmonischen Oszillators von der Frequenz ν_0 gegeben durch die abgeänderte **Planck**sche Formel

$$W_{osc} = n^* h \nu_0 = (n + {}^1/_2)\, h \nu_0 \quad (n = 0,\, 1,\, 2,\, 3 \ldots) \,\cdots\, (5\,\text{a})$$

Ist der Oszillator nicht streng harmonisch, so wird der Energieausdruck hiervon abweichen. Da er für kleine Schwingungen in den **Planck**schen übergehen muß, weil jede kleine Schwingung harmonisch ist und n^* ein Maß für die Amplituden ist, so muß für den anharmonischen Oszillator sich die Energie als Potenzentwicklung nach positiven Potenzen von n^* darstellen lassen in der Form

$$W_{osc} = n^* h \nu_0 (1 - n^* x + \cdots) \cdots\cdots\cdots\cdots (5)$$

wo jetzt ν_0 die Frequenz bei unendlich kleiner Amplitude ist. Natürlich dürfen wir die Annäherung (5) nur so lange benutzen, wie wir von kleinen Amplituden sprechen können.

c) **Rotationsanteil.** Nun bleibt noch die Energie der Präzessionsbewegung übrig. Der Einfachheit wegen wollen wir zunächst den Fall reiner Rotation behandeln. Bezeichnen wir das Trägheitsmoment des Moleküls um die Rotationsachse mit J, seine Winkelgeschwindigkeit mit ω, so ist das Impulsmoment (Drehimpuls) gegeben durch

$$p = J \omega$$

und damit die Energie der Rotation durch

$$W_{rot} = \frac{J \omega^2}{2} = \frac{p^2}{2 J} \,\cdots\cdots\cdots\cdots (6\,\text{a})$$

Setzt man

$$p = m\, h/2\, \pi$$

ein, wo m offenbar zur Winkelgeschwindigkeit ω proportional ist, so liefern die drei Energieanteile zusammen den Energieinhalt der Molekel:

$$W = W_{el} + n^* h \nu_0 (1 - n^* x + \cdots) + \frac{m^2 h^2}{8\, \pi^2 J} + \cdots\cdots\cdots (7\,\text{a})$$

d) **Berücksichtigung der Wechselwirkungen.** Unser Energieausdruck bedarf noch einer Verbesserung. Wir haben bisher die einzelnen Bewegungen im Molekül jede für sich gesondert untersucht, während in Wirklichkeit alle zusammenwirken, so daß auch noch Wechselwirkungen zu berücksichtigen sind. Die Rotation wird z. B. eine Zentrifugalkraft zur Folge haben, die proportional zu ω^2, also auch zu m ist. Da nun die Atome im Molekül nicht vollständig starr gebunden sind, sondern sich längs der Atomverbindungslinie unter dem Einfluß von Kräften noch verschieben können, so wird der Atomabstand durch die Zentrifugalkraft eine Vergrößerung erfahren; dies hat für die Bewegung eine doppelte Bedeutung. Die Vergrößerung des Atomabstandes ist mit einer Vergrößerung des Trägheitsmomentes gleichbedeutend. Die Größe J in (6) ist demnach selbst mit der Winkelgeschwindigkeit ω, also mit m veränderlich; es ist

$$J = J'(1 + m^2 \beta'),$$

wo jetzt J' das Trägheitsmoment der rotationslosen Molekel bedeutet. An Stelle von (6 a) kommt so:

$$W_{rot} = \frac{m^2 h^2}{8\,\pi^2 J'(1 + m^2 \beta')} = \frac{m^2 h^2}{8\,\pi^2 J'}\,(1 - m^2\beta' + \cdots) \quad \cdot \cdot \ (6\,\text{b})$$

Eine zweite Wirkung der Veränderung des Atomabstandes durch die Rotation besteht darin, daß nun die Schwingung um eine andere Gleichgewichtslage stattfindet, in der die Frequenz wegen der anharmonischen Bindung verkleinert ist, d. h. in (5 a) ist ν_0 zu ersetzen durch $\nu_0 - \gamma m^2$.

Zu dieser Einwirkung der Rotation auf die Schwingung kommt nun noch der umgekehrte Vorgang hinzu. Infolge der Schwingung ist das Trägheitsmoment J' zeitlich veränderlich. Der Mittelwert von J' stellt sich, wie eine genauere Rechnung zeigt[1]), als verschieden heraus vom Trägheitsmoment J_0 der rotations- und schwingungslosen Molekel. Es wird

$$\frac{1}{J'} = \frac{1}{J_0}\,(1 + n^*\delta + \cdots).$$

Dieses Korrekturglied in der Energieformel hat mit dem vorhin besprochenen gemeinsam, daß es den Faktor $m^2 n^*$ enthält, so daß die beiden Korrekturen sich in dem Ausdruck

$$m^2 n^* \ \frac{h^2}{8\,\pi^2 J_0}\,\alpha$$

zusammenfassen lassen. Als Energieformel für unser Molekülmodell kommt somit

$$W = W_{el} + n^* h \nu_0 (1 - n^* x) + h B^0 (1 - n^* \alpha)\,m^2 - h\,\beta\,m^4 + \cdots$$

Die Quantenmechanik zeigt nun[2]), daß die von uns willkürlich eingeführte Zahl m alle „halbzahligen" Werte annehmen kann:

$$m = j + \tfrac{1}{2} \quad (j = 0,\ 1,\ 2,\ 3 \ldots),$$

so daß die Energieformel schließlich lautet:

$$W = W_{el} + h\,\{n^* \nu_0 (1 - n^* x) + B^0 (1 - n^*\alpha)\,(j + \tfrac{1}{2})^2 - \beta\,(j + \tfrac{1}{2})^4 + \cdots\} \ (7)$$

mit

$$n^* = n + \tfrac{1}{2}, \quad n = 0,\ 1,\ 2,\ 3 \ldots$$
$$j = 0,\ 1,\ 2,\ 3 \ldots$$

---

[1]) T. Heurlinger, Zeitschr. f. Phys. **1**, 81, 1920; A. Kratzer, ebenda **3** 289, 1920.
[2]) E. Fues, Ann. d. Phys. **80**, 267, 1926.

Soll Gl. (7) auf wirkliche Moleküle angewendet werden, so ist zu berücksichtigen, daß die zum Molekül gehörenden Elektronen einen Beitrag zum Gesamtimpulsmoment des Moleküls liefern, das wir durch j gemessen haben. Der Elektronenimpuls setzt sich zusammen aus einem Eigenimpuls s der Elektronen (Kreiselimpuls) und einem Bahnimpuls l. Da jedes einzelne Elektron den Eigenimpuls $s = \pm \frac{1}{2}$ hat — alle Impulse sind in Einheiten $h/2\pi$ gemessen —, so ist s halbzahlig bei ungerader, ganzzahlig bei gerader Elektronenzahl. Nach Hund[1]) kommt es nun nur auf die Komponenten i_l und i_s um die Kernverbindungslinie an, und es sind folgende Fälle zu unterscheiden:

$$1. \quad i_l = 0.$$

Ist auch $s = 0$, so ist

$$F = B(j + \tfrac{1}{2})^2, \quad j = 0, 1, 2, 3 \ldots$$

Ist $s > 0$, so ist

$$F = B(j^* + \tfrac{1}{2})^2, \quad j^* = 0, 1, 2,$$

j^* ist der Drehimpuls der Kernrotation; die Wechselwirkung zwischen Drehimpuls s und Kernrotation hat eine mit j^* in erster Näherung proportionale feine Aufspaltung in $2s + 1$ Komponenten zur Folge. Die $2s + 1$ Terme kommen dadurch zustande, daß die Komponente p_s des Kreiselimpulses in der Rotationsrichtung die Werte $p_s = s, s - 1, 1, 0, -1, \cdots - s$ annimmt.

$$2. \quad i_l > 0.$$

Bei $s = 0$ ist

$$F = B(j + \tfrac{1}{2})^2, \quad j = i_l, i_l + 1, i_l + 2,$$

j ist Gesamtimpuls; mit wachsendem j hat die Wechselwirkung zwischen Elektronenimpuls und Rotation eine schwache Dublettaufspaltung zur Folge. Für $s > 0$ kommt:

$$F = B(j + \tfrac{1}{2})^2, \quad j = i, i + 1, i + 2, \cdots,$$
$$i = i_l + i_s.$$

Wegen der $2s + 1$ verschiedenen Werte von i_s sind von Anfang an $2s + 1$ Terme vorhanden[2]) (sogenannte Elektronenaufspaltung). Wegen $i_l > 0$ spalten diese Terme mit wachsendem j nochmals schwach auf.

§ 7. Auswahlgesetze.

Wenn wir den in Gl. (7) aufgestellten Energieausdruck des Moleküls durch die Plancksche Konstante h dividieren, bekommen wir nach Bohr den Spektralterm; die Differenz je zweier solcher Terme gibt dann die ausgestrahlte Frequenz. Dabei ist aber zu beachten, daß nicht beliebige Terme miteinander zusammentreten, daß vielmehr die Termkombinationen gewissen Gesetzen, den sogenannten Auswahlregeln unterworfen sind. Für uns kommt dabei besonders in Betracht, daß die

---

[1]) F. Hund, Zeitschr. f. Phys. **42**, 93, 1927.

[2]) Kramers-Pauli und der Verfasser fanden nach der klassischen Mechanik für ein Molekül mit dem Impuls σ um die Kernverbindungslinie und ϱ senkrecht dazu die Termformel $B(\sqrt{j^2 - \sigma^2} - \varrho)^2 = B[-\sigma^2 + (j - \varrho)^2 + \varrho\sigma^2/j + \cdots]$. Da nach der Quantenmechanik dieser Fall noch nicht durchgerechnet ist — Hund stellt nur Näherungsbetrachtungen an —, ist es zweifelhaft, ob die obigen Formeln sich in einer geschlossenen Form schreiben lassen.

Impulsquantenzahlen der Bedingung unterliegen, sich nur um ± 1 und in manchen Fällen auch um 0 ändern zu können. Dagegen ist die Änderung der Oszillationsquantenzahl keiner Einschränkung unterworfen. Unterscheiden wir die Quantenzahlen des Anfangszustandes durch einen Strich von denen des Endzustandes, so lassen sich die Auswahlgesetze in die Form bringen:

$$n' - n = \varDelta n = 0, \pm 1, \pm 2, \pm 3, \cdots \cdots \cdots \cdots \quad (8)$$

$$j' - j = \varDelta j = +1, -1, (0) \cdots \cdots \cdots \cdots \quad (9)$$

Da $j^* = j - i$ ebenfalls ein Impulsmoment, den Drehimpuls der Kerne, darstellt, so gilt auch:

$$j^{*\prime} - j^* = \varDelta j^* = 0, \pm 1 \cdots \cdots \cdots \cdots \quad (9\,\mathrm{a})$$

Wichtig ist, daß die Einschränkungen (9) und (9a) von $\varDelta n$ und n unabhängig sind; das hat zur Folge, daß innerhalb eines Bandensystems (verschiedene n und $\varDelta n$) in allen Teilbanden dieselben Auswahlgesetze für die Rotationsquantenzahlen gelten.

§ 8. Die vom Molekül emittierte Frequenz.

Nunmehr sind wir in der Lage, das von einem Molekül zu erwartende Spektrum abzuleiten. Zur Abkürzung schreiben wir (7) in der Form

$$W = W_{el} + W_{osc} + W_{rot}$$

und

$$\frac{W}{h} = T = T_{el} + G + F,$$

wo

$$G = n^* \nu_0 (1 - n^* x + \cdots) \cdots \cdots \cdots \cdots \cdots \quad (7\,\mathrm{b})$$

$$F = B (j + {}^1\!/_2)^2 - \beta (j + {}^1\!/_2)^4 + \cdots$$

ist. Eine bestimmte Spektrallinie ergibt sich nun nach der Bohrschen Frequenzbedingung durch

$$\nu = \frac{W' - W}{h} = T' - T = T'_{el} - T_{el} + G' - G + F' - F \cdot \cdot \quad (10)$$

Die Elektronenanteile T'_{el} und T_{el} mögen für alle folgenden Überlegungen feste Werte haben; sie bestimmen dann eine feste Elektronenfrequenz

$$\nu_{el} = T'_{el} - T_{el} \cdot \cdots \cdots \cdots \cdots \cdots \cdots \quad (11)$$

Vorläufig sollen dann auch noch n' und n beliebige, aber unveränderliche Werte haben; dann stellt auch der Schwingungsanteil

$$\nu_{osc} = G'(n') - G(n) \cdots \cdots \cdots \cdots \cdots \quad (11\,\mathrm{a})$$

einen festen Betrag dar, so daß die Schwingungslinie $\nu_e + \nu_{osc}$ ebenfalls festgehalten ist. Auf diese überlagert sich nun der Rotationsanteil

$$\nu_{rot} = F(j') - F(j),$$

dessen Größe wir zunächst berechnen wollen.

a) Der Rotationsanteil. Die Teilbande. Das kleine Glied mit β im Term soll zunächst außer acht bleiben. Es kommt dann:

$$\nu_{rot} = B'(m' + {}^1\!/_2)^2 - B(m + {}^1\!/_2)^2 \cdot \cdots \cdots \cdots \quad (12)$$

Die Bezeichnung m ist gewählt, weil m nach Bedarf j oder j^* bedeuten soll. Mit

$$m' - m = \varDelta$$

ergibt sich hieraus:

$$\nu_{rot} = (B' - B) \cdot 1\,'_4 + B'(\varDelta^2 + \varDelta) + m[B'(1 + 2\varDelta) - B] + m^2(B' - B). \quad (13)$$

Bevor wir diese Beziehung weiter verwerten, wollen wir uns überlegen, welche Werte für $\varDelta$ in Frage kommen [1]. Der einfachste Fall ist der, daß sowohl j wie j' ganzzahlig ist [im Anschluß an Gl. (7b) bestimmt!]. Dann ist wegen den Auswahlregeln (9) und (9a):

$$\varDelta = (+\,1),\ (0),\ (-\,1).$$

Wir deuten dabei durch die Klammern an, daß jeder Zahlenwert auch fehlen kann. Ganz dasselbe ergibt sich, wenn j und j' beide halbzahlig sind. Dagegen liefert der Fall, daß $i_l = 0$ ist, ein anderes Ergebnis, falls wir das Spektrum eines „ungeraden" Moleküls vor uns haben, bei dem s halbzahlig ist. Wir wollen dies erläutern in dem Beispiel:

$$i_l = 0, \quad i_s = \pm\,{}^1\!/_2, \quad i_l'' = 1, \quad i_s' = \pm\,{}^1\!/_2.$$

Es ist dann

$$j^* = j - i_s = j \mp {}^1\!/_2.$$

Da in diesem Falle

$$m' = j',$$
$$m = j^*$$

zu setzen ist, so kommt

$$\varDelta = m' - m = j' - j^* = j' - j \pm {}^1\!/_2.$$

Also

$$\varDelta = \varDelta j \pm {}^1\!/_2 = \pm\,{}^3\!/_2,\ \pm\,{}^1\!/_2.$$

Daß alle Werte von $\varDelta j = \pm\,1,0$ mit der Bedingung $\varDelta j^* = \pm\,1,0$ verträglich sind, kann man leicht feststellen.

Nunmehr sind wir in der Lage, Gl. (13) weiter zu diskutieren. Der Vergleich mit (1a) zeigt, daß wir es mit einer Deslandresschen Linienserie zu tun haben; die Anordnung der Bandenlinien, wie sie im zweiten Deslandresschen Gesetz zum Ausdruck kommt, ist damit aus der Rotation der Moleküle erklärt.

Unsere Formel läßt aber noch weitere Aussagen zu. Je nach den Werten von $\varDelta$ in (13) haben wir nun in dieser Gleichung mehrere Zweige einer Teilbande vor uns, die man als positiven R- $(\varDelta j = 1)$, negativen P- $(\varDelta j = 1)$ und Nullzweig (Q-Zweig) $(\varDelta j = 0)$ bezeichnet. Da das Verhalten der Zweige am meisten durch $\varDelta$ beeinflußt wird, spricht man häufig auch von R-artigen, Q-artigen und P-artigen Zweigen, je nach dem Vorzeichen von $\varDelta$. Wichtig ist, daß in allen Zweigen der Koeffizient des quadratischen Gliedes den gleichen Wert hat. Nach unseren früheren Überlegungen ist aber dieser allein ausschlaggebend, da nur dieser Koeffizient von der Numerierung nicht abhängt. Durch Abänderung der Numerierung können also die drei Zweige durch eine Formel (1b) dargestellt werden, in der nur das konstante Glied

---

[1] Man überzeugt sich leicht, daß das kleine Glied $^1\!/_4(B' - B)$ in (13) wegfällt, wenn man den Term $Bj(j+1)$ schreibt.

verschiedene Werte hat. Dieser Sachverhalt ist der Inhalt des ersten Deslandresschen Gesetzes: Jede Teilbande besteht aus mehreren gleichen Zweigen, so daß man die Schwingungszahlen in einem Zweige erhält, indem man zu den Schwingungszahlen eines anderen Zweiges eine Konstante addiert.

Zu diesem Gesetz hat Deslandres noch eine Zusatzregel aufgestellt: Alle Teilbanden, die zu einem System gehören, sind unter sich ähnlich. Auch dieser Satz ist in Gl. (13) mit enthalten. Wir haben früher betont, daß die spezielle Auswahl der $\varDelta j$- und $\varDelta j^*$-Werte aus den drei möglichen Werten $\pm 1,0$ unabhängig von der Oszillation ist. Da aber die Oszillation nach (12) die Teilbande festlegt, so verlangt unsere Auswahlregel, daß jede Teilbande die gleiche Anzahl und gleichartige Zweige, z. B. einen positiven und einen negativen Zweig enthält. Aber auch quantitativ sind die verschiedenen Teilbanden ähnlich, da nach (7a) die Konstanten B sich nur wenig, aber gesetzmäßig mit der Oszillationsquantenzahl n, also von Teilbande zu Teilbande ändern.

Endlich läßt sich jetzt die Frage nach der Bedeutung der Kante entscheiden. In (13) hat m nicht wie in der Deslandresschen Formel lediglich die Bedeutung einer Laufzahl mit willkürlichem Anfangspunkt, sondern es ist eine Quantenzahl, die ein unmittelbares Maß für die Rotationsgeschwindigkeit der Molekel im Endzustande ist, also eine physikalisch bestimmte Größe mißt. Aus diesem Grunde gibt es nur eine richtige Numerierung, die allerdings aus den Wellenzahlen eines Zweiges allein nie feststellbar ist. Das eine läßt sich jedoch sofort sagen: Es ist mindestens für zwei Werte von $\varDelta$ das in m lineare Glied der Gl. (13) sicher von Null verschieden, und in diesem Falle geht die physikalisch richtige Numerierung nicht von der Kante aus. Die Kante hat also tatsächlich keine physikalische Bedeutung.

Mit $\varDelta = \pm 1$ und $m^* = m + \tfrac{1}{2}$ läßt sich (13) leicht in die Form umrechnen:

$$\nu_{rot} = B' + 2\,m^* B' + m^{*\,2}\,(B' - B) \quad \cdots \cdots \cdots \quad (14)$$

$$m^* = \cdots - \tfrac{7}{2}, -\tfrac{5}{2}, -\tfrac{3}{2}, +\tfrac{1}{2}, +\tfrac{3}{2}, +\tfrac{5}{2}, +\tfrac{7}{2}, + \cdots,$$

d. h. der positive und negative Zweig setzen sich gegenseitig fort, es fehlt jedoch eine Linie, die mit dem Bandenursprung praktisch zusammenfällt.

Bei der Ableitung von (13) haben wir das Glied vierter Ordnung bisher vernachlässigt. Wird dieses Glied mit berücksichtigt, so bekommt dadurch Gl. (13) noch Korrekturglieder von der dritten und vierten Ordnung in m, d. h. für große Werte von m müssen sich merkliche Abweichungen von der Deslandresschen Gl. (1a) zeigen; diese ist als eine Potenzentwicklung aufzufassen. Daß das zweite Deslandressche Gesetz nur als Näherungsformel aufgefaßt werden soll, hat Deslandres selbst betont und ist insbesondere von H. Kayser und seinen Schülern in zahlreichen Fällen nachgewiesen worden.

b) Die Schwingungsfrequenz, Kantengesetz. Bisher haben wir uns mit dem Aufbau der einzelnen Teilbanden beschäftigt, es bleibt noch die Anordnung der Teilbanden im Spektrum zu besprechen. Die Teilbande war festgelegt durch das Zahlenpaar n', n, das die Schwingungslinie bestimmte, auf die sich der Rotationsanteil überlagerte. Nach (11a) und (7b) ist diese gegeben durch

$$\nu = \nu_e + n^{*\prime} \nu_0' (1 - n^{*\prime} x') - n^* \nu_0 (1 - n^* x) + \cdots \quad \cdots \quad (15)$$

Ein Vergleich von (15) mit (2) zeigt die volle Übereinstimmung der beiden Gleichungen. Die Halbzahligkeit der Quantenzahlen in (15) ist dabei ganz belanglos, da in (2) durch einfache Umrechnung an Stelle der ganzen Laufzahlen halbzahlige eingeführt werden können. Auf die Frage, ob es möglich ist, aus den Beobachtungen auf Halbzahligkeit zu schließen, können wir erst später eingehen. Bei dem Vergleich der beiden Formeln ist jedoch zu beachten, daß (2) für die Kanten, (15) für die Schwingungslinie gilt, also für eine Frequenz, zu der der Rotationsanteil keinen Beitrag geliefert hat. Wir haben uns bereits davon überzeugt, daß der Kante keine besondere Stellung in der Bande zukommt. Wenn das Deslandressche Kantengesetz trotzdem mit (15) übereinstimmt, so liegt dies daran, daß die Kanten Linien in der Teilbande sind, die sich zwar nicht vollständig entsprechen, aber doch zu Werten der Laufzahl m gehören, die selbst mit den die Teilbanden festlegenden Quantenzahlen n und n' sich gesetzmäßig ändern. Dazu kommt, daß es gerade im Wesen der Kante als eines Extremalwertes liegt, daß in ihrer Nähe die Wellenzahlen der Linien gegen eine Änderung der Laufzahl m nicht sehr empfindlich sind.

In (15) ist ν_0' die Frequenz der Atomschwingung bei kleiner Amplitude im Anfangszustand, ν_0 die entsprechende Größe im Endzustand; beide Frequenzen sind deshalb von gleicher Größenordnung und nur wenig voneinander unterschieden. Aus diesem Grunde ist es zweckmäßig, Gl. (15) etwas anders zu ordnen:

$$\nu = \nu_e + (n^{*\prime} - n^*) \nu_0' - n^* (\nu_0 - \nu_0') + n^{*2} x \nu_0 - n^{*\prime 2} x' \nu_0' + \cdots \quad (16)$$

In (16) kommt der Aufbau des Bandensystems am besten zum Ausdruck. Die Elektronenfrequenz ν_e legt für das ganze Spektrum den Wellenlängenbereich fest. Nach ν_e ist das größte Glied das zweite. Eine Änderung von $(n' - n)$ gibt wegen des gegen die anderen Koeffizienten großen Wertes von ν_0' eine beträchtliche Veränderung der Wellenlänge, es wird durch den Quantensprung $n' - n$ die Gruppe im Bandensystem festgelegt. Demgegenüber haben die je nach den Absolutwerten von n und n' verschiedenen weiteren Glieder in (16) nur geringe Änderungen der Wellenlänge zur Folge; der Absolutwert der Oszillationsquantenzahl bestimmt die Teilbande innerhalb der Gruppe.

Der geschilderte Zusammenhang kommt am einfachsten in Fig. 1167 zum Ausdruck, wo jede Teilbande durch ihre Kante dargestellt ist. Dort hatten wir Längsserien und Querserien unterschieden, die durch festgehaltene Werte von n' bzw. n sich auszeichneten. In der theoretischen Deutung sind nun die Längsserien solche mit gleichem Anfangszustand der Oszillation, die Querserien solche mit gleichem Endzustand der Oszillation. Gewissermaßen als Schnittpunkt zwischen beiden ergibt sich die Gruppe. Zum Beispiel enthält die Gruppe bei 255 alle Teilbanden mit dem Oszillationssprunge $\Delta n = 0$

$(0 \to 0,\ 1 \to 1,\ \ldots\ 4 \to 4)$, die Gruppe bei 233 die mit dem Oszillationssprunge -1 $(0 \to 1,\ \ldots\ 4 \to 5)$ usw.

Das äußere Bild des Spektrums, wie es durch die voneinander getrennt liegenden Gruppen zustande kommt, ist wesentlich bedingt durch die Zahlenwerte der Koeffizienten und Quantenzahlen in (15). Für die violetten Cyanbanden lautet z. B. die Gl. (15) für die Schwingungslinie:

$$\nu = 25\,799{,}77 + n'.2143{,}88 - n'^{2}.20{,}25 + \cdots$$
$$- n.2055{,}64 + n^{2}.13{,}75 + \cdots,$$

oder in der Form von (16) geschrieben:

$$\nu = 25\,799{,}77 + (n' - n)\,2143{,}88 + n.88{,}24 - n'^{2}.20{,}25 + n^{2}.13{,}75.$$

Da bei der üblichen Art der Erzeugung des Spektrums $n \leqq 6$, $n' \leqq 4$ ist, so bleibt das zweite Glied der Formel ausschlaggebend, die Gruppen sind weit voneinander getrennt, das Spektrum ist ein Kantenspektrum. Anders werden die Verhältnisse, wenn die Koeffizienten ν_0 wesentlich kleiner sind und gleichzeitig die Quantenzahlen n und n' größere Werte annehmen[1]), wie dies z. B. bei Jod der Fall ist. Hier ist nach den Feststellungen von Mecke:

$$\nu = 15\,598{,}29 + n'.127{,}5 - n'^{2}.0{,}85 - n.213{,}67 + n^{2}.0{,}592 + \cdots,$$

wobei n und n' Werte bis zu 30 annehmen. Jetzt sind die letzten Glieder der Formel, die vorher die Bedeutung von Korrekturgliedern hatten, von der gleichen Größenordnung wie die ersten, die Gruppen greifen weit ineinander über, und die äußere Regelmäßigkeit des Spektrums wird verwischt, das Spektrum wird ein sogenanntes Pseudokantenspektrum. Wir sehen nun, daß Kantenspektren und Pseudokantenspektren innerlich nicht verschieden sind; ob ein Molekül ein Spektrum der einen oder anderen Art aussendet, hängt lediglich von der Frequenz ab, mit der die Schwingung der Atome im Molekülverband um ihre Gleichgewichtslage erfolgt.

Daneben sind noch die Zahlenwerte, die die Quantenzahlen n' und n annehmen, von Bedeutung und durch die Versuchsbedingungen beeinflußbar. Ganz allgemein gilt, daß mit Temperaturerhöhung der Energieinhalt der Moleküle und damit nach (7) sowohl m wie n zunehmen müssen. Das hat zur Folge, daß bei der Emission von Bandenspektren, die immer bei hohen Temperaturen erfolgt, auch größere Werte von m und n auftreten als bei der Absorption des gleichen Gases. Das Emissionsspektrum wird daher im allgemeinen reicher an Teilbanden sein als das Absorptionsspektrum. Ist insbesondere die Atomschwingungsfrequenz groß (wie etwa bei den Cyanbanden, O_2, N_2, HCl), so wird bei gewöhnlichen Temperaturen die vorhandene Energie überhaupt nicht genügen, um eine merkliche Zahl von Molekülen in Schwingungen zu versetzen (spezifische Molwärme $\frac{5}{2}R \sim 5$ Cal, vgl. Bd. III 2, S. 186 und 358 u. f.). In diesem Falle hat die Quantenzahl n nur den Wert 0. Die Folge davon ist, daß nach (16a) jede Gruppe nur aus einer Teilbande besteht. Durch Temperaturerhöhung gelingt es dann, neue Teilbanden hervorzurufen.

---

[1]) Das Auftreten von größeren Werten der Quantenzahlen ist in einem inneren Zusammenhang mit dem kleinen Werte von ν_0 und folgt aus dem Maxwell-Boltzmannschen Prinzip, vgl. Bd. III 2, S. 376.

So besteht z. B. das ultrarote Absorptionsspektrum von HCl aus vier Gruppen, deren jede bei Zimmertemperatur eine Teilbande enthält, die den Übergängen der Oszillationsquantenzahl von $0 \to 0$, $0 \to 1$, $0 \to 2$, $0 \to 3$ zuzuordnen sind. Durch Temperaturerhöhung gelingt es, noch eine weitere Teilbande, die zum Übergange $1 \to 2$ gehört, hervortreten zu lassen[1]). Umgekehrt kann bei der Emission durch tiefe Temperatur die Zahl der Teilbanden vermindert werden.

§ 9. Kombinationsbeziehungen. Isolierung der Terme. Nachdem wir gesehen haben, daß die Termformel (7) zusammen mit den Auswahlgesetzen die empirischen Gesetzmäßigkeiten der Banden richtig wiedergibt, bleibt als nächste Aufgabe die Festlegung der Numerierung. Wir wissen, daß in (1a) der Koeffizient des Lineargliedes nur dann die physikalische Bedeutung hat, die das entsprechende Glied in (13) zum Ausdruck bringt, wenn m richtig gewählt ist. Die einzige Möglichkeit, den Wert von m und $\varDelta$ aus dem Spektrum zu bestimmen und damit die physikalischen Daten des Moleküls abzulesen, besteht in der Isolierung der Terme, die mit Hilfe von Kombinationsbeziehungen gelingt. Dies ist gleichzeitig auch der sicherste Weg, die Termformel (7) zu verifizieren.

Die Bestimmung des Rotationsanteils der Terme ist dann durch Kombinationen innerhalb einer Teilbande möglich, wenn diese aus drei zusammengehörenden Zweigen (positiver, negativer und Nullzweig) besteht. Eine Linie des negativen Zweiges einer Teilbande (n', n) sei gegeben durch

$$P(n', n, m) = T'(n', j'-1) - T(n, j),$$

des Nullzweiges durch

$$Q(n', n, m) = T'(n', j') - T(n, j),$$

des positiven Zweiges durch

$$R(n', n, m) = T'(n', j'+1) - T(n, j).$$

Dann gilt offenbar:

$$R(n', n, m) - Q(n', n, m) = Q(n', n, m+1) - P(n', n, m+1)$$
$$= T'(n', j'+1) - T'(n', j) \quad \cdots \cdots \cdots (17\,\mathrm{a})$$

und

$$R(n', n, m) - Q(n', n, m+1) = Q(n', n, m) - P(n', n, m+1)$$
$$= T(n, j+1) - T(n, j) \quad \cdots \cdots \cdots (17\,\mathrm{b})$$

Sind die Beziehungen (17a), (17b) nicht benutzbar, so kann die Bestimmung des Rotationsanteils mit Verwendung von zwei Teilbanden aus einer der folgenden Gleichungen ausgeführt werden:

$$\left.\begin{array}{l} R(n', n_1, m) - Q(n', n_1, m) = R(n', n_2, m) - Q(n', n_2, m) = T'(n', j'+1) - T'(n', j') \\ Q(n', n_1, m) - P(n', n_1, m) = Q(n', n_2, m) - P(n', n_2, m) = T'(n', j') - T'(n', j'-1) \\ R(n', n_1, m) - P(n', n_1, m) = R(n', n_2, m) - P(n', n_2, m) = T'(n', j'+1) - T'(n', j'-1) \end{array}\right\} (18\,\mathrm{a})$$

und

$$\left.\begin{array}{l} R(n'_1, n, m) - Q(n'_1, n, m+1) = R(n'_2, n, m) - Q(n'_2, n, m+1) = T(n, j+1) - T(n, j) \\ Q(n'_1, n, m-1) - P(n'_1, n, m) = Q(n'_2, n, m-1) - P(n'_2, n, m) = T(n, j) - T(n, j-1) \\ R(n'_1, n, m-1) - P(n'_1, n, m+1) = R(n'_2, n, m-1) - P(n'_2, n, m+1) = T(n, j+1) - T(n, j-1) \end{array}\right\} (18\,\mathrm{b})$$

die man leicht aus der Definition von P, Q, R ableiten kann.

---

[1]) Colby, Meyer und Bronk, Astrophys. Journ. **57**, 7, 1923.

Alle diese Beziehungen liefern nach (7) entweder

$$T(n,\,j+1) - T(n,j) = 2\,B\,(m+1) + \cdots\cdots\cdots \quad (19\,\mathrm{a})$$

oder

$$T(n,\,j+1) - T(n,j-1) = 4\,B\,(m+\tfrac{1}{2}) + \cdots\cdots\cdots \quad (19\,\mathrm{b})$$

gestatten also, B und m ohne jede Unsicherheit zu bestimmen, sobald die Beziehung für zwei verschiedene Werte von m aufgestellt ist.

Das Ergebnis aller solcher Untersuchungen ist eine volle Bestätigung der Termformel (7).

Wir wollen uns an dem Beispiel der Kupferhydridbanden den Gang der Betrachtungen nochmals klarmachen und uns von der Richtigkeit überzeugen. Das System dieser Banden besteht aus zahlreichen Teilbanden, die in zwei Zweige, einen positiven und negativen Zweig, wie sich gleich herausstellen wird, zerfallen. Wir geben zunächst von einigen Teilbanden die Wellenzahlen der ersten Linien in cm^{-1} in der folgenden Tabelle 1 an. Bilden wir

Tabelle 1.

m	4006		4328		4280		4650	
	$R\,(m)$	$P\,(m)$	$R\,(m)$	$P\,(m)$	$R\,(m)$	$P\,(m)$	$R\,(m)$	$P\,(m)$
0	24 934,99	—	—	—	23 324,68	—	21 458,39	—
1	45,55	24 906,95	23 079,55	—	35,95	23 295,47	70,26	21 429,97
2	53.13	888,32	88,20	23 023,65	45,06	77,79	80,55	12,98
3	57,96	67,35	94,91	04,04	52,18	57,86	88,95	394,66
4	60,20	43,77	98,73	22 982,48	57,04	35,95	96,01	74,61
5	60,20	17,56	100,64	58,84	59,70	11,94	501,31	53,23
6	56,18	788,05	100,64	33,06	€0,26	185,85	04,57	29,75
7	50,23	57,45	098,04	05,48	58,45	57,71	06,52	05,35
8	41,61	23,51	93,43	875,37	54,64	27,54	06,52	279,19
9	30,16	687,16	36,51	43,51	48,57	095,39	04,86	51,72
10	15,94	48,20	77,42	09,56	40,26	61,27	01,77	22,63

nun nach der letzten Gl. von (18a) die Differenzen $R\,(m) - P\,(m)$ in den Teilbanden, so kommt die Tabelle 2. Wir sehen, daß diese Differenzen in 4006 und 4328 einerseits, 4280 und 4650 andererseits übereinstimmen. Wir müssen daraus den Schluß ziehen, daß 4006 und 4328 einerseits, 4280 und

Tabelle 2. $R\,(m) - P\,(m) = \varDelta\,(m)$.

m	4006	4328	Mittel	$\varDelta/m+\tfrac{1}{2}$	4280	4650	Mittel	Berechnet
1	38,60	—	38,6	25,73	40,48	40,29	40,4	40,45
2	64,81	64,55	64,7	25,87	67,27	67,57	67,4	67,38
3	90,61	90,87	$90{,}7_5$	25,92	94,32	94,29	$94{,}2_5$	94,26
4	116,43	116,25	$116{,}3_5$	25,88	121,09	121,40	$121{,}2_5$	121,06
5	142,64	141,80	142,2	25,88	147,76	148,08	$147{,}9_5$	147,76
6	168,13	167,58	$167{,}8_5$	25,82	174,41	174,82	174,6	174,35
7	192,78	192,56	$192{,}6_5$	25,70	200,74	201,17	200,9	200,77
8	218,10	218,06	218,1	25,67	227,10	227,33	$227{,}2_5$	227,06
9	243,00	243,00	243,0	25,57	253,18	253,14	253,3	253,16
10	267,74	267,86	267,8	25,50	278,99	279,14	$279{,}0_5$	279,04

4650 andererseits einen Term gemeinsam haben. Unter der noch zu prüfenden Voraussetzung, daß die Numerierung in Tabelle 1 richtig gewählt war, ist der gemeinsame Term nach (18a) der Anfangsterm. Seine genauere Bestimmung erfolgt in folgender Weise: Der Vergleich der Zahlenreihe mit Gl. (19b) zeigt, daß diese Gleichung erfüllt wird, wenn m ganzzahlig gewählt wird. Dies beweist die fünfte Spalte der Tabelle, wo $\Delta/m + \frac{1}{2} = 4B$ eingetragen ist. Daß für größere Werte von m die Zahlen der Tabelle abnehmen, weist auf den Einfluß des β-Gliedes in der Termformel hin. Um dies zu zeigen, ist in der zweiten Hälfte der Tabelle die Differenz $R(m) - P(m)$ bei 4280 und 4650 rechnerisch dargestellt durch die Formel

$$R(m) - P(m) = \Delta(m) = (m + \tfrac{1}{2})\, 4\left((B - 2\beta) - 2\beta\,(m + \tfrac{1}{2})^2\right),$$
$$\text{mit } B = 7{,}495, \qquad\qquad \beta = 0{,}000455.$$

In gleicher Weise läßt sich nach (18b) zeigen, daß die Teilbanden 4006 und 4280 einerseits, 4328 und 4650 andererseits den Endterm gemeinsam haben, der ebenfalls nach (19b) sich leicht berechnen läßt und auf ganzzahliges m führt.

Das Ergebnis ist eine Bestätigung von (7) mit $i_l = 0$, $s = 0$. Liegen mehrfache Terme vor, so sind die Gl. (17a), (17b) natürlich nur dann erfüllt, wenn alle drei Zweige zu den gleichen Termkomponenten gehören. Ist dies nicht der Fall, was z. B. für die sogenannte Wasserdampfbande 3064 zutrifft, so treten scheinbare Kombinationsdefekte auf.

Zur Bestimmung des Oszillationsterms können wir etwa so verfahren: Eine bestimmte Linie des Spektrums ist gegeben durch:

$$\nu_1 = T'(n_1', j') - T(n_1, j).$$

Weitere Linien werden dargestellt durch:

$$\nu_2 = T'(n_2', j') - T(n_1, j),$$
$$\nu_3 = T'(n_1', j') - T(n_2, j),$$
$$\nu_4 = T'(n_2', j') - T(n_2, j).$$

Die vier Linien lassen sich kombinieren zu

$$\nu_1 - \nu_2 = \nu_3 - \nu_4 = \cdots = T'(n_1', j') - T'(n_2', j') \quad \cdots \cdots (20a)$$

und

$$\nu_1 - \nu_3 = \nu_2 - \nu_4 = \cdots = T(n_2, j) - T(n_1, j) \quad \cdots \cdots (20b)$$

Es gelingt so, Anfangs- und Endterm zu trennen und gleichzeitig zu erreichen, daß nur die Schwingungsquantenzahl geändert wird. Der Vergleich von mindestens vier Teilbanden ist notwendig, damit durch die Gleichheit von mindestens zwei Differenzen gewährleistet ist, daß die herangezogenen Linien zu gleichen Quantenzahlen j' und j gehören. Umgekehrt geben gerade die Beziehungen (20a) und (20b) die Möglichkeit, die Numerierung in den einzelnen Teilbanden relativ zueinander festzulegen.

Nach (7) muß nun

$$\nu_1 - \nu_3 = \nu_2 - \nu_4 = \nu_0(n_2^* - n_1^*) + \nu_0 x\,(n_1^{*2} - n_2^{*2}) - (n_2 - n_1)\,\alpha\, B^0\,(m + \tfrac{1}{2})^2 \quad (21)$$

sein. Wendet man diese Beziehung auf mehrere Teilbanden an, so läßt sich die Gleichung und damit (7) bestätigen und außerdem ν_0 und x zahlenmäßig bestimmen.

§ 10. Feinstruktur. Elektronenterme. Hat ein Molekül mehrfache Terme, so werden im allgemeinen auch die Banden aus mehrfachen Zweigen bestehen. Ist die Multiplizität des Anfangsterms r'-fach, die des Endterms r-fach, so wären grundsätzlich $3\,r\,r'$ Zweige möglich. Verschärfte Auswahlregeln schränken jedoch diese Zahl stark ein. Der Umstand, daß diese Auswahlregeln nur von Rotations- und Elektronenquantenzahlen, nicht von den Oszillationsquantenzahlen abhängen, hat zur Folge, daß der Geltungsbereich der Zusatzregel zum ersten Deslandresschen Gesetz über die Gleichartigkeit aller Teilbanden eines Systems wesentlich erweitert wird.

Bei unserer Aufzählung der Termaufspaltungsbilder in § 6 haben wir bereits unterschieden zwischen feiner Aufspaltung, die sich erst bei großem j geltend macht (Rotationsaufspaltung), und einer anderen Aufspaltung, die wegen der Glieder mit j^{-1} bei kleinen j besonders auffällt. Die letztere war bedingt durch die verschiedenen Stellungen der Elektronenkreisel zur Molekülachse, hat also dieselbe Ursache wie die Aufspaltung der Atomterme; wir wollen sie als Elektronenaufspaltung bezeichnen, da sie unabhängig von der Molekülrotation vorhanden ist. Für die Elektronenaufspaltung ist besonders die weite Trennung der Linien für kleines j auffallend. Da Heurlinger[1] als erster in der Linienformel die Glieder mit $1/j$ zur Darstellung solcher Spektren benutzte, wollen wir Dublettzweige dieser Art auch als Heurlingersche Zweige bezeichnen.

Da die Aufspaltungsbilder mit der Elektronenkonfiguration eng zusammenhängen, so muß offenbar auch eine Beziehung zu den Elektronentermen sich herstellen lassen. Bei den Atomen hat es sich als praktisch erwiesen, die Gesamtheit der Elektronenquantenzahlen mittels der Russel-Saundersschen Bezeichnung im Termsymbol zum Ausdruck zu bringen. Mit Mulliken[2] wollen wir diese Ausdrucksweise auf Moleküle übertragen. Je nachdem $i_l = 0, 1, 2, \ldots$ ist, liegt ein S-, P-, D-, $\ldots$ Term vor. Die Multiplizität ist gegeben durch $r = 2s + 1$, es gehört also z. B. zu $i_l = 1$, $s = {}^1/_2$ ein Term ^2P. Jeder Elektronenterm spaltet nun noch in zwei Rotationsterme F_A und F_B fein auf. Die Rotationsterme unterscheiden sich durch das Vorzeichen des Zusatzgliedes, und es sei $F_A(j) > F_B(j)$. Die ^1S-Terme sind einfach und haben den Rotationsterm F_B. Die Kombinationsgesetze sind nun: Im R- und P-Zweig kombiniert

$$F'_A(j \pm 1) \rightarrow F_A(j),$$
$$F'_B(j \pm 1) \rightarrow F_B(j).$$

Die Q-Zweige kombinieren über Kreuz:

$$F'_A(j) \rightarrow F_B(j),$$
$$F'_B(j) \rightarrow F_A(j).$$

Durch diese Regeln lassen sich alle bekannten Spektren erfassen. Eine einfache Folge ist z. B., daß bei einem Übergang $^1S \rightarrow {}^1S$ ein Q-Zweig nicht auftritt. Der in § 8 besprochene Fall $i'_l = 1$, $s' = {}^1/_2 \rightarrow i_l = 0$, $s = {}^1/_2$ (Zn H)

---

[1] F. Heurlinger, Diss. Lund, 1918.
[2] R. S. Mulliken, Phys. Rev. **28**, 481, 1926; **28**, 1202, 1926.

stellt sich jetzt dar als ein Übergang von einem ^2P-Term zu einem ^2S-Term. Es kombiniert $F'_A(j \pm 1) \rightarrow F_A(j)$, $F'_B(j \pm 1) \rightarrow F_B(j)$, $F'_A(j) \rightarrow F_B(j)$, $F'_B(j) \rightarrow F_A(j)$; es sind also in jedem Elektronenterm sechs Zweige. Wegen der Aufspaltung von ^2P in $^2P_1$ und $^2P_2$ tritt das ganze Spektrum doppelt auf. Die Elektronenaufspaltung ist dabei[1]) von der gleichen Größenordnung wie bei einem Atom gleicher Elektronenzahl, so daß häufig die beiden Teilspektren weit voneinander getrennt sind; sie beträgt z. B. bei dem betrachteten Zn H-Spektrum $330,4 \mathrm{cm}^{-1}$, bei dem analogen Hg H $3683,2 \mathrm{cm}^{-1}$.

Eine eigenartige Besonderheit tritt bei symmetrischen Molekülen auf. Wie Heisenberg[2]) gezeigt hat, hat die Vertauschbarkeit der Kerne zur

Fig. 1168.

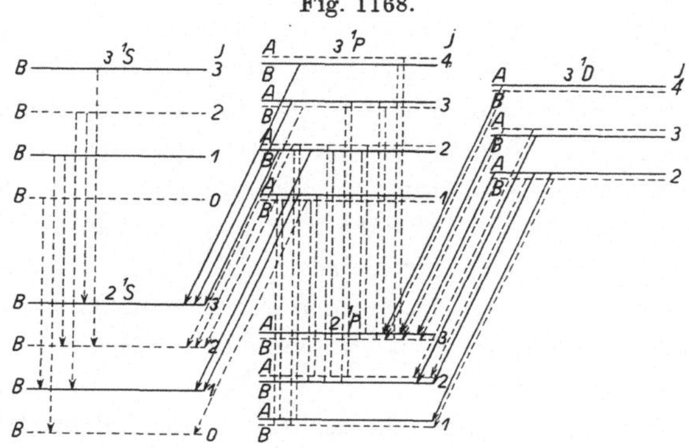

Gestrichelte Niveaus und Übergänge fallen aus. Die Figur ist nicht maßstäblich, Schwingungsniveaus sind weggelassen.

Folge, daß Resonanzerscheinungen eintreten, die das Ausfallen bestimmter Terme zur Folge haben. Bei He_2 z. B. fehlen: $S_B(2)$. $S_B(4)$, $S_B(6)$,… $P_A(2)$, $P_A(4)$,… $P_B(1)$, $P_B(3)$,… $D_A(1)$, $D_A(3)$,… $D_B(2)$, $D_B(4)$… Da im D-Term $i = 2$ ist, fehlt auch $D_B(1)$, da $j \geq 2$ sein muß. In der Fig. 1168

Fig. 1169.

Intensitätswechsel bei N_2^+.

sind die ausfallenden Niveaus durch gestrichelte Linien angedeutet. Außerdem sind durch die Pfeile die nach den Auswahlregeln möglichen Übergänge angedeutet. Man sieht, daß alle Übergänge $^1S - {}^1S$, $^1P - {}^1P$, $^1D - {}^1D$ ausfallen. Bei den Zweigen, die nicht ganz wegfallen, fehlt jede zweite Linie. Ist die Symmetrie des Moleküls schwach gestört, so fallen die in der Figur gestrichelten Terme nicht ganz aus, haben aber geringere Wahrscheinlichkeit,

---

[1]) E. Hulthén, Nature **116**, 642, 1925.
[2]) W. Heisenberg, Zeitschr. f. Phys. **38**, 411, 1926; **41**, 239, 1927. Anschaulich heißt dies etwa: Eine Rotation durch den Winkel π liefert bereits eine volle Periode. In Formel (6a) ist $p = mh/\pi = 2mh/2\pi$ zu setzen.

so daß in den Zweigen eine stärkere mit einer schwächeren Linie abwechselt. Ein Übergang $^2S \to {}^2S$ liefert dann das Linienschema der Fig. 1169, wie es etwa bei N_2^+ verwirklicht ist. Dieser Intensitätswechsel wurde zuerst von Mecke mit der Symmetrie des Moleküls in Zusammenhang gebracht.

§ 11. Systemserien. Bei der Besprechung der Feinstruktur hat sich schon gezeigt, daß sich weitgehende Übereinstimmung zwischen den Atom- und Molekültermen herstellen läßt. Wenn wir jetzt die Abhängigkeit der Elektronenterme von den Quantenzahlen näher betrachten, wird sich diese Übereinstimmung noch weiter bewähren. Schon im Jahre 1915 stellte A. Fowler fest [1]), daß die Kanten der Heliumbanden einer Rydbergformel genügen. Die spätere genauere Untersuchung hat dies bestätigt, so daß wir mit Mulliken [2]) dem Heliummolekül eine Hauptserie $(2\,S - k\,P)$, eine II. Nebenserie $(2\,P - k\,S)$ und eine I. Nebenserie zuschreiben. Ganz ähnlich wie beim Atom kennen wir zwei miteinander nicht kombinierende Termreihen, den Orthohelium- und Parheliumtermen des Atoms entsprechend. In der Hauptserie des Moleküls geht die Laufzahl k von 3 bis 10, es sind also acht Glieder der Serie und neun P-Terme bekannt; S-Terme kennen wir vier, D-Terme einen. Da mit jeder Elektronenfrequenz ein ganzes Bandensystem verknüpft ist, haben wir Systemserien vor uns. Berechnet man die Zahlenwerte der Terme aus einer Rydbergformel

$$S = R/k^{*\,2},$$

wo $k^* = k + \varkappa$ eine „effektive" Quantenzahl ist, R die Rydberg-Ritzsche Konstante, so ergeben z. B. die vier S-Terme $2\,S$, $3\,S$, $4\,S$, $5\,S$ die Quantenzahlen 1,78, 2,810, 3,818, 4,825, die Rydbergformel wird also quantitativ bestätigt. Ähnliche Überlegungen sind besonders von Birge auf die Spektren von CO, CO^+, N_2, N_2^+ u. a. angewendet worden. Ein Unterschied gegen die Atomverhältnisse besteht darin, daß das Auswahlverbot $S - S$, $P - P$, $D - D$ für Moleküle nicht gilt. Zwischen den drei Termen $1\,S$, $2\,S$, $2\,P$ sind demnach drei Kombinationen, $2\,S \to 1\,S$, $2\,P \to 1\,S$, $2\,S \to 2\,P$, möglich und z. B. bei BO oder CO^+ verwirklicht. Daß die Aufspaltung der Elektronenterme von der gleichen Größenordnung ist wie bei den Atomen, haben wir schon erwähnt; häufig ist jedoch die Intensität im P-Dublett „verkehrt", d. h. die langwelligere Komponente hat stärkere Intensität im Gegensatz zu den normalen Verhältnissen beim Atom.

§ 12. Intensitätsverteilung in den Zweigen. Einfluß der Temperatur. Die Kombinationsbeziehungen haben uns die Möglichkeit gegeben, die Numerierung der Linien in den Teilbanden ohne Willkür durchzuführen. Ein Verfahren, das wenigstens ungefähr dieses Ziel erreicht, hat Heurlinger angegeben, der die Intensitätsverteilung innerhalb einer Teilbande dafür heranzog. Wir wollen, um diese kennenzulernen, die Fig. 1170 und 1171 be-

---

[1]) A. Fowler, Proc. Roy. Soc. **91**, 208, 1915.
[2]) R. Mulliken, Proc. Nat. Acad. Sc. Amer. **12**, 158, 1926.

trachten. Fig. 1170 zeigt eine ultrarote Absorptionsbande von Chlorwasserstoff. Auf der Abszissenachse sind die Wellenlängen in μ angegeben, die Höhe der Zacken gibt unmittelbar die Stärke der Absorption an. Durchläuft man das Spektrum in der Figur von links nach rechts, so fällt auf, daß die Zacken immer höher werden, die Absorption also zunimmt, bis zwischen 3,6 und 3,5 μ (Linien 3′ und 2′) ein Maximum erreicht ist. Die nächste Zacke 1′ ist bereits wieder niedriger, und nun kommt eine Lücke in der regelmäßigen Folge der Linien, die Intensität ist Null geworden. Hinter der Lücke nimmt die Intensität wieder rasch zu, erreicht bei 3,4 μ wieder ein Maximum und

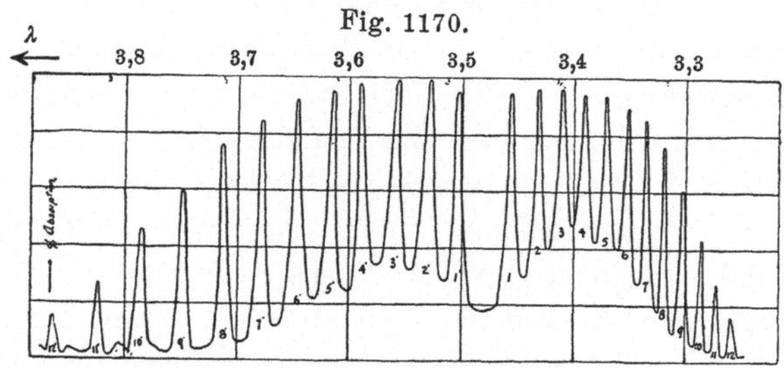

Fig. 1170.

Ultrarote Rotationsschwingungsbande von HCl (Absorption).

fällt von da wieder allmählich ab. Einen ganz analogen Intensitätsverlauf können wir bei Fig. 1171 verfolgen, wenn wir rechts bei der mit 2 bezeichneten Zacke beginnen und der Reihe nach die Linien 2, 1, 0, — 1, — 2... betrachten. Auch hier hat eine Linie, die mit 0 bezeichnete, verschwindende Intensität. Wir wollen uns nun einmal fragen, wodurch die Intensität einer Absorptionslinie bedingt ist. Nach der anschaulichen Modellvorstellung sind für die Absorption einer bestimmten Frequenz zwei Bedingungen zu erfüllen. Zunächst einmal muß das Atom oder Molekül in demjenigen Zustande sein, der für Emission der betreffenden Linie Endzustand ist, dann muß das Molekül aus diesem Zustand in einen anderen Zustand übergehen. Die Häufigkeit des Absorptionsvorganges hängt also von zwei Dingen ab, von der Zahl der Moleküle, die im verlangten Zustande sich befinden, und von der Übergangswahrscheinlichkeit. Das B o h r sche Korrespondenzprinzip zeigt, daß die Wahrscheinlichkeit für eine Änderung der Rotationsquantenzahl um + 1 oder — 1 die gleiche und unabhängig von der Rotationsgeschwindigkeit ist. Es kommt also für die relative Intensität der Absorption nur auf die Wahrscheinlichkeit des Anfangszustandes an. Nun sind aber Linien des positiven und negativen Zweiges, die zu gleichen Werten von m gehören, gerade dadurch ausgezeichnet, daß sie zu gleichen Molekülzuständen gehören. Wir haben also für diese Linien gleiche Intensität zu erwarten und eine symmetrische Intensitätsverteilung um den Nullpunkt der Zählung.

Damit stimmt überein, daß in beiden Banden auf Grund der Kombinationsbeziehungen die Numerierung so zu wählen ist, daß gleich weit von der ausfallenden Linie entfernte Linien zu gleichen Anfangs- und Endquantenzahlen gehören; Linien, die zu gleichen Rotationsgeschwindigkeiten gehören

entsprechen sich auch in ihren Intensitäten [1]). Diese Tatsache, insbesondere,
daß die Maxima der Intensität in beiden Zweigen zu gleichen Rotationsgeschwindigkeiten gehören, ist von R. T. Birge unter wechselnden Umständen
bestätigt gefunden worden; allerdings
scheinen die Absolutwerte der Intensitäten dieser Maxima in beiden Zweigen
kleine Unterschiede zu zeigen.

Auch über die genauere Verteilung
der Intensität innerhalb eines Zweiges
gibt die obige Überlegung Aufschluß.
Wir sahen, daß dafür die Häufigkeit der
Molekülzustände maßgebend ist. Innerhalb eines Zweiges unterscheiden sich
aber die Molekülzustände lediglich durch
die Quantenzahlen (m bzw. j), die proportional zu den Rotationsgeschwindigkeiten
sind. Nun wird aber die Verteilung der
Rotationsgeschwindigkeiten durch das
Maxwellsche Verteilungsgesetz geregelt.
Wenn auch die Quantentheorie dieses Gesetz abändert, so bleibt doch der Verlauf
der Verteilungskurven in seinen Haupt-
zügen erhalten. Wir erwarten bei der
Rotationsgeschwindigkeit Null die Wahrscheinlichkeit Null; von da aus nimmt
mit zunehmender Rotationsgeschwindigkeit deren Häufigkeit rasch zu, erreicht
bald ein Maximum und fällt langsam
wieder ab; die Lage des Maximums wird
mit wachsender absoluter Temperatur zu
größeren Geschwindigkeiten rücken. Da
es hierbei nach dem Maxwell-Boltzmannschen Prinzip auf den Ausdruck

$$\frac{E}{kT} = \frac{J\,\omega^2}{2\,kT}$$

ankommt, so dürfen wir erwarten, daß
der häufigste Wert ω, also die Lauf-

---

1) Bei der Benutzung des Korrespondenzprinzips besteht die Schwierigkeit, An-
fangs- und Endzustand gleichmäßig zu
berücksichtigen, und die Darstellung des
Textes bevorzugt den Anfangszustand. Das
Experiment kennzeichnet dagegen die
Apriori-Wahrscheinlichkeiten beider als
gleichberechtigt, was auch mit theoretischen
Überlegungen, auf deren Darstellung hier
verzichtet werden muß, im Einklang ist.

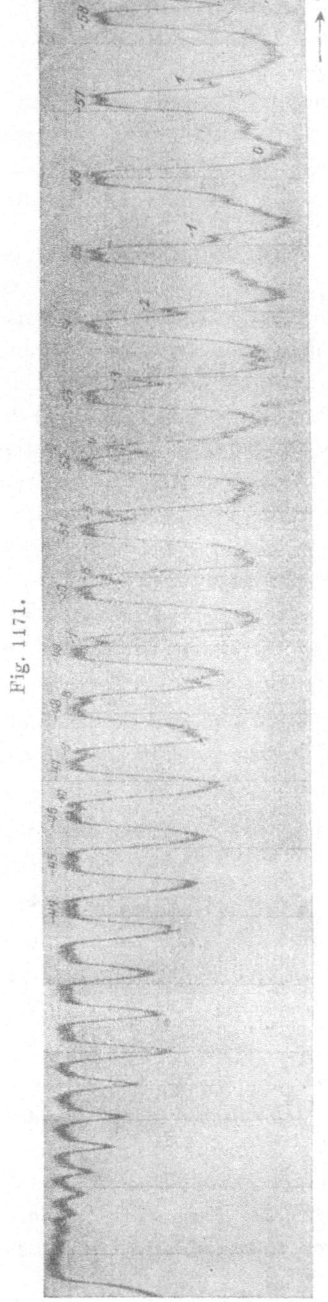

Fig. 1171.

Cyanbande 3863. Photometerkurve.

zahl m des Maximums der Intensität im Zweige mit der Quadratwurzel aus der absoluten Temperatur T sich verschiebt:

$$m_{\mathrm{max}} = k \sqrt{T}.$$

Auch diese Beziehung hat sich als richtig erwiesen [1]) und ist nun in umgekehrter Deutung geeignet, aus dem Wert von m_{max} auf die Temperatur des strahlenden oder absorbierenden Gases schließen zu lassen. So konnte Birge zeigen, daß die Cyanbanden in der Sonnenatmosphäre bei einer Temperatur von 4000^0 C absorbiert werden.

Die Verteilung der Intensität auf das Kantenspektrum ist ebenfalls schon Gegenstand zahlreicher Untersuchungen gewesen. Was sich als gesichert aussagen läßt, haben wir bereits früher in § 8b kennengelernt.

§ 13. Rotations- und Rotationsschwingungsbanden. In (15) und (16) ist noch ein besonderer Fall mit enthalten, die Rotations- und Rotationsschwingungsbanden. Diese kommen dadurch zustande, daß die Elektronenkonfiguration bei dem Strahlungsvorgange nicht geändert wird. Nach dem Bohrschen Korrespondenzprinzip sendet nämlich ein Molekül, das einen elektrischen Dipol darstellt (z. B. H Cl), auch ein Spektrum aus, an dem nur die Schwingung und die Rotation beteiligt sind. Aus diesem Grunde treten diese Banden nur bei Molekülen auf, die in irgend einer Hinsicht eine unsymmetrische Verteilung der elektrischen Ladungen aufweisen, also insbesondere bei sogenannten heteropolaren Verbindungen; Moleküle von Elementen, also etwa H_2, O_2, N_2, Cl_2 usw., haben keine solche Banden.

Die Unveränderlichkeit der Elektronenkonfiguration hat eine doppelte Folge für das Spektrum, zunächst ist nach (11)

$$\nu_{el} = 0.$$

Weiterhin sind jetzt aber auch alle Konstanten im Ausdruck der Schwingungs- und Rotationsenergie im Anfangs- und Endzustand gleich, also

$$\nu_0' = \nu_0, \quad x' = x, \quad B_0' = B_0, \quad \alpha' = \alpha, \quad i' = i, \ldots$$

Dadurch wird (16) vereinfacht zu

$$\nu_{osc} = (n^{*\prime} - n^*)\, \nu_0 \left[1 - (n^* + n^{*\prime})x\right] \quad \cdots \cdots \cdots \quad (16a)$$

die Auseinanderlagerung der Teilbanden innerhalb der Gruppen wird verkleinert. Da außerdem für die Absorptionsbanden meistens $n = 0$, $n^* = {}^1\!/_2$ ist, so wird die Anordnung der Rotationsschwingungsbanden häufig durch die Gleichung

$$\nu_{osc} = n' \nu_0 \left(1 - (n' + 1)x\right) + \cdots, \quad n' = 0, 1, 2, \ldots \cdots \quad (16b)$$

vollständig wiedergegeben, die wegen ihrer einfachen Gestalt die Abweichung der Molekülschwingung von der harmonischen besonders deutlich erkennen läßt. In (16b) kommt auch der Unterschied zwischen der Quantentheorie und der gewöhnlichen Theorie der Schwingungen besonders deutlich zum Ausdruck. Nach der Mechanik läßt sich eine anharmonische Schwingung durch eine Fourierreihe darstellen, die nach ganzzahligen Vielfachen einer

---

[1]) R. T. Birge, Astrophys. Journ. **55**, 273, 1922.

Grundfrequenz fortschreitet. Dabei wird diese Grundfrequenz im allgemeinen noch von der Größe der Amplitude abhängen. Jedes einzelne Molekül würde danach eine bestimmte Grundfrequenz liefern, die je nach der Amplitude sich mehr oder weniger weit von ν_0, der Grundfrequenz bei unendlich kleiner Amplitude, entfernt. Außerdem würden zu jeder dieser Grundfrequenzen Oberschwingungen gehören, die genaue ganzzahlige Vielfache der Grundfrequenz sind. Im Gegensatz hierzu bleibt bei der Quantentheorie die Grundfrequenz ν_0 unverändert, und die Änderung der Schwingungszahl mit der Amplitude äußert sich darin, daß die Oberschwingungen mit zunehmender Energie immer mehr von den ganzzahligen Vielfachen der Grundfrequenz abweichen. Dieser Unterschied äußert sich darin, daß die Elektrodynamik, die die Frequenz der Lichtschwingungen mit den mechanischen Schwingungen des Moleküls gleichsetzt, unscharfe Spektrallinien mit ganzzahligen Verhältnissen der Frequenzen fordert, während die Quantentheorie in Übereinstimmung mit der Erfahrung scharfe Linien mit gesetzmäßiger Abweichung von der Ganzzahligkeit der Frequenzverhältnisse verlangt. Einige Beispiele solcher Oberbanden sind in der Tabelle 3 zusammengestellt[1]), an denen man sich leicht von der Abweichung von den Verhältnissen $1 : \frac{1}{2} : \frac{1}{3}$ überzeugen kann.

Tabelle 3.

λ	1	$\frac{1}{2}$	$\frac{1}{3}$
HF	2,52	1,27	—
HCl	3,46	1,76	1,19
HBr	3,91	1,98	—
CO	4,67	2,35	1,57

Auch der Rotationsanteil erfährt bei den Rotationsschwingungsbanden durch die Gleichheit der Konstanten des Anfangs- und Endterms eine Vereinfachung. Da hier wegen $i' = i$

$$\varDelta = \pm 1{,}0$$

ist, kommt:

$$\nu = \nu_{osc} + B'\,\varDelta^2 + 2\,\varDelta\,B'\,(m + \tfrac{1}{2}) - B_0\,\alpha\,(n' - n)\,(m + \tfrac{1}{2})^2 . \quad (22)$$

Weil nun α sehr klein gegen 1 ist, so hat hier im positiven und negativen Zweige das quadratische Glied nur die Bedeutung einer kleinen Korrektur; die Linien eines solchen Zweiges sind nahezu äquidistant mit dem Abstand $2\,B'$. Ein besonders schönes Beispiel einer solchen Bande ist in Fig. 1170 dargestellt, wo auch die ganz allmähliche Abnahme der Linienabstände gut erkennbar ist.

Der Zusammenhang der einzelnen Zweige wird durch die besonderen Verhältnisse bei den Rotationsschwingungsbanden sehr einfach. Für die in der Fig. 1170 dargestellte Bande ergeben die Kombinationsgesetze, daß im positiven und negativen Zweige m ganzzahlig ist. Dabei nimmt im positiven

---

[1]) Vgl. u. a. G. Hettner, Zeitschr. f. Phys. **1**, 351, 1920; Cl. Schaefer und M. Thomas, ebenda **12**, 330, 1923.

Zweige m alle Werte, im negativen Zweige alle Werte außer der Null an. Nach dem Bohrschen Korrespondenzprinzip müssen wir aus dem Fehlen eines Nullzweiges auf reine Rotationsbewegung ohne Präzessionsbewegung schließen. Die beiden Zweige setzen sich gegenseitig fort, was am einfachsten daraus folgt, daß Gl. (21) mit $\varDelta = \pm 1$ einen speziellen Fall von Gl. (14) darstellt und mit der Abkürzung $m^* = m + \frac{1}{2}$ sich schreiben läßt:

$$\nu = \nu_{osc} + B' + 2\,B'\,m^* - B^0\,\alpha\,.\,(n' - n)\,m^{*\,2} \,.\,.\,.\,.\,. \quad (22\,\mathrm{a})$$

wo m^* alle, positive und negative, halbzahligen Werte mit Ausnahme von $-\frac{1}{2}$ durchläuft, eine Reihe, die beim Übergang von positiven zu negativen Werten keine Besonderheit aufweist. Das Ausfallen von $m^* = -\frac{1}{2}$ hat auf die Aufeinanderfolge der Frequenzen keinen Einfluß, liefert vielmehr nur das früher besprochene Intensitätsminimum.

Wenn in (16a) $n = n'$ ist, so liefert die Schwingung keinen Beitrag zur Frequenz; es ist

$$\nu = B + 2B\,(m + \tfrac{1}{2}) + \cdots = 2B\,(m + 1) + \cdots \quad (m = 0,\,1,\,2,\cdots). \quad (22\,\mathrm{b})$$

Die Punkte sollen dabei Glieder dritter Ordnung (aus dem β-Glied des Terms stammend) andeuten. Die Frequenzen sind also mit derselben Genauigkeit, mit der sonst das Deslandressche Parabelgesetz erfüllt ist, äquidistant. Man bezeichnet die hier vorliegende Bande als Rotationsbande. Nach (22b) müssen ihre Linien offenbar im fernen Ultrarot liegen. Bei HCl liefert z. B. (22a) für B den Wert $10{,}50\ \mathrm{cm}^{-1}$. Gl. (17b) sagt dann aus, daß das Rotationsspektrum von $500\,\mu$ an nach kürzeren Wellenlängen zu suchen ist. Tatsächlich hat Czerny[1]) die folgenden Absorptionsmaxima bei HCl festgestellt:

m	4	5	6	7	8	9	10
ν	(104,1)	124,30	145,03	165,57	185,77	206,24	226,50
λ	(96,0)	80,45	68,95	60,40	53,83	48,49	44,15

Die beobachteten Werte lassen sich gut durch die Gl. (22b) darstellen, wenn man dort das erwähnte Glied dritter Ordnung berücksichtigt[2]). Außer den oben besprochenen HCl-Banden sind nur noch bei Wasserdampf Rotationsbanden aufgelöst. Doch ist hier das Material nicht so vollständig, daß eine Formeldarstellung und Deutung bisher gelungen wäre.

Häufig sind Rotationsschwingungsbanden mit geringer Auflösung untersucht worden. Sie erscheinen dann als ein kontinuierliches Band, das durch ein Intensitätsminimum in der Mitte in zwei nahezu symmetrische Hälften geteilt wird, wie man es etwa aus Fig. 1170 bekommt, wenn man dort für

---

[1]) M. Czerny, Zeitschr. f. Phys. **34**, 227, 1925.

[2]) Beim Vergleich der Zahlenwerte mit denen der Rotationsschwingungsbanden von HCl (Kombinationsbeziehungen) zeigt sich eine kleine systematische Abweichung. Bei der Schwierigkeit der Messungen (vgl. das Kapitel über Ultrarotspektroskopie) st es nicht entscheidbar, wo der Fehler ist.

jede Zacke einen Mittelwert aus ihrer ganzen Breite nimmt und diese Werte durch eine kontinuierliche Kurve verbindet. Da diese Doppelbanden von N. Bjerrum [1]) auf Grund theoretischer Überlegungen, die die wesentlichsten Grundlagen der heutigen Theorie der Bandenspektren sind, vorausgesagt wurden, so werden sie meist als Bjerrumsche Doppelbanden bezeichnet.

§ 14. Bestimmung der Molekülgrößen aus den Bandenspektren.

Ist die Termdarstellung eines Bandenspektrums durchgeführt, so können aus den Konstanten des Spektrums Schlüsse auf das Molekül gezogen werden. Die Frequenz ν_0, mit der die Atome gegeneinander schwingen, gibt einen Anhalt für die Festigkeit, mit der die Atome an ihre Gleichgewichtslage gebunden sind, und die Größe x, die die Abweichung von der harmonischen Bindung zum Ausdruck bringt, läßt auch noch das Kraftgesetz in der weiteren Umgebung der Gleichgewichtslage erkennen. Da die Energie der Schwingung auch zu der spezifischen Wärme der Substanz bei hohen Temperaturen einen Beitrag liefert, so gewinnt auch die Theorie dieser Größe aus den spektroskopischen Untersuchungen Vorteile.

Insbesondere steht die Schwingungsenergie auch zu der Dissoziationsarbeit, die zur Zertrümmerung des Moleküls nötig ist, in enger Beziehung [2]). Da mit wachsender Schwingungsenergie die Entfernung der Atome aus der Gleichgewichtslage wegen des anharmonischen Charakters der Bindung rasch wächst, wird schließlich von einem bestimmten Energiebetrage an die Schwingungsamplitude über alle Grenzen wachsen, das Molekül wird in zwei Teile zerfallen. Dabei ist aber zu beachten, daß die so bestimmte Dissoziationsenergie nicht notwendig mit der chemisch bestimmbaren Dissoziationsarbeit zusammenfällt, da in diesem Falle als Ausgangspunkt das unangeregte Molekül und als Endprodukte die unangeregten Atome (oder Radikale) genommen werden, während man bei spektroskopischen Bestimmungen häufig von einem angeregten Molekül ausgeht und die Endprodukte angeregte oder ionisierte Atome sind, was noch eine Reduktion des gefundenen Energiebetrages notwendig macht. Dieser selbst kann durch Extrapolation aus den beobachteten Schwingungsenergien leicht gefunden werden.

Die Dissoziation läßt sich auch in Verbindung bringen mit der Rotationsenergie; es ist ohne weiteres verständlich, daß es grundsätzlich möglich sein muß, ein Molekül durch „Zentrifugieren" zu zerreißen.

Beim Rotationsterm ist die wichtigste Größe die Konstante B, da sich daraus nach Gl. (7) unmittelbar das Trägheitsmoment der Molekel ergibt. Z. B. folgt aus der in Fig. 1170 dargestellten Bande von HCl aus $B = 10{,}50 \text{ cm}^{-1}$ wegen Gl. (7) für dessen Trägheitsmoment die Größe

$$J_0 = 2{,}645 \cdot 10^{-40} \text{ g cm}^2.$$

Da nach den Sätzen der Mechanik das Trägheitsmoment eines zweiatomigen

---

[1]) N. Bjerrum, Nernstfestschrift (Halle 1912), S. 90.
[2]) Zusammenfassend: H. Sponer, Ergebn. d. exakt. Naturwissensch. **6**, 75, 1927, dort weitere Literaturangaben.

Moleküls mit den Atommassen m_1, m_2 im Abstand r um den Schwerpunkt sich ergibt zu

$$J = \frac{m_1 m_2}{m_1 + m_2}\, r^2 = \mu\, r^2 \ \cdots \cdots \cdots \cdots \ (23)$$

wo

$$\frac{1}{\mu} = \frac{1}{m_1} + \frac{1}{m_2},$$

so läßt sich daraus leicht der Abstand der Atome im Molekül mit großer Genauigkeit bestimmen. Für die Halogenwasserstoffe sind die Werte in der Tabelle 4 zusammengestellt.

Tabelle 4.

	H F	H Cl	H Br
$J \cdot 10^{40}$ . . .	1,35	2,645	3,303
$r \cdot 10^{8}$ . . .	0,924	1,279	1,418

Häufig ist der Träger des Spektrums nicht genau bekannt. In diesem Falle gibt das Trägheitsmoment wenigstens insoweit Anhaltspunkte, als es bestimmte Moleküle von vornherein ausschließt und andere nach seiner Größenordnung besonders wahrscheinlich macht.

§ 15. Bandenspektren von Isotopen.

Umgekehrt kann man dann, wenn das Trägheitsmoment einer Molekel genau bekannt ist, daraus wieder Schlüsse auf das Spektrum ziehen. Dieser Fall liegt vor, wenn ein Element, das in der betreffenden Verbindung enthalten ist, eine Mischung von zwei Isotopen darstellt, wie dies z. B. bei Chlor der Fall ist. Wir wissen, daß Chlor ein Gemisch aus zwei sich chemisch vollkommen gleich verhaltenden Substanzen mit dem Atomgewicht 35 und 37 ist. Im Chlorwasserstoffgas kommen deshalb Moleküle HCl_{35} und HCl_{37} vor. Sind nun für den in größerer Menge enthaltenen Bestandteil HCl_{35} die Größen ν_0 und J_0 aus dem Spektrum entnommen, so ist es ein leichtes, die entsprechenden Größen für HCl_{37} zu berechnen, da alle Bestimmungsstücke des Moleküls, die nicht von der Masse unmittelbar abhängen, in erster Annäherung unverändert bleiben. Für uns kommt hier in Frage die Stärke der quasielastischen Bindung der Atome an die Gleichgewichtslage und der Gleichgewichtsabstand. Der Einfluß der veränderten Masse auf das Trägheitsmoment läßt sich nun nach Gl. (22) leicht berechnen. Es ist offenbar

$$J_a : J_b = \mu_a : \mu_b = \left(\frac{1}{m_1} + \frac{1}{m_a}\right) : \left(\frac{1}{m_1} + \frac{1}{m_b}\right) \ \cdots \cdots \ (23\,\mathrm{a})$$

und für die Konstante B der Termformel gilt

$$B_a : B_b = \mu_b : \mu_a \cdots \cdots \cdots \cdots \cdots \ (24)$$

Die Schwingungsfrequenz der Atome für unendlich kleine Schwingungen ergibt sich nach den Gesetzen der Mechanik, wie man sich leicht überzeugt, zu:

$$2\,\pi\,\nu_0 = \sqrt{\frac{f}{\mu}}$$

(f rücktreibende Kraft bei der Elongation 1), demnach wird

$$\nu_0^a : \nu_0^b = \sqrt{\mu_b} : \sqrt{\mu_a} \cdots \cdots \cdots \cdots \ (25)$$

Es wird also sowohl der Schwingungsanteil wie der Rotationsanteil der Bandenfrequenz in leicht bestimmbarer Weise verändert. Jedes Isotop liefert ein gesondertes Bandenspektrum. Allerdings müssen die Zahlenverhältnisse so liegen, daß die beiden Spektren voneinander trennbar sind, wenn die Isotope im Spektrum auch beobachtbar sein sollen. Bei HCl ist dies in der Bande bei 1,76 μ der Fall. In Fig. 1172 sind die stärkeren Maxima dem HCl_{35}, die schwächeren, den stärkeren links angelagerten, dem HCl_{37} zuzuschreiben[1]).

Fig. 1172.

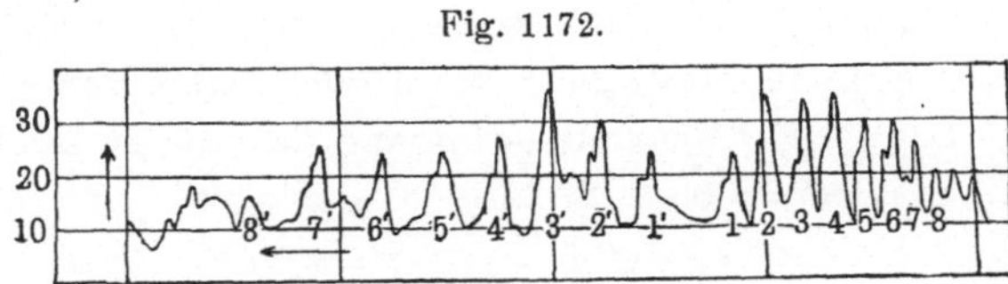

Die Größe dieser Isotopendubletts kann aber auch benutzt werden, um aus Gl. (24) und (25) auf $\mu_a : \mu_b$ zu schließen und dann weiter daraus m_1 zu bestimmen, also einen teilweise unbekannten Träger des Spektrums festzulegen. So konnte R. Mulliken z. B. wahrscheinlich machen[2]), daß das in Tabelle 1 angegebene Kupferspektrum dem CuH zuzuschreiben ist. Sogar zur Entdeckung von Isotopen konnte die Bandenspektroskopie schon führen. Im Spektrum von SiN wies R. Mulliken[3]) nach, daß außer den bekannten Isotopen Si 28 und Si 29 auch ein Si 30 zum Spektrum beigetragen hat. Aston hat dann später das neue Isotop mit dem Massenspektrographen bestätigt.

Besondere Bedeutung gewinnen die Spektren der Isotopen dadurch, daß es allein mit ihrer Hilfe möglich ist, die von der Quantenmechanik verlangte Halbzahligkeit der Oszillationsquantenzahlen nachzuprüfen. Die Quantenmechanik verlangt für den Oszillator die Termformel $(n + \frac{1}{2}) v_0$, während Planck $n v_0$ forderte. Die beiden Formeln unterscheiden sich also um eine Konstante. Da bei allen spektroskopischen Beziehungen nur Termdifferenzen eingehen, bleibt immer eine Integrationskonstante unbestimmbar, so daß grundsätzlich die Entscheidung zwischen den beiden Formeln aus einem Spektrum nicht zu treffen ist. Dagegen gelingt dies unter günstigen Umständen bei den Spektren von Isotopen. Der Oszillationsanteil der Energie sei

$$G_1 = n^* v_0 + \cdots .$$

Wird nun ein Atom des Moleküls durch ein isotopes ersetzt, so kommt

$$G_2 = n^* v_0 \, \varrho + \cdots ,$$

wo nach Gl. (25)

$$\varrho = \sqrt{\mu_1 / \mu_2}$$

ist. Die Frequenz des Teilbandenursprungs ist gegeben durch

$$v_1 = v_{el} + G_1' (n^{*\prime}) - G_1 (n^*)$$

und

$$v_2 = v_{el} + G_2' (n^{*\prime}) - G_2 (n^*).$$

---

[1]) Loomis, Nature **106**, 179, 1920; A. Kratzer, Zeitschr. f. Phys. **3**, 460, 1920.
[2]) R. Mulliken, Nature **113**, 489, 1924.
[3]) R. Mulliken, Phys. Rev. **26**, 319, 1925.

Da die Elektronenfrequenz praktisch gleich ist in beiden Fällen, so kommt

$$\nu_2 - \nu_1 = (\varrho - 1)\,(n^{*\prime}\,\nu_0' - n^*\,\nu_0 + \cdots)$$
$$= (\varrho - 1)\,[\varDelta n^*\,\nu_0' + n^*\,(\nu_0' - \nu_0) + \cdots].$$

Man sieht, daß die Differenz verschwindet, wenn entweder

$$\varDelta n^* = 0 \quad \text{und} \quad n^* = 0$$

oder

$$\varDelta n^* = 0 \quad \text{und} \quad \nu_0' - \nu_0 = 0\,[1]).$$

Da die zweite Bedingung bei Rotationsschwingungsbanden immer erfüllt ist, kommen demnach diese zur Festlegung des Absolutwertes von n^* überhaupt nicht in Frage. Dagegen ist die erste Bedingung für unseren Zweck geeignet. Man sieht, daß für $\varDelta n^* = 0$

$$\nu_2 - \nu_1 = (\varrho - 1)\,(\nu_0' - \nu_0)\,n^*$$

wird. Wenn also in keiner Teilbande $\nu_2 - \nu_1$ verschwindet, so folgt notwendig, daß n^* nicht Null werden kann, also nicht ganzzahlig ist. So kam Mulliken schon vor der Aufstellung der halbzahligen theoretischen Termformel durch Heisenberg zu halbzahligem n bei den Banden von BO[2]). Während bei einigen anderen Substanzen Mulliken ganzzahlige Werte vorzog, konnte Elis. Woldering zeigen, daß in keinem Falle die ganzzahlige Termformel empirisch vorzuziehen ist; wo eine sichere Entscheidung möglich ist ($\nu_0' - \nu_0$ groß), fällt diese zugunsten der halbzahligen Formel aus[3]). So gelingt es, durch die Verwendung der Isotopenspektren die Grundlagen der Atomtheorie zu prüfen und zu stützen.

§ 16. Periodisches System der Elemente. Betrachtet man die Bandenspektren im Zusammenhang mit dem periodischen System der Elemente, so kann man hauptsächlich in zwei verschiedenen Richtungen fragen. Man kann sich dafür interessieren, wie die aus den Bandenspektren erkennbaren Moleküleigenschaften, wie Trägheitsmoment, Atomabstand, Schwingungsfrequenz, Dissoziationsarbeit, mit der Stellung der Molekülkomponenten im periodischen System sich verändern. Da die Bandenspektren nur ein Mittel bilden, diese Daten zahlenmäßig festzulegen, wollen wir uns hier mit dieser Frage nicht weiter beschäftigen. Wir verweisen vielmehr auf Bd. III, 2. Nur in einem anderen Zusammenhange wollen wir kurz auf die Größe des Trägheitsmoments eingehen. Wir haben schon bei der Intensitätsverteilung in den Teilbanden darauf hingewiesen, daß ein kleines Trägheitsmoment einen großen Wert der Konstanten B und nach dem Maxwell-Boltzmannschen Prinzip einen kleinen Durchschnittswert von j zur Folge hat. Dies hat zur Folge, daß bei Wasserstoff, H_2, wo das Trägheitsmoment extrem niedrig ist, die Teilbanden nur aus wenigen weit entfernten Linien bestehen. Die einzelnen Teilbanden laufen durcheinander, das Spektrum besteht aus zahlreichen Linien, zwischen denen

---

[1]) In diesem Falle verschwinden die durch $\cdots$ angedeuteten kleinen Glieder nicht; diese kommen jedoch praktisch nicht in Betracht.
[2]) R. Mulliken, Nature **114**, 349, 1924; Phys. Rev. **25**, 259, 1925.
[3]) Elis. Woldering, Naturwissenschaften **15**, 265, 1927.

keine Gesetzmäßigkeiten zu bestehen scheinen, es wird zum „Viellinienspektrum", dessen Entwirrung nur mit großer Mühe allmählich gelingt[1]).

Die Bedeutung der Größe der Oszillationsfrequenz für das Aussehen der Banden haben wir schon erörtert.

Die zweite uns hier mehr interessierende Frage ist: Welchen Einfluß auf das Spektrum hat die Stellung des Moleküls im periodischen System? Die Antwort ist dieselbe, die wir im vorausgehenden Kapitel bei den Atomspektren kennenlernten: Der Feinstrukturtypus hängt davon ab. Bei den Banden kommt aber eine wesentliche Schwierigkeit gegen früher hinzu. Bei den Atomen war die Zahl der Elektronen ausschlaggebend für die möglichen Spektralterme. Dies gilt wohl in gewissen Grenzen auch noch bei den Molekülen, z. B. ist auch hier die Elektroneneigenimpulsquantenzahl halbzahlig bei ungerader Elektronenzahl, ganzzahlig bei gerader Elektronenzahl. Oder: Die Spektren von BO, CN, CO^+, N_2^+, lauter Molekülen mit 13 Elektronen, sind von demselben Typus (Mulliken). Dagegen kann man das Spektrum von MgH, das ebenfalls 13 Elektronen zählt, nicht mit den anderen vergleichen. Der Grund ist offenbar der, daß bei den erstgenannten eine gleiche Elektronenanordnung $2 . 2 + 9$ sicher ist, wobei es unentschieden bleiben soll, wie sich die Elektronen der beiden L-Schalen verteilen; im zweiten Falle haben wir zunächst $2 + 8 + 2 + 1$ Elektronen, die sich sicher anders anordnen. Das eigentliche Problem besteht offenbar darin, festzustellen, welche Elektronen, zu inneren Schalen gehörend, bei ihren Kernen bleiben und welche als äußere Elektronen die Rolle der Bindungselektronen übernehmen. So ist es z. B. ohne weiteres verständlich, daß die Banden von CuH, AgH, AuH unter sich ähnlich sind und für die Molekülkonstanten wie Trägheitsmoment usw. einen gesetzmäßigen Zusammenhang mit dem Atomgewicht oder der Ordnungszahl erkennen lassen. Da andererseits die Feinstruktur weitgehend durch den Wert von s beeinflußt wird, so folgt aus dem Wechsel von ganz- und halbzahligen s-Werten bei Änderung der Elektronenzahl schon ein Wechsel im Feinstrukturtypus der Banden (Wechselsatz von Mecke). Auf den Intensitätswechsel bei symmetrischen Molekülen haben wir schon bei der Besprechung der Feinstruktur hingewiesen.

§ 17. Beeinflussung durch äußere Felder und Druck. Der Einfluß äußerer Felder ist bei den Bandenspektren nur wenig untersucht worden· Eine Wirkung des elektrischen Feldes auf die Wellenlänge ist bisher nicht festgestellt worden. Bemerkenswert ist hier eine Untersuchung an der Rotationsschwingungsbande von HCl, die ebenfalls einen negativen Effekt zeigt, was mit dem auf Grund der früheren Quantentheorie von G. Hettner errechneten Ergebnis in Übereinstimmung ist[2]).

Das magnetische Feld äußert sich sehr verschieden an Bandenspektren, es hat Aufspaltungen, Verschiebungen von Linien, Verengerung von vor-

---

[1]) Vgl. u. a. Fulcher, Phys. Rev. **21**, 375, 1923; Kiuti, Proc. Phys.-Math. Soc. Japan **5**, 9, 1922; zahlreiche Arbeiten von O. W. Richardson und seinen Schülern, Proc. Roy. Soc. 1925, 26, 27. Im Ultraviolett liegen die Verhältnisse günstiger.

[2]) E. F. Barker, Astrophys. Journ. **58**, 201, 1923; G. Hettner, Zeitschr. f. Phys. **2**, 349, 1920.

handenen Dubletts zur Folge [1]). Auch der Polarisationssinn ist in manchen Fällen der umgekehrte wie beim normalen Zeemaneffekt der Lorentzaufspaltung. Als allgemeine Regel läßt sich angeben, daß alle Linien eines Zweiges sich qualitativ gleich verhalten, während die quantitative Beeinflussung gesetzmäßig mit der Quantenzahl j sich ändert. Die Theorie des Zeemaneffektes bei Banden wird zwischen einer Beeinflussung des Elektronenterms und einer Beeinflussung der Rotation zu unterscheiden haben.

Außer dem schon früher besprochenen Temperatureinfluß macht sich bei den Bandenspektren besonders die Änderung des Druckes und der elektrischen Verhältnisse geltend. Es ist verständlich, daß die Ausbildung von bestimmten Molekülzuständen, etwa Schwingungen besonders großer Amplitude, oder von gewissen metastabilen Elektronenkonfigurationen durch die Änderung des Druckes oder der elektrischen Anregung (Gleichstrom, Wechselstrom, verschiedene Stromdichte, Beimischung von anderen Gasen) stark beeinflußbar ist [2]). Die bisherigen Untersuchungen lassen jedoch noch keine allgemeinen Sätze aussprechen. Wichtig ist, daß alle diese Einwirkungen in den meisten Fällen keine Änderung der Wellenlängen der vorhandenen Linien (Druckverbreiterung, Druckverschiebung), sondern nur Intensitätsänderungen (Verschwinden einzelner Teilbanden, Gruppen, Systeme) zur Folge haben. Aus diesem Grunde sind Bandenlinien zur Nachprüfung des Einsteinschen Rotverschiebungsgesetzes besonders geeignet.

Zusammenfassung. Die im vorausgehenden angeführten Gesetze über Bandenspektren beziehen sich alle, soweit sie quantitativ sind, auf Spektren, die zweiatomige Moleküle zum Träger haben. Bei mehratomigen Molekülen hat zwar die Theorie keine prinzipiellen Schwierigkeiten, doch ist die Anwendung der allgemeinen Formeln auf praktische Fälle rechnerisch mühsam [3]). Da auch keine ausreichenden Messungen vorliegen, ist diese Anwendung bisher unterblieben. Über die zweiatomigen Moleküle läßt sich zusammenfassend sagen, daß wir in der Lage sind, die Struktur eines Bandenspektrums wenigstens formal zu übersehen und in ihren Grundzügen zu verstehen, wenn auch das modellmäßige Verständnis aller Einzelheiten noch zahlreiche Lücken aufweist. Die weitere Untersuchung der Bandenspektren, insbesondere ihrer Feinstruktur und ihres Verhaltens im Magnetfeld, wird die Möglichkeit geben, die Kenntnis der Vorgänge im Molekül weiter zu fördern und insbesondere die Frage der Molekülbildung aus den Atomen, die wir nur streifen konnten, zu klären.

---

[1]) A. Dufour, Compt. rend. **146**, 118, 229, 810, 1908; **148**, 1594, 1909; **149**, 917, 1909; F. Croze, Ann. de phys. **1**, 35, 97, 1914; H. Deslandres und d'Azambuya, Compt. rend. **157**, 814, 1913; H. Deslandres und V. Burson, Compt. rend. **157**, 1105, 1913; R. Fortrat, Thèse, Paris 1914, Ann. de phys. **19**, 81, 1923; Journ. de phys. **5**, 33, 1924; E. Hulthén, Über die Kombinationsbeziehungen unter den Bandenspektren, Lund 1923, S. 58.

[2]) Vgl. etwa H. Konen, l. c. S. 313; ferner R. Seeliger, Physik. Zeitschr. **16**, 55, 1915; W. Steubing, Physik. Zeitschr. **23**, 427, 1922; Mia Toussaint, Zeitschr. f. Phys. **19**, 271, 1923; W. Steubing und Mia Toussaint, Zeitschr. f. Phys. **21**, 128, 1924.

[3]) Vgl. P. Epstein, Physik. Zeitschr. **20**, 289, 1919, mit Literaturangaben; F. Reiche, Zeitschr. f. Phys. **39**, 444, 1926; F. Hund, Zeitschr. f. Phys. **43**, 805, 1927.

Dreiunddreißigstes Kapitel.

Der Zeemaneffekt[1].

§ 1. Allgemeine Grundlagen. Begriffsbestimmung. Als Zeemaneffekt[2]) bezeichnet man die Veränderungen, welche an den Linien eines Spektrums durch Einwirkung eines magnetischen Feldes auf die Lichtquelle verursacht werden. Das Magnetfeld zieht jede einzelne Spektrallinie in mehrere scharf voneinander getrennte Komponenten auseinander („Zeemankomponenten", „magnetische Aufspaltung"), die symmetrisch zur ursprünglichen der „feldlosen" Linie nach wachsenden und abnehmenden Wellenlängen verschoben sind („Zeemanverschiebung"); häufig liegt eine der Zeemankomponenten, die aus der feldlosen Linie hervorgehen, am Orte der feldlosen Linie selbst, eine solche Komponente hat also die Zeemanverschiebung Null. Alle Zeemankomponenten, auch die unverschobenen, besitzen im Gegensatz zum feldlosen Zustand der Spektrallinien ausgeprägte Polarisation, wobei die Schwingungsrichtungen des elektrischen Vektors durch die Kraftlinienrichtung in bestimmter Weise vorgeschrieben sind. Die Gesamtheit der magnetischen Veränderungen einer Spektrallinie, d. i. ihre magnetische Aufspaltung, der Polarisationszustand und das Intensitätsverhältnis ihrer Zeemankomponenten untereinander bezeichnet man als den Zeemantypus dieser Spektrallinie; jeder Spektrallinie ist ein bestimmter Zeemantypus eigentümlich, voneinander verschiedene Spektrallinien haben im allgemeinen auch verschiedene Zeemantypen. Auch in Absorption zeigen die Spektrallinien magnetische Aufspaltung (sogenannter inverser Zeemaneffekt), wenn die Absorptionsstelle sich in einem Magnetfeld befindet, die Zeemankomponenten erscheinen dann als Absorptionslinien im kontinuierlichen Spektrum der Emissionslichtquelle; der inverse Zeemaneffekt[3]) ist nach Art und Größe derselbe, wie der der entsprechenden Emissionslinie. Auch die Linien der Bandenspektren[4]) erfahren magnetische Veränderungen, jedoch von anderer Art als die Zeemaneffekte der Spektrallinien.

---

[1]) Von Prof. Dr. E. Back in Hohenheim-Stuttgart.

[2]) Die Theorie des Zeemaneffekts einschließlich der empirischen Grundlagen ist an verschiedenen Stellen von Kap. XXIX schon behandelt. Im folgenden wird hierauf häufig Bezug genommen, jedoch werden, um den Zusammenhang und die Vollständigkeit des vorliegenden Kapitels zu wahren, Wiederholungen nicht grundsätzlich vermieden.

[3]) Über die Begleiterscheinungen des inversen Zeemaneffekts (magnetische Doppelbrechung und Magnetorotation) vgl. Kap. XXXVI u. f.

[4]) Der Zeemaneffekt der Bandenspektren und der Zeemaneffekt der Linienabsorption in gewissen festen Körpern bei tiefen Temperaturen ist in Kap. XXXVI behandelt.

Historisches. Faraday hat einen Zusammenhang von Licht und Magnetismus auf Grund seiner Vorstellungen über die Natur der magnetischen Kräfte vorausgesehen und als erster experimentell verfolgt. Es gelang ihm (1845) zu zeigen, daß die Polarisationsebene linear polarisierten Lichtes beim Durchgang durch magnetisierte durchsichtige Körper eine Drehung um die Kraftlinienrichtung erfährt[1]). Bei diesen Versuchen wird ein Teil des Lichtweges, also die Lichtfortpflanzung, magnetischen Kräften unterworfen. Faraday war überzeugt, daß auch die Magnetisierung der Lichtquelle selbst einen Effekt hervorrufen müsse, und zwar unmittelbar eine Veränderung der ausgestrahlten Spektrallinien. Seine experimentellen Bemühungen zum Nachweis eines solchen Phänomens scheiterten zwar an den unzulänglichen Hilfsmitteln, sie sind aber das Vorbild für die erfolgreichen Versuche Zeemans geworden.

Faraday beobachtete mit einem Steinheilschen Prismenspektralapparat eine mit Alkalisalz gefärbte Flamme, die zwischen die Pole eines Elektromagnets gestellt war. Ein- und Ausschalten des Feldes ließ indes keine Änderung, sei es der Lage, der Breite oder des Polarisationszustandes der Spektrallinien erkennen. Ähnliche Versuche späterer Beobachter waren nicht erfolgreicher, erst Zeeman (1896) fand einen unzweifelhaften und beliebig wiederholbaren Effekt, den er messend verfolgen konnte. Seine ersten Versuche glichen ganz den Faradayschen, nur war sein Spektralapparat vollkommener (ein Rowlandsches Konkavgitter von 3 m Krümmungsradius); der Elektromagnet lieferte ein Feld von etwa 10 000 Gauß. Zeeman beobachtete sowohl senkrecht zur Richtung der magnetischen Kraftlinien (sogenannter Transversal- oder Quereffekt) als auch durch die durchbohrten Magnetpole hindurch in Richtung der magnetischen Kraftlinien (Longitudinal- oder Längseffekt). Das Ergebnis der ersten Versuche war folgendes: Einschalten des Feldes bewirkte sowohl im Quer- wie im Längseffekt Verbreiterung jeder der beiden D-Linien, Ausschalten Rückkehr zur ursprünglichen Breite; im Quereffekt zeigten sich die Ränder jeder der beiden D-Linien linear polarisiert, nämlich senkrecht zur Kraftlinienrichtung schwingend. Im Längseffekt waren die Linienränder zirkular polarisiert, und zwar derart, daß der Drehsinn der Zirkularpolarisation am kurzwelligen Rande jeder der beiden D-Linien dem Umlaufssinn des felderregenden Stromes gleichgerichtet, an den langwelligen Rändern ihm entgegengesetzt war[2]). Entsprechendes fand Zeeman für die D-Linien in Absorption.

Normale Aufspaltung. H. A. Lorentz (1896) vermochte, von Zeemans Beobachtungen in Kenntnis gesetzt, sogleich eine vollständige Erklärung vom Standpunkt seiner Elektronentheorie zu geben (vgl. § 4). Danach sollte der Effekt bei hinreichend vollkommener Beobachtung folgender sein:

---

[1]) Sogenannter Faradayeffekt, vgl. Kap. XXXVI.
[2]) Diese Feststellung der Polarisationsverhältnisse in den Linienrändern war für die Theorie entscheidend (vgl. § 4), sie gelang fast gleichzeitig Zeeman (1897) und König (1897) (Ann. d. Phys. **62**, 243); König wies schon hierbei darauf hin, daß auch das Licht in der Linienmitte polarisiert sein und zwar parallel zu den Kraftlinien schwingen müsse, weil das Gesamtlicht jeder der D-Linien unpolarisiert ist.

1. Im Quereffekt wird durch das Magnetfeld die ursprünglich einfache Linie der Schwingungszahl n ($n =$ Anzahl der Schwingungen in der Sekunde) in drei Linien zerlegt (Lorentztriplett oder Zeemantriplett), nämlich in eine Mittelkomponente der ungeänderten Schwingungszahl n parallel zu den Kraftlinien schwingend (sogenannte π-Komponente) und zwei symmetrisch dazu verschobene Außenkomponenten der Schwingungszahl $n \pm \varDelta n$ senkrecht zu den Kraftlinien schwingend (σ-Komponenten).

2. Im Längseffekt sind nur die beiden Außenkomponenten $n \pm \varDelta n$ wahrnehmbar, sie sind einander entgegengesetzt zirkular polarisiert, der Drehsinn der Polarisation der Zeemankomponente $n + \varDelta n$ mit dem Umlaufssinn des magnetfelderzeugenden Stromes übereinstimmend, in der Komponente $n - \varDelta n$ ihm entgegengesetzt, falls die Elektronenladung als negativ angenommen wird (Fig. 1173).

3. Die Größe $\varDelta n$ soll gegeben sein durch die Gleichung

$$\varDelta n = \pm \frac{e}{m} \cdot \frac{1}{4\pi c} \cdot \mathfrak{H} \quad \cdots\cdots\cdots\cdots\cdots (1)$$

worin e die Elementarladung im elektrostatischen Maße, m die Elektronenmasse, also $\dfrac{e}{m}$ die spezifische Ladung des Elektrons, c die Lichtgeschwindigkeit ($3 . 10^{10}$ cm^{-1}) und $\mathfrak{H}$ die Feldstärke in Gauß bedeutet. Führt man statt n die Wellenzahl ν pro Zentimeter ein $\left(\nu = \dfrac{n}{c} = \dfrac{1}{\lambda}, \ \varDelta \nu = \dfrac{\varDelta \lambda}{\lambda^2} \right)$, so lautet die Gleichung unverändert:

$$\varDelta \nu = \frac{\varDelta \lambda}{\lambda^2} = \pm \frac{e}{m} \cdot \frac{1}{4\pi c} \cdot \mathfrak{H} \quad \cdots\cdots\cdots\cdots (1a$$

worin aber jetzt e in elektromagnetischem Maße zu messen ist. Gl. (1) ist die fundamentale Gleichung des Zeemaneffekts; da sie neben der Feldstärke $\mathfrak{H}$ nur universelle Konstanten enthält, müßte die Aufspaltung für jede Spektrallinie in Wellenzahlen gemessen quantitativ und qualitativ die gleiche, also unabhängig vom speziellen Atombau des Elementes sein, dem die zerlegte Linie angehört. Gl. (1) sollte also eine allgemein gültige Norm darstellen für die magnetische Zerlegung aller Spektrallinien; es ist üblich geworden, die so definierte Aufspaltung deshalb als die normale, den ihr entsprechenden Typus als normales Triplett oder Lorentztriplett (Fig. 1173) zu bezeichnen. Die in Gl. (1) enthaltenen universellen Konstanten faßt man gewöhnlich zusammen in eine Konstante [1] $a = \dfrac{e}{m} \cdot \dfrac{1}{4\pi c}$; nach neueren Bestimmungen [2] hat a den Zahlenwert $4{,}7 . 10^{-5}$ cm^{-1} Gauß$^{-1}$. Die Aufspaltungsgröße $\varDelta \nu_a = \dfrac{\varDelta \lambda_a}{\lambda^2}$ des normalen Tripletts (d. i. der Abstand jeder der beiden σ-Komponenten von der Mitte des Typus bzw. der feldlosen Linie) ist somit gegeben durch

$$\frac{\varDelta \lambda_a}{\lambda^2} = \varDelta \nu_a = a . \mathfrak{H} = 4{,}7 . 10^{-5} \,\text{cm}^{-1}\,\text{Gauß}^{-1} . \mathfrak{H} \ \text{Gauß} \cdots (2)$$

---

[1] Sogenannte Lorentzkonstante oder auch Rungesche Zahl.
[2] Vgl. Tabelle 4, S. 1961.

Man bezeichnet die durch Gl. (2) definierte Größe von $\varDelta\nu_a$ als Lorentzeinheit. Die Konstante $a = \varDelta\nu/\mathfrak{H}$ ist nach Gl. (2) die Aufspaltung des Lorentztripletts in Wellenzahlen bei der Feldstärke 1 Gauß, die sogenannte spezifische Aufspaltung; die Messung der Zeemanaufspaltung $\varDelta\nu_a$ eines normalen Tripletts nebst Messung der dabei angewandten Feldstärke $\mathfrak{H}$ enthält nach Gl. (2) zugleich eine Bestimmung von e/m, d. i. des Verhältnisses von Ladung und Masse des Elektrons. (Genaueres in § 3.)

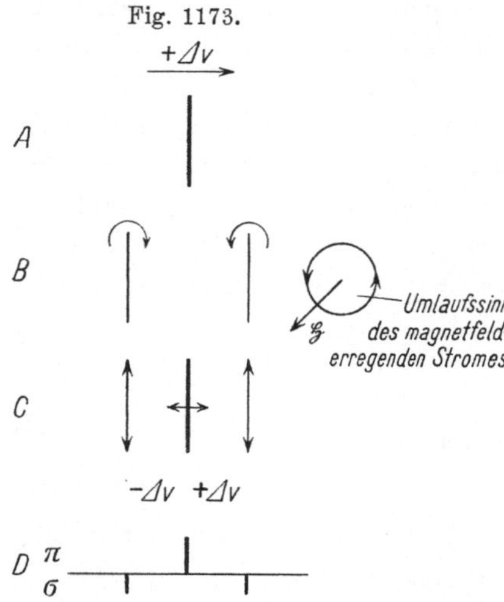

Fig. 1173.

Es bedeutet darin: A die feldlose Linie, B Längseffekt, die Pfeile zeigen den Sinn der Zirkularpolarisation, wenn das Auge den Kraftlinien entgegenblickt, C Quereffekt, Kraftlinien $\perp$ zur Spaltrichtung, die Pfeile zeigen die Schwingungsrichtungen des elektrischen Vektors. D stellt dasselbe dar wie C, π bzw. σ bedeuten Schwingungen $\parallel$ bzw. $\perp\ \mathfrak{H}$, die Strichlängen deuten die relativen Intensitäten der Komponenten an.

Anomale Aufspaltung. Mit Lorentz' theoretischen Voraussagen war Zeemans erste Beobachtung im Einklang, wenn man die magnetisch verbreiterten D-Linien als noch nicht völlig aufgelöstes Lorentztriplett ansah. Indes lehrte die bald darauf mit verbesserten Hilfsmitteln von mehreren Seiten aufgenommene genauere Typenanalyse alsbald, daß nicht der normale, sondern anders geartete, minder einfache Zeemantypen in den Linienspektren auftreten; man bezeichnete diese Typen im Gegensatz zu dem theoretisch erwarteten Einheitstypus des Lorentztripletts als anomale Typen. Zeeman konnte zwar (1897) an der Cd-Linie 4678 Å einen Triplettypus wirklich beobachten, jedoch war dessen Aufspaltung doppelt so groß als die des Lorentztripletts; abermals kurz darauf (1898) fand er, daß weder der Triplettypus der einzig

Fig. 1174.

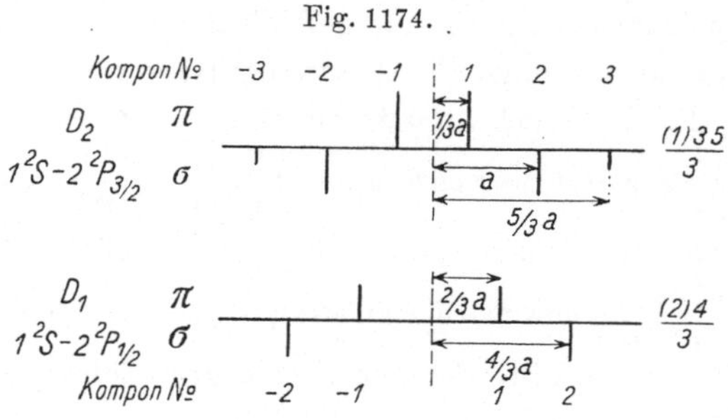

vorkommende, noch daß innerhalb desselben Spektrums (es war das des Zn) Typen von nur einerlei Art auftreten. Wenig später (1898) beobachtete Cornu und fast gleichzeitig Zeeman die vollständige Auflösung der D-Linien. Auch sie erwiesen sich nicht als Lorentztripletts, sondern die stärkere (D_2) als

magnetisches Sextett, die schwächere (D_1) als Quartett (Fig. 1174). In der Folgezeit wurden (insbesondere von Zeeman, Preston, Michelson, Purvis,
Runge und Paschen) viele Spektra auf Zeemaneffekt untersucht und zahlreiche verschiedenartige Zeemantypen gefunden, jedoch nicht das Lorentztriplett. Erst 1908 beobachtete Lohmann im Spektrum des Heliums (Parhelium), 1909 Royds im Zn- und Cd-Spektrum und Paschen im Hg- und
Mg-Spektrum normale Tripletts, und zwar ausschließlich bei solchen Linien,
die, wie die Linien des Parheliums, nach ihrer serientheoretischen Klassifikation
einem Singulettsystem angehören. Dieser Befund deutete darauf hin, daß
das Auftreten anomaler Zeemantypen mit der Komplexstruktur (Multiplettstruktur) der Termordnung ursächlich zusammenhängt.

§ 2. Empirische Gesetzmäßigkeiten. Prestonsche Regel.

Fig. 1175 zeigt in beschränkter Auswahl eine Anzahl von empirisch festgestellten Zeemantypen von Serienlinien; man ersieht daraus die
große Mannigfaltigkeit in Bau
und Aussehen der Typen. In dieser Mannigfaltigkeit erkannte
Preston[1]) als erster (1889)
ein einfaches Ordnungsprinzip,
nämlich einen fundamentalen Zusammenhang zwischen den
anomalen Zeemantypen und
der Serienordnung. Auf
Grund zwar noch sehr beschränkten Beobachtungsmaterials (Zeemaneffekte der zweiten Nebenserie des Mg, Cd, Zn) sprach er
den nach ihm als „Prestonsche
Regel" (P. R.) bezeichneten Satz
aus: „1. Alle Glieder ein und
derselben Linienserie haben denselben anomalen Zeemantypus.
2. Homologe Linien aus verschiedenen Spektren haben
gleichen Zeemantypus." Eine
so einfache Gesetzmäßigkeit
mußte für das Verständnis des
Atombaues und die Theorie der
Linienspektra als grundlegend

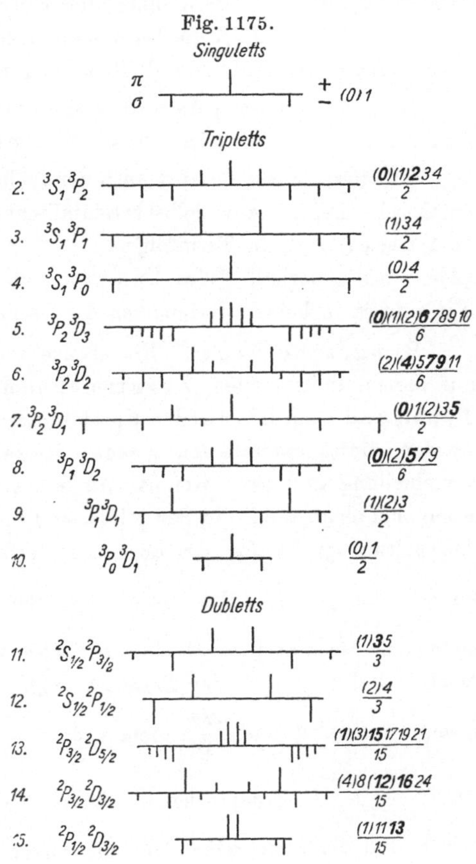

Fig. 1175.

erkannt werden, und sie erwies sich zugleich als praktisch wertvoll, weil sie
ein neuartiges analytisches Hilfsmittel für die Serienforschung lieferte: denn
der Ordnung des Serienschemas soll nach der P. R. eine analoge Ordnung der

---

[1]) Phil. Trans. Roy. Soc. Dublin (2) **7**, 1899.

anomalen Typen entsprechen, der Zeemantypus einer Linie ist also ein untrügliches Kennzeichen für ihre serientheoretische Klassifizierung. Die in der Tat umfassende Gültigkeit der Prestonschen Regel ist hauptsächlich durch die ausgedehnten Untersuchungen von Runge und Paschen[1]) experimentell sichergestellt worden.

Eine schärfere und zugleich tieferdringende Fassung der P. R. wird durch das Kombinationsprinzip nahegelegt; nach diesem ist die Wellenzahl ν jeder Spektrallinie die Differenz zweier Spektralterme (sogenannte Termkombination). Homologe Linien sind Linien verschiedener Spektren, welche durch dieselbe Termkombination dargestellt werden .(z. B. die Linie 4810 Å des Zn und 5086 Å des Cd, welche beide die Kombination $2p_2 - 1s$ der Tripletts sind); Glieder derselben Serie sind durch gleichartige Terme dargestellt, sie unterscheiden sich nur durch die Laufzahl m des Folgeterms (z. B. sind die aufeinanderfolgenden Glieder der zweiten Nebenserie des Zn: 4810, 3072, 2712 Å die Termkombinationen $2p_2 - 1s$, $2p - 2s$, $2p - 3s$). Somit sagen beide Sätze der P. R. zusammen aus:

Der Zeemantypus jeder Spektrallinie hängt nur ab von der Art der kombinierenden Terme, nicht von ihrer Laufzahl.

Mit dieser Fassung wird auch der früher als Merkwürdigkeit empfundene empirische Befund zur Selbstverständlichkeit, nämlich, daß die sogenannte Hauptserie (durch die Termfolge $1s - mp$ dargestellt) und die II. Nebenserie ($2p - ms$) innerhalb jedes Spektrums gleiche Zeemantypen zeigen. In der Tat sind ja in beiden Serienarten die Termarten gleich.

Rungesche Regel. Ein ebenso grundlegendes Ordnungsprinzip, das auf einen tiefgehenden Zusammenhang zwischen den anomalen Typen und dem Lorentztriplett hinweist. ist von Runge (1907) entdeckt worden, die sogenannte Rungesche Regel (R. R.) Danach ist die Zeemanverschiebung $\varDelta \nu$ jeder Komponente eines anomalen Zeemantypus (d. i. der Komponentenabstand von der feldlosen Linie) ein rationales Vielfaches der Aufspaltungsgröße $\varDelta \nu_a$ des Lorentztripletts bei gleicher Feldstärke, oder

kürzer: die spezifische Zeemanverschiebung $\dfrac{\varDelta \nu}{\mathfrak{H}}$ jeder Komponente eines

anomalen Zeemantypus ist ein rationales Vielfaches von a[2]). Ein Beispiel hierfür sind die Typen der D-Linien (Fig. 1174): bei D_2 sind die spezifischen

Komponentenabstände $\dfrac{\varDelta \nu}{\mathfrak{H}}$ genau $= \pm \dfrac{a}{3}, \dfrac{3a}{3}, \dfrac{5a}{3}$ und bei D_1 genau

$= \pm \dfrac{2a}{3}, \dfrac{4a}{3}$. Entsprechendes findet man bei anderen anomalen Typen, jedoch sind die Bruchreihen und die Anzahl der Komponenten andere. Diese einfache Regelmäßigkeit legt eine einheitliche, übersichtliche und kurze sym-

---

[1]) Insbesondere: „Über die Zerlegung einander entsprechender Serienlinien im magnetischen Felde". Abhandl. Berl. Akad. **380**, 720, 1902.

[2]) Wegen des in der R. R. ausgesprochenen Zusammenhanges der normalen Aufspaltung mit der anomalen wird die Konstante a als Rungesche Zahl bezeichnet.

bolische Darstellung der anomalen Zeemantypen nahe: man mißt die spezifische Zeemanverschiebung $\dfrac{\varDelta v_z}{\mathfrak{H}}$ jeder anomalen Zeemankomponente durch die Normalaufspaltung als Einheit, d. h. man bestimmt durch Messung von $\varDelta v_z$ und $\mathfrak{H}$ die Größe $Z = \dfrac{\varDelta v_z}{a \cdot \mathfrak{H}} = \dfrac{\varDelta v_z}{\varDelta v_a}$ für jede Zeemankomponente; die Komponentenabstände von der feldlosen Linie sind dann durch eine entsprechende Reihe von Brüchen $\dfrac{\varDelta v_z}{\varDelta v_a}$, d. i. in Lorentzeinheiten ausgedrückt. So ergeben sich in unserem Beispiel für die Komponentenlagen der D-Linien die Bruchreihen $\pm (^1/_3)$, $^3/_3$, $^5/_3$ Lorentzeinheiten für D_2 und $\pm (^2/_3)$, $^4/_3$ für D_1. Der Polarisationszustand jeder Komponente wird dabei gewöhnlich kenntlich gemacht durch Einklammern der π-Komponenten, der Intensitätsverlauf[1] durch Fettschrift der stärksten Zeemankomponente jeder Polarisationsart. Das normale Triplett selbst ist sinngemäß zu schreiben: $\pm (0)\, 1$. Hiermit sind die Beschriftungen in Fig. 1174 und 1175 verständlich.

Die einen anomalen Zeemantypus darstellenden Brüche heißen „Rungesche Brüche“, ihr gemeinsamer Nenner der „Rungesche Nenner“ des Typus; der „Rungesche Zähler“ bezeichnet den Abstand jeder Komponente von der feldlosen Linie innerhalb des Typus, in Einheiten des Nennerstammbruchs ausgedrückt. Die Ermittlung des Rungeschen Zählers und Nenners ist nicht in allen Fällen eindeutig möglich; zwar liefert die Messung eines beobachteten Zeemantypus für jede Komponente einen bestimmten Zahlenwert für $\dfrac{\varDelta v}{a \cdot \mathfrak{H}}$ und daraus ergibt sich der Wert des Rungeschen Bruches in Form eines Dezimalbruchs, der aber natürlich mit den Meßfehlern der $\varDelta v$- und der $\mathfrak{H}$-Bestimmung behaftet ist; die Verwandlung in einen gemeinen Bruch ist deshalb nicht immer frei von Willkür. Sei z. B. in einem Zeemantriplett $Z = 1{,}730$ durch Messung gefunden, so wird man bei der Umwandlung $^7/_4 = 1{,}750$ oder $^{12}/_7 = 1{,}710$ oder $^{45}/_{26} = 1{,}731$ in den Fehlergrenzen mit etwa gleicher Wahrscheinlichkeit wählen können. Die Annahme, daß der kleinste Rungesche Nenner grundsätzlich die größte Wahrscheinlichkeit habe, ist, wie später gezeigt wird, nicht begründet. Man verzichtet deshalb in zweifelhaften Fällen darauf, den Typus durch gewöhnliche Brüche darzustellen und begnügt sich mit Angabe der Rungeschen Bruchreihen in Dezimalbruchform, wie sie die Messung liefert, in unserem Beispiel also mit der Angabe $\pm (0)\, 1{,}730$ an Stelle etwa von $\dfrac{(0)\;45}{26}$.

Dies Verfahren ist um so mehr geboten, als in einer großen Klasse von Spektren (solche mit „nicht normaler“ Termordnung) die Zeemantypen an Zahl über-

---

[1] Die relative Intensität der Zeemankomponenten kann überdies exakt angegeben werden durch Beifügung als Index, z. B. lauten auf diese Weise vervollständigt die Zeemantypen der D-Linien:

$$D_2 = \pm \frac{(1)_8\; 3_6\; 5_2}{3}; \qquad D_1 = \pm \frac{(2)_4\; 4_4}{3} \quad \text{oder} \quad |(1)_8\; 3_6\; 5_2|:3 \quad \text{bzw.} \quad |(2)_4\; 4_4|:3.$$

Diese symbolische Schreibweise gibt die graphische Darstellung von Fig. 1174 vollinhaltlich wieder.

wiegen, deren Aufspaltung kein rationales Vielfaches von a ist; bei diesen läßt sich also ein bestimmter Rungescher Nenner überhaupt nicht angeben.

Die in Fig. 1175 graphisch und symbolisch wiedergegebenen empirischen Zeemantypen der Kombination $^1(SP)$, $^3(SP)$, $^3(PD)$ und $^2(SP)$, $^2(PD)$ sind ein Beispiel für die in der R. R. enthaltenden Gesetzmäßigkeiten und lassen eine noch weitergehende erkennen: die Rungeschen Nenner aller in Fig. 1175 enthaltenen Termkombinationen (es kommen vor die Nenner 1, 2, 3, 6, 15) können in je zwei Faktoren zerlegt werden [1]), wie Tabelle 1 zeigt:

Tabelle 1.

Termkombination	$^1(SP)$	$^3(SP)$	$^3(PD)$	$^2(SP)$	$^2(PD)$
Rungescher Nenner	1	2	6	3	15
Zerlegung in Faktoren	1.1	1.2	2.3	1.3	3.5

und diese Faktoren den Termen eindeutig zuordnen, wobei sich auffällig einfache Zahlenfolgen für die Terme S, P, D . . . ergeben:

Tabelle 2.

^1S	^1P	^3S	^3P	^3D	^2S	^2P	^2D
1	1	1	2	3	1	3	5

Es liegt nahe, die Faktoren der Tabelle 2 als „Rungesche Termnenner" anzusehen, der Rungesche Nenner einer Termkombination (mithin der Zeemantypen) ist danach das Produkt der Rungeschen Nenner der beiden kombinierten Terme. Das Kombinationsprinzip tritt somit auch in der Bildung der anomalen Zeemantypen in Erscheinung und erweist sich als die Ursprungsstelle der Prestonschen und der Rungeschen Regel. Diese zunächst rein empirischen tiefgehenden Gesetzmäßigkeiten sind der Ausgangspunkt für die Deutung der anomalen Zeemantypen und für das Verständnis der lange Zeit rätselhaften Komplexstruktur der Spektralterme geworden. Der Zeemaneffekt ist durch diese Zusammenhänge zu einer unentbehrlichen Forschungsmethode der praktischen Spektroskopie geworden.

§ 3. Experimentelle Grundlagen. Größe des Effekts. Die Anforderungen an die magnetische und optische Apparatur für die Sichtbarmachung und Messung der nur kleinen Verschiebungen ergeben sich aus der mit Hilfe von Gl. (2) zu ermittelnden Größe des Zeemaneffekts. Die magnetische Aufspaltung vollzieht sich in einem sehr kleinen λ-Intervall und verlangt entsprechend große Auflösungskraft R des Spektralapparats [2]). Wie groß R sein

---

[1]) „Magnetooptischer Zerlegungssatz" von A. Sommerfeld, Ann. d. Phys. **63**, 121, 1920. Wir kommen hierauf und auf die notwendige Korrektur der Tab. 2 durch die Landésche Theorie des anomalen Zeemaneffekts zurück.

[2]) Die Auflösungskraft R ist bekanntlich definiert durch $R = \dfrac{\lambda}{\delta\lambda}$, worin $\delta\lambda$ der Abstand zweier noch eben getrennt wahrnehmbarer benachbarter Linien in Å, λ ihre mittlere Wellenlänge ist (vgl. Kap. XV, § 10). Ein Handspektroskop,

muß, um beispielsweise die magnetische Zerlegung der D-Linien des Na sichtbar zu machen, sagt die Typenübersicht von Fig. 1175 in Verbindung mit Gl. (2): es sei ein Magnetfeld von 10^4 Gauß gegeben (wie es günstigenfalls Faraday zur Verfügung stand); die Wellenlänge λ von D_2 ist $5890\,\text{Å} = 5{,}89 \cdot 10^{-5}\,\text{cm}$, der Typus (Fig. 3, Nr. 11) $\pm \dfrac{(1)\,3\,5}{3}$, der Abstand benachbarter Zeemankomponente voneinander $^2/_3 \cdot a$. Nach Gl. (1) ist die normale Zeemanverschiebung $\dfrac{\varDelta \lambda_a}{\lambda^2} = \varDelta \nu_a = 4{,}7 \cdot 10^{-5}\,\mathfrak{H}$, also:

$$\varDelta \lambda_a = 4{,}7 \cdot 10^{-5} \cdot (5{,}89 \cdot 10^{-5})^2 \cdot 10^4 = 0{,}163\,\text{Å}$$

und mithin die magnetische Aufspaltung von

$$D_2 = \pm\,(0{,}054)\,0{,}163,\ 0{,}272\,\text{Å},$$

der gegenseitige Abstand benachbarter Komponenten $= {}^2/_3 \cdot 0{,}163\,\text{Å} = 0{,}109\,\text{Å}$. Um zwei Linien dieses Abstandes voneinander zu trennen, muß die Mindestauflösungskraft des Spektralapparates sein $R = \dfrac{5890}{0{,}109} = 54\,700$. Da die Auflösungskraft von Faradays Spektralapparat $< 1 \cdot 10^4$ war, so konnte ein magnetischer Effekt an den D-Linien nicht wahrnehmbar werden. Zeemans Gitter hatte in I. Ordnung eine Auflösung von $R = 50\,000$, folglich konnte sehr deutlich eine Verbreiterung, aber noch nicht Auflösung in getrennte Komponenten erkannt werden. Da der Zeemankomponentenabstand $\varDelta \lambda$ eines Typus gemäß Gl. (2) proportional $\mathfrak{H}$, und bei konstantem $\mathfrak{H}$ proportional λ^2 zunimmt, erfordert die Zerlegung kurzwelliger Spektrallinien größere Auflösungskraft als die langwelliger; beispielsweise verlangt die Zerlegung D_2-Typus im zweiten Glied der Na-Hauptserie ($\lambda = 3303\,\text{Å}$) unter sonst gleichen Umständen schon eine Auflösungskraft $R = 96\,700$. Zur magnetischen Zerlegung von Gesamtspektren, in denen stets Linien sehr verschiedener Wellenlänge enthalten sind, wird man deshalb möglichst große Feldstärke und Auflösungskraft zu vereinen suchen. Da ferner eng benachbarte Spektrallinien (jeder Zeemantypus ist ein solches Gebilde) um so vollkommener getrennt werden, je geringer ihre spektrale Breite ist, diese aber mit Verminderung der Dampfdichte und des äußeren Druckes abnimmt, so ist die Anwendung besonderer Lichtquellen, namentlich von Vakuumlichtquellen notwendig. Es werden damit für die Zeemaneffektuntersuchung an die Magnete, die Spektralapparate und Lichtquellen bestimmte Anforderungen gestellt, die wir kurz zu besprechen haben.

Die magnetische Apparatur muß folgende Haupterfordernisse erfüllen: große Feldstärke in einem für die Lichtquelle hinreichend großen Interferrikum (Mindestabmessungen: 3 bis 4 mm Polabstand und 7 bis 8 mm Durchmesser der kreisförmigen Endflächen der Polschuhe, Gesamtvolumen des Interferrikums demnach 1 bis $2 \cdot 10^2\,\text{mm}^3$), ferner zeitliche Konstanz des

---

das etwa die (feldlosen) D-Linien ($\lambda = 5896$ bzw. $5890\,\text{Å}$, $\delta\lambda = 6\,\text{Å}$) eben noch getrennt wahrnehmen läßt, hat demnach eine Auflösungskraft $R = \dfrac{5893}{6} \approx 1000$.

Feldes über mehrere Stunden ohne Unterbrechung und vollkommene räumliche Homogenität. Dieses leisten nur Elektromagnete[1]) von großer Eisenmasse und hoher Amperewindungszahl. Mit etwa $2 . 10^5$ Amperewindungen bei einem Energieverbrauch von 6 bis 8 Kilowatt werden unter den angegebenen Bedingungen bis 45 000 Gauß erreicht. Polspitzen aus Ferrokobalt[2]) ergeben bis zu 10 Proz. mehr. Wegen Temperaturempfindlichkeit des Spektralapparats ist möglichst vollkommene Abführung der Stromwärme notwendig; bei neueren Ausführungsformen wird dies meist nach dem Vorgang von P. Weiss dadurch erreicht, daß die aus Kupferrohr hergestellte Wicklung mit Gummischläuchen an die Wasserleitung angeschlossen und während des Stromdurchgangs von Wasser durchflossen wird. So stellt sich für jede Stromstärke ein Temperaturgleichgewicht ein, wodurch der Wicklungswiderstand konstant bleibt und ein besonderer Regulierwiderstand mit seiner schädlichen Heizwirkung entbehrlich wird; die Temperatur des Beobachtungsraumes läßt sich auf $0,1^0$ konstant halten. Ein größerer schleichender Temperaturanstieg würde bei langdauernder Belichtung eine fortschreitende Dispersionsänderung des Spektralapparats und damit eine Verwaschung der Zeemantypen zur Folge haben.

Höchste Feldstärken. Die Erzeugung höherer Feldstärken als etwa 45 000 Gauß setzt besondere Laboratoriumseinrichtungen voraus, da bei den Elektromagneten üblicher Bauart mit voller Strombelastung schon nahezu Sättigung des Eisens erreicht ist, so daß weitere Vergrößerung der Amperewindungszahl keinen nennenswerten Fortschritt brächte. In neuester Zeit sind erfolgreiche Versuche unternommen worden, mit eisenlosen Stromspulen weiterzukommen und es wurden so nahezu 10^6 Gauß erreicht. Auch Zeemaneffektaufnahmen sind (vorläufig nur bis zu $1,3 . 10^5$ Gauß) bei solchen Versuchen gelungen. Ihr Ergebnis ist neuartig, die Fortsetzung verspricht neue Aufschlüsse, namentlich auf dem Gebiet der magnetischen Verwandlung (Paschen-Backeffekt vgl. § 5). Ein kurzer Hinweis auf diese Versuche ist deshalb angemessen, obwohl gerade hinsichtlich des Zeemaneffekts die Ergebnisse noch eng begrenzt und vielleicht auch noch nicht völlig sichergestellt sind.

Deslandres hat mit eisenfreien, wassergekühlten Stromspulen aus Silber bei 5000 Amp. Stromstärke statische Felder von $5 . 10^4$ Gauß erreicht, mit Eisenkern $6 . 10^4$ bis maximal $8 . 10^4$. Praktisch findet die Feldstärke eine Grenze durch die große Wärmeentwicklung. Kapitza und Skinner[3]) er-

---

[1]) Neuere Ausführungsformen solcher Elektromagnete sind: der Halbringmagnet nach Dubois, gebaut von Hartmann & Braun in Frankfurt a. M., der Magnet von P. Weiss, gebaut von der Maschinenfabrik Oerlikon-Zürich und von der Société Genévoise in Genf, der Magnet von H. Boas und Pederzani, gebaut von H. Boas Berlin. Diese Bauformen werden in verschiedenen Größen ausgeführt, sie haben sämtlich exakt verstellbares Interferrikum, auswechselbare Polschuhe und Längsdurchbohrung in der magnetischen Achse zur Beobachtung des Longitudinaleffekts. Die Bohrlöcher in den Polschenkeln sind bei Transversalbeobachtung durch passend eingeschliffene Eisenstäbe ausgefüllt.

[2]) P. Weiss, Compt. rend. **156**, 1970, 1913.

[3]) P. L. Kapitza und H. W. Skinner, Proc. Roy. Soc. London (A) **105**, 69, 1924; **109**, 224, 1925.

zeugten an Stelle eines statischen Feldes eine Aufeinanderfolge von Momentanfeldern durch Kurzschluß einer Akkumulatorenbatterie von geringstmöglichem Widerstand durch eine Kupferbandspule. Bei einem Stromstoß von 7000 Amp. wurden Felder von $5 . 10^5$ Gauß erreicht mit einer Dauer der Maximalfeldstärke von $1/_{300}$ sec. Es konnten longitudinale Zeemaneffekte von Ca, Mg, Zn, Hg-Linien in Feldern von 7 bis $13 . 10^4$ Gauß mit einem Hilgerschen Quarzspektrographen aufgenommen werden. Lichtquelle war ein Funke im Innern der Magnetspule, der durch induktive Kopplung selbsttätig dann übersprang, wenn (nach Ausweis des Oszillogramms) die maximale Feldstärke herrschte. Die Stromstärke im Funken betrug etwa 1000 Amp., die Lichtstärke eines Einzelfunkens reicht hin zur Aufnahme eines Spektrogramms. In dem kondensierten Funken zeigen die Zeemantypen freilich nicht den vollendeten Feinbau, wie man sie von einer Vakuumlichtquelle bei Feldstärken üblicher Größe erhält. So sind z. B. die σ-Komponenten der Ca^+-Linie 3964 Å $\left(\text{Typus } \dfrac{(1)\ 3\ 5}{3} \text{ Fig. 1174} \right)$ nicht voneinander getrennt, doch sind hinreichend genaue Messungen der Zeemaneffekte möglich gewesen, um das überraschende Ergebnis sicherzustellen, daß die Aufspaltung der Linie 4047 Å des Hg-Tripletts (Fig. 1175, Nr. 4), Typus $\dfrac{(0)\ 2}{1}$, im Gegensatz zu den anderen Hg-Linien im Bereich von 7 bis $13 . 10^4$ Gauß stärker anwächst als die Feldstärke; sie ist bei $13 . 10^4$ Gauß 2,1 Lorentzeinheiten, anstatt 2,0.

In jüngster Zeit sind diese Versuche von Kapitza[1]) in erfolgreichster Weise ausgebaut worden. Die Akkumulatorenbatterie ist durch eine Dynamomaschine besonderer Bauart ersetzt, die Maximalstärke der Stromstärke in der Magnetspule beträgt $3 . 10^4$ Amp, das maximale Magnetfeld ist während $1/_{100}$ sec konstant. Die größte bisher erreichte Feldstärke beträgt 320 000 Gauß und ist homogen in einem Raum von 2 cm³ (gegenüber $\sim 0,4$ cm³ im Weissmagneten bei den oben angegebenen Bedingungen!). Bei voller Ausnutzung der verfügbaren Energie sind Feldstärken von $9 . 10^5$ Gauß zu erwarten. Allerdings begegnet die Herstellung einer für solche Feldstärken brauchbaren Lichtquelle Schwierigkeiten, die vorläufig noch nicht überwunden sind.

Die Messung des Magnetfeldes ist eine Teilaufgabe jeder Zeemaneffektmessung, die ja stets in der Ermittlung der spezifischen Zeemanverschiebung $Z = \dfrac{\varDelta \nu}{a . \mathfrak{H}}$ besteht. Die Magnetfeldmessung erfolgt in der Regel relativ, nämlich durch Ausmessung eines Zeemantypus bekannter Aufspaltung Z_0 (sogenannte „Feldnormale"), woraus sich $\mathfrak{H} = \dfrac{\varDelta \nu_0}{a . Z_0}$ ergibt. Als Feldnormale kann jede Linie von bekanntem Zeemantypus dienen, sei es, daß sie dem zu untersuchenden Spektrum selbst angehört oder einem anderen, das in derselben Lichtquelle gleichzeitig miterzeugt wird. Beispielsweise läßt

---

[1]) P. L. Kapitza, ebenda **115**, 658, 1927. Ein ausführlicher Bericht von W. Grotrian in Naturw. **16**, 44, 1928.

Einbringen einer Spur von Zn in die Lichtquelle die starken Linien des $^3S\,^3P$-Tripletts 4810, 4722, 4580 Å (Typus 2, 3, 4, Fig. 1175) oder Einbringen von Al die Grundlinien des SP-Dubletts 3961, 3944 Å (Typus 11, 12, Fig. 1175) miterscheinen; wegen ihrer großen Aufspaltung sind alle diese Linien als Feldnormalen sehr geeignet. Tabelle 3 gibt ein praktisches Rechenbeispiel für eine relative Feldmessung mittels Al 3961/44 Å als Feldnormalen, die Zahlenwerte sind durch Ausmessungen einer Gitteraufnahme (IV. Ordnung) gefunden.

Tabelle 3.

λ in Å	Zeemantypus	Gemessene Aufspaltung $\Delta\lambda$ in Å	Umrechnung der $\Delta\lambda$ in die Normalaufspaltung $\Delta\lambda_a$	$\mathfrak{H}$ in Gauß aus Spalte 1 und 4 berechn. $\mathfrak{H} = \dfrac{\Delta\lambda_a}{\lambda^2\,a}$
3961	$\pm\dfrac{(1)\ 3\ 5}{3}$	$\pm$ (0,092) 0,276 0,461	0,276 Å	37 500
3944	$\pm\dfrac{(2)\ 4}{3}$	$\pm$ (0,183) (0,364)	0,274	37 440

Mittelwert: 37 470

Absolutbestimmung des Zeemaneffekts: die Relativmessung von $\mathfrak{H}$ setzt Kenntnis der Lorentzkonstanten a und Nachweis der Proportionalität von $\Delta\nu$ und $\mathfrak{H}$ für die in Betracht kommenden Feldstärkebereiche voraus. Diese Voraussetzungen werden durch die absoluten Bestimmungen des Zeemaneffekts geliefert, welche in der Verbindung einer spektroskopischen Messung ($\Delta\nu$-Bestimmung) mit einer vom Zeemaneffekt unabhängigen magnetischen Messung der Feldstärke bestehen ($\mathfrak{H}$-Bestimmung z. B. mittels der Induktionswirkung des Feldes in einer bewegten Stromspule oder durch Bestimmung der Widerstandsänderung einer Wismutspirale im Feld oder durch Messung der Steighöhe einer paramagnetischen Flüssigkeit u. a.). Wegen Gl. (1): $a = \dfrac{e}{m} \cdot \dfrac{1}{4\,\pi\,c}$, ist die Ermittlung von a durch absolute Zeemaneffektmessung stets zugleich eine e/m-Bestimmung, und zwar eine „halbspektroskopische“, weil sie sich aus einer $\Delta\nu$-Bestimmung und einer nichtspektroskopischen $\mathfrak{H}$-Bestimmung zusammensetzt. Tabelle 4 gibt eine Übersicht über einige Präzisions-Absolutmessungen; sie sind teils an anomalen, teils an normalen Zeemantypen ausgeführt. Soweit anomale Aufspaltungen den Messungen zugrunde liegen, sind sie in Normalaufspaltung umgerechnet.

Tabelle 4 zeigt, daß in dem untersuchten Feldstärkebereich von 0,7 bis 35 . 10^3 Gauß (also bei einer Feldstärkeänderung von 1 : 50) innerhalb der Fehlergrenzen für normale und anomale Zeemaneffekte Proportionalität von $\Delta\nu$ und $\mathfrak{H}$ besteht, d. h. daß a bzw. e/m mindestens in diesem Bereich konstant ist. Als genaueste Präzisionsmessungen dürften Nr. 4 und 5 anzusehen sein; als Mittelwert folgt daraus:

$$a \;=\; 4,693 . 10^{-5}\,\text{Gauß}^{-1}\,\text{cm}^{-1},$$
$$e/m \;=\; 1,768 . 10^{7}\,\text{elm. Einh. g}^{-1}.$$

Tabelle 4. Absolute Bestimmungen des Zeemaneffekts.

Beobachter	Feldstärke-bereich in Kilo-Gauß	Der Messung zugrunde gelegte Spektrallinie λ in Å	Rungesche Zahl $a \cdot 10^5$	$\dfrac{e}{m} \cdot 10^{-7}$ elm. Einh./g	Methode der Feldmessung und der spektralen Zerlegung
Weiss und Cotton[1]	25—36	Zn 4810, 4722, 4680	4,687 ± ½ Proz.	1,767	Induktion, Konkavgitter
Lohmann[2]	8—12	9 Linien des He von normaler Aufspaltung	4,668 ± ½ Proz.	1,760	Induktion, Stufengitter
Gehrcke und v. Bayer[3]	0,7—7	Hg 4916, 5769, 5790	4,8 ± 2 Proz.	1,81	Induktion, gekreuzte Lummer-platten
Gmelin[4]	3,5—10,5	Hg 5769, 5790, 4916, 4358	4,697 ± 3 Prom.	1,770	Induktion, Stufengitter
Fortrat[5]	29—35	Zn 4810, 4722, 4680, 3072, 3036, 3018	6,673 ± ½ Proz.	1,761	Induktion, Prismen-apparat mit rück-kehrendem Strahlgang, 5½ Prismen

Letzterer Wert deckt sich mit dem aus rein spektroskopischen Daten durch Bestimmung der Rydbergkonstanten R_H und R_{He} ermittelten. Aus Paschens[6] Messung der He^+-Linien leitet Flamm[7] den Wert ab:

$$\frac{e}{m} = (1,7686 \pm 0,0029) \cdot 10^7 \text{ elm. Einh. g}^{-1}.$$

Daß in den Fehlergrenzen alle Bestimmungen der Tabelle 4, die aus Zeeman-effekten verschiedenster Termkombinationen und Spektren abgeleitet sind, denselben Wert für a bzw. e/m ergeben, beweist, daß e/m vom besonderen Bau des strahlenden Atoms unabhängig ist.

Die optische Apparatur. Für den Spektralapparat[8] ist hinreichende Auflösungskraft Grundbedingung. Tabelle 5 gibt als Beispiel für die erforderliche Auflösungskraft in Abhängigkeit von Wellenlänge und Typenart für einige willkürlich ausgewählte Zeemaneffekte bei einer Feldstärke von $35 \cdot 10^3$ Gauß die in jedem Typus vorkommenden kleinsten und größten

---

[1] Compt. rend. **144**, 130, 1907.
[2] Physik. Zeitschr. **9**, 145, 1908.
[3] Ann. d. Phys. **29**, 941, 1909.
[4] Ebenda **28**, 1079, 1909.
[5] Compt. rend. **155**, 1237, 1912.
[6] F. Paschen, Ann. d. Phys. **50**, 901, 1916.
[7] Physik. Zeitschr. **18**, 516, 1917.
[8] Hinsichtlich Beschreibung, Theorie und Anwendung der Spektralapparate sowie die Definition der Auflösungskraft wird auf Band II, 1, Kap. XV, § 10 verwiesen.

Komponentenabstände $\Delta\lambda_{min}$ und $\Delta\lambda_{max}$ sowie die zur Trennung nötige Mindestauflösungskraft R an.

Tabelle 5.

Spektrallinie	Term-kombination	Zeemantypus	$\Delta\lambda_{min}$ Å	$\Delta\lambda_{max}$ Å	R
1. Na 5890	$1\,{}^2S_{1/2}-2\,{}^2P_{3/2}$	$\dfrac{(1)\ 3\ 5}{3}$	$\dfrac{2}{3}\,a = 0{,}386$	0,965	15 300
2. Ba 5854	$3\,{}^3D_1 - 4\,{}^3F_2$	$\dfrac{(0)\ (1)\ 3\ 4\ 5}{6}$	$\dfrac{1}{6}\,a = 0{,}094$	0,470	62 300
3. Cd 3610	$2\,{}^3P_2 - 3\,{}^3D_3$	$\dfrac{(0)\ (1)\ (2)\ 6\ 7\ 8\ 9\ 10}{6}$	$\dfrac{1}{6}\,a = 0{,}0358$	0,358	100 900
4. Mn 4033	$^6S_{5/2} - {}^6P_{5/2}$	$\dfrac{(2)\ (6)\ (10)\ 60\ 64\ 68\ 72\ 76}{35}$	$\dfrac{4}{35}\,a = 0{,}0306$	0,581	132 000

Besonders große Anforderungen an die Auflösungskraft stellt die Beobachtung bei kleinen Feldstärken. Sie ist unumgänglich, z. B. zur Zeemananalyse von Trabanten von Spektrallinien, da deren Feststellung nur möglich ist, wenn sich die Zeemantypen benachbarter Trabanten gegenseitig oder mit dem der Hauptlinie nicht überlagern. So ist z. B. für den Trabanten $-0{,}07$ Å von Hg 5461 Å die maximal zulässige Feldstärke $\mathfrak{H} = 1500$ Gauß, anderenfalls wächst die Aufspaltung der Hauptlinie (Typus Fig. 1175, Nr. 2) in den Bereich des Trabantentypus hinein. Die zur Auflösung des Typus der Hauptlinie erforderte Auflösungskraft R ist für $\mathfrak{H} = 1500$ Gauß: $R = 600\,000$. Solchen Anforderungen genügen nur die vollkommensten Spektralapparate.

Konkavgitter. Mit großen Konkavgittern (Krümmungsradius $r \sim 6$ m, Strichzahl $N \sim 100 \cdot 10^3$) kann bei Benutzung hoher Ordnungen günstigenfalls eine Auflösungskraft von 400 000 erreicht werden. Der Vorzug der Konkavgitter gegenüber allen Interferenzspektroskopen ist, daß sie ein Spektrum in seiner ganzen Ausdehnung und in mehreren Ordnungen gleichzeitig liefern, letzteres ermöglicht die Erkennung und Ausscheidung von Geistern und ordnungsfremden überlagerten Linien. Ferner sind die Ordnungsabstände groß, Überlagerungen verschiedener Ordnungen des Zeemantypus derselben Linie sind daher unmöglich. Hierdurch werden die Typenbilder eindeutig, weil die Aufeinanderfolge der Komponenten im Typenbild unmittelbar ihrer Aufeinanderfolge in der Wellenlängenskala entspricht. Ein Mangel des Gitters ist dagegen die im Vergleich zu den Interferenzspektroskopen geringere Lichtstärke und die große Raumbeanspruchung. Fig. 1176 zeigt die Aufstellung eines großen Konkav-

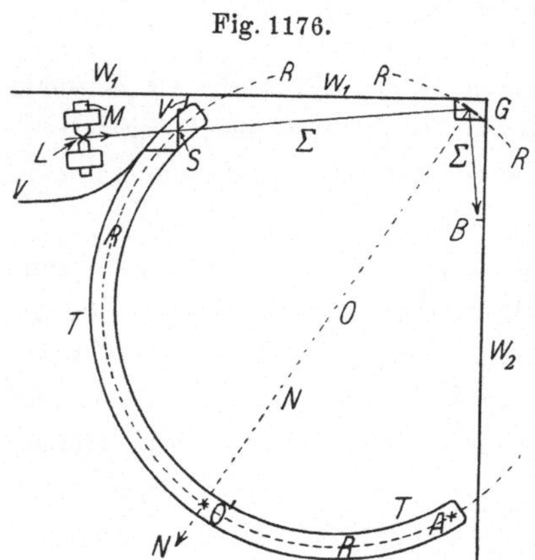

Fig. 1176.

gitters von 6,3 m Radius nach Runge und Paschen (im Tübinger Institut). Das Rowlandgitter G vom Krümmungsradius $r = 6,3$ m und 110 000 Strichen steht auf einer steinernen Konsole, die in Brusthöhe in die Zimmerwände W_1, W_2 eingelassen ist. N ist die Gitternormale, R ein Kreis um den Brennpunkt O mit dem Radius $^1/_2\, r$ geschlagen, O' der Krümmungsmittelpunkt des Gitters. Auf dem Steintisch T steht der Spalt S und von S über O' nach A die Kamera, welche aus zwei der Krümmung von R folgende Stahlschienen besteht, gegen welche die photographischen Platten (der Größe 6.13 cm) angelegt werden. M ist der Magnet, L die Lichtquelle, V ein Vorhang zwischen Gitterraum und Lichtquelle. Der Achsenstrahl Σ geht von L durch S auf G, wird dort reflektiert, und das direkte Bild von S durch die Blende B abgefangen. Links vom direkten Bild sind über A, O', S die spektralen Beugungsbilder ausgebreitet, und zwar liegt bei A die Wellenlänge 2300 Å, bei O' 12 450 Å, bei S 24 000 Å der ersten Ordnung. Die Wandlängen W_1, W_2 betragen 8 m. Die Abbildung der Lichtquelle auf den Spalt erfolgt mittels Quarz-Flußspat- oder Quarz-Steinsalzachromat; das Spektrum umfaßt alle Wellenlängen von 2000 Å an, dagegen werden noch kleinere Wellenlängen auf dem etwa 10 m langen Luftweg absorbiert.

Interferenzspektroskope (Stufengitter, Interferometer von Perot und Fabry, Lummerplatte aus Glas oder Quarz, sowie Kombinationen dieser Apparate) haben gegenüber dem Gitter den Vorzug handlicher Ausmaße bei größerer Lichtstärke und höherem Auflösungsvermögen. Sie werden in Verbindung mit einem Spektralapparat mittlerer Dispersion gebraucht, der eine Grobzerlegung des Spektrums bewirkt; bei geeigneter Aufstellung kann auf diese Weise gleichfalls ein ausgedehntes Spektralgebiet gleichzeitig zur Darstellung gebracht werden. Fig. 1177 zeigt eine Anordnung [1]), bei der gleichzeitig einerseits mit Stufengitter und prismatischer Grob-

Fig. 1177.

zerlegung, andererseits mit Perot-Fabry-Interferometer und Plangittergrobzerlegung beobachtet wird. M ist der Magnet, L die Lichtquelle (ein $\perp$ zur Zeichnungsebene zwischen den Polspitzen stehendes Geisslerrohr). Im Stufengitterzweig ist S_1 ein vertikaler Spalt, P ein Prisma mit konstanter Ablenkung, S_2 ein horizontaler Spalt, G ein Stufengitter, W ein Doppelbildprisma, F die photographische Platte. Im Interferometerzweig ist W' ein Doppelbildprisma, S' ein vertikaler Spalt, J ein Perot-Fabry-Interferometer, G' ein Plangitter aus Glas, F' die photographische Platte. Das Stufengitter ist mit der Prismen-

---

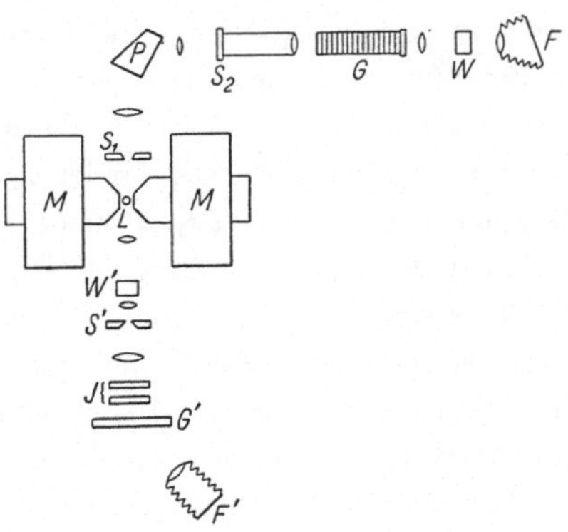

[1]) Nach Takamine und Yamada, Tok. Math. Phys. Soc. 2, Ser. VII, 277 ff., 1914.

kante von P „gekreuzt" [1]), d. h. sein Spalt S_2 ist horizontal gerichtet (also in der Zeichnungsebene liegend) und läßt von dem prismatischen Spektrum, welches vom vertikal gerichteten Spalt S_1 herkommt, nur ein horizontal ausgebreitetes Punktspektrum übrig; jeder dieser Spektralpunkte wird vom Stufengitter in vertikaler Richtung in seine Zeemankomponenten fein zerlegt. Die Anordnung ist sowohl im Stufengitterzweig wie im Interferometerzweig stigmatisch und ermöglicht mittels der Doppelbildprismen W bzw. W' in jedem Zweig gleichzeitige Darstellung beider Polarisationsrichtungen in getrennten Spektralbildern; bei der astigmatischen Gitteraufstellung (Fig. 1176) sind dazu zwei zeitlich getrennte Aufnahmen erforderlich.

Leistungsvergleich. Ein Nachteil der Interferenzspektroskope ist das beschränkte Dispersionsgebiet, d. i. das Wellenlängenintervall zwischen zwei aufeinanderfolgenden Ordnungen; es beträgt meist nur Bruchteile einer Å-Einheit. Dieser Nachteil kann den Vorteil größerer Auflösungskraft weit überwiegen, wie der folgende Leistungsvergleich für ein großes Konkavgitter von 6 m Radius einerseits und ein Stufengitter mit 33 Stufen von je 1 cm Dicke andererseits zeigt. Das Stufengitter hat bei $\lambda = 4000$ Å ein Dispersionsgebiet $\mathfrak{D} = 0{,}23$ Å und eine Auflösungskraft $R = 580000$. Das Konkavgitter hat $R_{\max} \curvearrowright 300\,000$; für jede Wellenlänge λ ist beim Gitter der Ordnungsabstand $\mathfrak{D} = \lambda$ in der Wellenlängenskala des Gitters gemessen. Es sei der Zeemantypus Tab. 6, Nr. 4 zu analysieren. Überlagerung desselben Zeemantypus aus benachbarten Ordnungen wird beim Stufengitter nur vermieden, wenn $\varDelta \lambda_{\max} < {}^1/_2\, \mathfrak{D}$ ist. Die hierzu notwendige Feldstärke ist (Tab. 5, Nr. 4) $\mathfrak{H} = 7000$ Gauß, woraus $R = 660\,000$ folgt. Der Typus ist also mit dem Stufengitter überhaupt nicht auflösbar, oder, wenn 7000 Gauß überschritten werden, nicht mehr eindeutig analysierbar. Beim Konkavgitter besteht dagegen wegen $\mathfrak{D} \gg \varDelta \lambda_{\max}$ keine Feldstärkebeschränkung, und trotz des kleineren R ist die Auflösung des Typus in IV. Ordnung schon bei $\mathfrak{H} = 12\,000$ Gauß erreichbar. Das Konkavgitter ist hier also überlegen. Umgekehrt liegt es, wenn der Zweck der Untersuchung eine Feldstärkebeschränkung verlangt, wie etwa bei der Zeemaneffektanalyse von Trabanten oder sehr enger Multipletts; hier ist die größere Auflösungskraft allein entscheidend und das Konkavgitter meist unzureichend.

Zusammenfassend kann gesagt werden, daß für die Zeemananalyse von Gesamtspektren bei mittleren und großen Feldstärken das Konkavgitter, für Untersuchungen von Zeemaneffekten bei kleinen Feldstärken oder von Einzeltypen engster magnetischer Feinstruktur die Interferenzspektroskope überlegen sind.

Polarisationsanalyse. Das Magnetfeld wirkt als Polarisator, indem es nur die Schwingungen $\perp$ und $/\!/$ zur Kraftlinienrichtung bzw. zirkular um diese zuläßt. Es ist deshalb zweckmäßig, die Kraftlinienrichtung genau $\perp$ oder $/\!/$ zum Spalt anzuordnen. Wir setzen die meist übliche erstere Stellung voraus. Bei transversaler Beobachtung genügt ein einfacher Kalkspat als

---

[1]) Erstmalig von Zeeman angegeben. Arch. Neerland. II, **14**, 267, 1909.

Analysator oder ein Doppelbildprisma (z. B. Wollastonprisma). Der Analysator steht zweckmäßig zwischen Lichtquelle und Spalt, und zwar unmittelbar nach der Lichtquelle, aber vor der Linse, damit die Lage der Hauptschwingungsrichtungen im analysierenden Kalkspat dieselbe ist, wie die der π- und σ-Schwingungen in der Lichtquelle, denn Zwischenschalten einer Quarzlinse vor Eintritt in den Kalkspat würde eine Drehung der Schwingungsebenen für verschiedene λ um ungleiche Beträge zur Folge haben und so die Polarisationsanalyse fälschen. Aus dem Kalkspat treten zwei Strahlenbündel aus, die senkrecht zueinander polarisiert sind und von zwei virtuellen Bildern der Lichtquelle kommen; von diesen entwirft die abbildende Linse in der Spaltebene reelle Bilder, in deren einem nur $\perp$, im anderen nur $//$ zum Spalt schwingendes Licht enthalten ist. Bei stigmatischer Spektralzerlegung entwirft man beide reelle Bilde untereinander auf den Spalt und erhält damit zwei Spektren der Lichtquelle übereinander, deren eines nur die π-, das andere nur die σ-Schwingungen enthält. Man bezeichnet diese Methode gleichzeitiger aber räumlich getrennter Darstellung der beiden Polarisationsarten als „Teilung des Gesichtsfeldes". Bei astigmatischer Aufstellung entwirft man beide reelle Bilder in gleicher Höhe nebeneinander in der Spaltebene so, daß der ordinäre Strahl ungebrochen auf den Spalt fällt. Das durch den Spalt gehende Licht schwingt dann in einer Ebene $//$ zum Spalt und $\perp$ zu den Kraftlinien, wenn der Spalt $\perp$ zu diesen steht. Zur parallelen Schwingungsrichtung geht man über, indem man aus dieser ersten Lage den Kalkspat um eine zum Spalt parallele Achse so weit dreht, bis bei unveränderter Linsenstellung nur der extraordinäre Strahl auf den Spalt fällt. Wird außer der Aufspaltungsmessung und Polarisationsanalyse auch Vergleichung des Intensitätsverhältnisses $\pi : \sigma$ von π-Komponenten zu σ-Komponenten beabsichtigt, so ist auf die vom Spektralapparat verursachte Polarisation Rücksicht zu nehmen, was am einfachsten so geschieht, daß der Analysator aus seiner ersten Stellung, in der der ordinäre Strahl ungebrochen auf den Spalt fällt, um die optische Achse um 45^0 gegen die Kraftlinienrichtung und die Spaltrichtung gedreht wird, dann beeinflußt die polarisierende Wirkung von Spalt und Spektralapparat die π- und σ-Schwingungen in gleicher Weise. Von der Reinheit der Polarisation überzeugt man sich durch okulare Betrachtung von Zeemaneffekten sehr starker Linien, an denen man erkennt, ob die ungewünschte Polarisationsrichtung vollkommen unterdrückt ist. Bei longitudinaler Beobachtung wird die Polarisationsanalyse (zur Feststellung des Drehsinns der Zirkularpolarisation der in transversaler Beobachtung $\perp \mathfrak{H}$ schwingenden Komponenten, die π-Komponenten sind ohnehin unterdrückt) meist unter Beschränkung auf einen begrenzten Spektralbereich ausgeführt durch Einschalten einer $\lambda/4$-Platte, welche das zirkular polarisierte Licht in linear polarisiertes verwandelt, und eines darauf folgenden Nikols, der die Lage der Polarisationsebene der austretenden Strahlen und damit den Links- und Rechtsdrehsinn zu unterscheiden ermöglicht. Die Methode der Polarisationsanalyse des Longitudinaleffekts ist insbesondere für die Untersuchung der Magnetorotation von Wichtigkeit, wir verweisen auf ihre Darstellung in Kap. XXXVIII.

Durch den Transversaleffekt ist stets der longitudinale nach Größe und Polarisation mit bestimmt.

Nachweis von Zeemaneffekt ohne spektrale Zerlegung. Das Auftreten von Zeemaneffekt kann auch ohne spektrale Zerlegung zur Anschauung gebracht werden, wie Cotton[1] und W. König[2] gezeigt haben. Man stellt eine große helleuchtende Na-Flamme zwischen die Pole eines Elektromagnets und zwischen diese Flamme und das Auge ein kleines schwach leuchtendes Kochsalz-Spiritusflämmchen. Solange der Magnet nicht erregt ist, hebt sich das Spiritusflämmchen (insbesondere sein Saum) dunkel vom Hintergrund der hellen Flamme ab, denn es absorbiert das von dieser kommende Licht, weil die ausgestrahlten D-Linienfrequenzen in beiden Flammen dieselben sind, es strahlt aber seinerseits weniger als die helle Flamme. Wird der Magnet erregt, so treten in der magnetisierten hellen Flamme an Stelle der D-Linienfrequenzen nur deren Zeemanfrequenzen auf; diese sind aber sämtlich gegenüber den D-Linienfrequenzen verschoben, es haben ja die Zeemantypen der D-Linien keine Komponente in der Mitte (Fig. 1174). Die Frequenzen in der hellen Flamme sind also jetzt gegen die der dunklen „verstimmt" und können von dieser nicht mehr absorbiert werden, d. h. die kleine Flamme ist jetzt durchsichtig geworden für das Licht der magnetisierten und zeichnet sich nicht mehr von deren hellem Hintergrunde ab[3]; die Zeemanverschiebung in der magnetisierten Flamme wird dadurch unmittelbar erkennbar. Eine einfache Anordnung zur objektiven Demonstration beschreibt K. W. Meissner[4]. Hier dienen als Lichtquellen Neonröhren.

Die Lichttquelle muß bei großer Lichtstärke auf kleinstem Raum zusammengedrängt sein und scharfe Linien liefern. Besser als Flammen sind hierfür elektrische Lichtquellen geeignet: Funken, Bogen und Geisslerrohr. Der Funke bei Atmosphärendruck ist mit einfachsten Mitteln herstellbar und für alle in Form von Metallen oder Salzen vorkommenden festen Stoffe brauchbar. Der Funkenübergang ist in Richtung der Kraftlinien anzuordnen, als Elektroden dienen meist zwei unter 90° miteinander gekreuzte Blech- oder Kohlenstreifen von einer etwas kleineren Breite als der Interferrikumsdurchmesser und von 0,5 bis 1 mm Dicke, die durch ein untergelegtes Glimmerblatt gegen die Polflächen isoliert auf diesen anliegen. Da eine Funkenlänge von 1 mm genügt, so kommt man mit einem Interferrikum von 2 bis 3 mm Länge aus und erreicht so sehr große Feldstärke. In den Entladungskreis wird Selbstinduktion und Kapazität eingeschaltet, hierdurch werden die Linien verschärft und die von der Luft herrührenden Banden geschwächt. Die Elektroden können zu Blech ausgewalzte Streifen aus dem zu untersuchenden Material sein oder besser Kohlelamellen, welche mit einem Gemisch des Nitrats von der zu untersuchenden Substanz und

---

[1] A. Cotton, C. R. **125**, 865, 1897.
[2] W. König, Wied. Ann. **60**, 519, 1897.
[3] Über die hierbei auftretenden Polarisationserscheinungen, inbesondere die Versuche von Egoroff und Georgiewsky u. a. vgl. Kap. XXXVII.
[4] K. W. Meissner, Zeitschr. f. Phys. **43**, 454, 1927.

Silbernitrat behandelt sind. Im letzteren Falle kann bei Verwendung eines eisengeschlossenen Wechselstromtransformators die Energie in Funken bis zu 1 kW gesteigert und damit sehr große Lichtstärke erreicht werden; Zusatz einer Spur von $AlNO_3$ oder $ZnNO_3$ liefert geeignete Feldnormalen. Als Vakuumlichtquelle eignet sich der Funke nicht, weil er schon bei verhältnismäßig geringer Druckerniedrigung in eine geisslerrohrähnliche lichtschwache Entladung übergeht, was auch durch Vorschalten einer zweiten Funkenstrecke nicht völlig vermieden wird.

Vakuumbogen. Die Auflösung feinerer Strukturen gelingt nur mit Vakuumlichtquellen. Die Bogenentladung ist im Vakuum besser und lichtstärker zu erzeugen als der Funke; auch sie ist parallel den Kraftlinien anzuordnen, da ein quer zum Feld übergehender Bogen aus dem Feld herausgedrängt und ausgeblasen wird. Günstiger als kontinuierliche Bogenentladung wirkt ein mechanisch bewegter Unterbrecher („trembleur", Abreißbogen), dessen Elektroden (oder deren eine) aus der zu untersuchenden Substanz bestehen. Michelson hat den Unterbrecherbogen für die Zeemananalyse in Verbindung mit seinem Stufengitter eingeführt (1898). Die Evakuierungsmöglichkeit des Interferrikums ist von ihm dadurch erreicht worden, daß beide Polschuhe von den Eisenschenkeln des Magnets durch einen Schnitt $\perp$ zur magnetischen Achse getrennt und durch ein luftdicht sie umschließendes Messingrohr, das ein Fenster und einen zur Pumpe führenden Rohrstutzen trägt, zu einem Stück starr vereinigt sind. Die Polschuhe sind in der magnetischen Achse durchbohrt, die Bohrlöcher mit je einem Glasrohr ausgefuttert, in jedes ein Messingstab eingeführt, der an seinem in das Interferrikum ragenden Ende ein Stück des zu untersuchenden Metalls trägt; der eine Stab ist am äußeren Ende mit seinem Glasrohr luftdicht verkittet, der andere durch ein übergezogenes Stück Gummischlauch mit seinem Glasrohr luftdicht, aber beweglich verbunden, so daß er ein wenig in seiner Längsrichtung in dem Glasrohr verschiebbar ist. Das die Polschuhe und die Elektroden enthaltende Messingrohrstück wird in die durchbohrten Schenkel des Magnets eingesetzt, die bewegliche Elektrode durch einen Motor hin und her geschoben, wodurch bei Anlegen einer Elektrodenspannung von 30 Volt ein rasch intermittierender Bogen in Richtung der Kraftlinien entsteht.

Das Durchschneiden und Durchbohren der Eisenschenkel und Polschuhe bei Michelsons Apparat verringert die Feldstärke fast auf die Hälfte der sonst erreichbaren, auch ist der Elektrodenwechsel sehr umständlich und zeitraubend. Eine vom Verfasser angegebene Form[1]) des Vakuumabreißbogens (Fig. 1178) umgeht dies. A ist ein Schnitt $\perp$ zur magnetischen Achse, B ein Schnitt $//$ dazu; die Spaltrichtung liegt in der Zeichnungsebene links von dem mit Fenster versehenen Stutzen 6 in A. R ist ein starker Bronzering, der mit Gummiringen $G_1 G_2$ die Polschuhe $P_1 P_2$ luftdicht verbindet, 1 bis 6 sind angegossene Rohrstutzen, T ein Rohranschluß zur Pumpe. $L_1 L_2$ sind durch die Konusse $K_1 K_2$ eingeführte Elektrodenhalter, die in den Klemmen $H_1 H_2$ endigen,

---

[1]) E. Back, Ann. d. Phys. **70**, 337, 1923; daraus ist auch folgende Fig. 1178 entnommen.

in H_2 ist der Wolframstift Z, in H_1 ein auswechselbarer Manganinstreifen E eingesetzt, auf welchem die zu untersuchende Substanz durch Auflöten oder -pressen aufgetragen ist. L_1 ist mittels des isolierten Schraubentriebs $J D Q$ in seiner Längsrichtung verschiebbar, Z wird mittels Motorantriebs zwischen $P_1 P_2$ hin und her bewegt durch Drehung um die Achse O (begrenzt durch die Anschläge $U_1 U_2$ in der Führungsschiene W) und ist abgedichtet durch das Schlauchstück S. Ein Satz von Gummiringen (G) verschiedener Dicke

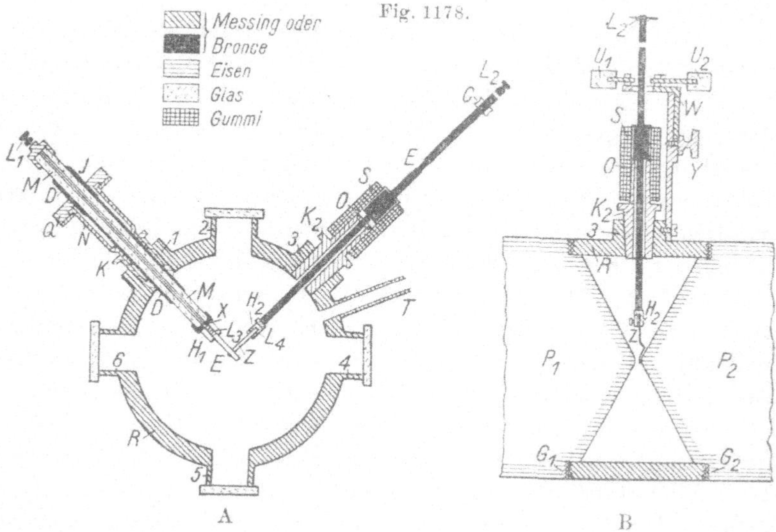

ermöglicht Veränderungen des Interferrikums in den Grenzen von $2^1/_2$ bis 5 mm, der Elektrodenwechsel (durch Herausziehen des Konus K_1) benötigt 1 bis 2 Minuten. Eigentümlich ist die Wirkung des Magnetfeldes auf die Art der Emission: ohne Feld wird nur das Bogenspektrum, mit Feld auch das Funkenspektrum (in etwa gleicher Stärke) emittiert; diese Anordnung wird neuerdings allgemein angewendet.

Geisslerrohr. Für Gasspektra kommt meist das Geisslerrohr zur Anwendung, es kann dies in Querstellung (Kapillare $\perp$ zu den Kraftlinien, Fig. 1177) oder in Längsstellung (Kapillare $//$ zu den Kraftlinien) geschehen, in letzterem Falle durch Einschieben der Röhre in die hierzu durchbohrten Polschuhe und Eisenschenkel. Querstellung ermöglicht kleines Interferrikum und große Feldstärke, aber die magnetischen Kräfte hemmen die Entladung, das spektrale Licht wird zu einem dünnen Faden an der Röhrenwand zusammengedrückt und diese bis zum Schmelzen erhitzt. Dies verursacht Unschärfe und Auftreten von Starkeffekten, wodurch das magnetische Typenbild gefälscht oder völlig unerkennbar wird. Längsstellung des Rohres vermeidet dies, hat aber den Nachteil starker Erhitzung des Rohres im Eiseninnern und Herabsetzung der Feldstärke und Feldhomogenität infolge der Durchbohrung des Eisens.

Gasentladung ohne Geisslerrohr. Die Mängel des Geisslerrohrs im Magnetfeld lassen sich vermeiden durch eine Anordnung, welche eine

Gasentladung zwischen den Polspitzen in Richtung der Kraftlinien ohne Röhre herstellt. Hansen und Jacobsen[1]) schieben zwischen die Polspitzen eine wassergekühlte gasdichte „Zelle", die mit dem zu untersuchenden Gas gefüllt ist. Die Zelle besteht im wesentlichen aus zwei durch ein kurzes Stück Quarzrohr voneinander getrennten Aluminiumplatten, welche die Elektroden bilden. Zwischen ihnen geht in Richtung der Kraftlinien die Entladung über. Wegen des beträchtlichen Raumbedarfs der Zelle und der Isolierschicht ist ein Polabstand von etwa 1 cm erforderlich, wodurch die Feldstärke auf die Hälfte der bei 3 mm Polabstand erreichten zurückgeht. Verfasser[2]) hat die Bogenlampe (Fig. 1178) als Ganzes durch Einsetzen zweier Wolframelektroden mit kreisförmigen, auf den Polspitzen unter Glimmerzwischenlage zentrisch aufsitzenden Endflächen zu einer Zelle solcher Art ausgestaltet; dabei bleiben Interferrikum und Feldstärke unverändert dieselben wie beim Gebrauch als Bogenlampe, die Linienschärfe aber ist der des quergestellten Geisslerrohrs, die Feldstärke der beim längsgestellten erreichbaren sehr überlegen. Die bisher besprochenen Lichtquellenformen bezwecken alle größtmögliche Raumbeschränkung. Nicht immer läßt sich dieser Bedingung genügen. L. A. Sommer[3]) und Mc Lennan und Mitarbeiter[4]) haben fast gleichzeitig den Zeemaneffekt der grünen Nordlichtlinie 5577 Å untersucht. Die Linie gehört dem Sauerstoffspektrum an und läßt sich, wie vorher schon festgestellt war, in merklicher Intensität nur in einem langen und weiten Geisslerrohr (etwa 30 cm lang, 3 cm Lichtweite, Stellung „end-on") mit Füllung von Sauerstoff-Argongemisch erzeugen. Für die Herstellung eines homogenen Magnetfeldes dieser Ausdehnung kommt ausschließlich eine lange Spule in Frage, man ist dann auf die Beobachtung des Longitudinaleffekts beschränkt. Sommer verwendete eine Spule von 46 cm Länge mit 3100 Windungen, die bei einem Strom von 70 Amp. für die Dauer von 15 Minuten ein Feld von 6000 Gauß lieferte; Mc Lennan eine wassergekühlte, aber kleinere Spule, die in unbeschränkter Betriebsdauer nahe 3000 Gauß ergab. Die spektrale Zerlegung bei Sommer geschah mittels Perot-Fabry-Interferometer, bei Mc Lennan mittels Stufengitter. (Es ergab sich bei beiden Untersuchungen normale Aufspaltung der Linie, woraus auf die Termkombination $2p\,{}^1D_2 - 2p\,{}^1S_0$ des OI zu schließen war.)

Für Absorptionsbeobachtungen sind Flammen gut verwendbar, weil sie bei schwacher Färbung scharfe Absorptionslinien liefern. Besonders feine Absorptionslinien erhielten Wood und Zeeman[5]) bei Untersuchung des inversen Zeemaneffekts der Alkalien dadurch, daß sie evakuierte, mit dem Metalldampf erfüllte Röhrchen von wenigen Millimetern Durchmesser ins Magnetfeld brachten.

---

[1]) Kgl. Danske Vidensk. Selsk. math.-fys. Med., Bd. 3, Nr. 11, 1921.
[2]) E. Back, Ann. d. Phys. 70, 333 f., 1923. Zeemaneffekt des Neon. In neuester Zeit hat auch P. Zeeman diese Methode zur magnetischen Analyse des Argonfunkenspektrums angewandt: G. J. Bakker, T. L. de Bruin und P. Zeeman, Zeitschr. f. Phys. 51, 114, 1928.
[3]) L. A. Sommer, Zeitschr. f. Phys. 51, 451, 1928.
[4]) Mc Lennan, Mc Leod und Ruedy, Phil. Mag., vol. VI, Sept. 1928.
[5]) Physikal. Zeitschr. 14, 405, 1913.

Bei den Absorptionsbeobachtungen ist im Gegensatz zum Emissionseffekt die Polarisationsanalyse meist notwendig, um den Effekt überhaupt erkennbar zu machen. Wenn das weiße Licht der Primärlichtquelle die magnetische Absorptionslichtquelle durchsetzt, werden von dieser diejenigen Frequenzen aus dem weißen Licht zur Absorption ausgewählt, welche die Absorptionslichtquelle selber ausstrahlt, dies sind die Frequenzen der Zeemankomponenten der Absorptionslinien. Aber die Auswahl betrifft nicht die Frequenzen allein, sondern ebenso ihren Polarisationszustand. Also kann die transversal zu den Kraftlinien durchstrahlte Absorptionsquelle von den Frequenzen ν und $\nu \pm \varDelta \nu$ der Komponenten eines Zeemantripletts nur den entsprechend polarisierten Anteil absorbieren, das heißt von jeder Komponente nur die Hälfte des einfallenden Lichtes. Die Absorption wird dagegen vollständig, wenn in den Strahlengang ein Analysator, z.B. ein Nicol in passender Stellung eingeschaltet wird. Läßt dieser nur $\perp$ zu den Kraftlinien schwingendes Licht hindurch, so erscheinen die Außenkomponenten völlig schwarz, während von der mittleren nichts wahrzunehmen ist. Wird die Schwingungsebene des Nicols um 90^0 gedreht, so wird die Mittelkomponente schwarz und die äußeren verschwinden. Ganz Analoges gilt für die Rechts- und Linkszirkularpolarisation im Längseffekt. Wir verweisen auch hier auf die Darstellung in Kap. XXXVIII.

§ 4. Die Theorie des normalen und anomalen Zeemaneffekts.

Die Gesamtheit der Zeemanphänomene, insbesondere des anomalen Effekts, ist nur vom Standpunkt der Quantentheorie zu verstehen. Die von H. A. Lorentz entwickelte klassische Elektronentheorie führt stets zum normalen Zeemaneffekt. Es ist zwar H. A. Lorentz und namentlich W. Voigt gelungen, die Theorie auch auf einfache spezielle Fälle des anomalen Effekts auszudehnen (vgl. § 6), aber es sind dazu gewisse Annahmen über Kopplungskräfte zwischen den Elektronen des Atomverbandes nötig, die in jedem Einzelfalle dem empirischen Befund des Zeemaneffekts besonders anzupassen sind. Die Quantentheorie dagegen beherrscht den Zeemaneffekt als G a n z e s und in seinen Einzelheiten. Sie fußt dabei auf der klassischen Theorie, von dieser gehen wir daher aus, und zwar in ihrer elementaren Form und mittels möglichst anschaulicher Betrachtungsweise. Für die allgemeinere Darstellung wird auf die Ausführungen in Kap. XXIX verwiesen.

Die klassische Theorie des normalen Zeemaneffekts. Ihr liegt die Annahme zugrunde, daß in den Atomen Elektronen „quasielastisch" an gewisse Ruhelagen gebunden sind, um die sie Schwingungen ausführen können unter Wirkung einer nach der Ruhelage gerichteten Kraft, die (nach der Art der elastischen Kräfte) der Entfernung aus der Ruhelage proportional sein soll; diese Elektronenschwingungen werden nach klassischer Auffassung unmittelbar als elektromagnetische Wellen (Strahlung) auf den Raum übertragen, deren sekundliche Schwingungszahl n und deren Polarisationszustand durch Frequenz, Form und Lage der Elektronenbahn unmittelbar bestimmt sind. Das einfachste Modell solcher Art ist der h a r m o n i s c h e lineare Oszillator, ein Elektron, das um eine Ruhelage geradlinige Pendelschwingungen der Frequenz n ausführt (und damit eine linear polarisierte Spektrallinie der Frequenz n aussendet) unter Wirkung der quasielastischen Bindungskraft

$$f = a \cdot r \quad \ldots \ldots \ldots \ldots \ldots \ldots (3)$$

r ist die Elongation aus der Ruhelage, a eine Konstante (die als Direktionskraft bezeichnete Kraft im Abstand Eins). Wir fragen, wie diese Schwingung durch ein zur Schwingungsrichtung beliebig orientiertes homogenes Magnetfeld $\mathfrak{H}$ beeinflußt wird.

In Fig. 1179 sei $A\,O\,B$ die Schwingungsbahn v o r Entstehen des Feldes, E eine Ebene durch $O \perp$ zur Richtung des (später entstehend gedachten) Feldes $\mathfrak{H}$. Wir zerlegen $A\,B$ in die Komponenten $A_\pi\,B_\pi$ und $A_\sigma\,B_\sigma$ // bzw. $\perp \mathfrak{H}$. Die geradlinige Schwingungskomponente $A_\sigma\,B_\sigma$ liegt in der Ebene E,

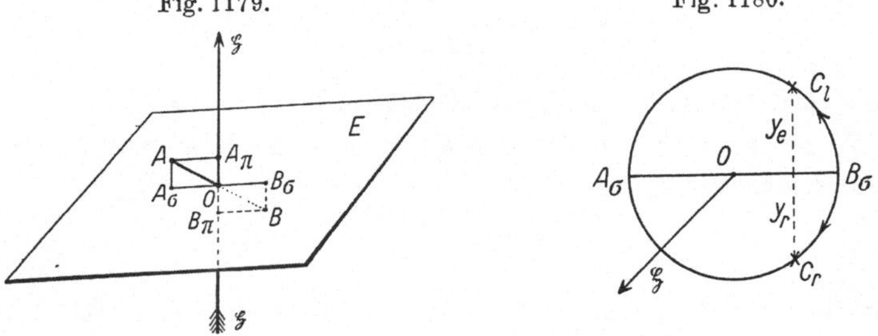

Fig. 1179.
Fig. 1180.

wir ersetzen sie durch zwei entgegengesetzte Zirkularschwingungen in E, nämlich eine (von der Spitze des $\mathfrak{H}$-Pfeils aus beurteilt) rechtsläufige C_r und linksläufige C_l (Fig. 1180), beide von der gleichen Umlaufszahl n; die Ordinaten y_l und y_r sind stets entgegengesetzt gleich, die Resultante ist die Bahn $A_\sigma\,B_\sigma$. Wegen der festen Kopplung von schwingendem Elektron und Ätherwelle in der klassischen Elektronentheorie können wir an Stelle der dreifachen Bahnzerlegung d r e i Ersatzelektronen setzen, deren erstes n u r die lineare Schwingung $A_\pi\,B_\pi$, deren zweites bzw. drittes nur die Kreisbewegung C_r, C_l (sog. Rotator) ausführt. Dadurch ist die Gesamtzahl N aller an der Ausstrahlung beteiligten linearen Ozillatoren durch drei Scharen von je $N/3$ Ersatzelektronen[1]) ersetzt, deren jedes nur e i n e der drei Teilbewegungen ausführt. Die Bedingung für die Kreisbewegung ist Gleichgewicht von Zentripetal- und Zentrifugalkraft:

$$f = \frac{m_0 v^2}{r} = m_0 \, \omega^2 r \quad \ldots \ldots \ldots \ldots \ldots (4)$$

m_0 ist die Elektronenmasse, v die Bahngeschwindigkeit, ω die Winkelgeschwindigkeit, r der Bahnradius.

Wenn das Magnetfeld $\mathfrak{H}$ entsteht, so übt es auf das längs $A_\pi\,B_\pi$ // $\mathfrak{H}$ schwingende Ersatzelektron keine Kraft aus, diese Schwingung bleibt also

---

[1]) Wenn man auch dem Umstand Rechnung tragen will, daß die magnetisch aufgespaltene Linie als G a n z e s unpolarisiert ist, d. h. von der Gesamtintensität $1/2$ auf die π-Schwingung und $1/2$ auf die beiden σ-Komponenten zusammen entfällt, muß man die N Elektronen in v i e r gleiche Scharen teilen, so daß $N/2$ die π-Schwingung, $N/4$ die links-, und $N/4$ die rechtszirkulare Schwingung ausführen.

ungeändert, d. h. im Zeemantypus der Spektrallinie ist die ungestörte Frequenz n, und zwar $// \mathfrak{H}$ schwingend, enthalten. Die zirkular schwingenden Elektronen dagegen werden von $\mathfrak{H}$ angegriffen, denn die Elektronenbahn ist einem in umgekehrter Richtung von positivem Strom durchflossenen Leiter äquivalent, und auf ein Stück l eines Leiters wirkt ein Magnetfeld $\mathfrak{H}$ mit einer Kraft

$$k = i \cdot l \cdot \mathfrak{H} \cdot sin\,(l, \mathfrak{H}) \cdot \cdot \cdot \cdot \cdot \cdot \cdot \cdot \cdot \cdot \cdot \cdot (5)$$

Die Stromstärke i ist die sekundlich durch den Leiterquerschnitt gehende Elektrizitätsmenge, mithin ist das mit der Geschwindigkeit $v = r\,\omega = 2\,\pi\,r\,n$ umlaufende Elektron einer Stromstärke äquivalent:

oder

$$\left.\begin{aligned} i_{\text{elst}} &= -\,e \cdot n = -\,\frac{e\,v}{2\,\pi\,r} \\[2ex] i_{\text{elm}} &= -\,\frac{e \cdot v}{2\,\pi\,r\,c} \end{aligned}\right\} \quad \cdot \cdot \cdot \cdot \cdot \cdot \cdot \cdot (6)$$

e ist die elektrostatisch gemessene Elementarladung, c die Lichtgeschwindigkeit. Wegen $l = 2\,r\,\pi$ und $sin\,(v, \mathfrak{H}) = 1$ ist die Kraft auf das kreisende Elektron demnach

$$k = -\,\frac{e \cdot v}{c} \cdot \mathfrak{H} \cdot \cdot \cdot \cdot \cdot \cdot \cdot \cdot \cdot \cdot \cdot \cdot \cdot (7)$$

Die Richtung von k in bezug auf v ist durch die „linke Handregel" bestimmt, in Fig. 1181 ist die relative Richtung von $\mathfrak{H}, v, k$, angegeben; die quasielastische Kraft ist nach O gerichtet, also je nach dem Umlaufssinn des Rotators k gleichgerichtet oder entgegengesetzt. Die Gleichgewichtsbedingung (4) wird durch das Auftreten von k im Feld $\mathfrak{H}$ abgeändert, nämlich für die Bewegung C_r bzw. C_l:

$$f \mp k = m_0\,r\,\omega^2 \cdot \cdot \cdot \cdot \cdot \cdot \cdot \cdot \cdot \cdot \cdot \cdot (8)$$

also muß das Einschalten des Feldes entweder Änderung des Bahnradius r oder der Winkelgeschwindigkeit ω, oder beider zur Folge haben. (Wir werden alsbald zeigen, daß nur der zweite Fall statthat: $\varDelta\,r = 0$.) Unter Wirkung von $\mathfrak{H}$ möge r ungeändert bleiben und ω in ω' übergehen, dann folgt für die rechtszirkulare Bewegung aus (8)

$$f - k = m_0\,r\,\omega'^2 \quad \text{(wobei } \omega' < \omega)$$

und mittels Gl. (4)

$$a \cdot r + \frac{e \cdot v \cdot \mathfrak{H}}{c} = m_0\,r\,\omega'^2 \cdot \cdot \cdot \cdot \cdot \cdot \cdot \cdot \cdot \cdot (9)$$

Da nach (4) und (4a)

$$a = m_0\,\omega^2, \quad \text{und da} \quad v = \omega'\,r,$$

so kommt:

$$m_0\,\omega^2\,r + \frac{e \cdot \mathfrak{H}}{c} \cdot r\,\omega' = m_0\,r\,\omega'^2$$

oder

$$m_0\,(\omega'^2 - \omega^2) = \frac{e\,\omega'\,\mathfrak{H}}{c}.$$

Da $\omega'^2 - \omega^2 = (\omega' + \omega)(\omega' - \omega) = -2\,\omega\varDelta\omega$, weil $\dfrac{\omega'}{\omega} \approx 1$, so folgt für die rechtszirkulare Bewegung:

$$\varDelta\omega = -\frac{e}{2\,m\,c}\cdot\mathfrak{H} \quad\ldots\ldots\ldots\ldots\ldots (10)$$

und entsprechend für die linkszirkulare:

$$\varDelta\omega = +\frac{e}{2\,m\,c}\cdot\mathfrak{H} \quad\ldots\ldots\ldots\ldots\ldots (10\,\mathrm{a})$$

Wegen $\omega = 2\,\pi\,n$, $\varDelta\omega = 2\,\pi\,\varDelta n$, folgt weiter:

$$\left.\begin{aligned}
\varDelta n &= -\frac{e}{m}\cdot\frac{1}{4\,\pi c}\cdot\mathfrak{H} \text{ für die rechtszirkulare,}\\[2mm]
\varDelta n &= +\frac{e}{m}\cdot\frac{1}{4\,\pi c}\cdot\mathfrak{H} \text{ für die linkszirkulare Bewegung.}
\end{aligned}\right\} \ldots\ldots (11)$$

Führen wir wieder e in elektromagnetischem Maße in (11) ein, so liefert die Gleichung in unveränderter Gestalt statt der „Frequenzverstimmung" $\varDelta n$ nunmehr die „Zeemanverschiebung" $\varDelta\nu$ in Wellenzahlen (cm^{-1}), der in der Spektroskopie üblichen Maßeinheit. Gl. (11) ist identisch mit der Lorentz-schen Fundamentalgleichung (1), von der wir schon zu Anfang Gebrauch gemacht haben; sie bestimmt die Größe und Polarisationsart des normalen Tripletts, wie in § 1 beschrieben ist. Im Longitudinaleffekt (Blickrichtung // $\mathfrak{H}$)

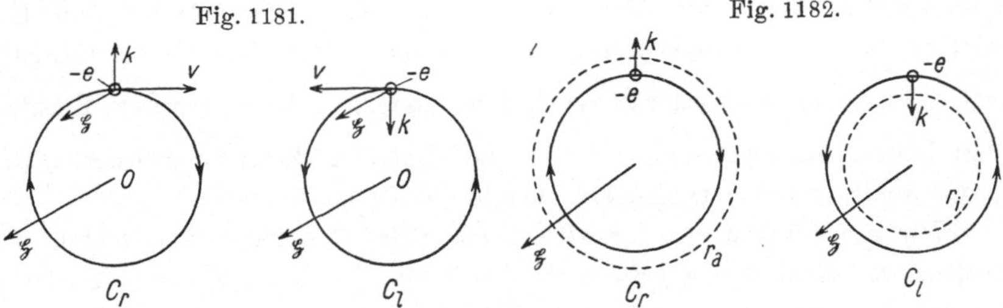

Fig. 1181.   Fig. 1182.

verschwindet die Mittelkomponente (d. i. die feldfreie Frequenz n), weil die Schwingung $A_\pi B_\pi$ in der Blickrichtung liegt, die Außenkomponenten $\pm\varDelta n$ erscheinen links- bzw. rechtszirkular polarisiert (Fig. 1181), wenn man dem $\mathfrak{H}$-Pfeil entgegenblickt. Vergleichung mit dem experimentellen Ergebnis der Polarisationsanalyse von Zeeman und König (vgl. S. 1950, Anm. 1) lehrt also, daß die Zirkularpolarisation so beobachtet wird, wie sie aus der Lorentz-schen Theorie folgt, wenn die Elektronenladung negativ angenommen wird. Das Experiment antwortete damit eindeutig auf die zu jener Zeit noch un-entschiedene Frage nach dem Ladungssinn des Elektrons. Im Transversaleffekt (Blickrichtung in der Zeichnungsebene von Fig. 1181) wird die Mittel-komponente // $\mathfrak{H}$ schwingend wahrgenommen; die Kreise erscheinen (da von der Seite gesehen) als Durchmesser, d. h. die Außenkomponenten sind linear polarisiert, $\perp \mathfrak{H}$ schwingend.

Natürlich führt für die Kreisbewegung (wegen $v = r\omega$) auch die Annahme einer Bahndeformation bei unverändertem v ($\varDelta v = 0$) zum gleichen Er-gebnis, und diese Annahme scheint sogar allein berechtigt, weil die magnetische

Zusatzkraft $\pm k \perp v$ gerichtet ist, also keine Arbeit in der v-Richtung leisten, dagegen wohl eine Bahnänderung hervorrufen kann, indem das Elektron, der Kraft folgend, mit unveränderter Bahngeschwindigkeit auf einen mehr äußeren bzw. inneren Kreis mit den Radien, r_a bzw. r_i (Fig. 1182), ausweicht; es gilt dann wegen $v = 2\,r\,\pi\,n = Konst$:

$$r\,n = r_a n_a = r_i n_i = \frac{v}{2\,\pi} \qquad \ldots \ldots \ldots (12\,\mathrm{a})$$

Für die rechts- bzw. linksläufige Bewegung ist nunmehr die Gleichgewichtsbedingung:

$$\frac{m v^2}{r_a} \quad \text{bzw.} \quad \frac{m v^2}{r_i} = f \mp k = a \cdot r \pm \frac{e \cdot v \cdot \mathfrak{H}}{c} \qquad \ldots \ldots (12\,\mathrm{b})$$

Durch Einsetzen von $a = m\omega^2 = m\,4\,\pi^2 n^2$ ergibt sich mit (12a) hieraus wieder genau Gl. (11).

Zur Entscheidung zwischen den beiden Annahmen, ob v oder r oder beides durch das Feld geändert wird, der Frage also, ob durch das Feld die Bahn geändert wird, hat man das Entstehen, nicht den stationär gewordenen Endzustand des Feldes zu betrachten. Während des Entstehens von $\mathfrak{H}$ tritt nach dem Induktionsgesetz ein elektrischer Wirbel um $\mathfrak{H}$ als Achse auf, d. h. solange $\mathfrak{H}$ sich ändert, wirkt eine elektrische Kraft $\perp \mathfrak{H}$ in der v-Richtung, und diese Kraft beschleunigt oder verzögert das umlaufende Elektron. Während $\mathfrak{H}$ anwächst, wird also das kreisende Elektron (Fig. 1180, C_l bzw. C_r) beschleunigt bzw. verzögert, und entsprechend ändert sich die Zentrifugalkraft $\dfrac{m v^2}{r}$, wodurch in jeder Phase der Feldentstehung die magnetische Zusatzkraft k durch entsprechende Änderung der Zentrifugalkraft kompensiert wird, so daß keine Bahnänderung stattfindet (d. h. $\varDelta r = 0$).

Wir beschränken uns darauf, den Gang des Beweises [1]) anzudeuten, da er elementar nicht streng geführt werden kann. Die Kreisbahnen (Fig. 1181) können als kreisförmige Leiter vom Flächeninhalt $F = r^2 \pi$ angesehen, das Anwachsen des Feldes kann z. B. durch Heranführen eines positiven Magnetpols aus wirkungsloser Ferne in der $\mathfrak{H}$-Richtung ausgeführt gedacht werden. Beim Heranführen tritt im Kreisleiter ein Induktionsstrom auf, der selbst wieder ein $\mathfrak{H}$ entgegengesetztes Feld hervorruft. Wenn im Kreisleiter ein stationärer Strom fließt, erzeugt dieser ein Magnetfeld $H = i \cdot F$, dessen Richtungssinn durch die „Korkzieherregel" bestimmt ist. Von der Größe von H hängt die (positive oder negative) Arbeit ab, welche beim Heranführen des Poles aufzuwenden ist. Wird der Strom i durch das mit der Geschwindigkeit v umlaufende Elektron erzeugt, so muß die Heranführungsarbeit in einem Zuwachs der (potentiellen oder der kinetischen) Energie des Elektrons zum Vorschein kommen: sei beim Heranführen des Poles die zeitliche Änderung der Kraftlinienzahl $= \dfrac{dN}{dt}$ und während eines Elektronenumlaufs der Dauer $T = \dfrac{1}{n}$

---

[1]) Diese Darstellung schließt sich an eine von P. Scherrer (Rotationsdispersion des Wasserstoffs, Dissert. Göttingen, 1916) für das Debyesche Wasserstoffmolekül gegebene an. Eine etwas andere Ableitung gibt A. Sommerfeld als Beispiel für den Ehrenfestschen Adiabatensatz (Atombau und Spektrallinien, 4. Aufl., S. 402).

die Feldzunahme $= \varDelta \mathfrak{H}$, ferner die in der Zeit T geleistete Heranführungsarbeit $= \varDelta A$, so ist[1])

$$\varDelta \mathfrak{H} = \frac{dN}{dt} \cdot T$$

und mit Benutzung von Gl. (6)

$$\varDelta A = i F \cdot \varDelta \mathfrak{H} = \frac{e}{c} \cdot \frac{v}{2\pi r_0} \cdot \varDelta \mathfrak{H} \cdot r_0^2 \pi,$$

mithin ist die Gesamtarbeit $A = \Sigma \varDelta A$ während des Feldanstiegs von 0 bis $\mathfrak{H}$

$$A = \frac{e}{2c} \cdot \omega_0 r_0^2 \cdot \mathfrak{H} \quad \cdots \cdots \cdots \cdots \cdots \quad (14)$$

Die Gesamtenergie $E_0 = U_0 + K_0$ ($U_0 =$ potentielle, $K_0 = {}^1\!/_2\, m r_0^2 \omega_0^2$ $=$ kinetische Energie im feldfreien Zustand des Rotators) muß im Felde $\mathfrak{H}$ um A vergrößert sein:

$$A = \varDelta U + \varDelta\, ({}^1\!/_2\, m r_0^2 \omega_0^2) \quad \cdots \cdots \cdots \cdots \quad (15)$$

wobei[2])

$$\varDelta U = \left(\frac{\partial U}{\partial r}\right)_{r_0} \cdot \varDelta r.$$

Einsetzen von A aus (14) in (15) liefert bei Vernachlässigung von kleinen Größen höherer als erster Ordnung:

$$\frac{e}{2c} \cdot r_0^2 \omega_0 \cdot \mathfrak{H} = \left(\frac{\partial U}{\partial r}\right)_{r_0} \varDelta r + m r_0 \omega_0^2 \varDelta r + m r_0^2 \omega_0 \varDelta \omega \quad \cdots \quad (16)$$

Da die Gleichgewichtsbedingung des feldfreien Rotators

$$m r_0 \omega_0^2 - \left(\frac{\partial U}{\partial r}\right)_{r_0} = 0 \quad \cdots \cdots \cdots \cdots \cdots \quad (17)$$

ist, worin der erste Term die Zentrifugal-, der zweite die Zentripetalkraft darstellt, so tritt im Felde an Stelle von (17)

$$m\,(r_0 + \varDelta r)\,(\omega_0 + \varDelta \omega)^2 - \left(\frac{\partial U}{\partial r}\right)_{r_0} \varDelta r - \frac{e}{c} \cdot \mathfrak{H}\,(r_0 + \varDelta r)\,(\omega_0 + \varDelta \omega) = 0,$$

worin der dritte Term die magnetische Zusatzkraft $k = \dfrac{dA}{dr}$ aus Gl. (14) darstellt.

Einsetzen des Wertes für $\varDelta \omega$ aus (16) liefert bei Berücksichtigung von

$$\left(\frac{\partial U}{\partial r}\right)_{r_0 + \varDelta r} = \left(\frac{\partial U}{\partial r}\right)_{r_0} + \left(\frac{\partial^2 U}{\partial r^2}\right)_{r_0} \varDelta r$$

und Vernachlässigung kleiner Größen höherer Ordnung

$$\left[\left(\frac{\partial^2 U}{\partial r^2}\right)_{r_0} + 3\, m\, \omega_0^2\right] \varDelta r = 0 \quad \cdots \cdots \cdots \cdots \quad (18)$$

Andererseits folgt aus (17)

$$\left(\frac{\partial^2 U}{\partial r^2}\right)_{r_0} = m \omega_0^2 \quad \cdots \cdots \cdots \cdots \cdots \quad (19)$$

Gl. (18) und (19) können gleichzeitig nur bestehen, wenn

$$\varDelta r = 0 \quad \cdots \cdots \cdots \cdots \cdots \cdots \quad (20)$$

---

[1]) Der Index 0 soll im folgenden die Größen im feldfreien Zustand bezeichnen.

[2]) Der Index r_0 bzw. $r_0 + \varDelta r$ bedeutet den Wert des Differentialquotienten an der Stelle $r = r_0$ bzw. an der Stelle $r_0 + \varDelta r$; $\varDelta r$ mißt die Größe der Bahndeformation.

Hiermit ist bewiesen, daß das Magnetfeld keine Bahnänderung des Rotators bewirkt, sondern lediglich eine zusätzliche Winkelgeschwindigkeit $\pm \varDelta \omega$ gemäß unserer früheren Gl. (10), nämlich

$$\varDelta \omega = + \frac{e}{2\,m\,c} \cdot \mathfrak{H} \text{ für das linksläufige,} \qquad\qquad \left.\begin{array}{l} \\ \\ \end{array}\right\} \dots (10)$$

$$\varDelta \omega = - \frac{e}{2\,m\,c} \cdot \mathfrak{H} \text{ für das rechtsläufige Elektron.}$$

Der Umlaufssinn „rechts" bzw. „links" bezieht sich auf die Betrachtung von der Spitze des $\mathfrak{H}$-Pfeiles aus in Fig. 1181.

Larmorscher Satz. Der in Gl. (10) enthaltene Tatbestand läßt sich so beschreiben (Fig. 1181): das Feld bewirkt eine gleichförmige Drehung um O („Präzession") der die Kreisbahnen C_r und C_l enthaltenden Ebene um $\mathfrak{H}$ als Achse und O als Drehpunkt im Uhrzeigersinn in der $\mathfrak{H}$-Richtung betrachtet mit konstanter Winkelgeschwindigkeit o, wobei o bestimmt ist durch

$$o = |\varDelta \omega| = + \frac{e}{2\,m\,c} \cdot \mathfrak{H} \dots\dots\dots\dots (21)$$

In einem gegenüber der präzessierenden Kreisbahn ruhenden Koordinatensystem haben die umlaufenden Elektronen dann die durch Gl. (1) bestimmten Umlaufszahlen $n \mp \varDelta n$; in einem mit den Kreisbahnen präzessierenden System dagegen haben die Elektronen unverändert die Umlaufzahl n der feldfreien Bewegung. Nach dem Sinne der Komponentenzerlegung (Fig. 1180) bedeutet dies, daß die Resultierende $A_\sigma B_\sigma$ selbst die Präzession o in der Bahnebene ausführt, und demgemäß (Fig. 1179), daß die ursprüngliche Schwingungsbahn $A\,B$ des linearen Oszillators um $\mathfrak{H}$ als Achse, O als Drehpunkt unter Erhaltung des Winkels zwischen $A\,B$ und der $\mathfrak{H}$-Richtung sich mit der konstanten Winkelgeschwindigkeit o gemäß (21) umdreht, präzessiert. Die Wirkung des Feldes $\mathfrak{H}$ auf den linearen Oszillator besteht also lediglich darin, daß er im Felde unter Beibehaltung seiner Bahn, deren Neigung gegen $\mathfrak{H}$ und deren Schwingungszahl n eine Präzessionsbewegung ausführt, d. h. einen Kreiskegel mit $\mathfrak{H}$ als Achse, O als Spitze und zweimal $\sphericalangle A\,O\,\mathfrak{H}$ als Öffnungswinkel mit der

Fig. 1183.

Drehgeschwindigkeit $o = \dfrac{e}{2\,m\,c} \cdot \mathfrak{H}$ beschreibt.

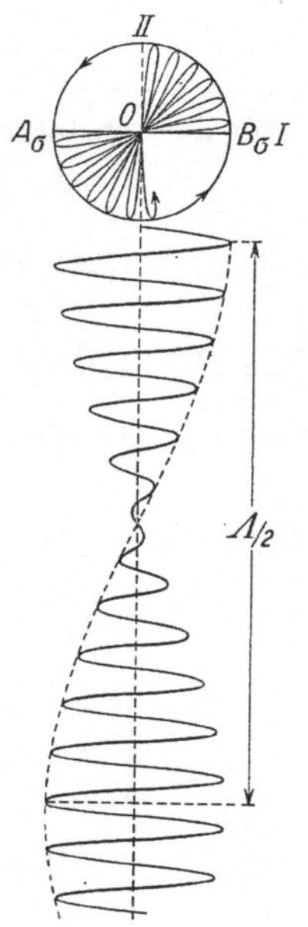

Man sieht leicht, daß das Hinzukommen der Präzessionsbewegung o zur linearen Schwingung $A\,B$ aus der feldlosen Spektrallinie der Schwingungszahl n ein Lorentztriplett der Aufspaltung $\pm \varDelta n$ entstehen läßt, denn

1. bleibt bei der Präzession die Komponente (Fig. 1179) $A_\pi B_\pi$ ungeändert, was eine Zeemankomponente der Schwingungszahl $n \,//\, \mathfrak{H}$ schwingend ergibt,

2. liefert die Umdrehung von $A_\sigma B_\sigma$ um O eine in der Ebene E enthaltene

Schwebungswelle $\varLambda$ (Fig. 1183), deren Intensitätsmaxima der Lage I, deren Minima der Lage II von $A_\sigma B_\sigma$ entsprechen. Bekanntlich kommt eine Schwebung (der Schwebungszahl N und Wellenlänge $\varLambda$) zustande durch Interferenz zweier Wellen von nahe gleichen Schwingungszahlen n_1, n_2 bzw. Wellenlängen λ_1, λ_2 $\left(\text{also der mittleren Wellenlänge } \overline{\lambda} = \frac{\lambda_1 + \lambda_2}{2}\right)$. Der Spektralapparat zerlegt die Schwebungswelle in diese Grundschwingungen. Sei $\lambda_1 - \lambda_2 = + 2\,\varDelta\lambda$ und $n_2 - n_1 = 2\,\varDelta n$ und c die Fortpflanzungsgeschwindigkeit, so ist

$$c = N\varLambda = n_1\lambda_1 = n_2\lambda_2 \quad\cdots\cdots\cdots\cdots \quad (22)$$

N ist offenbar (Fig. 1183) gleich der Präzessionsfrequenz $o/2\,\pi$ der Bahn $A_\sigma B_\sigma$. Andererseits sind in der Schwebungswellenlänge $\varLambda$ enthalten:

$$z_1 = \frac{n_1}{N} \text{ Wellen } \lambda_1 \text{ und } z_2 = \frac{n_2}{N} \text{ Wellen } \lambda_2,$$

wobei $z_2 - z_1 = 1$, mithin $\dfrac{\varDelta n}{N} = 1$, und daher ist

$$\varDelta n = \frac{o}{2\,\pi} = \frac{e_{\text{elst}}}{m} \cdot \frac{1}{4\,\pi\,c} \cdot \mathfrak{H} \quad\cdots\cdots\cdots\cdots \quad (1)$$

und mittels Gl. (22)

$$\varDelta\nu = \frac{\varDelta\lambda}{\lambda^2} = \frac{\varDelta n}{N\varLambda} = \frac{1}{\varLambda} = \frac{e_{\text{elm}}}{m} \cdot \frac{1}{4\,\pi\,c} \cdot \mathfrak{H} \quad\cdots\cdots\cdot \quad (1)$$

Dies sind aber die Lorentzschen Fundamentalgleichungen. Eine analoge Betrachtung kann für die zirkulare Schwebungswelle in der $\mathfrak{H}$-Richtung (Longitudinaleffekt) angestellt werden.

Die Präzessionsbewegung ist bisher nur als formale Beschreibung des Inhalts von Gl. (10) eingeführt, wir wollen sie nun als mechanisch bedingt erweisen: Ein längs $A_\sigma B_\sigma$ (Fig. 1179) pendelndes Elektron durchläuft offenbar bei der gleichförmigen Drehung von $A_\sigma B_\sigma$ um O eine Rosettenfigur in der Ebene E (in Fig. 1183 oben für einen Quadranten gezeichnet). Denkt man sich $A_\sigma B_\sigma$ als Schiene, in der ein Massenpunkt m gleitet, und diese um O mit der Winkelgeschwindigkeit o in Drehung versetzt, so sieht man, daß bei der Umdrehung zwei Trägheitskräfte auftreten, nämlich die in Richtung der Schiene wirkende Zentrifugalkraft $Z = m\,r\,o^2$ und die $\perp$ zur Schiene entgegen deren Bewegungsrichtung wirkende Corioliskraft C; die „Führungskraft“ der mechanisch bewegten Schiene zwingt — entgegen dem Trägheitswiderstand C — den Massenpunkt aus seiner geraden Bahn in die Rosettenbahn. Die Corioliskraft ist, wie in der Mechanik gezeigt wird:

$$C = 2\,m\,v \cdot o \cdot sin(v, o).$$

Die dem Schienenmodell ganz gleichartige Bewegung des Oszillators im Magnetfeld muß also so zustande kommen, daß die nötige Führung durch das Feld $\mathfrak{H}$ selbst, d. h. durch die von ihm auf die bewegte Elektronenladung ausgeübte Kraft $k = -\dfrac{e}{c} \cdot v \cdot \mathfrak{H}\, sin(v, H)$ geliefert wird [1]); die im Schienen-

---

[1]) Im betrachteten Falle einer Kreisbewegung ist $sin(v, o) = sin(v, \mathfrak{H}) = 1$.

modell mechanisch erzwungene Bewegung wird hier zu einer freien[1]) Bewegung, d. h. es ist $C = -k$ oder $2\,mvo = \dfrac{e}{c}\cdot v\,.\,\mathfrak{H}$, woraus die frühere Gl. (10) bzw. (21) folgt:

$$o = \frac{e}{2\,mc}\cdot\mathfrak{H} \quad\cdots\cdots\cdots\cdots\cdots (21)\,[2])$$

Man kann dieses Ergebnis allgemein so fassen[3]): „das Elektron beschreibt in einem äußeren Magnetfeld dieselbe Bahn wie ohne Magnetfeld, aber relativ

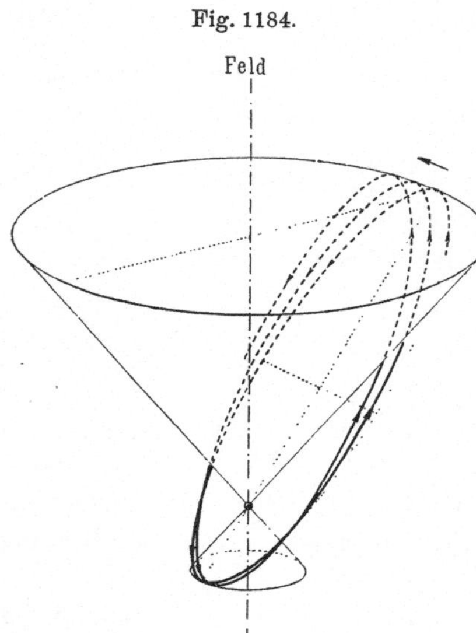

Fig. 1184.

zu einem Bezugssystem, welches mit der durch Gl. (10) bestimmten Winkelgeschwindigkeit o umgedreht wird. Von diesem Bezugssystem aus betrachtet, verlaufen die Bahnen feldfrei. Präzession des Bezugssystems und Wirkung des Magnetfeldes ersetzen sich gegenseitig und sind zueinander äquivalent".

Dies ist der Inhalt des Larmorschen Satzes[4]), die durch Gl. (11) bestimmte Bewegung wird als Larmorpräzession bezeichnet. Durch den Larmorschen Satz wird jeder beliebigen Elektronenbewegung im magnetfeldfreien Raum eine bestimmte Bewegung im Magnetfeld zugeordnet, welche aus der feldfreien Bewegung durch Superposition der

Larmorpräzession hervorgeht. Fig. 1184[5]) zeigt als Beispiel einer verwickelteren Elektronenbewegung eine Keplerellipse im Magnetfeld; die große Achse beschreibt bei der Larmorpräzession einen Kegel, dessen Spitze in dem vom Atomkern eingenommenen Brennpunkt liegt. Für den allgemeinen Beweis des Larmorschen Satzes für beliebige Bahnen wird auf Kap. XXIX, § 9 verwiesen.

Die Quantentheorie des Zeemaneffekts.

1. Der normale Zeemaneffekt. Nach der klassischen Elektronentheorie sendet jedes beschleunigt bewegte Elektron Strahlung aus, und zwar alle Schwingungszahlen $\nu_1,\ \nu_2,\ \nu_3\ldots$ gleichzeitig, welche als harmonische

---

[1]) Die Zentrifugalkraft Z ist gegen C zu vernachlässigen, denn es ist $r\,o \ll v$, nämlich größenordnungsmäßig
$$o : v = \varDelta n : n = \varDelta\lambda : \lambda^2.$$

[2]) Indem wir in Gl. (21) o und $\mathfrak{H}$ als Vektoren schreiben, ist auch die Richtung von o als gleichgerichtet mit $\mathfrak{H}$, und der Drehsinn der Präzession als der Uhrzeigersinn bei Betrachtung in der $\mathfrak{H}$-Richtung angegeben.

[3]) A. Sommerfeld, Atombau und Spektrallinien, 4. Aufl., S. 390.

[4]) J. Larmor, Phil. Mag. **44**, 503, 1897; ferner „Aether and Matter", S. 341. Cambridge 1900.

[5]) Entnommen aus Buchwald, Das Korrespondenzprinzip, S. 63. Sammlung Vieweg, Heft 67.

Einzelschwingungen [1]) in seiner Bahnbewegung enthalten sind; nach der Quantentheorie der Atomspektren von Bohr dagegen bewegen sich die den Atomkern umlaufenden Elektronen strahlungslos in gewissen quantenmäßig ausgezeichneten Bahnen („stationäre" Bahnen), die bestimmte Energiezustände E des Atoms darstellen. Strahlung wird nur ausgesandt bei einem Quantenübergang von einem höheren Energiezustand (Anfangszustand E_a) zu einem tieferen (Endzustand E_e). Die Frequenz der Strahlung ist mit den beiden Energiezuständen verknüpft durch die „Frequenzbedingung"

$$h.v = E_a - E_e \cdots\cdots\cdots\cdots (23)$$

worin h das Plancksche Wirkungsquantum ist. Die Größen $\dfrac{E_a}{h} = v_a$, $\dfrac{E_e}{h} = v_e$ sind nach Gl. (23) die „Spektralterme" [2]) im Sinne des Kombinationsprinzips von Ritz, da aus ihrer „Kombination" (das ist deren Differenz $v_e - v_a$) die Spektrallinie v hervorgeht. Jedem Quantenübergang entspricht nach Gl. (23) nur eine Frequenz, das Gesamtspektrum wird daher nicht in einem Strahlungsakt erzeugt, sondern durch die Vielheit der verschiedenen Quantenübergänge aller gleichzeitig in der Lichtquelle strahlenden Atome.

Das Auftreten von Zeemankomponenten, das ist von neuen Spektrallinien bei Einschalten eines Magnetfeldes, muß nach dem in Gl. (23) enthaltenen Kombinationsprinzip so verstanden werden, daß im Felde neue Terme entstehen, indem zu jeder Energiestufe E magnetische Zusatzenergien $\varDelta E$ hinzutreten. Die Zusatzenergie wird geliefert von der Larmorpräzession der Elektronenbahnen im Magnetfeld. So geht Gl. (23) im Magnetfeld über in

$$v + \varDelta v = \frac{E_a + \varDelta E_a}{h} - \frac{E_e + \varDelta E_e}{h},$$

woraus mit (23) für die Zeemanverschiebung der Spektrallinie folgt:

$$\varDelta v = \frac{\varDelta E_a}{h} - \frac{\varDelta E_e}{h} = \varDelta v_a^{\mathrm{n}} - \varDelta v_e \cdots\cdots\cdots (24)$$

Die Größen $\dfrac{\varDelta E_a}{h} = \varDelta v_a$ und $\dfrac{\varDelta E_e}{h} = \varDelta v_e$ sind die der Zusatzenergie entsprechenden Zusatzterme, welche im Magnetfeld zu den Spektraltermen $\dfrac{E_a}{h} = v_a$ und $\dfrac{E_e}{h} = v_e$ hinzukommen; man bezeichnet sie sinngemäß als die Zeemanterme von v_a und v_e. Zur Berechnung der Zeemanverschiebung $\varDelta v$ aus (24) sind die Zeemanterme $\varDelta v_a$ und $\varDelta v_e$ zu bestimmen.

Wir knüpfen an das Beispiel der Elektronenbewegung in einer Keplerellipse an (Fig. 1184) und denken uns das Drehimpulsmoment $J = m.v.r.sin(v, r)$ des um M umlaufenden Elektrons als Vektor in $M\perp$ zur Bahnebene aufgetragen. Solange keine äußere Kraft auf das System wirkt, bleibt J nach Größe und Richtung konstant. Bei Einschalten eines Magnetfeldes $\mathfrak{H}$ tritt Larmorpräzession der Bahn um $\mathfrak{H}$ als Achse ein, der Vektor J beschreibt alsdann

---

[1]) Vgl. S. 1970.

[2]) Wenn, wie üblich, die Terme in Wellenzahlen angegeben werden sollen, so ist die Energie in (1) noch durch c zu dividieren.

einen Kreiskegel von konstantem Öffnungswinkel (Fig. 1185) um die $\mathfrak{H}$-Achse mit der Winkelgeschwindigkeit $o = \dfrac{e}{2\,mc}\cdot\mathfrak{H}$. Diese Zusatzbewegung hat eine Vermehrung der kinetischen Energie des Systems zur Folge vom Betrag[1]

$$\varDelta E = o\,J.\cos(J,\mathfrak{H}) \cdot \cdot \cdot \cdot \cdot \cdot \cdot \cdot \cdot \cdot \cdot \quad (25)$$

Die Quantentheorie verlangt nun, daß der Gesamtdrehimpuls J eines Atoms nur eine diskrete Folge von Werten annehmen kann, die sich um ein ganzzahliges Vielfaches der Wirkungsgröße $\dfrac{h}{2\,\pi}$ unterscheiden[2]; hierdurch ist eine Quantenzahl j bestimmt („innere" Quantenzahl oder Gesamtimpulsquantenzahl), derart, daß $J = j\,\dfrac{h}{2\,\pi}$, womit (25) übergeht in

$$\varDelta E = o\,.\,j\,\frac{h}{2\,\pi}\,\cos(j,\mathfrak{H}) \cdot \cdot \cdot \cdot \cdot \cdot \cdot \cdot \cdot \cdot \quad (26)$$

woraus folgt:

$$\frac{\varDelta E}{h} = \varDelta\nu = \frac{o}{2\,\pi}\cdot j\cdot\cos(j,\mathfrak{H}) = m\cdot\frac{o}{2\,\pi} = m\cdot\nu_0 \cdot \cdot \cdot \cdot \quad (27)$$

Die Größe $j.\cos(j,\mathfrak{H})$ ist die Projektion m von j auf die $\mathfrak{H}$-Richtung [in Fig. 1187 sind die m-Werte für ein ganzzahliges $(j = 2)$ und für ein halbzahliges $(j = 5/2)$ gezeichnet], m liegt also in den Grenzen $- j \leq m \leq + j$. Es ist leicht zu sehen, daß auch m nur diskreter Werte fähig ist, also selbst

Fig. 1185.

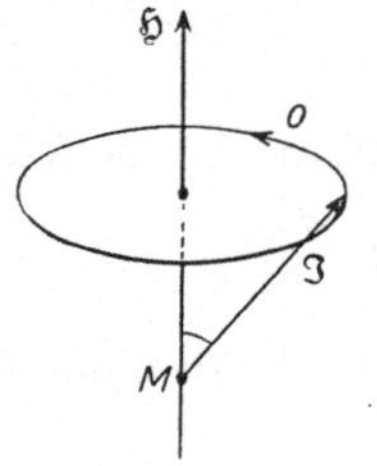

Fig. 1187.

Fig. 1186.

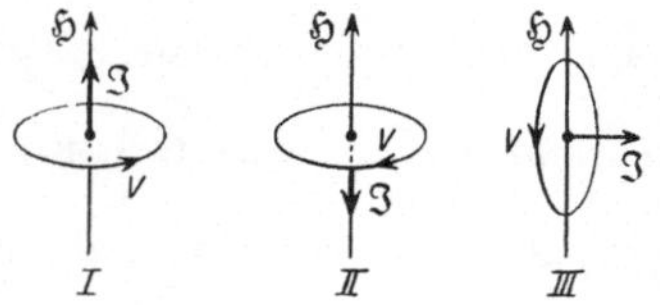

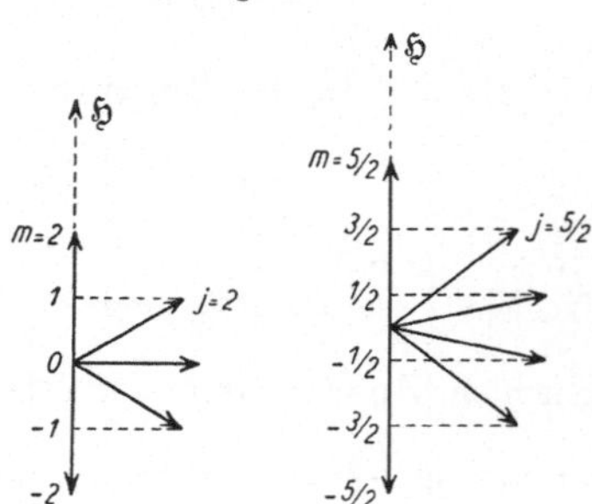

eine Quantenzahl sein muß, denn wenn $m = j.\cos(j,\mathfrak{H})$ alle Werte zwischen $- j$ und $+ j$ durchlaufen könnte, so würde $\varDelta E$ nach (26) eine kontinuierliche Folge von Werten annehmen, und es würde nach (24) keine Zeemanverschiebung, sondern eine Verwaschung der Spektrallinie in den Grenzen $\pm\varDelta\nu$ eintreten, was der Erfahrung widerspricht. Die Quantenzahl m („äquatoriale" oder „magnetische" Quantenzahl) kann demnach in den

---

[1] Man erkennt leicht aus Fig. 1186, daß übereinstimmend mit Gl. (25) $\varDelta E$ in der Grenzlage I ein positives Maximum ist, in II ein negatives, in III Null ist, weil durch die Larmorpräzession die Elektronenumlaufsgeschwindigkeit v in I vergrößert, in II verkleinert, in III nicht verändert wird.

[2] Vgl. Kap. XXIX, § 9 und 11.

Grenzen $\pm j$ nur Werte annehmen, die in ganzzahligen Intervallen fortschreiten:

$$m = j, j-1, j-2 \cdots -(j-2), -(j-1), -j \cdots \quad (28)$$

Dies sind insgesamt $2j+1$ Werte, denen $2j+1$ mögliche Winkeleinstellungen von j zur $\mathfrak{H}$-Richtung entsprechen (Fig. 1187), die durch

$$\cos(j.\mathfrak{H}) = \frac{m}{j} \quad\cdots\cdots\cdots\cdots (29)$$

bestimmt sind. Aus (27) und (24) folgt somit für die Zeemanverschiebung

$$\varDelta v = \varDelta v_a - \varDelta v_e = \frac{o}{2\pi}(m_a - m_e) \quad\cdots\cdots\cdots (30)$$

Da nach Gl. (22a)

$$\frac{o}{2\pi} = \frac{e}{m_0} \cdot \frac{1}{4\pi c} \cdot \mathfrak{H} = 1 \text{ Lorentzeinheit}$$

ist, kommt für die Zeemanverschiebung in Lorentzeinheiten:

$$\varDelta v = (m_a - m_e) \text{ Lorentzeinheiten} \quad\cdots\cdots\cdots (31)$$

Der Zeemantypus der Spektrallinie v ergibt sich also, indem man für m_a und m_e der Reihe nach die durch (28) bestimmten Zahlen einsetzt und alle Differenzen $m_a - m_e$ bildet; jede Differenz liefert nach (31) eine Zeemankomponente, gemessen in Lorentzeinheiten von der feldlosen Linie v aus. Sei beispielsweise im Anfangszustand $j_a = 3$, im Endzustand $j_e = 2$, so sind die zugehörigen m-Werte:

Tabelle 6.

m_a	-3	-2	-1	0	1	2	3
m_e		-2	1	0	1	2	

Jedes Glied der unteren Zeile von jedem Glied der oberen abgezogen ergibt eine Zeemankomponente, und man erhält als Zeemantypus

$$\varDelta v = \pm 0, 1, 2, 3, 4, 5 \text{ Lorentzeinheiten.}$$

Die Mehrzahl der Komponenten hat dabei mehrfache Entstehungsart, z. B. die Komponente 0 eine fünffache, nämlich

$$m_a - m_e = 2-2, 1-1, 0-0, -1-(-1), -2-(-2) = 0.$$

Gegenüber dem in Wirklichkeit auftretenden Lorentztriplett -1, (0), 1 hat dieser berechnete Typus ein Zuviel durch überzählige Komponenten, ein Zuwenig durch Mangel von Aussagen über die beobachteten π- bzw. σ-Polarisation. Die Berichtigung und Ergänzung wird geliefert durch eine „Auswahlregel" und eine „Polarisationsregel" der m des Inhalts:

1. m darf bei einem Quantenübergang sich nur ändern um 0 oder ± 1, also $m_a - m_e = \varDelta m = 0$ oder ± 1.

2. Jeder Übergang $\varDelta m = 0$ ergibt eine $/\!/\,\mathfrak{H}$ schwingende, jeder Übergang $\varDelta m = \pm 1$ eine $\perp \mathfrak{H}$ schwingende Zeemankomponente (bzw. zirkulare bei longitudinaler Betrachtung). Tabelle 7 hebt durch Pfeile die hiernach allein erlaubten Übergänge heraus.

Tabelle 7.

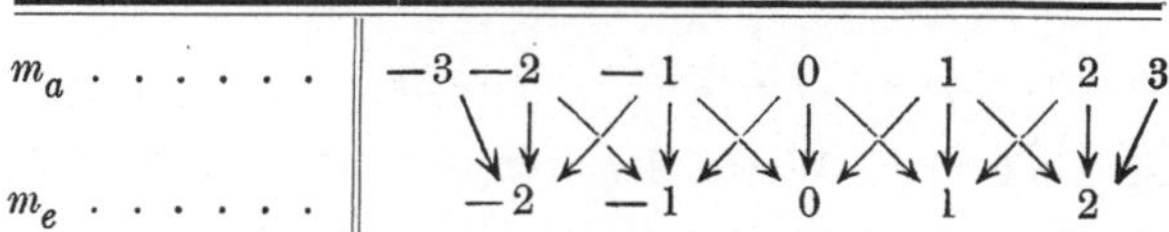

Die senkrechten Pfeile ergeben alle wegen $\Delta m = 0$ eine π-Komponente, und zwar alle ein und dieselbe mit der Zeemanverschiebung Null, die Schrägpfeile ergeben wegen $\Delta m = \pm 1$ sämtlich σ-Komponenten, und zwar alle linksgerichteten die σ-Komponente $+1$, alle rechtsgerichteten die σ-Komponente -1; es resultiert somit jetzt das Lorentztriplett $-1\ (0) + 1$. Fig. 1188 ver-

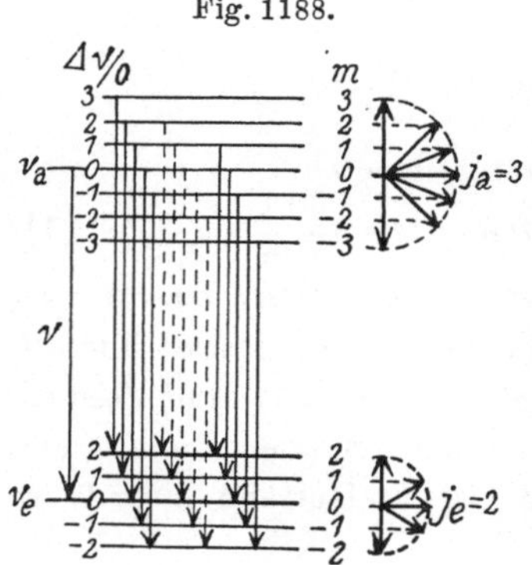

anschaulicht[1]) dieses Zustandekommen des normalen Zeemaneffekts. Der Ausgangsterm ν_a mit $j_a = 3$ wird in 7 je um eine Lorentzeinheit zu- bzw. abnehmende bezüglich ν_a symmetrisch liegende Zeemanterme aufgespalten, entsprechend $2\,j_a + 1 = 7$ Einstellungsmöglichkeiten des j-Vektors zur Feldrichtung, der Endterm ν_e in 5, entsprechend $2\,j_e + 1 = 5$ [Gl. (27) und Tabelle 6]. Die gestrichelten Pfeile sind sämtlich von der Länge $\nu_a - \nu_e = \nu$ der feldlosen Linie; da für sie $\Delta m = 0$ ist, liefern alle die unverschobene Mittelkomponente $// \mathfrak{H}$

schwingend. Die Pfeile der linken bzw. rechten Gruppe haben die Länge $\nu + \Delta \nu$ bzw. $\nu - \Delta \nu$; wegen $\Delta m = + 1$ bzw. $\Delta m = -1$, liefert jede Gruppe dieselbe verschobene σ-Komponente $+1$ bzw. -1.

Es ist hervorzuheben, daß die Linienaufspaltung bei dieser quantentheoretischen Betrachtung sich als eine sekundäre Erscheinung ergibt, die primäre ist die magnetische Aufspaltung der Spektralterme ν_a und ν_e. Es ist dies ganz im Sinne des Kombinationsprinzips, dessen Wirken wir schon in der Termzerlegung in Tabelle 2 erkannt haben. Daß der Linientypus nur aus 3 Zeemankomponenten besteht, obwohl die Terme ν_a bzw. ν_e in 7 bzw. 5 Zeemanterme aufgespalten sind, hat seinen Grund darin, daß die Abstände benachbarter Zeemanterme im Endzustand dieselben sind wie im Anfangszustand (nämlich eine Lorentzeinheit), es fallen deswegen Zeemankomponenten verschiedenen Ursprungs zusammen. Wären die Termabstände im Endzustand andere als im Anfangszustand, so würde jeder Übergang $m_a \to m_e$ zu einer besonderen Zeemankomponente Anlaß geben, also im Falle $j_a = 3$, $j = 2$ zu 5 π-Komponenten und $2 . 5$ σ-Komponenten, einem Typus von insgesamt 15 Komponenten, ähnlich wie in Fig. 3 Nr. 5. Von solcher Art sind aber gerade die beobachteten anomalen Zeemaneffekte. Der normale Zeemaneffekt erscheint somit hier als ein spezieller Fall einer

---

[1]) Nach Back-Landé, „Zeemaneffekt und Multiplettstruktur". Springer, Berlin 1925. Dort ist die Bezeichnung etwas anders; $\Delta \nu /0$ in Fig. 1188 ist in unserer Bezeichnung die Termverschiebung $\Delta \nu$ nach Gl. (27).

allgemeineren Klasse von Zeemaneffekten, und man erkennt, daß der Umweg der Quantentheorie, der im Gegensatz zur klassischen Betrachtungsweise erst über die magnetische Termaufspaltung zur Linienaufspaltung gelangt, in Wahrheit der gerade Weg ist, denn er führt unmittelbar zum Verständnis auch des anomalen Effekts, der der klassischen Theorie verschlossen war[1]).

Die zur Herleitung der Endformel (30) notwendige, zunächst willkürlich erscheinende Auswahl- und Polarisationsregel der m wird durch das Korrespondenzprinzip von Bohr begründet. Dieses stellt einen Zusammenhang her zwischen der Strahlung bei einem Quantenübergang und dem Charakter der Bahnbewegung des Elektrons im Sinne der klassischen Theorie. Ist die Bahn im einfachsten Falle ein Kreis, der mit konstanter Winkelgeschwindigkeit w durchlaufen wird, so liefert die Zerlegung der Bewegung in drei zueinander senkrechte Achsen X, Y, Z ($Z /\!/ \mathfrak{H}$ gedacht) in jeder Achse eine Sinusschwingung der Frequenz $\nu_w = \dfrac{w}{2\pi}$. Ist die Bahnbewegung allgemeinerer Art, etwa eine Keplerellipse, so liefert die Zerlegung außer der Grundschwingung ν (Umlaufsfrequenz) auch die Oberschwingungen $2\nu, 3\nu \ldots \tau\nu$, wobei τ alle ganzzahligen Werte zwischen $-\infty$ und $+\infty$ annimmt. Überlagert sich dieser Bewegung noch die gleichförmige Larmorpräzession um die Z-Achse mit der Frequenz $\nu_0 = \dfrac{o}{2\pi}$, so werden dadurch die Schwingungskomponenten längs der Drehachse z nicht verändert, aber in der X-Y-Ebene $\perp Z$ tritt zur ursprünglichen Bewegung noch die konstante Drehgeschwindigkeit der Larmorpräzession um Z, es kommt also zu jeder Schwingungskomponente $\tau\nu$ noch die Frequenz $\pm\nu_0$ hinzu ($+\nu_0$, wenn der Umlaufssinn in der Ellipse mit der Larmorpräzession gleichgerichtet; $-\nu_0$, wenn er entgegengesetzt ist). In der X-Y-Ebene sind die Schwingungskomponenten nunmehr $\nu \pm \nu_0$, $2\nu \pm \nu_0$, $\ldots$, $\tau\nu \pm \nu_0$, wobei $-\infty < \tau < +\infty$; die Präzessionsfrequenz geht hier bei jedem Glied mit dem Koeffizienten ± 1 ein, in der Z-Bewegung aber mit dem Koeffizienten 0. Der Zusammenhang, welchen das Korrespondenzprinzip[2]) einerseits zwischen der Bahnbewegung und den in ihr enthaltenen Frequenzen, welche nach klassischer Betrachtung für die ausgestrahlten Frequenzen und ihre Polarisation unmittelbar bestimmend sind, und der bei einem Quantenübergang andererseits ausgestrahlten Frequenz und Polarisation herstellt, besteht darin, daß dem Quantensprung $\Delta m = 1, 2, 3 \ldots$ die Grundschwingung, erste, zweite Oberschwingung der Umlaufsfrequenz zugeordnet ist, deren nach klassischer Rech-

---

[1]) A. Sommerfeld (Atombau und Spektrallinien, 4. Aufl., S. 393) weist darauf hin, daß in der Endformel für den normalen Zeemaneffekt Gl. (30) „die Quantentheorie gewissermaßen latent geworden ist, indem hier ihr eigentliches Merkmal, die Größe h verschwunden ist. Darin haben wir den Grund zu erblicken, weshalb es möglich war, die Magnetooptik in der Lorentzschen Theorie bis zu einem gewissen Grade auf klassischer Grundlage zu entwickeln". Wir werden finden, daß in der allgemeinen Theorie des (anomalen) Zeemaneffekts dies nicht mehr der Fall ist, weshalb die klassische Behandlung dort nicht zum Ziele führen konnte.

[2]) Wir verweisen hierfür auf die Darstellung von W. Pauli in Kap. XXIX.

nung bestimmte Polarisation und Intensität dann auch der ν_{kl} entsprechen den quantentheoretischen Frequenz ν_{qu} zukommen soll. Nach Gl. (27) ist die magnetische Quantenzahl m der Larmorfrequenz ν_0 zugeordnet. Da in der Komponente $// \mathfrak{H}$ der Bahnbewegung die Frequenz ν_0 nicht vorkommt oder, was dasselbe ist, ν_0 nur in der Z-Bewegung mit dem Fourierkoeffizienten Null auftritt, so ist $\Delta m = 0$ der Z-Bewegung zugeordnet, d. h. der Sprung $\Delta m = 0$ ergibt Ausstrahlung $// Z$, d. h. $// \mathfrak{H}$. In der Ebene $\perp \mathfrak{H}$ tritt ν_0 nur mit den Fourierkoeffizienten ± 1 auf, daher ist der Sprung $\Delta m = \pm 1$ mit Ausstrahlung $\perp \mathfrak{H}$ schwingend (bzw. zirkular um die $\mathfrak{H}$-Richtung im Längseffekt) verknüpft. Fourierkoeffizienten von ν_0, deren Absolutbetrag > 1 ist, kommen, da die Präzessionsgeschwindigkeit o konstant ist, in der Bahnbewegung überhaupt nicht vor, daher sind Sprünge $|\Delta m| > 1$ nicht möglich. Dies sind aber die Auswahl- und Polarisationsregeln für den Quantensprung Δm, deren Einführung sich phänomenologisch als notwendig erwiesen hatte (S. 1981), um aus Gl. (27) das Lorentztriplett zu gewinnen.

Der anomale Zeemaneffekt. Die Theorie des anomalen Effekts ist von A. Landé im engen Anschluß an die des normalen unter Zugrundelegung der empirisch bestimmten Linienaufspaltung der Fig. 1175 sowie einer großen Zahl exakt gemessener Zeemantypen (hauptsächlich des Cr- und Mn-Spektrums) entwickelt worden. Wenn — wie es die Theorie des normalen Effekts zeigt — die Wirkung des Magnetfeldes darin besteht, daß jeder Spektralterm mit der inneren Quantenzahl j in $2j + 1$ Zeemanterme aufgespalten wird, so muß man diese aus dem beobachteten Zeemantypus der Spektrallinie ermitteln können, ähnlich wie aus dem System der Spektrallinien eines Elements das Termsystem gefunden wird. Man hat dazu für jeden empirisch festgestellten Zeemantypus eine Tabelle entsprechend Tabelle 7 anzulegen, in die man zunächst durch Probieren solche Zahlen einsetzt, daß sich aus ihnen durch Differenzbildung nach dem Pfeilschema (d. i. Berücksichtigung der m-Auswahlregel) der beobachtete Zeemantypus ergibt.

Als Beispiel führen wir das Verfahren für den Zeemantypus der Kombination $(^3S_1\ ^3P_2)$ (Fig. 1175, Nr. 2) durch; aus $j_a = 1$, $j_e = 2$ folgt gemäß Gl. (28) $m_a = 0, \pm 1$, $m_e = \pm 0, 1, 2$. Mit Hilfe des empirisch gefundenen Typus $\pm \dfrac{(\overline{0})\,(1)\,\overline{2}\,3\,4}{2}$ läßt sich Tabelle 8 aufstellen; die darin eingetragenen Termbrüche sind so gewählt, daß die Differenzbildung nach dem Pfeilschema, d. i. Anwendung der Auswahl- und Polarisationsregeln, für die Sprünge Δm gerade den experimentell festgestellten Zeemantypus ergibt.

Tabelle 8.

	$m =$	-2	-1	0	1	2
Zeemanterm $\{$ $^3S_1$			-2	0	2	
$^3P_2$		$-^6/_2$	$-^3/_2$	0	$^3/_2$	$^6/_2$
Beobachteter Zeemantypus $\}$		$-^4/_2\ -^3/_2\ -^2/_2\ (-^1/_2)\ (\mathbf{0})\ (^1/_2)\ ^2/_2\ ^3/_2\ ^4/_2$				

Die Analogie mit Tabelle 7 ist deutlich, aber in Tabelle 8 sind im Gegensatz zu Tabelle 7 die Termaufspaltungen weder normal (d. h. im Abstand von je 1 Lorentzeinheit aufeinanderfolgend) noch im Anfangs- und Endterm von derselben Größe.

Als zweites Beispiel (Tabelle 9) sei dasselbe für die D-Linientypen 5890 Å $= (^2S_{1/2} \, ^2P_{3/2})$ mit $j_a = {}^1/_2$, $m_a = \pm\,{}^1/_2$; $j_e = {}^3/_2$, $m_e = \pm\,{}^1/_2$, ${}^3/_2$ und 5896 Å $= (^2S_{1/2} \, ^2P_{1/2})$ mit $j_e = {}^1/_2$, $m_e \pm\,{}^1/_2$ durchgeführt (Tabelle 9). Gerade die vom Typus in Tabelle 8 völlig verschiedene Art der Symmetrie dieser Typen macht die Einführung halbzahliger m- und j-Werte unvermeidbar.

Tabelle 9.
Zeemantypus der D-Linien.

Zeemanterm . . $\Big\{$	$m =$	$-{}^3/_2$	$-{}^1/_2$	${}^1/_2$	${}^3/_2$	$m =$	$-{}^1/_2$	${}^1/_2$
	$^2S_{1/2}$		-1	1		$^2S_{1/2}$	-1	1
	$^2P_{3/2}$	$-{}^6/_3$	$-{}^2/_3$		${}^6/_3$	$^2P_{1/2}$	$-{}^1/_3$	${}^1/_3$
Beobachteter $\Big\}$ . . Zeemantypus		$-{}^5/_3 \ -{}^3/_8 \ (-{}^1/_8) \ ({}^1/_8) \ {}^3/_8 \ {}^5/_3$					$-{}^4/_3 \, (-{}^2/_3) \, ({}^2/_3) \, {}^4/_3$	

Fig. 1189 zeigt das Zustandekommen des Zeemaneffekts der D-Linien (im Bild unten) als Folge der magnetischen Termaufspaltung[1] (oben). Links sind die feldlosen Terme und Spektrallinien eingezeichnet, durch die Pfeile sind die Quantenübergänge angegeben. Rechts (mit Feld) werden durch die Pfeile die nach der Auswahl- und Polarisationsregel der m erlaubten Übergänge $\varDelta m = 0$ (π-Komponenten gestrichelt gezeichnet) und $\varDelta m = \pm 1$ (σ-Komponenten) angedeutet; sie sind, wie auch in der Bildhälfte „ohne Feld", so gezeichnet, daß jeder Pfeil auf die Zeemankomponente weist, welche durch den entsprechenden Übergang zustande kommt (π-Komponenten gestrichelt, σ-Komponenten ausgezogen).

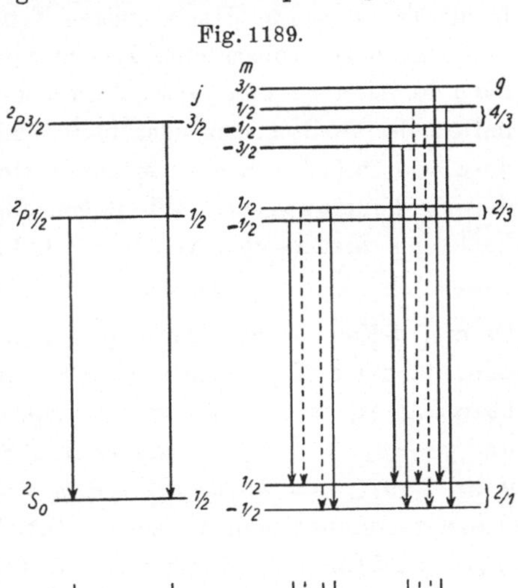

Fig. 1189.

In gleicher Weise läßt sich jeder der Typen von Fig. 1175 in einem der Tabelle 8 bzw. 9 analogen Kombinationsschema von Zeemantermen darstellen. Dabei zeigt sich, daß der charakteristische Intensitätsverlauf in den Zeemantypen der Fig. 1175 qualitativ im Kombinationsschema jeweils mit enthalten ist in Gestalt folgender empirischer Regeln (A. Landé):

---

[1] Die Beschriftung rechts in Fig. 1189 wird später erklärt.

1. Haben Anfangs- und Endterm ungleiche Anzahl von Zeemantermen, so sind am stärksten diejenigen π-Komponenten, welche durch Vertikalpfeile in der Mitte des Schemas zustande kommen, und diejenigen σ-Komponenten, welche durch Schrägpfeile am Rande des Schemas zustande kommen.

2. Haben Anfangs- und Endterm gleiche Anzahl von Zeemantermen, so bezeichnet Regel 1 die schwächsten Komponenten.

3. Im Falle 2 hat die π-Komponente in der Bildmitte herrührend vom Übergang $m_a = 0 \to m_e = 0$ die Intensität Null.

In Tabelle 8 und 9 (und ebenso in den hier nicht wiedergegebenen Kombinationsschemata aller Typen der Fig. 1175) fällt das einfache Bildungsgesetz der Termbrüche auf: jeder Zeemanterm irgend eines Spektralterms erweist sich als das Produkt der im Kopf der Tabelle stehenden magnetischen Quantenzahl m mit einem für den Spektralterm charakteristischen „magnetischen Aufspaltungsfaktor" g, es ist also hier im Gegensatz zu (31):

$$\frac{\Delta E}{h} = \Delta \nu = m \cdot g \text{ Lorentzeinheiten} \quad\cdots\cdots\quad (32)$$

In (27) ist offenbar $g = 1$. $g \neq 1$ liefert nach dem Pfeilschema notwendig einen anomalen Zeemantypus. In Tabelle 8 und 9 findet sich sowohl für den Term $^3S_1$ als den Term $^2S_{1/2}$ übereinstimmend $g = 2$, für den Term $^3P_2$ dagegen $g = {}^3/_2$, für $^2P_{3/2}: g = {}^4/_3$, für $P_{1/2}: g = {}^2/_3$. Einsetzen von $g = 1$ in die Tab. 8 würde den anomalen Typus in ein Lorentztriplett überführen.

Aus dem beobachteten Zeemantypus irgend einer Spektrallinie können die g des Anfangs- und des Endterms in entsprechender Weise durch Probieren mittels des Pfeilschemas oder besser mit Hilfe der obigen Intensitätsregeln durch ein einfaches Rechenverfahren stets gefunden werden, man bezeichnet dies als Termanalyse. Wir zeigen das Rechenverfahren an einem Beispiel: Es ist als Zeemantypus von Mn$^+$ 2933 Å beobachtet:

$$\pm(0) \quad (0{,}501) \quad \mathbf{1{,}496} \quad 1{,}991 \quad 2{,}492.$$

Da drei π-Komponenten vorhanden sind, muß im Pfeilschema $j_1 = 2$, $j_2 = 1$ sein; da die σ-Komponente $\pm 1{,}496$ die stärkste ist, muß sie dem Randübergang $m_1 = 2 \to m_2 = 1$ entspringen, also ist $2\,g_1 - 1\,g_2 = 1{,}496$ und $g_1 - g_2 = -0{,}501$ (analog dem Schema von Tabelle 8) und hiernach: $g_1 = 1{,}997$, $j_1 = 2$; $g_2 = 2{,}498$, $j_2 = 1$. Diese g-Werte finden sich in der später zu erläuternden g-Tabelle (Tab. 14) bei den Termen $^5S_2$ $(g = 2)$ und $^5P_1$ $(g = 2{,}5)$ als deren Kombination die Linie 2933 Å damit durch ihren Zeemaneffekt erkannt ist. Man überzeugt sich von der Richtigkeit der magnetischen Termzerlegung, indem man ein Pfeilschema $g_1 = 2$, $j_1 = 2$; $g_2 = {}^5/_2$, $j_2 = 1$ aufstellt, es liefert als Zeemantypus: $\pm(0)$ $(^1/_2)$ $^3/_2$ 2 $^5/_2$. Aus den Zeemantypen der Fig. 1175 leitete Landé auf diese Weise folgende Termaufspaltungsfaktoren g ab:

Tabelle 10.

Term	$^1S_0$	$^1P_1$ $^1D_2$	$^3S_1$	$^3P_0$ $^3F_1$ $^3P_2$	$^3D_1$ $^3D_2$ $^3D_3$	$^2S_{1/2}$	$^2P_{1/2}$ $^2P_{3/2}$	$^2D_{3/2}$ $^2D_{5/2}$
Aufspaltungs- faktor g	$\frac{0}{0}$	1 1	2	$\frac{3}{2}$ $\frac{3}{2}$ $\frac{0}{0}$	$\frac{1}{2}$ $\frac{7}{6}$ $\frac{4}{3}$	2	$\frac{2}{3}$ $\frac{4}{3}$	$\frac{4}{5}$ $\frac{6}{5}$

Aus der Tabelle 10 kann umgekehrt wieder der Zeemantypus jeder Termkombination[1]) durch ein Tabelle 8 bzw. 9 entsprechendes Kombinationsschema erhalten werden.

Die g-Formel. A. Landé ist es gelungen, einen fundamentalen Zusammenhang zwischen dem Aufspaltungsfaktor g und den die Energiezustände eines Atoms bestimmenden Quantenzahlen aufzufinden und zu begründen. g ergibt sich danach als Funktion dreier Quantenzahlen: der „azimutalen" Quantenzahl K ($= \frac{1}{2}, \frac{3}{2}, \frac{5}{2} \ldots$ für s, p, d- usw. Terme), der „inneren" Quantenzahl J und der „Rumpfimpulsquantenzahl" R ($= \frac{1}{2}, \frac{2}{2}, \frac{3}{2} \ldots$ für Singuletts, Dubletts, Tripletts usw.). Die hier gegebene Normierung ist die von Landé.

Die modellmäßige Bedeutung von K, R, J ist folgende: K ist die Quantenzahl des azimutalen Drehimpulses $K \cdot \dfrac{h}{2\,\pi}$ des Leuchtelektrons. Wir denken uns K als Quantenvektor $\perp$ zur Bahnebene aufgetragen.

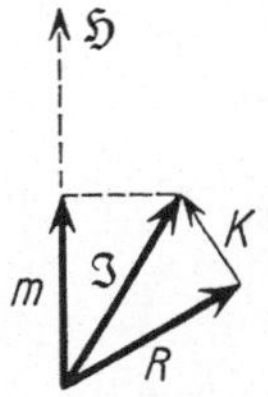

R ist der Quantenvektor des Drehimpulses, welchen der Atomrumpf besitzt, d. h. R ist die Vektorsumme der Drehimpulse der Rumpfelektronenbahnen.

J ist die Vektorsumme von K und R.

K, R und J bilden nach Landé das „Impulsvektorgerüst" des Atoms. m ist die Projektion von J auf die $\mathfrak{H}$-Richtung. In einem äußeren Magnetfeld $\mathfrak{H}$ beschreibt J eine Larmorpräzession um $\mathfrak{H}$ (Fig. 1190).

Fig. 1190.

Die als g-Formel bezeichnete Funktion[2]) lautet nach Landé:

$$g = 1 + \frac{(J + \frac{1}{2})(J - \frac{1}{2}) + (R + \frac{1}{2})(R - \frac{1}{2}) - (K + \frac{1}{2})(K - \frac{1}{2})}{2\,(J + \frac{1}{2})(J - \frac{1}{2})}. \tag{33}$$

Wir verifizieren die Formel durch ein Beispiel: Für $^3D_2$ ist $K = 5/2$, $R = 3/2$, $J = 5/2$, mithin liefert (33):

$$g = 1 + \frac{3.2 + 2.1 - 3.2}{2.3.2} = 1 + \frac{2}{12} = \frac{7}{6}$$

---

[1]) Natürlich auch solcher Kombinationen, die der Auswahlregel $\varDelta j = 0, \pm 1$ nicht folgen und im Spektrum für gewöhnlich nicht auftreten, wie z. B. $(^3P_1\,^3D_3)$, $(^3P_0\,^3D_2)$, $(^3P_0\,^3D_3)$ u. a. Paschen und Back fanden, daß in hinreichend starken Magnetfeldern diese „verbotenen" Linien sichtbar werden, und zwar genau mit den aus Tabelle 5 sich ergebenden Zeemantypen. Es war dies ein besonders überzeugender Beweis für die Richtigkeit der Voraussagen von Landés Theorie.

[2]) Im folgenden wird die heute übliche von der Landéschen abweichende Normierung und Bedeutung der Quantenzahlen zugrunde gelegt, nämlich die „Nebenquantenzahl" l statt K ($l \cdot h/2\,\pi$ ist das Bahnimpulsmoment), das „Eigenrotationsmoment" s jedes Elektrons statt des Rotationsmoment R des Rumpfes, und das Gesamtimpulsmoment j statt J. Die Normierung ist: $J = j + \frac{1}{2}$, $R = s + \frac{1}{2}$, $K = l + \frac{1}{2}$ und Landés g-Formel geht über in:

$$g = 1 + \frac{j(j+1) + s(s+1) - l(l+1)}{2\,j\,(j+1)} \cdot \ldots \ldots \ldots \tag{33'}$$

In dieser Form werden wir die g-Formel begründen und anwenden. In obiger Berechnung von g für $^3D_2$ ist dann: $l = 2$, $s = 1$, $j = 2$ und aus (33') folgt ebenfalls:

$$g = 1 + \frac{2.3 + 1.3 - 2.3}{2.3.2} = \frac{7}{6}.$$

in Übereinstimmung mit dem g-Wert von Tabelle 10. Die Landésche g-Formel hat sich für eine große Klasse von Spektren, die sogenannten „Spektra mit normaler Termordnung" aufs genaueste und ausnahmslos bestätigt. In die g-Formel gehen weder die Hauptquantenzahl n noch die Kernladungszahl Z ein, diese Tatsache findet ihren Ausdruck in der schon lange vorher empirisch gefundene Prestonschen Regel.

Um Sinn und Ursprung der offenbar ganz fundamentalen Landéschen g-Formel zu verstehen, betrachten wir die quantenhafte Winkeleinstellung der Impulsachse J nach Gl. (29) unter einem neuen Gesichtspunkt: Jedes um den Kern mit der Winkelgeschwindigkeit $\dot\varphi = \dfrac{d\varphi}{dt}$ im (variabeln) Abstand r umlaufende Elektron stellt nicht nur einen mechanischen Kreisel mit dem Drehimpulsmoment $J = m_0\, r^2\, \dot\varphi$ dar, sondern hat als ein Kreisstrom von der Stromstärke i auch ein magnetisches Moment $\mathfrak{M} = i . r^2\, \pi$ (vgl. § 2). Ist ν die Umlaufszahl, so ist $\dot\varphi = 2\,\pi\,\nu$ und

$$i_{elm} = -\, 1/c . e . \nu$$

also:
$$\mathfrak{M} = -\,\frac{1}{c}\, e\,\nu . r^2\,\pi = -\,\frac{e}{2\,c}\, r^2\,\dot\varphi,$$

und da $m_0\, r^2\, \dot\varphi = J$ ist, so ist:

$$\mathfrak{M} = -\,\frac{e}{2\,m_0\, c} \cdot J \quad\cdots\cdots\cdots\cdots (34)$$

Das negative Vorzeichen rührt von der negativen Elektronenladung her und besagt, daß der Nordpol des „magnetischen Blattes" der Pfeilspitze von J entgegengesetzt ist. Für die Larmorpräzessionsgeschwindigkeit o im äußeren Magnetfeld $\mathfrak{H}$ folgte nach (21) $\dfrac{o}{\mathfrak{H}} = \dfrac{e}{2\,m_0 c}$, mithin ergibt sich für jede Elektronenbahn um den Kern stets das gleiche konstante Verhältnis des Absolutbetrags von **magnetischem Moment** zum **mechanischen Drehimpulsmoment**, nämlich:

$$\frac{\mathfrak{M}}{J} = \frac{e}{2\,m_0\, c} = \frac{o}{\mathfrak{H}} \quad\cdots\cdots\cdots\cdots (35)$$

Da J nach der Quantentheorie ein Vielfaches des Wirkungsquantums $\dfrac{h}{2\,\pi}$ ist, nämlich $J = j \cdot \dfrac{h}{2\,\pi}$, so muß $\mathfrak{M}$ nach Gl. (35) **dasselbe Vielfache** einer **magnetischen Quanteneinheit** sein:

$$\mathfrak{M} = \frac{e}{2\,m_0\, c} \cdot j\,\frac{h}{2\,\pi} = \frac{e . h}{4\,\pi\, m_0\, c} \cdot j \quad\cdots\cdots\cdots (36)$$

Die Konstante

$$\frac{e\,h}{4\,\pi_0\, m\, c} = \frac{o}{\mathfrak{H}} \cdot \frac{h}{2\,\pi} = 0{,}921 . 10^{-2}\ \text{Erg/Gauß} \quad\cdots\cdots (37)$$

heißt „**Bohrsches Magneton**". Jede Bohrsche Elektronenbahn stellt also einen magnetischen Kreisel dar, dessen magnetisches Moment in Magnetonen gemessen ebenso groß ist, wie sein mechanisches Moment in Einheiten $\dfrac{h}{2\,\pi}$

gemessen, mit anderen Worten: das Verhältnis vom magnetischen zum mechanischen Moment ist für jede Elektronenbahn:

$$\frac{\mathfrak{M}}{J} = -\frac{e}{2\,m_0\,c} \quad \dots\dots\dots\dots\dots \quad (38)$$

Wir können die Entstehung des normalen Zeemaneffektes [Gl. (27) und Fig. 1188] jetzt so beschreiben: Die magnetische Termaufspaltung $\varDelta\nu$ beträgt m Lorentzeinheiten, also die Komponente des magnetischen Moments in der $\mathfrak{H}$-Richtung m Bohrsche Magnetonen, und die Komponente des mechanischen Moments in der $\mathfrak{H}$-Richtung m Einheiten $\frac{h}{2\,\pi}$. Zum Beispiel sei für den Anfangszustand $j_a = 3$, $m_a = 3, 2, 1, 0 - 1, - 2, - 3$, dementsprechend gibt es $2\,j + 1 = 7$ mögliche Einstellungswinkel $cos\,(j\,\mathfrak{H}) = \frac{m}{j} = \pm 1$, 2/3, 1/3, 0. Je nach dem Einstellungswinkel ist die magnetische Momentkomponente in der $\mathfrak{H}$-Richtung $\mp 3, 2, 1, 0$ Magnetonen, und die mechanische Impulskomponente $J \cdot cos\,(J\,\mathfrak{H}) = j \cdot (\pm 1, 2/3, 1/3, 0) = \pm 3, 2, 1, 0$ Einheiten $\frac{h}{2\,\pi}$. Das Verhältnis des magnetischen zum mechanischen Moment ist also stets dasselbe, nämlich gleich $\frac{e}{2\,m_0\,c}$; m mißt in der $\mathfrak{H}$-Richtung für jeden Einstellungswinkel sowohl das mechanische Moment in Einheiten $\frac{h}{2\,\pi}$ als auch das magnetische in Magnetonen. Wenn $\frac{e}{2\,m_0\,c}$ selbst als Einheit für das Verhältnis von magnetischem zu mechanischem Moment eingeführt wird, so ist dieses Verhältnis beim normalen Effekt gleich 1.

Beim anomalen Zeemaneffekt ist die mechanische Impulskomponente in der $\mathfrak{H}$-Richtung (Fig. 1189) zwar gleichfalls $m \cdot \frac{h}{2\,\pi}$, aber da nach (32) die magnetische Termaufspaltung $\varDelta\nu$ hier $m \cdot g$ Lorentzeinheiten ist, so ist die magnetische Impulskomponente in der $\mathfrak{H}$-Richtung $m \cdot g$ Magnetonen, das Verhältnis $\frac{\mathfrak{M}}{J} = g$. Also mißt m wieder das mechanische Moment in Einheiten $\frac{h}{2\,\pi}$, aber $m \cdot g$ das magnetische in Magnetonen. Beim normalen Zeemaneffekt ist g gleich 1, beim anomalen $g \neq 1$. Wir erkennen somit g als das Verhältnis des magnetischen zum mechanischen Moment des Atoms in einem Quantenzustand (Spektralterm):

$$\frac{\mathfrak{M}}{J} = g\,\frac{\text{Magnetonen}}{h/2\,\pi} = g \cdot \frac{e}{2\,m\,c} \quad \dots\dots\dots \quad (39)$$

Solange man dem seine Bahn durchlaufenden Elektron nur Ladung und Masse zuschreibt, kann nach dem Vorigen (35) kein von 1 verschiedener Aufspaltungsfaktor g auftreten; wenn man aber nach Goudsmit und Uhlenbeck jedem Elektron unabhängig von seinem Bahnimpulsmoment[1] $l \cdot h/2\,\pi$

---

[1] l entspricht nach seiner modellmäßigen Bedeutung der azimutalen Quantenzahl k von Sommerfeld, die Normierung ist aber $l = k - 1$. Demnach ist den Termarten S, P, D, F der Reihe nach zuzuordnen: $l = 0, 1, 2, 3\dots$ Vgl. Tab. 11.

noch ein eigenes mechanisches Drehimpulsmoment (Moment der „Eigenrotation")
und damit auch ein magnetisches Moment zuschreibt, ist dies nicht mehr der
Fall. Um brauchbare Formeln zu erhalten, muß man jedem Elektron dasselbe Eigenrotationsmoment $s = \frac{1}{2} \frac{h}{2\pi}$ und dasselbe magnetische Moment
$\mathfrak{M}_0 = \frac{1}{2} \cdot \frac{h}{2\pi} \cdot \frac{e}{mc}$ zuschreiben. Das Verhältnis $\frac{\mathfrak{M}_0}{s} = g$ wird damit $g = \frac{e}{mc}$,
das heißt g ist, wie der Vergleich mit (35) zeigt, doppelt so groß, als für
eine Elektronenbahn, für die sich $g = 1$ ergab; wir schreiben daher: $g_s = 2$.

Die Landésche g-Formel[1]) zeigt — was auch die Erfahrung schon gelehrt hatte —, daß der normale Zeemaneffekt mit der Termmannigfaltigkeit
(„Multiplettstruktur") eng zusammenhängt. Durch die Einführung des
Magnetelektrons ergibt sich sowohl die Termmannigfaltigkeit, als auch die
g-Formel ohne weitere Hilfsannahmen.

Wir beginnen mit dem einfachsten Fall, den Systemen mit nur einem
äußeren Elektron, den Alkalispektren. Ihre Terme sind (mit Ausnahme der
stets einfachen s-Terme) doppelt, und werden durch die innere Quantenzahl j
unterschieden. Das Bahnimpulsmoment l und das Eigenrotationsmoment s
des Leuchtelektrons setzen sich zum Gesamtimpuls $j = l \pm s$ zusammen; damit die Termmannigfaltigkeit sich richtig ergibt, ist die Normierung[2]) von l
gemäß Tab. 11 zu wählen:

Tabelle 11.

Term	s	p		d		f		g	
l	0	1		2		3		4	
$j = l \pm s$	$\frac{1}{2}$	$\frac{3}{2}$	$\frac{1}{2}$	$\frac{5}{2}$	$\frac{3}{2}$	$\frac{7}{2}$	$\frac{5}{2}$	$\frac{9}{2}$	$\frac{11}{2}$

Fig. 1191 zeigt die vektorielle Zusammensetzung der Quantenvektoren l,
s zu j. Die Bahnbewegung des Leuchtelektrons hat man sich (ebenso wie im
Landéschen Vektormodell in Fig. 1190) so vorzustellen, daß beim Fehlen
eines äußeren Feldes die Achse j ihre Richtung im Raum beibehält, während
l und s eine gemeinsame Präzession um j ausführen (das heißt die Konfiguration der Fig. 1191 dreht sich um j als Achse). Die Präzession hat ihre
Ursache in dem magnetischen Felde, welches durch das umlaufende Elektron
selbst erzeugt wird. Die Elektronenbahn bleibt dabei nicht mehr in einer

---

[1]) Die im folgenden gegebene Begründung der g-Formel rührt von A. Landé
her, obige Darstellung weicht insofern formal davon ab, als die Quantenzahlen
l, s, j statt K, R, J eingeführt sind. Die Ersetzung des „Rumpfimpulses" R durch
das „Eigenrotationsmoment" s des Elektrons, nach der Hypothese von Goudsmit
und Uhlenbeck hat die prinzipiellen Schwierigkeiten der älteren Auffassung
beseitigt, worauf in Kap. XXIX näher eingegangen ist. Das doppelt normale Verhältnis vom magnetischen zum mechanischen Moment, das Landé dem Rumpfe
zuschrieb, die neue Auffassung aber dem Elektron, muß in der weiteren Entwicklung dieser Hypothese seine Aufklärung finden. Die folgende Darstellung schließt
sich mehrfach an die von S. Goudsmit gegebene an („Atoommmodell en Struktuur
der Spektra". Dissert. Amsterdam bei H. J. Paris 1927); nach dort befindlicher
Vorlage sind auch die Fig. 1189 und 1191 gezeichnet.

[2]) Siehe Anmerkung von voriger Seite.

bezüglich j feststehenden Ebene.   Die Bestimmung der Achsenstellungen enthält dabei eine gewisse Schwierigkeit. Es hat den Anschein, daß Fig. 1191 das Vektorgerüst nicht richtig wiedergibt, weil die äußersten j-Werte $j = l \pm s$ sind, und man daher annehmen sollte, daß in diesem Falle $\angle\,(l\,j)$ und $\angle\,(s\,j) = 0$ ist; l und s würden damit in die j-Richtung fallen, so daß die Bahnebene keine räumliche Präzession um j ausführt.   In der Tat ist:

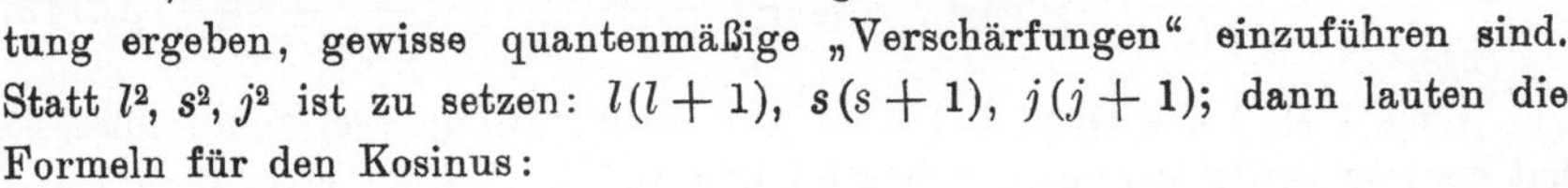

$$cos\,(l\,j) = \frac{j^2 + l^2 - s^2}{2\,l\,j}$$

und

$$cos\,(s\,j) = \frac{j^2 + s^2 - l^2}{2\,s\,j}$$

gleich 1 für $\qquad j = l \pm s.$

Die strenge Quantenmechanik lehrt jedoch, daß in die Formeln, welche sich aus der modellmäßigen Betrachtung ergeben, gewisse quantenmäßige „Verschärfungen" einzuführen sind. Statt l^2, s^2, j^2 ist zu setzen: $l(l + 1)$, $s(s + 1)$, $j(j + 1)$; dann lauten die Formeln für den Kosinus:

$$\left.\begin{aligned}cos\,(l\,j) &= \frac{j\,(j + 1) + l\,(l + 1) - s\,(s + 1)}{2\,l\,j} \\[2mm] cos\,(s\,j) &= \frac{j\,(j + 1) + s\,(s + 1) - l\,(l + 1)}{2\,s\,j}\end{aligned}\right\} \quad\cdots\cdots\cdot\;(39)$$

und dies ist für $j = l \pm s$ nicht 1. Dem ist in Fig. 1191 Rechnung getragen.

Man kann nun das magnetische Moment eines Alkaliatoms in einem bestimmten Termzustand leicht berechnen.   Die Bahnbewegung für sich betrachtet, ergibt ein mechanisches Moment $l \cdot \dfrac{h}{2\,\pi}$, ein magnetisches $l \cdot \dfrac{h}{2\,\pi} \cdot \dfrac{e}{2\,m\,c}$, beide Vektoren liegen in der l-Richtung.   Zerlegt man das magnetische Moment in zwei Komponenten $\mathbin{/\mkern-5mu/}$ und $\perp j$, so sieht man, daß die letztere im Mittel verschwindet, denn wegen der Präzession von l und j ändert sie dauernd ihre Richtung und hebt sich in ihrer Wirkung nach außen im Mittel auf.   Das Elektron für sich betrachtet, hat ein mechanisches Moment $l \cdot \dfrac{h}{2\,\pi}$ und ein magnetisches $s \cdot \dfrac{h}{2\,\pi} \cdot 2 \cdot \dfrac{e}{2\,m_0\,c}$; auch vom letzteren liefert aus demselben Grunde nur die Komponente $\perp j$ einen Beitrag zum magnetischen Moment des Atoms.   Demnach ist das magnetische Moment des Atoms gleich der Summe der Projektionen der magnetischen Momente von l und s auf die j-Richtung, also gemäß (39)]:

$$\mathfrak{M}_j = j \cdot \frac{h}{2\,\pi} \cdot g_j\,\frac{e}{2\,m_0\,c} = [l\,cos\,(l\,j) + 2\,s\,cos\,(s\,j)]\,\frac{h}{2\,\pi} \cdot \frac{e}{2\,m_0\,c} \;\cdot\cdot\;(40)$$

Einsetzen der Kosinusse aus (39) liefert:

$$g_j = 1 + \frac{j\,(j + 1) + s\,(s + 1) - l\,(l + 1)}{2\,j\,(j + 1)} \cdot\cdots\cdot\cdot\;(41)$$

Dies ist genau Landés g-Formel nach (33′), die hiermit zunächst für die Alkaliatome bewiesen ist.

Wir können die g-Formel aber leicht verallgemeinern. Schreiben wir sie in der Form (40) und drücken das magnetische Moment $\mathfrak{M}_j$ des Atoms gemäß (38) in Magnetonen aus, so geht (40) über in:

$$\mathfrak{M} = g_j \cdot j = l \cos . (l j) \cdot g_l + s \cos (s, j) g_s,$$

woraus nach Einsetzen der Kosinusse folgt:

$$g_j = \frac{j(j+1)+l(l+1)-s(s+1)}{2j(j+1)} \cdot g_l + \frac{j(j+1)+s(s+1)-l(l+1)}{2j(j+1)} \cdot g_s \quad (42)$$

Durch Einsetzen der Beträge 1 bzw. 2 für g_l bzw. g_s geht (42) natürlich in (41) über, aber Gl. (42) bleibt auch gültig für zwei beliebige Impulsquantenvektoren x und y mit den g-Werten g_x und g_y, die sich vektoriell zu einem Quantenvektor z und dem g-Wert g_z zusammensetzen. Dann ist:

$$g_z = \frac{z(z+1)+x(x+1)-y(y+1)}{2z(z+1)} \cdot g_x + \frac{z(z+1)+y(y+1)-x(x+1)}{2z(z+1)} \cdot g_y. \quad (43)$$

Geht man zu Atomen mit zwei und mehr äußeren Elektronen über, so hat man zu berücksichtigen, daß jedes Elektron zwei Quantenvektoren s und l trägt, die sich alle zu einer gemeinsamen Resultante, dem Totalimpulsmoment j, zusammensetzen. Die Erfahrung zeigt nun, daß in den meisten Spektren alle Vektoren s_i der i Elektronen sich zu einer Resultante s, und alle Bahnimpulse l_i sich zu einer Resultante l zusammensetzen; l und s bilden den Totalimpuls j. In diesem Falle ist die als „Wechselwirkung" bezeichnete Kopplungsenergie zwischen den s_i groß gegenüber der Wechselwirkung des Eigenrotationsmoments s_i jedes Elektrons zu seinem Bahnmoment l_i. Die so charakterisierte Kopplung der Quantenvektoren bezeichnet man als das Kopplungsschema von Russell und Saunders[1], die ihm entsprechenden Spektra, welche den verbreitetsten Typus bilden, als die Spektra „mit normaler Termordnung" und die Mehrfachterme dieser Spektren als „normale Termmultipletts". Wir schreiben dies symbolisch für den Fall zweier Elektronen 1 und 2 mit den Impulsmomenten s_1, l_1; s_2, l_2:

$$\{(s_1, s_2)\,(l_1, l_2)\} = (s\,l) = j \quad \cdot\cdot\cdot\cdot\cdot\cdot\cdot\cdot\cdot \quad (44)$$

Zunächst sehen wir, daß für jeden möglichen Wert 0, 1, 2... der Bahnimpulse l_1 bzw. l_2 die Resultante l wieder nur die Werte 0, 1, 2... annehmen kann, und zwar gilt das für die Zusammensetzung der Bahnimpulsmomente beliebig vieler Elektronen; ferner ist für jedes l nach (35) g_l stets gleich 1. Für die Resultante s ergibt sich $s = s_{12} = s_1 \pm s_2 = \frac{1}{2} \pm \frac{1}{2} = 1$ oder 0, entsprechend den Einstellungen der Rotationsachsen parallel oder antiparallel zueinander[2]. Für drei Elektronen folgt aus $s = s_{12} \pm s_3$ weiter: $s = 0 + \frac{1}{2} = \frac{1}{2}$ und $s = 1 \pm \frac{1}{2} = \frac{1}{2}, \frac{3}{2}$, und so erhält man durch schrittweise Zufügung je eines weiteren Elektrons Tabelle 12.

---

[1] Astroph. Journ. **61**, 38, 1925.
[2] Auch hier ist „parallel" nicht wörtlich zu verstehen, es gilt das gleiche wie S. 1991 für $\measuredangle\,(l\,j)$ und $(s\,j)$.

Tabelle 12.

Anzahl der Elektronen	1	2	3	4	5 usf.
Resultante s . . .	$\frac{1}{2}$	$0\ 1$	$\frac{1}{2}\ \frac{3}{2}$	$0\ 1\ 2$	$\frac{1}{2}\ \frac{3}{2}\ \frac{5}{2}$

Der Betrag von s bestimmt die „Multiplizität" der Terme, man bezeichnet sie gemäß Tabelle 13:

Tabelle 13.

Resultante s	Termmultiplizität
0	Singulett-Terme
$\frac{1}{2}$	Dublett- „
1	Triplett- „
$\frac{3}{2}$	Quartett- „
2	Quintett- „ usf.

Die Bezeichnung der Multiplizität wird verständlich, wenn man die Vektorzusammensetzung $(s,\ l) = j$ betrachtet. Wenn $l \geqslant s$ ist, kann der Quantenvektor j alle um eine Quanteneinheit $h/2\pi$ sich unterscheidenden Werte in den Grenzen $(l - s) \leqslant j \leqslant (l + s)$ (das sind insgesamt $2s + 1$ Werte) annehmen, also erhält man 3 Werte[1]) für $s = 1$ (Triplett), 4 Werte für $s = \frac{3}{2}$ (Quartett), usf. Ist $l < s$, so ist die Zahl der j-Werte geringer, die sogenannte Permanenz der Multiplizität[2]) tritt ein bei $l \geqslant s$.

Den g-Wert g_s für jedes beliebige s erhält man, indem man in Gl. (43) der Reihe nach für x einsetzt: $x = s_1 = \frac{1}{2}$, $x = 1$, $x = \frac{3}{2} \ldots$ usf. und für y immer $y = s_2 = \frac{1}{2}$ setzt. Für $x = \frac{1}{2}$ und für $y = \frac{1}{2}$ (das ist für jedes einzelne Elektron) ist $g_x = g_y = 2$, Formel (43) liefert so schrittweise g_s für jeden Wert von s, und zwar findet man konstant für jeden s-Wert: $g_s = 2$. Da, wie wir wissen, $g_l = 1$ für jedes l ist und da sich ergibt: $g_s = 2$ für jedes s, so gilt Formel (42) und damit auch die g-Formel (41) für jedes $j = (s,\ l)$, man kann also aus (41) die g-Werte für alle Multipletterme berechnen. Das Ergebnis ist in Tabelle 14 enthalten, die sich zu beliebig großen l und s fortsetzen läßt. Bemerkenswert ist, daß nach Tabelle 14 der Wert $g = 1$, der dem normalen Zeemaneffekt zukommt, den Singuletts eigentümlich ist. Hier ist $s = 0$, was bedeutet, daß die Eigenrotationsimpulse sowohl, wie die magnetischen Momente der äußeren Elektronen sich aufheben, es bleibt nur das magnetische und mechanische Moment der Bahnbewegung, und g_l ist immer $= 1$. Gerade dieser Zustand lag aber auch der modellmäßigen, theoretischen Betrachtung des normalen Zeemaneffekts zugrunde. Wir erkennen damit als gemeinsame Ursache des anomalen Zeemaneffekts und der Multiplettstruktur, daß einerseits die Eigenmomente der Elektronen sich im allgemeinen nicht aufheben, und daß andererseits für jedes Elektron das

---

[1]) Zum Beispiel kommt für $l = 1$, $s = 1 : j = 1 \pm 1 = 2,\ 1,\ 0$; für $l = 2$, $s = 1 : j = 3,\ 2,\ 1$ usf.

[2]) Zum Beispiel kommt für $l = 1$, $s = 2 : j = 3,\ 2,\ 1$; dagegen für $l = 2$, $s = 2 : j = 4,\ 3,\ 2,\ 1,\ 0$; für $l = 3$, $s = 2 : j = 5,\ 4,\ 3,\ 2,\ 1$ usf.

Tabelle 14.

$l\backslash j$	0	1	2	3	4	5	6	7	$\frac{1}{2}$	$\frac{3}{2}$	$\frac{5}{2}$	$\frac{7}{2}$	$\frac{9}{2}$	$\frac{11}{2}$	$\frac{13}{2}$	$\frac{15}{2}$	
0	$\frac{0}{0}$						Singuletts $s=0$		2						Dubletts $s=\frac{1}{2}$		S
1		1							$\frac{2}{3}$	$\frac{4}{3}$							P
2			1							$\frac{4}{5}$	$\frac{6}{5}$						D
3				1							$\frac{6}{7}$	$\frac{8}{7}$					F
4					1							$\frac{8}{9}$	$\frac{10}{9}$				G
0		2					Tripletts $s=1$		2						Quartetts $s=\frac{3}{2}$		S
1	$\frac{0}{0}$	$\frac{3}{2}$	$\frac{3}{2}$						$\frac{8}{3}$	$\frac{26}{15}$	$\frac{8}{5}$						P
2		$\frac{1}{2}$	$\frac{7}{6}$	$\frac{4}{3}$					0	$\frac{6}{5}$	$\frac{48}{35}$	$\frac{10}{7}$					D
3			$\frac{2}{3}$	$\frac{13}{12}$	$\frac{5}{4}$					$\frac{2}{5}$	$\frac{36}{35}$	$\frac{78}{63}$	$\frac{4}{3}$				F
4				$\frac{3}{4}$	$\frac{21}{20}$	$\frac{6}{5}$					$\frac{4}{7}$	$\frac{62}{63}$	$\frac{116}{99}$	$\frac{14}{11}$			G
0			2				Quintetts $s=2$				2				Sextetts $s=\frac{5}{2}$		S
1		$\frac{5}{2}$	$\frac{11}{6}$	$\frac{5}{3}$						$\frac{12}{5}$	$\frac{66}{35}$	$\frac{12}{7}$					P
2	$\frac{0}{0}$	$\frac{3}{2}$	$\frac{3}{2}$	$\frac{3}{2}$	$\frac{3}{2}$				$\frac{10}{3}$	$\frac{28}{15}$	$\frac{58}{35}$	$\frac{100}{63}$	$\frac{14}{9}$				D
3		0	1	$\frac{5}{4}$	$\frac{27}{20}$	$\frac{7}{5}$			$-\frac{2}{3}$	$\frac{16}{15}$	$\frac{46}{35}$	$\frac{88}{63}$	$\frac{142}{99}$	$\frac{16}{11}$			F
4			$\frac{1}{3}$	$\frac{11}{12}$	$\frac{23}{20}$	$\frac{19}{15}$	$\frac{4}{3}$			0	$\frac{6}{7}$	$\frac{8}{7}$	$\frac{14}{11}$	$\frac{192}{143}$	$\frac{18}{13}$		G
0				2			Septetts $s=3$					2			Oktetts $s=\frac{7}{2}$		S
1			$\frac{7}{3}$	$\frac{23}{12}$	$\frac{7}{4}$						$\frac{16}{7}$	$\frac{122}{63}$	$\frac{16}{9}$				P
2		3	2	$\frac{7}{4}$	$\frac{33}{20}$	$\frac{8}{5}$				$\frac{14}{5}$	$\frac{72}{35}$	$\frac{38}{21}$	$\frac{56}{33}$	$\frac{18}{11}$			D
3	$\frac{0}{0}$	$\frac{3}{2}$	$\frac{3}{2}$	$\frac{3}{2}$	$\frac{3}{2}$	$\frac{3}{2}$	$\frac{3}{2}$		4	2	$\frac{12}{7}$	$\frac{34}{21}$	$\frac{52}{33}$	$\frac{222}{143}$	$\frac{20}{13}$		F
4		$-\frac{1}{2}$	$\frac{5}{6}$	$\frac{7}{6}$	$\frac{13}{10}$	$\frac{41}{30}$	$\frac{59}{42}$	$\frac{10}{7}$	$-\frac{4}{3}$	$\frac{14}{15}$	$\frac{44}{35}$	$\frac{86}{63}$	$\frac{140}{99}$	$\frac{206}{143}$	$\frac{284}{195}$	$\frac{22}{15}$	G
$\Delta\nu=$	1 : 2 : 3 : 4 : 5 : 6 : 7								$\frac{3}{2} : \frac{5}{2} : \frac{7}{2} : \frac{9}{2} : \frac{11}{2} : \frac{13}{2} : \frac{15}{2}$								

Verhältnis des magnetischen Moments zum mechanischen doppelt normal ist. Für alle S-Terme zeigt Tabelle 14: $g = 2$. Hier ist der Bahnimpuls $l = 0$, also $j = s$, und das doppelte magnetische Moment $\mathfrak{M}_0$ jedes der zusammenwirkenden Elektronen tritt unmittelbar in Erscheinung, denn es ist

$$\frac{\mathfrak{M}}{J} = \frac{\Sigma\,\mathfrak{M}_0}{\Sigma\,s_i} = g = 2.$$

In Tabelle 14 ist (in der untersten Zeile) die Landésche Intervallregel enthalten: es sollen sich danach die Intervalle $\Delta\nu$ eines Termmultipletts (d. i. der Terme von verschiedenen j, aber gleichem s und l) verhalten, wie die in

der untersten Zeile der Tabelle 14 in den Zwischenräumen der zugehörigen j stehenden Ziffern. Zum Beispiel sollen die Termdifferenzen der fünf Terme eines ^5P-Termmultipletts sich verhalten wie: $4:3:2:1$. Man versteht diese Regel auf Grund von Fig. 1191, die die Vektorzusammensetzung eines ^2P-Termes darstellt: die Energiedifferenz ΔE zwischen den Zuständen $^2P_{3/2}$ und $^2P_{1/2}$ ist dem $\cos(l, s)$ in erster Näherung proportional (denn die Umklappung von s aus der Lage II in I bedingt den Energieunterschied ΔE).
Es ist aber $l\,s\,.\,\cos(l, s) = \dfrac{j^2 - l^2 - s^2}{2}$, also für zwei Nachbarzustände j_1 und j_2 (wobei $j_2 = j_1 + 1$) von gleichen l und s:

$$\frac{\Delta E}{h} = \Delta\nu \text{ proportional } \frac{j_1^2 - j_1^2}{2} \text{ oder verschärft:}$$

$$\Delta\nu \text{ proportional } \frac{j_2(j_2 + 1) - j_1(j_1 + 1)}{2} = j_2.$$

Für die fünf Terme ^5D beispielsweise mit den inneren Quantenzahlen $j = 4, 3, 2, 1, 0$, folgt demnach als Intervallverhältnis

$$\Delta\nu_{43} : \Delta\nu_{32} : \Delta\nu_{21} : \Delta\nu_{10} = j_{\max} : j_{\max} - 1 \cdots = 4:3:2:1.$$

In der untersten Zeile von Tabelle 14 sind die Intervallverhältnisse $\Delta\nu$ angegeben. Die Intervallregel zeigt sich in den Spektren mit normaler Termordnung im allgemeinen gut erfüllt, wenngleich nicht mit derselben Genauigkeit, wie die g-Formel.

Die g-Tabelle ist das zuverlässigste Hilfsmittel zur Analyse verwickelter Spektra, sie ermöglicht auch alle Zeemantypen der normalen Multipletts vorauszuberechnen. In dem Aufbau der Termreihen in Tabelle 14 erkennt man innerhalb jeder Multiplizitätsklasse den Eintritt der „Permanenz der Multiplizität" von der Zeile $l \geqq s$ an. Auf den Zeemaneffekt der Spektra mit nicht normaler Termordnung, für welche die g-Tabelle 14 nicht gültig ist, werden wir später eingehen (§ 7).

Als Beispiel für den Gebrauch der g-Tabelle geben wir die Termanalyse eines Linientripletts von Mn I:

Nr.	$\lambda_{\text{beob.}}$	$\Delta\nu$
1	4823,52	
2	4783,43	173,7
3	4754,05	129,2

Beobachteter Zeemaneffekt[1]):

1. $\pm\,\mathbf{(0{,}1108)}$ $(0{,}3324)$ $(0{,}5540)$ $(0{,}7756)$ $\mathbf{0{,}9973}$ $1{,}219$ $1{,}441$ $1{,}662$ $1{,}884\ldots$
    Die Termanalyse liefert hieraus:

$$g_x = 1{,}995 \sim 2,\ j_x = {}^7/_2$$
$$g_y = 1{,}773\ (\sim {}^{16}/_9 = 1{,}778),\ j_y = {}^9/_2$$

2. $\pm\,(0{,}095)$ $(0{,}156)$ $\mathbf{(0{,}212)}$ $1{,}785$ $1{,}845$ $1{,}905$ $\mathbf{1{,}966}$ $2{,}026$ $2{,}087$ $2{,}147,$
    hieraus: $\qquad g_x = 2{,}002\ \ j_x = {}^7/_2$

$$g_y = 1{,}932\ (\sim {}^{122}/_{63} = 1{,}837),\ \ j_y = {}^7/_2,$$

<hr>

[1]) Verf. ZS. f. Phys. **15**, 218 ff., 1923.

3. $\pm$ **(0,143)** (0,429) (0,716) **1,278** 1,565 1,851 2,173 ...,

hieraus: $\quad g_x = 1,994 \sim 2, \quad j_x = {}^7/_2$

$\qquad\qquad g_y = 2,280 \ (\sim {}^{16}/_7 = 2,286) \quad j_y = {}^5/_2.$

Die Richtigkeit der ermittelten g- und j-Werte prüft man, indem man Tab. 9 entsprechende Pfeilschemate bildet, man erhält dann wieder die vorgelegten beobachteten Zeemantypen der drei Mn-Linien. Aus der g-Tabelle ist unmittelbar abzulesen, welche Termkombination in dem Multiplett enthalten ist, denn es ist offenbar:

$$x = {}^8S_{7/2}, \quad g = 2; \quad y = {}^8P_{9/2}, \ {}^8P_{7/2}, \ {}^8P_{5/2} \quad g = {}^{16}/_9, \ {}^{122}/_{63}, \ {}^{16}/_7.$$

Das Intervallverhältuis ist:

$$173,7 : 129,2 = \frac{9 : 7,2 \ \text{beobachtet}}{9 : 7 \ \text{nach der Intervallregel}}$$

oder in anderer Schreibweise:

$$\left.\begin{array}{l} 173,7 : 9 = 19,3 \\ 129,2 : 7 = 18,5 \end{array}\right\}, \ \text{also annähernd gleich, wie es die Intervallregel verlangt.}$$

Als weiteres Beispiel für die Anwendung der g-Tabelle geben wir die Vorausberechnung eines verwickelten Zeemantypus, den der Kombination

$${}^6D_{5/2}, \quad g = \frac{58}{35} \ \text{und} \ {}^6F_{7/2} \quad g = \frac{88}{63}.$$

Der „Rungesche Nenner" der Kombination ist $35.63 = 2205$. Man legt wieder ein Pfeilschema entsprechend Tabelle 9 an und findet als Zeemantypus:

$$|\,\textbf{(287)} \ (861) \ (1435) \ \textbf{1645} \ 2219 \ 2793 \ 3367 \ 3941 \ 4515\,|:2205$$

oder als Dezimalbruch:

$$\textbf{(0,1302)} \ (0,3905) \ (0,6508) \ \textbf{0,7460} \ 1,006 \ 1,276 \ 1,527 \ 1,787 \ 2,047.$$

Man wird die Termanalyse eines derartigen Typus, falls er beobachtet würde, nicht für ausführbar halten. Im Bogenspektrum von Mangan zeigt die Linie 3834,63 folgenden Zeemantypus[1]):

$$\textbf{(0,1297)} \ (0,3891) \ (0,6485) \ \textbf{0,7393} \ 0,9988 \ 1,258 \ 1,518 ...$$

Die Termanalyse dieses Typus liefert:

$$g_x = 1,647, \ j_x = {}^5/_2; \quad g_y = 1,388, \ j_y = {}^7/_2.$$

Legt man nun eine Tabelle der g-Werte von Tabelle 14 in **Dezimalbruchform** nach der **Größe geordnet**[2]) an, so findet man als nächste benachbarte Werte:

$$1,657 = \frac{58}{35} \ \text{und} \ 1,397 = \frac{88}{63},$$

woraus mittels Tabelle 14 die Terme gefunden werden: $x = {}^6D_{5/2}, \ y = {}^6F_{7/2}.$ Die Termanalyse führt also auch hier zum Ziel, obwohl ohne die g-Formel aus dem beobachteten Zeemantypus der Rungesche Nenner 2205 natürlich niemals ermittelt werden könnte. Voraussetzung für erfolgreiche Termanalyse

---

[1]) Verf. l. c. S. 225.
[2]) Back-Landé, „Zeemaneffekt und Multiplettstruktur der Spektrallinien". Springer, Berlin 1925. „Anhang" Tabelle B. Daselbst auch Näheres zur Ausführung der Termanalyse.

ist allerdings vollendete Schärfe der Zeemantypen, die sich nur mit den erst
neuerdings allgemein angewendeten Vakuumlichtquellen erreichen läßt.   Von
den zahlreichen älteren Durchmessungen magnetisch zerlegter Spektra, die
meist mittels Funken in Luft erzeugt wurden, sind nur die einfachsten Typen
zur Termanalyse verwendbar.   Von Kiess und Meggers ist in jüngster Zeit
ein Tabellenwerk veröffentlicht worden (Bur. of Stand. Journ. of Res. Paper
Nr. 23, Oktober 1928), das die nach Landés g-Formel berechneten Zeemantypen (in gemeiner und in Dezimalbruchform) für die Kombinationen und
Interkombinationen der Singulett- bis Oktetterme (von $l = 0$ bis $l = 6$) enthält.   Im ganzen sind über 2000 Zeemantypen ausgerechnet.   Eine Tabelle der
g-Werte in Dezimalbruchform nach der Größe geordnet ist beigefügt, mittels
deren die Termanalyse beobachteter Zeemaneffekte ausgeführt werden kann.

§ 5.   Der Paschen-Backeffekt (magnetooptische Verwandlung).

Empirische Grundlagen.   Paschen und Back fanden (1912), daß die
Prestonsche Regel nur in einem gewissen Feldstärkebereich gültig ist:
Die anomalen Zeemantypen eines Multipletts sind, der Prestonschen Regel
folgend, nur so lange dieselben, als das Magnetfeld eine gewisse Stärke nicht
überschreitet, bei weiter wachsender Feldstärke tritt eine tiefgehende Veränderung der Zeemantypen eines jeden Multipletts dann ein, wenn ihre magnetische Aufspaltung von annähernd gleicher Größe oder größer wird, als der
Linienabstand des feldlosen Multipletts selbst   Zur Erläuterung betrachten wir
wieder das Beispiel der D-Linien (Fig. 1175, Nr. 11 und 12).   In Fig. 1189 unten
sind beide D-Linien in aufgespaltenem Zustand in ihrem Wellenzahlenabstand
$\Delta \nu = 17{,}2 \text{ cm}^{-1}$ eingezeichnet.   Mit zunehmender Feldstärke sollte die Aufspaltung jeder der beiden Typen wachsen, so daß sie sich schließlich gegenseitig
durchdringen und (etwa bei Verdreifachung der Feldstärke, die in Fig. 1189 angenommen ist) Komponenten des einen Typus weit in den Bereich des anderen
übergreifen.   Die Erfahrung widerspricht dieser Erwartung: das Durchdringen
tritt nicht oder nur sehr unvollkommen ein, schon vorher zeigen sich mit der
Feldstärke zunehmende unsymmetrische Verzerrungen und Schwerpunktsverschiebungen jedes der beiden Typen, als ob abstoßende Kräfte zwischen den
Zeemankomponenten die Durchdringung zu verhindern strebten, während
gewisse andere Komponenten sich anzuziehen scheinen.   Schließlich bildet sich
bei weiterer Feldsteigerung ein beiden Linien gemeinsamer, in bezug auf
den gemeinsamen Schwerpunkt von D_1 und D_2 symmetrischer Typus aus, und
zwar ein Lorentztriplett mit verbreiterten Komponenten.

Ausgangspunkt für die Untersuchungen von Paschen und Back waren
nicht die D-Linien selbst, sondern die den Na-Linien homologen Linien des
Li, welche, obwohl sie enge Dubletts nach Art der Alkalidubletts sein sollten,
in Feldern zwischen 30 bis 40.10³ Gauß sämtlich als Lorentztripletts
beobachtet waren[2]).   F. Paschen schloß daraus, daß die Linien eines Dubletts

---

[1]) Ann. d. Phys. **39**, 897, 1912; **40**, 960, 1913.

[2]) Verf. l. c. **39**, 929. Die Linien Li 6708 Å ist nach P. Zeeman eine Doppellinie mit
$\Delta \lambda = 0{,}13$ Å, $\Delta \nu = 0{,}29 \text{ cm}^{-1}$ Komponentenabstand (Physik. Zeitschr. **14**, 405, 1913).

im Magnetfeld eine **Verwandlung** ihres Zeemantypus erfahren, wenn die magnetische Aufspaltung $\Delta \nu_0$ [1]) jeder einzelnen Linie **groß** wird gegenüber dem Dublettabstand (d. i. der Termdifferenz $\Delta \nu_p = 2\,{}^2P_{3/2} - 2\,{}^2P_{1/2}$). In der Tat ist für Li 6708 Å $\Delta \nu_p = 2\,{}^2P_{3/2} - 2\,{}^2P_{1/2} = 0{,}29\ \mathrm{cm}^{-1}$ aber $\Delta \nu_0 = 1{,}36\ \mathrm{cm}^{-1}$ bei $\mathfrak{H} = 30\,000$ Gauß, also in der Tat $\Delta \nu \geqslant \Delta \nu_p^2$. Die Vermutung lag nahe, daß allgemein für jedes Multiplett der natürlichen Termaufspaltung $\Delta \nu_M$ in hinreichend „starkem" Felde eine solche magnetische Verwandlung eintritt, wenn $\Delta \nu_0 \geqslant \Delta \nu_M$ wird. Der Begriff „starkes" Feld ist danach relativ.

Den Beweis führten **Paschen** und **Back** durch Beobachtung der engen Liniengruppe 3947 Å des Sauerstoffs. Diese, aus den drei Linien $\lambda = 3947{,}\,438$; $3947{,}\,626$; $3947{,}\,731$ Å bestehend, wurde zu jener Zeit noch als Triplettkombination $2\,s - 3\,p_1$ aufgefaßt mit den entsprechenden Zeemantypen der Fig. 1175, Nr. 2, 3, 4. Später ist klargestellt worden, daß es die Kombinationen $1\,{}^5S_2 - 3\,{}^5P_3$, $1\,{}^5S_2 - 3\,{}^5P_2$, $1\,{}^5S_2 - 3\,{}^5P_1$ sind, mit den hieraus nach der g-Formel folgenden Zeemantypen:

$$\left|\,\mathbf{(0)}\ (1)\ (2)\ \mathbf{3}\ 4\ 5\ 6\ 7\,\right| : 3;\quad \left|\,(1)\ \mathbf{(2)}\ 10\ \mathbf{11}\ \mathbf{12}\ 13\,\right| : 6;$$
$$\left|\,\mathbf{(0)}\ (1)\ \mathbf{3}\ 4\ 5\,\right| : 2$$

Nebenstehende Fig. 1192 zeigt einen Ausschnitt der vergrößerten Originalaufnahmen bei verschiedenen Feldstärken (links in Kilogauß angegeben) ohne Polarisationsanalyse. Bild 1 enthält die Liniengruppe ohne Feld; Bild 2 zeigt bei 2800 Gauß jede der drei Linien verbreitert, bei hinreichender Auflösungskraft würde die Verbreiterung jeder Linie als ihr oben angegebener anomaler Typus erkennbar sein. Bild 3 weist eine merkliche Veränderung der Typen auf. In Bild 5 erkennt man bei 11 000 Gauß die Ausbildung einer **gemeinsamen** mittleren π-Komponente, in Bild 9 ein triplettähnliches Gebilde, das bei 41 000 Gauß, wie **Paschen** und **Back** später mit verbesserten Mitteln fanden [2]), merklich in ein Zeemantriplett von normaler Aufspaltung mit etwas verbreiterten Außenkomponenten übergeht. Daß das Lorentztriplett nicht so vollkommen wird wie bei Li, ist zu verstehen, weil bei 3947 Å der Gesamtabstand $\Delta \nu_M = {}^5P_3 - {}^5P_1 = 1{,}88\ \mathrm{cm}^{-1}$ ist, $\Delta \nu_0$ aber für 41 000 Gauß nur $1{,}9\ \mathrm{cm}^{-1}$ wird, so daß noch nicht $\Delta \nu_0 \geqslant \Delta \nu_M$ erreicht ist. Die Beobachtungen von **Paschen** und **Back** zeigten also, daß sich ein Multiplett in „starkem" Magnetfeld als Ganzes fast wie ein Singulett verhält, während in „schwachem" Felde seine einzelnen Linien in die ihren Termkombinationen entsprechenden **anomalen** Zeemantypen aufspalten. Den Bereich der „mittleren" Felder erfüllen Übergangszustände zwischen beiden Grenzzuständen. **Kent** [3]) konnte in einer auf Veranlassung von **Paschen** im Tübinger Institut durchgeführten Beobachtungsreihe die aufeinanderfolgenden Übergangszustände für die Li-Linien, vom D-Linientypus an bei den schwächsten Feldern, bis zur Erreichung des Lorentztripletts nachweisen. **Fortrat** [4]) führte eine entsprechende

---

[1]) $\Delta \nu_0$ soll im folgenden stets die Normalaufspaltung in cm^{-1} bei der Feldstärke $\mathfrak{H}$, d. i. 1 Lorentzeinheit, bedeuten.
[2]) L. c. **40**, 964 ff.
[3]) Astroph. Journ. **40**, 343, 1914.
[4]) Compt. rend. **156**, 1607, 1913; **157**, 634, 1913.

Untersuchung für das fast unauflösbar enge Na-Dublett $2\,{}^2S_{1/2} - 4\,{}^2P_2$, $\lambda = 2852\,\text{Å}$ durch, während Verf.[1] die Störungseffekte der beginnenden Verwandlung für das Glied $2\,{}^2S_1 - 3\,{}^2P_2$ Na ($\lambda = 3303\,\text{Å}$, $\varDelta v_p = 5,5\,\text{cm}^{-1}$), Woltjer[2] und ebenso Popow[3] dieselben Effekte für die ersten Anfangsstadien der Verwandlung bei den D-Linien selbst ($\varDelta v_p = 17\,\text{cm}^{-1}$) feststellen konnten. Es war damit erwiesen, daß Tripletts und Dubletts und damit offensichtlich jedes Multiplett beim Übergang von schwachem zu starkem Felde sich „magnetooptisch verwandelt" und im Grenzfall $\varDelta v_0 \geqq \varDelta v_M$ einen vereinfachten Gesamttypus, nämlich ein Lorentztriplett bildet.

Totaler und partieller Paschen-Backeffekt. Die Begriffsbestimmung „starkes Feld" führt von selbst zur Unterscheidung von zwei grundsätzlich verschiedenen Arten magnetischer Verwandlung. Da ein Linienmultiplett durch die Kombination zweier Termmultipletts entsteht, dem des Anfangsterms und dem des Endterms, so ist es möglich, daß ein und dasselbe Feld $\mathfrak{H}$ „stark" für den einen, „schwach" für den anderen Term sein kann. Man spricht in diesem Falle von partiellem Paschen-Backeffekt im Gegensatz zu der oben betrachteten totalen, bei dem das Feld für Ausgangs- und Endterm stark ist, woraus im Grenzfall ein Lorentztriplett resultiert. Beim partiellen Effekt dagegen verhält sich nur der engere Term, für den allein das Feld stark ist, singulettartig, und es müssen anomale Typen zustande kommen, etwa der Art, wie sie die Kombination eines Singuletterms mit einem Multipletterm ergibt. Als Beispiel gibt Fig. 1193 den beobachteten[4] Zeemaneffekt der Kombination $2\,{}^3P_2 - 3\,{}^2D_1$ des Mg, $\lambda = 3838$; 3832; 3829 Å wieder. Hier sind die p-Differenzen

$$\varDelta v_{2,1}^p = 2\,{}^3P_2 - 2\,{}^3P_1 = 40,9\,\text{cm}^{-1};$$

$$\varDelta v_{1,0}^p = 19,9\,\text{cm}^{-1};$$

bei $40 \cdot 10^3$ Gauß ist $\varDelta v_0 = 1,9\,\text{cm}^{-1}$, also ist $\varDelta v_p \geqq \varDelta v_0$. Die d-Differenzen $\varDelta v_d$ sind aber unmeßbar klein, für sie ist demnach jedes Feld „stark", der d-Term verhält sich also stets wie ein Singulett, während dies für den p-Term dagegen erst in Feldern

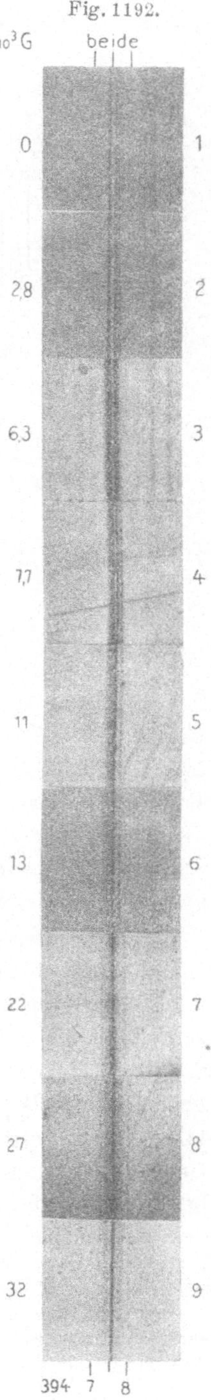

---

1) L. c. **39**, 926 ff.
2) Dissert. Amsterdam, 1914.
3) Physik. Zeitschr. **15**, 756, 1919.
4) Verf., Zeitschr. f. Phys. **33**, 587 ff., 1925.

$\mathfrak{H} > 8 \cdot 10^5$ Gauß der Fall sein würde. Entsprechendes gilt für die Kombination $2\,p_i - 3\,d_i$ $\lambda = 8196$ und $8184\,\text{Å}$ und $2\,p_i - 4\,d_i$ $\lambda = 5688$ und $5882\,\text{Å}$ des Na mit der p-Differenz $\Delta\nu_p = 17\,\text{cm}^{-1}$, aber unmerklich kleiner d-Differenz. Ihre Zeemantypen sind ebenfalls beobachtet[1]). Ganz

Fig. 1193.

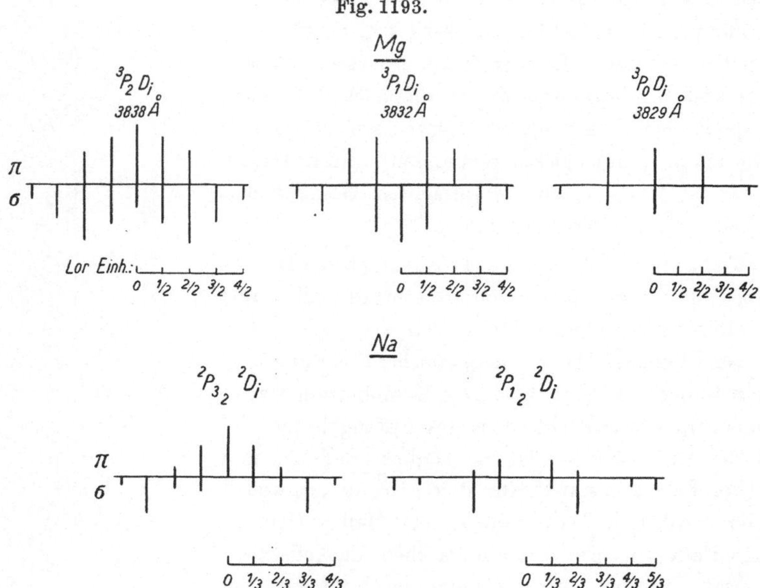

der Erwartung entsprechend, zeigt Fig. 1193 als **Rungesche Nenner** $N = 2$ bei Mg, $N = 3$ bei Na, das ist aber der **Rungesche Nenner** des Terms ^3P bzw. ^2P (Tabelle 14) allein; der d-Term hat mithin in beiden Fällen den **Rungeschen Nenner 1**, genau wie ein Singulett. Also tritt auch hier ein **vereinfachter Typus**[2]) an Stelle der nach der **Prestonschen Regel** zu erwartenden Überlagerung aller der Typen, welche nach Fig. 1175 den entsprechenden $p\,d$-Kombinationen zukommen.

Experimentelle Bedingungen. Die Beobachtung des Paschen-Backeffekts verlangt entweder sehr große Feldstärken oder Beschränkung auf sehr enge Multipletts. Auf dem ersten Wege versprechen die neuesten Versuche Erzeugung höchster Feldstärken wichtige Aufschlüsse, denn es wird dadurch möglich, weite Multipletts, deren anomale Effekte in Feldern üblicher Größe bequem meßbar sind, bis zur völligen Verwandlung zu verfolgen. Der zweite Weg, zur völligen Verwandlung vorzudringen, ist die Untersuchung von Feinstrukturen. Hier muß man aber meist auf die Verfolgung der Anfangsstadien verzichten, weil sie unerfüllbare Anforderungen

<hr>

[1]) Verf., Ann. d. Phys. **70**, 371, 1923; Zeitschr. f. Phys. **33**, 598, 1925; S. Frisch, Verh. d. Phys. Kongr. Nishni-Nowgorod 1923, S. 49.

[2]) Die strenge quantenmechanische Durchrechnung liefert auch die beobachteten Intensitäten exakt. Die Rechnung ist durchgeführt von L. Mensing, Zeitschr. f. Phys. **39**, 24, 1926.

an die Auflösungskraft stellt. Solche Feinstrukturen können ihrem Ursprung nach verschiedener Art sein, wir unterscheiden: 1. Multipletts gewöhnlicher Art, die, gewissermaßen zufällig, so eng sind, daß sie nur bei großer Auflösung getrennt werden, jede Linie der Gruppe ist aber eine selbständige Spektrallinie im Sinne des Kombinationsprinzips (Beispiel: die Li-Doppellinien, oder die $^5S\,^5P$-Gruppe des O). Eben dieser Fall ist bisher behandelt. 2. Spektrallinien mit „Trabanten“; das ganze Feinstrukturgebilde stellt eine einzige Spektrallinie dar, die komplex gebaut ist (Beispiel: jede Linie des Hg-Tripletts 5461, 4358, 4047 Å, ferner alle Linien des Bi). Um den Unterschied von der erstgenannten Art hervorzuheben, bezeichnet man diese zweite als „Hyperfeinstruktur“. Sie weist auf eine entsprechende Struktur der Spektralterme eines solchen Atomsystems hin: ein durch die Quantenzahl l, s, j bestimmter Spektralterm ^sl_j zerfällt hier selbst wieder in eine Anzahl eng benachbarter „Teilterme“. Zur Darstellung der Teilterme ist die Hinzunahme einer weiteren Quantenzahl, der „Feinquantenzahl f“ erforderlich. Wir gehen darauf in § 9 ein. 3. Die Feinstruktur der Wasserstofflinien und der Linien des „wasserstoffähnlichen“ He$^+$-Spektrums. Ihre Erklärung bereitete der Bohrschen Theorie anfänglich große Schwierigkeiten. A. Sommerfeld löste sie durch seine relativistische Theorie der Balmerserie[1]). Danach kommt die Wasserstofffeinstruktur so zustande, daß jeder Balmerterm R/n^2 (mit Ausnahme des tiefsten $R/1^2$) mehrfach ist; diese Komplexstruktur der Terme rührt her von der relativistischen Massenveränderlichkeit des in Keplerellipsen verschiedener Exzentrizität mit variabler Geschwindigkeit umlaufenden Elektrons, denn infolge der Massenveränderlichkeit haben die zur gleichen Hauptquantenzahl n gehörigen n_k-Bahnen[2]) ein wenig verschiedene Energie. Der konstante Term der Balmerserie $R/2^2$ hat (entsprechend $n = 2$, $k = 2$ und 1) zwei Energiestufen, die durch h dividierte Energiedifferenz beträgt $\varDelta\nu = 0{,}365\,\mathrm{cm}^{-1}$. Dieses Termdublett, das in der Feinstruktur aller Linien der Balmerserie enthalten sein muß, ist aber nicht von der Art der gewöhnlichen Termmultipletts, deren verschiedene Energiestufen durch die Impulsquantenzahl j bei gleichem n und k unterschieden sind, denn die Komponenten der Wasserstofflinien ergeben sich aus Übergängen $n'_{k'} \rightarrow n_k$, ihnen entsprechen bei den nicht wasserstoffähnlichen Spektren die verschiedenen Glieder der $(p\,s)$-Serie, der $(p\,d)$-Serie usf. Es schien also bei der Feinstruktur der Wasserstofflinie die Voraussetzung für das Auftreten eines Paschen-Backeffekts zu fehlen. Hiermit war andererseits wieder der experimentelle Befund nicht im Einklang: Paschen und Back[3]) hatten als Typus von H_α, H_β und H_γ Zeemantripletts gefunden mit breiten, unvollkommen polarisierten Komponenten von einer Aufspaltung 1,18 L.-Einh. bei 15 000 Gauß, die mit wachsender Feldstärke abnahm (1,06 L.-Einh. bei 41 . 10³ Gauß, Licht-

---

1) Vgl. die zusammenfassende Darstellung von A. Sommerfeld, in „Atombau und Spektrallinien“, 4. Aufl., Kap. 6.

2) $k \leqq n$ ist die Azimutalquantenzahl; k bestimmt die kleine, aber n die große Achse der Ellipse und damit die Bahnenergie.

3) l. c. **39**, 924; **40**, 868.

quelle war ein quergestelltes Geisslerrohr). Croze[1] konnte zeigen, daß dieser ganz regelwidrige Effekt durch die experimentellen Bedingungen verursacht war (quergestelltes Geisslerrohr in starkem Magnetfeld, mithin Auftreten eines elektrischen Feldes in Richtung senkrecht zu den magnetischen Kraftlinien), denn er fand bei Anwendung eines längsgestellten Rohres (wodurch störende Starkeffekte vermieden werden) normalen Zeemaneffekt. Die der Wasserstofflinie $R\left(\dfrac{1}{3^2}-\dfrac{1}{4^2}\right)$ entsprechende He$^+$-Linie 4682 Å haben Hansen und Jacobsen[2] im Magnetfeld untersucht und fanden innerhalb der Fehlergrenzen ihre Zerlegung in den Fehlergrenzen normal. Aber diese Ergebnisse erfuhren nochmals eine Korrektur. In einer mit höchster Präzision ausgeführten Untersuchung (längsgestelltes Geisslerrohr in flüssiger Luft, Stufengitter in einem Luftbad konstanter Temperatur) konnte O. Oldenberg[3], und nach ihm mit noch weiter gesteigerter spektraler Zerlegung (Perot-Fabry-Etalon) Försterling und Hansen[4] einen geringen Verwandlungseffekt ganz sicher stellen: Im schwachen Feld spaltet jede der beiden Feinkomponenten für sich in ein Triplett auf, bei zunehmender Feldstärke rücken beide Tripletts aufeinander zu. Dieses für die ältere Theorie unverständliche Verhalten fand eine natürliche Erklärung mit der neuen Auffassung[5] der wasserstoffähnlichen Spektren, wonach diese von „alkaliähnlicher" Struktur sein müssen. Es folgt daraus, daß jeder wasserstoffähnliche Term R/n^2 aus einer Anzahl von Teiltermen besteht, von denen stets zwei von gleichem l sind, aber sich durch ihre j unterscheiden. Damit ist die Voraussetzung für das Eintreten von Paschen-Backeffekt gegeben. Sommerfeld und Unsöld[6] haben diesen Zusammenhang in allen Einzelheiten diskutiert und den theoretisch zu erwartenden Zeemaneffekt mit dem empirischen Befund, soweit dieser zur Vergleichung hinreicht, in Übereinstimmung gefunden. Die magnetische Verwandlung der Wasserstofflinien ist demnach ihrem Wesen nach von derselben Art wie die nach Ziffer 1.

Magnetische Vervollständigung von Liniengruppen. Mit dem Auftreten des Paschen-Backeffekts ist eine eigenartige Durchbrechung der j-Auswahlregel verknüpft. Normalerweise treten in den Spektren nur solche Termkombinationen auf, für die $\Delta j = 0$ oder ± 1 ist, Übergänge $|\Delta|j > 1$ sind nach dem Korrespondenzprinzip nicht zu erwarten, sie sind „verboten". Bei der Kombination zweier Termmultipletts treten mithin nicht alle Kombinationsmöglichkeiten mit einer von Null verschiedenen Intensität in Erscheinung, beispielsweise fehlt stets in jeder Liniengruppe ($^2P_{3/2,\,1/2}\,{}^2D_{5/2,\,3/2}$) die Kombination ($^2P_{1/2}\,{}^2D_{5/2}$). Paschen und Back[7] fanden, daß solche einem Übergang

---

[1]) Compt. rend. **154**, 1410; **155**, 1607, 1912; **157**, 1061, 1913.
[2]) Danske Vidensk Selsk. Math.-phys. Kl. III, 11, 1921.
[3]) Ann. d. Phys. **67**, 253, 1922.
[4]) Zeitschr. f. Phys. **18**, 26, 1923.
[5]) Vgl. Kap. XXIX, Nachtrag I, S. 1793.
[6]) Zeitschr. f. Phys. **36**, 259, 1926.
[7]) F. Paschen und E. Back, Physica **1**, 261 ff., 1921, die Untersuchung ist zum Teil in Gemeinschaft mit R. Götze ausgeführt.

$|\varDelta j| > 1$ entsprechenden „verbotenen" Linien mit endlicher Intensität auftreten, wenn ein äußeres Magnetfeld solcher Stärke angewandt wird, daß die magnetische Verwandlung der Liniengruppe eben merklich wird. Die Linienintensitäten, welche zu den nur im Magnetfeld auftretenden Quantensprüngen $|\varDelta j| = 2, 3 \ldots$ zugeordnet sind, nehmen mit steigendem $|\varDelta j|$ rasch ab. Fig. 1194 zeigt schematisch die „erlaubten" und „verbotenen" Übergänge (ausgezogene bzw. gestrichelte Pfeile) eines $(p\,d)$-Dubletts und -Tripletts. Die Übergangspfeile weisen wieder auf die ihnen entsprechenden Spektrallinien

Fig. 1194.

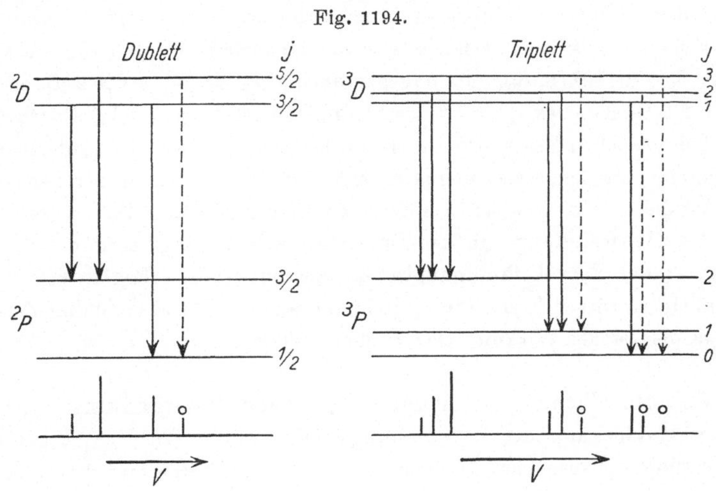

(unten), die Strichlängen deuten die relativen Intensitäten an. Die mit 0 bezeichneten Spektrallinien erscheinen nur in hinreichend starkem Magnetfeld, das Multiplett ist dann vollständig, weil alle Terme des Termschemas miteinander kombinieren. Dementsprechend bezeichneten Paschen und Back diesen Effekt des Magnetfeldes als magnetische „Vervollständigung", sie wiesen ihn an mehreren Dublett- und Triplettgruppen der $(p\,d)$-Kombination nach: Bei dem Al-Dublett

$$2\,{}^2P_{3/2} - 3\,{}^2D_{5/2}, \quad \lambda = 3092{,}84 \,\text{Å},$$
$$2\,{}^2P_{3/2} - 2\,{}^2D_{3/2}, \quad \lambda = \quad 92{,}71 \,\text{„}$$
$$2\,{}^2P_{1/2} - 3\,{}^2D_{3/2}, \quad \lambda = \quad 82{,}15 \,\text{„}$$

mit der natürlichen Termaufspaltung $\varDelta \nu_p = 112{,}05$, $\varDelta \nu_d = 1{,}32 \,\text{cm}^{-1}$, tritt in Feldern zwischen 20 und $40 \cdot 10^3$ Gauß ($\varDelta \nu_0 = 0{,}94$ bis $1{,}88 \,\text{cm}^{-1}$) eine Linie $\lambda = 3082{,}03 \,\text{Å}$ auf, welche ohne Feld nicht vorhanden ist; sie entspricht genau der Kombination $2\,{}^2P_{1/2} - 3\,{}^2D_{5/2}$ und zeigt den Zeemantypus $|(4)\,14\,\mathbf{22}|: 15$, der nach der g-Formel gerade dieser Kombination zukommt. Eine gleichartige Vervollständigung zeigt das Ca⁺-Dublett $2\,p - 4\,d$ [$3197 \,\text{Å}$ ff., $\varDelta \nu_d = 19{,}2$][1]. Analog verhalten sich die Triplets $2\,p_i - 3\,d_i$

---

[1] Die Differenzen $\varDelta \nu_d$ sind kleiner als $\varDelta \nu_p$; maßgebend für den Effekt ist das Verhältnis $\varDelta \nu_M : \varDelta \nu_0$ für das kleinere $\varDelta \nu_M$, die Angabe von $\varDelta \nu_p$ erübrigt sich deshalb.

des Zn (3345 Å ff. $\varDelta v_d = 4,9$ und $3,3$), des Cd (3610 Å ff. $\varDelta v_d = 18,1$ und $12,1$) und $2 p_i - 4 d_i$ des Ca (4454 Å ff., $\varDelta v_d = 5,6$ und $3,7$); bei allen diesen Gruppen konnte das Auftreten der verbotenen Linien $^3(P_1 D_3)$, $^3(P_0 D_2)$, $^3(P_0 D_3)$ festgestellt und konnten ihre Zeemantypen gemessen werden, es sind überall exakt diejenigen, welche die g-Formel für diese Kombinationen liefert. Stets sind die verbotenen Linien um so stärker, je mehr sich die natürliche Termaufspaltung der magnetischen nähert, im gleichen Maß zeigt sich eine eben merkliche Verzerrung und ein mit der Feldstärke zunehmendes „Abrücken" der verbotenen Linien als Ganzes von der benachbarten „erlaubten" (die Verschiebung beträgt beispielsweise für die verbotene Linie 3082 Å, des Al $0,027$ Å bei 40.10^3 Gauß). Ist dagegen auch $\varDelta v_d \geqq \varDelta v_0$, wie z. B. bei dem Triplett $2 p_i - 3 d_i$ des Hg ($\varDelta v_d = 60$ und $35\ \mathrm{cm}^{-1}$), so sind die verbotenen Linien bei denselben Feldstärken nicht zu bemerken. Dies weist auf einen Zusammenhang mit dem Paschen-Backeffekt hin: das Auftreten der verbotenen Linien ist das **Anfangsstadium** der mit weiter steigendem Feld einsetzenden **partiellen Verwandlung**. In der Tat ergibt sich in der Theorie des Paschen-Backeffekts der Vervollständigungseffekt als notwendige Begleiterscheinung. In Parallele zu dieser Erscheinung steht die analoge Durchbrechung der Auswahlregel der m als Wirkung elektrischer Felder.

§ 6. Die Theorie der magnetooptischen Verwandlung.

Alsbald nach der Entdeckung des Verwandlungseffekts war es W. Voigt gelungen, seine Kopplungstheorie[1]) auf den Verwandlungsvorgang des (inversen) Effekts auszudehnen und den Paschen-Backeffekt der D-Linien in allen Feldstärkebereichen darzustellen[2]). Das Ergebnis stand im Einklang mit dem experimentellen Befund von Kent[3]) an der Lithiumlinie 6708 Å und ging über diesen noch insofern hinaus, als es für den Endtypus im starken Felde eine Feinstruktur der σ-Komponenten der Lorentztripletts voraussagte, bestehend in einer Auflösung in je zwei Komponenten von einem Abstand, der $2/3$ des feldlosen Linienabstandes beträgt. Diese letzte Konsequenz wurde zunächst experimentell nicht erwiesen, entspricht aber, wie sich später aus anderen Beobachtungen ergeben hat, den Tatsachen. A. Sommerfeld[4]) hat die auf klassischer Grundlage ruhende Voigtsche Theorie auf den Emissionsvorgang übertragen und später in die quantentheoretische Form übergeführt. In dieser Form stellt sie die magnetische **Termverwandlung** für alle Feldstärken dar, und zwar nunmehr nicht nur für die ^2S- und ^2P-Terme, sondern für alle Dubletterme. Durch Kombination der Terme werden die Zeemantypen erhalten, dies sind im schwachen Felde die bekannten Typen der Dubletts, im starken ein Lorentztriplett und in mittleren Feldern gewisse ihnen entsprechende Übergangszustände. Ist $v_v = \dfrac{e}{m_0} \cdot \dfrac{1}{4 \pi c} \mathfrak{H}$ wieder die Larmorpräzessions-

---

[1]) Vgl. S. 1970.
[2]) W. Voigt, Ann. d. Phys. **41**, 403; **42**, 210, 1913.
[3]) Vgl. S. 1998.
[4]) A. Sommerfeld, Ann. d. Phys. **63**, 261, 1920; Zeitschr. f. Phys. **8**, 257, 1922.

frequenz bei der Feldstärke $\mathfrak{H} v_\omega$ der feldlose Dublettabstand, so ist die Zeemanverschiebung des Termes nach der Voigt-Sommerfeldschen Formel

$$\varDelta \nu = m . \nu_0 + \frac{1}{2} \sqrt{\nu_0^2 + \frac{2\, m\, \nu_0 . \nu_\omega}{l + \frac{1}{2}} + \nu_\omega^2} \quad \cdots \cdots (45)$$

In Gl. (45) ist die Verschiebung $\varDelta \nu$ nicht linear in $\mathfrak{H}$, man bezeichnet diese Aufspaltung im Gegensatz zu der im schwachen Felde, welche linear mit $\mathfrak{H}$ ansteigt, als „quadratischen" Zeemaneffekt. Die Zeemanverschiebung ist in Gl. (45) auf den „Termschwerpunkt" bezogen, er teilt den Termabstand $^2P_{3/2} - {}^2P_{1/2}$ im Verhältnis $1:2$, als wenn $^2P_{3/2}$ das doppelte „Gewicht" von $^2P_{1/2}$ hätte und jedes Gewicht an einem „Hebelarm" der Länge γ angriffe [1]), wobei $\gamma_1 : \gamma_2 = 2:1$ und $\gamma_1 + \gamma_2 = \nu_\omega$ ist. Allgemein kommt jedem Term ^sl_j ein bestimmtes „Quantengewicht" $Q = 2j + 1$ zu (d. i. die Anzahl der Zeemanterme im schwachen Felde oder die Anzahl der verschiedenen Weisen, auf die der Term in einem verschwindenden Magnetfeld realisiert werden kann). Der Termschwerpunkt ν_S eines Termmultipletts ^sl ist dann durch die gewöhnliche mechanische Gleichgewichtsbedingung für die statischen Momente $\gamma_i Q_i$ bestimmt: $\dfrac{\Sigma \gamma_i Q_i}{\Sigma Q_i} = 0$.

Zunächst wollen wir die Termverschiebung von der Mitte des Termabstandes aus zählen und beziehen sie nachträglich auf den Schwerpunkt. Im schwachen Felde geht wegen $\nu_0 \ll \nu_\omega$ (45) über in

$$\varDelta \nu \mp \frac{1}{2} \nu_\omega = m\, \nu_0 \left(1 \pm \frac{1}{2}\,\frac{1}{l + \frac{1}{2}} \right)$$

und liefert so die gewöhnliche proportional mit $\mathfrak{H}$ wachsende anomale Termaufspaltung, wie man durch Einsetzen bestimmter Werte für l und Vergleich mit den g-Werten der Tabelle 14 leicht findet.

Im starken Felde geht (45) wegen $\nu_0 \gg \nu_\omega$ über in

$$\varDelta \nu = m\nu_0 \pm \frac{1}{2} \nu_0 = (m \pm \frac{1}{2})\ \text{Lor.-Einh.}$$

Da m bei Dublettermen halbzahlig ist, wird die Zeemanverschiebung ein ganzzahliges Vielfaches der Lorentzeinheit, d. h. die Termaufspaltung ist normal, ihre Größe wächst ebenfalls proportional mit $\mathfrak{H}$.

Bei mittleren Feldstärken dagegen ist $\varDelta \nu$ durch Gl. (45) bestimmt, in diesem Bereich tritt die Abhängigkeit von H^2 in Erscheinung.

Wir werden uns auf die theoretische Behandlung des Zeemaneffekts im Grenzfall des starken Feldes beschränken und knüpfen dabei wieder an das Beispiel der D-Linien an. Diese Betrachtung stellt einen speziellen Fall dar der gleichfalls von A. Landé [2]) gegebenen allgemeinen Theorie des Zeemaneffekts der Multipletts von normaler Termordnung im starken Felde.

Bei Behandlung des anomalen Zeemaneffekts der D-Linien im schwachen Felde war es wesentlich, daß die Komponenten des magnetischen Moments

---

[1]) Die γ sind die „Intervallfaktoren" nach Landé. Vgl. die zusammenfassende Darstellung von A. Landé in Back-Landé, „Zeemaneffekt", Kap. 7.
[2]) Vgl. die zusammenfassende Darstellung von A. Landé, l. c., Kap. 7.

der Bahnbewegung und der Eigenrotation des Elektrons senkrecht zur j-Richtung im Zeitmittel in ihrer Wirkung nach außen verschwinden. Dies ist sicher der Fall, wenn die innere Präzessionsfrequenz von l und s um j (sie tritt in der feldlosen Dublettgröße ν_ω in Erscheinung) groß ist gegenüber der Larmorfrequenz ν_0. Andererseits können die magnetischen Komponenten $\perp j$ nicht mehr im Zeitmittel verschwinden, wenn $\nu_0 \sim \nu_\omega$ wird. Im Grenzfall des starken Feldes ist $\nu_0 \gg \nu_\omega$, es überwiegt dann umgekehrt das äußere Feld in seiner Wirkung auf die Bahnbewegung und auf die Eigenrotation des Elektrons, das innere Feld, welches die innere Präzession von l und s um j bewirkt, verschwindet gegenüber $\mathfrak{H}$. Die beiden magnetischen Achsen, die der Bahnbewegung und die der Eigenrotation, stellen sich infolgedessen unabhängig voneinander zum äußeren Felde $\mathfrak{H}$ ein und führen jede für sich um dieses eine Larmorpräzession aus, und zwar präzessiert der Impulsvektor s der Eigenrotation doppelt so schnell als der Bahnimpulsvektor l entsprechend $g_l = 1$, $g_s = 2$. Die Unabhängigkeit der Präzessionen von l und s voneinander hat die weitere Folge, daß die Bahnbewegung unabhängig von der Larmorpräzession der s-Achse erfolgt, dies heißt korrespondenzmäßig: weil die Präzessionsfrequenz von s um $\mathfrak{H}$ nicht in der Bahnbewegung enthalten ist, darf die magnetische Quantenzahl m_s bei einem Übergang $\varDelta m_l$ sich nicht ändern.

Die magnetische Zusatzenergie E_m besteht also nunmehr aus zwei Teilen, nämlich von der Bahnbewegung einerseits und der davon unabhängigen Eigenrotation andererseits herrührend:

$$E_m = m_l \frac{h}{2\pi}\frac{e}{2 m_0 c}\cdot \mathfrak{H} + m_s \cdot \frac{h}{2\pi}\cdot 2\frac{e}{2 m_0 c}\cdot \mathfrak{H} \cdot \cdot \cdot \cdot \cdot \cdot (46)$$

oder in den früher eingeführten Quanteneinheiten:

$$E_m = m_l + 2 m_s \cdot \cdot \cdot \cdot \cdot \cdot \cdot \cdot \cdot \cdot \cdot \cdot \cdot (47)$$

Gl. (47) ist indes offenbar nur eine Näherung, denn wenn die Wechselwirkungsenergie $E_{(l,\,s)}$ zwischen l und s gegenüber E_m zwar klein ist, so ist sie doch nicht Null. Wie wir wissen, ist $E_{(l,\,s)} = h\,.\,\nu_\omega$ in erster Näherung dem $cos\,(ls)$ proportional: $E_{(l,\,s)} = q\,.\,l\,.\,s\,.\,cos\,(ls)$. Wegen der verschiedenen Larmor-Präzessionsgeschwindigkeit von l und s ist für den cos ein zeitlicher Mittelwert $\overline{cos\,(ls)}$ einzuführen; es ist $cos\,(\overline{ls}) = cos\,(s\,\mathfrak{H})\,.\,cos\,(l\,\mathfrak{H})$, wie man aus einer sphärisch-trigonometrischen Betrachtung leicht findet. Demnach wird

$$ls\,\overline{cos\,(ls)} = ls\,.\,cos\,(l\,\mathfrak{H})\,cos\,(s\,\mathfrak{H}) = m_l\,.\,m_s$$

und damit wird statt der Näherung (47) die gesamte magnetische Zusatzenergie $\varDelta E$:

$$\varDelta E = E_m + E_{(l\,s)} = m_l + 2 m_s + q\,.\,m_l\,.\,m_s \cdot \cdot \cdot \cdot \cdot (48)$$

in den üblichen Quanteneinheiten, und die magnetische Termaufspaltung vom Termschwerpunkt aus gerechnet:

$$\varDelta \nu = m_l + 2 m_s\,\text{Lor.-Einh.} + q\,.\,m_l\,.\,m_s \cdot \cdot \cdot \cdot \cdot (48')$$

Nach Gl. (48') in Verbindung mit (46) ist die Verschiebung jedes Zeemanterms gegenüber dem feldlosen Termschwerpunkt ein ganzes Vielfaches der

Lorentzeinheit, denn $m_l + 2 m_s$ ist notwendig eine ganze Zahl: das starke Feld „normalisiert" die Lagen der im schwachen Felde um die anomalen Aufspaltungsbeträge $m \cdot g$ verschobenen Zeemanterme; die „normalisierten" Verschiebungen im Grenzfall des starken Feldes sind nach (46) ebenfalls $\mathfrak{H}$ proportional, wie die anomalen im Grenzfall des schwachen. Nur im Gebiet mittlerer Feldstärken besteht eine Abhängigkeit der Verschiebung von $\mathfrak{H}^2$. Zu der normalisierten Termverschiebung kommt aber nach (48′) noch die Korrektion $q \cdot m_l \cdot m_s$ hinzu, die vom Felde unabhängig ist und von der Wechselwirkung $E_{(l,\,s)}$ herrührt; sie gibt zu einer Feinaufspaltung der Zeemankomponenten im starken Felde Anlaß. Nach unserer obigen Betrachtung ist q identisch mit den in § 5 eingeführten Intervallkonstanten, die man aus der feldlosen Aufspaltung ν_ω (in Wellenzahlen cm^{-1} gemessen) des betrachteten Termmultipletts mit Hilfe der Intervallregel gewinnt. Man findet q, indem man das größte Intervall zwischen benachbarten Termen des Multipletts durch das zugehörige $j_{\max}$, oder das nächstgrößte durch $(j_{\max} - 1)$ dividiert usf., wie wir dies für das Beispiel des Termmultipletts ^8P_i des Mn auf S. 1996 ausgeführt haben (q wurde in diesem speziellen Fall zu $1\,q$ cm^{-1} ermittelt). Für ein Termdublett $^3P_{3/2}$, $^3P_{1/2}$ beispielsweise mit dem feldlosen Termintervall ν_ω cm^{-1} ergibt sich demgemäß:

$$q = \frac{\nu_\omega}{3/2} = {}^2/_3\,\nu_\omega.$$

Tabelle 15 enthält für die Terme ^2P und ^2S die magnetischen Teilenergien und in Spalte 7 die Zeemanverschiebungen $\varDelta\nu$. Spalte 5 gibt die Näherung nach (47).

Tabelle 15.

1	2 m_l	3 m_s	4 $m = m_l + m_s$	5 $E_m = m_l + 2m_s$	6 $E_{(ls)} = q\,m_s \cdot m_l$	7 $\varDelta\nu = \dfrac{E_m}{h} + \dfrac{E_{(ls)}}{h}$
^2P $l = 1$	$+1$	$+\frac12$	$^3/_2$	2	$q/2 = {}^1/_3\,\nu_\omega$	$2\,\text{L.-E.} + \frac13\,\nu_\omega$
	$+1$	$-\frac12$	$^1/_2$	0	$-q/2 = \frac13\ \text{„}$	$0 - \frac13\ \text{„}$
	0	$+\frac12$	$^1/_2$	1	$0 = 0$	1
	0	$-\frac12$	$-^1/_2$	-1	$0 = 0$	-1
	-1	$+\frac12$	$^1/_2$	0	$-q/2 = \frac13\ \text{„}$	$0 - {}^1/_3\ \text{„}$
	-1	$-\frac12$	$^3/_2$	-2	$q/2 = \frac13\ \text{„}$	$2 + {}^1/_3\ \text{„}$
^2S $= 0$	0	$^1/_2$	$^1/_2$	1	$0 = 0$	1
	0	$-^1/_2$	$-^1/_2$	-1	$0 = 0$	-1

Den Inhalt von Tabelle 15 gibt Fig. 1195 [1]) wieder, die (in Analogie mit Fig. 1191) die Termaufspaltung und das Zustandekommen des Zeemaneffekts der D-Linien im starken Felde darstellt. Die gestrichelte Linie deutet den Termschwerpunkt von ^2P an. Die Punkte (rechts) bedeuten die Zeemantermlagen in erster Näherung (nach Spalte 5 von Tabelle 15), die ausgezogenen

---

[1]) Nach S. Goudsmit, l. c. Fig. 9.

Horizontalstriche die genauen magnetischen Termniveaus (nach Spalte 7). Berücksichtigt man nur die ersteren, so resultiert aus der Termkombination als Zeemantypus ein Lorentztriplett, berücksichtigt man die genauen Termniveaus (vgl. die Pfeile), so resultiert überdies eine Feinaufspaltung der σ-Komponenten in je zwei vom Abstand $^2/_3\,\nu_\omega$.

In Fig. 1195 ist durch Schrägstriche die Zuordnung der Zeemanterme im **starken Felde** zu den feldlosen Termen $^3P_{3/2}$ und $^3P_{1/2}$ angegeben. Tabelle 15

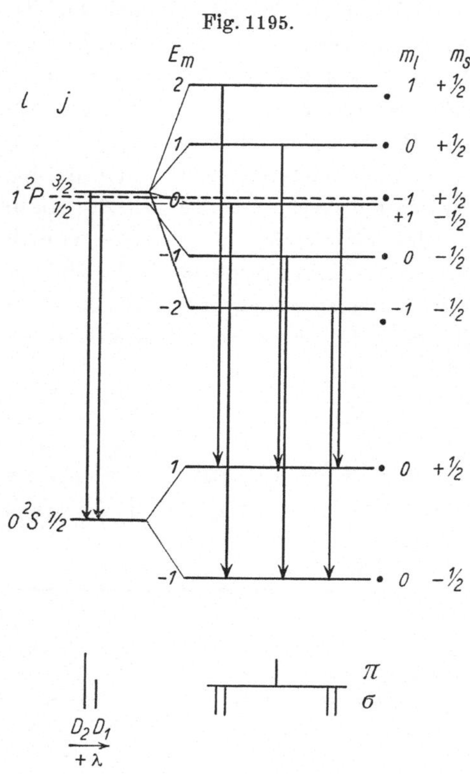

sowie Gl. (48) geben zwar dafür keinen Anhalt, und eine solche Zuordnung scheint auch nicht ausführbar, weil durch das starke äußere Feld die Kopplung $(ls)=j$ durchbrochen wird, j also im starken Felde keinen physikalischen Sinn mehr hat. Da aber ein kontinuierlicher Übergang vom schwachen zum starken Felde stattfindet, muß doch eine bestimmte Zuordnung solcher Art möglich sein; wir werden sie später begründen (S. 2010).

Aus der bisherigen Betrachtung läßt sich die weitere Folgerung ziehen, daß zwischen dem Grenzfall des schwachen Feldes, in dem die innere Präzession von l und s um j ungestört mit gleichförmiger Winkelgeschwindigkeit erfolgt, und dem des starken, in dem l und s unabhängig voneinander eine verschieden schnelle Präzession um die $\mathfrak{H}$-Richtung ausführen, ein Übergangszustand eintreten muß, in dem die innere Präzessionsgeschwindigkeit aufhört gleichförmig zu sein. Dann aber treten in der um den j-Vektor als Achse stattfindenden Präzessionsbewegung außer ihrer Grundfrequenz ν_j auch deren Oberschwingungen $2\,\nu_j,\ 3\,\nu_j \ldots$ auf. Dies heißt korrespondenzmäßig, daß dann Übergänge $|\varDelta j| > 1$ möglich sind, dies ist aber nichts anderes als der von **Paschen** und **Back** empirisch gefundene magnetische „Vervollständigungseffekt". Er ergibt sich somit als eine notwendige Begleiterscheinung der magnetooptischen Verwandlung und zeigt die Störung der inneren Präzession durch das (nicht sehr schwache) äußere Feld an.

Eine **Abzählung** der Zeemanterme im schwachen und starken Felde (Fig. 1189 und 1195) lehrt, daß ihre Anzahl **dieselbe** ist, sie beträgt in beiden Fällen für ^2S zwei und für ^2P sechs Zeemanterme. Im **schwachen**

Felde ist die Anzahl der Zeemanterme, die aus einem Term $(l\,s) = j$ entspringen, durch die Anzahl $2\,j + 1$ der möglichen Einstellungen des j-Vektors zur Achse gegeben, d. i. für einen Dubletterm $2\,(l + \frac{1}{2}) + 1 + 2\,(l - \frac{1}{2}) + 1 = 4\,l + 2$ Einstellungen im schwachen Felde. Im starken hat der Vektor l für sich $2\,l + 1$ Einstellungsmöglichkeiten und für jede dieser hat der Vektor s für sich wieder $2\,s + 1$ Einstellungsmöglichkeiten, das sind, da bei Dubletttermen $s = \frac{1}{2}$ ist, ebenfalls insgesamt $(2\,l + 1).(2\,s + 1) = 4\,l + 2$ Einstellungsmöglichkeiten im starken Felde.

Den (genäherten) Zeemantermen nach Spalte 5 in Tabelle 15 können wir auch eine andere Anordnung geben, nämlich nach steigenden Werten $E_m = m_l + 2\,m_s$; so entsteht Tabelle 16, die in leicht verständlicher Weise zugleich auf die ^2D- und ^2F-Terme ausgedehnt ist. Sie enthält die Zeemanverschiebungen $m_l + 2\,m_s$ in Lor.-Einh. im starken Felde.

Tabelle 16.

$m =$	$-\,7/2$	$-\,5/2$	$-\,3/2$	$-\,1/2$	$1/2$	$3/2$	$5/2$	$7/2$
^2S				-1	1			
^2P			-2	$-1\ \ 0$	$0\ \ 1$	2		
^2D		-3	$-2\ \ -1$	$-1\ \ 0$	$0\ \ 1$	$1\ \ 2$	3	
^2F	-4	$-3\ \ -2$	$-2\ \ -1$	$-1\ \ 0$	$0\ \ 1$	$1\ \ 2$	$2\ \ 3$	4

Bildet man für irgend ein l oder m (z. B. für ^2F, $m = \frac{1}{2}$) die $\Sigma\,(m_l + 2\,m_s)$ (für ^2F ist dies $0 + 1 = 1$) und vergleicht damit in Tabelle 14 der Termaufspaltungen im s c h w a c h e n Felde für dasselbe l und m die $\Sigma\,m.g$ über alle j (in unserem Beispiel also für $^2F_{5/2}$ und $^2F_{7/2}$, $m = \frac{1}{2}$, d. i. $\frac{1}{2}.\frac{6}{7} + \frac{1}{2}.\frac{8}{7} = 1$), so sind diese Summen stets g l e i c h. Dies ist das von W. P a u l i [1] ausgesprochene P e r m a n e n z g e s e t z d e r g-S u m m e n; es ist naheliegend, zu vermuten, daß es auch für die g-Summe im Bereich m i t t l e r e r Feldstärken erhalten bleibt. Der physikalische Sinn dieses Gesetzes ist, daß die Summe der magnetischen Energien aller Terme $\left(\text{gemessen in Einheiten } h\,\dfrac{e}{4\,\pi\,m\,c}.\mathfrak{H}\right)$, die zu demselben m gehören bei Änderung der Feldstärke ungeändert bleibt. Modellmäßig findet dies seinen Ausdruck darin, daß bei Änderung der Feldstärke die T o t a l p r o j e k t i o n des mechanischen Atommoments auf die $\mathfrak{H}$-Richtung konstant bleibt. Im schwachen Felde sind die Zeemanterme durch j und m, im starken durch m_l und m_s bestimmt. Im schwachen Felde ist die Totalprojektion gleich m, im starken gleich $m_l + m_s$. Bei wachsender Feldstärke kann man $m = l \pm \frac{1}{2}$ nur in $m_l = +1$, $m_s = +\frac{1}{2}$ bzw. $m_l = -1$, $m_s = -\frac{1}{2}$ übergehen (Fig. 1195), für $|m| < l + \frac{1}{2}$ sind aber mehrere Möglichkeiten für die Zuordnung vorhanden. W. P a u l i [2] hat durch eine quantenmechanische Betrachtung gezeigt, daß Zeemanterme mit gleichem m sich bei zunehmender

---

[1] W. Pauli, Zeitschr. f. Phys. **16**, 155, 1923. Wie W. Pauli gezeigt hat, reicht dieses Permanenzgesetz hin, um aus der Aufspaltung im starken Felde die Termaufspaltungsfaktoren g im schwachen ohne Kenntnis der g-Formel herzuleiten.
[2] W. Pauli, Zeitschr. f. Phys. **20**, 371, 1923.

Feldstärke nicht „schneiden" dürfen. Dem entspricht in Fig. 1195 die Zuordnung der Zeemanterme im starken Felde zu den Termen j im feldlosen Zustand (Fig. 1195).

Die bisherigen Betrachtungen lassen sich auf Atome mit mehreren äußeren Elektronen übertragen, indem man die Vektorzusammensetzung nach Gl. (44) ausführt. Man kann so in gleicher Weise wie oben für alle Multipletterme Tabellen[1]) nach Art von Tabelle 15 und 16 bilden und die Termaufspaltung im starken Felde daraus entnehmen.

Die Zuordnung der Zeemankomponenten der D-Linientypen im schwachen und starken Felde ist in Fig. 1196[2]) dargestellt. Man findet diese Zuordnung,

Fig. 1196.

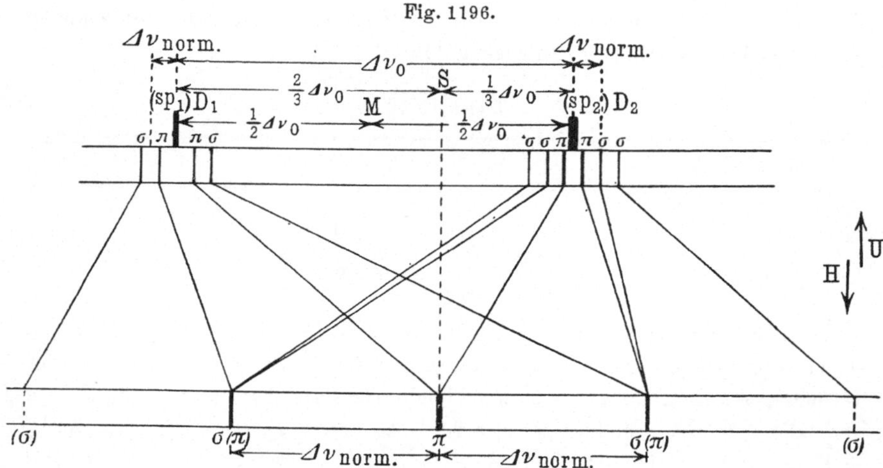

indem man in Fig. 1189 den Ursprung jeder Komponente im schwachen Felde aufsucht und dann den Weg der beiden kombinierenden Zeemanterme in Tabelle 15 und Fig. 1195 beim Übergang zum starken Felde verfolgt. Die eingeklammerten Komponenten entsprechen den im starken Felde verbotenen Übergängen $|\Delta m_s| > 0$. Mit zunehmender Feldstärke erlöschen allmählich die dahinzielenden Komponenten des schwachen Feldes. [Bei gleichzeitigem Bestehen eines elektrischen Feldes treten diese Komponenten unter Durchbrechung des „Übergangsverbots $|\Delta m| > 0$" mit endlicher Intensität auf][3]).

C. G. Darwin[4]) hat Formeln entwickelt, mittels deren man die magnetische Termaufspaltung beliebiger Termmultipletts für jede Feldstärke bestimmen kann. Für $\nu_0 \gg \nu_\omega$ gehen diese Formeln in die Termaufspaltung gemäß Gl. (48'), für $\nu_0 \ll \nu_\omega$ in die Aufspaltung im schwachen Felde gemäß Gl. (24) über.

---

[1]) Vgl. Hund, Linienspektren, S. 108 ff., Tabelle 35.
[2]) Vgl. A. Sommerfeld, Atombau, 4. Aufl., Fig. 135.
[3]) Ebenda S. 357 ff. und besonders S. 394.
[4]) C. G. Darwin, Proc. Roy. Soc. London. Juni 1927.

§ 7. Der Zeemaneffekt der Multipletts mit nicht normaler Termordnung.

Allgemeine Kopplungsschemata. Die Multiplettstruktur und den anomalen Zeemaneffekt haben wir aus dem Vektormodell abgeleitet durch Zusammensetzung der Eigenrotationsmomente s_i aller Elektronen zu einer Resultierenden s, der Bahnmomente l_i zur Resultierenden l; die Resultierende von s und l ist das Gesamtimpulsmoment $(s\,l) = j$. Diese Art der Zusammensetzung der Quantenimpulsvektoren eines Atoms führt auf die Multiplettstruktur der Tabelle 14; die Anzahl der Terme für jedes l und s steht mit der Erfahrung im Einklang; aus demselben Kopplungsschema folgt auch die Landésche g-Formel und Intervallregel. Für zwei Elektronen lautet dieses Kopplungsschema:

$$(A) \qquad\qquad s_1, \; l_1, \; s_2, \; l_2 = (s_1 s_2), \; (l_1 l_2) = (s\,l) = j \quad \cdots \cdots \quad (50)$$

Die Klammern deuten an, daß die Wechselwirkung zwischen den Eigenrotationen s_1, s_2 beider Elektronen viel größer ist als zwischen Eigenmagnetismus und Bahnbewegung jedes einzelnen Elektrons. Die Multiplettstruktur, welche aus dieser Kopplung hervorgeht, heißt normale Termordnung, das Kopplungsschema (50) das normale oder das Schema von Russel und Saunders [1]); wir wollen es mit (A) bezeichnen. Unter Umständen kann aber die Kopplung $(s_1 l_1) = j_1$ der Eigenrotation des erstgebundenen Elektrons mit seiner Bahnbewegung so fest sein, daß sie durch Hinzukommen des zweiten nicht durchbrochen wird. Dann entsteht eine Multiplettstruktur von nicht normaler Termordnung, für diese gilt Landés g-Formel und Intervallregel nicht.

Als Beispiel betrachten wir zwei Elektronen, das eine in einer p-Bahn $(l_1 = 1)$ von kleiner Hauptquantenzahl n (d. i. sehr fest gebunden), das andere etwa in einer s-Bahn $(l_2 = 0)$ von großer Hauptquantenzahl n (lockerer gebunden). Die Wechselwirkung $(s_1 l_1)$ ist dann größer als die Wechselwirkung $(s_1 s_2)$. Die Wechselwirkung $(s_1 l_1)$ tritt in der Dublettgröße des Ions (das ja nur das erste Elektron enthält) in Erscheinung, die Wechselwirkung $(s_1 s_2)$ aber im Triplett-Singulettabstand des neutralen Atoms; da für jedes Elektron $s = {}^1/_2$ ist, so liefert die Zusammensetzung $s_1 + s_2 = 1$ Tripletterme, $s_1 - s_2 = 0$ Singuletterme. Erfahrungsgemäß nimmt der Singulett-Triplettabstand mit wachsendem n rasch ab und kann mithin kleiner werden als die vom ersten Elektron allein herrührende Dublettgröße. Dies zeigt aber, daß die Wechselwirkung $(s_1 l_1) > (s_1 s_2)$ ist; es liegt also ein vom normalen abweichendes Kopplungsschema [2]) vor. Symbolisch schreibt man diese Kopplungsart:

$$(s_1 l_1)\, s_2 = (j_1 s_2) = j$$

und im allgemeinen Falle $l_2 \neq 0$:

$$(s_1 l_1)\,(s_2 l_2) = (j_1 j_2) = j \quad \cdots \cdots \cdots \cdots \quad (B)$$

Auch andere Kopplungschemata [2]) sind möglich, die man durch die Symbole darstellen kann, z. B.:

$$\{(s_1 l_1)\, s_2\}\, l_2 = (j_1 s_2)\, l_2 = j \quad \cdots \cdots \cdots \cdots \quad (C)$$

$$\{(s_1 l_1)\, l_2\}\, s_2 = (j_1 l_2)\, s_2 = j \quad \cdots \cdots \cdots \quad (D)$$

---

1) H. N. Russell und F. A. Saunders, Astrophys. Journ. **61**, 38, 1925.
2) S. Goudsmit und G. E. Uhlenbeck, Zeitschr. f. Phys. **35**, 618, 1925.

Stets sind aber diese Schemata nur Grenzfälle, es ist nicht in Strenge, wie es die Klammern andeuten, beispielsweise in (C) die Kopplungsfestigkeit $(s_1 l_1)$ wirklich unendlich groß gegenüber der von $(s_1 s_2)$ und von $(l_1 s_2)$, und ebenso wieder die Kopplung $(j_1 s_2)$ nicht unendlich groß gegenüber der von $(j_1 l_2)$ und von $(s_2 l_2)$; die Schemata (A) bis (D) sollen nur symbolisch zum Ausdruck bringen, daß die Wechselwirkung zwischen einem Quantenvektor außer einer Klammer zu einem solchen in der Klammer zurücktritt hinter der zwischen Vektoren in der gleichen Klammer. Eine solche überwiegende Wechselwirkung steht in gewisser Analogie mit der Wirkung eines starken äußeren Magnetfeldes, durch welches in ähnlicher Weise die vor Entstehung des Feldes vorhandene Kopplung $(l s) = j$ zwar durchbrochen, aber doch nicht ganz aufgehoben wird, der verbliebene Rest der Wechselwirkung $(l s)$ tritt dort in einer Feinstruktur der Zeemankomponenten in Erscheinung. Die Anzahl der Terme nach ihren j geordnet, welche aus einem der Schemata (B), (C), (D) für einen bestimmten Wert von s_1, l_1, s_2, l_2 hervorgehen, ist stets dieselbe, wie sie das normale Schema (A) liefert.

Der Zeemaneffekt bei anomalen Kopplungsverhältnissen ist für das Schema (B), (C), (D) ebenso berechenbar wie für das normale Schema (A), denn die allgemeine Form der g-Formel [Gl. (43), S. 1992] liefert den g-Wert g_z für die Resultierende zweier beliebiger Quantenvektoren x und y, wenn deren g-Werte g_x, g_y bekannt sind. Wir geben hierfür ein Beispiel: Bei den Elementen der vierten Gruppe des periodischen Systems C, Si, Ge, Sn, Pb sind nach einer abgeschlossenen s-Schale im Grundzustand zwei Elektronen im p-Zustand gebunden (symbolisch schreibt man diese Elektronenkonfiguration: $s s p p$ oder $s^2 p^2$). Geht das letztgebundene p-Elektron in einen s-Zustand $(l_2 = 0)$ mit um 1 oder mehr höherer Hauptquantenzahl n über (symbolisch: $s^2 p s$), so entstehen nach dem normalen Kopplungsschema (A) die in Tabelle 17 angegebenen Terme, denn für die Elektronenkonfiguration $p s$ der beiden letztverbundenen Elektronen ist

$$s_1 = {}^1\!/_2, \quad s_2 = {}^1\!/_2, \quad s = 0 \text{ und } 1,$$
$$l_1 = 1, \quad l_2 = 0, \quad l = 1,$$

und hieraus folgt nach (A):

Tabelle 17.

s	l	Term $j = (l\,s)$	g_j
0	1	$^1P_1$	1
1	1	$^3P_2$	$^3\!/_2$
		$^3P_1$	$^3\!/_2$
		$^3P_0$	$^0\!/_0$

Das sind: ein Term mit $j = 2$, zwei Terme mit $j = 1$ und ein Term mit $j = 0$. Die beigefügten $g\,(j)$ sind die nach Landés g-Formel.

Nach Schema (B) folgt aber:

$$(s_1 l_1)(s_2 l_2) = (j_1 j_2) = j \quad \cdots \cdots \cdots \cdots \quad \text{(B)}$$

und im besonderen Falle unseres Beispiels der Elektronenkonfiguration $s^2 p\, s$ wegen $l_2 = 0$:

$$(s_1 l_1)\, s_2 = j_1 s_2 = j,$$

wobei $j_1 = 1 \pm {}^1/_2 = {}^3/_2$ und ${}^1/_2$ und s_2 wieder $= {}^1/_2$ ist. Dies gibt folgende Werte für j:

Tabelle 18.

	j_1	
	${}^3/_2$	${}^1/_2$
$j = j_1 + s_2$ . . .	2	1
$j = j_1 - s_2$ . . .	1	0

also wieder 4 Terme, einer mit $j = 0$, zwei mit $j = 1$, einer mit $j = 2$, genau wie bei (A); die Termanzahl, nach den j geordnet, ist bei (A) und (B) dieselbe, aber da eine Resultante s bzw. l nicht zustande kommt, haben die Termsymbole S, P, D ... usf. hier keinen physikalischen Sinn.

Die g-Werte für (B) berechnen wir nach der allgemeinen g-Formel von Gl. (43), indem wir für y setzen $y = s_2 = {}^1/_2$ und $g_y (= g_s) = 2$. x ist $j_2 = (s_1 l_1) = {}^3/_2$ und ${}^1/_2$, wobei $g_x = {}^4/_3$ bzw. ${}^2/_3$ ist (nach Landés g-Formel); denn das Ion dieser Elektronenkonfiguration, etwa das von Sn$^+$, enthält im Grundzustand ein Elektron in einer p-Bahn gebunden, dies liefert aber die Terme ${}^2P_{3/2}$ und ${}^2P_{1/2}$. Für z ist der Reihe nach zu setzen: $z = 2$, $z = 1$, $z = 0$. Dann ergibt die allgemeine g-Formel für die $z = j$ der Tabelle 18:

$$g_z = \frac{z(z+1) + x(x+1) - y(y+1)}{2\,z\,.(z+1)}\, g_x$$
$$+ \frac{z(z+1) + y(y+1) - x(x+1)}{2\,.\,z\,.(z+1)}\, g_y.$$

1. für $z = 2$, $x = {}^3/_2$:

$$g_z = \frac{2.3 + {}^3/_2 \,.\, {}^5/_2 - {}^1/_2 \,.\, {}^3/_2}{2.2.3}\, {}^4/_3 + \frac{2.3 + {}^1/_2 \,.\, {}^3/_2 - {}^1/_2 \,.\, {}^5/_2}{2.2.3}\,.\,2 = {}^3/_2$$

und entsprechend

2. für $z = 1$, $x = {}^3/_2 : g_z = {}^7/_6 = 1{,}17$,
3. „ $z = 1$, $x = {}^1/_2 : g_z = {}^4/_3 = 1{,}33$,
4. „ $z = 0$, $x = {}^1/_2 : g_z = {}^0/_0$.

Man erhält also aus (A) und (B) für die nur je einmal vertretenen Terme mit $j = 2$ bzw. $j = 0$ dieselben g-Werte, für die je zweimal vertretenen Terme mit $j = 1$ aber verschiedene g für dieselbe Elektronenkonfiguration $(s^2 p\, s)$. Die Termanalyse (g-Bestimmung) beobachteter Spektralterme, welche diese Konfiguration besitzen, gibt mithin Aufschluß, ob die eine oder die andere Kopplungsart in den betrachteten Spektraltermen realisiert ist, indem die $g_{\text{beob.}}$ entweder den aus (A) oder den aus (B) berechneten g-Werten sich anschließen. S. Goudsmit[1]) und Verf. haben auf Grund von Zeemaneffekt-

---

[1]) S. Goudsmit und E. Back, Zeitschr. f. Phys. 40, 530, 1926.

messungen des Verfs. [1]) an Sn und Pb eine solche Vergleichung ausgeführt. Tabelle 19 zeigt für die Elektronenkonfigurationen $(s^2 p s)$ und $(s^2 p^2)$ das Ergebnis:

Tabelle 19.

Term		(A) g ber.	Sn g beob.	Pb g beob.	(B) g ber.
2 s-Terme · ·	$^1P_1$	1	1,123	1,131	1,17
	$^3P_2$	1,5	1,502	1,496	1,50
	$^3P_1$	1,5	1,376	1,349	1,33
	$^3P_0$	$\frac{0}{0}$	$\frac{0}{0}$	$\frac{0}{0}$	$\frac{0}{0}$
2 p-Terme · ·	$^1S_0$	$\frac{0}{0}$	$\frac{0}{0}$	$\frac{0}{0}$	$\frac{0}{0}$
	$^1D_2$	1	1,050	1,230	1,33
	$^3P_2$	1,5	1,452	1,269	1,17
	$^3P_1$	1,5	1,501	1,501	1,50
	$^3P_0$	$\frac{0}{0}$	$\frac{0}{0}$	$\frac{0}{0}$	$\frac{0}{0}$

Man erkennt an den g-Werten, daß vom Sn zu Pb die Kopplung merklich im Sinne eines Übergangs vom Schema (A) zu Schema (B) sich ändert. Dies ist verständlich, denn bei Pb[+] mit der Kernladungszahl $Z = 83$ ist die Dublettaufspaltung im Grundzustand viel größer als bei Sn[+], die Kopplungsfestigkeit von $(s_1 l_1)$ gegenüber s_2 ist daher für Pb bedeutend größer als für Sn. Demnach ist durchaus zu erwarten, daß Pb dem Schema (B) näher steht als Sn.

Die g-Summenregel von Landé [2]). In Tabelle 19 sind folgende in Tabelle 20 nach ihren j geordnete g-Werte der Terme von gleichem j enthalten:

Tabelle 20.

		(A)	(B)	Sn	Pb
		g ber.		g beob.	
s-Terme · · ·	$^1P_1$	1	1,17	1,123	1,131
	$^3P_1$	1,5	1,33	1,376	1,349
Σg · · · · · · · ·		2,5	2,5	2,499	2,480
p-Terme · · ·	$^1D_2$	1	1,33	1,050	1,230
	$^3D_2$	1,5	1,17	1,452	1,269
Σg · · · · · · · ·		2,5	2,5	2,502	2,499

Die Zeilen Σg zeigen, daß die Summe der g, die zu Zuständen mit demselben j gehörten, für jede bestimmte Elektronenkonfiguration stets dieselbe [nämlich die aus Schema (A), d. h. aus Landés g-Formel folgende] ist, gleichgültig, ob das Kopplungsschema (A) oder (B) [oder auch (C) oder (D), wie man durch Berechnung nach der allgemeinen g-Formel findet] zugrunde gelegt wird. Für ein weiteres Beispiel, die Elektronenkonfiguration $(s^2 p d)$, in der das eine Elektron in einer p-, das andere in einer d-Bahn gebunden (das ist $s_1 = 1/2$,

[1]) E. Back, Zeitschr. f. Phys. **37**, 193, 1926; **43**, 309, 1927.
[2]) A. Landé, Ann. d. Phys. **76**, 273, 1925.

$l_1 = 1$, $s_2 = {}^1/_2$, $l_2 = 2$), liefert (A): $s = 0$ und 1, $l = 3, 2, 1$, demnach folgende 12 Terme (d-Terme), die in Tabelle 21 nach ihren j geordnet sind:

Tabelle 21.

$j =$	0	1	2			3		4
$s = 0$ . . .	$^1S_0$	$^1P_1$	$^1D_2$			$^1F_3$		
$s = 1$ . . .	$^3P_0$	$^3P_1$ $^3D_1$	$^3P_2$	$^3D_2$	$^3F_2$	$^3D_3$	$^3F_3$	$^3F_4$
Σg	$\frac{0}{0} : 1$	$3 : 3$	$\frac{13}{3} : 4$			$\frac{41}{12} : 3$		$\frac{5}{4} : 1$

Die g-Summen der letzten Zeile sind aus den g-Werten der Tabelle 14 gebildet $\left(\frac{13}{3} : 4\right.$ beispielsweise heißt, die $\Sigma g = \frac{13}{3}$ ist auf die vier Terme mit $j = 2$ aufgeteilt$\left.\right)$. Diese Summen sind nun, wie man durch Ausrechnen der Terme nach Schema (B) oder (C) oder (D) und Berechnung der g nach der allgemeinen g-Formel findet, für jede andere Kopplungsart, aber auch für alle Zwischenzustände zwischen verschiedenen Kopplungsarten dieselben. Aus den beobachteten g-Werten kann man daher häufig mit Hilfe der g-Summen, wie oben die Termzuordnung, und aus den Einzelwerten $g_{\mathrm{beob.}}$ die Kopplungsart erschließen. Als Beispiel sind in Tabelle 22 für die Elektronenkonfiguration ($s^2 p\, d$) die berechneten Σg den im Sn-Spektrum beobachteten [1]) gegenübergestellt, die Summen $g_{\mathrm{beob.}}$ für gleiches j sind in der Tat innerhalb der Fehlergrenzen den berechneten gleich.

Tabelle 22.

$j =$	0	1	2	3	4
Σg ber.	$\frac{0}{0}$	3	4,333	3,417	1,250
Σg beob. . . .	—[2])	3,018	4,342	3,413	—

Die beobachteten Einzelwerte der g für die d-Terme liegen, was wir nicht näher ausführen, gleichfalls wieder zwischen den aus (A) und (B) berechneten, und zeigen im Vergleich zu den der homologen Terme von Pb wieder, daß Sn dem Schema (A), Pb dem Schema (B) näher steht.

Mit zunehmender Hauptquantenzahl n des Folgeterms nähert sich nach unseren Ausgangsbetrachtungen die Kopplung immer mehr dem Schema (B), in das sie in den Termgrenzen ($n = \infty$, sie entsprechen dem Zustand $^2P_{3/2}$, $^2P_{1/2}$ des Ions) völlig übergeht. Die g-Werte ändern sich also notwendig mit n, und die Zeemaneffekte aufeinanderfolgender Glieder sind nicht identisch; dies scheint im Widerspruch mit der Prestonschen Regel zu stehen. Der Widerspruch verschwindet aber, wenn man sich an die strenge Fassung der Prestonschen Regel hält, wonach der Zeemaneffekt durch die Termart in der Kombination bestimmt wird. Gerade die Termart verändert sich aber mit der Größe der Wechselwirkung zwischen dem letztgebundenen und den vorangehenden Elektronen, wie sie symbolisch in dem jeweils gültigen Kopplungsschema zum Ausdruck gebracht wird. Daher kann auch keine Gleichheit der

---

[1]) Vgl. S. 2014, Anm. 1. —   [2]) Nicht beobachtet.

Zeemantypen aufeinanderfolgender Serienglieder erwartet werden, weil von Glied zu Glied eine Änderung des Kopplungsschemas im Sinne einer Verwandlung aus Schema (A) in Schema (B) statthat. Beobachtungen des Zeemaneffekts mehrerer aufeinanderfolgender Glieder liegen bei anomalen Multipletts nur vereinzelt vor, so daß diese theoretische Konsequenz noch nicht an der Erfahrung geprüft ist. Auf welche Weise im Zwischengebiet zwischen den Grenzfällen strenger Gültigkeit des einen oder anderen Kopplungsschemas die konstanten g-Summen in die Einzelwerte g aufgeteilt sind, läßt sich nicht durch einen der g-Formel analogen Ausdruck $g = f(l, s, j)$ angeben. Man spricht deswegen von „irrationaler" magnetischer Aufspaltung in diesem Gebiet, womit aber nur gesagt sein soll, daß hier keine bestimmte g-Formel gilt. Insofern die Rungesche Regel ein Ausdruck für die einfachen Zahlenbeziehungen der g-Formel ist, liegt also hier eine Durchbrechung der Rungeschen Regel vor.

§ 8. Die Intensitäten der Zeemankomponenten [1]).

Neben der charakteristischen Struktur zeigt jeder Zeemantypus ein ihm eigentümliches, durchaus feststehendes Intensitätsverhältnis der Komponenten zueinander. In Fig. 1175 sind diese Intensitätsverhältnisse in großen Zügen angedeutet, S. 1986 haben wir einige zunächst empirisch gefundene Intensitätsregeln schon kennengelernt. In den Komponentenintensitäten walten ähnlich einfache ganzzahlige Verhältnisse [2]), wie sie die Rungesche Regel für die Abstandsverhältnisse der Zeemankomponenten feststellt. Wir gehen zur Auffindung der Intensitäten wieder den gleichen Weg wie bisher: wir betrachten die Bahnbewegung vom Standpunkt der klassischen Mechanik, übertragen mit Hilfe des Korrespondenzprinzips die Ergebnisse in die Quantentheorie und korrigieren sie durch Einführung der quantenmechanischen „Verschärfungen". Klassisch ist die Intensität der Emission jeder Einzelschwingung proportional der Anzahl der Atome, die diese Schwingung ausführen und proportional dem Quadrat der Schwingungsamplitude; quantentheoretisch ist im Gebiet großer Quantenzahlen die Intensität proportional der Atomanzahl im Anfangszustand [3]) des Übergangs und proportional dem Amplitudenquadrat. Wir haben mithin, um die Intensitätsformeln zu gewinnen, die klassischen Amplituden zu bestimmen, die Bahnbewegung mit Hilfe des Korrespondenzprinzips quantentheoretisch umzudeuten und zuletzt die quantenmechanischen Verschärfungen einzuführen.

Zuerst suchen wir die Amplituden der Bahnbewegung [4]) auf, und zwar in der Feldrichtung und senkrecht dazu, um daraus die Intensitäten der π- und

---

[1]) Wir verweisen für dieses hier nur ganz kurz behandelte Gebiet auf die zusammenfassende Darstellung von Hönl, Ann. d. Phys. **79**, 273, 1926. Ferner van Geel, Dissert. Utrecht, 1928, dortselbst auch die vollständige Literatur.

[2]) L. S. Ornstein und H. C. Burger, Zeitschr. f. Phys. **28**, 195 und **29**, 241, 1924; **31**, 355, 1925. Ferner S. Goudsmit und R. de L. Kronig, Proc. Amsterd. **28**, 418, 1925.

[3]) Diese Anzahl ist selbst wieder proportional der Anzahl verschiedener Möglichkeiten, diesen Zustand zu verwirklichen, dem sogenannten „Gewicht" des Zustandes; im Zeemaneffekt sind jedoch die Quantengewichte für alle Zeemanterme des Anfangszustandes dieselben, nämlich gleich 1.

[4]) Vgl. A. Sommerfeld und W. Heisenberg, Zeitschr. f. Phys. **11**, 131, 1922.

σ-Komponenten zu finden. Wir denken uns die Bahnbewegung zunächst projiziert auf die j-Richtung sowie in eine Ebene $\perp j$, und diese Schwingungen in ihre Partialschwingungen zerlegt. ·Dann projizieren wir diese Bewegungskomponenten in die Richtung des magnetischen Feldes H, um welche j die Larmorpräzession ausführt, und in eine Ebene $\perp H$.

Eine beliebig herausgegriffene Partialschwingung parallel j der Frequenz ν werde auf H projiziert; in der H-Richtung bleibt ihre Frequenz unverändert, ihre Amplitude A_j wird aber zu $A_\pi = A_j \cos(jH)$. In der Ebene $\perp H$ gibt dieselbe Schwingung wegen der Larmorpräzession von j um H eine Rosettenfigur nach Art von Fig. 1183. Diese kann man, wie früher gezeigt, darstellen durch zwei entgegengesetzte zirkulare Schwingungen der Frequenzen $\nu \pm \nu_0$, beide haben die Amplitude $A_\sigma = {}^1/_2 \sqrt{2}\, A_j \cdot \sin(j, H)$.

Wir betrachten nun den mechanischen Modellvorgang korrespondenzmäßig: einer Partialschwingung längs j korrespondiert ein Übergang $\varDelta j = 0$ (denn längs j ist die innere Präzession von l und s um j nicht zu bemerken), und ihrer Projektion m (längs H) korrespondiert ein Quantensprung $\varDelta m = 0$. Also hat die Ausstrahlung parallel H bei einem Übergang $j \rightarrow j$, $m \rightarrow m$ eine Intensität $J = A_j^2 \cdot \cos^2(j, H)$.

Die Projektion $\perp H$ ergab zwei entgegengesetzt zirkulare Schwingungen, jede von einer Intensität proportional ${}^1/_2 \sin^2(j, H)$. Der Frequenz $\nu + \nu_0$ korrespondiert ein Übergang $\varDelta m = +1$, der Frequenz $\nu - \nu_0$ ein Übergang $\varDelta m = -1$. Also ist für den Übergang $j \rightarrow j$, $m \rightarrow m \pm 1$ die Intensität J gegeben als:

$$J = A_j^2 \cdot {}^1/_2 \sin^2(jH).$$

Wir kommen jetzt zum Übergang $j \rightarrow j \pm 1$. Damit hängt korrespondenzmäßig die innere Präzession von l und s um j zusammen, wir müssen daher die Partialschwingungen $\perp j$ untersuchen und in die Richtungen von H und $\perp H$ projizieren. Sei X eine Koordinatenachse in einer Ebene $\perp j$ und auf sie die ursprüngliche Partialschwingung ν projiziert. Die X-Schwingung kann in zwei entgegengesetzte Zirkularschwingungen in dieser Ebene zerlegt werden. Der eine Umlaufssinn korrespondiert mit dem Quantensprung $\varDelta j = +1$, der andere mit $\varDelta j = -1$. Betrachten wir eine solche Zirkularschwingung, welche die Amplitude B_j haben möge: Die Projektion dieser Schwingungen in die Richtung H ergibt eine lineare Schwingung unveränderter Frequenz ν mit der Amplitude $B = B_j \sin(jH)$. Also ist für $j \rightarrow j + 1$, $m \rightarrow m$ die Intensität J gegeben als:

$$J = B_j^2 \sin^2(jH).$$

Die Projektion derselben Zirkularschwingung in eine Ebene $\perp H$ hängt mit der Larmorfrequenz zusammen und korrespondiert deshalb mit dem Quantensprung $\varDelta m = \pm 1$; sie ergibt eine zusammengesetzte Bewegung [1]), nämlich eine Ellipse, welche sich um die H-Richtung mit der Lamorpräzessions-

---

[1]) Wir beschränken uns hier auf Angabe des Resultates und verweisen für die Herleitung auf die S. 2016, Anm. 4 genannte Untersuchung von Sommerfeld und Heisenberg.

geschwindigkeit umdreht. Diese läßt sich wieder in zwei zirkulare zerlegen, deren eine Frequenz $\nu + \nu_0$ und die Amplitude $\frac{1}{2}\sqrt{2}\,[cos\,(jH) + 1]$ der ursprünglichen B_j, die andere $\nu - \nu_0$ und die Amplitude $\frac{1}{2}\sqrt{2}\,[cos\,(jH) - 1]$ besitzt. Also ist für $j \to j + 1$, $m \to m \pm 1$ die Intensität J, gegeben als:

$$J \sim \tfrac{1}{2}\,[cos\,(jH) \pm 1]^2.$$

Für $cos\,(jH)$ führen wir entsprechend Fig. 1187 ein:

$$cos\,(jH) = \frac{m}{j},$$

dam   kommt:

$$sin^2\,(jH) = \frac{j^2 - m^2}{j^2}, \quad [cos\,(jH) \pm 1]^2 = \left(\frac{m \pm j}{j}\right)^2.$$

Durch Einführung der quantenmechanischen Verschärfungen folgt daraus Tabelle 23, in welcher für jeden Übergang $j \to j'$, $m \to m'$ die Intensitäten klassisch und quantenmechanisch berechnet angegeben sind:

Tabelle 23.

	π-Komponenten $m \to m$	σ-Komponenten $m \to m \pm 1$
$j \to j$	$J \sim cos^2\,(jH)$ $J \sim 2\,m^2$	$J \sim \frac{1}{2}\,sin^2\,(jH)$ $J \sim (j \pm m + 1)\,(j \pm m)$
$j \to j + 1$	$J \sim sin^2\,(jH)$ $J \sim 2\,(j + m + 1)\,(j - m + 1)$	$J \sim [cos\,(jH) \pm 1]$ $J \sim (j \pm m + 1)\,(j \pm m + 2)$

Wir bestätigen die Formeln durch ein Beispiel.

Die Intensitätsformeln ergeben für die Kombination $^3S_1\,{}^3P_2$ (Fig. 1175, Nr. 2) folgende relativen Intensitäten:

Für $^3S_1$ ist $j = 1$, m kann $1, 0, -1$ sein.

Für $^3P_2$ ist $j = 2$ und $m = \pm\,0, 1, 2$.

In $^3S_1 \to {}^3P_2$ liegt ein Übergang $j \to j + 1$ vor, in dem folgende m-Übergänge nach der Auswahlregel $\varDelta m = 0, \pm 1$, $m = 0, \pm 1$ möglich sind:

$$m = 0 : m \to m, \quad m \to m + 1, \quad m \to m - 1,$$
$$m = 1 : m \to m, \quad m \to m + 1, \quad m \to m - 1,$$
$$m = 1 : m \to m, \quad m \to m + 1, \quad m \to m - 1.$$

Von diesen liefert $m \to m$ die π-Komponenten, $m \to m \pm 1$ die σ-Komponenten. Wir erhalten:

1. für $m \to m$ (π-Komponenten):

$$m = 0 : J \sim 2\,(1 + 0 + 1)\,(1 - 0 + 1) = 8,$$
$$m = 1 : J \sim 2\,(1 + 1 + 1)\,(1 - 1 + 1) = 6,$$
$$m = 1 : J \sim 2\,(1 - 1 + 1)\,(1 + 1 + 1) = 6;$$

2. für $m \to m \pm 1$ (σ-Komponenten):

$$m = 0 : J \sim (1 \pm 0 + 1)\,(1 \pm 0 + 2) = \;\;6 \text{ und } 6,$$
$$m = 1 : J \sim (1 \pm 1 + 1)\,(1 \pm 1 + 2) = 12 \text{ und } 2,$$
$$m = 1 : J \sim (1 \pm 1 + 1)\,(1 \pm 1 + 2) = 12 \text{ und } 2.$$

Von den π-Schwingungen kommt im Transversaleffekt die ganze, von den σ-Schwingungen nur die Hälfte der Intensität zur Beobachtung; der Typus ist mithin [1])

$$^3S_1\,^3P_1 \quad \frac{\text{Lorentzeinheiten} \quad -^4/_2 \quad -^3/_2 \quad -^2/_2 \quad (-^1/_2) \quad (0) \quad (^1/_2) \quad ^2/_2 \quad ^3/_2 \quad ^4/_2}{\text{Intensitäten} \qquad\quad 1 \qquad 3 \qquad 6 \qquad\quad 6 \qquad\; 8 \quad\; 6 \quad\; 6 \quad 3 \quad 1}.$$

In Fig. 1197 ist die photometrische Auswertung [2]) dieses Zeemantypus, und zwar der Linie 4810 Å ($1\,^3S_1 - 2\,^3P_2$) des Zn, nach einer Aufnahme des Verfassers, IV. Ordnung des Tübinger großen Konkavgitters bei einer Feldstärke von 39 000 Gauß wiedergegeben (die äußersten σ-Komponenten $\pm\,^4/_2$ Lorentz-Einheiten sind in der Messung nicht berücksichtigt, sie würden rechts und links vom Bildrand liegen). Ordinate ist die Schwärzung, die Intensitäten sind ihr in dem Bereich der Ordinatenlängen von Fig. 1197 nahe proportional. Daß die stärksten σ-Komponenten $\pm\,^2/_2$ Lor.-Einh. (bei 105,6 und 107,0 mm der Abszisse in Fig. 1197) nicht gleiche Ordinaten haben, wie die nach obiger Tabelle gleichstarken π-Komponenten $\pm\,^1/_2$ (bei 106,0 und 106,7 mm der Abszisse), dürfte an der polarisierenden Wirkung von Spalt und Gitter (vgl. S. 1965) liegen, es sind hier nur die π- bzw. σ-Komponenten unter sich vergleichbar. Die geringen Intensitätsunterschiede zwischen den Komponenten $+\,^1/_2$ und $-\,^1/_2$ und ebenso zwischen den Komponenten $+\,^3/_2$ und $-\,^3/_2$ dagegen sind reell [3]).

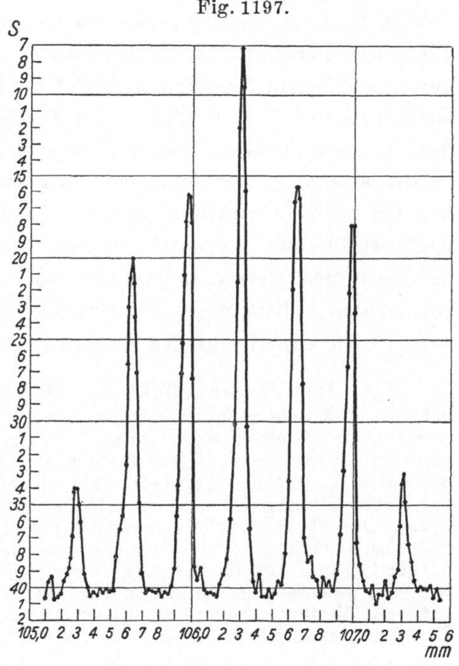

Fig. 1197.

---

   [1]) Es ist in den Formeln auch die Forderung erfüllt, daß der Typus als Ganzes unpolarisiert ist.

   [2]) Von H. Rosenberg mit dem Rosenbergschen Elektro-Mikrophotometer ausgeführt, Zeitschr. f. Instrumentenkde. **45**, 332, 1925, Abb. 8.

   [3]) Sie zeigen den beginnenden Paschen-Backeffekt an, herrührend von der zweiten und dritten Linie des Zn-Tripletts 4722 Å und 4680 Å; daraus ist zu erkennen, wie sehr viel empfindlicher die Intensitäten für die Verwandlungsstörung sind, als die Komponentenanstände, denn Unsymmetrien dieser sind nicht zu bemerken. In der Tat ist auch das Verhältnis $\nu_0 : \nu_\omega$ verschwindend klein, nämlich $1:300$, denn bei 39 000 Gauß ist die Normalaufspaltung $\nu_0 = 1,83\,\mathrm{cm}^{-1}$, während die feldlose Aufspaltung des ^3P-Terms $\nu_\omega = 579\,\mathrm{cm}^{-1}$ ist; dennoch ist die Intensitätsstörung deutlich, die Symmetriestörung der Komponentenlagen aber unmerklich. Die Photometerkurve gibt zugleich ein Bild von der großen Linienschärfe und Auflösungskraft, denn die Schwärzung geht in den Komponentenzwischenräumen ganz bis auf den Schleiergrund herunter; der Komponentenabstand ist 0,211 Å, die Halbwertsbreite der Linienkomponente ergibt sich aus Fig. 1197 zu 0,03 Å.

Wir haben uns auf die Wiedergabe eines einzigen Beispiels beschränkt. Die Übereinstimmung der Beobachtungsergebnisse mit den berechneten Intensitäten ist im allgemeinen befriedigend[1]); daß sie bei den Zeemaneffekten von Multiplettlinien nicht exakt sein kann, liegt an der außerordentlich großen Störungsempfindlichkeit der Intensität, die in Fig. 1197 so deutlich hervortritt.

Die Formeln der Tabelle 23 gelten auch für den Zeemaneffekt im starken Felde, in diesem Falle ist sinngemäß j durch l zu ersetzen. R. de L. Kronig[2]) hat für den Übergang vom verschwindenden zum schwachen zum starken Felde ein Permanenzgesetz der Intensitäten aufgestellt, das in Analogie zu dem Paulischen Permanenzgesetz der g-Summen steht; danach bleibt die Summe der Intensitäten ineinander übergehender Zustände bei zunehmender Feldstärke konstant, wie nach dem Paulischen Permanenzgesetz die Summe der magnetischen Energien konstant bleibt. Von K. Darwin[3]) sind für die Kombinationen (SP) und (PD) der Dubletts und Tripletts bei verschwindendem, starkem Felde und für fünf dazwischenliegende mittlere Feldstärken die Intensitäten der Zeemankomponenten auf Grund der quantenmechanischen exakten Formeln berechnet worden, welche C. G. Darwin (vgl. S. 2010, Anmerk. 4) für den Verwandlungseffekt aufgestellt hat. Diese Formeln beherrschen den Verwandlungseffekt und seine Grenzfälle einschließlich der Intensitäten vollständig. Die Prüfung an der Erfahrung begegnet zurzeit noch großen experimentellen Schwierigkeiten.

§ 9. Der Zeemaneffekt der Hyperfeinstruktur.

Es ist seit langem bekannt, daß viele Spektrallinien, insbesondere solche von Elementen hohen Atomgewichts in einem Spektralapparat mit großem Auflösungsvermögen komplexe Struktur, sogenannte „Hyperfeinstruktur" zeigen. Das Aussehen solcher Feinstrukturen kann sehr verschieden sein, in manchen Fällen besteht die Spektrallinie aus einem schmalen Intensitätsmaximum, der „Hauptlinie", umgeben von schwachen Linien, den „Trabanten". In anderen Fällen ist die Spektrallinie aus einer Gruppe dicht beieinander liegender Linien zusammengesetzt, von denen keine durch überwiegende Intensität als Hauptlinie hervortritt, so daß das komplexe Liniengebilde wie eine äußerst eng zusammengedrängte Multiplettliniengruppe aussieht, häufig auch mit ähnlich ausgeprägter Gesetzmäßigkeit der Intervalle und Intensitäten der Feinstrukturkomponenten. Von der ersten Art sind beispielsweise die Hyperfeinstrukturen der grünen und blauen Quecksilberlinie 5461 Å und 4358 Å, von der zweiten Art z. B. die Hyperfeinstrukturen des Wismutspektrums.

Über den Ursprung der Hyperfeinstruktur besteht noch keine Gewißheit, sicher aber ist er nicht in allen Fällen derselbe. Wo. Pauli[4]) hat als Erster darauf hingewiesen, daß der Zeemaneffekt der Hyperfeinstruktur über deren Wesen Aufschluß geben kann. Nach Paulis Vorstellung besitzt der Kern bei den Elementen, die Hyperfeinstruktur zeigen, ein nach außen nicht verschwindendes mechanisches Drehimpulsmoment, dessen Achse in bezug auf die Achse des Gesamtimpulsmoments der Elektronenhülle (das wir früher durch die Quantenzahl j bezeichnet haben) verschiedene Einstellungen annehmen kann, und zwar so, daß das totale Moment von Kern und Elektronenhülle wieder quantisiert ist. Da der Kern zugleich mit dem mechanischen auch ein magnetisches Moment besitzt, haben die verschiedenen Einstellungen etwas voneinander verschiedene Energie; daraus entspringt aber eine Aufspaltung jedes Spektralterms, welche in den Termkombinationen als Hyperfeinstruktur der Spektrallinien in Erscheinung tritt. Zur

---

[1]) Vgl. hierzu namentlich Ornstein, Burger und van Geel, Zeitschr. f. Phys. **32**, 681, 1925; van Geel, ebenda **33**, 836, 1925, sowie die S. 2020, Anmerkung 1, genannten zusammenfassenden Darstellungen.
[2]) R. de L. Kronig, Zeitschr. f. Phys. **31**, 885, 1925.
[3]) K. Darwin, Proc. Roy. Soc. London (A) **118**, June 1928.
[4]) Wo. Pauli, Naturwissenschaften S. 741 ff., 1924.

Deutung der Hyperfeinstrukturen hat man also zunächst aus den Hyperfeinstrukturen der Linien die der Terme abzuleiten. Das ist allerdings bisher nur in wenigen Fällen zweifelsfrei gelungen, am vollkommensten wohl bei den verhältnismäßig einfachen Hyperfeinstrukturen des Wismutspektrums[1]). Hier sind die gefundenen Termfeinspaltungen und auch ihre Zeemaneffekte in der Tat im Einklang mit den auf das Vorhandensein eines Kernmoments gegründeten theoretischen Erwartungen. Es läßt sich aber andererseits auch leicht zeigen, daß nicht alle beobachteten Fälle von Hyperfeinstruktur durch die Annahme eines Kernmomentes oder allein durch ein solches gedeutet werden könne. Man muß dies in gewissen Fällen unmittelbar aus der Anzahl der beobachteten Feinkomponenten schließen: Das Vorhandensein eines quantisierten Kernmoments (welchem wir eine neu einzuführende Quantenzahl „i" zuordnen) kann, in Analogie mit unserer früheren Betrachtung über die Entstehung der Termmultiplizität (§ 4), eine Feinaufspaltung des Termes in höchstens $(2j+1)$ Feinniveaus hervorrufen. Bei der Quecksilberlinie 2536 Å z. B., die der Termkombination $1\,^1S_0 - 2\,^3P_1$ entspringt, gehört zum Ausgangsniveau die innere Quantenzahl $j = 1$, zum Endniveau gehört $j = 0$. Also kann der Ausgangsterm in höchstens 3 Feinterme (nämlich in $2 \cdot 1 + 1 = 3$), der Endterm in höchstens $2 \cdot 0 + 1 = 1$ aufspalten, d. h. die Hyperfeinstruktur der Linie könnte aus höchstens 3 Komponenten bestehen, während 5 beobachtet sind[2]). Hier kommen also sicher noch andere Ursachen für das Zustandekommen der Hyperfeinstruktur in Betracht, wahrscheinlich die Isotopie.

Wir beschränken uns im folgenden auf die Beschreibung des Zeemaneffekts bei Vorhandensein eines Kernmoments als Ursache der Hyperfeinstruktur und legen dabei die Beobachtungen am Wismutspektrum zugrunde. Die Theorie ist von S. Goudsmit[3]) auf Grund der Paulischen Hypothese des Kernmoments im Anschluß an die von A. Landé gegebene Theorie des Paschen-Backeffekts (vgl. § 5) entwickelt worden. Es sei das mechanische Moment des Kernes durch die Quantenzahl i bezeichnet (in der Quanteneinheit $h/2\pi$), das der Elektronenhülle wie bisher mit j und die Resultante beider mit f, der sogenannten „Feinquantenzahl". f durchläuft die Wertereihe: $j - i \leq f \leq j + i$. Wenn die Wechselwirkungsenergie zwischen Kern und Elektronenhülle magnetischer Natur ist, so wird sie [wie bei der Multiplettaufspaltung (vgl. S. 1995)] proportional mit dem Kosinus zwischen i und j sein, und wie früher können wir schreiben:

$$E = q \cdot i \cdot j \cdot \cos(ij).$$

Nach Einführung des Wertes für den Kosinus und der quantenmechanischen Verschärfung folgt wie früher

$$E = q/2 \cdot \{f(f+1) + j(j+1) - i(i+1)\}.$$

In dieser Gleichung ist, wie wir schon wissen, das Intervallgesetz enthalten; das Intervallverhältnis der Feinniveaus des durch i und j gekennzeichneten Termes ergibt sich, indem man die Energieunterschiede ΔE für aufeinanderfolgende Werte von f bei gleichen i und j bildet. Die Konstante q der beobachteten Termfeinaufspaltung findet man analog unserer früheren Betrachtung (S. 2007), indem man das Wellenzahlenintervall $\Delta \nu$ zwischen je zwei benachbarten Feinniveaus durch das größere der beiden zugehörigen f dividiert. Ist das Intervallgesetz in der beobachteten Termhyperfeinstruktur erfüllt, so müssen alle aufeinanderfolgenden Feinniveaudifferenzen eines Terms dasselbe q liefern. Dies ist nun bei den Hyperfeinstrukturen des Wismutspektrums der Fall, die Abweichungen von der Intervallregel sind bei diesen Feinstrukturen keinesfalls größer als bei den gewöhnlichen Multipletts des Russel-Saundersschen Kopplungsschemas. Wir geben dafür einige Beispiele und nehmen dabei das erst später begründete Ergebnis voraus, daß das Kernmoment bei Wismut die Größe $i = 4^1/_2 \cdot h/2\pi$ hat. Fig. 1198 zeigt die beobachtete Feinstruktur der Bi-Linie 47722 Å. Die danebenstehende Tabelle gibt die Komponentenlagen an; die Analyse der Feinstruktur führt auf das in

---

[1]) S. Goudsmit u. E. Back, Feinstrukturen und Termordnung des Wismutspektrums. Zeitschr. f. Phys. **43**, 321 ff., 1927. Ferner dieselben Verfasser: Kernmoment und Zeemaneffekt von Wismut, ebenda **47**, 174 ff., 1928. Hieraus sind die Figuren und Tabellen im Text entnommen.

[2]) R. W. Wood, Phil. Mag. (6) **50**, 761 ff., 1926. Den Zeemaneffekt derselben Linie hat W. A. Mc Nair [Phys. Rev. (2) **29**, 915, 1927] bei schwachen und starken Feldern untersucht und findet für jede der fünf Feinstrukturkomponenten Zeeman-Tripletts von $^3/_2$ normaler Aufspaltung ohne Paschen-Backeffekt der σ-Komponenten, jedoch mit Störungen der π-Komponenten. Dieser Befund spricht ebenfalls gegen ein Kernmoment als (alleinige) Ursache der Hyperfeinstruktur von Hg.

[3]) Vgl. Anm. 1, Nr. 2.

Fig. 1198 unter dem Bilde der Linie gezeichnete Feinstrukturtermschema. Die Linie entspringt der Termkombination[1] $2\,p_2 - 2\,s$, die inneren Quantenzahlen dieser Terme sind $j = 1\frac{1}{2}$ bzw. $\frac{1}{2}$. Fig. 1198a stellt das Beispiel der Vektorzusammensetzung für den Term $2\,s$ dar. In Tabelle 24 sind als Beispiel die experimentell ermittelten Feinaufspaltungen und die aus ihnen hergeleiteten Intervallkonstanten $q = \varDelta\nu : f$ für die Terme $4\,d''$, $2\,p_2$ und $2\,p_3$ zusammengestellt.

Fig. 1198.

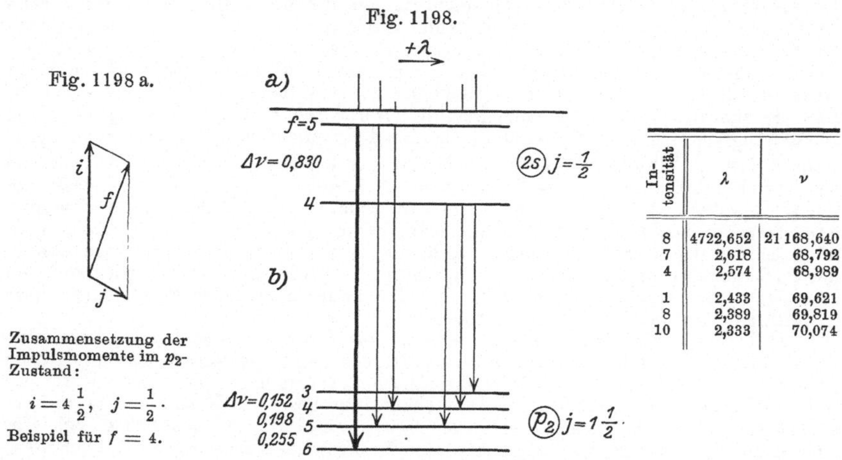

Intensität	λ	ν
8	4722,652	21 168,640
7	2,618	68,792
4	2,574	68,989
1	2,433	69,621
8	2,389	69,819
10	2,333	70,074

Feinstruktur der Linie 4722 Å (ohne Magnetfeld).
a) Struktur der Linie.   b) Termschema der Feinstruktur.

Tabelle 24.

| $4\,d''$ | | | $2\,p_2$ | | | $2\,p_3$ | | |
| $i = 4\frac{1}{2},\quad j = 1\frac{1}{2}$ | | | $i = 4\frac{1}{2},\quad j = 1\frac{1}{2}$ | | | $i = 4\frac{1}{2},\quad j = 2\frac{1}{2}$ | | |
f	$\varDelta\nu$	q	f	$\varDelta\nu$	q	f	$\varDelta\nu$	q
6	0,563 : 6	= 0,094	3	— 0,152	— 0,038	7	0,563	0,080
5	0,473 : 5	= 0,095	4	— 0,198	— 0,039	6	0,491	0,082
4	0,379 : 4	= 0,095	5	— 0,255	— 0,043	5	0,385	0,077
3			6			4	0,312	0,078
						3	0,256	0,085
						2		

In der Tat ergeben sich die q für jeden Term merklich konstant, das Minuszeichen bei $\varDelta\nu$ und q des Terms $2\,p_2$ bedeutet „verkehrte" Lage der Feinniveaus, d. h. das Niveau, mit dem größten f liegt am tiefsten (Fig. 1198).

Es sei nun ein Bi-Atom beispielsweise im $2\,p_2$-Zustande einem äußeren Magnetfelde unterworfen, dessen Größe von Null an langsam ansteigen möge. Ist das Feld noch so schwach, daß die Wechselwirkungsenergie zwischen Kern und Elektronenhülle wesentlich größer ist als die zwischen äußerem Felde und Gesamtimpulsmoment der Elektronenhülle, so wird jede Feinstrukturkomponente in einen ihr eigentümlichen (anomalen) Zeemantypus aufgespalten, da durch das Feld jedes Termfeinstrukturniveau in $2\,f + 1$ Zeemanterme zerlegt wird. Auf diesen Vorgang können wir unverändert die früheren Betrachtungen über den anomalen Zeemaneffekt der Multipletts im schwachen Felde übertragen, indem wir lediglich den Quantenvektor j in jenen Betrachtungen hier durch den Vektor f ersetzen. Ist dagegen das äußere Feld so stark geworden, daß die Wechselwirkung zwischen Feld und Gesamtimpulsmoment der Elektronen groß ist gegenüber der zwischen diesem und dem Kernimpulsmoment, so erwartet man in erster Näherung eine Aufspaltung, als ob überhaupt kein Kernmoment vorhanden wäre, d. h. einen anomalen Zeemantypus, hervorgehend aus den $2\,j + 1$ Zeemantermen des Ausgangs- und ebenso des Endterms. In zweiter Näherung aber muß sich die immer noch vorhandene schwache Wechselwirkung zwischen Kern und Elektronenhülle ganz ebenso geltend machen, wie sich

---

[1] Bezeichnung nach Thorsen, Zeitschr. f. Phys. **40**, 642, 1926.

beim gewöhnlichen Paschen-Backeffekt die durch das äußere Feld übertönte Wechselwirkung zwischen Eigenrotation und Bahnmagnetismus der Elektronen geltend macht:
diese führt ja, wie früher (S. 2008) gezeigt, zu einer Feinaufspaltung der Zeemankomponenten des Lorentztripletts im starken Felde von der Größenordnung des feldlosen Multipletts.   Entsprechend muß die Hyperfeinstruktur im starken Felde (das
wegen der Kleinheit der Hyperfeinstrukturen absolut genommen nicht sehr groß
zu sein braucht) zu einer Feinaufspaltung jeder Komponente („Grobkomponente")
des anomalen Zeemantypus führen.   Die Größe dieser Feinaufspaltung läßt sich
aus der feldlosen Hyperfeinstruktur berechnen, die Anzahl der magnetischen Feinkomponenten in jeder Grobkomponente gibt die Anzahl der Einstellungsmöglichkeiten des Kerns im äußeren Magnetfeld an.   Da diese Anzahl nach unseren früheren
Überlegungen gleich $2i+1$ ist, erhält man durch Abzählen der Feinkomponenten
in einer Grobkomponente unmittelbar den Wert des Kernmoments in Einheiten $h/2\pi$.
Bei der Bi-Linie 4722 Å ist diese Feinzerlegung im starken Felde experimentell
möglich gewesen, jede Grobkomponente zerfällt in 10 Feinkomponenten; mithin ist
die Anzahl der Einstellungen der Kernmomentachse zum äußeren Feld $2i+1=10$,
woraus folgt: $i = 4^1/_2 \; h/2\pi.$

Fig. 1198b gibt das beobachtete Bild dieser Linie (feldlos und bei 43340 Gauß)
maßstäblich wieder.

Fig. 1198 b.
Fig. 1198 c.

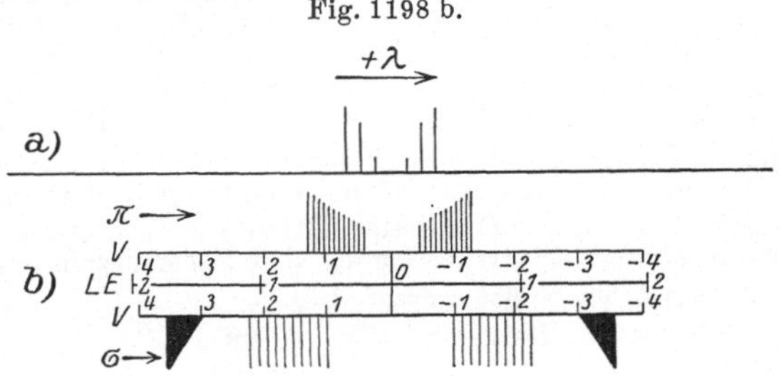

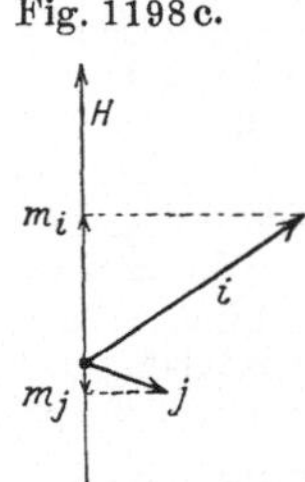

Quanteneinstellung von
i und j zur Feldachse
$$i = 4\frac{1}{2}, \qquad j = 1\frac{1}{2}.$$
Beispiel für
$$m_i = \frac{1}{2}, \quad m_j = -\frac{1}{2}.$$

Zeemaneffekt der Linie 4722 Å in starkem Felde.   a) Die Linie ohne Feld
(vgl. Fig. 1198).   b) Die Linie im Felde ($H = $ 43 340 Gauß).
Bemerkung: Die Zeichnung ist maßstäblich, zwischen dem Bilde der
π- und dem der σ-Komponenten ist eine Skala in Wellenzahlen ν und eine
in Lorentz-Einheiten („LE") eingezeichnet; diese Skalen gelten auch für
Bild a (Linie ohne Feld).

Dieser beobachtete Zeemaneffekt ist theoretisch völlig zu verstehen: Das
magnetische Moment des Kernes sei $i \cdot g_i$, worin g, wie früher, das Verhältnis des
magnetischen zum mechanischen Moment bedeutet.   Die Absolutgrößen der Hyperfeinstrukturen zeigen, daß g_i sehr klein sein muß, da das von der Elektronenhülle
am Ort des Kernes erzeugte Feld (von überschläglich abgeschätzt 200 000 Gauß) eine
viel kleinere Aufspaltung hervorbringt als ein auf die Elektronenhülle wirkendes
äußeres Feld von nur 40 000 Gauß.   Es liegt nahe, die magnetischen Momente im
Kern von der Größenordnung des magnetischen Moments eines rotierenden Protons zu
vermuten, also in Analogie mit dem Elektron von der Größe $\dfrac{h}{2\pi} \cdot \dfrac{e}{2Me}$, worin M die
gegenüber der Elektronenmasse 1850 mal größere Masse des Protons ist.   Das magne-
tische Moment ist deshalb nur $^1/_{1850}$ eines Bohrschen Magnetons.
Betrachten wir zunächst den einfacheren Fall eines starken Feldes näher
(„stark" ist es, wenn die Zeemanaufspaltung der Spektrallinie wesentlich größer ist
als die feldlose Hyperfeinstruktur, was im Falle von Fig. 1198b zutrifft): Es stellen
sich dann die Impulsachse der Elektronenhülle mit ihrem Moment j und die Achse
des Kernmoments unabhängig voneinander im Felde ein, und es ergeben sich die
dem Paschen-Backeffekt analogen Erscheinungen; wie dort der Gesamtimpuls j, so
verliert hier die Totalresultante f in diesem Falle ihre Bedeutung.   Das Kernmoment
habe die Projektion m_i auf die Feldrichtung, das resultierende Moment der Elektronenhülle die Projektion m_j (Fig. 1198c), dann ist die magnetische Energie (in
mit h multiplizierten Lorentz-Einheiten) gegeben durch:

$$E = m_i \cdot g_i + m_j \cdot g_j + q \cdot i \cdot j \, \overline{\cos(ij)}.$$

Der letzte Term ist das Wechselwirkungsglied von Kern und Elektronenhülle
(analog dem Paschen-Backeffekt auf S. 2006), für den Mittelwert des Kosinus können

wir wieder setzen (S. 2006) $\dfrac{m_i \cdot m_j}{i \cdot j}$, so daß die Gleichung übergeht in:

$$E = m_i \cdot g_i + m_j \cdot g_j + q \cdot m_i \cdot m_j,$$

analog der Gleichung (48) für den Paschen-Backeffekt.

Da durch das äußere Feld die Kopplung zwischen Elektronenhülle und Kern fast aufgehoben ist, übt das Kernmoment nur einen verschwindenden Einfluß auf die Elektronenbewegung aus, das bedeutet korrespondenzmäßig, daß m_i sich bei einem Übergang $j \to j'$ nicht ändert, während für m_j die gewöhnlichen Auswahlregeln gelten (vgl. die analoge Auswahlregel $\varDelta m_s = 0$ beim Paschen-Backeffekt, S. 2006). Der erste Term der Gleichung kann wegen der Kleinheit von g_i vernachlässigt werden, der zweite liefert die Grobaufspaltung des Spektralterms in $(2j+1)$ Zeemanterme mit einem wechselseitigen Abstand von je g_i Lorentz-Einheiten, der dritte (Wechselwirkungsglied) hat zur Folge, daß jeder Zeemanterm noch eine Feinverschiebung erleidet (vgl. S. 2008). Da die Anzahl der möglichen Werte von m_i gleich $(2i+1)$ ist, gibt es $2i+1$ verschiedene mögliche Feinverschiebungen für jeden Zeemanterm, deren Abstände untereinander $q \cdot m_j$ cm^{-1} betragen, d. h. eine $(2i+1)$fache Feinaufspaltung jedes Zeemanterms. Betrachten wir nun einen bestimmten Übergang $j \to j'$ (d. i. den Zeemantypus einer Spektrallinie), so kombiniert jeder der feinverschobenen Zeemanterme nur mit demjenigen, welcher denselben Wert von m_i hat, man findet also jede Zeemangrobkomponente noch in $(2i+1)$ äquidistante Feinkomponenten aufgelöst mit einem Zwischenraum vom Betrag $q \cdot m_j - q' \cdot m_j$ cm^{-1}. Die Größe von q bzw. q' wird aus den feldlosen Hyperfeinstrukturen des Ausgangs- und des Endterms in der oben beschriebenen Weise ermittelt.

Wir können diese Überlegungen an dem experimentell ermittelten Zeemaneffekt der Linie 4722 Å (Fig. 1198b) prüfen: Im starken Felde ($43 \cdot 10^3$ Gauß) zeigt sie bei Vernachlässigung der Feinaufspaltung als Grobzerlegung den Zeemantypus eines magnetischen Sextetts: $\pm (0{,}432)\ 0{,}792,\quad 1{,}656$ Lorentz-Ein.

hieraus folgt: $j = {}^{1}/_{2},\quad g_j = 2{,}088;$ ferner ist $q = \quad 0{,}166,$

$\qquad\qquad\qquad j' = 1{}^{1}/_{2},\quad g_{j'} = 1{,}224;\qquad$ „   „ $q' = -0{,}0403.$

Die π-Komponenten zeigen außerdem eine Feinaufspaltung in je 10 äquidistante Komponenten mit einem Intervall $\varDelta \nu$ von 0,098 cm^{-1}, die inneren σ-Komponenten eine ebensolche von 0,141 cm^{-1}, die äußeren σ-Komponenten sind dagegen nicht aufgelöst, aber ihre Breite durch 9 dividiert ergibt einen Feinabstand von 0,058 cm^{-1} für die sinngemäß auch hier zu erwartenden 10 Feinkomponenten. Die Berechnung dieser Feinabstände als Differenz $q \cdot m_j - q' \cdot m_{j'}$ liefert andererseits in der gleichen Reihenfolge: $\varDelta \nu = 0{,}103;\ \varDelta \nu = 0{,}143;\ \varDelta \nu = 0{,}063$ cm^{-1} in guter Übereinstimmung mit der Berechnung.

In einem schwachen äußeren Magnetfeld (d h. Zeemanaufspaltung jeder Hyperfeinstrukturkomponente klein gegenüber deren feldlosen Abständen) stellt sich der Vektor des Totalmoments f (Resultante von i und j) in bezug auf die Feldrichtung ein. Seine Projektion auf die Feldrichtung ist m_f, die magnetische Energie $m_f \cdot g_f$ in Analogie mit Gl. (32). Der Wert von g_f berechnet sich aus der allgemeinen g-Formel [Gl. (43), S. 1992] zu:

$$g_f = \frac{f(f+1) + i(i+1) - j(j+1)}{2f(f+1)} \cdot g_i + \frac{f(f+1) + j(j+1) - i(i+1)}{2f(f+1)} \cdot g_j.$$

Wieder können wir wie oben das Glied mit g_i weglassen und erhalten:

$$g_f = \frac{f(f+1) + j(j+1) - i(i+1)}{2f(f+1)} \cdot g_j,$$

woraus beispielsweise für den Endterm $2p_2$ mit $j = 1{}^{1}/_{2}$ von 4722 Å für die aufeinanderfolgenden f-Niveaus folgen:

$f =$	$g_f =$	
6	${}^{1}/_{4}\ g_j =$	0,308
5	${}^{3}/_{20}\ g_j =$	0,184
4	$-{}^{1}/_{40}\ g_j =$	$-0{,}031$
3	$-{}^{3}/_{8}\ g_j =$	$-0{,}459$

Für Wismut liegen hinreichend genaue Messungen der schwer zu beobachtenden Zeemaneffekte in schwachen Feldern noch nicht vor, um diese Konsequenz der Theorie prüfen zu können. Zwar gibt es bei anderen Elementen mit Hyperfeinstruktur zahlreiche Messungen von solchen, doch ist andererseits dort die Zurückführung der Hyperfeinstrukturen der Linien auf eine solche der Terme noch nicht soweit sichergestellt, daß eine Nachrechnung der beobachteten Zeemaneffekte der Hyperfeinstrukturen in schwachem Felde möglich wäre.

Vierunddreißigstes Kapitel.

Spektroskopie der Röntgenstrahlen [1]).

1. Die Röntgenphysik bis zu Laues Entdeckung.

§ 1. **Einleitung.** Die eigentliche Spektroskopie der Röntgenstrahlen beginnt mit der Entdeckung des Laueeffekts und dem weiteren Ausbau dieser Entdeckung durch die englischen Physiker W. H. und W. L. Bragg und H. G. J. Moseley, 17 Jahre nach der epochemachenden Entdeckung der neuen Strahlen von W. C. Röntgen. Die kurze Zeit, die seit der Entdeckung Laues (1912) verstrichen ist, brachte diesem jungen Zweige der Physik eine Fülle neuer Ergebnisse. Daß die Entwicklung der Röntgenspektroskopie so ungeheuer schnell vor sich ging, ist verschiedenen Ursachen zuzuschreiben. Erstens waren die Eigenschaften der neuen geheimnisvollen Strahlung in den Jahren vor Laues Entdeckung nach vielen Richtungen, sowohl qualitativ wie quantitativ, studiert worden; zweitens stand der Röntgenspektroskopie sozusagen seit ihrer Geburt eine Theorie, die Bohrsche Theorie der Strahlung, als eine Führerin zur Seite, drittens liegen die Verhältnisse im Röntgengebiet wesentlich einfacher als im optischen Gebiet.

In Abschnitt 1 werden wir den Stand der Röntgenphysik bis zum Zeitpunkt der Entdeckung des Laueeffekts in einigen Hauptpunkten kurz zusammenfassen [2]).

Die Untersuchungen von Röntgen [3]) über die von ihm entdeckte Strahlungsart sind so meisterhaft durchgeführt worden, daß man mit einiger Berechtigung sagen kann, die Untersuchungen der nach ihm kommenden Forscher hätten auf diesem Gebiete bis zu Laues Entdeckung mit einigen wichtigen Ausnahmen in qualitativer Hinsicht wenig Neues gebracht.

Die wichtigsten Eigenschaften dieser Strahlung, die immer in späteren experimentellen Arbeiten zu ihrem Nachweis benutzt worden sind, wurden schon von Röntgen angegeben. Es sind dies 1. das Vermögen, in dafür geeigneten Substanzen optische Fluoreszenz zu erzeugen, 2. die Einwirkung auf die photographische Platte, 3. die Ionisierung der durchstrahlten Luft. Auch das Durchdringungsvermögen der Strahlung in Abhängigkeit von der

---

[1]) Von Prof. Dr. D. Coster in Groningen.
[2]) Eine aus historischen Gesichtspunkten besonders interessante Zusammenfassung findet sich in dem 1912 erschienenen Buche von R. Pohl, „Die Physik der Röntgenstrahlen" (Friedr. Vieweg & Sohn), wo man auch die ältere Literatur ausführlich zitiert findet.
[3]) Siehe W. C. Röntgen, Wied. Ann. **64**, 1, 1898.

Dichte der durchstrahlten Substanz und der Härte der Röhre war schon von Röntgen studiert worden. Ebenso war eine andere für die weitere Entwicklung überaus wichtige Eigenschaft der Strahlung von ihm festgestellt worden, nämlich ihre Fähigkeit, eine bestrahlte Substanz selbst zur Quelle einer sekundären Emission zu machen.

§ 2. Qualitätsbestimmung durch Absorptionsversuche. Daß die Röntgenstrahlung genau so wie das sichtbare Licht periodischen Charakter hat, war von vornherein ziemlich wahrscheinlich, obwohl es mehrfach angezweifelt wurde (Ätherimpulstheorie). Ein direktes Mittel, die Wellenlänge zu messen, besaß man aber vor Laues Entdeckung nicht. Die einzige damals benutzte Methode zur Untersuchung der Qualität der Strahlung war die Absorptionsmethode[1]).

Eine homogene Strahlung wird bekanntlich in einer Schichtdicke d einer homogenen Substanz nach dem folgenden einfachen Gesetz absorbiert:

$$ I = I_0 . e^{-\mu . d}, $$

wo I_0 die Intensität der eintretenden, I die der austretenden Strahlung ist und μ der lineare Absorptionskoeffizient genannt wird. Dieser ist charakteristisch, sowohl für die Strahlung (je kleiner μ, um so größer ist die „Härte", d. h. das Durchdringungsvermögen der Strahlung) als für die benutzte Substanz und unabhängig sowohl von I_0 als von d. Falls sich herausstellt, daß der Absorptionskoeffizient μ für eine bestimmte empirisch ermittelte Strahlungsart eine Funktion von d ist, so ist das ein Beweis dafür, daß die untersuchte Strahlung nicht homogen war. Die Strahlung einer technischen Röntgenröhre mit Platin- oder Wolframantikathode ist heterogen; erst nachdem man diese Strahlung durch eine ziemlich dicke Schicht einer Substanz mit nicht zu niedrigem Atomgewicht filtriert hat, ist die Strahlung für verschiedene praktische Zwecke als homogen zu betrachten.

§ 3. Charakteristische Strahlung. Barkla und Sadler[2]) machten die wichtige Entdeckung, daß das sekundäre Röntgenlicht, welches von einer primär mit Röntgenstrahlen bestrahlten Substanz ausgesandt wird, aus zwei prinzipiell verschiedenen Teilen besteht: 1. einer Strahlungsart von gleicher Härte wie die Primärstrahlung: der Streustrahlung, 2. einer homogenen Strahlung, deren Härte nur von der Art der bestrahlten Substanz abhängig und für diese also charakteristisch ist, die deshalb den Namen „charakteristische Strahlung" führt. Anfangs wurde diese Strahlung wegen der Art ihrer Erregung auch wohl Fluoreszenzstrahlung genannt; nachdem aber Kaye[3]) gezeigt hat, daß die durch die Kathodenstrahlen in einer Röntgenröhre angeregte Röntgenstrahlung außer der Heterogenstrahlung auch die charakteristische Strahlung des Antikathodenmaterials und in bestimmten Fällen sogar

[1]) Die photoelektrische Wirkung der Röntgenstrahlen wurde erst lange nach Laues Entdeckung für die Qualitätsbestimmung der Strahlung benutzt (vgl. S. 2091).
[2]) C. G. Barkla und C. A. Sadler, Phil. Mag. **16**, 550, 1908.
[3]) G. W. C. Kaye, Phil. Trans. London (A) **209**, 123, 1908.

in großer Intensität enthält, muß der Name Fluoreszenzstrahlung als weniger geeignet betrachtet werden. Die Resultate, zu denen Barkla und Sadler kamen, waren, kurz gefaßt, folgende:

Jedes Element sendet, wenn es mit Röntgenstrahlen bestrahlt wird, seine eigene charakteristische Strahlung aus, deren Härte ganz unabhängig von der Härte der benutzten Primärstrahlung ist. Eine für die Erregung notwendige Bedingung ist aber, daß die Härte der Primärstrahlung mindestens ein wenig größer ist als die der zu erregenden charakteristischen Strahlung. Die charakteristische Strahlung zerfällt, jedenfalls für die schwereren Elemente, noch in zwei Teile verschiedener Härte, die Barkla als K- und L-Strahlung bezeichnet; die K-Strahlung ist die härtere Strahlung, die L-Strahlung die weichere [1]. Die Härte der charakteristischen Strahlung nimmt mit zunehmendem Atomgewicht zu (heute wissen wir, daß es richtiger ist, Atomzahl statt Atomgewicht zu sagen). Die Resultate von Barkla und Sadler wurden von den spektroskopischen Arbeiten Moseleys glänzend bestätigt (s. S. 2032).

Wir müssen es bewundern, daß diese Forscher es verstanden haben, den Kern der Sache richtig herauszuschälen, obwohl ihnen nur so primitive Hilfsmittel, wie es die Absorptionsversuche schließlich sind, zu Gebote standen. Die Absorption der Röntgenstrahlen ist nämlich ein sehr kompliziertes Phänomen. Spätere spektroskopische Beobachtungen haben gezeigt, daß ein eindeutiges Maß für die „Härte" einer Strahlung ihre Wellenlänge ist: je kleiner die Wellenlänge, um so größer die Härte der Strahlung. Wir werden die Bezeichnung „hart" für die Strahlung auch immer in diesem Sinne verwenden. Nun haben die Experimente gezeigt, daß, wenn man die Absorption verschiedener Strahlungsarten in einer gegebenen Substanz (z. B. Silber) untersucht, die Absorption nicht immer mit zunehmender Härte der Strahlung abnimmt, sondern daß sie an einer bestimmten Stelle sprungweise zunimmt. Diese Stelle liegt gerade dort, wo die Strahlung eben noch so hart ist, um die charakteristische Strahlung der bestrahlten Substanz (z. B. Silber) anregen zu können. Wenn nun das einzige Mittel für die Entscheidung über die Härte der Strahlung auf ihrer Absorbierbarkeit beruht, so wird die richtige Deutung der Absorptionsversuche natürlich wesentlich erschwert. Da bei den leichten Elementen (z. B. Aluminium) die Grenze, wo die sprunghafte Zunahme der Absorption stattfindet, ganz außerhalb des bequem zugänglichen Gebietes liegt, so wurden diese Elemente bei den Absorptionsversuchen vorzugsweise benutzt.

§ 4. Brechung, Polarisation und Beugung. Um zu einer Entscheidung über die Wellennatur der Röntgenstrahlen zu gelangen, wurde wiederholt nach Erscheinungen, die wir aus der Wellentheorie des Lichtes kennen, z. B. Brechung, Polarisation, Beugung und Interferenzfähigkeit, gesucht.

---

[1] Die Buchstaben K und L wurden gewählt, um die Möglichkeit offen zu lassen, die Einteilung nach beiden Seiten hin weiterzuführen. In der Tat gelang es später, die Existenz einer M- und einer N-Strahlung nachzuweisen (S. 2048). Die härtere J-Strahlung, die Barkla gefunden zu haben meinte, existiert in Wirklichkeit wohl nicht.

Die Versuche, die Brechung der Röntgenstrahlen nachzuweisen, wurden erst in jüngster Zeit von positivem Erfolg gekrönt (s. S. 2083 usf.). Besser ging es mit der Polarisation. Den ersten experimentellen Beweis für die Existenz der Polarisation gab Barkla[1]). Der Gedanke, den er dabei verfolgte, wird durch Fig. 1199 veranschaulicht. Die Kathodenstrahlen werden

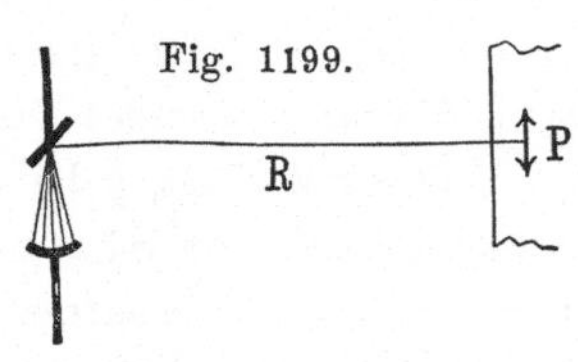

Fig. 1199.

Polarisation von Röntgenstrahlen.

von der Antikathode gebremst, sie erfahren also eine (negative) Beschleunigung in Richtung ihrer ursprünglichen Geschwindigkeit. Der elektrische Vektor der dabei ausgesandten Röntgenstrahlen (R) liegt also mit dem ursprünglichen Kathodenstrahl in einer Ebene. Trifft nun ein primäres Röntgenstrahlenbüschel auf eine zerstreuende Substanz, so werden in dieser Substanz die Elektronen in Richtung des elektrischen Vektors in Schwingungen versetzt. Die von diesen Oszillatoren sekundär ausgesandte Röntgenenergie ist in der Richtung des elektrischen Vektors des Primärstrahles Null und hat ihr Maximum in der Richtung senkrecht dazu. In der Tat fand Barkla für die in diesen beiden Richtungen ausgesandten Energiebeträge eine Differenz von etwa 10 Proz.[2]).

Auch an Versuchen, die Beugung der Röntgenstrahlen festzustellen, hat es nicht gefehlt. Haga und Wind[3]) untersuchten (1902) die Beugungserscheinungen, die auftreten, wenn ein Röntgenbündel einen engen, keilförmigen Spalt passiert. Aus ihren Versuchen schlossen sie, daß die Wellenlänge des benutzten Röntgenlichts etwa $1,3 \cdot 10^{-8}$ cm sei. Ihre Versuche wurden später kritisch beleuchtet und wiederholt von Walter und Pohl[4]), die als obere Grenze für die Wellenlänge 10^{-9} cm angaben. Diese Zahlen waren jedenfalls von derselben Größenordnung wie die, die man bei Anwendung der Einsteinschen Gleichung

$$h \cdot v = {}^{1}/_{2} m v^{2} = e V$$

erhält[5]); falls man für V 20 000 Volt einsetzt, gibt dies für $\lambda = \dfrac{c}{v}$ etwa $0,6 \cdot 10^{-8}$ cm.

2. Interferenzerscheinungen an Kristallen.

§ 5. Die Lauesche Entdeckung. Die Frage nach der Natur der Röntgenstrahlen wurde durch Anwendung eines der glücklichsten und fruchtbarsten Gedanken, der in die Physik eingegriffen hat, endgültig gelöst. Wie wir eben gesehen haben, hatte man Anlaß zu vermuten, daß die Wellenlänge des Röntgenlichtes von der Größenordnung 10^{-8} bis 10^{-9} cm sei. Ein Gitter, das analog den optischen Gittern imstande sein sollte, Linien solcher

[1]) C. G. Barkla, Phil. Trans. London 204, 467, 1905.
[2]) Siehe auch § 37, S. 2080.
[3]) H. Haga und C. H. Wind, Ann. d. Phys. 10, 305, 1903.
[4]) B. Walter und R. Pohl, ebenda 25, 715, 1908; siehe auch B. Walter, ebenda 79, 661, 1924.
[5]) W. Wien, Göttinger Nachr. 1907, S. 598; J. Stark, Physik. Zeitschr. 8, 881, 1907.

Wellenlänge zu trennen, muß eine Gitterkonstante von derselben Größenordnung haben. M. v. Laue[1]) kam auf den verblüffend einfachen Gedanken, als derartige Gitter Kristalle zu verwenden, da die Distanzen der Molekülzentren von der Größenordnung 10^{-8} cm sein müßte, und in gemeinsam mit Friedrich und Knipping ausgeführten Versuchen gelang es auch, sehr schöne Interferenzerscheinungen zu beobachten (Fig. 1200 und 1201). Sie

Fig. 1200.

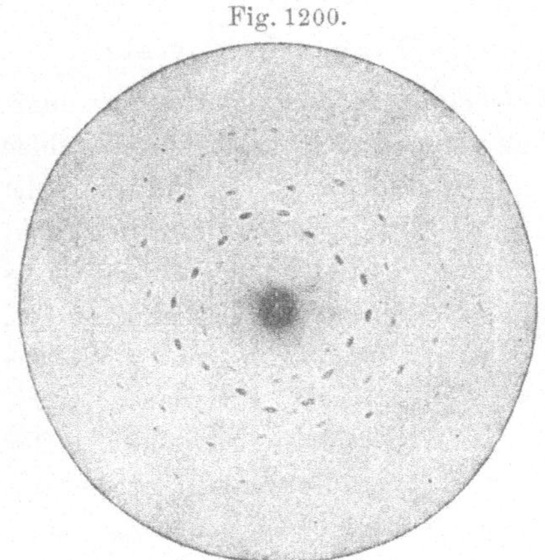

Fig. 1201.

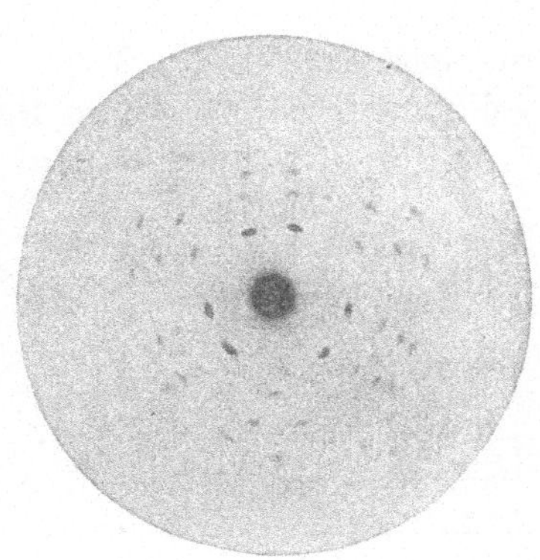

Laue-Diagramm der Zinkblende,
Durchstrahlung senkrecht zur Würfelfläche.

Laue-Diagramm der Zinkblende,
Durchstrahlung senkrecht zur Oktaederfläche.

brachten in den Gang eines feinen, durch Bleidiaphragmen ausgeblendeten Primärbündels einer technischen Röhre eine 0,5 mm starke Kristallplatte von Zinkblende und 40 mm hinter diese, senkrecht zum Primärbündel, eine photographische Platte. Die so erhaltene Beugungsfigur zeigen Fig. 1200 und 1201. Der zentrale Fleck ist der Durchstoßungspunkt des Primärbündels, um den sich die Beugungsfigur, die in Fig. 1200 eine vierfache Symmetrie hat, gruppiert. Das Primärbündel verlief hier (senkrecht zur Würfelfläche) in der Richtung der vierzähligen Achse des ZnS. Die Fig. 1201 hat eine dreizählige Symmetrie, der Primärstrahl ging hier in der Richtung einer dreizähligen Symmetrieachse (senkrecht zur Oktaederfläche).

§ 6. Die Braggsche Deutung. W. H. und W. L. Bragg[2]) gaben eine sehr anschauliche und einfache Interpretation der an Kristallen beobachteten Interferenzerscheinungen der Röntgenstrahlen; überdies gelang es ihnen, die Struktur der benutzten Kristalle zu bestimmen. Sie zeigten, daß unter einer bestimmten Bedingung (die Braggsche Relation) das Röntgenlicht von einer natürlichen Kristallebene nach denselben Gesetzen reflektiert wird, wie wir sie aus der Spiegelung des sichtbaren Lichtes kennen. Ihren Gedanken verdeutlicht die Fig. 1202.

Die horizontalen Geraden α_1, α_2 usw. stellen die von Atomen besetzten Kristallebenen dar, deren Distanz d beträgt. Es wird angenommen, daß

<hr>

[1]) M. v. Laue, Münch. Ber. 1912, S. 303 bis 322.
[2]) W. H. und W. L. Bragg, Proc. Roy. Soc. London (A) **88**, 428, 1913.

an jeder Ebene das Röntgenlicht zum Teil gespiegelt wird. Von den einfallenden monochromatischen Strahlen A_1, A_2 usw. betrachten wir nun die Teile, die an den sukzessiven Ebenen α_1, α_2 reflektiert werden. Die reflektierten Strahlen werden in der Richtung B nur dann eine von Null verschiedene Intensität liefern, falls ihr gegenseitiger Gangunterschied genau ein ganzes Vielfaches der Wellenlänge der einfallenden Strahlung beträgt [1]. Diese Bedingung ist erfüllt, falls

$$n \cdot \lambda = 2\,d \sin \varphi \quad \text{(Braggsches Gesetz)}$$

ist, wobei n eine ganze Zahl, λ die Wellenlänge der einfallenden Strahlung, d die Gitterkonstante und φ den „Glanzwinkel" der einfallenden Strahlen

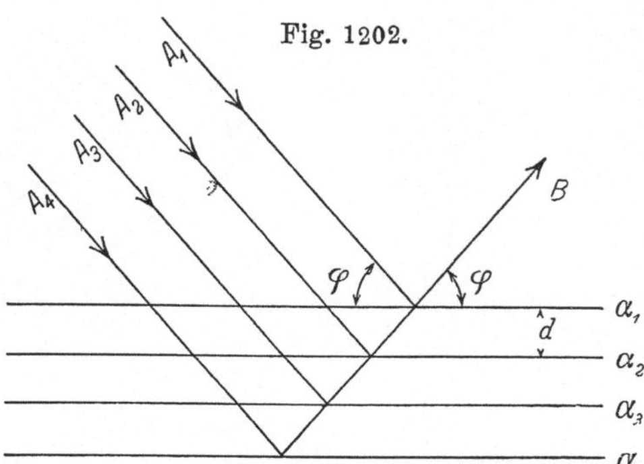

Fig. 1202.

Reflexion von Röntgenstrahlen an Kristallflächen.

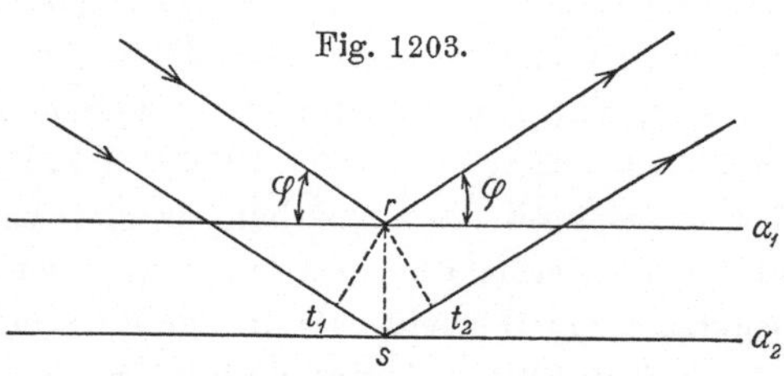

Fig. 1203.

Das Braggsche Gesetz.

bedeuten. Die Gültigkeit der Braggschen Beziehung geht unmittelbar aus der ein wenig abgeänderten Fig. 1203 hervor. $r t_1$ und $r t_2$ geben die Wellenfront der einfallenden bzw. reflektierten Strahlung. Der Gangunterschied zweier an sukzessiven Ebenen gespiegelten Strahlen ist

$$s t_1 + s t_2 = 2\,d \sin \varphi.$$

Unter einem bestimmten Glanzwinkel φ wird nicht eine bestimmte Wellenlänge reflektiert, sondern alle diejenigen Wellenlängen, für welche $n = 1$, 2, 3 usw. ist. Ist $n = 1$, so spricht man von einer Reflexion erster Ordnung, für $n = 2$ von einer zweiter Ordnung usw. Die mit verschiedenen Reflexionen erhaltenen Spektrallinien nennt man auch wohl Spektrum erster, zweiter usw. Ordnung.

Die Versuche von W. L. und W. H. Bragg zeigten, daß die Strahlung einer technischen Röntgenröhre mit Platinantikathode einige monochromatische Linien enthält [2]; dasselbe Spektrum untersuchten etwas später und teilweise unabhängig von ihnen Darwin und Moseley [3], während W. H. Bragg [4] noch einige starke Linien in der Strahlung einer Nickel-, Wolfram- und

---

[1] Je größer die Zahl der mitwirkenden Ebenen ist, um so genauer muß diese Bedingung erfüllt sein, damit im reflektierten Licht noch Intensität vorhanden sei. Wie bei den optischen Gittern das Auflösungsvermögen von der Totalanzahl der Striche abhängt, so ist bei der Braggschen Auffassung der Kristallreflexion der Röntgenstrahlen die Anzahl der reflektierenden Ebenen dafür maßgebend.

[2] W. H. und W. L. Bragg, Proc. Roy. Soc. (A) 88, 428, 1913.

[3] C. G. Darwin und H. G. J. Moseley, Phil. Mag. 26, 210, 1913.

[4] W. H. Bragg, Proc. Roy. Soc. (A) 89, 246, 1913.

Rhodiumantikathode erwähnt. Durch die Vergleichung der mittels derselben monochromatischen Strahlung an verschiedenen Kristallflächen in den einzelnen Ordnungen erhaltenen Reflexionen gelang es den beiden Braggs in einigen Fällen (Steinsalz, Diamant), die Kristallstruktur zu bestimmen. Aus bekannten physikalischen Daten (Loschmidtsche Zahl, Molekulargewicht und Dichte des Kristalls) ließen sich für diese Fälle die Gitterkonstanten d berechnen. Damit war die Möglichkeit der Wellenlängenmessung mittels Kristallreflexion gegeben.

§ 7. Die Versuche Moseleys. Der eigentliche Anfang der Röntgenspektroskopie datiert aber von einigen außerordentlich wichtigen und grundlegenden Untersuchungen Moseleys[1]), bei denen wir etwas länger verweilen wollen. Die von Moseley benutzte Methode ist in der Fig. 1204 schematisiert.

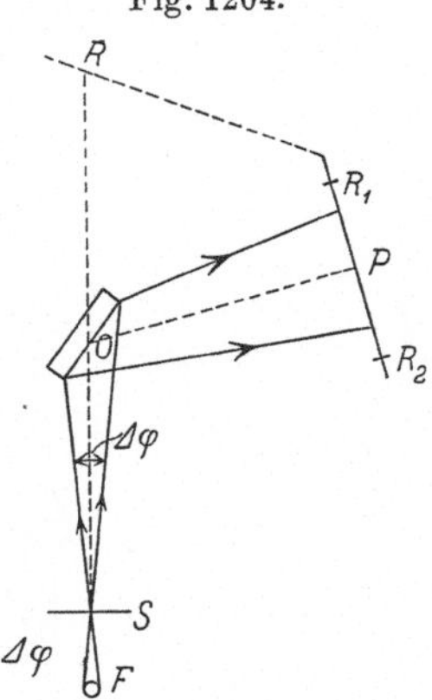

Die spektrographische Methode Moseleys.

Ganz in der Nähe des Antikathodenfokus F steht der 0,2 mm breite Spalt. Der Strahlenkegel, mit ziemlich breitem Öffnungswinkel, wird an der Vorderseite des Kristalls (Kaliumferrocyanid) reflektiert. Jede Stelle des Kristalls entspricht (wenn wir von der endlichen Breite des Spaltes absehen) einem bestimmten Glanzwinkel, unter dem die korrespondierende Wellenlänge λ selektiv reflektiert wird ($n\,\lambda = 2\,d\,\sin\varphi$). Es wird also auf der Platte ein Wellenlängenbereich korrespondierend mit dem Glanzwinkelbereich $\varDelta\varphi$ abgebildet. Da der Fokus nahezu punktförmig ist, sind die auf der Platte erhaltenen Linien etwas gekrümmt. Die Distanz Spalt–Kristallachse (OS in der Figur) wurde der Distanz Kristallachse–photographische Platte (OP) gleich gewählt, da bei Erfüllung dieser Bedingungen die Lage der Linien auf der Platte unabhängig von der Stellung des Kristalls ist (Moseley-Braggsche Fokussierungsbedingung, vgl. S. 2039).

Die Glanzwinkel bestimmte Moseley in folgender Weise. Zuerst wurde der Kristall weggenommen und ein schmaler Spalt in die Kristallachse gestellt. Es wurden in zwei auf einem Teilkreis abgelesenen Stellungen des Plattenhalters zwei Referenzmarken R_1 und R_2 aufgenommen; dann wurde der Kristall eingesetzt und der Plattenhalter in die gewünschte Stellung gedreht. Die Lage der Spektrallinien zwischen den beiden Referenzlinien R_1 und R_2 wurde mittels einer Vergleichsplatte, auf der in der oben beschriebenen Weise eine Reihe von Referenzlinien je im Abstand von einem Grad aufgenommen waren, festgelegt. Für die Genauigkeit der von ihm bestimmten Glanzwinkel gibt Moseley etwa 0,1° an.

Die von Moseley benutzte Apparatur geben die Fig. 1205 u. 1206 wieder. Die Antikathode ist auf einer Schiene S beweglich aufgestellt, damit eine

---

[1]) H. G. J. Moseley, Phil. Mag. **26**, 1024, 1913; **27**, 704, 1914.

Reihe auf ihr befindlicher Substanzen nacheinander in den Fokus der Kathodenstrahlen gebracht werden kann. Der Spalt S befindet sich sehr nahe an der Antikathode, das Rohr hat ein Fenster W, das aus 0,02 cm Aluminium oder, wenn sehr weiche Strahlen benutzt wurden, aus Goldschlägerhaut bestand. Da die weichere Strahlung in Luft zuviel absorbiert wird, konstruierte

Fig. 1205.

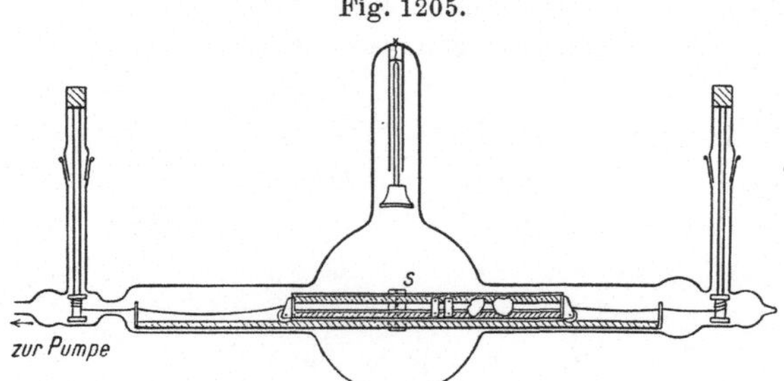

Die von Moseley benutzte Röntgenröhre.

Fig. 1206.

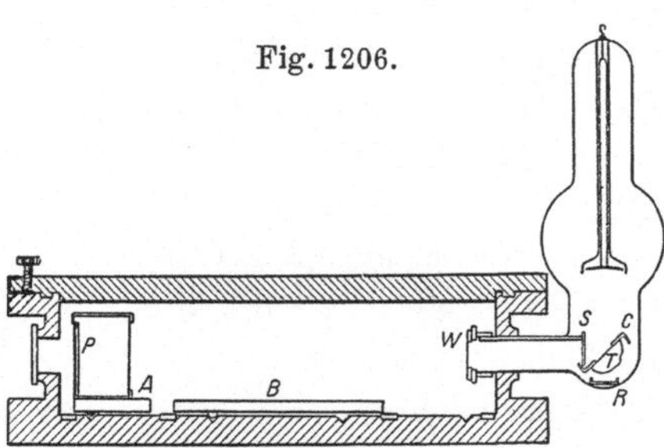

Moseleys Vakuumspektrograph.

Moseley für diesen Teil seiner Untersuchungen einen Vakuumspektrographen (Fig. 1206). Dieser bestand aus einem Eisenzylinder mit innerem Durchmesser von 30 cm und innerer Höhe von 8 cm. Er war von oben mit einem aufgeschliffenen, mit Fett gedichteten Deckel verschlossen. (Die Schraube links diente zum Aufheben des Deckels, nachdem der Spektrograph einmal evakuiert worden war.) Der Plattenhalter P sowohl als der Kristalltisch B ruhten je auf drei Stahlkugeln, von denen je zwei in einer in dem Boden eingedrehten Rinne gelagert waren. Die Stellung des Plattenhalters und die des Kristalltisches wurden an zwei in dem Boden befindlichen Teilkreisen abgelesen.

§ 8. Gesetzmäßigkeiten im Röntgenspektrum. Moseley zeigte, daß sowohl Barklas K-Strahlung als auch die L-Strahlung aus einigen wenigen diskreten scharfen Linien besteht. Die Gesetze, die für diese Spektrallinien gelten, sind überaus einfach, viel einfacher, als man je geahnt hätte. So fand Moseley im K-Spektrum der Elemente Al bis Ag (s. Tabelle 1) zwei Linien, die er K_a und K_β nannte. Ein Teil seiner Spektralaufnahmen ist in Fig. 1207 [1]) reproduziert. Man sieht, daß die Spektren aufeinanderfolgender

---

[1]) Die Fig. 1207, 1210, 1212, 1217, 1220 u. 1229 sind mit freundl. Erlaubnis des Verlages Julius Springer, Berlin, dem Werke Siegbahn, Spektroskopie der Röntgenstrahlen, entnommen.

Tabelle 1. Die K_α-Linie nach alten Messungen Moseleys.

	K_α $\lambda \cdot 10^8$ cm	$\sqrt{\dfrac{\nu}{{}^3/_4\,\nu_0}}$	Z		K_α $\lambda \cdot 10^8$ cm	$\sqrt{\dfrac{\nu}{{}^3/_4\,\nu_0}}$	Z
Al	8,364	12,05	13	Ni	1,662	27,04	28
Si	7,142	13,04	14	Cu	1,549	28,01	29
Cl	4,750	16,00	17	Zn	1,445	29,01	30
K	3,759	17,98	19	Y	0,838	38,01	39
Ca	3,368	19,00	20	Zr	0,794	39,1	40
Ti	2,758	20,99	22	Nb	0,750	40,2	41
V	2,519	21,96	23	Mo	0,721	41,2	42
Cr	2,301	22,98	24	Ru	0,638	43,6	44
Mn	2,111	23,99	25	Pd	0,584	45,6	46
Fe	1,946	24,99	26	Ag	0,560	46,6	47
Co	1,798	26,00	27				

Elemente (im schroffen Gegensatz zu den Erscheinungen im optischen Spektrum) einander sehr ähnlich sind[1]). Für die Frequenz der Linie K_α fand Moseley das folgende einfache Gesetz:

$$\nu_{K_\alpha} = \frac{3}{4}\,\nu_0\,(Z-b)^2 \quad \cdots \cdots \cdots \cdots \quad (1)$$

wobei ν_0 die Rydbergsche Frequenz und Z die Ordnungszahl des betreffenden Elementes im periodischen System ist, während b etwa den Wert $= 1$ hat (Moseleysches Gesetz) (siehe Tabelle 1). Die Ordnungszahl eines Elementes oder Atomzahl ist also die charakteristische Größe und nicht etwa das Atomgewicht. Im allgemeinen ist die Reihenfolge der Atomzahlen der Elemente dieselbe wie die ihrer Atomgewichte, wo man aber im periodischen System aus irgendwelchen chemischen oder physikalischen Gründen Anlaß gefunden hat, die Elemente entgegengesetzt ihren Atomgewichten zu ordnen (z. B. Co, Ni), wird dies von dem Moseleyschen Gesetz bestätigt.

Ähnliche Gesetze gelten für die L-Strahlung, obwohl hier der Linienreichtum etwas größer gefunden wurde. Moseley untersuchte einen großen Teil der Elemente, Zirkon bis Gold, und fand vier Linien im L-Spektrum, die er α, β, φ und γ nannte. Für die Frequenz der L_α-Linie gilt annähernd

Fig. 1207.

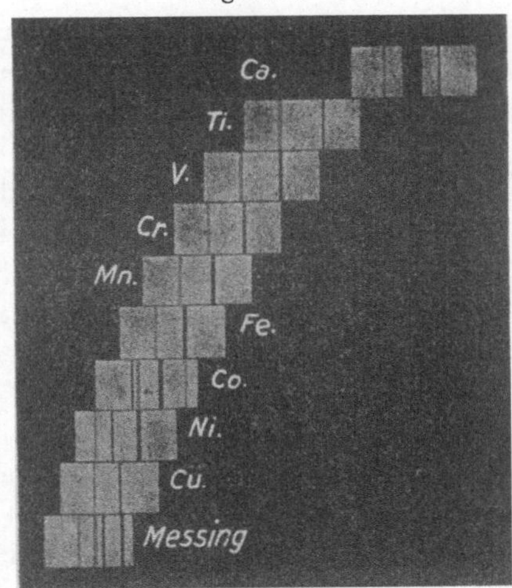

K-Spektren der Elemente nach Moseley.

$$\nu_{L_\alpha} = \left(\frac{1}{2^2} - \frac{1}{3^2}\right)\nu_0\,(Z-b') \quad \cdots \cdots \cdots \quad (2)$$

---

[1]) Wo im Spektrum mehr als zwei Linien auftreten, ist dies einer Verunreinigung zuzuschreiben, z. B. Fe und Ni in Co.

wo v_0 und Z dieselbe Bedeutung haben wie oben, b' ist annähernd konstant und etwa gleich 7,4.

Einen anderen außerordentlich wichtigen Schluß konnte Moseley aus seinen Ergebnissen ziehen. Man kann die Formel (1) und (2) umgekehrt verwenden, um aus dem Röntgenspektrum die Atomzahl eines Elementes eindeutig festzulegen. So fand Moseley auch ganz richtig, daß man in der Tabelle für die zwei unbekannten Manganhomologen zwei Stellen offen zu halten hat (43 und 75). Von besonderer Bedeutung waren aber seine Untersuchungen für die seltenen Erden. Wegen einer Anomalie in der Mendelejeffschen Tabelle für diese Elemente (ihre große Ähnlichkeit in chemischer Hinsicht, obwohl sie, nach Atomgewichten geordnet, aufeinanderfolgen) war die Anzahl dieser Elemente nicht von vornherein zu bestimmen, ja es wurde von einigen Forschern bezweifelt, ob man es hier überhaupt mit reinen Elementen zu tun habe. Moseley fand für die Atomzahl des Tantals 73 und damit war eine obere Grenze für die Anzahl der seltenen Erden festgelegt. Seine Untersuchungen umfaßten auch den größten Teil dieser Elemente, er konnte ihren Charakter als den reiner Elemente feststellen und ihnen ihren Ort in der periodischen Tabelle zuweisen. Damit gab er eine außerordentlich wichtige Bestätigung jahrelanger mühsamer Arbeit der Chemie.

3. Die Röntgenröhren.

§ 9. Allgemeine Gesichtspunkte für die Konstruktion. Die im Handel befindlichen technischen Röhren sind durchaus für die medizinische Praxis berechnet. Sie sind nur in einzelnen Fällen für physikalische Versuche zu benutzen, und zwar aus folgenden Gründen: Erstens absorbiert das Glas der Röhrenwand praktisch alle Wellenlängen größer als 1,5 Å.-E., also gerade das interessanteste Gebiet, und zweitens ist es an ein bestimmtes Antikathodenmaterial (meistens Wolfram, Platin, Molybdän) gebunden. Für physikalische Zwecke ist man also auf die Selbstanfertigung[1]) einer Röhre angewiesen, wobei folgende Gesichtspunkte zu berücksichtigen sind: 1. Die Strahlung tritt durch eine Öffnung aus, die mit einer wenig absorbierenden Substanz verschlossen werden kann. Für nicht sehr weiche Strahlung läßt sich hier ein Lithiumglas, das in die Glaswand eingeschmolzen werden kann (Lindemannfenster), benutzen. Besser ist sehr dünnes Aluminium (bis zu einer Dicke von $7\,\mu$ läßt es sich noch leicht porenfrei herstellen) oder ein dünnes Glimmerblättchen. Für sehr weiche Strahlung (4 bis 10 Å.-E.) ist Goldschlägerhaut zu empfehlen, für noch weichere Strahlung ein dünnes Kollodium- oder Celluloidhäutchen. Diese beiden letzten Substanzen können zwar keinen Atmosphärendruck aushalten, brauchen es auch nicht, da es beim Arbeiten mit Wellenlängen größer als 4 Å. auch unbedingt nötig ist, einen Vakuumspektrographen zu verwenden (hierin genügt meistens Vorvakuum). 2. Die Antikathode muß leicht ausgewechselt werden können. In einigen älteren Arbeiten von englischen Autoren ist dies dadurch erreicht, daß die verschiedenen

---

[1]) In jüngster Zeit werden von verschiedenen Seiten auch Röntgenröhren, welche für physikalische Zwecke geeignet sind, in Handel gebracht.

als Antikathoden zu benutzenden Substanzen schon fertig in der Röhre angebracht wurden. Die Auswechslung geschah z. B. mit Hilfe eines Magnets
(Kaye). Eine sehr geistreiche Methode der Auswechslung wurde von Moseley
angewandt (s. Fig. 1205). Heutzutage benutzt man meistens eine mittels eines
Schliffes eingesetzte Antikathode. Der Schliff wird mit Siegellack oder einfach Fett (Gummifett ist zu empfehlen) gedichtet. 3. In verschiedenen Fällen
ist eine sehr intensive Strahlungsquelle erwünscht. Es ist dann von Nutzen,
die Röhre für einen großen Teil aus Metall anzufertigen und eine Vorrichtung
für eine kräftige Kühlung anzubringen. Weiter ist es speziell für Kristalluntersuchungen vorteilhaft, das Fenster ganz in die Nähe der Antikathode
rücken zu lassen, damit man den Spektrographen möglichst nahe an den
Antikathodenfokus bringen kann.

§ 10. Gasgefüllte Röhren. Im folgenden werden einige typische
Röhrenkonstruktionen besprochen. Fig. 1208 ist eine von Bragg benutzte

Fig. 1208.

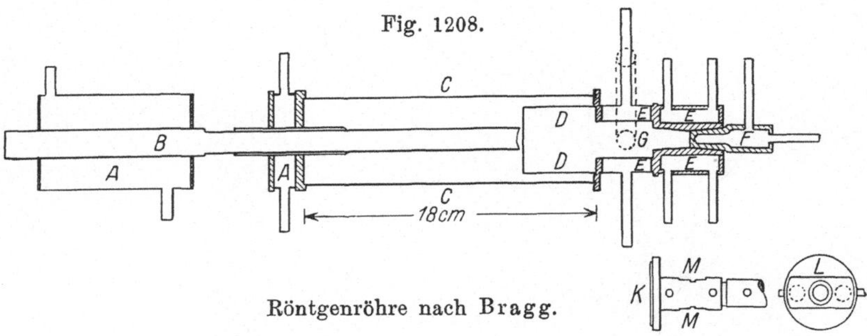

Röntgenröhre nach Bragg.

Röhre. *B* ist die massive Aluminiumantikathode; der in der Röntgenröhre
befindliche Teil ist mit einer Messingröhre überdeckt, außerhalb der Röntgenröhre befindet sich der Kühlmantel *A*; *F* ist die von strömendem Wasser
gekühlte Antikathode; *C* eine Glasröhre und *D* ein Schutzring aus Messing.
Gepumpt wird bei *G*. Der rechte Teil ist ganz aus Messing angefertigt und wird
auch durch strömendes Wasser gekühlt (*E* Kühlmantel). *K* ist der Querschnitt
dieses Teiles senkrecht zur Zeichenebene. Die Fenster *M* sind mit 10 μ-Alu-
minium gedichtet. Alle auswechselbaren Teile sind mit Siegellack gekittet.

Zwei Röhren, speziell konstruiert für kristallographische Untersuchungen
nach der Pulvermethode, sind die von Rausch von Traubenberg (Fig. 1209)
und Siegbahn-Hadding (Fig. 1210).

Die erste Röhre ist hauptsächlich aus Glas hergestellt; oben sitzt ein
angekittetes Antikathodenstück aus Messing, das mit Wasser gekühlt wird.
Die Siegbahnsche Röhre (Fig. 1210) ist mit Ausnahme eines Porzellanisolators
für die Zuführung der Kathode ganz aus Metall. Sowohl Röhrenkörper als
Kathode[1]) und Antikathode können kräftig gekühlt werden, und die Röhre
kann ohne Gefahr hohen Belastungen ausgesetzt werden.

---

[1]) Die Kühlung der Kathode bei dieser Röhre hat sich bei nicht zu hohen
Belastungen in der Praxis als unnötig erwiesen.

Die drei besprochenen Röhrentypen gehören zu den sogenannten **gasgefüllten Röhren**. Sie haben den Nachteil, daß sie während des Betriebes leicht zu hart werden, so, daß man schließlich keine Entladung mehr durchschicken kann. Für einen stabilen Betrieb ist es in der Regel notwendig, die Röhre dauernd zu **regenerieren**, d. h. Gas in kleinen Mengen einzulassen. Dies kann z. B. mittels eines Ventils in einer Verbindung zwischen Hoch- und Vorvakuum oder mittels eines **Palladiumröhrchens** geschehen.

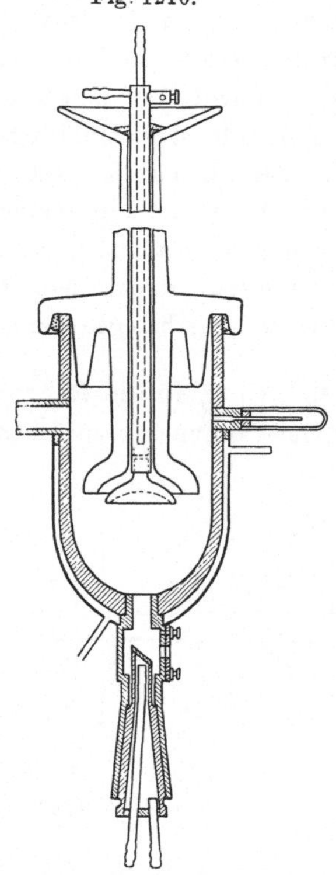

Fig. 1210.

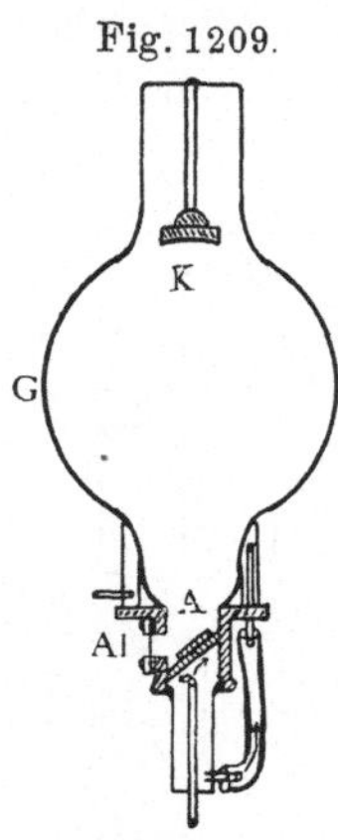

Fig. 1209.

Ionenröhre von
Rausch v. Traubenberg.

Ionenröhre von
Siegbahn-Hadding.

§ 11. Elektronenröhren. Viel leichter im Betrieb zu handhaben sind die **Elektronenröhren**. Hier wird die elektrische Leitung von Elektronen übernommen, die von einem glühenden Körper ausgesandt werden. Das Gas spielt in einer solchen Röhre keine wesentliche Rolle mehr, und mit der Evakuierung kann man so weit gehen, als die Apparatur es zuläßt. Das einfachste ist, die Kathode selber als Glühkörper auszubilden, wozu man meistens einen Wolframglühfaden benutzt, der von einer kleinen Hilfsbatterie oder einem Transformator gespeist wird [Coolidgeröhre] [1]. Für spektroskopische Zwecke sind diese Röhren vor allem von Siegbahn benutzt worden. Fig. 1211 gibt eine von Siegbahn und Stenström benutzte Röhre. Da das Vakuum in einer solchen Röhre in der Regel nicht so hoch erhalten werden kann, als in einer üblichen technischen Coolidgeröhre, und da überdies die Beanspruchung des Glühfadens wegen der hohen Stromstärke viel größer ist, ist die Lebensdauer des Glühfadens sehr viel kleiner (im Mittel etwa 20 bis 30 Stunden).

---

[1] Für eine Beschreibung der Lilienfeldröhre, wo Glühkörper und Kathode getrennt vorkommen, siehe J. E. Lilienfeld, Jahrb. d. Radioakt. u. El. **16**, 105, 1920.

Es muß also eine Vorrichtung getroffen werden, daß dieser leicht erneuert werden kann. Die Kathode ist ebenso wie die Antikathode abnehmbar und paßt mit einem durch Fett gedichteten Schliff auf den Röhrenkörper. Die Antikathode wird mit Siegellack oder Picein in einem Glasschliff eingekittet.

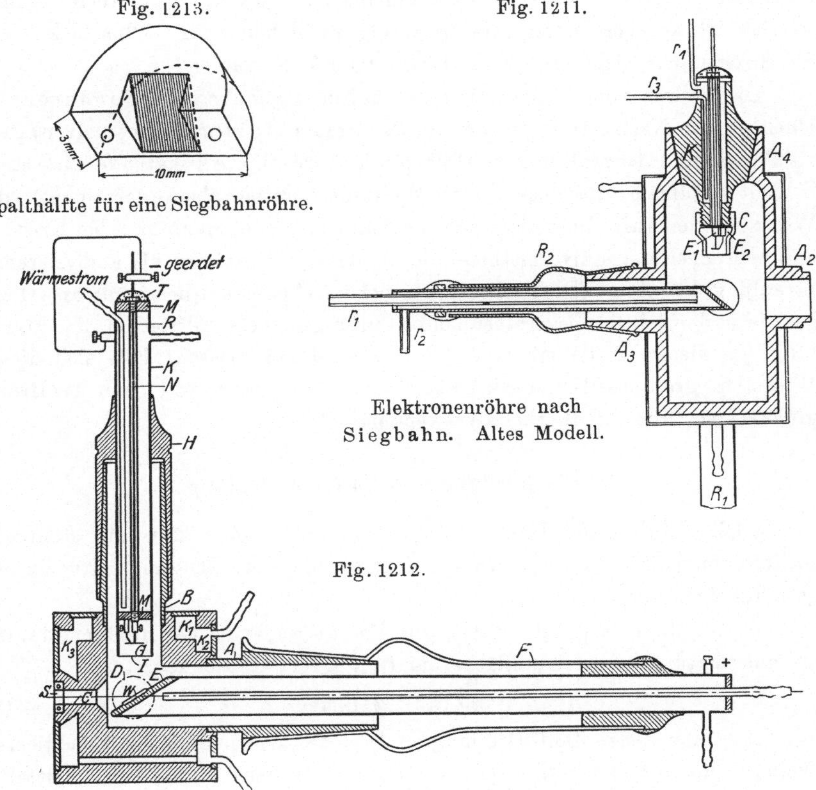

Elektronenröhre nach Siegbahn. Neuere Konstruktion.

Sowohl Kathode als Antikathode und Röhrenkörper werden während des Betriebes mit strömendem Wasser gekühlt. Späterhin war Siegbahn bestrebt, möglichst kompakt gebaute Röhren zu konstruieren. Eine außerordentlich elegante Konstruktion ist in Fig. 1212 abgebildet. Der eigentliche Röhrenkörper besteht aus einem kubischen Schmiedemessingstück von 55 mm Kantenlänge, das von drei Seiten angebohrt worden ist. Für Antikathode und Kathode sind Messingschliffe angelötet, für die Pumpleitung eine Messingröhre. Rings um die ersten zwei Bohrungen herum sind im Messingkubus Rinnen eingefräst für das Kühlwasser. In der Wand des Kubus, gegenüber der Antikathode, ist eine 5 mm weite Bohrung für den Austritt der Strahlung gemacht. Der letzte Teil dieser Bohrung ist auf 10 mm erweitert. Hier wird der Spalt eingekittet, so daß seine Vorderseite mit der Seitenfläche des Kubus zusammenfällt. Auch um die Spaltöffnung ist ein Kühlkanal eingefräst. Der Abstand Antikathodenfokus-Spalt beträgt für diese Röhre nicht mehr als

25 mm. Der Spalt besteht aus zwei aus Stahl angefertigten Hälften (Fig. 1213), die mit Stahlschräubchen zusammengehalten werden. Die gewünschte Spaltbreite (in den meisten Untersuchungen etwa 0,1 mm) wird durch zwischengelegte Aluminiumblättchen erhalten. Die Röhre eignet sich gut für Spannungen bis zu 30 kV und Stromstärken bis zu 100 mA. Für einen ruhigen Betrieb ist es aber besser, die Spannung nicht höher als 20 bis 25 kV und die Stromstärke nicht größer als 15 bis 25 mA zu wählen [1]).

Die Röhren vom Coolidgetypus haben gegenüber den Ionenröhren einen großen Nachteil; wegen der (in der Praxis oft ziemlich intensiven) Zerstäubung und Oxydation der Glühspirale wird die Antikathode mit einer Schicht Wolfram überdeckt. Im Spektrum treten also auch immer die Wolframlinien auf. Besonders störend kann dies sein, wenn man bei Kristallanalysen nach der Pulvermethode die Kupfer-K-Strahlung als analysierende Strahlung benutzt. (Das sehr linienreiche L-Spektrum des Wolframs liegt gerade in demselben Spektralbereich.) Durch geeignete Filtrierung der Strahlung [in diesem Falle ist Nickelblech [2]) wohl angemessen] läßt sich dieses Übel aber größtenteils unterdrücken. Auch kann man statt einer Wolframglühkathode eine Oxydkathode verwenden.

4. Die Kristalle und ihre Verwendung.

§ 12. Linienabbildung. Der Kristall spielt für die Röntgenspektroskopie dieselbe Rolle wie das Prisma oder das Beugungsgitter in der gewöhnlichen Optik.

Wie S. 2030 dargelegt wurde, gilt für die Reflexion der Röntgenstrahlen an einer natürlichen Kristallfläche die Braggsche Beziehung:

$$n\,\lambda = 2\,d\,sin\,\varphi \quad\cdots\cdots\cdots\cdots\cdots (3)$$

hier ist n eine ganze Zahl (Ordnungszahl), λ die Wellenlänge der reflektierten Welle, d die Gitterkonstante (der konstante Netzebenenabstand des Kristalls) und φ der Glanzwinkel (siehe Fig. 1202 und 1203). Eine bestimmte Wellenlänge wird nur reflektiert, falls sie unter dem nach dieser Beziehung damit korrespondierenden Glanzwinkel auf den Kristall auftrifft, für ganz wenig davon abweichende Glanzwinkel ist die Reflexion schon unmerkbar klein. Gerade diese Eigentümlichkeit der Kristalle gibt auch in der Spektroskopie der Röntgenstrahlen, wo man ohne Linsen zu arbeiten hat, die Möglichkeit einer scharfen Linienabbildung.

Die Erfahrung hat gelehrt, daß, wenn man über gute Kristallexemplare verfügt, die Eindringungstiefe der unter der Braggschen Beziehung reflektierten Strahlung sicher nicht größer als einige tausendstel Millimeter ist (bei Verwendung nicht zu harter Strahlung, Wellenlängen größer als eine Å.-E.).

---

[1]) Eine Röntgenröhre speziell für das Aufnehmen von Fluoreszenzspektren ist von D. Coster und M. J. Druyvesteyn (Zeitschr. f. Phys. **40**, 768, 1927) beschrieben worden.

[2]) Die K-Absorptionsfrequenz des Ni ist härter als die K-Strahlung des Cu und weicher als die Wolfram-L-Strahlung. Die letzte wird also im Ni selektiv absorbiert, die erste nicht.

Die Linienbreite wird also, falls man, wie üblich, eine Spaltbreite von
etwa 0,1 mm verwendet, in erster Näherung von dieser Spaltbreite bestimmt,
insofern man von der natürlichen Linienbreite absehen kann[1]).

§ 13. Drehkristallverfahren. Wie schon auf S. 2031 erwähnt wurde,
gibt es eine einfache Anordnung, die es ermöglicht, die Lage der Linien auf
der photographischen Platte in hohem Maße von der jeweiligen Stellung des
Kristalls unabhängig zu machen (Moseley - Braggsche Fokussierungsbedingung). Die Methode ist leicht aus Fig. 1214 ersichtlich. C ist die Drehachse des Kristalls, dessen Vorderfläche AA ist, O der Spalt, B ein Punkt
der photographischen Platte. Der Abstand OC ist
gleich dem Abstand BC. Dreht man den Kristall
in eine neue Lage $A_1 A_1$, so werden die unter demselben Glanzwinkel reflektierten Strahlen — wie aus
einer einfachen geometrischen Überlegung hervorgeht — die Platte in demselben Punkt B treffen.
Die Reflexion findet jedoch an einer anderen Stelle
des Kristalls (jetzt P) statt. Diese sogenannte Fokussierungsmethode ermöglicht es, einen größeren
Spektralbereich auf derselben Platte aufzunehmen
und für diesen Zweck wurde sie auch schon in
Moseleys klassischen Untersuchungen angewandt.

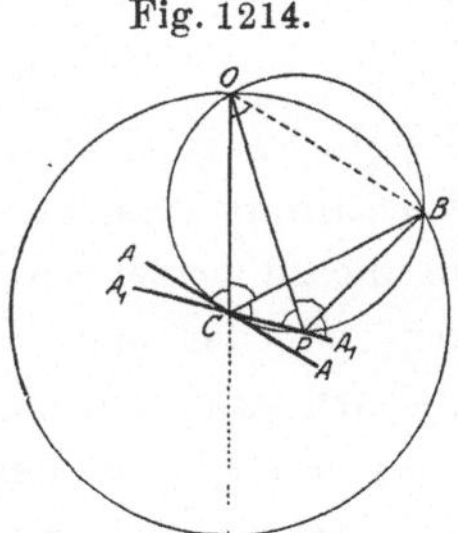

Fig. 1214.

Moseley-Braggsche
Fokussierungsmethode.

M. de Broglie wies darauf hin, daß das Drehkristallverfahren auch noch
den folgenden Vorteil besitzt: Dreht man den Kristall während der Aufnahme, so wird, wie oben bemerkt wurde, eine bestimmte Wellenlänge λ fortwährend von anderen Teilen des Kristalls reflektiert, außerdem kommt die
Strahlung von anderen Punkten des Brennfleckes der Antikathode. Bei einer
kontinuierlichen Drehung des Kristalls werden nun Fehler, welche von
Unebenheiten des Kristalls[2]) herrühren, oder Ungleichmäßigkeiten in der
Schwärzung, welche von einer ungleichen Strahlungsintensität von verschiedenen Punkten des Brennfleckes verursacht werden, größtenteils aufgehoben.

§ 14. Bestimmung der Gitterkonstante. Will man die Braggsche
Beziehung dazu benutzen, aus dem gemessenen Glanzwinkel φ die Wellenlänge λ zu berechnen, so muß man die Gitterkonstante des benutzten
Kristalls genau kennen. Ist einmal die Gitterkonstante einer bestimmten
Kristallsorte festgestellt, so kann man die Konstanten aller anderen Kristall-
sorten mittels Röntgenspektralaufnahmen bestimmen. Moseley hat deshalb
versucht, die Gitterkonstante eines Kristalls genau zu berechnen. Dazu wählte

---

¹) Für die Linienverbreiterung, welche mit den Abweichungen vom Braggschen Gesetz zusammenhängen, siehe S. 2087. Über die natürliche Linienbreite
siehe S. 2067.

²) Die kleinen Desorientierungen im Makrokristall („Mosaikstruktur" nach
Darwin) werden, falls die Fokussierungsbedingung erfüllt ist, auch schon beim
stillstehenden Kristall zum größten Teil eliminiert.

er das Steinsalz, dessen einfache kubische Struktur von den beiden Bragg
bestimmt war. Man hat dann folgende Formel anzuwenden:

$$\frac{1}{d^3} = \frac{2\,N\sigma}{M},$$

für N (Loschmidtsche Zahl) setzte Moseley $6{,}05 \cdot 10^{23}$, für σ (Dichte des
Steinsalzes) $2{,}167$ und für M (Molekulargewicht des NaCl) $58{,}46$. Dies gibt:

$$d_{\mathrm{NaCl}} = 2{,}814 \cdot 10^{-8}\,\mathrm{cm}.$$

Ausgehend von diesem Werte für Steinsalz (es wurden noch willkürlich zwei
Ziffern hinzugefügt: $d_{\mathrm{NaCl}} = 2814{,}00 \cdot 10^{-11}$ cm) fand Siegbahn später für
die Gitterkonstante des Kalkspats den empirischen Wert

$$d_{\mathrm{Kalksp.}} = 3029{,}04 \cdot 10^{-11}\,\mathrm{cm} \text{ bei } 13^0\,\mathrm{C}.$$

Siegbahn machte auch den Vorschlag, diesen Wert für Kalkspat als einen
Normalwert anzunehmen[1]) und die Gitterkonstanten anderer Kristalle sowohl,
als die zu messenden Wellenlängen hierauf zu beziehen[2]). Denn die Genauigkeit, mit der man Wellenlängen oder Gitterkonstanten untereinander vergleichen kann, ist viel größer als die, mit der man die Gitterkonstante irgend
eines Kristalls aus den Fundamentalwerten der Physik zu ermitteln imstande
ist. Ferner geht es nicht an, jedesmal, wenn die zur Berechnung der Gitterkonstante herangezogenen Fundamentalkonstanten auf Grund neuer Messungen
etwas genauer bekannt geworden sind, sämtliche tabellierte Wellenlängen
umzurechnen. Mit Ausnahme einiger amerikanischer Forscher hat man diesen
Vorschlag von Siegbahn allgemein befolgt. Man hat also darauf zu achten,
daß wegen der Ungenauigkeit der Gitterkonstanten allen bekannten Röntgen-
wellenlängen derselbe prozentuale Fehler von weniger als 0,1 Proz. anhaftet[3]).

§ 15. **Abweichungen von dem Braggschen Gesetz.** Eine ernst-
hafte Schwierigkeit wird der Präzisionsspektroskopie dadurch in den Weg
gelegt, daß das Braggsche Gesetz keine absolute Gültigkeit besitzt.
Wir werden diesen Umstand später in seinem Zusammenhang mit der Dispersion der Röntgenstrahlen näher diskutieren. Hier möchten wir nur die
folgenden für die Präzisionsspektroskopie wichtigen Resultate der Theorie
hervorheben. Statt der Braggschen Beziehung hat man folgende anzusetzen:

$$\frac{\sin \varphi^{(n)}}{n} = \frac{\lambda}{2\,d}\left(1 + \frac{\varkappa}{n^2}\right) \quad \dots \dots \dots \dots \quad (4)$$

---

[1]) Der beste empirisch bestimmte Wert für Kalkspat ist derjenige von
Compton, Beets und Defoe: $d_{\mathrm{Kalkspat}} = 3029{,}1 \pm 0{,}1 \cdot 10^{-11}$ cm bei 20^0 C, welcher
innerhalb der Fehlergrenze mit dem Siegbahnschen Wert übereinstimmt.

[2]) Früher war schon von Wagner vorgeschlagen worden, $d_{\mathrm{NaCl}} = 2814{,}00$
$\cdot 10^{-11}$ cm als Normalwert anzunehmen. Der NaCl-Kristall ist aber für Präzisionsbestimmungen nicht so geeignet, wie der Kalkspat.

[3]) In jüngster Zeit ist es gelungen, unter Benutzung von optischen Gittern
bei streifender Inzidenz auch mit Röntgenstrahlen scharfe Beugungsbilder zu bekommen (siehe S. 2087). Prinzipiell ist damit die Möglichkeit für eine absolute
Wellenlängenmessung auch im Röntgengebiet gegeben. Ein Anfang ist schon von
E. Bäcklin gemacht worden. Doktor-Dissertation Upsala, 1928.

$\varphi^{(n)}$ ist der Glanzwinkel für die Reflexion n^{ter} Ordnung, d die Gitterkonstante, $\varkappa = \dfrac{4\,\delta\,d^2}{\lambda^2}$, während δ im allgemeinen von der Größenordnung 10^{-6} ist. Wenn man auch die Reflexionen höherer Ordnung benutzt, ist man imstande, das Verhältnis $\dfrac{\lambda}{2\,d}$ mit der erwünschten Genauigkeit zu bestimmen. Sind einmal die Größen δ und d für einen bestimmten Kristall bekannt, so läßt sich die Korrektion auch rechnerisch anbringen und es genügt dann die Messung in einer Ordnung. (Wegen der Kleinheit der Größe δ kann man in den Ausdruck für $\varkappa$ die ungefähre Größe der Wellenlänge λ einsetzen.)

Bei Relativmessungen spielt die hier behandelte Korrektion keine Rolle.

Die Gitterkonstanten. Von einigen in der Spektroskopie vielfach benutzten Kristallen werden in der Tabelle 2 die Gitterkonstanten angegeben.

Tabelle 2.
Gitterkonstanten einiger viel benutzter Kristalle.

Kristall	Reflektierte Ebene	d in Å.-E.	$log.\,2\,d$	Autor
Steinsalz	Kubusfläche	2,814 00	0,750 354 1	Moseley
Kalkspat	Spaltfläche	3,029 04	0,782 334 7	Siegbahn
Quarz	Prismafläche	4,246 64	0,929 075 0	Siegbahn u. Dolejsek
Gips	Spaltfläche	7,577 6	1,180 56	Hjalmar
Glimmer	Spaltfläche	9,93	1,298 23	Larsson
Zucker	(100)	10,572	1.325 12	Stenström
Laurinsäure	—	27,23	1,435 05	J. A. Prins
Palmitinsäure	—	35,60	1,551 45	Siegbahn u. Thoraeus

Bei Präzisionsbestimmungen hat man noch eine Korrektion wegen der Wärmeausdehnung des Kristalls zu berücksichtigen.

In letzter Zeit ist durch die Entdeckung von Kristallen organischer Substanzen mit extrem großen Gitterkonstanten[1] die Möglichkeit entstanden, das mittels Reflexion zu messende Wellenlängengebiet nach größeren Wellenlängen auszudehnen. Einige Ansätze in dieser Richtung sind schon gemacht worden[2]. Die Gitterkonstanten von zwei solchen Kristallen sind in die letzten Zeilen der Tabelle 2 eingefügt. Ein wenig Vorsicht ist bei Benutzung der beiden letzten Daten geboten: 1. treten diese organischen Verbindungen oft in verschiedenen Modifikationen auf[3], 2. sind die Substanzen schwierig ganz rein zu bekommen (die Gitterkonstante hängt selbstverständlich von den Verunreinigungen der Substanzen ab), 3. scheint die Gitterkonstante auch in gewissém Maße von der Behandlung des Kriställchens beeinflußt zu werden[4].

---

[1] A. Müller, Trans. Chem. Soc. **123**, 2034, 1923; A. Müller u. G. Shearer, ebenda **123**, 3156, 1923.

[2] R. Thoraeus, Phil. Mag. **1**, 312, 1926; A. Dauvillier, C. R. 1926; Journ. d. Phys. **8**, 1, 1927.

[3] Piper, Malkin und Austkin, Journ. Chem. Soc. 1926, S. 2310; G. M. de Boer, Nature **119**, 50 und 634, 1927.

[4] Piper, l. c.

5. Der Spektrograph.

§ 16. Spektrographen mit photographischer Registrierung. Siegbahns Präzisionsmethode. Die in der Röntgenspektroskopie benutzten Spektrographen lassen sich in zwei Gruppen einteilen:

A. Mit photographischer Registrierung.

B. Spektrographen mit Ionisationskammer.

Beide Typen haben ihre besonderen Vorteile. Die photographischen Apparate haben den Vorteil, daß sie kumulativ wirken und einen verhältnismäßig leicht zu erhaltenden Überblick über das Spektrum ergeben; mit der Ionisationsmethode hingegen bekommt man einen besseren Eindruck über die Intensitätsverteilung im Spektrum. Für die Untersuchung der weicheren Strahlung sind die photographischen Apparate unbedingt vorzuziehen, da die unmittelbare Verbindung einer mit Hochspannung betriebenen Röntgenröhre mit einer Ionisationskammer große Schwierigkeiten ergeben würde. Was die Genauigkeit der erhaltenen Resultate betrifft, werden die zwei Methoden (falls man von beiden die besten Ausführungen vergleicht) einander gleichwertig sein.

Schon früher (S. 2032) wurde der von Moseley in seinen klassischen Untersuchungen benutzte Spektrograph, der schon viele Züge der nach ihm gebauten Apparate enthält, besprochen. Auch das Drehkristallverfahren von de Broglie wurde erwähnt (S. 2039).

Ein sehr wesentlicher Beitrag, der bei der photographischen Methode erst eine größere Meßgenauigkeit ermöglicht hat, wurde von Siegbahn gegeben: die „Siegbahnsche Präzisionsmethode".

Das Prinzip wird in der Fig. 1215 erläutert. Die Strahlung wird erst vom Kristall in der Stellung 1 reflektiert und erreicht die Platte in der Stellung AA'; eine geeignete monochromatische Röntgenstrahlung wird dort eine Linie geben. Sodann wird die Platte in die symmetrische Stellung BB' gedreht und der Kristall in die Stellung 2 gebracht. Wäre die Platte genau um das Vierfache des Glanzwinkels gedreht worden, so würde die Linie in der Stellung 2 genau die Linie der Stellung 1 überdecken. Der Versuch wird nun so eingerichtet, daß die in den zwei Stellungen aufgenommenen Linien in kurzem Abstand (z. B. 1mm) voneinander fallen. Der Drehungswinkel des Plattenhalters wird mittels Ablesemikroskopen an einem Präzisionskreis abgelesen. Für die Berechnung des Glanzwinkels wird eine Winkelkorrektion $\varDelta \varphi$ angebracht, die aus dem Abstand der beiden Linien auf der Platte und der Distanz Drehachse—photographische Platte leicht ermittelt werden kann.

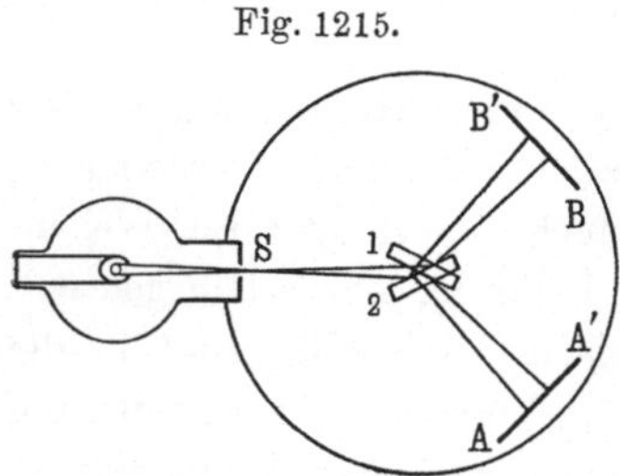

Fig. 1215.

Siegbahnsche Präzisionsmethode.

Eine sehr schöne Verwirklichung dieses Gedankens hat Siegbahn in seinem Vakuumspektrographen gegeben (Fig. 1216).

Dieser Spektrograph ist ein runder Messingkasten, der mit einem eingeschliffenen und mit Fett gedichteten Deckel verschlossen ist. Sowohl Kristalltisch, wie Plattenhalter können während des Betriebes gedreht werden. Durch den Boden sind zwei konzentrische Schliffe eingeführt. Der innere trägt den Kristalltisch, an seinem unteren Ende sitzt ein vierarmiges Kreuz mit ebenso vielen Nonien, deren Position auf einem einfachen Teilkreis grob abgelesen wird. Der äußere Konus trägt den Plattenhalter; seine Stellung wird auf einem Präzisionskreis, der fest mit diesem Konus verbunden ist, mit zwei Mikroskopen abgelesen. Siegbahn hat gezeigt, daß man in dieser Weise die Glanzwinkel mit einem wahrscheinlichen Fehler von höchstens $1''$ bestimmen kann.

Von größter Wichtigkeit ist dabei, daß die reflektierende Ebene des Kristalls genau durch die Drehachse des Kristalls geht. Um dies zu erreichen, sind von Siegbahn spezielle Vorsichtsmaßregeln getroffen. Der Kristalltisch,

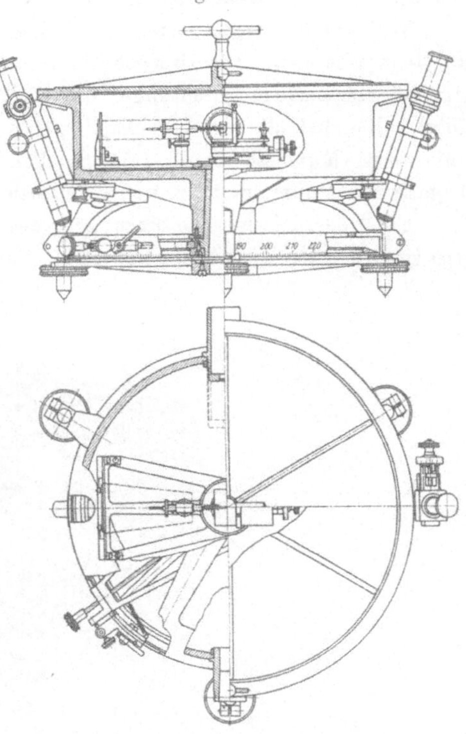

Fig. 1216.

Präzisionsvakuumspektrograph nach Siegbahn.

auf dem der Kristall montiert ist, ist um eine Horizontalachse drehbar und in einer Richtung senkrecht zur Vorderseite des Kristalls verschiebbar. Zuerst wird der Kristall mit seiner Vorderseite parallel zu der Drehachse gestellt, was in der üblichen Weise mit Skala und Fernrohr geschehen kann. Da der Kristall sich im Spektrographen befindet, wird ein planparalleler Glasstreifen, der aus dem Kasten herausragt, gegen den Kristall angedrückt. Kleine Fehler in dieser Parallelstellung (ebenso in der Parallelstellung des Spaltes mit der Drehachse) haben keinen großen Einfluß, wenn man nur dafür Sorge trägt, daß die Kristallvorderseite jedenfalls etwa in der Höhe der Horizontalebene, die durch Antikathodenfokus und Spaltmitte geht, genau mit dieser Drehachse zusammenfällt. Ferner hat man dann die Liniendistanz auf der photographischen Platte auch in derselben Höhe auszumessen. Für die Einstellung der Kristallmitte in die Drehungsachse hat Siegbahn einen kleinen Hilfsapparat konstruiert. Dieser wird an dem Plattenhalter befestigt und trägt eine mikrometrisch verstellbare Elfenbeinspitze, die unter einem Mikroskop genau in die Drehachse einjustiert wird. Wenn dies erreicht ist, läßt man den Kristall, der vorher etwas zurückgeschoben war, so weit vorwärts rücken, bis seine Vorderfläche gerade die Elfenbeinspitze berührt. Dies läßt sich sehr genau verwirklichen, da man im Mikroskop sowohl die Spitze, wie auch ihr Spiegelbild in der Vorderseite des Kristalls beobachtet. Man dreht die Mikrometerschraube so weit, bis die Spitze ihr Spiegelbild berührt [1].

Weiter hat man zu bedenken, daß die Linien etwas gekrümmt auf der Platte erscheinen. Die Ursache sieht man leicht ein, wenn man den Lauf der in verschiedenen Richtungen durch den Spalt kommenden Strahlen verfolgt. Man hat also den Maximal- bzw. Minimalabstand der zwei Linien auszumessen. (Maximalabstand, falls die oben besprochene Winkelkorrektion $\varDelta \varphi$ negativ ist, Minimaldistanz, wenn sie positiv ist.)

Eine der letzten Ausführungen des Siegbahnschen Vakuumspektrographen ist in Fig. 1217 dargestellt. Hier wurde besonders

Fig. 1217.

Siegbahnscher Vakuumspektrograph.   Der Deckel ist abgehoben.

darauf geachtet, den Antikathodenfokus möglichst nahe an den Spalt zu bringen. Der Vakuumkasten wurde dort, wo die Strahlung eintritt, abgeflacht. Es wird hier eine Kubusröntgenröhre verwendet (Fig. 1212). Der Abstand Spalt—Antikathodenfokus beträgt jetzt nicht mehr als 2,5 cm, so daß man eine sehr intensive Strahlung bekommt.

Doch scheint es uns, daß diesem Vorteil der letzten Ausführung einige nicht zu umgehende Nachteile entgegenstehen. Die Linienintensität hängt nicht so sehr von dem Abstand des Brennflecks bis zum Spalt ab, als vielmehr von dem Totalabstand bis zu der photographischen Platte, und bei dieser ziemlich großen Distanz macht es wenig aus, ob man den Brennfleck einige Zentimeter näher kommen läßt. Die totale Strahlungsmenge, die in den Spektrographen gelangt, nimmt aber umgekehrt mit dem Quadrat des Abstandes Brennfleck—Spalt zu. Die dadurch

---

[1] Eine sehr ausführliche Diskussion der Einjustierung und der Meßfehler findet man bei R. Thoraeus, Phil. Mag. 3, 1136, 1927.

erregte Streustrahlung, die man niemals ganz von der photographischen Platte fernhalten kann, wächst damit proportional. Sie verursacht eine Schwärzung der photographischen Platte, die speziell dann sehr störend wirkt, falls man mit sehr geringen Intensitätsunterschieden und langen Expositionen zu tun hat. Ein zweiter praktischer Nachteil ist der, daß es jetzt nicht mehr möglich ist, Expositionen bei sehr großem Glanzwinkel zu machen.

Jetzt, da fast in allen Bereichen des Röntgenspektrums Linien mit ziemlich großer und zum Teil mit sehr großer Genauigkeit bekannt sind, kann man in sehr vielen Fällen die Arbeit dadurch vereinfachen, daß man in dem zu untersuchenden Spektrum einige bekannten Linien mitphotographiert und die Lage der neuen Linien relativ zu den bekannten Linien ausmißt. Man kann sich für solche Zwecke mit einem viel einfacheren Apparat begnügen. Solche Apparate für Relativmessungen sind auch von Siegbahn konstruiert worden. Da sie hauptsächlich nach denselben Gesichtspunkten wie die Präzisionsapparate gebaut wurden (sie enthalten aber keinen Präzisionskreis und keine Ablesemikroskope), so kann eine nähere Beschreibung hier unterlassen werden.

In der letzten Zeit sind noch einige andere, von diesen mehr oder weniger abweichende Spektrographentypen von Siegbahn angegeben worden. Es kann hierfür auf die bezügliche Literatur [1]) hingewiesen werden. Von einem von Siegbahn konstruierten Spektrographen für sehr harte Strahlung wird noch weiter unten (siehe S. 2047) die Rede sein.

§ 17. Spektrographen mit photographischer Registrierung. Weitere Ausführungen. A. Die Schneidemethode.

Einige neue Prinzipien, die sich auch praktisch gut bewährt haben, wurden von Seemann [2]) in die Röntgenspektroskopie eingeführt. Erstens die „Schneidemethode", die es in anderer Weise ermöglicht, einen größeren Wellenlängenbereich auf die photographische abzubilden. Eine Metallschneide wird einem Kristall in kleinem Abstand gegenübergestellt (Fig. 1218). Dieser Abstand, vermehrt um die Eindringungstiefe der Strahlen im Kristall, bedingt die Linienbreite. Ein besonderer Spalt kann hier ganz entbehrt werden. Wünscht man einen

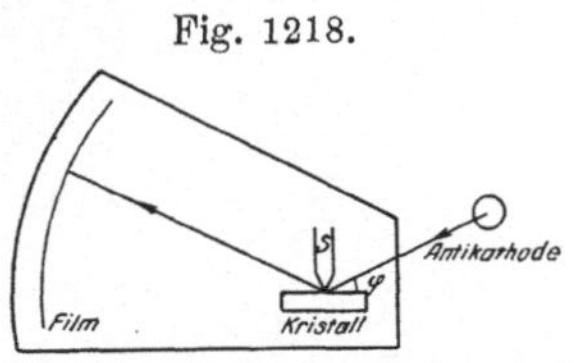

Seemanns Schneidemethode.

größeren Winkelbereich auf einmal aufzunehmen, so wird der ganze Spektrograph um die Schneide als Achse gedreht. Dasselbe hat G. Hertz [3]) dadurch erreicht, daß er einen linienförmigen Antikathodenfokus verwendete. Der Vorteil dieses Spektrographen besteht in der außerordentlichen Einfachheit der Ausführung. Als weiterer Vorteil kommt hinzu, daß das ganze Spektrum von demselben schmalen Kristallstück reflektiert wird. Ein Nachteil ist, daß etwaige Fehler dieses Stückchens nicht ausgeglichen werden und es also erwünscht ist, daß dieses Stückchen möglichst fehlerfrei ausgewählt wird.

---

[1]) M. Siegbahn u. R. Thoraeus, Journ. Optic. Soc. America **13**, 235, 1926; R. Thoraeus, Phil. Mag. **3**, 1136, 1927.
[2]) H. Seemann, Ann. d. Phys. **49**, 470, 1916; **51**, 391, 1916; Physik. Zeitschr. **20**, 51, 1919.
[3]) G. Hertz, Zeitschr. f. Phys. **3**, 19, 1920.

B. **Lochkameramethode.** Eine andere geistreiche Methode von Seemann, die von besonderer Bedeutung für die Spektroskopie der härteren Strahlen ist, erhellt aus Fig. 1219 (Lochkameramethode).

Hierbei wird der Spalt zwischen Kristall und photographische Platte gestellt. Die in verschiedenen Tiefen des Kristalls reflektierte und aus verschiedenen Punkten des Brennfleckes stammende Strahlung wird durch den Spalt gesammelt. Wie schon früher bemerkt wurde, findet bei vollkommenen Kristallen die Braggsche Reflexion schon in einer sehr dünnen Schicht des Kristalls statt. Bei natürlichen Kristallexemplaren jedoch kann besonders, wenn harte und sehr harte Strahlung verwendet wird, das Eindringen in den Kristall sich bemerkbar machen. In solchen Fällen gibt die Seemannsche Methode zu gleicher Zeit bei größerer Linienschärfe eine erhöhte Intensität. Ein solcher Spektrograph, der in der medizinischen Praxis Verwendung gefunden hat, ist in Fig. 1220 wiedergegeben.

Fig. 1219.

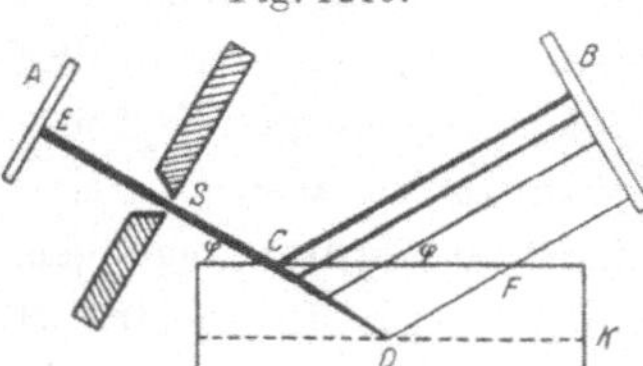

Seemanns Lochkameramethode.

Fig. 1220.

Spektrograph nach Seemann.

C. **Methode von Rutherford und Andrade**[1]. Rutherford und Andrade haben bei ihren Untersuchungen der γ-Strahlen radioaktiver Präparate eine neue Anordnung benutzt. Bei ihnen findet die Reflexion an einer inneren Kristallebene statt. Auch hier steht der Spalt hinter dem Kristall. Der Vorteil dieser Anordnung ist aus Fig. 1221 ersichtlich.

Man photographiert dabei auf einmal einen beträchtlichen Teil des Spektrums (es handelt sich hier natürlich nur um ganz kurze Wellenlängen).

---

[1] E. Rutherford und E. N. da C. Andrade, Phil. Mag. **28**, 263, 1914.

Man wird nicht von eventuellen Unebenheiten der Oberfläche, die natürlich gerade bei sehr kleinem Glanzwinkel eine große Rolle spielen, gestört. Auf der Platte entstehen Spektren, die zueinander spiegelbildlich sind. Aus der Lage zweier zugehöriger Linien und den Dimensionen des Apparates sind die Glanzwinkel leicht zu ermitteln.

Ein von Siegbahn nach analogen Prinzipien gebauter Spektrograph für ganz kurze Wellenlängen ist in Fig. 1222 schematisch abgebildet. Der ganze Apparat kann um den Spalt 1 als Achse gedreht werden. Durch den Spalt 2 hindurch wird die Platte einen Augenblick von direktem Röntgenlicht be-

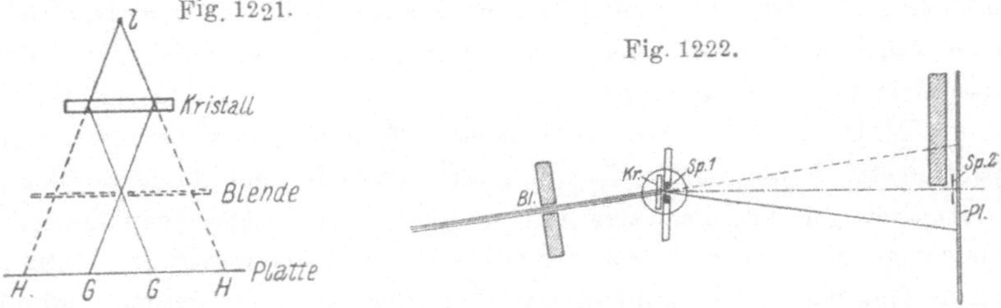

Methode von Rutherford   Spektrograph für kurze Wellenlängen
und Andrade.   nach Siegbahn.

leuchtet und in dieser Weise die Nullstelle markiert. Bei jeder Aufnahme werden zwei symmetrisch um die Nullage liegende Spektrallinien aufgenommen. Um alle fremde Strahlung so viel als möglich auszuschließen, ist der Apparat ganz mit Blei bekleidet. Weiter sind dicke einschiebbare Bleiblenden angebracht, um diejenigen Teile der Platte, die momentan nicht exponiert werden, vor Streustrahlung zu schützen.

§ 18. **Spektrographische Apparate mit Ionisationskammer. Braggsches Spektrometer.** Der Prototyp dieser Apparate ist das Braggsche Spektrometer, das der erste Apparat ist, mit dem die „Braggsche Reflexion" konstatiert und angewandt wurde. Eine schematische Darstellung der Braggschen Versuchsanordnung ist aus Fig. 1223 zu ersehen.

Es wird hier die streifend von der Antikathode ausgehende Strahlung benutzt. In dieser Richtung ist die Heterogenstrahlung ein Minimum. Die charakteristische Strahlung dagegen breitet sich nach allen Richtungen gleich stark aus und durch den streifenden Austritt hat man den Vorteil, daß die Wirkungen hintereinander gelegener Teile des Brennflecks sich addieren; ferner hat eine kleine Verschiebung des Brennflecks keinen Einfluß auf die richtige Einstellung. Der Kristall C ist auf einem Kristalltisch, der

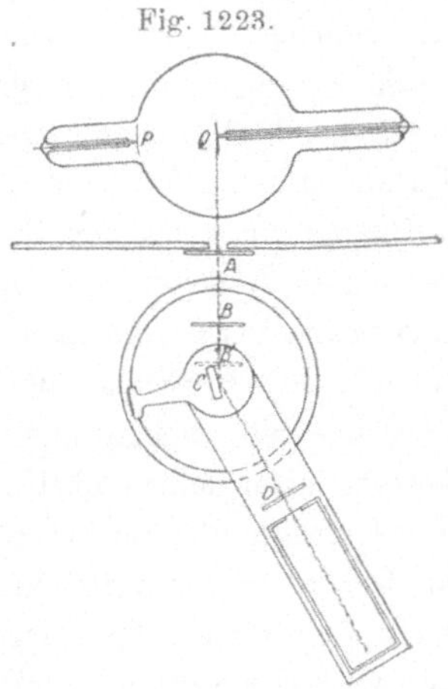

Braggsches Spektrometer.

um eine Achse drehbar ist, aufgestellt. Ein mit diesem Kristalltisch verbundener Arm trägt einen Nonius, dessen Stellung auf einer Kreisteilung abgelesen wird.

Um dieselbe Achse ist die Ionisationskammer drehbar, die während der Versuche mit der doppelten Winkelgeschwindigkeit wie der Kristall gedreht wird. Die Ionisationskammer ist ein geschlossener Bleizylinder von 15 cm Länge und 5 cm Durchmesser. Die Strahlung tritt durch ein mit Aluminiumblech geschlossenes Loch an einem Ende ein. Die Kammer wird mit einem Gas, das die Strahlung stark absorbiert, gefüllt (SO_2 oder noch besser Methylbromid). Das Gehäuse ist isoliert und wird mit einer Akkumulatorenbatterie auf 100 Volt geladen. Eine Innenelektrode ist so montiert, daß sie eben nicht von der einfallenden Strahlung getroffen wird. Diese Elektrode ist durch einen Bernsteinpfropfen mit einem dünnen Draht, der nach dem Elektrometer führt, verbunden. Das Spektrometer ist hauptsächlich für Kristalluntersuchungen benutzt worden.

A. H. Compton[1]) hat nach diesem Beispiel ein selbstregistrierendes Spektrometer konstruiert. Hier werden Kristall- und Ionisationskammer automatisch gedreht, die Kammer mit doppelter Winkelgeschwindigkeit. Die Ausschläge des Elektrometers werden photographisch registriert. Um möglichen fehlerhaften Identifikationen der Spektralbilder wegen zufälligen Schwankungen in der Röhre zu entgehen, wird die Totalintensität der Strahlung mittels einer ähnlichen Elektrometeranordnung mitregistriert.

Der Geigersche Spitzenzähler wurde bei der Registrierung von Röntgenstrahlen mit vielem Erfolg von Jönsson[2]) bei seinen Intensitätsmessungen benutzt.

6. Das charakteristische Spektrum.

§ 19. Allgemeine Eigenschaften des Emissionsspektrums. Bei der Besprechung der Arbeiten Barklas und Moseleys wurden schon einige Haupteigenschaften des Röntgenspektrums erwähnt. Es besteht zwar aus einer Anzahl scharfer Linien, wie die optischen Spektren, ist aber von diesen in mancher Hinsicht sehr verschieden. Im Gegensatz zu den optischen Spektren zeigen die Röntgenspektren der verschiedenen Elemente eine sehr weitgehende Analogie unter sich. Dieser Analogie hat man in der Nomenklatur dadurch Ausdruck gegeben, daß man die Röntgenlinien verschiedener Elemente mit denselben Buchstaben bezeichnet. Vor allem besteht die Einteilung in Liniengruppen oder Serien, die sich sowohl aus historischen wie aus phänomenologischen und theoretischen Gründen darbietet. Bis jetzt sind die K-, L-, M-Serien und gelegentlich einige Linien der N- und O-Serien experimentell nachgewiesen worden. Für die Linien innerhalb jeder Serie besteht leider keine einheitliche Bezeichnungsweise. Meistens werden sie näher durch griechische Buchstaben bezeichnet, die eventuell mit arabischen Ziffern als Indizes oder mit Strichen versehen sind. Keine dieser Bezeichnungsweisen kann sich rühmen, aus irgendwelchen logischen Gründen die vorteilhafteste zu sein. Wir werden im folgenden die Bezeichnungsweise der Siegbahnschen Schule benutzen, die jedenfalls einige praktische Vorteile besitzt.

---

[1]) A. H. Compton, Phys. Rev. **7**, 646, 1916.
[2]) A. Jönsson, Zeitschr. f. Phys. **36**, 426, 1926; **41**, 221 und 801, 1927.

Tabelle 3.

Zusammenstellung der verschiedenen Bezeichnungsweisen der Linien der K- und L-Serie.

Serie	K-Serie					L-Serie						
Systematische Bezeichnungsweise	KL_{II}	KL_{III}	KM_{II}	KM_{III}	KN_{II} KN_{III}	$L_I M_{II}$	$L_I M_{III}$	$L_I N_{II}$	$L_I N_{III}$	$L_I O_{II}$ $L_I O_{III}$	$L_{II} M_I$	$L_{II} M_{IV}$
Siegbahn . .	$K\alpha_2$	$K\alpha_1$	$K\beta_3$	$K\beta_1$	$K\beta_2$	$L\beta_4$	$L\beta_3$	$L\gamma_2$	$L\gamma_3$	$L\gamma_4$	$L\eta$	$L\beta_1$
Moseley-Sommerfeld	$K\alpha'$	$K\alpha$	$K\beta$	$K\beta'$	$K\gamma$	$L\varphi'$	$L\varphi$	$L\chi'$	$L\chi$	$L\psi$	$L\eta$	$L\beta$

Serie	L-Serie										
Systematische Bezeichnungsweise	$L_{II} N_I$	$L_{II} N_{III}$	$L_{II} O_I$	$L_{II} O_{IV}$	$L_{III} M_I$	$L_{III} M_V$	$L_{III} M_{IV}$	$L_{III} N_I$	$L_{III} N_{IV}$	$L_{III} O_I$	$L_{III} O_V$
Siegbahn . .	$L\gamma_5$	$L\gamma_1$	$L\gamma_8$	$L\gamma_6$	Ll	$L\alpha_1$	$L\alpha_2$	$L\beta_6$	$L\beta_2$	$L\beta_7$	$L\beta_5$
Moseley-Sommerfeld	$L\varkappa$	$L\delta$	—	$L\vartheta$	$L\varepsilon$	$L\alpha$	$L\alpha'$	$L\iota$	$L\gamma$	—	LS

In der Tabelle 3 wurden die verschiedenen Bezeichnungsweisen zusammengestellt. Von der in der ersten Zeile angegebenen systematischen Bezeichnungsweise wird später die Rede sein. Die Fig. 1224 gibt eine schematische Darstellung der Hauptlinien des K-, L- und M-Spektrums von Wolfram.

Die K-Serie ist jetzt systematisch verfolgt worden von U (etwa 0,1 Å.-E.) bis F (18,37 Å.-E.), die L-Serie von U (etwa 0,6 Å.-E.) bis Cr (etwa 21 Å.-E.), die M-Reihe von U (etwa 2,5 Å.-E.) bis Sm [etwa 11,5][1]). Den größten Teil der Meßergebnisse verdanken wir Siegbahn und seiner Schule; weiter liegen Messungen vor von verschiedenen amerikanischen Forschern (insbesondere von Duane und seinen Mitarbeitern), von de Broglie und Dauvillier und von Weber und Lang. Für Wellenlängentabellen usw. sei auf die diesbezügliche Literatur [2]) verwiesen.

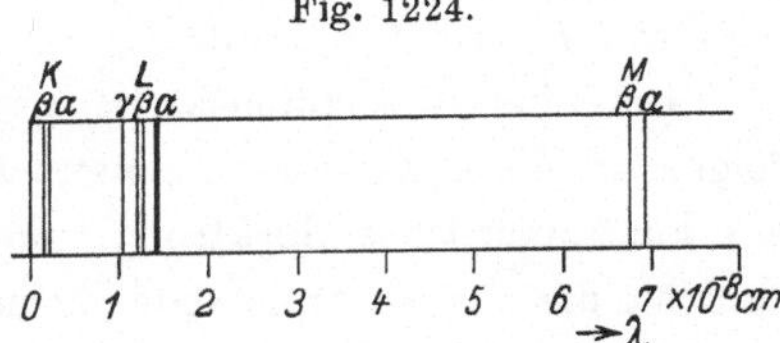

Schematische Darstellung des Röntgenspektrums von W nach Siegbahn.

Die oben besprochene weitgehende Analogie der Röntgenspektren verschiedener Elemente und ihre einfache Struktur erleichtert ihre Identifizierung in hohem Maße. Doch treten hier noch einige Komplikationen auf, die bis-

---

1) In jüngster Zeit hat die Spektroskopie auch in dem Wellenlängengebiet zwischen 20 Å und dem Millikanschen Ultraviolett, wo früher nur die in diesem Kapitel nicht besprochene Methode der kritischen Potentiale (Holweck) vorlag, große Fortschritte gemacht, teilweise durch die Benutzung von organischen Kristallen mit großen Gitterkonstanten (Dauvillier), teilweise durch die Methode der streifenden Inzidenz an optischen Gittern (Thibaud).

2) Siehe vor allem M. Siegbahn, Spektroskopie der Röntgenstrahlen, J. Springer, Berlin 1924, und den zusammenfassenden Bericht von A. E. Lindh, Physik. Zeitschr. **28**, 23 und 93, 1927.

weilen nicht genügend berücksichtigt worden sind. Erstens ergeben Verunreinigungen, die in ganz winzigen Mengen auf der Antikathode anwesend sind, alle ihr Spektrum; zweitens treten, wenn man, wie es meistens vorteilhaft ist, die Röntgenröhre mit ziemlich hoher Spannung betreibt, auch Spektren zweiter, dritter und noch höherer Ordnung auf. Sehr oft gibt es deshalb verschiedene Deutungsmöglichkeiten für die Linien, die systematisch nachgeprüft werden müssen, bevor man sich für eine Identifizierung entscheidet.

Hierbei hilft auch oft das typische Aussehen der Linien, ihre Schärfe und relative Intensität (siehe S. 2067) und die Satelliten, die sie unter Umständen mit sich führen (siehe S. 2064).

§ 20. Das Absorptionsspektrum. Ein weiterer großer Unterschied zwischen Röntgenserien und optischen Serien zeigt sich in ihrem Verhalten bezüglich der Emission und Absorption. Bei den optischen Serien ist ein Teil Linien auch in Absorption zu beobachten. Diese Absorptionslinien bilden eine Serie, an deren kurzwellige Grenze (Serienende) sich ein Gebiet kontinuierlicher Absorption anschließt. Im Röntgenspektrum kommen die Emissionslinien nicht in Absorption vor, man hat hier nur mit der kontinuierlichen Absorption zu tun, welche bei einer bestimmten Wellenlänge scharf einsetzt und sich nach kürzeren Wellenlängen fortsetzt. Die langwellige Grenze des Absorptionsgebiets nennt man die Absorptionsgrenze oder die Absorptionskante; je nachdem sie in der K-, L- usw. Serie auftritt, spricht man von K-, L- usw. Kante.

Um eine Absorptionskante photographisch zu erhalten, kann man in folgender Weise verfahren. Man entwirft auf der photographischen Platte ein kontinuierliches Spektrum, während in den Strahlengang eine dünne Schicht, die das absorbierende Element enthält, eingeschaltet ist. Falls man es mit geeigneten Metallen zu tun hat, kann man sie in Form eines sehr dünnen Bleches verwenden, wie es Wagner in seinen ersten Versuchen gemacht hat. Im allgemeinen aber nimmt man eine feste Verbindung des betreffenden Elements, die man sehr fein pulverisiert und in sehr dünnes, möglichst aschefreies Papier (Seidenpapier) einreibt. Statt dessen kann man eventuell auch eine Lösung der zu benutzenden Substanz herstellen und das Papier damit tränken. Nach einigen vorläufigen Versuchen ist man bald über die zu benutzende Dicke der Absorptionsschicht orientiert. Bei der Wellenlänge, wo in der Schicht die erhöhte Absorption einsetzt, nimmt die Schwärzung der photographischen Platte sprunghaft ab, weil weniger Strahlung die Platte erreicht. Man bekommt in dieser Weise auf der Platte eine Kante, die an der kurzwelligen Seite scharf begrenzt ist [s. Fig. 1225][1].

Das umgekehrte Phänomen erhält man, falls das absorbierende Element nicht in einer Schicht vor die Platte gebracht ist, sondern in der Platte selbst anwesend ist (Brom und Silber des Silberkornes). Eine erhöhte Absorption bedeutet in diesem Falle größere Wirksamkeit der Strahlung,

---

[1]) Mit freundl. Erlaubnis des Verlages Julius Springer, Berlin, nach Zeitschr. f. Phys. Bd. 3.

also größere Schwärzung; man bekommt in diesem Spezialfall eine Kante, die auf ihrer langwelligen Seite scharf begrenzt ist[1]).

Eine sehr schöne Kante bekommt man auch, falls das absorbierende Element einen Teil des analysierenden Kristalls ausmacht. In dieser Weise sind die K-Kanten des Ca (Kalkspat) und des S (Gips) von einigen Verfassern bestimmt worden[2]). Bei günstigen Bedingungen kann man auch die Absorptionskanten erhalten, wenn das absorbierende Element sich in einer dünnen Schicht auf der Antikathode befindet[3]). Es wird dann das kontinuierliche Röntgenlicht der Antikathode wiederum in dem auf der Antikathode befindlichen Präparat absorbiert. Es entsteht aber zu gleicher Zeit das Emissionsspektrum desselben Elementes; eine scharfe Kante wird man also nur erhalten, falls nicht, wie es oft der Fall ist, eine Emissionslinie gerade in der unmittelbaren Nähe der Kante liegt.

Was die Lage der Absorptionskante betrifft, hat sie immer eine etwas kleinere Wellenlänge als die härteste Linie der zugehörigen Liniengruppe im Emissionsgebiet. In der K-Serie gibt es eine Kante, ihre Wellenlänge ist etwas kleiner als die der härtesten K-Linie $K\beta_2$. Im L-Gebiet liegen die Verhältnisse verwickelter. Hier gibt es, wie de Broglie[4]) zum ersten Male zeigte, drei Absorptionskanten. Jede dieser Kanten ist mit einer der drei Liniengruppen der L-Serie (s. S. 2056, Fig. 1226) in der Weise gekoppelt, daß ihre Wellenlänge immer kleiner ist als die der härtesten Linie der zugehörigen Gruppe. In der M-Serie gibt es, wie Coster[5]) zeigte, fünf Absorptionskanten, zu denen man auch, ganz analog zu den Verhältnissen bei der K-Kante, fünf Gruppen von Emissionslinien anzunehmen hat. Man hat Anlaß zu vermuten, daß es in der N-Serie sieben Absorptionskanten gibt, bis jetzt ist aber keine dieser Kanten für irgend ein Element

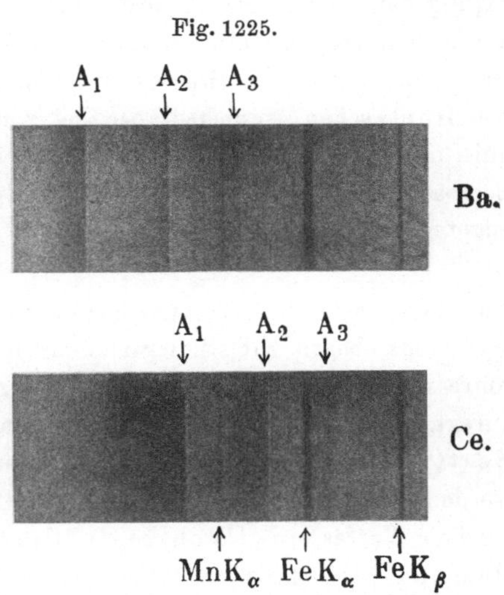

Fig. 1225.

Die drei L-Kanten des Ba und des Ce nach Hertz.

---

[1]) Gerade in dieser Weise bekam de Broglie zum ersten Male die K-Kanten des Ag und des Br, als er das kontinuierliche Spektrum einer Röntgenröhre aufnahm. Er deutete jedoch die Kanten irrtümlich als Bandenspektren im Röntgengebiet; die richtige Deutung wurde von Bragg und unabhängig von Siegbahn vorgeschlagen.

[2]) Vergleiche auch W. Kossel (Zeitschr. f. Phys. **23**, 278, 1924), der eine von Duane beobachtete merkwürdige Erscheinung an Jodkristallen zum größten Teil auf diese innere Absorption in Kristallen zurückführen will.

[3]) Siehe D. Coster, Phil. Mag. **43**, 1070, 1922; M. de Broglie und A. Dauvillier, C. R. **174**, 1546, 1922.

[4]) M. de Broglie, C. R. **163**, 354, 1916.

[5]) D. Coster, Phys. Rev. **19**, 20, 1922.

registriert worden. Die K-Kanten der meisten Elemente des periodischen Systems sind von verschiedenen Autoren mehr oder weniger genau ausgemessen worden, die L-Kanten für die meisten Elemente schwerer als Se; die M-Kanten von Stenström, Coster, Ross und Zumstein nur für W, Bi, Th und U. Für numerische Daten sei auch hier auf die Literatur verwiesen[1]). Weiteres über die Absorptionsphänomene im Röntgengebiet siehe § 40.

§ 21. Die Erregungsbedingungen der Röntgenserien.

Wie schon auf S. 2027 erwähnt wurde, zeigten die Versuche Barklas, daß für die Erregung der charakteristischen Strahlung eines Elements als Sekundärstrahlung die zu benutzende Primärstrahlung wenigstens etwas härter sein muß, als die zu erregende charakteristische Strahlung. Aus den Franck- und Hertzschen Versuchen über Elektronenstoß wissen wir, daß eine Spektrallinie, die durch Licht einer gewissen Frequenz v anzuregen ist, auch durch Bombardement mit Elektronen, die den Spannungsabfall V durchlaufen haben, angeregt werden kann, wo

$$h v = e V.$$

Man kann also die Erregungsbedingungen des charakteristischen Röntgenspektrums ebenso gut studieren, wenn man dieses Spektrum in einer Röntgenröhre durch Kathodenstrahlen von sukzessiv verschiedener Geschwindigkeit anregt. Versuche solcher Art sind schon früh von Whiddington[2]) und Beatty[3]) mit einem magnetisch zerlegten Kathodenstrahlbündel gemacht worden. Eingehend wurden die Verhältnisse aber erst von einigen amerikanischen Verfassern [Webster[4]), Clark[5]), Wooten[6]), Hoyt[7]), Ross[8])] studiert. Als Registriermethode wurde meistens die Ionisationsmethode benutzt, die den Vorteil eines leichten Intensitätsvergleichs hat.

Die Ergebnisse, zu denen diese Forscher kamen, sind kurz folgende. Das charakteristische K-Spektrum wird erst ausgesandt, wenn die Spannung einen gewissen Schwellwert erreicht hat. Dieser Schwellwert der Spannung V genügt der Einsteinschen Gleichung $h v = e V$, wo v die Frequenz der K-Absorptionskante ist. Es entstehen bei Erreichung dieses Schwellwertes auf einmal alle Linien der K-Serie, bei weiterer Steigerung der Spannung bleibt das Intensitätsverhältnis dieser Linien ungeändert. In der L-Serie gilt mutatis mutandis dasselbe für die drei Liniengruppen und die zugehörigen Absorptionskanten (siehe S. 2051). Erwähnt seien hier vor allem die interessanten Versuche von Hoyt und die von Ross; beide arbeiteten nach der photographischen Methode. Es gelang Hoyt, die drei verschiedenen Liniengruppen des L-Spektrums des Pt bei ver-

---

[1]) Siehe vor allem M. Siegbahn, Spektroskopie der Röntgenstrahlen. J. Springer, Berlin 1924.
[2]) R. Whiddington, Proc. Roy. Soc. (A) **85** 323, 1911.
[3]) R. T. Beatty, ebenda **87**, 511, 1912.
[4]) D. L. Webster, Phys. Rev. **7**, 599, 1916.
[5]) D. L. Webster und H. Clark, Proc. Nat. Ac. Sc. **3**, 181, 1917.
[6]) B. A. Wooten, Phys. Rev. **13**, 71, 1919.
[7]) F. C. Hoyt, Proc. Nat. Ac. Sc. **6**, 639, 1920.
[8]) P. A. Ross, Phys. Rev. **22**, 221, 1923.

schiedener Spannung sukzessive entstehen zu lassen und in dieser Weise die
Gruppenzugehörigkeit der Linien (mit Ausnahme der schwächeren) festzustellen. Besonders schöne Aufnahmen des M-Spektrums von Thorium sind
von Ross bei verschiedenen Spannungen gemacht worden. Es gelang ihm, in
sehr überzeugender Weise experimentell zu zeigen, daß die Emissionslinien
der M-Serie in fünf Gruppen zerfallen. Jede Gruppe hat ihre eigene kritische
Erregungsspannung, die mit der korrespondierenden Absorptionskante nach
der Einsteinschen Beziehung zusammenhängt.

Solange die benutzte Spannung V höher ist als die kritische Erregungsspannung V_{min}, gilt für die Linienintensität in ihrer Abhängigkeit von V
näherungsweise:

$$J = const\,(V - V_{min})^m \quad\ldots\ldots\ldots\ldots\ldots (5)$$

m liegt zwischen 3/2 und 2. Eine solche Abhängigkeit wurde von Webster
und Clark für die $L\alpha$-Linie von Pt gefunden und von Wooten für die
$K\alpha$-Linie von Mo und Pd [1]).

7. Atomtheorie und Röntgenspektren.

§ 22. Die Spektralterme in den Röntgenspektren. Nach der
Bohrschen Theorie der Strahlung ist die Aussendung einer Spektrallinie
verknüpft mit dem Übergang zwischen zwei stationären Zuständen des Atoms;
die ausgesandte Frequenz läßt sich als Differenz zweier Terme darstellen:

$$v = \frac{E'}{h} - \frac{E''}{h} \quad\ldots\ldots\ldots\ldots\ldots (6)$$

h ist die Plancksche Konstante, E' und E'' sind die Energien in den beiden
stationären Zuständen, E' diejenige in dem „Anfangszustand", E'' diejenige
im „Endzustand".

Es war nun die Aufgabe der Röntgenspektroskopiker, gerade wie
die der Spektroskopiker im optischen Gebiet, nicht bei der Messung der
Wellenlängen und der Berechnung der Frequenzen der Spektrallinien stehen
zu bleiben, sondern die Spektralterme, d. h. die durch h dividierten Energien
der stationären Zustände des Atoms zu ermitteln. Wir können heute diese
Aufgabe der Röntgenspektroskopie der Hauptsache nach als gelöst betrachten.

Die gemessenen Spektrallinien selber geben uns nur die Differenzen je
zweier Spektralterme, und es gehören noch gewisse theoretische Überlegungen
dazu, um aus diesen Frequenzen die Terme zu bestimmen.

Den ersten Anstoß dazu hat Kossel [2]) gegeben. Kossel nahm an, daß
die Elektronen des Atoms sich in Gruppen oder Schalen um den Kern
herum befinden, die eine Schale außerhalb der anderen. Die erste Schale
vom Kern aus gerechnet nannte Kossel, anknüpfend an die Bezeichnungsweise der verschiedenen Röntgenserien, die K-Schale, die folgende die
L-Schale, dann kommt die M-Schale usw.

---

[1]) Siehe auch S. Rosseland (Phil. Mag. **45**, 65, 1923). Hier sind einige theoretische
Betrachtungen über die Intensität des charakteristischen Röntgenspektrums im Zusammenhang mit der Ionisation im Atominnern durch schnelle Elektronen angestellt.
[2]) W. Kossel, Verh. d. D. Phys. Ges. **16**, 953, 1914.

Wenn ein Elektron aus der K-Schale auf irgend eine Weise entfernt worden ist, wird der leere Platz in der K-Schale von einem Elektron einer mehr nach außen befindlichen Schale eingenommen. Bei diesem Übergang des Elektrons in die K-Schale wird eine K-Linie ausgesandt. Stammt das Elektron aus der L-Schale, so ist die ausgesandte Linie die $K\alpha$-Linie, stammt es aus der M-Schale, so wird die $K\beta_1$ ausgesandt. Fehlt nun ein Elektron in der L-Schale, so wird ein Elektron einer der äußeren Schalen in diesen leeren Platz der L-Schale hineinfallen, es wird dabei eine L-Linie ausgestrahlt werden, und zwar, je nachdem das Elektron aus der M-, N- usw. Schale stammt, jedesmal eine andere Linie des L-Spektrums. Weiter wies Kossel darauf hin, daß man in derselben Weise weitergehend noch ein M- usw. Spektrum erwarten kann; diese werden entstehen, falls ein Elektron in der M- usw. Schale fehlt.

Um ein Elektron aus der K-Schale ganz vom Atom zu entfernen, ist eine Energie von der Größe $h\nu_K$ erforderlich, wobei unter ν_K die Frequenz der K-Kante zu verstehen ist. Man begreift in dieser Weise die Absorptionsphänomene im Röntgenspektrum insofern, als beim Überschreiten einer gewissen Frequenz, z. B. ν_K (Frequenz der K-Kante), die Strahlung sprunghaft stärker absorbiert wird. Es ist beim Überschreiten dieser Frequenz eine neue Möglichkeit für die Absorption der Strahlung hinzugekommen, nämlich in der Weise, daß bei der Absorption jetzt ein K-Elektron ins Unendliche versetzt wird. Ist die absorbierte Frequenz größer als die der Kante, so gelangt das Elektron noch mit einer gewissen Geschwindigkeit ins Unendliche.

§ 23. Unterschied zwischen Emissions- und Absorptionsspektrum. Bedeutung der Röntgenterme.

Von Kossel wurde in seiner ersten Arbeit noch die Möglichkeit einer Linienabsorption in den Röntgenspektren offen gelassen. Bohr[1]) betonte aber, daß, wenn die M-, L- usw. Schale völlig besetzt ist, ein K-Elektron weder durch Absorption einer gewissen Frequenz, noch durch Elektronenstoß in die L-, M-Schalen übergeführt werden kann. Für die Erregung des K-Spektrums ist es unbedingt nötig, daß erst ein K-Elektron ganz aus dem Atom entfernt worden ist. Durch diese Annahme lassen sich die Erregungsbedingungen der Röntgenspektren (siehe § 21) in einfacher Weise erklären und man versteht, weshalb die Emissionslinien in der Absorption nicht auftreten.

Das Bild, das man so von den Röntgenspektren bekommen hatte, war ein ziemlich einfaches. Die stationären Zustände des Atoms, die in den Röntgenspektren zutage treten, sind solche Zustände, bei denen im Innern des Atoms ein Elektron fehlt. Die Energie dieser stationären Zustände, je nachdem ein Elektron in der K-, L-, M-Schale fehlt, dividiert durch die Plancksche Konstante, nennt man K-, L-, M-Term. Die Frequenzen der Absorptionskanten geben uns unmittelbar die Termwerte selbst, die Frequenz einer Emissionslinie hingegen ist gleich der

---

[1]) N. Bohr, Phil. Mag. **30**, 394, 1915.

Differenz zweier Terme, oder, wie man ebensogut sagen kann, gleich der Differenz zweier Absorptionskantenfrequenzen. Das Problem könnte nun überaus einfach erscheinen, denn man hätte nur die verschiedenen Absorptionskanten zu bestimmen, um damit zugleich die Röntgenterme zu erhalten. Die Absorptionskanten sind aber mit Ausnahme der Kanten im K- und L-Gebiet und für einige der schwersten Elemente im M-Gebiet nicht leicht zu erhalten und waren damals auch im K-, L- und M-Gebiet ganz ungenügend bekannt.

§ 24. Das Röntgenniveauschema. Statt nun aber die Systematik der Röntgenspektren in ihrer weiteren historischen Entwicklung, zu der vor allem Sommerfeld[1]), Kossel[2]), Smekal[3]), Coster[4]) und Wentzel[5]) beigetragen haben, zu skizzieren, scheint es uns zweckmäßiger, das Resultat, zu dem diese Forscher schließlich kamen, hier mitzuteilen.

Wie schon am Anfang dieses Kapitels gesagt wurde, ist es gelungen, ein widerspruchsfreies Term- (oder Niveau-) Schema aufzustellen, in dem die übergroße Mehrzahl der bekannten Röntgenlinien ihren Platz finden. Dieses Schema besteht für die schwersten Elemente aus 1 K-, 3 L-, 5 M-, 7 N- und weiter noch eine Anzahl O- und P-Terme. Für leichtere Elemente fallen die höheren Niveaus allmählich aus. Fig. 1226 gibt das Term- oder Niveauschema, wie man es für das Edelgas Emanation (86) anzunehmen hat. Die horizontalen Geraden geben die verschiedenen Niveaus (die Distanzen sind nicht im Maßstab eingezeichnet!) oder Terme an, während die vertikalen Pfeile die möglichen Übergänge, mit denen die Aussendung der betreffenden Spektrallinien verknüpft ist, darstellen[6]). Nur solche Linien, die auch wirklich für Elemente in der Umgebung des Edelgases Em gemessen sind, wurden in das Schema eingetragen. Die verschiedenen Niveaus sind charakterisiert durch Zahlensymbole der Form $n_{k,j}$. Die Übergänge zwischen den Niveaus (und also das Auftreten der damit verknüpften Spektrallinien) sind folgenden Bedingungen („Auswahlregel") unterworfen[7]):

1. k ändert sich um eine Einheit.

2. j ändert sich um eine Einheit oder bleibt konstant.

3. n kann nicht konstant bleiben.

Oder in Zahlensymbolen:

$$k \begin{cases} \nearrow k+1 \\ \searrow k-1 \end{cases}, \qquad j \begin{cases} j+1 \\ - j \\ j-1 \end{cases}, \qquad \varDelta n \neq 0.$$

---

1) A. Sommerfeld, Ann. d. Phys. **51**, 125, 1916.
2) W. Kossel, Verh. d. D. Phys. Ges. **18**, 339, 1916; Zeitschr. f. Phys. **1**, 119, 1920.
3) A. Smekal, Zeitschr. f. Phys. **5**, 91, 139, 1921; **6**, 185, 1921.|
4) D. Coster, ebenda **4**, 178, 1920; **5**, 139, 1921; **6**, 185, 1921.
5) G. Wentzel, ebenda **6**, 84, 1921.
6) Aus dieser Figur erhellt die Bedeutung der systematischen Bezeichnungsweise der Tabelle 3, S. 2049.
7) Die erste und zweite Regel kennen wir auch im optischen Gebiet, die dritte Regel hingegen nicht. Im Gegenteil sind uns sehr starke Linien bekannt (z. B. erste Linie der Hauptserie der Alkalimetalle), bei deren Aussendung n sich nicht ändert.

Wie wir aus der Fig. 1226 sehen, genügen alle eingetragenen Linien den drei Auswahlregeln [1]. Weiter kommen auch fast ausnahmslos alle Spektrallinien, die nach obigen Regeln möglich sind, im Schema vor. Was die letzte Be-

Fig. 1226.

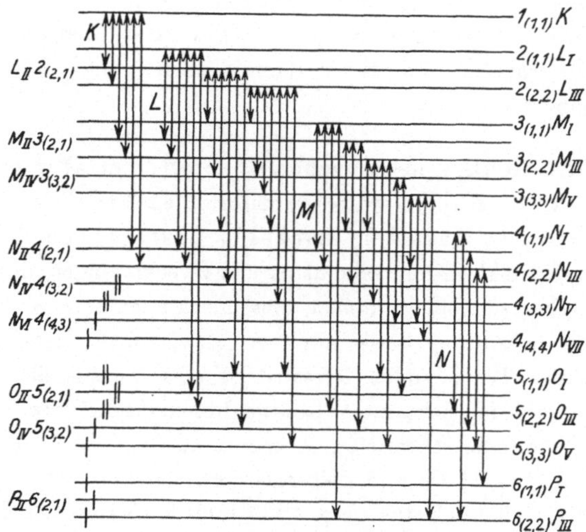

Niveauschema für das Element Emanation (86).

hauptung betrifft, sind Ausnahmen nur bei Kombinationen mit O- und P-Niveaus zu finden, wo ihr Ausbleiben aus experimentellen Schwierigkeiten leicht zu erklären ist.

Wenn nun die Röntgenlinien und ein gewisser Teil der Absorptionskanten ausgemessen sind, kann man mit Hilfe der Kombinationsregeln, welche sich aus dem Niveauschema Fig. 1226 leicht ergeben, die verschiedenen Röntgenterme (oder anders gesagt, Röntgenniveaus) berechnen.

Diese Terme sind in der Tabelle 4 (S. 2058 und 2059) zusammengestellt. Sie sind in Vielfachen der Rydbergschen Konstanten R (auf S. 2033 mit ν_0 bezeichnet) ausgedrückt. Für ihre Berechnung wurden, mit wenigen Ausnahmen, die Arbeiten der Siegbahnschen Schule benutzt.

§ 25. „Relativistische" und „Abschirmungsdubletts".

Die aufeinanderfolgenden Niveaus mit derselben Quantenzahl n lassen sich in zwei verschiedenen Weisen in Niveaupaare („Dubletts"), die prinzipiell verschiedene Eigenschaften zeigen, einordnen. Betrachten wir zuerst die Niveaus mit denselben n und k und um 1 verschiedenen j (die Niveaupaare $L_{II} - L_{III}$, $M_{II} - M_{III}$, $M_{IV} - M_V$ usw.). Diese bilden sogenannte „Relativitätsdubletts", d. h. die Energiedifferenzen $L_{II} - L_{III}$, $M_{II} - M_{III}$ usw. lassen sich formal genau (auch was den Zahlenfaktor betrifft!) mit Hilfe der

---

[1] Es sind aber für die schwersten Elemente einige sehr schwache Linien beobachtet worden, welche die Regel 1 und 2 verletzen (Siehe z. B. D. Coster, Zeitschr. f. Phys. **6**, 185, 1921.) Obgleich mehrfach danach gesucht wurde, ist niemals eine Linie, welche die dritte Regel verletzt, gefunden worden.

Sommerfeldschen Formel für die relativistische Feinstruktur darstellen[1]), sie wachsen also in erster Annäherung proportional mit der vierten Potenz der effektiven Kernladungszahl. Man hat dann die Zahl j (und nicht k) als Sommerfelds azimutale Quantenzahl aufzufassen. Als „effektive Kernladungszahl" hat man die wirkliche Kernladungszahl vermindert um eine für alle Elemente konstante Zahl („Abschirmungszahl") einzusetzen. Diese Abschirmungszahlen[2]) der verschiedenen Relativitätsdubletts sind in der Tabelle 5 vereinigt.

Tabelle 5.
Abschirmungszahlen der Relativitätsdubletts.

Relativitätsdublett	$L_{II}-L_{III}$	$M_{II}-M_{III}$	$M_{IV}-M_V$	$N_{II}-N_{III}$	$N_{IV}-N_V$	$N_{VI}-N_{VII}$
Quantenzahlen .	2_1-2_2	3_1-3_2	3_2-3_3	4_1-4_2	4_2-4_3	4_3-4_4
Abschirmungs- konstante . .	3,5	8,5	13,2	17	24	33

Die Niveaupaare mit denselben Werten für n und j und um 1 verschiedenen k ($L_I - L_{II}$, $M_I - M_{II}$, $M_{III} - M_{IV}$ usw.) bilden sogenannte „Abschirmungsdubletts", d. h. die Energiedifferenzen $L_I - L_{II}$, $M_I - M_{II}$ usw. wachsen linear mit der Kernladungszahl[3]), wie man dies erwarten würde, wenn diese Energiedifferenzen nur durch eine verschiedene Abschirmung der übrigen Elektronen auf das betrachtete Elektron verursacht würden.

§ 26. Vergleich mit der Bohrschen Theorie des Atombaues.

Wir werden jetzt zu einem Vergleich der Ergebnisse der Röntgenspektroskopie mit der Bohrschen Theorie des Atombaues übergehen. In Tabelle 6 ist die Bohr-Stonersche Gruppeneinteilung der Elektronen im Atom für verschiedene Elemente gegeben. Die Untergruppen von Elektronen sind durch die üblichen Quantensymbole n_k (oberste Zeile) charakterisiert, n ist die Hauptquantenzahl, k ist die azimutale Quantenzahl. Die Niveaus der Fig. 1226 sind durch dieselben Quantenzahlen charakterisiert, eine Komplikation entsteht aber dadurch, daß bei den Niveaus noch eine weitere Quantenzahl j hinzukommt. Wir möchten nun erst auf folgenden Umstand hinweisen: wenn man sich aus dem Niveauschema der Fig. 1226 alle Niveaus, für die k und j verschiedene Werte haben, entfernt denkt, so bekäme man ein Niveauschema, wie man es zunächst vielleicht erwartet hätte. In diesem vereinfachten Niveauschema ist die Differenz zwischen aufeinanderfolgenden Niveaus mit

---

[1]) Daß die Energiedifferenz $L_{II} - L_{III}$ sich als relativistisches Dublett darstellen läßt, wurde von Sommerfeld schon in seiner bekannten Arbeit (Ann. d. Phys. **51**, 125, 1916) gezeigt, wo Sommerfeld auch die Zuordnung vieler L-Linien zu diesen beiden Niveaus gab.

[2]) Für eine eingehende Diskussion der Relativitätsdubletts und Abschirmungszahlen siehe G. Wentzel, Zeitschr. f. Phys. **16**, 46, 1922.

[3]) Daß es Niveaus gibt, die ein „Abschirmungsdublett" bilden, wurde zum ersten Male von Hertz in dem Falle des $L_I - L_{II}$-Dubletts gezeigt (G. Hertz, Zeitschr. f. Phys. **3**, 19, 1920).

Tabelle 4.
Röntgenniveauwerte (ν/R).

Element	K	L_I	L_{II}	L_{III}	M_I	M_{II}	M_{III}	M_{IV}	M_V	N_I	N_{II}	N_{III}	N_{IV}	N_V	N_{VI}	N_{VII}	O_I	O_{II}	O_{III}	O_{IV}	O_V	P_I	$P_{II, III}$
92 U	8477	1603,5	1543,1	1264,3	408,9	382,1	317,2	274,0	261,0	106,6	95,7	77,1	56,3	53,6	28,4	27,6	23,9	18,2	11,9	8,6	6,0	2,7	1,8
90 Th	8057	1509,7	1451,5	1200,6	381,6	354,4	298,0	256,6	244,9	98,6	90,2	70,2	51,2	48,7	24,8	24,1	19,8	16,2	—	5,6	4,9	0,9	1,6
83 Bi	6642	1207,9	1159,4	990,0	295,9	273,6	234,0	199,4	191,4	71,0	58,7	50,3	35,7	33,7	13,6	13,0	—	10,2	8,0	2,0		—	0,1
82 Pb	6463	1169,3	1121,9	960,5	283,8	262,3	226,0	190,5	183,0	66,0	55,4	49,3	32,2	30,5	10,8	10,3	10,3	8,0	6,4	0,8		—	—
81 Tl	6293	1132,4	1084,2	933,2	273,9	253,3	219,2	184,8	176,8	63,7	53,6	44,9	30,6	29,0	10,0	9,6	10,6	9,1	7,4	1,7		—	—
80 Hg	6112	1094,6	1048,6	906,1	263,6	242,3	210,3	176,8	170,3	59,8	50,0	42,6	28,8	27,0	—	—	8,7	4,7		4,0	0,9	—	—
79 Au	5941	1060,2	1014,4	878,5	252,9	235,1	202,8	169,3	163,0	58,0	49,1	42,8	26,4	25,0	6,4		7,8	8,3		0,8		—	—
78 Pt	5764	1026,8	978,7	852,0	243,8	227,3	195,0	164,5	158,9	52,5	48,7	42,3	24,5	23,2	—	8,1	7,1	8,6		0,4		—	—
77 Ir	5601	988,0	947,4	828,7	—	213,4	187,9	158,4	152,9	51,0	42,4	35,4	25,4	24,3	—	7,1	—	—		1,8	2,5	—	—
76 Os	5414	954,8	915,3	803,6	225,7	206,5	181,3	152,5	147,1	47,3	—	—	24,1	23,0	—	6,5	—	—		4,0		—	—
74 W	5117	893,0	850,6	752,1	208,1	191,3	169,8	138,3	133,7	44,1	38,0	33,0	18,8	18,4	5,7	5,2	5,7	5,2		—	—	—	—
73 Ta	4963	862,2	820,8	728,0	199,5	183,2	162,9	132,2	127,8	41,2	35,3	30,9	17,8	16,6	2,2	1,9	4,7	4,4		—	—	—	—
72 Hf	4793	832,0	791,3	704,5	191,8	175,9	156,9	126,6	122,6	40,0	34,0	29,8	16,8	16,0	1,3		4,8	4,3		—	—	—	—
71 Cp	4670	802,6	762,9	681,2	183,8	168,6	150,9	120,9	117,2	36,9	32,5	28,7	16,1	14,7	0,8		4,2	4,0		—	—	—	—
70 Yb	4520	774,6	735,4	659,2	177,1	162,2	145,8	116,4	112,8	36,2	31,0	27,5	14,9	14,2	0,6	0,9	—	3,6		—	—	—	—
69 Tm	4370	746,8	708,8	637,3	170,3	155,5	140,2	111,7	108,4	34,4	30,0	26,6	14,5	13,2	0,5	0,9	1,0[1]	—	3,8		—	—	—	—
68 Er	—	719,6	682,6	615,9	163,6	148,8	134,7	107,2	104,0	33,1	28,4	24,9	13,7	12,6	0,3	0,7	0,9	3,9	3,9		—	—	—	—
67 Ho	4093,1	693,2	657,1	594,7	157,1	142,7	129,3	102,7	99,8	31,8	26,9	23,8	12,8	12,0	0,1	0,6	0,8	—	2,7		—	—	—	—
66 Dy	3972	667,7	632,2	574,2	151,2	136,9	124,5	98,5	95,8	31,0	26,1	23,2	12,2	11,6	0,2	0,5	0,8	3,1	3,2		—	—	—	—
65 Tb	—	642,6	608,3	553,9	145,0	131,0	119,6	94,2	91,6	29,4	24,3	22,0	11,4	11,1	0,2	0,6	1,0	3,5	2,6		—	—	—	—
64 Gd	3712	618,2	584,6	533,9	139,0	125,5	115,0	90,0	87,7	28,6	23,0	21,0	11,0	10,8	0,1	0,3	0,8	4,0	3,3		—	—	—	—
63 Eu	3583	594,3	561,5	514,4	133,1	120,2	110,3	86,0	83,8	27,2	22,6	20,4	10,7	10,4	0,3	0,7	1,0	3,6	2,9		—	—	—	—
62 Sm	3457	571,2	538,9	495,0	127,2	114,7	105,8	81,9	79,9	25,9	20,9	19,5	10,0	9,8	0,1	0,3	0,8	3,1	2,8		—	—	—	—
60 Nd	3202,1	526,2	495,5	457,8	116,5	104,8	96,8	74,2	72,5	23,7	19,2	17,8	9,2	9,2	—	—	—	3,1	2,7		—	—	—	—
59 Pr	3093	504,3	474,6	439,6	111,6	99,3	92,4	70,3	68,9	22,7	18,3	16,9	8,9	8,7	—	—	—	3,1	2,3		—	—	—	—
58 Ce	2975,5	483,3	454,1	421,9	106,2	94,6	88,1	66,7	65,4	21,7	17,4	16,2	8,4	8,5	—	—	—	3,2	2,5		—	—	—	—
57 La	2864,3	462,9	434,2	404,4	100,7	90,0	84,0	62,9	61,7	20,5	16,5	15,4	7,8	7,8	—	—	—	3,0	2,3		—	—	—	—
56 Ba	2755,4	441,9	414,3	386,7	95,4	84,6	79,0	58,8	57,6	18,8	14,9	14,0	6,9	6,9	—	—	—	3,1	2,0		—	—	—	—
55 Cs	2648,5	421,8	394,9	369,5	89,5	79,3	74,4	54,8	53,8	17,4	13,5	12,6	5,9	5,7	—	—	—	2,1	1,7		—	—	—	—
53 J	2440,2	382,6	357,6	336,0	79,3	69,0	64,9	46,8	46,0	14,0	9,8		4,1		—	—	—	—	0,7		—	—	—	—
52 Te	2341,0	364,0	339,6	320,1	74,4	64,2	60,5	43,2	42,4	12,6	8,2		3,0		—	—	—	—	0,1		—	—	—	—

51 Sb	2244,0	346,2	321,9	304,7	69,8	60,2	56,7	59,8	59,1	11,5	8,1	2,1	—	—	—	—	0,2	—	—	—
50 Sn	2149,5	329,4	306,2	289,5	65,3	56,2	53,1	36,5	35,8	10,1	7,4	1,9	—	—	—	0,2	0,5	—	—	—
49 In	2057,2	312,6	290,4	275,1	61,1	52,2	49,4	33,5	33,0	9,2	6,0	1,5	—	—	—	0,4	0,4	—	—	—
48 Cd	1967,6	296,8	274,6	260,7	56,9	48,7	46,2	30,3	29,8	7,9	5,6	0,8	—	—	—	—	—	—	—	—
47 Ag	1879,7	280,9	259,9	246,8	52,8	44,8	42,6	27,4	27,0	6,9	4,7	0,4	—	—	—	—	—	—	—	—
46 Pd	1794,0	265,6	245,1	233,6	49,5	41,4	39,4	25,0	24,7	6,3	3,9	0,2	—	—	—	—	—	—	—	—
45 Rh	1709,6	251,7	231,8	221,2	46,2	38,8	37,0	22,9	22,6	5,9	4,2	0,3	—	—	—	—	—	—	—	—
44 Ru	1631,9	238,2	218,8	209,2	43,1	36,3	34,7	21,1	20,8	5,7	3,9	0,5	—	—	—	—	—	—	—	—
42 Mo	1473,4	211,9	193,4	185,8	37,3	31,1	29,8	17,1	16,9	4,7	3,3	0,2	—	—	—	—	—	—	—	—
41 Nb	1398,5	199,3	181,7	174,8	34,8	28,4	27,3	15,4	15,3	4,4	3,2	0,4	—	—	—	—	—	—	—	—
40 Zr	1325,7	187,7	169,8	163,9	31,8	26,5	25,5	13,4		3,8	3,4	0,3	—	—	—	—	—	—	—	—
39 Y	1256,1	174,5	158,8	153,3	29,2	22,8	22,0	11,7		3,5	1,6	—	—	—	—	—	—	—	—	—
38 Sr	1186,0	163,6	147,9	143,2	26,7	21,0	20,2	10,2		3,2	1,9	—	—	—	—	—	—	—	—	—
37 Rb	1119,4	152,3	137,5	133,2	24,0	18,2	17,6	8,4		2,4	1,3	—	—	—	—	—	—	—	—	—
35 Br	992,6	—	117,9	115,0	19,7	13,5		5,9		1,7	—	—	—	—	—	—	—	—	—	—
34 Se	932,0	121,8	109,1	106,1	17,4	11,8		4,5		0,9	—	—	—	—	—	—	—	—	—	—
33 As	874,0	—	100,0	97,4	14,9	10,4		3,0		—	—	—	—	—	—	—	—	—	—	—
30 Zn	711,5	—	77,1	75,4	10,1	6,8		0,9		—	—	—	—	—	—	—	—	—	—	—
29 Cu	661,5	—	70,3	68,8	8,8	5,7		0,4		—	—	—	—	—	—	—	—	—	—	—
28 Ni	614,1	—	64,7	63,4	8,3	5,4		0,7		—	—	—	—	—	—	—	—	—	—	—
27 Co	568,2	—	59,0	57,8	7,7	4,7		0,7		—	—	—	—	—	—	—	—	—	—	—
26 Fe	524,0	—	53,4	52,4	7,1	4,2		0,6		—	—	—	—	—	—	—	—	—	—	—
25 Mn	481,8	—	48,2	47,3	—	3,7		0,3		—	—	—	—	—	—	—	—	—	—	—
24 Cr	441,2	—	43,1	42,4	—	3,6		0,1		—	—	—	—	—	—	—	—	—	—	—
23 Va	402,3	—	38,2	37,6	—	2,6		—		—	—	—	—	—	—	—	—	—	—	—
22 Ti	365,4	—	32,6	32,2	—	2,2		—		—	—	—	—	—	—	—	—	—	—	—
21 Sc	331,2	—	30,3	30,0	—	2,7		—		—	—	—	—	—	—	—	—	—	—	—
20 Ca	297,5	—	25,9	25,6	—	2,0		—		—	—	—	—	—	—	—	—	—	—	—
19 K	265,3	—	21,4	21,2	—	0,9		—		—	—	—	—	—	—	—	—	—	—	—
17 Cl	207,8	—	14,8	14,7	—	0,4		—		—	—	—	—	—	—	—	—	—	—	—
16 S	181,8	—	11,8		—	0,3		—		—	—	—	—	—	—	—	—	—	—	—
15 P	158,3	—	9,9		—	0,8		—		—	—	—	—	—	—	—	—	—	—	—
13 Al	114,7	—	5,2		—	0		—		—	—	—	—	—	—	—	—	—	—	—
12 Mg	95,8	—	3,5		—	—		—		—	—	—	—	—	—	—	—	—	—	—

1) Es stehen hier mehr als zwei Zahlenwerte für die Niveaus N_{VI} und N_{VII}, da bei den seltenen Erden in diesen Niveaus eine höhere Multiplizität zu Tage tritt als das gewöhnliche Röntgendublettspektrum (siehe § 28).

Tabelle 6.

Anzahl der Elektronen in den verschiedenen Untergruppen nach Bohr-Stoner.

Elemente	1_1	2_1	2_2	3_1	3_2	3_3	4_1	4_2	4_3	4_4	5_1	5_2	5_3	5_4	5_5	6_1	6_2	6_3	6_4	6_5	6_6	7_1	7_2
1 H	1																						
2 He	2																						
3 Li	2	1																					
4 Be	2	2																					
5 B	2	2	1																				
10 Ne	2	2	6																				
11 Na	2	2	6	1																			
12 Mg	2	2	6	2																			
13 Al	2	2	6	2	1																		
18 A	2	2	6	2	6																		
19 K	2	2	6	2	6		1																
20 Ca	2	2	6	2	6		2																
21 Sc	2	2	6	2	6	1	2																
22 Ti	2	2	6	2	6	2	2																
29 Cu	2	2	6	2	6	10	1																
30 Zn	2	2	6	2	6	10	2																
31 Ga	2	2	6	2	6	10	2	1															
36 Kr	2	2	6	2	6	10	2	6															
37 Rb	2	2	6	2	6	10	2	6			1												
38 Sr	2	2	6	2	6	10	2	6			2												
39 Y	2	2	6	2	6	10	2	6	1		2												
40 Zr	2	2	6	2	6	10	2	6	2		2												
47 Ag	2	2	6	2	6	10	2	6	10		1												
48 Cd	2	2	6	2	6	10	2	6	10		2												
49 In	2	2	6	2	6	10	2	6	10		2	1											
54 X	2	2	6	2	6	10	2	6	10		2	6											
55 Cs	2	2	6	2	6	10	2	6	10		2	6				1							
56 Ba	2	2	6	2	6	10	2	6	10		2	6				2							
57 La	2	2	6	2	6	10	2	6	10		2	6	1			(2)							
58 Ce	2	2	6	2	6	10	2	6	10	1	2	6	1			(2)							
59 Pr	2	2	6	2	6	10	2	6	10	2	2	6	1			(2)							
71 Cp	2	2	6	2	6	10	2	6	10	14	2	6	1			(2)							
72 Hf	2	2	6	2	6	10	2	6	10	14	2	6	2			(2)							
79 Au	2	2	6	2	6	10	2	6	10	14	2	6	10			1							
80 Hg	2	2	6	2	6	10	2	6	10	14	2	6	10			2							
81 Tl	2	2	6	2	6	10	2	6	10	14	2	6	10			2	1						
86 Em	2	2	6	2	6	10	2	6	10	14	2	6	10			2	6						
87 —	2	2	6	2	6	10	2	6	10	14	2	6	10			2	6					1	
88 Ra	2	2	6	2	6	10	2	6	10	14	2	6	10			2	6					2	
89 Ac	2	2	6	2	6	10	2	6	10	14	2	6	10			2	6	1				(2)	
90 Th	2	2	6	2	6	10	2	6	10	14	2	6	10			2	6	2				(2)	

derselben Hauptquantenzahl die Summe eines Relativitätsgliedes (das „Relativitätsdublett") und eines Abschirmungsgliedes (das „Abschirmungsdublett"). Eine solche Sachlage könnte man zunächst verstehen. Die Bindungsstärke zweier Elektronen mit derselben Hauptquantenzahl und um eins verschiedener azimutaler Quantenzahl soll nämlich aus zwei Ursachen verschieden groß sein. Erstens wegen verschiedener Werte der Relativitätskorrektion und zweitens deshalb, weil die Elektronen mit verschiedenem k bei ihrem Umlauf ungleich nahe an den Kern herankommen und also eine verschiedene Abschirmung durch die übrigen Elektronen des Atoms erleiden. Das Überraschende ist nun, daß durch das Hinzukommen der Niveaus mit verschiedenen Werten für k und j jede der betrachteten Energiedifferenzen in der besprochenen Weise aufgeteilt wird in ein Relativitäts- und ein Abschirmungsdublett und daß dieses Relativitätsdublett auftritt zwischen zwei Niveaus mit demselben k und verschiedenem j. Wir werden auf diesen Umstand, dem man schließlich auch in den optischen Spektren begegnet, in § 27 näher zurückkommen und erst die weitere Anwendung der Bohrschen Theorie des periodischen Systems auf die Röntgenspektroskopie diskutieren.

Es wurde von Coster[1]) gezeigt, daß die Röntgenniveaus, d. h. die mit ihnen verknüpften Emissionslinien erst dort im periodischen System auftreten, wo die entsprechenden Untergruppen von Elektronen nach Bohr[2]) schon angefangen haben, sich zu bilden. Anfangs sind die betreffenden Linien sehr schwach, sie werden beim Ausbau der entsprechenden Elektronengruppe allmählich stärker und haben etwa ihre normale Intensität, wenn die Untergruppe vollständig ist[3]). Die Niveaus, welche in Fig. 1226 mit zwei vertikalen Strichen bezeichnet sind, entstehen allmählich zwischen den Edelgasen Kr (36) und Xe (54), die, welche mit einem Strich angedeutet sind, zwischen Xe (54) und Em (86).

Auch die energetischen Verhältnisse in den Röntgenspektren sind in Übereinstimmung mit der Bohrschen Theorie.

Die Fig. 1227 gibt ein sogenanntes Moseley-Diagramm der Niveauwerte, d. h. die Wurzelwerte der Frequenzen als Funktion der Ordnungszahl des zugehörigen Elementes. Die Niveaupaare, die zusammen ein Abschirmungsdublett bilden, laufen im Diagramm parallel; diejenigen, welche ein Relativitätsdublett bilden, sind einander anfangs so nahe, daß sie nicht voneinander getrennt werden können und gehen für größere Atomzahlen schnell auseinander. In erster Annäherung haben die so gezeichneten Niveaukurven einen linearen Verlauf, bei Elementenreihen, wo nach Bohr der Ausbau einer inneren Elektronengruppe stattfindet (diese sind unten in der Figur mit horizontalen Linien angedeutet), zeigen die Kurven aber eine geringere Neigung, um, sobald diese Elektronengruppe abgeschlossen ist, wieder in normaler Weise weiter zu gehen. Der Ausbau einer inneren Elektronengruppe be-

---

[1]) D. Coster, Phil. Mag. **43**, 1070, 1922; **44**, 546, 1922.
[2]) N. Bohr, Zeitschr. f. Phys. 9, 1, 1922.
[3]) Für eine quantitative Untersuchung dieser Verhältnisse bei den Linien $L\beta_2$ und $L\gamma_1$ in der Palladiumgruppe siehe A. Jönsson, Zeitschr. f. Phys. **41**, 221, 1927.

dingt also eine langsamere Zunahme der Bindungsenergie mit steigender Atomzahl für die schon gebundenen Elektronen, als sonst im periodischen System.

Diese Tatsache läßt sich theoretisch in folgender Weise erklären: Wenn wir den Einfluß aller übrigen Elektronen des Atoms auf ein bestimmtes Elektron betrachten, so können wir sagen, daß diese Elektronen die Bindungsstärke des betrachteten Elektrons im allgemeinen verringern (Abschirmung).

Fig. 1227.

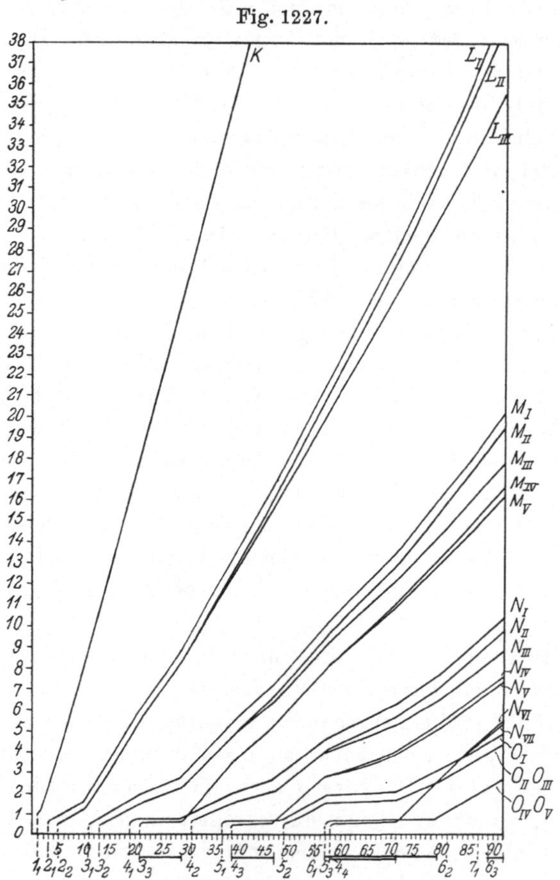

Moseley-Diagramm der Niveauwerte. In vertikaler Richtung sind die $\sqrt{\nu/R}$-Werte, in horizontaler Richtung die Atomzahlen aufgetragen.

Dies gilt nicht nur für die Elektronen, welche sich innerhalb der Bahn des betreffenden Elektrons befinden („innere Abschirmung"), sondern auch für die äußeren Elektronen des Atoms („äußere Abschirmung"). Die Bindungsstärke ist ja die Energie, welche erforderlich ist, um das Elektron aus dem Atom nach dem Unendlichen zu entfernen, und wie man leicht einsieht, wird diese Energie auch verringert, wenn sich außerhalb dieses Elektrons noch andere Elektronen befinden. Wenn man nun im periodischen System von Element zu Element fortschreitet, wird im allgemeinen die Bindungsenergie aller

Elektronen wegen des Zuwachses der Kernladung größer werden. Dieser Einfluß wird aber durch das neu hinzukommende Elektron wieder teilweise kompensiert. Dies geschieht in höherem Maße als gewöhnlich, wenn das neu hinzukommende Elektron statt in die äußere in eine innere Elektronengruppe gebunden wird, so wie das bei den oben genannten Elektronenreihen stattfindet, so daß man in diesen Gebieten des periodischen Systems einen verhältnismäßig langsamen Zuwachs der Bindungsenergie bekommt. Dies äußert sich sehr schön in der Fig. 1227 durch die geringere Neigung der Niveaukurven und die scharfen Knicke, die man in diesen Kurven am Anfang und Ende der bezüglichen Gebiete beobachtet.

Für weitere Einzelheiten sei auf die Arbeit von Bohr und Coster[1] hingewiesen. Spätere vollständigere Messungen von Nishina[2] in der Elementenreihe W (74) — J (53) und von Mulder[3] für die Elemente Sn (50) — Se (34) brachten eine nähere Bestätigung der von Bohr und Coster ausgesprochenen Schlüsse.

§ 27. Röntgenspektren und optische Spektren. Während die Auswahlregeln, welche in den Röntgenspektren gelten, dafür sprechen, die Quantenzahl k mit der in Sommerfelds Theorie des Wasserstoffspektrums auftretenden azimutalen Quantenzahl zu identifizieren und j als Sommerfelds „innere Quantenzahl" zu deuten, scheint damit zunächt im Widerspruch, daß die „Relativitätsdubletts" (§ 25) gerade auftreten zwischen zwei Niveaus mit demselben k und verschiedenem j. Landé[4] wies jedoch darauf hin, daß Ähnliches in den optischen Alkalidublettsspektren gilt, und betonte gleichzeitig die große Analogie, die überhaupt zwischen diesen und den Röntgenspektren besteht. Diese Analogie kommt in der Tabelle 7 klar zum Ausdruck.

Tabelle 7.
Röntgenterme und optische Terme.

Röntgenterm	K	L_I	L_II	L_III	M_I	M_II	M_III	M_IV
n_{kj}	1_{11}	2_{11}	2_{21}	2_{22}	3_{11}	3_{21}	3_{22}	3_{32}
Dubletterm	$1s$	$2s$	$2p_1$	$2p_2$	$3s$	$3p_1$	$3p_2$	$3d_2$

Röntgenterm	M_V	N_I	N_II	N_III	N_IV	N_V	N_VI	N_VII
n_{kj}	3_{33}	4_{11}	4_{21}	4_{22}	4_{32}	4_{33}	4_{43}	4_{44}
Dubletterm	$3d_3$	$4s$	$4p_1$	$4p_2$	$4d_2$	$4d_3$	$4f_3$	$4f_4$

Landé konnte nun zeigen, daß man ohne Willkür die Dublettdifferenzen $p_1 - p_2$, $d_2 - d_3$ formell als solche relativistischer Art auffassen kann[5].

---

[1] N. Bohr und D. Coster, Zeitschr. f. Phys. **12**, 342, 1923.
[2] Y. Nishina, Phil. Mag. **49**, 521, 1925.
[3] F. P. Mulder, Doktordissertation Groningen, 1927. Arch. Neerland. III (A) 9, 167, 1928.
[4] A. Landé, Zeitschr. f. Phys. **16**, 391, 1923 und **25**, 46, 1924.
[5] Schon früher hatte S. Goudsmit (Arch. Neerlandaises **6**, 116, 1922) darauf hingewiesen.

Spätere Messungen von Millikan und Bowen[1]) über die höheren Funken-spektren der Elemente zeigten in der Tat, daß dies weitgehend der Fall ist.

Die Analogie zwischen Röntgenspektren einerseits und den optischen Spektren andererseits fand erst ihren vollkommenen Ausdruck in dem Paulischen Reziprozitätssatz[2]) (Kap. XXIX Nachtrag I). Die Dreh-impulse der verschiedenen Elektronen ein und derselben Schale sind so orientiert, daß sie einander gegenseitig aufheben, wenn die Schale komplett ist; die abgeschlossene Schale ist impulslos. Das normale Röntgenspektrum wird ausgesandt von einem Atom, das in einer sonst impulslos abgeschlossenen Schale ein Elektron verloren hat, das Alkalispektrum dagegen wird von einem Atom emittiert, das außer impulslosen Schalen nur ein einziges Elektron, das Valenzelektron, enthält. In bezug auf die Drehimpulse bieten sie die-selben Möglichkeiten und haben daher dieselbe Multiplizität. Im allgemeinen muß man also die gleiche Art von Spektrum erwarten, wenn eine Schale n Elektronen enthält, als wenn n Elektronen aus einer kompletten Schale entfernt sind (Paulischer Reziprozitätssatz).

Das eigenartige Auftreten der sogenannten „Relativitätsdubletts" in den Röntgen- sowie in den optischen Serien findet seine physikalische Erklärung in dem „Kreiselelektron" nach Uhlenbeck und Goudsmit[3]) (vgl. Kap. XXIX, Nachtrag I).

§ 28. Nichtdiagrammlinien. Es gibt einige Röntgenlinien, die sich nicht in ein Niveauschema wie Fig. 1226 einreihen lassen. Das Niveauschema hat aber nichtsdestoweniger seine Berechtigung, denn erstens enthält es die übergroße Mehrzahl und allenfalls die intensivsten der Linien, und zweitens wird es in seiner ganzen Einfachheit durch die Ergebnisse anderer Gebiete der modernen Atomforschung gestützt. Die Nichtdiagrammlinien kommen immer als Satelliten von in der Regel intensiven Diagrammlinien vor; man kann sie einteilen in Satelliten an der harten Seite und Satelliten an der weichen Seite der Diagrammlinien. Dieser Einteilung, die zunächst rein formaler Natur zu sein scheint, kommt wahrscheinlich auch eine prin-zipielle Bedeutung zu. Die meisten Satelliten gehören der ersten Gruppe an, mit zunehmender Atomzahl kommen sie der Hauptlinie immer näher und werden zu gleicher Zeit schwächer, so daß sie oft für die schwereren Elemente nicht mehr beobachtet werden können. Wentzel[4]) sprach zuerst den Ge-danken aus, daß diese Satelliten von Atomen ausgesandt werden, die in ihrem Innern zweifach ionisiert sind, und schlug den Namen „Röntgenfunken-linien" für diese Satelliten vor. Wir werden sie mit Bohr Röntgen-linien zweiter Art nennen, im Gegensatz zu den Linien des gewöhnlichen Röntgenspektrums, das wir als Spektrum erster Art bezeichnen. Daß die Linien zweiter Art an der harten Seite der Linien erster Art liegen, kann

---

[1]) R. Millikan und J. S. Bowen, Phys. Rev. **25**, 295, 1925; **26**, 150, 1925; **27**, 144, 1926; **28**, 923, 1926.

[2]) W. Pauli, Zeitschr. f. Phys. **31**, 765, 1925.

[3]) G. E. Uhlenbeck und S. Goudsmit, Naturwiss. **13**, 953, 1925.

[4]) G. Wentzel, Ann. d. Phys. **66**, 437, 1921.

man in folgender Weise verstehen: Wenn schon ein Elektron im Atominnern fehlt, wird es mehr Energie kosten, ein zweites Elektron zu entfernen, als wenn dasselbe Elektron aus einem normalen Atom weggenommen wird. Dieser Zuwachs der Bindungsenergie beim Fehlen eines inneren Elektrons ist im allgemeinen klein relativ zu der Bindungsenergie selber, er beträgt für die fester gebundenen Elektronen mehr als für die weniger fest gebundenen. Wenn also in einem Atom, in dem zwei Elektronen fehlen, ein Elektron einer äußeren Schale in eine innere hineinfällt, wird eine Linie zweiter Art ausgesandt werden, die unweit von einer Linie erster Art liegt, und zwar auf ihrer harten Seite.

Coster[1]) und Rosseland[2]) wiesen darauf hin, daß man anzunehmen hat, daß die doppelte Ionisierung in einem Mal, z. B. in einem Stoßakt mit einem Kathodenstrahlteilchen stattfindet. Für die Linien zweiter Art hat man also eine höhere Anregungsspannung als für die Linien erster Art anzunehmen. In der Tat zeigten die Versuche von Coster[3]) und Bäcklin[4]), daß dies der Fall ist..

Rosseland[5]) hat versucht, mit Hilfe der Thomsonschen Ionierungstheorie die Intensität der Linien zweiter Art relativ zu derjenigen erster Art abzuschätzen, und er kommt zu dem Schluß, daß diese mit wachsender Kernladung rapid abnehmen müssen. Dies Ergebnis ist mit der Erfahrung in vollem Einklang. Aus einer konsequenten Anwendung der Thomsonschen Theorie läßt sich weiter folgern[6]), daß im allgemeinen die doppelte Ionisierung in derselben Elektronenschale ein viel selteneres Ereignis ist als die doppelte Ionisierung in verschiedenen Schalen. Dies ist in Übereinstimmung mit den Versuchen Bäcklins, der zeigen konnte, daß die doppelte K-Anregung bei den Linien zweiter Art praktisch nicht auftritt. Die Wentzelsche Theorie dieser Linien, in der diese typische Eigenschaft gar nicht zum Ausdruck kommt, scheint also den Sachverhalt nicht richtig wiederzugeben. Mehr Glück hatte Druyvesteyn[7]), der imstande war, einen Teil der Linien zweiter Art in der K- und in der L-Serie zu deuten und zugunsten ihrer Identifizierung wichtige experimentelle Gründe anzugeben.

Bei der Deutung der Linien zweiter Art begegnet man noch der folgenden Schwierigkeit: Nach der Paulischen Reziprozitätsregel hat das Spektrum zweiter Art dieselbe Multiplizität wie das optische Spektrum der Erdalkalien[8]). Obgleich sich also die Multiplizität angeben läßt, kommt man damit noch nicht viel weiter, da man die energetische Aufspaltung noch nicht kennt. Zweifelsohne liegen außerdem viele der Energieniveaus so nahe beieinander, daß sie in den Röntgenspektren nicht aufgespalten werden können. Wir

---

[1]) D. Coster, Phil. Mag. **44**, 546, 1922.
[2]) S. Rosseland, ebenda. **45**, 65, 1923.
[3]) D. Coster, l. c.
[4]) E. Bäcklin, Zeitschr. f. Phys. **27**, 30, 1924; siehe auch M. J. Druyvesteyn, Doktordissertation Groningen, 1928.
[5]) S. Rosseland, Phil. Mag. **45**, 65, 1923.
[6]) D. Coster und M. J. Druyvesteyn, Zeitschr. f. Phys. **40**, 765, 1927; M. J. Druyvesteyn, ebenda **43**, 707, 1927.
[7]) M. J. Druyvesteyn, l. c.
[8]) G. Wentzel, Zeitschr. f. Phys. **31**, 445, 1925.

möchten das verwaschene Aussehen, das die Linien zweiter Art meistens zeigen, gerade dieser Ursache zuschreiben.

Einen ganz anderen Ursprung haben die Satelliten an der weichen Seite der Linien erster Art. Aus dem Paulischen Reziprozitätssatz läßt sich schließen, daß das Röntgenspektrum allein dann eine wirkliche Dublettstruktur zeigen kann, falls das normale Atom nur abgeschlossene impulslose Elektronengruppen enthält. Sehr oft ist aber die äußerste Schale nicht impulslos, und in diesem Falle würde man also eine höhere Multiplizität erwarten. Daß diese nicht auftritt, deutet auf eine nur geringe gegenseitige Beeinflussung der verschiedenen Schalen. Anders ist aber die Sachlage, falls eine innere Elektronenschale nicht abgeschlossen ist. In diesem Falle ist eine wesentliche Änderung der Niveaus zu erwarten, die mit dieser Elektronengruppe korrespondieren. In der Tat hat sich gezeigt, daß in diesem Falle anomale Satelliten an der weichen Seite der betreffenden Diagrammlinien auftreten [1]. Wir möchten diese Linien als eine Folge der höheren Multiplizität, herrührend von der Unabgeschlossenheit der betreffenden Elektronengruppe, deuten. Bei der $M\alpha$- und $M\beta$-Linie im Gebiet der seltenen Erden geht aus denselben Gründen, wie van der Tuuk [2] gezeigt hat, selbst jeder Zusammenhang mit der normalen Dublettstruktur verloren. Deshalb stehen auch für diese Elemente in der Tabelle 4 statt der N_{VI}- und der N_{VII}-Niveauwerte eine größere Anzahl Terme.

§ 29. Intensität der Röntgenlinien.

Nachdem Landé die Analogie der Röntgenspektren mit den Alkalispektren betont hatte, wurde von Sommerfeld [3] und von Coster und Goudsmit [4] die für die Intensität der Dublettlinien geltende Summenregel von Burger und Dorgelo [5] auch auf die Röntgenspektren angewandt. Für einige charakteristische Linien bekommt man die folgenden Resultate:

Linien	Theoretisches Intensitätsverhältnis	Linien	Theoretisches Intensitätsverhältnis
$K\alpha_1 : K\alpha_2$	$2:1$	$L\beta_3 : L\beta_4$	$2:1$
$K\beta_1 : K\beta_3$	$2:1$	$L\gamma_3 : L\gamma_2$	$2:1$
$L\alpha_1 : L\alpha_2 : L\beta_1$	$9:1:5$	$M\alpha_1 : M\alpha_2 : M\beta$	$20:14:1$
$L\beta_2 : L\gamma_1$	$2:1$		

In der K-Serie wurden experimentelle Bestimmungen von Duane und seinen Mitarbeitern [6] nach der Ionisationsmethode und von Siegbahn

---

[1] D. Coster, Phil. Mag. **44**, 546, 1922; J. H. v. d. Tuuk, Zeitschr. f. Phys. **41**, 326, 1927. Siehe hierzu auch R. Thoraeus, Phil. Mag. **2**, 1007, 1926.

[2] J. H. v. d. Tuuk, Zeitschr. f. Phys. **44**, 737, 1927.

[3] A. Sommerfeld, Ann. d. Phys. **76**, 284, 1925.

[4] D. Coster und S. Goudsmit, Naturwiss. **1**, 11, 1925.

[5] H. C. Burger und H. B. Dorgelo, Zeitschr. f. Phys. **23**, 258, 1924.

[6] W. Duane und W. Stenström, Proc. Nat. Ac. Washington **6**, 777, 1920; W. Duane und R. A. Patterson, ebenda **6**, 518, 1920 und **8**, 85, 1922; S. K. Allison und A. H. Armstrong, ebenda **11**, 563, 1925.

und Žáček[1]) nach einer photographisch-photometrischen Methode gemacht. Bei dem Dublett $K\alpha_1 - \alpha_2$ hat man den Vorteil, daß es sich hier um zwei scharfe, sehr nahe beieinander liegende Linien handelt, so daß man etwaige Korrektionen für Absorption in der Antikathode usw. vernachlässigen kann. Von allen Autoren wurde für dieses Dublett innerhalb der Fehlergrenzen das theoretische Intensitätsverhältnis gefunden, und zwar sowohl für Cu, Zn, Fe (Siegbahn und Žáček) als für Mo und W (Duane). In der L-Serie liegen die Verhältnisse viel verwickelter. Erstens haben die Linien hier verschiedene Anregungspotentiale. Man kann also höchstens erwarten, daß die Intensitätsregel, wenn es sich um Linien verschiedener Anregungsspannungen handelt, nur in der Grenze bei sehr hoher Anregungsspannung gelten werde. Zweitens liegen die betreffenden Linien oft sehr weit auseinander, so daß man auf Schwierigkeiten bei dem Intensitätsvergleich und bei der Korrektion wegen der Absorption stößt. Duane und seine Mitarbeiter haben nach der Intensitätsmethode das L-Spektrum von W untersucht. Eine besonders schöne Untersuchung ist diejenige von Jönsson[2]), der einen Siegbahnschen Präzisionsspektrographen mit einem Geigerzähler als Anzeiger benutzte; er untersuchte W- und Pt-Strahlung. Die Fehler und die anzubringenden Korrektionen werden eingehend diskutiert. Jönsson kommt zu dem Ergebnis, daß für die Linien, welche mit L_{II} und L_{III} korrespondieren, die theoretische Intensitätsregel innerhalb der Fehlergrenzen gilt, für die Linien, die mit L_{I} kombinieren ($L\beta_3$ und $L\beta_4$; $L\gamma_3$ und $L\gamma_2$), findet er die schwächeren Linien ($L\beta_4$ und $L\gamma_2$) zu intensiv.

§ 30. Die natürliche Breite der Röntgenlinien. Über die Linienbreite in den Röntgenserien liegen von Ehrenberg, Mark und Susich[3]) und von Davis und Purks[4]) quantitative Untersuchungen vor. Die Schwierigkeit bei diesen Versuchen besteht darin, triviale Ursachen der Linienverbreiterung, welche von Kristallfehlern oder von den Abweichungen vom Braggschen Gesetz nach Darwin-Ewald verursacht werden, von der natürlichen Linienbreite zu trennen. Dies kann man nach Ehrenberg und Mark in zwei Weisen erreichen: erstens durch Vergleich von Aufnahmen verschiedener Ordnungen; zweitens, wenn man zwei Kristalle nach der folgenden auch schon von Davis angewandten Methode benutzt. Die Strahlung wird nacheinander von beiden Kristallen reflektiert. Der erste Kristall steht fest, der zweite wird um eine in seiner Vorderseite liegende Achse gedreht. Diese Drehungsachse soll genau parallel zu der reflektierenden Fläche des ersten Kristalls gestellt werden und senkrecht zu der einfallenden Strahlungsrichtung. In Stellung I, Fig. 1228, stehen die beiden reflektierenden Flächen genau parallel, in Stellung II bilden sie einen stumpfen Winkel $180^0 - 2\varphi$,

---

[1]) M. Siegbahn und Žáček, Ann. d. Phys. **71**, 187, 1923.
[2]) A. Jönsson, Zeitschr. f. Phys. **36**, 426, 1926; **41**, 221 und 801, 1927; **46**, 383, 1928.
[3]) W. Ehrenberg und H. Mark, Zeitschr. f. Phys. **42**, 807, 1927; W. Ehrenberg und G. v. Susich, ebenda **42**, 823, 1927.
[4]) B. Davis und H. Purks, Phys. Rev. **32**, 336. 1928.

wo φ nach der Braggschen Beziehung $n\lambda = 2\,d\,sin\,\varphi$ definiert ist. (λ ist die Wellenlänge der benutzten monochromatischen Strahlung.) In beiden Stellungen wird der zweite Kritall über einen kleinen Winkelbereich um seine Nullage gedreht, die Strahlung wird ionometrisch registriert. Im Falle I fällt

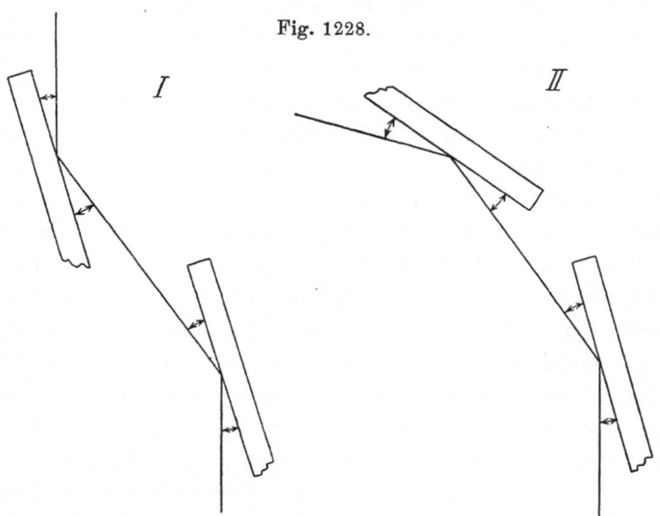

Fig. 1228.

Aufeinanderfolgende Reflexion an zwei Kristallen zur Bestimmung
der natürlichen Linienbreite.

die natürliche Verbreiterung ganz aus, man mißt nur den Kristalleinfluß. Im Falle II mißt man beide. Die Fig. 1229 gibt die in beiden Fällen registrierten Intensitäten.

Daraus war die natürliche Linienbreite zu berechnen. Das Resultat ist in der Tabelle 8 zusammengestellt. In der letzten Spalte steht die mit der Linienbreite korrespondierende Energiebreite (ausgedrückt in Volt).

Tabelle 8.

Natürliche Linienbreite einiger Röntgenspektrallinien.

Linie	Wellenlänge in X-E.	Natürliche Linienbreite	
		in X-E.	in Volt
Cu $K\alpha_1$	1537	0,35	1,8
Cu $K\beta_1$	1389	0,58	3,7
Mo $K\alpha_1$	708	0,19	4,8
Mo $K\beta_1$	631	0,21	6,4
Mo $K\beta_2$	631	0,25	7,8
Rh $K\alpha_1$	612	0,19	6,3
Rh $K\beta_1$	544	0,25	10,4
Rh $K\beta_3$	544	0,30	12,4
Ag $K\alpha_1$	558	0,24	9,4
W $L\alpha_1$	1473	0,78	4,4
W $L\beta_1$	1279	0,69—0,73	5,2—5,5
W $L\gamma_1$	1096	0,53—0,67	5,4—6,9

Bei $L\beta_1$ und $L\gamma_1$ des W wurde mit verschiedenen Stromstärken gearbeitet. Die Autoren meinen eine Vergrößerung der Linienbreite gefunden zu haben, wenn die Stromstärke auf das 3- bis 4fache gesteigert wurde.

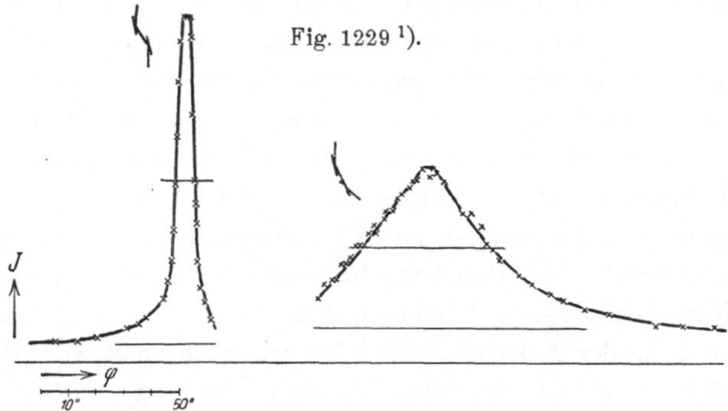

Fig. 1229 [1]).

Die von Ehrenberg und Mark an Diamant in Stellung I und II mit Mo - K - Strahlung aufgenommenen Kurven.

Die von Ehrenberg, Mark und Susich erhaltene Linienbreite ist also im allgemeinen größer als die, welche man zufolge der klassischen Strahlungsdämpfung erwarten würde und welche unabhängig von der Wellenlänge etwa 0,1 $X - E$ beträgt [2]).

Zu einem etwas anderen Ergebnis kamen Davis und Purks [3]), welche die Mo-K-Linien nach der letzten Methode untersuchten. Sie benutzten eine größere Auflösung und waren dadurch imstande, einen Satelliten von der Hauptlinie $K\alpha_1$ abzutrennen. Für die letzte Linie fanden sie eine etwas kleinere Breite als der Strahlungsdämpfung entsprechen würde.

Quantentheoretisch kann man die natürliche Linienbreite mit der Unbestimmtheit der Energieniveaus des Atoms in Zusammenhang bringen. Coster [4]) wies darauf hin, daß dann eine merkwürdige Regel zu gelten scheint: je kleiner das Verhältnis $\dfrac{\text{Azimutalquantenzahl}}{\text{Hauptquantenzahl}}$, also je exzentrischer die korrespondierende Elektronenbahn, um so unschärfer ist das Niveau. Dies würde vielleicht auf eine von dem Einfluß des Kernes bedingte Feinstruktur deuten.

8. Das Röntgenspektrum in seiner Abhängigkeit von chemischen und physikalischen Zuständen des Atoms.

§ 31. Das Emissionsspektrum. In seinen berühmten Versuchen zeigte Moseley, daß für das charakteristische Spektrum nur die Ordnungszahl des betreffenden Elementes maßgebend ist, und daß namentlich die chemischen

---

[1]) Mit freundl. Erlaubnis des Verlags Julius Springer, Berlin, nach Zeitschr. f. Phys. Bd. 42.

[2]) W. Mandersloot, Jahrb. d. Rad. u. Elektr. **13**, 1, 1916.

[3]) B. Davis und H. Purks, l. c.

[4]) D. Coster, Zeitschr. f. Phys. **45**, 797, 1927.

Eigenschaften des Elementes sich nicht in seinem Röntgenspektrum ausdrücken. Ein genaueres Studium der Röntgenterme von Bohr und Coster[1]) hat nun aber gezeigt, daß die meisten charakteristischen Züge des periodischen Systems sich auch im Röntgenspektrum kundgeben. Wir werden nun noch einen Schritt weitergehen und behaupten, daß die individuellen Eigenschaften des Elementes, sowie sein zufälliger physikalischer oder chemischer Zustand, sich auch in seinem Röntgenspektrum abspiegeln müssen. In der Regel wird aber ein solcher Einfluß zu klein sein, als daß wir ihn beobachten könnten. Die größte Aussicht auf eine erfolgreiche Beobachtung dieses Einflusses ist dann vorhanden, wenn man es mit Übergängen im Atom zu tun hat, bei denen ein Elektron an der Peripherie beteiligt ist. In dem Emissionsspektrum sind die hier besprochenen Erscheinungen zuerst von Lindh und Lindquist[2]) im Falle der $K\beta_1$-Linie des Schwefels beobachtet worden. Die Aussendung dieser Linie ist verknüpft mit dem Übergang eines Elektrons aus einer 3_2-Bahn in eine 1_1-Bahn. Die 3_2-Elektronen sind beim Schwefel Valenzelektronen. Nun zeigte sich, daß in einigen Fällen die $K\beta_1$-Linie als Doppellinie auftritt, in anderen Fällen als Einfachlinie, die etwa zwischen den beiden Komponenten der Doppellinie liegt. Die Doppellinie (5021—5013 X-E.) wurde z. B. gefunden bei Benutzung von CuS, SnS_2, Ag_2S, P_4S_3, $CuSO_4$, $ZnSO_4$, $SnSO_4$ auf der Antikathode, die Einfachlinie (5017,5 X-E.) bei Benutzung von ZnS, PbS, CdS, $CdSO_4$.

Analoge Versuche wurden mit dem $K\alpha$-Dublett des Schwefels von Ray[3]) und unabhängig von Bäcklin[4]) angestellt. Es zeigte sich, daß bei Benutzung von Sulphiten und Sulphaten als Strahler die Schwefellinien $K\alpha_1$ und $K\alpha_2$ eine kleinere Wellenlänge haben als bei Benutzung von reinem Schwefel oder eines Sulphids. Im ersten Falle ist auch die Dublettdistanz geringer.

Eine Schwierigkeit liegt bei solchen Versuchen unter anderem darin, daß man nicht weiß, inwieweit die Substanzen im Antikathodenfokus bei dem Elektronenbombardement und die dadurch verursachten hohen Temperaturen chemisch geändert werden.

§ 32. Das Absorptionsspektrum. Etwas zuverlässiger in dieser Hinsicht sind die diesbezüglichen Untersuchungen im Falle des Absorptionsspektrums, wo auch die theoretische Deutung einfacher ist· Hierbei hat man es mit der Entfernung eines inneren Elektrons nach der Atomperipherie zu tun, und man kann erwarten, daß der Zustand an der Atomperipherie die aufzuwendende Energie beeinflussen wird. In der Tat wurde ein solcher Einfluß im Falle des Phosphors von Bergengren[5]) entdeckt. Im besonderen wurde

---

1) Vgl. S. 2061 und 2062.
2) A. E. Lindh und O. Lindquist, Arch. f. Math., Astr. o. Fys. **18**, 14, 34 und 35, 1924.
3) B. Ray, Phil. Mag. **1**, 505, 1925.
4) E. Bäcklin, Zeitschr. f. Phys. **33**, 547, 1925.
5) J. Bergengren, ebanda **3**, 247, 1920.

dieser Effekt von Lindh[1]) und von Stelling[2]) für viele Elemente bei einer großen Anzahl von Verbindungen experimentell studiert. In Tabelle 9 sind einige ihrer interessantesten Resultate zusammengestellt worden:

Tabelle 9. K-Absorptionskanten
in ihrer Abhängigkeit von der chemischen Bindung.

Substanz	Wellenlänge	ΔV
Phosphor:		
Phosphor (gelb)	5776,9	—
Phosphor (violett und schwarz)	5771,5	2,0
Hypophosphit	5757,5	7,2
Phosphit	5754,1	8,4
Phosphat	5750,7	9,7
Schwefel:		
Monokliner Schwefel	5009,0	—
Rhombischer Schwefel	5008,6	0
Sulphide	5011,4 bis 5005,3	−1,2 bis +1,5
SO_2	5004,5	2,2
Sulphit	4996,0	6,5
Sulphat	4987,9	9,6
Vierwertig organisch	5001,9	3,4
Sechswertig organisch	4993,9	7,2
Chlor:		
Cl_2	4393,8	—
HCl	4385,3	5,4
Chloride	4382,9	7,0
Chlorat	4376,9	10,7
Perchlorat	4369,8	15,2

Es stehen in dieser Tabelle die langwelligsten Schwärzungsdiskontinuitäten (Hauptkanten), welche den betreffenden Verbindungen zugeschrieben werden müssen; in der letzten Spalte sind die entsprechenden Energiedifferenzen (in Volt) je mit der Kante der erstgenannten Verbindung angegeben.

Für die Elemente mit positiver Wertigkeit nimmt im allgemeinen die Härte der Kante mit dieser zu. Dies läßt sich leicht verstehen, wenn man mit Kossel die betreffenden Atome in solchen Verbindungen als positive Ionen auffaßt. Die betreffende Verschiebung der Kante ist aber viel geringer, als wenn man mit freien Ionen statt Ionenverbindungen zu tun hätte.

Durch eine wichtige Arbeit von Aoyamo, Kimura und Nishina[3]) wurden diese Erscheinungen dem Verständnis viel näher gebracht. Diese Autoren zeigten, daß die Verschiebung der Kante in erster Stelle von der Gitterenergie der betreffenden Ionenverbindung abhängt. In dem einfachen Falle, daß man mit einwertigen negativen Ionen zu tun hat, läßt sich dies leicht einsehen. Wenn man z. B. das K-Elektron aus einem Cl-Ion in einer

---

[1]) A. E. Lindh, Diss. Lund, 1923; Zeitschr. f. Phys. **31**, 210, 1925. (Siehe M. Siegbahn, Spektroskopie der Röntgenstrahlen, Berlin 1924.) Siehe auch A. E. Lindh, Physik. Zeitschr. **28**, 24 und 93, 1927.

[2]) O. Stelling, Zeitschr. f. phys. Chem. **117**, 161, 1925; Ber. d. D. Chem. Ges. **60**, 650, 1927; Diss. Lund, 1927.

[3]) S. Aoyama, K. Kimura und Y. Nishina, Zeitschr. f. Phys. **44**, 810, 1927.

Verbindung wie NaCl entfernt hat, bleibt das Chlor als im ganzen ungeladener Körper übrig. Man kann sich nun eine Art Kreisprozeß in der Weise ausgeführt denken, daß man dieses Chloratom (das also ein K-Elektron zu wenig und ein Elektron an der Peripherie zu viel enthält) erst aus dem Kristallverband entfernt. Hierzu braucht man in erster Näherung keine Energie, weil das Atom ungeladen ist. Man gibt jetzt dem Cl sein K-Elektron zurück und gewinnt die K-Ionisationsenergie des freien Cl-Ions, dann führt man dies Ion in den Kristallverband zurück und gewinnt die Gitterenergie. Die K-Ionisationsenergie des Cl in der Verbindung NaCl ist also um die Gitterenergie des NaCl größer als die des freien Cl-Ions. Bei einer mehr exakten Behandlungsweise hat man mit Aoyama, Kimura und Nishina auch noch die Deformationsenergie des Gitters wegen der Anwesenheit eines ungeladenen Cl-Atoms in Betracht zu ziehen. Die Deformationsenergien der Ionen im normalen Gitter hingegen spielen nur eine untergeordnete Rolle. Für mehr Besonderheiten sei auf die oben zitierte Arbeit hingewiesen.

§ 33. Feinstruktur der Absorptionskante.

Eine Schwierigkeit bei den Untersuchungen über die Abhängigkeit der Kantenlage von dem chemischen Zustand bildet die Oxydation oder Reduktion der benutzten Verbindungen [1]). Man bekommt sehr oft die Kanten der verschiedenen Verbindungen zu gleicher Zeit auf die Platte, selbst wenn man von reinen Verbindungen ausgeht, da diese unter Einwirkung von Röntgenstrahlen (eine photographische Aufnahme einer Kante nimmt mehrere Stunden in Anspruch) reduziert werden können. Doch kommt es sehr oft vor, daß zwei oder drei Schwärzungsdiskontinuitäten, die derselben Verbindung zugeschrieben werden müssen, wahrgenommen werden (Feinstruktur der Absorptionskante). Die langwelligste Kante ist immer die schärfste und intensivste. Sehr oft erhält man den Eindruck, als ob im Röntgenspektrum außer einer bei einer bestimmten Grenze eintretenden kontinuierlichen Absorption (siehe § 20) noch eine Art Linienabsorption bestünde. Da diese „Absorptionslinie" gerade an der Grenze liegt, so heißt dies, daß das $h\nu$, das gerade genügt, um das Elektron aus dem Atominnern nach der Peripherie zu bringen, mit viel größerer Wahrscheinlichkeit absorbiert wird als ein etwas größeres $h\nu$.

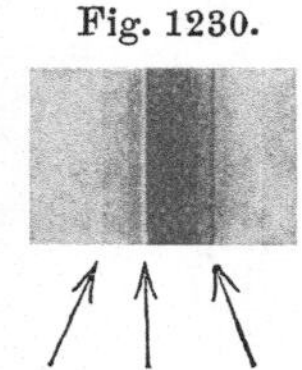

Fig. 1230.

M-Absorptionskanten bei Uran nach Coster. Zu gleicher Zeit findet sich auf der Platte die L_III-Kante des Silbers, wegen des Silbers in der photographischen Platte. (In der Figur ist irrtümlich der zugehörige Pfeil nicht auf diese Kante, sondern auf eine sich rechts davon befindliche Emissionslinie gerichtet.)

Die Fig. 1230 gibt ein sehr schönes Beispiel einer solchen „Linienabsorption" im Röntgenspektrum. Eine ganz befriedigende Erklärung der Kantenstruktur ist, mit Ausnahme bei den Edelgasen, noch nicht gegeben [2]).

---

[1]) Siehe A. Lindh, l. c.; K. Chamberlain, Phys. Rev. **26**, 525, 1925.
[2]) D. Coster und J. H. v. d. Tuuk, Zeitschr. f. Phys. **37**, 367, 1926.

9. Das kontinuierliche Röntgenspektrum.

§ 34. Methode und Zweck der Untersuchung. Außer dem in den früheren Abschnitten fast ausschließlich besprochenen Linienspektrum sendet die Antikathode einer Röntgenröhre auch ein kontinuierliches Röntgenspektrum aus. Die Methode der Kristallreflexion gab auch hier die Möglichkeit einer genaueren Untersuchung. Die ersten, die unzweideutig nach dieser Methode ein kontinuierliches Spektrum feststellten, waren Moseley und Darwin[1]). Anfangs wurde in den nach der photographischen Methode von einigen Forschern erhaltenen Spektrogrammen des kontinuierlichen Spektrums eine gewisse Linienstruktur vermutet. Wagner konnte aber nachweisen, daß eine solche Struktur immer von Kristallfehlern herrührt und daß sie bei Benutzung des Drehkristallverfahrens völlig verschwindet.

Das kontinuierliche Spektrum wurde in verschiedener Richtung untersucht, und zwar wurden dabei besonders folgende Fragen zu klären versucht:

1. Intensitätsverteilung im Spektrum, insbesondere die zu einer bestimmten Spannung gehörige Grenze (Duane und Huntsche Grenze).

2. Einfluß der Spannung und des Antikathodenmaterials auf die Intensität und Intensitätsverteilung.

3. Die Polarisation und die Abhängigkeit der Intensität und der Intensitätsverteilung vom Azimut der Strahlung in bezug auf die Richtung der Kathodenstrahlen.

Man braucht bei solchen Versuchen natürlich eine Spannungsquelle mit einer während der Versuche praktisch konstanten Spannung, die genau gemessen werden kann. Von den meisten Forschern wurden Hochspannungsbatterien benutzt. Hull und seine Mitarbeiter verwendeten einen Hochspannungstransformator, dessen Spannung mit Kenotronen gleichgerichtet wurde. Die Spannungsschwankungen wurden durch die Hullsche Schaltung mit Kondensatoren und Drosselspulen praktisch unterdrückt.

Für die Messung der Strahlungsintensität im kontinuierlichen Spektrum wurde bis jetzt meistens die ionometrische Methode benutzt. Der Ionisierungsstrom ist für eine bestimmte Wellenlänge der in der Ionisierungskammer absorbierten Energiemenge proportional; erforderlich ist noch die Kenntnis, wie der Proportionalitätsfaktor von der Wellenlänge abhängt. Kulenkampff[2]) fand ein konstantes Verhältnis im Wellenlängenbereich von 0,56 bis 2,0 Å.-E. Er fand, daß für die Bildung eines Ionenpaares in Luft, in diesem Wellenlängenbereich unabhängig von der Wellenlänge eine Energie entsprechend 35 ± 5 Volt benötigt ist. Zu einem ähnlichen Ergebnis kamen Kircher und Schmitz[3]), statt 35 Volt fanden sie aber 21 Volt. Sehr schöne Intensitätsmessungen nach der photographischen Methode sind von Bouwers[4]) gemacht worden.

[1]) H. G. J. Moseley und C. G. Darwin, Phil. Mag. **26**, 210, 1913.
[2]) W. Kulenkampff, Ann. d. Phys. **79**, 97, 1926 und **80**, 261, 1926.
[3]) H. Kircher und W. Schmitz, Zeitschr. f. Phys. **36**, 484, 1926.
[4]) A. Bouwers, Diss. Utrecht, 1924.

Die Röntgenröhre soll sich während der Versuche leicht mit konstanter Spannung und Stromstärke· betreiben lassen, daher wurden von den meisten Verfassern Röhren vom Coolidgetypus verwendet. Diese haben aber den Nachteil, daß sie einen Wolframniederschlag auf der Antikathode bekommen und also weniger geeignet sind, die Abhängigkeit des Spektrums vom verschiedenen Antikathodenmaterial zu studieren. Deshalb hat Wagner eine gasgefüllte Röhre benutzt. Für Besonderheiten beim Betrieb dieser Röhre sei auf die Originalliteratur verwiesen [1]).

§ 35. Die Duane-Huntsche Grenze. Schon bei den ersten Versuchen auf dem betreffenden Gebiet fanden Duane und Hunt [2]) ein außerordentlich interessantes Gesetz, das „Duane-Huntsche Gesetz". Dieses

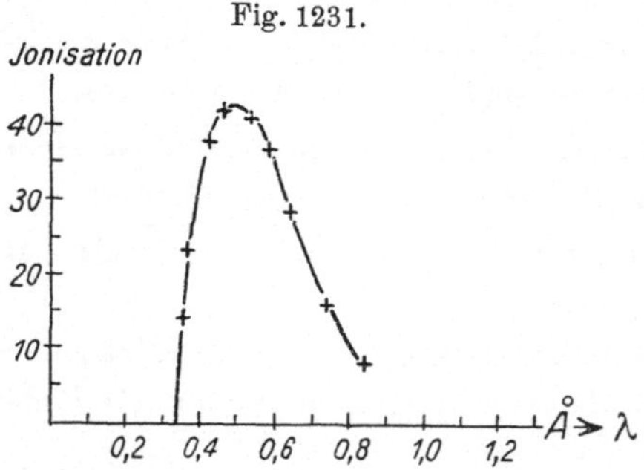

Fig. 1231.

Eine „Isotherme" des kontinuierlichen Röntgenspektrums.

besagt, daß das kontinuierliche Röntgenspektrum nicht auf das Frequenzgebiet 0 bis ∞ ausgedehnt ist, sondern bei einer Maximalfrequenz abbricht, die bestimmt wird durch die Einsteinsche Gleichung

$$h\nu = eV \quad \ldots \ldots (6)$$

e ist die Ladung des Elektrons, V die Spannung an der Röntgenröhre. Es wurden von Duane und Hunt bei diesen Untersuchungen zwei verschiedene Arbeitsmethoden verfolgt, die von Wagner als Methoden der „Isothermen" und der „Isochromaten" bezeichnet wurden. Bei der ersten Methode hält man die Spannung (diese entspricht der Temperatur bei analogen Messungen der schwarzen Strahlung) konstant; der Kristall wird gedreht, so daß die verschiedenen Wellenlängen hintereinander in die Ionisationskammer gelangen. Man bekommt dann eine Abhängigkeit, wie sie in der Fig. 1231 gegeben ist.

Bei der zweiten Methode hält man den Kristall fest, man bekommt also fortwährend dieselbe Wellenlänge in die Ionisationskammer; jetzt wird die Spannung variiert, man erhält „Isochromaten". Der Schnittpunkt der Röntgenisochromate mit der Potentialachse ist sehr scharf definiert (Fig. 1232). Daher eignet sich vor allem die letzte Methode für Präzisionsbestimmungen. Man kann nämlich, von der Richtigkeit der Gleichung (6) ausgehend, diese für eine experimentelle Bestimmung der Planckschen Konstanten benutzen. Duane und Hunt fanden aus ihren ersten Versuchen als Mittelwert

$$h = 6{,}50 \cdot 10^{-27} \text{ erg sec,}$$

also schon eine sehr gute Übereinstimmung mit den in anderer Weise erhaltenen h-Werten.

---

[1]) E. Wagner, Ann. d. Phys. **57**, 401, 1918.
[2]) W. Duane und F. L. Hunt, Phys. Rev. **6**, 166, 1915.

Die Versuche von Duane und Hunt wurden von nach ihnen kommenden
Forschern so ausgedehnt, daß der Spannungsbereich erweitert, auch anderes
Antikathodenmaterial (von Duane und Hunt war mit Wolframstrahlung

Fig. 1232.

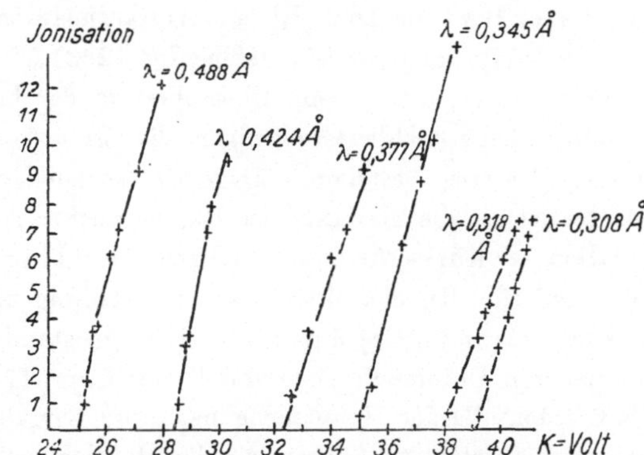

„Isochromaten" des kontinuierlichen Röntgenspektrums.

Fig. 1233.

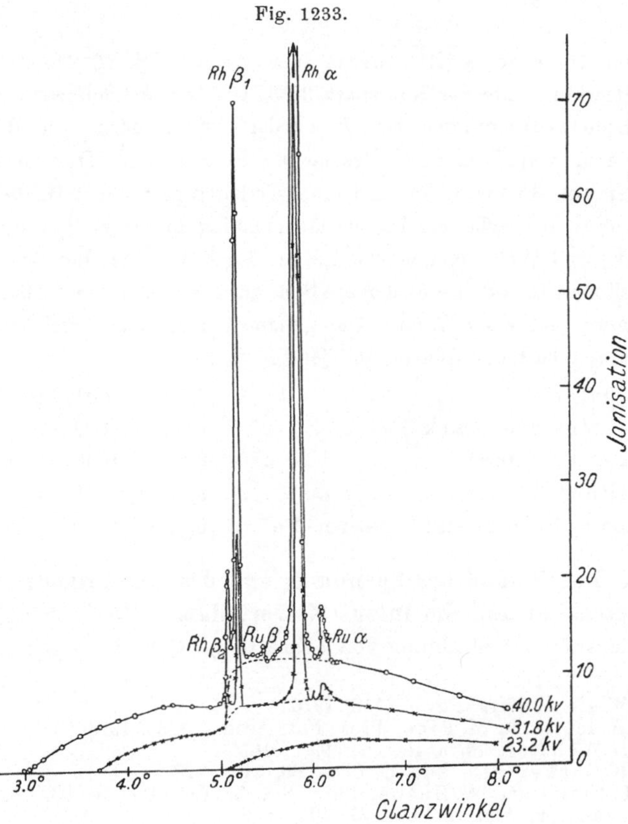

Kontinuierliches und charakteristisches Spektrum einer Rhodiumantikathode
bei drei verschiedenen Röhrenspannungen nach Webster.

gearbeitet worden) benutzt wurde und man in einzelnen Fällen eine größere Präzision anstrebte.

Von Hull[1]) und Hull und Rice[2]) wurden die Duane-Huntschen Resultate bestätigt; sie erweiterten die Messung bis zu einer Spannung von 100 kV. Von Webster[3]) wurde auch Rh als Antikathode benutzt. In den von ihm untersuchten Wellenlängenbereich (siehe Fig. 1233) fällt die charakteristische Strahlung des Rhodiums. Beim Überschreiten der kritischen Spannung des Rhodiums bleibt nichtsdestoweniger die strenge Gültigkeit des Duane-Huntschen Gesetzes bestehen. Dagegen scheint die Heterogenstrahlung, die härter ist als die K-Kante des Rh, schwächer zu sein, als man aus der Extrapolation der Kurve für diesen kritischen Punkt erwarten möchte. Dieser Einfluß der Emission der charakteristischen Strahlung auf die Energieverteilung des kontinuierlichen Spektrums war Gegenstand vieler Untersuchungen. Aus neueren Untersuchungen von Kulenkampff[4]) geht hervor, daß dieser Einfluß jedenfalls der Hauptsache nach von trivialer Art ist: die Ursache ist nämlich die selektive Absorption der Heterogenstrahlung in der Antikathode. Es gelang Webster, auch eine sehr genaue h-Bestimmung zu machen. Er fand

$$h = 6{,}53\,(\pm\,0{,}03)\,.\,10^{-27}.$$

Hierbei war für e der Millikansche Wert $e = 4{,}774\,.\,10^{-10}$ elst. Einh. und für die Gitterkonstante des Kalkspats $3{,}03\,.\,10^{-8}$ cm genommen worden.

Präzisionsbestimmungen von h wurden weiter noch von Blake und Duane[5]) und von Wagner[6]) gemacht. Blake und Duane benutzten Spannungen von 36 bis 42 kV und eine Wellenlänge von der Größenordnung 0,3 Å.-E. Wagner arbeitete bei verhältnismäßig niedrigen Spannungen (4,5 bis 10,5 kV) und Wellenlängen von 1,2 bis 1,8 Å.-E. Dies hat den doppelten Vorteil, daß man sowohl die niedrigere Spannung als auch die größere Wellenlänge genauer bestimmen kann. Die genauesten nach der gleichen Methode (Isochromate) erhaltenen Werte sind jetzt:

Webster	$(6{,}53\ \pm 0{,}01)\,.\,10^{-27}$ erg sec
Webster und Clark[7])	$6{,}53\ \pm 0{,}01$
Blake und Duane	$6{,}55\ \pm 0{,}005$
Wagner	$6{,}53\ \pm 0{,}01$
Duane, Palmer und Chi-Sun-Yeh[8])	$6{,}555 \pm 0{,}009$

§ 36. Der Einfluß der Spannung und des Antikathodenmaterials auf die Intensität und die Intensitätsverteilung. Die Abhängigkeit der totalen Intensität der Strahlung von dem Atomgewicht der Antikathode, die

[1]) A. W. Hull, Phys. Rev. **7**, 156, 1916.
[2]) A. W. Hull und M. Rice, Proc. Nat. Acad. **2**, 265, 1916.
[3]) D. L. Webster, Phys. Rev. **7**, 599, 1916.
[4]) H. Kulenkampff, Ann. d. Phys. **69**, 548, 1922.
[5]) F. C. Blake und W. Duane, Phys. Rev. **9**, 568, 1917; **10**, 93, 624, 1917.
[6]) E. Wagner, Ann. d. Phys. **57**, 401, 1918.
[7]) D. L. Webster und H. Clark, Proc. Nat. Acad. **3**, 181, 1917.
[8]) W. Duane, H. H. Palmer und Chi-Sun-Yeh, Phys. Rev. **18**, 98, 1921; Proc. Nat. Acad. **7**, 237, 1921.

schon von Röntgen entdeckt wurde, hat Kaye[1] (1908) studiert. Eine verbesserte Methode gab Beatty[2], die auch die Abhängigkeit von der Spannung (Kathodenstrahlengeschwindigkeit) untersuchte. Beatty zerlegte die Kathodenstrahlen in ein magnetisches Spektrum und ließ homogene Kathodenstrahlen durch einen Spalt hindurch auf die Antikathode treffen. Beatty kam zu dem Ergebnis, daß die totale Intensität etwa proportional mit dem Atomgewicht und mit der vierten Potenz der Kathodenstrahlengeschwindigkeit zunimmt. Für den Nutzeffekt η der Röntgenstrahlen (Röntgenstrahlenenergie dividiert durch die Energie der erregenden Kathodenstrahlen) fand Beatty

$$\eta = 2{,}54 \cdot 10^{-4} A \left(\frac{v}{c}\right)^2 \quad \cdots \cdots \cdots \cdots \quad (7)$$

wo A das Atomgewicht des strahlenden Elementes ist. Der Größenordnung nach stimmt dieses Resultat mit älteren Bestimmungen überein[3]. Wenn man in ein Gebiet kommt, wo auch die charakteristische Strahlung aufzutreten beginnt, geht der Zuwachs der Totalintensität etwas schneller. Von Duane und Shimizu[4] wurde an der Elementenreihe Fe–Cu gezeigt, daß — wie man auch erwarten möchte — die Proportionalität der Strahlung mit der Atomzahl und nicht mit dem Atomgewicht besteht.

In Fig. 1234 sind einige Kurven von Ulrey (mit Wolframantikathode erhalten) reproduziert[5].

Die Integration der Kurven gibt uns annähernd ein Maß für die Totalintensität (insofern diese durch die Ionisation gemessen wird). Ulrey fand in der Tat, daß die Totalintensität proportional mit V^2 und N wächst (V = Spannung, N = Ordnungszahl des Metalles der Antikathode). Die Form der Kurve bleibt für höhere Spannungen annähernd dieselbe, die Figur wird

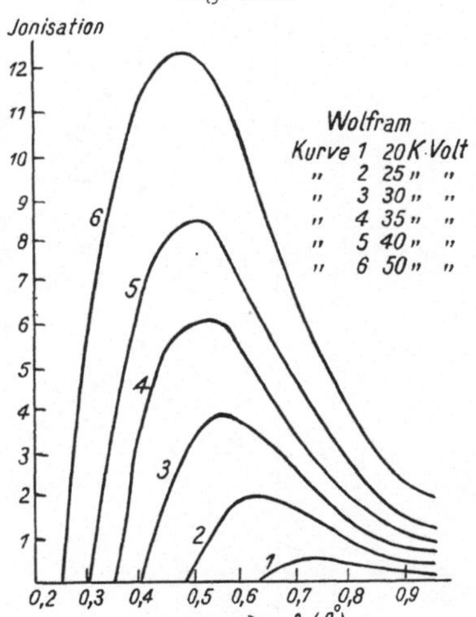

Das kontinuierliche Spektrum einer Wolframantikathode bei verschiedenen Erregungsspannungen nach Ulrey.

„gestreckt", dabei verschiebt sich jedoch die Wellenlänge der maximalen Intensität etwas nach kleineren Wellenlängen. (Ulrey fand für diese Wellenlänge eine annähernde Proportionalität mit $V^{1/2}$.)

Außerordentlich wichtige und schöne Versuche sind auf diesem Gebiet von Wagner und Kulenkampff[6] gemacht worden. Sie brachten für den Einfluß des reflektierenden Kristalles Korrektionen an und für die Strahlungs-

[1] G. W. C. Kaye, Trans. Roy. Soc. (A) 209. 137, 1908.
[2] R. T. Beatty, Proc. Roy. Soc. (A) 89, 314, 1913.
[3] Zum Beispiel M. Wien, Ann. d. Phys. 5, 991, 1905.
[4] W. Duane und T. Shimizu, Phys. Rev. 11, 491, 1918.
[5] C. T. Ulrey, ebenda 11, 401, 1918.
[6] E. Wagner und H. Kulenkampff, Ann. d. Phys. 68, 369, 1922.

absorption im Al Fenster, in der Luft und in der Antikathode und weiter
für den Fehler, der damit zusammenhängt, daß nicht alle Strahlung im Gase
der Ionisationskammer absorbiert wird. Um den entstellenden Einfluß des
reflektierenden Kristalles zu eliminieren, wurde das Reflexionsvermögen des
Kalkspats und des Steinsalzes in einem Wellenlängenbereich (1,39 bis 1,93 Å -E.)
eingehend studiert. Ähnliche Versuche über das letzte Thema liegen von
W. L. Bragg [1]) und seinen Mitarbeitern vor, für Steinsalz unter Benutzung
der Rh-$K\alpha$-Strahlung (0,615 Å.-E.), und von Davis und Stempel [2]) für Kalkspat in einem Gebiet 0,37 bis 0,79 Å.-E. Für Kalkspat ist das Reflexionsvermögen nahezu unabhängig von der Wellenlänge, bei Steinsalz nimmt es
mit wachsender Wellenlänge stark ab.

In seiner Münchener Doktorarbeit wurde dann von Kulenkampff die
Energieverteilung und ihre Abhängigkeit von der Spannung und von der

Fig. 1235.

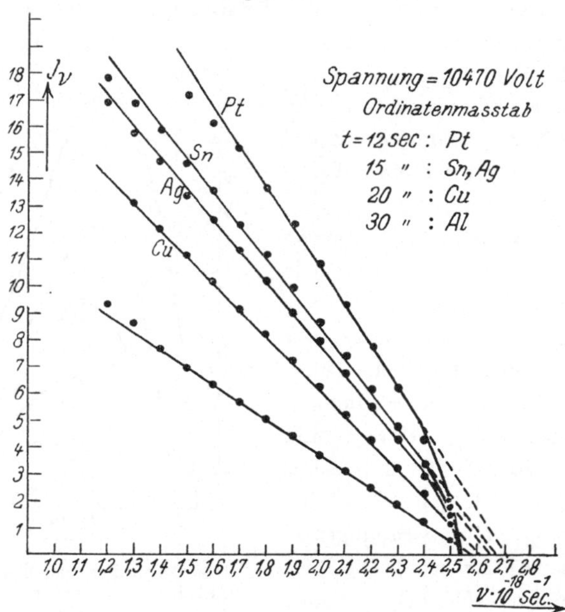

Intensitätsverteilungskurven bei verschiedenen Antikathodensubstanzen
nach Kulenkampff.

Atomzahl des „Strahlers" gegeben, wenn für alle die besprochenen Einflüsse
korrigiert worden ist. Er rechnete seine Resultate auf die Variablen J_ν und ν
um (die Intensität als Funktion der Frequenz; bei der Umrechnung gilt:

$$J_\nu \, d\nu = J_\lambda \, d\lambda, \text{ also } J_\nu = \frac{c}{\nu^2} J_\lambda = \frac{\lambda^2}{c} J_\lambda\Big) \cdot$$

Die erhaltene Intensitätsverteilung, die in Fig. 1235 abgebildet wird, ist
überraschend einfach: der Hauptsache nach wird sie durch eine gerade Linie

[1]) W. L. Bragg, Phil. Mag. **41**, 309, 1921; **42**, 1, 1921.
[2]) B. Davis und W. Stempel, Phys. Rev. **17**, 608, 1921; **19**, 504, 1922.

wiedergegeben. Die Neigung der Kurve ist etwa der Atomzahl proportional, d. h. also, die Intensität der Strahlung ist damit proportional.

Die Fig. 1236 gibt die Abhängigkeit von der Spannung bei demselben Element (Platin) wieder. Aus dem parallelen Verlauf dieser Kurven kann man im Zusammenhang mit dem Duane-Huntschen Gesetz ableiten, daß die Totalintensität mit V^2 wächst. Jedoch zeigen die Kurven nicht über ihre ganze Länge den einfachen geradenVerlauf; in der Nähe der Duane-Huntschen Grenzfrequenzen biegen sie nach der Abszissenachse um. Wenn man sie hier linear extrapolierte, würden sie die Abszissenachse bei einer Frequenz v' größer als die Duane-Huntsche Grenzfrequenz v_0 schneiden. Die Differenz $v' - v_0$ ist nahezu proportional der Ordnungszahl Z. Daß bei kleineren

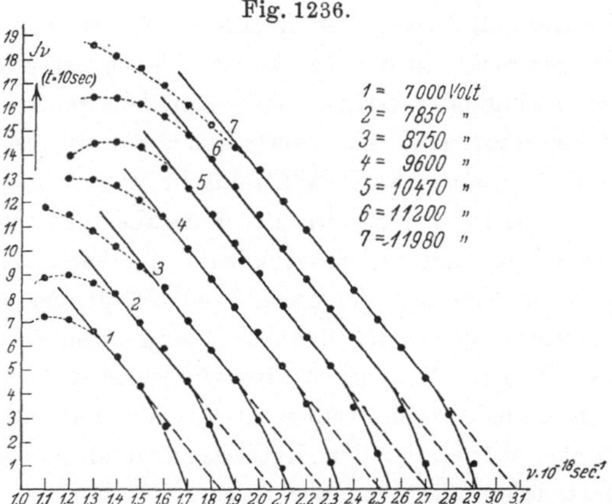

Fig. 1236.

Intensitätsverteilungskurven für verschiedene Spannungen und Platinantikathode nach Kulenkampff.

Frequenzen die Kurven auch wieder von der geraden Linie abbiegen (vor allem bei Platin), wird der starken Absorption in der Antikathode, welche sich schwierig genau in Rechnung setzen läßt, zugeschrieben.

Für die Energieverteilung gibt Kulenkampff folgenden analytischen Ausdruck:

$$I_v = C.Z\{(v_0 - v) + Zb\} \cdots\cdots\cdots (8)$$

der unterhalb der Grenzfrequenzen v_0 gilt. Die Konstanten C und b sind unabhängig von der Spannung und dem Antikathodenmaterial. Es wird dabei angenommen, daß der Kurvenanstieg bei v_0 plötzlich stattfindet. Kramers[1]) und Kulenkampff[2]) vermuten, daß die ideale Energieverteilung durch die einfache Formel

$$I_v = C.Z(v_0 - v) \cdots\cdots\cdots\cdots (9)$$

dargestellt wird, der „Knick" in der Kurve, mit dem das Glied mit Z^2 zusammenhängt, würde eine triviale Ursache haben (nämlich die „Rückdiffusion" der Kathodenstrahlen). Jedenfalls ist die dazu benötigte Korrektion nur gering.

Für die Wellenlänge der Maximalintensität findet Kulenkampff

$$\lambda_m = \frac{3}{2}\,\frac{\lambda_0}{1 + b/CZ\lambda_0}$$

oder näherungsweise

$$\lambda_m = {}^3/_2\,\lambda_0.$$

---

[1]) H. A. Kramers, Phil. Mag. **46**, 869, 1923.
[2]) H. Kulenkampff, Handb. d. Phys. **23**, 459. Berlin 1926.

§ 37. Die Polarisation und die Abhängigkeit vom Azimut. Die Versuche Barklas über die Polarisation der Bremsstrahlung, welche unter 90⁰ mit der Kathodenstrahlrichtung austritt, wurden schon in § 4 besprochen. Wie dort erwähnt, konnte Barkla nur einen Polarisationsgrad von 10 Proz., welcher also weit hinter der theoretisch erwarteten vollkommenen Polarisation zurückbleibt, nachweisen. Diese unvollkommene Polarisation ist der Richtungsänderung der Kathodenstrahlen beim Anprall an die Kathode zuzuschreiben. In der Tat konnten Wagner und Ott[1]) zeigen, daß, wenn der Geschwindigkeitsverlust der Kathodenstrahlen auf einmal stattfindet, der Polarisationsgrad viel höher ist. Sie untersuchten zu diesem Zwecke Reflexion an einer NaCl-Würfelfläche unter einem Glanzwinkel von 45⁰, einmal wenn die reflektierte Strahlung parallel dem Kathodenstrahl im Röntgenrohr verlief, einmal senkrecht dazu. Es handelt sich dabei um die Streuung eines bestimmten, schmalen Wellenlängenbereichs. Wenn die Spannung erniedrigt wurde und dadurch die gestreute Wellenlänge sich immer mehr der Duane-Huntschen Grenzfrequenz näherte, wuchs das Verhältnis der Reflexionsintensität senkrecht zu den Kathodenstrahlen, zu der Reflexionsintensität parallel den Kathodenstrahlen immer mehr und erreichte einen maximalen Wert von etwa 2,7.

Die Totalintensität in ihrer Abhängigkeit vom Azimut wurde von Loebe[2]) in einem sorgfältig ausgeführten Versuch bestimmt. Er bekam eine Minimum-

Fig. 1237.

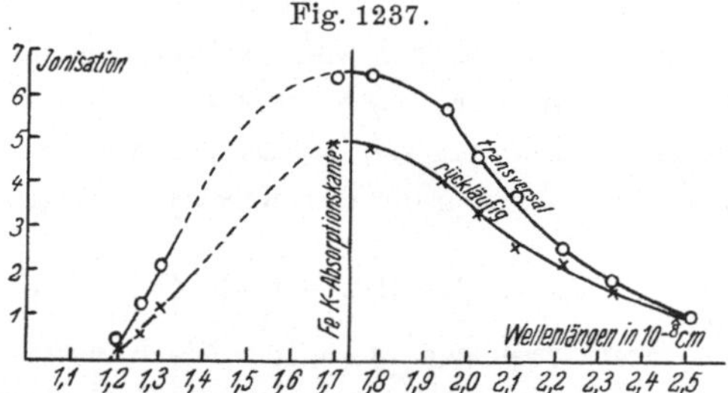

Intensitätsverteilungskurven in zwei verschiedenen Richtungen
relativ zu der Kathodenstrahlrichtung.

intensität beim Azimut 0, die Maximalintensität fand er bei einem Winkel kleiner als 90⁰. Dieser Winkel hängt, wie die Theorie[3]) es verlangt, von der Geschwindigkeit der Kathodenstrahlen ab.

Besonders interessant war die spektrale Intensitätsverteilung in ihrer Abhängigkeit vom Azimut. Nach der klassischen Auffassung könnte man hier eine Art Dopplereffekt erwarten[4]). Die erste experimentelle Bestimmung rührt von Wagner[5]) her. Er benutzte eine Röhre mit zwei Kathoden, die er abwechselnd gebrauchte. Er konnte in dieser Weise bequem unter

---

1) E. Wagner und P. Ott, Ann. de Phys. **85**, 425, 1928. Siehe auch H. Mark und L. Szilard, Zeitschr. f. Phys. **35**, 743, 1926.
2) W. W. Loebe, Ann. d. Phys. **44**, 1033, 1914.
3) A. Sommerfeld, Physik. Zeitschr. **10**, 969, 1909.
4) W. Wien, Ann. d. Phys. **18**, 991, 1905.
5) E. Wagner, Physik. Zeitschr. **21**, 621, 1920.

Winkeln von 90 und 150° beobachten. Es stellte sich heraus, daß die Duane-Huntsche Grenze nicht vom Azimut beeinflußt wird, wohl ändert sich die mittlere Härte im Sinne eines Dopplereffektes. Ähnliche Resultate erhielten Webster [1]) und Duane, Palmer und Chi-Sun-Yeh [2]). Die Fig. 1237 ist der Wagnerschen Arbeit entnommen.

§ 38. Theorie des kontinuierlichen Spektrums.

Schon in den ersten theoretischen Betrachtungen über das Entstehen des Röntgenspektrums ging man von der naheliegenden Annahme aus, daß das Spektrum entstehe, wenn ein freies Elektron von großer Geschwindigkeit in der Materie gebremst wird [3]). Nachdem das charakteristische Spektrum näher studiert war und es sich herausgestellt hatte, daß dessen Ursprung nicht in dieser Weise zu erklären ist, wurde der Name „Bremsspektrum" für das kontinuierliche Röntgenspektrum reserviert. Wenn die Kathodenstrahlen in die Antikathode eindringen, werden sie in doppelter Weise ihre Energie verlieren können. Erstens werden sie die Atome in ihrem Innern ionisieren, worauf von diesen Atomen ihr charakteristisches Spektrum ausgesandt wird. Zweitens werden die Kathodenstrahlen hauptsächlich durch die Atomkerne abgebogen, und dabei wird das kontinuierliche oder Bremsspektrum ausgesandt. Nach der klassischen Elektrodynamik würde die bei dem letzten Vorgang ausgestrahlte Energie sich über den ganzen Frequenzbereich von $v = 0$ bis $v = \infty$ kontinuierlich ausdehnen müssen. Experimentell ist aber sichergestellt, daß dem nicht so ist: der ausgestrahlte Frequenzbereich bricht bei der Maximalfrequenz $v = \dfrac{eV}{h}$ schroff ab (Duane-Huntsche Grenze). Aus dieser Eigentümlichkeit kann man ersehen, daß auch die Aussendung des kontinuierlichen Spektrums sich nicht mit Hilfe der klassischen Elektrodynamik beschreiben läßt. Vielmehr muß man annehmen, daß bei den einzelnen Prozessen die beiden Bohrschen Postulate zu gelten haben: das Elektron geht über nach einem stationären Zustand geringerer Energie und die dabei frei werdende Energie wird als eine monochromatische Welle hv ausgestrahlt. Da in dem betrachteten Falle die stationären Zustände einen Energiebereich kontinuierlich ausfüllen, wird auch die bei einer großen Anzahl solcher Prozesse ausgestrahlte Energie kontinuierlich über das Spektrum verteilt sein. Das Spektrum bricht ab bei einer Maximalfrequenz, diese wird bei dem Prozeß ausgesandt, in dem das Elektron mit einem Male seine ganze Energie verliert (Duane-Huntsche Grenze).

Eine genaue Theorie des kontinuierlichen Spektrums wird im Prinzip von der Quantenmechanik geliefert [4]). Von großer Bedeutung ist aber eine Arbeit von Kramers [5]), der, von dem Bohrschen Korrespondenzprinzip aus-

---

[1]) D. L. Webster, Phys. Rev. 18, 155, 1921; Bull. Nat. Res. Coune, Vol. I, Part 7, 1920.
[2]) W. Duane, H. N. Palmer und Chi-Sun-Yeh, Proc. Nat. Ac. Sc. Washington 7, 237, 1921.
[3]) J. J. Thomson, „Conduction of electricity through Gases". Cambridge 1907.
[4]) Ein erster Ansatz ist von J. R. Oppenheimer (Zeitschr. f. Phys. 41, 268, 1927) gemacht worden.
[5]) H. A. Kramers, Phil. Mag. 46, 836, 1923.

gehend, versucht hat, eine Theorie der Röntgenstrahlenabsorption und des kontinuierlichen Spektrums zu geben. Bei der Anwendung des Bohrschen Korrespondenzprinzips bringt man die Intensität, mit der eine gewisse Frequenz ν_S im Spektrum auftritt, in Zusammenhang mit den Koeffizienten eines korrespondierenden Termes in der Fourierentwicklung der Bewegung des Elektrons. Für diese korrespondierende Frequenz ν_B in der Bewegung wird die Frequenz $\nu_B = \nu_S$ gewählt[1]). Die quantentheoretische Intensitätsverteilung ist nun mit einer wichtigen Einschränkung gleich der klassischen Intensitätsverteilung. Die gestrichelte Kurve in Fig. 1238 gibt die von Kramers

Fig. 1238.

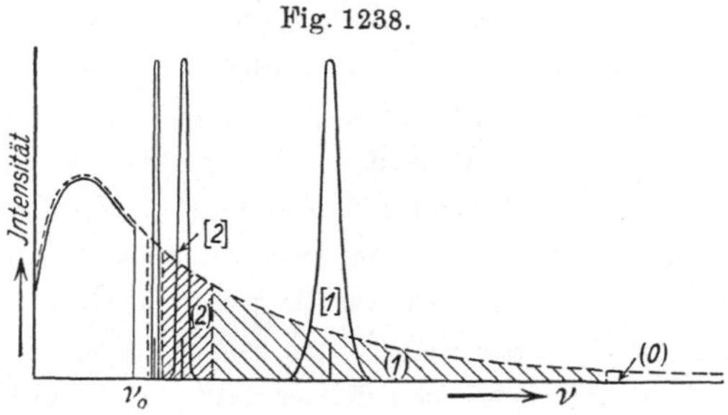

Klassische (gestrichelt) und quantentheoretische (ausgezogene) spektrale
Verteilungskurve nach Kramers.

berechnete Intensitätsverteilung für ein Elektron, das eine bestimmte Anfangsgeschwindigkeit v hat und dessen ursprüngliche Bewegungsrichtung in einer Distanz p vom Kern verläuft. Für Frequenzen kleiner als die Duane-Huntsche Grenzfrequenz ν_0 decken sich die quantentheoretische und klassische Intensitätsverteilung genau, bei dieser Grenzfrequenz bricht aber die erste schroff ab.

Das Spektrum jenseits dieser Grenze korrespondiert mit der Bindung des Elektrons in einem Atom, in dem die inneren Plätze unbesetzt sind. Quantentheoretisch wird hier ein Linienspektrum ausgesandt, die Intensitäten dieser Spektrallinien (Flächeninhalt [1], [2] usw.) sind je einem Teile des klassischen Spektralgebietes [schraffierte Teile (1), (2)] gleich. Dieses Linienspektrum kommt unter normalen Laboratoriumsbedingungen nicht zur Beobachtung; es hat aber eine große Bedeutung für die Kramerssche Theorie der Absorption (bei der Absorption findet der umgekehrte Prozeß statt).

Um zu einer empirisch wahrnehmbaren Intensitätsverteilung zu gelangen, hat man noch zweimal zu integrieren: einmal über alle möglichen Werte der Distanz p, zweitens über alle vorkommenden Geschwindigkeiten der Kathodenstrahlen. Bei dem Eindringen in die Antikathode werden die Kathodenstrahlen nämlich einen Geschwindigkeitsverlust erleiden. Um diesen in Rechnung zu setzen, wurde die Thomson-Whiddigtonsche Gleichung benutzt:

$$\frac{d\,v^4}{d\,x} = -a.$$

---

[1]) Eine andere Möglichkeit wurde von G. Wentzel (Zeitschr. f. Phys. **27**, 257, 1924) verfolgt.

x ist die Eindringungstiefe, a ist eine für das betreffende Antikathodenmaterial konstante Größe. Für die pro Elektron emittierte Strahlung der Frequenz ν findet Kramers:

$$I_\nu = \frac{8\pi}{3\sqrt{3l}}\frac{e^2 h}{c^3 m} Z(\nu_0 - \nu) \ldots\ldots\ldots\ldots (10)$$

wo l ein Zahlenfaktor von der Größenordnung 6 ist. Dieses Ergebnis deckt sich genau mit Kulenkampffs Formel (9), auch was den Zahlenfaktor betrifft. [C beträgt $(5 \pm 1{,}5) \cdot 10^{-50}$ nach Kulenkampff, $4{,}95 \cdot 10^{-50}$ nach Kramers.]

10. Die Dispersion der Röntgenstrahlen [1].

§ 39. Brechung und Totalreflexion. Abgesehen von der Dämpfung, lautet die klassische Dispersionsformel für den Fall, daß μ wenig verschieden von 1 ist:

$$\delta = 1 - \mu = \frac{e^2}{2\pi m}\sum_k \frac{N_k}{\nu^2 - \nu_k^2} \ldots\ldots\ldots\ldots (11)$$

hierin bedeutet μ den Brechungsindex für Strahlen der Frequenz ν, e und m sind Ladung und Masse des Elektrons, N_k ist die Zahl der Elektronen pro Volumeneinheit mit der Eigenfrequenz ν_k. Wenn, wie es im Röntgengebiet oft der Fall ist, für jede ν_k gilt:

$$\nu \gg \nu_k,$$

so reduziert sich (11) auf die einfache Formel:

$$\delta = \frac{e^2 N}{2\pi m}\frac{1}{\nu^2} = \frac{e^2 N}{2\pi m c^2}\lambda^2 \ldots\ldots\ldots\ldots (12)$$

wo N die totale Anzahl Elektronen pro Volumeneinheit bedeutet. Wenn wir für die Anzahl Elektronen pro Atom näherungsweise das halbe Atomgewicht einsetzen, so bekommen wir statt (12)

$$\delta = 1{,}36 \cdot \varrho \cdot \lambda_{\mathrm{\AA}}^2 \cdot 10^{-6} \ldots\ldots\ldots\ldots (13)$$

ϱ ist die Dichte der Substanz, $\lambda_{\mathrm{\AA}}^2$ die Wellenlänge in Å.-E. gemessen. δ ist im Röntgengebiet also positiv (der Brechungsindex ist kleiner als 1) und von der Größenordnung 10^{-6}.

Die Versuche, die gewöhnliche Brechung bei Röntgenstrahlen nachzuweisen, haben lange Zeit alle fehlgeschlagen. Die Tatsache der Brechung wurde zuerst als Abweichung des Braggschen Gesetzes bei der Kristallreflexion von Stenström [2] entdeckt und später von verschiedenen Forschern eingehend studiert. Wir werden auf diese Dispersionserscheinungen in Kristallen noch später zurückkommen und möchten zuerst die Dispersion in amorphen Medien behandeln.

Compton [3] kam auf den glücklichen Gedanken, nicht die Brechung, sondern die Totalreflexion in Angriff zu nehmen. Der Brechungsindex für Röntgenstrahlen ist kleiner als 1, man kann also das Phänomen der Totalreflexion erwarten, falls die Strahlung in den materieerfüllten Raum

---

[1] Vgl. auch Kap. XXVIII, § 51.
[2] W. Stenström, Doktordissertation Lund. 1919.
[3] A. H. Compton, Phil. Mag. **45**, 1125, 1923.

eintritt [1]). Da der Grenzwinkel für die Totalreflexion wenig von $\pi/2$ verschieden ist, findet man für den zugehörigen Glanzwinkel

$$\varphi_g = \sqrt{2\,\delta}.$$

φ_g ist also von der Größenordnung 10^{-3}. Es sind hier somit die Bedingungen im allgemeinen wesentlich günstiger als bei der eigentlichen Brechung.

Fig. 1239.

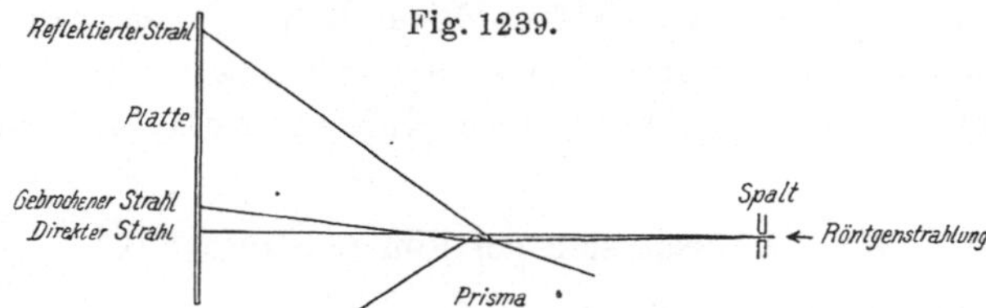

Schematische Anordnung des Brechungsversuches
von Larsson, Siegbahn und Waller.

In der Tat gelang es Compton, mit der ionometrischen Methode das Phänomen der Totalreflexion zu erhalten. Der gefundene Wert für φ_g stimmt mit dem aus (13) berechneten Werte ziemlich gut überein.

Die Brechung in einem Prisma wurde dann von Larsson, Siegbahn und Waller [3]) erhalten. Ist φ der Glanzwinkel beim Einfall, $\varDelta$ der Ablenkungswinkel wegen der Brechung, dann ist

$$cos\,\varphi = (1-\delta)\,cos\,(\varphi - \varDelta).$$

Hieraus ergibt sich nach leichter Umrechnung:

$$\varDelta^2 - 2\,\varDelta\,tg\,\varphi = -\,2\,\delta.$$

Wenn $\varphi \gg \varphi_g$, so ist $\varDelta = \delta\,cotg\,\varphi$, also ist in diesem Falle $\varDelta$ von derselben Größenordnung wie δ. Wenn φ aber nur wenig größer ist als φ_g, so nähert sich $\varDelta$ dem Werte $\sqrt{2\,\delta} = \varphi_g$. Um eine große Ablenkung zu bekommen, muß man also die Strahlung unter kleinem Glanzwinkel auf die Grenzfläche einfallen lassen. Man kann den Effekt noch vergrößern, wenn man ein Prisma mit sehr großem Brechungswinkel benutzt, so daß auch die zweite brechende Fläche unter kleinem Glanzwinkel getroffen wird. In diesem Falle wächst aber auch die Absorption sehr stark, so daß nur ein ganz kleiner Teil des Prismas ausgenutzt wird. Die von Larsson, Siegbahn und Waller benutzte Anordnung ist in der Fig. 1239 schematisiert. Die damit erhaltene Aufnahme gibt die Fig. 1240 wieder.

Fig. 1240 [2]).

—reflektierter Strahl

—Fe $K\alpha$ }
—Cu $K\alpha$ } gebrochene Strahlen

—direkter Strahl

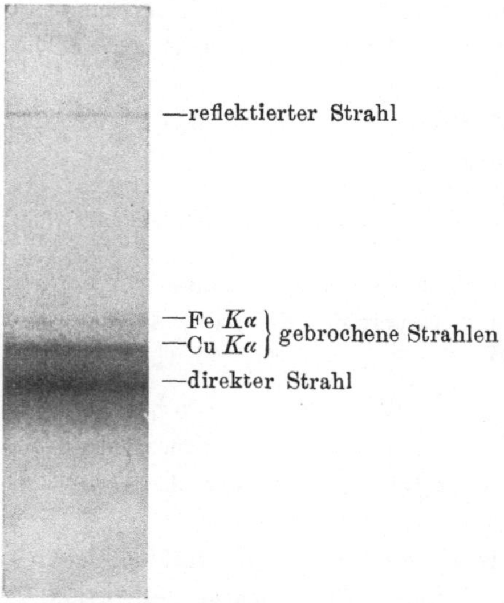

Mit Prisma erhaltenes Röntgenspektrum
nach Larsson, Siegbahn und Waller.

[1]) A. Einstein, Verh. d. D. Phys. Ges. **20**, 86, 1918.
[2]) Mit frdl. Erlaubnis des Verlages Jul. Springer, Berlin, nach Naturwiss. Bd. 12.
[3]) A. Larsson, M. Siegbahn und J. Waller, Naturwiss. **12**, 1212, 1924.

§ 40. Einfluß der Absorption. Prins[1]) hat darauf hingewiesen, daß bei den besprochenen Phänomenen auch die Absorption der Strahlung einen merklichen Einfluß hat, so daß man eigentlich nicht von Totalreflexion im gewöhnlichen Sinne reden darf. Man kann die Absorption in Rechnung setzen, wenn man in den Fresnelschen Formeln einen komplexen Brechungsindex einsetzt:

$$\mu = 1 - \delta - i\,\varepsilon.$$

$2\,\varepsilon$ ist der Absorptionskoeffizient für die Energie pro $1/2\,\pi$ Wellenlänge.

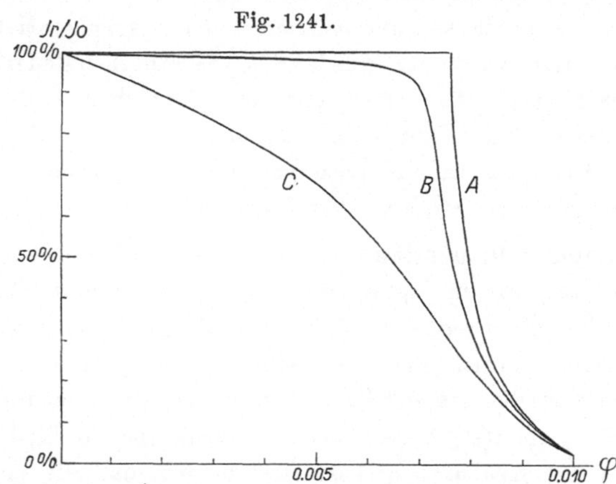

Fig. 1241.

Theoretisch reflektierte Intensitäten als Funktion des Glanzwinkels nach Prins.
$A : 2\,\varepsilon = 0;\quad B : 2\,\varepsilon = 0{,}2 \cdot 10^{-5};\quad C : 2\,\varepsilon = 1{,}5 \cdot 10^{-5}.$

Fig. 1242.

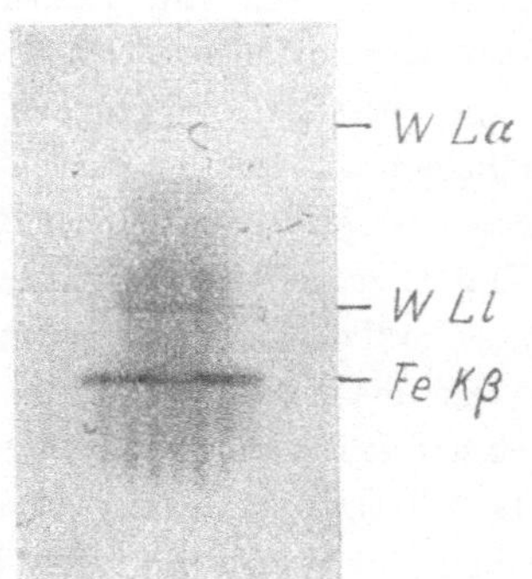

Einfluß der Absorption auf die Reflexion nach Prins. Das Spektrum wurde mit einem Gipskristall entworfen. Von oben nach unten sieht man sukzessiv:

W $L\alpha$ (λ = 1473 X.-E.), W Ll (1675), Fe $K\beta$ (1753).

Die K-Kante des Eisens liegt bei 1739 X.-E. Die Höhe des Spektrums (in der Figur in horizontaler Richtung) mißt den maximalen Glanzwinkel der Reflexion. Die vertikalen Streifen rühren von Unebenheiten der benutzten Eisenplatten her.

Für das Verhältnis der Intensitäten der reflektierten und einfallenden Strahlung bekommt man bei kleinem Glanzwinkel φ

$$\frac{J_r}{J_0} = \left\{ \frac{\left| \varphi - \sqrt{\varphi^2 - 2\,\delta - 2\,i\,\varepsilon} \right|}{\left| \varphi + \sqrt{\varphi^2 - 2\,\delta - 2\,i\,\varepsilon} \right|} \right\}^2 \quad \ldots \ldots \ldots (14)$$

Die Fig. 1241 gibt eine graphische Darstellung dieses Verhältnisses als Funktion des Glanzwinkels φ, für $2\,\varepsilon = 0$, für $2\,\varepsilon = 1{,}5 \cdot 10^{-5}$ und für $2\,\varepsilon = 0{,}2 \cdot 10^{-5}$, während $2\,\delta = 8 \cdot 10^{-5}$.

---

[1]) J. A. Prins, Nature 6. August 1927; Zeitschr. f. Phys. **47**, 479, 1928.

Die letzten Werte gelten etwa für die Absorption im Eisen, wenn die Wellenlänge etwas kürzer bzw. länger als die K-Absorptionsgrenze des Eisens ist. In der Tat ist es Prins gelungen, diesen Einfluß der Absorption auch experimentell nachzuweisen. Benutzt wurde die Reflexion an einer polierten Eisenplatte, die reflektierte Strahlung wurde nach der Methode der „gekreuzten Spektren" wieder mit einem Kristall zerlegt. Beim Überschreiten der K-Absorptionsgrenze des Fe in Richtung der kürzeren Wellen sieht man den Reflexionsbereich sprunghaft abnehmen, wie aus Fig. 1242 ersichtlich ist. Die vertikalen Streifen verdanken ihr Entstehen der speziellen Methode, welche von Prins benutzt wurde (es wurde mit wiederholter Reflexion in einem Eisenspalt gearbeitet). Abgesehen von der plötzlichen Änderung an der Absorptionsgrenze, ist der Grenzwinkel der Reflexion (insoweit man mit Hinsicht auf den Absorptionseinfluß noch von diesem reden darf), wie man aus dem Obigen zu erwarten hat, etwa mit λ proportional.

§ 41. Anomale Dispersion. In der Nähe der Absorptionsgrenze selbst hat man außerdem, wie im optischen Gebiet, eine „anomale Dispersion" zu erwarten. Wenn die Frequenz ν sich der Eigenfrequenz der Elektronen nähert, wird nach Formel (11) der Brechungsindex positiv unendlich groß, falls man sich von der „roten" Seite nähert; negativ unendlich groß, falls man sich von der „violetten" Seite nähert. Es wurde aber von H. A. Kramers[1]), Kronig[2]) und von Kallman und Mark[3]) betont, daß die Verhältnisse im Röntgengebiet wesentlich anders liegen, und daß man die Formel (11) bei der Dispersion der Röntgenstrahlen nicht ohne weiteres anwenden darf. Im optischen Gebiet hat man mit scharfer Linienabsorption zu tun, dem entsprechen im klassischen Ersatzmodell für die Dispersion monochromatische Resonatoren. Im Röntgengebiet setzt die Absorption bei einer bestimmten Frequenz ein und breitet sich kontinuierlich bis ins Unendliche aus. Im klassischen Ersatzmodell haben wir hier somit auch die Resonatoren kontinuierlich über das ganze Absorptionsgebiet zu verteilen. Hat man mit der auffallenden Frequenz die Absorptionsgrenze überschritten, so besitzt ein Teil der „Ersatzresonatoren" eine höhere, ein Teil aber auch eine niedrigere Frequenz. Sie werden also auf die Dispersion einen gegenseitigen Einfluß haben; das Resultat ist, wie die Rechnung lehrt, daß der Brechungsindex, wenn man sich der Grenze nähert, nicht so schnell zunimmt und überdies beim Passieren der Grenze das Vorzeichen nicht wechselt. Die Erscheinung wurde besonders von Prins[4]) experimentell und theoretisch studiert. An der harten Seite der Kante war die anomale Dispersion nicht festzustellen, weil der Absorptionseinfluß hier überwiegt. An der weichen Seite der Kante hingegen bekam er eine Art „Dispersionskurve", die sich sehr gut bei der theoretischen Kurve anschließt. Aus seinen Messungen scheint aber zu folgen, daß man

---

[1]) H. A. Kramers, Nature **117**, 775, 1926; siehe auch bei E. Hjalmar, Ann. d. Phys. **79**, 550, 1926, Fußnote.

[2]) R. de L. Kronig, Journ. opt. Soc. Amer. **12**, 554, 1926.

[3]) H. Kallman und H. Mark, Naturwiss. **14**, 648, 1926.

[4]) J. A. Prins, Zeitschr. f. Phys. **47**, 479, 1928 und Naturwiss. **16**, 555, 1928; siehe auch R. Forster, Naturwiss. **15**, 969, 1927 und Helvetica physica acta I, S. 18.

die Totalanzahl der „K-Ersatzresonatoren" pro Atom kleiner als 2 (für Fe etwa 1,2) anzunehmen hat. Es sei bemerkt, daß man zu der gleichen Anzahl „K-Ersatzresonatoren" pro Atom geführt wird, wenn man mit ihrer Hilfe die Absorption darstellen will [1]) (vgl. R. de L. Kronig l. c.).

Auch bei der Kristallreflexion meint Hjalmar [2]) ein Anzeichen für anomale Dispersionserscheinungen gefunden zu haben.

§ 42. Interferenzerscheinungen an optischen Gittern bei Reflexion.

Ein vielversprechender Nebenerfolg der Totalreflexion wurde ebenfalls von Compton [3]) gefunden. Bei Benutzung eines optischen Plangitters als reflektierende Ebene findet man bei streifender Inzidenz innerhalb des Winkels der Totalreflexion auch Interferenzerscheinungen. Man kann aus der Lage dieser Interferenzmaxima und der Strichdistanz des Gitters die Wellenlänge des Röntgenlichtes ohne Zuhilfenahme eines Kristallgitters messen. Besonders scharfe Aufnahmen wurden nach dieser Methode bei Benutzung eines auf Glas geritzten Gitters von Thibaud [4]) erhalten. Thibaud fand für die Wellenlänge der Cu-$K\alpha$-Linie 1,540 Å.-E., was sehr schön mit dem nach der Braggschen Methode bestimmten Wert (1,53730 nach Siegbahn) übereinstimmt.

§ 43. Abweichungen vom Braggschen Gesetz.

Wie schon oben erwähnt wurde, sind die Dispersionserscheinungen im Röntgengebiet zuerst bei der Kristallreflexion entdeckt worden. Eine Theorie dieser Erscheinungen wurde zuerst von Darwin [5]) aus der elementaren Braggschen Theorie der Kristallreflexion unter Bezugnahme auf die Brechung der eindringenden Strahlen und später auch von Ewald [6]) gegeben. Das uns hier interessierende Resultat, das übrigens schon in § 15 mitgeteilt wurde, lautet:

Die Kristallreflexion findet nach der elementaren Theorie statt bei einem Winkel $\varphi_0^{(n)}$, wo

$$2\,d\,sin\,\varphi_0^{(n)} = n\,.\,\lambda \quad (n \text{ ist eine ganze Zahl, die „Ordnung der Reflexion"}).$$

In Wirklichkeit hat man eine „Totalreflexion" in einem kleinen Winkelbereich symmetrisch um den ein wenig von $\varphi_0^{(n)}$ verschiedenen Winkel $\varphi^{(n)}$, wo

$$\varphi^{(n)} - \varphi_0^{(n)} = \frac{2\,\delta}{sin\,2\,\varphi_0^{(n)}} \quad \cdots\cdots\cdots\cdots \quad (15)$$

In diesem Ausdruck ist δ die in Formel (11) definierte Größe

$$\delta = 1 - \mu.$$

Aus (15) findet man nach einer kleinen Umrechnung

$$\frac{sin\,\varphi^{(n)}}{n} = \frac{sin\,\varphi_0^{(n)}}{n} + \frac{\delta}{n\,.\,sin\,\varphi_0^{(n)}} = \frac{\lambda}{2\,d}\left(1 + \delta\,\frac{4\,d^2}{n^2\,\lambda^2}\right).$$

---

[1]) Für eine Theorie dieses Phänomens siehe R. Kronig und H. A. Kramers, Zeitschr. f. Phys. **48**, 174, 1928.

[2]) E. Hjalmar, Ann. d. Phys. **79**, 550, 1926.

[3]) A. H. Compton und R. L. Doan, Proc. Nat. Ac. of Sc. Washington **11**, 598, 1925.

[4]) J. Thibaud, Journ. d. Phys. et le Radium **8**, 447 und 484, 1927; Nature **121**, 321, 1928; siehe auch E. Bäcklin, Doktordissertation Upsala, 1928.

[5]) C. G. Darwin, Phil. Mag. **27**, 315, 675, 1914; **43**, 800, 1922.

[6]) P. Ewald, Ann. d. Phys. **54**, 519, 1918; Zeitschr. f. Phys. **30**, 1, 1924.

Die Abweichungen von dem Braggschen Gesetz nehmen also bei höheren Ordnungsspektren wie $1/n^2$ ab. Gerade dadurch wurde sie das erstemal von Stenström gefunden. Systematisch wurde sie von Hjalmar[1]), Siegbahn[2]) und Bergen-Davis[3]) und seinen Mitarbeitern untersucht. Die Übereinstimmung der experimentellen Ergebnisse mit der Theorie ist befriedigend.

11. Schwächung der Röntgenstrahlung in der Materie; sekundäre Strahlung.

§ 44. Absorption. In den §§ 2, 3 und 20 wurden schon einige typische Merkmale der Röntgenstrahlabsorption behandelt. Wir geben (Tabelle 10) hier für den praktischen Gebrauch noch eine dem Siegbahnschen Buche entnommene Tabelle für den Massenabsorptionskoeffizienten μ/ϱ (μ Absorptionskoeffizient, ϱ Dichte der absorbierenden Substanz)[4]).

Der Energieverlust der Röntgenstrahlen in der Materie ist zwei verschiedenen Prozessen zuzuschreiben. Der erste ist ein photoelektrischer Prozeß, es wird ein $h\nu$ aus dem Strahlungsfeld absorbiert, demzufolge wird ein Elektron aus dem Atominnern entfernt. Das Elektron bekommt eine kinetische Energie T, welche der Einsteinschen Gleichung genügt:

$$h\nu = T + W.$$

W ist die Entfernungsarbeit des Elektrons, also gleich einem mit h multiplizierten Röntgenterm (siehe § 23). Bei dem zweiten Prozeß findet eine Richtungsänderung (Streuung) der ursprünglichen Welle statt. Dies kann noch auf zwei Weisen geschehen: 1. mit Erhaltung der ursprünglichen Frequenz (gewöhnliche oder klassische Streuung); 2. mit Änderung der ursprünglichen Frequenz (Compton-Streuung). Im letzten Falle entstehen die „Rückstoßelektronen", die einen Teil der Energie der ursprünglichen Welle aufnehmen.

Entsprechend diesen zwei Prozessen (photoelektrischer Effekt und Streuung) kann man in dem empirisch bestimmten „Schwächungskoeffizienten" zwei Terme unterscheiden:

$$\mu = \tau + \sigma.$$

τ ist der „wahre Absorptionskoeffizient", σ ist der „Streuungskoeffizient". Wenn man es nicht mit sehr harter Strahlung und leichten Elementen zu tun hat, ist σ klein gegenüber τ.

Wie schon in § 20 betont wurde, nimmt die Größe τ im allgemeinen mit abnehmender Wellenlänge stark ab. Wenn aber eine Absorptionsgrenze des Absorbers überschritten wird, nimmt die wahre Absorption sprungweise zu, um weiterhin wieder mit abnehmender Wellenlänge abzunehmen. Ein gutes Bild dieser Verhältnisse gibt die von Compton[5]) erhaltene Fig. 1243 für die Absorption in Platin.

---

[1]) E. Hjalmar, Zeitschr. f. Phys. **15**, 65, 1923.
[2]) M. Siegbahn, Compt. rend. **173**, 1350, 1921.
[3]) Bergen-Davis und H. M. Terril, Proc. Nat. Ac. of Sc. Washington **8**, 357, 1922; Bergen-Davis und R. v. Nardoff, ebenda **10**, 60, 384, 1924; C. C. Hatley, Phys. Rev. **24**, 486, 1924.
[4]) Eine sehr vollständige Zusammensetzung findet man bei E. Jönsson, Doktordissertation Upsala, 1928.
[5]) A. H. Compton, Bull. Nat. Res. Counc. **4**, Nr. 20, 1922.

Tabelle 10.

Massenabsorptionskoeffizienten und Halbwertschichten für verschiedene Wellenlängen in verschiedenen Substanzen.

λ Å.-E.	Luft bei 0°, 760 mm		H$_2$O		C		Al		Cu		Ag		Pb	
	μ/ϱ	$d_{1/2}$	μ/ϱ	$d_{1/2}$	μ/ϱ	$d_{1/2}$	μ/ϱ	$d_{1/2}$	μ/ϱ	$d_{1/2}$	μ/ϱ	$d_{1/2}$	μ/ϱ	$d_{1/2}$
0,1	—	—	0,169	4,04	0,1445	2,08	0,170	1,51	—	—	1,0	0,066	1,66	0,036 9
0,2	—	—	0,204	3,34	0,172	1,75	0,263	0,977	1,53	0,050 8	6,166	0,010 7	3,98	0,015 4
0,3	—	—	0,261	2,61	0,1997	1,5	0,537	0,478	4,57	0,017	18,2	0,003 62	14,1	0,004 34
0,4	—	—	0,355	1,92	0,240	1,25	1,05	0,244	10,0	0,007 78	38,45	0,001 71	32,74	0,001 87
0,5	0,457	1170	0,501	1,36	0,302	0,997	2,04	0,126	19,3	0,004 03	11,75	0,005 61	66,1	0,000 927
0,6	0,741	723	0,708	0,965	0,398	0,756	3,236	0,079 5	32,36	0,002 48	19,5	0,003 38	115	0,000 533
0,7	1,1	487	1,0	0,692	0,525	0,574	5,01	0,051 3	50,1	0,001 55	29,9	0,002 2	182	0,000 336
0,8	1,53	350	1,43	0,477	0,708	0,426	7,31	0,035 2	72,45	0,001 07	43,4	0,001 52	—	—
0,9	2,11	254	2,01	0,339	1,06	0,284	10,4	0,024 7	104,6	0,000 744	61,4	0,001 074	—	—
1,0	2,754	195	2,71	0,252	1,25	0,24	14,13	0,018 2	133	0,000 580	81,9	0,000 806	—	—
1,5	7,76	69	8,63	0,079 2	3,69	0,081 6	45,7	0,005 6	46	0,001 65	257	0,000 256	—	—
2,0	16,4	32,7	19,95	0,034 2	8,4	0,035 8	107	0,002 4	100	0,000 776	582	0,000 113	—	—
2,5	29,9	17,9	39,1	0,017 5	15,8	0,019 1	211	0,001 22	—	—	112,2	0,000 588	—	—
3,0	47,9	11,2	66,4	0,010 3	26,2	0,011 5	357	0,000 72	—	—	187	0,000 353	—	—
3,5	71,5	7,5	104	0,006 83	40,2	0,007 5	562	0,000 457	—	—	—	—	—	—
4,0	101	5,3	152	0,004 49	58,5	0,005 15	832	0,000 309	—	—	—	—	—	—
4,5	138	3,9	214	0,003 19	80,6	0,003 74	1180	0,000 218	—	—	—	—	—	—
5,0	182	2,9	295	0,002 31	109,6	0,002 75	1622	0,000 158	—	—	—	—	—	—
6,0	291	1,84	501	0,001 36	181	0,001 66	2754	0,000 093	—	—	—	—	—	—
7,0	466,5	1,23	794	0,000 86	276	0,001 09	3435	0,000 075	—	—	—	—	—	—
8,0	616,6	0,87	1170	0,000 58	404	0,000 745	—	—	—	—	—	—	—	—
9,0	851	0,63	1660	0,000 41	564	0,000 535	—	—	—	—	—	—	—	—
10,0	1120	0,478	2260	0,001 302	759	0,000 397	—	—	—	—	—	—	—	—

Die Absorption einer Frequenz, die härter ist als die K-Kante des absorbierenden Elementes, kann man darstellen als die Summe einer K-, L_I-, L_II-, L_III- usw. Absorption, je nachdem der Zustand, in dem das Atom zurückbleibt, mit einem K-, L_I-, L_II-, L_III- usw. Röntgenterm korrespondiert. Von der Größe dieser Teilabsorptionen bekommt man einen Eindruck, wenn man die Absorptionskurve beim Überschreiten der Kante extrapolatorisch fortsetzt. Die Differenz der extrapolierten Kurvenhöhe und der wirklichen Kurvenhöhe ist die mit der Kante korrespondierende Teilabsorption.

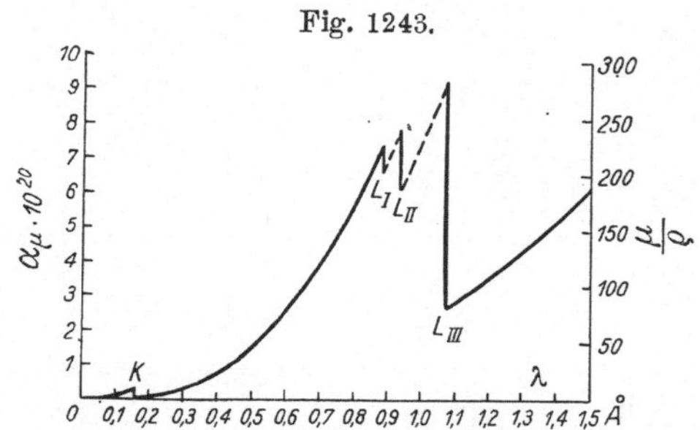

Fig. 1243.

Absorptionskoeffizient von Platin als Funktion der Wellenlänge nach Compton.

In die Theorie der Absorption der Röntgenstrahlen führt man oft die Atomkonstante $\alpha_\mu = \dfrac{\mu \cdot A}{\varrho\, n}$, den atomaren Absorptionskoeffizienten, ein (A Atomgewicht, n Loschmidtsche Zahl pro Mol). Sie hat die Dimension einer Oberfläche, wir können sie mit Lenard den effektiven Querschnitt für die Absorption eines Atoms nennen und ihre Bedeutung in der folgenden Weise auffassen: die Strahlungsmenge, die auf diesen Querschnitt fällt, wird ganz aus dem ursprünglichen Strahlungsbündel herausgenommen.

Auch den atomaren Absorptionskoeffizienten können wir wieder als die Summe zweier Terme darstellen:

$$\alpha_\mu = \alpha_\tau + \alpha_\sigma.$$

α_τ ist der wahre atomare Absorptionskoeffizient, α_σ ist der atomare Streuungskoeffizient.

Für die Größe α_μ ist von verschiedenen Verfassern eine empirische Formel folgender Form vorgeschlagen worden:

$$\alpha_\mu = C \cdot Z^k \cdot \lambda^l + D(Z) \quad\cdots\cdots\cdots\cdots (16)$$

Z ist die Atomzahl, λ die Wellenlänge; für k und l findet man Werte in der Nähe von 4 bzw. 3. Richtmyer[1] gibt die Formel

$$\alpha_\mu = C \cdot Z^4 \lambda^3 + D(Z) \quad\cdots\cdots\cdots\cdots (17)$$

wo $D(Z)$ für leichtere Elemente wenig von dem Thomsonschen theoretischen Wert für α_σ abweicht (siehe § 46). Für Strahlung härter als die K-Grenze findet Richtmyer $C = 0{,}0229\ \mathrm{cm}^{-1}$, Wingårdh[2] findet für $\lambda < 0{,}35$ Å an der harten Seite der K-Grenze $C = 0{,}0244$ und einen 5- bis 7 mal kleineren Wert an der weichen Seite der K-Grenze, für $D(Z)$ findet er $3 \cdot 10^{-26} \cdot Z^{2\,3})$.

Eine Quantentheorie der Röntgenstrahlenabsorption wurde von Kramers[4] in derselben schon in § 38 besprochenen Arbeit gegeben, in der auch das

[1]) F. K. Richtmyer, Phys. Rev. 18, 13, 1921.
[2]) K. A. Wingårdh, Zeitschr. f. Phys. 8, 365, 1922.
[3]) Vgl. auch die neuen Messungen von F. Jönssen, Diss. Uppala, 1928.
[4]) H. A. Kramers, Phil. Mag. 46, 836, 1923.

kontinuierliche Spektrum behandelt wurde. Für den wahren Absorptionskoeffizienten α_τ findet er

$$\alpha_\tau = C' . Z^4 . \lambda^3 \quad \cdots\cdots\cdots\cdots\cdots\cdots \quad (18)$$

wo C' von derselben Größenordnung ist wie der numerische Faktor in
Formel (16). Wir können hier von dieser Theorie nur einige Hauptzüge
angeben.

Kramers betrachtet ein Gas in einem abgeschlossenen Hohlraum im
Gleichgewicht mit einem Strahlungsfeld. Ein gewisser Bruchteil der Atome
ist ionisiert, es ist also auch eine gewisse Anzahl freier Elektronen im Hohlraum. Es werden nun die folgenden zwei einander aufhebenden Prozesse
betrachtet.

Prozeß I. Ein Atom absorbiert aus dem Strahlungsfeld ein Quantum $h\nu$;
ein Elektron, z. B. ein K-Elektron, wird dabei aus dem Atom entfernt und
fliegt mit der kinetischen Energie

$$T = h\nu - W_K \quad \cdots\cdots\cdots\cdots\cdots \quad (19)$$

weiter, wo W_K die Arbeit ist, die man braucht, um das K-Elektron aus dem
Atom herauszuheben.

Prozeß II. Ein freies Elektron mit der Geschwindigkeit v wird von
einem ionisierten Atom aufgenommen, dabei wird eine Röntgenwelle ausgesandt, deren Frequenz gleichfalls nach der Gl. (19) bestimmt wird.

Es besteht nun ein thermodynamisches Gleichgewicht zwischen I und II
und dies gibt eine Relation zwischen den Wahrscheinlichkeiten beider Prozesse. Die Wahrscheinlichkeit für den Prozeß II wird von Kramers mit
Hilfe des Korrespondenzprinzips aus der klassischen Strahlungsformel für die
Bremsung eines Elektrons von einem Kerne abgeleitet (siehe § 38).

Ansätze für eine quantenmechanische Theorie der Röntgenstrahlen-
absorption sind von Wentzel[1]) und Oppenheimer[2]) gemacht worden.
Hierbei findet auch die Abhängigkeit von der Azimutalquantenzahl (siehe
S. 2093) einen Ausdruck.

§ 45. Sekundäre Strahlung.

Die Absorption von Röntgenstrahlen
bringt die Aussendung sekundärer Strahlen zweierlei Art mit sich: 1. sekundäre β-Strahlen, 2. Röntgenfluoreszenzstrahlung.

1. Die kinetische Energie T der β-Strahlen läßt sich durch magnetische
Zerlegung bestimmen. Das erhaltene Resultat läßt sich unter Benutzung der
Einsteinschen Gleichung [Formel (19)] in zwei Weisen verwerten: es wird
entweder die Ablösungsarbeit W (Energieterm des Röntgenspektrums) be-
stimmt, falls ν bekannt ist, oder es wird die Frequenz ν der absorbierten
Strahlung aus W berechnet. In der letzten Weise haben L. Meitner[3]) und
C. D. Ellis[4]) die γ-Strahlspektren der radioaktiven Elemente bestimmen

[1]) G. Wentzel, Zeitschr. f. Phys. **40**, 574, 1927.
[2]) J. R. Oppenheimer, ebenda **41**, 268, 1927.
[3]) L. Meitner, Zeitschr. f. Phys., vor allem **17**, 54, 1923. Siehe auch Ergebnisse der exakten Naturwissenschaften **3**, 160, 1924.
[4]) C. D. Ellis, Proc. Roy. Soc. London (A) **99**, 261, 1921; **101**, 1, 1922.

können, in der ersten Weise wurden die β-Strahlspektren von de Broglie[1]) und Robinson[2]) benutzt. Fig. 1244 zeigt eine von de Broglie erhaltene Aufnahme mit W-$K\alpha$- und W-$K\beta$-Strahlung als Primärstrahlung und Ag als Sekundärstrahler. Das verwaschene Aussehen der Bande nach der Seite der kleineren Geschwindigkeiten ist dem Umstande zuzuschreiben, daß die β-Strahlen in verschiedener Tiefe erregt werden und beim Verlassen des Silbers mehr oder weniger gebremst werden; nach höheren Geschwindigkeiten hingegen ist die Begrenzung scharf. Es wurde auch das K-Spektrum des

Fig. 1244 [3]).

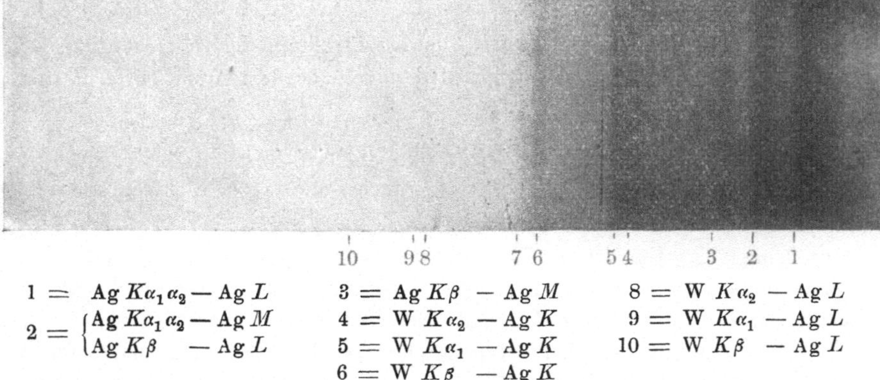

10   9 8   7 6   5 4   3   2   1

$1 = \mathrm{Ag}\, K\alpha_1\alpha_2 - \mathrm{Ag}\, L$	$3 = \mathrm{Ag}\, K\beta\ -\mathrm{Ag}\, M$	$8 = \mathrm{W}\ K\alpha_2 - \mathrm{Ag}\, L$
$2 = \begin{cases}\mathrm{Ag}\, K\alpha_1\alpha_2 - \mathrm{Ag}\, M\\ \mathrm{Ag}\, K\beta\ -\mathrm{Ag}\, L\end{cases}$	$4 = \mathrm{W}\ K\alpha_2 - \mathrm{Ag}\, K$	$9 = \mathrm{W}\ K\alpha_1 - \mathrm{Ag}\, L$
	$5 = \mathrm{W}\ K\alpha_1 - \mathrm{Ag}\, K$	$10 = \mathrm{W}\ K\beta\ -\mathrm{Ag}\, L$
	$6 = \mathrm{W}\ K\beta\ -\mathrm{Ag}\, K$	

β-Strahlspektrum nach de Broglie (W-K-Strahlung, Ag als Sekundärstrahler).

Silbers selbst angeregt. Daß die entsprechenden β-Strahllinien (1 und 2) so stark auftreten, hat seinen Grund wohl darin, daß eine sehr große Wahrscheinlichkeit dafür besteht, daß sie wieder in demselben Atom unter Aussendung eines L- oder M-Elektrons absorbiert werden. Den letzten Prozeß kann man mit Rosseland[4]) auch als einen „strahlungslosen" Übergang interpretieren: Beim Übergang eines Elektrons nach einem leeren Platz in einer inneren Schale wird die freikommende Energie nicht für die Aussendung eines $h\nu$, sondern zum Ausstoßen eines Elektrons benutzt. Experimentell wurden diese strahlungslosen Übergänge besonders von Auger[5]) studiert, einen Ansatz für eine quantenmechanische Theorie gab Fuess[6]).

Eine Untersuchung des sekundären β-Spektrums ist umgekehrt auch sehr geeignet für eine Bestimmung der Röntgenniveaus. Besonders wertvolle Versuche sind in dieser Richtung von Robinson[7]) gemacht worden. Robinson fand überdies, daß die Teilabsorptionen L_I, L_II, L_III und ebenso die der M-Gruppe ihre relative Intensität mit zunehmender Frequenz stark ändern.

---

[1]) M. de Broglie, Journ. de Phys. 2, 265, 1921, Les Rayons-X. Paris 1922.
[2]) H. Robinson, Proc. Roy. Soc. London (A) **104**, 455, 1923; **113**, 282, 1926.
[3]) Mit freundl. Erlaubnis des Verlages Julius Springer, Berlin, nach Handb. der Physik in Geiger-Scheel, Bd. 23.
[4]) G. Rosseland, Zeitschr. f. Phys. **14**, 173, 1923.
[5]) P. Auger, Journ. d. Phys. **6**, 205, 1925.
[6]) E. Fuess, Zeitschr. f. Phys. **43**, 726, 1927.
[7]) H. Robinson, l. c.

Wenn die absorbierte Frequenz nur wenig härter als die der L-Kante ist, überwiegt die L_{III}- und ist die L_I-Absorption am schwächsten. Wenn v größer wird, ändert sich dieses Verhältnis allmählich zugunsten der L_I (bei Absorption einer Frequenz, die etwa 10 mal so groß ist als die L-Kanten überwiegt die L_I-Absorption bei weitem). Ähnliches gilt bei den M-Kanten,

Zu den gleichen Ergebnissen kamen L. Meitner und C. D. Ellis bei ihren γ-Strahlversuchen und Skinner[1]), als er versuchte, das charakteristische Röntgenspektrum eines Elementes in Fluoreszenz mit Primärstrahlung von verschiedener Härte anzuregen.

Hieraus läßt sich schließen, daß eine einfache Formel wie (17) für die Teilabsorption sicher nicht gelten kann, weil dabei, um obigen Versuchsergebnissen gerecht zu werden, auch der Einfluß der Azimutalquantenzahl der korrespondierenden Elektronengruppe zu berücksichtigen wäre. In seiner Theorie der Absorption hat Oppenheimer[2]) dies versucht.

2. Weil bei der Absorption von Röntgenstrahlen ein inneres Elektron aus dem Atom entfernt wird, ist das Atom jetzt imstande, sein eigenes charakteristisches Spektrum auszusenden. Dieses Spektrum unterscheidet sich im allgemeinen nicht prinzipiell von dem mittels Kathodenstrahlen angeregten Spektrum. Wie oben schon erwähnt wurde, konnte Skinner aber zeigen, daß die L-Linien, welche mit L_I kombinieren, relativ zu den L-Linien, die mit L_{II} oder L_{III} kombinieren, viel intensiver werden, falls die absorbierte Frequenz die L-Frequenzen immer mehr übertrifft. Einen merkwürdigen Unterschied fanden auch Coster und Druyvesteyn[3]) in der relativen Intensität der Linie zweiter Art (oder „Funkenlinie") $K\alpha_{3,4}$ bei Eisen, wenn einmal mit Kathodenstrahlen und einmal in Fluoreszenz erregt wurde. Für eine Erklärung dieses letzten Phänomens sei auf die diesbezügliche Literatur hingewiesen.

§ 46. Die Streuung.

Eine Theorie der Streuung wurde von J. J. Thomson gegeben. Er ging von der folgenden Voraussetzung aus: 1. Nur die Elektronen streuen in merklicher Weise; sie sind als Punktladungen aufzufassen. 2. Die von den Elektronen ausgesandten Sekundärstrahlen sind voneinander unabhängig. 3. Die Bindungskräfte des Elektrons im Atom können vernachlässigt werden.

Für die Abhängigkeit der zerstreuten Energiemenge vom Azimut der Beobachtungsrichtung fand Thomson[4])

$$I_\varphi = I_{\pi/2}(1 + \cos^2\varphi) \cdot \cdot \cdot \cdot \cdot \cdot \cdot \cdot \cdot \cdot \cdot \quad (20)$$

für die von einem Atom im ganzen zerstreute Energie

$$\alpha_\sigma = \frac{8\pi}{3}\frac{e^4 Z}{m^2 c^4} = 0{,}54 \cdot 10^{-24} Z \cdot \cdot \cdot \cdot \cdot \cdot \cdot \cdot \cdot \quad (21)$$

Z ist die Anzahl der Elektronen pro Atom, also die Ordnungszahl des Elementes.

---

1) H. W. B. Skinner, Proc. Cambr. Phil. Soc. **22**, Part III, p. 380, 1924.
2) J. R. Oppenheimer, Zeitschr. f. Phys. **41**, 268, 1927.
3) D. Coster und M. J. Druyvesteyn, ebenda **40**, 765, 1927.
4) J. J. Thomson, „Conduction of electricity through Gases". Cambridge 1907.

Die Gleichung (20) wurde von Barkla und Ayers[1]) bei Benutzung von mäßig weichen Röntgenstrahlen und Kohlenstoff als zerstreuende Substanz experimentell verifiziert. Ihre Meßresultate sind in der Fig. 1245 graphisch

Fig. 1245.

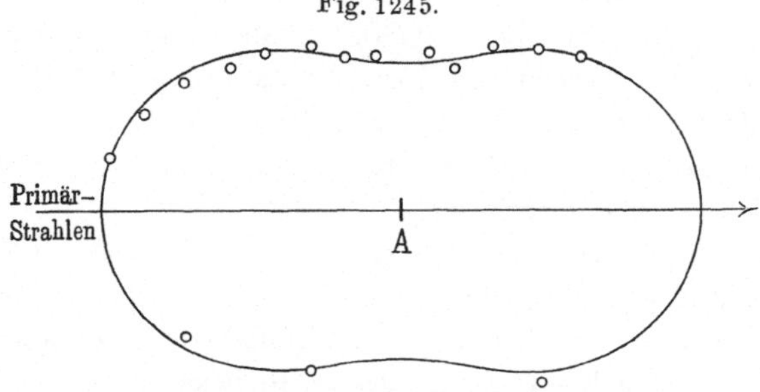

Verteilung der durch Streuung entstehenden
Sekundärstrahlung um den Ausgangspunkt A

dargestellt. Sie fanden in dem gegebenen Falle für Winkel größer als 40° eine gute Übereinstimmung mit der theoretischen Formel. Für die in Formel (20) auftretende Zahl Z fand Barkla richtig etwa die Hälfte des Atomgewichtes.

Bei Benutzung von Elementen höheren Atomgewichtes fanden verschiedene Verfasser (Owen, Crowther, Barkla und Dunlop), daß die Strahlung nicht mehr symmetrisch ist in bezug auf eine Ebene senkrecht zur Richtung der Primärstrahlen, wie es Formel (20) will, sondern daß nach vorwärts mehr zerstreut wird als nach rückwärts. Um diese Asymmetrie zu erklären, wurde von Debye[2]) eine ebenfalls auf der klassischen Elektrodynamik fußende Theorie gegeben, bei der aber von einer regelmäßigen Gruppierung der Elektronen im Atom („Elektronenringe") ausgegangen wurde. Die Quantenmechanik ist imstande, den Einfluß der endlichen Ausdehnung der Atome auf die Streuung ganz allgemein in Betracht zu ziehen[3]).

Eine weitere Schwierigkeit für die klassische Theorie der Streuung war die Tatsache, daß für sehr kurze Wellenlängen (γ-Strahlen) und leichte Atome die zerstreute Energie kleiner ist, als man nach der Thomsonschen Formel erwarten würde[4]). Compton[5]) und Schott[6]) haben dies dadurch zu erklären gesucht, daß sie annahmen, daß in diesem Falle die Dimensionen der Elektronen nicht mehr gegenüber der Wellenlänge der Strahlung zu vernachlässigen sind. Jetzt ist die besprochene Schwierigkeit durch die Theorie des Comptoneffekts (vgl. § 47) ganz beseitigt, ohne daß für die Elektronen so große Diameter anzunehmen wären[7]).

Über die Polarisation der gestreuten Strahlung siehe § 4.

---

[1]) C. G. Barkla und T. Ayers, Phil. Mag. 21, 270, 1911; C. G. Barkla, ebenda, S. 648.

[2]) P. Debye, Ann. d. Phys. 46, 809, 1915.

[3]) Vgl. J. Waller, Naturwiss. 15, 969, 1927.

[4]) M. Ishino, Phil. Mag. 33, 129, 1917; C. G. Barkla und M. P. White, ebenda 34, 275, 1917.

[5]) A. H. Compton, Phys. Rev. 14, 20, 1919.

[6]) G. A. Schott, Proc. Roy. Soc. 96, 695, 1920.

[7]) Vgl. H. Kallmann und H. Mark, „Der Comptonsche Streuprozeß". Ergebnisse der exakten Naturwissenschaften 5, 267, 1926.

§ 47. Der Comptoneffekt. Eine andere Komplikation für die klassische Theorie der Streuung bildeten die Beobachtungen, daß **die gestreute Energie oft weicher ist als die einfallende Strahlung.** Schon aus älteren Messungen[1]) war dies bekannt für die gestreute γ-Strahlung. Eine ähnliche Beobachtung wurde von Sadler und Mesham[2]) für die charakteristische Röntgenstrahlung verschiedener Elemente gemacht, wenn sie an Kohle gestreut wird. Ein neues Interesse gewannen diese Beobachtungen, als sie ihre quantentheoretische Deutung von Compton[3]) und, unabhängig von ihm, von Debye[4]) erhielten. Außerdem war Compton der erste, der diesen Effekt spektroskopisch nachwies.

Nach der elementaren Theorie des Comptoneffektes läßt sich die Wechselwirkung zwischen freien Elektronen und Strahlung als eine Art Stoßvorgang auffassen. Das Lichtquant hat eine Energie $h\nu$ und einen Impuls $\dfrac{h\nu}{c}$. Für diese Stoßvorgänge gelten die Erhaltungssätze von Energie und Impuls. Eine Energieänderung des Lichtquants geht mit einer Änderung seiner Frequenz Hand in Hand. Für die Wellenlängenänderung bekommt man aus einer elementaren Rechnung

$$\lambda - \lambda_0 = \varDelta\,(1 - \cos\vartheta) \quad\ldots\ldots\ldots\ldots\ldots (22)$$

λ_0 ist die primäre Wellenlänge, λ die gestreute Wellenlänge, $\varDelta = \dfrac{h}{mc}$ $= 0{,}0242$ Å.-E., ϑ ist der Winkel zwischen den Richtungen der primären und gestreuten Strahlung. Das anfangs ruhend gedachte Elektron fliegt weg unter einem Winkel ψ mit der primären Strahlungsrichtung, wo ψ mit dem Winkel ϑ zusammenhängt $\left(tg\,\psi = \dfrac{ctg\,\vartheta\,/\,2}{1 + \varDelta\,/\,\lambda_0} \right)$. Die Resultate sind nach Debye graphisch in der Fig. 1246 für den Fall $\lambda_0 = \varDelta$ dargestellt. Die gestreuten $h\nu$-Werte für verschiedene Werte des Azimuts sind nach oben abgetragen, die Energiewerte des Elektrons infolge des Stoßes nach unten. Die zusammengehörigen Richtungen für Lichtquant und Elektron sind in der Figur durch dieselben Zahlen angegeben.

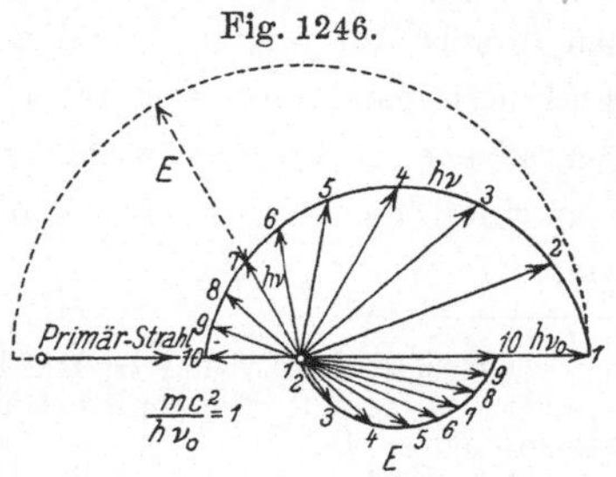

Fig. 1246.

Graphische Darstellung des Comptoneffekts nach Debye.

Da, wie aus Formel (22) hervorgeht, die Wellenlängenänderung unabhängig von der Wellenlänge selbst ist, wird man sie am ehesten bei kurzen Wellenlängen konstatieren können. Compton fand mit einem Ionisationsspektrographen bei senkrechter Zerstreuung für die Änderung der Mo-$K\alpha$-Linie in Übereinstimmung mit der Theorie etwa 3,4 Proz. Von Ross[5]) und

---

1) A. S. Eve, Phil. Mag. 8, 669, 1904; R. D. Kleeman, ebenda 15, 638, 1909; J. P. V. Madsen, ebenda 17, 423, 1909; D. H. C. Florance, ebenda 20, 921, 1910.
2) C. A. Sadler und P. Mesham, Phil. Mag. 24, 138, 1912.
3) A. H. Compton, Bull. Nat. Res. Counc. 4, Part 2, No. 20, 1922.
4) P. Debye, Physik. Zeitschr. 24, 161, 1923.
5) P. A. Ross, Phys. Rev. 22, 527, 1923.

anderen wurde später der Comptoneffekt auch mit photographischer Registrierung wahrgenommen. Die Fig. 1247 gibt eine Reproduktion einer Aufnahme von Kallmann und Mark[1]).

Bei der Ableitung der Formel (22) wird angenommen, daß die streuenden Elektronen ganz frei sind. Bei den Versuchen, die immer mit gebundenen Elektronen ausgeführt werden, tritt nun neben der verschobenen Linie auch eine unverschobene Linie auf (siehe Fig. 1247). Diese Linie ist um so inten-

Fig. 1247[2]).

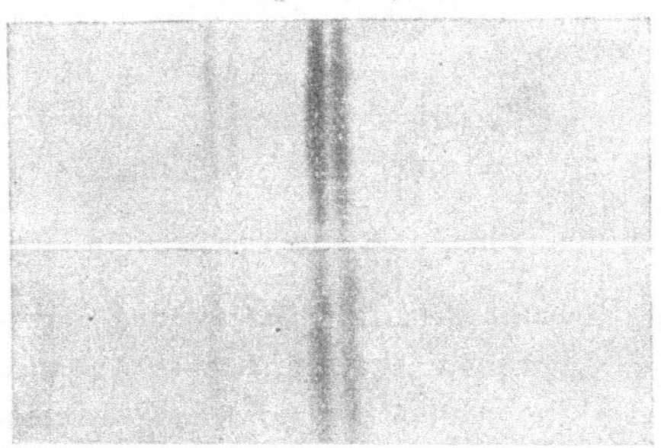

Die an Graphit gestreute Mo-K-Strahlung von links nach rechts: unverschobene $K\beta$-Linie, verschobene $K\beta$-Linie, unverschobene $K\alpha$-Linie, verschobene $K\alpha$-Linie.

siver, je schwerer das streuende Atom und je weicher die zerstreute Strahlung ist. Wir haben also anzunehmen, daß bei dem Stoßprozeß eines Lichtquants mit einem stärker gebundenen Elektron der Fall eintritt, daß das ganze Atom den Impuls übernimmt. In diesem Falle ist die Wellenlängenänderung der gestreuten Strahlung unmerkbar klein[3]). Eine Theorie der Streuung an gebundenen Elektronen wurde von Compton[4]) und Jauneey[5]) diskutiert. Für eine Theorie auf quantenmechanischem Wege sei auf Waller[6]) verwiesen.

<hr>

[1]) H. Kallmann und H. Mark, Naturwissenschaften **13**, 297, 1925.
[2]) Mit freundl Erlaubnis des Verlags Julius Springer, Berlin. Aus den Naturwissenschaften 1925.
[3]) H. Kulenkampff zeigte, daß die von einem Kristall nach der Braggschen Beziehung reflektierte Strahlung keine Wellenänderung erfährt.
[4]) A. H. Compton, Phys. Rev. **24**, 168, 1924.
[5]) G. E. M. Jauneey, ebenda **25**, 314 und 723, 1925.
[6]) J. Waller, l. c.

Die γ-Strahlen [1]).

§ 1. Einleitung [2]). Verhalten der γ-Strahlen beim Durchgang durch Materie. Die γ-Strahlen treten als Begleiterscheinung der radioaktiven Zerfallsprozesse auf, sind aber im Gegensatz zu den den Zerfall bedingenden α- und β-Strahlen wirkliche Wellenstrahlen wie die Licht- und Röntgenstrahlen. Sie sind daher ebenso wie diese durch ihre Wellenlänge λ bzw. durch ihre Frequenz ν charakterisiert. Da sie als Wellenstrahlen den Gesetzen der Quantentheorie gehorchen müssen, so kommt jedem γ-Strahl von der Wellenlänge λ und der Frequenz $\nu = c/\lambda$ ($c =$ Lichtgeschwindigkeit), die Energie $h\nu = hc/\lambda$ zu, wobei h die Plancksche Konstante bedeutet, die den Wert $6{,}55 \cdot 10^{-27}$ Erg . sec hat. Ein Bündel von γ-Strahlen ist also definiert durch seine Intensität, welche auch die durch die Frequenzen bedingte Energie umfaßt, durch seine Wellenlängen und durch seine Richtung.

Wenn nun ein solches Bündel von γ-Strahlen durch Materie hindurch geht, so erfährt es durch die Wechselwirkung mit den getroffenen Atomen bzw. Elektronen Veränderungen, die man häufig in ihrer Gesamtheit als Absorptionserscheinungen zu bezeichnen pflegt.

Bedeutet J_0 die einfallende, J die in derselben Richtung durchgelassene Intensität der γ-Strahlen, x die Dicke der absorbierenden Substanz in Zentimetern, e die Basis des natürlichen Logarithmus, so gilt die Beziehung

$$J = J_0 \, e^{-\mu x} \quad \ldots \ldots \ldots \ldots \ldots \ldots \ldots (1)$$

Die Größe μ wird als totaler Absorptionskoeffizient bezeichnet und hat die Dimension cm^{-1}. Dividiert man μ durch die Dichte ϱ des absorbierenden Mediums, so erhält man den Massenabsorptionskoeffizienten μ/ϱ, der die Absorption in der Masseneinheit bestimmt für ein Strahlenbündel vom Querschnitt 1 cm^2. Durch Multiplikation mit dem Atomgewicht A kann man die Absorption pro Mol eines bestimmten (einatomigen) Elementes ausdrücken,

---

[1]) Von Prof. Dr. Lise Meitner in Berlin-Dahlem.
[2]) Eine kurze Übersicht über die Natur und Eigenschaften der γ-Strahlen findet sich bereits im 4. Bande der 10. Auflage dieses Lehrbuches, und zwar im 5. Buch in dem Kapitel, das der Besprechung der Radioaktivität gewidmet ist. Seit dem Erscheinen dieses Bandes im Jahre 1914 haben unsere Kenntnisse von den γ-Strahlen eine nicht unwesentliche Erweiterung erfahren, vor allem durch ein tieferes Eindringen in den Vorgang der Absorption und Streuung; dabei ist es gelungen, die Wellenlänge von γ-Strahlen über einen relativ großen Spektralbereich zu bestimmen. Es sollen hier hauptsächlich die Resultate dieser neueren Arbeiten besprochen werden.

für die dann die Größe $\mu/\varrho \cdot A$ maßgebend ist. Da ein Mol stets die gleiche Zahl Atome enthält, die durch die Loschmidtsche Zahl $N = 6{,}06 \cdot 10^{23}$ gegeben ist, da ferner für die Absorption der γ-Strahlen nur die Elektronen im Atom und nicht der Atomkern selbst eine Rolle spielen und die Zahl dieser Elektronen gleich der Ordnungszahl Z, pro Mol also NZ ist, so ist die mittlere Absorption pro Elektron durch den Ausdruck $\dfrac{\mu \cdot A}{\varrho \cdot Z \cdot N}$ gegeben.

§ 2. Wahre Absorption und Streuung.

Die Intensitätsabnahme eines γ-Strahlenbündels beim Durchgang durch Materie beruht auf zwei verschiedenen Prozessen. Erstens kann der γ-Strahl das Elektron, auf das er auftrifft, aus dem Atomverband lösen und ihm dabei noch kinetische Energie übertragen, so daß an Stelle des absorbierten γ-Strahls ein sekundärer β-Strahl auftritt. Dieser Prozeß, der ebenso wie im Gebiet der Licht- und Röntgenstrahlen als Photoeffekt zu bezeichnen ist, stellt die wahre Absorption der γ-Strahlen dar. Dabei muß die gesamte Energie des γ-Strahls in der Ablösungsarbeit des Elektrons und in dessen kinetischer Energie in Erscheinung treten. Bei der wahren Absorption wird also der γ-Strahl völlig vernichtet, und es tritt statt dessen ein schnell bewegtes Elektron auf[1]).

Auf einem solchen Absorptionsprozeß beruht jede durch γ-Strahlen in Gasen hervorgerufene Ionisation. Jeder γ-Strahl erzeugt primär nur ein einziges Ion, eben jenes Atom, aus dem er ein Elektron ablöst; diesem Elektron

Fig. 1248.

überträgt er den Rest seiner Energie als kinetische Energie, wodurch es seinerseits wieder zu ionisieren vermag. Dieses Verhalten der γ-Strahlen ist zuerst von H. W. Bragg auf Grund von Ionisationsmessungen rein experimentell erschlossen worden zu einer Zeit, da man sich noch gar nicht über die Natur der γ-Strahlen klar war[1]). Heute, wo wir wissen, daß die γ-Strahlen Wellenstrahlen sind, ist es auch selbstverständlich, daß sie ihre Energie in einem einzigen Absorptionsakt, also primär auch in einem einzigen Ionisationsakt abgeben müssen. Einen direkten experimentellen Beweis hierfür im Falle der

---

1) W. H. Bragg und J. P. V. Madsen, Phil. Mag. (6) **15**, 663 und **16**, 918, 1908; W. H. Bragg und H. Porter, Proc. Roy. Soc. **85**, 349, 1911.

Röntgenstrahlen hat C. T. R. Wilson[1]) durch entsprechende Abänderung seiner Nebelmethode erbracht, die es ihm ermöglichte, die Bahn der ionisierenden Strahlen sichtbar zu machen. Die hier wiedergegebene Fig. 1248 zeigt eine solche Wilsonsche Aufnahme, die klar erkennen läßt, daß an der Stelle, wo ein Röntgenstrahl in Luft absorbiert wird, ein sekundärer β-Strahl auftritt. Der Pfeil gibt die Richtung der eintretenden Röntgenstrahlen an.

Diese Erzeugung schnell bewegter Elektronen stellt eben, wie schon gesagt, die wahre Absorption der γ-Strahlen dar.

Außerdem wird aber stets ein Teil der einfallenden Strahlen nach allen Seiten zerstreut, wodurch ebenfalls eine exponentielle Intensitätsabnahme der Strahlung bedingt wird. Die totale Schwächung der Strahlung beim Durchgang durch Materie setzt sich also zusammen aus der wahren Absorption und aus der Streuung, wobei vorläufig angenommen sei, daß die Streuung nicht mit einer Wellenlängenänderung verknüpft ist.

Der Massenabsorptionskoeffizient μ/ϱ ist sonach die Summe aus dem wahren Absorptionskoeffizienten τ/ϱ und dem Streuungskoeffizienten σ/ϱ, beide wieder auf die Einheit der Masse bezogen.

Also

$$\frac{\mu}{\varrho} = \frac{\tau}{\varrho} + \frac{\sigma}{\varrho} \quad \dots \dots \dots \dots \dots \dots (2)$$

§ 3. Absorptionsmessungen. Die älteren Untersuchungen über die Absorption der γ-Strahlen, deren eine große Zahl vorliegt[2]), wurden zu einer Zeit ausgeführt, als man noch zu wenig Klarheit über die Inhomogenität der γ-Strahlen und über den Absorptionsprozeß hatte, um einwandfreie Versuchsanordnungen wählen zu können. Infolgedessen waren die erhaltenen Resultate nicht eindeutig, sie waren verschieden je nach der angewendeten Versuchsanordnung, und die für die γ-Strahlen der verschiedenen radioaktiven Substanzen erhaltenen Absorptionskoeffizienten schwankten auch naturgemäß innerhalb weiter Grenzen für verschiedene Dicken der absorbierenden Schichten.

Erst als es möglich war, monochromatische Röntgenstrahlen zu untersuchen und die dabei gewonnenen Erkenntnisse für die γ-Strahlen nutzbar zu machen, konnten aus den Absorptionsmessungen brauchbare Resultate erhalten werden.

Die Messungen an Röntgenstrahlen[3]) führten zu wichtigen Ergebnissen. J. J. Thomson hatte nach der klassischen Theorie berechnet, daß die Streuung unabhängig von der Wellenlänge und proportional der Dichte ϱ sei, so daß σ/ϱ eine universelle Konstante von der Größe 0,2 darstellen müßte. Die Untersuchungen an Röntgenstrahlen etwa im Bereich von $3 . 10^{-8}$ cm bis $0,12 . 10^{-8}$ cm Wellenlänge ergaben dagegen, daß σ/ϱ keineswegs konstant ist, sondern angenähert proportional mit der Ordnungszahl Z des absorbierenden

---

[1]) C. T. R. Wilson, Proc. Roy. Soc. **85**, 285, 1911; **87**, 277, 1914; **104**, 1—12 und 192—212, 1923.

[2]) A. S. Eve, Phil. Mag. (6) **11**, 586, 1909, Physik. Zeitschr. **8**, 183, 1907; Y. Tuomikoski, ebenda **10**, 372, 1909; F. Soddy und A. S. Russell, ebenda **10**, 249, 1909; D. C. H. Florance, Phil. Mag. (6) **20**, 921, 1910.

[3]) Vgl. Kap. XXXIV, § 44.

Elements anwächst und für leichte Elemente bis etwa zum Kupfer stets kleiner ist, als es sich aus der klassischen Theorie berechnet[1]).

Für den Koeffizienten der wahren Absorption τ/ϱ hatten verschiedene Forscher festgestellt, daß er mit guter Annäherung proportional der dritten Potenz der Wellenlänge λ der absorbierten Röntgenstrahlung und der vierten Potenz der Ordnungszahl des absorbierenden Elements sei[2]), so daß man für den totalen Absorptionskoeffizienten die Beziehung hat

$$\frac{\mu}{\varrho} = \frac{\tau}{\varrho} + \frac{\sigma}{\varrho} = a\,\lambda^3 Z^4 + b\,.\,Z \quad\cdots\cdots\cdots\cdots (3)$$

wo a und b Konstante sind. Diese Gleichung zeigt, daß mit abnehmender Wellenlänge die wahre Absorption schneller abnimmt als die Streuung, die Streuung also einen größeren Einfluß auf die Gesamtschwächung erhält und dies um so mehr, je kleiner die Ordnungszahl Z, also je leichter das absorbierende Element ist.

Die Gl. (3) ist nur im Gebiet der Röntgenstrahlen genau überprüft worden, und es konnte daher fraglich erscheinen, ob ihre Ausdehnung auf das Gebiet der kurzwelligen γ-Strahlen gestattet ist. Die älteren Untersuchungen der γ-Strahlen können wegen deren weitgehenden Inhomogenität nur ein Maß für die durchschnittliche Durchdringbarkeit der von einer bestimmten radioaktiven Substanz ausgesandten γ-Strahlen ergeben[3]). Außerdem bedingt die Undefiniertheit der ganzen Meßmethodik, daß die erhaltenen Absorptionskoeffizienten recht beträchtliche Schwankungen je nach der verwendeten Versuchsanordnung aufweisen. Das Prinzip der Methode beruht dabei stets auf der Messung der Abnahme der in einem Kondensator erzeugten Ionisation, wenn absorbierende Filter in den Gang der Strahlen gestellt werden. Nun ist aber die Ionisation, wie oben auseinandergesetzt, durch einen Absorptionsakt im Gas oder an der Gefäßwand bedingt, und daher ist die Stärke der Ionisation durch γ-Strahlen pro Wegeinheit sehr abhängig von der Wellenlänge der γ-Strahlen. Wegen der Unmöglichkeit, die γ-Strahlen spektral zu zerlegen, müssen die Messungen mit sehr inhomogenen Strahlen ausgeführt werden, und es ist leicht einzusehen, daß die Verwendung der Ionisation als Maß der vorhandenen γ-Strahlenenergie kein richtiges Bild über die wahre Inhomogenität der Strahlung geben kann. Denn da die weicheren γ-Strahlen pro Wegeinheit stärker ionisieren, so muß ihr Anteil an der Gesamtstrahlung notwendigerweise größer erscheinen als er wirklich ist. Außerdem werden diese Strahlen infolge ihrer stärkeren Absorbierbarkeit allmählich aus dem Strahlenbündel verschwinden, wodurch eine dauernde Änderung der Komplexität der Strahlung bedingt ist. Durch geeignete Wahl der Größe des Kondensators, vor allem aber durch eine möglichst weitgehende Berücksichtigung der verschiedenen Absorptions- und damit Ionisationswahrscheinlichkeiten der einzelnen γ-Strahlen-

---

[1]) F. K. Richtmyer, Phys. Rev. **18**, 13. 1921; K. A. Wingårdh, Diss. Lund, 1923.
[2]) W. H. Bragg und S Peirce, Phil. Mag. **18**, 616, 1914; A. Glocker, Physik. Zeitschr. **19**, 71, 1918; K. A. Wingårdh, Zeitschr. f. Phys. 8, 363, 1922 und **20**, 305, 1923; F. Owen, Proc. Roy. Soc. **94**, 339 und 510, 1918.
[3]) F. Soddy und A. S. Russell, Phil. Mag. **18**, 620, 1909: **19**, 21, 130, 1911; A. S. Russell, Jahrb. d. Rad. **9**, 438, 1912.

gruppen im Gefäßmaterial und im Gas des Kondensators, kann dieser Fehler sehr herabgedrückt werden.

Die ersten einwandfreieren Untersuchungen haben K. W. F. Kohlrausch und M. Ishino ausgeführt[1]), und zwar wurden von beiden Forschern die γ-Strahlen von Radium $B + C$ verwendet. Die Versuchsanordnung wurde so gewählt, daß eine Trennung von wahrer Absorption und Streuung wenigstens teilweise gelang. Das wurde dadurch erreicht, daß die absorbierenden Platten in verschiedenen Entfernungen von der Ionisierungskammer angebracht und die jeweilige Absorption bestimmt wurde. Die wahre Absorption in der Platte ist natürlich unabhängig von ihrer Stellung zwischen der Strahlungsquelle und der Ionisationskammer. Dagegen wird selbstverständlich von der gestreuten Strahlung um so mehr in die Kammer gelangen, je näher die Platte der Kammer ist. Liegt die Platte direkt der Ionisationskammer an, so wird praktisch die gesamte Streustrahlung in das Ionisierungsgefäß gelangen und die Abnahme der Strahlungsintensität rührt in diesem Falle nur von der wahren Absorption her.

Kohlrausch folgerte aus seinen Resultaten, daß die γ-Strahlen von RaB + C komplex seien und drei Hauptkomponenten mit den totalen Absorptionskoeffizienten in Blei $\mu_1 = 0{,}545\,\mathrm{cm}^{-1}$, $\mu_2 = 1{,}4\,\mathrm{cm}^{-1}$ und $\mu_3 = 4{,}6\,\mathrm{cm}^{-1}$ besitzen.

Für Aluminium wurden die Werte $\mu = 0{,}127$, $0{,}23$ und $0{,}57\,\mathrm{cm}^{-1}$ erhalten.

Man kann aus diesen Werten nach der Gl. (1) $J = J_0 e^{-\mu x}$ die Dicke x berechnen, in der jede dieser Strahlengruppen zur Hälfte absorbiert wird. Für die durchdringendste Gruppe findet man, daß sie in 1,27 cm Blei bzw. in 5,5 cm Aluminium auf die Hälfte herabgedrückt wird.

M. Ishino gelang es unter Einführung gewisser Annahmen, die Größen τ/ϱ und σ/ϱ getrennt zu erhalten. Er fand für die durchdringenden γ-Strahlen von Radium C und für Aluminium als absorbierende Substanz

$$\frac{\sigma}{\varrho} = 0{,}045 \quad \text{und} \quad \frac{\tau}{\varrho} = 0{,}026.$$

§ 4. Abhängigkeit von der Ordnungszahl des absorbierenden Materials.

Eine Prüfung der Gl. (3) ist in diesen Versuchen nicht angestrebt worden. Erst in jüngster Zeit ist einiges experimentelles Material erhalten worden, das eine Diskussion des Gültigkeitsbereiches dieser Gleichung ermöglicht[2]). Durch eine prinzipiell ähnliche Methode wie die oben beschriebene ist die Absorption der durch 1 cm Blei gefilterten, also durchdringenden γ-Strahlen von Radium B + C für eine große Anzahl Elemente von dem (leichtesten) Wasserstoff bis zum (schwersten) Uran, untersucht worden. Durch eine Nullmethode konnte eine große Genauigkeit erzielt werden. Aus den

---

[1]) K. W. F. Kohlrausch, Wien. Ak. Ber. IIa **126**, 441, 683, 705, 1917; M. Ishino, Phil. Mag. **33**, 129, 1917.

[2]) N. Ahmad, Proc. Roy. Soc. **105**, 507, 1924; N. Ahmad und E. C. Stoner, ebenda **106**, 8, 1924.

Messungen wurde geschlossen, daß der totale Absorptionskoeffizient pro Masseneinheit auch einer Gleichung von der Form

$$\frac{\mu}{\varrho} = A Z^4 + B Z = \frac{\tau}{\varrho} + \frac{\sigma}{\varrho} \quad \ldots \ldots \ldots \ldots \quad (4)$$

genügt, ganz ebenso wie im Gebiet der Röntgenstrahlen, wobei der erste Ausdruck der wahren Absorption, der zweite der Streuung entsprechen soll. Da man aus den Röntgenmessungen weiß, daß τ/ϱ die Form $a . \lambda^3 Z^4$ haben muß und die Größe a aus den Röntgenmessungen als 0,0229 bekannt ist, so ermöglicht die Messung von τ/ϱ die Bestimmung von λ, d. h. die Bestimmung der mittleren „effektiven" Wellenlänge der γ-Strahlen. Dabei ist allerdings vorausgesetzt, daß das λ^3-Gesetz auch für diese kurzen Wellenlängen gilt, was noch unbewiesen ist. Die so erhaltene Wellenlänge ist ein Durchschnittswert aus einer großen Zahl von Werten, denn, wie weiter unten gezeigt werden soll, umfassen die γ-Strahlen von RaB + C ein ausgedehntes Linienspektrum innerhalb eines Wellenlängenbereiches von $2 . 10^{-9}$ cm bis etwa $4 . 10^{-11}$ cm. Die aus dem wahren Absorptionskoeffizienten abgeleitete mittlere effektive Wellenlänge ergab sich zu $1,9 . 10^{-10}$ cm.

Man kann auch den Streuungskoeffizienten zu einer Schätzung der Wellenlänge heranziehen, wenn man gewisse Annahmen über die Abhängigkeit der Streuung von der Wellenlänge benutzt.

§ 5. Klassische Streuung und Comptoneffekt. Auf Grund der klassischen Theorie ist der Streuvorgang bekanntlich von J. J. Thomson berechnet worden. Nach dieser Berechnung ergab sich σ/ϱ als unabhängig von der Wellenlänge und die Intensitätsverteilung der gestreuten Strahlung muß für eine senkrecht zur Strahlenrichtung orientierte streuende Fläche symmetrisch verlaufen, es müssen ebenso viele Strahlen nach vorn wie nach rückwärts gestreut sein.

Ferner soll mit dem Streuprozeß keine Änderung der Wellenlänge verknüpft sein. Die Versuche ergaben dagegen Resultate, die zum Teil im Widerspruch mit der Thomsonschen Formel standen. So wurde für die kurzwelligen Röntgen- und besonders für die γ-Strahlen beobachtet, daß der Streuungskoeffizient mit abnehmender Wellenlänge immer kleiner wird und bis auf $1/_4$ des theoretisch berechneten Wertes herabsinkt[1]). Außerdem zeigte auch bei Röntgenstrahlen die Streustrahlung eine ausgesprochene Asymmetrie in dem Sinne, daß die nach vorwärts gestreute Strahlung immer erheblich stärker vertreten ist als die Rückwärtsstrahlung. Endlich wurde schon von J. A. Gray[2]), C. D. Florance[2]), K. W. F. Kohlrausch[1]), M. Ishino[1]) und vor allem von A. H. Compton[3]) beobachtet, daß die Streustrahlung in ihrer Qualität nicht identisch ist mit der primär einfallenden γ-Strahlung, sondern um so absorbierbarer wird, je größer der Winkel ist, unter dem sie gestreut wird. Compton zog sofort die wichtige Folgerung, daß mit dem Streuprozeß

---

[1]) F. Richtmyer, Phys. Rev. **18**, 13, 1921; K. W. F. Kohlrausch, l. c.; M. Ishino, l. c.

[2]) J. Gray, Phil. Mag. **26**, 611, 1913; C. D. Florance, ebenda **20**, 921, 1910.

[3]) A. H. Compton, Phil. Mag. **41**, 749, 1921; ebenda **46**, 897, 1923.

eine Veränderung der γ-Strahlen nach langen Wellenlängen hin verknüpft sein müsse. Er konnte zeigen, daß bei harten γ-Strahlen für Streuwinkel, die größer als 90⁰ sind, der Anteil der Streustrahlen, die noch die ursprüngliche Durchdringbarkeit besitzen, kleiner als $1/1000$ ist[1]). Indem Compton seine Untersuchungen nun auch auf Röntgenstrahlen ausdehnte, die den Vorteil einer einheitlichen und dazu bekannten Wellenlänge bieten, kam er zu einer Erklärung der Vorgänge beim Streuprozeß, die von grundlegender Bedeutung geworden sind.

Zunächst konnte er feststellen, daß die absolute Wellenlängenänderung, die Röntgen- und γ-Strahlen bei der Streuung um einen bestimmten Winkel erfahren, unabhängig von der primären Wellenlänge ist und nur von der Größe des Streuwinkels abhängt. Für eine Streuung um 90⁰ ergab sich, daß alle untersuchten Wellenlängen eine Verschiebung um $2{,}42 \cdot 10^{-10}$ cm erfuhren. Die Messungen wurden auf spektroskopischem Wege durchgeführt[1]). Diese konstante Wellenlängenänderung muß natürlich um so stärker ins Gewicht fallen, je kleiner die ursprüngliche Wellenlänge ist. Die Wellenlänge einer γ-Strahlung von der für Radium C als mittlere effektive Wellenlänge angegebenen Größe von rund $2 \cdot 10^{-10}$ cm, wird also durch eine Streuung um 90⁰ bereits mehr als verdoppelt, ihr wahrer Absorptionskoeffizient steigt dabei um mehr als das achtfache.

§ 6. Theorie der Comptonstreuung.

§ 6. Theorie der Comptonstreuung. Die Theorie dieses Streuprozesses ist unabhängig von Debye und von Compton[2]) gegeben worden auf Grund quantentheoretischer Vorstellungen, wie sie bereits für die Absorption, d. h. für den Photoeffekt von A. Einstein verwendet worden waren. Danach verhält sich eine Wellenstrahlung von der Frequenz ν bei allen Prozessen, die mit Energieabgabe verknüpft sind, so, als ob die gesamte Energie $h\nu$ in einem engen Raum konzentriert wäre und sich geradlinig mit Lichtgeschwindigkeit fortpflanzte. Bei der wahren Absorption (Photoeffekt) wird, wie schon weiter oben erwähnt, die ganze Energie $h\nu$ in einem einzigen Absorptionsakt vollständig als Strahlungsenergie vernichtet und tritt stattdessen in der Ablösungsarbeit des Photoelektrons und in dessen kinetischer Energie in Erscheinung.

Nach Compton und Debye beruht auch die Streuung auf Elementarprozessen der einzelnen „Lichtquanten" $h\nu$, und zwar lassen sich alle beobachteten Resultate theoretisch wiedergeben, wenn man die Streuung als elastischen Stoßvorgang zwischen dem Lichtquant $h\nu$ und einem ruhenden, freien Elektron auffaßt. Das Lichtquant besitzt vermöge seiner Energie $h\nu$ (nach der Relativitätstheorie) eine träge Masse von der Größe $\dfrac{h\nu}{c^2}$ und daher einen Impuls von der Größe $\dfrac{h\nu}{c^2} \cdot c = \dfrac{h\nu}{c}$.

---

[1]) A. H. Compton, Phys. Rev. **22**, 409, 1923.

[2]) P. Debye, Physik. Zeitschr. **24**, 161, 1923; A. H. Compton, Phys. Rev. **21**, 483, 1923; siehe auch W. Bothe, Handbuch der Physik (herausgeg. von H. Geiger und K. Scheel), Bd. XXIII, S. 397 ff. und H. Kallmann und H. Mark, Ergebnisse der exakten Naturwissenschaften Bd. V, 1926; G. Wentzel, Physik. Zeitschr. **26**, 436, 1925.

Der Vorgang ist jetzt rechnerisch so zu behandeln, als ob ein elastischer Zusammenstoß zwischen dem Lichtquant und dem Elektron vor sich ginge. Die Energieübertragung, die dabei auf das Elektron stattfindet, läßt sich aus Energie- und Impulssatz sehr einfach berechnen. Die Theorie des Vorganges ist mit allen Einzelheiten in dem Kap. XXVII über schwarze Strahlung von W. Pauli, sowie in dem vorangehenden Kap. XXXIV von D. Coster über Spektroskopie der Röntgenstrahlen gegeben. Hier seien nur die Resultate angeführt, wobei $h\nu_0$ die Energie der einfallenden Strahlung bedeute; die gestreute Strahlung mit der Energie $h\nu$ sei unter dem Winkel Θ gegen die ursprüngliche Einfallsrichtung gestreut, und das Streuelektron sei mit der Energie E unter dem Winkel ϑ herausgeworfen. Für die Schwingungszahl ν der gestreuten Strahlung erhält man aus den Gleichungen

$$\nu = \frac{\nu_0}{1 + \dfrac{0{,}0484}{\lambda_0}\,sin^2\dfrac{\Theta}{2}} \quad\cdots\cdots\cdots\cdots (5)$$

wenn λ_0 die ursprüngliche Wellenlänge in Å.-E. gemessen bedeutet. Führt man noch statt ν und ν_0 die Wellenlängen $\lambda = \dfrac{c}{\nu}$ bzw. $\lambda_0 = \dfrac{c}{\nu_0}$ ein, so geht die Gleichung über in

$$\lambda - \lambda_c = 0{,}0484 \cdot sin^2\frac{\Theta}{2}\cdot 10^{-8}\,cm \quad\cdots\cdots\cdots (6)$$

Die Wellenlängenänderung der Streustrahlung wird also um so größer, je größer der Streuwinkel ist, unabhängig von der Größe der ursprünglichen Wellenlänge. Für $\Theta = 90^0$ ergibt sie sich (in Übereinstimmung mit dem oben angeführten experimentellen Befund von Compton) zu $2{,}42 \cdot 10^{-10}\,cm$ und erreicht ihren größten Wert von $4{,}84 \cdot 10^{-10}\,cm$ für $\Theta = \pi$.

Die Energie, die das Streuelektron erhält, ergibt sich zu

$$E = h\nu_0 \cdot \frac{2\,a\,sin^2\dfrac{\Theta}{2}}{1 + 2\,a\,sin^2\dfrac{\Theta}{2}} \quad\cdots\cdots\cdots\cdots (7)$$

wenn mit a die Größe $\dfrac{0{,}0242}{\lambda_0}$ (λ_0 in Å.-E. gemessen) bezeichnet wird. Endlich erhält man für den Winkel ϑ, den die Bewegungsrichtung des Streuelektrons oder, wie man häufig sagt, des Rückstoßelektrons mit der Einfallsrichtung der Wellenstrahlung einschließt, den Ausdruck

$$tg\,\vartheta = \frac{cotg\,\dfrac{\Theta}{2}}{1 + a} \quad\cdots\cdots\cdots\cdots (8)$$

Wenn also Θ von 0 bis π wächst, ändert sich ϑ nur von $\pi/2$ bis 0.

§ 7. Experimentelle Prüfung der Debye-Comptonschen Theorie.

Die experimentelle Prüfung der Debye-Comptonschen Theorie hat im Gebiet der Röntgenstrahlen zu einer quantitativen Bestätigung der obigen Formeln geführt. Es wurde nicht nur die berechnete Veränderung der Wellenlänge, sondern auch das Auftreten der Rückstoßelektronen von der berechneten Energie eindeutig nachgewiesen. Im Gebiet der γ-Strahlen, wo es nicht möglich ist, mit monochromatischen Strahlen zu arbeiten, konnte natürlich zunächst nur eine qualitative Übereinstimmung erhalten werden. Eine quantitative Bestätigung hat in letzter Zeit D. Skobelzyn[1]) erzielt. Auf diese Arbeit soll weiter unten noch zurückgegriffen werden.

Die wichtigsten Folgerungen, die sich für den Durchgang von γ-Strahlen durch Materie ergeben, sind aus den Gleichungen (8) bis (10) leicht abzulesen.

Da beim Durchgang von γ-Strahlen durch Materie alle Streuwinkel von 0 bis π auftreten können, so muß auch eine ursprünglich monochromatische Strahlung von der Wellenlänge λ_0 hierbei in ein Kontinuum von Wellenlängen auseinandergelegt werden, das von λ_0 bis zu $\lambda = \lambda_0 + 0{,}0484$ Å reicht.

Gleichzeitig müssen hierbei Sekundärelektronen auftreten, deren Energien kontinuierlich von $E = h\nu_0 \cdot \dfrac{2a}{1 + 2a}$ bis $E = 0$ verteilt sind und deren Richtungen zwischen 0 und 90° gegen die einfallende Wellenstrahlung orientiert sind. Es ist also keine nach „rückwärts" gestreute sekundäre Elektronenstrahlung vorhanden, worauf man schon lange vor Entdeckung des Comptoneffekts aufmerksam geworden war[2]). In jüngster Zeit ist die Richtungsverteilung der durch die γ-Strahlen von RaC (die durch 1 cm Blei gefiltert wurden) ausgelösten Sekundärelektronen von H. Fränz[3]) untersucht worden, und zwar auch an so leichten Elementen wie Kohle, bei der für die harten γ-Strahlen der Photoeffekt gegenüber dem Streueffekt schon verschwindend klein sein dürfte. Die gefundenen Richtungsverteilungen bestätigen im Prinzip alles, was voranstehend aus den Comptonschen Gleichungen abgeleitet wurde. Die schon erwähnte Arbeit von D. Skobelzyn[4]) erbringt gewissermaßen eine indirekte Bestätigung der Comptonschen Gleichungen, und zwar für monochromatische γ-Strahlung.

Zu erwähnen ist noch folgendes. Der Comptonsche Streuprozeß kann nur eintreten, wenn freie oder praktisch freie Elektronen vorhanden sind, d. h., wenn die Ablösungsarbeit des Elektrons verschwindend klein ist gegenüber der Energie E, die das Rückstoßelektron erhält, die ihrerseits wieder von der Energie der eingestrahlten Wellenstrahlung abhängt. Diese Bedingung wird natürlich um so besser erfüllt sein, je kleiner die Wellenlänge der Strahlung ist, also besonders gut im Gebiet der kurzwelligen γ-Strahlung. Dem entspricht auch der früher angeführte Befund von Compton, wonach von harten γ-Strahlen, die unter 90° gestreut wurden, weniger als 1 °/$_{00}$ noch ihre ursprüngliche Wellenlänge besitzen.

§ 8. Intensitätsverteilung der Streustrahlung. Die dargelegte Theorie des Comptonschen Streuprozesses kann, wie alle quantenmäßigen Folgerungen aus Energie- und Impulssatz nur festlegen, welche Prozesse überhaupt vor-

---

[1]) D. Skobelzyn, Zeitschr. f. Phys. **43**, 354, 1927.
[2]) H. W. Bragg und C. Madsen, Phil. Mag. **16** (4), 918, 1908.
[3]) H. Fränz, Zeitschr. f. Phys. **39**, 92, 1927.
[4]) D. Skobelzyn, l. c.

kommen und wie groß die Frequenzen bzw. Energien der an dem Prozeß beteiligten Strahlungsquanten und Elektronen sind. Dagegen erlaubt sie keine direkte Aussage weder über die Intensität der unter einem bestimmten Winkel Θ gestreuten γ-Strahlung, noch über die Gesamtintensität der Streustrahlung. Es ist daher versucht worden, eine Formel für die Häufigkeit des Streuprozesses zu gewinnen unter Zuhilfenahme klassischer Überlegungen. A. H. Compton hatte schon in seiner ersten Arbeit[1]) betont, daß der mit einer Wellenlängenänderung verknüpfte Streuprozeß („Comptoneffekt") das quantentheoretische Analogon zu der klassischen Streuung bei Berücksichtigung des Dopplereffekts darstelle, wenn man dem streuenden Elektron eine passend gewählte konstante Geschwindigkeit in Richtung der Wellenstrahlung zuschreibt. Diese ist allerdings nicht mit der obigen Geschwindigkeit v identisch, sondern ist dadurch gegeben, daß das Elektron diese Translationsgeschwindigkeit erhält, wenn es nach der klassischen Theorie gerade ein Quant $h\nu$ zerstreut hätte. Da für ein derartiges Elektron die auf klassischer Grundlage gewonnene Formel die Frequenzänderungen und die Streuwinkel des Comptoneffekts richtig wiedergibt, nimmt A. H. Compton an, daß auch die hiernach berechneten Intensitäten den tatsächlich vorhandenen entsprechen werden, wobei noch die Forderung gestellt wird, daß für langwellige Strahlung die Formel die Thomsonsche Streuverteilung liefern muß.

Compton gelangt hierdurch zu einer Berechnung der pro Elektron unter einem bestimmten Winkel gestreuten Intensität, aus der sich dann durch Integration über alle Winkel die Gesamtintensität der Streustrahlung ergibt. Für die Messungen an γ-Strahlen interessiert im wesentlichen nur diese Gesamtintensität.

Bezeichnet σ_0 den schon oben definierten Streuungskoeffizienten, wie er sich aus der klassischen Thomsonschen Theorie ergibt, so ist nach A. H. Compton der wirkliche Streukoeffizient, der sowohl den Energieverlust infolge der gestreuten Wellenstrahlung, als auch infolge der an das Streuelektron übertragenen Energie umfaßt, durch den Ausdruck gegeben:

$$\sigma = \frac{\sigma_0}{1 + 2a} \quad\cdots\cdots\cdots\cdots\cdots\cdots (9)$$

wenn a wieder die oben eingeführte Größe

$$a = \frac{h}{m c \lambda_0} = \frac{0{,}0242 \cdot 10^{-8}}{\lambda_0}$$

bedeutet.

Für große λ_0 wird a sehr klein, und σ geht in σ_0 über; für kleine Wellenlängen λ_0 ist σ stets kleiner als σ_0, und zwar um so kleiner, je kleiner λ_0 ist, in Übereinstimmung mit den experimentellen Beobachtungen. Zu einem etwas anderen Ausdruck für σ ist W. Bothe[2]) ebenfalls durch Heranziehung klassischer Überlegungen gelangt. Für eine direkte experimentelle Entscheidung zwischen den verschiedenen Formeln liegt kein genügendes Material vor.

---

[1]) A. H. Compton, l. c.
[2]) W. Bothe, Zeitschr. f. Phys. **31**, 24 und **34**, 819, 1924.

Streuversuche von A. H. Compton[1]) mit den härtesten γ-Strahlen von RaC stimmen vielleicht am besten mit der Comptonschen Formel. Jedenfalls aber entspricht der allgemeine Verlauf der für γ-Strahlen experimentell gefundenen Streuintensität so weitgehend mit den für den Comptoneffekt zu erwartenden, daß man zu dem Schluß berechtigt ist, daß die γ-Strahlen im wesentlichen nur eine Comptonstreuung erfahren.

Da nach der Comptonschen Formel (9) der Gesamtstreukoeffizient

$$\sigma = \frac{\sigma_0}{1 + 2\,a} = \frac{\sigma_0}{1 + \dfrac{0{,}0484 \cdot 10^{-8}}{\lambda_0}}$$

von der Wellenlänge λ_0 der einfallenden Strahlung abhängig ist, so kann man durch Messung der Größe σ die Wellenlänge λ_0 erhalten. Im Falle einer inhomogenen γ-Strahlung wird man aus einer solchen Messung die mittlere effektive Wellenlänge gewinnen. In der schon erwähnten Arbeit von Ahmad und Stoner[2]), in der für die γ-Strahlen von RaC aus dem wahren Absorptionskoeffizienten auf eine mittlere effektive Wellenlänge von $1{,}9 \cdot 10^{-10}$ cm geschlossen worden war, wurden auch Versuche angestellt, diese Wellenlänge aus Streuungsmessungen zu bestimmen. Unter Zugrundelegung der Formel (9) für σ, ergab sich die mittlere effektive Wellenlänge zu $1{,}95 \cdot 10^{-10}$ cm. Dieser Wert stimmt mit dem aus der wahren Absorption gewonnenen so gut überein, daß man geneigt sein könnte, in dieser Übereinstimmung eine Bestätigung dafür zu sehen, daß auch für γ-Strahlen wahre Absorption und Streuung dieselbe Material- und Wellenlängenabhängigkeit zeigen, wie für die Röntgenstrahlen. Indes haben schon Ahmad und Stoner erwähnt, daß nach den (weiter unten besprochenen) Messungen von Ellis und Skinner die mittlere effektive Wellenlänge erheblich kleiner sein müßte, als sie sie gefunden haben.

In neuerer Zeit hat K. W. F. Kohlrausch[3]) direkt nachgewiesen, daß diese mittlere effektive Wellenlänge unvereinbar ist mit derjenigen, die sich ergibt, wenn man die heute bekannte spektrale Zusammensetzung des γ-Strahlenspektrums von RaC zugrunde legt. Auf diesen Punkt wird weiter unten noch zurückgekommen.

§ 9. Wellenlängenmessungen an γ-Strahlen.

Hier sollen jetzt zunächst die Methoden besprochen werden, die zu einer Bestimmung der Wellenlängen der γ-Strahlen geführt haben. Die ersten Versuche, und zwar mittels der in der Röntgenspektroskopie üblichen Kristallgittermethode haben E. Rutherford und E. N. Andrade ausgeführt[4]). Bei diesen Messungen konnten aber im wesentlichen nur die langwelligeren Strahlen, vor allem die durch die γ-Strahlen angeregten charakteristischen Röntgenstrahlen des betreffenden radioaktiven Elementes erfaßt werden. In neuerer Zeit hat

---

[1]) A. H. Compton, Phil. Mag. **41**, 719, 1921; K. W. F. Kohlrausch, Physik. Zeitschr. **21**, 193, 1920; G. Hoffmann, Zeitschr. f. Phys. **36**, 251, 1926.

[2]) N. Ahmad und E. C. Stoner, l. c.

[3]) K. W. F. Kohlrausch, Physik. Zeitschr. **28**, 1, 1927.

[4]) E. Rutherford und E. N. Andrade, Phil. Mag. **27**, 854; **28**, 863, 1914.

J. Thibaud[1]) nach dieser Methode eine Wellenlänge von $5{,}2 \cdot 10^{-10}$ cm ausmessen können, und zu noch kürzeren Wellenlängen ist kürzlich M. Frilley[2]) gelangt.

Viel vorteilhafter hat sich für die Wellenlängenmessungen der γ-Strahlen die Heranziehung des durch sie ausgelösten Photoeffektes erwiesen.

Es ist bereits gesagt worden, daß die wahre Absorption der γ-Strahlen in Materie eben in dem Photoeffekt besteht, d. h. in der Auslösung eines Elektrons, das die gesamte, nach der geleisteten Ablösungsarbeit dem γ-Strahl noch verbleibende Energie als kinetische Energie übertragen erhält. Wenn also γ-Strahlen durch Materie hindurchgehen, so erscheint für jeden absorbierten γ-Strahl ein β-Strahl, also ein schnell bewegtes Elektron, ganz ebenso, wie es de Broglie zuerst für Röntgenstrahlen gezeigt hatte[3]). Die Energievorgänge sind durch die Einsteinsche Gleichung geregelt. Bezeichnet E_γ die Energie des γ-Strahls, A die zur Ablösung des Elektrons im absorbierenden Atom aufgewendete Arbeit, E_β die dem Elektron übertragene kinetische Energie, so ist

$$E_\gamma = A + E_\beta \cdots \cdots \cdots \cdots \cdots \cdots (10)$$

Je nachdem, ob das abgelöste Elektron aus dem K, L, M, N-Niveau stammt, ist für die Ablösungsarbeit A der entsprechende Wert einzusetzen, der auch mit K, L, M, N bezeichnet sein soll. Wegen der Bedeutung und Größe dieser verschiedenen Niveauwerte sei auf das Kap. XXXIV, § 22 ff. verwiesen. Wenn ein γ-Strahlenbündel durch Materie hindurchgeht, so wird ein Teil der Strahlen im K-Niveau, ein anderer im L-Niveau usw. absorbiert werden. Man wird also selbst bei monochromatischer γ-Strahlung, bei welcher nur ein einziger Wert E_γ auftritt, sekundäre β-Strahlen verschiedener Energien, also ein ganzes Spektrum von β-Strahlen bekommen, weil A die Werte K, L, M, N usw. durchlaufen wird. Die Energien dieser β-Strahlen E_β^K, E_β^L, E_β^M usw. müssen sich daher um dieselben Beträge voneinander unterscheiden wie die verschiedenen Energieniveaus des absorbierenden Atoms. Denn es müssen ja die Gleichungen gelten

$$\left. \begin{aligned} E_\gamma &= E_\beta^K + K \\ &= E_\beta^L + L \\ &= E_\beta^M + M \text{ usw.} \end{aligned} \right\} \cdots \cdots \cdots \cdots (11)$$

und daher

$$\left. \begin{aligned} E_\beta^L - E_\beta^K &= K - L \\ E_\beta^M - E_\gamma^L &= L - M \end{aligned} \right\} \cdots \cdots \cdots \cdots (12)$$

Durch Differenzbildung der Energien der sekundär ausgelösten β-Strahlen läßt sich also entscheiden, aus welchem Niveau des absorbierenden Atoms der β-Strahl stammt, und durch Hinzuzählung der zugehörigen Ablösungsarbeit ergibt sich dann die Energie des auslösenden γ-Strahls. Sind γ-Strahlen verschiedener Energien, also verschiedener Wellenlängen vorhanden, so treten bei der Absorption natürlich entsprechend mehr sekundäre β-Strahlgruppen

---

[1]) J. Thibaud, Ann. de Phys. **5**, 73, 1926.
[2]) M. Frilley, Compt. rend. **186**, 137, 1928.
[3]) M. de Broglie, Journ. d. Phys. et le Radium **2**, 265, 1921.

auf, und es müssen dann wieder die zur selben γ-Strahlenenergie gehörigen, aus verschiedenen Niveaus stammenden Gruppen entsprechend Gl. (12) herausgefunden werden.

Da die Energie der γ-Strahlen E_γ mit ihrer Schwingungszahl ν bzw. Wellenlänge λ durch die Plancksche Quantengleichung verknüpft ist,

$$E_\gamma = h\,\nu_\gamma = \frac{h\,c}{\lambda_\gamma} \quad\ldots\ldots\ldots\ldots\ldots \quad (13)$$

wobei h die Plancksche Konstante und c die Lichtgeschwindigkeit bedeutet, so ist durch die Bestimmung von E_γ auch die Wellenlänge λ_γ gegeben.

Die Ablösungsarbeiten der verschiedenen Elektronenniveaus sind aus den Röntgenspektren bekannt; so ist nur die Messung der Energie bzw. der Geschwindigkeit der in einer Substanz ausgelösten β-Strahlen nötig, um die Energie und damit Wellenlänge der auftreffenden γ-Strahlen zu erhalten. Die Messung der Geschwindigkeit der β-Strahlen erfolgt bekanntlich in der Weise, daß man die Ablenkung bestimmt, die die Strahlen in einem starken Magnetfeld erfahren.

Die heute allgemein übliche Apparatur für diese Messung stammt von J. Danysz[1]). Eine genauere Beschreibung findet sich z. B. in dem zusammenfassenden Bericht von O. v. Baeyer[2]).

Diese Methode der Wellenlängenbestimmung durch Auslösung von Photoelektronen in verschiedenem absorbierendem Material ist zuerst von C. D. Ellis[3]) für die γ-Strahlen von Radium B und Radium C und von L. Meitner[4]) für die γ-Strahlen von Th B verwendet worden. Später ist sie von M. de Broglie und J. Cabrera[5]) und vor allem von J. Thibaud[6]) sehr erweitert und verallgemeinert worden.

§ 10. Photoeffekt im emittierenden Atom selbst. Die β-Strahlenspektra.

Man hat es indes nicht nötig, die γ-Strahlen auf fremde Substanz auffallen zu lassen und die in dieser Substanz ausgelösten β-Strahlen zu untersuchen. Die γ-Strahlen irgend einer radioaktiven Substanz, etwa die des Bleiisotops Ra B, werden im selben Atom, in dem sie entstehen, absorbiert, d. h. sie werfen aus der Elektronenhülle des eigenen Atomkerns, aus dem sie stammen, schnell bewegte Elektronen heraus. Es muß daher jeder radioaktive Zerfall, bei dem eine γ-Strahlung auftritt, von einem durch die Absorption der γ-Strahlen in der äußeren Elektronenhülle hervorgerufenen β-Strahlspektrum begleitet sein. Das ist auch tatsächlich der Fall. Alle γ-strahlenden Substanzen, gleichgültig, ob der Zerfall durch α- oder β-Strahlung hervorgerufen ist, besitzen ein (sekundäres) β-Strahlspektrum, das dem Photoeffekt der γ-Strahlen in den verschiedenen Elektronenniveaus des zerfallenden Atoms seine Entstehung verdankt[7]). Diese Erkenntnis war von recht weittragender

[1]) J. Danysz, C. R. **153**, 339, 1911.
[2]) O v. Baeyer, Jahrb. d. Radioakt. und Elektr. **11**, 66, 1914.
[3]) C. D. Ellis, Proc. Roy. Soc. **99**, 261 und **101**, 1, 1922.
[4]) L. Meitner, Zeitschr. f. Phys. 9, 131, 1922.
[5]) M. de Broglie und J. Cabrera, C. R. **176**, 295, 1923.
[6]) J. Thibaud, Journ. d. Physique **6**, 82, 1926; Ann. de Physique **5**, 73, 1926.
[7]) C. D. Ellis l. c.; L. Meitner, l. c.; D. H. Black, Proc. Roy. Soc. **109**, 166, 1925.

Bedeutung. Sie ließ nicht nur verstehen, daß beim Zerfall identischer Atome (sekundär ausgelöste) β-Strahlen verschiedener Geschwindigkeiten auftreten können und daß auch typische α-strahlende Substanzen, wie etwa das Radium oder Radioactinium ein β-Strahlspektrum besitzen, sondern sie ermöglichte auch auf dem oben dargelegten Wege eine Auswertung der Wellenlängen der den Atomzerfall begleitenden γ-Strahlen.

Diese Möglichkeit, die im eigenen Atom ausgelösten Photoelektronen, oder wie sie allgemein bezeichnet werden, die „natürlichen" β-Strahlspektra zur Wellenlängenbestimmung der γ-Strahlen zu benutzen, bot, sobald einmal ihre Berechtigung erwiesen war, mancherlei Vorteile. Daß die „natürlichen" β-Strahlenspektra tatsächlich in der angegebenen Weise durch Photoeffekte der γ-Strahlen im eigenen Atom entstehen, war durch die genannten Arbeiten von Ellis und Meitner gezeigt worden. Ihre Heranziehung zur Wellenlängenmessung der γ-Strahlen ermöglicht eine größere Meßgenauigkeit, weil erstens die im eigenen Atom ausgelösten β-Strahlen viel intensiver sind als die in fremden Substanzen erregten, weil ferner die notwendige Bedingung, möglichst dünne, lineare Strahlenquellen in der Danyszschen Apparatur zu verwenden, viel leichter und besser erfüllt werden kann und man dadurch im „magnetischen Linienspektrum" viel schärfere und daher exakter ausmeßbare Linien erzielt. Aber darüber hinaus hat gerade die genaue Ausmessung der natürlichen β-Spektren die Beantwortung der Frage ermöglicht, welche Rolle die γ-Strahlen beim Atomzerfall spielen.

In den folgenden zwei Abbildungen sind die β-Strahlenspektra, wie sie durch die Umwandlung der γ-Strahlen in der eigenen Elektronenhülle zustande kommen, für einen typischen β-Strahler, nämlich Ra B und einen typischen α-Strahler Radioactinium, wiedergegeben.

Fig. 1249a stellt einen Teil des sehr linienreichen β-Spektrums von RaB aus einer Arbeit von Ellis und Skinner[1]) dar, im Geschwindigkeitsgebiet von 64 bis 81 Proz. Lichtgeschwindigkeit.

Fig. 1249 a.

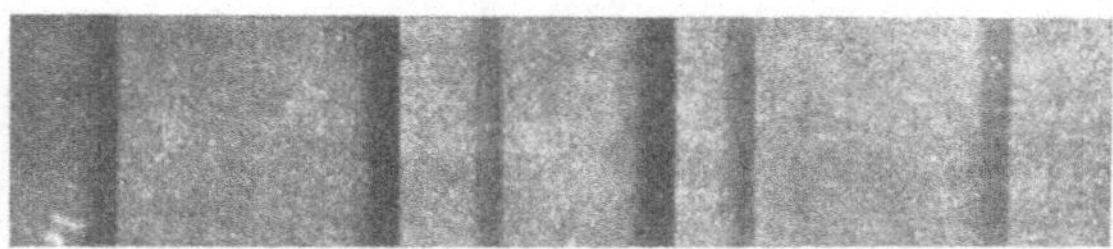

Fig. 1249 b.

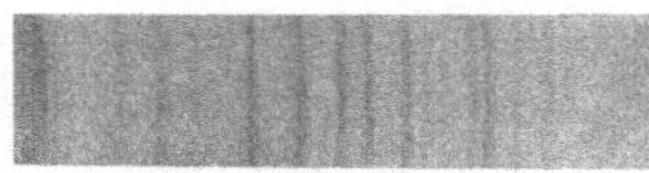

Die Fig. 1249b ist einer Arbeit von Hahn und Meitner[2]) entnommen und zeigt einen kleinen Teil des dem α-Strahler Radioactinium angehörigen β-Spektrums, in dem 49 β-Strahlgruppen nachgewiesen worden sind.

<hr>

[1]) C. D. Ellis und H. W. B. Skinner, Proc. Roy. Soc. **105**, 165, 1924.
[2]) O. Hahn und L. Meitner, Zeitschr. f. Phys. **34**, 795, 1925.

Wie schon erwähnt, kann man aus der Energie E_β der ausgelösten Elektronen, also β-Strahlen, die Energie E_γ und damit die Wellenlänge der auslösenden γ-Strahlen berechnen, wenn man die Ablösungsarbeit der Elektronen kennt, also weiß, in welchem Niveau die Absorption der γ-Strahlen erfolgt ist. Man muß hierzu jene β-Strahlgruppen zusammenfassen, deren Energiedifferenzen Niveaudifferenzen $K-L$, $L-M$, $K-M$ usw. entsprechen. Also

$$E_\beta^L - E_\beta^K = K - L \text{ usw.}$$

und

$$E_\gamma = E_\beta^K + K = E_\beta^L + L \cdots .$$

Für die Energie der β-Strahlen muß dabei natürlich die relativistische Formel verwendet werden, wie sie schon bei der Comptonstreuung angegeben worden ist.

$$E_\beta = m\,c^2 \left[\frac{1}{\sqrt{1 - \beta^2}} - 1 \right], \quad \beta = \frac{v}{c} .$$

Die Geschwindigkeit v erhält man aus der Größe der magnetischen Ablenkung in bekannter Weise.

Bei so linienreichen Spektren, wie die meisten radioaktiven Substanzen sie aufweisen, ist die Art der Zuordnung nicht ohne Schwierigkeit. Man hat aber als sehr wertvolles Hilfsmittel die Tatsache, daß die Absorption im K-Niveau stets viel stärker ist als im L-Niveau, also die aus dem K-Niveau stammende β-Strahlengruppe intensiver ist als die zur gleichen γ-Strahlenlinie gehörige L-Gruppe, und daß im allgemeinen auch dasselbe für die relativen Intensitäten der L- und M-Gruppe usw. gilt. Ellis und Wooster[1] haben durch Schwärzungsmessungen gezeigt, daß unabhängig von der Wellenlänge der γ-Strahlen die von derselben γ-Strahlung im K- und L-Niveau ausgelösten β-Strahlgruppen im Intensitätsverhältnis von rund $5:1$ stehen.

Wahrscheinlichkeit der Absorption der γ-Strahlen in den mehrfachen Elektronenniveaus. Schwieriger war für die Zuordnung der Umstand, daß, abgesehen vom K-Niveau, alle anderen Elektronenniveaus mehrfach sind und es sich gezeigt hatte, daß auch in den Fällen, wo das Auflösungsvermögen gut ausreicht, um die aus den mehrfachen Niveaus stammenden Gruppen zu trennen, häufig nur eine Gruppe beobachtet wurde. Es mußte nun entschieden werden, aus welchen der mehrfachen Niveaus diese Gruppe stammte. Aus den zahlreichen Untersuchungen in dieser Richtung konnte schließlich erkannt werden, daß, je kürzer die Wellenlänge λ_γ ist, um so mehr die Absorption im L_{11}-Niveau (Niveau mit der größten Ablösungsarbeit) gegenüber den beiden anderen L-Niveaus überwiegt[2]. Ähnlich scheinen auch für die M-Niveaus bei kleinen Wellenlängen die Niveaus, die sogenannten „Tauchbahnen" entsprechen, stärker absorbierend zu wirken. G. Wentzel[3] hat auf Grund der neuen Quantenmechanik eine theoretische Begründung für diese Beobachtung gegeben.

[1] C. D. Ellis und W. A. Wooster, Proc. Roy. Soc. **114**, 276, 1927.
[2] L. Meitner, Zeitschr. f. Phys. **11**, 35, 1922 u. **26**, 169, 1924. — H. Robinson, Proc. Roy. Soc. **104**, 455, 1923.
[3] G. Wentzel, Zeitschr. f. Phys. **40**, 574, 1927.

§ 11. Zeitliche Aufeinanderfolge von Kernzerfall und γ-Strahlenemission.

Eng zusammenhängend mit diesen Tatsachen, aber von viel prinzipiellerer Bedeutung war die folgende Frage, die für eine exakte Wellenlängenmessung gelöst werden mußte. Die γ-Strahlen, die vom Kern der radioaktiven Atome emittiert werden, bewirken in der Elektronenhülle beim Durchgang durch diese Photoeffekte. Ist dies aber die Elektronenhülle des ursprünglichen Atomkerns oder die des durch den Zerfall umgewandelten Kerns?

Die Bedeutung dieser Frage für die Wellenlängenmessung aus dem Photoeffekt ist ohne weiteres einleuchtend, sie verlangt die Entscheidung, ob für die Ablösungsarbeiten K, L, M usw. die Werte für das zerfallende oder für das entstehende Atom einzusetzen sind.

Die Frage, ob die Absorption der γ-Strahlen im ursprüglichen oder im umgewandelten Atom erfolgt, hängt aber aufs engste mit dem Zerfallsmechanismus des Atomkerns zusammen und gewinnt dadurch, abgesehen von ihrer praktischen, auch eine prinzipielle Wichtigkeit. Es ist ja leicht einzusehen, daß, wenn die Absorption im ursprünglichen Atom erfolgt, die γ-Strahlung vor dem Zerfall des Atomkerns emittiert werden muß, also vor der Abspaltung der Kern-β-Strahlen oder α-Strahlen. Im anderen Falle hingegen müssen sie nach dem Zerfall emittiert werden, denn man muß annehmen, daß gleichzeitig mit der Umwandlung des Kerns sich auch die Elektronenhülle entsprechend verändert hat. Die beiden Möglichkeiten sind lange diskutiert worden, die experimentelle Entscheidung verlangt eine hohe Meßgenauigkeit der Energien der sekundären β-Strahlen, weil ja aus den Differenzen $E_\beta^L - E_\beta^K = K - L$ entschieden werden muß, ob die Niveauwerte K und L usw. für das entstehende oder für das ursprüngliche Atom den Messungen besser genügen. Je größer dabei die absoluten Werte für E_β^K und E_β^L sind, d. h. je kurzwelliger die wirksame γ-Strahlung ist, um so schwieriger wird natürlich eine genaue Differenzmessung. Da bei α-strahlenden Substanzen die Kernladungszahlen des ursprünglichen und des umgewandelten Atomkerns sich um zwei Einheiten unterscheiden, während bei β-Umwandlungen dieser Unterschied nur eine Einheit beträgt, da ferner die Energie der auslösenden γ-Strahlen bei α-Strahlern nicht allzu groß sind, sind die Meßbedingungen bei den α-strahlenden Substanzen in bezug auf die Entscheidung der genannten Frage günstigere. Tatsächlich war schon aus dem sekundären β-Strahlspektrum des Radiums geschlossen worden[1]), daß die Emission der γ-Strahlen nach dem Zerfall erfolgt. Durch die Ausmessung der sehr linienreichen Spektra von Radioactinium und Actinium X konnte dann der einwandfreie Beweis hierfür erbracht werden, und zwar nach zwei voneinander unabhängigen Methoden. Erstens wurde gezeigt, daß die Meßergebnisse für die Energien der durch γ-Strahlen sekundär ausgelösten β-Strahlen nur untereinander verträglich sind, wenn man als Ablösungsarbeiten die für das entstehende Atom gültigen Werte heranzieht. Außerdem konnte aber auch

---

[1]) L. Meitner, Zeitschr. f. Phys. **26**, 169, 1924.

nachgewiesen werden, daß die gleichzeitig erregte charakteristische Röntgenstrahlung dem **entstehenden Atom** angehört[1]). Wenn nämlich die γ-Strahlen, K, L usw. Elektronen herauswerfen, so wird ja damit die charakteristische K, L-Strahlung angeregt und je nachdem, ob die Absorption der γ-Strahlen im ursprünglichen oder im umgewandelten Atom vor sich geht, muß diese charakteristische Strahlung dem einen oder anderen Atom entsprechen. Die Untersuchung der charakteristischen Strahlung beim Radioactinium und Actinium X ergab nun gleichfalls, daß die γ-Strahlen **nach dem Zerfall** emittiert werden. Zu demselben Resultat führten auch die Untersuchungen über das charakteristische Spektrum beim RaB und RaC[2]), sowie exakte Vergleichsmessungen der stärksten β-Strahlgruppe bei diesen Substanzen[3]).

Der Nachweis, daß die γ-Strahlen nach dem Zerfall emittiert werden, war begreiflicherweise nur aus dem Studium der „natürlichen" β-Strahlenspektra zu gewinnen. Die Untersuchung der in fremden Substanzen ausgelösten Photoelektronen konnte nichts zur Klärung dieser Frage beitragen.

§ 12. Rolle der γ-Strahlen beim Kernzerfall. Für die Rolle der γ-Strahlen beim Zerfallmechanismus ergibt sich hiernach folgendes Bild. Wenn ein Atomkern ein α- oder β-Teilchen abspaltet, so ist der restliche Kern zunächst in einem gestörten, instabilen Zustand. Der Übergang in den stabilisierten Zustand kann nun entweder strahlungslos erfolgen, etwa in ähnlicher Weise, wie in einem Heliumatom, von dem ein Elektron abgetrennt wurde, das zweite Elektron näher an den Kern rückt, ohne daß hierbei Strahlung emittiert wird. Wir haben dann α- oder β-strahlende Substanzen, deren Zerfall nicht von γ-Strahlenemission begleitet ist. Solche Fälle liegen vor in den β-Strahlern Thorium C und Radium E und in der Mehrzahl der α-strahlenden Substanzen. Wenn hingegen nach der Aussendung des α- oder β-Teilchens der Restkern eine tiefergreifende Umordnung erfährt, so erfolgt diese Umordnung unter Aussendung diskreter γ-Strahlengruppen, in Analogie zu einem Atom, das z. B. im K- oder L-Niveau ionisiert wurde und unter Aussendung seiner charakteristischen Strahlung in stabilere Zustände übergeht. Hierfür bieten Beispiele die meisten β-strahlenden Substanzen, wie Radium B, Radium C, Radium D, Thorium B, Actinium C usw. und die α-Strahler Radium, Radioactinium, Actinium X usw. Die Komplexität der emittierten γ-Strahlenspektra kann dabei ganz verschieden sein. Beim β-strahlenden Radium D und beim α-strahlenden Radium wurde nur eine einzige monochromatische γ-Linie nachgewiesen, während z. B. das α-strahlende Radioactinium sowie die β-Strahler Radium B und Radium C sehr linienreiche γ-Strahlspektra besitzen.

§ 13. Wellenlängen der γ-Strahlen. In der nachstehenden Tabelle sind die γ-Linien der einzelnen Substanzen, soweit sie heute mit Sicherheit ausgemessen sind, zusammengestellt.

---

[1]) L. Meitner, Zeitschr. f. Phys. **34**, 807, 1925.
[2]) E Rutherford und W. A. Wooster, Proc. Cambr. Phil. Soc. **22**, 834, 1925.
[3]) C. D. Ellis und W. A. Wooster, ebenda **22**, 844, 849, 1925.

Tabelle 1.
Wellenlängen der γ-Strahlen.

Radioaktive Substanz	Art des Zerfalls	Wellenlänge der γ-Strahlen in X-E. $(10^{-11}\,\mathrm{cm})$
Radium . .	α-Strahlung	66
Radium B .	β-Strahlung	230
		51,3
		48,0
		42,0
		35,2
Radium C .	β-Strahlung	209
		52,0
		49,7
		45,3
		37,5
		32,0
		29,0
		20,23
		13,15
		10,95
		9,91
		8,67
		6,95
		5,57
		4,0
Radium D .	β-Strahlung	270
Meso-thorium II	β-Strahlung	213
		96,7
		67,1
		36,5
		26,7
		13,5
		12,7
Thorium B	β-Strahlung	52
		41,6

Radioaktive Substanz	Art des Zerfalls	Wellenlänge der γ-Strahlen in X-E. $(10^{-11}\,\mathrm{cm})$
Thorium C .	β-Strahlung	302
		220
		59,9
		49,8
		48,6
		45,5
		43,1
		24,3
		18,9
		4,7
Protactinium	α-Strahlung	130
		41,9
		38,2
Radio-actinium	α-Strahlung	390
		282
		232
		201
		123
		82,8
		63,0
		48,6
		43,8
		41,1
Actinium X	α-Strahlung	86
		80,4
		79
		62
		46
Actinium C''	β-Strahlung	35
		27
		25,7

§ 14. Selektive Absorption der Atomkerne.

Aus dem Nachweis, daß die γ-Strahlen nach dem Zerfall emittiert werden, läßt sich sofort eine interessante Folgerung ziehen. Wenn ein Atomkern, mit dessen Zerfall die Emission monochromatischer γ-Strahlen verknüpft ist, das für seinen Zerfall charakteristische α- oder β-Teilchen abgespalten hat, so befindet es sich in einem „angeregten" Zustand und geht durch Emission der γ-Strahlen in seinen „Normalzustand" über. Aus diesem Normalzustand muß es daher umgekehrt imstande sein, durch Absorption bestimmter Wellenlängen wieder in den angeregten Zustand zu gelangen. Das besagt aber, daß die Atomkerne für gewisse Wellenlängen im γ-Strahlengebiet selektive Absorption besitzen müssen. Am einfachsten liegen die Verhältnisse in den Fällen, wo nur eine einzige Emissionslinie im γ-Spektrum existiert, denn für diese muß dann auch selektive Absorption vorhanden sein. So müßte z. B., da das Radium D nach seinem Zerfall eine einzige γ-Linie von rund $2{,}6 \cdot 10^{-9}$ cm Wellenlänge emittiert und dabei in Radium E übergeht, der Atomkern des Radium E diese Wellenlänge selektiv absorbieren. Da Radium E sehr kurzlebig ist, so kann man es nicht in wägbaren Mengen herstellen, so daß ein experimenteller Nachweis hier nicht möglich scheint. Dagegen müßte er für das Endprodukt der Thoriumreihe unter Umständen gelingen. Das Thorium C'' geht nämlich unter Abspaltung eines β-Teilchens und Emission eines γ-Linienspektrums in das stabile Thorblei über. Das Thorblei müßte also eine oder mehrere Linien des γ-Spektrums, das Thorium C'', nämlich die „Resonanzlinien" selektiv absorbieren. Da das gewöhnliche Blei nach Aston als Hauptisotop Blei vom Atomgewicht 208 enthält, das mit dem Thorblei identisch ist, so müßte unter geeigneten Bedingungen gewöhnliches Blei die γ-Strahlen von Thorium C'' stärker absorbieren als etwa das Uranblei mit dem Atomgewicht 206. Eine experimentelle Prüfung dieser Frage ist aber, solange wir keine Mittel haben, mit spektral zerlegten, also definierten Wellenlängen im γ-Strahlengebiet zu arbeiten, sehr schwer in einwandfreier Weise durchzuführen. W. Kuhn[1] hat versucht, die Wahrscheinlichkeit einer solchen selektiven Absorption, also die Größe des Absorptionskoeffizienten für Atomkerne im Fall einer Resonanz für verschiedene Wellenlängen aus Betrachtungen über Strahlungsgleichgewicht abzuleiten, indem er voraussetzt, daß für γ-Strahlen keine andere Dämpfung als die Strahlungsdämpfung maßgebend ist. Kuhn gelangt zu dem Resultat, daß für Wellenlängen von 10^{-10} cm bei Schichtdicken der absorbierenden Substanz von mindestens einigen Zehntel Millimetern der selektive Absorptionseffekt nachweisbar sein könnte.

Die Emission monochromatischer γ-Strahlen zeigt, daß in den Atomkernen der radioaktiven Substanzen verschiedene quantenmäßig definierte Energiezustände vorhanden sind. Man wird danach auch erwarten, daß zwischen den Linien eines γ-Strahlspektrums ähnlich wie im optischen und Röntgenstrahlengebiet Serienbeziehungen bestehen. Es ist auch von Ellis und Skinner[2] versucht worden, auf Grund etwaiger additiver Beziehungen Energieniveauschemata des Kerns zu gewinnen. Indessen ist das vorliegende experimentelle Material noch viel zu gering, um hierbei zu einem wirklichen Erfolg kommen zu können.

§ 15. Intensitätsverteilung im γ-Spektrum.

Sehr wichtig für die Kenntnis der spektralen Zusammensetzung der γ-Strahlen ist die Frage nach der Intensität der einzelnen γ-Linien, wobei unter Intensität die Zahl der emittierten Quanten zu verstehen ist. Eine Berechnung der relativen Intensitäten hat K. W. F. Kohlrausch[3] auf Grund der Thibaudschen Messungen durchgeführt. Thibaud hatte die relative Intensitätsverteilung der von den verschiedenen γ-Strahlen ausgelösten Photoelektronen aus der photographischen Schwärzung abgeschätzt. Die Intensität dieser Photoelektronen gibt die Wahrscheinlichkeit der Absorption der zugehörigen γ-Wellenlängen an. Nimmt man an, daß diese Wahrscheinlichkeit proportional λ^3 ist, wie im Gebiet der Röntgenstrahlen, so kann man aus der relativen Intensitäts-

---

[1] W. Kuhn, Zeitschr. f. Phys. **43**, 56, 1927.
[2] C. D. Ellis und W. H. Skinner, l. c.
[3] K. W. F. Kohlrausch, Physik. Zeitschr. **28**, 1, 1927.

verteilung der Photoelektronen die relative Intensitätsverteilung der wirksamen γ-Linien berechnen. Kohlrausch erhielt so das schon erwähnte Resultat, daß die Hauptintensität viel mehr nach kleinen Wellenlängen verschoben sein muß, als aus den Messungen einer mittleren effektiven Wellenlänge von 2.10^{-10} cm von Ahmad und Stoner gefolgert worden war.

Eine direkte experimentelle Bestimmung der absoluten Intensitäten haben C. D. Ellis und W. A. Wooster [1]) durchgeführt, deren Grundlagen aber auch die Intensitätsverteilung der (im eigenen Atom) ausgelösten Photoelektronen und das für die γ-Strahlen gültige Absorptionsgesetz bilden. Die Verfasser gelangten zu dem Resultat, daß die Absorption proportional mit $\lambda^{2,7}$ zu setzen sei und erhielten dann unter Verwendung dieses Gesetzes eine Intensitätsverteilung für γ-Linien von Radium C, die in der nachfolgenden Tabelle 2, Spalte 2 in relativen willkürlichen Werten angegeben ist.

Tabelle 2.

Wellenlänge in 10^{-11} cm	Intensität nach Ellis und Wooster	Intensität nach Thibaud und Kohlrausch
20,2	5,2	2,6
13,2	2,0	1,5
10,9	7,1	4,7
9,9	3,8	3,7
8,7	27,6	12
6,9	10,3	10,2
5,6	4,4	4,4

Auf Grund des Comptoneffekts hat D. Skobelzyn [2]) die Intensitätsverteilung der γ-Strahlen von Radium C untersucht, indem er die von den γ-Strahlen in Luft ausgelösten sekundären β-Strahlen, die fast ausschließlich Comptonsche Streuelektronen sein müssen, auf ihre Geschwindigkeit und Häufigkeit untersuchte. Wie oben dargelegt [Gl. (7)], ist ja durch die Wellenlänge der γ-Strahlung die Energie, also Geschwindigkeit der Streuelektronen eindeutig gegeben, wenn man bei einem bestimmten Streuwinkel beobachtet. Man kann also umgekehrt aus der Energie der Streuelektronen die Wellenlänge der zugehörigen γ-Linie erhalten. Indem man noch die Häufigkeit der Streuelektronen bestimmter Geschwindigkeit mißt, ergibt sich unter Zugrundelegung der Comptonschen Formel für die Häufigkeit des Streuprozesses auch die Intensität der betreffenden γ-Linie. Skobelzyn hat diese Versuche nach der Wilsonschen Nebelmethode durchgeführt, und die von ihm erhaltenen Wellenlängen stehen in ausgezeichneter Übereinstimmung mit den von Ellis und Skinner aus dem natürlichen β-Strahlspektrum hergeleiteten. Dagegen weicht die von Skobelzyn erhaltene Intensitätsverteilung vor allem für die Linie von $8,7.10^{-11}$ cm recht erheblich von der Ellis-Woosterschen Verteilung ab und stimmt besser mit den von Kohlrausch aus den Thibaudschen

---

[1]) C. D. Ellis und W. A. Wooster, Proc. Roy. Soc. 114, 276, 1927 und Proc. Cambr. Phil. Soc. 23, 717, 1927.

[2]) D. Skobelzyn, Zeitschr. f. Phys. 43, 354, 1927; vgl. auch M. Bruzau, Thèses. Paris, Masson et Cie, 1928.

Werten abgeleiteten, die in Tabelle 2, Spalte 3 angegeben sind. Jedenfalls ist aber klar, daß die Hauptintensität im γ-Spektrum von Radium C zwischen 8,7 und 6,9 . 10^{-11} cm Wellenlänge liegt.

Daß die von Skobelzyn aus dem Comptoneffekt abgeleiteten Wellenlängen der γ-Strahlen identisch gleich sind mit den aus dem Photoeffekt gewonnenen, ist ein direkter experimenteller Beweis, daß die γ-Strahlen von Radium C in Luft im wesentlichen nur Comptonsche Streuung und keine wahre Absorption erleiden.

Da aber der Photoeffekt im eigenen Atom so stark ist, ist anzunehmen, daß die γ-Strahlen beim Durchgang durch die eigene Elektronenhülle auch schon eine merkbare Comptonsche Streuung erfahren. Denn auch in diesen schweren Atomen sind so lose gebundene Elektronen vorhanden, daß sie gegenüber den kurzwelligen γ-Strahlen wie freie Elektronen wirken müssen; gegenüber den kurzwelligsten γ-Strahlen, die eine Energie von etwa $3 . 10^6$ Volt besitzen, ist selbst die K-Ablösungsarbeit von rund $9 . 10^4$ Volt als verschwindend klein zu betrachten. Man wird daher erwarten müssen, daß die γ-strahlenden radioaktiven Substanzen neben den monochromatischen γ-Linien auch ein durch den Streuprozeß erzeugtes kontinuierliches γ-Strahlenspektrum sowie die zugehörigen über einen kontinuierlichen Geschwindigkeitsbereich verteilten Streuelektronen emittieren. Tatsächlich sind solche Elektronen mit kontinuierlich variierenden Geschwindigkeiten stets bei γ-strahlenden Substanzen vorhanden, auch wenn der Zerfall unter α-Strahlenemission erfolgt, diese Elektronen also sicher keine Kernelektronen sein können [1]. Daß auch eine kontinuierliche γ-Strahlung emittiert wird, wird durch die Skobelzynsche Untersuchung in dem Gebiet für $\lambda > 1{,}3 . 10^{-10}$ cm sehr wahrscheinlich gemacht.

Erwähnt sei noch, daß Skobelzyn als kürzeste Wellenlänge beim Radium C eine γ-Linie von $4 . 10^{-11}$ cm nachweist. Das ist die kurzwelligste Linie, die bisher bei terrestrischen Messungen beobachtet worden ist.

§ 16. Hesssche Ultra-γ-Strahlung [2].

Dagegen haben die Untersuchungen der sogenannten durchdringenden Höhenstrahlung auf noch wesentlich kleinere Wellenlängen geführt. Bekanntlich hat zuerst V. F. Hess [3] einwandfrei nachgewiesen, daß, während bei geringeren Höhen die (von den radioaktiven Substanzen der Erde herrührende) Ionisation der Atmosphäre mit steigender Entfernung von der Erde abnimmt, bei Höhen über 2500 m bis zu 5000 m eine starke Zunahme der Ionisation stattfindet. W. Kolhörster [4] hat die Beobachtungen bis zu 9000 m ausgedehnt und die gleichen Resultate erhalten. Diese Zunahme führte notwendigerweise zur Annahme einer außerterrestrischen Strahlungsquelle. Da sich außerdem die Durchdringbarkeit dieser Strahlen als erheblich größer erwies als die bei den be-

---

[1] L. Meitner, Zeitschr. f. Phys. **22**, 334, 1924.
[2] Vgl. hierzu auch Bd. V, 1 dieses Lehrbuches Kap. VIII, § 23.
[3] V. F. Hess, Physik. Zeitschr. **12**, 998, 1911; **13**, 1084, 1912.
[4] W. Kolhörster, ebenda **14**, 1066, 1153, 1913.

kannten radioaktiven Substanzen beobachtete, ist man dazu gezwungen, ihre Entstehung entweder von anderen auf der Erde nicht bekannten radioaktiven Elementen oder überhaupt von neuartigen Prozessen herzuleiten. Es sind in neuerer Zeit zahlreiche Versuche über diese Frage ausgeführt worden, wobei wesentlich verbesserte Apparaturen zur Verwendung gelangen konnten [1]), so daß es sogar möglich war, auch den Anteil dieser Höhenstrahlung an der Ionisation in der Nähe des Erdbodens festzustellen [2]) und eine gute Übereinstimmung mit den theoretisch berechneten Werten zu erhalten. Auch über die Absorbierbarkeit der Strahlen in verschiedenen Substanzen liegen eine große Zahl von Arbeiten vor [3]).

Ein besonderes Interesse verdienen die auf Anregung von W. Nernst [4]) ausgeführten Versuche über die Richtungsabhängigkeit der durchdringenden Höhenstrahlung. W. Nernst geht von der Annahme aus, daß sich durch gelegentliche Schwankungen des Energieinhalts im Weltenraum Atome hoher Ordnungszahl bilden, die die Quelle der kurzwelligen Ultra-γ-Strahlung sein sollen, und zwar werden diese vorzugsweise in den jungen Riesensternen der Milchstraße gebildet werden. Dementsprechend müßte die durchdringende Höhenstrahlung eine tägliche Periode zeigen. Tatsächlich sind in den letzten Jahren eine Reihe von Messungen von W. Kolhörster und seinen Mitarbeitern sowie von K. Büttner ausgeführt worden, die auf einen solchen Ursprung der Höhenstrahlung hinzuweisen scheinen. Indessen sind diese Fragen noch mitten in ihrer Entwicklung, so daß ein abschließendes Urteil nicht möglich ist [5]).

Erwähnt sei nur noch, daß Steinke [6]) aus seinen Messungen die Wellenlänge der Ultra-γ-Strahlen auf $7 . 10^{-13}$ cm schätzt und daß neuere Messungen zu noch kleineren Werten führen [7]).

---

[1]) W. Kolhörster, Physik. Zeitschr. **27**, 62, 1926; G. Hoffmann, Zeitschr. f. Phys. **25**, 177, 1924; R. A. Millikan und J. S. Bowen, Phys. Rev. **23**, 778, 1924.

[2]) G. Hoffmann, Physik. Zeitschr. **26**, 40, 1925 und Ann. d. Phys. **80**, 779, 1926; E. v. Schweidler, Elster- und Geitel-Festschrift 1915; W. Kolhörster, Zeitschr. f. Phys. **11**, 379, 1922.

[3]) G. Hoffmann, Schrift. d. Königsbg. Gelehrt. Gesellsch. 1927; K. Büttner, Zeitschr. f. Geophys. **2**, 189, 1926.

[4]) W. Nernst, Das Weltgebäude im Lichte der neueren Forschung. Berlin, Springer, 1921.

[5]) Vgl. die zusammenfassenden Berichte von A. Wigand, Physik. Zeitschr. **25**, 445, 1925 und V. F. Hess, Sammlung Vieweg, Heft 84/85, 1926.

[6]) E. Steinke, Zeitschr. f. Phys. **48**, 645, 1928.

[7]) E. Regener, Naturwiss. **17**, 183, 1929.

Die magnetische Drehung der Polarisationsebene [Faradayeffekt] [1) 2)].

A. Experimentelles.

§ 1. Faradays Entdeckung. Die Entdeckung der magnetischen Drehung der Polarisationsebene des Lichtes verdanken wir Michael Faraday; sie liefert den unzweifelhaften Beweis des inneren Zusammenhanges von Licht und Elektromagnetismus und bildet deshalb eine der Grundlagen der modernen Physik. Geleitet von der Überzeugung, daß die verschiedenen Naturkräfte gemeinsamen Ursprung haben, erdachte Faraday, trotz vieler vergeblicher Versuche, immer neue Anordnungen, bis er schließlich (im Jahre 1846) das gewünschte Ziel erreichte [3]). (In Par. 2148, Vol. III, of the Experimental Researches, schreibt er: „I have at last succeeded in magnetizing and electrifying a ray of light, and in illuminating a magnetic line of force".) Das Licht einer Argandlampe wurde durch Reflexion an einem Spiegel linear polarisiert und durch einen drehbaren Nicol analysiert. Zwischen Spiegel und Nicol befanden sich die Pole eines Elektromagnets, so daß das Licht parallel den Kraftlinien verlief und zwischen den Polen eine Platte aus Bleiglas durchsetzte. War der analysierende Nicol auf Dunkelheit eingestellt, so ließ ein Erregen des Elektromagnets die Lampe aufleuchten. Durch Nachdrehen des Nicols konnte das Licht wieder ausgelöscht und dadurch nachgewiesen werden, daß es sich um eine Drehung der Polarisationsebene — und nicht um Doppelbrechung — handelt. (Freilich findet wegen der Änderung der Drehung mit der Farbe des Lichtes keine vollständige Auslöschung statt, vielmehr durchsetzt stets schwaches farbiges Licht den zweiten Nicol, komplementär zu der Farbe, die vom Nicol ausgelöscht wird.) Der Winkel, um den der Nicol gedreht werden muß, gibt die Größe der magnetischen Drehung.

Derselbe Effekt zeigt sich mehr oder weniger an allen festen, flüssigen und gasförmigen Stoffen; er kann natürlich auch durch eine magnetisierende Spule

---

[1]) Von Prof. Dr. R. Ladenburg in Berlin-Dahlem.

[2]) Eine ausführliche Darstellung aller magnetooptischen Erscheinungen findet sich in dem von W. Voigt bearbeiteten Artikel Magnetooptik im Handbuch d. Elektr. u. d. Magnetismus (herausgegeben von L. Graetz), Bd. IV, 2. Lief., S. 393—706, 1915, daselbst ausführliche Literaturangaben; vgl. auch das grundlegende Buch von W. Voigt, Magneto- und Elektrooptik. Teubner-Verlag, Leipzig 1908.

[3]) Phil. Trans. 1846, S. 1; Pogg. Ann. 68, 105, 1846.

an Stelle des Elektromagnets erzielt werden. Der Sinn der Drehung stimmt im allgemeinen mit der Richtung des magnetisierenden Stromes überein ("positive Drehung").

Bedeutet also (Fig. 1250) $\mathfrak{H}$ die positive Richtung der magnetischen Kraftlinien, so gibt die Pfeilrichtung zugleich die Richtung der magnetisierenden Ströme und der magnetischen Drehung der Polarisationsebene an. Da der Drehungssinn nur von der Feldrichtung abhängt, so ändert er sich nicht, wenn man das Licht durch Spiegelung denselben Weg rückwärts durchlaufen läßt; in einer natürlich drehenden Substanz dagegen wird die Drehung wieder aufgehoben, wenn man den Lichtstrahl spiegelt und den gleichen Weg zurückschickt. Auf dieser charakteristischen Eigenschaft der Magnetorotation beruht der berühmte Kunstgriff Faradays, den im Magnetfeld zurückgelegten Weg des Lichtstrahles und damit die Größe der Drehung zu vervielfachen, indem man ihn schwach geneigt gegen die Oberfläche der untersuchten Substanz auffallen, mehrmals (5- oder 7 mal) an den versilberten Endflächen der Platte reflektieren und schließlich austreten läßt[1]).

Aus der Abhängigkeit des Drehungssinnes von der Umlaufsrichtung der magnetisierenden Ströme folgt die Proportionalität der Drehung mit der ersten

Fig. 1250.

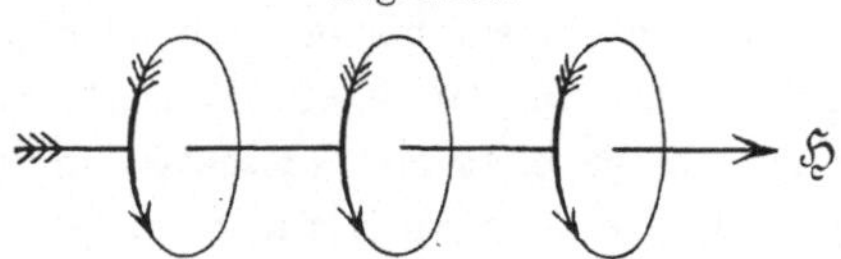

(oder wenigstens einer ungeraden) Potenz der Feldstärke. Ebenso ergibt sich die Proportionalität mit der Schichtlänge schon aus geometrischen Gründen. Das entsprechende Gesetz

$$\chi = R \cdot l \cdot H,$$

wo χ den Drehungswinkel und R eine von Feldstärke H und Schichtlänge l unabhängige Konstante bedeuten, wurde ebenfalls bereits von Faraday aufgestellt und durch Messungen geprüft. Allerdings waren diese noch nicht sehr genau. Die ersten exakten Versuche rühren von G. Wiedemann[2]) und E. Verdet[3]) her. Sie bestätigten obiges Gesetz. Seitdem wird — allerdings wohl nicht mit ausreichendem Grunde — R die Verdetsche Konstante genannt, wenn l in cm und H in Gauß, also beide Größen in absoluten CGS-Einheiten gemessen werden. R hängt in erheblichem Maße von der Wellenlänge ab, wovon noch ausführlich die Rede sein wird. Die Proportionalität von Drehung und Feldstärke hat sich bis auf wenige Ausnahmen (ferromagnetische Metallschichten, Drehung zwischen den Zeemankomponenten von Absorptionslinien) allgemein bewährt.

§ 2. Magnetfelder.
Wesentlich für die Größe des Effektes ist mithin das Produkt aus Schichtdicke und Feldstärke. Dieses Produkt ist bei ein-

---

[1]) M. Faraday, Phil. Mag. **29**, 153, 1846; Pogg. Ann. **70**, 283, 1847.
[2]) G. Wiedemann, Pogg. Ann. **82**, 215, 1851.
[3]) E. Verdet, Ann. d. Chem. et Phys. **41**, 570, 1854.

maligem Lichtdurchgang durch den untersuchten Körper praktisch begrenzt und kann auch bei den stärksten modernen Elektromagneten nicht viel über 50000 Gauß × cm gesteigert werden [1]) — daraus erhellt die Wichtigkeit des Faradayschen Kunstgriffes des mehrfach reflektierten Strahles, der auch heute noch, besonders bei Demonstrationsversuchen, vielfach benutzt wird. Viel weiter als mit Elektromagneten kommt man mit eisenfreien Spulen.

In einer im Verhältnis zur Länge engen Spule berechnet sich die Feldstärke in der Mitte der Achse zu $H = 4\pi n i$, wenn n die Windungszahl pro cm und i die Stromstärke in CGS-Einheiten (1 CGS = 10 Amp.) bedeutet. Bei hohen Stromstärken und Dauerbelastung muß man gut kühlen und erreicht dann ohne weiteres 1500 Gauß, wobei schon Spulenlängen von über 1 m benutzt worden sind.

Durch Kühlen mit flüssiger Luft sind wesentlich höhere Feldstärken erzielt worden. Theoretisch kommt man bis zu hunderttausend Gauß, wobei allerdings 25 Liter flüssige Luft pro Minute gebraucht würden [2]). Mit Strömen über 3500 Amp. haben Fortrat und Dejean [3]) in geeignet gekühlten eisenfreien Spulen bis 43 900 Gauß erzeugt.

Wenn man die Spulen nur kurze Zeiten mit wesentlich größeren Strömen belastet, als sie auf die Dauer aushalten, kann man die vielfache Feldstärke der Dauerbelastung erreichen. Auf diese Weise hat Ladenburg schon vor längerer Zeit Felder von 6000 Gauß in Röhren von 25 cm Länge erzeugt [4]). Ganz besondere Erfolge hat in dieser Richtung in den letzten Jahren Kapitza [5]) erzielt; er entlädt einen großen Akkumulator von sehr geringem inneren Widerstand mit einem kurz dauernden Strom von 7000 Amp. Momentanstromstärke durch eine Spule und erzeugt so Momentanfeldstärken bis über $1/2$ Million Gauß. Wegen der geringen Haltbarkeit des Akkumulators und wegen der Schwierigkeiten der plötzlichen Unterbrechung eines Gleichstromes solcher Stärke verwendet Kapitza neuerdings den starken Stromstoß, den eine für diesen Zweck besonders konstruierte Dynamomaschine liefert, wenn sie während eines kleinen Bruchteils einer Sekunde kurzgeschlossen wird. So wurden bisher in einem Raume von 2 ccm über 300 000 Gauß erreicht.

Über die exakte Ausmessung der Magnetfelder finden sich im Kapitel über den Zeemaneffekt nähere Angaben.

§ 3. Optische Meßmethoden.
Zur genaueren Messung der Drehung der Polarisationsebene verwendet man Halbschattenapparate, am besten den von Lippich, ebenso wie bei der Untersuchung der natürlichen Drehung (vgl. Kohlrausch, Praktische Physik, 15. Aufl., S. 375 ff., 1927).

Durch eine geeignete Polarisatorvorrichtung (z. B. beim Lippichschen Halbschattenapparat durch ein Glansches Halbprisma) wird das Gesichtsfeld in zwei oder mehrere Teile geteilt, die nur bei einer bestimmten Stellung des Analysators gleich hell erscheinen. Die durch eine drehende Substanz zwischen Polari-

---

1) Auch mit großen Elektromagneten kann man bei 1 mm Polabstand nicht wesentlich mehr als 45000 Gauß erzeugen, bei Steigerung des Polabstandes nimmt die Feldstärke stark ab: z. B. liefert der große Halbring-Elektromagnet nach H. Du Bois von Hartmann und Braun bei 45 mm Poldurchmesser und bei verschiedenen Polabständen l die folgenden Werte von H und $H \cdot l$:

l mm	H Gauß	$H \cdot l$ CGS	l mm	H Gauß	$H \cdot l$ CGS
1	30 000	3 000	30	12 100	36 300
5	24 500	12 500	50	8 500	42 500
10	20 500	20 500	80	6 300	50 400
20	15 500	31 000	100	5 500	55 000

2) Vgl. Chr. Fabry, Journ. de phys. 9, 129, 1910.
3) R. Fortrat und P. Dejean, Compt. rend. 177, 627, 1923.
4) Siehe R. Ladenburg, Physik. Zeitschr. 10, 497, 1909.
5) P. L. Kapitza, Proc. Roy. Soc. 105, 691, 1924; 109, 224, 1925; 115, 658, 1927.

sator und Analysator hervorgerufene ungleiche Helligkeit der Gesichtsfeldteile wird durch Drehung des Analysators kompensiert. Bei genügend genauer Ablesung der Analysatorstellung (eventuell mit Spiegel und Skala) und geeigneter Helligkeit des Gesichtsfeldes kann man noch Zehntel-Bogen-Minuten messen.

Diese Methode ist auch geeignet, um die Änderung der Magnetorotation mit der Wellenlänge zu untersuchen; man schneidet dann mit einem Monochromator schmale Spektralbezirke aus dem kontinuierlichen Spektrum einer hellen Lichtquelle aus oder verwendet besser die ebenso oder durch Filter isolierten Spektrallinien diskontinuierlicher Gasspektren als Lichtquelle, deren Licht man dann durch den Halbschattenapparat und die zu untersuchende Substanz im Magnetfelde schickt.

Dagegen verwendet man andere Methoden, wenn es notwendig oder praktisch ist, das unzerlegte Licht erst durch den magnetischen Körper zu schicken und dann erst spektral zu zerlegen (vgl. § 24 u. 25). Arbeitet man mit zwei Nicols und ist φ der Winkel zwischen ihren Polarisationsrichtungen, so wird bei Erregung des Magnetfeldes im Spektrum dort eine dunkle Bande

Fig. 1251.

Fig. 1252.

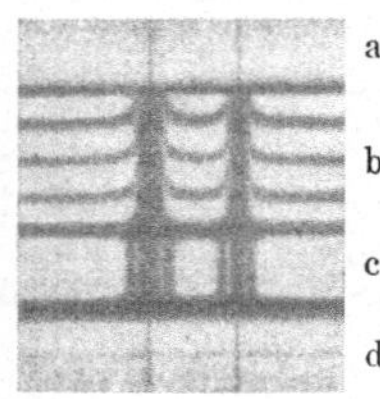

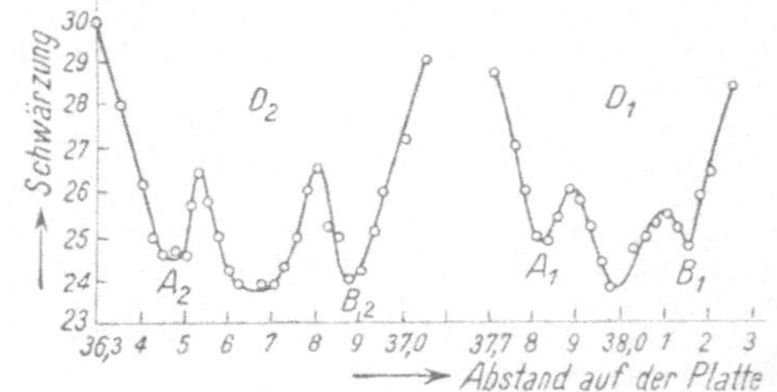

Drehung der Polarisationsebene nahe den D-Linien nach Senftleben. a und d geben die D-Linien, b die Drehungsbanden mit Quarzkeil, c die Drehungsbanden mit Nicols.

Mikrophotometrische Ausmessung der „Drehungsbanden" nahe den D-Linien nach Senftleben (vgl. Teil c der Fig. 1251).

auftreten, wo die magnetische Drehung gerade gleich dem Winkel $90^0 - \varphi$ ist, oder sich eventuell um Vielfache von 180^0 von diesem Winkel unterscheidet. Je nach dem Grad der Änderung der Drehung mit der Wellenlänge ist die dunkle Bande mehr oder weniger breit bzw. scharf begrenzt. In der Nähe feiner Absorptionslinien (siehe § 25) ändert sich die Drehung so rasch mit der Wellenlänge, daß diese dunkle Bande als scharfe Linie erscheint (vgl. Fig. 1251, Teil c), und die Drehung ist bisweilen so groß, daß auf jeder Seite der Linien mehrere solcher „Drehungsbanden" auftreten, deren Abstände einem Unterschied der Drehung um 180^0 entsprechen (siehe S. 2170, Fig. 1263). Zur genauen Messung der Wellenlänge, an der die Maxima oder Minima liegen, empfiehlt sich die mikrophotometrische Ausmessung der Platte; Fig. 1252 gibt z. B. die Ausmessung der in Fig. 1251 (Teil c) reproduzierten Aufnahme nach Senftleben [1]).

Eine andere, besonders von W. Voigt und seinen Schülern vielfach verwendete Methode [2]) beruht in diesem Falle auf der Benutzung eines spitzwink-

---

[1]) Vgl. H. Senftleben, Diss. Breslau, 1915; Ann. d. Phys. **47**, 977, 1915.

[2]) Siehe A. Hussel, Wied. Ann. **43**, 498, 1891; W. Voigt, Magneto- und Elektrooptik, S. 14, 1908.

ligen, senkrecht zur Achse geschliffenen Quarzkeils („Drehkeil" genannt, im Gegensatz zum Quarzkeil des Babinetkompensators, der zur Messung von elliptischer Polarisation dient; siehe dort). Dieser liefert bei horizontaler Kante zwischen gekreuzten Nicols in einfarbigem Licht eine Reihe der Keilkante paralleler heller und dunkler Streifen; letztere liegen dort, wo die Drehung im Quarz ein ganzzahliges Vielfaches von 180⁰ ist. Bringt man zwischen die Nicols, vor oder hinter den Keil einen im longitudinalen Magnetfeld befindlichen absorbierenden Dampf oder Kristall und bildet bei horizontaler Keilkante die Streifen scharf auf dem Spalt eines Spektralapparates ab, so sieht man das Spektrum von horizontalen hellen und dunklen Streifen durchzogen. In der Nähe der Absorptionslinie werden sie mehr oder weniger stark abgebogen und zeigen durch ihren Verlauf die schnelle Änderung der Drehung mit der Wellenlänge an (vgl. Fig. 1251, Teil *b*); denn der Abstand zwischen entsprechenden Punkten benachbarter Streifen entspricht einem Zuwachs der Drehung um 180⁰. Für zuverlässige Messungen muß aber die Auflösung des Spektralapparates beträchtlich, die Spaltbreite relativ klein sein: wegen des schroffen Anstieges der Drehung nahe der Absorptionslinie überlagern sich die zu verschiedenen λ-Werten gehörigen Drehungen, so daß die aus der Lage der Streifen berechnete Drehung eventuell unrichtige Ergebnisse liefert[1]). Zuverlässigere Werte bekommt man bei Benutzung einer Savartschen Platte[2]), die zugleich sehr kleine Drehungen zu messen erlaubt: sie liefert zwischen zwei Nicols ziemlich scharfe Interferenzstreifen, die beim Drehen des Polarisators in einer bestimmten Stellung desselben, der sogenannten „Nullstellung" — nämlich wenn die Polarisationsebene parallel einer der Achsenebenen der Savartschen Platte

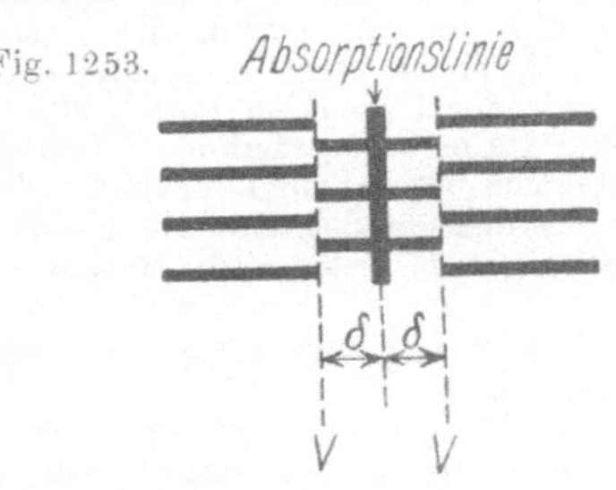

Fig. 1253.

Schematische Darstellung der Drehung beiderseits einer Absorptionslinie mit Savartscher Platte.

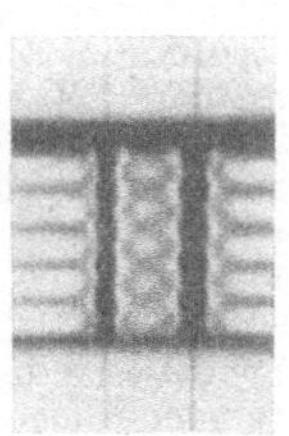

Fig. 1254.

Drehung an den *D*-Linien, mit Savartscher Platte aufgenommen.

liegt — plötzlich verschwinden und bei einer geringen weiteren Drehung, um eine halbe Streifenbreite verschoben, wieder auftauchen. Man dreht nun den Polarisator um den Winkel — χ aus der Nullstellung heraus, so daß das Spektrum in der Umgebung der zu untersuchenden Absorptionslinien von scharfen horizontalen Interferenzstreifen durchzogen ist; beim Einschalten des Magnetfeldes, in dem sich das absorbierende Gas befindet, verschwinden die Streifen zu beiden Seiten der Absorptionslinie je an der Stelle *V*, an welcher die Polarisationsebene um den Winkel χ gedreht ist; an den unmittelbar benachbarten Wellenlängen, wo die Drehung größer als χ ist, tauchen die Streifen, um eine halbe Streifenbreite verschoben, wieder auf, so daß die Erscheinung schematisch das Aussehen der Fig. 1253 hat (photographische Aufnahme, vgl. Fig. 1254). Die Stelle *V* ist gerade bei rascher Änderung der Drehung mit der Wellenlänge sehr genau meßbar. Gegenüber dem Quarzkeil hat diese Methode den Nachteil, daß mit jeder Aufnahme die Drehung nur für eine bestimmte Wellenlänge — allerdings genau und einwandfrei — gemessen werden kann, während die Benutzung des Quarzkeils mit einer Aufnahme den ganzen Verlauf der Drehung im Spektralgebiet der Umgebung der Absorptionslinie zu messen erlaubt.

    Für magnetorotatorische Messungen im unsichtbaren Spektralgebiet müssen besondere Methoden verwendet werden. Im Ultrarot bestimmt man meist die Drehung durch Intensitätsmessungen[3]): bilden Analysator und Polarisator den

[1]) Vgl. H. Senftleben, Diss. Breslau, 1915; Ann. d. Phys. **47**, 977, 1915.

[2]) R. Ladenburg, Ann. d. Phys. **38**, 249, 1912; siehe auch H. Senftleben, a. a. O. sowie R. Minkowski, Ann. d. Phys. **66**, 206, 1921.

[3]) Vgl. De La Prevostaye und Dessains, Ann. chim. et phys. (3) **27**, 232, 1849; U. Meyer, Ann. d. Phys. **30**, 611, 1909; L. R. Ingersoll, Phil. Mag. **11**, 41, 1906; **18**, 74, 1909; Phys. Rev. **23**, 489, 1906; **9**, 253, 1917.

Winkel φ miteinander, so hat das austretende Licht die Intensität $J = A \cos^2 \varphi$. Bewirkt die im Strahlengang befindliche Substanz eine magnetische Drehung von $+ \chi$ bzw. $- \chi$, je nach der Richtung des magnetisierenden Stromes, so entstehen die Intensitäten

bzw.

$$J_1 = A \cos^2 (\varphi + \chi)$$

$$J_2 = A \cos^2 (\varphi - \chi);$$

daher ist

$$J_2 - J_1 = A \sin 2\,\varphi \sin 2\,\chi,$$

$$J_1 + J_2 = 2\,A\,(\sin^2 \varphi \sin^2 \chi + \cos^2 \varphi \cos^2 \chi),$$

und für $\varphi = 45^0$ wird $\sin 2\chi = \dfrac{J_2 - J_1}{J_2 + J_1}$, so daß die Drehung χ aus den Messungen von J_1 und J_2 leicht berechnet werden kann. Man benutzt Spiegelspektrometer, Thermosäule, Bolometer bzw. Radiomikrometer und als Polarisatoren meist Selenspiegel[1]). Um die störenden Schwankungen der Lichtquelle auszuschalten, benutzt Ingersoll eine Differenzmethode: er teilt das von der Lampe kommende Licht in zwei Teile, von denen nur einer die Substanz im Magnetfeld durchsetzt, und läßt dann die beiden Teile auf zwei Streifen desselben Bolometers fallen, die geeignet geschaltet sind.

Im Ultravioletten bedient man sich entweder des fluoreszierenden Okulars[2]), das allerdings keine große Genauigkeit erreichen läßt, oder einer photographischen Methode[3]), die auch bei einer Drehung von nur wenigen Graden eine Genauigkeit von 1 Proz. liefert! Gerade im Ultravioletten sind genaue magnetorotatorische Messungen wegen ihres Zusammenhanges mit der Dispersion (vgl. § 22) von besonderer Bedeutung. Man benutzt z. B. eine Halbschattenmethode (Halbschattennicol mit Glycerinkittung oder Luftnicol nach Glan) und probiert diejenige Stellung aus, in der beide Hälften einer bestimmten Spektrallinie gleich starke Schwärzung auf der Platte des Spektrographen geben, was allerdings sehr mühsam und zeitraubend ist.

Praktischer scheint die Methode von Stephens und Evans[4]): sie teilen das auf den Spalt des Spektrographen fallende Bild durch geeignete Polarisatoren in zwei übereinanderliegende Hälften, deren Schwingungsrichtung einen kleinen Winkel miteinander bildet. Zunächst werden die beiden durch eine scharfe Trennungslinie geschiedenen Spektren auf gleiche Helligkeit eingestellt; aus der zugehörigen „Nullstellung" wird der Polarisator um einen Winkel φ gedreht, das Magnetfeld erregt und nun die Wellenlänge im Spektrogramm aufgesucht, für die beide Hälften wieder gleiche Intensität haben: hier ist die Polarisationsebene um φ^0 gedreht. Bei Versuchen nahe Absorptionslinien im Ultraviolett hat sich ebenfalls die oben genannte Methode der Savartschen Platte zwischen (ultraviolett-durchlässigen) Nicols aufs beste bewährt[5]).

§ 4. Die Verdetsche Konstante verschiedener Substanzen. Der Absolutwert der Drehung und die Verdetsche Konstante sind besonders an dem stark drehenden Schwefelkohlenstoff und an Wasser häufig bestimmt worden. Die sehr genauen Messungen von Rodger und Watson[6]) ergaben als Verdetsche Konstante für die Wellenlänge der D-Linien bei t^0 C (in Bogenminuten)

$$\text{bei } CS_2 \ \ldots \ldots \ldots R_t = 0{,}04347' - 0{,}0_4\,737\,t,$$

$$\text{bei } H_2O \ \ldots \ldots \ldots R_t = 0{,}01311' - 0{,}0_6\,40\,t - 0{,}0_7\,40\,t^2,$$

---

[1]) A. H. Pfund, Amer. Phys. Soc. **4**, 21, 1906.
[2]) W. C. H. van Schaik, Arch. Need. **17**, 373, 1880.
[3]) St. Landau (nach Voigts Angaben). Physik. Zeitschr. **9**, 417, 1908.
[4]) E. J. Stephens und E. J. Evans, Phil. Mag. **3**, 546, 1927.
[5]) Siehe W. Kuhn, Kgl. Danske Videnskab. Selsk. VII, 12, 1926.
[6]) J. W. Rodger und W. Watson, Zeitschr. f. phys. Chem. **19**, 350, 1896; siehe ferner Landolt-Börnstein, 5. Aufl., S. 1011 ff.; daselbst findet man die Verdetschen Konstanten für die verschiedensten Stoffe.

diese Werte sind innerhalb $1/2$ bis 1 Proz. Abweichung von neueren Beobachtern bestätigt worden. Bei 10 000 Gauß und 1 cm Schichtlänge beträgt also die Drehung in CS_2 bei 0^0 und $589\,m\mu$

$$7^0\,14,7'$$

und die Verdetsche Konstante des Wassers, bezogen auf CS_2 als Einheit, ist bei 0^0

$$0,3016.$$

Man kann daher die magnetische Drehung in Wasser mit Vorteil zur Eichung von Magnetfeldern benutzen und bezieht magnetorotatorische Messungen an anderen Substanzen vielfach auf Wasser oder CS_2 als Einheit. Die für genaue Messungen erforderlichen Vorsichtsmaßregeln findet man außer bei Rodger und Watson besonders bei Siertsema[1]), dem wir eine große Zahl sorgfältiger Untersuchungen des Faradayeffekts verdanken.

In Gasen ist die magnetische Drehung im allgemeinen so gering, daß sie erst verhältnismäßig spät aufgefunden und nur mittels besonderer Kunstgriffe gemessen werden konnte. Kundt und Röntgen[2]) untersuchten die Gase bei hohem Druck (bis zu mehreren 100 Atmosphären) und brachten die Polarisatoren im Innern des Versuchsrohres, zwischen den Verschlußplatten an, um die Störung infolge der in den Verschlußplatten entstehenden Doppelbrechung zu vermeiden; sie maßen dann die Drehung durch Torsion des Versuchsrohres selbst. H. Becquerel[3]) benutzte zwar Gase unter Atmosphärendruck, aber sehr lange Lichtwege, nämlich 3 m lange Rohre, die der Lichtstrahl 9 mal durchlaufen mußte.

Genaue Messungen nach der Methode von Kundt und Röntgen haben Siertsema[4]) und Sirks[5]) (auch im Ultravioletten) ausgeführt. Z. B. ergibt sich für H_2 von 85 Atm. bei $9,5^0 C$ bei der Wellenlänge von $589\,m\mu$ eine Drehung von $460 \cdot 10^{-6}$ Bogenminuten pro Gauß, für CO_2 von 1 Atm. $6,5^0$ bei sonst gleichen Verhältnissen $8,62 \cdot 10^{-6}$ Minuten.

Auf die Änderung der Drehung mit der Wellenlänge und auf die abnorm großen Werte in der Nachbarschaft von Absorptionslinien wird später eingegangen werden (siehe § 25 und 26).

Außerordentlich große Werte der Magnetorotation zeigen durchsichtige Eisen-, Kobalt- und Nickelschichten, die Kundt[6]) zuerst untersuchte — eine Erscheinung, die im Zusammenhang mit dem „magnetischen Kerreffekt" steht, nämlich mit der Drehung der Polarisationsebene und der Verwandlung von linear polarisiertem in elliptisches Licht, die bei der Reflexion an magnetisierten Eisenspiegeln entstehen (siehe Kap. XXXVIII). Die außerordentlich dünnen

[1]) L. H. Siertsema, Comm. phys. Lab. Leiden, Nr. 73 u. a. O.

[2]) A. Kundt und W. C. Röntgen, Wied. Ann. **6**, 332; **8**, 278, 1879; **10**, 257, 1880.

[3]) H. Becquerel, Compt. rend. **88**, 709, 1879; Ann. de Chim. et Phys. (5) **21**, 289, 1880.

[4]) L. H. Siertsema, Versl. Acad. Amst. (2) **31**, 1893/94 usw.; Arch. Need. (2) **2**, 291, 1899.

[5]) J. F. Sirks, Diss. Leiden, 1912; Physik. Zeitschr. **14**, 336, 1913.

[6]) A. Kundt, Wied. Ann. **23**, 228, 1884; **27**, 191, 1885.

Metallschichten (von etwa 10^{-5} cm Dicke) werden galvanisch auf platiniertes Glas oder durch Kathodenzerstäubung niedergeschlagen. Die maximale, bei magnetischer Sättigung der Eisenschicht (bei einer Feldstärke von etwa 15 000 Gauß) erreichte Drehung beträgt, im gelben Licht auf 1 cm umgerechnet, etwa $200\,000^0$, in Kobalt ist die Drehung etwas kleiner, in Nickel weniger als halb so groß. Eine Eisenschicht von etwa $^1/_{50}$ mm Dicke würde also bereits eine volle Drehung um 360^0 bewirken. In gleich starken Feldern ruft Faradays Glas nur eine Drehung von vielleicht 10 bis 20^0 pro Zentimeter hervor! Diese Ausnahmestellung der ferromagnetischen Metalle geht parallel ihrer Magnetisierung (d. h. dem magnetischen Moment der Volumeneinheit), die ja für ferromagnetische Metalle ebenfalls abnorm groß ist. Ebenso wie diese wächst die magnetische Drehung nur bei kleinen Werten der Feldstärke dieser proportional, bei größeren Werten langsamer und erreicht dann, ebenso wie die Magnetisierung, einen Maximalwert. Die Drehung in Fe, Co, Ni ist also nicht — wie bei allen anderen Substanzen — der Feldstärke, sondern der Magnetisierung proportional [Kundt, a. a. O.; Du Bois][1].

Bemerkenswert ist die in dünnen ferromagnetischen Schichten neben der Drehung auftretende schwache Elliptizität des Lichtes, die vermutlich auf dem Dichroismus, d. h. der verschieden starken Absorption der rechts- und linkszirkular polarisierten Komponenten beruht[2] (vgl. hierzu Kap. XXXVIII, § 6 und 7). Werden die Schichten durch Kathodenzerstäubung erzeugt, so erhält man je nach der Geschwindigkeit der Zerstäubung und der Natur des Gases, in dem zerstäubt wird, wechselnde Werte, was nach Ingersoll[3] auf teilweiser Oxydation der Metallschichten bei Anwesenheit geringer Mengen Sauerstoff beruht.

Einen übersichtlichen Vergleich der stark verschiedenen magnetischen Drehung in verschiedenen Substanzen gibt folgende kleine Tabelle, die zugleich die erst später zu besprechende Abhängigkeit von der Wellenlänge zeigt. (Man beachte die „anomale" Dispersion in Eisen und Nickel, wo die Drehung im Gegensatz zu den anderen Substanzen mit wachsender Wellenlänge zunimmt.)

Tabelle 1.

Verdetsche Konstante verschiedener Substanzen.

$\lambda =$	656	589	486	mμ
Wasser (25^0) . . .	0,0102′	0,0130′	0,0196′	für 1 cm Schichtdicke und 1 Gauß
C S$_2$ (25^0)	0,0319	0,0415	0,0667	
Quarz	0,0136	0,0166	0,0250	
Sauerstoff	0,0484′	0,0559′	0,0721′	für 1 Atm. und 10^4 Gauß
Wasserstoff	0,0430	0,0537	0,0805	
Kohlensäure	0,0691	0,0862	0,1286	
Eisen[4]	217^0	195^0	145^0	für 10^{-3} cm bei 15000 Gauß (Sättigung)
Nickel	92	75	64	

[1] H. E. J. G. Du Bois, Wied. Ann. **31**, 941, 1887.

[2] Gemessen von C. A. Skinner und A. Q. Tool, Phil. Mag. (6) **16**, 833, 1908.

[3] L. R. Ingersoll, Phil. Mag. (6) **18**, 74, 1909.

[4] Nach den Messungen von H. Behrens an Fe und Co (Zeitschr. f. wiss. Photogr. **7**, 207, 1909) sind die Sättigungswerte für Fe noch etwa 15 Proz. größer als in der Tabelle angegeben.

§ 5. Molekulares Drehvermögen. Bei chemischen Verbindungen definiert man nach Perkin[1]) eine „molekulare Drehung" der Verbindung durch das Produkt aus Molekulargewicht und spezifischer Drehung, beides bezogen auf Wasser, d. h. durch die Formel

$$m = \frac{M}{M_W} \frac{\alpha}{\alpha_W} \frac{1}{s},$$

wobei α bzw. α_W die Drehung in der Verbindung bzw. in Wasser von 4^0 unter sonst gleichen Verhältnissen bedeutet, M das Molekulargewicht, s die auf Wasser von 4^0 bezogene Dichte der Verbindung bei der untersuchten Temperatur und M_W das Molekulargewicht des Wassers (18,01); der Quotient

$$\frac{m M_W}{M} = \frac{\alpha}{\alpha_W . s} \text{ ist die spezifische Drehung.}$$

Mit gewisser Annäherung ist im Falle der Lösung einer Substanz in verschiedenen Lösungsmitteln die „molekulare Drehung" der gelösten Substanz eine Konstante (unabhängig von Lösungsmittel, Konzentration und Temperatur), wenn man diese molekulare Drehung aus einer Mischungsregel mittels der molekularen Drehung des Lösungsmittels unter Berücksichtigung des Prozentgehaltes berechnet nach der Formel:

$$\frac{m}{M} z = \frac{\alpha}{\alpha_W M_W} - \frac{m' z'}{M'},$$

also

$$m = \frac{\alpha}{\alpha_W} \frac{M}{M_W} \frac{1}{z} - \frac{m' z' M}{z M'},$$

wobei α die Drehung der Lösung, M das Molekulargewicht der gelösten Substanz, m' bzw. M' die molekulare Drehung bzw. das Molekulargewicht des Lösungsmittels, z bzw. z' die Anzahl Gramm aufgelöster Substanz bzw. des Lösungsmittels in 1 ccm Lösung bedeuten. Nach H. Jahn[2]) kann man in Lösungen verschiedener anorganischer Salze bis zu einem gewissen Grade von einer Additivität der molekularen Drehungen der Bestandteile (Anionen und Kationen) sprechen[3]); den Haupteinfluß hat dabei das Anion, so daß äquivalente Mengen der verschiedensten Chloride, Bromide, Jodide, Sulfate, Nitrate, Carbonate nahe gleiche molekulare Drehung besitzen, doch zeigt sich eine geringe Zunahme mit dem Äquivalentgewicht des Kations[4]) (vgl. Anm. 4, S. 2164).

Organische Substanzen sind in großer Menge, besonders von Perkin untersucht worden; dabei haben sich manche interessante Beziehungen zur chemischen Konstitution ergeben, z. B. daß bei den Alkoholen und Jodiden Addition einer CH_2-Gruppe einen konstanten Zuwachs des molekularen Drehvermögens bewirkt, daß bei Verbindungen der Fettreihe in homologen Reihen das molekulare Drehvermögen eine annähernd lineare Funktion der Anzahl der Kohlenstoffatome ist, daß isomere Körper verschiedenes Drehvermögen

---

[1]) W. H. Perkin, Journ. chem. Soc. **36**, 330, 1882 usw.; Zusammenfassung ebenda **69**, 1025, 1237, 1896; siehe ferner Landolt-Börnstein (5. Aufl.), S. 1015 ff.

[2]) H. Jahn, Wied. Ann. **43**, 280, 1891; vgl. aber die von R. Wachsmuth (Wied. Ann. **44**, 377, 1891) gefundenen Abweichungen dieser Regel. Das Gesetz der additiven Zusammensetzung der magnetischen Drehung einer Lösung aus den Drehvermögen der einzelnen Bestandteile hat E. Verdet (Ann. chim. et phys. **52**, 129, 1858) zuerst ausgesprochen. Betreffs der in dieser grundlegenden Arbeit enthaltenen Rechenfehler, die vielfach in die Literatur übergegangen sind, und über die exakte Berechnung der Drehung einer gelösten Substanz aus der Lösung vgl. O. Schönrock, Zeitschr. f. Phys. **46**, 314, 1928 (Anm. bei der Korrektur).

[3]) Gemische organischer Substanzen hat N. A. Trifonow untersucht (Wiss. Schriften der Universität Saratow (4) IV, 1925.

[4]) K. F. Betche, Diss. Rostock, 1919, daselbst weitere Literatur.

besitzen[1]). Wegen des Zusammenhanges zwischen Magnetorotation und Dispersion des Brechungsquotienten (siehe § 12 u. 22) sind ähnliche Konstitutionseinflüsse in beiden Fällen zu erwarten, doch ist diese Beziehung noch nicht systematisch untersucht worden.

§ 6. Trägheit des Faradayeffekts. Die Frage nach der Trägheit des Faradayeffekts ist von erheblichem Interesse. Beruht der Effekt auf einer unmittelbaren Beeinflussung der Elektronenbewegung der Moleküle — gerade wie der Zeemaneffekt, der als Ursache der Magnetorotation anzusehen ist (vgl. § 10 u. f.) —, so sollte kaum eine meßbare Zeit zwischen Anlegen des Magnetfeldes und Ausbildung der magnetischen Drehung vergehen. Die experimentelle Untersuchung dieser Frage wird dadurch erschwert, daß die Ausbildung des Magnetfeldes in einem Elektromagnet naturgemäß längere Zeit erfordert, aber auch in einer eisenfreien Spule wird wegen der Selbstinduktion die maximale Feldstärke nicht gleichzeitig mit Einschalten des Stromes erreicht. Ältere Messungen von Villari[2]) lieferten trotz Vermeidung dieser Schwierigkeit das Ergebnis, daß das Magnetfeld mehrere tausendstel Sekunden zur Ausbildung des Faradayeffekts brauche. Versuche von Bichat und Blondlot[3]) sowie von Wedding[4]) zeigten jedoch die falsche Deutung der Villarischen Messungen, und Abraham und Lemoine[5]) fanden, daß die Zeitdifferenz zwischen Erzeugung des Magnetfeldes und Ausbildung der Magnetorotation jedenfalls kleiner als 10^{-8} sec ist; dabei verwendeten sie, ähnlich wie bei ihren Versuchen über die Ausbildungszeit der elektrischen Doppelbrechung (siehe Kap. XXXIX, § 4), gedämpfte schnelle Schwingungen einer Kondensatorentladung sowohl zur Erregung der Lichtquelle, eines Funkens, als des — eisenlosen — Magnetfeldes und erzeugten durch Verlängerung des Lichtweges zwischen Funken und Magnetspule, in der sich CS_2 befand, eine meßbare Zeitdifferenz zwischen Entstehen des Magnetfeldes und Zeitmoment der Messung des Faradayeffekts.

Neuere Versuche von Beams und Allison[6]) nach einer Differenzmethode, die auf ähnlichem Prinzip beruht, haben ergeben, daß ein meßbarer Unterschied der Verzögerungszeit des Faradayeffekts gegenüber dem Magnetfeld in verschiedenen Flüssigkeiten gegenüber CS_2 besteht, die gefundenen Zeiten liegen zwischen 1 und $10 . 10^{-9}$ sec und sind von der Größenordnung der Zeit τ, in der nach dem Larmorschen Satz (vgl. § 11) eine volle Umdrehung eines Elektronensystems im Magnetfeld der verwendeten Stärke erfolgt:

$$\left(\tau = \frac{2\pi}{o_L} = \frac{4\pi m c}{\varepsilon H} \sim 7 . 10^{-9}, \quad \text{für } H = 100 \text{ Gauß}\right).$$

[1]) Vgl. besonders W. H. Perkin, a. a. O.; O. Schönrock, Zeitschr. f. phys. Chem. **11**, 782, 1893; **16**, 28, 1895.
[2]) E. Villari, Pogg. Ann. **149**, 324, 1873.
[3]) E. Bichat und R. Blondlot, Ann. Ecol. norm. (2) **7**, 277, 1873; Compt. rend. **94**, 1590, 1882.
[4]) W. Wedding, Wied. Ann. **35**, 25, 1888.
[5]) H. Abraham und J. Lemoine, Compt. rend. **130**, 499. 1900.
[6]) J. W. Beams und Fred Allison, Phys. Rev. **29**, 161; **30**, 66, 1927.

Wenn sich daher die Ergebnisse von Beams und Allison wirklich bestätigen, und wenn sich zeigt, daß die gemessenen Zeiten umgekehrt proportional der Feldstärke sind, so würde dies bedeuten, daß eine volle Larmorpräzession erfolgt sein muß, ehe sich die Magnetorotation bemerkbar macht [vgl. ähnliche quantentheoretische Überlegungen von Bohr][1]).

§ 7. Zurückführung der Drehung auf zirkulare Doppelbrechung.

Nach den Untersuchungen Fresnels beruht die Drehung der Polarisationsebene natürlich drehender Körper auf der ungleichen Fortpflanzungsgeschwindigkeit entgegengesetzt zirkular polarisierter Wellen (Kap. XX, § 10 u. f.). Mittels einer Kombination von Prismen aus rechts- und linksdrehendem Quarz konnte Fresnel die aus einer linear polarisierten einfallenden Welle entstehenden zwei zirkular polarisierten Wellen räumlich trennen und ihren Polarisationszustand feststellen. Die Fresnelsche Deutung muß offenbar auf die Magnetorotation übertragen werden. Die entsprechenden Versuche sind besonders von Brace[2]) durchgeführt, und es ist sogar durch Interferenzversuche die Geschwindigkeitsänderung der zirkular polarisierten Strahlen gemessen und gezeigt worden[3]), daß derjenige Zirkularstrahl sich mit der größeren Geschwindigkeit fortpflanzt, der im Sinne des magnetisierenden Stromes rotiert. Die analytische Darstellung einer linear polarisierten Welle, die längs einer bestimmten Richtung eine dem durchlaufenen Wege proportionale Drehung erfährt, lehrt unmittelbar, daß sie äquivalent ist zwei entgegengesetzt zirkular polarisierten Wellen, die sich mit ungleicher Geschwindigkeit fortpflanzen, so daß die genannten Versuche als Beweis einer mathematischen Selbstverständlichkeit angesehen werden können[4]).

Diese analytische Darstellung läßt sich in wenigen Zeilen geben: Denkt man sich die Welle in der $+ Z$-Richtung fortschreitend, zählt z von der Eintrittsstelle der Welle aus und legt die X-Achse in die dort stattfindende Schwingungsrichtung, so kann man die X- und Y-Komponenten der Schwingungsbewegung, deren Polarisationsebene auf der Strecke z die Drehung $\chi = a \cdot z$ erfährt, darstellen durch den Ansatz

$$x = F \cos \alpha z \cos \omega \left(t - \frac{z}{v} \right),$$

$$y = F \sin \alpha z \cos \omega \left(t - \frac{z}{v} \right),$$

wobei $\omega = \dfrac{2 \pi c}{\lambda}$ die Frequenz der Welle $\Big($nicht zu verwechseln mit der Schwingungszahl $\nu = \dfrac{c}{\lambda}\Big)$, c ihre Geschwindigkeit im Vakuum und v die Fortpflanzungsgeschwindigkeit der Welle im betrachteten Medium bedeuten. Diese Ausdrücke sind offenbar identisch mit

$$x = \frac{1}{2} F \left\{ \cos \left[\omega \left(t - \frac{z}{v} \right) + \alpha z \right] + \cos \left[\omega \left(t - \frac{z}{v} \right) - \alpha z \right] \right\},$$

$$y = \frac{1}{2} F \left\{ \sin \left[\omega \left(t - \frac{z}{v} \right) + \alpha z \right] - \sin \left[\omega \left(t - \frac{z}{v} \right) - \alpha z \right] \right\}.$$

---

[1]) N. Bohr, Naturw. **12**, 1115, 1925.
[2]) de Witt B. Brace. Wied. Ann. **26**, 576, 1885; Phil. Mag. (6) **1**, 464, 1901.
[3]) J. E. Mills, Phys. Rev. **18**, 65, 1904.
[4]) Vgl. G. L. Gouy, Compt. rend. **90**. 992, 1880; A. Righi, Mem. Acad. Bologna (4) **7**, 443, 1886.

Die Zusammenfassung der ersten Glieder in beiden Klammern stellt eine „positiv" zirkular polarisierte Welle der Geschwindigkeit v_+ dar, wobei

$$\frac{\omega}{v} - \alpha = \frac{\omega}{v_+}$$

ist, die Zusammenfassung der zweiten Glieder eine „negativ" rotierende Welle der Geschwindigkeit v_-, wobei

$$\frac{\omega}{v} + \alpha = \frac{\omega}{v_-},$$

somit $2\,\alpha = \dfrac{\omega}{v_-} - \dfrac{\omega}{v_+}$; dabei entspricht die Definition der „positiven" Drehung der Zirkularpolarisation[1]) einem rechtshändigen Koordinatensystem, in dem die Drehung aus der positiven X- in die positive Y-Richtung beim Fortschreiten in der positiven Z-Richtung erfolgt.

Man erhält somit für die Drehung der Polarisationsebene auf der Strecke l den Wert

$$\chi = \alpha\,.\,l = \frac{\omega l}{2}\left(\frac{1}{v_-} - \frac{1}{v_+}\right) = \frac{\omega l}{2\,c}\,(n_- - n_+),$$

falls

$$n_+ = \frac{c}{c_+} \qquad \text{bzw.} \qquad n_- = \frac{c}{v_-}$$

den Brechungsquotienten der positiv bzw. der negativ rotierenden Welle bedeutet, und zwar ist nach dem Vorangehenden

$$v_\pm = v\left(1 \pm \frac{\alpha v}{\omega}\right),$$

da erfahrungsgemäß α sehr klein gegen $\dfrac{\omega}{v}$ ist.

Erleiden die Amplituden der beiden zirkularen Komponenten in dem drehenden Körper verschiedene Schwächung (Dichroismus), so sieht man leicht, daß statt einer linearen eine elliptisch polarisierte Welle austritt, deren große Achse gegen die Richtung der einfallenden Schwingung gedreht ist[2]). Diese Erscheinung tritt z. B. bei dünnen Fe-Schichten auf, vgl. § 4.

§ 8.   Die negative Drehung. Es ist frühzeitig aufgefallen, daß Lösungen von Eisensalzen sowie gelöste und kristallisierte Verbindungen anderer stark paramagnetischer Substanzen, besonders seltener Erden, im Magnetfeld die Polarisationsebene in entgegengesetzter Richtung drehen, wie die meisten anderen Substanzen[3]); man spricht dann von negativer Drehung, da sie im entgegengesetzten Sinne erfolgt, wie die das Magnetfeld erzeugenden Ströme. Besonders groß wird die negative Drehung in einigen Kristallen von Salzen seltener Erden, wenn man sie auf tiefe Temperatur abkühlt[4]) (vgl. § 29). Man hat vielfach gezweifelt, ob diese negative Drehung eine spezifische Eigenschaft paramagnetischer Substanzen sei[5]): einerseits hat man geltend gemacht, daß viele paramagnetische Salze, wie die von Co, Ni, Mn, positive Drehung zeigen, ebenso der paramagnetische Sauerstoff und

---

[1]) Diese wird meist als linkszirkular polarisierte Welle bezeichnet, indem der Beobachter, dem Lichtstrahl entgegenblickend, die Rotation als linkshändig ansieht.

[2]) Vgl. Kap. XXXIII, § 1; ausführlicher bei W. Voigt, Handb. d. Elektr. u. d. Magn. **4**, 2, 451, 1915.

[3]) Siehe E. Verdet, Ann. chim. et phys. (3) **52**, 156, 1858; H. Becquerel, ebenda (5) **12**, 1, 1877, spez. S. 51 ff.

[4]) J. Becquerel, Le Radium **5**, 16, 1908; Ders. u. H. Kamerlingh Onnes, ebenda **5**, 238, 1908.

[5]) Vgl. bes. W. Voigt, Magneto- u. Elektrooptik 1908, S. 20; Handb. d. Elektr. u. d. Magn. **4**, 405, 1915; R. W. Wood, Phys. Opt. 1911, S. 499.

dünne ferromagnetische Schichten von metallischem Fe, Co, Ni; auf der anderen Seite besitzt das als diamagnetisch angesehene Titantetrachlorid negative Drehung[1]). Ferner tritt zwischen den Zeemankomponenten scharfer Absorptionslinien im Magnetfeld ebenfalls negative Drehung auf (siehe § 26), und schließlich hat R. W. Wood, zum Teil gemeinsam mit Ribaud, an verschiedenen Bandenlinien, besonders deutlich an einigen der mit Stufengitter aufgelösten Absorptionslinien des Jods, negative Drehung nachgewiesen (siehe § 28). Andererseits ist mehrfach ein innerer Zusammenhang zwischen negativer Drehung und Paramagnetismus vermutet worden [2])[4]), besonders als sich zeigte, daß die im Sichtbaren positive Drehung von Co-Salzlösungen im Ultraviolett (auf der violetten Seite des charakteristischen Absorptionsbandes) negative Werte annimmt[3]). Übrigens setzt sich natürlich die Drehung in Lösungen aus der Drehung des Wassers, der des Anions und der des Kations zusammen [wie schon H. Becquerel[4]) erkannte], so daß sie trotz des negativen Anteils des Kations im ganzen positiv sein kann.

Die Aufklärung dieser Erscheinungen, der Zusammenhang der negativen Drehung mit dem Paramagnetismus, aber auch die Erklärung negativer Drehung bei diamagnetischen Substanzen wird in den folgenden Paragraphen gegeben, die die Theorien der Magnetorotation enthalten.

B. Theorie[5]).

§ 9. Übersicht über ältere Theorien. Die Zurückführung der magnetischen Drehung der Polarisationsebene auf eine zirkulare Doppelbrechung lehrt ihren innigen Zusammenhang mit dem Brechungsquotienten und mit der Dispersion des Lichtes. Ein Unterschied zwischen den Fortpflanzungsgeschwindigkeiten positiv und negativ rotierender Wellen kann offenbar nur zustande kommen, wenn diese und damit der Brechungsquotient von der Frequenz der Wellen abhängen. Dasselbe gilt naturgemäß von der transversalen magnetischen Doppelbrechung, die auf einem Unterschied der Lichtgeschwindigkeit der parallel und senkrecht zum Feld polarisierten Wellen beruht (vgl. Kapitel XXXVII). So ist die Theorie der magnetooptischen Erscheinungen eine Verfeinerung der Dispersionstheorie, ergänzt und erweitert durch die zusätzliche, relativ schwache Wirkung des Magnetfeldes, und sie mußte ebenso wie die der Dispersion jedesmal abgeändert werden, wenn neue Vorstellungen von der Ausbreitung des Lichtes die alten verdrängten. Wie Cauchy (1836) und Biot (1864) auf Grund der elastischen Äthertheorie des Lichtes ihre Dispersionsformeln entwickelten, so gab Neumann[6])

---

[1]) H. Becquerel, a. a. O. S. 63; L. H. Siertsema, Proc. Amst. **18**, 101, 1915.

[2]) Siehe z. B. G. F. Fitzgerald, Proc. Roy. Soc. **63**, 31, 1898; P. Drude, Lehrb. d. Optik 1906, S. 413; H. A. Lorentz, Enzykl. d. math. Wiss. **22**, 252, 1909; L. H. Siertsema, a. a. O.

[3]) R. W. Roberts, J. H. Smith u. S. S. Richardson, Phil. Mag. **44**, 912, 1922; **49**, 327, 1925.

[4]) H. Becquerel, a. a. O. S. 63; L. H. Siertsema, Proc. Amst. **18**, 101, 1915.

[5]) Vgl. zu dem Folgenden die Theorie der Dispersion, Kap. XXVIII B (§ 26 ff.).

[6]) C. Neumann, Dissert. Halle, 1858; „Die magnetische Drehung des Lichtes" 1863.

eine Theorie der Magnetorotation, indem er in der Differentialgleichung der elastischen Lichtwellen die Kraft berücksichtigte, die die durch das äußere Feld in den Molekülen erzeugten Ampèreschen Ströme auf die schwingenden Ätherteilchen ausüben. An die Helmholtzsche Theorie der Farbenzerstreuung, aufgebaut auf die elektromagnetische Lichttheorie Maxwells, knüpft Reiff[1] eine „neue Deutung der magnetischen Drehung der Polarisationsebene", da er die Biot-Savartsche Kraft in Rechnung setzt, mit der das Magnetfeld auf die Resonanzschwingungen der elektrischen Ladungen in den Molekülen einwirkt: Eine in der Z-Richtung fortschreitende, in der X-Richtung schwingende elektrische Kraft läßt die elektrischen Ladungen der Moleküle ebenfalls in der X-Richtung schwingen; ein parallel Z wirkendes magnetisches Feld ruft an den schwingenden Ladungen eine in der Y-Richtung wirkende Kraft hervor, die eine Drehung der elektrischen Kraft der Lichtwelle im Sinne der magnetisierenden Ströme erzeugt. Wegen Einzelheiten dieser Theorien, die mehr historisches als praktisches Interesse haben, muß auf die zitierten Originalarbeiten und auf die ausführlichen Darstellungen der Handbücher verwiesen werden[2]. Dagegen sollen hier die an die Elektronentheorie und die an die Quantentheorie der Atome anknüpfenden Vorstellungen näher besprochen werden; eine rationelle und systematische Behandlung der Magnetorotation auf Grund der Quanten- und Wellenmechanik steht allerdings heute (1927) noch aus.

§ 10. Die auf die Elektronentheorie und die auf die Quantentheorie aufgebauten Vorstellungen. Im Gegensatz zu reinen Beugungs- und Interferenzerscheinungen verknüpfen Dispersion und Magnetorotation Vorgänge in der ponderablen Materie, in den Atomen und Molekülen, mit den periodischen Kräften des Lichtes; daher ist hier eine tiefer gehende Erkenntnis der Vorgänge und sind quantitative Zusammenhänge nur auf Grund von Theorien der Atomvorgänge zu erwarten, und jeder Fortschritt auf diesem Gebiete fördert auch jene. Was wir von den hier interessierenden Vorgängen einigermaßen zu kennen glauben, ist die Wirkung, die ein Magnetfeld auf die Elektronensysteme einzelner Atome ausübt: nur die magnetische Drehung in verdünnten Gasen ist daher der exakten Theorie zugänglich. Bei einzelnen Atomen wird nach den von Rutherford und Bohr entwickelten Vorstellungen der schwere Kern von einer Zahl gleicher Elektronen unter dem Einfluß der Coulombschen Anziehungs- und Abstoßungskräfte umlaufen; die Wirkung eines Magnetfeldes auf ein solches System kann nach Larmor in erster Annäherung durch eine gleichförmige Rotation beschrieben werden, die die Elektronenbahnen um die Achse des Magnetfeldes ausführen. Die Folge dieser Rotation sind einerseits die diamagnetischen Erscheinungen, da — gemäß der allgemeinen Lenzschen Regel — die durch die Larmorrotation

---

[1] R. Reiff, Wied. Ann. **57**, 281, 1896; siehe auch H. A. Rowland, Phil. Mag. **11**, 254, 1881.

[2] Vgl. vor allem W. Voigts Darstellung im Graetzschen Handb. d. Elektr. u. d. Magn. **4**, 2, 452 ff.

erzeugten Kraftlinien denen des äußeren Feldes entgegen wirken; andererseits die unter dem Namen Zeeman zusammengefaßten Effekte, die in einer magnetischen Aufspaltung der Emissions- und Absorptionslinien in polarisierte Komponenten bestehen, und zwar bei Beobachtung in Richtung der Kraftlinien in positiv und negativ zirkular polarisierte Komponenten („Longitudinaleffekt"). Wegen des allgemeinen Zusammenhangs zwischen Absorption und Dispersion entsteht so nach Fitzgerald und Voigt, nach Lorentz und Drude auch ein Unterschied der Brechungsquotienten der beiden zirkular polarisierten Wellen, aus denen eine linear polarisierte Welle entsteht, die parallel den Kraftlinien fortschreitet, und damit eine Drehung der Polarisationsebene, die besonders groß in der Nähe der Absorptionslinien wird (Macaluso-Corbinoeffekt). Das Vorzeichen dieser Drehung ist im allgemeinen das gleiche wie das der magnetisierenden Ströme, nur zwischen den Zeemankomponenten ist es gemäß der Theorie und in Übereinstimmung mit der Erfahrung „negativ", beiderseits jeder Absorptionslinie verläuft die Drehung ganz symmetrisch.

Die Größe der Drehung ergibt sich proportional der Geschwindigkeit der „Larmorrotation" und — in gewisser Annäherung — dem Differentialquotienten $\partial n / \partial \omega$, d. h. der Dispersion selbst (Becquerelsche Formel, vgl. § 12). Die magnetische Drehung in verdünnten Gasen ist daher nur nahe einer Spektrallinie (Absorptionslinie), wo $\partial n / \partial \omega$ große Werte besitzt, genügend groß, um meßbare Werte zu liefern.

Die hier beobachteten Erscheinungen werden in allen Einzelheiten von der von Drude und von Voigt entwickelten Elektronentheorie dargestellt und bilden eine glänzende quantitative Bestätigung für diese Theorie[1] (vgl. § 26). Nur eine einzige neue Atomkonstante wird hier gebraucht, die zudem auch durch unabhängige Dispersionsmessungen gewonnen werden kann (die klassisch als „Zahl der Dispersionselektronen" bezeichnet wird, quantentheoretisch als „Stärke" der virtuellen Oszillatoren oder als „Wahrscheinlichkeit des entsprechenden Quantensprungs").

Alle diese Gesetzmäßigkeiten gelten streng aber nur für verdünnte Atomgase und — bis zu einem gewissen Grade — für einige Kristalle von Verbindungen seltener Erden, die, besonders bei tiefer Temperatur, relativ scharfe Spektrallinien besitzen, die anscheinend bestimmten Elektronenfrequenzen entsprechen. Hier tritt noch eine neue, von J. Becquerel vor längerer Zeit entdeckte, aber erst kürzlich von R. Ladenburg aufgeklärte Erscheinung hinzu, nämlich eine stark temperaturabhängige Drehung der Polarisationsebene; sie hängt innig mit den paramagnetischen Eigenschaften dieser Kristalle zusammen und wird deshalb auch als „paramagnetische Drehung" im Gegensatz zur gewöhnlichen „diamagnetischen" Drehung bezeichnet (siehe § 19). Außer durch ihre Temperaturabhängigkeit ist sie dadurch ausgezeichnet, daß sie beiderseits einer Absorptionslinie unsymmetrisch ist und auch negativ werden kann.

---

[1] Die Voigtsche Theorie ist in ihren Grundlagen und in allem Wesentlichen identisch mit P. Drudes „Hypothese des Halleffekts". Verh. d. D. Phys. Ges. **1**, 111, 1899; siehe auch Drudes Lehrbuch der Optik, S. 420, 1906.

Diese Vorstellungen und Theorien verlieren ihre exakte Gültigkeit, sobald es sich nicht mehr um einzelne Atome handelt. Schon die Wirkung eines Magnetfeldes auf ein aus zwei Atomen zusammengesetztes Molekül ist nicht sicher bekannt — zumal unsere Kenntnisse über die Elektronenanordnung solcher Moleküle heute (1927) noch im Fluß sind. Jedenfalls gilt der Larmorsche Satz streng nur für ein System gleicher Teilchen (Elektronen), die symmetrisch zur Feldachse gebunden sind, also schon nicht mehr für ein aus mehreren Atomen mit ihren Elektronengruppen zusammengesetztes Molekül. Wesentlich ist aber, daß die Wirkung des Magnetfeldes auf die schweren Atommassen, ihre Schwingungen und Rotationen in erster Annäherung im Vergleich zu der auf die so viel kleinere Masse der Elektronen vernachlässigt werden kann; in der Tat konnte bisher eine Einwirkung der — ultraroten — Schwingungsbanden auf die Magnetorotation nicht festgestellt werden, während doch der Brechungsquotient selbst stark beeinflußt wird (§ 22). So sind bisher auch nur einige theoretische Ansätze für die Magnetorotation an den im Sichtbaren und Ultraviolett liegenden, durch gleichzeitige Wirkung von Elektronenfrequenzen, Atomschwingungen und -rotationen hervorgerufenen Absorptionsbanden gemacht (§ 18). Übrigens sind auch nur wenige Versuche an einzelnen Bandenlinien von Gasen ausgeführt, da diese Linien meist so eng liegen, daß zwischen ihnen bisher nur in wenigen Fällen eine Magnetorotation gemessen werden konnte (§ 28).

Die meisten Messungen sind bisher naturgemäß fern von den Absorptionslinien und -banden, im Durchsichtigkeitsgebiet vorgenommen worden, besonders in Flüssigkeiten und festen Körpern, aber auch in Gasen, wenigstens bei hohem Druck (§ 4). Hier ist eine exakte Theorie vorläufig nicht möglich, zumal auch die Dispersion nur durch Näherungsformeln dargestellt werden kann. Jedoch äußert sich hier nur die Summation der meist weit entfernten Absorptionslinien; dadurch gehen die feineren, zum Teil unbekannten Wirkungen der einzelnen Linien verloren, d. h. sie werden unmerklich, und man kann vielfach näherungsweise so rechnen, als wären in großer Ferne im Ultraviolett eine oder mehrere Absorptionslinien wirksam. Allerdings macht sich die unbekannte Anomalie des Zeemaneffekts der betreffenden Linie dadurch bemerkbar, daß der Werte von ε/m aus der magnetischen Drehung nur bis auf einen Faktor von der Größenordnung 0,5 berechnet werden kann (§ 17 und 20), aber die Größenordnung der beobachteten Drehung stimmt mit der theoretischen durchaus überein, und die Abhängigkeit der Drehung von der Frequenz läßt sich ziemlich weitgehend gemäß der genannten Becquerelschen Formel aus der Frequenzabhängigkeit der Dispersion ($\partial^2 n/\partial \omega^2$) berechnen (§ 22) — wenigstens im Durchsichtigkeitsgebiet. Und zwar steigt die Drehung im allgemeinen gemäß der Theorie mit abnehmender Wellenlänge (zunehmender Frequenz) mehr und mehr an, da man sich den im Ultraviolett liegenden Eigenfrequenzen nähert.

Die Übereinstimmung mit der Theorie geht so weit, daß man die Gültigkeit der verwendeten Formeln auch für Moleküle mit mehreren Atomen, wenigstens bis zu einem gewissen Grade, annehmen muß, trotz der oben dargelegten Einwände, die gegen die diesbezügliche Anwendung des Larmor-schen Satzes zu erheben sind [1]).

Vielleicht ist die Gültigkeit der Formeln damit zu rechtfertigen, daß ihnen das Modell der quasielastisch gebundenen Oszillatoren (der virtuellen Oszillatoren der korrespondenzmäßigen Dispersionstheorie, siehe § 16 sowie Kap. XXVIII, D) zugrunde liegt, die auch bei mehratomigen Molekülen symmetrisch an ihren elektrischen Schwerpunkt gebunden sind, so daß für sie der Larmorsche Satz gilt; hier äußert sich wieder, wie bei so vielen anderen Dispersionserscheinungen, die Nützlichkeit dieses Thomsonschen Atommodells.

Wenn man sich allerdings bei der Untersuchung den Absorptionsgebieten nähert, machen sich deren spezifische Einwirkungen und die Unvollkommenheit der Theorie bemerkbar. Der Einfluß der Absorption zeigt sich besonders im Sichtbaren, wo die Messungen relativ leicht sind. Hier treten die viel um-strittenen Erscheinungen der „anomalen Rotationsdispersion" auf, d. h. der Abnahme der Drehung mit zunehmender Frequenz (abnehmender Wellen-länge) und der Unsymmetrie beiderseits einer Absorptionsbande (siehe § 24). Höchstwahrscheinlich hängen diese Erscheinungen oder wenigstens ein Teil von ihnen mit der bereits genannten „paramagnetischen" Drehung zusammen. Paramagnetismus flüssiger und fester Körper ist fast stets mit Absorption im Sichtbaren verknüpft; er beruht nach den heutigen Atomvorstellungen auf einer Unsymmetrie der Elektronengruppierung, die zugleich eine relativ lockere Bindung der Elektronen bedingt [2]), und diese ist die Ursache der Färbung. So sind jene Substanzen mit anomaler Rotationsdispersion im Sichtbaren fast ohne Ausnahme paramagnetisch, und wenn das magnetische Moment der Atome genügend groß ist, kann der paramagnetische Anteil in gewissem Abstand von der Absorptionslinie den diamagnetischen überwiegen und die anomale Rotationsdispersion hervorrufen (siehe § 19 u. 24). Hierauf beruht vermutlich auch die negative Drehung der stark paramagnetischen Lösungen von Eisen-salzen und Salzen seltener Erden (siehe § 8 u. 29). Außerdem kann theoretisch auch an einzelnen Bandenlinien eine negative Drehung auftreten, die im Gegensatz zur paramagnetischen Drehung symmetrisch beiderseits der Linie ist (siehe § 18 und 28).

Ob hierauf oder worauf sonst die negative Drehung des $Ti\,Cl_4$ beruht, ist noch nicht geklärt (siehe § 17 und 23). Die positive Drehung der dünnen Fe-, Co- und Ni-Schichten ist jedenfalls kein Widerspruch gegen die Vor-stellung der paramagnetischen Drehung; denn die Anwendung der Theorie auf diese Schichten ist ganz problematisch — wie überhaupt jede molekular-

---

[1]) Vgl. D. H. van Vleck, Proc. Nat. Acad. **12**, 665, 1926, wo darauf hin-gewiesen wird, daß man die Formeln der diamagnetischen Suszeptibilität, die im allgemeinen auch aus dem Larmorschen Satz abgeleitet werden, auch auf anderem Wege ohne Beschränkung auf isolierte Atome erhalten kann. In einer späteren Arbeit hat derselbe Autor jedoch dies Resultat widerrufen, siehe Phys. Rev. **31**, 587, 1928, speziell S. 601 (Anm. b. d. Korr.)

[2]) Vgl. R. Ladenburg, Zeitschr. f. Elektrochem. **26**, 263, 1920; Zeitschr. f. phys. Chem. **126**, 133, 1927; N. Bohr, Zeitschr. f. Phys. **9**, 1, 1922, speziell S. 50.

theoretische Deutung der magnetooptischen Erscheinungen dieser Schichten, da von einer befriedigenden Molekulartheorie des Ferromagnetismus heute noch keine Rede ist [1]).

§ 11. Larmorscher Satz und Zeemaneffekt. Nach dieser Übersicht über die Theorien des Faradayeffekts kommen wir zur quantitativen Formulierung. Wir beginnen mit dem Larmorschen Satz und einer elementaren Ableitung des Zeemaneffekts. Nach Larmor [2]) läßt ein Magnetfeld H in erster Annäherung die Form einer beliebigen Bahn eines symmetrisch zur Feldachse gebundenen Elektrons unverändert und erzeugt lediglich eine „Präzession" (Rotation der ganzen Bahn) um die Feldachse von der Winkelgeschwindigkeit (= Umlaufszahl in 2π sec)

$$o_L = -\frac{1}{2}\frac{\varepsilon}{mc}H$$

im Sinne der magnetisierenden Ströme [3]), wobei ε/mc das in absoluten elektromagnetischen Einheiten gemessene Verhältnis von Ladung zur Masse eines Elektrons $(1,77 . 10^7 \text{ CGS})$ ist, oder, anders ausgedrückt: die Elektronen beschreiben im Magnetfeld dieselben Bahnen wie ohne Feld, nur bezogen auf ein Koordinatensystem, das mit der Geschwindigkeit o_L um die Feldachse rotiert. Voraussetzung ist dabei, wie oben angedeutet, daß die Gleichgewichtslagen der Elektronen auf einer der Feldrichtung parallelen Geraden liegen, daß alle gleiche Ladung und Masse haben und daß die auf die Elektronen wirkenden Kräfte symmetrisch zur Feldachse sind (außerdem daß bei der Rechnung die durch die Larmorrotation allein entstehende Geschwindigkeit der Elektronen klein ist gegen ihre ursprüngliche Geschwindigkeit, was auch bei den höchsten bisher erreichbaren Feldstärken der Fall ist). Die hiermit zusammenhängenden Grenzen der Anwendbarkeit des Larmorschen Satzes sind im vorausgehenden Paragraphen ausführlich besprochen.

Aus dem Larmorschen Satz läßt sich zunächst in einfachster Weise am klassischen Thomsonschen Atommodell des Oszillators der normale Zeemaneffekt ableiten. Denn wenn man eine beliebige elliptische Elektronenschwingung in eine Komponente parallel den Kraftlinien und in zwei um die Richtung der Kraftlinien positiv und negativ rotierende Schwingungen zerlegt denkt, so wird die erstere von der Larmorrotation gar nicht beeinflußt, die beiden Zirkularschwingungen werden dagegen offenbar um o_L vergrößert bzw. verkleinert, und dies ergibt sowohl dem Betrag als dem Vorzeichen nach genau

---

[1]) Kürzlich hat W. Heisenberg eine quantenmechanische Deutung des Ferromagnetismus gegeben, Zeitschr. f. Phys. **49**, 619, 1928 (Anmerkung bei der Korrektur).

[2]) J. J. Larmor, Phil. Mag. (5) **44**, 503, 1897 (einen elementaren Beweis gibt z. B. A. Sommerfeld in seinem bekannten Buch „Spektrallinien und Atombau", 4. Aufl., S. 389, 1924).

[3]) Da die Ladung ε des Elektrons < 0, erhält o_L dasselbe Vorzeichen wie H, d. h. wie der das Magnetfeld erzeugende Strom; die Rotationsrichtung von o_L ist daher nach der Definition in § 7 als positiv zu bezeichnen.

die Erscheinungen des normalen longitudinalen Zeemaneffektes wieder: nämlich
eine Aufspaltung der ursprünglichen Linie in 2 um

$$\pm o_L = \mp \frac{1}{2} \frac{\varepsilon}{m c} H$$

verschobene Komponenten, von denen die Linie größerer Frequenz im Sinne
der das Magnetfeld erzeugenden Ströme, d. h. positiv („linkshändig" vom
Beobachter aus) rotiert. Entsprechend wird bei der Absorption (dem „inversen" Zeemaneffekt) bei Verwendung von positiv zirkular polarisiertem
Licht nur diese eine Komponente absorbiert. Die Wellenlängenverschiebung
der Linien ist

$$\varDelta \lambda_L = \frac{\lambda^2}{4 \pi m c^2} \frac{\varepsilon}{m} H,$$

also für gelbes Licht ($\lambda = 6 . 10^{-5}$ cm) und die — für derartige Messungen
mäßige — Feldstärke von 10 000 Gauß

$$0{,}17 \text{ Å-E. } (1 \text{ Å-E. } = 10^{-8} \text{ cm}).$$

Die obige Formel wurde von Lorentz unmittelbar im Anschluß an
Zeemans erste Beobachtungen aus der elementaren Elektronentheorie abgeleitet, die die Emission und Absorption von Spektrallinien auf die Schwingungen „quasielastisch" gebundener Elektronen zurückführt. Die experimentelle Bestätigung dieser Formel an „Singulettlinien" und die quantitative
Übereinstimmung der so berechneten spezifischen Ladung mit dem ε/m-Wert
der Kathodenstrahlen ist eines der bedeutungsvollsten Ergebnisse der modernen
Physik. Es bildet zugleich die Grundlage der Elektronentheorie der Di-
spersions- und Absorptionserscheinungen; denn diese können erst durch das
Mitschwingen elektrisch geladener Massen, von Elektronen und Ionen, in die
elektromagnetische Lichttheorie eingeordnet werden. Allerdings beobachtet
man nur in den wenigen Fällen der „Singulettlinien" diesen einfachen „normalen" Zeemaneffekt. Die weitaus überwiegende Zahl der Spektrallinien gehören zu Multipletts und zeigen bei relativ schwachem Magnetfeld[1]) die viel
komplizierteren Erscheinungen des „anomalen" Zeemaneffektes. Wegen aller
Einzelheiten muß auf Kap. XXXIII verwiesen werden. Hier sei nur bemerkt,
daß nahezu alle diese Erscheinungen an Atomgasen — allerdings nicht die an
Bandenlinien noch die an den relativ scharfen Spektrallinien der Kristalle
(siehe § 29) — einfach durch eine „anomale Larmorrotation":

$$g . o_L$$

beschrieben werden können, wo g der „Landésche Aufspaltungsfaktor" ist,
der für alle in Serien eingeordnete Spektrallinien Tabellen entnommen werden
kann; als Ursache dieser Anomalie wird heute eine Eigenrotation („spinning")

---

[1]) „Relativ schwaches Feld" heißt, daß die Aufspaltung im Felde klein ist
bezüglich der natürlichen Aufspaltung des Multipletts. Wird das Feld so groß,
daß die Zeemankomponenten einer Multiplettlinie in die Nähe der anderen
kommen, so beeinflussen sie sich gegenseitig, die Aufspaltungen sind nicht mehr
der Feldstärke proportional, die Komponenten verschwinden zum Teil, und schließlich wandelt sich das Bild der anomalen Zeemaneffekte in das des normalen
Zeemaneffekts um (Paschen-Backeffekt), vgl. Kap. XXXIII.

des Elektrons angenommen, die eine besondere magnetische Wirkung zur Folge hat. Genauer gesagt ist für jeden der beiden zu einer Spektrallinie gehörenden Quantenzustände ein Faktor g anzugeben, sowie eine Reihe von „magnetischen Quantenzahlen" m, die die Reihe der ganzen oder halben Zahlen

$$j, j-1, j-2 \ldots \quad -(j-1), -j$$

durchläuft, wobei j die Sommerfeldsche „innere" Quantenzahl des betrachteten Atomzustandes ist (halbzahlig bei geraden, ganzzahlig bei ungeraden Multipletts — vgl. auch Kap. XXXI, Serienspektra). Die Zeemankomponenten einer Spektrallinie erhält man in Einheiten der normalen Aufspaltung o_L, indem man die Differenz: $m'g' - m''g''$ bildet, doch kommen nur Kombinationen $m' - m'' = 0, +1$ oder -1 in Betracht, wobei die Änderung $m' - m'' = 0$ die parallel zum Felde schwingenden π-Komponenten und $m' - m'' = \pm 1$ die senkrecht zum Felde schwingenden σ-Komponenten liefern; letztere sind bei longitudinaler Beobachtung positiv oder negativ zirkular-polarisiert. Im allgemeinen zerfällt daher eine Spektrallinie in mehr als zwei zirkulare Komponenten, die nicht nur anomale Verschiebung, sondern im allgemeinen auch verschiedene Intensität besitzen. Auch für letztere gelten einfache Gesetzmäßigkeiten („Intensitätsregeln"). Für Singulettlinien speziell ist

$$m' - m'' = \begin{cases} +1 \\ 0, \\ -1 \end{cases} \qquad g' = g'' = 1,$$

so daß die π-Komponente die Verschiebung 0, die σ-Komponenten die Verschiebung $\pm 1 . o_L$ gegen die feldlosen Linien erhalten.

Als Beispiel seien ferner die Zeemaneffekte der — in bezug auf Magnetorotation besonders genau untersuchten — D-Linien des Na angegeben, wobei wegen Einzelheiten wieder auf das Kap. XXXIII, Zeemaneffekt, verwiesen werde:

Tabelle 2. Zeemaneffekte der D-Linien.

	g	$j \backslash m$		$^3/_2$	$^1/_2$	$-^1/_2$	$-^3/_2$	Symbol
$^2P_{3/2}$	$^4/_3$	$^3/_2$	$m'g' =$	2	$^2/_3$	$-^2/_3$	-2	
$^2P_{1/2}$	2	$^1/_2$	$m''g'' =$		1	-1		
D_2: $^2S_{1/2} - {}^2P_{3/2}$			$m'g' - m''g''$:	$+^3/_3$ $-^1/_3$	$-^5/_3$ $+^5/_3$	$+^1/_3$ $-^3/_3$		$\dfrac{(1)\ 3\ 5}{3}$
Polarisation:				σ π	σ σ	π σ		
Relative Intensität:				$^3/_8$ $^4/_8$	$^1/_8$ $^1/_8$	$^4/_8$ $^3/_8$		Summiert: 2
$^2P_{1/2}$	$^2/_3$	$^1/_2$	$m'g' =$		$^1/_3$	$-^1/_3$		
$^2S_{1/2}$	2	$^1/_2$	$m''g'' =$		1	-1		
D_1: $^2S_{1/2} - {}^2P_{1/2}$			$m'g' - m''g''$:		$-^2/_3$ $-^4/_3$	$+^4/_3$ $+^2/_3$		$\dfrac{(2)\ 4}{3}$
Polarisation:					π σ	σ π		
Relative Intensität:					$^1/_4$ $^1/_4$	$^1/_4$ $^1/_4$		Summiert: 1

Auch die quantentheoretische Ableitung des Zeemaneffektes knüpft am einfachsten an den Larmorschen Satz an, diesbezüglich sei ebenfalls auf Kap. XXXIII verwiesen.

§ 12. Die Becquerelsche Formel. Aus dem Larmorschen Satz läßt sich im Anschluß an Larmor selbst[1]) in elementarer Weise die magnetische Drehung der Polarisationsebene und die sogenannte Becquerelsche Formel ableiten, die den wichtigsten Zusammenhang zwischen Magnetorotation und Dispersion gibt. Wir knüpfen dazu an das Larmorsche Ergebnis an, daß man die Bewegung des im Magnetfeld befindlichen Elektronensystems einfach durch eine Rotation des ganzen Koordinatensystems mit der Geschwindigkeit o_L um die Feldrichtung beschreiben kann. Hierin ist, um es nochmals zu betonen, die Annahme enthalten, daß die einzig beweglichen Teile symmetrisch zur Feldrichtung gebundene Elektronen sind.

Beim Faradayeffekt pflanzt sich eine linear polarisierte Welle parallel den Kraftlinien eines Magnetfeldes in der untersuchten Substanz fort. Diese Welle kann nach Fresnel angesehen werden als zusammengesetzt aus zwei entgegengesetzt zirkularpolarisierten Wellen (vgl. § 7). Ist ω ihre Frequenz (Schwingungszahl in 2π Sekunden), so haben die beiden Wellen relativ zu dem mit der Geschwindigkeit o_L rotierenden Koordinatensystem die Frequenzen $\omega + o_L$ und $\omega - o_L$. Verläuft das Licht speziell in Richtung der positiven Kraftlinien, so hat die positiv rotierende Welle relativ zu dem gleichsinnig rotierenden Koordinatensystem die Frequenz $\omega - o_L$, die negativ rotierende Welle die Frequenz $\omega + o_L$, und es folgt aus der in § 7 gegebenen Darstellung von χ aus der Differenz der Brechungsquotienten:

$$\chi = \frac{\omega\, l}{2\, c}\,(n_- - n_+) = \frac{\omega\, l}{2\, c}\,[n\,(\omega + o_L) - n\,(\omega - o_L)].$$

Wir bemerken, daß hierin die Annahme enthalten ist, daß in allen Teilen der von der Frequenz abhängigen Funktion $n\,(\omega)$ die Größe ω durch $\omega \pm o_L$ ersetzt wird. Solange o_L klein gegen ω ist und die Beobachtung nicht in unmittelbarster Nähe einer Eigenfrequenz der Substanz erfolgt (vgl. § 25 u. f.), kann man

$$n\,(\omega \pm o_L) = n\,(\omega) \pm o_L\,\frac{\partial n}{\partial \omega}$$

setzen.

So ergibt sich, da

$$\omega\,\frac{\partial n}{\partial \omega} = -\lambda\,\frac{\partial n}{\partial \lambda}$$

ist,

$$\chi = \frac{\omega\, l}{c}\,o_L\,\frac{\partial n}{\partial \omega} = \frac{l\,\varepsilon}{2\,m\,c^2}\,\dot{H}\lambda\,\frac{\partial n}{\partial \lambda}, \qquad\qquad (B)$$

eine Gleichung, die zugleich das quantitative Gesetz des Faradayeffekts (siehe § 1) und die Abhängigkeit des Faradayeffektes von der Wellenlänge (die Dispersion der Magnetorotation) liefert. Im allgemeinen ist $\frac{\partial n}{\partial \lambda} < 0$ (normale Dispersion des Brechungsquotienten); daher sollte für $\varepsilon < 0$ (negative

---

[1]) J. J. Larmor, Äther and Matter (Cambridge 1900), S. 352. Für das folgende vgl. auch R. Ladenburg, Zeitschr. f. Phys. **34**, 898, 1925.

Elektronen, positive Larmorpräzession der Elektronenbahnen) $\chi > 0$ sein, d. h. die Drehung im Sinne der magnetisierenden Ströme erfolgen, wie es in der Tat im allgemeinen beobachtet wird. Von den Fällen negativer Rotation wird noch mehrfach zu sprechen sein. Auf Grund der erhaltenen Gleichung kann man außerdem aus dem Absolutwert der Verdetschen Konstante das charakteristische Verhältnis ε/m berechnen.

Der erste Teil obiger Gleichung (B) wurde von H. Becquerel[1]) bald nach Zeemans Entdeckung aus der etwas unbestimmten Vorstellung abgeleitet, daß ein Magnetfeld Wirbelbewegungen des Äthers von einer bestimmten Frequenz erzeugt; diese Frequenz sollte einerseits mit der Frequenzverschiebung einer Spektrallinie im „longitudinalen" Zeemaneffekt übereinstimmen, andererseits additiv oder subtraktiv zur Frequenz einer zirkular polarisierten, das Magnetfeld durchsetzenden Welle hinzutreten; Larmor[2]) hat dann diese Wirbelfrequenz des Äthers durch seine Vorstellung gedeutet.

Eine exakte und universale Gültigkeit der Gleichung (B) für χ ist wegen der dargelegten einschränkenden Voraussetzungen nicht zu erwarten (vgl. § 10). Auf die Wirkung der anomalen Zeemaneffekte kommen wir in § 17 zurück. Außerdem erscheint sehr bedenklich, daß in allen Gliedern der Entwicklung des Brechungsquotienten die Frequenz ω durch $\omega \pm o_L$ zu ersetzen ist, also auch in denen, die die ultraroten, von den Schwingungen der schweren Atommassen herrührenden Eigenfrequenzen enthalten. Nach dem aber, was in § 10, S. 2134 dargelegt, ist zu erwarten, und dies wird durch die Erfahrung bestätigt, daß diese Eigenfrequenzen durch ein Magnetfeld nicht beeinflußt werden. Diesem Bedenken läßt sich bis zu einem gewissen Grade durch eine geringe Modifikation der B-Formel Rechnung tragen, wie sich im Laufe der in den folgenden Paragraphen dargelegten ausführlichen Elektronentheorie der magnetooptischen Erscheinungen zeigen wird (vgl. Formel $\overline{B}$, S. 2151). Dort wird der Zusammenhang zwischen Faraday- und Zeemaneffekt in der zuerst von Fitzgerald[3]), vor allem aber von Voigt[4]) gegebenen detaillierten Weise dargestellt. Man geht dazu aus von der aus der klassischen Elektronentheorie ableitbaren Formel für den Brechungsquotienten n eines beliebigen isotropen Körpers und kommt dann durch Berücksichtigung des Einflusses eines äußeren longitudinalen Magnetfeldes auf die Elektronenschwingungen zu einem Unterschied des Brechungsquotienten für die beiden entgegengesetzt zirkular polarisierten Wellen. So werden sich explizite die auf die Elektronen

<hr>

[1]) H. Becquerel, C. R. **125**, 679, 1897.
[2]) A. a. O. Siehe auch G. F. Fitzgerald, Proc. Roy. Soc. **63**, 31, 1898 und L. H. Siertsema, Amst. Proc. **5**, 413, Leiden Comm. Nr. 82, 1902. Doch scheint diese Ableitung in Deutschland wenig bekannt zu sein; jedenfalls wird sie weder in Voigts (oben genannten) Darstellungen der Magnetooptik noch in der Enzyklopädie zitiert, und die B-Formel wird häufig nur als eine spezielle Näherungsformel geringer Bedeutung angesehen.
[3]) G. F. Fitzgerald, Proc. Roy. Soc. **63**, 31, 1898.
[4]) W. Voigt, Gött. Nachr. **329**, 1898; Wied. Ann. **67**, 345, 1898; ausführlicher in seinem Lehrbuch: Magneto- und Elektrooptik, Leipzig 1908; sowie im Graetzschen Handb. d. Elek. u. d. Magn. Bd. 4, Lief. 2, S. 393—661; die dortigen Rechnungen (S. 546—564) werden in den folgenden § 13 bis 14 in verkürzter Form verwendet. Auch wegen weiterer Literatur sei auf diese vortreffliche Darstellung verwiesen.

und die auf die schweren Atommassen bezüglichen Eigenfrequenzen trennen lassen. Zugleich wird man auch den experimentell gut untersuchten Verlauf der Erscheinungen in unmittelbarer Nähe der Elektroneneigenfrequenzen übersehen können, die bei der obigen kursorischen Ableitung außer Betracht bleiben mußten.

§ 13. Elektronentheorie der Dispersion. Die Dispersionstheorie ist ausführlich in Kap. XXVIII, B (§ 26 ff.) dargestellt; wir verweisen deshalb wegen aller Einzelheiten auf diese Darstellung und beschränken uns hier auf die für die Ableitung der Magnetorotation notwendigen Angaben. Wir benutzen soweit als möglich auch die gleichen Bezeichnungen wie in Kap. XXVIII. Es sei also $\mathfrak{E}\,(\mathfrak{E}_x, \mathfrak{E}_y, \mathfrak{E}_z)$ bzw. $\mathfrak{H}\,(\mathfrak{H}_x, \mathfrak{H}_y, \mathfrak{H}_z)$ der Vektor der elektrischen bzw. der magnetischen Feldstärke der Lichtwelle, c die Lichtgeschwindigkeit im Vakuum. Wir betrachten ein unmagnetisches, nichtleitendes, homogenes und isotropes Medium. Die Elektronentheorie nimmt an, daß in dessen Molekülen elektrische Ladungen vorhanden sind, die durch die elektrischen Kräfte der Lichtwelle Verschiebungen erleiden, die positiven Ladungen in der einen, die negativen in der anderen Richtung. $\mathfrak{N}_s$ sei die Zahl der durch den Index s charakterisierten Teilchen in der Volumeneinheit, ε_s sei die Ladung des einzelnen Teilchens, $\mathfrak{r}_s\,(x_s, y_s, z_s)$ seine Verschiebung aus der Ruhelage; $\mathfrak{P}$ die Polarisation, das elektrische Moment der Volumeneinheit, definiert durch die Gleichung

$$\mathfrak{P} = \Sigma_s \mathfrak{N}_s \varepsilon_s \mathfrak{r}_s. \qquad \cdots\cdots\cdots\cdots \quad (1)$$

Dann lauten die Grundgleichungen

$$\mathrm{rot}\,\mathfrak{H} = \frac{1}{c}\,(\dot{\mathfrak{E}} + 4\,\pi\,\dot{\mathfrak{P}}) \qquad \cdots\cdots\cdots \quad (2)$$

$$\mathrm{rot}\,\mathfrak{E} = -\frac{1}{c}\,\dot{\mathfrak{H}} \qquad \cdots\cdots\cdots \quad (3)$$

also z. B.

$$\left.\begin{aligned}
\frac{\partial \mathfrak{H}_z}{\partial y} - \frac{\partial \mathfrak{H}_y}{\partial z} &= \frac{1}{c}\,(\dot{\mathfrak{E}}_x + 4\,\pi\,\dot{\mathfrak{P}}_x), \\[2mm]
\frac{\partial \mathfrak{E}_z}{\partial y} - \frac{\partial \mathfrak{E}_y}{\partial z} &= -\frac{1}{c}\,\dot{\mathfrak{H}}_x.
\end{aligned}\right\} \qquad \cdots\cdots\cdots \quad (4)$$

Bei Beschränkung der Betrachtungen auf ebene, in der z-Richtung fortschreitende Wellen kann man diese Gleichungen durch komplexe Ansätze der Form

$$e^{\,i\,\omega\left(t-\frac{z}{v}\right)} \qquad \cdots\cdots\cdots\cdots\cdots \quad (5)$$

befriedigen, in der v die komplexe Geschwindigkeit der Welle vorstellt. Physikalische Bedeutung hat dabei natürlich nur der reelle oder der komplexe Teil für sich. Es sei ferner

$$\frac{1}{v} = \frac{1-i\varkappa}{v}, \quad \frac{c}{v} = \mathfrak{n} = n\,(1-i\varkappa), \qquad \cdots\cdots \quad (6)$$

wobei v die reelle Fortpflanzungsgeschwindigkeit der Welle, $\varkappa$ den Absorptionsindex, $\mathfrak{n}$ den komplexen, n den reellen Brechungsindex bedeutet. Durch Einsetzen von (6) in den Ansatz (5) entsteht nämlich der Ausdruck

$$e^{-\,\omega\,n\,\varkappa\,\frac{z}{c}}\left\{\cos\omega\left(t-\frac{z}{v}\right) + i\,\sin\omega\left(t-\frac{z}{v}\right)\right\},$$

in dem nun in der Tat $n\varkappa$ den Extinktionskoeffizienten, der die Schwächung der Schwingungsamplitude beim Fortschreiten der Welle in der z-Richtung kennzeichnet, und v die reelle Geschwindigkeit vorstellt, mit der die Welle fortschreitet.

Durch Differentiation von Gl. (4) nach der Zeit entsteht bei obengenannter Beschränkung:

$$\frac{\partial^2 \mathfrak{E}_x}{\partial t^2} + 4\pi \frac{\partial^2 \mathfrak{P}_x}{\partial t^2} = c^2 \frac{\partial^2 \mathfrak{E}_x}{\partial z^2}$$

$$\frac{\partial^2 \mathfrak{E}_y}{\partial t^2} + 4\pi \frac{\partial^2 \mathfrak{P}_y}{\partial t^2} = c^2 \frac{\partial^2 \mathfrak{E}_y}{\partial z^2}$$

$$\mathfrak{E}_z = 0.$$

Benutzt man den Ansatz (5) für die einzelnen Komponenten der Gl. (4), so ergibt sich auf Grund der Gl. (6)

$$(\mathfrak{n}^2 - 1)\,\mathfrak{E}_x = 4\pi\,\mathfrak{P}_x \cdot \quad\cdots\cdots\cdots \quad (7\,\mathrm{a})$$

$$(\mathfrak{n}^2 - 1)\,\mathfrak{E}_y = 4\pi\,\mathfrak{P}_y \quad\cdots\cdots\cdots \quad (7\,\mathrm{b})$$

oder wenn man den neuen Vektor $\mathfrak{F} = \mathfrak{E} + \dfrac{4\pi}{3}\,\mathfrak{P}$ benutzt, wird $\mathfrak{F}_x = \mathfrak{E}_x\,\dfrac{\mathfrak{n}^2 + 2}{3}$

und

$$\frac{\mathfrak{n}^2 - 1}{\mathfrak{n}^2 + 2} = \frac{4\pi}{3}\frac{\mathfrak{P}_x}{\mathfrak{F}_x} = \frac{4\pi}{3}\frac{\mathfrak{P}_y}{\mathfrak{F}_y} \cdot \quad\cdots\cdots\cdots \quad (7\,\mathrm{c})$$

Durch Einführung der elektrischen Momente der Moleküle und ihrer Wirkung auf die Ausbreitung der Lichtwelle wird also deren Fortpflanzungsgeschwindigkeit abgeändert, und es entsteht ein von 1 verschiedener Brechungsquotient. Um seine Abhängigkeit von der Frequenz der Welle, d. h. die Dispersionsformel zu gewinnen, muß man auch die Einwirkung der Welle auf die Momente der Moleküle berücksichtigen. Dazu berechnet man die Bewegung der elektrischen Ladungen unter dem Einfluß der periodischen elektrischen Kraft der Lichtwelle und erhält so neben den (Maxwellschen) Grundgleichungen ein zweites System von Differentialgleichungen. So werden die elektrischen und magnetischen Kräfte der Lichtwelle mit denen der Moleküle gekoppelt.

Zur Berechnung der Bewegung der elektrischen Ladungen der Moleküle nimmt man eine „quasielastische Bindung" der Ladungen an, indem man sich, soweit es sich um die Bewegung der negativen Elektronen handelt, vorstellt, daß sie sich innerhalb einer homogenen, mit positiver Elektrizität erfüllten Kugel bewegen (Thomsons Atommodell), also wegen der zentralsymmetrischen Kräfte auch der Voraussetzung der Ableitung der Larmorpräzession genügen. Die schweren Massen der positiv· und negativ geladenen Atome andererseits können gegeneinander schwingend gedacht werden. Unter dem Einfluß der periodischen Kraft der Lichtquelle führen die schwingungsfähigen Ladungen („Oszillatoren") erzwungene Schwingungen aus, die zur Emission von Kugelwellen Anlaß geben (Streustrahlung), die mit der einfallenden Welle kohärent sind und durch Interferenz mit ihr in der Fortpflanzungsrichtung eine Schwächung und Geschwindigkeitsänderung der Welle hervorrufen. Außer dieser Schwächung beobachtet man tatsächlich häufig eine wirkliche Absorption, die sich in einer Umwandlung der Lichtenergie in Wärmeenergie äußert.

Man kann ihr und zugleich der Dämpfung der Schwingungen infolge der Streustrahlung Rechnung tragen, indem man in die Schwingungsgleichung der Oszillatoren ein ihrer Geschwindigkeit proportionales Glied einführt (näheres siehe Kap. XXVIII, § 29 und 31). Ist der Proportionalitätsfaktor dieses Dämpfungsgliedes g, der der quasielastischen Kraft f und m die Masse der die elektrische Ladung tragenden Oszillatoren, so lautet die Differentialgleichung für die X-Komponente der erzwungenen Schwingung eines solchen durch den Index s charakterisierten Teilchens

$$m_s \ddot{x}_s + g_s \dot{x}_s + f_s x_s = \varepsilon_s (\mathfrak{E}_x + {}^4/_3 \pi \mathfrak{P}_x) = \varepsilon_s \mathfrak{F}_x \cdot \cdot \cdot \cdot \cdot \cdot (8)$$

Bei isotroper Bindung lauten die Gleichungen für die y- und z-Komponente entsprechend mit gleichen Parametern. Die Eigenfrequenz ω_s der freien ungedämpften Schwingung des Oszillators genügt der Gleichung $\omega_s^2 = \dfrac{f_s}{m_s}$. Durch Hinzufügen des additiven Gliedes ${}^4/_3 \pi \mathfrak{P}_x$ auf der rechten Seite von (8) wird in summarischer Weise der Rückwirkung der die betrachtete Ladung umgebenden anderen Ladungen Rechnung getragen, die ihrerseits naturgemäß auch der Feldwirkung der Lichtwelle unterliegen.

Wenn die beobachteten Erscheinungen durch eine einzige Art elektrischer Ladungen dargestellt werden können, ist $\mathfrak{P}_x = \mathfrak{N} \varepsilon x$ usw. zu setzen, und die Gl. (8) vereinfacht sich zu

$$m \ddot{x} + g \dot{x} + f' x = \varepsilon \mathfrak{E}_x \cdot \cdot \cdot \cdot \cdot \cdot \cdot \cdot \cdot (8\,a)$$

wo nunmehr

$$f' = f - {}^4/_3 \pi \mathfrak{N} \varepsilon^2$$

die quasielastische Kraft repräsentiert; diese Form der Bewegungsgleichungen ist für viele Untersuchungen besonders bequem. Im allgemeinen werden jedoch verschiedene Arten von Oszillatoren vorhanden sein, deren Masse und Eigenfrequenz, je nachdem ob sie Elektronen oder Atome sind, ganz verschiedene Größenordnung besitzen.

Die erzwungenen Schwingungen haben die Frequenz ω der erregenden Welle, so daß die Gl. (8) durch den Ansatz $x_s = e^{i\omega t}$ erfüllt werden kann. Hiermit ergibt sich

$$x_s (- m_s \omega^2 + i g_s \omega + f_s) = \varepsilon_s (\mathfrak{E}_x + {}^4/_3 \pi \mathfrak{P}_x) = \varepsilon_s \mathfrak{F}_x \cdot \cdot \quad (9)$$

wobei noch zur Abkürzung

$$- m_s \omega^2 + i g_s \omega + f_s = m_s (\omega_s^2 - \omega^2) + i g_s \omega = p_s \cdot \cdot \cdot \quad (9\,a)$$

gesetzt werde. Dann folgt

$$x_s = \mathfrak{F}_x \frac{\varepsilon_s}{p_s},$$

gültig für jedes s, und nach (1)

$$\mathfrak{P}_x = \sum_s \mathfrak{N}_s \varepsilon_s x_s = \mathfrak{F}_x \sum_s \frac{\mathfrak{N}_s \varepsilon_s^2}{p_s}.$$

So erhält man die erforderliche zweite, die Frequenz enthaltende Beziehung für $\mathfrak{F}_x$ — die erste ist die Gl. (7 c) — und kann aus diesen beiden $\mathfrak{F}$ eliminieren:

$$\frac{\mathfrak{n}^2 - 1}{\mathfrak{n}^2 + 2} = \frac{4\pi}{3} \frac{\mathfrak{P}_x}{\mathfrak{F}_x} = \frac{4\pi}{3} \sum_s \frac{\mathfrak{N}_s \varepsilon_s^2}{p_s} = \frac{4\pi}{3} \sum_s \frac{\mathfrak{N}_s \varepsilon_s^2}{m_s (\omega_s^2 - \omega^2) + i g_s \omega} \cdot (10)$$

Im Spezialfall der Gl. (8 a) vereinfacht sich (10) zu

$$\mathfrak{n}^2 - 1 = 4\,\pi\,\mathfrak{N}\,\frac{\varepsilon^2}{p^*}, \quad \text{wo} \quad p^* = p - \frac{4\,\pi}{3}\,\mathfrak{N}\,\varepsilon^2. \quad \ldots \ldots (10\,a)$$

Dieselbe Vereinfachung (Ersatz von $\mathfrak{n}^2 + 2$ durch die Zahl 3) ist offenbar bei Mitwirkung der Schwingungen verschiedener Teilchen (d. h. verschiedener Absorptionsstreifen) erlaubt, wenn, wie bei Gasen und Dämpfen, sich $|\mathfrak{n}|$ nur wenig von 1 unterscheidet.

Für die allgemeine Behandlung der Gl. (10) muß man die reellen und imaginären Teile voneinander trennen. Dabei ist $\mathfrak{n}^2 = n^2(1 - \varkappa^2) - 2\,n^2 i\varkappa$. Wenn man $\varkappa^2$ gegen 1 vernachlässigen kann — was auch bei relativ starker Absorption erlaubt ist, nur nicht im Gebiet metallischer Absorption —, geht $\dfrac{\mathfrak{n}^2 - 1}{\mathfrak{n}^2 + 2}$ über in

$$\frac{n^2 - 1}{n^2 + 2} - 6\,\frac{i\,n^2\,\varkappa}{(n^2 + 2)^2},$$

und man erhält, indem man noch

setzt:
$$4\,\pi\,\mathfrak{N}_s\,\varepsilon_s^2/m_s = \varrho_s \quad \text{und} \quad g_s/m_s = \gamma_s$$

$$\frac{n^2 - 1}{n^2 + 2} = \frac{1}{3}\sum_s \frac{\varrho_s(\omega_s^2 - \omega^2)}{(\omega_s^2 - \omega^2)^2 + \omega^2\gamma_s^2} \quad \ldots \ldots (11)$$

$$\frac{6\,n^2\varkappa}{(n^2 + 2)^2} = \frac{\omega}{3}\sum_s \frac{\varrho_s\gamma_s}{(\omega_s^2 - \omega^2)^2 + \omega^2\gamma_s^2}. \quad \ldots \ldots (11\,a)$$

Die Gl. (11) und (11 a) stellen die Dispersion des Brechungsquotienten und des Absorptionskoeffizienten für beliebige Substanzen dar, und ihr Vergleich mit der Erfahrung lehrt, daß im allgemeinen neben Eigenfrequenzen von Elektronen im Sichtbaren und Ultravioletten auch Eigenschwingungen großer Massen im langwelligen Spektralgebiet anzunehmen sind (siehe Kap. XXVIII, C).

Besonders einfach werden die Verhältnisse, wenn man die Betrachtungen auf die Umgebung eines isolierten Absorptionsstreifens eines Gases beschränkt, also die Wirkung einer einzigen Art schwingender Elektronen berücksichtigt, die durch den Index 0 charakterisiert werde. Man kann dann $n^2 + 2 = 3$ setzen und $\omega - \omega_0 = \mu$ als klein neben ω_0 ansehen, so daß $\omega^2 - \omega_0^2 = 2\,\omega_0\mu$ wird. Dann folgt

$$n^2 = n_0^2 - \frac{2\,\varrho}{\omega_0}\,\frac{\mu}{(4\,\mu^2 + \gamma_0^2)} \quad \ldots \ldots \ldots (12)$$

$$2\,n^2\varkappa = \frac{\varrho\,\gamma_0}{\omega_0\,(4\,\mu^2 + \gamma_0^2)} \quad \ldots \ldots \ldots (12\,a)$$

wobei n_0 denjenigen Brechungsquotient vorstellt, der in der Umgebung des betrachteten Absorptionsstreifens herrschen würde, wenn diese Elektronenart nicht vorhanden wäre. Ist noch $n - n_0$ klein neben $n + n_0$, so entstehen die einfachen Formeln

$$n = n_0 - \frac{\varrho}{\omega_0\,n_0}\,\frac{\mu}{4\,\mu^2 + \gamma_0^2} \quad \ldots \ldots \ldots (13)$$

$$2\,n\varkappa = \frac{\varrho}{\omega_0\,n_0}\,\frac{\gamma_0}{4\,\mu^2 + \gamma_0^2}. \quad \ldots \ldots \ldots (13\,a)$$

Wegen der Diskussion dieser Formeln und wegen aller weiterer Einzelheiten verweisen wir, wie gesagt, auf Kap. XXVIII, B.

§ 14. Einfluß eines Magnetfeldes auf die Dispersionserscheinungen.

Die Einwirkung eines äußeren Magnetfeldes auf die Dispersionserscheinungen wird berücksichtigt, indem man in den Bewegungsgleichungen der erzwungenen Schwingung der Elektronen die Biot-Savartsche Kraft hinzufügt, die das Magnetfeld auf die bewegten Elektronen ausübt[1]). Der Einfluß auf die positiven Ladungen wird hierbei gemäß den obigen Darlegungen (§ 10) als verhältnismäßig gering angesehen und vernachlässigt, da diese positiven Ladungen nach unserer heutigen Kenntnis nur in Verbindung mit der im Verhältnis zur Elektronenmasse sehr großen Atommasse vorkommen. Die von dem Magnetfeld auf die Elektronen ausgeübte Kraft $\mathfrak{K}$ steht senkrecht zu der durch die Bewegungsrichtung der Elektronen und die Kraftlinienrichtung gelegten Ebene und ist $\mathfrak{K} = \dfrac{\varepsilon}{c}\,[\mathfrak{B}, \mathfrak{H}]$. Daher ist der Betrag dieser Kraft $K = \dfrac{\varepsilon}{c}\,V . H \sin(\mathfrak{B}, \mathfrak{H})$, wenn H und V die absoluten Beträge der magnetischen Feldstärke $\mathfrak{H}$ und der Geschwindigkeit $\mathfrak{B}$ der Elektronen, ε ihre — negative — Ladung ist. Der Richtungssinn ist nach Ampères Regel so bestimmt, daß sich $\mathfrak{B}$, $\mathfrak{H}$, $\mathfrak{K}$ folgen wie die Achsen X, Y, Z eines rechtshändigen Koordinatensystems. Wir berücksichtigen nicht, daß das im Atominnern wirksame Feld von dem äußeren Felde verschieden sein kann. Die Z-Achse werde in die Richtung des Feldes gelegt, so daß nur die x- und y-Komponenten eine Einwirkung erfahren. Dann gehen die Gl. (8) über in

$$m\ddot{x}_s + g_s\dot{x}_s + f_s x_s - \frac{\varepsilon}{c}H\dot{y}_s = \varepsilon\left(\mathfrak{E}_x + \frac{4\pi}{3}\mathfrak{P}_x\right) = \varepsilon\mathfrak{F}_x,$$

$$m\ddot{y}_s + g_s\dot{y}_s + f_s y_s + \frac{\varepsilon}{c}H\dot{x}_s = \varepsilon\left(\mathfrak{E}_y + \frac{4\pi}{3}\mathfrak{P}_y\right) = \varepsilon\mathfrak{F}_y,$$

$$m\ddot{z}_s + g_s\dot{z}_s + f_s z_s \qquad\quad = \varepsilon\left(\mathfrak{E}_z + \frac{4\pi}{3}\mathfrak{P}_z\right) = \varepsilon\mathfrak{F}_z.$$

Diese Gleichungen beziehen sich nur auf Elektronen; daher haben alle Teilchen die gleiche Masse und gleiche Ladung; die auf die Atommassen bezüglichen Gl. (8) bleiben nach Voraussetzung unverändert, deren einzelnen Glieder werden im folgenden durch den Index r von den auf die Elektronen bezüglichen Glieder unterschieden. Die erzwungenen Schwingungen der Oszillatoren sind wieder durch den Ansatz $e^{i\omega t}$ darstellbar. Wie oben wird

$$-m\omega^2 + ig_s\omega + f_s = m(\omega_s^2 - \omega^2) + ig_s\omega = p_s \cdots \quad (14)$$

gesetzt, außerdem $-\dfrac{\varepsilon}{c}\,\omega H = q$. Dann folgt

$$p_s x_s + iq y_s = \varepsilon\mathfrak{F}_x; \quad p_r x_r = \varepsilon_r\mathfrak{F}_x \cdots\cdots\cdots (15\,\text{a})$$

$$p_s y_s - iq x_s = \varepsilon\mathfrak{F}_y; \quad p_r y_r = \varepsilon_r\mathfrak{F}_y \cdots\cdots\cdots (15\,\text{b})$$

$$p_s z_s \qquad\quad = \varepsilon\mathfrak{F}_z; \quad p_r z_r = \varepsilon_r\mathfrak{F}_z \cdots\cdots\cdots (15\,\text{c})$$

---

[1]) Vgl. G. F. Fitzgerald, a. a. O.; W. Voigt, Ann. d. Phys. **67**, 345, 1899; H. A. Lorentz, Amst. Proc. **2**, 52, 1899; P. Drude, a. a. O. (Hypothese des Halleffektes).

Durch Multiplikation der Gl. (15 a) mit 1 und (15 b) mit $\pm\, i$ und Addition folgt

$$(p_s \pm q)(x_s \pm i y_s) = \varepsilon (\mathfrak{F}_x \pm i \mathfrak{F}_y); \quad p_r(x_r \pm i y_r) = \varepsilon_r(\mathfrak{F}_x \pm i \mathfrak{F}_y) \cdot \quad (16)$$

Aus der in ihre Komponenten zerlegten Gl. (1)

$$\mathfrak{P} = \Sigma_s \mathfrak{N}_s \, \varepsilon \, \mathfrak{r}_s + \Sigma_r \mathfrak{N}_r \, \varepsilon_r \, \mathfrak{r}_r$$

folgt in ähnlicher Weise:

$$\mathfrak{P}_x \pm i \mathfrak{P}_y = \Sigma_s \mathfrak{N}_s \cdot \varepsilon \, (x_s \pm i y_s) + \Sigma_r \mathfrak{N}_r \, \varepsilon_r (x_r \pm i y_r) \cdot \quad \cdots \quad (17)$$

Die zweite Summe — über r — bezieht sich auf die durch das Magnetfeld
unbeeinflußten Atommassen, deren Eigenfrequenzen im Ultrarot liegen. In
diesem Kapitel soll lediglich die parallel den Kraftlinien fortschreitende ebene
Welle betrachtet werden, für deren Komponenten wieder der Ansatz

$$e^{\,i\,\omega\left(t - \frac{z}{v}\right)}$$

benutzt werde. Es werden also lediglich die „longitudinalen" Effekte behandelt; die entsprechenden „transversalen" Effekte werden in Kap. XXXVII
besprochen.

Wie bei der Dispersion wird die Gleichung der erzwungenen Schwingung
der Oszillatoren (16) mit der Gl. (7 c)

$$\frac{\mathfrak{n}^2 - 1}{\mathfrak{n}^2 + 2} = \frac{4\,\pi}{3} \frac{\mathfrak{P}_x}{\mathfrak{F}_x} = \frac{4\,\pi}{3} \frac{\mathfrak{P}_y}{\mathfrak{F}_y}$$

kombiniert, und zwar in der komplexen Form

$$\frac{\mathfrak{n}^2 - 1}{\mathfrak{n}^2 + 2} (\mathfrak{F}_x \pm i \mathfrak{F}_y) = \frac{4\,\pi}{3} (\mathfrak{P}_x \pm i \mathfrak{P}_y) \cdot \quad \cdots \cdots \quad (18)$$

Es ergibt sich ohne weiteres durch Benutzung der Definitionsgleichung (17)

$$\frac{\mathfrak{n}^2 - 1}{\mathfrak{n}^2 + 2} (\mathfrak{F}_x \pm i \mathfrak{F}_y) = \frac{4\,\pi}{3} \left[\Sigma_s \frac{\mathfrak{N}_s \, \varepsilon^2}{p_s \pm q} + \Sigma_r \frac{\mathfrak{N}_r \, \varepsilon_r^2}{p_r} \right] (\mathfrak{F}_x \pm i \mathfrak{F}_y) \cdot \quad (19)$$

Wegen des doppelten Vorzeichens repräsentiert diese Gleichung zwei Be-
ziehungen. Wird die eine durch das Nullwerden des Faktors $(\mathfrak{F}_x \pm i \mathfrak{F}_y)$ erfüllt, so muß die zweite dadurch befriedigt werden, daß die anderen Faktoren
einander gleich werden. Die jeweils auftretenden Werte von $\mathfrak{n}$ unterscheiden
wir durch angehängte Indizes $+$ oder $-$ und erhalten so:

$$\mathfrak{F}_x + i \mathfrak{F}_y = 0$$

$$\frac{\mathfrak{n}_-^2 - 1}{\mathfrak{n}_-^2 + 2} = \frac{4\,\pi}{3} \left(\Sigma_s \frac{\mathfrak{N}_s \, \varepsilon^2}{p_s - q} + \Sigma_r \frac{\mathfrak{N}_r \, \varepsilon^2}{p_r} \right) \quad \cdots \cdots \quad (20\,\text{a})$$

und

$$\mathfrak{F}_x - i \mathfrak{F}_y = 0$$

$$\frac{\mathfrak{n}_+^2 - 1}{\mathfrak{n}_+^2 + 2} = \frac{4\,\pi}{3} \left(\Sigma_s \frac{\mathfrak{N}_s \, \varepsilon^2}{p_s + q} + \Sigma_r \frac{\mathfrak{N}_r \, \varepsilon_r^2}{p_r} \right) \cdot \quad \cdots \cdots \quad (20\,\text{b})$$

Die Gleichungen $\mathfrak{F}_x \pm i \mathfrak{F}_y = 0$ sind identisch mit den Gleichungen

$$\mathfrak{E}_x \pm i \mathfrak{E}_y = 0,$$

diese aber bedeuten zirkular polarisierte Wellen, wie sich leicht zeigen läßt:

Da eine nur in der z-Richtung fortschreitende Welle betrachtet wird, ist der periodische Teil von $\mathfrak{E}_x$ und $\mathfrak{E}_y$ wieder durch den komplexen Ansatz $e^{i\omega\left(t-\frac{z}{v}\right)}$ darzustellen; sind $\mathfrak{G}_x$ und $\mathfrak{G}_y$ die (komplexen) Amplituden der Welle, so ist somit

$$\mathfrak{E}_x = \mathfrak{G}_x\, e^{i\omega\left(t-\frac{z}{v}\right)},$$

$$\mathfrak{E}_y = \mathfrak{G}_y\, e^{i\omega\left(t-\frac{z}{v}\right)},$$

also sind die Gleichungen

$$\mathfrak{E}_x \pm i\,\mathfrak{E}_y = 0$$

identisch mit

$$\mathfrak{G}_x = \mp\, i\,\mathfrak{G}_y.$$

Setzt man $\mathfrak{G}_x = G_x e^{-if}$ und $\mathfrak{G}_y = G_y e^{-ig}$, wo nun G_x und G_y die reellen Amplituden, f und g die Phasenkonstanten der Welle darstellen, so ist die Bedingung $\mathfrak{G}_x = \mp\, i\,\mathfrak{G}_y$ identisch mit $G_x = G_y$ und $f - g = \pm\frac{\pi}{2}$, da $e^{\pm i\frac{\pi}{2}} = \pm i$ ist, d. h. die reellen Teile der beiden Komponenten.

$$(\mathfrak{E}_x)_r = G_x e^{-n\varkappa\frac{\omega z}{c}} \cos\left(\omega t - \omega\frac{z}{v} - f\right),$$

$$(\mathfrak{E}_y)_r = G_y e^{-n\varkappa\frac{\omega z}{c}} \cos\left(\omega t - \omega\frac{z}{v} - g\right)$$

haben gleiche Amplitude und die Phasendifferenz $\pm\frac{\pi}{2}$;

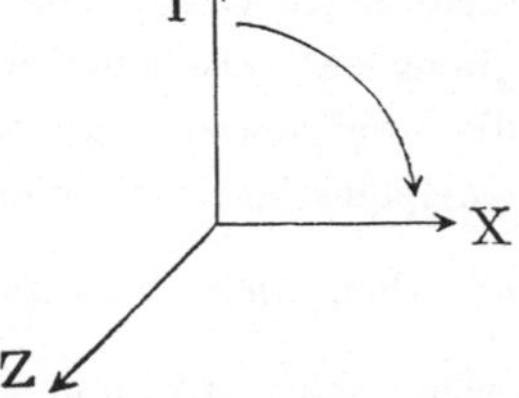

Negative Rotationsrichtung (rechts zirkular polarisiert vom Beobachter aus).

sie stellen mithin in der Tat eine zirkular polarisierte Welle vor, und zwar bedeutet $\mathfrak{E}_x + i\,\mathfrak{E}_y = 0$, daß die zirkulare Schwingung die positive Z-Richtung in negativem Sinne umkreist; denn dann ist die X-Komponente dem $sin\left[\omega\left(t-\frac{z}{v}\right) - g\right]$ und die Y-Komponente dem $cos\left[\omega\left(t-\frac{z}{v}\right) - g\right]$ proportional. Zu dieser Schwingung gehört mithin der Brechungsquotient $\mathfrak{n}_-$.

Die Wirkung des Magnetfeldes besteht somit nach Gl. (20) darin, daß sich die rechts und links zirkular polarisierten Wellen parallel den Kraftlinien mit verschiedener Geschwindigkeit fortpflanzen, denen die beiden (komplexen) Brechungsquotienten $\mathfrak{n}_-$ und $\mathfrak{n}_+$ entsprechen. Die Ausdrücke $\dfrac{\mathfrak{n}^2 - 1}{\mathfrak{n}^2 + 2}$ für die zwei Schwingungen unterscheiden sich voneinander nur durch das Vorzeichen in dem im Nenner auftretenden, der Feldstärke H proportionalem Summanden

$$q = -\frac{\varepsilon}{c}\,\omega H = 2\, o_L\, m\, \omega;$$

in der Tat gehen unsere Formeln in die außerhalb des Magnetfeldes geltenden Gl. (10) über, wenn man H und damit $q = 0$ setzt. Diese Formel bestätigt zugleich unsere unmittelbar aus dem Larmortheorem gezogene Konsequenz (siehe S. 2139), daß man den Brechungsquotienten der positiv rotierenden Welle im Magnetfeld aus dem außerhalb des Magnetfeldes gültigen Wert erhält, wenn man in den auf die Elektronen — nicht in den auf die schweren Atommassen — bezüglichen Gliedern ω durch $\omega - o_L$ ersetzt; denn es ist

$$p_s = m(\omega_s^2 - \omega^2) + i\,g_s\,\omega$$

und

$$p_s + q = m(\omega_s^2 - \omega^2) - \frac{\varepsilon}{c}\,\omega H + i\,g_s\,\omega,$$

und dies ist

$$= m\left[\omega_s^2 - \left(\omega + \frac{\varepsilon}{2\,m\,c}\,H\right)^2\right] + i\,g_s\,\omega,$$

wenn das Quadrat $\left(\dfrac{\varepsilon}{2\,m\,c}\,H\right)^2$ gegen $\omega_s^2 - \omega^2 - \dfrac{\varepsilon}{m\,c}\,H\omega$ genügend klein ist[1]. Es ist also in der Tat ω durch $\omega - o_L$ ersetzt, wenn o_L, wie oben $= -\dfrac{1}{2}\dfrac{\varepsilon}{m\,c}\,H$ ist. In dem Dämpfungsglied $i\,g_s\,\omega$, das, wie erwähnt, meist bei den bisher untersuchten magnetorotatorischen Erscheinungen nicht von Einfluß ist, macht eine Abänderung von ω in $\omega \mp o_L$ nichts aus, da o_L stets klein gegen ω ist. Das gewonnene Ergebnis liefert zugleich die im normalen „inversen“ Zeemaneffekt auftretende Aufspaltung jeder Absorptionslinie in die zwei um den gleichen Betrag $\mp o_L$ verschobenen zirkular polarisierten Komponenten (die anomalen Zeemaneffekte können bei klassischer Rechnung natürlich nicht herauskommen). Denn der Nenner des Ausdrucks $\dfrac{n_+^2 - 1}{n_-^2 + 2}$ erhält sein Maximum (d. h. das Maximum der Absorption tritt ein), falls $\omega = \omega_s \mp \dfrac{\varepsilon}{2\,m\,c}\,H = \omega_s \mp o_L$, und zwar wird bei negativem Werte von ε die Absorptionsfrequenz der um die positive Z-Richtung positiv rotierenden Welle um o_L vergrößert (d. h. die kürzerwellige Komponente ist die positiv rotierende). So wird es besonders deutlich, daß die Zeemanaufspaltung die eigentliche Ursache für die Veränderung der Brechungsquotienten und damit auch für die Drehung der Polarisationsebene im Magnetfeld ist.

Man kann natürlich den anomalen Zeemanaufspaltungen nicht etwa dadurch Rechnung tragen, daß man für jede Eigenfrequenz eine charakteristische Aufspaltung einführt, denn wie wir sahen, treten häufig, sogar meistens mehr als zwei zirkulare Komponenten mit spezifischen Intensitätsverhältnissen auf. Obige Gleichungen setzen unbedingt bei allen Linien gleiche normale Aufspaltung voraus.

Vor Berechnung der magnetischen Drehung selbst besprechen wir kurz eine etwas andere Darstellung, die für die Behandlung anderer Atommodelle als des Thomsonschen quasielastischen Oszillators nützlich ist; sie wurde von Drude benutzt, um die natürliche Drehung der Polarisationsebene darzustellen[2]. Dabei ist der durch jede derartige Drehung offenbarten Unsymmetrie der Moleküle Rechnung zu tragen, indem man für das elektrische Moment eines Atoms in vektorieller Schreibweise

$$\mathfrak{p} = \beta\,\mathfrak{E} + i\,[\mathfrak{E}, \mathfrak{g}] \quad\ldots\ldots\ldots\ldots\ldots\ldots \quad (7^*)$$

---

[1] Diese Bedingung ist nur in unmittelbarer Nähe der Zeemankomponenten nicht erfüllt.

[2] Vgl. P. Drude, Gött. Nachr. 1892, S. 866; Lehrb. d. Opt., S. 388 ff.; ferner M. Born, Atomtheorie des festen Zustandes, § 22; J. Frenkel, Zeitschr. f. Phys. **36**, 215, 1925.

setzt, wobei g einen neu eingeführten „Drehungsvektor" vorstellt. Dieser Ansatz besagt, daß die elektrische Polarisation in einer Richtung ($\mathfrak{p}_x$) nicht nur durch die ihr parallele Kraftkomponente ($\mathfrak{E}_x$) bestimmt ist, sondern auch durch die zu ihr senkrechten Kraftkomponenten. Zum Beispiel ist für einen quasielastischen Oszillator $\mathfrak{p} = \varepsilon\,\mathfrak{r}$; nach dem Vorangehenden lautet die Schwingungsgleichung dieses Oszillators im Magnetfeld (bei Vernachlässigung der Dämpfung)

$$(\omega_0^2 - \omega^2)\,\mathfrak{p} + \frac{\varepsilon}{m\,c}\,\imath\,\omega\,[\mathfrak{H},\mathfrak{p}] = \frac{\varepsilon^2}{m}\,\mathfrak{E}.$$

Gemäß den Methoden der Störungsrechnung setzt man im Vektorprodukt $[\mathfrak{H},\mathfrak{p}]$ den sich für $H = 0$ ergebenden Ausdruck für $\mathfrak{p}$ ein und erhält den der Gl. (7*) entsprechenden Ausdruck:

$$\mathfrak{p} = \frac{\varepsilon^2}{m}\,\frac{\mathfrak{E}}{\omega_0^2 - \omega^2} + i\,\omega\,\frac{\varepsilon^3}{m^2\,.\,c}\,\frac{[\mathfrak{E},\mathfrak{H}]}{(\omega_0^2 - \omega^2)^2}\,.$$

In diesem Falle ist also

$$\beta = \frac{\varepsilon^2}{m}\,\frac{1}{\omega_0^2 - \omega^2} \quad \text{und} \quad g = \omega\,\frac{\varepsilon^3}{m^2\,.\,c}\,\frac{\mathfrak{H}}{(\omega_0^2 - \omega^2)^2}\,.$$

Betrachtet man wieder ebene parallel Z fortschreitende Wellen, so ist $\mathfrak{E}_z = 0$ und Gl (7*) geht über in die Teilgleichungen

$$\mathfrak{p}_x = \beta\,\mathfrak{E}_x + i\,\gamma\,\mathfrak{E}_y,$$
$$\mathfrak{p}_y = \beta\,\mathfrak{E}_y - i\,\gamma\,\mathfrak{E}_x,$$

wobei $g_z = \gamma$ gesetzt ist.

Für positiv zirkulare Wellen war

$$\mathfrak{E}_x = -i\,\mathfrak{E}_y,$$

für negativ zirkulare

$$\mathfrak{E}_x = +i\,\mathfrak{E}_y;$$

so entstehen die Doppelgleichungen

$$\mathfrak{p}_x = \mathfrak{E}_x\,(\beta \pm \gamma),$$
$$\mathfrak{p}_y = \mathfrak{E}_y\,(\beta \pm \gamma).$$

Mit dem Ansatz

$$\frac{\mathfrak{p}_x}{\mathfrak{E}_x} = \frac{\mathfrak{p}_y}{\mathfrak{E}_y} = \frac{n^2 - 1}{4\,\pi\,\mathfrak{N}}$$

folgt die Doppelgleichung

$$n_\pm^2 - 1 = 4\,\pi\,\mathfrak{N}\,(\beta \pm \gamma),$$

also für die Refraktion

$$n^2 - 1 = 4\,\pi\,\mathfrak{N}\,\beta$$

und für die der Drehung der Polarisationsebene proportionale Differenz (wir greifen damit dem folgenden Paragraphen vor)

$$n_-^2 - n_+^2 = -8\,\pi\,\mathfrak{N}\,\gamma.$$

Mit Benutzung der obigen Werte für β und g bzw. γ ($\mathfrak{H}_z = H$) wird

$$n^2 - 1 = 4\,\pi\,\mathfrak{N}\,\frac{\varepsilon^2}{m}\,\frac{1}{\omega_0^2 - \omega^2} = \frac{\varrho}{\omega_0^2 - \omega^2}$$

und

$$n_-^2 - n_+^2 = 4\,\varrho_L\,\omega\,\frac{\varrho}{(\omega_0^2 - \omega^2)^2}$$

[vgl. Gl. (22) und (23)].

§ 15. Die verschiedenen Näherungsformeln für die Magnetorotation.

Um aus den Gleichungen (20) für $\dfrac{n_\pm^2 - 1}{n_\pm^2 + 2}$ die Drehung der Polarisationsebene auszurechnen, hat man die Differenz der reellen Brechungsindizes $n_- - n_+$ zu bilden. Die Differenz der imaginären Bestandteile $n_-\varkappa_- - n_+\varkappa_+$ stellt die Erscheinungen der dichroitischen Absorption und der dabei auftretenden Elliptizität des Lichtes dar (vgl. Kap. XXXVII, § 1). Sie spielen bei stark absorbierenden Substanzen (vgl. § 26 Schluß), besonders bei ferromagnetischen Schichten eine gewisse Rolle und werden beim Kerreffekt besprochen (Kap. XXXVIII). Wir beschäftigen uns, hier im wesentlichen nur mit der Differenz $n_- - n_+$ bzw. $n_-^2 - n_+^2$. Will man die Mitwirkung der verschiedenen Eigenfrequenzen ω_s berücksichtigen, so kann man sich im allgemeinen auf die Gebiete außerhalb der Absorption beschränken, d. h. die untersuchten Frequenzen ω als so weit von den verschobenen Eigenfrequenzen entfernt annehmen, daß man das Dämpfungsglied $ig_s\omega$ fortlassen und

$$p_s = m\,(\omega_s^2 - \omega^2)$$

setzen kann. Dann wird $\mathfrak{n}$ reell $= n$, also gehen die Gleichungen (20) über in

$$\frac{n_\pm^2 - 1}{n_\pm^2 + 2} = \frac{1}{3} \cdot \sum_s \frac{\varrho_s}{\omega_s^2 - \omega^2 \pm 2\,o_L\,\omega} + \frac{1}{3} \sum_r \frac{\varrho_r}{\omega_r^2 - \omega^2} \quad \cdots \ (21)$$

wobei (in Voigtscher Schreibweise)

$$\varrho = 4\,\pi\,\frac{\mathfrak{N}\,\varepsilon^2}{m} \ \text{ und } o_L = \frac{q}{2\,m\,\omega} = -\frac{\varepsilon}{2\,mc}\,H$$

gesetzt ist.

Zur Ausrechnung von $n_- - n_+$ macht man davon Gebrauch, daß dieser Unterschied fast stets relativ klein ist — selbst bei 90° Drehung für 1 mm Weg ist bei $\lambda = 5 \cdot 10^{-5}$ cm $n_- - n_+$ erst $^1/_{4000}$; größere Drehungen kommen nur in ferromagnetischen Schichten und in Kristallen von Salzen seltener Erden bei sehr tiefer Temperatur vor. Auch noch in letzterem Falle kann man

$$n_- - n_+ = \frac{n_-^2 - n_+^2}{2\,n} \quad \text{ und } \quad (n_+^2 + 2)\,(n_-^2 + 2) = (n^2 + 2)^2$$

setzen. Man erhält dann die gesuchte Drehung, indem man die Differenz $\dfrac{n_-^2 - 1}{n_-^2 + 2} - \dfrac{n_+^2 - 1}{n_+^2 + 2}$ bildet, wobei sich die Summen über r fortheben, da sie eben durch das Magnetfeld nicht beeinflußt werden. Es bleibt dann nur die Summe über die Elektronenfrequenzen, die wir mit $\sum_s'$ kennzeichnen, um auszudrücken, daß in ihr die ultraroten Eigenschwingungen nicht mehr enthalten sind. Dann wird:

$$3\,\frac{n_-^2 - n_+^2}{(n^2 + 2)^2} = \frac{4}{3} \sum_s' \frac{\varrho_s o_L\,\omega}{(\omega_s^2 - \omega^2)^2 - 4\,o_L^2\,\omega^2}$$

und

$$\chi = \frac{\omega\,l}{4\,nc}\,(n_-^2 - n_+^2) = \frac{\omega^2\,l\,o_L}{cn}\left(\frac{n^2 + 2}{3}\right)^2 \sum_s' \frac{\varrho_s}{(\omega_s^2 - \omega^2)^2 - 4\,o_L^2\,\omega^2}. \quad (22)$$

Hierbei ist, wie nochmals betont werde, vorausgesetzt, daß alle Elektronenfrequenzen den gleichen normalen Zeemaneffekt erleiden! Außerdem gilt Gl. (22) nur außerhalb der Absorptionsgebiete und bei nicht allzu großer Drehung. Für Wellenlängen, die in größerem Abstand von den Eigenschwingungen liegen, geht Gl. (22) über in:

$$\chi = \frac{l\,o_L}{cn}\left(\frac{n^2 + 2}{6\,\pi\,c}\right)^2 \sum_s' \varrho_s\,\lambda_s^4\,\frac{\lambda^2}{(\lambda^2 - \lambda_s^2)^2} \quad \cdots \quad (22a)$$

Um die Becquerelsche Annäherungsformel zu erhalten, muß man in Gl. (21) H bzw. $o_L = 0$ setzen und die so erhaltene Gleichung nach ω differenzieren. Die dabei vorkommende $\sum_r$ enthält aber noch die ultraroten Glieder. Konsequenterweise läßt man auch dort diese Glieder fort[1]); wird der so veränderte Brechungsquotient durch $\overline{n}$ gekennzeichnet, so folgt:

$$\frac{\partial \overline{n}}{\partial \omega} = \left(\frac{\overline{n^2} + 2}{3}\right)^2 \frac{1}{\overline{n}} \sum_{r}' \frac{\varrho_s \omega}{(\omega_s^2 - \omega^2)^2}.$$

Wenn man daher in (22) das Glied $4\, o_L^2 \omega^2$ gegen $(\omega_s^2 - \omega^2)^2$ fortläßt, d. h. sich auf die Gebiete außerhalb der Zeemanschen Dubletts beschränkt, erhält man die „modifizierte" B-Formel

$$\chi = \frac{\omega\, l\, o_L}{c}\; \frac{(n^2 + 2)^2}{n}\; \frac{\overline{n}}{(\overline{n^2} + 2)^2}\; \frac{\partial \overline{n}}{\partial \omega} = \frac{l\,\varepsilon\, H}{2\, m\, c^2} \left(\frac{n^2 + 2}{\overline{n^2} + 2}\right)^2 \frac{\overline{n}}{n}\, \lambda\, \frac{\partial \overline{n}}{\partial \lambda} \;\cdots\; (\overline{\mathrm{B}})$$

Wir werden in § 22 sehen, daß sich die $\overline{\mathrm{B}}$-Formel auch noch für lange Wellen bewährt, wo zwar n, aber nicht χ durch die ultraroten Eigenfrequenzen beeinflußt wird, während die ursprüngliche B-Formel hier natürlich versagt.

Die Verhältnisse werden sehr vereinfacht, wenn man die Betrachtungen auf die Nähe eines einzelnen isolierten Absorptionsstreifens beschränkt, dessen Eigenfrequenz durch ω_0, dessen Dämpfung durch $g_0\, m = \gamma_0$ bezeichnet werde.

Es sei ferner n_0 der Wert des reellen Brechungsquotienten, wie er bei Abwesenheit der Elektronenart (O) herrschen würde. Man kann dann wegen des Überwiegens der Wirkung des Magnetfeldes auf dieses Glied $n_{+,o} = n_0$ setzen und erhält aus den Gleichungen (20)

$$\frac{n_+^2 - 1}{n_+^2 + 2} = \frac{n_0^2 - 1}{n_0^2 + 2} + \frac{4\pi}{3}\, \frac{\mathfrak{N}_0\, \varepsilon^2}{p \pm q},$$

und wenn man ähnlich wie in Gl. (11) reellen und imaginären Teil trennt und $\omega_i^2 - \omega^2 = 2\,\omega\, (\omega_0 - \omega)$ setzt:

$$\frac{n_+^2 - 1}{n_+^2 + 2} = \frac{n_0^2 - 1}{n_0^2 + 2} + \frac{4\pi}{3}\, \frac{\mathfrak{N}_0\, \varepsilon^2}{m\,\omega}\; \frac{2\,(\omega_0 - \omega \pm o_L)}{4\,(\omega_0 - \omega \pm o_L)^2 + \gamma_0^2}$$

$$\frac{6\, n_+^2 \varkappa_+}{(n_+^2 + 2)^2} = \frac{4\pi \mathfrak{N}_0}{3\,\omega}\; \frac{\varepsilon^2}{m}\; \frac{\gamma_0}{4\,(\omega_0 - \omega \pm o_L)^2 + \gamma_0^2}.$$

Handelt es sich speziell um ein Gas, in dem man $n_+^2 + 2$ durch 3 und $n_+^2 - n_0^2$ durch $(n_+ - n_0)\, 2\, n_0$ ersetzen kann, so wird mit $4\pi \mathfrak{N}_0 e^2/m = \varrho_0$

$$\left.\begin{aligned} n_+ &= n_0 + \frac{\varrho_0\, (\omega_0 - \omega \pm o_L)}{n_0\, \omega\, [4\,(\omega_0 - \omega \pm o_L)^2 + \gamma_0^2]} \\[2mm] n_+ \varkappa_+ &= \frac{\varrho_0 \gamma_0}{2\, n_0\, \omega\, [4\,(\omega_0 - \omega \pm o_L)^2 + \gamma_0^2]} \end{aligned}\right\} \;\cdots\cdots\; (23\,\mathrm{a})$$

Schließlich erhält man für den Bereich außerhalb des eigentlichen Absorptionsgebietes $(\gamma_0 \ll \omega_0 - \omega \pm o_L)$

$$n_{\pm} = n_0 + \frac{\varrho_0}{4\, n_0\, \omega\, (\omega_0 - \omega \pm o_L)} \;\cdots\cdots\; (23\,\mathrm{b})$$

und für die Drehung der Polarisationsebene die einfache Formel

$$\chi = \frac{\omega\, l}{2\, c}\, (n_- - n_0) = \frac{\varrho_0\, l\, o_L}{4\, c\, n_0\, [(\omega_0 - \omega)^2 - o_L^2]} \;\cdots\; (23\,\mathrm{c})$$

---

[1]) Vgl. U. Meyer, Ann. d. Phys. **30**, 607, 1909.

Diese Gleichung lehrt die von Voigt theoretisch, von Macaluso-Corbino nahezu gleichzeitig und unabhängig experimentell aufgefundene Tatsache, daß die Drehung mit Annäherung an eine Absorptionslinie gewaltig ansteigt und in ihrer unmittelbaren Nähe überraschend große Beträge annimmt, und zwar charakteristischerweise symmetrische Werte zu beiden Seiten des Absorptionsstreifens (Macaluso-Corbino-Effekt, siehe § 25). Die Messung dieser Drehung erlaubt die Bestimmung der wichtigen Elektronenkonstante ϱ_0 bzw. $\mathfrak{N}_0$. Diese Zahl $\mathfrak{N}$ stimmt im allgemeinen nicht mit der Atomzahl N überein, die Elektronentheorie läßt vermuten, daß $\mathfrak{N}$ und N einander proportional sind, die Quantentheorie bestätigt diese Vermutung und liefert eine atomtheoretische Deutung des Quotienten $f = \mathfrak{N}/N$ (vgl. den folgenden Paragraphen und Kap. XXVIII, § 37 ff).

Aus der Gl. $\overline{\mathrm{B}}$ ersieht man, daß die großen Werte des Gradienten von $\dfrac{\partial n}{\partial \omega}$ (die „anomale Dispersion") in der Nähe einer Absorptionslinie eben die Ursache des „anomalen" Verlaufs von χ sind. Nur im Bereich des Zeeman-

Fig. 1255.

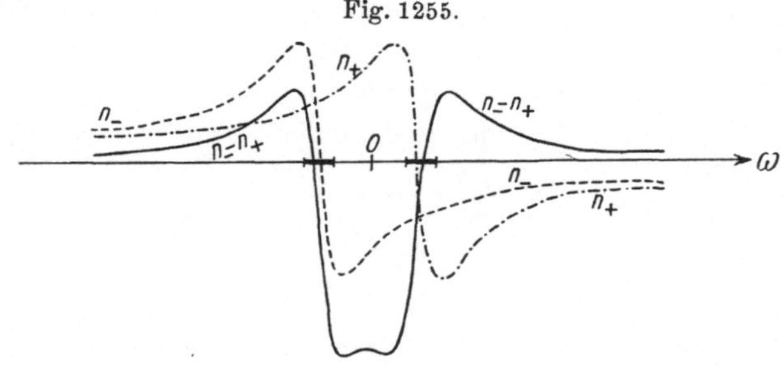

Magnetische Drehung (ausgezogene Kurve) in der Umgebung eines isolierten Absorptionsstreifens bei normalem Zeemaneffekt.

schen Dubletts selbst versagt die $(\overline{\mathrm{B}})$-Formel, weil bei ihrer Ableitung [Entwicklung von $n(\omega \pm o_L)$ bzw. bei der Berechnung auf S. 1251, oben] o_L als relativ klein vorausgesetzt wurde, während z. B. an der Stelle der Zeemankomponenten o_L gleich $\omega_s - \omega$ wird. In diesem Bereich darf natürlich o_L^2 nicht gegen $(\omega_s - \omega)^2$ vernachlässigt werden, und es muß die strengere Formel (23 c) bzw. (22) zur Berechnung von χ benutzt werden.

Wenn man den Verlauf der Drehung im Innern der Absorptionsstreifen untersuchen will, geht man am einfachsten auf die Formeln (13) des § 13 zurück und ersetzt in ihnen μ durch $\mu \pm o_L$ entsprechend der normalen Zeemanaufspaltung und findet

$$n_\pm = n_0 - \frac{\varrho\,(\mu \mp o_L)}{n_0\,\omega_0\,[4\,(\mu \mp o_L)^2 + \gamma_0^2]}$$

und

$$\chi = \frac{\omega\,l}{2\,c}\,(n_- - n_+) = \frac{l\,\varrho}{2\,c\,n_0}\left[\frac{\mu - o_L}{4\,(\mu - o_L)^2 + \gamma_0^2} - \frac{\mu + o_L}{4\,(\mu + o_L)^2 + \gamma_0^2}\right].\quad (23\,\mathrm{d})$$

Die graphische Darstellung (Fig. 1255) veranschaulicht den Verlauf der Brechungsquotienten n_- und n_+ und den der Drehung $(n_- - n_+)$ im Bereich des

Zeemanschen Dubletts. Dabei ist zugleich der — experimentell bisher nicht
geprüfte — Verlauf durch das eigentliche Absorptionsgebiet hindurch, gemäß
der Formel (23d), eingezeichnet. Auf beiden Seiten der ursprünglichen Absorptionslinie außerhalb des Dubletts ist die Drehung symmetrisch gleich groß
und positiv, zwischen den Zeemankomponenten nimmt sie negative Werte an.

§ 16. Quantentheoretische Behandlung.

Die quantentheoretische Be-
handlung der Magnetorotation knüpft wiederum an die der Dispersion an.
Wie in Kap. XXVIII, D, § 55 ff. dargelegt, besteht der wesentliche Fortschritt
darin, daß die in der Elektronentheorie unbestimmte Zahl $\mathfrak{N}_s$ bzw. deren Be-
ziehung zur Atomzahl eine bestimmte atomtheoretische Bedeutung erhält[1]).
Wie in der Dispersion, kann man im übrigen die elektronentheoretischen
Formeln beibehalten und hat nur, wie durch energetische Überlegungen nach
Ladenburg leicht nachzuweisen[1]),

$$\mathfrak{N}_s \equiv f_{ji} N_i = N_i A_i^j \frac{g_j}{g_i} \frac{\tau_{ji}}{3} \quad \cdots\cdots\cdots\cdots (24)$$

zu setzen. Dabei bedeutet $i-j$ den der Frequenz ω_s entsprechenden Übergang aus einem Quantenzustand i in einen Zustand j, N_i ist die Atomzahl in
diesem Zustand, g_i und g_j sind die zugehörigen Quantengewichte, A_i^j ist der
Einsteinsche Koeffizient der zugehörigen Übergangswahrscheinlichkeit und

$$\tau_{ji} = \frac{3\,m\,c^3}{8\,\pi^2 \varepsilon^2 \nu_{ji}^2} = \frac{3\,m\,c^3}{2\,\varepsilon^2\,\omega_{ji}^2}$$

ist die Abklingungszeit, in der die Energie eines klassischen Oszillators der
Schwingungszahl ν_{ji} durch Ausstrahlung auf den e-Teil sinkt. Die Größen
g_j und g_i sind gleich der Zahl der möglichen Zustände im Magnetfeld und z. B.
aus der Sommerfeldschen inneren Quantenzahl j_s mittels der Gleichung
$g = 2\,j_s + 1$ berechenbar, der Koeffizient A_i^j kann ebenfalls bei bekanntem
Atommodell numerisch angegeben werden. Damit wird der Absolutwert der
Drehung theoretisch berechenbar. Praktisch ist diese Rechnung bisher nur
für einige einatomige Gase durchzuführen.

In strengerer Weise als auf dem genannten energetischen Wege kann
man im Anschluß an die korrespondenzmäßige Behandlung der Quantentheorie
der Dispersion durch Kramers und Heisenberg[2]) die Polarisation eines
vielfach periodischen Systems — des Bohrschen Atommodells — durch
Benutzung des Ansatzes (7*) ausrechnen und das Ergebnis auf Quanten-
atome übertragen[3]). So erhält man wiederum die Gl. (22) der klassischen
Elektronentheorie, in der $\mathfrak{N}_s$ durch den Ausdruck (24) ersetzt ist — wenigstens,
wenn man zunächst noch von dem in § 19 zu besprechenden „paramagnetischen"
Anteil der Drehung absieht und sich auf die bei Abwesenheit angeregter

---

[1]) Vgl. R. Ladenburg, Zeitschr. f. Phys. **4**, 451, 1921; R. Ladenburg und
R. Minkowski, ebenda **6**, 153, 1951.

[2]) H. A. Kramers, Nature **113**, 673, 1924; H. A. Kramers und W. Heisenberg,
Zeitschr. f. Phys. **31**, 681, 1925.

[3]) Siehe J. Frenkel, Zeitschr. f. Phys. **36**, 234, 1925; C. G. Darwin, Proc. Roy.
Soc. **112**, 814, 1926.

Atome (j) allein in Betracht kommenden positiven Dispersionsglieder beschränkt (vgl. Kap. XXVIII, § 57).

Allerdings ist auch dieser Weg noch nicht voll befriedigend. Eine wirklich konsequente Theorie wird nur durch die Quanten- und Undulationsmechanik gewonnen werden können, die aber bisher (1927) nur auf die reinen Dispersionserscheinungen angewandt worden ist [1].

§ 17. Berücksichtigung des anomalen Zeemaneffekts.

Auf diese Weise sollten dann auch die anomalen Zeemaneffekte berücksichtigt werden. Vorläufig ist nur auf korrespondenzmäßigem Wege versucht worden, ihnen Rechnung zu tragen [2]. Dabei ergibt sich, daß die im Ultraviolett angenommenen Multiplettlinien bewirken, daß in größerem Abstand von ihnen, also etwa im Sichtbaren und längerwelligen Ultraviolett, in den Formeln für die Drehung die Larmorrotation mit einem Faktor $\bar{g}$ multipliziert erscheint, einem etwas unbestimmten Mittelwert Landéscher g-Faktoren, der durch das Zusammenwirken der anomalen Zeemaneffekte der einzelnen Linien zustande kommt (vgl. § 11). Infolgedessen unterscheidet sich der aus der Magnetorotation mittels der B- oder $\bar{B}$-Formel bestimmte ε/m-Wert durch den Faktor $\bar{g}$ vom richtigen Wert des Elektrons [3] (vgl. § 20).

So kann wenigstens prinzipiell auch eine negative Drehung zustande kommen, da die Landéschen g-Faktoren in einzelnen Fällen auch negativ sind. Vielleicht liegt ein solch seltener Fall beim Ti Cl$_4$ vor, dessen negative Drehung schon manche Diskussionen veranlaßt hat (vgl. § 8 sowie § 20 Schluß). Vielleicht aber kommt hier die im folgenden Paragraphen angegebene Erklärung in Betracht — jedenfalls ist die früher verschiedentlich gemachte Annahme „positiver Elektronen" zur Erklärung negativer Drehung (auch nichtparamagnetischer Körper) unnötig. (Betreffs negativer Drehung bei paramagnetischen Substanzen vgl. § 19.)

Ebenso ist naturgemäß für die Untersuchungen in der Nähe der Absorptionslinien beim Macaluso-Corbinoeffekt der anomale Zeemaneffekt zu berücksichtigen [4].

Dies geschieht am einfachsten folgendermaßen: Bezeichnet man mit α_i den Aufspaltungsfaktor der i-ten Zeemankomponente der betrachteten Linie (so daß ihre Verschiebung in Frequenzeinheiten $o_L \cdot \alpha_i$ beträgt) und mit β_i die relative Intensität der i-ten Zirkularkomponente zur Gesamtintensität aller Zirkularkomponenten, so geht, wie W. Kuhn zeigte [4], Gl. (23c) (S. 2151) für die Drehung an einer isolierten Spektrallinie über in

$$\chi = \frac{\varrho_0 l}{4 c n_0}\, o_L \sum_i \frac{\alpha_i \beta_i}{(\omega_0 - \omega)^2 - \alpha_i^2\, o_L^2} \quad\ldots\ldots\ldots \text{(23e)}$$

---

[1] Siehe M. Born, W. Heisenberg und P. Jordan, Zeitschr. f. Phys. **35**, 557, 1926; E. Schrödinger, Ann d. Phys. **81**, 112, 1926.

[2] J. Frenkel, a. a. O.; C. G. Darwin. a. a. O.; C. G. Darwin u. H. A. Watson, Proc. Roy. Soc. **114**, 474, 1927.

[3] Daß die Becquerelsche Formel nicht die genau richtigen Werte liefert, ist lange bekannt (vgl. Siertsema, Arch. Néed. **6**, 285, 1901), die Deutung durch den anomalen Zeemaneffekt findet sich zuerst bei R. Ladenburg, Zeitschr. f. Phys. **34**, 898, 1925.

[4] Vgl. R. Minkowski, Ann. d. Phys. **66**, 206, 1921; W. Kuhn, Mathem. Phys. Mitt. d. Dän. Ak. VII, **12**, 11, 1926.

und dieser Ausdruck wird

$$= -\frac{N.f.\varepsilon^3 l H}{8\pi m^2 c^2 (\nu_0-\nu)^2}\sum_i \alpha_i\beta_i,$$

falls im Nenner $a_i^2 o_L^2$ vernachlässigt und die Schwingungszahl $\nu = \dfrac{\omega}{2\pi}$ eingeführt wird. Z. B. ist für

Element	λ_s	Serienbezeichnung	a_i	β_i	$\sum \alpha_i\beta_i$
Na	5896	$^2S_{1/2} - {}^2I_{1/2}$	$4/3$	1	$4/3$
Na	5890	$^2S_{1/2} - {}^2P_{3/2}$	$\begin{cases} 3/3 \\ 5/3 \end{cases}$	$\begin{cases} 3/4 \\ 1/4 \end{cases}$	$\left.\right\}\ 7/6$
Tl	3776	$^2P_{1/2} - {}^2S_{1/2}$	$4/3$	1	$4/3$
Tl	2768	$^2P_{1/2} - {}^2D_{3/2}$	$\begin{cases} 13/15 \\ 11/15 \end{cases}$	$\begin{cases} 3/4 \\ 1/4 \end{cases}$	$\left.\right\}\ 5/6$
Hg	2537	$^1S_0 - {}^3P_1$	$3/2$	1	$3/2$

§ 18. Theoretisches über die Drehung an Bandenlinien. Die Theorie des Zeemaneffekts an Bandenlinien ist noch nicht weit entwickelt, zumal unsere Vorstellungen über Molekülmodelle und die Theorie der Bandenspektra zurzeit noch unsicher und im Flusse sind. Sicher ist, daß die Banden des (kurzwelligen) Ultrarots den von Rotationen überlagerten Schwingungen der Atommassen zuzuschreiben sind, während die im Sichtbaren und Ultraviolett gelegenen Banden durch einen gleichzeitigen Elektronensprung bzw. eine Elektroneneigenfrequenz zustande kommen. Da diese magnetisch beeinflußbar sind, ist auch bei diesen Bandenlinien ein Zeemaneffekt möglich, der besonders groß in der Nähe der „Nullinie" einer Bande sein sollte [1]). Tatsächlich geben viele Bandenlinien überhaupt keinen, andere einen kleinen quadratischen Effekt oder diffuse Verbreiterungen usw., aber in vielen Fällen sind die Aufspaltungen der ersten Potenz der Feldstärke proportional wie bei den Spektrallinien der Atome. Uns interessiert hier besonders die experimentell sichergestellte Tatsache, daß einige Bandenlinien im longitudinalen Magnetfeld den umgekehrten Sinn der Zirkularpolarisation zeigen wie Linienspektra [1]). Dies muß natürlich negative magnetische Drehung zur Folge haben. Vom theoretischen Standpunkt aus ist dazu folgendes zu sagen [2]).

Nach den vorliegenden, etwas kursorischen Betrachtungen sollte man auf beiden Seiten magnetisch empfindlicher Bandenlinien zirkulare Komponenten von beiderlei Vorzeichen erwarten. Daher muß die Intensität der Komponenten zur Entscheidung der Frage des Vorzeichens der Drehung berücksichtigt werden. Nach dem Korrespondenzprinzip kann man für Bandenlinien dieselben Intensitätsregeln wie für Spektrallinien von Atomen benutzen, die von verschiedenen Forschern aufgestellt und abgeleitet sind [3]). Mit deren

---

[1]) Siehe A. Dufour, Physik. Zeitschr. **10**, 124, 1909, sowie National Research Council Bulletin Nr. 57, p. 337 bis 353, 1926 (E. C. Kemble).

[2]) Vgl. W. Lenz, Verh. d. D. phys. Ges. **21**, 632, 1919, speziell S. 638; H. A. Kramers und W. Pauli jr., Zeitschr. f. Phys. **13**, 351, 1923; F. Hund, ebenda **36**, 657, 1926, sowie Nat. Res. C. a. a. O.

[3]) Siehe vor allem A. Sommerfeld und W. Heisenberg, Zeitschr. f. Phys. **11**, 131, 1922; H. Hönl, ebenda **31**, 340, 1925; R. L. de Kronig, ebenda S. 885.

Hilfe ergibt sich, daß die sogenannten P- und R-Zweige der Bandenlinien (vgl. Kap. XXXII) entgegengesetzte Magnetorotation liefern, also wenn die Linien des einen Zweiges positive Drehung geben, die des anderen Zweiges negative Drehung. Die beiden Zweige unterscheiden sich quantentheoretisch dadurch, daß die Linien des einen einer Änderung der Quantenzahl des Gesamtimpulses um $+1$, die des anderen Zweiges einer Änderung um -1 entsprechen (vgl. Kap. XXIX).

Eine Anwendung und experimentelle Bestätigung dieses quantentheoretischen Ergebnisses werden wir in § 28 kennenlernen.

§ **19. Paramagnetische Drehung.** Die spezifischen Erscheinungen bei der Magnetorotation der paramagnetischen Substanzen, von denen oben bereits kurz die Rede war (§ 8), führen dazu, neben der bisher behandelten, auf dem Zeemaneffekt beruhenden „diamagnetischen" Drehung eine „paramagnetische" Drehung zu berücksichtigen, die durch die Langevinsche

Fig. 1256.

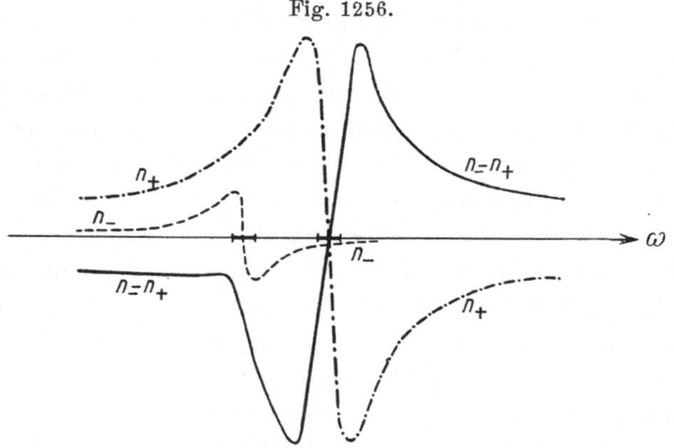

Paramagnetische Drehung, verursacht durch einen Unterschied in der Intensität der zirkularen Zeemankomponenten und der entsprechenden Brechungsquotienten.

Einstellung der magnetischen Atome bzw. der Elektronenmagnete in die Richtung des Feldes und die dadurch bedingte Unsymmetrie entsteht[1]. In der Tat wird diese durch die unregelmäßige Temperaturbewegung gestörte Einstellung der Elementarmagnete eine Vorzugsdrehrichtung der den Paramagnetismus erzeugenden rotierenden Elektronen hervorrufen; die gleichen,

---

[1] Dieser Gedanke ist wohl zuerst von J. Becquerel gelegentlich seiner in § 29 näher zu besprechenden magnetorotatorischen Versuche an Kristallen seltener Erden, speziell am Xenotim, ausgesprochen worden, wobei allerdings auch die damals vielfach diskutierte Mitwirkung „positiver Elektronen" in Betracht gezogen wurde (C. R. **133**, 666, 1906; Le Radium V, 16, 1908). Doch gerieten diese Überlegungen in Vergessenheit, bis sie neuerdings von anderer Seite angestellt und auf Grund der heutigen Vorstellungen quantitativ durchgearbeitet und auf die mannigfachen Erscheinungen der anomalen Magnetorotation und -dispersion angewandt wurden, vgl. R. Ladenburg, Zeitschr. f. Phys. **34**, 898, 1925; ebenda **46**, 168, 1928; siehe auch J. Dorfmann, ebenda **17**, 93, 1923; J. Frenkel, ebenda **36**, 621, 1926; P. Drudes „Hypothese der Molekularströme", Verh. d. D. Phys. Ges. **1**, 107, 1899, gibt gewisse Züge, aber nicht die vollständige Theorie der paramagnetischen Drehung wieder; vgl. J. Frenkel. a. a. O.

relativ locker gebundenen Elektronen der „unvollständigen Zwischenschalen"
oder Untergruppen vermitteln die optischen Erscheinungen (vgl. § 10, S. 2135).
Daher wird ein Unterschied der Intensität der positiv und negativ zirkular
polarisierten Zeemankomponenten in Emission sowohl als in Absorption eintreten, und wegen des allgemeinen Zusammenhanges zwischen Absorption und
Dispersion eine Drehung der Polarisationsebene. Diese „paramagnetische"
Drehung muß sich der universalen „diamagnetischen" Drehung überlagern,
und es hängt von der relativen Stärke dieser beiden Effekte ab, ob die paramagnetische Wirkung nachweisbar ist bzw. ob sie gar überwiegt. Wie durch
die verschieden große Intensität der Zeemankomponenten die beiden Brechungsquotienten n_+ und n_- und dadurch die der Differenz $n_- - n_+$ proportionale Drehung abgeändert werden, veranschaulicht Fig. 1256 [1]), in der die
nach kleineren Frequenzen verschobene Komponente als die schwächere
angenommen ist.

Die Berechnung des Effekts erfolgt am einfachsten ebenso wie in der
korrespondenzmäßigen Quantentheorie der Dispersion [2]) (vgl. § 16): man ordnet
nämlich den möglichen Absorptionslinien der Substanz, d. h. deren Quantensprüngen
aus dem Normalzustand, (virtuelle) „Oszillatoren" zu, und zwar muß man im
Magnetfeld den einzelnen polarisierten Zeemankomponenten entsprechend polarisierte lineare bzw. zirkulare Oszillatoren zuordnen, die praktisch nur auf die gleiche
Polarisationsart auffallender Lichtschwingungen ansprechen, also z. B. positiv
rotierende Oszillatoren, die merklich nur auf positiv zirkular polarisiertes Licht
reagieren. Besitzen die betrachteten Atome ein magnetisches Moment, so bewirkt
ihre durch die Langevinsche Theorie bestimmte teilweise Einrichtung in die
Achse des äußeren Magnetfeldes, daß sie je nach ihrer Einstellung auf rechts und
links zirkular polarisiertes Licht verschieden stark ansprechen und daß daher die
den Atomen zugeordnete Anzahl der positiv und negativ rotierenden Oszillatoren $\mathfrak{N}_+$
und $\mathfrak{N}_-$ verschieden groß ist; und zwar ist nach Langevin [3]) die Zahl der Atome,
deren magnetische Achse den Winkel ϑ mit der Feldrichtung bildet, proportional
dem Ausdruck

$$e^{\frac{\mu H}{kT} \cos \vartheta} \cdot \sin \vartheta \, d\vartheta \sim \left(1 + \frac{\mu H}{kT} \cos \vartheta\right) \sin \vartheta \, d\vartheta \quad \ldots \ldots (25)$$

falls μ das magnetische Moment der Atome, H die Stärke des Magnetfeldes, k die
Planck-Boltzmannsche Entropiekonstante $(1,37 . 10^{-16} \, erg . grad^{-1})$ und T die
absolute Temperatur bedeutet. Daher kann man etwa

$$\mathfrak{N}_- - \mathfrak{N}_+ = \mathfrak{N} \int_0^{\pi/2} (e^{-a \cos \vartheta} - e^{+a \cos \vartheta}) \sin \vartheta \cos \vartheta \, d\vartheta = \frac{2\,\mathfrak{N}}{3} a$$

setzen, wo $a = \frac{\mu H}{kT}$ ist, indem man durch Multiplikation mit $\cos \vartheta$ unter dem
Integral dem Umstand Rechnung trägt, daß die Oszillatoren um so stärker an-
sprechen, je kleiner ϑ ist. Quantentheoretisch hat man $\mathfrak{N}$ durch Nf zu ersetzen,
wobei nunmehr N durch den obigen Langevinschen Ausdruck (25) gegeben und
$f = A . \tau$ ist, A bedeutet dabei die Übergangswahrscheinlichkeit (vgl. § 16). Der
der Differenz $\mathfrak{N}_- - \mathfrak{N}_+$ entsprechende Ausdruck $A_{\sigma_-} - A_{\sigma_+}$ kann den Regeln für
die Intensität der Zeemankomponenten entnommen werden [4]), allerdings nur
näherungsweise, da die Größen A durch den Anfangs- und Endzustand des

---

[1]) Vgl. J. Dorfmann, a. a. O.

[2]) R. Ladenburg, a. a. O.; H. A. Kramers, a. a. O.

[3]) P. Langevin, Journ. d. Phys. **4**, 678, 1905; Ann. de chim. et phys. **5**, 70,
1905. Elementare Darstellung seiner „Orientierungstheorie" s. Kap. XXXVII. § 6.

[4]) Vgl. R. de L. Kronig, Zeitschr. f Phys. **31**, 885, 1925. Die Anwendung
dieser Regeln auf den vorliegenden Fall und die quantentheoretische Durchrechnung
rührt von W. Pauli jr. her (siehe R. Ladenburg, a. a O. S. 903, Anm. 1); vgl. auch
J. Frenkel, a. a. O.

Quantensprungs bestimmt sind und die Einstellung der Atome in diesen beiden Zuständen gemäß den im allgemeinen verschieden großen magnetischen Momenten verschieden sein wird. Jedenfalls ergibt sich, daß die Differenz $A_{\sigma_-} - A_{\sigma_+}$ von $\cos\vartheta$ abhängt und ein verschiedenes Vorzeichen hat, je nachdem bei dem Quantensprung die Änderung der „inneren" Quantenzahl $\varDelta j = 1$ oder 0 ist. Dies ist für das Verständnis der experimentellen Ergebnisse wichtig.

Mit den in der klassischen Theorie der Magnetorotation benutzten Beziehungen (siehe § 13, 14, speziell ist $4\pi\Re e^2/m = \varrho$ gesetzt) bekommt man somit für die Refraktion positiv und negativ rotierender Wellen außerhalb des Absorptionsgebiets die Gleichung [1]:

$$\frac{n_\pm^2 - 1}{n_+^2 + 2} = \frac{1}{3} \sum_s \frac{\varrho_{s,\pm}}{\omega_s^2 - \omega^2 \pm 2\,\omega\,o_L} + \frac{1}{3} \sum_r \frac{\varrho_r}{\omega_r^2 - \omega^2} \quad \ldots \text{(26a)}$$

die sich von Gl. (21) des § 15 nur durch das an ϱ_s angehängte doppelte Vorzeichen unterscheidet. Für diamagnetische Substanzen ist $\varrho_+ = \varrho_-$, für paramagnetische $\varrho_- - \varrho_+ = 4\pi e^2/m\,(\Re_- - \Re_+)$ bzw. gleich dem entsprechenden Ausdruck mit $(A_{\sigma_-} - A_{\sigma_+})$.

Exakter ist es, zu berücksichtigen, daß die positiv rotierenden Oszillatoren auch auf die negativ rotierende Welle ansprechen, wenn auch außerordentlich schwach, entsprechend ihrer anderen Eigenfrequenz; ebenso die negativ rotierenden auf die positive Welle. Dann entsteht statt des obigen der folgende Ansatz [2]:

$$\frac{n_+^2 - 1}{n_+^2 + 2} = \frac{1}{3} \sum_s \frac{1}{\omega_s} \left(\frac{\varrho_{s,+}}{\omega_s - (\omega - o_L)} + \frac{\varrho_{s,-}}{\omega_s + (\omega - o_L)} \right) + \frac{1}{3} \sum_r \frac{\varrho_r}{\omega_r^2 - \omega^2} \quad \text{(26b)}$$

und

$$\frac{n_-^2 - 1}{n_-^2 + 2} = \frac{1}{3} \sum_s \frac{1}{\omega_s} \left(\frac{\varrho_{s,+}}{\omega_s + (\omega + o_L)} + \frac{\varrho_{s,-}}{\omega_s - (\omega + o_L)} \right) + \frac{1}{3} \sum_r \frac{\varrho_r}{\omega_r^2 - \omega^2}, \quad \text{(26c)}$$

der für $\varrho_+ = \varrho_- = \varrho/2$ genau in unseren ursprünglichen Ansatz (siehe auch Gl. 21) übergeht, wenn man im Nenner o_L^2 vernachlässigt, was im allgemeinen unbedenklich ist.

Durch Subtraktion der beiden Gl. (26b) und (26c) folgt

$$\chi = \frac{\omega\,l}{4\,n\,c}[n_-^2 - n_+^2) = \frac{\omega^2 l}{2\,n\,c}\left(\frac{n^2 + 2}{3}\right)^2 \left[\sum_s \frac{(\varrho_{s,-} + \varrho_{s,+})\,2\,o_L}{(\omega_s^2 - \omega^2 + o_L^2)^2 - 4\,o_L^2\,\omega_s^2} \right.$$
$$\left. + \sum_s \frac{1}{\omega_s} \frac{(\varrho_{s,-} - \varrho_{s,+})\cdot(\omega_s^2 - \omega^2 + o_L^2)}{(\omega_s^2 - \omega^2 + o_L^2)^2 - 4\,o_L^2\,\omega_s^2} \right] \cdot \; \ldots \ldots \text{(27)}$$

Es treten somit zu der Gl. (22) der gewöhnlichen Magnetorotation paramagnetische Anteile hinzu, die die Faktoren $\varrho_{s,-} - \varrho_{s,+}$ enthalten, also nach oben Gesagtem proportional zu dem Langevin-Ausdruck $\dfrac{1}{3}\dfrac{\mu\,H}{k\,T}$ sind.

Die paramagnetische Drehung besitzt daher eine andere Frequenzabhängigkeit als die diamagnetische; sie ist nämlich im Außenbereich der Zeemandubletts proportional zu $\omega^2/\omega_s^2 - \omega^2$, d. h. unsymmetrisch zur Eigenfrequenz, ebenso wie die von Drude aus der obengenannten „Hypothese der Molekularströme" abgeleitete Formel (A). Die gewöhnliche Drehung ist dagegen symmetrisch, nämlich proportional zu $\omega^2/(\omega_s^2 - \omega^2)^2$.

Die exakte Theorie des behandelten Effekts muß auf Grund der Quanten- und Wellenmechanik gegeben werden, nachdem J. Frenkel und C. G. Darwin [3] bereits im Anschluß an die Kramers-Heisenbergschen

---

[1] R. Ladenburg, a. a. O.

[2] Vgl. C. G. Darwin und W. N. Watson, Proc. Roy. Soc. (A) **114**, 477, 1927; R. Ladenburg, a. a. O. In Gl. (26b), die sich auf die positiv rotierende Welle bezieht, liegt die Eigenfrequenz der positiv rotierenden Oszillatoren bei $\omega = \omega_s + o_L$ und in Gl. (26c), die sich auf die negative Welle bezieht, bei $\omega = -(\omega_s + o_L)$.

[3] A. a. O.

korrespondenzmäßigen Formeln für die Polarisation eines Atoms die Magnetorotation einschließlich der paramagnetischen Anteile berechnet haben.

Zur Beurteilung des Einflusses dieser Anteile auf die magnetische
Drehung werde Gl. (27) für je eine Elektronenart in der außerhalb des
Zeemandubletts gültigen Form geschrieben:

$$\chi = \left[\frac{(n^2 + 2)\cdot\omega}{3\,(\omega_s^2 - \omega^2)}\right]^2 \frac{o_L\,\varrho\,l}{c\,n} \left\{1 \pm \frac{\mu\,H}{3\,k\,T}\,\frac{\omega_s^2 - \omega^2}{\omega_s\,o_L}\right\} \quad \dots \dots (27\,\mathrm{a})$$

Das doppelte Vorzeichen entspricht den beiden Möglichkeiten, daß sich bei
dem betreffenden Quantensprung die „innere" Quantenzahl gar nicht oder um
± 1 ändert (siehe oben). Für $\lambda - \lambda_s = 1$ Å, grünes Licht, ein Bohrsches
Magneton

$$\mu = \frac{5{,}58\cdot10^3}{6{,}06\cdot10^{23}} = 0{,}92\cdot10^{-20}, \qquad T = 300^0$$

und normalen Zeemaneffekt wird die Klammer $\sim 1 \pm 0{,}01$. Daher ist die
Wirkung des paramagnetischen (p-) Anteils nur nachweisbar:

1. in größerem Abstand von der Eigenfrequenz — z. B. in flüssigen und
festen Substanzen —, wo an und für sich die Drehung infolge großer Atomzahl
(großen Werten von ϱ) groß ist, besonders dann, wenn μ mehreren Magnetonen
entspricht. Dieser Fall ist in Lösungen von Fe-Salzen oder Verbindungen
seltener Erden ($\mathrm{Er}^{\cdots}$, $\mathrm{Pr}^{\cdots}$) verwirklicht. Hier tritt die in Gl. (27) und (27 a)
enthaltene und in Fig. 1256 graphisch dargestellte Unsymmetrie der Drehung
beiderseits des Absorptionsstreifens tatsächlich auf (s. § 24). Die Drehungs-
kurve entartet im Grenzfall des Verschwindens der einen Teilkurve gänzlich.
Mit diesem unsymmetrischen Verlauf von χ verknüpft ist die für die paramagnetische Drehung charakteristische Erscheinung, daß sie negative Werte
annehmen kann, während die diamagnetische Drehung im allgemeinen (außerhalb des Zeemandubletts) positiv ist [1] — und zwar falls $\varrho_- - \varrho_+ > 0$ ist,
sind negative Werte für $\omega_s < \omega$, d. h. auf der violetten Seite eines Absorptionsstreifens zu erwarten. Da aber nach der quantentheoretischen Rechnung,
wie wir sahen, $A_{\sigma_-} - A_{\sigma_+}$ je nach der Art des Quantensprungs verschiedenes
Vorzeichen hat, ist auch das Vorzeichen des paramagnetischen Anteils in
einem Falle auf der violetten, im anderen auf der roten Seite des Absorptionsstreifens negativ zu erwarten, jedenfalls aber auf beiden Seiten des Streifens
verschieden. Natürlich wird die an einer Substanz beobachtete Drehung
stets die Summe aus dem dia- und dem paramagnetischen Anteil sein, und
es wird darauf ankommen, welcher überwiegt.

2. Besonders groß wird der paramagnetische Anteil bei sehr tiefen Temperaturen, z. B. wird bei der Temperatur des flüssigen Wasserstoffs ($T = 20^0$)
oder der des flüssigen Heliums ($T = 4{,}2^0$) der p-Anteil 15- bzw. 75 mal so
groß als bei Zimmertemperatur, und wenn zugleich μ wie bei den Ionen
seltener Erden 5 bis 10 Magnetonen entspricht, kann der p-Anteil den
diamagnetischen sogar weit überwiegen. Experimentelle Beispiele hierfür
siehe § 29.

---

[1] Ausnahmen vgl. § 17, 18.

Bei verdünnten Gasen dagegen scheint die paramagnetische Drehung nicht nachweisbar zu sein, da sie in kleinem Abstand von der Absorptionslinie von der gewöhnlichen diamagnetischen Drehung verdeckt wird und in größerem Abstande überhaupt keine Magnetorotation nachweisbar ist.

C. Quantitative Prüfung der Theorie.

§ 20. Bestimmung der spezifischen Elektronenladung auf Grund der Becquerelschen Gleichung. Die Bequerelsche Gleichung (B) bzw. die modifizierte Gleichung $(\overline{B})$ erlaubt auf Grund der Messung der Drehung der Polarisationsebene in diamagnetischen Substanzen, deren Dispersion $\partial n/\partial\lambda$ genau bekannt ist, das charakteristische Verhältnis ε/m zu messen. Da χ dem Differentialquotienten $\partial n/\partial\lambda$ direkt proportional ist, ist eine sehr genaue Kenntnis der Dispersion für eine Bestimmung von ε/m erforderlich. Bei den ersten Berechnungen durch Siertsema[1]) und von der Mehrzahl der späteren Forscher[2]) wird die ursprüngliche B-Formel verwendet; infolgedessen ergibt sich regelmäßig eine systematische Abnahme von ε/m mit zunehmender Wellenlänge: da nämlich die ultraroten Eigenschwingungen zwar n und $\partial n/\partial\lambda$ stark beeinflussen, die Größe von χ aber nicht oder kaum merklich[3]), sind die beobachteten Drehungen im langwelligen Teil des Spektrums viel

Tabelle 3.

Berechnung von ε/m aus dem Faradayeffekt nach der B-Formel.

Substanz	ε/m	$100\,\overline{g}$
Wasserstoff	$1{,}75 \cdot 10^7$	99
Stickstoff	1,11	63
Kohlensäure	1.00	56
Wasser	1,58	89
Methylalkohol	1,08	61
Äthylalkohol	1,15	65
Hexan	1,10	62
Äther	1,11	63
Essigsäure	0,98	55
Methylacetat	0,99	56
Aceton	1,03	58
Benzol	0,99	56
Anilin	0,94	53
Pyridin	0,95	54
Schwefelkohlenstoff	0,76	43
Nitrobenzol	0,435	25
Steinsalz	1,51	85
Sylvin	1,42	80
Flußspat	1,21	68
Quarz (ord. Str.)	1,31	74
Natriumchlorat	0,56	31

---

[1]) L. H. Siertsema, Arch. Néer (2) **6**, 285, 1901.
[2]) Siehe besonders R. A. Castleman jun. und E. O. Hulburt, Astrophys. Journ. **54**, 45, 1921; L. R. Ingersoll, Journ. of the Opt. Soc. Amer. und Roy. Soc. Journ. **6**, 663, 1922; C. G. Darwin und W. H. Watson, Proc. Roy. Soc. (A), **114**, 474, 1927.
[3]) Dies ist experimentell direkt von U. Meyer (Ann. d. Phys. **30**, 629, 1908) und L R. Ingersoll (a. a. O.) nachgewiesen (vgl. § 22).

geringer, als sich aus der B-Formel bei Konstanz von ε/m mittels der tatsächlichen Dispersion berechnet (vgl. S. 2163, Fig. 1257) — oder umgekehrt ergibt sich hier ε/m viel zu klein, wenn man die beobachteten Werte von χ und $\partial n/\partial \lambda$ in B einsetzt[1]). Wie sich aber aus der Dispersionstheorie ergab (siehe § 15), ist eine bessere Gültigkeit der modifizierten Gleichung $\overline{\text{B}}$ zu erwarten, in der $\bar{n}$ und $\partial \bar{n}/\partial \lambda$ die Werte des Brechungsquotienten bei Vernachlässigung der ultraroten Eigenfrequenzen vorstellen. Wie weitgehend dann — bei konstanten Werten von ε/m — die Änderung der Drehung mit der Wellenlänge durch die Theorie dargestellt wird, wird im folgenden Paragraph gezeigt. Hier seien nur einige Werte von ε/m und ihr Verhältnis $\bar{g}$ zum wahren Elektronenwert für Gase, Flüssigkeiten und feste Körper mitgeteilt, die für relativ kurze Wellenlängen berechnet sind[2]), bei denen der Einfluß ultraroter Eigenschwingungen auf ε/m noch nicht merklich ist.

Wie man sieht, gibt nur Wasserstoff den „richtigen" Wert, bei Wasser, Steinsalz und Sylvin sind die Abweichungen vom Normalwert gering, bei allen anderen Substanzen größer — immerhin stimmt in bemerkenswerter Weise die Größenordnung —, worauf schon H. Becquerel selbst bei Mitteilung seiner Formel noch vor Aufstellung des Larmorschen Satzes hinwies. Von den Bedenken gegen die B-Formel war schon mehrfach die Rede, so daß wir hier nur darauf hinzuweisen brauchen. Die offenbar vorhandenen Abweichungen der berechneten Werte vom Elektronenwert beruhen vermutlich in erster Linie auf dem anomalen Zeemaneffekt (vgl. § 17, auch wegen des in der Tabelle 3 angegebenen $\bar{g}$-Wertes). Daß der beobachtete $\bar{g}$-Wert stets kleiner als 1 ist, bedarf noch der Erklärung. Bei Wasserstoffmolekülen muß man wohl aus dem berechneten Wert auf eine normale Larmorrotation, also einen normalen Zeemaneffekt schließen.

Abweichend von anderen durchsichtigen Substanzen, gibt Sauerstoffgas Werte von ε/m, die mit abnehmender Wellenlänge abnehmen[3]), vermutlich macht hier der paramagnetische Anteil der Drehung (siehe § 19) die übliche Berechnung von ε/m unmöglich. Ebensowenig kann man aus Messungen an TiCl_4, der einzigen diamagnetischen Substanz mit negativer Drehung, ε/m berechnen. Man könnte bei dieser Substanz an paramagnetische Verunreinigungen denken (dreiwertiges Ti ist paramagnetisch), aber die geringe Temperaturabhängigkeit der Drehung (§ 21) spricht dagegen. So muß man wohl die negative Drehung durch einen spezifischen anomalen Zeemaneffekt (§ 17) oder durch negative Drehung an Bandenlinien erklären.

§ 21. Der Temperatureinfluß. Die Temperaturabhängigkeit der Magnetorotation ist im allgemeinen sehr gering und nur in wenigen Fällen genau gemessen, z. B. bei CS_2[4]); hier stimmt der Temperaturkoeffizient der

---

1) Vgl. die in Anm. 2 voriger Seite genannten Arbeiten.
2) Vgl. U. Meyer, R. Ladenburg, Darwin und Watson, a. a. O., wo noch Werte für viele andere Substanzen mitgeteilt werden.
3) Vgl. C. G. Darwin und W. H. Watson, a. a. O. S. 486.
4) Siehe Rodger und Watson, a. a. O.

Verdetkonstante $\dfrac{\partial R}{\partial t} = -7{,}37 \cdot 10^{-5}$ (vgl. § 4) recht gut mit dem der Dispersion nach Flatows Messungen [1] überein, wie man es theoretisch nach Becquerels Formel erwarten muß. Bei Wasser [2]) ist der Temperaturkoeffizient von R nur $\sim {}^1/_{200}$ so groß, so daß ein Vergleich mit dem der Dispersion zu ungenau ist.

Um so bemerkenswerter sind die starken Änderungen, die die magnetische Drehung in einigen Salzen und Kristallen, die Verbindungen seltener Erden enthalten, bei Abkühlung auf die Temperatur der flüssigen Luft und darunter erleiden [3]); hierbei nimmt die Drehung vielfach fast genau proportional der rezipoken absoluten Temperatur zu, gerade wie die paramagnetische Suszeptibilität gemäß dem Curieschen Gesetz und wie Formel (27a) für den paramagnetischen Anteil der Drehung verlangt. Wir kommen hierauf ausführlicher in § 29 zurück.

§ 22. Abhängigkeit von der Wellenlänge, Vergleich mit Becquerels Formel.

Von besonderer Bedeutung ist die in der Formel (B) enthaltene Aussage von der Wellenlängenabhängigkeit des Faradayeffektes. Allerdings erfordert die Prüfung dieser Aussage eine sehr genaue Kenntnis der Dispersion und ihrer Wellenlängenabhängigkeit. Diese Voraussetzung ist z. B. bei Wasserstoff von 85 Atm. erfüllt, dessen Dispersion durch M. Kirn [4]), sowie durch Siertsema und de Haas [5]) und dessen Magnetorotation durch L. H. Siertsema und durch J. F. Sirks [6]) bis weit ins Ultraviolett genau gemessen ist. Folgende Tabelle 4 erlaubt einen Vergleich der bei verschiedenen Wellenlängen gefundenen Werte der Dispersion $q = \lambda \cdot \partial n/\partial \lambda$ und der Drehung χ. Reihe 3 und 4 geben die Relativwerte von q und χ, bezogen auf $\lambda = 0{,}4047$.

Tabelle 4.

Vergleich von Dispersion q und Magnetorotation χ für Wasserstoff von 85 Atm.

λ	$q = \lambda \cdot \partial n/\partial \lambda \cdot 10^4$	q/q_{4047}	χ/χ_{4047}	Δ in Proz.
$0{,}5893\,\mu$	0,062 5	0,445	0,447	$+\,0{,}8$
0,578	0,064 77	0,460	0,465	$+\,1{,}1$
0,4358	0,119 37	0,843	0,848	$+\,0{,}6$
0,4047	0,140 9	1,000	1,000	—
0,3665	0,176 28	1,25	1,233	$-\,1{,}3$
0,3130	0,254 96	1,813	1,80	$-\,0{,}7$
0,2805	0,333 16	2,362	2,395	$+\,1{,}3$
0,2654	0,382 90	2,74	2,77	$+\,1{,}1$
0,2537	0,429 92	3,054	3,12	$+\,2{,}1$
0,2482	0,455 17	3,234	3,32	$+\,2{,}5$

[1]) E. Flatow, Ann. d. Phys. **12**, 97, 1903.
[2]) Siehe Rodger und Watson, a. a. O.
[3]) G. J. Elias, Ann. d. Phys. **35**, 299, 1911, spez. S. 330 (beobachtet an festem Neodymnitrat); J. Becquerel und H. Kamerl. Onnes, Le Radium 5, 227, 1908; Compt. rend. **181**, 839, 1925 (Tysonite, Parasit, Xenotim).
[4]) M. Kirn, Ann. d. Phys. **64**, 572, 1921.
[5]) L. H. Siertsema und M. de Haas, Physik. Zeitschr. **14**, 568, 1913.
[6]) J. F. Sirks, ebenda **14**, 340, 1913.

Die Übereinstimmung ist fast vollkommen, so daß in diesem Falle die Becquerelsche Dispersionsformel vortrefflich bestätigt ist.

Für Schwefelkohlenstoff und Kreosot (ein Holzteeröl) hat Becquerel selbst seine Formel der Rotationsdispersion geprüft und gut bestätigt gefunden [1]. Für Wasser zeigen sich nach den Messungen und Berechnungen von Landau [2]), die sich bis $0,250\,\mu$ erstrecken, Abweichungen von einigen Prozenten beim Vergleich mit der B-Formel; sie sind sicherlich durch die Mitwirkung der ultraroten Eigenschwingungen auf $\partial n/\partial\lambda$ zu erklären; denn eine bemerkenswert gute Übereinstimmung der gemessenen und berechneten Werte zwischen $0,250\,\mu$ und $1,3\,\mu$ erhält man, wenn man die Rotationsdispersion durch den Ansatz

$$R = \frac{\lambda^2}{\bar{n}}\,\frac{1}{(\lambda^2 - \lambda_s^2)^2}$$

darstellt, also die ultraroten Eigenfrequenzen fortläßt und Gl. (22 a) (§ 15) mit einer Eigenschwingung im Ultraviolett benutzt, und zwar mit $\lambda_s = 0,1151\,\mu$ gemäß den Dispersionsmessungen von F. F. Martens; mit anderen Worten, indem man gemäß der Gleichung $\overline{B}$ (§ 15) $\bar{n}$ und $\partial\bar{n}/\partial\lambda$ statt n und $\partial n/\partial\lambda$ zur Berechnung verwendet [3]. Ebenso findet man bei Steinsalz, Sylvin und Flußspat eine innerhalb der Meßgenauigkeit nahezu vollkommene Darstellung der Rotationsdispersion,

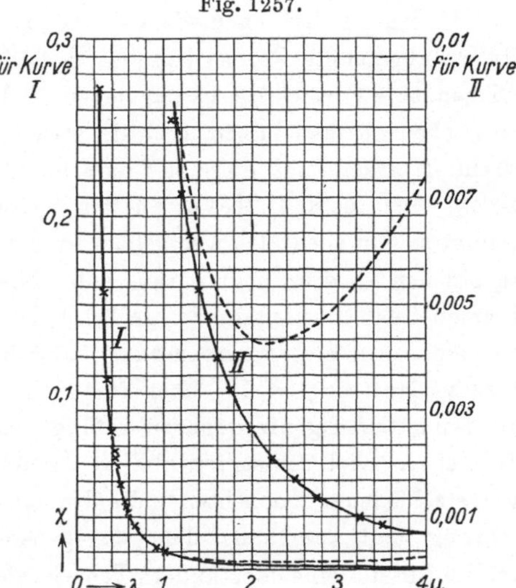

Fig. 1257.

Verlauf der Magnetorotation an Steinsalz.

××× beobachtete Werte,
——— berechnet nach Formel $\overline{B}$,
– – – berechnet nach Formel B.

auch im langwelligen Gebiet (gemessen bis $8,85\,\mu$), wenn man die Glieder mit den ultraroten Eigenfrequenzen der Atomschwingungen in der Darstellung des Brechungsquotienten fortläßt [3]). Als Beispiel sind in Fig. 1257 die Werte für Steinsalz nach U. Meyer graphisch dargestellt.

Die × × sind die Meßpunkte, die ausgezogene Kurve stellt die theoretischen Werte nach Formel $\overline{B}$ dar, die 2., bei $1\,\mu$ beginnende Kurve enthält dieselben Zahlen in 50fach vergrößertem Maßstab. Die gestrichelte Kurve ist nach der

---

[1]) H. Becquerel, Compt. rend. **125**, 627, 1897; siehe auch E. Carvallo, Eclair. electr. **13**, 520, 1897; R. A. Castleman und E. O. Hulburt, a. a. O., dagegen S. S. Richardson, Phil. Mag. **31**, 232, 454, 1916.

[2]) St. Landau, Physik. Zeitschr. **9**, 426, 1908.

[3]) Siehe Ulfilas Meyer, Ann. d. Phys. **30**, 607, 1909, spez. S. 629 (Diss. Berlin, 1909); vgl. auch E. J. Stephans und E. J. Ewans (Phil. Mag. **3**, 546, 1927), die ihre Messungen zwischen 0,6 und $0,238\,\mu$ exakt durch die Gleichung $\chi = \dfrac{\lambda^2}{n}\,\dfrac{1,616}{[\lambda^2 - (0,119)^2]^2}$ darstellen.

älteren Formel B berechnet, in der die direkt gemessenen Werte von n und $\partial n/\partial \lambda$ benutzt sind, statt der Werte $\bar{n}$ und $\partial \bar{n}/\partial \lambda$; man sieht neben der Übereinstimmung zwischen den gemessenen und den nach $\bar{B}$ berechneten Werten zugleich, wie wenig sich die ultraroten Eigenschwingungen der schweren Atome im Verlauf der Magnetorotation bemerkbar machen, während n und $\partial n/\partial \lambda$ dadurch stark beeinflußt werden, z. B. hat $\partial n/\partial \lambda$ bereits bei $2{,}4\,\mu$ ein recht scharfes Minimum und steigt dann stark an — die Eigenschwingung liegt erst bei $51\,\mu$!, merkliche Absorption beginnt bei $12\,\mu$ —, die Drehung dagegen nimmt monoton ab, ganz unbekümmert um diese Atomschwingungen.   Ähnlich ist es für Sylvin und Flußspat[1]).

U. Meyer hat auch die von Drude aus der Hypothese der Molekularströme abgeleitete Formel (A) (vgl. S. 2158, § 19) mit seinen Versuchen verglichen, eine Formel, die häufig neben die Formel (B) gestellt wird, von der wir aber oben gesehen haben, daß sie wesentliche Züge der „paramagnetischen" Drehung enthält und dieselbe Frequenzabhängigkeit wie diese besitzt (nämlich $\omega^2/\omega_s^2 - \omega^2$): indem U. Meyer aus den Versuchen drei neue Konstanten berechnet, gelingt es ihm ebenfalls, wenigstens für längere Wellen, gute Übereinstimmung zu erzielen — dies liegt daran, daß diese Formel, gerade wie die aus dem Zeemaneffekt abgeleitete, in größerer Entfernung von ultravioletten Eigenfrequenzen in erster Annäherung einfach proportional ω^2, also proportional $1/\lambda^2$ verläuft, vgl. § 23; aber für kurze Wellen, wo eben der Einfluß der ultravioletten Eigenfrequenzen anfängt merklich zu werden, stimmt Drudes Formel (A) viel schlechter als (B).   Auch Voigt[2]) vergleicht im Anschluß an verschiedene Beobachter[3]) die beiden Drudeschen Formeln mit der Erfahrung und kann aus dem angegebenen Grunde keinen entscheidenden Schluß für die eine oder andere Theorie ziehen.   Wir entscheiden uns bei diamagnetischen Substanzen unbedingt für (B) bzw. $(\bar{B})$ (siehe auch den folgenden Paragraph).

Auch neue Messsungen über die Dispersion der magnetischen Drehung in Lösungen verschiedener Chloride, Bromide, Jodide, Chlorate und Sulfate[4]) zeigen durch Vergleich mit der gewöhnlichen Dispersion des Brechungsquotienten die Gültigkeit des in den Formeln (B) bzw. $(\bar{B})$ gegebenen Zusammenhanges; die wirksamen Eigenfrequenzen liegen durchweg im Ultraviolett.

§ 23. Prüfung anderer Näherungsformeln. In übersichtlicher, mehr summarischer Weise läßt sich die Dispersion der Magnetorotation in großem

---

[1]) Vgl. auch die Versuche von Ingersoll, a. a. O.
[2]) A. a. O., Graetz' Handb. d. Elektr. u. Mag. IV, 412 ff., 1915.
[3]) St Landau, a. a. O.; L. R. Ingersoll, Phil. Mag. **61**, 41, 1906 und a. a. O.
[4]) K. F. Betche, Diss. Rostock, 1919. Bemerkenswert ist, daß sowohl Magnetorotation als Brechungsquotient in erster Linie durch das Anion bestimmt sind und nur relativ wenig von dem Kation beeinflußt werden; d. h. daß die Anionen stärker durch sichtbares Licht beeinflußbare, d. h. lockerer gebundene Elektronen enthalten als die Kationen, was nach den heutigen Vorstellungen wohl verständlich ist, da die Kationen ihre locker gebundenen Elektronen bei der Ionisierung abgegeben, die Anionen diese aufgenommen haben und dadurch ein Elektron mehr besitzen, als ihrer Kernladung entspricht.

Abstand von den (kurzwelligen) Eigenfrequenzen darstellen, indem die theoretischen Formeln nach Potenzen von $1/\lambda^2$ entwickelt werden, wie das bei gewöhnlichen Dispersionsformeln üblich ist. Wie man leicht sieht, geht sowohl die diamagnetische Drehung [Gl. (22a), S. 2150] als die paramagnetische Drehung [Gl. (27)] bei einer solchen Entwicklung über in die Reihe

$$\frac{A}{\lambda^2}\sum\left(B+\frac{C}{\lambda^2}+\cdots\right).$$

Da bei diamagnetischen wässerigen und alkoholischen Lösungen anorganischer Substanzen die Eigenfrequenzen meist weit im Ultraviolett liegen, sollte bei all diesen im ganzen Gebiet vom Ultrarot bis zum langwelligen Ultraviolett die magnetische Drehung proportional $1/\lambda^2$ sein. In der Tat bestätigen

Fig. 1258.

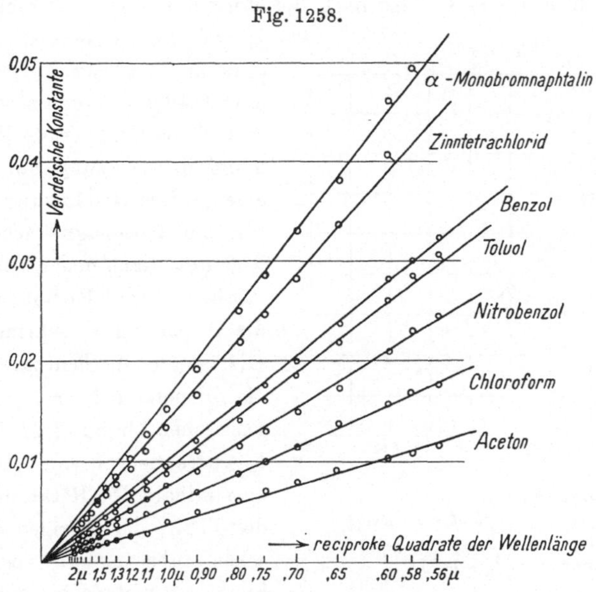

Abhängigkeit der Magnetorotation von der Wellenlänge in großem Abstande von den kurzwelligen Eigenfrequenzen [$R = f(1/\lambda^2)$] nach Ingersoll.

die Versuche verschiedener Forscher, besonders die von Ingersoll[1]), recht weitgehend diese Wellenlängenabhängigkeit von χ zwischen $0,56\,\mu$ und $2,3\,\mu$ — also sicherlich außerhalb der Elektroneneigenfrequenzen, und zwar bei Alkohol, Äther, Chloroform, Heptan, Benzol; dagegen zeigen Toluol, Monobromnaphthalin, Zinntetrachlorid, Schwefelkohlenstoff kleine, aber merkliche Abweichungen, vgl. Fig. 1258. Auch bei einigen paramagnetischen, charakteristisch gefärbten Lösungen, wie Cernitrat, Ferrocyankalium, Mangansulfat, Nickelammonsulfat ist χ annähernd proportional $1/\lambda^2$ (gemessen im roten und ultraroten Spektralgebiet, weit entfernt von den Absorptionsstellen), dagegen bei anderen, wie Ferrichlorid, Ferricyankalium, wächst χ mit abnehmender Wellenlänge proportional $1/\lambda^3$ oder noch rascher [vgl. auch die Versuche von

---

[1]) R. S. Ingersoll, Journ. Opt. Soc. Amer. 6, 663, 1922.

H. Becquerel[1]) und Siertsema[2])]. Diese Substanzen besitzen nämlich Absorptionsgebiete im Sichtbaren — wie ja ein allgemeiner Zusammenhang zwischen Paramagnetismus und „Färbung" besteht (siehe § 10); bei Annäherung an solche Absorptionsgebiete muß die paramagnetische Drehung nach unserer Formel für χ stark anwachsen, und zwar besagt die hieraus folgende Proportionalität mit $1/\lambda^2 - \lambda_s^2$, daß sich der Absorptionsstreifen bereits in viel größerem Abstand bemerkbar macht, als bei rein diamagnetischer Drehung, wo χ proportional zu $\lambda^2/(\lambda^2 - \lambda_s^2)^2$ ist.

Zum Beispiel gibt Siertsema[3]) die in Fig. 1259 dargestellten Werte für die Wellenlängenabhängigkeit der negativen Drehung paramagnetischer Lösungen von Ferricyankalium in verschiedenen Konzentrationen. Die hier eingezeichnete Kurve ($-*-*-$) ist nach der Formel $1/\lambda^2 - \lambda_s^2$ berechnet, wobei $\lambda_s = 0{,}400\,\mu$ gesetzt ist. Siertsema gibt an, daß seine Lösungen bei etwa $0{,}49\,\mu$ anfingen zu absorbieren, so daß die annähernde Übereinstimmung der Messung mit der Kurve eine gewisse Bestätigung der Formel für die paramagnetische Drehung bedeutet. Nach neuen Versuchen von Richards und Roberts[4]) ist auch die Dispersion verschiedener Eisensalzlösungen im Sichtbaren gut durch die Dispersionsformel der paramagnetischen Drehung $1/\lambda^2 - \lambda_s^2$ (mit Eigenfrequenzen von $0{,}40 - 0{,}44\,\mu$) darstellbar. Die Rotationsdispersion des $TiCl_4$, der einzigen diamagnetischen Substanz mit negativer Drehung, ist mehrfach genauer untersucht worden[5]), und zwar zwischen $0{,}436$ und $2{,}0\,\mu$. Es gelingt, die Dispersion der Drehung und des Brechungsquotienten nach der Elektronentheorie auf Grund des Zeemaneffekts (gemäß Formel 22a der „diamagnetischen Drehung") darzustellen durch Annahme einer weit im Ultraviolett gelegenen Eigenfrequenz und einer Eigenfrequenz im langwelligen Ultraviolett, wenn bei dieser eine anomale Lage der zirkular polarisierten Komponenten angenommen wird (d. h. negative Larmorrotation), wie es in § 17 als Folge eines anomalen Zeemaneffekts und in § 18 für Bandenlinien theoretisch begründet ist.

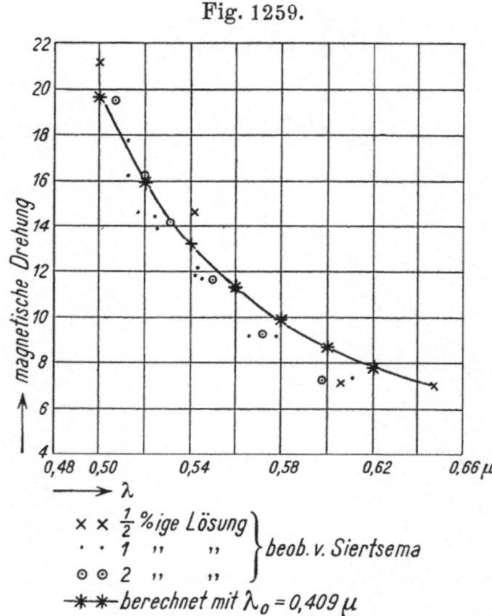

Fig. 1259.

---

[1]) H. Becquerel, Pogg. Ann. Ergbd. **7**, 171, 1876; Ann. chim. et phys. (5) **12**, 68, 1877; Compt. rend. **85**, 1227, 1871.

[2]) L. H. Siertsema, Arch. Néerl. 1900, S. 447, und Amst. Proc. **18**, 925, 1916, Comm. Leiden Nr. 62 und 76.

[3]) Derselbe, Comm. Leiden No. 76.

[4]) C. R. Richards und R. W. Roberts, Phil. Mag. **3**, 270, 1927.

[5]) L. H. Siertsema, Proc. Amst. **18**, 101, 925, 1915; L. R. Ingersoll, a. a. O.

§ 24. Anomale Rotationsdispersion. Die anomale Rotationsdispersion, d. h. die Abnahme der Magnetorotation mit zunehmender Frequenz (abnehmender Wellenlänge) hat in der geschichtlichen Entwicklung der Magnetorotation eine große Rolle gespielt. Aus der Dispersionstheorie wie aus der B-Formel folgt, daß bei positiver Larmorrotation die Dispersion der Drehung im allgemeinen „normal", nämlich positiv ist, d. h. daß die Drehung mit zunehmender Frequenz zunimmt; denn es wird dann $\partial \chi / \partial \omega$ proportional $o_L \cdot \partial^2 n / \partial \omega^2$, also im Durchsichtigkeitsgebiet normaler Dispersion, wo $\partial n / \partial \omega$ und $\partial^2 n / \partial \omega^2 > 0$ ist, positiv. In der Tat haben wir im vorausgehenden Paragraphen gesehen, daß dies im allgemeinen beobachtet wird. Andererseits läßt jene Theorie dicht an einer Absorptionslinie, auf ihrer kurzwelligen Seite, Abnahme der Drehung mit wachsender Frequenz erwarten (vgl. Fig. 1255, S. 2152 und deren experimentelle Bestätigungen, § 26).

Einen ganz anderen, nämlich unsymmetrischen Verlauf der Drehung, die sogar beim Durchgang durch den Absorptionsstreifen ihr Vorzeichen wechselt, ergibt „Drudes Theorie der Molekularströme" und speziell die „Theorie der paramagnetischen Drehung" nach Dorfmann und Ladenburg (siehe § 19).

Tatsächlich ist eine derartige „anomale Rotationsdispersion" (a. R.) in einer ganzen Reihe von Fällen beobachtet worden, zuerst von Schmauss[1] an Lösungen von Farbstoffen und Salzen seltener Erden, an Didymglas und flüssigem Sauerstoff, und zwar fast ausschließlich an paramagnetischen Substanzen mit ihren meist im Sichtbaren liegenden Absorptionsgebieten. Experimentell ist die Frage trotz gewisser Bedenken, die gegen die Schmausssche Beobachtungsmethode geltend gemacht werden[2], durch Versuche von Wood[3] und Elias[4] mit einwandfreien Methoden gemäß den Behauptungen von Schmauss entschieden und die a. R. bei Praseodymchloridlösungen und Lösungen anderer seltener Erden nachgewiesen worden[5].

Für genaue Versuche kommt es auf möglichst hohe Lichtstärke und große Dispersion an. Elias benutzte Sonnenlicht und einen Monochromator, der Spektralgebiete von 10 Å Breite lieferte; zur Drehungsmessung diente ein Lippichsches Halbprisma. Die zum Teil sehr komplizierten Kurven für Neodymlösungen z. B. (man bemerke, daß das Vorzeichen der Drehung im ganzen Gebiet negativ ist!), ferner die Woodsche Kurve für konzentrierte Praseodymlösung und die Schmaussschen Kurven für Lackmus und flüssigen Sauerstoff sind in Fig. 1260 und 1261 wiedergegeben und zeigen alle die a. R. (vgl. hierzu auch J. Dorfmann, a. a. O.). Dasselbe Ergebnis hatten neuere Versuche von R. W. Roberts[6] an Co- und Ni-Salzlösungen, bei ersteren zeigte sich sogar auf der violetten Seite des bei $0{,}51\,\mu$ liegenden Absorptionsbandes negative Drehung. Die genannten Substanzen, an denen a. R. gefunden wurde, sind sämtlich paramagnetisch, nur Lackmus ist in Summa jedenfalls diamagnetisch, aber es ist nicht ausgeschlossen, daß es eine paramagnetische Molekülgruppe enthält, die für die Stelle der a. R. verantwortlich ist und nur durch die diamagnetische Wirkung der übrigen Molekülgruppen überkompensiert

---

[1]) A. Schmauss, Diss. München, 1900, Ann. d. Phys. **2**, 280, 1900; **10**, 853, 1903.
[2]) Fr. Bates, Ann. d. Phys. **12**, 1080, 1903; siehe aber L. H. Siertsema, Comm. Leiden **62**, 76, 91; ausführlich bei W. Voigt, Handb. d. Elektr. u. d. Magn., a. a. O. S. 419, 1915.
[3]) R. W. Wood, Physik. Zeitschr. **6**, 416; Phil. Mag. (6) **9**, 725, 1905.
[4]) G. J. Elias, Ann. d. Phys. **35**, 298, 1911.
[5]) Vgl. aber Schluß dieses Paragraphen sowie § 29.
[6]) R. W. Roberts, Phil. Mag. **49**, 397, 1925, s. auch R. W. Roberts, J. H. Smith und S. S. Richardson, ebenda **44**, 917, 1922.

wird[1]). Ferner ist ein gewichtiges Argument für die paramagnetische Drehung die starke Zunahme der Drehung mit abnehmender Temperatur, die Elias bei festen und gelösten Salzen, und die besonders deutlich J. Becquerel und Kamerl. Onnes an Kristallen von Salzen seltener Erden gefunden haben (ausführlicher vgl. § 29). Namentlich die letztgenannten Beobachtungen sind überzeugend. Bei diesen Kristallen treten außerdem bei genügend tiefer Temperatur scharfe Absorptionslinien auf, beiderseits deren z. T. ein deutlich asymmetrischer Verlauf der Drehung von Jean Becquerel nachgewiesen ist, so daß hier die Deutung nicht zweifelhaft sein kann. Andererseits findet Becquerel[2]) beiderseits der Bande 0,577 μ des Tysonitkristalls (der Nd''' und Pr'' enthält) zwar bei Zimmertemperatur entgegengesetzte Drehung, aber bei tiefer Temperatur spaltet die Bande in zwei Linien, und beiderseits der einen Linie ist die Drehung positiv, beiderseits der anderen negativ;

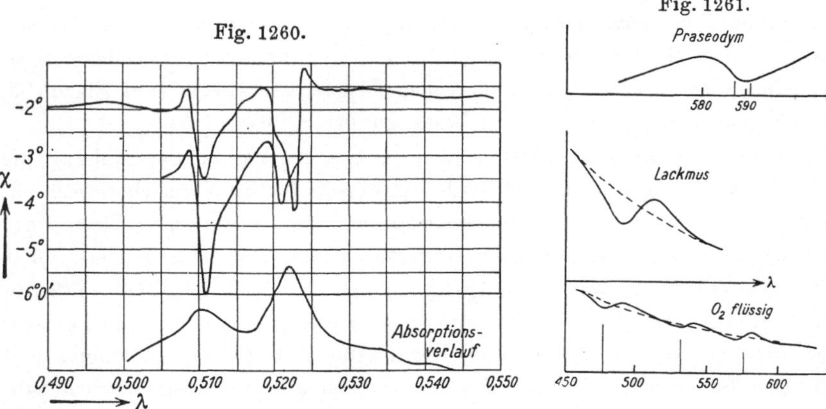

Magnetische Drehung an Neodymlösungen nach Elias.   Anomale Rotationsdispersion.

die Überlagerung dieser Effekte gibt wohl die a. R. bei Zimmertemperatur. Diese Beobachtung zeigt, daß man — vermutlich wegen der Mitwirkung von Atomschwingungen — in der Deutung solcher Erscheinungen vorsichtig sein muß, und daß es auch negative Drehung ohne a. R. gibt, worauf wir in § 28 bei Untersuchung einzelner Bandenlinien und in § 29 bei Besprechung der Versuche an Kristallen noch zurückkommen.

Bei den oben behandelten Erscheinungen an breiten Absorptionsstreifen handelt es sich erst recht um unaufgelöste und wohl mehr oder weniger kontinuierliche unauflösbare Bandenabsorption von Molekülgruppen, an denen Atomschwingungen und -rotationen beteiligt sind; für diese sind die einfachen Ansätze mit resonierenden Elektronen oder virtuellen Oszillatoren nicht ausreichend, daher ist ein exakter Beweis der abgeleiteten Formeln durch solche Beobachtungen kaum zu erbringen.

§ 25. Versuche an Absorptionslinien verdünnter Gase.

Viel bedeutungsvoller sind dagegen Untersuchungen in der Umgebung der scharfen Absorptionslinien in Gasen und Dämpfen; hier tritt die reine Wirkung des Magnetfeldes auf Elektronenfrequenzen in Erscheinung, so daß die Voraussetzungen des Larmorschen Satzes erfüllt sind und die in § 14 entwickelte Theorie streng anwendbar ist; die beobachteten Erscheinungen bilden eine glänzende Bestätigung aller Einzelheiten der besonders von Voigt gezogenen Folgerungen der Theorie. Während im allgemeinen der Faradayeffekt in

---

[1]) Elias bemerkt, daß er auch bei $KMnO_4$ a. R. beobachtet hat. Dies ist zwar paramagnetisch, hat aber so schwachen und dazu temperaturunabhängigen Paramagnetismus, daß man hier keine magnetisch einstellbaren Elektronenmagnete annehmen kann (vgl. R. Ladenburg, Zeitschr. f. phys. Chem. **126**, 133, 1927).

[2]) J. Becquerel, Phil. Mag. **16**, 153, 1908.

Gasen infolge der relativ kleinen Zahl wirksamer Moleküle sehr klein ist,
wächst er bei Annäherung an die Absorptionslinien (Eigenfrequenzen) gemäß
dem Gesetz $(1/\lambda^2 - \lambda_8^2)^2$ rasch an und erreicht schließlich Werte, die auch in
sehr verdünnten Gasen gut und genau meßbar sind. Diese Erscheinungen
werden bisweilen unter dem Namen Macaluso-Corbino-Effekt zusammengefaßt, weil diese Forscher jenen „anomalen" Verlauf der Magnetorotation
gleichzeitig mit und unabhängig von Voigts theoretischer Berechnung entdeckt haben [1]). Wir können hier nur die wichtigsten Teile der zum Teil recht
komplizierten Erscheinungen besprechen [2]).

Die einfachste Anordnung des Effektes, die zuerst von Righi[3]) angegeben wurde und sich auch für einen Vorlesungsversuch eignet, ist die
folgende (vgl. Fig. 1262): Man läßt das Licht einer weißen Lichtquelle der Reihe
nach einen Polarisator N_1, den im longitudinalen Magnetfeld befindlichen
absorbierenden Dampf (z. B. eine Na-Flamme) und einen drehbaren Analysator N_2 durchsetzen. Sind die Polarisationsebenen gekreuzt, so wird das
Licht der Lichtquelle mehr oder weniger ausgelöscht. Bei Erregen des
Magnetfeldes leuchtet die Lampe in derjenigen Farbe auf, die der Dampf absorbiert („Righieffekt"); die Erklärung ist offenbar, daß die Polarisationsebenen der den Absorptionslinien benachbarten Wellenlängen, und zwar
beiderseitig gleich viel, gedreht werden und den Analysator durchsetzen. Für

Fig. 1262.

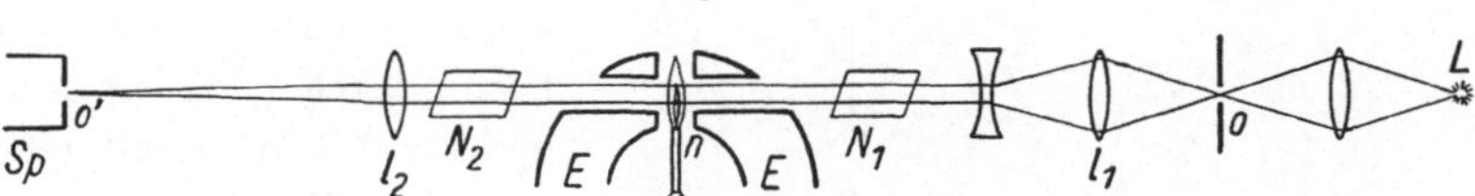

Anordnung zur Demonstration der Magnetorotation an den D-Linien
einer Na-Flamme.

Demonstrationsversuche bildet man die Lampe zunächst auf einer Blende mit
kreisförmiger Öffnung o ab, macht das Licht dann durch die Linsen l_1 und l_2
parallel und konzentriert es schließlich durch l_2 auf einen Projektionsschirm.
Das Magnetfeld erzeugt man durch einen starken Elektromagnet E und
benutzt als absorbierenden Dampf Na, den man z. B. in einem Mekerbrenner
durch Verbrennen von metallischem Na erzeugt. Das diffuse Licht der Na-
Flamme stört bei richtiger Abbildung der Öffnung o nicht. Bei Erregen des
Magnets entsteht ein helles, gelbes Bild der Blendenöffnung o auf dem
Projektionsschirm. Diese Wirkung des Magnetfeldes ist weitaus empfindlicher
als der eigentliche Zeemaneffekt und ist häufig mit Erfolg beobachtet worden,
wo der Nachweis des Zeemaneffektes selbst nicht gelang, z. B. an den Banden-

---

[1]) D. Macaluso und O.M. Corbino, Compt. rend. **127**, 548; Nuovo Cim. 8, 257,
1898; 9, 381, 1899.
[2]) Die Einzelheiten findet man außer in den Originalarbeiten recht ausführlich
bei W. Voigt, zum Teil in seiner Magneto-Elektrooptik, zum Teil im Handb. d.
Elektr. u. d. Magn. IV (2), S. 546—592.
[3]) A. Righi, Rend. Lincei (5a) **7**, 41, 333, 1898; Cim. (4) **9**, 295, 1899. — Berl.
Akad.-Ber. 1898, S. 600 u. 893.

linien des Na, Br, J und der Untersalpetersäure durch Righi und Wood[1]) (vgl. auch § 28).

Natürlich wird hier die „objektive Projektionsmethode" durch eine mehr subjektive ersetzt, bei der man das austretende Licht mit einem Spektroskop oder Spektrographen analysiert. Bei Erregen des Magnetfeldes, in dem sich der untersuchte Dampf befindet, leuchten an Stelle der Absorptionslinien helle Linien auf dem dunklen Grund des durch die gekreuzten Nicols ausgelöschten Spektrums auf („magnetische Rotationsspektren"); das auftretende Licht besteht dabei aus Frequenzen, die den Absorptionslinien benachbart sind und im Magnetfeld eine geeignete Drehung erfahren haben. Man kann diese Methode benutzen, um Absorptionslinien, die sonst wegen ihrer Feinheit bzw. wegen mangelnder Dispersion unsichtbar sind, als Emissionslinien sichtbar zu machen[2]), oder auch um bei Benutzung von gut gereinigtem Na-Dampf geeigneter Dichte im geschlossenen Glasrohr sehr kleine Magnetfelder unterhalb 1 Gauß noch durch ihre magnetooptische Wirkung mit relativ einfachen Mitteln nachzuweisen[3]). Bei der Deutung der mit dieser Methode gewonnenen Ergebnisse ist aber große Vorsicht nötig, da man nur Mittelwerte der sich stark ändernden Drehung über einen großen Frequenzbereich mißt.

Für genauere Untersuchungen braucht man einen Spektralapparat möglichst großer Dispersion, am besten ein

Fig. 1263.

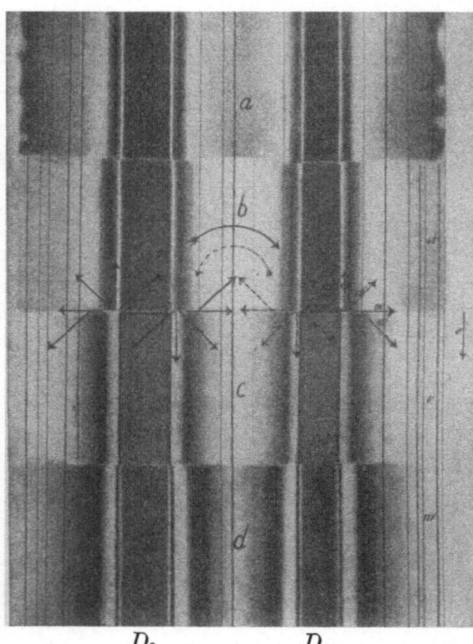

D_2 D_1

Drehung an den D-Linien mit Sonnenlicht als Lichtquelle (die feinen senkrechten Linien sind Fraunhofersche Linien, die breiten dunklen Banden „Drehungsbanden") nach Macaluso-Corbino. Nicolstellung: 90° bei a, 45° bei b, 0° bei c und 135° bei d.

großes Rowlandsches Gitter, da die Drehung nahe den D-Linien innerhalb Bruchteilen einer Å-Einheit stark variiert. Bei starken Magnetfeldern und in genügend dichtem Na-Dampf, den man am besten in einem stark erhitzten, evakuierten Stahlrohr erzeugt, das mit gut gekühlten Fenstern verschlossen ist, kann man leicht Drehungen von 180° und mehr — in der unmittelbaren

[1]) R. W. Wood, Phil. Mag. 12, 329, 499, 1906; Physik. Zeitschr. 9, 124, 1908. Vgl. auch die Versuche von H. Starke und J. Herweg an leuchtendem Quecksilberdampf, die am Schluß von § 26 näher besprochen werden.
[2]) W. Schütz, Physik. Zeitschr. 24, 459, 1923; Zeitschr. f. Phys. 38, 872, 1926.
[3]) Ebenda sowie W. Gerlach und W. Schütz, Naturw. 11, 637, 1923.

Nachbarschaft der D-Linien — erzeugen. Wegen der raschen Veränderlichkeit der Drehung mit der Wellenlänge kann man daher „Drehungsbanden" beobachten, schmale dunkle oder helle Wellenlängenbezirke, in denen die Drehung gerade 90⁰ und 270⁰ oder 180⁰ beträgt, so daß der Analysator das entsprechende Licht auslöscht oder hell durchläßt, vgl. dazu Fig. 1263, eine historisch interessante Aufnahme aus der ersten Arbeit von Macaluso-Corbino mit Sonnenlicht; die feinen Absorptionslinien sind Fraunhofersche Linien, die breiten dunklen Linien die der Na-Flamme bzw. „Drehungsbanden" (vgl. auch Fig. 1251, Teil c, und ihre photometrische Ausmessung Fig. 1252, S. 2122). Übersichtlicher ist die in § 3 dargelegte Methode des Quarzdoppelkeils (siehe Fig. 1266, nach Hansen), die den Gang der Drehung mit der Wellenlänge mit einer Aufnahme gibt. Wegen der raschen Änderung mit der Drehung ist aber sehr große Auflösung des Spektrographen nötig, um die wahren Werte zu bekommen (vgl. § 3). Zuverlässiger ist die dort beschriebene Methode der Savartschen Platte. Auch dabei sind im Sichtbaren Gitterspektrographen erforderlich [Einzelheiten vgl. bei H. Senftleben[1]) und R. Minkowski[2])].

§ 26. Quantitative Meßergebnisse an Gasen. Die Meßergebnisse der quantitativen Untersuchungen der verschiedenen Beobachter sind die folgenden:

1. Die Drehung ist auf beiden Seiten der Absorptionslinie positiv und ist genau symmetrisch — wenn sie nicht wie bei den D-Linien durch die Nachbarschaft anderer Linien beeinflußt ist. In diesem Falle sind die Beobachtungen quantitativ durch eine Überlagerung der für die einzelnen Linien zu erwartenden Drehungen erklärbar (Senftleben, Minkowski).

Die Versuche an den D-Linien lassen keine Unsymmetrie einer überlagerten paramagnetischen Drehung erkennen — dies ist nach den Berechnungen des § 19 nicht erstaunlich, da der Effekt an sich schon unter diesen Bedingungen sehr klein ist, zudem bei den beiden D-Linien entgegengesetztes Vorzeichen haben muß, da bei der D_2-Linie $\varDelta j = 1$, bei der D_1-Linie $\varDelta j = 0$ ist (j ist Sommerfelds innere Quantenzahl).

2. Die Größe der Drehung außerhalb der Zeemankomponenten befolgt in erster Annäherung das einfache Gesetz $\chi . \delta^2 = const$, wenn $\delta = \lambda - \lambda_0$ den Abstand von der Absorptionslinie bedeutet, gemäß der Gl. (23 e) (§ 17, S. 2154)

$$\chi = \frac{\varrho_0 \, l \, o_L}{4 \, n_0 \, c \, (\omega_0 - \omega)^2} \sum \alpha_i \beta_i = \frac{N f e^3 l \, H}{8 \pi m^2 c^4} \frac{\lambda^2 \lambda_0^2}{\delta^2} \sum \alpha_i \beta_i.$$

(Die Konstanten α_i und β_i tragen dem anomalen Zeemaneffekt Rechnung.)

Diese Gesetzmäßigkeiten wurden außer an den D-Linien an den ultravioletten Linien des Na, an Hauptserienlinien des K und Li[3]), an verschiedenen ultravioletten Linien von Tl und Cd[4]) sowie an der roten Wasserstofflinie 6563[5]) bestätigt.

[1]) Diss. Breslau, 1915; Ann. d. Phys. **47**, 949, 1915.
[2]) Diss. Breslau, 1921; Ann. d. Phys. **66**, 212, 1921.
[3]) L. Geiger, Ann. d. Phys. **23**, 758, 1907.
[4]) W. Kuhn, Math. Phys. Mitt. d. Dän. Akad. **7**, 12, 1926.
[5]) R. Ladenburg, Ann. d. Phys. **38**, 349, 1912.

Letztere wird nur vom elektrisch stark erregten Wasserstoff absorbiert, während die Hauptserienlinien der Alkalien und die untersuchten Linien des Tl und Cd von den Atomen im Normalzustand· absorbiert und dispergiert werden [1]).

Fig. 1264 zeigt die von W. Kuhn an der Linie 3776 ($^2P_{1/2} — ^2S_{1/2}$) gemessenen Werte, die ausgezogene Kurve gibt den von der Theorie geforderten hyperbel-ähnlichen Verlauf; die Abweichungen betragen nirgends mehr als 2 bis 3 Proz. und liegen innerhalb der Meßfehler.   Auch hier ist kein Einfluß einer para-

Fig. 1264.

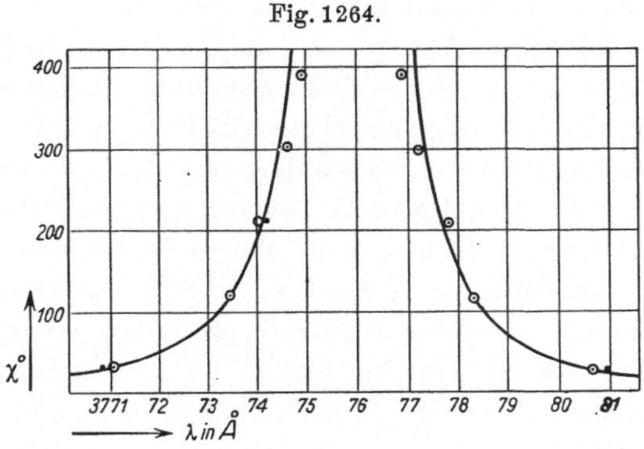

Symmetrischer Verlauf der magnetischen Drehung bei der Linie 3776
des Tl nach W. Kuhn.

magnetischen Drehung erkennbar. Das magnetische Moment des unteren Quanten-zustandes $^2P_{1/2}$ berechnet sich aus innerer Quantenzahl und Aufspaltungsfaktor g zu $^1/_3$ Magneton, so daß nach den Rechnungen des § 19 der paramagnetische Einffekt noch nicht merklich ist.

3. Innerhalb des Zeemanschen Dubletts (vgl. Fig. 1265) $|\omega_0 — \omega| < o_L \alpha_i|$ wird die Drehung negativ und nimmt an Stellen nahe ω_0 dem absoluten Be-trage nach mit wachsender Feldstärke ab. Dies eigenartige Resultat der Theorie geht ebenfalls unmittelbar aus Gl. (23 c) bzw. (23 e) hervor [o_L

Fig. 1265.

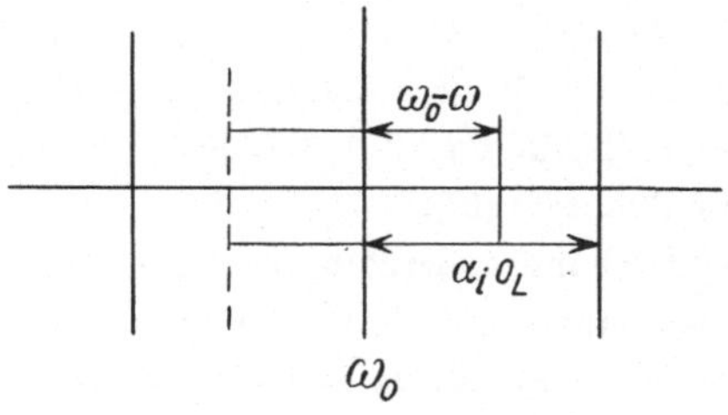

ist der Feldstärke proportional, so daß mit wachsendem H der Nenner $o_L^2 \alpha_i^2 — (\omega_0 — \omega)^2$ rascher zunimmt als der Zähler, also der Betrag der

---

[1]) Da der absorbierende Wasserstoff durch kondensierte Entladungen erregt wurde, mußte als Lichtquelle eine im gleichen Stromkreis liegende, synchron leuchtende Wasserstoffkapillare benutzt werden; sie lieferte stark verbreitete Wasserstofflinien, so daß sie als Lichtquelle mit kontinuierlichem Untergrund diente. Neuerdings ist es durch Verwendung von atomarem Wasserstoff mit hohem Gleichstrom (0,1 bis 2 Amp. Stromdichte) gelungen, Wasserstoff so stark zu erregen, daß er an der roten und blaugrünen H-Linie stark absorbiert und dispergiert, so daß auch eine Bogenlampe als Lichtquelle benutzt werden konnte (Agathe Carst und Rudolf Ladenburg, Zeitschr. f. Phys. **48**, 192, 1928).

Drehung abnimmt]; es konnte in der Tat bei sehr großer spektraler Auflösung und äußerst feinen Absorptionslinien bestätigt werden [1]).

Die sehr klaren und schönen Aufnahmen Hansens sind in Fig. 1266a bis c
dargestellt; sie entsprechen von oben nach unten abnehmender Feldstärke und zeigen
die zwischen den Dubletts liegende negative, mit wachsendem Feld dem Betrage
nach zunehmende Drehung. Sie sind mit einem doppelten Quarzkeil, der aus zwei

Fig. 1266 a bis c.

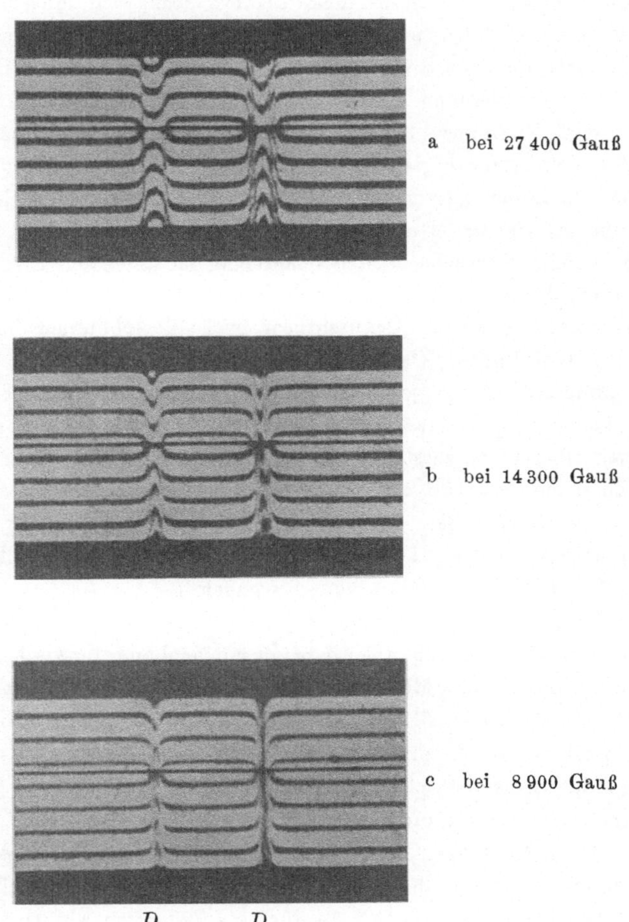

a bei 27 400 Gauß

b bei 14 300 Gauß

c bei 8 900 Gauß

Drehung an den magnetisch aufgespaltenen D-Linien nach H. M. Hansen,
mit Quarzdoppelkeil aufgenommen (außerhalb der Zeeman-Komponenten
positive, zwischen ihnen negative Drehung).

spiegelbildlich symmetrischen Teilen besteht, ausgeführt, die feine horizontale Linie
ist die Trennungslinie der zwei Keile, zu dem die Figur spiegelbildlich symmetrisch
ist. Man sieht an D_2 sogar den Verlauf der Drehung zwischen den inneren und
äußeren Komponenten des Quartetts.

4. Die Größe der Drehung ist proportional $\mathfrak{N}$, d. h. nach Formel (24) der
Zahl N der absorbierenden Atome, der Proportionalitätsfaktor $f = \mathfrak{N}/N$ (die

<hr>

[1]) P. Zeeman, Amst. Proc. **5**, 41; Astr. Journ. **16**, 106, 1902; H. M. Hansen,
Ann. d. Phys. **43**, 169, 1914.

„Stärke" der Oszillatoren) ist aber für jede Linie charakteristisch. Dadurch bietet dieser Effekt die Möglichkeit, bei Veränderung der Dampfdichte eine Dampfdruckkurve aufzunehmen (eventuell in einem Gebiet, wo andere Methoden versagen); dies ist in der Tat bei Na in dem Temperaturintervall von 236 bis 421° C in gut evakuierten kleinen Glasgefäßen gelungen, die sich vollständig in einem großen Ofen innerhalb des longitudinalen Magnetfeldes befanden [1]. Die optisch bestimmte Kurve deckt sich innerhalb der Meßfehler von wenigen Prozent mit der aus direkten Messungen von Haber und Zisch [2] und neuerdings von Rodebush und de Vries [3] abgeleiteten Dampfdruckkurve. Die Übereinstimmung lehrt, daß die optisch bestimmte Zahl $\mathfrak{N}$ nicht nur proportional der Atomzahl N ist, sondern für beide D-Linien zusammen innerhalb 2 bis 3 Proz. sogar gleich N ($\mathfrak{N}_{D_1} + \mathfrak{N}_{D_2} = N$), d. h. daß die „Stärke" f für beide D-Linien zusammen innerhalb dieser Genauigkeit gleich 1 ist; ferner ergibt sich $f_{D_2} = {}^2/_3$ und $f_{D_1} = {}^1/_3$. (Wünschenswert wäre es, wenn die entsprechenden Versuche nach der Methode der anomalen Dispersion wiederholt würden, die ja ebenfalls die Größe $\mathfrak{N}$ und, bei bekanntem Dampfdruck, auch f zu messen erlaubt.) Quantentheoretische Berechnungen haben diesen Wert von f bestätigt [4]. Der aus $f = 1$ berechnete Wert der Übergangswahrscheinlichkeit A für jede der beiden D-Linien ergibt sich [5] nach Gl. (24) zu $A_{D_1} = A_{D_2} = 0{,}64 . 10^8$. Da die Emission der D-Linien die einzig möglichen Übergänge vorstellen, ist A zugleich die reziproke Lebensdauer T der P-Zustände (vgl. Tab. 2, § 11. Deren direktere Messung durch Minkowski [6] (aus der natürlichen Breite der D-Linien) und Ellett [7] (aus der der Magnetorotation der Resonanzstrahlung, vgl. § 27) hat gute Übereinstimmung von $1/T$ mit obigem Wert von A ergeben [8].

Ferner ist durch solche magnetorotatorische Messungen nahe den D-Linien der theoretisch ableitbare Zusammenhang [9] zwischen Helligkeit der Spektrallinien, Dampfdichte und Temperatur an Natriumflammen von Senftleben [10]) experimentell bestätigt worden, nur für kleine Dampfdichte ist die Helligkeit ihr direkt proportional, bei großer Dichte wächst die Helligkeit infolge der Selbstabsorption langsamer und wird schließlich proportional der Wurzel aus der Dampfdichte.

Durch Messungen im Ultraviolett nach einer im übrigen ähnlichen Anordnung wie Senftleben und Minkowski hat Kuhn in einer sorgfältigen, ausführlichen Arbeit die f-Werte für eine Reihe von Absorptionslinien des Tl-

---

[1]) R. Ladenburg und R. Minkowski, Zeitschr. f. Phys. **6**, 153, 1921; R. Minkowski, a. a. O.

[2]) F. Haber und H. Zisch, Zeitschr. f. Phys. **9**, 302, 1922.

[3]) W. H. Rodebush und Th. de Vries, Journ. Amer. Chem. Soc. **47**, 2488, 1925.

[4]) W. Thomas, Zeitschr. f. Phys. **24**, 169, 1924; Y. Sugiura, Phil. Mag. **4**, 495, 1927 (mit Benutzung der Schrödingerschen Wellenmechanik).

[5]) Siehe R. Ladenburg und R. Minkowski, a. a. O.

[6]) R. Minkowski, ebenda **36**, 839, 1926.

[7]) A. Ellett, Journ. Opt. Soc. Amer. **10**, 427, 1925.

[8]) Siehe R. Ladenburg, Naturw. **14**, 1209, 1926.

[9]) Derselbe und F. Reiche, Ann. d. Phys. **42**, 181, 1913.

[10]) A. a. O.

und Cd-Dampfes gemessen[1]) und für die Hauptlinien die Werte der folgenden Tabelle gefunden. Daß der Wert für die Linie 2288 größer als 1 ist, hängt damit zusammen, daß beim Cd-Atom zwei Elektronen an der Absorption und Magnetorotation beteiligt sind. Der Wert für 3261 ist dagegen sehr klein, weil diese Linie durch Interkombination des Singuletterms ^1S mit dem Tripletterm ^3P entsteht (gerade wie die Linie 2537 des Hg).

	λ	Serienbezeichnung	f
Tl	3776	$^2P_{1/2} - {}^2S_{1/2}$	0,08
	2768	$^2P_{1/2} - {}^2D_{3/2}$	0,20
Cd	2288	$^1S_0 - {}^1P_1$	1,20
	3261	$^1S_0 - {}^3P_1$	0,0019

Bei den S. 2172 erwähnten Versuchen an H_2 ergab sich für das Verhältnis von $\mathfrak{N}$ zur Zahl der Wasserstoffmoleküle ein vom Strom abhängiger Wert von etwa 1 : 10 000. Hier ist der Ausgangszustand der untersuchten Linie $H\alpha$ der Quantenzustand $n = 2$, und da sich aus der Wellenmechanik der zu $H\alpha$ gehörige f-Wert zu 0,64 berechnet[2]), ist jenes Verhältnis annähernd gleich dem Prozentsatz der im Zustand 2 befindlichen Atome. So lassen sich durch die quantentheoretische Deutung von $\mathfrak{N}$ mittels magnetorotatorischer Messungen (ebenso wie durch Messungen der anomalen Dispersion) viele atomtheoretisch wichtige Größen bestimmen (vgl. auch Kap. XXVIII, D, § 60 ff.).

Das Verhältnis der f-Werte an verschiedenen. Linien einer Serie ist aus magnetorotatorischen Messungen bisher nur in einigen wenigen Fällen bestimmt worden [Alkalihauptserie[3]), Balmerserie[4]), Cd-Nebenserie[5])]: mit wachsender Laufnummer der Linien nehmen die f-Werte stark ab, besonders vom ersten zum zweiten Glied. Dies Verhältnis an den beiden ersten Gliedern ist neuerdings durch Dispersionsmessungen an der K-Hauptserie[6]) und an der Balmerserie des H[7]) genau bestimmt worden; im ersten Fall ergab sich 110 : 1, im zweiten 4,66 : 1; diese Werte sind in ausreichender Übereinstimmung mit wellenmechanischen Berechnungen[8]), wodurch zugleich die Beziehung (24) zwischen f und A bestätigt wird. Für höhere Hauptserienglieder des Na und Cs liegen f-Werte aus Absorptionsmessungen vor[9]), die in Kap. XXVIII, D, § 60 näher besprochen sind. Hier sinkt f bis auf $^1/_{1000}$ und darunter. Allgemein kann man sagen, daß die Abnahme der f-Werte mit wachsender Laufzahl auf der Zunahme der Lebensdauer der Zustände mit wachsender Hauptquantenzahl beruht; damit nimmt die Gesamtzerfallswahrscheinlichkeit ab und die Wahrscheinlichkeit eines einzelnen Quantenüberganges (die ja f proportional ist)

[1]) W. Kuhn, Math. Phys. Mitt. d. Dän. Akad. **7**, 12, 1925.
[2]) M. Y. Sugiura, Journ. de Phys. et le Radium (6) **8**, 113, 1927.
[3]) L. Geiger, Ann. d. Phys. **23**, 758; **24**, 597, 1907.
[4]) R. Ladenburg, ebenda **38**, 249, 1912.
[5]) W. Kuhn. a. a. O.
[6]) V. K. Prokofiew, Phil. Mag. **3**, 1010, 1927.
[7]) Agathe Carst und Rudolf Ladenburg, a. a. O.
[8]) Y. Sugiura, a. a. O.
[9]) Vgl. besonders Arbeiten von Chr. Füchtbauer und Mitarbeiter, sowie von J. Holtsmark und B. Trumpy.

um so mehr, als mit wachsender Hauptquantenzahl die Übergangsmöglichkeiten eines Quantenzustandes wachsen und dadurch der auf den einzelnen Übergang entfallende Anteil der Zerfallswahrscheinlichkeit noch kleiner wird[1]).

Schließlich sei in diesem Zusammenhang noch auf den zirkularen „Dichroismus" hingewiesen, der theoretisch durch die verschieden starke Absorption der rechts- und linkszirkular polarisierten Welle in den beiden Zeemankomponenten entstehen und elliptisch polarisiertes Licht erzeugen muß [vgl. Gl. (23a), S. 2151, ferner Kap. XXXVII, § 1]. Diese Erscheinung ist an Praseodymlösungen[2]), sowie an Na-Flammen[3]) und in sehr verdünntem Na-Dampf von $\sim 10^{-5}$ mm Druck nachgewiesen worden[4]), nachdem früher über die Deutung dieser Nebenerscheinungen einige Unsicherheit geherrscht hat. So hat z. B. Righi die oben als Demonstrationsversuch beschriebene Beobachtung durch zirkularen Dichroismus gedeutet, während Voigt überzeugend nachwies[5]), daß den wesentlichen Anteil jedenfalls die Drehung der Polarisationsebene außerhalb der Absorptionslinien, wenn auch in ihrer unmittelbaren Nähe, besitzt. Dasselbe gilt von Versuchen von H. Starke und J. Herweg[6]), denen der Nachweis einer magnetischen Beeinflussung der grünen, blauen und violetten Hg-Linien in Absorption in einem Hg-Bogen gelang, wobei als Lichtquelle eine Hg-Hochdrucklampe diente.

§ 27. Magnetorotation von Resonanzlicht. (Unmittelbare Wirkung der Larmorpräzession.)

Beleuchtet man einen Dampf mit Licht der Frequenz, die von ihm selektiv stark absorbiert wird (z. B. Na-Dampf mit Licht der D-Linien oder Hg-Dampf mit der ultravioletten Linie 2537 Å), so sendet der

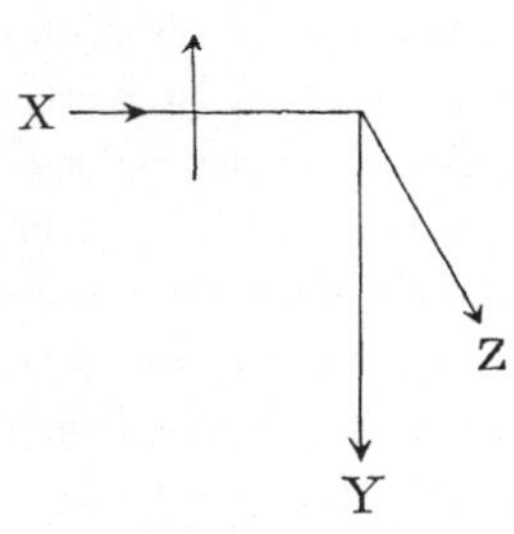

beleuchtete Dampf diese Frequenz monochromatisch als „Resonanzlicht" wieder aus (vgl. Kap. XLII). Ist das z. B. in der X-Richtung auffallende Licht linear polarisiert und ist die Schwingungsrichtung des elektrischen Vektors z. B. parallel Y, so ist das in der Z-Richtung ausgestrahlte Licht mehr oder weniger vollständig in der gleichen Richtung polarisiert. Erregt man ein schwaches Magnetfeld (bei Hg-Dampf benutzt man Felder von $1/_2$ bis 10 Gauß) mit der Z-Richtung als Achse, so beachtet man eine mit der Stärke H des Feldes wachsende Drehung der Polarisationsebene in Richtung des magnetisierenden Stromes und zugleich eine rasch wachsende Depolarisation. Sowohl Drehung als Depolarisation sind wesentlich durch die „Abklingungszeit" des das Resonanzlicht emittierenden Resonators bestimmt[7]).

---

[1]) Vgl. R. Ladenburg, Zeitschr. f. Phys. **4**, 461, 1921.
[2]) R. W. Wood, Physik. Zeitschr. **9**, 148, 1908.
[3]) H. M. Hansen, a. a. O.
[4]) H. Kopfermann und R. Ladenburg, Ann. d. Phys. **78**, 666, 1925.
[5]) A. a. O. S. 577—578.
[6]) H. Starke und J. Herweg, Physik. Zeitschr. **14**, 1, 1913.
[7]) W. Hanle, Zeitschr. f. Phys. **30**, 93, 1924; R. W. Wood und A. Ellett, Phys. Rev. **24**, 243, 1924; A. Ellett, Journ. Opt. Soc. Amer. **10**, 427, 1925.

Die ursprünglich lineare Schwingung des Resonators wird nämlich, wenn sie senkrecht zum Magnetfeld erfolgt, durch dies Feld im Sinne der magnetisierenden Ströme um die Achse des Magnetfeldes gedreht (Larmorpräzession, vgl. § 11), wobei die lineare Schwingung in eine rosettenähnliche Figur übergeht (vgl. Fig. 1267 a bis c). Die Umlaufszeit einer Drehung ist durch den von Larmor berechneten Wert

$$\frac{2\pi}{o_L} = \frac{4\pi m c}{e} \frac{1}{H}$$

bestimmt. Sie beträgt bei 1 Gauß bereits $7{,}5 \cdot 10^{-7}$ sec und ist daher groß gegenüber der „Abklingungszeit" τ eines klassischen Resonators

$$\tau = \frac{3 m c^3}{8 \pi^2 e^2 \nu^2} = \frac{3 m c^3}{2 \pi e^2 \omega^2}, \qquad \omega = 2\pi\nu = 2\pi \frac{c}{\lambda}$$

(für $\lambda = 5890$ Å der D_2-Linie des Na folgt

$$\tau = 1{,}56 \cdot 10^{-8},$$

für $\tau = 2537$ Å des Hg folgt

$$\tau = 2{,}9 \cdot 10^{-9}).$$

Daher klingt die Schwingung während einer Larmorumdrehung rasch ab, so daß das Resonanzlicht schwach depolarisiert und der polarisierte Anteil aus der ursprünglichen Ebene im Sinne des magnetisierenden Stromes herausgedreht ist; bei wachsender Feldstärke nimmt die Depolarisation und die Drehung der Schwingungsebene

Fig. 1267 a bis c.

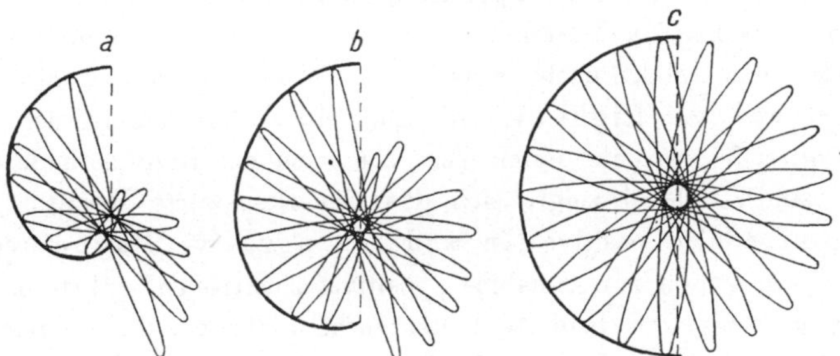

Magnetische Drehung der abklingenden Schwingungsellipse, Feldstärke von a nach c wachsend.

des polarisierten Anteils zu (vgl. Fig. 1267 b) und bei noch höherer Feldstärke ist das Fluoreszenzlicht völlig depolarisiert [1] (Fig. 1267 c). Sowohl aus der beobachteten Größe der Drehung wie der der Depolarisation läßt sich bei bekanntem Magnetfeld (das Erdfeld muß eventuell kompensiert werden!) die wahre „Leuchtdauer" berechnen und ergibt sich bei Berücksichtigung des anomalen Zeemaneffekts (anomale Larmorpräzession) bei Na-Dampf zu $T \sim 1{,}4 \cdot 10^{-8}$, also in Übereinstimmung mit dem klassisch berechneten Werte und mit den aus den $\mathfrak{N}$- bzw. f-Bestimmungen mittels quantentheoretischer Deutung gewonnenen Werten (vgl. vorangehenden Paragraphen). Bei der Hg-Linie 2537 ergibt sich auf dieselbe Weise T zu 10^{-7} sec, ebenfalls in Übereinstimmung mit anderweitigen Messungen, aber wesentlich größer, als der klassische Wert von τ ist. Die quantentheoretische Deutung dieses Ergebnisses hängt mit der Größe der Wahrscheinlichkeit des entsprechenden Quantenüberganges zusammen, die bei dem der Linie 2537 entsprechenden Übergang $^1S_0 - {}^3P_1$ des Hg-Atoms als einer „Interkombination" zwischen einem Singulett- und einem Triplettterm (gerade wie an der Linie 3261 des Cd, vgl. § 26) viel kleiner ist als bei dem Übergang zwischen den zwei Dublettermen $^2S - {}^2P$ des Na-Atoms (der der D-Linie entspricht); in diesen beiden Fällen ist aus dem jeweils oberen Zustand nur der eine Übergang möglich, so daß der reziproke Wert dieser Übergangswahrscheinlichkeit zugleich die mittlere „Lebensdauer" des betreffenden oberen Quantenzustandes ist, diese also im ersteren Falle (beim Na) wesentlich kleiner ist als beim $^3P_1$-Zustand des Hg.

---

[1] Über die quantentheoretische Deutung der Erscheinung siehe N. Bohr, Naturw. **12**, 1115, 1924; W. Heisenberg, Zeitschr. f. Phys. **31**, 617, 1925.

Schließlich ist es durch Benutzung rasch wechselnder Magnetfelder sogar gelungen, die Larmorpräzession — sozusagen unmittelbar — selbst zu messen[1]). Die durch die Larmorpräzession bestimmte Umdrehungsgeschwindigkeit der Rosettenbahn ändert sich offenbar mit dem Magnetfeld; wechselt dieses also seine Richtung, so ändert im Takte dieser Wechsel auch die Umdrehungsgeschwindigkeit der Rosettenbahn ihre Richtung. Ist die Wechselzahl des Magnetfeldes relativ klein und die Schwingung des Atoms zwischen zwei Wechseln des Magnetfeldes bereits abgeklungen, so ist die Depolarisation dieselbe wie im konstanten Felde. Ist dagegen die Wechselzahl des Magnetfeldes groß gegen die reziproke Dauer des Leuchtprozesses, so wird — bei genügend schwachem Magnetfeld — die Schwingungsrichtung des Oszillators in einem sehr kleinen Winkel hin und her pendeln, und es wird keine merkliche Depolarisation eintreten. Aus der Abhängigkeit der Depolarisation von der Wechselzahl eines Magnetfeldes bekannter Stärke läßt sich die Drehgeschwindigkeit der Rosettenbahn und damit die Larmorfrequenz berechnen. Tatsächlich ergab sich hierfür an der Linie 2537 des Hg der 1,5 fache Wert der normalen Frequenz — entsprechend der anomalen Zeemanaufspaltung dieser Linie.

§ 28. Versuche an Bandenlinien. Die Beobachtung der magnetischen Drehung an einzelnen Bandenlinien ist dadurch sehr erschwert, daß sie nur zum geringsten Teile überhaupt magnetisch beeinflußbar sind und daß sie im allgemeinen außerordentlich eng aneinanderliegen. Daher ist es nur an einigen der im Rot und Gelb liegenden Banden des Natriums (der Na_2-Moleküle oder einfacher Na-Verbindungen) sowie an Bandenlinien des Br und J gelungen, den Effekt nachzuweisen; er wurde von Wood an Jod aufgefunden[2]) und von Righi, Wood und seinen Mitarbeitern näher untersucht[3]) (vgl. § 25, wo die ersten Versuche nach der Righimethode kurz beschrieben sind). Dabei zeigte sich das bemerkenswerte Resultat, daß an einigen Bandenlinien positive, an anderen negative Magnetorotation eintritt — was zuerst zur Annahme „positiver Elektronen" führte[4]), und daß die Drehung wenigstens beiderseits der sechs Jodlinien, die im Bereich der verbreiterten grünen Hg-Linie 5461 liegen, symmetrisch ist, wie es der gewöhnlichen diamagnetischen Drehung entspricht[5]). An zwei dieser Linien ist das Vorzeichen der Drehung anomal, d. h. entgegengesetzt den das Magnetfeld erzeugenden Strömen, an den anderen positiv.

Theoretisch haben die Woodschen Beobachtungen dadurch eine gewisse Erklärung gefunden, daß nach den Einordnungen der Jodlinien von Loomis[6]) die zwei Linien mit negativer Rotation dem sogenannten R-Zweig, die anderen dem P-Zweig angehören; nach den Darlegungen des § 18 ist ja zu erwarten, daß die Linien dieser beiden Zweige entgegengesetzte Zirkularpolarisation der Zeemankomponenten besitzen.

---

[1]) F. Fermi und F. Rasetti, Zeitschr. f. Phys. **33**, 246, 1925; G. Breit und A. Ellett, Phys. Rev. **25**, 888, 1925.

[2]) R. W. Wood, Phil. Mag. **12**, 329, 499, 1906; siehe auch Physik. Zeitschr. 9, 124, 1908; Astrophys. Journ. **30**, 339, 1909.

[3]) G. Ribaud, Compt. rend. **155**, 909, 1912; R. W. Wood und G. Ribaud, Phil. Mag. **27**, 1009, 1914; Journ. de phys. **4**, 584, 1914.

[4]) R. W. Wood, Phil. Mag. **15**, 274, 1908; vgl. auch J. Becquerel, Physik. Zeitschr. **8**, 632, 1907.

[5]) Wegen der geistreichen Methoden, mittels deren Wood dieser Nachweis gelang, muß auf die Originalarbeiten verwiesen werden.

[6]) F. W. Loomis, Phys. Rev. **29**, 112, 1927; vgl. E. C. Kemble, Nat. Res. Council Bulletin 1926, S. 344—345.

§ 29. Versuche an Kristallen, besonders bei tiefer Temperatur.

Ähnliche Erscheinungen wie an den Absorptionslinien der Gase beobachtet man an den Absorptionslinien und -banden der Kristalle einiger seltener Erden, besonders an Xenotim und Tysonit, die Erbium bzw. Cer, Lanthan, Neodym, Praseodym enthalten [1]), sowie an Kristallen des Rubins und einiger Chrom- und Uranverbindungen; erstere wurden vor allem von Jean Becquerel[2]), letztere von Dubois und Elias[3]) untersucht; der Rubin speziell besitzt zwei bemerkenswerte Absorptions- und Resonanzlinien in Rot, die von $Cr_2 O_3$ herrühren, das in geringer Menge der Tonerde beigemengt ist. Es muß besonders hervorgehoben werden, daß alle diese Kristalle paramagnetische Bestandteile enthalten. Ihre Linien werden im allgemeinen besonders scharf und intensiv und zu den magnetorotatorischen Versuchen geeignet, wenn man sie auf die Temperatur der flüssigen Luft abkühlt[4]). Einige erhalten dabei eine Breite von nur 2 bis 3 Å.-E., so daß sie mit den Absorptionslinien von Atomgasen bei mäßigem Drucke vergleichbar werden, andere bleiben allerdings breit und verschwommen. Es handelt sich vielleicht zum Teil um reine Elektronenfrequenzen, zum Teil wirken sicherlich Atomschwingungen mit, die mit abnehmender Temperatur absterben, so daß relativ scharfe Linien zurückbleiben. Ihre Breite ist außerdem durch den Starkeffekt der benachbarten Atome und Ionen bestimmt (vgl. Kap. XL, § 21). Der Zeemaneffekt ist bei diesen Linien durchweg anomal, d. h. es entstehen keine normalen Tripletts bzw. Dubletts, sondern komplizierte Zerlegungen, die meistens sehr viel größer als bei den Spektrallinien der Gase sind — Aufspaltungen von 6 bis 10 Å.-E. in Feldern von 27 000 Gauß sind z. B. an mehreren Linien des Xenotims, ähnlich große Aufspaltungen an denen des Rubins usw. beobachtet. Die Größe und Art der Aufspaltung ist durchweg ganz unabhängig von der Temperatur! An vielen Linien des Xenotims z. B. tritt außerdem anomaler Rotationssinn der zirkularen Komponenten beim longitudinalen Zeemaneffekt auf, der wieder (wie bei Bandenlinien von Gasen) zunächst durch positive Elektronen gedeutet wurde — vermutlich wird man diese Erscheinungen auf Grund der Theorie der Bandenspektra und ihrer magnetischen Beeinflussung erklären können (s. § 18). Infolge der Anisotropie der Kristalle sind die Verhältnisse naturgemäß recht kompliziert, z. B. muß man an den rhombischen Kristallen aus rein geometrischen Gründen 18 verschiedene Fälle unterscheiden, da zu jeder der drei Hauptschwingungsrichtungen eine ordentliche und eine außerordentliche Welle gehört und in beiden Fällen die Richtung des Magnetfeldes je drei Vorzugsrichtungen besitzen kann. Die Versuche zeigen, daß in einigen dieser Fälle die magnetooptischen Erscheinungen untereinander übereinstimmen, wie sich

---

[1]) Tysonit ist $(La, Ce, Nd + Pr) F_3$.

[2]) Jean Becquerel, Compt. rend. **142**, 775, 874, 1144 ff., 1906; Physik. Zeitschr. **8**, 632 und 929, 1907; Versl. Amst. Ac. **18**, 146, 1909; Onnes-Festschrift, S. 230, 1922.

[3]) H. E. J. G. Dubois und G. J. Elias, Ann. d. Phys. **27**, 233, 1908; **35**, 617, 1911; siehe auch Physik. Zeitschr. **13**, 126, 1912.

[4]) Bei weiterer Abkühlung bis auf die Temperatur des flüssigen Wasserstoffs werden einige Banden wieder breiter, andere verschwinden; jede Bande hat bei einer bestimmten Temperatur, die für verschiedene Banden verschieden ist, ihre maximale Intensität.

theoretisch leicht verstehen läßt, da unter den sechs parallel der drei Hauptachsen fortgepflanzten Wellen sich diejenigen gleicher Schwingungsrichtungen offenbar gleich verhalten müssen [1]).

Am einfachsten liegen die Verhältnisse bei longitudinaler Beobachtung einachsiger Kristalle (wie Tysonit und Xenotim) — Beobachtungsrichtung parallel Magnetfeld parallel der optischen Achse; hier kommt offenbar die Anisotropie der Kristalle gar nicht zur Geltung.

Bei Beobachtung senkrecht zur Achse dagegen muß man bereits Brechungsquotient und Hauptabsorptionsspektrum der außerordentlichen Welle, deren elektrischer Vektor parallel zur optischen Achse schwingt, unterscheiden von der senkrecht dazu schwingenden ordentlichen Komponente. Bei manchen Kristallen liegen die Absorptionslinien der beiden senkrecht zueinander polarisierten Komponenten an wesentlich verschiedenen Wellenlängen (Dichroismus). Zur Beobachtung trennt man die beiden Komponenten durch einen doppelt brechenden Kalk-

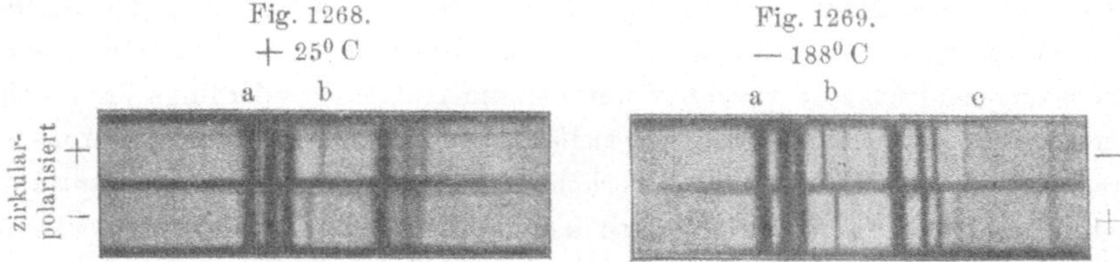

Fig. 1268.   Fig. 1269.
+ 25⁰ C   — 188⁰ C

Longitudinaler Zeemaneffekt an einer Bandengruppe des Xenotims im Grünen nach J. Becquerel. Kristallplatte 0,8 mm dick; Magnetfeld 12 000 Gauß.

a) 5209,6 Å;   b) 5221,5 Å;   c) 5251,7 Å.

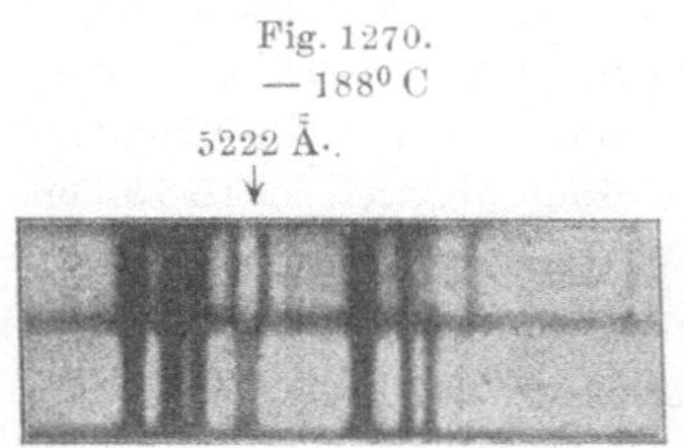

Fig. 1270.
— 188⁰ C

5222 Å.

Magnetorotation an den Bandengruppen der Fig. 1268 und 1269 (zwischen den zwei Aufnahmen der Fig. 1270 ist der Polarisator um 90⁰ gedreht).

spat vor dem Spalt des Spektralapparates, so daß die beiden Schwingungen senkrecht übereinander auf den Spalt fallen und zu zwei aneinanderstoßenden Spektren auseinandergezogen werden, die man gleichzeitig beobachten kann. Mittels eines Viertelwellenlängenblättchens vor dem Kalkspat trennt man ebenso die beiden zirkular polarisierten Komponenten. An einigen Linien beobachtet man im Magnetfeld einseitige Verschiebungen und Verbreiterungen, Intensitätsänderungen und unsymmetrische Zerlegungen, die von der Feldrichtung unabhängig, dem Quadrat der Feldstärke proportional sind.

Die Durchführung der allgemeinen Theorie der magnetooptischen Effekte an einem pleochroitischen rhombischen Kristall verdanken wir wiederum W. Voigt [2]). Es hat sich fast durchweg Übereinstimmung mit der Erfahrung ergeben, ja durch geeignete Kopplung der Schwingungen mehrerer Elektronen ist es Voigt sogar gelungen, eine bis zu einem gewissen Grade befriedigende Darstellung auch der anomalen Zeemaneffekte zu erhalten, die besonders von J. Becquerel beobachtet worden sind. Die Umdeutung dieser Phänomene auf Grund der heutigen Vorstellungen vom Atombau steht noch aus (sie wäre eine lohnende Aufgabe der modernen Theorie). Während es bei nahezu sämtlichen anomalen Zeemaneffekten der Spektrallinien der Gase möglich ist, die Aufspaltungen der Linien auf die von „Termen" zurückzuführen und in einfache Gesetze einzuordnen, ist bei den Linien der Kristalle bisher noch in keinem Falle etwas Ähnliches gelungen.

[1]) Eine ausführliche Darstellung der vielfältigen Erscheinungen, wie sie von J. Becquerel sowie Dubois und Elias untersucht wurden, findet sich bei W. Voigt, Magneto- und Elektrooptik 1908, S. 217—257, sowie Handb. d. Elektr. und d. Magn. 1915, S 638—649.

[2]) W. Voigt, Gött. Nachr. 1906, Nr. 5; Magneto- und Elektrooptik, S. 235 ff.; vgl. auch J. Becquerel, a. a. O., sowie Le Radium 4, 49, 1907.

Uns interessieren hier die Begleiterscheinungen des Zeemaneffekts, die bei longitudinaler Beobachtung auftretende magnetische Drehung der Polarisationsachse (Macaluso-Corbinoeffekt) und die bei transversaler Beobachtung auftretende lineare Doppelbrechung (siehe Kap. XXXVII), die hier ganz ähnlich wie bei den Gasen nahe den Absorptionslinien extrem groß sind.

Fig. 1268 und 1269 zeigen den Zeemaneffekt und Fig. 1270 die Magnetorotation mit den „Drehungsbanden" an einer besonders genau untersuchten, im Grün gelegenen Liniengruppe des Xenotims, einem erbiumhaltigen Yttriumphosphat, bei etwa 12 000 Gauß[1]); die dunklen Linien oder Banden der letzteren Figur liegen dort, wo infolge der Magnetorotation die Schwingungsrichtung des aus dem Kristall austretenden Lichtes senkrecht steht zum Analysator. Bei der unteren Aufnahme der Fig. 1270 ist der Polarisator um 90^0 gegen die obere gedreht. Man sieht auf diesen Aufnahmen von J. Becquerel besonders an der Wellenlänge 5221,5 (zwischen den beiden dunklen Gruppen) deutlich die Drehungsbanden, oben in größerem, unten in kleinerem Abstand voneinander, während die zugehörige feine Absorptionslinie hier nicht sichtbar ist. Die Theorie dieser Erscheinungen ist ganz analog derjenigen an Gasen, wenn man der Anisotropie durch Einführung verschiedener Parameter (für die quasielastische und für die dämpfende Kraft) in den verschiedenen Achsenrichtungen Rechnung trägt (W. Voigt, J. Becquerel, a. a. O.). Auch die anomal große lineare Doppelbrechung bei transversaler Beobachtung hat J. Becquerel nahe einigen Absorptionslinien nachweisen und untersuchen können.

Aus J. Becquerels Messungen an den Linien des Tysonits berechnen sich nach der in § 14 ff. entwickelten Theorie Werte von $\mathfrak{N} \sim 10^{13}$ bis 10^{14}, die von ähnlicher Größe sind wie bei Na-Dampf von $^1/_{1000}$ mm Druck. Hier kämen also auf etwa 10^8 Kristallatome ein „Dispersionselektron". Die Deutung dieses Ergebnisses ist um so schwieriger, als die $\mathfrak{N}$-Werte bei Abkühlung auf -188^0 auf den zwei- bis dreifachen Wert wachsen, wie sich aus der entsprechenden Zunahme der Drehung berechnet. Dieser Effekt scheint nicht durch paramagnetische Wirkung erklärbar zu sein, weil die anomale Dispersion an diesen Linien mit abnehmender Temperatur ebenso wächst und weil die betreffende Bande im Magnetfeld keine Intensitätsdissymmetrie der Zirkularkomponenten zeigt.

Dagegen tritt ein solch paramagnetischer Effekt bei neueren Versuchen auf, die J. Becquerel, K. Onnes und W. de Haas auch am Tysonit, aber **fern von seinen Absorptionslinien** ausgeführt haben[2]). Diese Versuche ergeben nämlich eindeutig, daß die übrigens negative magnetische Drehung bei den verschiedensten Wellenlängen ihrem absoluten Werte nach mit abnehmender Temperatur bis zu der des flüssigen Heliums (4,2^0 abs.) nahe proportional $1/T$ zunimmt, vgl. Tab. 5. Eine ähnliche Zunahme mit $1/T$ zeigt die Magnetorotation in den Kristallen Parasit und Bastnäsit, die auch seltene Erden enthalten, im Xenotim ist die Zunahme geringer [etwa 1 : 2, wenn man diesen Kristall vom Siedepunkt des Wasserstoffs (20,3^0) auf den des Heliums (4,2^0) abkühlt].

Es scheint kaum möglich, diese Beobachtungen anders als durch eine paramagnetische Wirkung gemäß den Darlegungen des § 19 zu erklären[3]) —

---

[1]) Vgl. J. Becquerel, Le Radium **5**, 14, 1908.
[2]) J. Becquerel, Kamerlingh Onnes u. W. de Haas, Compt. rend. **181**, 831, 1925; siehe auch A. C. S. van Heel, Diss. Leiden, 1925; Phys. Ber. 1926, S. 704.
[3]) Anm. b. d. Korrektur: Nach neuen Versuchen von J. Becquerel und W. de Haas hört bei extrem niedrigen Temperaturen die Magnetorotation auf, dem Felde proportional zu sein, und es tritt eine Sättigung der Drehung ein,

Tabelle 5. **Magnetische Drehung im Tysonitkristall von 1 mm Dicke bei 10 000 Gauß und ihre Zunahme mit abnehmender Temperatur nach Messungen von J. Becquerel, Kamerlingh Onnes und W. de Haas.**

$\lambda =$	6391	5461	4850	4358	4150	4046	3800	Verhältnis der Temperatur
$-\chi$ bei 20,4° K .	59°	83,5°	113°	153°	176°	190°	230°	—
χ_{20}/χ_{291}	—	13,1°	—	13,9°	—	13,9°	—	14,5
$-\chi$ bei 4,2° K . .	228°	—	458°	—	711,7°	—	941°	—
$\chi_{4,2}/\chi_{20,4}$	3,9	—	4,04	—	4,05	—	4,08	4,85

zumal **Jean Becquerel** und seine Mitarbeiter mehrfach die von der Theorie verlangte Unsymmetrie der Intensität der positiv und negativ zirkular polarisierten Komponenten beschreiben. Diese Unsymmetrie geht so weit, daß bei den tiefsten Temperaturen an einigen Linien die eine Zirkularkomponente ganz verschwindet — vgl. Fig. 1271, wo z. B. an der Gruppe 5370 (f) die eine Komponente bei 20° ganz schwach und bei 4,2° gar nicht mehr sichtbar ist, während die andere Komponente kräftig und breit erscheint.

Fig. 1271.

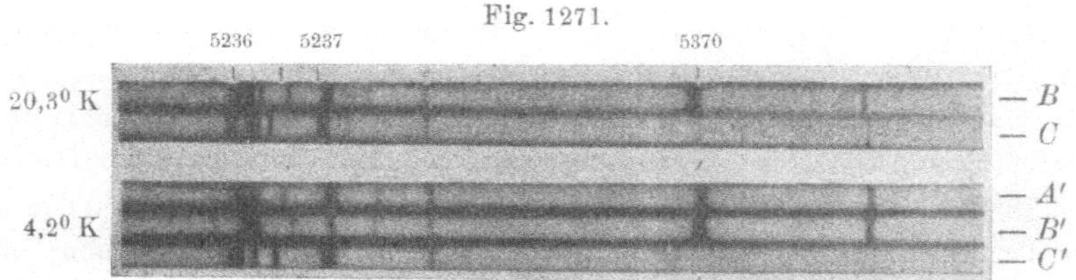

Longitudinaler Zeemaneffekt an Xenotim bei sehr tiefer Temperatur. A' Spektrum ohne Feld bei 4,2° K; B, C und $B'\,C'$ Spektren der entgegengesetzt zirkularen Schwingungen bei 20,3° K und bei 4,2° K (man beachte das Verschwinden der einen Zirkularkomponente der Bande 5370).

Zugleich mit diesen Intensitätsdissymmetrien nimmt die magnetische Drehung nahe der intensiveren Komponente stärker zu als die auf der Außenseite der schwächeren Komponente, und bei den Temperaturen des flüssigen und des festen Wasserstoffs bekommt man bisweilen nur noch auf der einen Seite der Linie, und zwar hier eine große Drehung, während sie auf der anderen ganz verschwunden ist[1]. So findet man auch Drehungen, die auf beiden Seiten der Linie verschiedenes Vorzeichen haben, also einen ähnlichen Verlauf zeigen wie der Brechungsquotient selbst. Man sieht, daß all diese Erscheinungen genau damit übereinstimmen, was wir in § 19 für den paramagnetischen Anteil der Drehung gefolgert haben — und dieser überwiegt hier wegen der tiefen Temperatur vollständig den diamagnetischen Anteil. Damit ist auch die Theorie der paramagnetischen Drehung als in ihren wesentlichsten Zügen bestätigt anzusehen.

---

d. h. eine vollständige Orientierung der Elementarmagnete; ferner wird die Formel (27) der paramagnetischen Drehung in ihrer Abhängigkeit von der Wellenlänge mit einer Genauigkeit von 1 Prom. bestätigt (Zeitschr. f. Phys. **52**, 678, 1928).

[1]) Siehe auch J. Becquerel, Phil. Mag. **16**, 153, 1908; Le Radium, a. a. O.

Die transversale magnetische Doppelbrechung[1]).

§ 1. Allgemeine Bemerkungen über Doppelbrechung. Definition und Meßmethoden. Wenn Licht einen im Magnetfeld befindlichen Körper senkrecht zu den Kraftlinien durchsetzt, beobachtet man bisweilen eine Doppelbrechung, die — im Gegensatz zur „zirkularen" Doppelbrechung bei longitudinaler Beobachtung — auch als „lineare" bezeichnet wird; d. h. die parallel und die senkrecht zu den Kraftlinien schwingenden Komponenten des elektrischen Vektors der Lichtwelle (die π- und σ-Komponenten) durchsetzen den Körper mit verschiedener Fortpflanzungsgeschwindigkeit. Dadurch entsteht ein meßbarer Unterschied der entsprechenden Brechungsquotienten $n_\pi - n_\sigma$ und in der magnetisierten Schichtdicke l ein Gangunterschied $d = l(n_\pi - n_\sigma)$, mithin eine (in Wellenlängen gemessene) „relative Verzögerung" der beiden Komponenten

$$\varDelta = \frac{d}{\lambda} = \frac{l}{\lambda}(n_\pi - n_\sigma)$$

bzw. eine „Phasendifferenz"

$$\delta = 2\pi \frac{d}{\lambda} = 2\pi \frac{l}{\lambda}(n_\pi - n_\sigma).$$

Wird die eine Komponente des elektrischen Vektors durch den Ausdruck

$$s = A \sin 2\pi \frac{t}{\tau} = A \sin \omega t$$

dargestellt, so hat die andere Komponente den Wert

$$s' = A \sin 2\pi \left(\frac{t}{\tau} \pm \varDelta\right) = A \sin (\omega t \pm \delta).$$

Dabei ist τ die Schwingungsdauer, ω die Frequenz der Welle, die von der Schwingungszahl pro Sekunde $\nu = \dfrac{\omega}{2\pi}$ wohl zu unterscheiden ist.

Je nachdem $\varDelta$ und mithin $n_\pi - n_\sigma$ größer oder kleiner als 0 ist, heißt die Substanz positiv oder negativ doppelbrechend, — wie Kristalle, deren Hauptachse der Richtung der magnetischen Kraftlinien parallel ist; bei ersteren pflanzt sich also die σ-Komponente mit größerer Geschwindigkeit als die π-Komponente fort. Man erkennt die Doppelbrechung daran, daß ein unter 45^0 gegen die Kraftlinien linear polarisierter Lichtstrahl nach Durch-

---

[1]) Von Prof. Dr. R. Ladenburg in Berlin-Dahlem.

dringung der untersuchten magnetisierten Substanz von einem zum Polarisator gekreuzten Analysator zum Teil durchgelassen wird und bei Drehung des Analysators in keiner Lage ausgelöscht werden kann. Der Lichtstrahl wird in der Substanz in die π- und σ-Komponente zerlegt, die sich in ihr mit verschiedener Geschwindigkeit fortpflanzen, mit einer Phasendifferenz austreten und elliptisch polarisiertes Licht erzeugen (vgl. Kap. XIX, § 2 und § 15, S. 995 und 1014, wo Entstehung und Analyse von elliptischem Licht nach den üblichen Methoden eingehend besprochen ist).

Legt man die X- bzw. Y-Richtung parallel bzw. senkrecht zu den magnetischen Kraftlinien, und haben die x- und y- (d. h. die π- und σ-) Komponenten der elliptischen Schwingung die Phasendifferenz δ, so kann man, etwa $x = A \sin \omega t$, $y = A \sin(\omega t + \delta)$ setzen; dann wird

$$\frac{x}{A} \sin\delta = \sin\omega t \sin\delta \quad \text{und} \quad \frac{y}{A} - \frac{x}{A} \cos\delta = \cos\omega t \sin\delta,$$

also
$$x^2 + y^2 - 2xy \cos\delta = A^2 \sin^2\delta.$$

Man transformiert auf das um $\alpha = 45^0$ gegen das $X-Y$-System gedrehte $\Xi-H$-System (vgl. Fig. 1272) mittels der Gleichungen

$$x = (\xi - \eta)\sqrt{1/2}, \qquad y = (\xi + \eta)\sqrt{1/2};$$

so daß
$$\xi^2 + \eta^2 - \xi^2 \cos\delta + \eta^2 \cos\delta = A^2 \sin^2\delta \quad \text{und} \quad \xi^2 \frac{1 - \cos\delta}{A^2 \sin^2\delta} + \eta^2 \frac{1 + \cos\delta}{A^2 \sin^2\delta} = 1$$

wird. Dies ist die Mittelpunktsgleichung einer Ellipse mit dem Achsenverhältnis

$$\frac{b}{a} = \sqrt{\frac{1 - \cos\delta}{1 + \cos\delta}} = \frac{\sin\delta/2}{\cos\delta/2} = tg\,\delta/2.$$

Ferner ist offenbar
$$a^2 + b^2 = 2A^2.$$

Hierbei ist vorausgesetzt, daß die π- und σ-Komponenten gleiche Amplituden A haben, d. h. daß sie beim Durchgang durch die untersuchte Substanz gleich stark geschwächt werden (kein Dichroismus). Nur dann liegt die große Achse der durch die Phasendifferenz entstehenden Ellipse unter 45^0 zur Kraftlinienrichtung, also parallel dem Polarisator (d. h. parallel der Richtung PP' des elektrischen Vektors des vom Polarisator durchgelassenen Lichtes, vgl. Fig. 1272). Und zwar erfolgt die Schwingung bei der in der Figur angegebenen Lage von P und bei einer positiv doppelbrechenden Substanz in Richtung des Uhrzeigers, da dann die horizontale (π-)Komponente die kleinere Geschwindigkeit besitzt ($n_\pi > n_\sigma$). Diese Ellipse kann man sich entstanden denken durch zwei linear polarisierte Komponenten in Richtung der großen und kleinen Achse der Ellipse mit entsprechenden verschieden großen Amplituden und mit einem Gangunterschied $\lambda/4$ oder $3\lambda/4$ (d. h. einer Phasendifferenz $\pi/2$ oder $3\pi/2$). Man mißt die „Elliptizität" und damit die gesuchte Phasendifferenz am einfachsten mit einem zwischen Substanz und Analysator angebrachten $\lambda/4$ Glimmerblatt, dessen Hauptschwingungsrichtung parallel PP' liegt. Das $\lambda/4$-Blättchen verzögert die parallel P schwingende

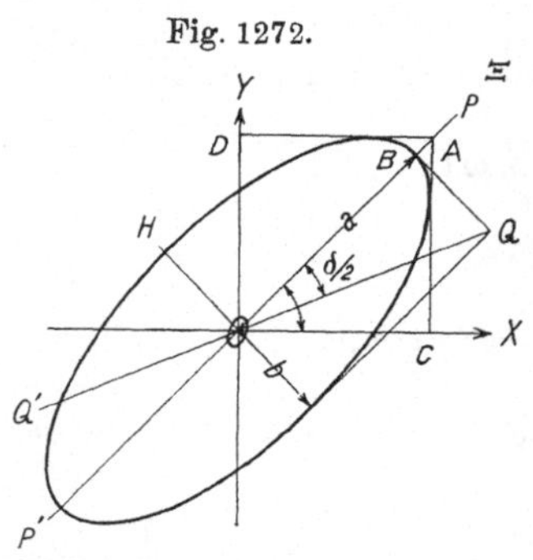

Fig. 1272.

Elliptische Schwingung mit der Phasendifferenz δ.

Komponente um $\pi/2$, so daß die Phasendifferenz der beiden Komponenten 0 oder π wird und ein linear polarisierter Lichtstrahl austritt; dieser ist aus der ursprünglichen Richtung PP' — bei positiver Doppelbrechung der untersuchten Substanz — in Richtung des Uhrzeigers nach QQ' gedreht, so daß $POQ = \frac{\delta}{2} = \pi \frac{d}{\lambda}$ ist.

Durch Nachdrehen des Analysators um den gleichen Winkel wird das Gesichtsfeld wieder vollständig verdunkelt. Die Messung der Doppelbrechung ist somit auf die Messung einer Drehung der Polarisationsebene zurückgeführt. Die Strecke OQ, die Hypothenuse des aus den Achsen a und b gebildeten rechtwinkligen Dreiecks, ist $OQ = \sqrt{a^2 + b^2} = \overline{A}\sqrt{2}$, sie ist also gleich der Diagonale des Quadrats $ODAC$ mit der Seite $OC = \overline{A}$ (vgl. Fig. 1272).

Besitzt die Substanz auch Dichroismus, so erhalten die zwei Komponenten verschieden große Amplituden A und B, und die große Achse der entstehenden elliptischen Schwingung ist gegen die Richtung PP' verdreht (vgl. hierzu auch Kap. XXXVIII, § 5 ff.). Ist φ der Winkel der Achsenrichtung gegen die X-Achse so erhält man durch eine analoge Rechnung wie bei gleichen Amplituden $tg\, 2\varphi = \dfrac{2\,AB}{A^2 - B^2} \cos\delta$, und für das Verhältnis der Halbachsen $b/a = tg\,\psi$ ergibt sich

$$ sin\, 2\psi = \pm\,\frac{2\,A\,B\,sin\,\delta}{A^2 + B^2}. $$

Ist das Verhältnis B/A sehr klein, d. h. die Elliptizität sehr schwach, so kann man $\varphi \sim B/A \cos\delta$ und $\psi \sim B/A \sin\delta$ setzen. Zur Messung der Elliptizität muß man daher zunächst das Glimmerblättchen in seiner Ebene drehen (bis seine Hauptschwingungsrichtung parallel der Hauptachse der Schwingungsellipse liegt) und außerdem den Analysator, bis völlige Auslöschung stattfindet.

Die analytische Darstellung elliptischer Schwingungen wird durch Benutzung komplexer Ausdrücke erleichtert. Man bezeichnet den reellen bzw. den rein imaginären Teil einer Funktion $\mathfrak{E}$ mit $\mathfrak{E}|_r$ bzw. $\mathfrak{E}|_i$ und rechnet mit den komplexen Schwingungskomponenten

$$ \mathfrak{x} = \mathfrak{A}\,e^{i\,\omega\,t}, \quad \mathfrak{y} = \mathfrak{B}\,e^{i\,\omega\,t}, $$

wobei die komplexen Amplituden etwa die Werte

$$ \mathfrak{A} = A\,e^{-i\,f} \quad \text{und} \quad \mathfrak{B} = B\,e^{-i\,g} $$

haben. Dann ist

$$ x = \mathfrak{x}|_r = \mathfrak{A}\,e^{i\,\omega\,t}|_r = A\,\cos(\omega\,t - f) \quad \text{usw.} $$

So ergibt sich mit $f - g = \delta$

$$ \frac{\mathfrak{y}}{\mathfrak{x}} = \frac{\mathfrak{B}}{\mathfrak{A}} = \frac{B}{A}\,e^{i\,(f-g)} = \frac{B}{A}\,e^{i\,\delta} \quad \text{und} \quad \left|\frac{\mathfrak{y}}{\mathfrak{x}}\right|_r = \left|\frac{\mathfrak{B}}{\mathfrak{A}}\right|_r = \frac{B}{A}\,\cos\delta $$

$$ \left|\frac{\mathfrak{y}}{\mathfrak{x}}\right|_i = \left|\frac{\mathfrak{B}}{\mathfrak{A}}\right|_i = \frac{B}{A}\,sin\,\delta. $$

Wenn also $\mathfrak{y}/\mathfrak{x} = \mathfrak{B}/\mathfrak{A}$ rein imaginär, so ist $\delta = \pi/2$, die Ellipse hat die Koordinatenachsen zu Hauptachsen. Ist im besonderen $\mathfrak{y}/\mathfrak{x} = \pm i$, $\mathfrak{B} = \pm i\,\mathfrak{A}$, so wird $B = A$, die Ellipse geht in einen Kreis über.

Ist dagegen $\mathfrak{y}/\mathfrak{x} = \mathfrak{B}/\mathfrak{A}$ reell, so ist $\delta = 0$, die Ellipse wird zu einer Geraden, deren Neigung gegen die X-Achse durch die Gleichung

$$ tg\,\varphi = \left|\frac{\mathfrak{y}}{\mathfrak{x}}\right|_r = \frac{B}{A} $$

bestimmt ist. Bei sehr kleinen Werten von B/A wird wie oben

$$ \varphi \sim \frac{B}{A}\,cos\,\delta = \left|\frac{\mathfrak{B}}{\mathfrak{A}}\right|_r, \quad \psi \sim \frac{B}{A}\,sin\,\delta = \left|\frac{\mathfrak{B}}{\mathfrak{A}}\right|_i. $$

Für genauere Messungen bei relativ starker Doppelbrechung benutzt man statt des $\lambda/4$ Blättchens vielfach den Kompensator von Babinet bzw. von Soleil-Babinet (vgl. Kap. XIX, § 14, S. 1012). Dessen Quarzkeile werden gegeneinander meßbar verschoben, bis die Phasendifferenz der Komponenten des auffallenden elliptischen Lichtes kompensiert ist. Daß das austretende Licht linear polarisiert ist, erkennt man daran, daß es vom Analysator unter einem bestimmten Winkel vollständig ausgelöscht wird. Ein weit genaueres Kriterium liefert der Leisersche Halbschattenapparat [1]. Dieser besteht aus

---

[1] R. Leiser, Abh. d. Dtsch. Bunsenges. Heft 4, Halle 1910; Physik. Zeitschr. 12, 955, 1911. Beschreibung von Einzelheiten bei H. Freundlich, F. Stapelfeldt und H. Zocher, Zeitschr. f. phys. Chem. 114, 161, 1925.

zwei planparallelen Glasplatten, von denen eine Platte das ganze, die andere nur das halbe Gesichtsfeld bedeckt. Durch einfache Vorrichtungen können die Platten senkrecht zueinander gedehnt oder gedrückt werden, und zwar verschieden stark, so daß in der Nullstellung die zwei Hälften des Gesichtsfeldes gleich große, aber entgegengesetzte Doppelbrechung erhalten. Ferner benutzt man auch zur Bestimmung der Schwingungsrichtung des durch die Kompensation linear polarisierten Lichtes vielfach neben dem Kompensator Halbschattenvorrichtungen, z. B. ein Lippichsches Halbprisma oder eine das halbe Gesichtsfeld bedeckende dünne Glimmerplatte. Bei sehr kleinen Phasendifferenzen verwendet man den Halbschattenapparat nach Brace-Szivessy[1]): Dieser besteht aus einer, das halbe Gesichtsfeld bedeckenden sehr dünnen Glimmerplatte bzw. einer schwach gepreßten Glasplatte und einer das ganze Gesichtsfeld bedeckenden drehbaren Glimmerplatte, die einen Gangunterschied von $\sim \lambda/60$ erzeugt („Kompensator"). Durch Drehen der Glimmerplatte kann man den zwei Hälften des Gesichtsfeldes verschiedene Doppelbrechung erteilen; bei auffallendem elliptischem Licht stellt man auf gleiche Helligkeit die beiden Gesichtshälften ein und bestimmt die gesuchte Phasendifferenz aus der Drehung der Glimmerplatte (Näheres vgl. Kohlrausch, a. a. O.). So kann man noch Gangunterschiede bis auf etwa $5 . 10^{-5} \lambda$, Phasendifferenzen bis auf etwa 1 Bogenminute genau messen.

Um die starke Wellenlängenänderung der Doppelbrechung in der Umgebung von Absorptionslinien (vgl. § 2 und 3), die analog dem Macaluso-Corbinoeffekt der Magnetorotation ist (vgl. Kap. XXXVI), zu untersuchen, benutzt man das gewöhnliche Babinet-Keilpaar mit horizontaler Keilkante zwischen gekreuzten Nicols, deren Polarisationsrichtungen um 45⁰ gegen die Achsen der Quarzkeile geneigt sind.

Dann entsteht ein System heller und dunkler horizontaler Streifen (parallel der Keilkante), wobei die Phasendifferenz zwischen zwei entsprechenden Punkten der Banden 2π beträgt. Diese Streifen bildet man auf dem Spalt eines stigmatischen Spektralapparates großer Dispersion ab und beobachtet die Lage der Streifen im Spektrum. Bringt man eine doppelbrechende Substanz, deren Schwingungsrichtungen denen des Keilpaares parallel sein mögen, zwischen die Nicols oder erzeugt die Doppelbrechung durch ein z. B. horizontales Magnetfeld, so verschieben sich die Banden, und wenn sich die Doppelbrechung mit der Wellenlänge rasch ändert (was dicht an einer Absorptionslinie der Fall ist), so werden die das Spektrum horizontal durchziehenden Banden deformiert (ähnlich wie bei der Beobachtung des Macaluso-Corbinoeffektes die Banden des Drehkeils), und ihre Abweichung von der Geraden bildet an jeder Stelle des Spektrums ein Maß für die dort erzeugte Phasendifferenz. (Vgl. die schönen Aufnahmen von Voigt und Hansen in Fig. 1273 bis 1275, S. 2189.)

A. Doppelbrechung als Folge des Zeemaneffektes (Voigteffekt).

§ 2. Theorie. Die konsequente Anwendung der in den § 13, 14 des Kap. XXXVI entwickelten Dispersionstheorie auf den Fall des transversalen Magnetfeldes führte W. Voigt zur Entdeckung der magnetischen Doppel-

---

[1]) D. B. Brace, Phys. Rev. **18**, 70, 1904; vgl. auch Mc Comb, ebenda **29**, 530, 1909; E. Bergholm, Ann. d. Phys. **43**, 1; **44** 1053, 1914; Verbesserung der Braceschen Anordnung bei G. Szivessy, Zeitschr. f. Phys. **6**, 311, 1921; **26**, 327; **29**, 372, 1924. Siehe auch Kohlrausch, Prakt. Phys. S. 404, 1923.

brechung[1]). Ist die Z-Achse wieder die Richtung der magnetischen Kraftlinien, ist dagegen nunmehr die Richtung der Lichtstrahlen z. B. parallel
der X-Achse, so ergibt sich, daß die parallel den Kraftlinien schwingende
π-Komponente durch das Magnetfeld in ihrer Geschwindigkeit nicht beeinflußt
wird, dagegen folgt für die σ-Komponente

$$\frac{1}{\mathfrak{n}_\sigma^2} = \frac{1}{2}\left(\frac{1}{\mathfrak{n}_+^2} + \frac{1}{\mathfrak{n}_-^2}\right),$$

wobei $\mathfrak{n}$ wieder den komplexen Brechungsquotienten bedeutet und $\mathfrak{n}_+$ und $\mathfrak{n}_-$
sich auf die rechts- und linkszirkular polarisierten Komponenten beziehen.

Für die Beobachtung kommt praktisch wie bei der Magnetorotation
fast ausschließlich der Bereich außerhalb des eigentlichen Absorptionsgebiets
in Betracht. Man kann dann statt der komplexen Werte die reellen einsetzen
und erhält

$$\frac{1}{n_\sigma^2} = \frac{1}{2}\left(\frac{1}{n_+^2} + \frac{1}{n_-^2}\right)$$

oder auch

$$n_\sigma = {}^1\!/_2\,(n_+ + n_-),$$

wenn die Änderung, die das Magnetfeld hervorruft, genügend klein, $n_\pm - n_0 \ll n_0$,
ist. Bei Beschränkung der Betrachtungen auf Gase und Dämpfe in der Nähe
einer isolierten Absorptionslinie ist dabei [vgl. Kap. XXXVI, § 15, Gl. (23 b)]

$$n_\pm = n_0 + \frac{\varrho_0}{4\,n_0\,\omega\,(\omega_0 - \omega \pm o_L)},$$

hier ist

$$\varrho_0 = 4\,\pi\,\mathfrak{N}_0\,\frac{\varepsilon^2}{m}, \quad \omega_0 = \frac{2\,\pi\,c}{\lambda_0}, \quad o_L = -\,\frac{1}{2}\,\frac{\varepsilon}{m\,c}\,H.$$

Also wird

$$n_\sigma = n_0 + \frac{\varrho_0(\omega_0 - \omega)}{4\,n_0\,\omega}\,\frac{1}{(\omega_0 - \omega)^2 - o_L^2}.$$

Andererseits muß n_π beim normalen Zeemantriplett mit dem unveränderten
Brechungsquotienten übereinstimmen:

$$n_\pi = n_0 + \frac{\varrho_0}{4\,n_0\,\omega\,(\omega_0 - \omega)}.$$

In erster Annäherung stimmen die Brechungsquotienten n_π und
n_σ überein. Das ist geometrisch ohne weiteres klar, da die zwei σ-Kom-
ponenten des normalen Effekts symmetrisch zur unveränderten π-Komponente
liegen. Die entstehende Doppelbrechung ist daher im allgemeinen sehr gering
und nur von der zweiten Potenz der Feldstärke abhängig, also unabhängig
von ihrem Vorzeichen. Ihre Größe ergibt sich durch Bildung der Differenz

$$n_\pi - n_\sigma = +\,\frac{\varrho_0\,o_L^2}{4\,n_0\,\omega\,(\omega - \omega_0)\,[(\omega - \omega_0)^2 - o_L^2]} = \frac{\varrho_0\,o_L^2}{4\,n_0\,\omega\,(\omega - \omega_0)\,[(\omega - \omega_0)^2 - o_L^2]}.$$

---

[1] Vgl. W. Voigt, Wied. Ann. **67**, 357, 1899; siehe auch Lehrb. d. Magneto-
und Elektrooptik, S. 161 ff.; Handb. d. Elektr. u. d. Magn. IV, 2, S. 578 ff., wo sich
auch die ausführliche Ableitung der obigen Resultate findet.

Man sieht, daß die Doppelbrechung sehr stark mit Annäherung an den Absorptionsstreifen anwächst, nämlich in erster Annäherung umgekehrt proportional der dritten Potenz des Abstandes, und daß sie gleichzeitig auf beiden Seiten des Absorptionsstreifens das entgegengesetzte Vorzeichen hat. Daher erhält die magnetische Doppelbrechung in großer Nähe eines Absorptionsstreifens beträchtliche, gut meßbare Werte und nimmt mit wachsendem Abstand vom Streifen rasch ab.

§ 3. Versuche. „Anomale" magnetische Doppelbrechung. Auf dieser Überlegung fußend, gelang Voigt (gemeinsam mit Wiechert) der erstmalige Nachweis einer transversalen magnetischen Doppelbrechung an einer im starken Magnetfeld befindlichen Natriumflamme[1]). Man benutzt zum Nachweis dieses Effekts — für den wir den Namen Voigteffekt gebrauchen wollen — den oben (§ 1) genannten Babinetschen Quarzdoppelkeil mit horizontaler Keilkante zwischen gekreuzten Nicols, deren Polarisationsrichtungen um 45^0 gegen die horizontale Kraftlinienrichtung geneigt sind, und erhält bereits in einem Felde von einigen 1000 Gauß und mit einem Rowlandschen Gitter mittlerer Größe in unmittelbarer Umgebung der D-Linien eine deutliche Abbiegung der hellen und dunklen Banden des Quarzdoppelkeils. Und zwar hat die Abbiegung, der theoretischen Folgerung entsprechend, auf beiden Seiten der Absorptionsstreifen das entgegengesetzte Vorzeichen, nimmt mit wachsender Entfernung von ω_0 rasch ab und erweist sich proportional dem Quadrat der Feldstärke.

Ähnlich wie die Magnetorotation läßt sich auch die transversale Doppelbrechung ohne spektrale Zerlegung summarisch beobachten, indem man weißes Licht durch gekreuzte Nicols schickt, zwischen denen sich der magnetisierte Natriumdampf befindet. Bei Erregung des Magnetfeldes wird das Gesichtsfeld in der Farbe des Na-Lichtes aufgehellt [Cottoneffekt][2]). Für eine genaue quantitative Untersuchung und Prüfung der Theorie bedarf man größerer Hilfsmittel, wie sie Zeeman und Geest[3]) und vor allem Voigt und Hansen[4]) verwendet haben. Wesentlich ist ein großer stigmatischer Spektralapparat, der die Banden des Quarzkeils scharf abzubilden erlaubt und eine große Auflösung der Dispersion liefert. Die Fig. 1273 bis 1275 zeigen einige der schönen Aufnahmen aus Hansens Arbeit, ausgeführt mit Na- bzw. Li-Flammen. Bei den D-Linien sieht man deutlich den Effekt an allen Komponenten des Quartetts (D_1) bzw. Sextetts (D_2). Die untersuchte rote

---

[1]) W. Voigt, Gött. Nachr. **355**, 1898; Wied. Ann. **67**, 359, 1899. Unabhängig von Voigt und nahezu gleichzeitig mit ihm hat Cotton ähnliche Versuche ausgeführt. (Compt. rend. **127**, 953 und 1256, 1898; **128**, 294, 1899.)

[2]) A. Cotton, a. a. O.; W. Schütz, Zeitschr. f. Phys. **38**, 864, 1926 (Versuche mit Na-Dampf im Vakuumrohr).

[3]) P. Zeeman und J. Geest, Amst. Proc. **7**, 435, 1904; J. Geest, Diss. 1904; Physik. Zeitschr. **6**, 166, 249, 1905.

[4]) W. Voigt u. H. M. Hansen, Physik. Zeitschr. **13**, 217, 1912; H. M. Hansen, Ann. d. Phys. **43**, 169, 1914; vgl. auch J. Becquerels Nachweis dieses Effektes an den scharfen Absorptionslinien einiger Kristalle (ähnlich den in § 29 des vorigen Kapitels beschriebenen Versuchen der longitudinalen Effekte).

Li-Linie ist durch ihren normalen Zeemaneffekt[1]) für die Prüfung der Theorie besonders geeignet. Die genauere Untersuchung hat die Endformel des § 2 gut bestätigt[2]), auch zwischen den Zeemankomponenten, wo die Doppelbrechung größere Werte als außerhalb annehmen kann, aber mit wachsender Feldstärke abnimmt. Das theoretisch geforderte charakteristische verschiedene Vorzeichen der Doppelbrechung auf den beiden Seiten einer Absorptionslinie

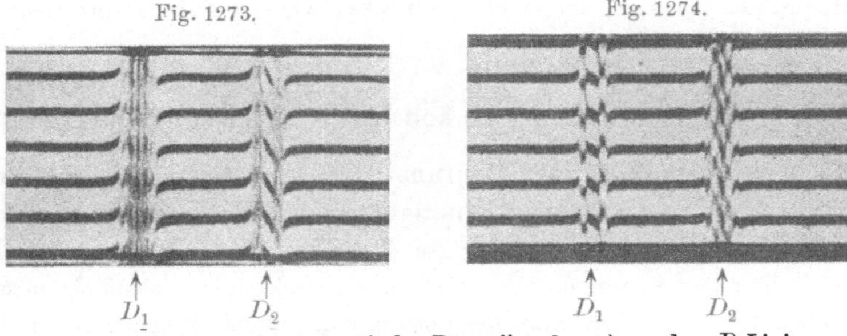

Fig. 1273.   Fig. 1274.

Voigteffekt (anomale magnetische Doppelbrechung) an den D-Linien
einer Na-Flamme nach H. M. Hansen.
(Fig. 1273 bei größerer, Fig. 1274 bei kleinerer Dampfdichte.

(außerhalb der Zeemankomponenten) ersieht man besonders deutlich aus Fig. 1273. Im übrigen ist die Doppelbrechung ebenso wie die normale Dispersion und Magnetorotation wesentlich durch die Größe ϱ bestimmt, so daß man diese wichtige Atomkonstante (vgl. Kap. XXXVI, § 26) auch aus der Messung des Voigteffekts entnehmen kann, und sogar mit besonderer Genauigkeit, da diese Methode relativ empfindlich ist. Ihre Anwendung empfiehlt sich daher vor allem für nicht leuchtende, absorbierende Metalldämpfe im geschlossenen Rohr, wo die Bestimmung von ϱ besonderes theoretisches Interesse besitzt. Außer in den besprochenen Versuchen an Li- und Na-Dampf ist der Voigteffekt nur noch an einigen Absorptionslinien von Kristallen, die Verbindungen seltener Erden enthalten, besonders bei tiefer Temperatur von J. Becquerel beobachtet und näher untersucht worden[3]).

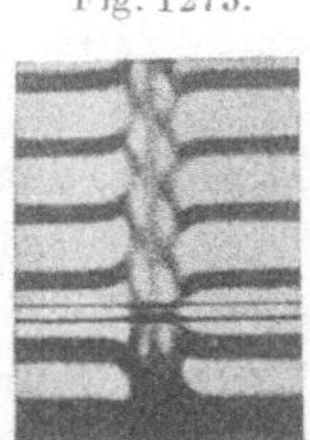

Fig. 1275.

Voigteffekt an der
roten Li-Linie.

Die rasche Abnahme des Effektes mit wachsendem Abstand von der Absorptionslinie (proportional $1/\mu^3$!) läßt schon vermuten, daß in größerem Abstande eine magnetische Doppelbrechung nicht mehr nachweisbar sein wird. Dies wird durch die nähere theoretische Untersuchung bestätigt.

In einem beliebigen durchsichtigen Körper ist daher die transversale Doppelbrechung, die infolge der direkten Einwirkung des Magnetfeldes auf die

---

1) Bei dem geringen Abstand des Li-Dubletts tritt bereits bei mäßiger Feldstärke der Paschen-Back-Effekt und infolgedessen ein normales Lorentz-Triplett auf.

2) Vgl. H. M. Hansen, a. a. O. Daselbst ist die vollständigere Theorie mit Berücksichtigung der Dämpfung durchgeführt und mit den Versuchen verglichen.

3) Siehe z. B. Physik. Zeitschr. 8, 635, 1907 (weitere Literatur Kap. XXXVI, § 29).

Lage der Eigenfrequenzen der Dispersionselektronen zu erwarten ist, bei erreichbaren Werten der Feldstärke außerordentlich klein. So ist es in der Tat bisher nicht gelungen, einen solchen Effekt aufzufinden[1]. Die an einigen kolloidalen Lösungen sowie auch an einigen reinen organischen Flüssigkeiten schließlich entdeckte transversale Doppelbrechung (vgl. § 4 und 5) hat sich — hauptsächlich durch ihre starke Temperaturabhängigkeit — als ein anders gearteter Effekt erwiesen, der nicht unmittelbar wie der eben besprochene mit dem Zeemaneffekt zusammenhängt.

B. Magnetische Doppelbrechung an kolloidalen Lösungen (Majoranaeffekt).

§ 4. Versuche und ihre Deutung.

Die von Majorana entdeckte[2], von mehreren anderen Forschern bestätigte und weiter untersuchte[3] transversale magnetische Doppelbrechung an Eisenoxydsolen (Bravais-Eisen und anderen kolloidalen Lösungen) hat sich als eine sekundäre, ziemlich unregelmäßig verlaufende, mit dem Alter der Lösung zunehmende Erscheinung herausgestellt: in der Lösung entstehen allmählich suspendierte gröbere Teilchen, die im Magnetfeld ein sich orientierendes Drehmoment erfahren und dadurch Doppelbrechung hervorrufen. Dazu genügt es, daß sie längliche Form besitzen und sich in ihrer Magnetisierbarkeit und Lichtbrechung von der übrigen Lösung unterscheiden. Im allgemeinen wird magnetische und optische Anisotropie die Ursache sein, zumal wohl bei länglicher Gestalt der Teilchen eine Bindungsanisotropie vorhanden sein wird. Wie A. Schmauss[3] zeigte, kann man eine dauernde Doppelbrechung der Lösungen erzielen, indem man sie mit Gelatine versetzt und fest werden läßt, und nach Versuchen von Tieri[3] läßt sich in Wechselfeldern von 10^6 Wechseln in der Sekunde eine deutliche Trägheit des Effektes nachweisen.

Es handelt sich also nicht um eine Einwirkung auf Moleküle, sondern um eine „grobmechanische" Einrichtung größerer Aggregate durch das Magnetfeld, der die desorientierende, unregelmäßige Temperaturbewegung entgegenwirkt, wie man es in noch direkterer Weise an feinst pulverisierten und suspendierten Kriställchen in magnetischen oder elektrischen Feldern nachweisen kann[4]; diese anisotropen Teilchen werden infolge einer Polarisationswirkung bzw. Magnetisierung durch das Feld gerichtet und erzeugen so eine optische Anisotropie wie einachsige Kristalle. Wenn die genannten Erscheinungen demnach nicht als eine unmittelbare Einwirkung des Magnetfeldes

---

[1] Vgl. z. B. W. Voigt, Wied. Ann. **67**, 357, 1899, der an schwerem Flintglase ohne Erfolg nach diesem Effekt suchte.

[2] Qu. Majorana, Rend. Lincei (5) **11**, 1, 374 usw., **2**, 90, 139, 1902; Physik. Zeitschr. **4**, 145, 1902.

[3] A. Schmauss, Ann. d. Phys. **10**, 658; **12**, 186, 1903; L. Tieri, Il Nuovo Cim. (5) 20, 21, 1910; Rend. Lincei **24**, 330, 1915; A. Cotton und H. Mouton, Ann. chim. et phys. (8) **11**, 145, 289, 1907; H. Diesselhorst, H. Freundlich und W. Leonhardt, Elster-Geitel-Festschr. S. 455, 1915; H. Zocher, Zeitschr. f. phys. Chem. **98**, 293, 1921; Yngve Björnståhl, Inaug.-Dissert. Upsala, 1924 (daselbst weitere Literatur und viele Einzelheiten).

[4] J. Kerr, Rep. of the Brit. Ass. 1901, S. 568; G. Meslin, Compt. rend. 1903, 1908, 1909; J. Chaudier, Compt. rend. **137**, 248, 1903.

auf die Körpermoleküle anzusehen sind, so besitzen sie doch für die Kolloidchemie besonderes Interesse und stellen übrigens eine Art mechanisches Modell
vor für die „Orientierungstheorie", durch die die im folgenden Paragraphen zu
besprechenden Beobachtungen an organischen Flüssigkeiten sowie der ganze
Komplex der elektrooptischen Doppelbrechung ihre Deutung gefunden haben.
Wichtig ist, daß der Majoranaeffekt nicht nur an paramagnetischen Substanzen
(außer an Eisenoxydsolen besonders an Vanadinpentoxydsolen untersucht),
sondern auch an diamagnetischen Solen wie Benzopurpurin[1]), Gold- und
Silbersolen[2]) usw. auftritt, wobei sich die Stäbchen, im Gegensatz zu den
paramagnetischen Solen, senkrecht zu den Kraftlinien einstellen.

C. Doppelbrechung an organischen Flüssigkeiten (Cotton-Mouton-Effekt).

§ 5.   Versuche. Mittels der sehr empfindlichen Halbschattenmethode
(vgl. § 1) kann man, wie A. Cotton und H. Mouton gefunden haben[3]), an
Nitrobenzol und anderen organischen Flüssigkeiten eine geringe transversale,
meist positive magnetische Doppelbrechung nachweisen, die sicherlich nicht,
wie der Majoranaeffekt, auf sekundären Erscheinungen beruht, sondern als
eine Einwirkung auf die Körpermoleküle selbst anzusprechen ist. Die entstehende Phasendifferenz δ ist proportional dem Quadrat der Feldstärke, erreicht
aber bei Nitrobenzol selbst in Feldern von 30000 Gauß bei einer Schichtdicke
von 1 cm erst knapp 1^0 (für gelbes Licht), so daß unter diesen Bedingungen
der Unterschied $n_\pi - n_\sigma = \delta \dfrac{\lambda}{2\pi l}$ etwa $1{,}3 \cdot 10^{-7}$ beträgt.

Indem man $n_\pi - n_\sigma = C_m \lambda \cdot H^2$ setzt, wo λ die benutzte Wellenlänge
im Vakuum bedeutet, erhält man die für die untersuchte Substanz bei bestimmter Temperatur und Wellenlänge charakteristische Konstante C_m der
magnetischen Doppelbrechung. Einige Werte (bei Zimmertemperatur und für
gelbes Licht) sind in der Tabelle 1 zusammengestellt.

Tabelle 1.

Konstante C_m der magnetischen Doppelbrechung[4])
für gelbes Licht.

Substanz	t	C_m
Nitrobenzol	20^0	$+2{,}4 \cdot 10^{-12}$
Monobromnaphthalin . .	17	$2{,}3 \cdot 10^{-12}$
Nitrotoluol, ortho	16,5	$1{,}3 \cdot 10^{-12}$
Nitrotoluol, meta	22	$1{,}85 \cdot 10^{-12}$
Toluol	19,4	$0{,}67 \cdot 10^{-12}$
Benzol	18,3	$0{,}55 \cdot 10^{-12}$
Anilin	21,5	$0{,}43 \cdot 10^{-12}$
Schwefelkohlenstoff . . .	15,5	$-0{,}42 \cdot 10^{-12}$

[1]) H. Zocher, a. a. O.

[2]) Y. Björnståhl, a. a. O.

[3]) A. Cotton und H. Mouton, Compt. rend. **145**, 229, 870, 1907 usw.; Ann.
chim. et phys. (8) **19**, 153; **20**, 194, 1910; **38**, 209; **30**, 321, 1913; siehe auch Physik.
Zeitschr. **12**, 953, 1911.

[4]) Nach Messungen von Cotton und Mouton, Skinner und Szivessy.
(Literatur siehe folgende Seite.)

Aliphatische Verbindungen zeigen zum Teil einen sehr viel geringeren, zum Teil keinen nachweisbaren Effekt[1]). In der aromatischen Reihe sind Beziehungen zur Konstitution unverkennbar; so verschwindet die Doppelbrechung, wenn die Doppelbindungen vollständig beseitigt sind. Wegen seiner außerordentlichen Kleinheit ist der Effekt — außer von den Entdeckern selbst — relativ wenig untersucht. Von theoretischem Interesse ist die Wellenlängenabhängigkeit, sie ist annähernd dieselbe wie die der elektrischen Doppelbrechung[2]) (siehe Kap. XXXIX, § 9) und gehorcht nach neueren Untersuchungen an verschiedenen Körpern der Benzolreihe[3]) mit ziemlicher Genauigkeit dem von Havellock aufgestellten Gesetz[4]) $C = h \dfrac{(n^2 - 1)^2}{n \cdot \lambda}$,

wo h, die Havellocksche Konstante, nur von der Natur und Temperatur der Substanz abhängen soll.

Besonders wichtig ist die starke Temperaturabhängigkeit der Doppelbrechung, wie schon von Cotton und Mouton an Nitrobenzol und einigen anderen, zum Teil glasigen Substanzen festgestellt wurde; nach den sorgfältigen Messungen von Szivessy[5]) an verschiedenen Substanzen und bei verschiedenen Wellenlängen nimmt die Havellocksche Konstante und damit C bei konstantem λ rascher ab, als die absolute Temperatur wächst, z. B. nimmt die Phasendifferenz in Nitrobenzol auf $^{7}/_{10}$ ab, wenn die Temperatur von 5,4 auf 56,3°C erhöht wird, wobei das Verhältnis der absoluten Temperaturen 0,85 ist.

§ 6. Die Orientierungstheorie. Für die Erklärung dieser magnetischen Doppelbrechung kommt, vor allem wegen ihrer starken Temperaturabhängigkeit, in erster Linie die sogenannte „Orientierungstheorie" in Betracht, die, von Langevin[6]) durchgeführt, übrigens schon von Larmor[7]) zur Deutung der elektrischen Doppelbrechung entworfen und von Cotton und Mouton[8]) auf die vorliegenden Erscheinungen angewandt worden ist.

Die Vorstellung ist dabei die folgende: Unter der Einwirkung der äußeren elektrischen oder magnetischen Kraft findet eine Polarisation bzw. Magnetisierung der Moleküle proportional der äußeren Feldstärke statt, aber in verschiedenen Richtungen der als anisotrop vorausgesetzten Moleküle in ver-

---

[1]) A. Cotton und H. Mouton, Chemik. Zeitg. **35**, III, 1911, S. 1093; Compt. rend. **154**, 930, 1912.

[2]) T. H. Havellock, Phys. Rev. **28**, 136, 1909; McComb, ebenda **29**, 525, 1909; C. A. Skinner, ebenda S. 540; N. Lyon, Ann. d. Phys. **46**, 753, 1919.

[3]) G. Szivessy, Zeitschr. f. Phys. **18**, 97, 1923; daselbst weitere Literatur.

[4]) T. H. Havellock, Proc. Roy. Soc. (A) **77**, 170, 1905; **80**, 28, 1907.

[5]) G. Szivessy, Ann. d. Phys. **68**, 137, 1922; **69**, 231, 1923.

[6]) P. Langevin, Le Radium **7**, 249, 1910; siehe ferner M. Born, Berl. Akad. Ber. 1916, S. 614, besonders § 12, S. 647; Ann. d. Phys. **55**, 177, 1918, spez. S. 215; R. Gans, Ann. d. Phys. **64**, 481, 1921.

[7]) J. J. Larmor, Phil. Trans. **190**, 236, 1898.

[8]) A. a. O. Zusammenfassende Darstellung von P. Debye in E. Marx' Handb. d. Radiologie, Bd. VI, Theorie der elektr. u. magn. Molekulareigenschaften, 3. und 5. Kapitel, 1925.

schiedenem Grade. Dadurch suchen sie sich mit ihrer Achse leichtester
elektrischer oder magnetischer Polarisierbarkeit in die Feldrichtung einzu-
stellen, werden hierin aber durch die unregelmäßige Temperaturbewegung,
d. h. durch die ungeordneten Stöße der Nachbarmoleküle gestört, so daß nur
eine teilweise Orientierung zustande kommt. Haben die Moleküle außerdem
ein festes elektrisches oder magnetisches Moment[1]), so findet bereits dadurch
eine (teilweise) Einstellung der Moleküle statt; im allgemeinen wird man beide
Effekte gleichzeitig berücksichtigen müssen. Der Brechungsquotient bzw. die

„Refraktion" $\dfrac{n^2-1}{n^2+2}$ ist nun direkt der optischen „Polarisierbarkeit" pro-

portional; wenn diese also parallel und senkrecht zur äußeren Kraft einen
verschiedenen Wert besitzt, d. h. wenn der Körper auch gegenüber den
optischen Schwingungen („optisch") anisotrop ist, so entsteht ein Unterschied $n_\pi - n_\sigma$, d. h. Doppelbrechung. Man kann auch sagen: Durch die
Orientierung der Moleküle ändert sich die Stärke der für eine bestimmte
Richtung des Moleküls charakteristischen Absorptionsstreifen auf Kosten des
Absorptionsstreifens der dazu senkrechten Richtung, d. h. es ändert sich die
Größe ϱ unserer Dispersionsformeln und dadurch der Brechungsquotient für
die π-Komponente in anderer Weise als für die σ-Komponente, und so kommt
die Doppelbrechung zustande. Das wäre also eine magnetische bzw. elek-
trische Beeinflussung der Intensität[2]).

　　In quantitativer Beziehung ist besonders der Temperatureinfluß von Bedeutung. Dieser macht sich in ähnlicher Weise bemerkbar wie bei Langevins
Theorie des Paramagnetismus. Bezeichnet μ zunächst allgemein das magnetische
oder elektrische Moment des Moleküls — sei es, daß dies ein festes Moment ist,
oder daß es erst durch das äußere Feld infolge Polarisation entsteht —, so ist
die potentielle Energie des Moleküls bezüglich des Feldes $u = -\mu \mathfrak{F} \cos \vartheta$,
wenn $\mathfrak{F}$ die im Innern des betrachteten Körpers wirksame Feldstärke und ϑ
der Winkel zwischen der Feldrichtung und der des Moments ist. Bei An-
legen des Feldes werden die Moleküle versuchen, sich in die Feldrichtung ein-
zustellen, werden hieran aber durch die Temperaturbewegung verhindert.
Mithin ist nach der klassischen Statistik (Maxwell-Boltzmannsches Verteilungsgesetz) die Zahl der Moleküle in einem Raumwinkel $d\Omega$

$$A e^{-\frac{u}{kT}} d\Omega = A e^{+\frac{\mu \mathfrak{F}}{kT} \cos \vartheta} d\Omega,$$

wo T die absolute Temperatur und $k = R/L$ die von Planck eingeführte
sogenannte Boltzmannsche Konstante, $k = 1{,}37 \cdot 10^{-16}\,\mathrm{erg}.\,\mathrm{grad}^{-1}$ ist.
Jedes Molekül besitzt eine Komponente des Moments in Richtung des Feldes

---

[1]) Die Berücksichtigung eines festen Moments für die elektrische Doppelbrechung findet sich zuerst bei M. Born, a. a. O.

[2]) Quantitative Durchführung dieses von verschiedenen Seiten ausgesprochenen
Gedankens für den Fall der elektrischen transversalen Doppelbrechung bei
K. F. Herzfeld, Ann. d. Phys. (4) **69**, 369, 1921. Dieser Auffassung entspricht
auch die Theorie der paramagnetischen Drehung der Polarisationsebene
(Kap. XXXVI, § 19).

vom Betrage $\mu \cos \vartheta$. Mithin ist das mittlere Moment aller Moleküle in Richtung von $\mathfrak{F}$ bestimmt durch den Wert

$$\overline{\mathfrak{m}} = \frac{A \int_0^\pi e^{\frac{\mu \mathfrak{F} \cos \vartheta}{k T}} \mu \cos \vartheta \, d\Omega}{A \int_0^\pi e^{\frac{\mu \mathfrak{F} \cos \vartheta}{k T}} \, d\Omega} \quad \dots \dots \dots \dots (1)$$

wobei der Nenner die Summe aller Moleküle vorstellt. Da praktisch im allgemeinen $\dfrac{\mu \mathfrak{F} \cos \vartheta}{k T} \ll 1$ ist, findet man durch Entwicklung der e-Funktionen in erster Annäherung

$$\frac{\overline{\mathfrak{m}}}{\mu} = \frac{\mu \mathfrak{F}}{3 k T} \quad \text{oder} \quad \overline{\mathfrak{m}} = \gamma \mathfrak{F} \quad \dots \dots \dots \dots (2)$$

wo

$$\gamma = \frac{\mu^2}{3 k T} \text{ ist.} \quad \dots \dots \dots \dots \dots \dots (2\,\text{a})$$

Diese Proportionalität des mittleren Moments mit dem reziproken Wert der absoluten Temperatur bezeichnet man als Curiesches Gesetz, da P. Curie eine solche Temperaturabhängigkeit zuerst, und zwar bei paramagnetischen Substanzen gefunden hat.

Betrachten wir nun die polarisierende Wirkung des elektrischen Feldes einer Lichtwelle! Die hierdurch erzeugte „Polarisation", d. h. das elektrische Moment der Volumeneinheit, ist

$$\mathfrak{P} = N \overline{\mathfrak{m}} = N \gamma \mathfrak{F}.$$

Dabei ist γ nunmehr die „optische Polarisierbarkeit", N die Molekülzahl pro Volumeneinheit, und $\mathfrak{F}$, die „innere" Feldstärke, ist nach Lorentz mit der äußeren Feldstärke $\mathfrak{E}$ und mit $\mathfrak{P}$ durch die Gleichung

$$\mathfrak{F} = \mathfrak{E} + 4 \pi / 3 \, \mathfrak{P}$$

verbunden. Wegen der grundlegenden Beziehung

$$4 \pi \mathfrak{P} = (n^2 - 1) \mathfrak{E}$$

(vgl. Kap. XXXVI, § 13) wird daher

$$\mathfrak{F} = \frac{n^2 + 2}{3} \mathfrak{E} \quad \text{und} \quad \mathfrak{P} = \frac{n^2 + 2}{3} N \gamma \mathfrak{E},$$

also

$$\frac{n^2 - 1}{n^2 + 2} = \frac{4 \pi}{3} N \gamma \quad \dots \dots \dots \dots \dots (3)$$

Wäre nun die optische „Polarisierbarkeit" γ in verschiedenen Richtungen des Moleküls dieselbe, so würde die Substanz auch im äußeren Felde, trotz Einstellung der Moleküle in die Feldrichtung, isotrop bleiben. Doppelbrechung tritt erst dadurch ein, daß die Moleküle asymmetrisch, d. h. in verschiedenen Richtungen verschieden stark polarisierbar sind[1]. Erst dadurch

---

[1] Langevin hat sich auf den Fall beschränkt, daß die Moleküle Rotationssymmetrie um eine Achse besitzen; die Verallgemeinerung der Theorie für den Fall, daß die Moleküle drei verschiedene Achsen, also rhombische Symmetrie besitzen, rührt von A. Enderle (Diss. Freiburg, 1912) und W. Voigt (Gött. Nachr. 1912, S. 577, 832, 861) her.

ergibt sich ein verschiedener Wert der Refraktion parallel der Feldrichtung und senkrecht dazu, und es entsteht ein Unterschied $n_\pi - n_\sigma$ proportional dem Unterschied $\gamma_\pi - \gamma_\sigma$. Infolge der Anisotropie der Moleküle nämlich wird die Komponente des induzierten Moments in Richtung der elektrischen Kraft der Lichtwelle nicht — wie das Moment in Richtung des Magnetfeldes in der oben skizzierten Theorie des Paramagnetismus — einfach proportional $\cos \vartheta$, sondern hängt in komplizierterer Weise von der Lage des Moleküls ab. Dies macht sich bei Berechnung des für die Polarisierbarkeit maßgebenden mittleren Moments $\overline{\mathfrak{m}}$ [siehe Gl. (1) und (2)] in entscheidender Weise bemerkbar. Die etwas komplizierte Rechnung, die hier nicht wiedergegeben werden kann (vgl. z. B. die zusammenfassende Darstellung von P. Debye, a. a. O. S. 760 ff.), führt dazu, daß — im Gegensatz zur Theorie des Paramagnetismus — nunmehr die Glieder in der ersten Potenz der äußeren Feldstärke verschwinden. Daher hängt die optische Polarisierbarkeit und die Doppelbrechung nur vom Quadrat der Feldstärke ab. Zugleich entsteht ein Unterschied zwischen $\gamma_\pi - \gamma_\sigma$, und es ergibt sich, daß nur für Moleküle ohne permanentes Moment dieser Unterschied $\gamma_\pi - \gamma_\sigma$ und die Doppelbrechung einfach proportional $1/T$ wird, wie das magnetische Moment beim Curieschen Gesetz. Für Moleküle mit permanentem Moment dagegen, die außerdem durch das äußere statische Feld in verschiedener Richtung verschieden stark polarisiert werden, setzt sich die Doppelbrechung aus zwei Gliedern zusammen, von denen eins proportional $1/T$, das andere proportional $1/T^2$ ist [vgl. Gl. (4) des folgenden Paragraphen].

§ 7. Zusammenhang mit der Depolarisation des Streulichts. Die optische Anisotropie äußert sich andererseits durch die sogenannte „Depolarisation des Streulichts". Läßt man nämlich auf eine aus kugelförmigen Molekülen in großer Verdünnung bestehende Substanz unpolarisiertes Licht auffallen, so ist das senkrecht zum einfallenden Strahl gestreute Licht nur dann vollkommen linear polarisiert, wenn die Moleküle isotrop sind. Sind sie aber anisotrop bezüglich ihrer Polarisationsfähigkeit, d. h. besitzen sie eine Vorzugsrichtung, so finden bei jeder Lage dieser Richtung gegen den elektrischen Vektor des einfallenden Lichts die induzierten Schwingungen parallel dieser Vorzugsrichtung leichter als senkrecht dazu statt, und das seitlich ausgestrahlte Licht ist teilweise unpolarisiert, wie wohl zuerst von Lord Rayleigh ausgsgesprochen wurde [1]). Der tatsächlich gemessene Polarisationsgrad (das Verhältnis der Intensitäten der beiden senkrecht zueinander polarisierten Komponenten J_π/J_σ) und der daraus berechnete sogenannte Depolarisationsfaktor $\dfrac{J_\pi}{J_\sigma - J_\pi}$ sind infolgedessen ein Maß der Anisotropie [2]). Daher besteht ein wichtiger Zusammenhang zwischen magnetischer (oder elektrischer) Doppelbrechung und Depolarisation des Streulichts, und man

---

[1]) Lord Rayleigh, Phil. Mag. **47**, 375, 1899, spez. S. 382.
[2]) Siehe M. Born, Verhandl. d. D. Phys. Ges. **19**, 243, 1917; **20**, 16, 1918; Literatur bis 1925 bei P. Debye, a. a. O. S. 781.

kann aus Messungen der Doppelbrechung und der Depolarisation an der
gleichen Substanz wichtige Schlüsse auf die die Anisotropie der Moleküle
kennzeichnenden Konstanten ziehen [1] . Setzt man wie bisher

$$n_\pi - n_\sigma = C\,\lambda\,F^2,$$

wo F die äußere magnetische oder elektrische Feldstärke ist, so ist allgemein
(vgl. Debye, a. a. O. S. 766)

$$C = \frac{(n_0{}^2 - 1)\,(n_0{}^2 + 2)}{2\,n_0\,\lambda}\,\frac{\Theta_1 + \Theta_2}{2\,\gamma}\left(\frac{\delta + 2}{3}\right)^2 \quad\dots\dots\dots \text{(4)}$$

Dabei ist

$$\Theta_1 = \frac{1}{45}\,\frac{1}{k\,T}\,[(A - B)\,(A' - B') + (B - C)\,(B' - C') + (C - A)\,(C' - A')],$$

$$\Theta_2 = \frac{1}{45}\,\frac{1}{k\,T^2}\,[(\mu_1{}^2 - \mu_2{}^2)\,(A - B) + (\mu_2{}^2 - \mu_3{}^2)\,(B - C) + (\mu_3{}^2 - \mu_1{}^2)\,(C - A)];$$

erstere Größe trägt der in verschiedenen Richtungen verschieden großen
Polarisation, letztere dem permanenten Moment Rechnung. Dabei sind A,
B, C die induzierten Momente, die im Molekül parallel den drei Hauptachsen
der optischen Anisotropie durch die elektrische Kraft der Lichtwelle entstehen, A', B', C' sind die entsprechenden Momente, die durch die statische
Kraft des Feldes induziert werden, μ_1, μ_2 und μ_3 sind die Komponenten des
permanenten Moments parallel diesen Richtungen. Ferner ist in obiger
Gleichung $\gamma = \dfrac{A + B + C}{3}$ die mittlere optische Polarisierbarkeit und
$\delta = 1 + 4\,\pi\,k$ die Dielektrizitätskonstante [2].

Besitzen die Moleküle z. B. eine ausgezeichnete Achse optischer und elektrischer bzw. magnetischer Symmetrie, so vereinfachen sich die Gleichungen
etwas. Ist etwa $A = B$ und $A' = B'$, so läßt sich der Ausdruck für Θ_1
leicht so umformen, daß er die Größe

$$\sigma = \left(\frac{A - C}{2\,A + C}\right)$$

enthält, die man aus Depolarisationsmessungen entnehmen kann [3]. Bei diamagnetischen Substanzen ist $\mu = 0$ und $\Theta_2 = 0$. Da Θ_1 außerdem die
Größe $2\,(A' - C') = 2\,A' + C' - 3\,C'$ enthält und $2\,A' + C'$ ein Maß der
„totalen" Suszeptibilität der Substanz ist, kann man bei Kenntnis dieser
Größe aus Messungen der magnetischen Doppelbrechung und der Depolarisation das Verhältnis C'/A' bestimmen, und findet z. B. bei Benzol hierfür
den Faktor 2, d. h. die Suszeptibilität parallel der ausgezeichneten Achse ist
doppelt so groß wie senkrecht dazu.

---

[1]) Vgl. vor allem R. Gans, Ann. d. Phys. **62**, 335, 1920; **65**, 111, 1921;
Zeitschr. f. Phys. **17**, 353, 1923.

[2]) Bezüglich der experimentellen Prüfung des Temperatureinflusses vgl. § 5
Schluß und die Versuche über elektrische Doppelbrechung, Kap. XXXIX, § 10.

[3]) Siehe C. V. Raman und K. S. Krischnan, Proc. Roy. Soc. (A) **113**, 511,
1927; Messungen des Depolarisationsfaktors an 65 Flüssigkeiten bei K. S. Krischnan,
Phil. Mag. **50**, 693, 1925.

Bei paramagnetischen Substanzen hat man bisher überhaupt noch keine Doppelbrechung finden können (abgesehen von dem Majoranaeffekt). Offenbar ist bei den bisher untersuchten Substanzen die optische Anisotropie nicht groß genug. Andererseits sind die magnetischen Atommomente relativ klein (im Vergleich zu den elektrischen Momenten von Dipolsubstanzen vgl. Kap. XXXIX, Elektrische Doppelbrechung). Vielleicht kann man bei sehr tiefen Temperaturen, wo der Faktor $1/kT^2$ des Ausdrucks Θ_2 sehr groß wird, einen nachweisbaren Effekt bekommen.

Bei diamagnetischen Substanzen, wo ja die in verschiedenen Richtungen verschieden große magnetische Polarisierbarkeit den Effekt erzeugt, kann man nach den Darlegungen in Kap. XXXVI die Larmorpräzession als indirekte Ursache bezeichnen; andererseits ruft die Larmorpräzession unmittelbar den Zeemaneffekt, die Magnetorotation und die anomale magnetische Doppelbrechung nahe an Absorptionslinien hervor, so daß alle diese Erscheinungen einen inneren Zusammenhang besitzen.

Der magnetooptische Kerreffekt [1]).

(Veränderung polarisierten Lichtes bei der Reflexion an ferromagnetischen Spiegeln im Magnetfeld.)

§ 1. Übersicht und Definitionen. Läßt man linear polarisiertes Licht
auf einen Metallspiegel auffallen, so bleibt es nur linear polarisiert, wenn es
parallel oder senkrecht zur Einfallsebene schwingt; in allen anderen Fällen wird
elliptisch polarisiertes Licht reflektiert. Die Veränderungen der Phasen und
Amplituden der reflektierten Komponenten, die bei kräftiger Magnetisierung
ferromagnetischer Spiegel entstehen, werden nach J. Kerr, dem Entdecker
dieser Erscheinungen [2]), als magnetooptischer Kerreffekt bezeichnet. Sie
hängen innig mit der abnorm großen Drehung der Polarisationsebene und
der Elliptizität zusammen, die beim Durchtritt des Lichtes durch äußerst
dünne magnetisierte Schichten aus ferromagnetischen Substanzen entsteht [3])
(siehe Kap. XXXVI, Faradayeffekt, § 4). Diese Erscheinungen beruhen nämlich
auf der sogenannten zirkularen Doppelbrechung und dem zirkularen Dichroismus, d. h. darauf, daß Brechungs- und Extinktionskoeffizient n und $n\varkappa$ von
rechts- und linkszirkular-polarisiertem Licht verschieden groß sind, andererseits sind auch die bei der Magnetisierung entstehenden Phasen- und Ampli-
tudenänderungen der reflektierten Komponenten von n und $n\varkappa$ abhängig.

Die sehr geringen Wirkungen der Magnetisierung bei der Metallreflexion
werden am besten bei senkrechter Inzidenz untersucht, da hier
Oberflächenschichten am wenigsten stören. Fallen zugleich die
magnetisierenden Kraftlinien mit der Richtung der einfallenden Lichtstrahlen zusammen [4]), so sind die Verhältnisse am einfachsten; man kann
dann leicht aus den beobachteten Erscheinungen die den Kerreffekt charakterisierenden Parameter berechnen und die Beziehung zum Faradayeffekt
prüfen (vgl. § 7). Bei schräger Inzidenz sind die Erscheinungen bereits

---

[1]) Von Prof. Dr. R. Ladenburg in Berlin-Dahlem.

[2]) J. Kerr, Rep. Brit. Ass. 1876, S. 85; Phil. Mag. (5) **3**, 321, 1877; **5**, 161, 1878.

[3]) Ein solcher Zusammenhang zwischen Kerr- und Faradayeffekt wurde von
W. Thomson, dem späteren Lord Kelvin, sogleich im Anschluß an Kerrs Beobachtungen vermutet (Quart. Journ. **13**, 561, 1876), kurz darauf von G. F. Fitzgerald näher erörtert [Phil. Mag. (5) **3**, 529, 1877], quantitativ aber anscheinend
erst von W. Voigt formuliert (vgl. sein Lehrbuch Elektro- und Magnetooptik, 1906,
bes. S. 296). Der Faradayeffekt in durchsichtigen Fe-Schichten wurde von A. Kundt
erst 8 Jahre nach Kerrs Entdeckung aufgefunden.

[4]) Liegen die magnetischen Kraftlinien senkrecht zum Einfallslot und zu den
ihm parallelen Strahlen des einfallenden Lichtes, so findet aus Symmetriegründen
kein Effekt statt.

wesentlich verwickelter, auch wenn man die Schwingungsrichtung des einfallenden Lichtes parallel (p) oder senkrecht (s) zur Einfallsebene macht[1]. Verlaufen die magnetischen Kraftlinien senkrecht zur Spiegeloberfläche, so spricht man von normaler oder polarer Magnetisierung; verlaufen sie ihr parallel und liegen sie zugleich in der Einfallsebene bzw. senkrecht dazu, so spricht man von meridionaler bzw. äquatorialer Magnetisierung[2].

§ 2. Versuchsanordnungen. Um möglichst starke Magnetfelder zu bekommen, sind besondere Anordnungen nötig.

Bei **polarer Magnetisierung** benutzte **Kerr** den sogenannten „Submagnet" S (siehe Fig. 1276), ein Stück Eisen in Form eines abgestumpften Kegels, das dem als Spiegel dienenden Magnet bis auf ein oder wenige Millimeter genähert ist und die Kraftlinien in diesem Zwischenraum und in der Spiegeloberfläche zusammenhält. Bei senkrechter Inzidenz ist S durchbohrt, und eine spiegelnde

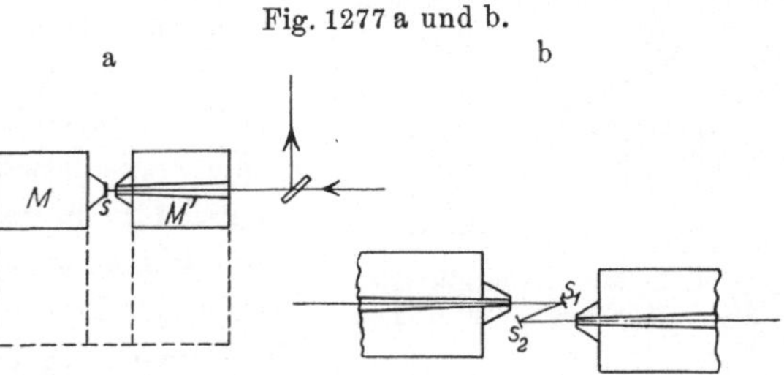

Fig. 1276.

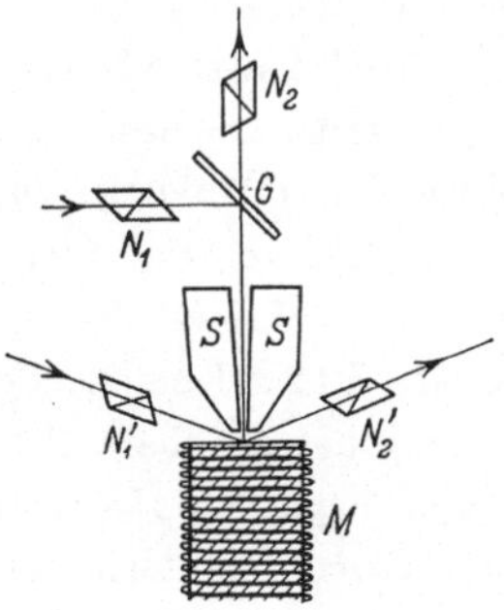

Anordnung für senkrechte und für schräge Inzidenz (polare Magnetisierung).
SS Kerrscher Submagnet,
$N_1 N_2$ $N_1' N_2'$ Nicols, G Glasplatte.

Fig. 1277 a und b.

a   b

Neuere Anordnung bei senkrechter Inzidenz und polarer Magnetisierung.
s bzw. s_1 und s_2: untersuchte Spiegel.

Glasplatte G reflektiert das einfallende, durch den Nicol N_1 polarisierte Licht auf die magnetisierte spiegelnde Oberfläche M und läßt zugleich den reflektierten Strahl hindurch, so daß er mittels des Analysators N_2 untersucht werden kann (siehe Fig. 1276). Die Anordnung bei schräger Inzidenz ist in der gleichen Figur angedeutet.

Bei neueren Versuchen werden die üblichen großen Elektromagnete mit abgeflachten Spitzpolen benutzt und die Lichtstrahlen, so wie in Fig. 1277 a angedeutet, longitudinal durch einen Pol hindurch nahezu senkrecht auf den zwischen den Polschuhen befindlichen Metallspiegel s geworfen. Das reflektierte

---

[1] Unter „Schwingungsrichtung des Lichtes" verstehen wir wie üblich im folgenden stets die des elektrischen Vektors, die senkrecht zu der im allgemeinen als Polarisationsrichtung bezeichneten Richtung liegt.

[2] Früher faßte man diese beiden letzteren Fälle unter dem Namen „äquatoriale" Magnetisierung zusammen; wir folgen hier — wie überhaupt in vielen Punkten der vorliegenden Darstellung — W. Voigt, der in seinem Lehrbuch Magneto- und Elektrooptik (Leipzig, Teubner, 1908, Kap. VI und VII) sowie in Graetz' Handb. d. Elektr. und des Magn. (Bd. 4, 2. Lief., S. 667—706, 1915) die Theorie des Kerreffekts zum Teil neu entwickelt und eine nahezu erschöpfende Darstellung des ganzen Stoffes gegeben hat. (Im folgenden zitiert als W. Voigt, a. a. O.; sind Seitenzahlen angegeben, so ist das genannte Lehrbuch gemeint.)

Licht wird mit einer schrägen Glasplatte oder einem totalreflektierenden Prisma abgelenkt und dann untersucht. Mit zwei längsdurchbohrten, etwas gegeneinander verschobenen Polschuhen kann man den doppelten Effekt beobachten, indem man in dem engen Zwischenraum zwischen den Polen zwei schwach gegeneinander geneigte Spiegel s_1 und s_2 anbringt [1]) (vgl. Fig. 1277 b).

Für Versuche bei meridionaler und äquatorialer Magnetisierung hat Righi[2]) Polschuhe verwendet, die, wie Fig. 1278 zeigt, durch ihre eigenartige, sich verjüngende Form den magnetischen Kraftfluß möglichst in dem untersuchten Eisenspiegel s konzentrieren, der zugleich als magnetisches Schlußstück dient. In der Figur fällt die Einfallsebene des Lichtes mit der Zeichenebene zusammen, die magnetischen Kraftlinien verlaufen zugleich in der Einfallsebene (meridionale Magnetisierung).

Will man homogene Magnetfelder benutzen, um die Abhängigkeit von der Feldstärke zu messen, so bringt man nach Du Bois[3]) massive Stücke

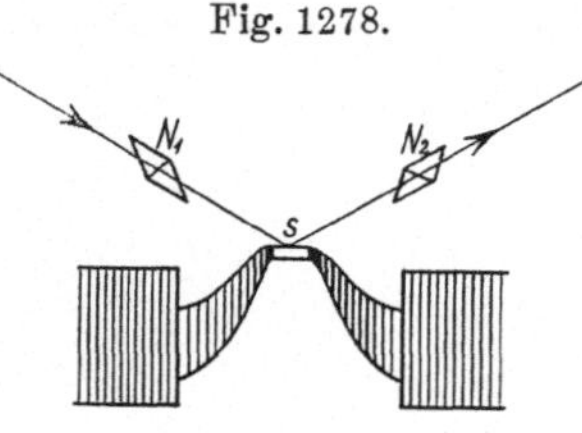

Fig. 1278.

Polschuhe für meridionale
Magnetisierung nach Righi.

der zu untersuchenden Substanz, am besten in Form von Rotationsellipsoiden (Ovoiden), im Innern einer langen Stromspule an; das Licht wird an einer Spiegelfläche reflektiert, die an dem Ovoid angeschliffen ist. Für solche Ovoide ist die Magnetisierung streng berechenbar. Andererseits kann man auch nach Sissingh[4]) kleine Ringe aus weichem Eisen benutzen, die man durch Drahtbewicklung zu geschlossenen Elektromagneten macht; die spiegelnde Fläche wird dabei an einer von den Windungen frei gelassenen Stelle tangential am Ringe angebracht. Da man in diesen beiden Fällen nur relativ schwache Magnetfelder erreicht und da es sich auch bei starken Feldern nur um sehr kleine Effekte handelt, muß man zur Untersuchung des Kerreffekts besonders empfindliche optische Hilfsmittel verwenden; man benutzt dabei Halbschattenvorrichtungen, die außer der Drehung selbst durch Kombination mit einem geeigneten Glimmerblättchen auch die Elliptizität zu messen erlauben[5]), oder den Lippichschen Halbschattennicol und Braceschen Kompensator[6]) (vgl. Kap. XXXVI, § 3 und Kap. XXXVII, § 1).

§ 3. Versuchsergebnisse bei senkrechter Inzidenz.

Bei senkrechter Inzidenz und ohne Magnetisierung bleibt der Schwingungszustand des reflektierten Lichtes naturgemäß gegenüber dem einfallenden unverändert. Bei genügend starker polarer Magnetisierung des ferromagnetischen Spiegels findet bei der Reflexion eine Drehung der Polarisationsebene entgegen der Richtung

---

[1]) Siehe L. R. Ingersoll, Phil. Mag. (6) **11**, 41, 1906.
[2]) A. Righi, Ann. de chim. et phys. (6) **10**, 200, 1887.
[3]) H. E. J. G. Du Bois, Wied. Ann. **39**, 25, 1890.
[4]) R. Sissingh, ebenda **42**, 115, 1891.
[5]) Vgl. W. Dziewulski, Physik. Zeitschr. **13**, 642, 1912; **14**, 485, 1913; Diss. Göttingen, 1914.
[6]) Vgl. P. D. Foote, Phys. Rev. **34**, 96, 1912.

der magnetisierten Ströme (also in „negativem“ Sinne) um einige Bogenminuten (!) statt, zugleich wird das reflektierte Licht schwach elliptisch polarisiert, wie man daran erkennt, daß der Analysator das reflektierte Licht in
keiner Stellung vollständig auslöscht[1]); der Winkel, um den man drehen muß,
um ein Minimum der Helligkeit zu erhalten, heißt Minimumdrehung. Von
grundsätzlicher Bedeutung ist der von Fitzgerald[2]) und von Kundt[3]) er-
brachte Nachweis, daß der beobachtete Effekt wirklich im Eisen, nicht etwa in
der magnetisierten Luftschicht entsteht: Einschieben eines dünnen Goldblattes
oder Verkupfern der Eisenoberfläche vernichtet den Effekt vollständig. Die
beobachtete Minimumdrehung bestimmt die Lage der großen Achse der
reflektierten Schwingungsellipse gegen die einfallende Schwingungsrichtung.
Die Tatsache dieser Umwandlung von linearem Licht in elliptisches lehrt,
daß das Magnetfeld eine zur ursprünglichen Schwingung normale Komponente
erzeugt; die Amplitude und die Phase dieser neuen „Kerrkomponente“ zu
bestimmen, ist vielfach das Ziel der späteren, weiter unten näher beschriebenen
Messungen.

Zunächst sei die Abhängigkeit von der Feldstärke, vom Material und
von der Farbe des Lichtes besprochen.

Nach genaueren Untersuchungen von Kundt[3]) und von Du Bois[4])
ist diese Drehung — ebenso wie der Faradayeffekt an dünnen ferromagnetischen Schichten — nicht der Feldstärke, sondern der Magnetisierung (J) proportional und erreicht daher mit wachsender Feldstärke
einen Sättigungswert.

Folgende Tabelle 1 enthält die Ergebnisse quantitativer Messungen von
Du Bois in homogenen Magnetfeldern (siehe § 2):

Tabelle 1.

Material	Drehung für rotes Licht χ_0	Magnetisierung J	$k = \chi_0/J$
Eisen	− 22,99′	1669	− 0,0138
Kobalt	− 20,97′	1060	− 0,0198
Nickel	− 7,25′	453	− 0,0160

Allerdings findet Du Bois bei hartem, permanent magnetisiertem Stahl
einen k-Wert, der nur $^2/_3$ so groß ist wie bei weichem Eisen — diese Beobachtung macht es daher wieder zweifelhaft, ob die Magnetisierung allgemein
für die Kerrdrehung maßgebend ist. Eine erneute Prüfung dieser Frage
wäre deshalb notwendig.

Für Magnetit (Fe_3O_4 regulär) ist nach Du Bois $k = + 0,012$. Ferner
haben Loria[5]) und Martin[6]) an verschiedenen Heuslerschen Legierungen[7])

[1]) Vgl. A. Righi, Mem. Linc. 1, 367, 1885; 3, 14, 1886; Ann. de chim. et phys.
4, 435, 1885; 9, 65, 117, 1886; P. Zeeman, Leiden Comm. 15, 1895.
[2]) G. F. Fitzgerald, Phil. Mag. 3, 529, 1877.
[3]) A. Kundt, Wied. Ann. 23, 228, 1884; 27, 199, 1886.
[4]) H. Du Bois, ebenda 39, 25, 1890.
[5]) St. Loria, Amst. Proc. 12, 835, 1910; 14, 970, 1912; Ann. d. Phys. 38, 889, 1912.
[6]) P. Martin, Ann. d. Phys. 39, 625, 1912.
[7]) Das sind bekanntlich stark magnetische Metallegierungen, die kein ferro-
magnetisches Metall enthalten.

sowie an Cupriferrit (CuO, Fe_2O_3), Manganzinn (Mn_4Sn), Eisencarbid (Fe_3C) deutliche, zum Teil große Effekte nachgewiesen, während Eisenglanz (Fe_2O_3), Calciumferrit (CaO, Fe_2O_3), Schwefeleisen (FeS), Manganborid (MnB) u. a. keine merkliche Wirkung ergaben. Bei durchsichtigen Kundtschen Schichten muß man berücksichtigen, daß das zweimal die Schicht durchsetzende Licht eine positive Drehung infolge des Faradayeffekts erleidet und daher die Kerrsche Drehung zu klein erscheinen läßt, außerdem entsteht bei der Reflexion auf der Rückseite der Schicht auch ein Kerreffekt.

Die Dispersion des Effekts hat bei Fe und Co im Sichtbaren dasselbe Vorzeichen wie die des Faradayeffekts dieser Metalle, d. h. sie nimmt mit abnehmender Wellenlänge ab (entgegengesetzt wie beim Faradayeffekt durchsichtiger Körper); Nickel gibt eine geringe, im Sichtbaren nahezu konstante Drehung (vgl. Fig. 1281, S. 2211); bei Magnetit wird die Drehung im Blau (bei etwa 500 mμ) Null und für kurzwelliges Licht negativ [1]).

Die nähere Untersuchung des Effekts im Ultrarot durch Ingersoll [2]) hat gezeigt, daß die den Effekt charakterisierende Minimumdrehung (vgl. oben) auch an Fe- und Co-Spiegeln mit wachsendem λ oberhalb 1 μ wieder abnimmt. Der Verlauf der Minimumdrehung und der sehr geringen Elliptizität bei senkrechter Inzidenz und polarer Magnetisierung ist zwischen 410 und 660 mμ von Foote [1]) und von Dziewulski [1]) untersucht worden. Die beiden Meßreihen, die miteinander in den meisten Punkten gut übereinstimmen, sind deshalb von besonderer Bedeutung, weil sie die quantitative Berechnung der den Kerreffekt charakterisierenden Parameter und eine Prüfung der Beziehung zum Faradayeffekt ermöglichen (vgl. § 7). Außerdem erlauben sie die Berechnung der Amplitude und Phase der „Kerrkomponente".

§ 4. Ergebnisse bei schräger Inzidenz, Reziprozitätssätze.

Die Elliptizität des reflektierten Lichtes, die bei normaler Inzidenz sehr gering ist, wird deutlicher bei schräger Inzidenz. Betrachten wir zunächst den Fall polarer Magnetisierung (Kraftlinien senkrecht zur Spiegelebene). Schwingt das einfallende Licht parallel oder senkrecht zur Einfallsebene, so ist die große Achse der Schwingungsellipse des reflektierten Lichtes nur wenig gegen die einfallende Schwingung gedreht, und zwar entgegengesetzt der Richtung der Projektion der magnetisierenden Ströme auf die Wellenebene des Strahls. Ist dabei der Analysator ursprünglich zum Polarisator gekreuzt, so muß er mithin um einen kleinen Winkel χ' gedreht werden, um möglichst geringe Intensität des reflektierten Lichtes zu liefern [3]) („Minimumdrehung"). Steht umgekehrt der Analysator parallel oder senkrecht zur Einfallsebene (p- oder s-Stellung), so muß der Polarisator aus der dazu senkrechten Stellung um einen kleinen Winkel χ^0 gedreht werden, damit das reflektierte Licht minimale Helligkeit besitzt. Bedeutet χ'_s bzw. χ'_p die Minimumdrehungen des Analysators

---

[1]) Vgl. die sorgsamen, noch mehrfach zu besprechenden Versuche von P. D. Foote, Phys. Rev. **34**, 96, 1912, und von W. Dziewulski, Physik. Zeitschr. **13**, 645, 1912; Dissert. Göttingen, 1914.

[2]) L. R. Ingersoll, Phil. Mag. (6) **11**, 41, 1906 (spez. S. 62 ff.).

[3]) Zuerst beschrieben von G. F. Fitzgerald, Phil. Mag. **3**, 529, 1877.

aus der s- oder p-Stellung, χ_s^0 bzw. χ_p^0 die entsprechenden Winkel des Polarisators, so besteht nach Kaz[1]) und Righi[2]) die folgende Reziprozitätsbeziehung:

$$\chi_s' = \chi_s^0 \quad \text{und} \quad \chi_p' = \chi_p^0.$$

In den Fig. 1279a bis d sind die vier Fälle schematisch dargestellt; in diesen Figuren ist ein aus der Richtung der Wellennormale r und den Richtungen p

Fig. 1279 a bis d.

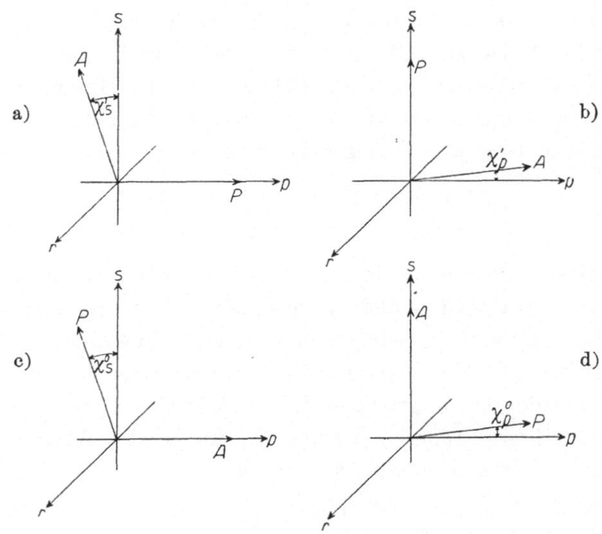

(= parallel) und s (= senkrecht zur Einfallsebene) bestehendes rechtwinkliges Achsenkreuz zugrunde gelegt. P bedeutet die Richtung des Polarisators, A die des Analysators.

Ferner gibt es stets eine Stellung des Polarisators nahe der s- oder p-Richtung, bei der das reflektierte — im allgemeinen elliptisch polarisierte — Licht linear polarisiert ist, also vom Analysator bestimmter Stellung (nahe der p- oder s-Richtung) völlig ausgelöscht wird. Die zusammengehörigen „Nulldrehungen" von Polarisator und Analysator werden durch ψ^0 und ψ' mit zugehörigem Index p oder s gekennzeichnet, der die benachbarte Richtung parallel oder senkrecht zur Einfallsebene angibt. Zwischen diesen Winkeln besteht die Beziehung

$$\psi_p' = \psi_p^0 \quad \text{und} \quad \psi_s' = \psi_s^0.$$

Die Vorzeichen der Drehungen werden am besten einheitlich nach Voigt auf die Richtung der Fortpflanzungsgeschwindigkeit oder Wellennormale r bezogen. In Fig. 1279 sind die positiven Richtungen von r zu p zu s gegeneinander wie die Achsenrichtungen X zu Y zu Z eines rechtshändigen Koordinatensystems gedacht: positiv hieße dann eine Drehung um die r-Richtung, die die p-Achse in die s-Achse überführt.

Falls die positiven Kraftlinien in die Spiegelebene eintreten, so sind bei dieser Definition die Drehungen $\chi_s'(=\chi_s^0)$ und $\chi_p'(=\chi_p^0)$ bei Eisen stets positiv (entgegengesetzt der Richtung der magnetisierenden Ströme bzw. derjenigen ihrer Projektion auf die Wellenebene des Strahls), ebenso $\psi_s' = \psi_s^0$; $\psi_p' = \psi_p^0$ geht

[1]) P. C. Kaz, Diss. Amsterdam, 1884; Beibl. 9, 275, 1885.
[2]) A. Righi, Ann. de chim. et phys. 4, 435, 1885; 9, 65, 1886.

jedoch bei wachsendem Einfallswinkel φ von negativen Werten durch Null zu positiven Werten. Bei einem charakteristischen, von der Magnetisierung unabhängigen Winkel φ_1 (für Eisen ist $\varphi_1 \sim 63^0$) entsteht also aus einer linearen Schwingung parallel der Einfallsebene ($\psi_p^0 = 0$) wieder eine lineare Schwingung, die um den kleinen Winkel ψ_s' in positivem Sinne gedreht ist, bzw. aus einer linearen Schwingung, die um ψ_s^0 gegen die s-Richtung gedreht ist, entsteht eine lineare Schwingung parallel s (normal zur Einfallsebene schwingend), für die also $\psi_p' = 0$ ist. Alle diese Winkel sind von der Größenordnung von 10 bis 30 Bogenminuten.

Bei meridionaler Magnetisierung und bei senkrechter Inzidenz findet aus Symmetriegründen kein Effekt statt, das Magnetfeld besitzt ja rotatorische Symmetrie. Bei schräger Inzidenz gibt es ähnliche Minimum- und Nulldrehungen und Reziprozitätssätze wie bei polarer Magnetisierung, doch sind die Vorzeichen andere: es ist bei gleicher Bezeichnung wie bisher

$$\chi_p' = -\chi_p^0, \qquad \chi_s' = -\chi_s^0,$$
$$\psi_p' = -\psi_p^0, \qquad \psi_s' = -\psi_s^0.$$

Diese Winkel sind noch wesentlich kleiner als die entsprechenden bei polarer Magnetisierung. Während χ_p' und ψ_p' stets gleiches Vorzeichen haben, wechselt χ_s' beim Azimut φ_2 und ψ_s' beim Azimut φ_3 sein Vorzeichen. Für Eisen ist $\varphi_2 \sim 79^0$, $\varphi_3 \sim 65^0$. Verunreinigungen der Oberfläche können die Winkel φ_1, φ_2, φ_3 (gerade wie den „Haupteinfallswinkel" Φ der gewöhnlichen Metallreflexion) um mehrere Grade herabdrücken [1]); die größten Werte sind hiernach im allgemeinen als die genauesten anzusehen.

Auch aus den Minimum- und Nulldrehungen kann man, wie van der Waals zuerst erkannte [2]), Amplitude und Phase der sogenannten Kerrschen Komponente berechnen (vgl. § 6 und 7). Diese Größen wurden auf diesem Wege sogar zeitlich früher als durch Messung des polaren Kerreffekts bestimmt, und zwar zuerst von Sissingh [3]).

Bei äquatorialer Magnetisierung — Kraftlinien parallel der Spiegelebene, normal zur Einfallsebene — findet, wiederum aus Symmetriegründen, kein Effekt statt, wenn das einfallende Licht parallel oder senkrecht zur Einfallsebene schwingt. Bei anderem „Azimut", d. h. anderem Winkel der Schwingungsebene des einfallenden Lichtes gegen die p- oder s-Richtung, werden die Amplituden und Phasen der reflektierten Schwingungsellipse durch die Magnetisierung ein klein wenig abgeändert, und zwar in spiegelbildlich entsprechender Weise bei zwei einfallenden Wellen mit entgegengesetzten Azimuten. Diese von Wind [4]) aus der Lorentzschen Theorie (siehe § 6) gezogene Folgerung hat Zeeman [5]) experimentell bestätigt. Ingersoll [6]) hat die Amplituden der reflektierten Komponenten bolometrisch [7]) zwischen

---

[1]) Siehe F. J. Micheli, Ann. d. Phys. **7**, 542, 1900.
[2]) Siehe C. Kaz, a. a. O.
[3]) R. Sissingh, Wied. Ann. **42**, 115, 1891. An seine Messungen hat sich eine längere Diskussion wegen der Lorentzschen Theorie (siehe § 6) geknüpft.
[4]) C. H. Wind, Proc. Amst. Acad. **5**, 91, 1896; Arch. Néerl. (2) **1**, 119, 1897.
[5]) P. Zeeman, Leiden Comm. No. 29, 1896; Arch. Néerl. (2) **1**, 221, 1898.
[6]) R. L. Ingersoll, Phys. Rev. **35**, 312, 1912.
[7]) Wegen der Meßmethode vgl. Kap. XXXVI, § 3.

0,5 und 2,1 μ quantitativ bestimmt: er maß diejenige Richtung des Polarisators, bei der vor und nach Erregung des Magnetfeldes die Intensitäten der reflektierten p- und s-Komponenten einander gleich waren.

§ 5. Deutungsversuche. Kerr selbst hat bereits die von ihm beobachteten Erscheinungen durch die eingangs erwähnte Auffassung gedeutet, daß das Magnetfeld neben den bei gewöhnlicher Reflexion entstehenden Schwingungskomponenten neue Komponenten bestimmter Phase und Amplitude erzeugt. Speziell nahm er an, daß bei einer parallel oder normal zur Einfallsebene stattfindenden Schwingung die gleich orientierte vom Magnetfeld gar nicht beeinflußt wird, und daß die Wirkung des Magnetfeldes lediglich in der Erregung einer neuen, normal zur ursprünglichen gerichteten Schwingungskomponente besteht, die seitdem „Kerrkomponente" genannt wird. Diese Annahme ist zwar, wie Voigt betont und begründet[1]), zur Deutung genauerer Versuche nicht ausreichend, ist jedoch im Falle polarer und meridionaler Magnetisierung in erster Annäherung erfüllt. Die Kerrsche Annahme läßt sich analytisch einfach formulieren, wenn man davon Gebrauch macht, daß die innerhalb jedes Mediums sowie die für die Grenze zweier Medien gültigen Bedingungen der Lichtausbreitung linear in den Schwingungskomponenten sind, wie ja schon aus der Superposition verschiedener Wellen folgt; dann ist die allgemeinste Form der komplexen Amplituden $\Re_p$ und $\Re_s$ der beiden reflektierten Komponenten parallel und senkrecht zur Einfallsebene in ihrer Abhängigkeit von den komplexen Amplituden der einfallenden Schwingung $\mathfrak{E}_p$ und $\mathfrak{E}_s$ gegeben durch den Ansatz [2]):

$$\Re_s = \mathfrak{E}_s \mathfrak{r}_{11} + \mathfrak{E}_p \mathfrak{r}_{12}; \qquad \Re_p = \mathfrak{E}_s \mathfrak{r}_{21} + \mathfrak{E}_p \mathfrak{r}_{22} \cdot \quad \cdots \cdots (1)$$

Ohne Magnetisierung verschwinden naturgemäß die im allgemeinen komplexen Faktoren $\mathfrak{r}_{12}$ und $\mathfrak{r}_{21}$, da aus Symmetriegründen p- und s-Schwingungen nur parallel gerichtete erzeugen können. Mithin stellen $\mathfrak{E}_p \mathfrak{r}_{12}$ und $\mathfrak{E}_s \mathfrak{r}_{21}$ die Komponenten der von Kerr angenommenen, durch das Feld erzeugten neuen Schwingung vor; trifft Kerrs Annahme zu, daß die Erzeugung dieser Komponente die einzige Wirkung des Feldes ist, so müßten die Faktoren $\mathfrak{r}_{11}$ und $\mathfrak{r}_{22}$ unabhängig vom Felde sein (vgl. dazu § 7).

Schwingt das einfallende Licht parallel zur Einfallsebene ($\mathfrak{E}_s = 0$), so ist das reflektierte Licht nach dem früher Gesagten schwach elliptisch; dabei bildet die große Achse der Ellipse mit der p-Richtung den kleinen Winkel χ_p, das — sehr kleine — Verhältnis der kleinen zur großen Achse sei $tg\,\zeta \sim \zeta$, dann ist, wie man leicht beweist[3]), in erster und im allgemeinen genügender Annäherung (vgl. Fig. 1280)

$$\chi_p = \left| \frac{\mathfrak{r}_{12}}{\mathfrak{r}_{22}} \right|_r, \qquad \zeta_p = \pm \left| \frac{\mathfrak{r}_{12}}{\mathfrak{r}_{22}} \right|_i \cdot \quad \cdots \cdots \cdots (2\,\mathrm{a})$$

ist $\mathfrak{E}_p = 0$, so folgt entsprechend

$$\chi_s = -\left| \frac{\mathfrak{r}_{21}}{\mathfrak{r}_{11}} \right|_r, \qquad \zeta_s = \mp \left| \frac{\mathfrak{r}_{21}}{\mathfrak{r}_{11}} \right|_i \cdot \quad \cdots \cdots \cdots (2\,\mathrm{b})$$

Die Indizes r und i bezeichnen wie üblich den reellen und imaginären Teil des zwischen den senkrechten Strichen stehenden Ausdrucks. Bedeutet v für einen

---

[1]) A. a. O. S. 265, 273; Handbuch S. 686.
[2]) Wegen der komplexen Schreibweise vgl. Kap. XXXVII, § 1.
[3]) Vgl. Kap. XXXVII, § 1, siehe auch Voigts Lehrbuch, a. a. O. S. 29 ff. u. 286.

Augenblick das Verhältnis der Amplituden der Kerrschen und der in gewöhnlicher Weise reflektierten Komponente, δ die Phasenverzögerung der ersteren gegen die letztere, so ist bei einfallender p-Schwingung

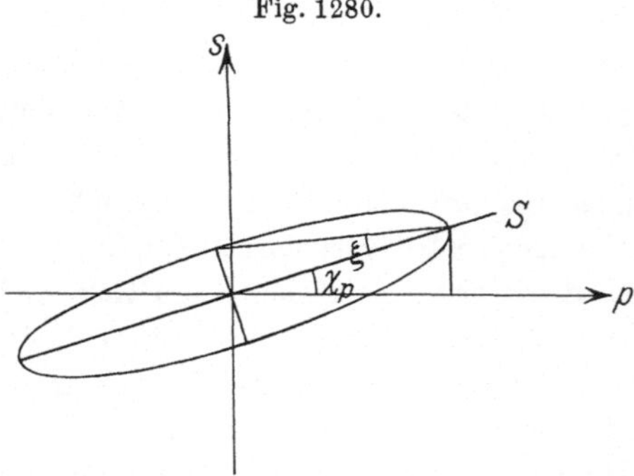

Fig. 1280.

$$\frac{r_{12}}{r_{22}} = v\, e^{-i\delta} = \chi_p \pm i\, \zeta_p \quad \text{usw.} \quad (3)$$

so daß v und δ in einfacher Weise durch χ und ζ bestimmt sind. Andererseits sind χ und ζ durch Analysator und Kompensator direkt meßbar. Im Falle senkrechter Inzidenz ist offenbar $\chi_p = \chi_s$ die Minimumdrehung und $\zeta_p = \zeta_s$ das Amplitudenverhältnis der reflektierten Schwingungsellipse.

Im Falle schräger Inzidenz lehrt eine nähere Betrachtung, daß die Minimum - und Nulldrehungen in ähnlicher Weise durch die Koeffizienten r_{11}, r_{12}, r_{21} und r_{22} bzw. ihre Verhältnisse bestimmt sind; die wichtigen Reziprozitätssätze lassen sich dabei durch die Bedingung

$$r_{12} = \pm\, r_{21} \quad\cdots\cdots\cdots\cdots\cdots\quad (4)$$

zusammenfassen[1]), wobei das positive Zeichen für polare, das negative für meridionale Magnetisierung gilt.

Die Reziprozitätssätze kann man, wie Righi[2]) vermutet und Voigt[3]) bewiesen hat, ohne tiefer gehende theoretische Vorstellungen durch die einfache Annahme ableiten, daß die einfallende p- oder s-Schwingung in zwei elliptische, einander ähnliche Bahnen zerlegt werden kann, die bei der Reflexion unabhängig voneinander Amplitude und Phase ändern; gibt man den Schwingungsellipsen gleichen Umlaufssinn, so erhält man die Reziprozitätssätze für polare, bei entgegengesetztem Umlaufssinn die für meridionale Magnetisierung. Diese Reziprozitätssätze sind also sozusagen eine Folge der geometrischen Verhältnisse bei der Reflexion und daher unabhängig von dem speziellen Vorgang der Magnetisierung und den charakteristischen Eigenschaften des Metalls.

§ 6. Die Theorie des Kerreffekts. Zusammenhang mit dem Faradayeffekt.

Im Anschluß an theoretische Untersuchungen über den Kerreffekt von Drude[4]), Goldhammer[5]) und Leathem[6]) hat Voigt mittels der Ansätze der Elektronentheorie des Zeemaneffekts[7]) eine vollständigere Theorie des Kerreffekts entwickelt[8]). Das Ziel ist dabei, die oben definierten Faktoren r_{12} und r_{21} möglichst durch Materialkonstanten auszudrücken, die aus anderweitigen Messungen ohne Magnetfeld bzw. aus denen des Faradayeffekts bekannt sind, und so die beim Kerreffekt beobachteten

---

[1]) Siehe Voigt, a. a. O. S. 286.
[2]) A. a. O., spez. Ann. de chim. et phys. **4**, 435, 1885.
[3]) A. a. O. S. 277 ff.
[4]) P. Drude, Wied. Ann. **46**, 353, 1892; **48**, 122; **49**, 690, 1893; **52**, 496, 1894; **62**, 691, 1899.
[5]) D. A. Goldhammer, Wied. Ann. **46**, 71, 1892.
[6]) J. G. Leathem, Trans. Roy. Soc. **190**, 89, 1897.
[7]) Siehe W. Voigt, Wied. Ann. **67**, 362, 1898.
[8]) A. a. O. S. 289 ff.

Erscheinungen mit anderen zu verknüpfen. Die Voigtsche Theorie deckt sich in ihren Ergebnissen zum Teil mit einer wesentlich älteren Theorie von Lorentz [1]), die dieser im Anschluß an die Theorie des Halleffekts entwickelt hat.

Wir müssen uns hier damit begnügen, die Ergebnisse der Theorie und ihren Vergleich mit den Versuchsergebnissen kurz wiederzugeben.

Voigt geht aus von den bei der Theorie der Begleiterscheinungen des longitudinalen und transversalen Zeemaneffekts bewährten Gleichungen [2]) der Elektronentheorie der Ausbreitung des Lichtes in absorbierenden Medien unter der Wirkung eines Magnetfeldes; dabei trägt er der Natur der Metalle nur durch formale Einführung ebener inhomogener Wellen Rechnung, bei denen die Ebenen gleicher Amplitude nicht mit denen gleicher Phase zusammenfallen. Berücksichtigt wird lediglich der normale Zeemaneffekt gebundener Elektronen, was sich auch beim Faradayeffekt, wie in Kap. XXXVI gezeigt wurde, in genügendem Abstand von den Eigenfrequenzen ziemlich weitgehend bewährt.
Bei der Rechnung wird die im Innern der Körper wirksame magnetische Feldstärke H_0 verwendet und dabei angenommen, daß sie — vermutlich unter der Wirkung der magnetisierbaren, durch das Feld „gerichteten Elementarteilchen" — von der äußeren Feldstärke verschieden und für die „Magnetisierung" maßgebend ist; diese bestimmt ja erfahrungsgemäß die Größe des Faraday- und des Kerreffekts ferromagnetischer Substanzen. Bei unserer heutigen Unkenntnis der Natur des Ferromagnetismus ist eine molekulartheoretische Beschreibung des Zusammenhangs zwischen äußerer Feldstärke, innerer Feldstärke und Magnetisierung nicht möglich [3]).
Unter Benutzung der üblichen Grenzbedingungen (Linearität in den Schwingungskomponenten sowie Stetigkeit der tangentiellen Komponenten der elektrischen und magnetischen Feldstärke) erhält man die gesuchten Faktoren r_{12} und r_{21} als im allgemeinen ziemlich komplizierte Funktionen des Einfallswinkels φ, der reellen Brechungs- und Extinktionskoeffizienten n und $n\varkappa$, sowie einer einzigen vom Magnetfeld abhängigen komplexen Größe $\mathfrak{Q}$; diese hängt in einfacher Weise mit den komplexen Brechungsindizes der longitudinal im magnetisierten Körper fortschreitenden $\pm$-zirkular-polarisierten Wellen durch die Gleichung

$$\frac{\mathfrak{n}_-^2 - \mathfrak{n}_+^2}{\mathfrak{n}_-^2 + \mathfrak{n}_+^2} = \mathfrak{Q} \quad\ldots\ldots\ldots\ldots\ldots \quad (4\,\mathrm{a})$$

zusammen. Bei der üblichen Annahme, daß sich $\mathfrak{n}_-$ und $\mathfrak{n}_+$ nur um eine kleine Größe voneinander und vom Brechungsindex $\mathfrak{n}_0$ bei Abwesenheit des Magnetfeldes unterscheiden, wird auch $\mathfrak{Q}$ klein gegen 1, und unter Vernachlässigung kleiner Größen zweiter Ordnung erhält man

$$\frac{\mathfrak{n}_- - \mathfrak{n}_+}{\mathfrak{n}_0} = \mathfrak{Q}, \quad \mathfrak{n}_- + \mathfrak{n}_+ = 2\,\mathfrak{n}_0, \quad \mathfrak{n}_\pm = \mathfrak{n}_0\,(1 \mp {}^1\!/_2\,\mathfrak{Q}). \quad\ldots\ldots \quad (4\,\mathrm{b})$$

Setzt man in üblicher Weise

$$\mathfrak{n} = n\,(1 - i\varkappa) \quad\text{und}\quad \mathfrak{Q} = Q\,e^{-iq} = Q\,\cos q - i\,Q\,\sin q,$$

so wird

$$n_- - n_+ = n\,Q\,(\cos q - \varkappa\,\sin q) \quad\ldots\ldots\ldots\ldots \quad (5\,\mathrm{a})$$

und

$$n_-\varkappa_- - n_+\varkappa_+ = - n\,Q\,(\sin q + \varkappa\,\cos q). \quad\ldots\ldots\ldots \quad (5\,\mathrm{b})$$

Diese Größen bestimmen die magnetische Drehung und die Elliptizität beim Faradayeffekt ferromagnetischer Schichten (siehe Kap. XXXVI, § 4). Die oben genannte Drudesche Theorie nimmt $\mathfrak{Q}$ als reell an ($q = 0$), in den übrigen Theorien, speziell in denen von Goldhammer, Lorentz-Wind und Voigt, ist $\mathfrak{Q}$ komplex, so daß die zwei neuen Parameter Q und q auftreten. Elektronentheoretisch hat $\mathfrak{Q}$ in der Bezeichnungsweise der Dispersionstheorie nach Voigt (vgl. Kap. XXVIII und XXXVI) folgende Bedeutung:

$$\mathfrak{Q} = \frac{4\,\pi}{n_0^2} \sum_s \frac{\mathfrak{N}_s\,\varepsilon^3\,\omega\,H_0\,m^2}{c\,(\omega_s^2 + i\gamma\,\omega_s - \omega^2)}.$$

<hr>

[1]) H. A. Lorentz, Arch. Néerl. **19**, 123, 1884; W. van Loghem Diss. Leiden, 1883; siehe auch R. Sissingh, Wied. Ann. **52**, 115, 1891; Arch. Néerl. **27**, 173, 1894; P. Zeeman, Arch. Néerl. **27**, 252, 1894; C. H. Wind, Arch. Néerl. **1**, 119, 1897.
[2]) Siehe W. Voigt, Wied. Ann. **67**, 362, 1898; vgl. auch Kap. XXXVI u. XXXVII.
[3]) Siehe jedoch W. Heisenberg, Zeitschr. f. Phys. **49**, 619, 1928 (Anm. b. d. Korrektur).

Erst wenn die Werte der $\mathfrak{R}_s$, ω_s und γ_s aus der Metalldispersion berechenbar sind, läßt sich über Ω, speziell über die Frequenzabhängigkeit, Näheres aussagen.

In dem wichtigen Falle senkrechter Inzidenz ($\varphi = 0$) und polarer Magnetisierung (wo die Messungen am zuverlässigsten sind, da Oberflächenschichten am wenigsten stören) lassen sich die Formeln für die Faktoren r_{12} usw. in sehr einfacher Weise ableiten. Dazu geht man am besten von einer zirkularen Schwingung aus[1]), die in komplexer Schreibweise (Kap. XXXVII, § 1) durch die Beziehung

$$\mathfrak{E}_s = \mp i\,\mathfrak{E}_p \quad\dots\dots\dots\dots\dots\dots (6)$$

dargestellt ist; dabei kennzeichnen die Indizes s und p lediglich zwei aufeinander senkrecht stehende Richtungen, und die beiden Vorzeichen entsprechen den beiden Rotationsrichtungen. Die reflektierten positiv und negativ rotierenden Wellen haben dann die Amplituden [vgl. Gl. (1), § 5]

$$\mathfrak{R}_{s,\pm} = \mathfrak{E}_s\,(r_{11} \pm i\,r_{12})$$

oder auch
$$\mathfrak{R}_{p,\pm} = \mathfrak{E}_p\,(r_{22} \mp i\,r_{21}).$$

Da sich bei der Reflexion die Fortpflanzungsrichtung und der darauf bezogene Rotationssinn umkehren, ist

$$r_{11} = -\,r_{22} \quad\text{und}\quad r_{12} = +\,r_{21}.$$

So wird
$$\left(\frac{\mathfrak{R}_s}{\mathfrak{E}_s}\right)_{\pm} = r_{11} \pm i\,r_{12}.$$

Ohne Magnetfeld ist nach den Gesetzen der Metallreflexion

$$\left(\frac{\mathfrak{R}_s}{\mathfrak{E}_s}\right)_{0} = r_{11} = -\,r_{22} = \frac{1 - n_0}{1 + n_0}.$$

Entsprechend ist mit Magnetfeld zu setzen

$$\left(\frac{\mathfrak{R}_s}{\mathfrak{E}_s}\right)_{\pm} = \frac{1 - n_+}{1 + n_+}.$$

Durch Einführung von Ω nach Gl. (4a) und in erster Annäherung erhält man daher

$$r_{11} + i\,r_{12} = \frac{1 - n_0\,(1 - \Omega/2)}{1 + n_0\,(1 - \Omega/2)} = \frac{1 - n_0}{1 + n_0} + \frac{n_0\,\Omega}{(1 + n_0)^2},$$

$$r_{11} - i\,r_{12} = \frac{1 - n_0\,(1 + \Omega/2)}{1 + n_0\,(1 + \Omega/2)} = \frac{1 - n_0}{1 + n_0} - \frac{n_0\,\Omega}{(1 + n_0)^2}$$

und
$$r_{12} = r_{21} = -\frac{i\,n_0\,\Omega}{(1 + n_0)^2}.$$

Setzt man
$$\frac{n_0^2 - 1}{n_0} = P \cdot e^{-i\,p},$$

so folgt
$$\frac{r_{12}}{r_{22}} = \frac{i\,\Omega\,n_0}{1 - n_0^2} = -\,i\,\frac{Q}{P}\,e^{i\,(p-q)} = +\,\frac{Q}{P}\,e^{-\,i\,(\pi/2\,-\,p\,+\,q)}$$

und nach Gl. (2a), § 5 für die Minimumdrehung χ und das Amplitudenverhältnis B/A bei senkrechter Inzidenz

$$\chi = \left|\frac{r_{12}}{r_{22}}\right|_r = \frac{Q\,\sin(p-q)}{P} \quad\text{und}\quad \frac{B}{A} = \pm\left|\frac{r_{12}}{r_{22}}\right|_i = \mp\,\frac{Q}{P}\,\cos(p-q).$$

(Das doppelte Vorzeichen ist so zu wählen, daß B/A positiv wird.)

Für die experimentelle Verwertung der Formeln werde die Einheit gegen n_0^2, d. h. gegen $n^2\,(1 + \varkappa^2)$ vernachlässigt — was allerdings eine erhebliche Ungenauigkeit bedeutet, da $n^2\,(1 + \varkappa^2)$ im allgemeinen zwischen 10 und 20 liegt. Dann wird

$$P = n\,\sqrt{1 + \varkappa^2} \quad\text{und}\quad tg\,p = \varkappa.$$

---

[1]) Vgl. M. v. Laue, Handb. d. Experimentalphysik, Bd. 18, S. 206/7, 1928, sowie W. Voigt, a. a. O. S. 293, 316; Handbuch S. 706.

Bedeutet Φ den „Haupteinfallswinkel", bei dem die Phasendifferenz der gewöhnlichen Metallreflexion den Wert $\pi/2$ besitzt, und Θ das „Hauptazimut", d. h. das Azimut der wiederhergestellten linearen Polarisation des reflektierten Lichtes beim Einfallswinkel Φ, so ist (vgl. Kap. XXVIII, Metallreflexion)

$$n \sqrt{1 + \varkappa^2} = \sin \Phi \, tg \, \Phi \quad \text{und} \quad \varkappa = tg \, 2 \, \Theta.$$

Dann wird[1])

$$p = 2 \, \Theta \quad \text{und} \quad P = \sin \Phi \, tg \, \Phi,$$

also

$$\chi = \frac{Q \sin (2 \, \Theta - q)}{\sin \Phi \, tg \, \Phi} \quad \text{und} \quad \frac{B}{A} = \frac{Q \cos (2 \, \Theta - q)}{\sin \Phi \, tg \, \Phi}.$$

Ferner wird, wie man leicht sieht, das in § 5 definierte Amplitudenverhältnis v der Kerrschen zur gewöhnlich reflektierten Komponente [siehe Gl. (3)]

$$v = \frac{Q}{\sin \Phi \, tg \, \Phi}$$

und die entsprechende Phasenverzögerung

$$\delta = \pi/2 - 2 \, \Theta + q.$$

Andererseits ergibt sich analog nach Gl. (5) für die Faradaysche Drehung der Polarisationsebene[2])

$$\chi' = \frac{\pi \, l}{\lambda} (n_- - n_+) = \frac{\pi \, l}{\lambda} \, Q \sin \Phi \, tg \, \Phi \cos (2 \, \Theta + q)$$

und für die Elliptizität (das Amplitudenverhältnis der entstehenden Schwingungsellipse)

$$\frac{B'}{A'} = \frac{\pi \, l}{\lambda} (n_- \varkappa_- - n_+ \varkappa_+) = \frac{\pi \, l}{\lambda} \, Q \sin \Phi \, tg \, \Phi \sin (2 \, \Theta + q).$$

Die Formeln für χ, B/A, χ' und B'/A' zeigen den in § 1 erwähnten Zusammenhang zwischen Kerr- und Faradayeffekt.

In ähnlicher Weise wie die Drehung und Elliptizität bei senkrechter Inzidenz lassen sich die Minimum- und Nulldrehungen bei schräger Inzidenz und die Drehungen beim äquatorialen Effekt (vgl. § 4) als Funktionen von Q, q und den Metallkonstanten n und $\varkappa$ berechnen[3]). Man bekommt so verschiedene Möglichkeiten, die Formeln zu prüfen.

§ 7. Vergleich zwischen Theorie und Experiment.

Folgende Tabelle 2 gibt die von Snow[1]) und von Dziewulski[4]) berechneten Parameter Q und q in ihrer Abhängigkeit von der Wellenlänge. Benutzt sind im ersten Teil der Tabelle die Messungen des äquatorialen Effekts von Ingersoll[5]) zwischen 0,59 und 2,1 μ und die Messungen der polaren Drehung und Elliptizität (bei senkrechter Inzidenz) von Foote[6]) zwischen 0,41 und

---

[1]) Siehe auch Ch. Snow (Phys. Rev. **2**, 29, 1913), der einen sorgfältigen Vergleich der Voigtschen Formeln mit experimentellen Ergebnissen vorgenommen hat.

[2]) Vgl. Kap. XXXVI sowie W. Voigt, a. a. O. S. 296, und besonders Ch. Snow, a. a. O. Für $q = 0$ geht der Wert von $n_- - n_+$ in den von Voigt angegebenen Ausdruck $n \, Q$ über, da $\cos 2 \, \Theta = 1/\sqrt{1 + \varkappa^2}$ ist.'

[3]) Siehe W. Voigt, a. a. O. S. 318 ff. sowie Ch. Snow, a. a. O.

[4]) W. Dziewulski, Physik. Zeitschr. **13**, 642, 1912; Diss. Göttingen, 1914.

[5]) R. L. Ingersoll, Phys. Rev. **35**, 12, 1912.

[6]) P. D. Foote, ebenda **34**, 96, 1912.

0,66 μ. Die zur Berechnung notwendigen Metallkonstanten n und $\varkappa$ sind von den Beobachtern an ihren Spiegeln selbst gemessen [1]) — das ist eine wichtige Voraussetzung für die Möglichkeit einer theoretischen Verwertung solcher Versuche. Der zweite Teil der Tabelle enthält die von Dziewulski aus eigenen Messungen (bei magnetischer Sättigung) berechneten Werte von Q und q, die mit den von Foote berechneten meist gut übereinstimmen.

Tabelle 2. Berechnungen der Konstanten Q und q nach Snow.

| Wellen- länge | Stahl | | Nickel | | Berechnet aus Beobachtungen des |
	Q Magnetis. 1500	q	Q Magnetis. 500	q	
0,42 μ	0,019	$+15^0$	0,006	$-$ 9,0	$\left.\begin{array}{l}\\ \\ \end{array}\right\}$ polaren Effekts von Foote
0,50	0,025	$+10,0^0$	0,007	$-$ 20,0	
0,59	0,032	$+$ 2,4	0,0081	$-$ 27,5	
0,59	0,032	$+$ 2,5	0,0081	$-$ 28,0	äquator. Effekts von Ingersoll
0,65	—	$-$ 4,5	—	$-$ 33,0	polaren Effekts von Foote
0,73	0,041	-15	—	—	$\left.\begin{array}{l}\\ \\ \\ \\ \\ \\ \\ \\ \end{array}\right\}$ äquatorialen Effekts von Ingersoll
0,74	—	—	0,0120	$-$ 52,7	
0,91	0,056	-27	—	—	
1,21	0,055	$-40,7$	—	—	
1,24	—	—	0,0167	$-$ 109,0	
1,65	0,061	$-56,5$	—	—	
2,10	0,060	-72	—	—	
2,12	—	—	0,0320	$-$ 175,0	

Berechnungen von Dziewulski aus eigenen Versuchen.

| Wellenlänge | Stahl | | Nickel | | Kobalt | |
	Q	q	Q	q	Q	q
0,439 μ	0,0223	$+14,3^0$	0,0091	$-$ 8,4^0	0,0247	$-12,0^0$
0,505	0,0270	$+11,0$	0,0087	$-19,3$	0,0261	$-14,6$
0,589	0,0335	$+$ 2,1	0,0094	$-24,1$	0,0280	$-16,4$
0,656	0,0409	$-$ 4,4	0,0106	$-31,5$	0,0299	$-19,6$

Wie die obigen Gleichungen für χ und B/A bei polarer Magnetisierung zeigen, ist q nur von dem Verhältnis von Drehung und Elliptizität abhängig; daher ist q von Feldstärke und Magnetisierung unabhängig, falls χ und B/A bei wachsender Feldstärke einander proportional sind. Dies ist von Foote bis zu einem Felde von 22000 Gauß in der Tat nachgewiesen worden; es wird dadurch bestätigt, daß der aus seinen Messungen berechnete q-Wert mit dem aus Ingersolls Messungen berechneten bei 0,59 μ genau übereinstimmt (vgl. Tabelle 2), obwohl Ingersoll bei einem relativ schwachen Magnetfeld gearbeitet hat und die Spiegel weit von der Sättigung entfernt waren [2]). Dagegen ist

---

[1]) Siehe R. L. Ingersoll, Astr. Journ. **32**, 265, 1910; P. D. Foote, a. a. O.
[2]) Dziewulski findet (a a. O.) keine genaue Proportionalität von Drehung und Elliptizität bei veränderter Magnetisierung — so daß q doch nicht ganz unabhängig von der Magnetisierung wäre —, diese Diskrepanz ist noch ungeklärt. Früher, als nur Messungen bei gelbem Licht vorlagen, schien wenigstens für Eisen Drudes Hypothese ausreichend, daß Q reell sei — in der Tat geben auch die neuen Messungen für q bei Eisen und bei 0,59 μ einen nur wenig von 0 verschiedenen Wert.

Footes ursprünglicher Wert von Q bei Stahl und $0,59\,\mu$ um $\sim 15\,$Proz., bei Nickel um $\sim 20\,$Proz. höher als bei Ingersoll; der Grund hierfür ist offenbar die wesentlich geringere Feldstärke bei Ingersoll, da ja Q ebenso wie die Drehung der Magnetisierung proportional ist. In der Tabelle sind deshalb zum besseren Vergleich Footes Werte von Q entsprechend verkleinert, sie gelten also nicht für Sättigung, sondern für eine geringere Magnetisierung, die Snow auf 1500 CGS für Stahl und 500 CGS für Nickel schätzt.

Eine wichtige Bestätigung der gewonnenen Werte von Q und q erhält man nach Snow, wenn man mit diesen die Drehung bei polarem Effekt zwischen 0,5 und 2,1 μ berechnet und mit Ingersolls entsprechenden Messungen [1]) vergleicht. Die oberen Kurven der Fig. 1281 zeigen die recht gute Übereinstimmung der beobachteten Punkte (O—O—O) mit den berechneten Kurven (– – – –).

Besonders bemerkenswert ist die Übereinstimmung zwischen den berechneten und den beobachteten Werten des Faradayeffekts. Zur Berechnung sind die aus den Ingersollschen Messungen des äquatorialen Kerreffekts entnommenen Werte von Q und q in obige Gleichungen für die Drehung χ' und Elliptizität B'/A' des Faradayeffekts eingesetzt. Tabelle 3 zeigt, wie gut die so gewonnenen Werte mit den von Lobach [2]) und Skinner und Tool [3]) für D-Licht beobachteten Werten an dünnen Fe- und Ni-Schichten übereinstimmen. Die Elliptizität an Ni soll theoretisch nur $^1/_6$ von dem bereits sehr kleinen Werte des Fe sein — Harris [4]) konnte tatsächlich gar keine Elliptizität entdecken. In der Tabelle 3 sind außerdem noch die von Du Bois und Foote beobachteten Werte des polaren Kerreffekts mit den berechneten verglichen.

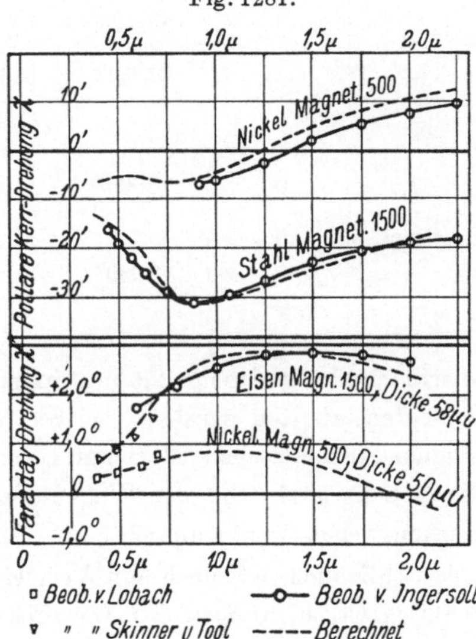

Kerr- und Faraday-Drehung, Vergleich zwischen Theorie und Experiment nach Ch. Snow (Phys. Rev. (2) **2**, 29, 1913).

Fig. 1281 enthält in ihrem unteren Teil die von Lobach, Ingersoll und Skinner und Tool bei verschiedenen Wellenlängen beobachteten Faradayschen Drehungen, verglichen mit der theoretischen Kurve (– – – –); auch hier ist die Übereinstimmung befriedigend; allerdings sind Ingersolls

<hr>

[1]) L. R. Ingersoll, Phil. Mag. **11**, 41, 1906. Die hier angegebenen Drehungen sind durch Spiegelung an zwei Spiegeln (vgl. Fig. 1277 b, § 2) und durch Kommutieren des Magnetfeldes erhalten, sie müßten also durch 4 dividiert werden. Tatsächlich sind zum Vergleich die nur durch 2 dividierten Werte benutzt, weil Ingersoll bei so schwacher Magnetisierung gearbeitet hat.

[2]) W. Lobach, Wied. Ann. **39**, 347, 1890.

[3]) C. A. Skinner and A. Q. Tool, Phil. Mag. **16**, 833, 1908.

[4]) W. D. Harris, Phys. Rev. **24**, 337, 1907.

Tabelle 3. Beziehung von Kerr- und Faradayeffekt nach Ch. Snow
[Phys. Rev. (2) 2, 29, 1913]. $\lambda = 0{,}59\,\mu$.

Polare Kerr-drehung χ	Polare Kerr-elliptizität B/A	Faraday-drehung χ' pro cm	Faraday-elliptizität pro cm	Magneti-sierung	Bemerkungen
			Stahl.		
$-20{,}5'$	0,0044	$219\,000^0$	$6 \cdot 10^{-3}$	1500	Berechnet aus äquato-rialem Kerreffekt
$-23'$	—	—	—	1700	Beobachtet von Du Bois[1]
$-23'$ bis $-24'$	0,0050	—	—	1520	„ „ Foote
—	—	$200\,000^0$	—	gesättigt	„ „ Lobach[2] (elektrolytisches Eisen)
—	—	$275\,000^0$	$4 \cdot 10^{-3}$	„	Beobachtet v. Skinner u. Tool[3] (elektrolyt. Eisen)
			Nickel.		
$-7{,}5'$	0	$75\,000^0$	$1 \cdot 10^{-3}$	500	Berechnet aus äquato-rialem Kerreffekt
$-9{,}0'$	0	—	—	600	Beobachtet von Foote
—	—	$78\,000^0$	—	gesättigt	„ „ Lobach[2]
—	—	—	0	—	„ „ Harris[4]

Werte zum Vergleich mit 2,5 multipliziert, da sie nicht bei Sättigung der dünnen
Schichten erhalten wurden, und Skinner und Tools Zahlen sind bei $0{,}59\,\mu$
mit dem theoretischen Wert zur Deckung gebracht. Wie man sieht, stimmt
die Abhängigkeit von der Wellenlänge mit den theoretischen Werten in bemerkenswerter Weise überein.

Schließlich ist noch ein Vergleich mit den bei schräger Inzidenz beobachteten Erscheinungen des Kerreffekts möglich. Die von Voigt berechneten
magnetischen Reflexionskoeffizienten genügen allgemein der Beziehung

$$r_{12} = \pm\, r_{21}$$

(wobei das obere Vorzeichen für polare, das untere für meridionale Magnetisierung gilt) — daher haben nach dem in § 5 Gesagten die Reziprozitätssätze ihre theoretische Erklärung gefunden. Ferner bleiben, wenigstens in
erster Annäherung ($\mathfrak{Q} \ll 1$), die Faktoren r_{11} und r_{22} frei von $\mathfrak{Q}$, haben also
dieselben Werte wie ohne Magnetisierung; insoweit bewährt sich die Kerrsche
Annahme.

Auch die charakteristischen Einfallswinkel φ_1, φ_2, φ_3, bei denen die Null-
bzw. Minimumdrehungen ihr Vorzeichen wechseln (vgl. § 4), ergeben sich
theoretisch unabhängig von der Feldstärke und in der beobachteten Größe,
z. B. findet man, wenn man in Drudescher Annäherung $q = 0$, also $\mathfrak{Q}$ reell
annimmt, für φ_1 die Beziehung

$$n = \sin \varphi_1 \, tg \, \varphi_1$$

[1] H. Du Bois, Wied. Ann. 39, 25, 1890.
[2] W. Lobach, ebenda S. 347.
[3] C. A. Skinner and A. Q. Tool, Phil. Mag. 16, 833, 1908.
[4] W. D. Harris, Phys. Rev. 24, 337, 1907.

und daher mit $n = 2{,}36$ für Eisen

$$\varphi_1 = 68{,}5^0,$$

während Righi 63^0 beobachtete, ferner ergibt sich in gleicher Annäherung

$$sin\ \varphi_2\ tg\ \varphi_2 = 2\,n,$$
$$sin\ \varphi_3\ tg\ \varphi_3 = n\,(\varkappa^2 - 1);$$

die aus diesen Beziehungen berechneten Werte von φ_2 und φ_3 für Fe stimmen ebenfalls ausreichend mit den gemessenen überein. Für den Gesamtverlauf der beobachteten Minimum- und Nulldrehungen in ihrer Abhängigkeit vom Einfallswinkel muß man freilich $\mathfrak{Q}$ komplex ansetzen und darf q nicht vernachlässigen[1]. Die strengen Formeln sind ziemlich kompliziert, ihr Vergleich mit den vorliegenden Messungen ist von Goldhammer[2]), von Zeeman[3]) und von Dziewulski[4]) (mittels der Q- und q-Werte der Tabelle 2) durchgeführt und hat befriedigende Übereinstimmung ergeben.

Zusammenfassend kann man wohl sagen, daß all die verschiedenartigen Erscheinungen des Kerreffekts und des Faradayeffekts an dünnen Eisenschichten einheitlich durch Einführung der Konstanten Q und q erklärt werden können — freilich bleibt die elektronentheoretische Deutung dieser Konstanten der weiteren Forschung vorbehalten.

---

[1]) Für Ni und Co gelten bereits obige einfache Formeln für φ_1, φ_2, φ_3 nicht.
[2]) D. A. Goldhammer, Wied. Ann. **46**, 71, 1892.
[3]) P. Zeeman, Leiden Comm. No. 8, 1893; No. 10, 1894.
[4]) A. a. O.

Die elektrische Doppelbrechung.
[Elektrischer Kerreffekt][1]).

A. Experimentelles.

§ 1. Kerrs Entdeckung. Ähnlich den Wirkungen magnetischer Kräfte auf optische Erscheinungen ist auch ein optischer Einfluß elektrischer Felder vorhanden. Ältere Versuche, zuerst von Faraday im Anschluß an seine Entdeckung der magnetischen Drehung der Polarisationsebene ausgeführt, blieben erfolglos. Erst Kerr fand 1875 die elektrische Doppelbrechung, die seitdem Kerreffekt genannt wird[2]).

Um diese wichtige Erscheinung z. B. an einer Glasplatte zu beobachten, versenkt man nach Kerr zwei gut isolierte Metallelektroden in dicke Glasplatten, so daß sie sich horizontal, durch eine dünnere Glasschicht getrennt, gegenüberstehen, und verbindet sie mit den Polen einer großen Influenzmaschine. Das Licht einer hellen Lampe schickt man zuerst durch ein Nicolsches Prisma, dessen Polarisationsebene 45^0 mit der Horizontalen bildet, sodann senkrecht durch die Glasplatten zwischen den Elektroden hindurch und läßt es schließlich auf den zum Polarisator gekreuzten Analysatornicol fallen. Die natürliche oder durch mechanische Beanspruchung entstandene Doppelbrechung der Glasplatte kompensiert man z. B. durch einen gepreßten Glasstreifen, so daß vor Erregen des elektrischen Feldes das Gesichtsfeld dunkel ist. Bei Erregung des elektrischen Feldes im Glas tritt eine allmählich wachsende Aufhellung des Gesichtsfeldes ein; sie kann durch Drehung des Analysators nicht aufgehoben werden und zeigt daher elliptisch polarisiertes Licht, also Doppelbrechung an: das parallel und das senkrecht zum elektrischen Felde schwingende Licht durchsetzt die Platte mit verschiedener Geschwindigkeit, so daß die beiden Komponenten die Platte mit einem Gangunterschied verlassen.

Die beobachtete Erscheinung ist offenbar von großer grundsätzlicher Bedeutung, wenn es sich um eine unmittelbare Wirkung des elektrischen Feldes

---

[1]) Von Prof. Dr. R. Ladenburg in Berlin-Dahlem.
[2]) J. Kerr, Phil. Mag. (4) **50**, 337, 446, 1875; ebenda (5) **8**, 85, 229, 1879; **13**, 53, 248, 1882; **37**, 380; **38**, 144, 1894. Ausführliche Literatur bei L. Chaumont, Ann. d. Phys. (9) **4**, 61, 1915; **5**, 17, 1916; G. Szivessy, Jahrb. d. Rad. u. Elektr. **16**, 241, 1920; siehe auch W. Voigts Darstellung in seinem Lehrbuch der Magneto- und Elektrooptik bei Teubner, Leipzig 1908, S. 325 ff., sowie Handb. der Elektr. und des Magnet., Bd. I, S. 289—341; E. Marx' Handb. d. Radiol., VI, S. 765 ff., 1925, bearb. von P. Debye.

auf die optischen Eigenschaften der untersuchten Substanz handelt, und nicht etwa um eine sekundäre Wirkung, z. B. eine durch die elektrischen Kräfte bewirkte mechanische Deformation, wie man auf Grund der allmählichen Ausbildung des Effekts und des erst schnellen und dann langsamen Verschwindens nach einer plötzlichen Entladung vermuten könnte.

Diese wichtige Frage wurde auf verschiedene Weise eindeutig entschieden: Erstens fand Kerr (1879) den gleichen Effekt auch in homogenen elektrischen Feldern an Flüssigkeiten wie Schwefelkohlenstoff, bei denen eine einseitige mechanische Deformation ausgeschlossen ist; hier war keine zeitliche Verzögerung mehr bei der Ausbildung oder dem Verschwinden des Effekts nachweisbar[1]). Zweitens konnte Pockels[2]) an Kristallen zeigen, daß der an ihnen beobachtete, von Röntgen[3]) und Kundt[4]) entdeckte Effekt nur zum Teil auf mechanische Wirkungen der elektrischen Kräfte zurückzuführen ist, daß aber ein Teil durch unmittelbare Einwirkung des elektrischen Feldes auf die Moleküle selbst erklärt werden muß. O. D. Tauern hat das gleiche Ergebnis an Flintgläsern erhalten[5]). Schließlich ist durch Benutzung besonders empfindlicher optischer Hilfsmittel (vgl. Kap. XXXVII, § 1) auch der Nachweis der elektrischen Doppelbrechung in Gasen gelungen [R. Leiser][6]), wo es sich zweifellos um eine unmittelbare elektrische Beeinflussung der Moleküle handelt. Andererseits hat die von J. Stark entdeckte Veränderung von Spektrallinien im elektrischen Felde (siehe Kap. XL) mit dem eigentlichen Kerreffekt anscheinend nichts zu tun.

§ 2. Meßmethoden und quantitative Messung. Zur quantitativen Untersuchung der Erscheinung ist obige, ursprünglich von Kerr verwandte Anordnung naturgemäß nicht geeignet. Um zunächst ein einigermaßen homogenes Feld zu bekommen, verwendet man parallele Platten, zwischen denen das Licht senkrecht zu den elektrischen Kraftlinien hindurchgeschickt wird. Bei Untersuchung von Flüssigkeiten oder Gasen versenkt man die Platten ganz in die untersuchte Substanz.

Der an den Rändern herrschenden Inhomogenität trägt man Rechnung, indem man — bei genügend ausgedehntem Gefäß — die Länge l' des Lichtweges aus der Länge l der Kondensatorplatten nach der aus der Potentialtheorie ableitbaren Formel (vgl. J. Lemoine, Compt. rend. **122**, 835, 1896) berechnet:

$$l' = l + \frac{a}{\pi} \left(1 - \frac{a}{l} \, log \, nat \, \frac{\pi \, l}{a} \right),$$

in der a den Plattenabstand bedeutet. Die wirksame Feldstärke ist dann auf der ganzen Strecke l' gleich der durch a geteilten Potentialdifferenz; diese

---

[1]) Vgl. auch Versuche von W. C. Röntgen, Wied. Ann. **10**, 77, 1880.
[2]) F. Pockels, Gött. Abh. **39**, 1893.
[3]) W. C. Röntgen, Wied. Ann. **18**, 213, 534, 1882.
[4]) A. Kundt, ebenda S. 228.
[5]) O. D. Tauern, Ann. d. Phys. **32**, 1064, 1910.
[6]) R. Leiser, Physik. Zeitschr. **12**, 955, 1911 (Versuche von Leiser und Hansen); vgl. auch die neueren genauen Messungen von G. Szivessy, Zeitschr. f. Phys. **26**, 323, 1924.

mißt man mit einem Thomsonschen absoluten oder einem der neueren Hochspannungselektrometer (Heydweiller, C. Müller u. a., vgl. Bd. IV, S. 281 ff.) oder mit parallel geschaltetem Hochohmwiderstand und Galvanometer.

Was die optischen Methoden zur Messung der Größe der Doppelbrechung angeht, so benutzt man außer den beiden Nicols, deren Polarisationsrichtung unter 45⁰ zur Feldrichtung geneigt ist, irgend eine doppelbrechende Platte als Kompensator (vgl. z. B. Fig. 1282, S. 2219). Die vielen verschiedenen Methoden finden sich zum Teil im Kapitel „Kristalloptik" bei Besprechung der elliptischen Polarisation und ihrer Messung, zum anderen Teile in Kap. XXXVII bei der magnetischen Doppelbrechung, wo speziell die außerordentlich empfindlichen Halbschattenanordnungen näher dargestellt sind.

Auf diese Weise bestimmt man den optischen Gangunterschied der beiden Strahlen, die die im elektrischen Felde befindliche Substanz durchsetzt haben, d. h. den Unterschied der optischen Weglängen der „außerordentlichen", parallel dem elektrischen Felde schwingenden π-Komponente und der dazu senkrecht schwingenden „ordentlichen" σ-Welle:

$$d = l\,(n_a - n_0) = l\,(n_\pi - n_\sigma) = l\,c \left(\frac{1}{v_\pi} - \frac{1}{v_\sigma} \right)$$

(c Lichtgeschwindigkeit im Vakuum, v im Medium), bzw. die in Wellenlängen gemessene relative Verzögerung

$$\varDelta = \frac{d}{\lambda} = \frac{l}{\lambda}\,(n_\pi - n_\sigma).$$

Je nachdem $d >$ oder < 0, heißt die Substanz positiv oder negativ doppelbrechend — ebenso wie Kristalle, bei denen die optische Achse an die Stelle der Richtung der elektrischen Kraft tritt; bei ersteren ist mithin v_σ (d. h. die Geschwindigkeit senkrecht zu den Kraftlinien) größer als v_π.

Positiv doppelbrechend — wie Quarz außerhalb eines elektrischen Feldes oder wie ein in Richtung der elektrischen Kraftlinien gedehnter Glasstreifen — erweisen sich Nitrobenzol, Schwefelkohlenstoff, Wasser, Benzol, Äthylalkohol und die am besten untersuchten bleihaltigen Glassorten [1]) (Tauern), während andere Glassorten, Äthyläther und die höheren Alkohole negativ doppelbrechend sind (wie Kalkspat außerhalb des Feldes).

Die Versuche ergeben ferner eindeutig die Proportionalität von $\varDelta$ mit dem Quadrat der Feldstärke F, wie besonders von Chaumont (a. a. O.) mit einer Genauigkeit von 1 bis 2 Prom. nachgewiesen wurde. Daß $\varDelta$ eine gerade Funktion der Feldstärke ist, ist aus Symmetriegründen von vornherein zu erwarten, denn das Vorzeichen der Doppelbrechung kann nicht davon abhängen, welche der Kondensatorplatten mit dem positiven Pol verbunden ist.

Als „Kerrkonstante" bezeichnet man deshalb allgemein den für eine bestimmte Substanz charakteristischen Ausdruck

$$j = \frac{\varDelta}{l\,F^2} = \frac{n_\pi - n_\sigma}{\lambda\,F^2}.$$

§ 3. Die Größe der Doppelbrechung.

Als Normalsubstanz dient meist Schwefelkohlenstoff, weil dieser in reinem und staubfreiem Zustand be-

---

[1]) Kerr hatte bei Glas eine negative Doppelbrechung gefunden, die also dem Sinne nach mit der durch die mechanischen Kräfte des elektrischen Feldes erzeugten „akzidentellen" Doppelbrechung übereinstimmt.

sonders gut isoliert und leicht reproduzierbare Werte liefert. Der absolute Wert von j für diese Flüssigkeit wurde zuerst von Quincke, später von den verschiedensten Forschern, mit besonderer Genauigkeit in letzter Zeit von Lyon[1]) und von Chaumont bestimmt. Für eine Temperatur von 20^0 C und für Natriumlicht ($\lambda = 589\,\mu\mu$) ergibt sich

$$j = 3{,}22 \cdot 10^{-7}$$

mit einer Genauigkeit von etwa 1 Proz. [2]), wobei F in absoluten elektrostatischen Einheiten zu messen ist (1 CGS-Einheit $= 300$ Volt/cm). Die Größe der Kerrkonstante hängt naturgemäß beträchtlich von der Wellenlänge des benutzten Lichtes, ferner von der Temperatur der untersuchten Substanz ab (Näheres vgl. § 10). Bei Gasen ist sie dem Druck direkt proportional.

    Die wesentliche Störung für absolute Messungen bewirkt bei den meisten Flüssigkeiten die natürliche oder durch Verunreinigungen entstehende Leitfähigkeit, die im allgemeinen einen elektrischen Strom zwischen den Kondensatorplatten und eine Erwärmung der Substanz zur Folge hat. Man vermeidet diese Schwierigkeit durch Verwendung schnell wechselnder Felder, da sich ja die Doppelbrechung beim Kommutieren der Feldrichtung nicht ändert. Dabei muß man aber als Lichtquelle einen von der gleichen Stromquelle betriebenen elektrischen Funken benutzen, der nur im Augenblick der höchsten Spannung überspringt; bei kontinuierlicher Beleuchtung würde man natürlich in jedem Moment, der wechselnden Größe der Spannung entsprechend, wechselnde Effekte bekommen und nur einen Mittelwert finden. Hier wird also in den Augenblicken hoher elektrischer Feldstärke beobachtet, ehe sie infolge der Leitfähigkeit der untersuchten Substanz abgeklungen ist; außerdem hat diese Methode den Vorteil, daß — wenigstens bei Benutzung schneller elektrischer Schwingungen von Funkenstrecken — wegen der relativ großen Pausen zwischen den Augenblicken höchster Spannung die störende Erwärmung der Substanz nicht zustande kommt.

    Wesentlich einfacher sind relative Messungen; bei der von Des Coudres[3]) angegebenen schönen Methode benutzt man zwei „gekreuzte" Kondensatoren an der gleichen Stromquelle (meist Wechselspannungen hoher Frequenz), von denen einer sich in einer Normalflüssigkeit (Schwefelkohlenstoff) befindet, während im anderen Gefäß verschiedene Flüssigkeiten untersucht werden. Sind diese ebenfalls positiv doppelbrechend wie CS_2, so muß bei ihnen die Richtung des elektrischen Feldes senkrecht zu der in CS_2 liegen. Man variiert den Abstand a der Platten des einen Kondensators oder dreht den einen Kondensator um einen meßbaren Winkel gegen die Feldrichtung des anderen (vgl. N. Lyon, a. a. O.), bis sich beide Doppelbrechungen kompensieren. Dann ist — in leichtverständlicher Bezeichnung —

$$j\,l\,\frac{V^2}{a^2} = j'\,l'\,\frac{V^2}{a'^2}, \quad j = j'\,\frac{l'}{l}\,\frac{a^2}{a'^2},$$

so daß sich die Spannung heraushebt, wenn sie nur an beiden Kondensatoren gleichmäßig wechselt. Leiser[4]) hat zwar mit seinem hochempfindlichen Halbschattenkompensator höchst sorgfältige Messungen an vielen Flüssigkeiten nach dieser Methode ausgeführt, leider aber nicht mit einfarbigem Licht gearbeitet, so daß seine Ergebnisse nur Mittelwerte für „weißes" Licht darstellen.

    Die Größe der Kerrkonstante bewegt sich bei den verschiedenen Substanzen in weiten Grenzen; hiervon gibt folgende Tabelle eine Vorstellung, die größten-

---

[1]) N. Lyon, Ann. d. Phys. (4) **46**, 753, 1915 (Diss. Freiburg, 1914).

[2]) Die absoluten Werte der älteren Beobachter weichen um 10 bis 20 Proz. hiervon ab, andererseits beträgt der relative Meßfehler von Chaumont nur 0,1 Proz.

[3]) Th. Des Coudres, Verh. Ges. D. Naturforsch. und Ärzte Nürnberg 1893, **2** (1), 67, 1894; siehe ferner W. Schmidt, Ann. d. Phys. (4) **7**, 142, 1902 (Diss. Göttingen, 1901).

[4]) A. a. O.; siehe auch Abh. d. Bunsen-Ges. **4**, 1910.

teils nach den Messungen von Mc Comb[1] dem wertvollen zusammenfassenden Bericht von Szivessy (a. a. O.) entnommen ist.

Kerrkonstante verschiedener Substanzen,
bei $\lambda = 589\,\mu\mu$ und 20^0 C.

Benzol	$0,60 . 10^{-7}$	Flintgläser von Schott[3]:	
Schwefelkohlenstoff	3,21	Nr. O 3031	$0,29 . 10^{-8}$
Chloroform	$-3,46$	O 4818	0,99
Äthylenchlorid	4,75	S 350	1,4
Wasser	4,7		
α-Monobromnaphthalin	9,1	Gase[4] (bei 760 mm):	
Chlorbenzol	10,0	Kohlendioxyd	$0,24 . 10^{-10}$
Nitrotoluol	123	Ammoniak	0,59
Nitrobenzol[2]	220	Schwefeldioxyd	1,67

Auffallend und bemerkenswert ist der abnorm hohe Wert der elektrischen Doppelbrechung von Nitrobenzol, zumal diese Substanz auch eine besonders große magnetische Doppelbrechung besitzt. Dies hängt mit der abnorm großen Anisotropie der Moleküle zusammen, die sich unmittelbar in der Depolarisation des Streulichts äußert (vgl. § 10 sowie Kap. XXXVII, § 7); außerdem mag ihr großes elektrisches Dipolmoment mitwirken, das man aus der Temperaturabhängigkeit der Dielektrizitätskonstante kennt, das aber nur doppelt so groß wie das von Wasser ist, während die elektrische Doppelbrechung des Nitrobenzols die des Wassers etwa 60 mal übertrifft.

§ 4. Trägheit der elektrischen Doppelbrechung. Für alle Vorstellungen über die Ursache der elektrischen Doppelbrechung ist es wesentlich zu wissen, ob ihre Ausbildung und ihr Verschwinden eine meßbare Zeit erfordert. Soweit die elektrische Doppelbrechung auf sekundären Wirkungen — mechanischen oder thermischen Deformationen — beruht, ist eine ziemlich beträchtliche Trägheit der Erscheinung zu erwarten. Andererseits muß eine Einwirkung auf die Elektronenbewegungen in den Körpermolekülen allen Veränderungen des Feldes mit unmeßbar kleiner Verzögerung folgen; die hier zu erwartenden Zeitunterschiede werden etwa von der Größenordnung der Perioden des angewandten Lichtes oder wenigstens der für die Erscheinungen maßgebenden Elektronen- bzw. Atomschwingungen sein. Beruht aber die hier betrachtete Erscheinung auf einer Orientierung der Körpermoleküle, wie es Langevins Theorie annimmt (vgl. § 8 sowie Kap. XXXVII, § 6), so kann man eine vielleicht meßbare Trägheit der Erscheinung erwarten.

Die vorliegenden Versuche an Flüssigkeiten schließen jedenfalls sekundäre Wirkungen als Ursache der elektrischen Doppelbrechung aus; denn nach den berühmten Messungen von Abraham und Lemoine[5] verschwindet die

---

[1] H. E. Mc Comb, Phys. Rev. **29**, 525, 1909.
[2] Vgl. W. Ilberg, Physik. Zeitschr. **29**, 670, 1928 (Anm. b. d. Korr.).
[3] Nach den Messungen von Tauern, bei denen die mechanische Doppelbrechung gemäß Pockels' Untersuchung bereits in Abzug gebracht ist; die angegebenen Nummern sind die Fabrikationsnummern der Schmelze.
[4] Nach G. Szivessy, Zeitschr. f. Phys. **26**, 342, 1924.
[5] H. Abraham und J. Lemoine, Compt. rend. **129**, 206, 1899; siehe auch R. Blondlot, Journ. de phys. (2) **7**. 911, 1888.

Doppelbrechung sicherlich in weniger als 10^{-8} sec nach Unterbrechung des elektrischen Feldes. Die hierbei benutzte Versuchsanordnung ist von grundsätzlicher Bedeutung und bei geeigneter Abänderung auch in anderen Fällen zur Messung geringer Zeitunterschiede bei optischen Vorgängen brauchbar und angewandt worden; ihr Prinzip ist das Folgende: Das elektrische Feld wird durch schnelle elektrische Schwingungen einer Kondensatorentladung erzeugt, und der dabei verwendete Funke dient zugleich als Lichtquelle (vgl. Fig. 1282). Das Licht des Funkens E wird (nach Wegklappen des Spiegels S_4) einmal direkt durch die Flüssigkeit (CS_2) zwischen den Kondensatorplatten K hindurchgeschickt, und ein anderes Mal läßt man es verschiedene große, durch die Reflexion des Lichtes an den Spiegeln S_1—S_4 erzeugte Umwege durchlaufen, bevor es in den Kondensator eindringt. So

Fig. 1282.

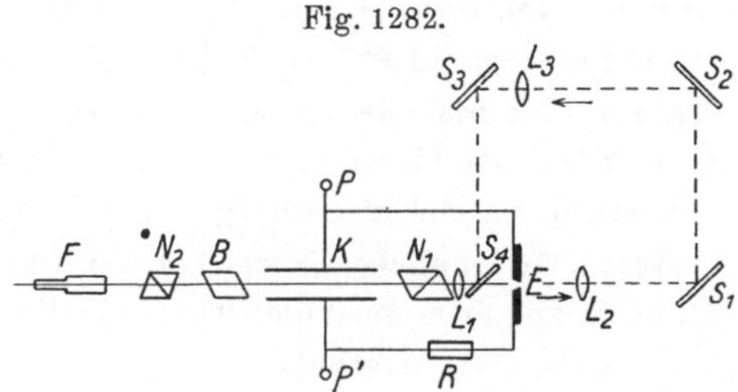

Anordnung von Abraham-Lemoine zur Messuug der Verzögerungszeit
beim Kerreffekt.

PP' Pole eines Hochspannungstransformators, E Funkenstrecke als Lichtquelle, R Flüssigkeitswiderstand, K Kondensatorplatte in der untersuchten Flüssigkeit (Kerrzelle), $N_1 N_2$ Nicols, B Doppelbrechendes Prisma, F Fernrohr, $L_1 L_2 L_3$ Linsen, $S_1 S_2 S_3 S_4$ Spiegel (S_4 wegklappbar).

vergeht eine aus der Länge des Umweges und der Lichtgeschwindigkeit leicht berechenbare Zeit — pro Meter $3,3 \cdot 10^{-9}$ sec — zwischen der mit dem Funkenübergang gleichzeitig erfolgenden Auf- bzw. Entladung der Kondensatorplatten und dem Eintreffen des Lichtblitzes am Kondensator. Die Doppelbrechung selbst wird durch Drehen des Nicols N_2 gemessen, indem man auf gleiche Helligkeit der zwei in der doppelbrechenden Platte B entstehenden Bilder einstellt. Die Versuche ergaben bei einer Weglänge von 20 cm zwischen F und K eine Phasendifferenz φ von 17,3°, bei 80 cm Weglänge, d. h. nach $2,6 \cdot 10^{-9}$ sec, war φ auf 8,7° gesunken, und bei ~ 400 cm Weglänge war sie unmeßbar klein. Hieraus ergibt sich als obere Grenze für die gesuchte Zeitdifferenz für das Verschwinden der Doppelbrechung in CS_2 10^{-8} sec. Jedoch ist auch eine weit kleinere Zeitdifferenz mit den Ergebnissen der Versuche verträglich, da weder der Funke noch das elektrische Feld ohne Zeitverlust abklingen [1]. Denn wenn etwa $5 \cdot 10^{-9}$ sec nach dem ersten Lichtblitz noch ein merkliches Feld zwischen den Kondensatorplatten vorhanden ist, muß auch die Phasendifferenz φ noch einen meßbaren Wert besitzen, — obwohl sie beispielsweise 10^{-10} sec nach Unterbrechung des Feldes verschwunden sein kann. Durch Benutzung phasenverschobener Schwin-

---

[1] Vgl. J. James, Ann. d. Phys. (4) **15**, 954, 1904.

gungen in eng gekoppelten Kreisen nach Mandelstam-Papalexi kann man sich von der endlichen Abklingungszeit des Entladungsvorganges unabhängig machen und findet dann einen nicht mehr meßbaren Zeitunterschied zwischen Entladung des Kondensators und Verschwinden der elektrischen Doppelbrechung [1]). Andererseits hat Gutton [2]) nach einem Unterschied der Zeit für die Ausbildung der Doppelbrechung in verschiedenen Flüssigkeiten gesucht. Er ließ nach Des Coudres' Methode das Licht nacheinander zwei gekreuzte Kerrzellen mit verschiedenen Flüssigkeiten, z. B. Nitrobenzol und Brom-Naphthalin, durchsetzen und kompensierte die Doppelbrechung in einem statischen Felde. Bei Anwendung schneller Schwingungen ($n \sim 1{,}5 \cdot 10^8$/sec) trat ein eben meßbarer Unterschied auf, der durch verschieden große Ausbildungszeit der Doppelbrechung gedeutet werden konnte.

Nach neuen Messungen von Beams und Allison [3]) dauert die Ausbildung der Doppelbrechung in Bromoform $3 \cdot 10^{-9}$ sec, in Äthyläther $6 \cdot 10^{-9}$ sec länger als in CS_2. CS_2 selbst soll eine besonders kleine „Relaxationszeit" besitzen [4]). Deren Absolutwerte sind allerdings bisher noch bei keiner Flüssigkeit gemessen. Aus der anomalen Dispersion im elektrischen Spektrum sollte diese Zeit nur 10^{-9} bis 10^{-10} sec betragen [5]), ähnliche Zeiten hat Tummers [6]) theoretisch für die Dauer der Orientierung der Moleküle, die ja als Ursache der Doppelbrechung anzusehen ist (siehe § 8), berechnet.

§ 5. Anwendungen der Kerrzelle, die auf ihrer nahezu trägheitslosen Wirkung beruhen.

Die nahezu trägheitslose Wirkung der Kerrzelle macht sie zu einem praktisch wichtigen Hilfsmittel bei der elektrischen Bildübertragung [7]). Sie dient hier auf der Empfangsseite, um die empfangenen Strom- bzw. Spannungsschwankungen in entsprechende Lichtschwankungen zu übertragen. Die einige 100 000 mal in der Sekunde wechselnden Spannungen von 100 bis 200 Volt liegen an den Platten eines kleinen, mit Nitrobenzol gefüllten Kondensators, der von dem konvergenten polarisierten Lichtbündel einer Bogenlampe durchsetzt wird.

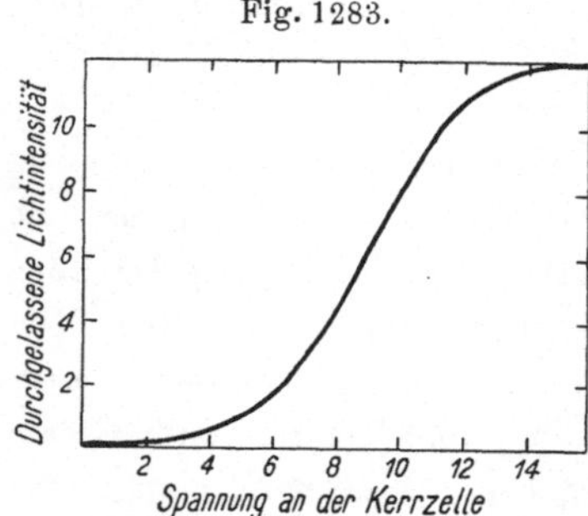

Fig. 1283.

Charakteristik einer Kerrzelle für weißes Licht.

---

[1]) E. Baetge, Diss. Freiburg, 1907.

[2]) C. Gutton, Compt. rend. **156**, 387, 1370, 1913; Journ. d. Phys. (5) **2**, 51, 1912; (5) **3**, 206, 445, 1913.

[3]) J. W. Beams und Fred Allison, Phil. Mag. (7) **3**, 1199, 1927; Proc. Nat. Acad. **13**, 505, 1927.

[4]) Nach L. v. Hámos (Zeitschr. f. Phys. **52**, 549, 1928) kann man die beobachteten Effekte, mindestens teilweise als Folge der verschiedenen Dielektrizitätskonstanten der untersuchten Flüssigkeiten ansehen, so daß die obige Deutung sehr zweifelhaft ist; vgl. auch J. W. Beams und E. O. Lawrence, Journ. Frankl. Inst. **206**, 169, 1928 (Anmerk. bei der Korrektur).

[5]) P. Debye, Handb. d. Rad. VI, Kap. II, § 7.

[6]) J. H. Tummers, Diss. Utrecht, 1914.

[7]) Für das „elektrische Fernsehen" wurde die Benutzung der Kerrzelle zuerst von Sutton 1890 vorgeschlagen; Karolus hat sie dann technisch nutzbar gemacht (vgl. z. B. F. Schröter, Zeitschr. f. techn. Phys. **7**, 421, 1926).

Eine konstante Vorspannung von etwa 100 Volt bewirkt, daß die leitenden Bestandteile an die Elektroden wandern und die Flüssigkeit auf diese Weise gereinigt wird, ferner daß bei Benutzung von weißem Licht die Empfindlichkeit für eine kleine Spannungssteigerung möglichst groß ist; man erkennt die Bedeutung der geeigneten Spannung aus Fig. 1283, in der die mit Photostrom gemessene Lichtstärke in ihrer Abhängigkeit von der (in willkürlichen Einheiten angegebenen) Spannung an einer Kerrzelle schematisch dargestellt ist.

Eine andere Anwendung hat die Kerrzelle bei der Messung der Abklingungszeiten der Fluoreszenz von Farbstofflösungen gefunden [1]).

Ungedämpfte Hochfrequenzschwingungen von $\sim 10^7$ Wechseln in der Sekunde liegen an den Kondensatorplatten einer mit Nitrobenzol beschickten Kerrzelle; vor und hinter ihr befinden sich die üblichen gekreuzten Nicols, deren Polarisationsebenen 45^0 mit der Feldrichtung bilden, und lassen das durch ein Farbfilter gefärbte Licht einer Bogenlampe im Takt der Schwingungen aufleuchten. Es wird an einem Spiegel S reflektiert (siehe Fig. 1284) oder erzeugt in einem fortklappbaren,

Fig. 1284.

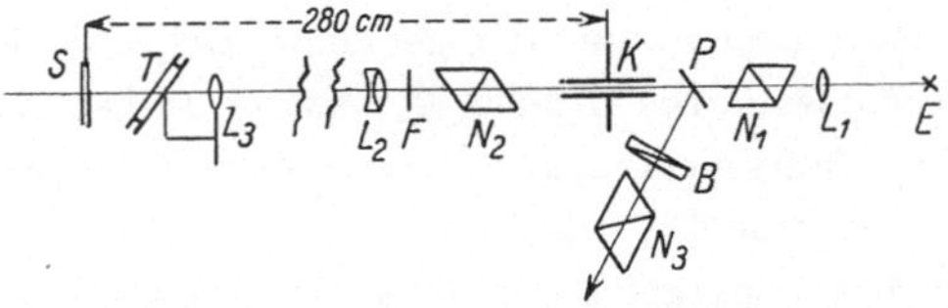

Anordnung von Gaviola zur Messung von Fluoreszenzabklingungszeiten.
E Lichtquelle, P Schräge Glasplatte, K Kerrzelle, F Farbfilter, T Trog mit Farbstofflösung (fortklappbar), S Spiegel.

schräg stehenden Trog T mit Farbstofflösung Fluoreszenz. Das reflektierte bzw. das Fluoreszenzlicht durchsetzt den Nicol N_2 und die Zelle K und wird, durch eine schräge Glasplatte P seitlich reflektiert, mittels Kalkspatplatte B und Nicol N_3 untersucht. Da die Kerrzelle für die benutzten Schwingungen trägheitslos ist, folgt sie ihnen vollständig, und je nach der Zeit, die der Farbstoff zur Erzeugung der Fluoreszenz braucht, bzw. in der die Fluoreszenz abklingt, ändert sich die Helligkeit der im Nicol N_3 betrachteten Bilder des reflektierten Lichtes. Der Spiegel dient sozusagen zur Eichung der Anordnung. Indem man ihn verschieden weit entfernt, kann man grundsätzlich auf diese Weise auch die Lichtgeschwindigkeit messen. Schwierigkeiten entstehen durch die Schlieren, die wohl von der Erwärmung infolge der angelegten Schwingungen herrühren; sie können durch eine angelegte Gleichspannung und dadurch erzeugte Wirbelströmungen beseitigt werden.

Die tatsächliche Messung der Lichtgeschwindigkeit ist nicht ausgeführt, da die Messung der Frequenz der elektrischen Schwingungen bisher nicht möglich war, ohne die Kenntnis ihrer Fortpflanzungsgeschwindigkeit vorauszusetzen [2]). Die gemessenen Abklingungszeiten der Fluoreszenz flüssiger Farbstofflösungen sind von der Größenordnung von 10^{-9} sec. Ob die von Beams und Allison gefundene Verzögerungszeit zwischen Anlegen des Feldes und Verschwinden der Doppelbrechung, die bei Nitrobenzol allerdings noch nicht gemessen zu sein scheint, die erhaltenen Resultate beeinflußt, ist in den vorliegenden Arbeiten noch nicht diskutiert. Jene Verzögerungszeit müßte sich allerdings ebenso bei den Messungen mit dem Spiegel bemerkbar machen, die zur Eichung der Anordnung dienen, und wird sich daher wohl im wesentlichen herausheben.

B. Theorien der elektrischen Doppelbrechung.

§ 6. Die elektrische Beeinflussung des Brechungsquotienten. Die

elektrische Doppelbrechung beruht auf einer Änderung des Brechungsquotienten

---

[1]) P. F. Gottling, Phys. Rev. **22**, 566, 1923; E. Gaviola, Ann. d. Phys. **81**, 681, 1926.
[2]) Vgl. aber A. Karolus und O. Mittelstaedt, Physik. Zeitschr. **29**, 698, 1928 (Anm. b. d. Korr.).

unter der Einwirkung des elektrischen Feldes. Die Abhängigkeit des Brechungsquotienten n von der Frequenz $\omega = \dfrac{2\pi c}{\lambda}$ des untersuchten Lichtes ist außerhalb des eigentlichen Absorptionsgsbietes in jeder Substanz in der Voigtschen Form der Dispersionsgleichung (vgl. Kap. XXXVI, § 13) darstellbar:

$$3\,\frac{n^2-1}{n^2+2} = \frac{\varrho_1}{\omega_1^{\,2}-\omega^2} + \frac{\varrho_2}{\omega_2^{\,2}-\omega^2} + \cdots$$

Hier bedeuten ω_1, ω_2 die Frequenzen der verschiedenen Absorptionsstreifen, ϱ_1, ϱ_2 charakteristische Konstanten, die den Gesamtbetrag der Absorption messen. In der klassischen Elektronentheorie bedeuten die ω_i die Eigenfrequenzen der quasielastisch gebundenen i-ten Elektronenart, und die Konstanten ϱ_i hängen mit Ladung e, Masse m und relativer Anzahl $\mathfrak{N}_i$ der betreffenden Elektronenart durch die Beziehung $\varrho_i = 4\,\pi\mathfrak{N}_i\,\dfrac{e^2}{m}$ zusammen.

In der Quantentheorie kann man die genannte Dispersionsformel praktisch unverändert übernehmen. Die Größen $\mathfrak{N}_i$ bzw. ϱ_i stehen dabei in einfacher Beziehung zu den Wahrscheinlichkeitskoeffizienten der Quantenübergänge [1] (vgl. Kap. XXVIII, D, § 55 ff. sowie Kap. XXXVI, § 16).

Nach dieser Dispersionsgleichung muß jede Einwirkung des elektrischen Feldes auf den Brechungsquotienten durch eine unmittelbare Änderung der Absorptionsstreifen, und zwar entweder der ω_i- oder der ϱ_i-Werte, zustande kommen [2]. Beim elektrischen Kerreffekt werden die beiden Polarisationsrichtungen, parallel (π-) und senkrecht (σ-) zum elektrischen Felde, verschieden stark beeinflußt, mithin ist auch eine für die beiden Polarisationsrichtungen verschiedene Einwirkung auf die Absorptionsstreifen anzunehmen, die auf dem Umwege über die Dispersionsformel den Brechungsquotienten auch im absorptionsfreien Gebiet abändert. Die Absorptionsstreifen werden also, wie man hiernach erwarten muß, durch das elektrische Feld entweder in verschieden polarisierte Teile aufgespalten, oder sie bleiben in ihrer Lage unverändert, nur die Stärke der Absorption wird für verschiedene Polarisationsrichtungen verschieden. Diesen beiden Möglichkeiten entsprechen die beiden vorliegenden Gruppen der Theorien des Kerreffekts, nämlich erstens die Voigtsche Theorie, die analog der Theorie des Zeemaneffekts und seiner Begleiterscheinungen im magnetischen Falle eine Einwirkung des elektrischen Feldes auf die Elektronenbewegungen im Atom voraussetzt; sie wurde — viele Jahre nach ihrer Aufstellung — durch den Starkeffekt und durch die anomale elektrische Doppelbrechung an der D_2-Linie des Na-Dampfes bis zu einem gewissen Grade bestätigt (vgl. § 9). Und zweitens die Langevinsche Orientierungstheorie, die im allgemeinen für die normale elektrische wie für die normale magnetische Doppelbrechung das Richtige trifft. Diese Langevinsche Theorie ist bereits in Kap. XXXVII näher

---

[1]) Vgl. R. Ladenburg, Zeitschr. f. Phys. **4**, 451, 1921; H. A. Kramers und W. Heisenberg, ebenda **31**, 681, 1925.

[2]) Vgl. für das Folgende K. F. Herzfeld, Ann. d. Phys. **69**, 369, 1922.

besprochen worden; dabei wurde gezeigt, daß sie einer verschiedenen Beeinflussung der Stärke der π- und σ-Absorptionsstreifen äquivalent ist. Wir kommen in § 8 hierauf zurück.

§ 7. Die Voigtsche Theorie[1]). Sie geht aus von einer Einwirkung des elektrischen Feldes auf die Elektronenbewegung des Atoms. Sie steht noch ganz auf dem Boden der klassischen Licht- und Elektronentheorie und betrachtet die Elektronen als quasielastisch gebunden. Der übliche Ansatz[2]), nach dem die Kraft, die das Elektron an das Atom bindet, einfach dem Abstand von der Ruhelage proportional ist, führt, wie sich leicht zeigen läßt, zu keiner Änderung der Eigenschwingungen. Vielmehr ist eine Erweiterung dieses Ansatzes erforderlich. Voigt nimmt deshalb an, daß bei Einwirkung äußerer elektrischer Felder, deren Stärke die der Lichtwellen weit übertreffen, die quasielastische Kraft durch ein der dritten Potenz des Abstandes proportionales Glied zu erweitern ist, gerade wie die einfache Proportionalität zwischen Dehnung und Spannung zu gelten aufhört, wenn die Dehnungen eine gewisse Grenze überschreiten. Die Wirkung der äußeren Feldkraft äußert sich dann in einer asymmetrischen (anisotropen) Bindung, nämlich so, als ob in der Feldrichtung eine andere Kraft proportional der Verschiebung aus der Ruhelage wirkt als in den dazu senkrechten Richtungen (vgl. Kap. XL, § 1), und man erhält eine unsymmetrische, dem Quadrat der elektrischen Feldstärke proportionale Verschiebung der den Eigenfrequenzen der Elektronen entsprechenden Emissions- und Absorptionslinien. Diese Theorie gibt also keine Rechenschaft von dem linearen Starkeffekt an den Wasserstoff- und den wasserstoffähnlichen Linien. Dagegen wird die Voigtsche Theorie, wenigstens bis zu einem gewissen Grade, durch den quadratischen Starkeffekt (speziell an den D-Linien des Na) bestätigt; zur Deutung der feineren Einzelheiten kann man gerade wie beim anomalen Zeemaneffekt ein Eingehen auf Einzelheiten des Atombaues und quantentheoretische Überlegungen nicht entbehren (siehe Kap. XL, § 14 bis 17). Die Durchführung der Voigtschen Theorie gibt eine verschieden starke Verschiebung der π- und σ-Komponenten[3]) — wie sie experimentell tatsächlich bisweilen, speziell an der D_2-Linie, beobachtet wird (siehe § 9). Und diese Erscheinung führt auf Grund der Dispersionstheorie unmittelbar zu einer elektrischen Doppelbrechung; denn die Dispersionskurve für die π-Komponente ist dann gegen die der σ-Komponente gemäß der verschiedenen Lage der beiden Absorptionsstreifen etwas verschoben, und besonders in der unmittelbaren Nachbarschaft der Absorptionslinien entsteht so ein beträchtlicher Unterschied der beiden Brechungsquotienten, d. h. Doppelbrechung. Dieser Effekt ist ganz analog der anomalen magnetischen Doppelbrechung im transversalen Magnetfeld und der anomalen Magnetorotation im longitudinalen

---

[1]) W. Voigt, Lehrbuch der Magneto- und Elektrooptik, S. 353, 1908.
[2]) Vgl. Kap. XXVIII, B und Kap. XXXVI, § 13.
[3]) Das sind, wie immer, die parallel und die senkrecht zum Felde schwingenden Komponenten.

Magnetfeld (vgl. die in Kap. XXXVI, § 15 gezeichneten Kurven der Fig. 1255, die hier ganz analog verlaufen).

Die quantitative Durchführung der Theorie wird unter der vereinfachenden Voraussetzung, daß nur eine Eigenfrequenz ω_0 (ein einziger Absorptionsstreifen) vorliegt, und daß es sich um ein Gas handelt, einfach; man kann dann den Brechungsquotienten außerhalb des eigentlichen Absorptionsgebietes durch die Formel darstellen (vgl. Kap. XXXVI, § 13)

$$n = n_0 + \frac{\varrho}{4\,n_0\,\omega_0\,(\omega_0 - \omega)}.$$

Bedeutet ω_0^{π} die Frequenz der durch das elektrische Feld entstehenden π-Komponente, ω_0^{σ} die entsprechende σ-Komponente und n_π bzw. n_σ die zugehörigen Brechungsquotienten, so folgt unmittelbar für deren Unterschied

$$n_\pi - n_\sigma = \frac{\varrho\,(\omega_0^{\sigma} - \omega_0^{\pi})}{4\,n_0\,\omega(\omega_0^{\pi} - \omega)\,(\omega_0^{\sigma} - \omega)}.$$

Hierbei ist offenbar angenommen, daß im elektrischen Felde nur eine π- und eine σ-Komponente entsteht und daß die beiden Komponenten gleiche Stärke haben ($\varrho_\pi = \varrho_\sigma$). Die erhaltene Gleichung für $n_\pi - n_\sigma$ gibt eine in großer Nähe der Absorptionslinie stark anwachsende „anomale" elektrische Doppelbrechung, die in erster Annäherung dem Quadrat des Abstandes von der Eigenfrequenz umgekehrt proportional ist — ganz analog dem magnetischen Fall.

Zur Berechnung der Doppelbrechung in größerem Abstand von dem Absorptionsstreifen kann man von der allgemeineren Dispersionsgleichung

$$3\,\frac{n^2 - 1}{n^2 + 2} = \sum_i \frac{\varrho_i}{\omega_i^2 - \omega^2}$$

ausgehen; man findet durch Differentiation, indem man die durch das Feld F bewirkte Änderung des Brechungsquotienten $\varDelta n = n_\pi - n$ bzw. $n_\sigma - n$ setzt und die zugehörige Frequenzänderung $\varDelta\omega_\pi$ bzw. $\varDelta\omega_\sigma$ nennt, z. B.

$$n_\pi - n = -\sum_i \frac{\omega_i\,\varrho_i(n^2 + 2)^2}{9\,n\,(\omega_i^2 - \omega^2)^2}\,\varDelta\omega_\pi.$$

Beschränkt man sich wieder auf einen einzelnen Absorptionsstreifen, so folgt für das wichtige Verhältnis der absoluten Verzögerungen (vgl. § 11)

$$\frac{n_\pi - n}{n_\sigma - n} = \frac{\varDelta\omega_\pi}{\varDelta\omega_\sigma} = \frac{\varDelta\lambda_\pi}{\varDelta\lambda_\sigma}.$$

Ferner ergibt sich für die relative Änderung:

$$n_\pi - n_\sigma = \frac{\omega_0\,\varrho\,(n^2 + 2)^2}{9\,n\,(\omega_0^2 - \omega^2)^2}\,(\varDelta\omega_\pi - \varDelta\omega_\sigma) = \frac{(n^2 - 1)^2\,\omega_0}{\varrho\,n}\,(\varDelta\omega_\pi - \varDelta\omega_\sigma).$$

Da die Differenz $\varDelta\omega_\pi - \varDelta\omega_\sigma$ dem Quadrat von F proportional zu setzen ist (siehe oben), ergibt sich für die Wellenlängenabhängigkeit der Kerrschen Konstante $j = \frac{n_\pi - n_\sigma}{\lambda\,F^2}$ der Ausdruck[1] $C \cdot \frac{(n^2 - 1)^2}{n \cdot \lambda}$, der von Havelock auf Grund ganz andersartiger Überlegungen abgeleitet wurde (siehe auch § 9). Für die tatsächlich beobachteten Erscheinungen der gewöhnlichen elektrischen Doppelbrechung scheint der hier aus der elektrischen Beeinflussung der Absorptionslinien berechnete Effekt von untergeordneter Bedeutung zu sein; denn wie Langevin gezeigt hat[2], ist z. B. bei Schwefelkohlenstoff der beobachtete Kerreffekt rund 1000 mal so groß, als nach der Voigtschen Theorie zu erwarten ist; außerdem gibt diese keine Erklärung von der starken Temperaturabhängigkeit, die bei der elektrischen Doppelbrechung beobachtet wird. Eine Erklärung dieser Phänomene liefert dagegen die mehrfach erwähnte Langevinsche Orientierungstheorie, zu der wir nunmehr übergehen.

---

[1] Vgl. W. Voigt, Gött. Nachr. (math.-phys. Kl.) 1912, S. 527.
[2] P. Langevin, Le Radium 7, 258, 1910.

§ 8. Die Orientierungstheorie. Diese Theorie beruht auf der Annahme der wenigstens teilweisen Einstellung der Moleküle in die Feldrichtung. Eine solche orientierende Wirkung des äußeren Feldes hatte bereits Kerr[1] angenommen, um die von ihm gefundene Doppelbrechung zu erklären. Im Anschluß an Larmor[2] und Langevin[3] haben dann Cotton und Mouton[4] die Anschauung entwickelt, daß die Moleküle auch eines isotropen Körpers an sich anisotrop, nämlich in verschiedener Richtung verschieden stark elektrisch und optisch polarisierbar, aber bezüglich der Achse größter Polarisierbarkeit regellos verteilt sind; ein äußeres Feld übt nun, wenigstens in einer Flüssigkeit oder einem Gas, eine richtende Wirkung auf die anisotropen Moleküle aus und würde sie alle einander parallel stellen, wenn nicht die Wärmebewegung die Richtwirkung störte. Im Mittel bleibt bei Anwesenheit eines äußeren Feldes ein gewisses Moment der gerichteten Moleküle und daher eine optische Anisotropie der Substanz übrig. Dasselbe gilt nach Born, wenn die Moleküle auch ohne äußeres Feld ein eigenes elektrisches Moment besitzen[5]. Gewissermaßen ein Modell zu dieser Vorstellung liefern Versuche von Kerr[6], Meslin[7] und Chaudier[8], bei denen sehr fein pulverisierte Kristalle (also anisotrope Teilchen von wenigstens mikroskopischer Größe) in einer Flüssigkeit von ähnlichem Brechungsquotienten im allgemeinen keine besondere Wirkung zeigen; in ein elektrisches oder magnetisches Feld gebracht, erfahren die kleinen Kristalle ein richtendes Drehmoment und rufen Doppelbrechung hervor.

Die quantitative Durchführung der Orientierungstheorie ist bereits in Kap. XXXVII, § 6 besprochen, zugleich mit der Beziehung zur Depolarisation des Streulichtes (§ 7), die eine unmittelbare Folge der optischen Anisotropie der Moleküle ist. Daselbst ist auch gezeigt, daß die entstehende Doppelbrechung bei Molekülen ohne permanentes Moment der absoluten Temperatur umgekehrt proportional ist. Besitzt das Molekül außer der anisotropen Polarisierbarkeit ein festes elektrisches Moment, und ist es nicht rotationssymmetrisch, sondern hat die Symmetrie eines dreiachsigen Ellipsoids, so treten in dem Ausdruck für die Doppelbrechung zwei temperaturabhängige Glieder auf, von denen eines der Temperatur selbst, das andere dem Quadrat der Temperatur umgekehrt proportional ist[5]. Dieses letztere Glied sollte also charakteristisch für Substanzen mit natürlichen elektrischen Dipolen sein, die nach Debye vor allem durch eine starke Temperaturabhängigkeit der Dielektrizitätskonstante ausgezeichnet sind.

Die spezielle Prüfung der Orientierungstheorie hat gezeigt, daß sie jedenfalls die Erscheinungen der elektrischen Doppelbrechung im allgemeinen zu erklären imstande ist; und zwar sind es vor allem folgende Punkte, die zu-

---

[1] J. Kerr, Phil. Mag. **50**, 446, 1875.
[2] J. J. Larmor, Phil. Trans. (A) **190**, 232, 1897.
[3] P. Langevin, Ann. Chim. et Phys. **5**, 70, 1905; Le Radium **7**, 249, 1910.
[4] A. Cotton und H. Mouton, Compt. rend. **150**, 857, 1910.
[5] M. Born, Abh. Berl. Akad. 1916, S. 614, spez. S. 647; Ann. d. Phys. **55**, 177, 1918, spez. S. 215.
[6] J. Kerr, Rep. of the Brit. Ass. 1901, S. 568.
[7] G. Meslin, Compt. rend. **136**, 888 ff., 1903.
[8] J. Chaudier, ebenda **137**, 248, 1903.

gunsten der Orientierungstheorie und gegen die Voigtsche „Theorie des Zeemaneffekts" sprechen: der absolute Wert der elektrischen Doppelbrechung, der so viel größer ist als nach der Voigtschen Theorie zu erwarten (siehe § 7, Schluß), und besonders groß für Flüssigkeiten mit natürlichen elektrischen Dipolen ist (siehe § 3, Schluß, sowie § 10); die endliche Dauer der Entstehung bzw. des Verschwindens der Doppelbrechung (§ 4, Schluß), schließlich und vor allem die Temperaturabhängigkeit sowie der Zusammenhang mit der Depolarisation des Streulichts (siehe § 10).

C. Vergleich der Theorien mit der Erfahrung.

§ 9. Abhängigkeit der Doppelbrechung von der Wellenlänge. Auf Grund der Vorstellung der durch ein äußeres Feld bewirkten anisotropen Verteilung der Moleküle, aber in anderer Weise als Langevin und zeitlich vor ihm, hat T. H. Havelock[1] im Anschluß an Larmor die elektrische Doppelbrechung zu deuten versucht und die nach ihm benannte Dispersionsformel der Doppelbrechung:

$$j = C\,\frac{(n^2 - 1)^2}{\lambda \cdot n},$$

abgeleitet; die gleiche Wellenlängenabhängigkeit der Doppelbrechung liefert auch die Voigtsche Theorie, wie in § 7 bemerkt wurde. In der Tat hat sich die hierdurch bestimmte beträchtliche Abhängigkeit von der Wellenlänge im allgemeinen bestätigt[2], allerdings ist sie nur in dem kleinen Wellenlängengebiet des Sichtbaren untersucht; an Äthyläther, dessen Doppelbrechung und gewöhnliche Dispersion nur gering ist, scheint die Dispersion schwächer zu sein, als der Havelockschen Formel entspricht[3], diese Diskrepanz ist bisher nicht aufgeklärt. Übrigens führt die Langevinsche Theorie nur dann, wenn kein festes elektrisches Moment vorhanden ist und wenn gewisse vereinfachende Annahmen bezüglich der Dispersionselektronen gemacht werden, zu der Havelockschen Formel. Jedenfalls kann diese kaum als Prüfstein der Theorie dienen, zumal, wie gesagt, auch die Voigtsche Theorie zu dieser Formel führt.

Andererseits ist nach der Voigtschen Theorie in der Nähe eines Absorptionsstreifens eine anomal große, mit der Wellenlänge schnell variierende elektrische Doppelbrechung zu erwarten, falls die π-Komponente des Absorptionsstreifens im elektrischen Felde eine andere Lage als die σ-Komponente erhält (vgl. § 7). Dieser Effekt ist in äußerst verdünntem Natriumdampf ($p \sim 10^{-5}$ mm) an der D_2-Linie von Ladenburg und Kopfermann aufgefunden worden[4].

---

[1] T. H. Havelock, Proc. Roy. Soc. (A) **80**, 28, 1907.

[2] Vgl. H. E. Mc Comb, Phys. Rev. **29**, 525, 1909; G. Szivessy, Zeitschr. f. Phys. **2**, 30, 1920.

[3] Siehe N. Lyon, Ann. d. Phys. (2) **46**, 753, 1915.

[4] R. Ladenburg und H. Kopfermann, Abh. d. Berl. Akad. d. Wissensch. 1925, S. 420; Ann. d. Phys. **78**, 659, 1925, daselbst nähere Einzelheiten auch wegen der im Text genannten besonderen Na-Lampe.

Da die Doppelbrechung nur im Bereich weniger Hundertstel Ångström von der D_2-Linie nachweisbar ist, ist eine richtige Auflösung des Effekts noch nicht gelungen. Vielmehr erfolgte der Nachweis der Doppelbrechung folgendermaßen: als Lichtquelle diente eine besondere Na-Lampe, die intensive D-Linien von geeigneter Breite liefert. Deren Licht durchsetzt, unter 45^0 zur Horizontalen polarisiert, das Na-Absorptionsrohr zwischen den vertikal gestellten Kondensatorplatten. Hier wird die Mitte der D-Linien wegabsorbiert. Die hellen Ränder der Linien bleiben übrig (s. Fig. 1285) und werden in einem Spektroskop mäßiger Dispersion, das die D-Linien gut trennt, auf Doppelbrechung untersucht. Die beiden Ränder der Linien ver-

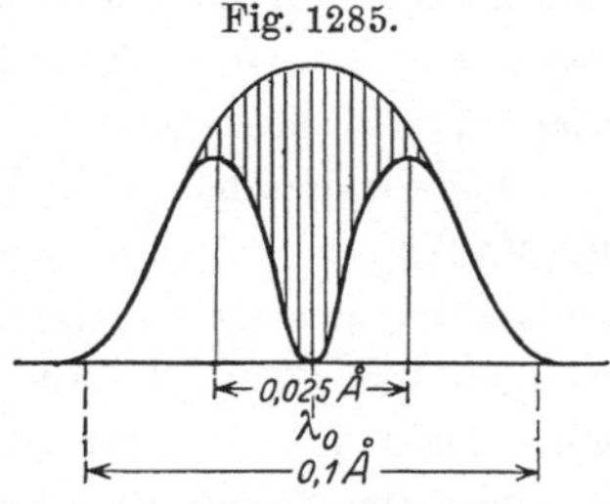

Fig. 1285.

schmelzen bei der relativ kleinen Auflösung zu je **e i n e r** D_2- und **e i n e r** D_1-Linie. Bei Anlegen eines Feldes von 30 000 Volt/cm findet nur in dem Licht der D_2-Linie Doppelbrechung statt, die mit einer Halbschattenmethode gemessen wird. Daraus kann der Unterschied $\varDelta\,\omega_\pi - \varDelta\,\omega_\sigma$ der elektrischen Verschiebung der π- und σ-Komponente bestimmt werden. Es ergibt sich, daß das benutzte Feld die π-Komponente um $0{,}75 \cdot 10^{-3}$ Å stärker verschiebt als die σ-Komponente, in genügender Übereinstimmung mit direkten Messungen (Kap. XL, § 16). An der D_1-Linie dagegen ist diese „anomale elektrische Doppelbrechung" nicht nachweisbar, da die im elektrischen Felde entstehenden π- und σ-Komponenten der Absorptionslinie anscheinend genau zusammenfallen.

Intensitätsverteilung in einer der D-Linien der Ladenburgschen Na-Lampe nach Durchsetzen des Na-Absorptionsrohres (schematisch).

Die **n o r m a l e   e l e k t r i s c h e** Doppelbrechung in Gasen erfordert eine oder gar mehrere Atmosphären Druck, während der Na-Dampfdruck bei diesen Versuchen nur 10^{-4} bis 10^{-5} mm betrug.

Hierdurch ist die Voigtsche Theorie im Falle des Na-Dampfes bestätigt, wo ja die Grundlage dieser Theorie, eine dem Quadrat der Feldstärke proportionale elektrische Verschiebung der Absorptionslinien selbst, experimentell ebenfalls nachgewiesen ist — aber diese Versuche erlauben natürlich keinen Schluß auf die Ursache der elektrischen Doppelbrechung in anderen Fällen, speziell bei Flüssigkeiten und festen Körpern.

§ 10. Temperaturabhängigkeit; Prüfung der Orientierungstheorie.

Ein besseres Kriterium zur Entscheidung zwischen den verschiedenen Theorien liefert die Abhängigkeit von der Temperatur. Nach der Theorie des quadratischen Starkeffekts sollte die elektrische Doppelbrechung sich ebenso mit der Temperatur ändern wie der Faktor $(n^2 - 1)^2/n$, da der andere Faktor temperaturunabhängig ist (siehe die in § 7 für $n_\pi - n_\sigma$ abgeleitete Gleichung). Nach Langevin dagegen ist die elektrische Doppelbrechung proportional der reziproken absoluten Temperatur, bei Dipolen tritt ein Glied mit $1/T$ und eins mit $1/T^2$ auf (vgl. Kap. XXXVII, § 7, wo die entsprechenden Formeln angegeben sind).

Die vorliegenden Versuche sind noch nicht ganz eindeutig. Soweit die untersuchten Flüssigkeiten keine Dipole enthalten — aber auch beim Brom- und Chlorbenzol, wo Dipole angenommen werden —, ändert sich die elektrische Doppelbrechung nahezu proportional $1/T$, eher etwas weniger; man könnte hieraus auf eine Orientierung der Moleküle nach Langevins Theorie schließen, überlagert durch einen quadratischen Starkeffekt. Bei Chloroform und Äthyläther — bei denen durch die Temperaturabhängigkeit der Dielektrizitäts-

konstante und ihre Abhängigkeit von der Feldstärke[1]), sowie durch den Dipol-
rotationseffekt[2]) die Existenz fester Dipole nachgewiesen ist —, ändert sich
jener Faktor der elektrischen Doppelbrechung in der Tat stärker als proportional der reziproken absoluten Temperatur[3]).   Eine genaue Übereinstimmung mit der theoretisch berechneten Temperaturabhängigkeit ist jedoch
nur zu erwarten, wenn man die Moleküle nicht als isolierte Teilchen behandelt, sondern der meist auftretenden Assoziation der Moleküle Rechnung
trägt, die ja auch temperaturabhängig ist; dies ist bisher noch nicht ausreichend geschehen[4]).

Andererseits hängt die Doppelbrechung, da sie die optische Anisotropie
der Moleküle zur Voraussetzung hat, unmittelbar mit der Depolarisation des
Streulichts (Tyndall-Lichts) zusammen (siehe Kap. XXXVII, § 7).   So haben
Raman und Krischnan[5]) bei einer Reihe von Gasen mit dipolfreien
Molekülen aus dem — von den Autoren selbst und anderweitig — gemessenen
Depolarisationsfaktor der Streustrahlung r, aus der Refraktion $n_0 - 1$ und
der Dielektrizitätskonstanten δ die absolute Größe der Kerrkonstante berechnet; durch Einführung dieser Größen formen sie nämlich die von P. Debye
angegebene Formel (s. Kap. XXXVII, § 7) folgendermaßen um:

$$\text{Kerrkonstante } K = \frac{n_\pi - n_\sigma}{\lambda E^2} = \frac{3\,(n_0 - 1)\,(\delta - 1)}{4\,\pi\,N\,\lambda\,k\,T}\,\frac{r}{6 - 7\,r}$$

(N bedeutet die Zahl der Moleküle in der Volumeneinheit).

In der Tat erhält man so eine recht gute Übereinstimmung mit den experimentell gefundenen Werten der Kerrkonstante.   Diese Übereinstimmung
ist ein großer Erfolg und eine wirkliche Bestätigung der Orientierungstheorie.
Ferner zeigen die genannten Verfasser in Bestätigung der Bornschen Theorie,
daß Moleküle mit großem elektrischen Moment in gasförmigem sowohl wie in
flüssigem Zustand eine besonders große Kerrkonstante besitzen, und daß
negative Kerrkonstante nur bei Molekülen mit elektrischem Moment auftritt.
Nach Borns Vorstellung beruht nämlich die negative Doppelbrechung darauf,
daß das permanente elektrische Moment die Richtung relativ kleiner optischer
Polarisierbarkeit hat, so daß sich diese parallel zum Felde einstellt und
$n_\pi < n_\sigma$ wird, dies aber ist nur bei Molekülen mit Dipolen möglich.

§ 11. Absolute Geschwindigkeitsänderung im elektrischen Felde.

Alle bisher genannten Untersuchungen befaßten sich nur mit der Frage nach
dem relativen Unterschied $n_\pi - n_\sigma$ der π- und σ-Komponenten; experimentell
viel schwieriger zu beantworten ist die Frage nach dem Betrag der absoluten
Geschwindigkeitsänderung im elektrischen Felde, also nach den Werten $n_\pi - n_0$

---

[1]) Vgl. z. B. J. Herweg, Zeitschr. f. Phys. **3**, 36, 1920.
[2]) M. Born, Zeitschr. f. Phys. **1**, 22, 1920; P. Lertes, ebenda **6**, 56, 1921.
[3]) Vgl. C. Bergholm, Ann. d. Phys. **65**, 128, 1921; N. Lyon, ebenda **46**,
753, 1915; G. Szivessy, Zeitschr. f. Phys. **2**, 30, 1920; N. Lyon und F. Wolfram,
Ann. d. Phys. **63**, 739, 1920; Zeitschr. f. Phys. **8**, 64, 1921; P. Lertes, ebenda **6**,
257; **8**, 72, 1921.
[4]) Vgl. R. Gans, Ann. d. Phys. **64**, 481, 1921 und die in Fußnote 3 zitierten
Arbeiten, sowie P. Debye, Handb. d. Rad. VI, S. 175, 1925.
[5]) C. V. Raman und K. S. Krischnan, Phil. Mag. **3**, 713, 724, 1927.

und $n_\sigma - n_0$ bzw. nach deren Verhältnis $\dfrac{n_\pi - n_0}{n_\sigma - n_0}$. Die Orientierungstheorie liefert für das letztgenannte Verhältnis den Wert[1] — 2. Die Theorie des quadratischen Starkeffekts ergibt (vgl. § 7), daß dies Verhältnis gleich dem Quotienten der betreffenden Frequenzänderungen der π- und σ-Komponente ist. Die von Voigt durchgeführte Rechnung auf Grund der klassischen Vorstellung schwingender Oszillatoren lieferte bei seinem speziellen Ansatz für die bindende Kraft den Quotienten $+ 3$, der an der D_2-Linie auch annähernd der Erfahrung zu entsprechen scheint[2]. Die Quantentheorie jedoch 'lehrt, daß jener Quotient wesentlich von den Bahnen der „Leuchtelektronen" bzw. den Bewegungen der Atome abhängt, so daß sich sogar verschiedene Linien derselben Serie im elektrischen Felde ganz verschieden verhalten[3]; daher sollte nach dieser Theorie auch das Verhältnis $\dfrac{n_\pi - n_0}{n_\sigma - n_0}$ je nach dem Bau des betreffenden Atoms verschiedene Werte haben.

Bei den Versuchen verwendet man eine Interferenzmethode, wie meist bei neueren Versuchen zur Messung des Brechungsquotienten, nämlich den Jaminschen Interferentialrefraktor oder das Michelsonsche oder Löwe-Zeisssche Interferometer (Kap. XIV). Man zerlegt das einfallende Licht in zwei relativ weit getrennte, parallel laufende Strahlen und bringt sie dann zur Interferenz. In dem einen Strahl wird die untersuchte Substanz einem starken elektrischen Felde ausgesetzt, und die eventuelle Verschiebung der Interferenzstreifen bildet ein Maß für die Änderung des Brechungsquotienten. Verwendet man Gleichspannung zur Aufladung des Kerrschen Kondensators, so kann die Elektrostriktion das Ergebnis besonders bei nicht leitenden Substanzen stark fälschen [Himstedt][4]; so sind wohl die nicht übereinstimmenden Resultate älterer Untersuchungen [Quincke[5]), Kerr][6] zu deuten. Andererseits treten bei einigermaßen gut leitenden Flüssigkeiten, wie Nitrobenzol, leicht Störungen durch die Wärmeentwicklung auf. Diese Fehlerquellen kann man durch Benutzung schneller elektrischer Schwingungen vermeiden, mit denen man sowohl einen Funken als Lichtquelle betreibt als auch den Kerrschen Kondensator auflädt. Und zwar kommt es darauf an, die Zeitdauer, während der das elektrische Feld an die Kerrzelle angelegt wird, einerseits größer als 10^{-8} sec zu machen, damit sich der Kerreffekt voll ausbilden kann (s. § 4); andererseits aber muß jene Zeitdauer kleiner als 10^{-5} sec bleiben, damit sich die mit Schallgeschwindigkeit ausbreitende Elektrostriktion nicht störend bemerkbar macht. Diese Aufgabe hat Pauthenier[7]) gelöst, indem er der Kerrzelle eine geeignete Kapazität

[1] Vgl. P. Debye, a. a. O. S. 772.
[2] R. Ladenburg, Zeitschr. f. Phys. **28**, 51, 1924.
[3] Vgl. Kap. XL, speziell § 16 u. 17.
[4] F. Himstedt, Ann. d. Phys. **48**, 1061, 1915; **59**, 332, 1919.
[5] G. Quincke, Wied. Ann. **19**, 729, 1883.
[6] J. Kerr, Phil. Mag. **37**, 380; **38**, 144, 1894.
[7] M. Pauthenier, Ann. de phys. (9) **14**, 239, 1920, woselbst ausführliche ältere Literatur; siehe ferner Compt. rend. **170**, 101, 803, 1576, 1920; Journ. de phys. (6) **2**, 138, 1921.

parallel schaltete und die Widerstände in den Zuleitungen so wählte, daß die Aufladezeit der Kerrzelle den angegebenen Forderungen genügte. Auf diese Weise hat er an einer Reihe verschieden gut leitender Flüssigkeiten (Schwefelkohlenstoff, Nitrobenzol, Monochlorbenzol) und für verschiedene Wellenlängen den Quotienten $\dfrac{n_\pi - n_0}{n_\sigma - n_0}$ gemessen und übereinstimmend den von der Orientierungstheorie geforderten Wert — 2 gefunden; dadurch sind die älteren Versuche von Äckerlein[1]) nach der von Mandelstam angegebenen Methode bestätigt, obwohl die dagegen erhobenen Bedenken nicht widerlegt sind[2]). Denselben Wert erhielt F. Himstedt bei äußerst sorgfältigen Gleichstromversuchen an Nitrobenzol[3]), dagegen führten seine Messungen an besser leitenden Flüssigkeiten wie Schwefelkohlenstoff wegen Störungen durch Elektrostriktion nicht zu entscheidenden Resultaten[4]). Doch folgt auch aus seinen Versuchen, daß $n_\pi - n_0 < 0$, $n_\sigma - n_0 > 0$, d. h. daß in dieser positiv doppelbrechenden Substanz die parallel schwingende, außerordentliche Welle verzögert, die andere beschleunigt wird, so wie es die Orientierungstheorie verlangt.

Zusammenfassend kann man also sagen, daß die Versuche über elektrische Doppelbrechung übereinstimmend dafür sprechen, daß sich die Moleküle unter der Einwirkung des äußeren elektrischen Feldes in die Kraftrichtung einstellen. Außerdem ist noch in einigen Fällen ein sehr geringer Einfluß auf die „Eigenfrequenz" selbst, d. h. auf die Lage der Absorptionslinien vorhanden, der jedenfalls beim Natriumdampf direkt erwiesen ist.

---

[1]) G. Äckerlein, Physik. Zeitschr. **7**, 594, 1906; **8**, 117, 1907.
[2]) W. Voigt, ebenda **7**, 811, 1906; F. Pockels, Le Radium **9**, 148, 1912.
[3]) A. a. O.
[4]) Nimmt man an, daß die Elektrostriktion nur $\frac{1}{3}$ des von ihm aus Dielektrizitätskonstante und Kompressibilität berechneten Wertes besitzt (nämlich nur 0,067 statt 0,177), so ergeben auch seine Messungen an CS_2 für den obigen Quotienten genau —2,0.

Vierzigstes Kapitel.

Einfluß elektrischer Felder auf Spektrallinien [Starkeffekt] [1].

§ 1. Untersuchungen vor Starks Entdeckung. Die Einwirkung elektrischer Felder auf Spektrallinien ist seit Zeemans grundlegender Entdeckung der magnetischen Beeinflussung Gegenstand mancher theoretischer und experimenteller Untersuchungen gewesen, bevor J. Stark im Jahre 1913 den gesuchten Effekt wirklich fand. W. Voigt, der die Elektro- und Magnetooptik in besonderem Grade durch theoretische und experimentelle Untersuchungen gefördert hat, hat bereits im Jahre 1901 aus der Elektronentheorie gefolgert, daß ein Elektron, dessen quasielastische Bindung streng der Verschiebung proportional ist, im elektrischen Felde seine Eigenfrequenz gar nicht ändert [2].

Dies läßt sich leicht zeigen; es bedeute m Masse, e Ladung (in absoluten statischen Einheiten) des „quasielastisch" gebundenen Elektrons, $\nu_0 = \dfrac{c}{\lambda_0}$ seine Schwingungszahl, $\omega_0 = 2\pi\nu_0$ die zugehörige „Frequenz" in 2π Sekunden; ferner seien XYZ die Komponenten der einwirkenden elektrischen Kraft F des äußeren Feldes. Dann lauten die Differentialgleichungen

$$\ddot{x} + \omega_0^2 x = \frac{e}{m} X, \quad \ddot{y} + \omega_0^2 y = \frac{e}{m} Y, \quad \ddot{z} + \omega_0^2 z = \frac{e}{m} Z \ \ldots \ (1)$$

wobei die zwei Punkte über den Lagekoordinaten x, y, z die zweiten zeitlichen Differentialquotienten bedeuten. Durch die Substitution

$$\xi = x - \frac{eX}{m\,\omega_0^2}, \quad \eta = y - \frac{eY}{m\,\omega_0^2}, \quad \zeta = z - \frac{eZ}{m\,\omega_0^2}$$

gehen die Gleichungen offenbar in die der freien Schwingung über:

$$\ddot{\xi} + \omega_0^2 \xi = 0, \quad \ddot{\eta} + \omega_0^2 \eta = 0, \quad \ddot{\zeta} + \omega_0^2 \zeta = 0,$$

so daß nur die Nullage des Elektrons verschoben, seine Frequenz aber durch das äußere elektrische Feld nicht verändert worden ist.

Wird jedoch der Ansatz für die bindende Kraft durch ein der 3. Potenz des Abstandes von der Ruhelage proportionales Glied ergänzt, so erhält man eine geringe, dem Quadrat der Feldstärke proportionale Frequenzänderung·

Die Bewegungsgleichungen des Elektrons lauten bei dieser Erweiterung, falls man die Z-Achse in die Richtung der äußeren Kraft legt,

$$\ddot{x} + (\omega_0^2 + b\,r^2)\,x = 0, \quad \ddot{y} + (\omega_0^2 + b\,r^2)\,y = 0, \quad \ddot{z} + (\omega_0^2 + b\,r^2)\,z = \frac{e}{m} Z = \frac{e}{m} F \ (2)$$

---

[1] Von Prof. Dr. R. Ladenburg in Berlin-Dahlem. (Dieser Artikel ist vor der neueren Entwicklung der Wellenmechanik geschrieben, die Literatur ist jedoch möglichst bis zum Jahre 1928 nachgetragen.)

[2] W. Voigt, Ann. d. Phys. **4**, 197, 1901; siehe auch Magneto- und Elektrooptik (Leipzig 1908), S. 356 ff und 378 ff.

Dabei ist $r^2 = x^2 + y^2 + z^2$ und b ein Proportionalitätsfaktor, der die Erweiterung des Kraftansatzes kennzeichnet. Ist x_0, y_0, z_0 die neue Gleichgewichtslage, so folgt aus (2)

$$x_0 = y_0 = 0, \quad (\omega_0^2 + b\,z_0^2)\,z_0 = \frac{e}{m}\,F \quad\ldots\ldots\ldots \quad (3)$$

also in erster Annäherung

$$z_0 = \frac{e\,F}{m\,\omega_0^2}. \quad\ldots\ldots\ldots\ldots\ldots \quad (3a)$$

Betrachtet man nur kleine Verschiebungen aus der Gleichgewichtslage, so folgt mit

$$x = x_0 + \xi,\; y = y_0 + \eta,\; z = z_0 + \zeta$$

in erster Näherung

$$r^2 = z_0^2 + 2\,z_0\,\zeta \quad \text{und} \quad r = z_0 + \zeta.$$

Dies in (2) eingesetzt, ergibt nach einfacher Umrechnung, immer in 1. Näherung

$$\ddot{\xi} + (\omega_0^2 + b\,z_0^2)\,\xi = 0, \quad \ddot{\eta} + (\omega_0^2 + b\,z_0^2)\,\eta = 0, \quad \ddot{\zeta} + (\omega_0^2 + 3\,b\,z_0^2)\,\zeta = 0. \quad (4)$$

Die Wirkung der äußeren Kraft parallel Z besteht also bei unserem Ansatz für die bindende Kraft darin, daß das Elektron wie ein asymmetrisch (anisotrop) gebundenes Elektron schwingt, so, als ob in der Z-Richtung eine andere Kraft proportional der Verschiebung aus der Ruhelage wirkt als in der X- und Y-Richtung. Da in (4) z_0^2 nur mit ξ bzw. η oder ζ multipliziert auftritt, kann man den Wert (3a) einsetzen und findet für die durch das äußere Feld abgeänderten Frequenzen

$$\omega_x^2 = \omega_y^2 = \omega_0^2 + \frac{b\,e^2}{m^2\,\omega_0^4}\cdot F^2$$

$$\omega_z^2 = \omega_0^2 + \frac{3\,b\,e^2}{m^2\,\omega_0^4}\,F^2,$$

also für die kleinen Frequenzänderungen

$$\omega_x - \omega_0 = \omega_y - \omega_0 = \frac{b\,e^2}{2\,m^2\,\omega_0^5}\,F^2$$

$$\omega_z - \omega_0 = 3\,b\,\frac{e^2}{2\,m^2\,\omega_0^5}\,F^2 = 3\,(\omega_x - \omega_0) = 3\,(\omega_y - \omega_0).$$

Man hat daher bei Zugrundelegung des genannten Atommodells keinen linearen, sondern nur einen quadratischen Effekt zu erwarten, der erst bei erheblicher Feldstärke nachweisbare Beträge annimmt. Bei Beobachtung senkrecht zum Felde („transversal") würde man nach obiger Formel eine π- und eine σ-Komponente (d. h. eine parallel und eine senkrecht zum Felde schwingende Komponente) beobachten, von denen die erste dreimal so stark wie die letzte verschoben ist.

In Analogie zu den Begleiterscheinungen des inversen Zeemaneffektes, den „anomalen" Doppelbrechungen im magnetischen Felde, hat man außerdem als Folge der verschieden großen Verschiebung der π- und σ-Komponente auf Grund der klassischen Dispersionstheorie eine geringe transversale „anomale" elektrische Doppelbrechung in unmittelbarer Nähe der den Eigenfrequenzen entsprechenden Absorptionslinien des betrachteten Dampfes zu erwarten (vgl. Kap. XXXIX, § 9).

Es ist bemerkenswert, daß die von Voigt vorhergesagten quadratischen Effekte — und zwar sowohl die Verschiebung der Linien im elektrischen Felde, als die elektrische Doppelbrechung — 20 Jahre später an den D-Linien des Na tatsächlich gefunden wurden (siehe S. 2275). Voigt selbst und seinen unmittelbaren Nachfolgern glückte es allerdings nicht, in leuchtenden oder absorbierenden Dämpfen wegen der im allgemeinen mit dem Leuchten verbundenen guten elektrischen Leitfähigkeit genügend starke elektrische

Felder zu erhalten, um irgend eine Einwirkung auf die Emissions- oder Absorptionslinien beobachten zu können. Die Lösung dieses Problems gelang erst Johannes Stark im Jahre 1913, der zunächst einen unerwartet großen linearen elektrischen Effekt an den Wasserstofflinien, sodann auch die elektrische Beeinflussung anderer Spektrallinien entdeckte.

A. Der Starkeffekt an H= und He$^+$=Linien.

§ 2. Versuchsanordnungen.

Stark[1] hatte den außerordentlich glücklichen Gedanken, das elektrische Feld zur Beeinflussung der Spektrallinien in dem Raum hinter der Kathode einer Geisslerröhre bei niedrigem Gasdruck zu erzeugen (siehe Fig. 1286) und die leuchtenden Kanalstrahlen, die durch Löcher in der Kathode in diesen Raum und damit in das elektrische Feld eintreten, als Lichtquelle zu verwenden. Hier, dicht hinter der Kathode, herrscht in der Tat so geringe „Leitfähigkeit", hier sind so wenig Elektronen oder Ionen vorhanden, daß man sehr hohe elektrische Felder bis zu mehreren 100 000 V/cm erhalten kann. Man stellt dazu die beiden das elektrische Feld erzeugenden Kondensatorplatten so dicht einander gegenüber, daß trotz hoher Spannungsdifferenz an den Platten bei dem verwendeten niederen Gasdruck keine selbständige Entladung zwischen den Platten übergeht (vgl. die Vorgänge in der Hittorfschen Umwegröhre, Bd. IV³, S. 1018).

Die eine Platte wird mit vielen Löchern (Kanälen) versehen und dient als Kathode K einer Entladungsröhre (vgl. die Starks Originalabhandlung entnommene Fig. 1286); die andere Kondensatorplatte F befindet sich auf der der Anode A abgewandten Seite von K im Abstand von $^1/_{10}$ bis 2 mm, so daß die durch die Löcher in der Kathode laufenden Kanalstrahlen in das homogene elektrische Feld zwischen K und F gelangen. Doch ist zu beachten, daß nahe K, dicht an den Löchern das Feld inhomogen ist, nahe F dagegen der homogenere Teil des Feldes liegt. Die von den Kanalstrahlen ausgesandten und die von ihnen beim Aufprall auf andere Atome des Gases oder des Metalls erzeugten Spektrallinien können in einem starken elektrischen Felde von der Seite beobachtet und photographiert werden[2]. Zur Untersuchung des „Longitudinaleffekts" parallel den elektrischen Kraftlinien verwendet man, immer nach dem Vorgang von Stark, das in Fig. 1287 dargestellte Rohr, bei dem man durch die Löcher in der Kathode des Glimmstroms hindurch beobachtet, während die Kanalstrahlen in einer Richtung senkrecht hierzu durch den Schlitz in der Kathode in das „Spannungsfeld" eintreten. Hierbei liegt übrigens, im Gegensatz zu Fig. 1286, das elektrische Feld senkrecht zur Bewegungsrichtung der Kanalstrahlen. Die

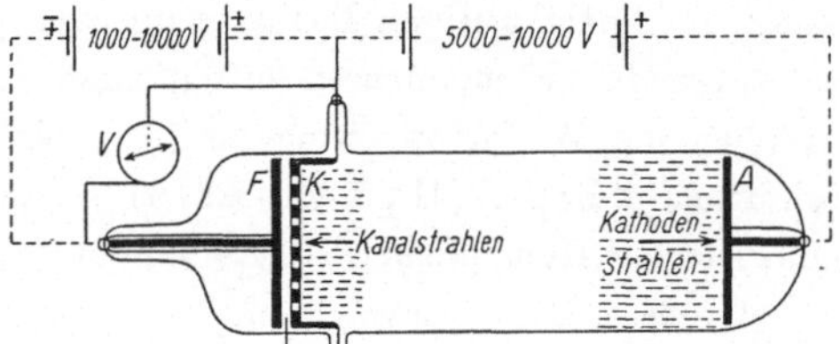

Fig. 1286.

Anordnung zur Beobachtung des transversalen Starkeffekts (zwischen F und K liegt das wirksame elektrische Feld, A Glimmstromanode, V Voltmeter).

---

[1] J. Stark, Abh. d. Berl. Akad. **47**, 932, 1913; Ann. d. Phys. **43**, 965, 1914. Für die Starkschen Arbeiten bis Ende 1914 vgl. seine Broschüre „Elektrische Spektralanalyse chemischer Atome"; im folgenden zitiert als Sp. S. . . .

[2] Eine ähnliche Röhre, für Demonstrationsversuche geeignet, beschreibt E. Gehrcke. Zeitschr. f. techn. Phys. **3**, 93, 1922. Hier liegt das elektrische Feld senkrecht zur Anfangsrichtung der Kanalstrahlen; eine einzige Stromquelle erzeugt die elektrische Entladung und das Feld.

Beobachtungsrichtung ist immer senkrecht zu der Fortpflanzung der Kanalstrahlen, niemals in ihrer Richtung, da man sonst durch den (von Stark früher entdeckten) Dopplereffekt gestört würde [1]).

Als Stromquelle verwendet man am besten sowohl für die Glimmentladung, als für das „äußere" elektrische Feld Gleichstrom oder gleichgerichteten Wechselstrom; doch kann man für qualitative Beobachtungen die Kanalstrahlen auch mit Induktorentladungen erzeugen, ohne die Größe des elektrischen Effektes zu ändern.

Fig. 1287.

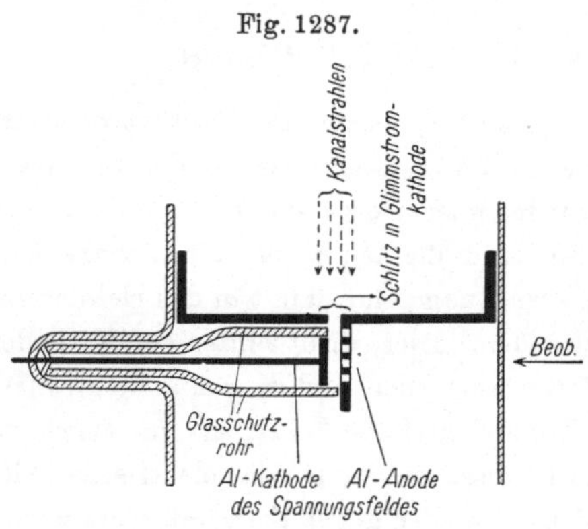

Röhre zur Beobachtung des longitudinalen Starkeffekts.

Die geeignetste Art und Form der zu verwendenden Spektralapparate hängt davon ab, wie groß der elektrische Effekt an den zu untersuchenden Linien ist und in welchem Spektralgebiet man beobachten will. Wegen der Lichtschwäche der Kanalstrahlen und bei Aufspaltung in viele Komponenten, wie bei den höheren H-Linien, ist möglichst große Lichtstärke des Spektrographen erforderlich, soweit sich dies mit der erforderlichen spektralen Dispersion und Auflösung vereinen läßt. Meist wird man Spektrographen mit mehreren Prismen verwenden — Stark hat bei einer Dispersion von etwa 15 Å pro Millimeter teils Prismen, teils Plangitter benutzt und trotz sehr lichtstarker Apparate (Öffnung 1 : 3,5 bis 4,5 bei 30 bis 50 cm Brennweite) häufig 10 bis 24 Stunden belichten müssen [2]). Zur Trennung und gleichzeitigen Beobachtung der parallel und senkrecht zum Felde schwingenden Komponenten bringt man meist vor dem Spalt des Spektrographen ein Wollastonprisma an (d. i. ein Kalkspat, parallel der Achse geschnitten, s. Kap. XVIII, § 12, S. 976), so daß die beiden senkrecht zueinander polarisierten Komponenten übereinander fallen.

Größere Lichtstärke kann man nach einer zuerst von Lo Surdo [3]) angewandten und „Lo Surdo-Methode" benannten Anordnung erreichen. Sie hat sich in neueren Untersuchungen des Starkeffekts an den H-Linien und besonders bei vielen Linien höherer Atome, die nach der ursprünglichen Methode von Stark gar nicht oder nur schlecht untersucht werden konnten, als sehr nützlich erwiesen, und wird mehr und mehr angewandt, zumal man bei ihr

---

[1]) Eine etwas abgeänderte Röhre beschreibt W. Steubing zur Beobachtung des Starkeffekts an Bandenlinien, die keinen Dopplereffekt zeigen und bei denen daher in Richtung der Kanalstrahlen beobachtet werden kann (Physik. Zeitschr. **24**, 917, 1925).

[2]) Vgl. J. Stark, Ann. d. Phys. **48**, 196, 1915. Einen besonders zur Untersuchung des Starkeffekts gebauten Prismenspektrographen hoher Lichtstärke und großer Dispersion beschreibt J. Stuart Foster, J. Opt. Soc. **8**, 373, 1924. Der große 3-Prismenspektrograph GH von Steinheil-München mit Optik 1 : 3 und 1 : 10 ist für derartige Untersuchungen ebenfalls geeignet und neuerdings auch dafür verwendet worden.

[3]) António Lo Surdo, Rend. Acad. d. Lin. **22**, 665, 1913; **23**, 83, 117, 252, 326, 1914. Physik. Zeitschr. **15**, 122, 1914; siehe ferner L. Puccianti, Rend. Acad. d. Lin. **23**, 329, 1914. Die Methode wurde zuerst von Stark vorgeschlagen („Methode der ersten Kathodenschicht"), Ber. Berl. Akad. **47**, 932, 1913.

mit einer einzigen Stromquelle auskommt. Es wird nämlich das durch **Kanal-** und **Kathodenstrahlen** angeregte Leuchten in unmittelbarer Nähe der Kathode, auf der der Anode zugewanden Seite untersucht, wobei man — ohne besonderes Hilfsfeld — durch geeignete Einengung des Gasraumes dicht an der Kathode ein sehr hohes, allerdings mit der Entfernung von der Kathode rasch abnehmendes, elektrisches Feld erzeugen kann [vgl. Fig. 1288, nach Angaben von **Stark, Stuart Foster u. a.**][1]). Die Faktoren, die für den Feldverlauf im Dunkelraum nahe der Kathode maßgebend sind, sind ausführlich von **Yoshida**[2]) und **Brose**[3]) untersucht worden. Für exakte Messungen hat diese Methode allerdings gegenüber der **Stark**schen Methode des homogenen Feldes erhebliche Nachteile.

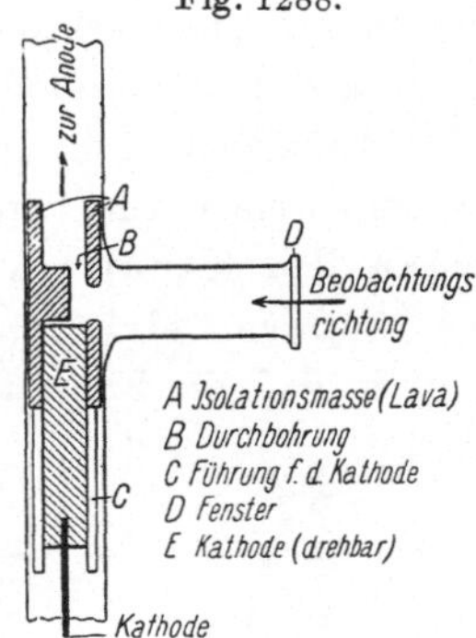
Fig. 1288.

Lo Surdo-Röhre.

Die meist aus Al oder Mo gefertigte Kathode E ist von widerstandsfähigem Isolationsmaterial (Quarz oder Lavamasse) ziemlich eng umgeben und dieses in die Glasröhre gut passend eingesetzt. Der seitliche Ansatz mit Quarzfenster erlaubt Beobachtung im Ultraviolett und verhindert das sehr störende Beschlagen des Fensters mit zerstäubtem Metall. Bei starker Belastung (5 bis 20 mA.) ist allerdings die Lebensdauer einer solchen Röhre nicht sehr groß. Man bildet die z. B. von oben nach unten laufenden Kanalstrahlen auf den Spalt eines stigmatisch zeichnenden Spektrographen ab, so daß die verschiedenen Teile des Spaltes und der photographierten Spektrallinien verschiedenen Feldstärken entsprechen (vgl. Fig. 1302, 1303, S. 2263). Das stark inhomogene Feld wird durch die Aufspaltung der Wasserstoff- und Heliumlinien ausgemessen, die auf Grund der Versuche von **Stark** und anderen mit homogenen Feldern recht genau bekannt sind.

§ 3. Ergebnisse an H- und He⁺-Linien. Mit glücklichem Griffe wählte **Stark** als erstes Versuchsobjekt die Balmerlinien des Wasserstoffs, die einen, nach der klassischen Elektronentheorie (siehe § 1) gänzlich unerwartet großen Effekt liefern. Die Ergebnisse dieser Untersuchungen **Starks**[4]) und seiner Nachfolger sind, kurz zusammengefaßt, die folgenden: Jede Balmerlinie wird in eine, mit der **Seriennummer anwachsende** Anzahl von parallel und senkrecht zum Felde schwingenden Komponenten (π- und σ-Komponenten) aufgespalten. Nur bei transversaler Beobachtung (senkrecht zum elektrischen Felde) nimmt man beide Polarisationsarten wahr. Bei longitudinaler Beobachtung erscheint die σ-Komponente unpolarisiert, die π-Komponente gar nicht.

Wir verstehen unter Schwingungsrichtung einer linear polarisierten Welle stets diejenige, in der ein quasielastisch gebundenes Elektron schwingen müßte, um die betrachtete Welle auszusenden.

Die Komponenten liegen in erster Annäherung symmetrisch zu beiden Seiten der ursprünglichen Linie, ihre Abstände von der Mitte sind ein ganzes

---

[1]) J. **Stark**, O. **Hardtke** und G. **Liebert**, Ann. d. Phys. **56**, 572, 1918; **59**, 173, 1919. J. **Stuart Foster**, Phys. Rev. **23**, 670, 1924; Proc. Roy. Soc (A) **114**, 51, 1927.

[2]) U. **Yoshida**, Mem. Coll. Sc. Kysto **3**, 183, 1918.

[3]) E. **Brose**, Ann. d. Phys. **58**, 731, 1919.

[4]) Sp. S. 32—62. Wir beschreiben hier gleich die „Feinzerlegung"; die von **Stark** hiervon unterschiedene „Grobzerlegung" wird bei kleinerem Felde oder geringerer Auflösung und lichtschwächerer Apparatur wahrgenommen.

Vielfaches eines kleinsten Linienabstandes, und zwar in der Skala
der Schwingungszahlen gemessen, des gleichen Wertes für die verschiedenen
Linien (vgl. Fig. 1291 bis 1294). Diese Abstände sind exakt der Feldstärke
selbst proportional[1]) (vgl. Fig. 1289) und entsprechen der Formel: $\varDelta\, 1/\lambda$
$= \varDelta\lambda/\lambda^2 = 0{,}068 \cdot \mathfrak{E} \cdot N$, wo $\mathfrak{E}$ die Feldstärke in Kilovolt/cm und N eine
ganze Zahl ist (siehe Tabelle 1). Die Intensitäten der Linien sind sehr ver-
schieden. Die starken π-Komponenten liegen im allgemeinen außen, die
starken σ-Komponenten innen.

Auffallend ist der Intensitätsunterschied. Die langwelligen π- und σ-Kom-
ponenten einer jeden Linie sind intensiver als die entsprechend kurzwelligen,
wenn die Kanalstrahlen in Richtung der positiven Kraftlinien
des äußeren elektrischen Feldes verlaufen. Dreht man aber das Feld
um, so daß die Kanalstrahlen auf die positiv geladene Platte zu laufen, so

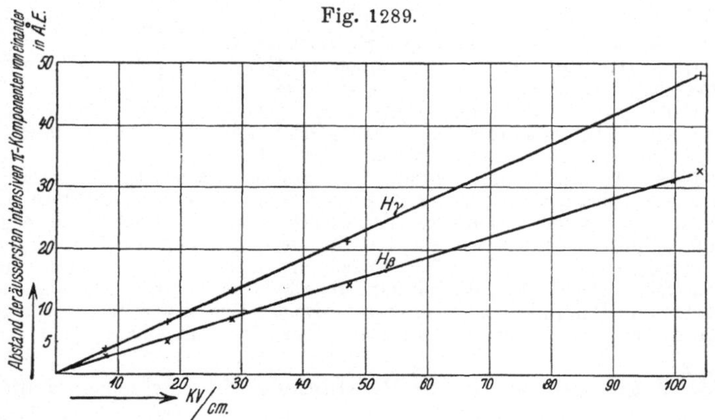

Fig. 1289.

Aufspaltung von H_β und H_γ als Funktion der Feldstärke.

sind die kurzwelligen Komponenten die stärkeren[2]). Neuerdings hat sich
ergeben[3]), daß die Bewegung der Kanalstrahlen nicht unmittelbar, sondern
nur indirekt durch die Zusammenstöße der bewegten mit den ruhenden Atomen
für diese Intensitätsdissymmetrie verantwortlich ist; im „Abklingleuchten",
wenn die Kanalstrahlen im möglichst gasfreien Raume verlaufen, verschwindet
die Dissymmetrie (vgl. hierzu § 8, Schluß).

Die genaue Untersuchung und Erkennung der genannten Einzelheiten
wird durch die Größe des Effekts erleichtert. So beträgt der Abstand der
äußersten Komponten bei $H_\gamma (\lambda = 4341\ \text{Å})$ voneinander bei 74 000 Volt/cm
etwa 33 Å (während der Abstand der äußeren Komponente im normalen
Zeemanschen Triplett für die gleiche Wellenlänge in dem schon sehr
starken Magnetfeld von 45 000 Gauß nur 0,8 Å beträgt!). Dabei zerfällt

<hr>

[1]) Vgl. J. Stark und H. Kerschbaum, Ann. d. Phys. **43**, 991, 1914; **48**, 207,
1915. H. Wilsar, Gött. Nachr. 1914, S. 43.
[2]) Sp. S. 40, 64; siehe auch H. Wilsar a. a. O. und H. Lunelund, Ann. d.
Phys. **45**, 511, 1914.
[3]) Siehe R. Wierl, Ann. d. Phys. **82**, 563, 1927.

H_γ in 14 π- und 13 σ-Komponenten. Einzelheiten, speziell betreffs der Intensitäten, vgl. Fig. 1291 bis 1294, ferner Fig. 1299a und b (Aufnahmen von H_γ nach der Lo Surdo-Methode).

Ganz analog dem Starkeffekt an den Balmerlinien ist der Effekt an der sogenannten Fowlerschen He-Serie, die nach Bohr dem He^+ zuzuschreiben ist und der Formel

$$\frac{1}{\lambda} = 4\,R_{He}\left(\frac{1}{3^2} - \frac{1}{n^2}\right) \qquad n = 4,5 \ldots$$

folgt ($R_{He} = 109\,722$); es sind dies die Linien

$$\lambda = 4686 \ (n = 4),$$
$$3203 \ (n = 5),$$
$$2733 \ (n = 6).$$

Nach den Untersuchungen von Nyquist[1]), sowie von Stark, Hardtke und Liebert[2]), ähneln die Aufspaltungen dieser Linien nach Komponentenzahl und Polarisation denen an H_α, H_β und H_γ. Modellmäßig beruht diese Analogie darauf, daß in beiden Fällen nur 1 Elektron den bei H einfach, bei He^+ doppelt positiv geladenen Kern umkreist. (Betreffs des quantitativen Vergleichs siehe § 7, Schluß.)

§ 4. Die elektrodynamische Aufspaltung nach W. Wien[3]). Läßt man die leuchtenden Kanalstrahlen ein starkes transversales Magnetfeld durchsetzen, so wirkt auf sie nach der Maxwellschen Theorie eine senkrecht zur Geschwindigkeit $\mathfrak{v}$ der Kanalstrahlen und zum Magnetfeld $\mathfrak{H}$ gerichtete elektrische Kraft von der Größe $\dfrac{e}{c}\,[\mathfrak{v}, \mathfrak{H}]$. Ist $\mathfrak{v} \sim 10^8$ cm/sec, $\mathfrak{H} \sim 2.10^4$ Gauß, so ist die auf die Ladungseinheit wirkende elektrodynamische Kraft äquivalent einer Feldstärke von $\frac{200}{3}$ CGS oder 2.10^4 Volt/cm. Beobachtet man also durch einen Pol des Elektromagneten hindurch parallel den magnetischen Kraftlinien, senkrecht zur Bewegungsrichtung der Kanalstrahlen und zur elektrodynamischen Kraft, so muß man einen transversalen Starkeffekt wahrnehmen können. W. Wien fand diese Erwartung an Wasserstoffkanalstrahlen voll bestätigt und konnte bei relativ kleinen Entladungsspannungen, wo die ruhenden leuchtenden Teilchen nur schwache Intensität geben, nicht nur Verbreiterungen der Wasserstofflinien, sondern auch Aufspaltungen von H_β, H_γ und H_δ beobachten, deren Größe mit den Messungen Starks und Wilsars gut übereinstimmte. Naturgemäß ist es theoretisch von grundsätzlicher Bedeutung, daß diese Folgerung der klassischen elektromagnetischen Theorie quantitativ für die Vorgänge der Lichtemission bestätigt wird, während die Beeinflussung der Spektrallinien selbst nur durch die Quantentheorie berechnet werden kann.

---

[1]) H. Nyquist, Phys. Rev. **10**, 226, 1917; siehe auch E. J. Evans und C. Croxson, Phil. Mag **32**, 327, 1916.

[2]) J. Stark, O. Hardtke und G. Liebert, Ann. **56**, 569, 1918; neue quantitative Messungen bei J. Foster, Astrophys. Journ. **62**, 236, 1925, vgl. § 8.

[3]) W. Wien, Sitzungsber. d. kgl. Preuß. Akad. d. Wiss. 1914, S. 70; Ann. d. Phys. **49**, 842, 1916.

§ 5. Theorie des linearen Starkeffekts.

Stark hat kurz nach der Entdeckung des Effekts gelegentlich bemerkt[1]), daß zur Deutung der komplizierten Aufspaltung von H_δ auf Grund der klassischen Theorie die Mitwirkung von mindestens 14 Elektronen an der Emission dieser Linie angenommen werden müßte[2]). Dagegen ist es mit Hilfe der Quantentheorie gelungen, alle Einzelheiten des Starkeffekts an den H- und den He^+-Linien einschließlich der Intensitätsverhältnisse der Komponenten aus den Bahnen eines Elektrons in vortrefflicher Übereinstimmung mit den Versuchen zu berechnen. Es war für den Fortschritt der Wissenschaft ein besonders glückliches Zusammentreffen, daß die Begründung der Bohrschen Theorie und die Starksche Entdeckung in das gleiche Jahr fielen. Als erster hat Warburg bereits 1913 bemerkt, daß die nach der Bohrschen Theorie zu erwartende Wirkung eines elektrischen Feldes auf die H-Linien von derselben Größenordnung ist wie die von Stark beobachtete[3]). Dann hat Bohr für einfache Grenzfälle (die allerdings modellmäßig kaum vorkommen dürften) die Wirkung eines elektrischen Feldes berechnet und mit Starks Versuchen verglichen[4]). Die erste allgemeine und exakte Theorie des Starkeffekts haben Schwarzschild[5]) und Epstein[6]) nahe gleichzeitig gegeben, letzterer hat sie bis zum sorgfältigen Vergleich mit den Experimenten durchgeführt. Eine wesentlich einfachere, aber nicht so vollständige, störungstheoretische Berechnung rührt von Bohr[7]) her. H. A. Kramers[8]) hat die Intensitätsverhältnisse nach dem Bohrschen Korrespondenzprinzip berechnet und mit den Versuchsergebnissen in allen Einzelheiten verglichen. Ferner hat er die Einwirkung eines elektrischen Feldes auf die Feinstrukturkomponenten der Wasserstofflinien und den allmählichen Übergang dieses „quadratischen Effekts" (siehe § 14) in den hier behandelten linearen Effekt untersucht. Auf Grund der neuen Quantenmechanik haben Pauli[9]) (mit Benutzung der Heisenberg-Bornschen Matrizenrechnung), und Schrödinger selbst[10]), sowie Epstein[11]) den Starkeffekt am wasserstoffähnlichen Atom berechnet, letztere haben auch die Intensitäten neu berechnet und mit den vorliegenden Experimenten verglichen.

---

[1]) J. Stark, Naturw. **2**, 543, 1914.

[2]) Theoretische Ansätze auf klassischer Grundlage zur Deutung des Starkeffekts vgl. bei W. Voigt, Götting. Nachr. (math.-phys. Klasse) vom 20. Dez. 1913.

[3]) E. Warburg, Verh. d. D. Phys. Ges. **15**, 1259, 1913, vgl. auch A. Garbasso, Rend. Acad. d. Lin. **22**, 634, 1913. Physik. Zeitschr. **15**, 123, 1914.

[4]) N. Bohr, Phil. Mag. **27**, 526, 1914; **36**, 394, 1915 (deutsch: Abhdl. über Atombau, S. 82 u. 109).

[5]) K. Schwarzschild, Sitzungsber. d. kgl. Preuß. Akad. d. Wiss. 1916, S. 548.

[6]) P. S. Epstein, Ann. d. Phys. **50**, 489; **51**, 168, 1916; **58**, 553, 1919; siehe auch A. Sommerfeld, Atombau und Spektrallinien, 4. Aufl., 1924, S. 356 ff.

[7]) N. Bohr, Kgl. Danske Vidensk Selsk Skrifter (8) IV, übersetzt von P. Hertz (als „Quantentheorie der Linienspektra" 1923 in Braunschweig erschienen, i. f. zitiert als Q. d. L.), S. 98; vgl. ferner W. Pauli jr., Handb. d. Phys., Bd. 23, Quantentheorie (zit. als Pauli Q.), S. 133.

[8]) H. A. Kramers, Dissert. Kopenhagen, 1919; Kgl. Danske Vidensk Selsk Skrifter (8) III, 3, S. 287, spez. § 6, S. 332, i. f. zit. als Kramers Dissert.; siehe ferner Zeitschr. f. Phys. **3**, 169, 1920.

[9]) W. Pauli jr., Zeitschr. f. Phys. **36**, 358, 1926.

[10]) E. Schrödinger, Ann. d. Phys. **80**, 457, 1926.

[11]) P. Epstein, Phys. Rev. **28**, 695, 1926.

Ohne auf Einzelheiten der Rechnung einzugehen, wollen wir hier nur den einfachen Gedankengang der Bohrschen Störungsrechnung wiedergeben[1]), die Ergebnisse mitteilen und sie mit dem Experiment vergleichen.

Wir betrachten ein ungestörtes, „wasserstoffähnliches“ Atom, bei dem sich ein einzelnes Elektron um den Z-fach geladenen Kern bewegt. Nach der Bohrschen Theorie beschreibt in diesem Atom das Elektron unter der Wirkung der rein Coulombschen Anziehung vom Kern Keplerellipsen, deren große Achsen durch die ganzen Zahlen $n = 1, 2, 3 \ldots$ festgelegt die Werte

$$a_n = n^2 \frac{h^2}{4\,\pi^2\,e^2\,\mu\,Z} = \frac{a_1\,n^2}{Z} \quad\ldots\ldots\ldots\ldots\ldots (1)$$

annehmen können, wenn a_1 der Wert von a_n für $n = 1$ und $Z = 1$ ist. e bedeutet die Ladung, μ die Masse des Elektrons, h das Plancksche Wirkungselement; dabei sind die kleine Achse und Exzentrizität der Ellipsen unbestimmt, solange von der relativistischen Abhängigkeit der Masse von der Geschwindigkeit des bewegten Elektrons abgesehen wird und außer der Kernanziehung keine andere Kraft auf das Elektron wirkt. Solange haben die verschiedenen denkbaren Bahnen gleicher großer Achse und verschiedener Exzentrizität gleiche Energie, sie sind physikalisch nicht zu unterscheiden: beim Übergang von einer der Bahnen des Systems $n = n'$ zu einer der Bahnen des anderen Systems $n = n''$ wird stets dieselbe Wasserstofflinie ausgesandt. Ein äußeres elektrisches Feld jedoch zieht die verschiedenen Möglichkeiten der Anfangs- und Endbahnen auseinander, es schafft für jedes Bahnsystem der Zahl n eine Reihe benachbarter Bahnen etwas anderer Energie, so daß die möglichen Übergänge $n' \longrightarrow n''$ eine Reihe von Linien in der Nähe der ursprünglichen liefern. Der große, der ersten Potenz der Feldstärke proportionale Effekt beruht darauf, daß im Laufe der Zeit die durch ein äußeres Feld hervorgerufene Bahndeformation beträchtlich wird, auch wenn die Kraft dieses Feldes klein gegen die Coulombsche Anziehung vom Kern ist, da sich die Deformationen bei jedem Umlauf verstärken. Genauer gesagt: das ungestörte Wasserstoff- oder wasserstoffähnliche Atom, bei dem sich ein Elektron auf einer Keplerbahn um den Z-fach geladenen Kern bewegt, stellt im allgemeinen einen elektrischen Dipol vor, da die Geschwindigkeit des Elektrons in Kernnähe eine viel größere ist als in Kernferne. Ersetzt man die Ladungsverteilung auf der Bahn durch die im „elektrischen Schwerpunkt“ S konzentrierte Ladung $-\,e$, so fällt S im allgemeinen nicht mit dem Kern zusammen, in S aber kann man sich die äußere Kraft $-\,eF$ angreifend denken[2]). Durch den positiven Kern der Ladung $+\,Ze$ gehe die der Feldrichtung parallele Z-Achse und die auf Z senkrechte XY-Ebene. Die potentielle Energie eines beliebigen Bahnpunktes der Ordinate z in bezug auf das äußere Feld ist dann

$$\Omega = e\,F\,z \quad\ldots\ldots\ldots\ldots\ldots\ldots\ldots (2)$$

und der Mittelwert über eine Periode der ungestörten Bewegung

$$\Psi = \overline{\Omega} = e\,F\,\overline{z} = \varDelta E \quad\ldots\ldots\ldots\ldots (2\mathrm{a})$$

gibt nach einem grundlegenden Satz der Störungsrechnung die Änderung der Bahnenergie unter dem Einfluß des elektrischen Feldes; nach obigem ist nun $\overline{z}$ der Abstand des Schwerpunktes S von der XY-Ebene, also ist $\varDelta E$ von Null verschieden, wenn und solange S nicht mit dem Kern K zusammenfällt, und wenn S nicht in der XY-Ebene, d. h. die Bahn nicht senkrecht zur Feldrichtung liegt. Bei der Keplerellipse halbiert S den Abstand zwischen geometrischem Bahnmittelpunkt M und zweitem Bahnbrennpunkt B (vgl. Fig. 1290), so daß der Abstand $KS = {}^3\!/_2\,a_n\,.\,\varepsilon$ ist, wo ε die Exzentrizität der Ellipse ist. Die nähere Rechnung zeigt, daß während der Bewegung im elektrischen Felde die große Bahnachse a_n in erster Annäherung konstant bleibt, und daß der „Schwerpunkt“ S in einer senkrecht zu Z gelegenen Ebene verbleibend eine im allgemeinen harmonisch elliptische Schwingung symmetrisch zur Z-Achse ausführt mit der Umlaufszahl

$$o_f = \frac{3}{2}\,\frac{e\,F}{n\,h}\,a_n \quad\ldots\ldots\ldots\ldots\ldots\ldots (3)$$

Dabei ist

$$\overline{z} = \frac{3}{2}\,a_n\,\varepsilon\,cos\,\varphi \quad\ldots\ldots\ldots\ldots\ldots (4)$$

---

[1]) Vgl. dazu auch E. Buchwald, Das Korrespondenzprinzip (Braunschweig 1923), S. 72.

[2]) Nur wenn die Bahn eine Kreisbahn ist, liegt S im Kern; dann wird in erster Näherung die Bahnenergie durch das äußere Feld nicht geändert.

wenn φ der Winkel zwischen Bahnachse und Feldrichtung ist. Das Produkt $\varepsilon \cos\varphi$ bleibt also während der Bewegung konstant. Man erhält den Wert dieses Produktes und zugleich die gesuchte Lösung unseres Problems, wenn man, analog zu den quantenhaften Energiewerten des Planckschen harmonischen Oszillators, die quantenmäßigen Energiewerte der harmonischen Bewegung des „elektrischen Schwer-

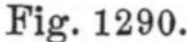

Fig. 1290.

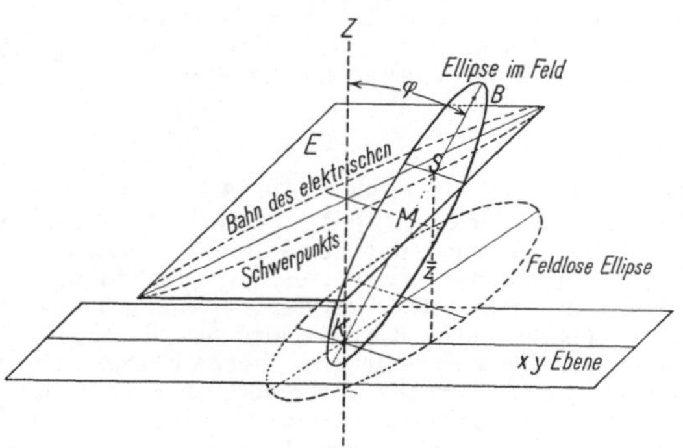

Keplerellipse im elektrischen Felde (siehe Fußnote 1 a. v. S.).

punktes" unter Einführung einer Starkeffektquantenzahl n_F und unter Vernachlässigung der in F quadratischen Glieder, d. h. in erster Annäherung gleich

$$\varDelta E = o_F\, n_F\, h \quad\ldots\ldots\ldots\ldots\ldots\ldots\ldots (5)$$

setzt [strenge Begründung bei Bohr][1]. So wird

$$\varDelta E = eF\,\frac{3}{2}\,a_n\,\varepsilon \cos\varphi = eF\,\frac{3}{2}\,\frac{a_n}{n}\,n_F$$

$$= \frac{3}{2}\,\frac{eF\,a_1}{Z}\,n\cdot n_F$$

$$= \frac{3}{8\,\pi^2}\,\frac{h^2}{Z\,e\,\mu}\,F\,n\cdot n_F \quad\ldots\ldots\ldots\ldots (6)$$

Das Produkt $\varepsilon \cos\varphi$ ist daher gleich n_F/n^2)[2], und da $\varepsilon \cos\varphi$ höchstens gleich $\pm\,1$ werden kann, ist

$$|n_F| \leqq n \quad\ldots\ldots\ldots\ldots\ldots\ldots (7)$$

Aber $\varepsilon = 1$ bedeutet eine gradlinige Bahn, bei der das Elektron durch den Kern gehen würde, sie ist deshalb aus „modellmäßigen" Gründen auszuschließen, daher

$$n_F \neq n \quad\ldots\ldots\ldots\ldots\ldots\ldots (7\,\mathrm{a})$$

In der Tat verlangt die Deutung der Versuchsergebnisse diese Zusatzbedingung. Ihre rationelle Begründung gelang erst der Quantenmechanik[3]. Je nachdem S relativ zur Richtung der Kraftlinien auf der Vorder- oder Rückseite des Atoms liegt, ist n_F und damit die für die Frequenzänderung im Felde maßgebende Energieänderung $\varDelta E$ größer oder kleiner als Null. Diese Überlegung ist für die Deutung der Intensitätsdissymmetrie von Bedeutung (vgl. § 3 und § 8, Schluß). Liegt S in der XY-Ebene oder ist $\varepsilon = 0$ (Kreisbahn), so ist $\bar{z} = 0$, also auch $\varDelta E$.

Wendet man auf Gl. (6) die „Frequenzbedingung" an, so erhält man

$$\varDelta\nu = \frac{1}{h}(\varDelta E' - \varDelta E'') = \frac{3\,h}{8\,\pi^2 Z\,e\,\mu}\,F(n'\,n'_F - n''\,n''_F)\quad\cdots (6\,\mathrm{a})$$

[1]) Vgl. N. Bohr, Q. d. L., S. 103; Zeitschr. f. Phys. 2, 445, 1920.

[2]) Den verschiedenen ganzzahligen Werten von n_F entsprechen daher bestimmte Werte von $\bar{z}$, so daß man sagen kann: beim Starkeffekt wird diese Ordinate n von S gequantelt.

[3]) Vgl. hierzu W. Pauli jr., Zeitschr. f. Phys. 36, 342, 1926; E. Schrödinger, Ann. d. Phys. 80, 463, 1926.

dabei bedeutet $\varDelta v$ die durch das elektrische Feld erzeugte Frequenzänderung. Rechnet man die Feldstärke in Kilovolt/cm, $\mathfrak{E} = F.0{,}3$, so bekommt man mit den bekannten Werten von h ($= 6{,}55 \cdot 10^{-27}$), e/μ ($= 1{,}77 \cdot 10^7 \cdot 3 \cdot 10^{10}$) und e ($= 4{,}77 \cdot 10^{-10}$) für die Verschiebung der Wellenzahl den Wert

$$\varDelta\left(\frac{1}{\lambda}\right) = \frac{0{,}0645}{Z}\,\mathfrak{E}_{\mathrm{KV}}.N \quad\ldots\ldots\ldots \quad (6\,\mathrm{b})$$

wobei $N = n'\,n'_F - n''\,n''_F$ ist. In der Tat liefert Gl. (6 b) mit $Z = 1$ die Lage der verschiedenen elektrischen Komponenten der Wasserstofflinien (und mit $Z = 2$ die der Linien des ionisierten Heliums) mit aller wünschenswerten Genauigkeit; der Zahlenfaktor der Gl. (6 b) ergibt sich nach Starks Messungen zu 0,068 (vgl. § 3 und 7).

§ 6. Polarisation und Intensität. Zur theoretischen Bestimmung der Polarisationsverhältnisse sind Zusatzbedingungen erforderlich, die in der Bohrschen Theorie auf Grund des Korrespondenzprinzips abgeleitet werden [1]). Dazu muß man die Koordinaten der Bewegung des Elektrons parallel und senkrecht zur Feldrichtung in Fouriersche Reihen entwickeln. Da die Frequenzen der harmonischen Komponenten der Bewegung mit den quantenmäßig berechneten Emissionsfrequenzen in der Grenze großer Quantenzahlen übereinstimmen müssen, erhält man durch korrespondenzmäßige Übertragung dieses Resultats auf kleine Quantenzahlen folgende „Auswahlregeln":

$$\varDelta(n + n_F) = \text{grade Zahl:} \quad \pi\text{-Komponenten}$$
$$\varDelta(n + n_F) = \text{ungrade Zahl:} \quad \sigma\text{-Komponenten} \quad \ldots\ldots \quad (8)$$

d. h. wenn sich die Summe der ganzen Zahlen $n + n_F$ um eine gerade Zahl ändert, entsteht eine π-Komponente; ist diese Änderung gleich einer ungeraden Zahl, eine σ-Komponente.

Diese Regel stimmt genau überein mit der, die Epstein in seiner ausführlichen Theorie (nach der Methode der Separation der Variabeln) empirisch durch Vergleich seiner Rechenergebnisse mit der Erfahrung abgeleitet hat. Epstein und mit ihm viele Autoren benutzen drei Quantenzahlen n_1, n_2 und n_3, wobei n_3, häufig mit m bezeichnet, die Quantelung der Komponente des Impulsmomentes p_φ in der Feldrichtung bestimmt:

$$p_\varphi = m\,\frac{h}{2\pi}$$

(vgl. Kap. XXIX, § 5). Die Auswahlregeln lauten dann in der für achsensymmetrische Kraftfelder üblichen Form [2])

$$\varDelta m = 0\ldots \quad \pi\text{-Komponente}$$
$$\varDelta m = \pm 1 \quad \sigma\text{-Komponente} \quad \ldots\ldots\ldots \quad (8)$$

Diese stimmen mit unseren überein, da die Epsteinschen Quantenzahlen mit den Bohrschen durch die Beziehungen verknüpft sind:

$$n_1 + n_2 + m = n$$
$$n_1 - n_2 \qquad = n_F.$$

---

[1]) Vgl. N. Bohr, Q. d. L., S. 109; Zeitschr. f. Phys. **2**, 462, 1920; ausführlich bei E. Buchwald, a. a. O. S. 75, siehe auch Kap. XXIX, § 7.

[2]) Übrigens kann m nie Null werden, da sonst das Elektron mit dem Kern kollidieren würde; rationelle Begründung bei Pauli und Schrödinger, siehe Anm. 3 der vorangehenden Seite.

Also ist $n + n_F = 2\,n_1 + m$, und bei Änderung von n_1 um eine beliebige ganze Zahl ändert sich $2\,n_1 + m$ offenbar um eine gerade oder ungerade Zahl, je nachdem $\varDelta m = 0$ oder $= \pm 1$ ist. Tatsächlich genügen, wie Bohrs Störungsrechnung zeigt, zwei Quantenzahlen (und zwei Quantenbedingungen) zur Bestimmung der Energieänderung im Felde in erster Annäherung, d. h. bei Vernachlässigung von Gliedern, die der zweiten Potenz der Feldstärke proportional sind, mit einem Wort: zur Berechnung des linearen Starkeffekts. Hier liegt daher eine sogenannte „Entartung" vor, da zur vollständigen Festlegung der stationären Zustände der Bewegung gemäß den drei Freiheitsgraden drei Quantenbedingungen und drei Quantenzahlen erforderlich sind. Wenn man auch die zweite Annäherung, den Starkeffekt zweiter Ordnung, berechnen will, sind in der Tat drei Quantenzahlen erforderlich (vgl. § 9).

Die wirkliche Beschreibung der Bewegung des Elektrons im Felde ist nur nach der vollständigen Epsteinschen Theorie möglich; zur Berechnung der allein beobachtbaren Aufspaltungen der Linien (in erster Annäherung) genügt jedoch die Kenntnis der Energieänderung, die, wie wir sahen, bereits von der Störungsrechnung geliefert wird.

Die Durchrechnung unseres Problems nach der Quantenmechanik liefert mit einem Schlage den obigen Wert der Energieänderung im Felde und die Auswahl- und Polarisationsregeln der Quantenzahlen ohne Zuhilfenahme irgendwelcher Zusatzannahmen. Dies ist für die Quantenmechanik charakteristisch. Zugleich erlaubt diese Theorie die wirkliche Berechnung der verschiedenen Intensitäten der Teillinien, in die eine Linie spaltet, genauer gesagt, der betreffenden Komponente der Amplitude des periodisch schwankenden elektrischen Moments des Atoms. Dabei ergibt sich im großen und ganzen gute Übereinstimmung mit den Versuchsergebnissen und mit den (von Kramers) nach dem Bohrschen Korrespondenzprinzip berechneten Übergangswahrscheinlichkeiten der entsprechenden Quantensprünge (siehe § 7 und 8, Fig. 1291 bis 1294). Daß auch die Kramersschen Rechnungen übereinstimmende Ergebnisse liefern, muß als ein erstaunlicher Erfolg des Korrespondensprinzips betrachtet werden; denn dieses erlaubt keine strenge Berechnung der Intensitäten, sondern läßt die Frage, wieweit Anfangs-, wieweit Endzustand des Quantensprunges maßgebend sind, offen[1]). Es stellt nur eine Beziehung her zwischen den gesuchten Intensitäten und den Amplitudenquadraten der dem Quantensprung korrespondierenden Fourier-Komponenten der beiden Bahnen. Kramers hat versuchsweise das algebraische Mittel benutzt und damit seine Erfolge erzielt. Erst die Wellenmechanik hat dies Problem exakt gelöst. Einzelheiten über die Quantenmechanik und über die Berechnung von Intensitäten vgl. Kap. XXIX, § 18.

§ 7. Vergleich zwischen Theorie und Erfahrung.

Wir kommen zum Vergleich der Ergebnisse der Rechnung mit denen der Versuche. In der Tat geben die Gleichungen (6a) und (8)

$$\varDelta \nu = \frac{3\,h\,F}{8\,\pi^2\,Z\,e\,\mu}\,(n'\,n_F' - n''\,n_F'') \quad \cdots \cdots \cdots \text{(6a)}$$

und

$$\varDelta (n + n_F) = \text{gerade Zahl:} \quad \pi\text{-Komponenten}$$
$$\varDelta (n + n_F) = \text{ungerade Zahl:} \quad \sigma\text{-Komponenten} \quad \cdots \cdots \text{(8)}$$

---

[1]) Näheres z. B. bei E. Buchwald, a. a. O.

die Erscheinungen der in § 3 zusammengestellten Untersuchungen Starks und seiner Nachfolger über die elektrische Beeinflussung der Wasserstofflinien und der Linien von He^+ vollständig wieder.

Die von den Quantenzahlen abhängige Klammer $(n'n_F' - n''n_F'') = N$ ist stets gleich einer ganzen Zahl, daher lehrt Gl. (6a): die Linienaufspaltungen sind in Einheiten der Schwingungszahlen ganze Vielfache N eines kleinsten Linienabstandes

$$R = \frac{o_F}{n} = \frac{3\,h\,F}{8\,\pi^2\,Z\,e\,\mu}\,.$$

In der Reihenfolge H_α, H_β, H_γ ... werden die Abstände benachbarter Komponenten immer größer, der kleinste vorkommende Abstand ist bei H_a 1 R, bei H_β 2 R, bei H_γ 3 R, bei H_δ 4 R (vgl. Tabelle 1, S. 2245 und Fig. 1291 bis 1294). Um den absoluten Wert der Aufspaltung mit dem theoretischen zu vergleichen, ist eine genaue Messung der verwendeten Feldstärke nötig. Dies ist naturgemäß nur bei der Starkschen Anordnung des homogenen Feldes (nicht bei der Lo-Surdo-Methode) möglich. Aber auch hier ist eine Feldbestimmung auf 1 Proz. kaum durchführbar [1]). Die bisher erreichte Genauigkeit ist wohl noch etwas geringer. Der von Stark [2]) gemessene Zahlenfaktor der Aufspaltung $\Delta 1/\lambda$ (0,068, s. § 3) weicht von dem theoretischen Wert (0,064) um 6 Proz. ab. Wie man ferner sieht, spielt in den Formeln die Umlaufszahl o_F des elektrischen Schwerpunktes beim Starkeffekt eine ähnliche Rolle wie die Larmorpräzession beim normalen Zeemaneffekt (vgl. z. B. Kap. XXXVI, § 4)

$$o_L = \frac{e}{\mu}\,\frac{H}{4\pi c}\,,$$

wo H die magnetische Feldstärke bedeutet. Aber o_F enthält im Gegensatz zu o_L das Plancksche Wirkungselement h und kann deshalb ohne quantentheoretische Vorstellungen nicht abgeleitet werden. Ebenso wie o_L proportional der magnetischen Feldstärke, ist o_F und damit die Aufspaltung jeder Teillinie der elektrischen Feldstärke proportional. Das bedeutet den linearen Starkeffekt, der für wasserstoffähnliche Linien charakteristisch ist (vgl. Fig. 1289 sowie § 8). Die Zunahme der Komponentenzahl mit wachsender Seriennummer liegt einfach an der gleichzeitigen Zunahme der Hauptquantenzahl n' des oberen Energieniveaus und der damit wachsenden Zahl von verschiedenen Möglichkeiten für die Starkeffektquantenzahl n_F', die nach der Bedingung (7) und (7a) $|n_F| < n$ alle ganzzahligen — positiven oder negativen — Werte kleiner als n' annehmen kann. So ist

$$\begin{aligned}
&\text{für } H_\alpha : n' = 3 \qquad n_F' = \pm\, 2,\, 1,\, 0,\\
&\text{für } H_\beta : n' = 4 \qquad n_F' = \pm\, 3,\, 2,\, 1,\, 0,\\
&\text{für } H_\gamma : n' = 5 \qquad n_F' = \pm\, 4,\, 3,\, 2,\, 1,\, 0 \text{ usf.}
\end{aligned}$$

Daher wird ein Term der Hauptquantenzahl n in $2\,n - 1$ Einzelterme zerlegt, und für H_γ z. B. $(n' = 5 \to n'' = 2)$ entstehen durch Kombination

---

[1]) Vgl. Stark, Sp. S. 38.
[2]) J. Stark, Ann. d. Phys. **48**, 193, 1915.

der neun Einzelterme des oberen Niveaus und der drei des unteren 27 Teillinien, die in der Tat alle beobachtet sind (vgl. Tabelle 1 und Fig. 1293).

Die Symmetrie der Aufspaltungen ergibt sich ebenso unmittelbar aus dem Ausdruck N. Ersetzt man hierin die Zahlen n_F' und n_F'' durch gleich große negative Zahlen, so geht N in $- N$ über und die entsprechende Komponente im Abstand $+ \varDelta\nu$ von der ursprünglichen Linie in eine Komponente $-\varDelta\nu$; dabei bleibt nach den Bedingungen (8) die Polarisation die gleiche.

Die Polarisation selbst angehend, bestätigen diese Bedingungen die Erfahrungstatsache, daß im Transversaleffekt π- und σ-Komponenten auftreten; im Longitudinaleffekt aber (wo wegen der Transversalität der Lichtwellen die π-Komponenten nicht wahrnehmbar sind) erscheinen nur unpolarisierte Komponenten an der Stelle der σ-Komponenten. Die beiden Möglichkeiten der Bedingung (8a) $\varDelta m = + 1$ oder $- 1$ entsprechen zwar rechts oder links zirkular polarisierten Komponenten; aber sie geben auf jeden Fall eine Änderung von $n + n_F = 2 n_1 + m$ um eine ungerade Zahl, d. h. bei der Bohrschen Theorie sind sie praktisch nicht zu unterscheiden, und man muß daher in der Tat bei Beobachtung in Richtung des Feldes („longitudinal") unpolarisiertes Licht erwarten[1]. Im Gegensatz dazu ist die eine der beiden Komponenten beim longitudinalen normalen Zeemaneffekt rechts, die andere links zirkular polarisiert — entsprechend den grundsätzlich verschiedenen Symmetrieverhältnissen vom magnetischen und elektrischen Felde: ersteres hat axiale, letzteres polare Symmetrie (vgl. § 17, S. 2276 bis 2278). Hiermit hängt es auch zusammen, daß, wie die Erfahrung lehrt und wie auch aus Gl. (6) folgt, sich das Aufspaltungsbild des linearen Starkeffekts bei Umkehrung der Richtung des elektrischen Feldes gar nicht ändert (beim Zeemaneffekt vertauschen dabei die rechts und links zirkular polarisierten Komponenten ihre Lage!) — auch in den Intensitäten nicht, falls Zusammenstöße der emittierenden Teilchen mit fremden Atomen vermieden werden oder das elektrische Feld senkrecht zur Bewegungsrichtung der leuchtenden Kanalstrahlen liegt[2]. Auf die schon oben erwähnte Intensitätsdissymmetrie, die von den Zusammenstößen bewegter und ruhender Teilchen herrührt, kommen wir am Schluß des nächsten Paragraphen zurück.

Die folgende Tabelle 1 gibt die berechnete Lage der verschiedenen Komponenten der vier ersten Balmerlinien, und zwar sind beide Bezeichnungen der Quantenzahlen angegeben, sowohl die Bohrsche, wie die Epsteinsche (die auch Schrödinger benutzt). Die Reihe unter $\pm N$ enthält den Abstand der Komponenten von den ursprünglichen Linien in Einheiten des kleinsten Linienabstandes o_F/n.

Die vollkommene Übereinstimmung der Lage der berechneten mit den beobachteten Komponenten ersieht man aus den Fig. 1291 bis 1294, in denen zugleich die Intensitäten eingetragen sind. Diese muß man offenbar beim Vergleich zwischen Theorie und Experiment mit heranziehen, da eine Komponente

---

[1]) In der Epsteinschen Theorie fallen die Komponenten $\varDelta m = + 1$ an dieselbe Stelle wie die Komponenten $\varDelta m = - 1$.

[2]) J. Stark, Sp. S. 44.

Tabelle 1.

Aufspaltung der vier ersten Balmerlinien im elektrischen Felde.

π-Komponenten			σ-Komponenten		

$\mathbf{H}_\alpha$ $n' = (n_1 + n_2 + m)' = 3 \to n'' = (n_1 + n_2 + m)'' = 2.$

$n'_F \to n''_F$	$(n_1\,n_2\,m)' \to (n_1\,n_2\,m)''$	$\pm N$	$n'_F \to n''_F$	$(n_1\,n_2\,m)' \to (n_1\,n_2\,m)''$	$\pm N$
$2 \to -1$	$(2\ 0\ 1) \to (0\ 1\ 1)$	8	$2 \to\ \ 0$	$(2\ 0\ 1) \to (0\ 0\ 2)$	6
$2 \to +1$	$(2\ 0\ 1) \to (1\ 0\ 1)$	4	$1 \to -1$	$(1\ 0\ 2) \to (0\ 1\ 1)$	5
$1 \to\ \ 0$	$(1\ 0\ 2) \to (0\ 0\ 2)$	3	$1 \to +1$	$(1\ 0\ 2) \to (1\ 0\ 1)$	1
$0 \to -1$	$(1\ 1\ 1) \to (0\ 1\ 1)$	2	$0 \to\ \ 0$	$(1\ 1\ 1) \to (0\ 0\ 2)$	0

$\mathbf{H}_\beta$ $n' = (n_1 + n_2 + m)' = 4 \to n'' = (n_1 + n_2 + m)'' = 2.$

$n'_F \to n''_F$	$(n_1\,n_2\,m)' \to (n_1\,n_2\,m)''$	$\pm N$	$n'_F \to n''_F$	$(n_1\,n_2\,m)' \to (n_1\,n_2\,m)''$	$\pm N$
$3 \to -1$	$(3\ 0\ 1) \to (0\ 1\ 1)$	14	$3 \to\ \ 0$	$(3\ 0\ 1) \to (0\ 0\ 2)$	12
$3 \to\ \ 1$	$(3\ 0\ 1) \to (1\ 0\ 1)$	10	$2 \to -1$	$(2\ 0\ 2) \to (0\ 1\ 1)$	10
$2 \to\ \ 0$	$(2\ 0\ 2) \to (0\ 0\ 2)$	8	$2 \to +1$	$(2\ 0\ 2) \to (1\ 0\ 1)$	6
$1 \to -1$	$(2\ 1\ 1) \to (0\ 1\ 1)$	6	$1 \to\ \ 0$	$(2\ 1\ 1) \to (0\ 0\ 2)$	4
$1 \to +1$	$(2\ 1\ 1) \to (1\ 0\ 1)$	2	$0 \to -1$	$(1\ 1\ 2) \to (0\ 1\ 1)$	2
$0 \to\ \ 0$	$(1\ 1\ 2) \to (0\ 0\ 2)$	0			

$\mathbf{H}_\gamma$ $n' = (n_1 + n_2 + m)' = 5 \to n'' = (n_1 + n_2 + m)'' = 2.$

$n'_F \to n''_F$	$(n_1\,n_2\,m)' \to (n_1\,n_2\,m)''$	$\pm N$	$n'_F \to n''_F$	$(n_1\,n_2\,m)' \to (n_1\,n_2\,m)''$	$\pm N$
$4 \to -1$	$(4\ 0\ 1) \to (0\ 1\ 1)$	22	$4 \to\ \ 0$	$(4\ 0\ 1) \to (0\ 0\ 2)$	20
$4 \to +1$	$(4\ 0\ 1) \to (1\ 0\ 1)$	18	$3 \to -1$	$(3\ 0\ 2) \to (0\ 1\ 1)$	17
$3 \to\ \ 0$	$(3\ 0\ 2) \to (0\ 0\ 2)$	15	$3 \to +1$	$(3\ 0\ 2) \to (1\ 0\ 1)$	13
$2 \to -1$	$(3\ 1\ 1) \to (0\ 1\ 1)$	12	$2 \to\ \ 0$	$(3\ 1\ 1) \to (0\ 0\ 2)$	10
$2 \to +1$	$(3\ 1\ 1) \to (1\ 0\ 1)$	8	$1 \to -1$	$(2\ 1\ 2) \to (0\ 1\ 1)$	7
$1 \to\ \ 0$	$(2\ 1\ 2) \to (0\ 0\ 2)$	5	$1 \to +1$	$(2\ 1\ 2) \to (1\ 0\ 1)$	3
$0 \to -1$	$(2\ 2\ 1) \to (0\ 1\ 1)$	2	$0 \to\ \ 0$	$(2\ 2\ 1) \to (0\ 0\ 2)$	0

$\mathbf{H}_\delta$ $n' = (n_1 + n_2 + m)' = 6 \to n'' = (n_1 + n_2 + m)'' = 2.$

$n'_F \to n''_F$	$(n_1\,n_2\,m)' \to (n_1\,n_2\,m)''$	$\pm N$	$n'_F \to n''_F$	$(n_1\,n_2\,m)' \to (n_1\,n_2\,m)''$	$\pm N$
$5 \to -1$	$(5\ 0\ 1) \to (0\ 1\ 1)$	32	$5 \to\ \ 0$	$(5\ 0\ 1) \to (0\ 0\ 2)$	30
$5 \to +1$	$(5\ 0\ 1) \to (1\ 0\ 1)$	28	$4 \to -1$	$(4\ 0\ 2) \to (0\ 1\ 1)$	26
$4 \to\ \ 0$	$(4\ 0\ 2) \to (0\ 0\ 2)$	24	$4 \to +1$	$(4\ 0\ 2) \to (1\ 0\ 1)$	22
$3 \to -1$	$(4\ 1\ 1) \to (0\ 1\ 1)$	20	$3 \to\ \ 0$	$(3\ 0\ 3) \to (0\ 0\ 2)$	18
$3 \to +1$	$(4\ 1\ 1) \to (1\ 0\ 1)$	16	$2 \to -1$	$(3\ 1\ 2) \to (0\ 1\ 1)$	14
$2 \to\ \ 0$	$(3\ 1\ 2) \to (0\ 0\ 2)$	12	$2 \to +1$	$(3\ 1\ 2) \to (1\ 0\ 1)$	10
$1 \to -1$	$(3\ 2\ 1) \to (0\ 1\ 1)$	8	$1 \to\ \ 0$	$(2\ 1\ 3) \to (0\ 0\ 2)$	6
$1 \to\ \ 1$	$(3\ 2\ 1) \to (1\ 0\ 1)$	4	$0 \to -1$	$(2\ 2\ 2) \to (0\ 1\ 1)$	2
$0 \to\ \ 0$	$(2\ 2\ 2) \to (0\ 0\ 2)$	0			

theoretisch vorhanden, aber so schwach sein kann, daß sie sich der Beobachtung entzieht.

Auch die Messungen an der Fowlerserie von He$^+$ (vgl. § 3) bestätigen im wesentlichen Formel (6a), wenn in ihr $n'' = 3$, $n' = 4, 5, 6 \ldots$ und wegen der doppelten Kernladung $Z = 2$ gesetzt wird[1]). Die besten neuen Messungen der Aufspaltungen an 4686 von Foster[2]) ergeben eine geringe Diskrepanz mit den theoretischen Werten (beobachtete Aufspaltung 0,37 Å, berechnet 0,33), die aber möglicherweise durch einen überlagerten Dopplereffekt zu erklären ist.

§ 8. Einzelheiten über Intensitäten; Intensitätsdissymmetrie. Zum genauen Vergleich zwischen Theorie und Experiment sind die berechneten und

Fig. 1291 bis 1294.

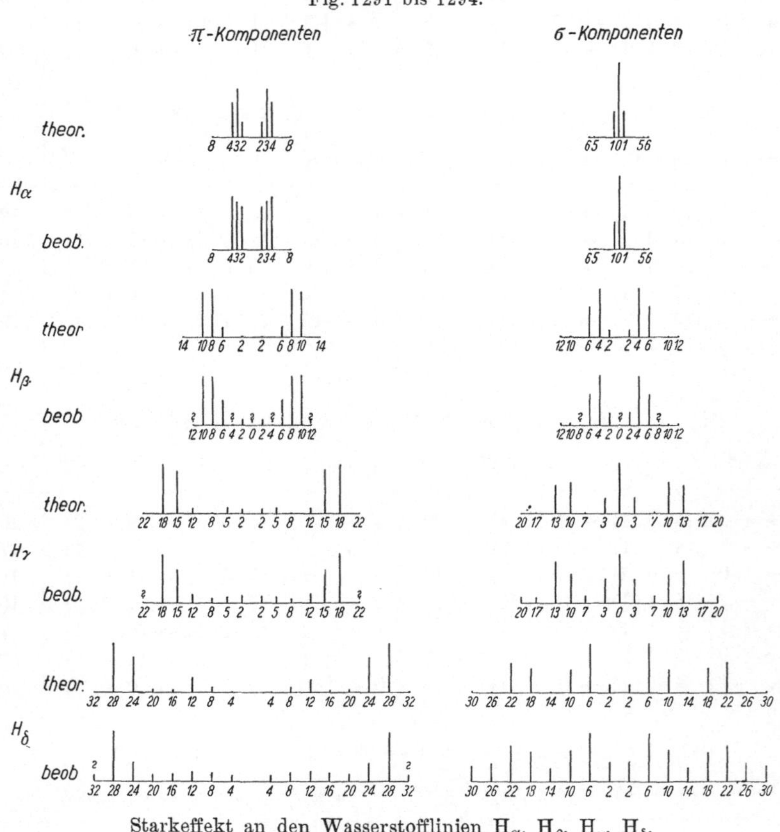

Starkeffekt an den Wasserstofflinien H_α, H_β, H_γ, H_δ.

die beobachteten Komponenten von $H_\alpha — H_\delta$ nebeneinander nach Lage und Intensität in den Fig. 1291 bis 1994 eingetragen. Die berechneten Werte sind Schrödingers Angaben[3]), die beobachteten Intensitäten den Messungen

---

[1]) Durchführung der Theorie, auch bezüglich der Intensitäten, und Vergleich mit den Versuchen bei P. S. Epstein, Ann. d. Phys. **58**, 553, 1919.
[2]) J. Stuart Foster, Astr. Journ. **62**, 229, 1925.
[3]) A. a. O.

Starks[1]) und Fosters[2]) entnommen. Wie besprochen, stimmen die berechneten Lagen der Komponenten vollständig, und im allgemeinen sind auch die berechneten Intensitäten mit den beobachteten in guter Übereinstimmung — worin man eine der überzeugendsten und eindringlichsten Bestätigungen der Quantentheorie erblicken muß.

Im einzelnen ist folgendes zu sagen: Schrödingers Werte der Intensitäten unterscheiden sich bei einigen Komponenten nicht unerheblich von denen, die Epstein ebenfalls wellenmechanisch berechnet hat. Für Schrödingers Werte spricht die Gleichheit der zusammengezählten π- und σ-Komponenten, die Schrödinger selbst zur Kontrolle seiner Rechnungen benutzt hat[3]). Ferner: Starks Messungen sind photographisch mittels eines von ihm erprobten Verfahrens[4]) auf Grund des Schwärzungsgesetzes $J_1/J_2 = e^{S_2 - S_1/a}$ gewonnen, wobei J_1 und J_2 die Intensitäten benachbarter Komponenten, S_1 und S_2 die zugehörigen „normalen" Schwärzungen und a eine für die benutzte Platte zu ermittelnde, charakteristische Konstante bedeuten. Diese Messungen, besonders die der kleinen Intensitäten, erheben nicht den Anspruch großer Genauigkeit. Wesentlich exakter, aber auch mühsamer ist die Methode der „photographischen Photometrie" (siehe Kap. XXII, § 53), die wenigstens an einigen Komponenten von H_β von Foster und Chalk[2]) angewandt worden ist. Eine genaue Neubestimmung aller Komponenten und ihr Vergleich mit den theoretischen Werten wäre eine lohnende Aufgabe. Wie verbesserungsbedürftig die bisherigen Messungen sind, sieht man daraus, daß nach Epstein die Starkschen Werte besser mit den theoretischen Amplituden, d. h. mit den Wurzeln der Intensitäten übereinstimmen als mit diesen selbst. In den Figuren sind überall die Intensitäten eingetragen, und man sieht, daß immerhin bei den stärkeren Linien im allgemeinen ganz gute Übereinstimmung herrscht, die schwachen Linien scheinen von Stark häufig überschätzt zu sein. Größere Abweichungen liegen bei den π-Komponenten von H_α und den σ-Komponenten von H_δ vor[2]). Ferner sind einige „verbotene Komponenten", die theoretisch die Intensität O haben, beobachtet[5]). Nach M. Kiuti[6]) und J. St. Foster (a. a. O) sind die von Stark beobachteten π- und σ-Komponenten O von H_β vielleicht durch eine Linie des Viellinienspektrums vorgetäuscht worden, und die π-Komponente ± 4 und die σ-Komponente ± 8 derselben Linie wahrscheinlich durch die entsprechenden σ- bzw. π-Komponenten (daher sind in Fig. 1292 die entsprechenden Komponenten mit ? versehen). Ferner geben Foster und Chalk folgende Tabelle (siehe nächste Seite), in der das sauber gemessene Intensitätsverhältnis einiger Komponenten von H_β mit Schrödingers berechneten und den nach Kramers geschätzten Werten verglichen und die gute Übereinstimmung der ersten zwei Zahlen gezeigt wird.

Zum Schluß dieses Vergleiches sei noch kurz die Intensitätsdissymmetrie besprochen, die Stark, Lunelund u. a. bei Umkehrung des Feldes

[1]) J. Stark, Ann. d. Phys. **48**, 193, 1915.
[2]) J. St. Foster, Astr. Journ. **62**, 829, 1925; Derselbe und Laura Chalk, Nature, 23. Oktober 1926. Neue Messungen rühren von Y. Ishida and S. Hiyama (Sc. Pap. of the Inst. of Phys. and Chemic. Res., No. 152, 1928) und von H. Mark und R. Wierl (Naturw. 1928, S. 725) her. Erstere finden für das Intensitätsverhältnis der H_α — π-Komponente 2, 3, 4 das Intensitätsverhältnis $1:3:2$ in guter Übereinstimmung mit Schrödingers Theorie (vgl. Fig. 1291), während Stark das Intensitätsverhältnis $1:1,1:1,2$ fand. Mark und Wierl erhalten bemerkenswerterweise bessere Übereinstimmung der Intensitätsverhältnisse der π-Komponenten von H_β und H_γ mit Schrödingers Theorie, wenn die Kanalstrahlen senkrecht zur Richtung des elektrischen Feldes verlaufen, als wenn sie parallel zum Feld verlaufen. Im letzteren Falle, den auch Stark anwandte, bestätigen sie Starks Ergebnisse. Diese Versuche zeigen jedenfalls, wie wichtig für saubere Messungen die Starksche Methode des homogenen Feldes ist. (Anm. b. d. Korrektur.)
[3]) Nach einer Neuberechnung von W. Gordon u. R. Minkowski (Naturwiss. 1929) sind zwar Epsteins Formeln richtig, aber bei der Zahlenrechnung ist ein Fehler unterlaufen, nach dessen Beseitigung sich genau Schrödingers Zahlenwerte ergeben (Anmerk. bei der Korrektur).
[4]) J. Stark, Ann. d. Phys. **35**, 461, 1911; H. Lunelund, ebenda **45**, 517, 1914.
[5]) Vgl. H. A. Kramers' Diss. a. a. O. S. 341 ff.; E. Schrödinger, a. a. O.
[6]) M. Kiuti, Jap. Journ. of Phys. **4**, 13; 1925.

Verglichene Komponente	Gemessen	Berechnet (nach Schrödinger)	Geschätzt (nach Kramers)
π-Komponente von H_β $\dfrac{N = \pm 8}{N = \pm 10}$	1,00	1,06	0,40
σ-Komponente von H_β $\dfrac{N = \pm 4}{N = \pm 6}$	1,59	1,55	0,54

gefunden haben und die nach Wierl, wie § 3 erwähnt, von den Zusammenstößen der bewegten Atome mit ruhenden herrührt.

Nach den obigen Darlegungen (S. 2241) folgt — und dasselbe lehrt die Diskussion der Schrödingerschen Starkeffekttheorie[1] —, daß die kurzwelligen Komponenten ($\varDelta\nu > 0$) dann entstehen, wenn $n'_F > 0$, also der Schwerpunkt S, d. h. der größere Teil der Totalladung der Ausgangsbahn, relativ zum Kern in Richtung der positiven Kraftlinien des Feldes liegt (vgl. Fig. 1290); denn wegen seines größeren Absolutwertes entscheidet in den praktisch in Betracht kommenden Fällen (vgl. Tabelle 1) das Vorzeichen des Produktes $n'n'_F$ der Ausgangsbahn ($n' > n''$). Die Versuche ergaben, wie gesagt, daß die kurzwelligen Komponenten die intensiveren sind, wenn die Feldrichtung der Bewegungsrichtung der Kanalstrahlen entgegengerichtet ist — oder nach Wierl beim Leuchten ruhender Teilchen, wenn die Bewegungsrichtung der stoßenden lichtanregenden Kanalstrahlen der Feldrichtung gleichgerichtet ist. Diese Tatsache bedeutet, daß diejenigen Strahlungsübergänge häufiger stattfinden, bei denen der elektrische Schwerpunkt durch den Kern sozusagen gegen die Zusammenstöße mit fremden Gasatomen geschützt ist, und dies wiederum mag damit zusammenhängen[1]), daß im anderen Falle die Häufigkeit von Stößen zweiter Art, bei denen der Ausgangszustand strahlungslos in den Endzustand zurückgeht, größer ist.

§ 9. Starkeffekt zweiter Ordnung und Beziehung zur Refraktion.

Die genaue Theorie liefert neben dem der Feldstärke proportionalen (dem „linearen") Starkeffekt noch einen dem Quadrat der Feldstärke proportionalen Effekt [„Starkeffekt zweiter Ordnung"][2]), der sich dem linearen überlagert, aber erst bei großen Feldstärken merklich wird. Der Abstand $\varDelta\lambda$ einer Komponente von der unbeeinflußten Linie ist daher allgemein $\varDelta\lambda = aF + bF^2$, doch macht sich das quadratische Glied praktisch erst bei Feldern über $100\ \text{kV/cm}$ bemerkbar. Dieser Effekt zweiter Ordnung besteht darin, daß das Aufspaltungsbild der Wasserstofflinien bei größeren Feldstärken nicht mehr symmetrisch zur feldfreien Linie ist, sondern relativ zu dieser (als Ganzes) gegen Rot verschoben ist, und zwar sämtliche Komponenten um nahe den gleichen Betrag. Die Verschiebung für einen bestimmten Quantenzustand eines Atoms der Kernladung Ze beträgt[3]):

$$\varDelta\left(\frac{1}{\lambda}\right) = \frac{\varDelta\nu}{c} = -\frac{h^5 F^2}{2^{10} \cdot \pi^6 \mu^3 e^6 Z^4 c} \left.\vphantom{\frac{h^5 F^2}{2^{10}}}\right\} \cdot n^4 \left[17\, n^2 - 3\,(n_1 - n_2)^2 - 9\,(n_3 - 1)^2 + 19\right] \quad (9)$$
$$= -5{,}21 \cdot 10^{-10} \cdot \frac{\mathfrak{F}^2}{Z^4}$$

[1]) Vgl. Francis G. Slack, Ann. d. Phys. **82**, 576, 1927.

[2]) Er wird bisweilen auch „quadratischer Starkeffekt" genannt, doch möchten wir diese Bezeichnung für den an wasserstoff unähnlichen Linie auftretenden Effekt gebrauchen (siehe § 12, 13).

[3]) Die Formel ist im wesentlichen bereits von Epstein (Ann. d. Phys. **51**, 184, Anm. 1, 1916) in weiterer Durchführung seiner in § 5 genannten Theorie berechnet, siehe auch A. M. Mosharrafa, Phil. Mag. **44**, 371, 1922; sie ist später von Epstein u. a. auch nach der Quantenmechanik nach Schrödingers Methode ab-

dabei bedeutet $\mathfrak{E}$ die Feldstärke (in Kilo-Volt/cm), und es ist $n = n_1 + n_2 + n_3$ $= 1, 2 \ldots$ die Hauptquantenzahl, n_1 und n_2 sind die von Epstein auch in der Theorie des linearen Starkeffekts verwendeten Quantenzahlen (vgl. S. 2241), $n_3 = 1, 2 \ldots$ entspricht in der Quantenmechanik der um 1 vermehrten äquatorialen Quantenzahl m der älteren Quantentheorie. Die Verschiebung ist für symmetrische Komponenten gleich groß und gleich gerichtet.

In der Tat sind bei großen Feldstärken nach der Lo-Surdo-Methode kleine Verschiebungen nach Rot beobachtet worden, besonders an der Mittelkomponente (die als σ-Komponente bei H_α, H_γ, $H_\varepsilon \ldots$, als π-Komponente bei H_β, $H_\delta \ldots$ auftritt), zuerst von Takamine und Kokubu [1]) (die übrigens einen ähnlichen Effekt an den Linien 4388 und 4026 der diffusen Nebenserie von Ortho- und Par-He fanden); ihre Beobachtung wurde durch Sommerfeld [2]) im obigen Sinne gedeutet.

Ausführliche Messungen an H_γ bei verschiedenen Feldstärken bis 300 kV/cm hat M. Kiuti ausgeführt und eine bei allen Komponenten nahe gleiche, dem Quadrat von F proportionale Rotverschiebung gefunden [3]), z. B. für 200 kV/cm und für die σ-Komponenten $N = 0, \pm 3, \pm 10, \pm 13$ die Werte $- 6{,}6$, $6{,}5$, $5{,}9$, $4{,}5$ (in cm^{-1}). Gl. (9) gibt: $- 5{,}3$, $5{,}2$, $5{,}0$, $4{,}7$. Die von St. Foster an H_δ bei 65 kV ausgeführten Versuche liefern für die σ-Komponente $N = \pm 2, \pm 6, \pm 10$ $\varDelta \lambda = + 0{,}43$, $0{,}26$, $0{,}51$ Å, während obige Formel in allen drei Fällen nahe 0,3 Å liefert. Doch hat Foster die Abhängigkeit von F nicht geprüft. Eine mögliche Fehlerquelle kann bei all diesen Versuchen durch den Dopplereffekt der einseitig bewegten Atome entstehen.

Es ist nicht unwichtig, daß man aus obiger Formel für den Starkeffekt zweiter Ordnung die Dielektrizitätskonstante und die Refraktion des Wasserstoffatomgases berechnen kann (vgl. zum folgenden auch § 15). Der dort angegebenen Änderung $\varDelta\,1/\lambda$ entspricht eine Änderung der Bahnenergie

$$\varDelta E = h\,c\,\varDelta\,(1/\lambda).$$

Diese Energieänderung kann man sich entstanden denken durch eine „Polarisation" P, die das äußere Feld F am Wasserstoffatom erzeugt und die selber dem Felde proportional ist, und zwar ist [4])

$$\varDelta E = - \tfrac{1}{2}\,P.F \quad \text{und} \quad 4\,\pi\,P\,N_0 = F(\varepsilon - 1) \quad \cdots \quad (10)$$

---

geleitet, wobei eine nicht unwesentliche Abänderung im Klammerausdruck gefunden wurde, die in der Formel im Text bereits angebracht ist (siehe P. Epstein, Phys. Rev. **28**, 708, 1926; G. Wentzel, Zeitschr. f. Phys. **38**, 527, 1926; J. Waller, ebenda S. 640; J. H. van Vleck, Proc. Nat. Acad. of Soc. **12**, 662, 1926). Der nach der Bohrschen Theorie berechnete Ausdruck unterscheidet sich von dem obigen insofern, als die Klammer lautete: $[17\,n^2 - 3\,(n_1 - n_2)^2 - 9\,m^2]$.

1) T. Takamine und N. Kokubu, Mem. Coll. Soc. Kyoto **3**, 271, 1919; siehe ferner M. Kiuti, Jap. Journ. Phys. **4**, 13, 1925; J. S. Foster, Astrophys. Journ. **63**, 191, 1926.

2) A. Sommerfeld, Ann. d. Phys. **65**, 36, 1921.

3) Nach neueren Versuchen von M. Kiuti (siehe P. Epstein, Science **64**, 621, 1926) wird die Mittelkomponente von H_γ durch 100 kV/cm um 0,28 Å verschoben, die neuere Theorie gibt 0,251 Å, die ältere 0,217 Å. Nach neuen Messungen von H. Rausch v. Traubenberg und R. Gebauer (Naturw. 1928, S. 655) stimmen die Verschiebungen der Komponenten von H_γ bis zu Feldern über 400000 V/cm mit der Formel (9) der Quantenmechanik überein. Scheinbare Abweichungen, die ursprünglich auftraten, beruhen nach mündlicher Mitteilung von R. Minkowski auf einem Rechenfehler (Anmerk. bei der Korrektur).

4) Das äußere Feld verschiebt die negative Ladung bzw. ihren Schwerpunkt entgegengesetzt der positiven Feldrichtung, und zwar nach obiger Annahme um

wo $\varepsilon = n_\infty^2$ die Dielektrizitätskonstante und N_0 die Atomzahl pro Kubikzentimeter ist. Daher ist die Refraktion für lange Wellen pro Atom

$$\frac{n_\infty^2 - 1}{4\,\pi\,N_0} = \frac{P}{F} = -\frac{2\,\Delta E}{F^2}. \quad\ldots\ldots\ldots\ldots (11)$$

Wenn alle Atome im Normalzustande sind, ist

$$n = n_3 = 1, \quad n_1 = n_2 = 0,$$

und es ergibt sich mit obigem Wert für $\Delta(1/\lambda)$ bei 0^0 und Atmosphärendruck [1]

$$n_\infty^2 - 1 = 2{,}28 \cdot 10^{-4},$$

während die ältere Quantentheorie (Anm. 3, S. 2248) einen $4^1/_2$ mal kleineren Wert ergibt $(0{,}51 \cdot 10^{-4})$. Eine experimentelle Prüfung liegt noch nicht vor, scheint aber möglich, seitdem Wood [2] die Bedingungen zur Erzeugung von atomarem Wasserstoff gefunden hat.

§ 10. Starkeffekt und Leuchtdauer.

In diesem Zusammenhang verdient eine andere, zuerst von K. Försterling [3] gezogene Folgerung aus den Starkeffektuntersuchungen besondere Erwähnung, da sie auch für unsere Vorstellungen vom Vorgang der Lichtaussendung von Bedeutung ist. Im Rahmen der ursprünglichen Quantentheorie hat man vielfach versucht, den Prozeß der Lichtemission zeitlich von dem Quantensprung zu trennen und sich etwa vorzustellen, daß „erst" das Atom aus dem höheren Quantenzustand in den tieferen übergeht und daß „erst dann" der in sich kohärente Wellenzug ausgesandt wird. Die beobachteten Kohärenzlängen von Spektrallinien verlangen nun für die Dauer der Emission Zeiten von etwa 10^{-8} sec (mehrere Millionen Perioden sichtbaren Lichtes), während aus verschiedenen Gründen für den Quantensprung selbst eine wesentlich kleinere Zeit zur Verfügung steht [4]. Treten mithin leuchtende Kanalstrahlen mit einer Geschwindigkeit von 10^8 cm/sec in einem so hohen Vakuum, daß praktisch Zusammenstöße nicht in Betracht kommen, d. h. im Zustande des „Abklingleuchtens", in ein scharf begrenztes elektrisches Feld, so dürften die Spektrallinien, die von Atomen herrühren, die den Sprung bereits vor Eintritt in das Feld ausgeführt haben, vom elektrischen Felde nicht beeinflußt werden und daher keinen Starkeffekt zeigen — nach dem Sprung verteilt sich die Strahlungsenergie noch eine Zeit-

---

eine der Feldstärke proportionale Strecke. So entsteht eine Polarisation $P = \alpha F$, und die gesuchte Energieänderung ist gleich der von außen gegen das wirksame Feld aufzuwendenden Arbeit, um den betrachteten Zustand zu erzeugen, und wird daher

$$\Delta E = -\int_0^F \alpha\,F\,dF = -\frac{\alpha}{2}\,F^2 = -\frac{1}{2}\,P.F.$$

[1] Vgl. z. B. J. H. van Vleck, a. a. O., wo auch gezeigt wird, daß neuere, der Theorie scheinbar widersprechende Versuche von Langer (Proc. Nat. Ac. **12**, 639, 1926) nicht beweisend sind; siehe ferner Paul S. Epstein, Proc. Nat. Acad. of Sc. **13**, 432, 1927.

[2] R. W. Wood, Proc. Roy. Soc. **97**, 455, 1921; **102**, 1, 1922.

[3] K. Försterling, Zeitschr. f. Phys. **10**, 387, 1922; siehe ferner A. J. Dempster, Astr. Journ. **57**, 193, 1923.

[4] Vgl. A. Einstein, Physik. Zeitschr. **18**, 123, 1917; W. Wien, Ann. d. Phys. **60**, 597, 1919; **66**, 229, 1921; G. Mie, ebenda, S. 237; N. Bohr, Zeitschr. f. Phys. **13**, 151, 1923.

lang als Wellenbewegung im Äther, und auf diese Wellenbewegung kann das elektrische Feld nicht einwirken. Mithin müßten unter den angegebenen Bedingungen innerhalb des elektrischen Feldes auch die unbeeinflußten Balmerlinien beobachtet werden. Tatsächlich ist dies aber nicht der Fall, jedenfalls fehlen auf entsprechenden Aufnahmen von Stark[1]) bei den π-Komponenten von H_α und H_γ und den σ-Komponenten von H_δ die unverschobenen Linien ($N = 0$), die im elektrischen Felde nach der Theorie nicht auftreten dürfen (vgl. Tabelle 1, S. 2245 und Fig. 1291 bis 1294). Ähnliche Ergebnisse liefern neuere Versuche von Benj. Markus Bloch[2]), bei denen die leuchtenden Kanalstrahlen aus einem elektrischen Felde plötzlich in einen feldfreien Raum eintreten: auf einer Strecke, die höchstens einer Flugdauer von 10^{-10} sec entspricht, ist noch ein elektrischer Effekt erkennbar, in größerer Entfernung vom Rande des elektrischen Feldes ist der Effekt verschwunden. Aus beiden Versuchen folgt, daß die eingangs erwähnte Vorstellung unhaltbar ist, vielmehr verhält sich bei diesen und ähnlichen Erscheinungen die von bewegten Atomen ausgesandte Strahlung in jedem Punkte geradeso wie die Strahlung ruhender Atome, die von dem an dem Emissionsort herrschenden elektrischen Felde beeinflußt wird. Wenn also die einzelnen Quantenzustände vom elektrischen Felde verändert werden, wie dies doch in der Bohrschen Theorie angenommen wird, so ist es nicht angängig, zeitlich den Emissionsprozeß von den Momenten zu unterscheiden, in denen sich die Atome im oberen und im unteren Zustand befinden. Diese Schwierigkeit wird, wie manche ähnliche, in der Quantenmechanik Heisenbergs und Schrödingers bis zu einem gewissen Grade vermieden, da hier der Emissionsprozeß mit den Schwingungsvorgängen in den beiden Quantenzuständen innerlich verknüpft wird, so daß beim Eintritt der Atome ins Feld sofort die Schwingungsvorgänge und damit auch die Emissionsfrequenzen verändert werden[3]).

B. Starkeffekt an Atomen mit mehreren Elektronen.

§ 11. Versuchsanordnung. Die Untersuchung des Starkeffekts an den Spektrallinien höherer Atome erfordert die Überwindung neuer experimenteller Schwierigkeiten. In erster Linie ist man wieder auf die Kanalstrahlmethode angewiesen. Ist das zu untersuchende Element gasförmig oder besitzt das Element oder eine seiner Verbindungen bei mäßigen Temperaturen einen ausreichenden Dampfdruck, so erhält man relativ einfach, eventuell unter Zusatz eines anderen Gases, wenigstens einen Teil der Linien jenes

---

[1]) J. Stark, Ann. d. Phys. **48**, 197, 1915.
[2]) B. M. Bloch, Zeitschr. f. Phys. **35**, 962, 1926; siehe auch H. Rausch v. Traubenberg, Physik. Zeitschr. **25**, 607, 1925; Derselbe und R. Gebauer, Zeitschr. f. Phys. **44**, 762, 1927. Hier wird der Effekt an den Komponenten der Feinstruktur erkannt und festgestellt, daß bei den aus dem scharf begrenzten elektrischen Felde austretenden Kanalstrahlen tatsächlich eine meßbare Zeit von 10^{-9} bis 10^{-10} sec vergeht, ehe die Wirkung des elektrischen Feldes verschwindet — ein Ergebnis, das auch mit den neueren Vorstellungen der Wellenmechanik nicht ohne weiteres vereinbar scheint (Anmerk. bei der Korrektur).
[3]) Vgl. E. Schrödinger, Ann. d. Phys. **79**, 361, 1926, speziell S. 375.

Elementes in den Kanalstrahlen [1]). So wurden die gasförmigen Elemente, besonders ausführlich He, ferner Hg-Dampf untersucht. Anderenfalls stellt man die Elektroden aus dem zu untersuchenden Metall her, bzw. bringt dieses in geeigneter Weise auf der Kathode an und füllt das Rohr mit einem Gas, dessen Kanalstrahlen das Metall der Elektroden stark zerstäuben. Stark beschreibt z. B. ausführlich [1]), wie man zu diesem Zweck auf einer Eisenkathode Metallsalze zwischen einer Vertiefung in der Kathode und einem feinen, über die Oberfläche der Kathode gespannten Platinnetz fest einschmelzen kann, und untersucht auf diese Weise Linien von Li, Na, Mg, Ca, Cu, Ag. In neueren Arbeiten wird meist die in § 2 beschriebene Lo-Surdo-Anordnung verwendet, bei der das elektrische Feld des Kathodendunkelraums den Starkeffekt erzeugt (s. Fig. 1288, S. 2235); sie ist vor allem an Lichtstärke der ursprünglich von Stark angewandten Anordnung mit homogenem Felde weit überlegen [2]). Die Inhomogenität des Feldes ist vielfach sogar erwünscht, da sie mit einer Aufnahme die Abhängigkeit des Effekts von der Feldstärke liefert (wenn zugleich eine Linie mit bekanntem Starkeffekt aufgenommen wird). Dies ist von besonderer Wichtigkeit bei der gleich näher zu besprechenden, äußerst interessanten Wirkung des elektrischen Feldes, neue Linien zu erzeugen, die ohne Feld überhaupt nicht auftreten und deren Intensität mit wachsendem Felde stark anwächst, während die Spektrallage sich zugleich verschiebt (vgl. Fig. 1297 und 1298, S. 2259, nach einer Aufnahme von Hansen, Takamine und Werner an Hg, aus der man mit einem Blick erkennt, daß einzelne Teillinien im Felde neu entstehen, Einzelheiten siehe § 12 ff.); allerdings rührt die Intensitätsänderung längs der Linien nicht allein vom Felde her, sondern kann auch dadurch beeinflußt sein, daß nahe der Kathode eine stärkere Anregung stattfindet! Auf jeden Fall ist bei der Deutung von Versuchen nach der Lo-Surdo-Methode Vorsicht geboten, da die Verhältnisse durch die Inhomogenität und die unsichere Kenntnis der Feldstärke kompliziert werden.

Will man andererseits — zur Intensitätsmessung der Linien im Felde der Lo-Surdo-Anordnung — eine konstante Feldstärke längs der ganzen Spektrallinien bekommen, so wird das Entladungsrohr so gestellt, daß die Oberfläche der Kathode parallel zum Spalt des Spektrographen steht [3]).

Eine andere aussichtsreiche, aber bisher wenig verwendete Anordnung zur Untersuchung des Starkeffekts bietet die Paschensche Hohlkathode [4]) — ein beider-

---

[1]) Vgl. J. Stark, speziell S. 23 ff.

[2]) Die ersten erfolgreichen Untersuchungen an höheren Atomen nach Stark und seinen Schülern rühren her von R. Brunetti, Rend. Lin. Acad. **24**, 719, 1915 (He); H. Nyquist, Phys. Rev. **10**, 226, 1917 (He, Ne); A. Anderson, Astr. Journ. **46**, 104, 1917; T. Takamine, ebenda **50**, 23, 1919 (wo mehr oder weniger deutliche Effekte an sehr vielen Metallinien photographiert und näher beschrieben sind, speziell an Linien von Ag, Au, Co, Cu, Fe, Mg, Mo, Ni, Na, N, O), schließlich von T. Takamine und N. Kokubu, Mem. Coll. of Science III, Nr. 9, 1919 (wo der Starkeffekt an einer großen Zahl He-Linien entdeckt und genau untersucht wurde). In all diesen Arbeiten ist die Lo-Surdo-Anordnung mit großem Erfolg benutzt.

[3]) Siehe T. Takamine und Sven Werner, Die Naturw. **14**, 47, 1926.

[4]) Siehe F. Paschen, Ann. d. Phys. **50**, 901, 1916; W. Tschulanowsky, Zeitschr. f. Phys. **16**, 306, 1923; ferner F. Paschen, Sitzungsber. d. Preuß. Akad. d. Wissensch. 1926, S. 135.

Fig. 1295.

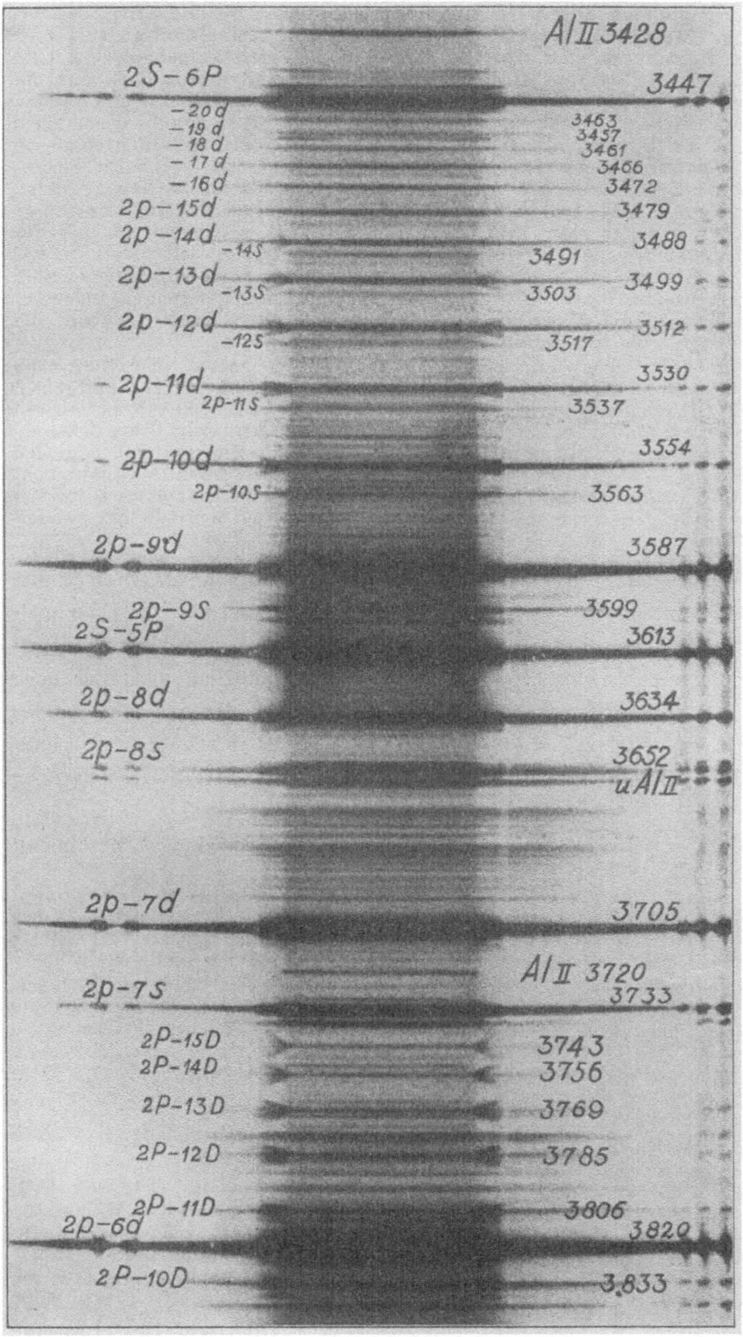

Spektrum der inneren Glimmschicht einer Al-Hohlkathode in He von $\frac{1}{2}$ mm Druck nach F. Paschen[1]). Am oberen und unteren Rande des mittleren Teiles sieht man die Starkeffekte, die in dem hohen Feld dicht an der Oberfläche der Kathode entstehen, und zwar nur an den Linien $2p-md$ (m = 9 bis 15) von Ortho-He und $2P-mD$ (m = 10 bis 15) von Par-He. Die scheinbaren Komponenten sind die „verbotenen", nur im elektrischen Felde auftretenden Kombinationen $2P-mP$, $-mF$, $-mG$, $-mH$, vgl. § 12.

[1]) Vgl. Fußnote 4 auf S. 2252.

seitig offener Metallzylinder, meist aus Al —, besonders wenn man sie nach Schüler bis auf einen schmalen und tiefen Spalt verschließt[1]). Hier entstehen starke, inhomogene, elektrische Felder nahe der Metallfläche, und da man durch den Spalt von 1 bis 2 mm über 100 mA schicken kann, erhält man intensive Spektrallinien. Fig. 1295 zeigt die so entstehenden Starkeffekte nach Paschen an Linien der diffusen Nebenserien von He. Im mittleren Teil der Aufnahme, der dem axialen Teil der Hohlkathode entspricht, sind die Linien unbeeinflußt; nur unmittelbar an der Oberfläche der Hohlkathode, entsprechend dem oberen und unteren Rand der Aufnahme, herrscht ein starkes elektrisches Feld, nur hier entstehen Aufspaltungen der Linien. Ferner zeigen die gleichzeitig photographierten $p - s$-Linien der scharfen Nebenserie keine Effekte! Das Auftreten der hohen Serienglieder (bis zum 20. Glied der $p - d$-Serie erkennbar) ist besonders bemerkenswert. Durch Anbringung von Öfen kann man die verschiedensten Metalle verdampfen und ihre Dämpfe unter sehr reinen Bedingungen (bei niedrigem Dampfdruck und bei Ausschluß fremder Gase) untersuchen. Im Prinzip dieselbe Methode hat Takamine im Jahre 1919 nach dem Vorgang von Anderson mit gutem Erfolg zur Untersuchung des Starkeffekts an vielen Metallinien angewandt[2]), indem er eine enge zylindrische Kathode aus dem zu untersuchenden Metall benutzte, die bis auf eine enge Öffnung allseitig mit Quarz umgeben wurde.

Auch im elektrischen Lichtbogen kann man bei geeigneter Anordnung nach Nagaoka und Sugiura[3]), besonders nahe der Anode, hohe, aber naturgemäß ebenfalls sehr inhomogene Felder erzielen, angeblich bis zu 200000 Volt/cm; so soll man den Starkeffekt wegen der großen Lichtstärke relativ leicht an den verschiedenen Metallinien erhalten können[4]). Da aber der Spannungsabfall im Bogen höchstens 25 Volt beträgt, darf die Strecke, auf der dieser Abfall statthat, nicht länger als 0,005 mm sein, damit ein Feld von 50000 Volt/cm entsteht. Diese von J. Stark herrührende Überlegung läßt die Brauchbarkeit der Methode sehr zweifelhaft erscheinen[5]).

Zur Untersuchung des meist sehr kleinen Starkeffekts an Absorptions- und Fluoreszenzlinien von Metalldämpfen dient eine ganz andere, prinzipiell sehr einfache Methode, die zuerst an den D-Linien des Na, neuerdings häufiger mit Erfolg verwendet wurde[6]). Man bringt die womöglich von Glas oder Quarz eng umgebenen Kondensatorplatten in geringem Abstand voneinander in einem gut evakuierten Vakuumrohr an und kann so in Dämpfen unterhalb 10^{-3} oder 10^{-4} mm Druck homogene Felder bis 150 000 Volt/cm und darüber

---

[1]) H. Schüler, Zeitschr. f. Phys. **35**, 335, 1926 (Starkeffekte an Zn-Linien).

[2]) Siehe Fußnote 2 auf S. 2252.

[3]) H. Nagaoka und Y. Sugiura, Nature **111**, 431, 1923; ausführlicher, Jap. Journ. Phys. **3**, 45, 1924. Die Verfasser empfehlen, als Stromquelle für den Bogen 500 Volt Gleichstrom unter Parallelschaltung großer Kapazität und Selbstinduktion zu benutzen und einen kleinen Metalltropfen auf die Anode zu bringen.

[4]) Möglicherweise beruht der Poleffekt — die kleinen Wellenlängenänderungen von Linien nahe den Elektroden eines Kohlebogens (siehe F. Goos, Zeitschr. f. wiss. Phot. **11**, 305, 1912) — wenigstens zum Teil auf solchen Starkeffekten (vgl. § 23).

[5]) Verschiedene andere Anordnungen vgl. bei Ch. E. Deppermann, Astr. Journ. **63**, 33, 1926, wo allerdings die verschiedensten Linien ohne Erfolg untersucht wurden.

[6]) R. Ladenburg, Schles. Ges. f. vaterl. Kult., Sitzung v. Februar 1914; Zeitschr. f. Phys. **28**, 51, 1924 (Effekt an den Absorptions- und Resonanzlinien des Na); siehe auch F. Paschen und W. Gerlach, Physik. Zeitschr. **15**, 489, 1914 (wo trotz empfindlichster Anordnung keine Beeinflussung der Linie 2537 des Hg im elektrischen Felde erhalten wurde); ferner W. Hanle, Zeitschr. f. Phys. **36**, 346, 1925 (indirekter Nachweis des Effekts an der Resonanzstrahlung 2537 des Hg); sowie A. Terenin, ebenda **37**, 676, 1926, erfolgreiche Untersuchung an der Fluoreszenz der Linien 3650, 3655, 3663, 3126, 3131 und 2967 des Hg $(2 p_j - 3 d_j)$. W. Grotrian und G. Ramsauer. Physik. Zeitschr. **28**, 846, 1927 (Effekt an den höheren Gliedern der Hauptserie der Alkalien in Absorption), daselbst viele wichtige Einzelheiten über geeignete Anordnung zur Erzeugung konstanter hoher elektrischer Felder.

erzeugen (vgl. Fig. 1296 nach Ladenburg). Durch die eng anliegenden
Glas- und Quarzteile wird die Ausbildung eines Kathodendunkelraumes und
damit einer elektrischen Entladung vermieden.

Fig. 1296.

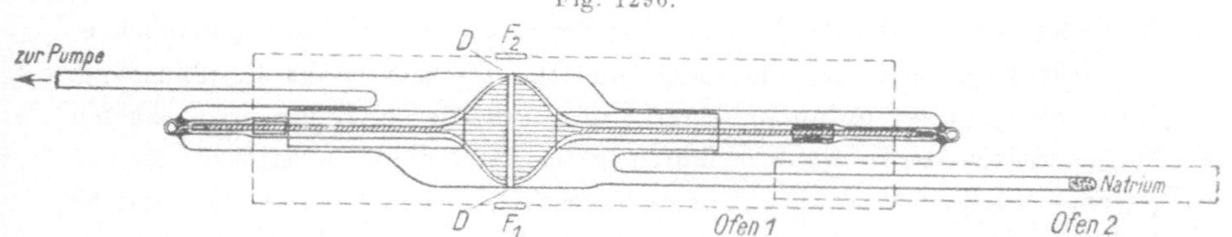

Absorptionsrohr mit dicht einander gegenüberstehenden Elektroden zur Erzeugung
hoher elektrischer Felder in Na-Dampf (nach Ladenburg). $F_1 F_2$ Fenster im
Ofen 1, zum Hindurchsenden des Lichtes der Lichtquelle.

Neue Möglichkeiten eröffnet die Entdeckung von A. Joffé und seiner Mitarbeiter, elektrische Felder von vielen Millionen Volt pro Zentimeter in sehr dünnen
Schichten zu erzeugen. Soweit bisher bekannt geworden [1]), ist es bereits gelungen,
die bei der Temperatur der flüssigen Luft scharfen Absorptionslinien des Rubins,
die nach Versuchen von Mendenhall und Wood [2]) in Feldern bis 45 000 Volt/cm
keine Änderung zeigen, bei allerdings inhomogenen mittleren Feldern von einigen
Millionen Volt/cm stark zu verbreitern. Ob hier ein direkter elektrischer Effekt
des äußeren Feldes vorliegt, oder eine indirekte Beeinflussung durch Veränderung
der molekularen elektrischen Felder (vgl. § 21 ff.), ist noch nicht entschieden. Aber
es erscheint nunmehr nicht unmöglich, solch hohe Felder auch im Gasraum zu
erzeugen und dadurch neue elektrische Beeinflussungen besonders von Absorptionsspektren hervorzurufen.

**§ 12. Übersicht über die verschiedenen Erscheinungen (Abhängig-
keit von der Feldstärke, Auftreten neuer Kombinationslinien).** Wie
wiederum schon Stark fand [3]), ist bei den meisten Linien höherer Atome,
besonders an den Linien der Hauptserien und scharfen Nebenserien, die
elektrische Beeinflussung unvergleichlich viel schwächer als an den Wasserstofflinien. Nur die Linien der diffusen Nebenserie $(2 P - m D)$, $m = 3, 4 \ldots$,
speziell die der leichtesten Elemente He und Li, zeigen eine mit dem Effekt
an den Balmerlinien vergleichbare starke Veränderung im elektrischen Felde,
nämlich Aufspaltung in viele Teillinien proportional der ersten Potenz der
Feldstärke. Die natürliche „Diffusität" dieser Linien wird deshalb seit
Stark auf die Einwirkung der unregelmäßig schwankenden elektrischen
Felder der die emittierenden Atome umgebenden Moleküle und Ionen („zwi-
schenmolekulare Felder") zurückgeführt (Näheres vgl. § 21). Wesentlich für
die Größe des Starkeffekts ist nämlich, wie Bohr frühzeitig erkannte [4]), der
Abstand des „Laufterms" einer Linie vom Wasserstoffterm gleicher Hauptquantenzahl. Ist diese Abweichung wie in den D-Termen des He und Li
sehr gering, d. h. ähneln die zugehörigen „Elektronenbahnen" denen des

[1]) Nach einem Vortrag von A. Joffé in der Berliner Physik. Gesellsch. (am
24. Juni 1927); siehe auch A. Arsenjewa, Zeitschr. f. Phys. **45**, 851, 1927.
[2]) C. E. Mendenhall und R. W. Wood, Phil. Mag. **30**, 316, 1915.
[3]) J. Stark, Sp. S. 67 ff.; ferner Ann. d. Phys. **78**, 425, 1925.
[4]) N. Bohr, Phil. Mag. **27**, 506, 1914; siehe auch Abh. über Atombau, S. 76,
86, 116 usf.

Wasserstoffs ziemlich weitgehend, so erleiden sie im elektrischen Felde ähnliche Veränderungen wie die H-Linien, nämlich starke, scheinbar symmetrische Aufspaltungen nach längeren und kürzeren Wellen in polarisierte Komponenten proportional der ersten Potenz der Feldstärke [1]. Je größer aber der Unterschied des Laufterms einer Linie vom entsprechenden Wasserstoffterm ist, um so geringer ist die elektrische Beeinflussung. Die meisten „wasserstoffunähnlichen" Linien, wie die der Haupt- und scharfen Nebenserie von He, Li, Na, K, erfahren in der Tat kaum nachweisbare oder nur geringe einseitige Verschiebungen (eventuell gleichzeitige unsymmetrische Aufspaltungen in polarisierte Komponenten), die angenähert dem Quadrat der Feldstärke F proportional sind, wenigstens solange diese nicht allzu groß ist [2]; mit steigender Feldstärke geht dieser quadratische Effekt allmählich in einen linearen symmetrischen Effekt über, wie in § 14 näher beschrieben wird. Außerdem treten bisweilen, wie erwähnt — und dies ist wohl die bemerkenswerteste Wirkung des elektrischen Feldes —, in starken elektrischen Feldern neue Linien auf, neue Serien, die sich als Kombinationslinien bekannter Terme erweisen; d. h. deren Frequenz gleich der Summe oder Differenz der Frequenzen von Linien des ursprünglichen Spektrums ist; mit wachsender Feldstärke nimmt ihre Intensität rasch zu, und ihre Lage verschiebt sich zugleich nach kürzeren oder längeren Wellenlängen, wobei außerdem an einzelnen Linien Aufspaltungen in polarisierte Komponenten beobachtet werden. Diese wichtige Erscheinung wurde zuerst von John Koch [3] an He, kurz danach von J. Stark [4] an Li beobachtet, wobei die gewöhnlich „verbotenen" Kombinationen $P - mP$, $S - mS$ und $S - mD$ gefunden wurden, deren Wellenlängen im feldfreien Raume aus den bekannten Termwerten berechnet werden können. Es wird also durch das elektrische Feld das „Auswahlprinzip des ungestörten Atoms durchbrochen", nach dem nur Kombinationen von Termen entstehen, deren azimutale Quantenzahl sich um ± 1 unterscheidet. Auf Grund dieser Erfahrungen in elektrischen Feldern bezeichnen Stark und

---

[1] Z. B. H. Lüssem, Ann. d. Phys. **49**, 865, 1916.

[2] Beispiele bei J. Stark, Ann. d. Phys. **56**, 587, 1916; G. Liebert, ebenda, S. 593, sowie weitere Untersuchungen an He-, Li- und anderen Linien von Stark und seinen Mitarbeitern. Vielfach wurde allerdings anfangs die Frage, ob der Effekt linear oder quadratisch mit der Feldstärke wächst, offengelassen, nur im Falle der Hauptserienlinien des He hält Stark (Ann. **56**, 587, Anm. 1, 1918) Lieberts Befund der quadratischen Abhängigkeit von F für gesichert, ebenso bei der Rotverschiebung der im Felde neu auftretenden „fast scharfen" Nebenserie ($P - mP$) des Li (Ann. **48**, 216, 1915). Ferner wurde der quadratische Effekt als neue charakteristische Erscheinung sicher erkannt bei den D-Linien des Na von R. Ladenburg, Physik. Zeitschr. **22**, 549, 1921; neuere Untersuchungen über die Abhängigkeit wasserstoffunähnlicher Linien von der Feldstärke siehe J. St. Foster, Phys. Rev. **23**, 667, 1924, sowie W. Grotrian und G. Ramsauer, Physik. Zeitschr. **28**, 846, 1927, vgl. Fig. 1305. Nach Angaben von Stark und Kirschbaum (Ann. d. Phys. **43**, 991, 1914) sowie von H. Lüssem (ebenda **49**, 865, 1916) wächst in seltenen Fällen, z. B. an der Linie 4472 ($2\,^3P - 4\,^3D$) des Ortho-He, der Effekt langsamer als proportional der ersten Potenz von F.

[3] J. Koch, Ann. d. Phys. **48**, 98, 1915.

[4] Ebenda, S. 210; siehe auch Ann. d. Phys. **56**, 577, 1918 (neu im Felde erscheinende Serien des He); sowie G. Liebert, ebenda, S. 589.

seine Schüler als wichtigste Serien des Ortho- und Par-He die folgenden [1]), von denen die 2., 3., 5. und 7. nur in elektrischen Feldern beobachtet werden:

		Δk (Δl)	Bezeichnung	
1.	$1\,S - m\,P$	1	fast scharfe	Hauptserie
2.	$1\,P - m\,P$	0	„ „	(3.) Nebenserie
3.	$1\,S - m\,S$	0	scharfe	Hauptserie
4.	$1\,P - m\,S$	1	„	(2.) Nebenserie
5.	$1\,S - m\,D$	2	diffuse	Hauptserie
6.	$1\,P - m\,D$	1	„	(1.) Nebenserie
7.	$1\,P - m\,F$	2	nah diffuse	„ „

Zugleich zeigt sich die interessante Erscheinung, daß sich die Linien der „fast scharfen oder dritten" Nebenserie $P - m\,P$, $m = 2, 3 \ldots$ nach Art und Größe der elektrischen Verschiebung bzw. Aufspaltung (immer in Frequenzeinheiten gemessen) in großer Annäherung wie die entsprechenden Linien der „fast scharfen" Hauptserie $S - m\,P$, $m = 2, 3 \ldots$ verhalten; die „scharfe" Hauptserie $S - m\,S$, $m = 2, 3 \ldots$ ist ebenso analog der „scharfen" Nebenserie $P - m\,S$, und die „diffuse" Hauptserie $S - m\,D$, $m = 3, 4 \ldots$ der „diffusen" Nebenserie $P - m\,D$, mit anderen Worten: der Laufterm bestimmt den Starkeffekt! Es ist dies das von Stark [2]) an verschiedenen Serien des Par- und Ortho-He gefundene „Gesetz der übereinstimmenden Effekte" von Linien, die bei verschiedenem „Endterm" den gleichen Laufterm besitzen [3]) (Beispiele vgl. § 16, Tabelle 4). Zugleich nimmt innerhalb einer Serie mit steigender Gliednummer die Größe des Effekts, d. h. die Verschiebung bzw. Aufspaltung merklich zu.

Die Berechnung der feldfreien Wellenlängen dieser Linien und ihrer Terme ist nicht ganz exakt, da man ja aus den gemessenen Werten auf das Feld Null extrapolieren muß; doch bedingt dieser Umstand nur bei der „diffusen Hauptserie" größere Ungenauigkeit, da nur deren Linien im Felde starke Wellenlängenänderungen erleiden. Verschiedentlich sind solche Kombinationslinien früher in der elektrischen Entladungsbahn hoher Stromdichte beobachtet und als wichtige Stütze des Ritzschen Kombinationsprinzips betrachtet worden. In diesen Fällen muß man nach Bohr auf Grund der Erfahrungen des Starkeffekts die elektrischen Felder der den emittierenden Atomen benachbarten Ionen als notwendig für ihr Zustandekommen ansehen (vgl. § 21).

---

[1]) Unter Δk ist im folgenden der „Sprung der azimutalen Quantenzahl" k verstanden, die für die S-, P-, D-... Terme die Werte 1, 2, 3... annimmt; die modernere Bezeichnung ist $l = k - 1$ an Stelle der azimutalen oder „Nebenquantenzahl" k, vgl. Tabelle 2, S. 2258.

[2]) J. Stark, Ann. d. Phys. **56**, 577, 1918; **78**, 425, 1925; siehe auch G. Liebert, ebenda **56**, 589, 1918.

[3]) Dieses „Gesetz" gilt sicherlich nur angenähert, nämlich solange die Meßgenauigkeit nicht reicht, den allerdings i. a. sehr kleinen Effekt auf den „Endterm", z. B. $2\,P$ oder $2\,S$, nachzuweisen; Näheres vgl. § 17.

Außer diesen isoliert liegenden, neu im Felde erscheinenden Linien der Kombinationen $S - m\,S$, $P - m\,P$ und $S - m\,D$, bei denen $\varDelta k = 0$ oder $\pm\,2$ ist, treten auch Serien neu auf, bei denen sich die Nebenquantenzahl k um 3, 4 oder mehr Einheiten ändert und deren Linien gleicher Hauptquantenzahl im allgemeinen dicht beieinander und dicht bei den Linien der Serien $P - m\,D$ bzw. $S - m\,D$ liegen. Es sind dies eben die Teillinien, in die diese Linien der diffusen Neben- bzw. Hauptserie scheinbar aufspalten. Schon Stark vermutete[1]), daß die auf der kurzwelligen Seite der diffusen He- und Li-Linien von ihm bei homogenem Felde beobachteten „Komponenten" in Wahrheit neue, im Felde erst auftretende Kombinationslinien seien. Bohr erkannte zuerst auf Aufnahmen von H. Nyquist[2]) nach der Lo-Surdo-Methode[3]), daß viele Komponenten mit abnehmender Feldstärke nicht in die ohne Feld allein auftretende $P{-}D$-Linie selbst einmünden, sondern auch ohne Feld eine etwas abweichende Wellenlänge besitzen würden (vgl. hierfür Fig. 1297 und 1298); außerdem, daß ihre Intensitäten mit abnehmendem äußeren Felde zugleich rasch absinken und beim Felde Null eben überhaupt nicht mehr wahrnehmbar sind, daß es sich also offenbar auch hier um das Auftreten neuer Linien im elektrischen Felde handelt. Die genauere Durchführung dieser Vorstellung und ihre einwandfreie experimentelle Bestätigung rührt von Tschulanowsky[4]), von Hansen, Takamine und Werner[5]) und von St. Foster[6]) her.

Wir bedienen uns bei der folgenden Darstellung der in Tabelle 2 als „neu" gekennzeichneten Termbezeichnung, werden nur zur Unterscheidung der Ortho- von den Par-He-Linien aus drucktechnischen Gründen die kleinen Buchstaben $s, p, d \ldots$ statt der Bezeichnung ^3S, ^3P, ^3D benutzen, die den Ortho-He-Linien zukommt, da

Tabelle 2.

Nebenquantenzahl		Termbezeichnung		Nebenquantenzahl		Termbezeichnung	
k	l	alt	neu	k	l	alt	neu
1	0	s, S	S	5	4	e, E	G
2	1	p, P	P	6	5	f, F	H
3	2	d, D	D	7	6	g, G	J
4	3	b, B	F				

sie neuerdings als Tripletts erkannt sind. Wir fragen im folgenden nach dem Aussehen z. B. des He-Spektrums, wenn alle Serien auftreten, die irgendwelchen durch kein Auswahlprinzip beschränkten Kombinationen der Grundterme $2\,S$ und

---

[1]) J. Stark, Ann. d. Phys. **58**, 721, 1919.
[2]) H. Nyquist, Phys. Rev. **10**, 226, 1917; siehe auch T. Takamine und N. Kokubu (Mem. Coll. of Science, Kyoto, III, Nr. 9, 1919), auf deren Aufnahmen des Starkeffekts an vielen He-Linien dieselben Erscheinungen deutlich zu sehen sind.
[3]) N. Bohr, Q. d. L. III, S. 155 (aus dem Jahre 1918, veröffentlicht 1922).
[4]) W. Tschulanowsky, Zeitschr. f. Phys. **16**, 300, 1923. Seine Messungen sind an Aufnahmen von F. Paschen der Feinstruktur von He$^+$ vorgenommen (Ann. d. Phys. **50**, 901, 1915), bei denen die Hohlkathode benutzt wurde und daher Starkeffektaufspaltungen eintraten (vgl. § 11).
[5]) H. M. Hansen, T. Takamine und Sven Werner, Math. Phys. Mitt. d. Dän. Ges. d. Wiss. V, 3, 1923.
[6]) J. Stuart Foster, Phys. Rev. **23**, 667, 1924.

$2\,P$ entsprechen. Zur Beurteilung der relativen Lage der Linien geben wir in folgender kleinen Tabelle 3 die Rydbergkorrektion α für große Laufzahlen der verschiedenen He-Terme, die ja nach Rydberg in der Form $\dfrac{R}{(m+\alpha)^2}$ dargestellt

Fig. 1297.

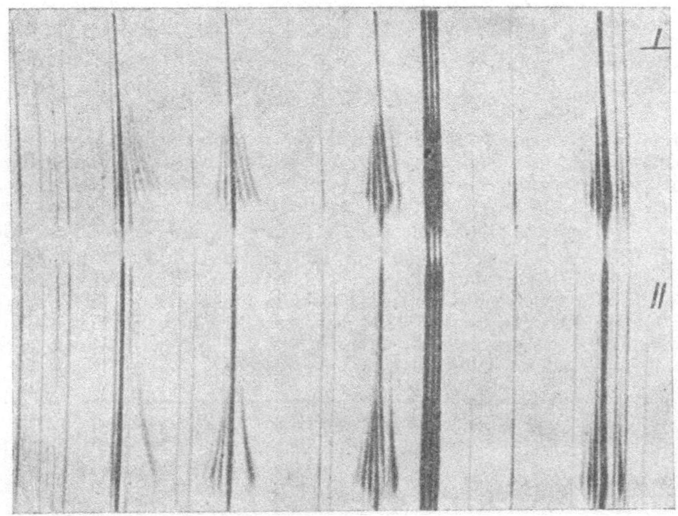

(Nach Hansen, Takamine und Werner.) Starkeffekte an den Linien der diffusen Nebenserie $2\,p - m\,d$ $(m = 6 \ldots 10)$ des Hg nach der Lo-Surdo-Methode. Die scheinbaren Komponenten sind „verbotene" Kombinationen, die nur im elektrischen Felde auftreten: $2\,p - m\,p,\ -m\,f,\ -m\,g,\ -m\,h.$

Fig. 1298.

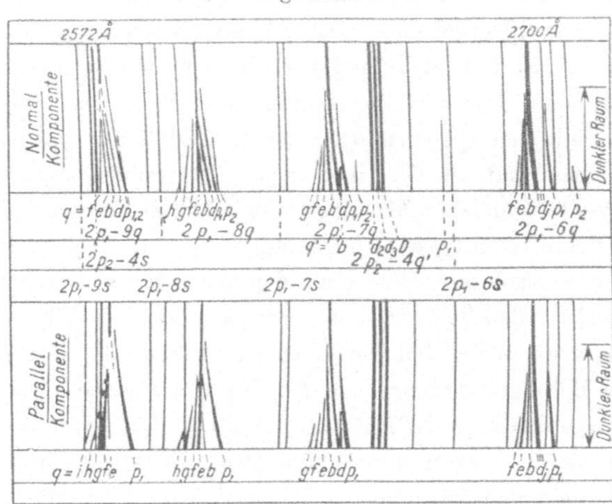

Schematische Darstellung über Starkeffekte der Fig. 1297. Die Bezeichnungen sind die „alten": $b,\ e,\ f$ statt $f,\ g,\ h$, vgl. Tabelle 2, S. 2258.

werden können. Für kleinere Laufzahlen variiert α mit der Laufzahl, so daß die Zahlen der Tabelle nur Mittelwerte sind, bei Ortho-He ist außerdem der Mittelwert der beiden Terme der Dubletts benutzt; für die F-Terme sind die Zahlen sehr unsicher, da aus Messungen ohne elektrisches Feld nur zwei Terme: $4\,F$ und $5\,F$ (aus der Bergmannserie $3\,D - m\,F$), bekannt sind.

Tabelle 3.
Rydbergkorrektion α für große Laufzahlen.

	S $k=1$ $l=0$	P $k=2$ $l=1$	D $k=3$ $l=2$	F $k=4$ $l=3$
Par-He	$-0{,}040$	$+0{,}013$	$-0{,}0013$	$-0{,}001$
Ortho-He	$-0{,}303$	$-0{,}067$	$-0{,}002$	$-0{,}001$

Terme mit höherem k (bzw. l) waren vor den Starkeffektanalysen überhaupt nicht bekannt, aber man muß erwarten, daß mit wachsender Nebenquantenzahl die „Störung" der Bewegung durch das innere Elektron immer kleiner wird, so daß $|\alpha_D| > |\alpha_F| > |\alpha_G| > |\alpha_H|$ und das Vorzeichen dieser Korrektionen das gleiche ist. Da $\alpha_D < 0$, werden alle Terme mF, mG usw. kleiner als mD, und die Linien $2P-mF$, $2P-mG$ usw. müssen auf der violetten Seite der Linie $2P-mD$ in der angegebenen Reihenfolge liegen — und zwar in ihrer unmittelbaren Nachbarschaft, denn die betrachteten Terme können nicht kleiner als R/m^2 ($\alpha = 0$!) sein, wo R den Wert für He $109\,722{,}14$ hat, den Paschen für He$^+$ gefunden hat. Die Abstände der entsprechenden „Grenzlinien" $2P-R/m^2$ von den zugehörigen Linien $2P-mD$ sind z. B. für Par-He

m	$\varDelta\lambda$	m	$\varDelta\lambda$
4	1,6 Å	6	0,36 Å
5	0,7	7	0,24

so daß schon für $m = 7$ die möglichen Kombinationen $2P-7F$, $-7G$, $-7H$, $-7J$ alle in dem kleinen Intervall von $0{,}24$ Å auf der violetten Seite von $2P-7D$ liegen müssen. Für $m = n = 4$ z. B. ist hier nur eine neue Kombinationslinie $2P-mF$ zu erwarten, da $k \leqq n$ ist, für $m = 5$ zwei neue Linien usf.

Diese einfachen Folgerungen der Bohrschen Theorie entsprechen genau dem, was die Versuche ergeben, speziell die letzte Bemerkung ist die offensichtliche Deutung der auffallenden, zuerst wieder von Stark erkannten Tatsache, daß mit wachsender Laufzahl der Linien einer Serie die Zahl der im Felde beobachteten Teillinien systematisch wächst, so daß das Glied $m + 1$ gerade eine Teillinie mehr hat als das Glied m[1]). (Die feinere experimentelle theoretische Analyse in § 17 lehrt allerdings, daß neben diesen neuen Kombinationslinien auch wirkliche Aufspaltungen wenigstens eines Teiles der Linien entstehen, die die beobachteten Erscheinungen noch etwas komplizierter machen.) Das Gesagte erhellt deutlich aus den mehrfach genannten Fig. 1297 und 1298, die den Starkeffekt an den höheren Gliedern der Serie $2P - mD$ des Hg nach der Lo-Surdo-Methode darstellen — für Hg wie für viele andere Atome ist die relative Lage der mD- zu den mF-, mG-... Termen ähnlich wie bei He. In Fig. 1298, in der übrigens noch die ältere Termbezeichnung benutzt ist (s. Tabelle 2), sieht man besonders deutlich, daß die „Teillinien" wirklich erst im Felde entstehen, und wie ihre Intensitäten im allgemeinen mit der Feldstärke anwachsen, daß sie aber i. a. um so geringer sind, je größer der Quantensprung $\varDelta k$ ist, ferner, wie jedes Serienglied eine neue Kombinationslinie mehr

---

[1]) Dies ist auch der tiefere Grund für das systematische Anwachsen der Starkeffektkomponenten der Balmerserie mit wachsender Laufzahl — wie Kramers' Theorie des Starkeffekts der Feinstruktur des H lehrt, vgl. § 14.

enthält als das vorangehende [1]).   Dasselbe erkennt man gut auf den schönen Starkeffektaufnahmen an den He-Linien der Serien $2\,P - m\,D$ und $2\,p - m\,d$ von Stuart Foster [2]), die in den Fig. 1299 und 1301 reproduziert und in den Fig. 1300, 1302 und 1303 analysiert sind (siehe auch Fig. 1304, die den Starkeffekt an $2\,S - 5\,P,\ - 5\,D$ usw. zeigt).   Hier fällt noch besonders auf,

Fig. 1299.

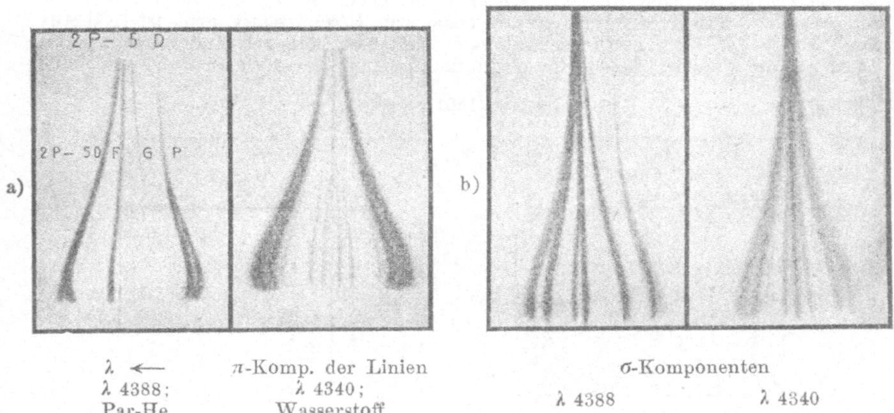

Lo-Surdo-Aufnahme der π- und der σ-Komponenten der Par-He-Linie 4388 ($2\,P - 5\,D$) und der H_γ-Linie 4340 nach St. Foster (1924).

Fig. 1300.

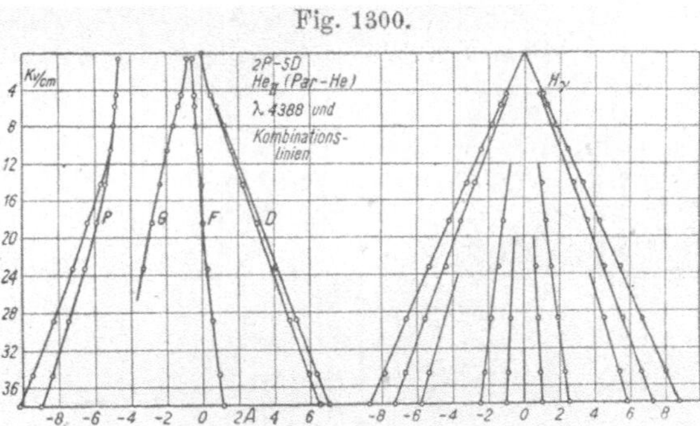

Analyse der Fig. 1299 a, π-Komponente.

daß neben den eben besprochenen Kombinationen mit den höheren Termen $m\,F,\ m\,G\ldots$ (in den Figuren sind zum Teil noch die älteren Bezeichnungen angegeben) auch die Kombinationen $2\,P - m\,P$ und $2\,p - m\,p$ erscheinen, aber bei Ortho-He auf der roten Seite der Linie $2\,p - m\,d$, bei Par-He weit auf der violetten Seite von $2\,P - m\,D$, noch jenseits der letzten der höheren Kombinationslinien.

---

[1]) Ähnliche Versuche hat H. Schüler (Zeitschr. f. Phys. **35**, 336, 1926) an Zn sowie Y. Fujioka an Zn und Cd ausgeführt (Scient. Pap. of Inst. of Phys. Chem. Res., Tokyo 1926, Nr. 68).   Vgl. ferner neue erfolgreiche Versuche an den diffusen Nebenserien von Cu, Ag, Au von Yoshio Fujioka und Sunao Nakamura, Astr Journ. **65**, 201, 1927.

[2]) J. Stuart Foster, Phys. Rev. **23**, 661, 1924.

Die Erklärung ergibt sich unmittelbar aus dem Vorzeichen und der Größe der Rydbergkorrektion und dem oben Gesagten (siehe auch Tabelle 3). α_p für Ortho-He ist $-0{,}067$, mp ist größer als md, also die Wellenzahl $2p - mp$ kleiner als $2p - md$; dagegen ist α_p für Par-He als einziger Wert der Reihe positiv, $= +0{,}013$, mP ist wesentlich kleiner als mD, die Linie $2P - mP$ liegt daher noch jenseits von $2P - R/m^2$ nach kürzeren Wellen.

Die Figuren zeigen weiterhin die verschiedene Art und Größe des Effekts für die verschiedenen Terme. Die Kombinationen mit mP werden bei kleinen Feldstärken wohl durchweg rascher als proportional der ersten Potenz verschoben, die von Ortho-He nach Rot, die von Par-He nach Violett, da die Abweichung vom Wasserstoffterm gleicher Laufzahl (bzw. von R/m^2) relativ groß ist (Näheres siehe § 16); die Kombinationen mit mD, mF usw. dagegen ändern sich nahe linear mit der Feldstärke — entsprechend deren viel größerer Wasserstoffähnlichkeit.

Fig. 1301.

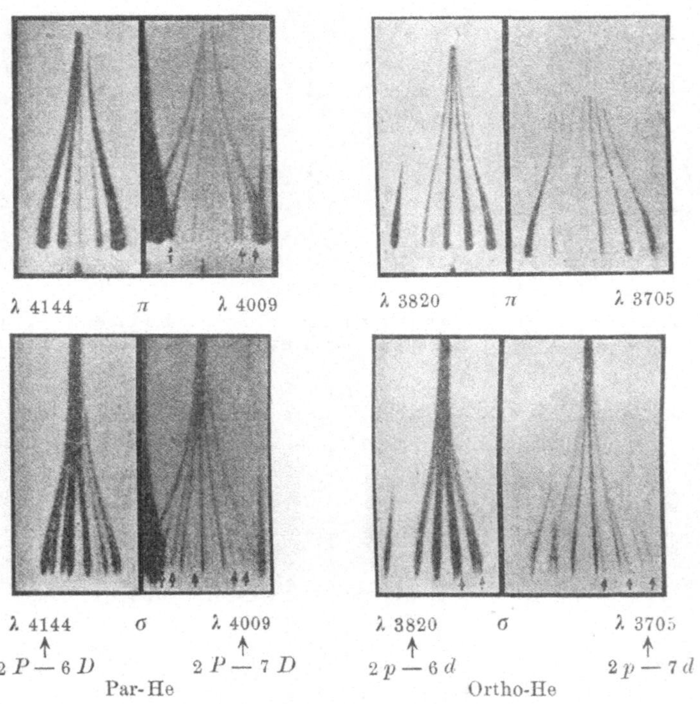

Starkeffekte an Linien der diffusen Nebenserien von Par- und Ortho-He
nach Foster.

Bemerkenswert ist weiterhin die deutlich erkennbare wirkliche Aufspaltung mancher Linien in polarisierte Komponenten, die Verschiebung einzelner Linien nach Rot, anderer nach Violett, so daß schließlich bei hohen Feldern nahe symmetrische · Starkeffektbilder entstehen, die den Komponenten der Balmerserie ziemlich ähnlich sind (vgl. z. B. Fig. 1299 und 1300, wo H_γ neben der He-Linie $2P - 5D$ steht). Die tiefere Ursache hierfür geht aus der Kramersschen Theorie des Starkeffekts der Feinstruktur hervor (§ 14, S. 2267). Was die Intensität der Linien betrifft, so steigt sie keineswegs bei allen Linien mit dem Quadrat der Feldstärke; einzelne Linien, z. B. die π-Komponente der $2P - 5G$-Linie, werden sogar mit wachsender Feldstärke schwächer oder sie verschwinden völlig (vgl. Fig. 1299 a und 1303), um eventuell bei höherer Feldstärke wieder zu erscheinen.

Für die Kenntnis der Serien und die Theorie des Atombaues ist es von erheblicher Bedeutung, daß man aus solchen Starkeffektaufnahmen höhere Terme, mF, mG, mH usw., die man ohne elektrisches Feld überhaupt nicht beobachtet, berechnen kann, wenn auch nur extrapolatorisch und darum nicht sehr genau.

Fig. 1302.

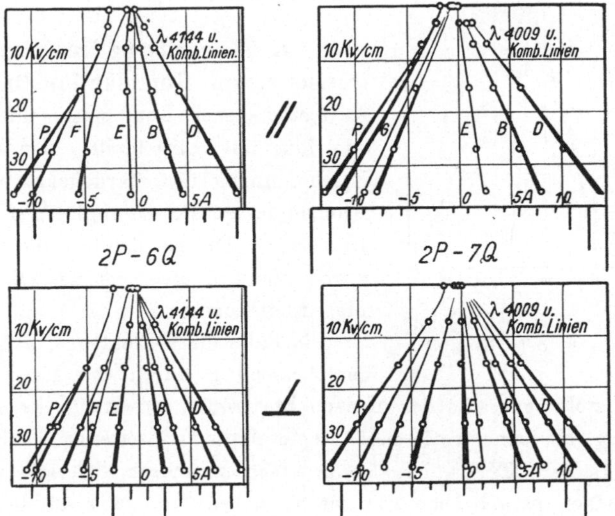

Analyse der Par-He-Linien der Fig. 1301.

Fig. 1303.

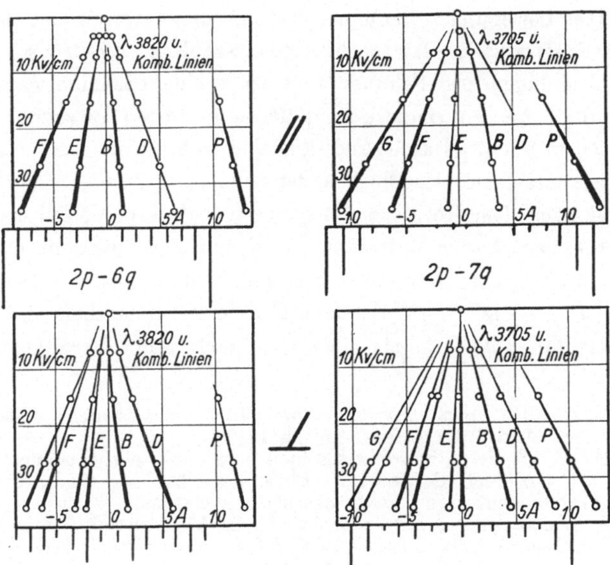

Analyse der Ortho-He-Linien der Fig. 1301.

(Die Linien sind in den Fig. 1302 und 1303 noch in der alten Weise bezeichnet,
$BEFG$ statt $FGHJ$.)

Ähnliche Gesetzmäßigkeiten wie bei He und Hg sind auch bei Ne gefunden worden[1]), obwohl die betreffenden Untersuchungen noch ziemlich unvollständig sind; ihre weitere Erforschung wird sicherlich noch manche neue und interessante Erscheinungen zutage fördern[2]).

Fig. 1304.

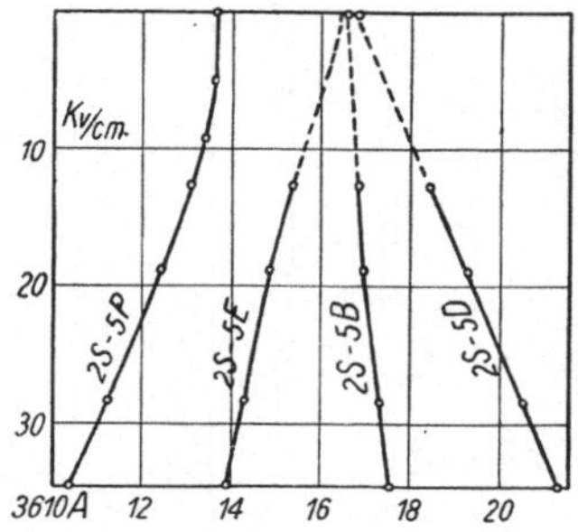

λ 3614 ($2\,S - 5\,P$, $- 5\,D$) im elektrischen Feld (π-Komp.).

§ 13. Theoretische Deutung des Auftretens neuer Kombinationslinien.

Das Auftreten neuer Kombinationslinien ebenso wie fast alle Einzelheiten der vielseitigen Erscheinungen des Starkeffekts an höheren Atomen lassen sich zwanglos auf Grund der Bohrschen Theorie deuten und bilden dadurch eine wichtige experimentelle Stütze für die Atomtheorie.

Die Bahn eines Elektrons, auf das außer der Anziehung durch den Kern die wechselnden Abstoßungskräfte der übrigen Elektronen einwirken, kann in erster Annäherung als eine rotierende Keplerellipse (Rosettenbahn) beschrieben werden (vgl. Kap. XXIX), ist also zweifach periodisch. Gerade wie nun in einer mehrfach periodischen rein mechanischen Bewegung durch „störende" äußere Kräfte Kombinationsschwingungen der Partialbewegungen erzeugt werden, müssen auch in der mehrfach periodischen Bewegung des Elektrons durch ein „störendes" äußeres elektrisches Feld neue Frequenzen entstehen, die als Summe oder Differenz der Frequenzen der harmonischen Komponenten der ungestörten Bewegung aufzufassen sind, und deren Amplituden proportional der äußeren Kraft sind[3]). Ist ω_n die Umlaufszahl des Elektrons, ω_k die Zahl der Periheldrehungen pro Sekunde und ist τ eine beliebige ganze positive Zahl, so enthält die Fourierzerlegung der ungestörten Bewegung die Komponenten $\tau\,\omega_n \pm 1 . \omega_k$. Durch Addition und Subtraktion von zwei solchen Komponenten entstehen also die Frequenzen $\tau\,\omega_n \pm 0 . \omega_k$ und $\tau\,\omega_n \pm 2 . \omega_k$. Das bedeutet nach dem Korrespondenzprinzip (vgl. Kap. XXIX), daß im elektrischen Felde neue Serien auftreten, bei denen sich die azimutale Quantenzahl k (bzw. l) gar nicht, oder um ± 2 ändert[4]), d. h. eben die Kombinationen $S - S$, $P - P$, $S - D$, $P - F$[5]); ohne Feld dagegen enthält die Bewegung nur Komponenten $\tau\,\omega_n \pm 1 . \omega_k$, also sind nach dem Korrespondenzprinzip

---

[1]) H. Nyquist, Phys. Rev. **10**, 237, 1917; ausführlich diskutiert von K. W. Meissner, Mitt. d. Phys. Ges., Zürich 1919.

[2]) Bei Abschluß dieses Berichts erschien eine diesbezügliche kurze Mitteilung von Stuart Foster und R. Rowles (Phys. Rev. **29**, 925, 1927), in der überraschend große und neuartige Effekte beschrieben werden.

[3]) Siehe N. Bohr, Q. d. L. I, S. 49/50, III, S. 155; ferner 7. Guthrie-Lecture, Proc. Phys. Soc., London 1922, S. 275, speziell S. 300; sowie Ann. d. Phys. **71**, 246, 1923.

[4]) Eine genauere Analyse lehrt, daß die im elektrischen Felde neu auftretenden Spektralserien auch Komplexstrukturkomponenten enthalten, deren „innere" Quantenzahl j sich nicht nur um 0 oder ± 1, sondern auch um ± 2 ändert.

[5]) Auf die Entstehung von Kombinationen $S - F$, $P - G$, $P - H$ usw., bei denen sich k um mehr als um 2 Einheiten ändert, wird am Schluß des folgenden Paragraphen kurz eingegangen werden; vgl. auch H. A. Kramers, Zeitschr. f. Phys. **3**, 199, 1920.

ohne Feld nur Kombinationen $S - P$, $P - S$, $P - D$ möglich, für die $\Delta k = \pm 1$ ist. Es ist also nicht sowohl als „Durchbrechung der Auswahlregel", sondern als strenge Konsequenz des Korrespondenzprinzips anzusehen, daß im elektrischen Felde Kombinationen mit $\Delta k = 0$ und ± 2 entstehen. Die exaktere quantenmechanische Behandlung dieses Problems steht noch aus, kann aber kaum an diesen Schlüssen Wesentliches ändern [1]). Die bisweilen ohne äußeres Feld, aber unter besonderen Bedingungen wie bei hoher Stromdichte usw. auftretenden Kombinationslinien $S - S$, $P - P$, $S - D$ muß man, wie schon erwähnt, nach Bohr als durch die elektrischen Felder der den emittierenden Atomen benachbarten Moleküle und Ionen erzeugt ansehen (vgl. § 22). Die Bohrsche Theorie gibt mithin nicht nur eine formale Deutung des Kombinationsprinzips, sondern führt auch die scheinbare Launenhaftigkeit seines Geltungsbereichs auf eine gut verständliche Gesetzmäßigkeit, nämlich die Wirkung bzw. das Fehlen äußerer elektrischer Felder zurück.

Die Proportionalität zwischen Amplitude der neuen Schwingungskomponenten und Feldstärke bedingt, daß die Intensität der im elektrischen Felde entstehenden Kombinationslinien dem Quadrat der Feldstärke proportional sein muß, wie es in der Tat von Takamine und Werner [2]) sowie von J. Dewey [3]) an einigen $P - P$-Linien des He quantitativ bestätigt wurde. Allerdings wachsen keineswegs die Intensitäten aller im Feld neu entstehenden Linien proportional dem Quadrat der Feldstärke, vielmehr sahen wir schon oben, daß einige Linien sogar bei gewissen Feldstärken wieder verschwinden, andere ändern ihre Intensität im Felde nur unwesentlich [4]). Die theoretische Erklärung der ziemlich komplizierten Verhältnisse bleibt der Quantenmechanik vorbehalten [5]).

§ 14.   Theorie des quadratischen Effekts und des Übergangs zum linearen Effekt.

Die Bohrsche Theorie lehrt ferner, daß die Frequenzen dieser neuen Kombinationslinien sowohl wie die der ursprünglich auch ohne äußeres Feld vorhandenen Linien sich bei relativ großer Abweichung des Laufterms vom entsprechenden H-Term in erster Annäherung proportional dem Quadrat der Feldstärke ändern, und daß sie, zum Teil wenigstens, in polarisierte Komponenten aufspalten. Infolge der Rotation der Kepler-

---

[1]) Anm. b. d. Korrektur: Indessen hat E. Wigner aus der Schrödingerschen Wellenmechanik durch allgemeine Symmetriebetrachtungen abgeleitet, daß im elektrischen Felde jede beliebige Änderung der azimutalen Quantenzahl möglich ist (Zeitschr. f. Phys. **43**, 624, 1927), und J. Stuart Foster hat den Starkeffekt der He-Linien quantenmechanisch behandelt und gute Übereinstimmung zwischen den beobachteten und den berechneten, neu im Feld auftretenden Linien nach Lage und Intensität gefunden (Proc. Roy. Soc. (A) **117**, 137, 1927).

[2]) Die Naturw. **14**, 47, 1926; siehe auch W. Pauli jr., Math. Phys. Mitt. d. Dän. Ges. d. Wiss. **7**, Nr 3, 1925.

[3]) Jane Dewey, Phys. Rev. **28**, 1108, 1926.

[4]) Vgl. hierzu G. Liebert, Ann. d. Phys. **56**, 596, 1918; G. Hansen, T. Takamine, W. Werner, a. a. O; T. Takamine und W. Werner, a. a. O; E. Böttcher und F. Tuczek, Ann. d. Phys. **61**, 107, 1920 (Versuche an A und O); Jane Dewey, a. a. O. (Intensitätsmessungen am Starkeffekt des He und Vergleich mit der Theorie nach der Dispersionsformel).

[5]) Die ersten Erfolge hat St. Foster durch quantenmechanische Berechnung des Starkeffekts des He erzielt (vgl. Anm. 1).

ellipse, der Periheldrehung, fällt nämlich der (in § 5 definierte) elektrische Schwerpunkt S mit dem Kern K zusammen, und die mittlere Energieänderung durch das Feld F [siehe Gl. (2 a), S. 2239]:

$$\varDelta E = e F \bar{z},$$

ist Null. Die kleinen Störungen durch das elektrische Feld während eines Umlaufs des Elektrons summieren sich nicht (wie beim H-Atom). Ein linearer Starkeffekt existiert deshalb nicht. Das elektrische Feld bewirkt jedoch eine Polarisation der Bahn, eine Verschiebung von S gegen K, die ihrerseits proportional dem äußeren Felde ist, $\bar{z}' = \alpha F$, so daß eine quadratische Änderung der Energie und des zugehörigen „Terms" entsteht (vgl. Anm. 4, S. 2249), und zwar ist dieser Effekt um so größer, je langsamer die Periheldrehungen erfolgen, je weniger also die Bahnenergie von der entsprechenden Wasserstoffbahn gleicher Hauptquantenzahl abweicht[1][2]. Man erkennt dies leicht (worauf R. Becker gelegentlich hinwies), wenn man die Wirkung des elektrischen Feldes auf die Elektronenbahn mit der der Schwerkraft auf ein Kreispendel vergleicht, dessen Schwingungsebene senkrecht steht. Die Bewegung wird in ihrem unteren Teil beschleunigt, in ihrem oberen verzögert, entsprechend wird die Periheldrehung der Elektronenbahn durch das elektrische Feld beeinflußt; dadurch wird der elektrische Schwerpunkt ein wenig „angehoben", und das elektrische Moment des so erzeugten Dipols ist um so größer, je geringer die kinetische Energie der Periheldrehung ist, um so größer ist mithin auch die Energieänderung $\varDelta E$.

Da es ungestörte Keplerellipsen strenggenommen überhaupt nicht gibt, ist dieser quadratische Effekt bei schwachen Feldern allgemein als die primäre Wirkung des elektrischen Feldes anzusehen. Er tritt auch beim H-Atom auf, wenn die relativistische Abhängigkeit der Masse von der Geschwindigkeit in Rechnung gesetzt wird. Denn diese Störung des Coulombschen Feldes kann in erster Näherung ebenfalls durch eine Zentralkraft ersetzt werden — gerade wie die Störung durch andere Elektronen — und ruft deshalb ebenso wie diese eine Periheldrehung der reinen Keplerellipse hervor. Spektral äußert sich diese Störung einschließlich der Eigendrehung des Elektrons (des „spin") in der Aufspaltung der Wasserstofflinien in die Feinstrukturkomponenten, die ja bis zu einem gewissen Grade das Analogon der verschiedenen Serienarten bilden. Daher ist auch die elektrische Beeinflussung der Feinstrukturkomponenten des Wasserstoffs grundsätzlich dieselbe wie die der Serienlinien höherer Atome. Experimentell konnte sie bisher wegen der allzu großen Breite der Wasserstofflinien von Kanalstrahlen nicht beobachtet werden[3]; aber theoretisch ist sie von Kramers[4] ausführlich untersucht. In dieser

---

[1] Siehe N. Bohr, Phil. Mag. **27**, 506, 1914; siehe ferner Bohrs Guthrie lecture, a. a. O. S. 299 ff.; H. A. Kramers, Zeitschr. f. Phys. **3**, 199, 1920 sowie Schrift. d. Kopenh. Akad. (8) III, 3, 1919; R. Ladenburg, Physik. Zeitschr. **22**, 549, 1921; R. Becker, Zeitschr. f. Phys. **9**, 332, 1922.

[2] Die sekundliche Zahl der Periheldrehungen ist direkt der Abweichung des betreffenden Terms vom Balmerterm proportional (vgl. Kap. XXIX).

[3] Der Abstand der Dubletts von Hα beträgt nur 0,14 Å, von Hβ 0,08 Å usw.

[4] H. A. Kramers, Zeitschr. f. Phys. **3**, 199, 1920.

grundlegenden Arbeit ist sowohl das Auftreten neuer, sonst „verbotener" Kombinationen [1]) als auch die elektrische Verschiebung bzw. die Aufspaltung der einzelnen Linien in polarisierte Komponenten berechnet worden. Nur für kleine Feldstärken ist die Frequenzänderung quadratisch — solange diese Änderung nämlich klein ist gegen den natürlichen Abstand der Feinstrukturkomponenten voneinander. Bei stärkerem Felde jedoch wird die ganze Bahn abgeändert, die „Rosette" als solche wird zerstört; die Perihelrotation geht in eine Perihelpendelung über, und bei genügend starken Feldern entsteht der in § 3 ff. besprochene lineare Effekt, bei dem das elektrische Zentrum in einer zum Felde senkrechten Ebene verbleibt und eine periodische Bahn beschreibt. Tatsächlich konnte Kramers im einzelnen rechnerisch verfolgen, wie die durch ein schwaches Feld zerlegten Feinstrukturkomponenten mit wachsendem Felde in die von Epstein und Bohr berechneten, von Stark und seinen Nachfolgern beobachteten Komponenten des linearen Effekts übergehen. So versteht man auch, daß die höheren Serienlinien beim linearen Starkeffekt immer mehr und mehr „Komponenten" liefern, da ja mit wachsender Laufzahl ($\sim$ Hauptquantenzahl n) die Nebenquantenzahl k und damit die Zahl der möglichen Kombinationslinien wächst (vgl. oben § 12). Bei der H_α-Linie, die einem Übergang $n = 3$ nach $n = 2$ entspricht, können Terme mit $k = 1$, 2 und 3 entstehen, bei H_β auch Kombinationen mit Termen $k = 4$ und so fort. Bei noch höheren Feldstärken tritt, wie oben in § 9 ausgeführt wurde, ein dem Quadrat der Feldstärke proportionaler „Effekt zweiter Ordnung" auf, der sich in der von Takamine und Kokubu, von Foster u. a. beobachteten Unsymmetrie äußert, der aber nicht mit dem erstgenannten quadratischen Effekt bei relativ schwachen Feldern verwechselt werden darf.

Ganz entsprechende Erscheinungen sind wegen der Analogie zwischen Feinstrukturkomponenten und verschiedenen Serienarten höherer Atome bei deren elektrischer Beeinflussung zu erwarten [2]) und zum Teil auch beobachtet worden. Ein lehrreiches Beispiel zeigt die obige Fig. 1299, auf der die Analogie der Starkeffektaufspaltung der He-Linie 4388 mit der von H_γ in die Augen fällt; ferner haben Hansen, Takamine und Werner in der mehrfach zitierten Arbeit bemerkt, wie mit wachsender Laufzahl die Aufspaltungsbilder der Linien der diffusen Serie des Hg mehr und mehr in das symmetrische Bild des Starkeffekts der H-Linien übergehen. Die relative Stärke des elektrischen Feldes, die maßgebend dafür ist, ob der Effekt quadratisch oder linear erfolgt, ist dabei bestimmt durch das Verhältnis von Frequenzänderung durch das Feld zum Frequenzabstand des betrachteten Terms vom nächst benachbarten Term, dessen Azimutalquantenzahl um 1 größer oder kleiner als die des betrachteten ist, so kommt es z. B. bei einem P-Term auf den

---

[1]) Bei stärkeren Feldern treten auch Kombinationen auf, bei denen sich k um mehr als um zwei Einheiten ändert, vgl. den Schluß dieses Paragraphen.

[2]) Vgl. H. A. Kramers, a. a. O., sowie besonders R. Becker, a. a. O., wo der quadratische Starkeffekt auf Grund der Bohrschen Theorie explizite behandelt und bis zum Vergleich mit der Erfahrung durchgeführt wird.

Abstand vom nächsten S- oder D-Term an [1]). Angenähert kann man auch die Abweichung des betrachteten Terms vom entsprechenden Wasserstoffterm als Maß benutzen. Während beim H-Atom ein Feld von 4000 Volt/cm schon einen gut meßbaren linearen Effekt bewirkt (bei H_γ eine Aufspaltung von 2 Å, vgl. Fig. 1300), rufen z. B. bei den D-Linien ($3\,^2S - 3\,^2P$), dem ersten Hauptserienglied des Na, 100 000 Volt/cm erst einen gerade nachweisbaren quadratischen Effekt von etwa 0,01 Å hervor[2]). Die Abweichung des $3\,P$-Terms des Na vom $3\,S$- und $3\,D$-Term (bzw. vom Term $R/3^2$, $R =$ Rydbergzahl) ist eben sehr groß, daher bleibt der Effekt bis zu den höchsten bisher erreichbaren Feldern rein quadratisch[2]), ebenso bei den höheren Komponenten der Hauptserienlinien des Kalium[3]) (vgl. Fig. 1305). Bei den diffusen Nebenserien des He und Li sind dagegen bereits beim Gliede $4\,D$ die Abstände von den Nachbartermen ($4\,F$, $4\,G\ldots$) relativ klein, so daß schon bei relativ niedrigen Feldstärken der quadratische in den linearen Effekt übergeht, wie es von Stark und seinen Schülern, sowie eingehend an Hand der Theorie von Foster beobachtet wurde[4]). Die Linien $2\,P - 6\,P$ und $2\,P - 7\,P$ (vgl. Fig. 1302, die violetten „Komponenten" der Gruppe) zeigen bei kleinen Feldstärken (unter 10 kV/cm) quadratische, bei größeren Feldstärken lineare Abhängigkeit (siehe auch § 16, Tabelle 4).

Zugleich liefert die Quantentheorie das Ergebnis, daß bei relativ starken Feldern auch Kombinationslinien auftreten können, bei denen sich k um mehr als zwei Einheiten ändert[5]); diese neuen Linien ($P - G$, $P - H$ usw.) liegen den bei Abwesenheit des Feldes emittierten Linien relativ nahe, wenn ein (durch das Feld wenig beeinflußter) Term kleiner Hauptquantenzahl n mit einem Term größerer Hauptquantenzahl kombiniert — was bei höheren Gliedern der diffusen Nebenserie ($2\,P - m\,D$) des He, Li und Hg vielfach beobachtet wurde (vgl. § 12, S. 2260 ff.).

§ 15. Berechnung des quadratischen Effekts und der Intensitäten neu auftretender Linien aus der Dispersionsformel.

Eine quantitative Berechnung des quadratischen Starkeffekts und der Intensitäten der im Felde neu auftretenden Kombinationslinien ist wenigstens prinzipiell auf Grund der quantentheoretischen Dispersionsformel möglich. Die Dispersion beruht auf der Einwirkung des elektrischen Wechselfeldes des Lichtes auf die Atome und auf der Rückwirkung der polarisierten Atome und der von ihnen ausgehenden kohärenten Streustrahlung auf das erregende Licht; läßt man die Frequenz des Wechselfeldes auf Null abnehmen, so geht seine Wirkung in die eines konstanten elektrischen Feldes über. Die quantentheoretische

---

[1]) Genauere Ableitung nach der Bohrschen Theorie bei W. Pauli jr., a. a. O. Q. S. 245, auf Grund der Quantenmechanik bei A. Unsöld, Ann. d. Phys. 82, 388, 1927.

[2]) Vgl. R. Ladenburg, a. a. O.

[3]) Vgl. W. Grotrian und G. Ramsauer, Physik. Zeitschr. 28, 846, 1927.

[4]) Andererseits tritt bei noch höheren Feldstärken gerade wie bei den H-Linien auch hier ein Effekt zweiter Ordnung auf, wie von Takamine und Kokubu an den Linien 4388 bis 4026 der diffusen Nebenserien des He gefunden wurde (vgl. § 9).

[5]) Quantenmechanische Ableitung bei Stuart Foster (vgl. Anm. 1, S. 2265).

Dispersionsformel für ein Gas lautet [1][2] [vgl. Gl. (11), § 9 Schluß sowie Kap. XXVIII, C...]

$$n^2 - 1 = 4\,\pi\,N_0\,\frac{P}{F} = \frac{e^2}{\pi\,m}\,N_0 \left\{ \sum_a \frac{f_a}{\nu_a^2 - \nu^2} - \sum_e \frac{f_e}{\nu_e^2 - \nu^2} \right\} \cdot \cdot \quad (11)$$

dabei ist N_0 die Zahl der Atome im betrachteten Quantenzustand pro Volumeneinheit, ν_a sind die von diesem Zustand ausgehenden Absorptionsfrequenzen, die Quantensprüngen nach „höheren" Zuständen entsprechen (siehe Skizze), ν_e sind die möglichen Emissionsfrequenzen, die zu Quantensprüngen nach „tieferen" Zuständen gehören [3] (allgemein ist $\nu = c/\lambda$), f ist eine Abkürzung des Produktes des Einsteinschen Wahrscheinlichkeitskoeffizienten A der spontanen Übergänge mit der „Abklingungszeit"

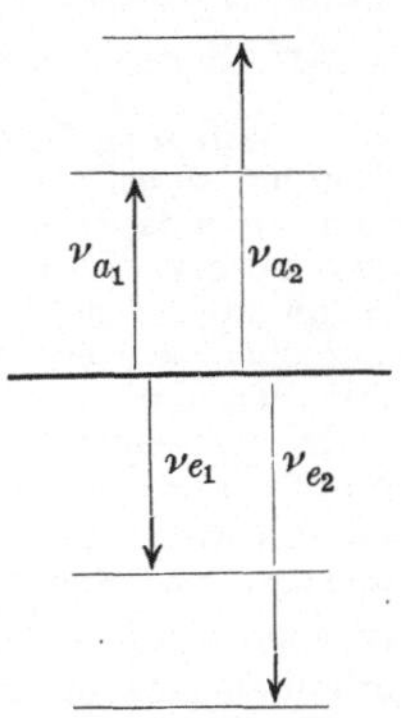

$$\tau_i = \frac{3\,m\,c^3}{8\,\pi^2\,e^2\,\nu_i^2} \quad \cdots \cdots \quad (12)$$

eines klassischen Oszillators der Frequenz ν_i und wird als „Stärke" des bei der Dispersion wirksamen „virtuellen Oszillators" bezeichnet. H. A. Kramers und W. Heisenberg haben obige Dispersionsformel aus Korrespondenzbetrachtungen, Schrödinger hat sie wellenmechanisch abgeleitet[2]. Die zugehörige, durch das Feld erzeugte Energieänderung ist [vgl. Gl. (10), S. 2249]

$$\varDelta E = - \tfrac{1}{2}(PF) \quad \cdots \cdots \cdots \cdots \quad (13)$$

und wenn wir in (11) $\nu = 0$ und in f den Wert von τ aus Gl. (12) einsetzen, ergibt sich

$$\varDelta E = - F^2\,\frac{3\,c^3}{4} \left\{ \sum_a \frac{A^a}{(2\,\pi\,\nu_a)^4} - \sum_e \frac{A^e}{(2\,\pi\,\nu_e)^4} \right\} \cdot \cdot \cdot \cdot \quad (14)$$

Dieser Ausdruck gibt somit die Energieänderung, die ein Atomzustand durch ein statisches elektrisches Feld erfährt, und liefert durch Anwendung auf die Frequenzbedingung

$$\nu = \frac{E' - E''}{h}$$

die Frequenzänderung im elektrischen Felde, d. h. den Starkeffekt — die Durchführung der Berechnung verlangt freilich, daß die den Absorptions- und Emissionsübergängen zugehörigen Übergangswahrscheinlichkeiten bekannt sind, und dies ist zurzeit im allgemeinen noch nicht der Fall; viel-

---

[1] Vgl. R. Ladenburg, Zeitschr. f. Phys. 4, 451, 1921; Derselbe und F. Reiche, Die Naturwissensch. 11, 596, 1923; 14, 1208, 1926.

[2] H. A. Kramers, Nature 113, 673, 1924; Derselbe und W. Heisenberg, Zeitschr. f. Phys. 31, 681, 1925; E. Schrödinger, Ann. d. Phys. 81, 119, 1926.

[3] Voraussetzung für die Gültigkeit der Formel ist, daß die „Entartung" des dem Atom äquivalenten, vielfach periodischen Systems durch ein äußerst schwaches axialsymmetrisches Kraftfeld aufgehoben und daß die einfallende Strahlung parallel der Achse dieses Kraftfeldes polarisiert ist. Entsprechend ist in der Gl. (11) nur über die Vorgänge summiert, die π-Komponenten, parallel dem überlagerten Feld schwingend, liefern. Betreffs der Bedeutung des Begriffes „Entartung", dessen Erläuterung hier zu weit führen würde, siehe besonders Kap. XXIX.

mehr kann umgekehrt bisweilen der Starkeffekt dazu dienen, etwas über diese
für die Atomtheorie wichtigen Größen auszusagen.

Obige Formel hat zuerst W. Thomas[1]) für Na-Atome im Normalzustand
angewandt, um die elektrische Beeinflussung des Grundterms zu berechnen;
hier fallen Emissionsübergänge, also der zweite Summand fort, und mit Benutzung des A-Wertes für das erste Glied der Absorptionsserie nach Laden-
burg-Minkowski[2]) ($f_a = 1$) und des f-Summensatzes von Thomas[3])-Kuhn[4])
findet Thomas ein mit den Messungen des Starkeffekts an den D-Linien[5])
verträgliches Ergebnis.

Will man ferner die Intensitäten der im elektrischen Felde neu auftretenden
Kombinationslinien, der Summations- und Differenzfrequenzen, berechnen, so hat
man in entsprechender Weise die Kramers-Heisenbergschen Formeln für die
inkohärente Streustrahlung[6]) zu benutzen, und hat die Frequenz der einfallenden
Strahlung allmählich gegen Null konvergieren zu lassen[7]). Wie nämlich diese
Forscher zeigten, entsteht neben der kohärenten Streustrahlung, deren Frequenz
mit der der auffallenden Welle übereinstimmt, eine inkohärente Streustrahlung
anderer Frequenz[8]). Und zwar ist diese Frequenz ν' gleich der Differenz bzw. der
Summe aus der auffallenden Frequenz ν und einer Eigenfrequenz des Atoms ν_{PQ}.
Ist das Atom im unteren Zustand Q, so wird es zugleich in den höheren Zustand P
gehoben und emittiert dabei $\nu' = \nu - \nu_{PQ}$; ist das Atom im oberen Zustand P,
so geht es in den tieferen Zustand Q über und emittiert[9]) $\nu' = \nu + \nu_{PQ}$. Daher
erhält das Atom unter der Einwirkung einer beliebigen Frequenz ν außer einem
in der Frequenz ν mitschwingenden (kohärenten) Moment auch ein (inkohärentes)
Moment der Frequenz $\nu \pm \nu_{PQ}$. Läßt man in den diesbezüglichen Kramers-
Heisenbergschen Formeln die auffallende Frequenz gegen 0 konvergieren, so
findet man das elektrische Moment und damit die in einem statischen elektrischen
Felde vorhandene Amplitude der Frequenz ν_{PQ} proportional der Stärke dieses
Feldes, und man sieht, daß so im elektrischen Felde auch Übergänge PQ endlicher
Intensität entstehen können, die ohne Feld unmerklich schwach waren. Bedeutet $\mathfrak{A}$
den im allgemeinen komplexen Amplitudenvektor des elektrischen Moments, das
einem Übergang der Frequenz ν quantentheoretisch zugeordnet ist, $\overline{\mathfrak{A}}$ den dazu
konjugierten Vektor, so ist zunächst korrespondenzmäßig die zugehörige Übergangswahrscheinlichkeit A durch die Beziehung

$$A \cdot h\nu = \frac{(2\pi\nu)^4}{3\,c^3}\,(\mathfrak{A}\,\overline{\mathfrak{A}})$$

gegeben.

Dann folgt aus den Kramers-Heisenbergschen Formeln, wenn man in
ihnen die Frequenz der einfallenden Welle gegen 0 konvergieren läßt, für die
Amplitude des elektrischen Moments einer im Felde $\mathfrak{F}$ neu erscheinenden („ver-

---

[1]) W. Thomas, Zeitschr. f. Phys. **34**, 595, 1925.

[2]) R. Ladenburg und R. Minkowski, Zeitschr. f. Phys. **6**, 153, 1921; vgl.
dazu Kap. XXXVI, § 26.

[3]) W. Thomas, Naturwissensch. **13**, 627, 1925; siehe auch F. Reiche und
W. Thomas, Zeitschr. f. Phys. **34**, 510, 1925.

[4]) W. Kuhn, Zeitschr. f. Phys. **33**, 408, 1925.

[5]) R. Ladenburg, ebenda **28**, 51, 1924.

[6]) A. a. O. S. 697 bis 699, Gl. (37). (38), (39).

[7]) Vgl. W. Pauli jr., Math.-Phys. Mitt. d. Dän. Ges. d. Wiss. VII, 3, 1925.

[8]) Auf die Möglichkeit quantentheoretischer Prozesse, die einer solchen Streustrahlung entsprechen, hat zuerst A. Smekal aufmerksam gemacht (Naturwissensch.
11, 873, 1923).

[9]) Anm. b. d. Korrektur: Das Auftreten solcher „Smekalsprünge" und der
„inkohärenten Streustrahlung" ist von C. V. Raman (Indian Journal of Phys. II,
Part III und IV, 1928) bei Bestrahlung verschiedener Flüssigkeiten und von
G. Landsberg und L. Mandelstam (Zeitschr. f. Phys. **50**, 769, 1928) bei Bestrahlung von Quarz nachgewiesen worden.

botenen") Linie, die einen Übergang vom Zustand P nach dem Zustand Q entspricht [1]):

$$\mathfrak{M}(P, Q) = \frac{1}{2h} \sum_R \left\{ \frac{\overline{\mathfrak{A}}_{RP}(\mathfrak{F}\,\mathfrak{A}_{RQ})}{\nu_{RQ}} + \frac{\mathfrak{A}_{RQ}(\mathfrak{F}\,\overline{\mathfrak{A}}_{RP})}{\nu_{RP}} \right\} \cdot e^{2\pi i \nu_{PQ} t} \cdot \cdot \cdot (15)$$

Die Frequenzen sind dabei nach der Frequenzbedingung definiert:

$$h\nu_{RQ} = E_R - E_Q, \quad h\nu_{RP} = E_R - E_P, \quad h\nu_{PQ} = E_P - E_Q,$$

wobei E_R usw. die Energiewerte des Zustandes R usw. bezeichnen; die Frequenzen ν_{RQ} und ν_{RP} können auch negativ werden. Die Summe in Formel (5) ist zu erstrecken über alle Zustände R, die von P aus durch Übergänge erreicht werden, die ohne Feld möglich sind (siehe Skizze). $\mathfrak{F}$ ist als Vektor und die Klammer $(\mathfrak{F}\,\mathfrak{A})$ als skalares Produkt gemeint, so daß sie für aufeinander senkrecht gerichtete Vektoren verschwindet. Man sieht, daß die Amplitude der neu entstandenen Linien der Feldstärke proportional, also ihre Intensität dem Quadrat von F proportional ist, ferner ist sie um so größer, je kleiner die ohne Feld möglichen Frequenzen ν_{RQ} und ν_{PR} sind, d. h. die Differenzen zwischen den benachbarten Energiestufen; dies hat zur

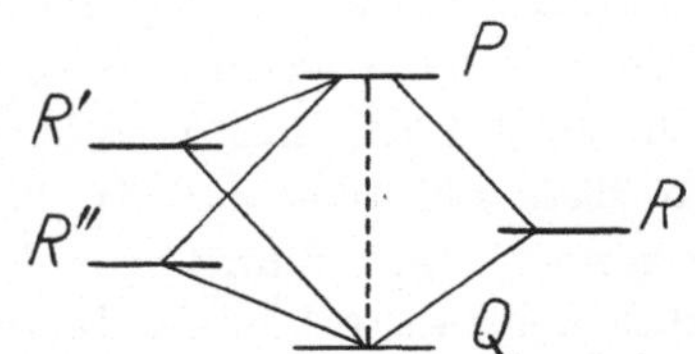

Folge, daß häufig nur die Übergänge zu bzw. von einem der P oder Q nächstgelegenen Terme zu berücksichtigen sind. Wenn der Zustand R mit P und Q kombiniert, so wird P, wie man leicht sieht, im allgemeinen ohne äußeres Feld nicht mit Q kombinieren, da ohne Feld nur Übergänge auftreten, für die sich die Nebenquantenzahl k (bzw. l) um ± 1 ändert. Praktische Anwendungen obiger Formel auf den Starkeffekt des Hg finden sich bei Pauli [1]), und auf die $P - P$-Linien des He bei Jane Dewey [2]). In der letztgenannten Arbeit ist auch die nächste Annäherung der störungstheoretischen Streuformel [3]) benutzt, um die Intensität von neu auftretenden Linien zu berechnen, die der vierten Potenz von F proportional durch Kombination von drei Frequenzen des ohne Feld ausgesandten Spektrums zustande kommen.

§ 16. Beckers Formel des quadratischen Effekts und ihr Vergleich mit den Messungen.

Eine historisch ältere und direktere Methode zur Berechnung des quadratischen Starkeffekts, die bisher auch für die praktische Anwendung wesentlich brauchbarer ist, rührt von R. Becker her [4]). Sie beruht ebenfalls auf der Störungstheorie, geht von bestimmten Vorstellungen über das Zentralkraftmodell des Atoms aus, trägt aber der Abweichung des wirksamen Atomfeldes von rein Coulombschen halb-empirisch durch Benutzung des aus dem wirklichen Term zu berechnenden „Termdefekts" δ Rechnung, wo

$$\delta = \frac{R/n^2 - \text{Term}}{R/n^2} = 1 - \frac{\text{Term}}{R/n^2}$$

ist. Becker zeigte, daß man auf diese Weise eine in manchen Fällen bereits recht gut mit der Erfahrung übereinstimmende Formel für die Änderung der

---

[1]) Vgl. W. Pauli jr., Math.-Phys. Mitteil. d. Dän. Ges. d. Wiss. VII, 3, 1925, S. 13 sowie a. a. O. Q S. 96.

[2]) Jane Dewey, Phys. Rev. **28**, 1108, 1926.

[3]) Vgl. M. Born, P. Jordan und W. Heisenberg, Zeitschr. f. Phys. **35**, 561, 1926, speziell S. 566.

[4]) R. Becker, ebenda **9**, 344, 1922.

Wellenzahl $1/\lambda$ eines Terms im elektrischen Felde erhält, die folgendermaßen lautet:

$$\varDelta\left(\frac{1}{\lambda}\right) = \frac{3}{32}\,\frac{F^2 e^6}{R^3 c^4 h^4 \delta}\,\overline{n}^6\left[\frac{2\,\overline{n}^2\,k^2 - 3\,k^4 + m^2\,(2\,k^2 - \overline{n}^2)}{\overline{n}^2 \cdot k^2}\right] \cdot \cdot \quad (16)$$

F ist die Feldstärke in absoluten Einheiten, e Ladung des Elektrons, h Plancks Wirkungselement, R die Rydbergzahl für ∞ große Kernmasse, $\overline{n}$ die „Laufzahl", die nicht mit der Hauptquantenzahl n übereinzustimmen braucht, k die azimutale Quantenzahl (oder Nebenquantenzahl), und m kennzeichnet die räumliche Quantelung der Bahn im äußeren elektrischen Felde. Die Formel gilt ableitungsgemäß nur im Bereich des quadratischen Effekts, kann mithin die Erscheinungen an den D-Termen, die vielfach bereits lineare Abhängigkeit von der Feldstärke zeigen oder im Übergangsgebiet zwischen quadratischem und linearem Effekt liegen, nicht wiedergeben. Überhaupt ist die Formel gemäß ihrer Ableitung nur als ein Provisorium zu betrachten, als der erste, aber sehr wichtige Schritt zur theoretischen Lösung des Problems. Hinsichtlich Komplexstruktur der Linien und der Vorstellung der in den Rumpf eindringenden Bahnen ist sie von W. Thomas[1]) wesentlich ergänzt und erweitert worden; aus der Wellenmechanik Schrödingers hat A. Unsöld[2]) eine entsprechende Formel abgeleitet, in der statt der Wasserstoffdifferenz wieder die Abweichungen des Terms von den Nachbartermen auftreten, die sich bezüglich der Azimutalquantenzahl k (bzw. l) um $+1$ oder -1 unterscheiden — ebenso wie bei der Berechnung der Intensitäten „verbotener Linien" aus der Dispersionsformel (15). Auch die Unsöldsche Formel ist nur eine vorläufige Lösung, ihr Gültigkeitsbereich ist ableitungsgemäß ähnlich beschränkt wie der der Beckerschen Formel; übrigens geht sie für große Quantenzahlen genau in die Beckersche über[3]).

Auch für kleine Quantenzahlen zeigt sich (siehe Tabelle 4), daß bei der bisherigen noch recht geringen Meßgenauigkeit der Experimente beide Formeln gleichmäßig und so weit mit der Erfahrung übereinstimmen, als man dies mit Rücksicht auf den angenäherten Charakter der den Formeln zugrunde liegenden Annahmen erwarten kann. Für einen übersichtlichen Vergleich mit der Erfahrung eignet sich besonders die Beckersche Formel, da sie den anschaulichen und aus den Spektraltermen unmittelbar berechenbaren Zahlenwert des Termdefekts enthält.

Wird die Feldstärke in Kilo-Volt/cm gemessen ($\mathfrak{E} = 0{,}3 \cdot F$), und werden für die universellen Größen die früher benutzten bekannten Werte im absoluten Maß (außerdem $R_\infty = 109\,737\ \mathrm{cm}^{-1}$) eingesetzt, so geht Beckers Formel über in

$$\varDelta\left(\frac{1}{\lambda}\right) = -\frac{\varDelta\lambda}{\lambda^2} = 6{,}19 \cdot 10^{-9}\,\frac{\mathfrak{E}^2\,\overline{n}^6}{\delta}\,B \quad \cdot \cdot \cdot \cdot \cdot \cdot \quad (17)$$

<hr>

[1]) W. Thomas, Zeitschr. f. Phys. **34**, 586, 1925.

[2]) A. Unsöld, Ann. d. Phys. **82**, 390, 1927.

[3]) Einen wesentlichen Fortschritt hat J. Stuart Foster in der oben bereits genannten Arbeit erzielt (Proc. Roy. Soc. **117**, 137, 1927), in der es ihm gelang, quantenmechanisch die Frequenzen und Intensitäten der $2\,P - 4\,Q$, $5\,Q$ und der $2\,S - 4\,Q$, $5\,Q$-Linien des He im elektrischen Felde in guter Übereinstimmung mit seinen Beobachtungen zu berechnen (Anm. b. d. Korr.).

wobei B an Stelle der eckigen Klammer der Gl. (16) gesetzt ist, die nur von den drei Quantenzahlen abhängt und stets von der Größenordnung 1 ist.

Diese Formel liefert unmittelbar folgende Gesetzmäßigkeiten, die zum Teil von J. Stark neuerdings aus dem vorliegenden experimentellen Material rein empirisch abgeleitet wurden [1]:

1. Gemäß der sechsten Potenz der Laufzahl erfährt im allgemeinen der Laufterm einer Serienlinie einen bei weitem größeren Effekt als der Grundterm. So findet die von Stark empirisch aufgestellte, oben bereits genannte Regel [2] der „übereinstimmenden Effekte" ihre theoretische Begründung, daß nämlich Linien mit gleichem Laufterm, wie

$$S - mP \quad \text{und} \quad P - mP; \quad S - mD \quad \text{und} \quad P - mD \text{ usw.,}$$

in gleicher Weise und gleich stark im elektrischen Felde beeinflußt werden [3] (vgl. Tabelle 4). Dasselbe gilt von zusammengehörigen Dubletts und Tripletts, soweit sie dasselbe obere und verschiedene untere Energieniveaus besitzen. Wegen dieser Abhängigkeit von der sechsten Potenz der Laufzahl genügt es im allgemeinen, für die erste Annäherung den Einfluß des Feldes auf den Laufterm zu berechnen, um den auf die Linien selbst zu bekommen.

2. In gleicher Annäherung ist das Vorzeichen der Wellenlängenänderung einer Linie im elektrischen Felde entgegengesetzt dem des Quotienten B/δ des Laufterms, und da B nur für die Terme $2P$, $3D$, $4F$, $5G$ usw. kleiner als Null ist, hat in allen anderen Fällen $\varDelta 1/\lambda$ das gleiche Vorzeichen wie δ, bzw. $\varDelta \lambda$ das entgegengesetzte Vorzeichen wie δ (vgl. Tabelle 4).

3. Längs einer Serie nimmt der Effekt mit wachsender Gliednummer rasch zu, nämlich proportional $\bar{n}^6$, und hat für alle Glieder einer Serie dasselbe Vorzeichen (nur für das erste Glied einer Serie ist er bisweilen wegen des Vorzeichens von B entgegengesetzt dem an den folgenden Gliedern).

4. Der Faktor $1/\delta$ gibt der mehrfach erwähnten Bohrschen Behauptung quantitativen Ausdruck, daß der Starkeffekt um so größer ist, je wasserstoffähnlicher die Bahn ist. Beckers Formel präzisiert diese Behauptung: die Verschiebung $\varDelta 1/\lambda$ ist für Linien gleicher Quantenzahlen $\bar{n}$, k, m proportional dem reziproken Wert des Termdefekts δ.

Wir geben in der Tabelle 4 einige Beispiele, die zeigen, daß das Vorzeichen und die ungefähre Größe der verschiedensten Effekte an verschiedenen Substanzen von der vorliegenden Theorie richtig wiedergegeben werden [4]. Die nicht bei 28,5 kV/cm beobachteten Werte sind auf diese Feldstärke umgerechnet, indem überall eine quadratische Abhängigkeit von der Feldstärke

---

[1]) J Stark, Ann. d. Phys. **78**, 426, 1925.
[2]) Derselbe, ebenda **56**, 585, 1918; siehe auch G. Liebert, ebenda, S. 606.
[3]) Allerdings nur in erster Annäherung, solange eben der tiefere Term kleiner Laufzahl nicht beeinflußt und solange die Aufspaltung in polarisierte Komponenten nicht berücksichtigt wird; wir werden bald charakteristische Unterschiede in den Feinheiten der Aufspaltung dieser Linien kennenlernen (siehe Tabelle 5, § 17).
[4]) Bei Benutzung der Beckerschen Formel erwächst eine gewisse Unsicherheit daraus, daß die „Laufzahl" $\bar{n}$ nicht immer eindeutig ist. Die durch Wahl einer anderen Zahl $\bar{n}$ bedingte gleichzeitige Änderung von δ kompensiert aber vielfach diese Unsicherheit bis zu einem gewissen Grade.

Tabelle 4. Quadratischer Starkeffekt.

S-Terme

	λ	Serie	δ	Theoretisch nach Becker	nach Thomas	nach Unsöld	Experimentell	beob. bei kV/cm[1]	Beobachter
P-He	4438	$2\,P\text{-}5\,S$	$-0,059$	$-1,3$	—	$-2,4$	$-3,8$	28,5	Stark u. Kirschł
	3650	$2\,S\text{-}5\,S$					$-1,7$	36,4	Nyquist 1917
							$-2,7$	27,3	Foster 1927
							$-2,1$	87	„ 1927
O-He .	4121	$2\,p\text{-}5\,s$	$-0,131$	$-0,59$	—	—	$-0,6$	26,2	Nyquist 1917
Ne . .	5189	$2\,p_1\text{-}5\,s_5$	$-0,141$	$-0,54$	—	—	$-0,48$	29,6	„ 1917
Li . .	4273	$2\,p\text{-}5\,s$	$-0,18$	$-0,42$	$-0,72$	$-0,9$	$-0,82$	80	Lüssem 1916
Ag . .	3982	$2\,p_1\text{-}5\,s$	$-0,25_6$	$-0,29$	—	—	$-0,3$	48	Takamine 191⁹
P-He .	4169	$2\,P\text{-}6\,S$	$-0,049$	$-4,5$	—	$-8,8$	-10	28	Stark u. Kirsch
							$-7,5$	26,3	Nyquist
O . .	5019	$2\,p_1\text{-}6\,s$	$-0,080$	$-2,8$	—	—	$-3,6$	28	Yoshida 1919
O-He .	3868	$2\,p\text{-}6\,s$	$-0,107$	$-2,1$	—	—	$-4,7$	27,5	Liebert 1918
Li . .	3986	$2\,p\text{-}6\,S$	$-0,148$	$-1,5$	$-2,6$	$-3,4$	$-2,5$	80	Lüssem 1916

P-Terme

	λ	Serie	δ	nach Becker $m=1$	$m=2$	nach Unsöld π	σ	Experimentell	beob. bei kV/cm[1]	Beobachter
P-He .	5096	$2\,S\text{-}3\,P$	$+0,0075$	$+0,3$	$+0,28$	$+0,38$	$+0,28$	$(+0,64?)$	140	Takamine u. Kₒ
Na . .	5890 D_2-Linie	$3\,s\text{-}3\,p_2$	$-1,005$	$-0,0022$	$-0,0019$	$0,0027\ \pi\sigma_1$ (nach Thomas)	$0,0013\ \sigma_2$	$-0,0022\ \pi\sigma_1$ / $\sim\!0,000\,\sigma_2$	160	Ladenburg 192
P-He	3965	$2\,S\text{-}4\,P$	$+0,0058$	$+3,8$	$+2,5$	$+4,2$	$+2,8$	$+3,4$	34	Foster 1927
								$+2,5\ (\pi)$ / $+2,0\ (\sigma)$	28,5	Stark u. Kirsch
	4911	$2\,P\text{-}4\,P$						$2,3$	28,5	Liebert 1918
								$2,9\ (\pi)$ / $2,6\ (\sigma)$	24	Foster 1927
O-He .	3188	$2\,s\text{-}4\,p$	$-0,034$	$-0,64$	$-0,43$	—	—	$(-0,78?)$	70	Takamine u. Kₒ
P-He	3614	$2\,S\text{-}5\,P$	$+0,0049$	$+21$	$+14$	$+22$	$+15$	$+27$	28	Liebert 1918
								$+18,5$	28	Foster 1924
	4383	$2\,P\text{-}5\,P$						$+24$	28	Liebert 1918
								$+14\,(\pi)$ / $19\,(\pi)$	28,9	Foster 1927
Li .	2536	$2\,s\text{-}5\,p$	$-0,019$	$-5,4$ (−5,5 nach Thomas)	$-3,2$	$-4,45$	$-4,0$	$-4,6$	26	Stark u. Kirsch
	4148	$2\,p\text{-}5\,p$						$-5,5$	80	Stark 1915
O-He	2945	$2\,s\text{-}5\,p$	$-0,028$	$-4,0$	$-2,6$	—	—	$-5,4$	27,4	Liebert 1918
								$(-2,8?)$	70	Takamine u. Kₒ
	4046	$2\,p\text{-}5\,p$						$-2,7$	100	J. Koch 1915
K . .	4044	$4\,s\text{-}5\,p_2$	$-1,35$	$-0,91$ (bei 97 kV)	$-0,57$	$-0,44$	$-0,18$ (n. Thomas)	$-0,41$ / $-0,21$	97	Grotrian-Ram
P-He	3448	$2\,S\text{-}6\,P$	$+0,0042$	$+72$	$+47,5$	—	—	$+34$	38 Effekt linear	Liebert
	4141	$2\,P\text{-}6\,P$						$+38$	28	Foster
			bei 7 kV/cm:	$+5,0$	$+3,0$	$+4,9$	$+3,3$	$+5\,(\pi)$ / $<5\,(\sigma)$	7 quadratisch!	„
Li . .	3922	$2\,p\text{-}6\,p$	$-0,0154$	$-21,7$	$-13,3$	$-15,7$	$-14,3$	-13	80	Stark
O-He .	2829	$2\,s\text{-}6\,p$	$-0,023$	$-14,2$	$-8,6$	—	—	-16	27,5	Liebert
K . .	3447	$4\,s\text{-}6\,p_2$	$-0,97$	$-3,1$ (bei 84 kV)	$-1,9$	$-1,5$	$-0,36$ (n. Thomas)	$-1,4$ / $-0,5$	84	Grotrian-Ram
P-He .	4007,5	$2\,P\text{-}7\,P$	$+0,0042$	$+216$	$+12,9$	—	—	$+53$	28 Effekt linear	Foster
			bei 7 kV/cm:	$+13$	$+8,1$	$14,6$	$9,8$	$+11$	7 quadratisch	„
O-He .	2764	$2\,s\text{-}7\,p$	$-0,0195$	$-26,4$	$-15,8$	—	—	-42	27,5	Liebert
Li . .	3710	$2\,p\text{-}7\,p$						-20	27,5	„

1) Bei der hierunter angegebenen Feldstärke wurden die Beobachtungen tatsächlich angestellt; aus den gefu[ndenen] Werten sind die in der vorangehenden Reihe angegebenen Werte durch Umrechnung auf 28,5 kV/cm bei Annahme [quadra]tischer Feldabhängigkeit gewonnen.

angenommen wurde.   In einigen Fällen sind zum Vergleich neben den theoretischen Werten nach Becker auch die nach Thomas sowie nach Unsöld berechneten angegeben.

Aus den oben dargelegten Gründen ist bei der Berechnung überall nur der Laufterm berücksichtigt, und zwar kommen in der Tabelle zuerst die S-Terme ($5\,S$, $6\,S$) und dann die P-Terme ($3\,P$ bis $7\,P$), jeweils nach wachsendem δ geordnet; zugleich nehmen die beobachteten $\varDelta\,1/\lambda$-Werte systematisch ab, durchweg in grobangenäherter Übereinstimmung mit der Theorie, die Abweichungen bleiben meist erheblich unter 50 Proz.   Größere Abweichungen treten erst bei den Termen $6\,P$ und $7\,P$ des Par-He auf, wo infolge der kleinen Wasserstoffdifferenz (Termdefekte) der Effekt bei 28 kV bereits linear ist (vgl. Fig. 1302, S. 2263).   Dagegen ist bei 7 kV, wo der Effekt noch als quadratisch nachgewiesen ist, die Übereinstimmung wieder leidlich.   Das Vorzeichen des Effekts stimmt überall.   Während bei den P-Termen von Par-He (den Einfachlinien) δ sowohl als $\varDelta\,1/\lambda$ positiv sind, sind beide Größen für die P-Terme des Ortho-He negativ.   Daher zeigen, wie § 12, S. 2262 erläutert, die Starkeffektbilder entsprechender Linien der diffusen Nebenserie des Par- und Ortho-He den charakteristischen Unterschied, daß im ersteren Falle (den Singulettlinien) die $P-P$-Linie auf der kurzwelligen Seite der $P-D$-, $P-F$-, $P-G$-Linien liegen, im zweiten Falle dagegen (bei den „Dublettlinien“, die nach der heutigen Auffassung als Triplettlinien anzusehen sind) liegt die $P-P$-Linie auf der langwelligen Seite (vgl. Fig. 1301 bis 1303).   Auch bei den D-Linien des Na stimmt das errechnete Vorzeichen mit dem beobachteten überein — und zwar liefert Beckers Formel das richtige Vorzeichen, ob man die wahre Quantenzahl 3 für den P-Term setzt oder die „effektive“ Zahl 2; zwar ist das Vorzeichen von δ im letzteren Falle entgegengesetzt wie im ersteren, positiv, zugleich aber hat der Faktor B für den Term $2\,P$ das entgegengesetzte Vorzeichen wie für $3\,P$.   Auch der Wert von $\varDelta\,1/\lambda$ ist bei beiden Rechenarten nahe derselbe.   Die Verschiebung ist allerdings so gering ($\sim$ 0,01 Å bei 100 kV/cm), daß sie bisher nur mit einer großen Lummerschen Interferenzplatte gemessen werden konnte.   Da sie in Absorption, also als „inverser“ Effekt, nach der in § 11 angegebenen Methode untersucht wurde, mußte eine besondere Na-Lampe als Lichtquelle verwendet werden,

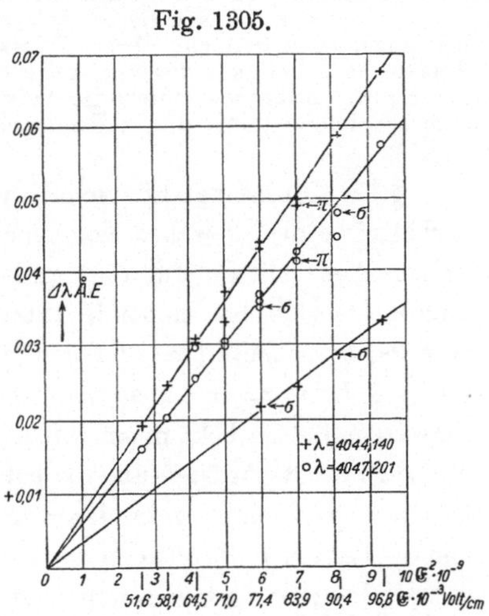

Fig. 1305.

Rotverschiebung des zweiten Hauptseriendubletts des Kaliums in Abhängigkeit vom Quadrat der Feldstärke (nach Grotrian und Ramsauer).

die $\sim$ 0,1 Å breite, selbstumkehrfreie D-Linien lieferte; deren Interferenzmaxima bildeten den „kontinuierlichen“ Untergrund.   Indem das Licht dieser Lampe ein Na-Absorptionsrohr zwischen hochaufgeladenen Kondensatorplatten (vgl. Fig. 1296) durchsetzte, entstanden in den relativ breiten Interferenzmaxima der D-Linien schmale Absorptionslinien, deren elektrische Beeinflussung okular untersucht werden konnte.   Wesentlich größer sind, entsprechend der genannten allgemeinen Gesetzmäßigkeit des Starkeffekts, die Verschiebungen an den höheren Gliedern der Alkalihauptserie, die von W. Grotrian und G. Ramsauer[1]), ebenfalls in Absorption, gemessen worden sind; und zwar wurden bisher das 2., 3. und 4. Glied des K in Absorptionsröhren von 1 m Länge mit dem Konkavgitter in Feldern zwischen 30000 und 100000 Volt/cm untersucht.   Der beobachtete Effekt ist ganz analog dem an den D-Linien.   Die quadratische Abhängigkeit von der Feldstärke ist hier exakt nachgewiesen (vgl. Fig. 1305, die sich auf das 2. K-Glied bezieht); der Unterschied

---

[1]) W. Grotrian und G. Ramsauer, Physik. Zeitschr. **28**, 846, 1927.   Neuere Versuche von Grotrian an den höheren Gliedern der Na-Hauptserie in Absorption konnten in Tabelle 4 nicht mehr berücksichtigt werden, Zeitschr. f. Phys. **49**, 541, 1928 (Anm. b. d. Korrektur).

der beiden Dublettlinien und die verschiedene Polarisation, die in der Figur angegeben ist und den an den D-Linien beobachteten Erscheinungen entspricht, wird im folgenden Paragraphen näher besprochen. Die Größe des Effekts stimmt mit der Theorie von Becker und Thomas überein. Beckers Formel gibt in diesem Falle etwas zu große Werte (siehe Tabelle 4); Thomas Rechnungen, über die für den vorliegenden Fall bei Grotrian und Ramsauer Näheres angegeben ist, stellen die beobachteten Erscheinungen befriedigend dar.

Es ist ferner bemerkenswert, daß so verschieden große Effekte, wie z. B. die an den D-Linien des Na ($\varDelta\lambda \sim 0{,}01$ Å für 100 kV/cm) und an der Linie $2P-7P$ von Par-He ($\varDelta\lambda \sim 1{,}7$ Å für 7 kV/cm), von der Theorie einigermaßen richtig wiedergegeben werden. Aus der Tabelle erkennt man auch unmittelbar das Gesetz der „übereinstimmenden Effekte" (vgl. die verschiedenen $S-P$- und $P-P$-Kombinationen des Par- und Ortho-He) und die rasche Zunahme des Effekts mit wachsender Gliednummer innerhalb einer Serie.

Schließlich sei nochmals betont, daß man allzu große Ansprüche an die Gültigkeit der vorliegenden theoretischen Formeln nicht stellen kann. In vielen Fällen, besonders in den schönen Versuchen von Stuart Foster an He und von Grotrian und Ramsauer an K, sind die Messungen bereits so genau, daß eine scharfe Prüfung einer exakten Theorie möglich wäre.

Linien der diffusen Serie (D-Terme) sind in der Tabelle nicht aufgeführt, da bei ihnen (entsprechend ihrer „Wasserstoffähnlichkeit") meist schon bei mäßiger Feldstärke der Effekt deren erster Potenz proportional ist, so daß die Formel nicht mehr gilt. Außerdem spielt die Aufspaltung in π- und σ-Komponenten hier bereits eine erhebliche Rolle, die in Beckers Formel ursprünglich nicht enthalten ist.

§ 17. Polarisationsverhältnisse.

Zur Bestimmung der Polarisationsverhältnisse der in wahre Komponenten aufgespaltenen Linien kann man die übliche Auswahlregel für die äquatoriale Quantenzahl m (bzw. n_3) verwenden; ändert sie sich bei einem Quantensprung gar nicht, $\varDelta m = 0$, so entsteht eine π-Komponente (parallel dem äußeren Felde schwingend); ändert sie sich um ± 1 ($\varDelta m = \pm 1$), so entstehen σ-Komponenten (senkrecht zum Felde schwingend). So bekommen wir bei den $S-P$-Kombinationen unserer Tab. 4 die gewünschte Aufspaltung in polarisierte Komponenten, die zum Teil auch bereits experimentell gefunden wurde. Denn da für den S-Term $m = 1$, für den P-Term bei Becker $m = 1$ oder 2, entspricht der erstere Wert einer π-, der letztere einer σ-Komponente. Entsprechend sind die Angaben in der Rubrik der Unsöldschen Formel. Diese Berechnung der Polarisation ist aber nur eine summarische und trägt der tatsächlich vorhandenen Komplexstruktur noch nicht Rechnung, die natürlich die Zahl und Art der polarisierten Komponenten wesentlich beeinflußt. Dagegen ist in Thomas' Theorie die Komplexstruktur wie gesagt bereits berücksichtigt.

Die allgemeine exakte Theorie für Multipletts liegt noch nicht vor, doch kann man sich von der Zahl der π- und σ-Komponenten in folgender einfacher Weise Rechenschaft geben: Aus der Möglichkeit der „adiabatischen" Überführung eines Systems aus einem elektrischen in ein magnetisches Feld folgt, daß in beiden Fällen die gleiche Zahl von Zuständen entsteht, so daß die Quantenzahl m, die die Impulskomponente parallel dem äußeren Felde festlegt, im elektrischen Felde dieselben Werte annimmt und derselben oben genannten „Auswahlregel" folgt wie im magnetischen [1]). Ein wichtiger Unterschied entsteht aber dadurch, daß die potentielle Energie eines Atoms im elektrischen Felde nicht wie im magnetischen von den Geschwindigkeiten

---

[1]) Vgl. N. Bohr, Q. d. L. II, S. 128; W. Pauli jr., a. a. O. S. 55 und S. 246.

der Elektronen abhängt und sich daher bei Umkehr des Umlaufsinnes der
Elektronen nicht ändert. Daher bleibt bei Umkehrung der Impulsachse und
des Vorzeichens von m die Energie im elektrischen Felde ungeändert — im
Gegensatz zum magnetischen Felde, wo zu jedem $+ m$-Niveau ein davon verschiedenes $- m$-Niveau gehört (vgl. § 7). Im elektrischen Felde fallen deshalb
die $\pm m$-Niveaus zusammen, ein elektrisches Feld hebt also die „Entartung"
eines Systems nicht vollständig auf — ein zusätzliches magnetisches Feld
würde nochmals die Zahl der Niveaus verdoppeln, in die ein feldloser Term
im elektrischen Felde zerfällt. Die Anwendung dieser Überlegung liefert
z. B. bei den D-Linien des Na — übrigens dem ersten Falle wasserstoffunähnlicher Spektra, bei dem eine einigermaßen vollständige Auflösung der
polarisierten Starkeffektkomponenten gelungen ist — unmittelbar die experimentell gefundenen Ergebnisse [1]): Im Magnetfeld spaltet das obere $^2P_{1/2}$-Niveau
der D_1-Linie ebenso wie das untere $^2S_{1/2}$-Niveau in zwei Niveaus $m = \pm \, ^1/_2$,
die im elektrischen Felde zusammenfallen; das $^2P_{3/2}$-Niveau von D_2 dagegen in

Fig. 1306.

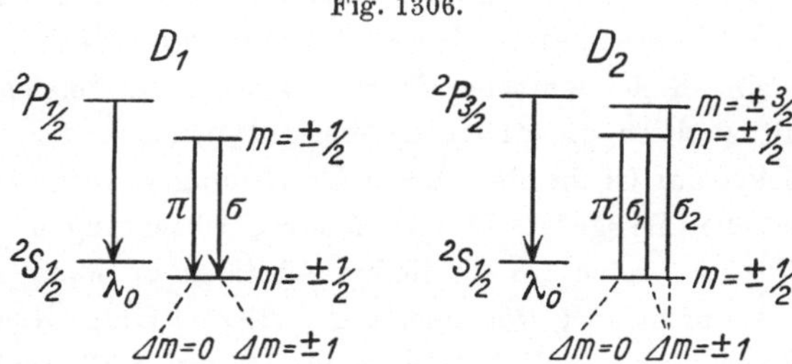

Elektrische Aufspaltung der Terme $^2P_{1/2}$, $^2P_{3/2}$ und $^2S_{1/2}$ des Na und der D-Linien
nach Ladenburg-Kopfermann.

vier Niveaus $m = \pm \, ^3/_2$ und $m = \pm \, ^1/_2$. Wir müssen also auf Grund der
angegebenen Auswahlregel bei D_1 im elektrischen Felde eine unpolarisierte
verschobene Linie, bei D_2 eine π- und zwei σ-Komponenten σ_1 und σ_2 erwarten,
und zwar hat die eine σ-Komponente die gleiche Verschiebung wie die
π-Komponente (vgl. Fig. 1306). Gerade diese Erscheinungen werden beobachtet.
Die zu erwartenden Effekte wurden durch Rezonanzversuche an den D-Linien
sowie dadurch bestätigt, daß elektrische Doppelbrechung an D_2, aber nicht
an D_1 nachgewiesen werden konnte, die ja auf dem Unterschied der Frequenzänderung der π- und σ-Komponenten beruht (vgl. Kap. XXXIX, § 9). Die
Aufspaltungsbilder der D-Linien wurden durch Versuche von Grotrian und
Ramsauer an höheren Gliedern der K-Hauptserie [2]) bestätigt, wobei ebenfalls die Dublettaufspaltung groß gegen die elektrische Verschiebung war.

Wird umgekehrt der durch das elektrische Feld bewirkte Effekt groß
gegen die Multiplettaufspaltung, so ist theoretisch zu erwarten [3]), daß die Zahl
der π- und σ-Komponenten die gleiche wird wie bei den entsprechenden Singlett-

[1]) Vgl. R. Ladenburg, Physik. Zeitschr. **22**, 549, 1921; Zeitschr. f. Phys. **28**,
51, 1924; H. Kopfermann und R. Ladenburg, Ann. d. Phys. **78**, 659, 1926.
[2]) Physik. Zeitschr. **28**, 846, 1927.
[3]) Vgl. F. Hund, „Linienspektra", S. 78. Verlag J. Springer, Berlin 1917.

termen, daß also die m-Werte nicht durch die j-, sondern durch die l-Werte der Terme bestimmt sind (vgl. Tabelle 5, Aufspaltung der Linien des O-He). Dies ist ein Analogon zum Paschen-Backeffekt.

Mannigfache Anwendung der obigen Überlegungen bezüglich der zu erwartenden Polarisation beim elektrischen Effekt liefern die verschiedenen Serien des He, die zuerst von Stark[1]) und seinen Mitarbeitern[2]), dann von mehreren anderen[3]), besonders eingehend und systematisch von Stuart Foster[4]) nach der Lo-Surdo-Methode mit großen Hilfsmitteln untersucht worden sind. Foster hat gezeigt, daß man für bestimmte Termkombinationen des He charakteristische Starkeffekttypen („Stark-Patterns") bekommt; diese kann man einerseits aus der Kramersschen Theorie des Starkeffekts der Feinstrukturkomponenten des Wasserstoffs berechnen, da ja diese analog sind den verschiedenen Serien $S, P, D \ldots$ der höheren Atome, andererseits kann man sie in elementarer Weise aus dem Zeemaneffekt der betreffenden Terme, entsprechend dem oben dargelegten und bereits beim D-Linientypus bestätigten Schema, ableiten. Man erhält somit beim Starkeffekt ein Analogon zur Prestonschen Regel des Zeemaneffekts. In folgender Tabelle 5 ist eine Reihe einfacher Starkeffekttypen zusammengestellt. Die Tabelle enthält zugleich die Ableitung dieser Typen aus dem Niveauschema des Zeemaneffekts auf Grund der obigen Überlegungen, sowie eine große Anzahl experimenteller Belege[5]). Einige andere Beobachtungen, besonders an $P-F$- und $P-G$-Linien des He, liefern scheinbar zu wenig Komponenten, zum Teil weil sie nicht aufgelöst sind, zum Teil weil einige Komponenten bei gewissen Feldstärken tatsächlich verschwinden[4]), vgl. § 13, Schluß. Aus der Tabelle ersieht man, daß Starks „Gesetz der übereinstimmenden Effekte" nicht mehr gilt, wenn man die Aufspaltung in polarisierte Komponenten berücksichtigt. In der Tat zeigen die $P-P$- und die $P-D$-Linien des He usw. mehr Komponenten als die entsprechenden $S-P$- und $S-D$-Linien, vgl. z. B. Fig. 1300 ($2P-5D, F, G, P$) und Fig. 1304 ($2S-5D, F, G, P$).

Weitere Beispiele für die Starkeffekttypen finden sich in den Untersuchungen von Hansen, Takamine und Werner[6]) an Hg-Linien, von H. Schüler[7]) und von Fujioka[8]) an Zn- und Cd-Linien, sowie von Ishida und Kamijima[9]) an He-Linien.

---

[1]) J. Stark, Sp. S. 63, 1914; Ann. d. Phys. **56**, 577, 1918.
[2]) J Stark und Kirschbaum, a. a. O.; G. Liebert, a. a. O.
[3]) H. Nyquist, Phys. Rev. **10**, 226, 1917; T. Takamine und N. Kokubu, Mem. Coll. Sc. Kyoto **3**, 275, 1919.
[4]) J. Stuart Foster, Phys. Rev. **23**, 667, 1924; Proc. Roy. Soc. (A) **114**, 47, 1927; **117**, 137, 1927. Besonders in der letztgenannten Arbeit werden die Verhältnisse geklärt und die Ergebnisse älterer Forscher zum Teil bestätigt, zum Teil vervollständigt.
[5]) Die O-He-Linien, deren natürliche Dublettaufspaltung ja sehr gering ist, zeigen tatsächlich im wesentlichen dieselben Typen wie die entsprechenden Singlettlinien des Par-He.
[6]) Math.-Phys. Mitteil. d. Dän. Ges. d. Wiss. **5**, 3, 1923.
[7]) H. Schüler, Zeitschr. f. Phys. **35**, 335, 1926.
[8]) Y. Fujioka, Sc. Pap. Inst. of Phys. and Chem. Res. Tokyo **5**, 45, 1926; Y. Fujioka und S. Nakamura, Astr. Journ. **65**, 201, 1927.
[9]) Y. Ishida und G. Kamijima, Sc. Pap. ... Tokyo **9**, 117, 1928.

Tabelle 5. Starkeffekttypen.

Serie	Typus[1] (Pattern)	Niveauschema	Element	Beispiel Serie	λ	Beobachter
$^1S_0-{}^1S_0$	$\dfrac{1}{0}$ (vgl. Anm. 2)	$^1S_0$ $j=0$ —— $m=0$	Par-He	$2S-5S$	3650	Liebert
				$2S-6S$	3467	Foster
		$^1S_0$ $j=0$ —— $m=0$ (π)	O-He	$2s-6s$	2850	Foster u. a.
$^1S_0-{}^1P_1$ $^1S_0-{}^3P_1$ $^1P_1-{}^1S_0$ $^1S_0-{}^1D_2$ usw.	$\dfrac{1}{1}$	$^1P_1$ $j=1$ —— $m=\pm 1$, $m=0$; $^3P_1$ ... $^1S_0$ $j=0$ —— $m=0$ (σ π)	Par-He	$2P-5S$	4438	"
				$2S-4P$	3965	"
			Hg	$1S-2p_2$	2537	W. Hanle[3]
$^2S_{1/2}-{}^2P_{3/2}$	$\dfrac{1}{2}$	$^2P_{3/2}$ $j={}^3/_2$ —— $m=\pm{}^3/_2$, $m=\pm{}^1/_2$; $^2S_{1/2}$ $j={}^1/_2$ —— $m=\pm{}^1/_2$ (σ σ π)	Na, K	$3s-3p_2$	5890	Ladenburg
				$4s-5p_2$	4044	Grotian u.
				$6p_2$	3446	Ramsauer
				$7p_2$	3217	
$^1P_1-{}^1P_1$	$\dfrac{2}{2}$ (vgl. Anm. 2)	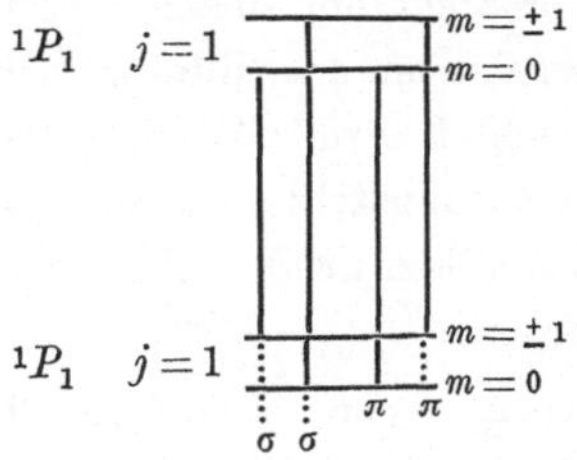 $^1P_1$ $j=1$ —— $m=\pm 1$, $m=0$; $^1P_1$ $j=1$ —— $m=\pm 1$, $m=0$ (σ σ π π)	Par-He	$2P-4P$	4911	Foster u. a.
				$5P$	4383	
				$6P$	4143	
$^3P_1-{}^3P_0$	$\dfrac{0}{1}$ (vgl. Anm. 2)	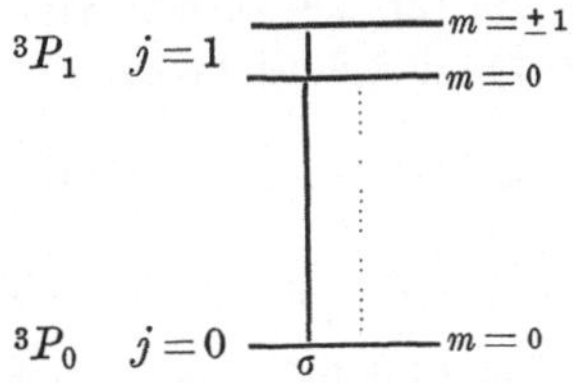 $^3P_1$ $j=1$ —— $m=\pm 1$, $m=0$; $^3P_0$ $j=0$ —— $m=0$ (σ)	Hg	$2p_2-np_3$	—	Hansen, Takamine u. Werner[4]
$^3P_1-{}^3P_0$	$\dfrac{1}{0}$ (vgl. Anm. 2)	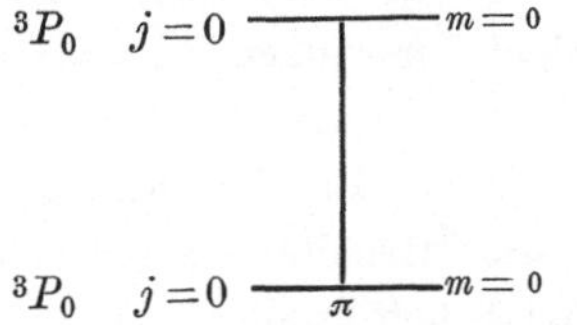 $^3P_0$ $j=0$ —— $m=0$; $^3P_0$ $j=0$ —— $m=0$ (π)	Hg	$2p_3-np_3$	—	Hansen, Takamine u. Werner[4]
$^1P_1-{}^1D_2$ $-{}^1F_3$ $-{}^1G_4$	$\dfrac{2}{3}$	$^1D_2$ $j=2$ —— $m=\pm 2$, ± 1, 0 ... $^1P_1$ $j=1$ —— $m=\pm 1$, 0 (σ σ σ π π)	Par-He	$2P-4D$	4922	Foster u. a.
			O-He	$2p-4d$	4472	
				$2p-4f$	(4472)	
				$5f$	(4025)	

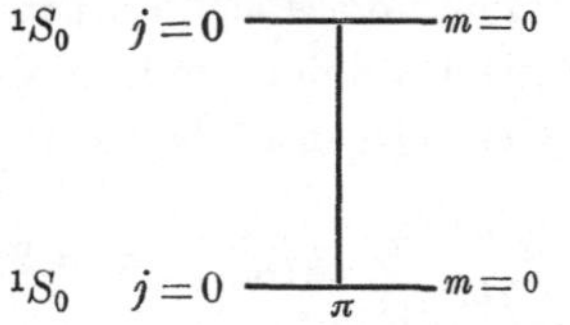

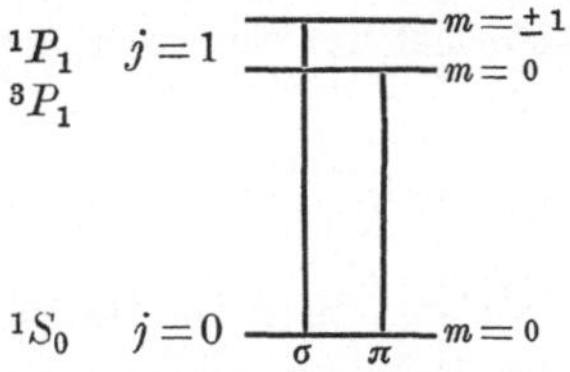

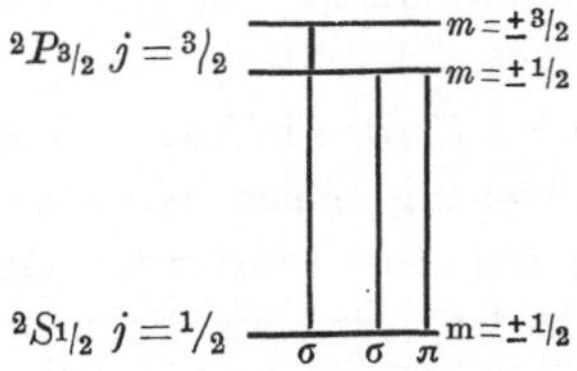

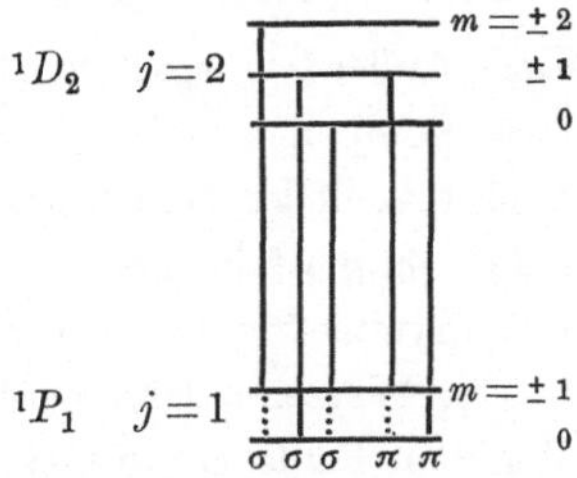

Anmerkungen: [1] Das ist: Zahl der π-Komp. geteilt durch Zahl der σ-Komp. — [2] Nach W. Pauli jr. (Kopenh. Schriften a. a. O., S. 10/12) fällt nach dem Korrespondenzprinzip im elektrischen Felde für $\Delta k\,(\Delta l)=0,\pm 2$ und $\Delta j=\pm 1$ die Linie $m=0\to m=0$ aus, dagegen nicht für $\Delta j=0$. — [3] Zeitschr. f. Phys. **35**, 346, 1926. Aus der Änderung der Polarisation des Resonanzlichtes des Hg im elektrischen Felde von 20000 Volt/cm wird hier eine elektrische Verschiebung der Linie von etwa 10^{-5} Å. berechnet. — [4] a. a. O. S. 34/35; doch sind hier nicht die

§ 18. Kurze Zusammenfassung der verschiedenen Wirkungen eines elektrischen Feldes auf Spektrallinien höherer Atome.

1. Der quadratische Effekt. Die Wirkung eines elektrischen Feldes besteht zunächst in einer Verschiebung der Spektrallinien proportional dem Quadrat der Feldstärke, in erster grober Annäherung gemäß der Beckerschen Formel

$$\Delta\,\frac{1}{\lambda} = 6,19 \cdot 10^{-9}\,\mathfrak{E}^2\,\frac{n^6}{\delta}\cdot B \quad \text{(vgl. § 16, S. 2272)}.$$

Ihrer Ableitung gemäß gilt diese Formel nur für nicht zu kleine Werte des „Termdefekts"

$$\delta = 1 - \frac{\text{Term}}{R/n^2}.$$

Experimentell bestätigt ist sie an vielen Linien der Haupt- und der scharfen Nebenserie des He, der Alkali- und einiger anderer höherer Atome (vgl. Tabelle 4, S. 2274).

2. Der lineare Effekt und Effekte höherer Ordnung. Wenn die Feldstärke und damit die Verschiebung immer mehr wächst, oder wenn δ relativ klein ist, d. h. der Term sich vom Wasserstoffterm gleicher Hauptquantenzahl nur wenig unterscheidet, wird die Bahn des Leuchtelektrons vollständig abgeändert, und es entsteht ein linearer Effekt wie er bei den Balmerlinien des H sowie an den Linien der diffusen Nebenserie $2\,P - n\,D$ des He und anderer Atome beobachtet wird. Wächst die Feldstärke immer mehr, so treten außerdem kleine Zusatzeffekte proportional der zweiten und höheren Potenz von $\mathfrak{E}$ auf, die vor allem an den Balmerlinien, aber auch an einigen He-Linien beobachtet wurden.

3. Auftreten neuer Linien. Von besonderer Bedeutung ist die Wirkung des elektrischen Feldes, die für die Verhältnisse ohne Feld gültige Auswahlregel (Δk bzw. $\Delta l = \pm 1$) zu „durchbrechen", so daß alle möglichen Kombinationen $\left.\begin{array}{c}\Delta k\\\Delta l\end{array}\right\} = 0, 2, 3$ usw. entstehen, also die Serien

$$S - n\,S,\quad S - n\,D,\quad S - n\,F\dots;\qquad P - n\,P,\quad P - n\,F,\quad P - n\,G\dots$$

Extrapoliert man die Lage dieser im Felde neu erscheinenden und mit wachsendem Feld mehr oder weniger verschobenen Linien auf das Feld 0, so fallen die Linien $S - n\,D$, $- n\,F$ usw., sowie $P - n\,F$, $- n\,G$ dicht nebeneinander, letztere dicht neben $P - n\,D$. Es sieht also aus, als ob die Linie $P - n\,D$ in viele Teile aufspaltet, die Intensität einiger Teillinien, speziell der $P - n\,P$-Linien, wächst proportional dem Quadrat der Feldstärke.

4. Wirkliche Aufspaltung. Außerdem spalten die Linien zum Teil tatsächlich in verschieden polarisierte Komponenten auf, und zwar kann man diese Aufspaltung exakt aus dem Zeemaneffekt berechnen, indem für jeden Term die gleichen m-Werte wie im Magnetfeld gelten, nur mit der Einschränkung, daß wegen der polaren Symmetrie des elektrischen Feldes die Terme mit entgegengesetzt gleichen m-Werten zusammenfallen. Ein Übergang $\Delta m = 0$ liefert eine parallel dem Felde schwingende π-Komponente,

Übergänge $\Delta m = \pm 1$ liefern senkrecht zum Felde schwingende σ-Komponenten. So erhält man für jede Serienart eine charakteristische Aufspaltung in eine bestimmte Zahl von π- und σ-Komponenten, also ein Analogon zur Prestonschen Regel.

C. Effekt an Molekülen.

§ 19. Versuche an Bandenlinien. Erfolgreiche Untersuchungen des Starkeffekts an Bandenlinien liegen bisher nur bei etlichen Linien des Viellinienspektrums des Wasserstoffs vor, sie sind zuerst von J. Stark[1]), dann von Takamine und Yoshida und .besonders eingehend von M. Kiuti nach der Lo-Surdo-Methode ausgeführt[2]). Es sind beträchtliche Feldstärken nötig ($\sim$ 100 kV/cm), um merkliche Veränderungen der Linien zu bekommen, so daß die ursprünglichen Versuche von J. Stark[3]) und auch neuere von Steubing[4]) erfolglos blieben. Man beobachtet an sehr vielen Linien Verschiebungen sowie Aufspaltungen in polarisierte Komponenten, die meist langsamer als linear mit der Feldstärke wachsen, auch das Auftreten neuer Linien hat z. B. Kiuti festgestellt; mit anderen Worten, die Effekte sind ähnlich denen an „wasserstoffunähnlichen" Linien. Abgesehen von einzelnen Paaren von Linien, die einander ähnliche Effekte zeigen (wie Kiuti fand), sind Gesetzmäßigkeiten bisher nicht gefunden worden, zumal das Viellinienspektrum erst in letzter Zeit und nur zum Teil in Serien geordnet ist.

Untersuchungen im Ultrarot im Zusammenhang mit der gleich zu besprechenden Theorie von Hettner[5]) blieben bisher erfolglos, wenigstens konnte E. F. Barker[6]) mit sehr empfindlichen Methoden an den Absorptionsbanden des HCl in Feldern von etwa 20000 bis 30000 Volt/cm keine Spur eines Effekts nachweisen, jedenfalls keine Wellenlängenänderung der Banden, die von annähernd der Größe des Abstandes benachbarter Banden wäre — auch nicht in der Nähe der Nullbande bei $3,5\,\mu$.

Dagegen sind gewisse Einflüsse zugesetzter Gase auf die Emissionsbandenlinien verschiedener Substanzen gefunden und durch den Starkeffekt molekularer Felder gedeutet worden, wie am Schlusse des § 21 besprochen werden wird.

§ 20. Theorie. Ein Gasmolekül, das ein elektrisches Moment besitzt, wird in seiner Rotation durch ein äußeres elektrisches Feld beeinflußt[5]). Diese Rotation ist die Ursache des im langwelligen Ultrarot gelegenen Rotationsspektrums und der Feinstruktur der Absorptionsbanden im kurzwelligen

---

[1]) Sp. a. a. O. S. 77.
[2]) T. Takamine und U. Yoshida, Mem. Coll. of. Sc. Kyoto **2**, 137, 321, 1918; Nitta, ebenda, S. 349; T. Takamine und N. Kokubu, ebenda **3**, 271, 1919; M. Kiuti, Jap. Journ. of. Phys. **1**, 29, 1922; **4**, 13, 1925.
[3]) J. Stark und H. Kirschbaum, Ann. d. Phys. **43**, 1039, 1914. (Außer bei H_2 wurden hier noch verschiedene andere Bandenlinien erfolglos untersucht.)
[4]) W. Steubing, Physik. Zeitschr. **24**, 917, 1925.
[5]) Vgl. G. Hettner, Zeitschr. f. Phys. **2**, 349, 1923.
[6]) E. F. Barker, Astrophys. Journ. **58**, 201, 1923.

Ultrarot. Hier müßten die Rotationen kleinster Energie, also die der Mitte der kurzwelligen Absorptionsbanden benachbarten Streifen, am meisten beeinflußt werden; das sind zugleich die Streifen, die neuerdings mit großer Dispersion genau untersucht worden sind.

Die nähere Betrachtung von Hettner auf Grund der Quantentheorie lehrt, daß beim „Rotator" — etwa einem zweiatomigen Molekül, das um eine Achse senkrecht zur Figurenachse rotiert (siehe Fig. 1307) —, bei dem kein Elektronendrall um die Figurenachse vorhanden ist, kein linearer Effekt zu erwarten ist, sondern nur ein viel kleinerer, schwer beobachtbarer sekundärer Effekt [proportional F^2]. In der Tat, die Energieänderung dieses Rotators im Felde ist in erster Annäherung $\varDelta_1 E = - M \cdot F \cos \vartheta$ (wenn M das elektrische Moment und ϑ der Winkel zwischen Figurenachse und Feldrichtung F); der durch Mittelung über die ungestörte Bewegung gewonnene Wert $\overline{\varDelta_1 E}$ ist ein Maß des elektrischen Effekts (vgl. § 6 und § 9), er ist aber Null, da infolge der Rotation der $\cos \vartheta$ ebensooft $<$ wie > 0 ist. Im rotationslosen Zustand würde sich nach der älteren Quantentheorie der „Rotator" im Felde einstellen und daher einen linearen Effekt geben; diesen Fall hat man jedoch in dieser Theorie in etwas willkürlicher Weise als nicht vorhanden ausgeschlossen. Nach der neuen Quantenmechanik tritt auch im rotationslosen Zustand kein linearer Effekt auf [1]).

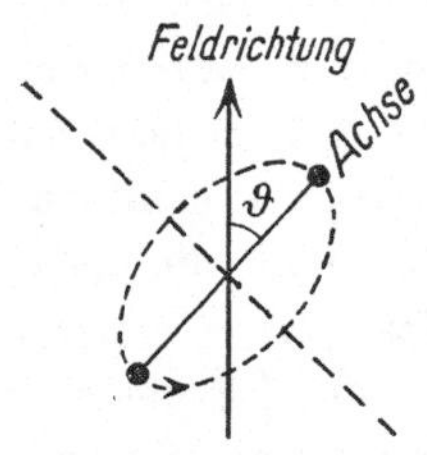

Fig. 1307.

Zweiatomiges Molekül im äußeren Felde.

Wenn dagegen der Rotator einen (Elektronen-) Drall um die Figurenachse besitzt, so entsteht eine ganz andere Bewegung, nämlich eine Präzession dieser Achse um die Richtung des Gesamtimpulses, und dessen Achse präzessiert um die Feldrichtung; dadurch würde im obigen Mittelwert $\overline{(\varDelta_1 E)\, \cos \vartheta} \neq 0$ sein und daher ein linearer Effekt auftreten, der im kurzwelligen Ultrarot gut meßbar sein sollte [2]). Tatsächlich konnte, wie erwähnt, E. F. Barker keinen solchen linearen Effekt an ultraroten HCl-Banden beobachten [3]); daher ist in diesem Molekül kein Drall um die Figurenachse vorhanden.

Moleküle mit mehr als zwei Atomen, die nur zwei verschiedene Trägheitsmomente, also eine besondere Symmetrie besitzen — für die der symmetrische Kreisel das übliche Modell bildet —, sollten infolge ihres Dralls um die Figurenachse einen linearen Starkeffekt geben [4]), dieser wäre deshalb besonders interessant, weil er die Berechnung des elektrischen Moments des Moleküls erlauben würde, jedoch liegen bisher keine derartigen Beobachtungen vor.

Die Oszillationsschwingungen der Kerne gegeneinander geben, solange sie rein harmonisch sind, gar keinen elektrischen Effekt, bei geeigneten anderen Kraftwirkungen tritt wieder nur ein quadratischer Effekt auf (vgl. § 1).

---

[1]) Siehe Lucy Mensing, Zeitschr. f. Phys. **36**, 823, 1926.
[2]) H. A. Kramers und W. Pauli jr., ebenda. **13**, 361, 1923.
[3]) E. F. Barker, Astrophys. Journ. **58**, 201, 1923.
[4]) Theorie bei F. Reiche, Ann. d. Phys. **58**, 664, 1919, und nach der neuen Quantenmechanik bei F. Reiche (mit Anhang von H. Rademacher), Zeitschr. f. Phys. **39**, 453, 1926; siehe auch C. Manneback, Physik. Zeitschr. **28**, 77, 1927.

D. Elektrische Wirkung molekularer Felder.

§ 21. Verbreiterungen [1]. Der Aufbau der Atome und Moleküle aus positiv und negativ geladenen Teilchen hat zur Folge, daß deren elektrische Kräfte sich auch in gewissen Entfernungen von den Molekülen geltend machen und benachbarte Moleküle beeinflussen. Man muß daher erwarten, daß unter geeigneten Bedingungen die Spektrallinien die Wirkungen dieser molekularen Felder in ihrem Aussehen durch Verbreiterung usw. verraten. In der Tat ist es bereits Stark in seinen ersten Versuchen aufgefallen [2] — wie im vorausgehenden mehrfach erwähnt wurde —, daß das „Aussehen" verschiedener Spektrallinien charakteristische Ähnlichkeit mit ihrem Starkeffekt zeigt [3]: Die Linien der „scharfen" Nebenserie ($2\,P - m\,S$) zeigen im allgemeinen einen kleinen Starkeffekt, die der „diffusen" Nebenserie ($2\,P - m\,D$) verbreitern sich mit wachsendem Druck leicht, und zwar die höheren Serienglieder mehr als die niederen, und geben einen entsprechend großen elektrischen Effekt. Vielfach findet man, daß Linien, die im elektrischen Felde eine einseitige Verschiebung, etwa nach Rot erleiden, sich asymmetrisch ebenfalls nach langen Wellen verbreitern. Derartig qualitative Analogien zwischen Verbreiterung (sowie Druckverschiebung) von Spektrallinien einerseits und ihrem Starkeffekt andererseits, sind vielfach beobachtet und näher untersucht worden [4]. Ein entscheidender Beweis für die Deutung der beobachteten Erscheinung durch den Einfluß der elektrischen Felder der Nachbarmoleküle ist allerdings erst durch quantitative Berechnungen zu erbringen; diese verdanken wir besonders P. Debye [5]) und J. Holtsmark [6]).

Betrachtet man zunächst die Moleküle als ruhende Punkte, so kann man durch eine einfache Dimensionsbetrachtung die mittleren Feldstärken in einem Gas berechnen. Je nachdem, ob das Gas aus einfach geladenen Ionen (Ladung $e \sim 5 . 10^{-10}$ ESE.), aus elektrischen Dipolen wie HCl oder CO_2 (elektrisches Moment M von der Größenordnung $5 . 10^{-18}$ abs. Einh.) oder aus „Quadrupolen" wie N_2, d. h. Molekülen mit elektrischen Trägheitsmomenten ($\Theta \sim 5 . 10^{-26}$ abs. Einh.), besteht, ergibt sich eine verschiedene Druckabhängigkeit; ist N die Teilchenzahl pro Kubikzentimeter, so findet man für das mittlere Feld in diesen Fällen bei Atmosphärendruck ($N = 27 . 10^{18}$)

$$\text{bei Ionen} \dots \dots \dots \quad F_m \sim e . N^{2/3} \sim 1{,}3 . 10^6 \text{ Volt/cm,}$$
$$\text{„ Dipolen} \dots \dots \dots \quad F_m \sim M . N \quad\ \sim \ \ 4 . 10^4 \text{ Volt/cm,}$$
$$\text{„ Quadrupolen} \dots \dots \quad F_m \sim \Theta . N^{4/3} \sim 1{,}2 . 10^3 \text{ Volt/cm.}$$

Wegen der ständigen Bewegung der Moleküle wechselt das von ihnen im Mittel erzeugte Feld fortwährend, man erhält daher keine richtige Aufspaltung oder Verschiebung der betrachteten Linie wie beim gewöhnlichen Starkeffekt, sondern eine Verbreiterung, indem der Raum zwischen den äußersten Komponenten

---

[1]) Vgl. zu diesem Paragraphen auch Kap. XXVIII, § 45.

[2]) J. Stark, Ann. d. Phys. **43**, 978, 1040, 1914; siehe ferner Sp. S. 79 ff.; G. Wendt, ebenda **45**, 1257, 1914.

[3]) Bereits im Jahre 1906 hat Stark einen Zusammenhang zwischen Linienverbreiterung und molekularem elektrischen Felde vermutet (Ann. d. Phys. **21**, 422, 1906).

[4]) Vgl. z. B. J. Stark und O. Hardtke, daselbst **58**, 718, 1919; M. Ritter, **59**, 170, 1919; M. Kimura und G. Nakamura, Jap. Journ. of Phys. **2**, 61, 1923 (Versuche an Linien von O_2, Na, Cu, Ag, Au, Mg, Ca); H. Lowery, Phil. Mag. **49**, 1176, 1925.

[5]) P. Debye, Physik. Zeitschr. **20**, 160, 1919.

[6]) J. Holtsmark, ebenda S. 162; ferner Ann. d. Phys. **58**, 577, 1919.

mehr oder weniger gleichmäßig mit Licht ausgefüllt wird. Die genauere Rechnung erfordert eine längere Wahrscheinlichkeitsbetrachtung, die von Holtsmark durchgeführt ist. Mittels einer einfachen Annahme über die Intensitätsverteilung der verbreiterten Linie und unter Voraussetzung eines linearen Starkeffekts wie bei den Balmerlinien [Abstand der äußersten Komponenten der elektrisch aufgespaltenen Linie in Schwingungszahlen $2\,\nu_m = \varkappa F$][1]), ergibt sich so, daß die Halbwertsbreite der Linie (die gesamte Breite an der Stelle, wo die Intensität auf die Hälfte gesunken ist) $2\,\nu_h = \varkappa . F_\omega$ ist. Dabei ist die von Gasart und Dichte abhängige „wirksame Feldstärke"

$$\text{a) für Ionen} \quad\ldots\ldots\ldots\quad F_\omega = 3{,}25 . N^{2/3}\, e,$$
$$\text{b) für Dipole} \quad\ldots\ldots\quad F'_\omega = 4{,}54 . N . M,$$
$$\text{c) für Quadrupole}\,[2]) \quad\ldots\quad F'_\omega = 5{,}5 \ . N^{4/3}\,\Theta.$$

Prinzipiell ist zwar eine Berücksichtigung der endlichen Ausdehnung der Moleküle nötig, weil sonst die großen Feldstärken in unmittelbarer Nähe der Kraftzentren ein Unendlichwerden der mittleren Feldstärke im Gas bewirken[3]). Jedoch hat die endliche Ausdehnung für die praktische Berechnung der wirksamen Feldstärken bei mäßiger Gasdichte keine Bedeutung, wie Holtsmark später gezeigt hat[4]). Andererseits hat man gegen die Holtsmarksche Rechnung eingewandt, daß die zeitliche und örtliche Inhomogenität des Feldes wesentlich vom Einfluß sein könne, aber von Holtsmark nicht in Rechnung gesetzt sei. Solche Inhomogenitäten rufen spezifische elektrische Effekte hervor.

Der Fall örtlich inhomogener Felder ist von O. Stern theoretisch näher untersucht[5]), wobei sich ergab, daß sehr interessante neue Erscheinungen zu erwarten sind; da eine experimentelle Prüfung dieser Theorie bisher nicht gelungen ist, möge dieser Hinweis genügen.

Ohne Rücksicht auf die Inhomogenitäten hat Holtsmark eine theoretische Berechnung der von Michelson[6]) an der roten Linie H_α des Wasserstoffs interferometrisch gemessenen Halbwertsbreiten versucht, indem er lediglich die Wirkung der Quadrupolmomente der neutralen Moleküle als wirksam angenommen hat. Für Θ benutzte er dabei den Mittelwert $4{,}4 . 10^{-26}$ der von Debye für H_2 aus den van der Waalsschen Kohäsionskräften und der Temperaturabhängigkeit der inneren Reibung berechneten Werte[7]) $(5{,}6 . 10^{-26}$ bzw. $3{,}2 . 10^{-26})$. Die Versuche (vgl. Tabelle 6, die die halben Halbwertsbreiten $\varDelta\lambda_h$ in Å-Einheiten angibt) liefern unterhalb 5 mm einen nahe konstanten Wert, für den Holtsmark den Doppeleffekt verantwortlich macht. Michelson findet bei 3 mm $\varDelta\lambda_h = 0{,}048$ [während sich die entsprechende Dopplereffektbreite für unendlich dünne Schicht[8]) bei $T = 293^0$ zu $0{,}028$ Å berechnet; daran ändert auch die Berücksichtigung der Tatsache nichts, daß die H_α-Linie in Wahrheit aus zwei Linien im Abstand von $0{,}13$ Å besteht]. Deshalb sind in der dritten Reihe die um $0{,}048$ verringerten Breiten

---

[1]) Wobei $\varkappa$ nach Starks Versuchen für die Balmerlinien genau bekannt ist.

[2]) Korrigiert nach J. Holtsmark, Physik. Zeitschr. **25**, 80, Anm. 1, 1924.

[3]) Siehe P. Debye, Physik. Zeitschr. **21**, 181 (Anm.), 1920.

[4]) J. Holtsmark, ebenda **25**, 73, 1924; siehe auch R. Gans, Ann. d. Phys. **66**, 396, 1921.

[5]) O. Stern, Physik. Zeitschr. **23**, 476, 1922; ausführlich besprochen bei W. Pauli jr. a. a. O. S. 248 ff.

[6]) A. A. Michelson, Phil. Mag. (2) **34**, 289, 1892.

[7]) P. Debye, Physik. Zeitschr. **21**, 178, 1920.

[8]) Nach der Formel $0{,}0_6358\,\lambda_0\,\sqrt{T/M}$ (vgl. O. Schönrock, Ann. d. Phys. **20**, 995, 1906), wo T absolute Temperatur und M Molekulargewicht bedeutet.

angegeben und mit den berechneten verglichen. Wie man sieht, stimmt die Größenordnung überein, aber die berechneten Werte sind größtenteils doch wesentlich zu klein.

Tabelle 6.

Druck in cm	Halbbreite nach Michelson	Verringert um 0,048	Berechnet nach Holtsmark
20	0,2	0,152	0,106
9	0,128	0,080	0,039
7,1	0,116	0,068	0,028
4,7	0,095	0,047	0,014
2,3	0,071	0,023	0,008
1,3	0,056	0,008	0,003
0,9	0,053	0,005	0,002
0,5	0,050	0,002	0,001
0,3	0,048	0,000	0,000

Man wird aus dem Vergleich schließen[1]), daß die als Dipole wirkenden H-Atome und geladene Teilchen (Wasserstoffionen) an der Verbreiterung mitwirken. In der Tat genügt eine relativ kleine Ionendichte, um die beobachteten Breiten zu erklären. Da man aber die bei den Versuchen vorhandene Atom- und Ionendichte nicht kennt, ist eine zuverlässige Prüfung der Theorie auf diese Weise nicht möglich. Dies gilt erst recht für Versuche im Lichtbogen, wenn hier auch vielfach qualitative Übereinstimmung mit der Theorie nicht zu verkennen ist[2]). So wird man auch die großen Breiten der Wasserstofflinien, die man bei hohen Stromdichten, besonders von Kondensatorentladungen beobachtet[3]), aller Wahrscheinlichkeit nach auf die Wirkung der elektrischen Felder der Ionen zurückführen müssen.

Auf ähnliche Weise sind nach F. Paschen[4]) die von ihm in der inneren leuchtenden Glimmschicht einer Al-Zylinderkathode in reinem He oberhalb 2 mm Druck und 0,07 Amp. beobachteten Erscheinungen zu erklären, nämlich die Verstärkung der verbreiterten höheren Serienglieder [bis über 20 Glieder der Serien $2p - md$ und $2s - mp$ von Ortho-He (I), vgl. Fig. 1295, S. 2253] und das Auftreten eines relativ starken kontinuierlichen Spektrums zwischen ihnen und anschließend an das Serienende. Paschen findet die Verbreiterung jener Linien ganz analog einem Starkeffekt an ihnen von etwa 1000 Volt/cm, obwohl „äußere" elektrische Felder über 50 Volt/cm sicher nicht wirksam sind, da die im allgemeinen „verbotene" in solchen Feldern stark auftretende Linie 3809 $(2s - 3d)$ nur schwach erscheint. Vielmehr sind in der untersuchten Glimmschicht eine große Zahl langsamer Elektronen und positiver Ionen an-

---

[1]) Im Gegensatz zu Holtsmark, der die berechneten Werte um 0,048 erhöht, diese Zahlen mit den gemessenen vergleicht und die Übereinstimmung als befriedigend betrachtet.

[2]) Vgl. M. Kimura und S. Nakamura, Jap. Journ. of Phys. **2**, 61, 1923; J. Holtsmark und B. Trumpy, Zeitschr. f. Phys. **31**, 803, 1925.

[3]) Vgl. z. B. R. Ladenburg, Ann. d. Phys. **38**, 249, 1913, wo speziell die Zunahme der Breite mit wachsender Stromamplitude der wirksamen Hochfrequenzschwingungen nachgewiesen wurden; vgl. ferner O. Hulburt, Phys. Rev. **22**, 24, 1923.

[4]) Ber. d. Berl. Akad. d. Wiss. 1926, S. 135 (Sitzung vom 20. Mai).

zunehmen, und die beobachteten Erscheinungen sind als unmittelbare Folge der durch die große Zahl der Ionen vermehrten und zugleich elektrisch gestörten Einfangung von Elektronen anzusehen.

Eine Überschlagsrechnung lehrt folgendes: Bei 2 mm Druck ist der mittlere Abstand benachbarter Gasmoleküle $2{,}4 . 10^{-6}$ cm. Die große Achse der 25. Quantenbahn hat die Größe $6 . 10^{-6}$ cm. Das elektrische Feld eines einfach geladenen Ions ist in 10^{-5} cm Abstand etwa 1000 Volt/cm. Betrachtet man diese als den Wert der wirksamen „Feldstärke" im Sinne von Holtsmark und benutzt seinen für Ionen angegebenen Wert

$$F_\omega = 3{,}25 . N^{2/3} . e,$$

so entspricht die Feldstärke von 1000 Volt/cm einem Gasdruck der Ionen von $2{,}8 . 10^{-3}$ mm, also kommt bei 2 mm He-Druck auf 717 He-Atome 1 Ion, in der positiven Lichtsäule dagegen, wo im allgemeinen etwa 10^{-5} Ionen pro Atom vorhanden sind, treten die oben genannten Erscheinungen erst beim 100 fachen Strom auf.

In anderen Fällen ist es jedoch zweifelhaft, ob die Verbreiterung auf einen elektrischen Effekt der molekularen Felder beruht, — auch wenn die elektrische Verschiebung der Linien in gleicher Richtung erfolgt wie die Dissymmetrie der Verbreiterung. Die quantitative Verwendung der Holtsmarkschen Formeln ist sogar an die Gültigkeit des linearen Starkeffekts geknüpft, der, wie wir wissen, nur für einigermaßen „wasserstoffähnliche" Linien eintritt — im allgemeinen hängt der Starkeffekt in komplizierterer Weise von der Feldstärke ab, was vielfach nicht berücksichtigt worden ist. Speziell bei den Hauptserienlinien der Alkalidämpfe und der Linie 2537 des Hg ist die Holtsmarksche Theorie für die Verbreiterung trotz gewisser qualitativer Übereinstimmung sicher nicht anwendbar [1]), da die beobachteten und z. B. von Füchtbauer und seinen Mitarbeitern eingehend untersuchten Verbreiterungen [2]) viel zu groß sind, als daß sie nach der Theorie von Debye-Holtsmark durch einen Starkeffekt des „mittleren" Feldes der umgebenden Moleküle erklärt werden könnten. Die genannten Linien zeigen ja keinen auch nur einigermaßen mit den Balmerlinien vergleichbaren, sondern nur einen äußerst kleinen quadratischen Effekt [3]) (siehe § 16 u. 17); z. B. berechnet sich bei 900 mm Stickstoffdruck, wo Na-Dampf von 0,015 mm Druck nach Versuchen von R. Minkowski stark nach Rot verbreiterte D-Linien von mehreren Å-Breiten liefert, die wirksame Feldstärke nach Holtsmark (mit $\Theta_{N_2} \sim 13 . 10^{-26}$) zu etwa 21 000 Volt/cm — während nach Versuchen von Ladenburg 100 000 Volt/cm erst eine dem Quadrat der Feldstärke proportionale Rotverschiebung der D-Linien von 0,01 Å hervorrufen.

In diesen Fällen ist die beobachtete Linienbreite und ihre Abhängigkeit vom Druck zugesetzter Gase in erster Linie durch die Lorentzsche Theorie der „Stoßdämpfung" zu erklären, die auch auf die quantentheoretischen Vorstellungen angewandt werden kann [4]).

---

[1]) Vgl. R. Ladenburg, Physik. Zeitschr. **22**, 552, 1921.
[2]) Siehe Kap. XXVIII, § 45.
[3]) Die Linie 2537 zeigt einen noch wesentlich kleineren quadratischen Starkeffekt als die D-Linien, vgl. Anmerkung 3 zu Tabelle 5.
[4]) Siehe N. Bohr, H. A. Kramers und J. C. Slater, Zeitschr. f. Phys. **24**, 69, 1924; ferner W. Lenz, Zeitschr. f. Phys. **25**, 299, 1924.

Auf diese Theorie selbst kann hier nicht eingegangen werden (Näheres vgl. Kap. XXVIII), doch sei in diesem Zusammenhang darauf hingewiesen, daß nach neueren Versuchen auch die Lorentzsche Theorie zur Deutung der Erscheinungen nicht ausreicht, da Vermehrung des Metalldampfdrucks selbst eine wesentlich stärkere Verbreiterung hervorruft als der Zusatz fremder Gase [1]). Diese Erscheinung ist als ein „Kommensurabilitätseffekt“ gedeutet worden, eine Art Resonanzwirkung von Molekülen (bzw. Atomen) auf andere gleichartige, in denen die Elektronen gleiche oder ähnliche Frequenzen besitzen [2]), ein Effekt, den man auch als einen Starkeffekt besonderer Art ansehen kann. Infolge dieses Effekts machen sich die Wirkungen zwischen Molekülen gleicher Art aufeinander auf viel größere Entfernungen hin bemerkbar, als man nach dem gastheoretisch berechneten „Moleküldurchmesser“ erwarten sollte [3]), und zwar ist der so gemessene Moleküldurchmesser — wenn man davon überhaupt noch sprechen will — je nach der Empfindlichkeit der betrachteten Erscheinung für die gegenseitigen Kräfte [Linienverbreiterung oder Depolarisation der Resonanzstrahlung] [4]) ganz verschieden.

Auch bei Bandenspektren hat man merkliche Einwirkungen zugesetzter Gase auf das Aussehen und die Lage der Bandenlinien gefunden — z. B. bei denen der Moleküle des Na-Dampfes [4]) und denen des Br_2 durch Wasserstoff [5]), bei denen des N_2 durch Bromdampf [6]), und hat diese Erscheinungen durch einen Starkeffekt der molekularen Felder gedeutet [7]) — ob und wieweit dies berechtigt ist, müssen erst weitere Untersuchungen lehren.

§ 22. Auftreten „verbotener“ Linien.

Eine wesentlich andere Wirkung molekularer Felder besteht in der Erzeugung oder Verstärkung von Spektrallinien, die im feldfreien Raum nicht oder nur mit sehr geringer Intensität auftreten können — also „verbotener“ Linien, wie man sich häufig etwas unexakt ausdrückt. Wie schon in § 12, S. 2257 ff. erwähnt, muß man nach unseren Erfahrungen über das Auftreten neuer Linien in äußeren elektrischen Feldern und auf Grund der voll befriedigenden quantentheoretischen Deutung dieser Erscheinungen erwarten, daß die gleichen Linien auch durch die elektrischen Felder benachbarter Moleküle oder Ionen hervorgerufen werden, und daß sie daher besonders intensiv in elektrischen Entladungen hoher Stromdichte auftreten [8]). Tatsächlich beobachtet man in solchen Fällen auch

[1]) Zum Beispiel B. Trumpy, Zeitschr. f. Phys. **34**, 115, 1925; siehe auch R. Minkowski, Physik. Zeitschr. **23**, 68, 1922; Zeitschr. f. Phys. **36**, 853, 1926.
[2]) J. Holtsmark, Zeitschr. f. Phys. **34**, 722, 1926; siehe auch Lucy Mensing, ebenda S. 611; L. Nordheim, ebenda **36**, 496, 1926.
[3]) Vgl. die Untersuchungen von Ch. Füchtbauer und Mitarbeiter, Ann. d. Phys. **43**, 96, 1914 usw., ebenda **71**, 204, 1923.
[4]) Siehe Kap. XLI, speziell G. L. Datta, Zeitschr. f. Phys. **37**, 625, 1926.
[5]) Siehe B. Clinkskales, Phys. Rev. **30**, 514, 1910.
[6]) A. Dufour, Le Radium **5**, 86, 1908.
[7]) Snehamay G. L. Datta, Astrophys. Journ. **57**, 114, 1923.
[8]) So fand J. Stark die $p-p$-Serie des Li, T. R. Merton die des He bei Entladungen großer Stromdichte (Proc. Roy. Soc. **95**, 30, 1918), T. Takamine und M. Fukuda erhielten im Lichtbogen viele He-Linien, die bei kleiner Ionendichte nur im elektrischen Felde erscheinen (Scient. Pap. Jap. Inst. **1**, 207, 1924). Vgl. ferner die Bemerkungen von N. Bohr (Phil. Mag. **43**, 1112, 1922) zu solchen

noch andere Linien, als in (zeitlich) homogenen elektrischen Feldern [1] [2]), nämlich Quantenübergänge, bei denen sich k und j in anderer Weise als dort ändern. Dies kann aber nach den obigen Darlegungen über die örtliche und zeitliche Inhomogenität der molekularen Felder und ihre spezifischen Wirkungen nicht weiter wundernehmen. Speziell bei Hg, Zn, Cd hat man auch die Linien $1\,S_0 - {}^3P_0$ und ${}^1S_0 - {}^3P_2$ beobachtet, also Übergänge, bei denen sich j von $0 \to 0$ oder um 2 Einheiten ändert. Besonders auffallend sind Beobachtungen von S. Datta [3]) über das Auftreten von ${}^2S - m\,{}^2D$-Linien in Absorption von unerregtem K-Dampf, also unter Bedingungen, bei denen sicher keine elektrischen Felder von Ionen in Betracht kommen. Durch homogene äußere elektrische Felder bis 100000 Volt/cm ist es bisher nicht gelungen, solche Linien in Absorption zu erzeugen [4]), ihr Auftreten in Dattas Versuchen bei verhältnismäßig hohen Dampfdrucken und Dichten des K läßt nach dem oben Gesagten vermuten, daß hier auch eine Art Kommensurabilitätseffekt gleichartiger Moleküle vorliegt; oder diese Quantenübergänge besitzen auch im feldfreien Raum eine gewisse Wahrscheinlichkeit, die nur sehr viel kleiner ist als die der sogenannten erlaubten Übergänge [5]).

§ 23. Poleffekt und Druckverschiebung. Unter dem Poleffekt versteht man die kleine Wellenlängenverschiebung, die Spektrallinien aus der Nähe der Pole eines Lichtbogens gegen die in der Bogenmitte emittierten Linien häufig zeigen. Dieser Effekt kann einmal Folge eines starken Potentialgradienten nahe den Polen sein (vgl. die Anordnung von Nagaoka und Sugiura zur Untersuchung des Starkeffekts im Lichtbogen, § 11, S. 2254), außerdem können starke elektrische Felder benachbarter Ionen solche Wirkung erzeugen. Voraussetzung für diese Erklärung ist, daß die betreffenden Linien im elektrischen Felde tatsächlich unsymmetrische Verschiebungen des gleichen Vorzeichens wie beim Poleffekt zeigen. Eine solche Übereinstimmung zwischen Poleffekt und Starkeffekt hat T. Takamine an vielen Linien des Eisens und Nickels nachgewiesen [6]).

Eine ähnliche Erklärung hat J. Stark als Hauptursache der Druckverschiebung von Spektrallinien vorgeschlagen [7]). Es ist vielfach, zuerst von W.J. Humphreys und J. F. Mohler [8]) beobachtet worden, daß mit wachsendem hohem äußeren Druck sich der Schwerpunkt der verbreiterten Linien spektral verschiebt, und zwar proportional dem Druck. Zugleich mit der Zahl der

---

Beobachtungen von P. D. Foote, F. L. Mohler u. W. F. Meggers (ebenda S. 659), die diese Erscheinungen als eine deutliche Verletzung der „Auswahlregel" bezeichnen.

[1]) H. M. Hansen, T. Takamine und Sven Werner, a. a. O. S. 246; T. Takamine und M. Fukuda, Phys. Rev. **25**, 23, 1925.

[2]) P. D. Foote, T. Takamine und R. L. Chenault, Phys. Rev. **26**, 165, 1922.

[3]) S. Datta, Proc. Roy. Soc. (A) **99**, 69, 1921; **101**, 530, 1922.

[4]) W. Grotrian und G. Ramsauer, a. a. O.

[5]) Diese Erklärung entspricht den neuen Vorstellungen über die Strahlung metastabiler Atome und die Natur der Nebellinien, vgl. J. Bowen, Proc. Nat. Ac. of sc. **14**, 30, 1928 und F. Becker u. W. Grotrian, Ergebn. d. exakt. Naturwiss. VII, 8, 1928, speziell S. 69 (Anmerk. bei der Korrektur).

[6]) T. Takamine, Astrophys. Journ. **50**, 23, 1919.

[7]) J. Stark, Ann. d. Phys. **43**, 1044, 1914.

[8]) W. J. Humphreys und J. F. Mohler, Astrophys. Journ. **3**, 144, 1896.

Zusammenstöße nimmt dabei offenbar die Zeitdauer zu, während der ein Atom der elektrischen Einwirkung benachbarter Atome oder Ionen unterliegt; zugleich wächst die Dichte der einwirkenden Atome und Ionen. Wenn also bei den betreffenden Linien der Starkeffekt in einer einseitigen Wellenlängenverschiebung besteht, muß wachsender Druck das Intensitätsmaximum der verbreiterten Linien im gleichen Sinne verschieben. In der Tat hat Ritter[1] Übereinstimmung des Vorzeichens der Druckverschiebung mit der Verschiebung durch ein elektrisches Feld bei vielen Linien des Li, Ca und Zn gefunden. Andererseits bemerkt Takamine[2] auf Grund eigener Versuche, daß manche Linien, die durch hohen Druck einseitig verbreitert werden, durch ein äußeres elektrisches Feld keine nachweisbare Veränderung erleiden. Vielleicht waren die von ihm benutzten Felder noch nicht stark genug. Jedenfalls nimmt die Druckverschiebung wie der Starkeffekt längs einer Serie mit wachsender Gliednummer zu. Bis zu einem gewissen Grade wird der Zusammenhang mit dem Starkeffekt auch durch Versuche von Petersen und Green[3] bestätigt, die den Poleffekt von der Druckverschiebung durch Benutzung eines möglichst langen Lichtbogens trennen und in den meisten Fällen den Sinn der Verschiebung durch Druckerhöhung mit der durch ein elektrisches Feld hervorgerufenen übereinstimmend finden. Auch die bei großer Ionendichte an verbreiterten He-Linien beobachteten Verschiebungen des Intensitätsmaximums stimmen dem Vorzeichen nach mit der Verschiebung durch ein äußeres elektrisches Feld überein[4]. Quantitative Untersuchungen, die allein eine eindeutige Entscheidung bringen könnten, scheinen schwierig und sind bisher nicht ausgeführt.

---

[1] M. Ritter, Ann. d. Phys. **59**, 170, 1919.
[2] T. Takamine, Astrophys. Journ. **50**, 13, 1919.
[3] M. Petersen und J. B. Green, ebenda **62**, 49, 1925.
[4] J. Stark, Jahrb. d. Rad. und Elektr. **12**, 349, 1915; T. R. Merton, Proc. Roy. Soc. **92**, 322, 1916; **95**, 30, 1918.

Anhang zur Magneto= und Elektrooptik.

Innerer Zusammenhang
der verschiedenen magneto- und elektrooptischen Effekte.

Die Grundlage der Magneto- und Elektrooptik bildet die von P. Zeeman im Jahre 1896 gefundene Beeinflussung von Spektrallinien durch magnetische Felder (siehe Kap. XXXIII); man unterscheidet den „longitudinalen und den transversalen Zeemaneffekt", je nachdem die Beobachtungsrichtung parallel oder senkrecht zu den magnetischen Kraftlinien erfolgt, ferner den „normalen" Zeemaneffekt an Singletlinien und den „anomalen" (oder auch komplizierten) Effekt an Multiplettlinien, sowie den „direkten" Effekt an Emissionslinien und den „inversen" Effekt an Absorptionslinien, die sämtlich von Zeeman zuerst beobachtet wurden. Auf den inversen Zeemaneffekt zurückführbar ist der Faradayeffekt (entdeckt 1846), die magnetische Drehung der Polarisations- ebene bei longitudinaler Beobachtung, die man auch als zirkulare Doppel- brechung bezeichnen kann (siehe Kap. XXXVI); speziell die anomal große Drehung in der Nähe von Absorptionslinien, die nach ihren Entdeckern auch Macaluso-Corbinoeffekt genannt wird und von G. F. Fitzgerald und W. Voigt nahezu gleichzeitig (im Jahre 1898) theoretisch vorhergesagt wurde, ist eine unmittelbare Folge des longitudinalen Zeemaneffekts. Entsprechend wird der transversale inverse Zeemaneffekt von einer transversalen abnorm großen magnetischen Doppelbrechung nahe den Absorptionslinien begleitet (siehe Kap. XXXVII), die gerechterweise als Voigteffekt zu bezeichnen ist, da sie von Voigt theoretisch vorhergesagt, von ihm und Wiechert zuerst beob- achtet wurde (im Jahre 1898). Von der gewöhnlichen magnetischen Drehung der Polarisationsebene, die praktisch alle Substanzen zeigen und die im allge- meinen in „positivem" Sinne parallel der Richtung der magnetisierenden Ströme erfolgt, ist die „paramagnetische" Drehung zu unterscheiden (siehe Kap. XXXVI, § 19). Diese beruht auf der Langevinschen Einstellung der „Elementarmagnete" und überlagert sich bei paramagnetischen Substanzen der gewöhnlichen „diamagnetischen" Drehung; sie wurde von Jean Becquerel 1908 entdeckt, von R. Ladenburg 1925 theoretisch gedeutet und als Ursache der viel diskutierten „negativen" Drehung bei stark paramagnetischen Sub- stanzen erkannt.

Ferromagnetische Substanzen zeigen (in sehr dünnen Schichten unter- sucht) eine abnorm große magnetische Drehung (nach ihrem Entdecker häufig Kundteffekt genannt), die übrigens positiv, aber nicht der Feldstärke, sondern der Magnetisierung proportional ist. Mit diesem Kundteffekt verknüpft und dadurch wieder mit dem Zeemaneffekt, ist der magnetooptische Kerreffekt (aus dem Jahre 1876), die Veränderung der Polarisationsverhältnisse von Licht, das an magnetisierten ferromagnetischen Spiegeln reflektiert wird (siehe Kap. XXXVIII).

Eine der allgemeinen longitudinalen Drehung der Polarisationsebene entsprechende transversale magnetische Doppelbrechung existiert nicht, ist wenigstens bisher wegen ihrer Kleinheit nicht nachweisbar. Der gut beobachtbare Effekt an kolloidalen Eisenlösungen (Majoranaeffekt aus dem Jahre 1902, siehe Kap. XXXVII, § 4) ist keine molekulare Erscheinung, sondern beruht, wie zuerst A. Schmauss zeigte, auf der magnetischen Orientierung größerer Molekülkomplexe anisotroper Struktur oder Magnetisierbarkeit. Die — sehr viel kleinere — transversale magnetische Doppelbrechung an organischen, besonders an aromatischen Lösungen, von Cotton und Mouton im Jahre 1905 entdeckt (Kap. XXXVII, § 5), beruht als stark temperaturabhängiger Effekt auf der durch die Temperaturbewegung gestörten Einstellung polarisierter Moleküle, die zugleich anisotrop sind und deshalb eine starke Depolarisation des Streulichts zeigen. Dieser Cotton-Moutoneffekt entspricht in gewisser Weise der longitudinalen paramagnetischen Drehung der Polarisationsebene und kann ebenso wie diese auch als Folge eines „Zeemaneffekts der Intensität" angesehen werden. Somit hängen sämtliche magnetooptischen Effekte mit dem Zeemaneffekt zusammen.

Dessen elektrisches Analogon ist der Starkeffekt, die von J. Stark 1913 entdeckte und in allen Einzelheiten sorgfältigst untersuchte Beeinflussung von Spektrallinien durch elektrische Felder (Kap. XL); wieder unterscheidet man einen transversalen Effekt senkrecht zum Felde und einen longitudinalen parallel dem Felde — letzterer hat aber wenig Interesse, da sich der Starkeffekt infolge der Symmetrieverhältnisse der elektrischen Feldstärke bei Umkehrung ihrer Richtung nicht ändert (wenigstens nur dann, wenn eine andere Vorzugsrichtung wie bei einseitig bewegten Kanalstrahlen vorhanden ist), daher treten bei longitudinaler Beobachtung — im Gegensatz zum longitudinalen Zeemaneffekt — nur unpolarisierte Komponenten auf. (Die elektrische Feldstärke ist als „polarer" Vektor, die magnetische als „axialer" Vektor anzusehen, dem außer der Vorzugsrichtung auch eine bestimmte Rotationsrichtung um die Achse zugehört.) Ferner unterscheidet man den „linearen Starkeffekt" (proportional F) der Wasserstoff- und wasserstoffähnlichen Linien (z. B. bei He$^\pm$), und den „quadratischen" Effekt (proportional F^2), den die wasserstoffunähnlichen Linien bei relativ kleiner Feldstärke F zeigen. Alle diese Erscheinungen wurden zuerst von Stark und seinen Mitarbeitern beobachtet.

Dem „direkten" Starkeffekt an Emissionslinien entspricht wieder der „inverse" Effekt an Absorptionslinien (entdeckt 1921 von R. Ladenburg). Als seine unmittelbare Folge entsteht in der nächsten Umgebung von einigen Absorptionslinien eine transversale „anomale" elektrische Doppelbrechung, die von R. Ladenburg und H. Kopfermann 1925 entdeckt wurde (Kap. XXXIX, § 9). Grundsätzlich hiervon zu unterscheiden ist die universale (absolut genommen sehr viel größere) transversale elektrische Doppelbrechung, die von

Kerr im Jahre 1875 entdeckt und vielfach „elektrischer Kerreffekt" zur Unterscheidung von dem magnetooptischen Kerreffekt genannt wird (siehe Kap. XXXIX); sie beruht — soweit nicht elastische Deformationen mitwirken — auf der durch die Temperatur gestörten Einstellung von Molekülen im elektrischen Felde, die entweder ein festes elektrisches Moment tragen oder im Felde polarisiert werden. Dieser Kerreffekt ist also ganz analog dem Cotton-Moutoneffekt und kann entsprechend als ein Starkeffekt der Intensität angesprochen werden. Das Fehlen longitudinaler Begleiterscheinungen des Starkeffekts hängt mit der oben erwähnten Symmetrie der elektrischen Feldstärke zusammen.

Einundvierzigstes Kapitel.

Umwandlungen der strahlenden Energie.

(Lichtelektrische Wirkung. Fluoreszenz. Phosphoreszenz. Photochemische Vorgänge.)

§ 1. Einleitung. Durchsetzen Lichtstrahlen feste, flüssige oder gasförmige Körper, so wird stets ein Teil der Lichtenergie absorbiert. Die absorbierte Energie geht nicht verloren. Sie wird in andere Energieformen umgesetzt. Je nach der Art dieses Umsatzes unterscheidet man folgende Fälle:

1. Absorption. Der durchstrahlte Körper wird wärmer. Die Strahlungsenergie wird in Bewegungsenergie der Moleküle umgesetzt.

2. Photochemische Wirkung. Die Moleküle des durchstrahlten Körpers werden chemisch verändert.

3. Lichtelektrische Wirkung. Von den Molekülen des durchstrahlten Körpers werden Elektronen abgetrennt.

4. Fluoreszenz. Die Moleküle des durchstrahlten Körpers werden während der Bestrahlung zum Ausgangspunkt neuer Strahlen, meist anderer Wellenlänge.

5. Phosphoreszenz. Die Moleküle des durchstrahlten Körpers werden zum Ausgangspunkt einer neuen Strahlung anderer Wellenlänge, die den Vorgang der Einstrahlung oft sehr lange, bis zu Monaten, überdauern kann.

All diese Vorgänge hängen unter sich auf das engste zusammen. Sie treten sehr häufig gleichzeitig auf. Trotzdem werden sie, von der thermischen Absorption abgesehen, der Übersichtlichkeit halber in vier getrennten Abschnitten dargestellt.

A. Lichtelektrische Wirkung [1]).

§ 2. Geschichtliches und Einteilung. Die lichtelektrische Wirkung ist durch Versuche von Heinrich Hertz und von W. Hallwachs aufgefunden worden.

Hertz [2]) hat 1887 entdeckt, daß das ultraviolette Licht, z. B. eines von ihm benutzten Mg-Bandes, die Schlagweite der Entladung eines Induktoriums vergrößert. — Hallwachs [3]) hat an diese Tatsache angeknüpft. Er hat 1888 gezeigt, daß ultraviolettes Licht die negative Ladung einer Metallplatte zerstreut.

---

[1]) Von Prof. Dr. R. W. Pohl in Göttingen.
[2]) Wied. Ann. **31**, 983, 1887. — [3]) Ebenda **33**, 301, 1888.

Eine von elektrischem Bogenlicht bestrahlte Zn-Platte saß auf einem Blättchenelektroskop (Fig. 1308). Dies zeigt die nebenstehende Originalfigur.

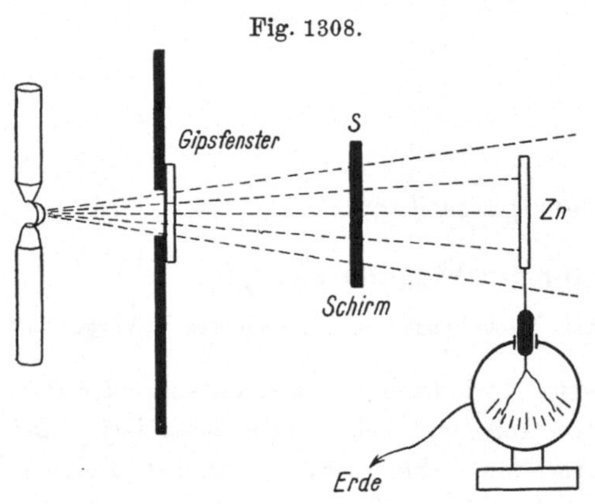
Fig. 1308.

Das Elektrometer wurde negativ aufgeladen. Beim Wegziehen des Abblendeschirmes S sanken die Blättchen zusammen. Bei positiver Aufladung blieb die Wirkung des Lichtes aus.

Seither ist die lichtelektrische Wirkung Gegenstand zahlreicher Untersuchungen gewesen. Es liegen rund 1000 Veröffentlichungen vor. Wir bringen die wichtigsten Ergebnisse in drei Abschnitten, nämlich:

1. Äußere lichtelektrische Wirkung an festen und flüssigen Körpern.

2. Innere lichtelektrische Wirkung und Leitung in Kristallen.

3. Lichtelektrische Wirkung in Gasen.

Betreffs vieler Einzelheiten, deren Bedeutung mehr auf elektrischem als auf optischem Gebiete liegt, verweisen wir auf die einschlägigen Monographien [1]).

I. Äußere lichtelektrische Wirkung.

§ 3. Der Grundversuch der äußeren lichtelektrischen Wirkung ist schematisch in Fig. 1309 dargestellt. G ist ein hochevakuiertes Glasgefäß.

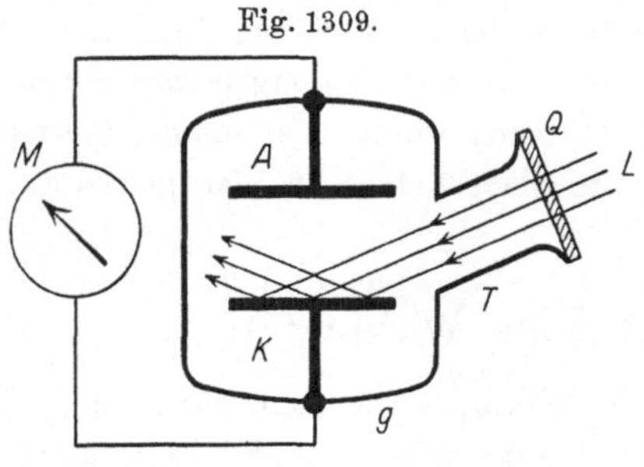
Fig. 1309.

K und A sind zwei Metallplattenelektroden, wie sie aus den elektrischen Entladungsröhren nach Hittorf usw. bekannt sind. K und A sind durch einen Leitungsdraht verbunden. In diesem ist ein Strommesser M eingeschaltet. Durch einen seitlich angesetzten Tubus T mit Quarzfenster Q kann K mit den Lichtstrahlen L beleuchtet werden. Geeignete technische Kunstgriffe, z. B. Blenden und Spiegelpolitur von K, sorgen dafür, daß die Platte A völlig im Dunkeln bleibt.

. [1]) Deutsche Monographien: Chr. Ries, Das Licht in seinen elektrischen und magnetischen Wirkungen (Leipzig, Barth, 1909). R. Pohl und P. Pringsheim Die lichtelektrischen Erscheinungen (Braunschweig, Friedr. Vieweg & Sohn, 1914). W. Hallwachs, Lichtelektrizität in Bd. 3 des Handbuches der Radiologie (Leipzig 1916).

Ist die Wellenlänge passend gewählt, z. B. $\lambda = 254\,\mathrm{m}\mu$ einer Hg-Lampe, so zeigt das Galvanometer M nach Einsatz der Belichtung einen dauernd fließenden Strom.   Seine Richtung zeigt, daß unter der Einwirkung des Lichtes negative Elektrizitätsträger von K nach A herüberfliegen.   Dieser „lichtelektrische Strom" fließt, ohne daß in die Leitungsbahn KMA eine Batterie eingeschaltet ist.   Dieser Punkt ist von grundsätzlicher Bedeutung. Er beweist, daß das Licht allein den Elektrizitätsträgern die Geschwindigkeit verleiht, dank deren sie von K nach A hinüberfliegen können.

Die Elektrizitätsträger sind Elektronen.   Sie werden durch einen Magnet im gleichen Sinne abgelenkt, wie die aus Elektronenschwärmen bestehenden Kathodenstrahlen in den Entladungsröhren nach Hittorf usw. (P. Lenard und J. J. Thomson 1899).

§ 4. Die Geschwindigkeit der lichtelektrisch ausgelösten Elektronen.

In § 3 wurde die grundlegende Tatsache betont, daß das Licht den Elektronen eine Geschwindigkeit erteilt.   Diese Geschwindigkeit läßt sich auf einfache Weise messen.

Fig. 1310.

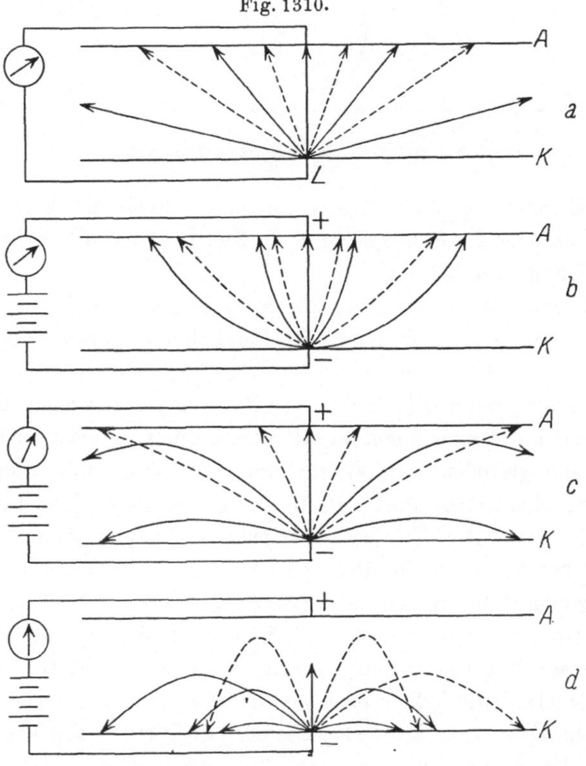

Die Fig. 1310 a bis d veranschaulichen das Lenardsche Gegenspannungsverfahren. K und A stellen wieder die beiden Elektrodenplatten dar, L die Auftreffstelle des Lichtes.   Fig. 1310 a entspricht genau dem Falle der Fig. 1309.   Der Leiterkreis KMA enthält keine Batterie, die Spannung V

zwischen K und A ist gleich Null. Dann fliegen die Elektronen von L aus geradlinig nach allen Richtungen. Schließlich treffen alle auf die Gegenplatte A, wenn diese groß genug ist. Die geradlinigen Pfeile veranschaulichen die Flugbahnen. Ausgezogene Pfeile bedeuten langsame, punktierte schnelle Elektronen. Der beobachtete lichtelektrische Strom J_0 ist auf der senkrechten Mittellinie der Fig. 1311 eingetragen.

Fig. 1310 b gibt den Fall, daß in den Leiterkreis eine Batterie mit dem positiven Pol an A eingeschaltet ist. Die Elektronen werden von A angezogen. Sie „fallen" beschleunigt auf A zu. Die Pfeile der Flugbahnen sind jetzt gekrümmte Parabeln, entsprechend der Wurfparabel eines Geschosses.

Fig. 1311.

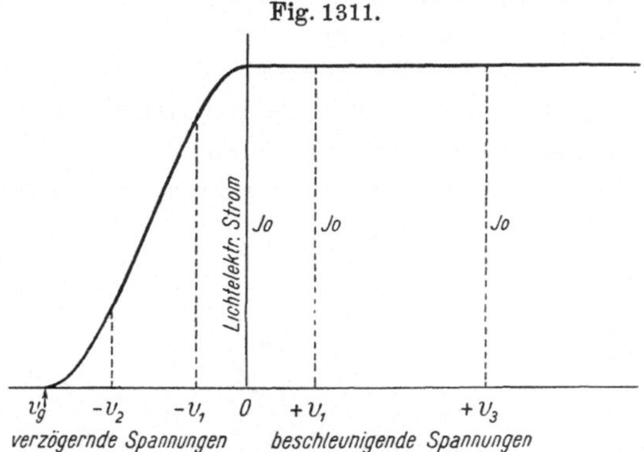

Unter der Einwirkung dieser beschleunigenden Spannung V erreichen ebenfalls alle Elektronen die Gegenplatte A. In Fig. 1311 hat die Ordinate bei $+ V_1$ die gleiche Länge wie bei $V = 0$.

Das gleiche gilt für Erhöhung der Spannung auf $+ V_3$. Auch für $+ V_3$ ist die Ordinate J_0. Nur sind die Flugbahnen stärker gekrümmt und kürzer.

Ganz anders, wenn wir die Pole der Batterie vertauschen. In Fig. 1310 c liegt zunächst an A eine kleine negative Spannung. Jetzt werden die Elektronen von A abgestoßen. Die Flugbahnparabeln sind nach unten gekrümmt. Ein Teil der Elektronen fällt auf die Ausgangsplatte K zurück. Nur der Rest erreicht noch A. Zu der verzögernden Spannung $- V_1$ gehört als lichtelektrischer Strom in Fig. 1311 eine kürzere Ordinate als J_0.

Wir steigern die verzögernde Spannung weiter auf $- V_2$. Alle langsamen Elektronenbahnen werden nach K zurückgekrümmt. A wird nur von denjenigen schnellen Elektronen erreicht, denen das Licht eine senkrecht zu K gerichtete Geschwindigkeit erteilt hat. Der lichtelektrische Strom wird bei $- V_2$ sehr klein, vgl. Fig. 1311. Bei noch größerer verzögernder Spannung $- V_g$ wird der Strom Null und bleibt Null, wenn man die Spannung weiter steigert. Die Flugbahnen erreichen A nicht mehr (Fig. 1310 d).

Aus der Grenzspannung $V = V_g$ läßt sich die Geschwindigkeit der Elektronen einfach berechnen, ähnlich wie die Mündungsgeschwindigkeit eines Geschosses aus seiner senkrechten Steighöhe. Es gilt die Energiegleichung

$1/_2\, m\, u^2 = e\, V$. Dabei bedeutet m die Masse und e die Ladung des Elektrons. Daraus folgt zahlenmäßig für die Geschwindigkeit in Kilometern pro Sekunde

$$u = 595 \sqrt{\text{Voltzahl}}.$$

Die Angabe der Geschwindigkeit in km/sec ist ungebräuchlich. Man gibt allgemein statt ihrer die zugehörige Voltzahl. Man spricht von einem „4 Volt-Elektron", oder sagt, ein Elektron hat „4 Volt Geschwindigkeit", wenn seine Bahngeschwindigkeit $u = 1190$ km/sec ist usw.

§ 5. Zusammenhang von Elektronengeschwindigkeit und Lichtfrequenz.

Die Geschwindigkeit der lichtelektrisch ausgelösten Elektronen ist von der Intensität des erregenden Lichtes unabhängig. Die Elektronen werden durch das elektrische Feld der Lichtwelle auf die gleiche Geschwindigkeit beschleunigt, gleichgültig, ob die Feldstärke des Lichtes groß oder klein ist!

Diese höchst überraschende, fundamentale Tatsache verdanken wir Lenard. Er hat sie 1902 an Hand der in Tabelle 1 zusammengestellten Zahlen gefunden.

Tabelle 1.

Intensität des Lichtes in willkürlichen Einheiten	Höchstgeschwindigkeit der Elektronen
4,1	1,06 Volt
32	1,10 „
174	1,12 „
276	1,05 — 1,10 Volt

Lenards „bahnbrechende Arbeit" hat 1905 durch Einstein eine ebenso kühne, wie erfolgreiche Deutung gefunden. Einstein identifizierte die Energie, die ein Elektron durch die Lichtfrequenz ν erhält, mit dem zugehörigen Planckschen Energiequantum $h\nu$, setzte also

$$E = h\nu \quad \ldots\ldots\ldots\ldots\ldots\ldots \quad (1)$$

Wir messen aber nicht die Energie E des Elektrons im Innern seines Atoms. Wir beobachten im Außenraum eine kinetische Energie $1/_2\, m\, u^2$, die kleiner ist als $h\nu$: denn sicher geht dem Elektron ein Energiebetrag p auf dem Wege vom Atominnern zum Beobachtungsraum verloren. Einstein gab daher die Gleichung $1/_2\, m\, u^2 = h\nu - p$. p heißt dabei die „Abtrennungsarbeit", wenn das Elektron einem Atom der obersten Schicht entstammt. Oder es bedeutet einen noch größeren Energieverlust, falls das Elektron auf seinem Wege zur Metalloberfläche noch etliche Moleküllagen durchlaufen muß.

Die Gleichung (1) sagt aus: Der Zusammenhang zwischen Elektronenenergie und Lichtfrequenz wird durch eine Gerade dargestellt. Ihre Neigung ist für alle Substanzen die gleiche. Verschieden ist von Substanz zu Substanz nur der Schnittpunkt mit der Abszisse. Denn der hängt von dem jeweiligen Werte von p ab. Zahlreiche Beobachtungen haben diese Gleichung bestätigt. Schon in E. Ladenburgs ersten Messungen im ultravioletten Licht fand

Joffé 1909 den linearen Zusammenhang, vgl. Fig. 1312. Zwar war die Neigung der Geraden noch nicht für die verschiedenen Substanzen die gleiche. Doch gaben alle drei Meßreihen die richtige Größenordnung für das Plancksche h.

Um die Verfeinerung der Beobachtungen haben sich viele Autoren bemüht[1]). Die Gesamtheit ihrer Ergebnisse zeigt, daß man für alle Metalle praktisch die gleiche Gerade erhält. Auch stimmte das Plancksche h. Doch erstreckten sich auch diese Messungen nur auf den kleinen Spektralbereich des Sichtbaren und des leicht zugänglichen Ultravioletts. Nur Sabine ist 1909 bis zu $\lambda = 125$ mμ vorgedrungen.

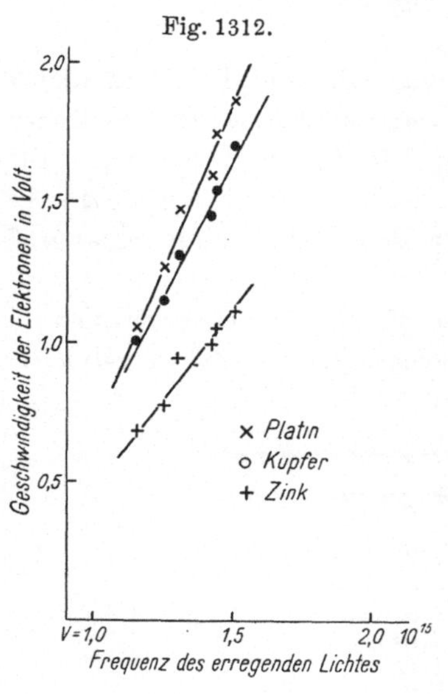

Der entscheidende Beweis für die Richtigkeit der Gl. (1) liegt in der Einbeziehung der Röntgenfrequenzen. W. Wien und Stark haben schon 1907 gezeigt, daß die Gleichung auch die im Röntgenlicht beobachteten hohen Elektronenenergien richtig darstellt. 1912 ist es durch Laue möglich geworden, die Röntgenfrequenzen exakt zu messen. Seither ist die Einsteinsche Gl. (1) im Röntgengebiet durch eine Reihe schöner Experimentalarbeiten bestätigt.

Die Messungen im Röntgenspektrum haben geradezu als eine Präzisionsbestimmung des Planckschen h zu gelten.

Die Gültigkeit der Gleichung (1) ist heute für das gesamte Spektrum von der Grenze des Ultraroten bis zum kurzwelligsten Röntgenlicht gesichert. Stets gibt $h v - p$ die Höchstenergie der Elektronen, die wir bei der Belichtung mit der Frequenz v entweichen sehen. Daneben finden wir, wie aus Fig. 1311 ersichtlich, Elektronen aller kleineren Energien bis zu Null herab. Diese Elektronen stammen aus größerer Tiefe. Sie haben auf dem langen Wege zur Oberfläche große Teile ihrer ursprünglich aufgenommenen $h v$-Energie eingebüßt.

§ 6. Das Quantenäquivalent. Zusammenhang von Elektronenzahl und Lichtfrequenz.

Der elementare Absorptionsprozeß besteht für die Lichtfrequenz v in der Abgabe des Energiebetrages $h v$ an ein Elektron. Das ist die ungezwungene Deutung der in § 5 beschriebenen Tatsachen. Ist sie richtig, so liefert die Absorption der Lichtenergie Q als „Quantenäquivalent" die Anzahl $N = Q/h v$ Elektronen. Oder, mit anderen Worten: Die Zahl der Elektronen pro Kalorie absorbierter Lichtenergie steigt proportional der Wellenlänge. Wir erhalten in Fig. 1313 für die Elektronenzahl längs des Spektrums eine durch den Nullpunkt gehende Gerade $O\,G$. Sie endet bei

---

[1]) Literatur bei R. Ladenburg, Jahrbuch der Rad. u. Elektr. 1920.

der Wellenlänge λ_g, deren $h\nu_g$ gleich der Abtrennungsarbeit p ist. Hier an der „langwelligen Grenze" sinkt die Elektronenzahl jäh auf Null.

Diese einfachen Verhältnisse hätten wir zu erwarten, wenn bei der äußeren lichtelektrischen Wirkung wirklich alle im bestrahlten Körper abgespaltenen Elektronen durch die Oberfläche in den Beobachtungsraum hineingelangen würden.

Leider ist diese Bedingung in keiner Weise erfüllt. Der empirisch gefundene Zusammenhang zwischen Elektronenzahl und Lichtfrequenz ist ein ganz anderer. Die beobachteten Elektronenzahlen erreichen in Ausnahmefällen höchstens einige Prozent

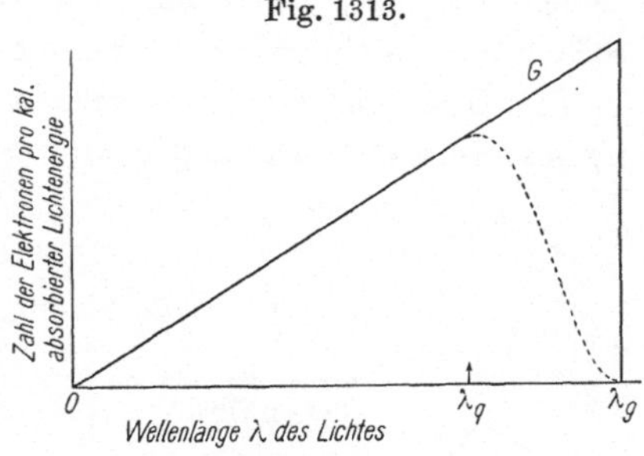

des Quantenäquivalents. Außerdem hängen die Zahlen im einzelnen noch von besonderen Bedingungen der bestrahlten Oberfläche ab. Gasabsorption und Gasadsorption spielen, insbesondere für kleine Lichtfrequenzen, noch eine völlig ungeklärte Rolle. Einstweilen bleibt nur die Feststellung des experimentellen Befundes. Dabei unterscheiden wir die „normale" und die „selektive" lichtelektrische Wirkung (Pohl und Pringsheim 1910).

§ 7. Die normale äußere lichtelektrische Wirkung. Bei der normalen lichtelektrischen Wirkung steigt die Zahl der Elektronen pro Kalorie ab-

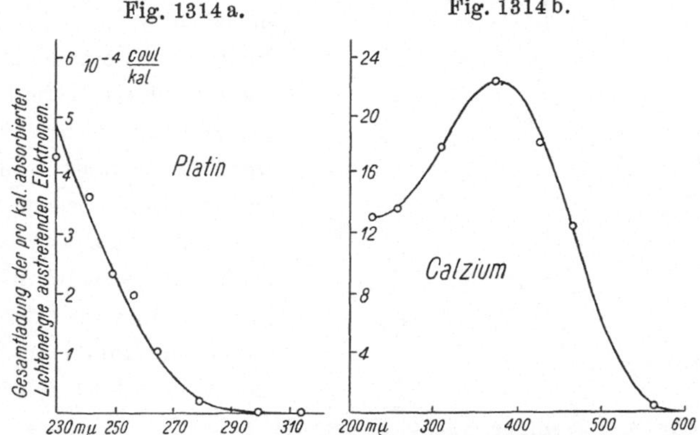

sorbierter Lichtenergie in wachsendem Maße mit abnehmender Wellenlänge. Als Beispiel Fig. 1314 a u. b. Doch können die Kurven auch Maxima zeigen. Z. B. besonders ausgesprochen beim Ca in Fig. 1314 b. Der Kurventyp Fig. 1314 b geht aus dem von Fig. 1314 a wahrscheinlich dadurch hervor, daß beim Ca die kurzen Wellen relativ tief in das Metall eindringen. Infolgedessen entweicht ein besonders geringer Prozentsatz der Elektronen.

Die langwellige Grenze λ_g ist keineswegs scharf. Sie ist nur angenähert zu bestimmen [1]. Die Grenzwelle ist um so länger, je elektropositiver das

---

[1] Literatur: Roth-Scheel, Konstanten der Atomphysik. Berlin, Springer, 1920.

Metall ist (Elster und Geitel 1889). Die Alkali- und Erdkalimetalle sind bis ans Ultrarot erregbar, desgleichen oft Al und Mg. Unter $\lambda = 260\,\mathrm{m}\mu$ spricht wohl jedes Metall an.

Aus den Grenzwellenlängen kann man die zugehörigen Abtrennungsarbeiten $p = h\nu_g$ berechnen. Sie sind mit anderen Bestimmungen dieser Größe, z. B. aus thermischer Emission vereinbar.

Die Grenzwellenlänge verschiebt sich oft ohne angebbaren Grund um eine volle Oktave (Pohl und Pringsheim 1913). Fig. 1315 zeigt Messungen

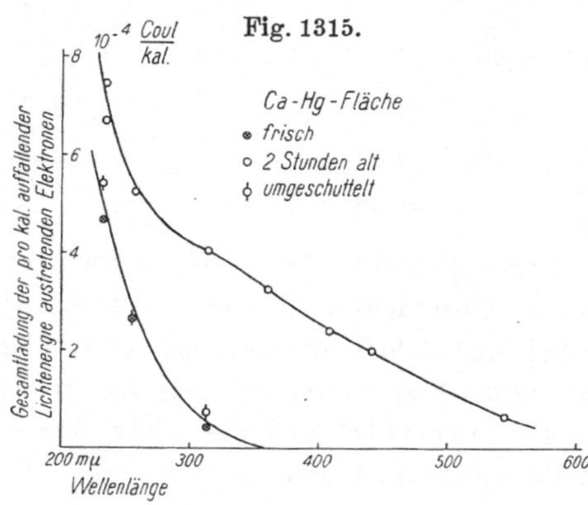

an flüssigem Hg mit Ca-Zusatz. Für frische Flächen ist $\lambda_g = 350\,\mathrm{m}\mu$. Nach einigen Stunden Aufbewahrung im Vakuum reicht die Kurve bis ans Ultrarot. Durch Umschütteln des Hg wird λ_g wieder klein, und so fort. Änderungen in der obersten Moleküllage sind die wahrscheinliche Ursache. Vieles spricht für die Mitwirkung von Gasen.

Die Orientierung des elektrischen Lichtvektors ist für die normale lichtelektrische Emission ohne Einfluß. Es falle polarisiertes Licht unter schräger Inzidenz auf einen Metallspiegel. Dann mißt man beim Drehen des Polarisators mehr Elektronen, wenn der elektrische Lichtvektor in der Einfallsebene schwingt ($\mathfrak{E}\,\|$). Aber der Typ der Kurven bleibt für beide Hauptlagen der gleiche. Man vergleiche die ausgezogenen Kurven in Fig. 1316. Der Unterschied rührt nur da-

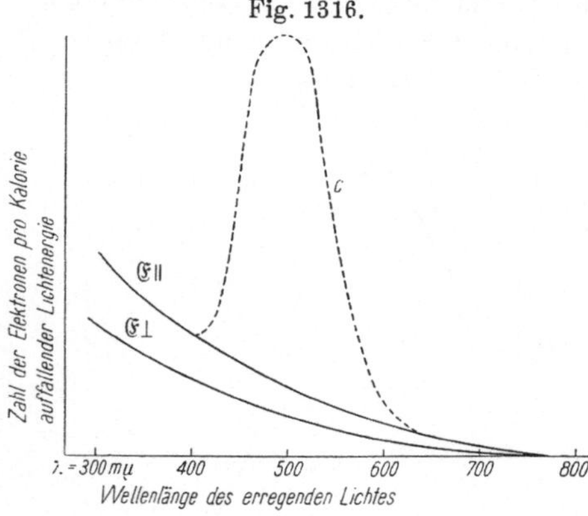

her, daß für $\mathfrak{E}\,\|$ weniger Licht ungenutzt reflektiert wird, als für $\mathfrak{E}\,\perp$. — Der normale Photoeffekt ist keineswegs auf Metalle beschränkt (Elster und Geitel 1889). Er ist auch für viele Isolatoren nachgewiesen. Wir nennen Schwefel, Ag J, Paraffin, Sulfidphosphore und Eis als beliebig herausgegriffene Beispiele. Die Grenzwellenlängen liegen für Schwefel bei etwa 230 mμ, bei Schellack unter 220 mμ, bei Eis unter 200 mμ. Selbstverständlich muß die Versuchsanordnung auf das minimale Leitvermögen dieser Substanzen Rücksicht nehmen. Man kann nicht einfach in Fig. 1313 die Metallplatte K durch den Isolator ersetzen. Auch ist zu beachten, daß die optischen Absorptionsverhältnisse in den mehr oder minder durchsichtigen Isolatoren dem Nachweis der Elektronen ungünstig sind. Die in tiefen

Schichten frei gemachten Elektronen können die Isolatorfläche nicht mehr erreichen.

Am besten untersucht man die Isolatoren in Form winziger Kugeln, die man im elektrischen Felde eines mit Gas gefüllten Kondensators langsam fallen läßt. Dann ändert sich die Geschwindigkeit der Kugel nach Größe oder Richtung, wenn unter der Einwirkung des Lichtes ein Elektron entweicht und sich die Kugel dadurch positiv auflädt [Joffé][1].

Leider fehlen im Röntgengebiet Messungen über Abhängigkeit der Elektronenzahl von der Lichtfrequenz. Im Röntgenlicht sind die $h\nu$-Energien der Elektronen groß. Das verbessert die Aussicht, die Elektronen außerhalb der Körperoberfläche zu fassen. An dünnen Metallfolien ist das Quantenäquivalent zu erwarten.

Was über den normalen Photoeffekt im gewöhnlichen Lichte bekannt ist, entspricht wahrscheinlich der punktierten Kurve in Fig. 1313: Von $\lambda = 0$ bis λ_q wird man das volle Quantenäquivalent erwarten dürfen. Von λ_q sinkt die Ausbeute allmählich auf Null bei λ_g.

§ 8. Die selektive lichtelektrische Wirkung.

Bei der Mehrzahl der Metalle kennt man nur die normale lichtelektrische Wirkung. Die Elektronenemission steigt für die beiden Hauptlagen des elektrischen Vektors, wie es die ausgezogenen Kurven auf der Fig. 1316 zeigen.

Dieser normalen Emission überlagert sich bei einigen Metallen die **selektive lichtelektrische Wirkung** (Pohl und Pringsheim 1910). Ihr Verlauf wird durch die punktierte Kurve c in Fig. 1316 veranschaulicht. Die selektive Wirkung ist an das Vorhandensein einer Komponente des elektrischen Feldes senkrecht zur Metalloberfläche geknüpft ($\mathfrak{E}\,\|$). Sie fehlt bei senkrechter Inzidenz auf einen Spiegel[2]. Sie fehlt bei schräger Inzidenz auf einen Spiegel, wenn der Lichtvektor senkrecht zur Einfallsebene schwingt ($\mathfrak{E}\,\perp$). Fig. 1317 gibt Messungen an einem flüssigen K Na-Spiegel im polarisierten Licht. Hier ist die Zahl der Elektronen auf die Einheit der auffallenden Lichtenergie bezogen.

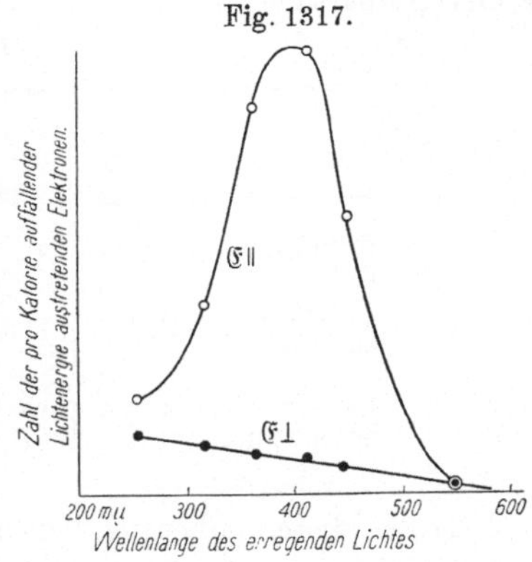

Das Maximum der selektiven Wirkung tritt noch viel stärker hervor, wenn man die Einheit **absorbierter** Lichtenergie zugrunde legt. Das ist experimentell leicht zu machen, wenn das bestrahlte Metall einen fast allseitig geschlossenen Hohlraum, einen „schwarzen Körper" bildet. Auf diese Weise sind die Messungen an kolloidalem K in Fig. 1318 gewonnen.

---

[1] Vgl. z. B. M. J. Kelly, Phys. Rev. **16**, 260, 1920.
[2] Die Fläche muß wirklich ein optischer Spiegel sein. An rauhen Flächen ist ja die Orientierung des Lichtvektors überhaupt nicht definiert. Das ist seltsamerweise mehrfach übersehen worden.

Sie zeigen die Überlagerung der normalen und der selektiven Wirkung und das starke Überwiegen der letzteren. Die Elektronenausbeuten sind oft beim selektiven Photoeffekt um Zehnerpotenzen größer, als bei dem gleichzeitig

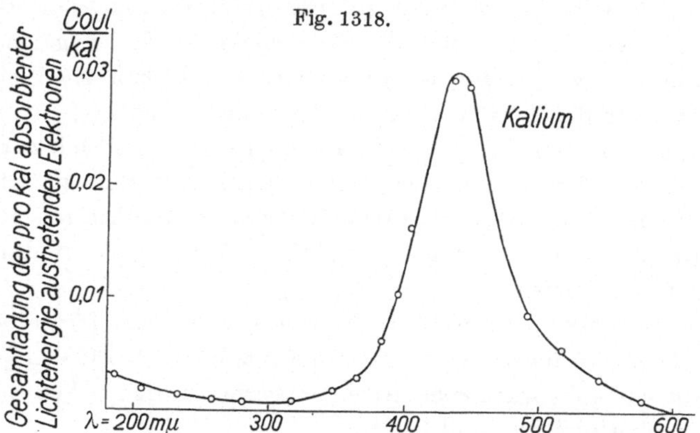

vorhandenen normalen. Es sind Ausbeuten bis zu 3 Proz. des Quantenäquivalents beobachtet worden. Das spricht entschieden dafür, daß die selektive Emission ihren Sitz in der obersten Schicht hat.

Die Metalle mit bisher sicher nachgewiesener selektiver lichtelektrischer Wirkung sind in der Tabelle 2 zusammengestellt. Die Wellenlänge der Maxima sind angegeben. Sie sind, wie die dritte Zeile zeigt, den Atomradien proportional.

Tabelle 2.

	λ max mμ	Atomradius	$\dfrac{\lambda\,\text{max}}{r}$ const
Rubidium	480	$2{,}55 \cdot 10^{-8}$	1,88
Kalium	435	2,37	1,83
Natrium	340	1,90	1,79
Lithium.	280	1,57	1,79
. . . .	. . . . .	. . . . .	. . . . .
Barium	ca. 380	—	—
Strontium	„ 360	—	—

Trotz dieser offensichtlichen Beziehung zum Atomradius sind die Metallatome wahrscheinlich nicht allein am Zustandekommen der selektiven Wirkung beteiligt. Pohl und Pringsheim haben 1913 gezeigt, daß man durch Einwirkung von Sauerstoff auf K eine schwärzliche kolloidale Modifikation erhalten kann, deren selektives Maximum bei 405, statt wie gewöhnlich bei 436 mμ liegt. Wiedmann hat 1916 durch wiederholte Destillation des Metalles im Hochvakuum K-Oberflächen erzeugt, die nur noch eine normale Emission zeigen. Die selektive fehlt.

Welche Oberflächenbedingungen zum Zustandekommen der selektiven lichtelektrischen Wirkung erfüllt sein müssen, ist noch nicht sicher bekannt. Wahrscheinlich handelt es sich um die Anwesenheit suspendierter bzw.

adsorbierter Alkalimetalle in atomarer Verteilung.   Diese Auffassung stützt sich vor allem auf Versuche, die die selektive lichtelektrische Wirkung in der Grenzschicht eines Alkalimetalles und eines durchsichtigen Isolators nachzuweisen erlaubt.   Nach dieser Auffassung bedeutet die Beobachtung des selektiven Photoeffektes im Grunde nur eine elektrische Ausmessung des Absorptionsspektrums der Alkaliatome unter den besonderen Bedingungen einer Einbettung in feste Körper oder Adsorption an eine Oberfläche [1]).

§ 9. Lichtelektrische Photometrie. Die lichtelektrische Wirkung hat durch Elster und Geitel 1892 eine wichtige praktische Anwendung gefunden.   Sie haben „lichtelektrische Zellen" für Photometer konstruiert. Eine solche Zelle besteht im wesentlichen aus einer Glaskugel, deren untere Hälfte mit einer Schicht Alkalimetall K bezogen ist.   Als Gegenelektrode A dient meistens ein Ring oder Netz.   Man kann den reinen Elektronenstrom benutzen.   Meist benutzt man aber eine Verstärkung des Stromes durch Stoßionisation.   Die Zelle wird mit Argon oder einem anderen Edelgas von einigen Millimetern Druck gefüllt und in den Stromkreis einer Batterie von etwa 200 Volt eingeschaltet.   (Vgl. Kap. XXII, § 50 ff.)

Bei Beachtung von gewissen Vorsichtsmaßregeln ist der lichtelektrische Strom solcher Zellen der Lichtintensität in weiten Grenzen proportional.

Mißt man statt des Stromes in Ampere elektrometrisch die hindurchgeflossene Elektrizitätsmenge in Amperesekunden, so gibt dies ein direktes Maß der eingestrahlten zeitlichen Lichtsumme ($\int J\, dt$).   Diese Anwendung des Elster und Geitelschen Photometers wird uns bei der Erforschung der Phosphoreszenz begegnen.

§ 10.   Ein Demonstrationsversuch über die Lage des elektrischen Lichtvektors in einem Polarisationsprisma. Man nimmt in Fig. 1319 als Alkalimetall der Zelle eine flüssige K Na-Legierung.   Sie gibt einen vorzüglichen Spiegel.   Man nimmt Wellenlängen zwischen 380 und 420 mμ, für die sich die normale und die selektive Wirkung überlagern (vgl. Fig. 1317).   Der Einfallswinkel betrage etwa 60⁰.

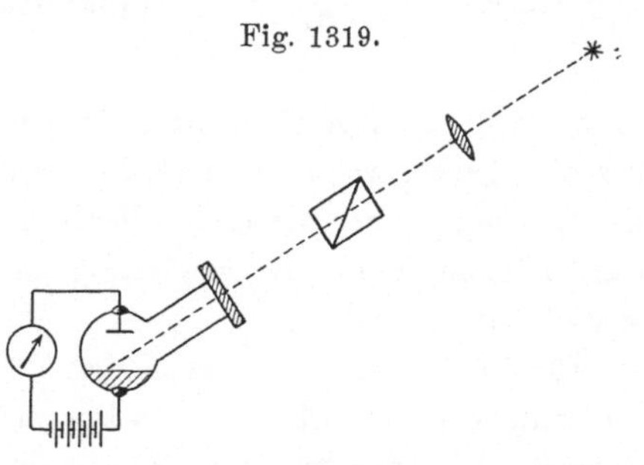

Fig. 1319.

Dann zeigt das Galvanometer leicht Unterschiede der lichtelektrischen Ströme im Verhältnis 1 : 100, wenn man das Polarisationsprisma von einer Hauptlage in die andere dreht. — Der Versuch ist sehr eindrucksvoll.

---

[1]) Literatur bei R. W. Pohl, Die Naturwissenschaften **14**, 214, 1926.

II. Innere lichtelektrische Wirkung und lichtelektrische Leitung.

§ 11. Grundversuch. Beobachtungen im Röntgenlicht. Bei der äußeren lichtelektrischen Wirkung gelangen nur die Elektronen zur Beobachtung, die durch die Oberfläche des bestrahlten Körpers entweichen. Das ist von vornherein eine große Beschränkung. Sie fällt um so mehr ins Gewicht, je tiefer das Licht eindringt und je kleiner die $h\nu$-Energie der Elektronen ist. Sie stört dabei am meisten bei schwacher Absorption und langen Lichtwellen. Hier sind nur noch winzige Bruchteile des Quantenäquivalents im Außenraum zu erwarten. Geben doch selbst die stark absorbierenden Metalle im normalen Photoeffekt nur einige Promille des Quantenäquivalents.

Aus dieser Sachlage entsteht die Aufgabe, lichtelektrisch abgespaltene Elektronen auch im Innern bestrahlter Körper nachzuweisen. Das glückt für eine Reihe von Substanzen.

Der Grundversuch der inneren lichtelektrischen Wirkung ist in Fig. 1320 dargestellt. I ist ein Isolator oder schlechter Leiter, A und K die Elektroden.

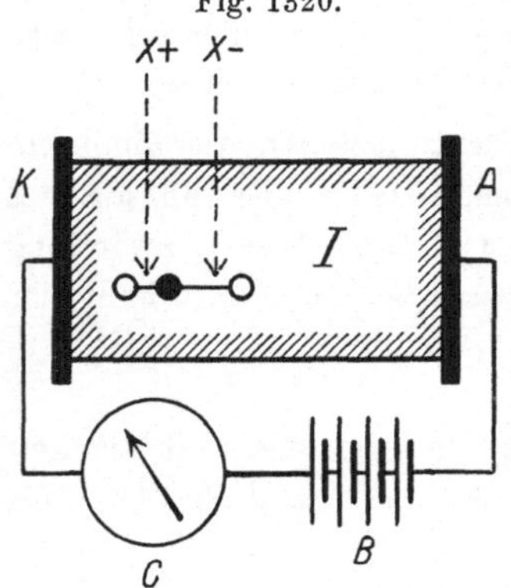

Fig. 1320.

Ihr Abstand ist d. B ist eine Batterie bis zu einigen tausend Volt Spannung und G ein Galvanometer.

Spaltet das Licht aus dem als ● bezeichneten Atom ein Elektron ab, so bewegt sich dies unter der Einwirkung des elektrischen Feldes um ein Stück x_- auf die Anode zu. Gleichzeitig nähert sich das positive Restatom, das Ion, um die Strecke x_+ der Kathode. Diese Trennung der Ladungen hat zur Folge, daß auf den Elektroden A und K Ladungen influenziert werden. Ihr Betrag ist

$$e.(x_+ + x_-)/d \quad \cdots \cdots \quad (2)$$

x_+ und x_- mögen beliebig klein sein, stets wird das Galvanometer einen Ausschlag geben, wenn nur die Zahl der abgespaltenen Elektronen groß genug ist. Man muß daher die innere lichtelektrische Wirkung in Isolatoren nachweisen können, wenn der $h\nu$-Betrag des Lichtes überhaupt zur Abspaltung des Elektrons ausreicht.

Für die hohen Frequenzen des Röntgenlichtes ist das stets der Fall. Man kann in beliebigen festen Isolatoren mit Röntgenlicht eine innere lichtelektrische Wirkung erhalten (Röntgen, Joffé 1906).

Für die Größe der Verschiebungswege x_+ und x_- fehlt jeder Anhalt. Die Versuche zeigen also im Grunde nichts mehr, als daß Röntgenlicht auch Atome im festen Körper durch Elektronenabspaltung zu ionisieren vermag.

§ 12. Lichtelektrische Leitung von Kristallen im Sichtbaren und Ultravioletten. Im Gegensatz zum Röntgenlicht vermag sichtbares und ultraviolettes Licht durchaus nicht in allen Isolatoren oder schlechten Leitern

Elektronen abzuspalten. Nur bei manchen Substanzen ist in diesen Spektralgebieten eine elektronenliefernde Lichtabsorption von Haus aus vorhanden. Es sind dies die Kristalle, deren Dispersion auf eine hohe Verschieblichkeit der Elektronen schließen läßt. Als grober Anhaltspunkt genügt ein Brechungsindex n, der im Durchlässigkeitsgebiet größer als 2 ist (Gudden und Pohl, 1921).

In anderen Kristallen muß man eine elektronenliefernde Lichtabsorption erst durch eine künstliche Färbung hervorrufen. Eine solche Färbung erzeugt man beispielsweise in Alkalihalogeniden in gleicher Weise durch Korpuskularstrahlen, durch große Lichtquanten oder durch Erhitzung in Alkalimetalldampf. So erhält man beim NaCl eine sehr charakteristische Gelbfärbung. (Röntgen und Joffé, 1921).

In den Kristallen beider Gruppen kann man dauernd fließende lichtelektrische Ströme beobachten. Wesentlich ist dafür, daß wenigstens ein Teil der vom Lichte getrennten Ladungen die Elektroden erreicht.

Auch läßt sich erreichen, daß sämtliche Ladungen verlustlos zu den Elektroden gelangen. In diesem günstigsten Falle wird $(x_- + x_+)$ für alle Ladungen in Gl. (2) $= d$.

Infolgedessen zählt dann das Galvanometer jedes Elektron mit seiner vollen Ladung e. Wir können wirklich die Zahl der vom Licht abgespaltenen Elektronen bestimmen.

Leider beobachtet man nun keineswegs ohne weiteres nur die Bewegung der vom Licht primär beweglich gemachten Elektrizitätsträger. Dem primären Vorgange überlagern sich oft in zeitlicher Folge Vorgänge sekundärer Art, die das ganze Bild der lichtelektrischen Leitung bis vor kurzem völlig unübersichtlich erscheinen ließen. Eine Ordnung und Deutung der höchst verwickelten Erscheinungen ist erst gelungen, seitdem man den lichtelektrischen Strom experimentell in zwei ganz verschiedenartige Komponenten zu zerlegen gelernt hat, den „Primärstrom" und den „Sekundärstrom".

§ 13. Der lichtelektrische Primärstrom (Gudden und Pohl, 1921). Man untersucht den lichtelektrischen Primärstrom, frei von anderen Vorgängen, am besten an Kristallen hoher Dunkelisolation. Sehr geeignet sind z. B. Diamant, Zinksulfid oder „gelbes" NaCl. Der zeitliche Verlauf einer Messung wird in Fig. 1321a erläutert. Dabei werden so kleine Lichtintensitäten vorausgesetzt, daß die fließenden Elektrizitätsmengen das an den Kristall gelegte elektrische Feld (vgl. Fig. 1320) nicht merklich durch Polarisationsvorgänge schwächen.

Im Zeitpunkt t_1 beginnt die Belichtung. Trägheitslos setzt ein lichtelektrischer Strom ein. Man nennt ihn den negativen Anteil des lichtelektrischen Primärstromes. Nach Messungen Flechsigs erreicht er in weniger als 10^{-4} sec seinen vollen Wert [1]. Er behält diesen Wert praktisch während der Dauer der Belichtung von t_1 bis t_2 bei.

---

[1] Zeitschr. f. Phys. **33**, 372, 1925.

Bei Schluß der Belichtung im Zeitpunkt t_2 verschwindet der lichtelektrische Primärstrom trägheitslos. Der Kristall isoliert wieder. Es scheint wieder der ursprüngliche Ausgangszustand vorhanden. Das ist aber nicht der Fall. Eine Ausmessung seines optischen Absorptionsspektrums ergibt, daß der Kristall „erregt" worden ist. Sein Absorptionsspektrum ergibt sich in Richtung längerer Wellen verflacht. Es werden jetzt auch solche Wellen absorbiert, für die der Kristall zuvor völlig durchsichtig war. Diese Wellen werden kurz als „langwellig" bezeichnet.

Im Zeitpunkt t_3 wird der Kristall erwärmt oder mit „langwelligem" Licht bestrahlt. Das Meßinstrument in Fig. 1320 zeigt abermals einen Strom, er heißt der positive Anteil des lichtelektrischen Primärstromes. Der Strom

Fig. 1321 a.　　　　　　　　Fig. 1321 b.

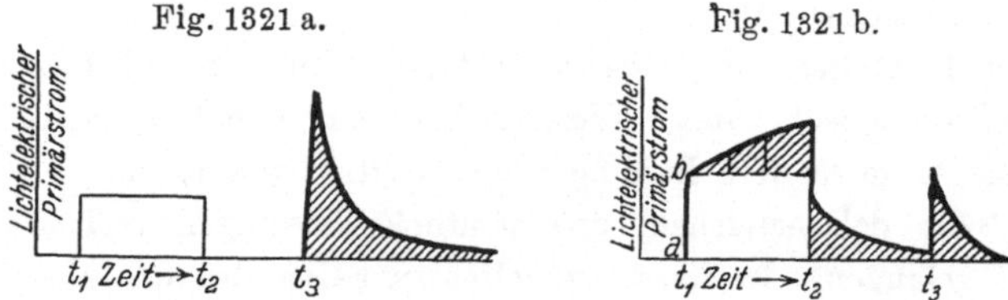

sinkt mehr oder minder rasch auf Null ab. Die gesamte dabei fließende Elektrizitätsmenge ist von der gleichen Größenordnung, wie die zuvor im negativen Primärstromanteil geflossene. Soweit das Experiment.

Von dem Hergang hat man sich in großen Zügen folgendes Bild zu machen: Während der Belichtung werden Elektronen abgespalten und wandern zur Anode (negativer Anteil des Primärstromes).

Am Ort des elementaren Absorptionsprozesses bleiben die Atome als positive Ionen zurück. Bei der nachträglichen Erwärmung oder Einstrahlung langwelligen Lichtes werden diese Ionen durch Elektronen neutralisiert, die aus der Richtung der Kathode nachgeliefert werden. Wie das im einzelnen vor sich geht, ist nicht bekannt. Der jeweilige Mechanismus hängt sicher von der Isolationsfähigkeit des Kristalles ab.

Die Wirkung langwelligen Lichtes kann man in erster Annäherung im Sinne einer Wärmewirkung deuten. Bei sehr guten Isolatoren, wie dem Diamanten, entzieht wahrscheinlich das Ion unter dem Einfluß der thermischen Molekularbewegung seinem zur Kathode hin liegenden Nachbar ein Elektron, und so fort bis zur Kathode. Es wandert nicht das Ion selbst zur Kathode, sondern der Ort seiner positiven Ladung.

Bei höherer Temperatur fällt die zeitliche Trennung von negativem und positivem Anteil des lichtelektrischen Primärstromes fort. Die Messung ergibt das leichtverständliche Schema der Fig. 1321 b. An den trägheitslosen Einsatz des negativen Primärstromes $a\,b$ schließt sich ein zeitlich zunehmender, durch vertikale Schraffur angedeuteter positiver Primärstrom (Elektronenersatz). Nach Schluß der Belichtung (t_2) dauert der positive Primärstrom an, er klingt allmählich an. Doch zeigt er noch einmal eine kleine Zacke, wenn man den Kristall zur Zeit t_3 weiter erhitzt oder langwellig bestrahlt.

Der Primärstrom ist der Energie des absorbierten Lichtes proportional. Er erreicht mit steigender Spannung einen Grenz- oder Sättigungswert. Für quantitative Bestimmung der Elektronenzahl ist Beschränkung auf kleine räumliche Dichten der absorbierten Lichtenergie erforderlich. Die zu diesem Sättigungswert gehörigen Elektronenzahlen entsprechen dem Quantenäquivalent (§ 5) (Gudden und Pohl, 1922).

Zahlen liegen u. a. für Diamanten vor. Sie sind in Fig. 1322 dargestellt. Die Ordinate gibt statt der Zahl N (§ 5) die Ladung Ne der pro Kalorie

Fig. 1322.

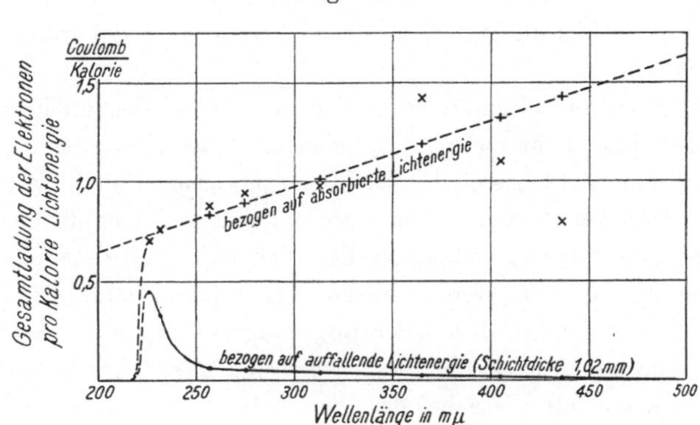

Lichtenergie gemessenen Elektronen. Die gestrichelte Gerade entspricht dem Quantenäquivalent. Die × × sind mit den Fehlern der gemessenen einzelnen optischen Absorptionen behaftet. Bei den + + waren die Fehler der optischen Absorptionskurve graphisch ausgeglichen.

Die Gerade des Quantenäquivalents läßt sich über rund eine Oktave verfolgen. Sie reicht bis kurz vor das Gebiet der Undurchlässigkeit. In Gebieten sehr starker Absorption verschwindet für alle Kristalle mit hohem Brechungsindex n die lichtelektrische Leitung.

Wir haben hier den ersten Nachweis für das Quantenäquivalent der lichtelektrischen Wirkung überhaupt.

Beiläufig sei bemerkt, daß der Diamant noch durch rotes Licht zu lichtelektrischer Leitung gebracht wird. Es genügt das Licht eines Streichholzes. Diamant ist im Dunkeln das Vorbild eines Isolators. Er eignet sich daher gut für einen Demonstrationsversuch. Leider ist große optische Reinheit des Diamanten wesentlich. Der Kristall muß bis $\lambda = 225\,\mathrm{m}\mu$ durchsichtig sein. Sonst benutzt man für Demonstrationsversuche lieber ganz klare Zinkblende.

Die verlustlose Wanderung sämtlicher vom Licht beweglich gemachter Elementarladungen ist ein nur selten beobachtbarer Grenzfall. Er setzt besonders einheitliche und beimengungsfreie Kristalle voraus. Im allgemeinen treten erhebliche Verluste ein. Die einander entgegenwandernden Elementarladungen neutralisieren sich nach begrenzten Laufstrecken x. Dann bleiben nach Gl. (2) die beobachtbaren Elektrizitätsmengen weit hinter dem Quantenäquivalent zurück.

§ 14. Der lichtelektrische Sekundärstrom. Seine Ursache besteht, kurz gesagt, in einer Abnahme des spezifischen Widerstandes des Kristallgitters. Diese Abnahme ist die Folge einer Auflockerung oder Störung des Kristallgitters, die sich durch die Abwanderung der lichtelektrisch abgespaltenen Elektronen herausbildet. Hevesy[1]) hat gezeigt, daß Gitterstörungen aller Art die Ionenleitung von Kristallgittern vergrößern. Der Sekundärstrom bildet sich um so mehr heraus, je höher die benutzte Feldstärke und je dichter die Lagerung der positiven Restatome ist. Man vermeidet den Sekundärstrom, indem man kleine Feldstärken benutzt und Anhäufungen positiver Restatome im Kristallgitter verhindert. Letzteres erreicht man am einfachsten durch Benutzung kleiner Lichtdichten und durch Überlagerung mit intensivem langwelligen Licht.

Schaltet man den Sekundärstrom nicht aus, so werden die Erscheinungen unübersichtlich und nicht mehr reproduzierbar. Der Strom ist im Gegensatz zum Primärstrom nicht mehr der Lichtenergie proportional. An die Stelle der Sättigungskurven treten Stromspannungskurven komplizierter Gestalt. Das Bild der spektralen Verteilung verliert den einfachen Zusammenhang mit der Lichtabsorption. Es treten starke Trägheitserscheinungen auf. Der Strom nimmt nach Beginn der Belichtung langsam zu und nach Schluß der Belichtung langsam wieder ab. Man versteht, daß jahrzehntelang photochemische Umsätze als Ursache der bei Belichtung beobachteten Stromänderungen angenommen worden sind.

§ 15. Anwendungen des lichtelektrischen Sekundärstromes. Die Erscheinungen, die man heute den lichtelektrischen Sekundärstrom nennt, werden für einige typische Vertreter der Kristalle mit hohem Brechungsindex technisch ausgenutzt. Wir nennen nur die gut leitende Modifikation des Selens, ferner Antimonit und Thalliumsulfid.

Die Lichtempfindlichkeit des Selens wurde schon 1873 von Smith entdeckt. Sie hat eine kaum übersehbare Literatur hervorgerufen. Trotzdem ist es bis heute noch nicht gelungen, Ordnung in seine verwickelten Sekundärstromerscheinungen zu bringen. Das Interesse für sie liegt auf elektrischem, nicht auf optischem Gebiet.

In der Optik sind für uns die lichtelektrischen Ströme in Kristallen wichtig, die, verglichen mit dem Selen, im Dunkeln praktisch Isolatoren sind. Es ist da im Hinblick auf spätere Anwendungen noch zu beachten, daß man den Primärstrom ohne große Elektronenverluste nur an einheitlichen Kristallen erhält. Kristallpulver oder Stücke mit mikrokristallinem Gefüge kommen nicht in Frage. Die Grenzflächen sperren den Elektronen den Weg zu den Elektroden. Die Wege x_- und x_+ werden klein. Die primär abgespaltenen Elektronen liefern zum Ausschlag des Strommessers nur einen verschwindenden Beitrag. Der gemessene Strom ist praktisch ganz Sekundärstrom. Derartige Sekundärströme werden uns in § 45 bei der Untersuchung der Phosphoreszenz nützlich sein.

---

[1]) G. v. Hevesy, Zeitschr. f. Phys. **10**, 80, 84, 1922.

III. Lichtelektrische Wirkung in Gasen.

§ 16. Abgrenzung. Moleküle mehratomiger Gase können durch Licht in Ionen dissoziiert werden. Diesen Vorgang rechnet man zu den photochemischen Erscheinungen. Als lichtelektrische Wirkung in Gasen bezeichnet man nur die Absorptionsprozesse, bei denen primär ein Elektron abgespalten wird. Ein Nachweis lichtelektrischer Wirkung in Gasen ist erst erbracht, wenn die Versuchsanordnung wirklich Elektronen und nicht nur negative Ionen ergibt.

Das weitere Schicksal der vom Licht abgespaltenen Elektronen hängt von ihrer kinetischen Energie und der Natur des Gases ab. Langsame Elektronen verhalten sich in Edelgasen und Metalldämpfen im freien Zustand genau wie kleine Gasmoleküle (Franck, 1910). In Gasen mit Elektronenaffinität werden sie von neutralen Molekülen eingefangen und bilden mit diesen negative Ionen. Schnelle Elektronen durchfliegen als Kathodenstrahlen zickzackförmige Bahnen im Gase und ionisieren längs ihrer Flugbahn weitere Moleküle durch Stoß. Dabei hängt es wieder von der Elektronenaffinität des Gases ab, ob diese sekundär abgespaltenen Elektronen frei bleiben oder zur Bildung negativer Ionen führen.

§ 17. Lichtelektrische Wirkung und Lichtabsorption. Wie bei festen und flüssigen Körpern setzt lichtelektrische Wirkung auch bei Gasen Lichtabsorption voraus. Bei festen und flüssigen Körpern beginnt die lichtelektrische Wirkung bei einer Mindestfrequenz ν_g und zeigt sich dann für alle höheren Frequenzen bis ins Röntgengebiet hinein [1]).

Bei Gasen haben wir auch eine Mindestfrequenz ν_g. Es sind aber keineswegs alle höheren Frequenzen lichtelektrisch wirksam. Wir finden keine Elektronen, wenn das Licht in Spektrallinien absorbiert wird. Wirksam ist nur die Lichtabsorption in den kontinuierlichen Banden, die sich unmittelbar an die Grenzen bestimmter Spektralserien anschließen.

Bei einatomigen Gasen übersehen wir die Verhältnisse näher. Nach der von Einstein gegebenen Gleichung (1) soll das Elektron auf dem Wege vom Atominnern bis zum Außenraum den Energiebetrag p verlieren. Das Elektron muß daher mindestens die Energie $h\nu = p$ aufgenommen haben, um den Außenraum mit $u =$ Null zu erreichen. Diese Minimalenergie p, die Abtrennungsarbeit, ist uns für einatomige Gasmoleküle genau bekannt. Wir bestimmen sie in Versuchen über Stoßionisation als „Ionisierungsarbeit J". Diese Ionisierungsarbeit ist die minimale kinetische Energie, dank der ein Elektron ein anderes aus einem gestoßenen Atom herauswerfen kann.

Die erste Reihe der Tabelle 3 gibt derartige Ionisierungsarbeiten J für einatomige Gase und Dämpfe. In der Reihe darunter stehen, ebenfalls im Voltmaß (§ 4) ausgedrückt, die $h\nu_g$-Werte der ultravioletten Seriengrenzen, bei denen die lichtelektrische Wirkung einsetzt. Die Übereinstimmung ist vorzüglich.

---

[1]) Das gilt zum mindesten für Metalle. Bei Isolatoren sind bei sehr kurzen Wellen Gebiete völliger Durchlässigkeit möglich, wenngleich wenig wahrscheinlich.

Tabelle 3.

Element	Na Volt	K Volt	Rb Volt	Cs Volt
Ionisierungsarbeit mit Elektronenstoß beobachtet	5,13	4,1	4,1	3,9
Desgl. berechnet als $h\nu_g$ für die ultraviolette Grenzfrequenz ν der Hauptserie	5,116	4,321	4,158	3,877

Wird Licht mit der Grenzfrequenz λ_g absorbiert, so erscheint das Elektron an der Atomgrenze mit der Geschwindigkeit $u =$ Null. War das einfallende ν größer als ν_g, so verbleibt dem Elektron für den Außenraum die kinetische Energie $\frac{1}{2} m u^2 = h(\nu - \nu_g)$. Im Röntgengebiet kann diese Energie so groß werden, daß die abgespaltenen Elektronen in Luft von Atmosphärendruck noch Flugbahnen von etlichen Millimetern Länge zurücklegen können. C. T. R. Wilson[1] hat in glänzenden Versuchen diese Flugbahnen photographiert. Sein Kunstgriff war, an die in der Flugbahn liegenden Ionen Nebeltröpfchen anzulagern. Die Fig. 1323 gibt eine derartige neuere Aufnahme.

Fig. 1323.

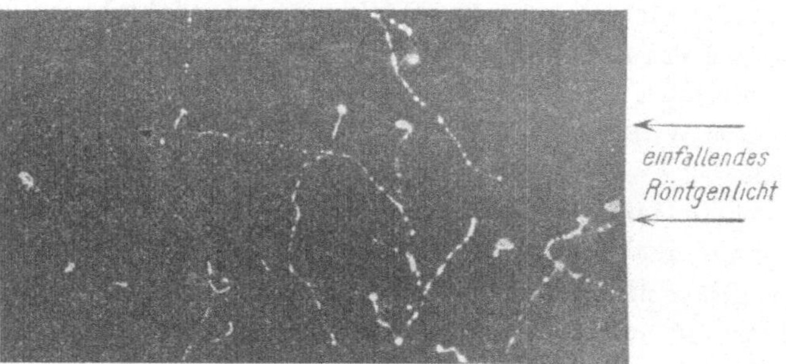

Man sieht die lichtelektrisch abgetrennten Elektronen seitlich weit über den Querschnitt des einfallenden Röntgenlichtbündels hinausfahren. Es ist kein Zweifel, daß diese Aufnahmen, insbesondere als stereoskopische Doppelbilder, für die Aufhellung des elementaren Absorptionsmechanismus von größter Bedeutung sind.

§ 18. Beziehungen zur Spektroskopie. Die lichtelektrische Wirkung von Gasen und Dämpfen ist in § 17 absichtlich nur in großen Zügen behandelt. Wir haben auch in einatomigen Gasen nicht nur eine Ionisierungsarbeit J, sondern mehrere. In jedem Atom befinden sich Elektronen in sehr verschieden fester Bindung. Die Bindung ist selbst für das gleiche Elektron verschieden, je nachdem das Atom spektral unangeregt oder angeregt ist. Für jede Ionisierungsarbeit J_n und die zugehörige Seriengrenze gilt das in § 17 Gesagte. Manche Einzelheiten werden in § 21 und 22 näher erläutert.

---

[1] Jahrbuch der Radioaktivität und Elektrizität.

Für mehratomige Gase liegen die Verhältnisse ähnlich wie bei einatomigen. Die Erscheinungen werden durch Dissoziation der Moleküle kompliziert. Das bisher Bekannte wird in dem Abschnitt über Photochemie behandelt.

B. Fluoreszenz[1]).

§ 19. Geschichtliches, Grundversuch und Einteilung. Gewisse Spielarten des Flußspats (Fluorits) zeigen im weißen Licht an der Oberfläche ein zartes Blau. John F. W. Herschel fand 1845 die gleiche Erscheinung an verdünnter wässeriger Lösung von Chininsulfat, von Äsculin und anderen organischen Substanzen. Herschel glaubte eine neue Art der Farbenzerlegung gefunden zu haben, die statt auf Prismenwirkung auf einem Oberflächenvorgang beruhe. Er sprach daher von „epipolic dispersion", d. h. oberflächlicher Farbenzerlegung. Brewster zeigte jedoch, daß die Oberfläche nicht wesentlich sei. Er konnte den Strahlenkegel einer Sammellinse bis tief in die Flüssigkeit hinein verfolgen[2]). Gleichzeitig vermehrte er die Zahl der für die Versuche geeigneten Substanzen erheblich.

Dann kamen klassische Untersuchungen von G. G. Stokes[3]). Er nahm als Arbeitshypothese „etwas seit Newtons Zeiten Unerhörtes" an. Er schrieb kurzwelligen Lichtstrahlen die Fähigkeit zu, bei der Absorption in bestimmten Medien diese zu Selbstleuchtern zu machen. Stokes bewegte ein Reagenzglas mit Lösung durch ein Spektrum hindurch. „Fast das ganze sichtbare Spektrum entlang ging das Licht durch die Flüssigkeit hindurch, wie es durch ebensoviel Wasser gegangen sein würde. Als aber das Glas fast das äußerste Violett erreichte, schoß ein geisterhafter Schein von blauem Licht quer durch dasselbe. Bei weiterer Bewegung des Glases nahm das Licht erst an Intensität zu und verschwand dann allmählich, aber nicht eher vollständig, als bis das Glas weit jenseits des violetten Endes des sichtbaren Spektrums war. Zuletzt war das Licht beschränkt auf eine äußerst dünne Schicht an der Oberfläche, durch die das Licht einfiel; wogegen es sich anfangs durch das ganze Glas erstreckte, besonders als sich dies ein wenig vor dem äußersten Violett befand." — So beschreibt Stokes den Grundversuch der Fluoreszenz.

Stokes unterließ es nicht, die spektrale Zusammensetzung des ausgestrahlten Lichtes zu untersuchen. Er entdeckte die später nach ihm benannte Regel: Die Wellenlänge des Fluoreszenzlichtes ist stets größer als die des erregenden Lichtes. Er fand, daß monochromatische Erregung ein kompliziertes Emissionsspektrum geben kann. Er nannte u. a. als Beispiel fünf Emissionsbanden des Uran- oder Kanarienglases.

Stokes benutzte Quarzoptik. Er fand eine endlose Liste von Substanzen, deren Fluoreszenz durch Ultraviolett erregt wird. Die Fluoreszenz von Fingernägeln und Haut, die heute mit einem Ultraviolettfilter in jeder An-

---

[1]) Von Prof. Dr. R. W. Pohl in Göttingen.
[2]) Heute nach einem Vorschlag von Stokes allgemein in Vorlesungen benutzt, um Strahlengänge der geometrischen Optik sichtbar zu machen.
[3]) G. G. Stokes, Phil. Trans. 1852, II, 403; Pogg. Ann. 87, 480, 1852.

fängervorlesung gezeigt werden, sind ihm geläufig. Auch ist Stokes sich über die praktische Bedeutung seiner Entdeckung im klaren: „Die Fluoreszenz versieht den Physiker mit Augen zum Sehen der unsichtbaren Strahlen."

Die Untersuchungen von Stokes und seinen Nachfolgern beschränkten sich auf die Fluoreszenz fester und flüssiger Körper. Die Fluoreszenz der Gase ist erst 1871 von E. Lommel[1]) entdeckt.

Wir behandeln im folgenden zunächst die Gase, deren Mechanismus man wenigstens in den einfachsten Fällen übersieht. Die Fluoreszenzvorgänge in festen und flüssigen Körpern sind erheblich verwickelter. Man hat nur in einzelnen Fällen eine qualitative Übersicht. Es bleibt zunächst nichts, als die Anführung der experimentellen Tatsachen, die für eine künftige Deutung als die wichtigsten erscheinen.

I. Fluoreszenz von Gasen und Dämpfen.

§ 20. Fluoreszenz einatomiger Gase. R. W. Wood hat 1909 am Hg-Dampf einen besonders einfachen Fluoreszenzvorgang aufgefunden. Die Erscheinung besteht in folgendem:

Man bringt einige Tropfen Hg in ein hochevakuiertes Quarzgefäß Q. Wood nennt es eine Resonanzlampe (Fig. 1324). Der Hg-Dampfdruck ist bei

Fig. 1324.

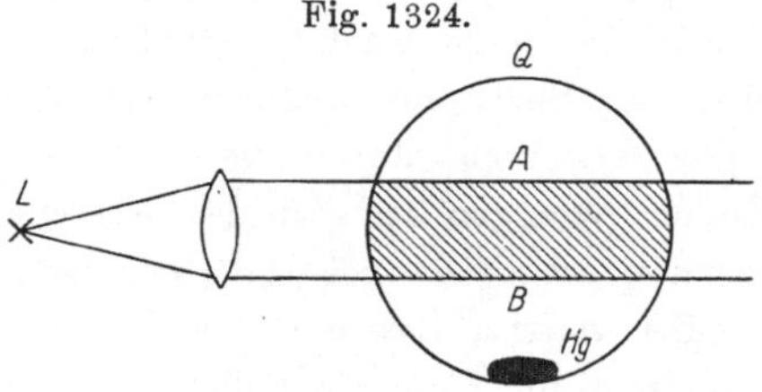

Zimmertemperatur unter 0,002 mm. Er hat im Ultravioletten zwei äußerst scharfe Absorptionslinien bei $\lambda = 253,67\,\mathrm{m}\mu$. In diese Resonanzlampe schickt man das Strahlenbündel AB einer Hg-Quarzbogenlampe. Von deren bis zu etwa $\lambda = 200\,\mathrm{m}\mu$ herunterreichenden Strahlung wird nur die Doppellinie $\lambda = 253,67\,\mathrm{m}\mu$ absorbiert[2]).

Photographiert man die Resonanzlampe mit einer Quarzlinse, so sieht man die Spur des einfallenden Lichtbündels AB in ihrer ganzen Ausdehnung in hellem Fluoreszenzlicht leuchten. Die spektrale Zerlegung zeigt, daß das Fluoreszenzlicht genau die gleiche Wellenlänge hat, wie das erregende Licht $253,67\,\mathrm{m}\mu$. Es werden wirklich 100 Proz. der absorbierten Strahlung als Fluoreszenzlicht reemittiert. Wood sprach daher in Analogie zu einem bekannten akustischen Stimmgabelversuch von Resonanz.

---

[1]) E. Lommel, Pogg. Ann. **143**, 26, 1871.
[2]) Man belastet die Bogenlampe nur wenig und drückt den Lichtbogen mittels eines Magnets bis dicht an die Quarzwand der Lampe heran. So erhält man die Linie möglichst schmal und ohne Selbstumkehr in der Mitte. — Noch sauberer ist es, die Bogenlampe durch eine zweite, von einer Bogenlampe erregte Resonanzlampe zu ersetzen.

Die Doppellinie der Fluoreszenzemission ist genau so schmal wie die doppelte Absorptionslinie bei Zimmertemperatur. Infolgedessen wird sie schon von Hg-Dampf auf kurzem Wege erheblich absorbiert. Die zarten und sonst völlig unsichtbaren Dampfwolken, die von einem auf dem Tisch liegenden Hg-Tropfen aufsteigen, werfen im Lichte der Resonanzlampe einen tiefen Schatten. Leider läßt sich auch dieser ungemein anschauliche Versuch nur photographisch ausführen.

Steigert man Temperatur und Dampfdruck in der Resonanzlampe, so wird die fluoreszierende Spur des erregenden Lichtes kürzer. Das einfallende erregende Licht wird im Dampf höherer Dichte stärker absorbiert. Gleichzeitig wird die seitliche Begrenzung der fluoreszierenden Spur verwaschen. Das primäre Fluoreszenzlicht erregt seinerseits in der Umgebung des einfallenden Bündels merkliche Fluoreszenz. Schon unter 100^0 ($p = 0,276$ mm) sieht man nur noch eine dünne Schicht an der Eintrittsstelle des erregenden Strahles: Die „Volumenfluoreszenz" ist in „Oberflächenresonanz" übergegangen.

Weitere Steigerung der Temperatur vermindert die Intensität der Oberflächenresonanz. Bei 270^0 ist sie völlig verschwunden [1]).

Ganz analoge Versuche kann man am Na-Dampf durchführen (Dunoyer). Die Resonanzlinie ist hier die bekannte gelbe Doppellinie D_1, D_2. Man kann daher das Resonanzlicht direkt mit dem Auge sehen. Der Na-Dampf hat schon bei 100^0 die genügende Dichte. Bei 200^0 erscheinen die Grenzen des erregenden Strahles verwaschen, bei 300^0 liegt reine Oberflächenresonanz vor. Zur Erregung genügt schon das Licht einer mit NaCl gefärbten Flamme.

In einer Richtung gehen die Versuche am Na weiter als am Hg. Na-Dampf absorbiert bei den hier benutzten Temperaturen nicht nur die gelben D-Linien im Sichtbaren, sondern auch im Ultravioletten die Doppellinie $330,3$ mμ. Erregt man den Na-Dampf monochromatisch nur mit dieser Wellenlänge, so erscheint sie im Fluoreszenzlicht. Aber, und das ist das Neue, nicht allein. Man sieht außerdem die gelben D-Linien. Wir haben also zwar Fluoreszenz, aber keine Resonanz. Denn dieses Wort war nur für den Fall geprägt, daß die ganze absorbierte Lichtenergie mit ungeänderter Wellenlänge reemittiert wird.

§ 21. Theorie der Fluoreszenz einatomiger Gase.

§ 21. Theorie der Fluoreszenz einatomiger Gase. Lenard hat 1910 einen für den Mechanismus der Lichtemission fundamentalen Satz aufgestellt. Er hat die Gesamtheit seiner optischen Beobachtungen dahin gedeutet, daß der Lichtemission eines Atoms stets die Rückkehr eines abgetrennten Elektrons zugrunde liegt. Diese Vorstellung hat Niels Bohr mit ungeahntem Erfolge ausgebaut.

Bohr ordnet jeder Linie einer Spektralserie einen bestimmten Übergang des rückkehrenden Elektrons von einer höheren auf eine niedrigere Energie-

---

[1]) Oberhalb von 270^0 tritt an die Stelle der Oberflächenresonanz eine reguläre Reflexion. Bei Rotglut werden bereits 25 Proz. der auffallenden Lichtenergie reflektiert. Der Grund dieser Erscheinung ist der hohe Brechungsindex des Hg-Dampfes infolge anomaler Dispersion in der Nachbarschaft der Absorptionslinie.

stufe des Atoms zu. Die niedrigste oder die Endstufe ist für alle Linien einer Serie die gleiche. Im übrigen wird über die Art des Überganges des rückkehrenden Elektrons selbst keinerlei Aussage gemacht. Wesentlich ist nur die Annahme einzelner diskreter Stufen für den Energieinhalt des Atomes. Dieser soll um das Plancksche $h\nu$ vergrößert sein, wenn sich das Elektron am Ausgangspunkt eines Weges befindet, dessen Durchlaufen die Emission der Spektrallinie der Frequenz ν hervorruft.

Wir erläutern das für die Hauptserie des Na. Sie ist in der Fig. 1325 dargestellt. Ihr erstes Glied ist die bekannte gelbe Doppellinie. Wir behandeln sie hier im Schema der Übersichtlichkeit halber als einfach. Auch lassen wir

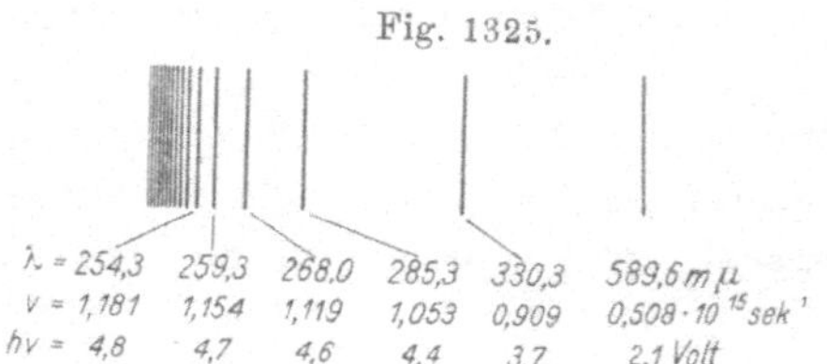

Fig. 1325.

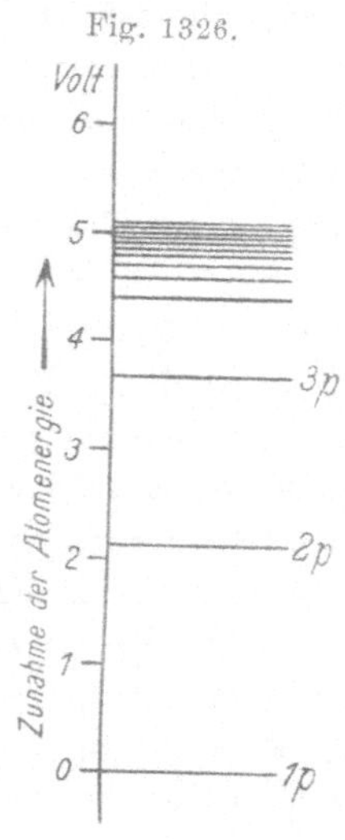

Fig. 1326.

weitere im gleichen Bereich liegende Energie-stufen fort, die zu den Nebenserien des Natriums gehören. Bei den einzelnen Linien der Serie sind die zugehörigen Werte der Wellenlänge der Frequenz und des Planckschen der Frequenz $h\nu$ vermerkt.

In Fig. 1326 sei $1\,p$ der Endpunkt der Wege für alle Linien der Hauptserie. Wir legen ihn neben den Nullpunkt der vertikalen, in Volt geteilten Energieskala. Dann haben wir nach Fig. 1325 die Ausgangsstufe der gelben D-Linie neben 2,1 Volt durch den Strich $2\,p$ zu markieren. Das soll heißen: Befindet sich das Elektron in der Ausgangsstufe $2\,p$, so ist das Atom „angeregt". Sein Energieinhalt ist um 2,1 Volt größer, als im „unangeregten" Normalzustand mit dem Elektron im Endpunkt $1\,p$. Die Ausgangsstufe der nächst kürzeren, schon ultravioletten Wellenlänge $\lambda = 330,3\,m\mu$ wird durch den Strich $3\,p$ bei 3,7 Volt ange-merkt usw. Die $h\nu$-Marken der kürzeren Wellenlängen folgen immer dichter aufeinander. Denn in Fig. 1325 häufen sich die Serienlinien asymptotisch zur Grenzfrequenz ν_g. Zu ν_g gehört als Plancksches $h\nu$ 5,1 Volt. Es ist der höchste Energiezuwachs, den das zur Hauptserie gehörige Elektron dem Atom erteilen kann. 5,1 Volt ist nach § 17 die Ionisierungsspannung des Na-Atoms. Das heißt, das Elektron erscheint hier schon frei und ohne Geschwindigkeit an der Grenze des Atomanziehungsbereiches.

Das Wesentliche der Bohrschen Darstellung ist die Annahme einer Reihe diskreter, durch die Lage des Elektrons bedingten Energiestufen im Atom und der Ausschluß der Zwischenwerte. Jede Stufe bedeutet einen bestimmten Wert der Atomenergie, und die Energiedifferenz der verschiedenen Stufen lesen wir direkt aus dem beobachteten Serienspektrum ab.

Bohr hat die einzelnen Ausgangspunkte der Elektronen mit verblüffendem Erfolge als Planetenbahnen verschiedener Energie erklärt. (Vgl. Kap. XXIX). Das ist für uns hier ohne Belang. Hier genügt das, daß wir nach Bohr direkt aus der beobachteten Serie die niedrigste Energiestufe ablesen können.

Die in § 20 beschriebenen Erscheinungen der Gasfluoreszenz deutet man nun folgendermaßen. Das Elektron befindet sich im normalen unangeregten Atom in der Endlage $1\,p$. Fällt jetzt von außen Licht der D-Linie in den Na-Dampf, so schluckt das Elektron den Planckschen Energiebetrag $h\,\nu$, indem es den Weg $1\,p\;2\,p$ durchläuft und die Energie des Atoms um 2,1 Volt vergrößert. Das Atom verharrt einige Zeit im Zustande der „Anregung". Dann kehrt es von $2\,p$ nach $1\,p$ zurück, indem es die ganze vorher absorbierte Energie wieder als Plancksches $h\,\nu$, also wieder als D-Licht emittiert. Wir haben den Fall der Resonanzfluoreszenz, in dem alles eingestrahlte Licht mit ungeänderter Wellenlänge reemittiert wird.

Resonanzfluoreszenz tritt demnach auf, wenn ein einatomiges Gas die längste Wellenlänge seiner Hauptserie absorbiert.

Wird jedoch Licht der zweiten Serienlinie $\lambda = 330,3$ mμ absorbiert, so endet das Elektron beim „Energieniveau" 3,7 Volt. Jetzt kann es direkt zur Ausgangsbahn $1\,p$ zurückkehren und die gleiche Wellenlänge reemittieren. Es könnte aber auch erst von $3\,p$ nach $2\,p$, und dann von $2\,p$ nach $1\,p$, unter Aussendung der gelben D-Linie zurückkehren. Man hätte also außer der gelben D-Linie von 2,1 Volt noch eine langwellige Linie bei 751,9 mμ, entsprechend $3,7 - 2,1 = 1,6$ Volt, zu erwarten. Die Linie 330,3 mμ sollte also in Fluoreszenz nicht mehr mit 100 Proz. Nutzeffekt erscheinen, weil Teile der eingestrahlten Energie längeren Wellen zugute kommen.

Tatsächlich zeigt jedoch das Experiment, daß die Verhältnisse noch verwickelter liegen. Die Übergänge von 3,7 zu 2,1 Volt werden unter normalen Bedingungen nicht beobachtet. Es ist im Sinne der Bohrschen Theorie ein verbotener Übergang ($3\,p \rightarrow 2\,p$, $k = 0$, vgl. Kap. XXIX, § 7). Aus der Analyse des Natriumspektrums ist aber bekannt, daß sich zwischen $3\,p$ und $2\,p$ zwei weitere Energiestufen befinden, eine bei 3,6 Volt, die aus der Kenntnis der ersten Nebenserie folgt (Term $3\,d$), und eine bei 3,2 Volt, die die zweite Nebenserie liefert (Term $2\,s$). Möglich sind im Einklang mit Experiment und Theorie Übergänge von $3\,p$ nach der Stufe 3,6 Volt, und von hier nach $2\,p$ und dann nach $1\,p$, oder von $3\,p$ nach der Stufe 3,2 Volt, und von hier nach $2\,p$ und dann nach $1\,p$. In beiden Fällen werden bei dem Übergang von $2\,p$ nach $1\,p$ die beiden D-Linien emittiert. Hier haben wir also die Fluoreszenz der Linie 330,3 mμ nicht mehr als „Resonanz". Der Nutzeffekt ist kleiner als 100 Proz. Ein Teil der eingestrahlten Energie entfällt bei der Verausgabung auf die Zwischenübergänge, die Linien im Ultraroten liefern. Es ist lediglich ein Zufall, daß man diese an sich wohlbekannten ultraroten Linien noch nicht in Fluoreszenzuntersuchungen gesucht und gefunden hat. Genau analog muß das Fluoreszenzlicht um so linienreicher werden, je höher die Frequenz der Erregung war. Stets bleibt aber, wie man direkt der Fig. 1326 entnehmen kann, die Stokessche Regel gewahrt. Das Fluoreszenzlicht kann keine höhere Frequenz als die der Erregung enthalten.

§ 22. Übergang von Fluoreszenz in lichtelektrische Wirkung.

Bis zu $h\nu$-Beträgen von 5,1 Volt kann das Na-Atom nur die aus der Fig. 19 ersichtlichen, diskreten Energiewerte absorbieren und emittieren. Höhere $h\nu$-Energien aber können in jedem beliebigen Betrage aufgenommen werden. Infolgedessen schließt sich an die Grenze der Hauptserie ein kontinuierliches Spektrum sowohl in Absorption wie in Emission an. Wird beispielsweise die Wellenlänge $\lambda = 155\,m\mu$ absorbiert, deren $h\nu$ 8 Volt beträgt, so erscheint außerhalb des Atoms ein „lichtelektrisch abgespaltenes" Elektron mit der Energie $8 - 5{,}1 = 2{,}9$ Volt. Wird es später wieder von einem Ion eingefangen, gibt es Fluoreszenzlicht der Wellenlänge $\lambda = 155\,m\mu$, die dem kontinuierlichen Emissionsspektrum angehört.

§ 23. Einfluß molekularer Zusammenstöße auf die Fluoreszenz einatomiger Gase.

In § 20 ergab sich ein erheblicher Einfluß der Temperatur auf die Helligkeit der Fluoreszenz. Diese steigt zunächst, weil in der wachsenden Dampfdichte die Absorption zunimmt. Eine weitere Temperatursteigerung schwächt die Fluoreszenz bis zu völligem Verschwinden. Dies deuten wir folgendermaßen:

Ein Atom verharrt eine gewisse Zeit im Zustande der „Anregung". Das „angeregte" Atom hat eine gewisse Lebensdauer. Es gibt seine ganze bei der Absorption aufgenommene $h\nu$-Energie als Fluoreszenzlicht zurück, wenn das Elektron ohne äußere Störung zurückkehrt. Das angeregte Atom kann jedoch vor dem Ende seiner Lebensdauer einen gaskinetischen Zusammenstoß erleiden. Dann verwandelt sich seine aufgespeicherte $h\nu$-Energie statt in Licht in kinetische Energie der zusammenstoßenden Moleküle. Steigert man Temperatur und Dichte des Dampfes, so wächst die Wahrscheinlichkeit der Zusammenstöße im angeregten Zustand. An Stelle der Fluoreszenz tritt Verwandlung der Energie in Wärme.

Die mittlere Zeit zwischen zwei gaskinetischen Zusammenstößen ist für verschiedene Dichten und Temperaturen bekannt. Daher kann man aus der beobachteten Abnahme der Fluoreszenzhelligkeit die mittlere Lebensdauer eines angeregten Atoms berechnen. Man findet auf diesem und auf ähnlichen Wegen die Größenordnung 10^{-8} sec.

§ 24. Linienfluoreszenz zweiatomiger Gase. Formale Abweichung vom Stokesschen Satz.

Einatomige Gase zeigen Linienspektren, die durch Zusammenfassung in Serien weitgehend geordnet sind. Mehratomige Gase geben Bandenspektren von außerordentlich verwickeltem Bau. Die Fluoreszenz scheint berufen, bei der Deutung der Bandenspektren eine wichtige Rolle zu spielen. Das soll im Falle des zweiatomigen Joddampfes erläutert werden.

Joddampf zeigt bei Untersuchung mit weißem Licht ein aus ungezählten Einzellinien aufgebautes kanneliertes Bandenabsorptionsspektrum. Die Fig. 1327 gibt eine ganz rohe Schematisierung.

Es ist nicht leicht, sich von der Zahl der Einzellinien einen richtigen Begriff zu machen. Auf den schmalen Spektralbereich der bekannten grünen Linie 546,07 mμ der Hg-Bogenlampe entfallen sieben Absorptionslinien des Jodmoleküls. Zwischen den beiden D-Linien des Na-Dampfes liegen ihrer fast 100.

Trotzdem ist es Wood gelungen, die Fluoreszenz des Joddampfes durch Absorption einer einzigen der bei 546,07 mμ liegenden sieben Linien anzuregen.

Fig. 1327.

Das Fluoreszenzlicht ergab genau die gleiche Linie, daneben aber einen um die Wellenzahl [1]) 5 cm^{-1} zum Rot verschobenen Begleiter. Die Linie und ihr durch einen schrägen Pfeil bezeichneter Begleiter sind in Fig. 1328 mit 0 beziffert, dann folgen zum Roten hin beide Linien in 27 facher Wiederholung,

Fig. 1328.

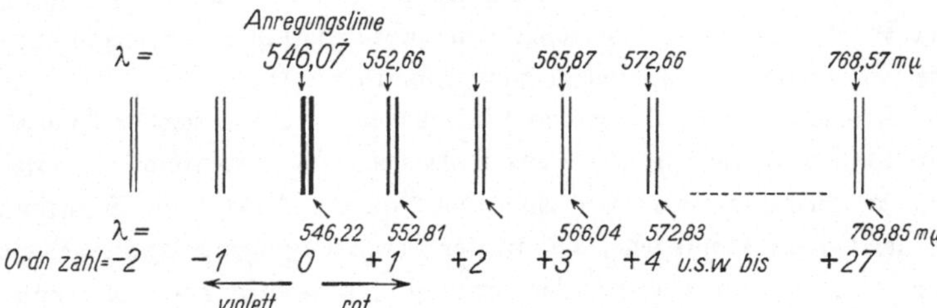

und zwar in konstantem Abstand, der in Wellenzahl 200 cm^{-1} beträgt. Die ersten dieser Wiederholungen sind in Fig. 1328 mit positiven Ordnungszahlen beziffert. Außerdem finden sich in formalem Widerspruch zum Stokesschen Satze bis zu vier Wiederholungen mit kürzeren Wellenlängen. Auch für sie ist der Unterschied der Wellenzahlen 200 cm^{-1}.

Fig. 1329.

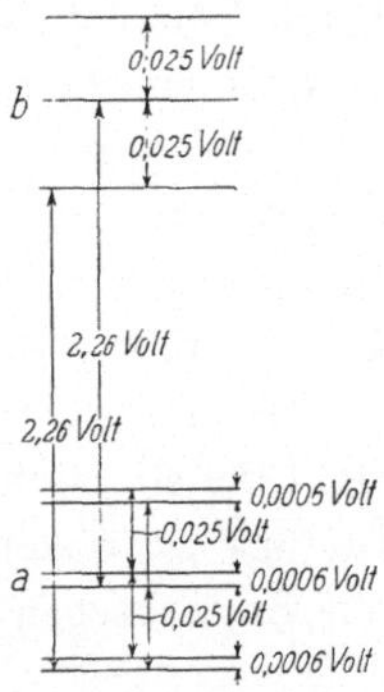

Das in § 21 erläuterte Energieschema läßt Woods Beobachtung einfach darstellen. Das zeigt Fig. 1329. Wir haben eine Gruppe enger Doppelstufen $a\,a$ und eine Gruppe einfacher Stufen b. Der Abstand entsprechender Stufen $a\,b$ ist 2,26 Volt, d. h. gleich dem $h\nu$ der erregenden Linie 546,07 mμ. Aufeinanderfolgende a-Stufen unterscheiden sich um je 0,025 Volt, d. h. dem $h\nu$ der Wellenzahl 200. Die beiden Komponenten der Doppelstufe $a\,a$ endlich sind um je 0,0006 Volt verschieden, entsprechend der Wellenzahl 5, um die beiden Komponenten der Doppellinie zu unterscheiden.

---

[1]) Wellenzahl ist die Zahl der Wellenlängen auf 1 cm Lichtweg.

Die Absorption der erregenden Wellenlänge ist stets möglich, wenn das Elektron von einer a- auf eine um 2,26 Volt höhere b-Stufe gehoben wird. Kehrt das Elektron genau zur gleichen Ausgangsstufe a zurück, so wird $\lambda = 546{,}07\,\mathrm{m}\mu$ reemittiert. Endet es bei der Rückkehr auf einer höher gelegenen a-Stufe, gibt es ein Fluoreszenzlicht größerer Wellenlänge, also eine Linie positiver Ordnungszahl in Fig. 1328. Der nicht ausgestrahlte Rest der ursprünglich aufgenommenen $h\nu$-Energie verbleibt dem Molekül. Endet das Elektron tiefer als die Ausgangsstufe a, so gilt das Umgekehrte. Die Fluoreszenzlinie ist kurzwelliger, die Ordnungszahl ist negativ. Das Elektron hat auf Kosten der inneren Molekularenergie mehr Energie ausgestrahlt, als es bei der Anregung geschluckt hatte.

Schließlich bleibt noch möglich, daß das zurückkehrende Elektron statt bei einer a-Stufe bei der eng benachbarten α-Stufe endet. Das gibt dann den langwelligen Begleiter der Fluoreszenzlinie $546{,}07\,\mathrm{m}\mu$ oder seine Wiederholung in einer der anderen Ordnungen. — Soweit das die Beobachtungen beschreibende Schema.

Es bleibt zu erklären, warum das Jodmolekül statt einer a-Stufe und statt einer b-Stufe deren je eine ganze Gruppe enthält. Ferner, warum neben den Stufen der a-Gruppe eng benachbarte α-Stufen vorkommen. Oder, mit anderen Worten: warum das Molekül der absorbierten $h\nu$-Energie entweder diskrete Energiemengen entziehen oder hinzufügen kann.

Bei Atomen besteht die ganze Wärmeenergie in kinetischer Energie der fortschreitenden Bewegung des ganzen Atoms. Bei zweiatomigen Molekülen kommen zu dieser zwei weitere Energien hinzu. Erstens die Schwingungsenergie der beiden Atomkerne, die mit der Frequenz gegeneinander schwingen. Zweitens die Rotationsenergie des ganzen „hantelförmigen" Moleküls, das mit der Frequenz rotiert.

Das Bohrsche Molekülbild deutet die 0,025 Volt-Beträge, um die sich benachbarte a- und benachbarte b-Stufen unterscheiden, als Plancksche Schwingungsquanten der Kernschwingung. Es deutet die viel kleineren 0,0006 Volt-Beträge, um die sich benachbarte a- und α-Stufen unterscheiden, als quantenmäßige Änderung der Rotationsenergie [1]). Das hieße also nach Woods Beobachtungen, daß sich die Kernschwingungsenergie des Joddampfes während des Fluoreszenzvorganges bis zum Betrage von 27 Planckschen Quanten ändern kann, während für die Rotationsenergie nur Änderungen um einen Quantenbetrag vorkommen.

Sache der Theorie ist es, aus dem beobachteten Energieschema der Fig. 1329 ein mechanisches Bild der Bewegungsvorgänge des Atoms herzuleiten. Für uns ist unabhängig davon die Tatsache wichtig, daß die Abweichungen vom Stokesschen Satze eine einleuchtende Erklärung erfahren. Wir haben

---

[1]) Diese Deutung verlangt auch eine Aufspaltung der b-Stufen in Fig. 1329 in zwei Stufen b und β, deren Energiebetrag um 0,0006 Volt verschieden sind. Dadurch werden die aus Fig. 1329 gezogenen Folgerungen nicht wesentlich berührt. Die Berücksichtigung der Aufspaltung der b-Stufen führt nur zu der Folgerung, daß keine Elektronenübergänge möglich sind, bei der sich die Energie der Rotation um mehr als eine Quantenzahl ändert.

gesehen, daß das Molekül die Energie, die es über den absorbierten h-Betrag hinaus emittiert, der Wärmebewegung des Moleküls entzieht. Die Folgerung, daß die „antistokesschen" Fluoreszenzlinien mit wachsender Temperatur an Zahl und Intensität zunehmen, wird vom Experiment vollständig bestätigt (P. Pringsheim, 1923).

§ 25. Verwickelte Fluoreszenzerscheinungen zwei- und mehratomiger Gase.

§ 25. Verwickelte Fluoreszenzerscheinungen zwei- und mehratomiger Gase. In Fig. 1328 war ein aus vielen Doppellinien bestehendes Fluoreszenzspektrum des Jodmoleküls dargestellt. Es entstand, wenn Joddampf von Zimmertemperatur streng monochromatisch mit der Absorptionslinie 546,07 mμ erregt wurde. Im Absorptionsspektrum des Jods sind eine Unzahl weiterer Linien vorhanden. Fig. 1327 gab uns davon eine ganz rohe Vorstellung.

Durch jede einzelne dieser Absorptionslinien kann bei monochromatischer Erregung ein Fluoreszenzlinienspektrum entstehen. Die Absorptionslinie 546,07 mμ ist vor ihresgleichen in keiner Weise ausgezeichnet. Infolgedessen gehören zu jeder der Absorptionslinien zwei Gruppen a und b von Energiestufen, wie sie in Fig. 1329 skizziert waren.

Wir greifen eine zweite Absorptionslinie heraus, die unserer bisher benutzten $\lambda = 546,07$ mμ benachbart ist. Die Frequenzen beider Absorptionslinien unterscheiden sich also nur wenig. Daher müssen ihren beiderseitigen Energiestufen auch eng benachbarte Elektronenanordnungen oder Bewegungen im Molekül entsprechen. Das hat zur Folge, daß bei gaskinetischen Zusammenstößen angeregter Moleküle die Elektronen vom Energiestufensystem der einen Absorptionslinie in das der anderen hinübergeworfen werden können. Man erhält dann bei monochromatischer Erregung nicht nur das Fluoreszenzliniensystem der erregenden, sondern auch das einer oder mehrerer benachbarter Absorptionslinien. Es überlagern sich daher mehrere benachbarte Fluoreszenzlinienspektra, wie sie einzeln in Fig. 1328 skizziert waren.

Derartige Störungen der angeregten Moleküle lassen sich durch beigefügte He-Atome hervorrufen (p etwa $= 2$ mm). Bei einem Partialdruck von 10 mm He sind die Störungen der angeregten Moleküle bereits so stark, daß man auch bei monochromatischer Erregung statt des in Fig. 1328 dargestellten Linienspektrums ungefähr das ganze komplizierte Bandenspektrum des Jods in Fluoreszenzemission erhält.

Bei Jod übersehen wir demnach den Vorgang der einfachen und verwickelten Fluoreszenzvorgänge noch in großen Zügen. — Ähnliches gilt von manchen Bandenspektren, die von mehratomigen Molekülen in Alkalimetalldämpfen ausgehen.

Im allgemeinen liegen jedoch die Verhältnisse sehr verwickelt. Es gibt zahlreiche Fälle, in denen mehratomige Gas- oder Dampfmoleküle Absorptionsbanden zeigen, die sich nicht mehr in Einzellinien auflösen lassen. Derartige scheinbar kontinuierliche Banden beobachten wir sowohl in der Absorption des erregenden Lichtes, wie im ausgestrahlten Fluoreszenzlicht. Oft ist zwischen Absorptions- und Fluoreszenzemissionsbanden kein innerer Zusammenhang zu erkennen. Wahrscheinlich erfolgt hier Absorptions- und Emissionsvorgang in verschiedenen Molekülen. Angeregte Moleküle schließen sich mit neutralen zu komplexen Molekülen zusammen, und die Emission erfolgt in diesen.

Als Beispiel nennen wir die Fluoreszenz der Hg_2-Moleküle. Sie sind stets in gewisser Anzahl in dem sonst einatomigen Hg-Dampf vorhanden. Dem Auge erscheint ihre Fluoreszenz als ein weißliches Grün. Spektral erstreckt sie sich vom Roten bis weit ins Ultraviolett. Bei 330 und 485 $m\mu$ sind Maxima zu erkennen. Die Erregung erfolgt durch mehrere Absorptionsbandengebiete im Ultravioletten.

§ 26. Sensibilisierte Fluoreszenz. Eine Spektrallinie, die in einem Gas nicht absorbiert wird, kann dieses nicht zur Fluoreszenz erregen. Das gilt z. B. bei der Einstrahlung der Hg-Linie 253,67 $m\mu$ im Thalliumdampf. Setzt man jedoch dem Tl-Dampf einige Hg-Atome zu, so wirken diese als Sensibilisatoren (Franck, 1922). Die Energie des einzelnen Hg-Atoms wird bei der Absorption um das Plancksche $h\nu$ im Betrage von 4,9 Volt erhöht. Bei der ungestörten Rückkehr erfolgt, wie wir in § 21 sahen, die Reemission der Wellenlänge 253,67 $m\mu$ als Resonanzlinie. Bei hinreichender Dampfdichte stößt das angeregte Hg-Atom jedoch schon vorher mit einem Tl-Atom zusammen. Bei diesem Zusammenstoß wird die $h\nu$-Energie von 4,9 Volt zum Teil oder ganz auf das Tl-Atom übertragen. Das Tl-Atom wird angeregt und bei der Rückkehr seiner Elektronen erscheinen als Fluoreszenzlicht die Spektrallinien des Tl, deren $h\nu$ kleiner als 4,9 Volt ist. Es sind das fünf Linien im Ultravioletten zwischen 290 und 400 $m\mu$, außerdem, leicht sichtbar, die bekannte grüne Tl-Linie bei 535,0 $m\mu$.

Bei hoher Temperatur kann die 4,9 Volt-Energie des stoßenden Hg-Atoms mit der kinetischen Energie der Wärmebewegung zusammenwirken. Das Tl-Atom kann eine Energiezufuhr von mehr als 4,9 Volt erhalten. Dann kann es im Fluoreszenzlicht auch kleinere Wellen als 253,67 $m\mu$ emittieren. Auch hier erscheinen also die antistokesschen Linien wiederum dadurch, daß sich Wärmeenergie dem Betrage des absorbierten $h\nu$ addiert.

Sensibilisierte Fluoreszenz ist schon für eine ganze Reihe verschiedener Metalldämpfe nachgewiesen, Tl ist nur ein bequemes Beispiel.

II. Fluoreszenz von Flüssigkeiten und festen Körpern.

§ 27. Allgemeines. In Gasen werden die Fluoreszenzerscheinungen unübersichtlich, sobald sich die einzelnen Moleküle durch gegenseitige Annäherung stören. In Flüssigkeiten und festen Körpern ist die gegenseitige Beeinflussung benachbarter Moleküle viel größer als in den dichtesten Gasen. Infolgedessen sind im allgemeinen von vornherein verwickelte Verhältnisse zu erwarten.

Träger der Fluoreszenz sind meistens Moleküle von kompliziertem Bau. Häufig ist ein Lösungsmittel erforderlich. Wesentlich ist dann oft eine geringe Konzentration der wirksamen Moleküle.

Die Zahl der allein oder in Lösungen fluoreszierenden Substanzen ist unübersehbar. — Eine ganz rohe Einteilung hat vier besonders wichtige Gruppen zu unterscheiden:

1. Organische Substanzen, besonders Benzolabkömmlinge (§ 30).
2. Feste Lösungen seltener Erden in Fluoriten u. dgl. (§ 31).
3. Uranylhaltige Doppelsalze (§ 32).
4. Alle typischen Phosphore (§ 37).

Die Eigenheiten der einzelnen Gruppen werden in den in Klammern angegebenen Paragraphen besprochen. Zuvor werden erst einige für alle Gruppen wichtige Fragen behandelt.

§ 28. Absorption und Emission des Eosins. Stokesscher Satz.

Fluoreszenz kann nur solches Licht erregen, das selbst absorbiert wird. Nach dem Stokesschen Satz soll das Fluoreszenzlicht stets langwelliger sein als das erregende Licht. Wir haben in § 22 die von Einstein herrührende theoretische Begründung des von Stokes empirisch gefundenen Satzes kennengelernt.

Das Licht wird in Planckschen $h\nu$-Quanten absorbiert. Die Emission erfolgt wiederum in Quanten. Meist sind diese kleiner, das Fluoreszenzlicht also langwelliger, weil ein Teil des absorbierten $h\nu$ in Wärmebewegung der Moleküle umgesetzt wird. Gelegentlich kann auch die Wärmeenergie der Moleküle einen Zuschuß zum absorbierten $h\nu$-Quant liefern. Dann wird das emittierte Quant größer als das ursprünglich absorbierte, das Fluoreszenzlicht also kurzwelliger als das erregende.

In dieser verallgemeinerten Form hat sich der Stokessche Satz auch für fluoreszierende Flüssigkeiten und feste Körper durchweg bewährt.

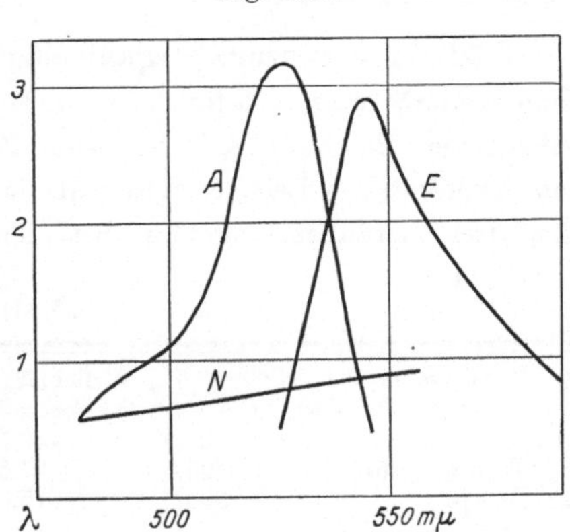

Fig. 1330.

In Fig. 1330 gibt Kurve E die photometrisch ausgemessene Energieverteilung der Fluoreszenzemission für wässerige Eosinlösung. Sie ist unabhängig davon, mit welcher Wellenlänge des Absorptionsgebietes die Emission erregt wird. Die Absorptionsbande ist als Kurve A eingezeichnet. Man sieht die Gültigkeit des Stokesschen Satzes in seiner erweiterten Form: Die E- und A-Kurven überschneiden sich ein wenig, doch hat der überwiegende Teil der Fluoreszenzemission längere Wellen als das absorbierte Licht.

§ 29. Fluoreszenzhelligkeit und Quantenäquivalent. Absorptionsspektra angeregter Moleküle.

In Fig. 1330 war die Absorptionsbande des Eosins in wässeriger Lösung durch Kurve A dargestellt. Es ist kein Wellenbereich dieser Absorptionsbande besonders als fluoreszenzerregend ausgezeichnet. Trägt man die Helligkeit des Fluoreszenzlichts, auf gleiche absorbierte Lichtenergie bezogen, graphisch auf, so findet man im ganzen Absorptionsgebiet eine fast horizontale Gerade N. Die Beobachtungen stammen von Nichols und Merritt. Die Gerade steigt schwach in Richtung wachsender Wellenlänge. Ist das reell, so ist dieser Anstieg vielleicht im Sinne des Quantenäquivalentgesetzes zu deuten (§ 6). Das heißt, eine Kalorie absorbierten langwelligen Lichtes liefert mehr Plancksche $h\nu$-Quanten und daher mehr Fluoreszenzlicht als kürzere Wellen.

Die angeregten Moleküle haben ein anderes Absorptionsspektrum als die nicht angeregten. Doch ist selbst bei intensiv fluoreszierenden Substanzen die Zahl der im Zustande der Anregung befindlichen Moleküle prozentual sehr gering. Infolgedessen ist es noch nicht gelungen, ihr Absorptionsspektrum neben dem der unangeregten Moleküle mit Sicherheit nachzuweisen.

Es liegt jedoch kein Grund vor, das Absorptionsspektrum der angeregten Moleküle gerade im Spektralgebiet der Fluoreszenzemission zu suchen. Das wäre eine falsche Analogie zum Kirchhoffschen Satze. Auch bei Gültigkeit des Kirchhoffschen Satzes erfolgt die Lichtabsorption gerade in den Molekülen, die sich nicht im Zustande der Anregung befinden. Es hat daher keinen Sinn, die Absorption in dem Emissionsgebiet zu suchen, das den angeregten Molekülen angehört.

§ 30. Fluoreszenz organischer Verbindungen. Man kann nicht ohne weiteres eine Substanz als fluoreszenzfähig bezeichnen. Zwar gibt es Substanzen, die sowohl rein in festem Zustande, wie gelöst und dampfförmig fluoreszieren. Ein Beispiel dieser Art ist das Anthracen. Es gibt sogar in allen drei Zuständen ungefähr das gleiche Bandenspektrum. Das zeigt die Tabelle 4.

Tabelle 4.

Anthracen	Wellenlängen der Fluoreszenzbanden in mμ				
Fest	425,0	449,5	474,5	498,0	530,0
In Alkohol gelöst . .	405,0	427,5	454,0	482,0	—
Als Dampf	390,0	415,0	432,0	—	—

Im allgemeinen kommt es sehr auf den Aggregatzustand und die Versuchsbedingungen an. Viele aromatische Verbindungen fluoreszieren erst bei sehr tiefen Temperaturen. Sie geben dann komplizierte Emissionsbanden mit scharfen Maxima (Goldstein, 1904). Dabei ist das Bandenspektrum, das nach langer intensiver Bestrahlung beobachtet wird (Hauptspektrum), ein ganz anderes als das am Anfang auftretende Vorspektrum.

Viele Substanzen fluoreszieren nur in bestimmten Lösungsmitteln. Dahin gehören die bekannten Demonstrationspräparate des Fluoresceins und Eosins. In reinem Zustande lassen sie sich in Alkohol lösen. Dann fluoreszieren sie nicht, wenigstens nicht im Sichtbaren. In Gegenwart von Alkali sind sie im Wasser löslich und fluoreszieren dann stark. Die gebräuchlichen technischen Präparate sind meist Na-Salze.

Methylblau, Malachitgrün u. a. fluoreszieren weder in Wasser noch in Alkohol, wohl aber in Eiweiß oder Gelatine.

Bei Lösungen spielt die Konzentration eine wesentliche Rolle. Auch ist ein Einfluß der Dielektrizitätskonstante des Lösungsmittels vorhanden (Kaufmann).

Ein Zusammenhang zwischen der chemischen Konstitution und der spektralen Lage der Fluoreszenzbanden ist unverkennbar. Betreffs der Einzelheiten verweisen wir auf Monographien [1]).

§ 31. Fluoreszenz seltener Erden in festen Lösungen. Viele natürliche Flußspatkristalle enthalten Erdmetalle in fester Lösung (Urbain). In diesen Kristallen zeigt das Fluoreszenzlicht scharfe Linien. Sie überlagern sich meistens einer verwaschenen Bandenfluoreszenz, die von der Lösung anderer Metalle, wie Fe und Na herrührt. Die Linien sind oft bei Zimmertemperatur nicht breiter als die D-Linien einer Na-Flamme.

Im allgemeinen geben Atome nur im Gaszustand scharfe Linien. Jede Annäherung anderer Atome verbreitert die Linien und läßt sie zu komplizierten Banden entarten. Die lichtemittierenden Elektronen befinden sich in den verschiedenen Energiestufen des Atoms in dessen äußeren Teilen. Daher rührt die starke Angriffsmöglichkeit benachbarter Molekülfelder. Bei den seltenen Erden befinden sich die Elektronen der Lichtemission in mittleren Teilen des Atomgebäudes. Dort sind sie der Einwirkung benachbarter Moleküle entzogen. Infolgedessen bleiben die Linien auch im festen Körper scharf. Bohrs Theorie vom Aufbau des periodischen Systems der Elemente hat für die Sonderstellung der seltenen Erden eine überaus anschauliche Erklärung gegeben.

Sehr eigentümlich ist die gegenseitige Beeinflussung gleichzeitig vorhandener Erdmetalle. Terbium und Dysprosium verdrängen in geringen Spuren die sonst gut sichtbaren Linien von Praseodym, Neodym und Erbium.

Beim Gadolinium hängt es stark von der Konzentration ab, welche seiner charakteristischen Liniengruppen hervortritt.

Die bloße Anwesenheit eines seltenen Erdmetalles genügt nicht, um die Fluoreszenz hervorzurufen. Eine Erwärmung des Fluorits auf 300° zerstört die Fluoreszenzfähigkeit endgültig. Das Auftreten einer milchigen Trübung läßt eine Zusammenballung ultramikroskopischer Partikel wahrscheinlich erscheinen.

Eine seltene Erde ist wahrscheinlich auch die Ursache der Linienfluoreszenz des Rubins. Zwar gilt als Ursache der roten Farbe dieses Kristalles eine Beimengung von Chromoxyd zum Korund. Die Linienschärfe macht es aber unwahrscheinlich, daß hier nicht eine seltene Erde beteiligt sein soll.

§ 32. Zusammenhang von Emissions- und Absorptionsspektren.
In § 28 war die Absorption und Emission des Eosins behandelt. Die Fig. 1330

---

[1]) Insbesondere P. Pringsheim, Fluoreszenz und Phosphoreszenz, 3. Aufl. Berlin, Jul. Springer, 1928.

zeigte für beide breite Banden ohne feinere Struktur. Außer einer kurzen Überlappung war kein Zusammenhang zwischen ihnen zu erkennen.

Es ist aber fraglos, daß zwischen Emissions- und Absorptionsspektren ein enger Zusammenhang besteht. Das sieht man beispielsweise aus der Tabelle 5. Die Spektralgebiete werden für Emission und Absorption in gleicher Weise nach längeren Wellen verschoben, wenn man vom einfachen Benzolring zu seinen komplizierteren Abkömmlingen übergeht.

Tabelle 5.

Substanz in Alkohol gelöst	Absorptionsgebiet $m\mu$	Emissionsgebiet $m\mu$
Benzol	230—270	260—300
o-Xylol	230—275	260—313
Anthracen	320—370	360—440
Eosin	480—560	525—600
Resorufin	500—610	560—630

Beim Benzol bestehen beide Banden aus einer Reihe einzelner Maxima. Sie sind in Tabelle 6 eingetragen. Die langwelligen Streifen der Absorption scheinen mit den kurzwelligen der Emission zusammenzufallen. Vielleicht stellt das Emissionsspektrum hier nur eine Fortsetzung des Absorptionsspektrums dar.

Tabelle 6. Benzol in Alkohol.

Absorptionsbanden (mμ)	235	238	243	249	254	260	268
Fluoreszenzbanden (mμ)	260	264	278	275	283	291	—

Sicher ist das der Fall bei den Uranyl-Doppelsalzen (H. Becquerel). In Fig. 1331 sind für Uranyl-Kaliumsulfat das Emissionsspektrum e und das reziproke Absorptionsspektrum a (Durchlässigkeitsverteilung) übereinander gezeichnet.

Man sieht die Koinzidenz der drei durch Pfeile markierten Spektrallinien. Das Intensitätsverhältnis der einzelnen Linien ist in Emission und Absorption sehr verschieden. Auch sieht man bei der unteren Kurve, daß sich dem Linienabsorptionsspektrum eine zum Ultravioletten kontinuierlich ansteigende Absorption überlagert.

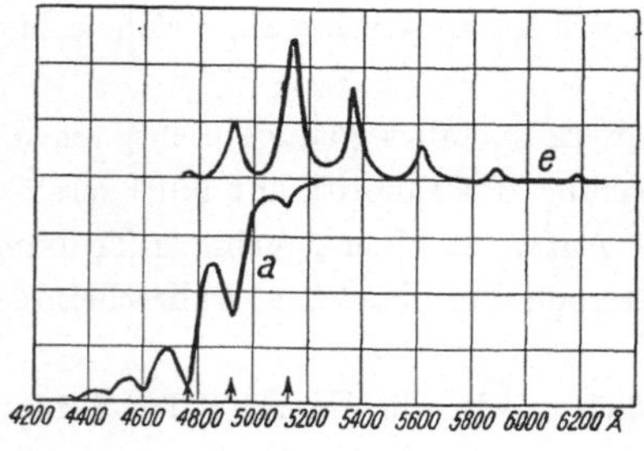

Fig. 1331.

Bei der Linienfluoreszenz des Rubins läßt sich die Identität des Emissions- und des Absorptionsspektrums besonders gut beweisen. Man heftet eine Rubinplatte vor den Spalt eines Spektralapparates und läßt rotes Licht auf die Kristallplatte auffallen. Dann sehen wir das rote Spektralgebiet von den dunklen Absorptionslinien des wirksamen Erdmetalles durchzogen. Darauf belichtet man gleichzeitig die Kristallplatte von der Seite, ohne daß dieses Licht direkt in den Spektralapparat gelangen kann. Es tritt nur das

Fluoreszenzlicht durch den Spalt ein. Jetzt sieht man die vorher dunklen Absorptionsstreifen aufgehellt. Man hat es je nach der Intensität, die man dem durchfallenden oder dem fluoreszenzerregenden Lichte erteilt, nach Belieben in der Hand, ob man die Linien hell auf dunklem Grunde sieht oder umgekehrt. Damit wird die Identität der Linien in Absorption und Emission schlagend bewiesen.

Um Mißverständnissen vorzubeugen, sei erwähnt, daß der Rubin neben dem Linienabsorptionsspektrum, das wir einer seltenen Erde zuschreiben, zwischen 630 und 470 mμ ein breites Absorptionsgebiet besitzt, das offenbar vom Chromoxyd herrührt und die charakteristische Farbe des Rubins im Unterschied zum reinen Korund bedingt.

Es ist sehr zu bedauern, daß die Linienfluoreszenz der Kristalle noch nicht mit streng monochromatischer Erregung untersucht worden ist. Derartige Untersuchungen versprechen ähnliche Aufschlüsse über den Bau der ganzen Spektra, wie sie in § 24 für das Jodspektrum beschrieben sind.

Ohne monochromatische Erregung wird man die Einzelheiten dieser Spektra schwer aufklären können. Sie sind außerordentlich verwickelt. Das zeigt als letztes Beispiel das von Nichols ausgemessene Emissionsspektrum des Uranyl-Ammoniumchlorids, das wir in Fig. 1332 wiedergeben.

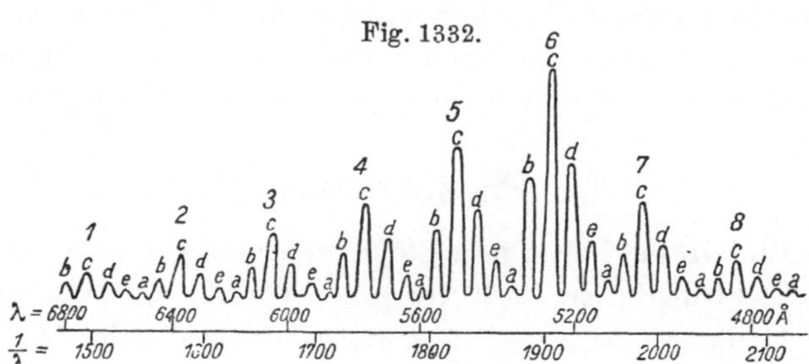

Fig. 1332.

§ 33. Fluoreszenz und photochemischer Umsatz.

§ 33. Fluoreszenz und photochemischer Umsatz. Bei der Lichtabsorption entsteht aus dem unangeregten Molekül ein angeregtes, indem ein Elektron in eine andere Bahn oder Lage gebracht wird. Die Fluoreszenzemission erfolgt bei der Umkehr dieses Vorganges oder der Rückkehr des Elektrons.

Es ist kein Zweifel, daß angeregte und unangeregte Moleküle sich in chemischer Hinsicht verschieden verhalten oder zwei verschiedene Moleküle darstellen.

In diesem Sinne kann man sagen, daß die Fluoreszenz die chemische Verwandlung eines Moleküls in ein chemisch anderes begleitet.

Darüber hinaus ist aber von manchen Autoren eine viel weitergehende „photochemische" Auffassung der Fluoreszenz vertreten worden. Die Fluoreszenz soll einen photochemischen Umsatz begleiten. Der Bestand an erregbaren Molekülen wird durch längere Bestrahlung allmählich verbraucht. Es verbleiben als Produkte der photochemischen Reaktion nichterregbare Moleküle.

In der Tat ist in manchen Fällen z. B. an Eosinlösung bei hoher räumlicher Konzentration des Lichtes eine allmähliche Abnahme der Fluoreszenzhelligkeit beobachtet worden. Diese Erscheinung ist jedoch nicht im Sinne der photochemischen Auffassung zu deuten.

Der Fall liegt anders. Die Absorption schafft angeregte Moleküle. Normalerweise verwandeln sie sich unter Fluoreszenzemission in die unangeregte Form zurück. Der Bestand an erregbaren Molekülen bleibt dauernd ungeändert.

An Stelle dessen aber können unter gewissen Versuchsbedingungen die angeregten Moleküle sich mit anderen zu neuen Molekülen vereinigen, die nicht mehr fluoreszenzfähig sind. Auf diese Weise tritt ein Verbrauch des fluoreszenzfähigen Ausgangsmaterials ein. Die Verwandlung fluoreszenzfähigen Anthracens in nichterregbares Dianthracen ist ein hierher gehöriges Beispiel. Desgleichen die „Ermüdung" von Röntgenschirmen bei längerer Benutzung. Hier sieht das Auge schon äußerlich durch die Gelbfärbung der Bariumplatincyanürkristalle die Bildung von neuen nicht mehr fluoreszenzfähigen Modifikationen.

Die Reaktionsfähigkeit angeregter Moleküle hat auch erhebliche biologische Bedeutung. Gelegentlich gelangen fluoreszenzfähige Moleküle durch Medikamente oder gefärbte Nahrungsmittel in den Körper von Menschen und Tieren. Es können sich dann an den am meisten dem Licht ausgesetzten Körperstellen sehr bösartige Erscheinungen ausbilden (Eosinschweine!).

C. Phosphoreszenz[1]).

§ 34. Einleitung. Viele feste Stoffe senden nach vorausgegangener Bestrahlung („Erregung") mit Licht geeigneter Wellenlänge mehr oder weniger lange Zeit hindurch Licht aus; sie vermögen also absorbierte Lichtenergie aufzuspeichern und nach und nach als Lichtenergie wieder zu verausgaben. Wir nennen diese Eigenschaft „Phosphoreszenz" und die betreffenden Stoffe „Phosphore" [2]) (Lichtträger).

Phosphoreszenz ist wie die Fluoreszenz eine Lumineszenzerscheinung[3]), d. h. die Anregungsenergie für die Lichtemission entstammt nicht der Wärmeenergie, sondern wird quantenhaft e i n z e l n e n Molekülen oder Atomen zugeführt. Wir beschränken in dieser Darstellung die Bezeichnung auf den Fall einer Anregung durch Licht (Photolumineszenz); Anregung der gleichen Stoffe durch Korpuskularstrahlung, sowie Röntgen- und γ-Strahlen (Radiolumineszenz) zeigt im großen und ganzen übereinstimmendes Verhalten.

Gelegentlich, besonders in älterer Literatur, wird der Begriff Phosphoreszenz in noch weiterem Sinne verwendet und auch noch Chemilumineszenz einbezogen, z. B. das Oxydationsleuchten des chemischen Elementes Phosphor, das Bakterienleuchten usw. (siehe § 72).

---

[1]) Von Prof. Dr. B. Gudden in Erlangen.
[2]) Der Name ist älter als die Benennung des 1669 entdeckten chemischen Elementes Nr. 15, P; dieses ist im hier gebrauchten Sinne kein „Phosphor".
[3]) Die Bezeichnung stammt von E. Wiedemann 1888.

Phosphoreszenz, d. h. Lichtemission nach vorausgegangener Lichtabsorption, und Fluoreszenz, d. h. Lichtemission während der Lichtabsorption, gehen fließend ineinander über; nicht nur zeigen die meisten Phosphore auch Fluoreszenz, sondern in vielen Fällen läßt sich Fluoreszenz in Phosphoreszenz stetig überführen, sei es durch Temperaturerniedrigung, sei es durch Überführung einer Lösung in feste Form. Die Abgrenzung beider Erscheinungen ist vielfach nur eine Frage der Beobachtungsgenauigkeit.

§ 35. Die Phosphoroskope. Der einzige für die Erforschung der Phosphoreszenzerscheinungen besonders erdachte Apparat ist das Phosphoroskop (E. Becquerel). Die Aufgabe ist, einen Körper eine bestimmte Zeit hindurch mit erregendem Licht zu belichten und ihn dann in meßbar veränderlicher kurzer

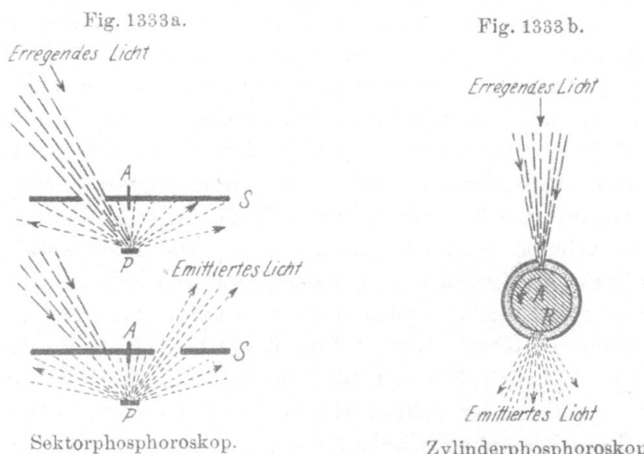

Zeit danach zu beobachten; wichtig ist, daß den Beobachter weder unmittelbares, noch zerstreutes erregendes Licht erreichen kann. Wir greifen im folgenden aus der Fülle verschiedener Konstruktionen vier verschiedenartige heraus (siehe Fig. 1333a und b).

1. Der Phosphor P steht fest. Ein oder zwei Sektorscheiben S lassen abwechselnd erregendes Licht auffallen und geben dem emittierten Licht den Weg zum Beobachter frei. A ist die Drehachse. (E. Becquerel.)

2. Der Phosphor rotiert auf einer Zylinderfläche ausgebreitet; dauernd fällt erregendes Licht auf immer neue Teile der vorüberrotierenden Phosphorfläche, und ebenso sieht der Beobachter auf der anderen Seite dauernd das emittierte Licht immer neuer Teile des Phosphors (E. Becquerel).

3. Der Phosphor wird durch intermittierende Funken erregt und jeweils im Augenblick des Funkens dem Beobachter abgeblendet (Lenard, 1892). Dies läßt sich leicht dadurch erreichen, daß eine Beobachtungsblende mit rotierenden oder schwingenden Unterbrechern gekoppelt wird.

In geeigneten Konstruktionen kann man das Emissionslicht schon etwa 10^{-5} sec nach Schluß der Erregung zu beobachten.

4. Erregendes und emittiertes Licht durchläuft je eine Kerrzelle zwischen gekreuzten Nicols. Mit Hilfe elektrischer Schwingungen wird an die zweite Zelle um einen bekannten Sekundenbruchteil später als an die erste ein elektrisches Feld angelegt. Es gelingt auf diese Weise Nachleuchtdauern bis zu 10^{-9} sec herab zu messen, d. h. den Übergang von Phosphoreszenz zu Fluoreszenz zu verfolgen (E. Gaviola, 1927).

§ 36. Geschichtliche Entwicklung. Der erste künstliche Phosphor wird im Beginn des 17. Jahrhunderts erwähnt. Ein Bologneser Alchimist Casciarolo machte die Zufallsentdeckung, daß mit Kohlen geglühter Schwerspat ($BaSO_4$) im Dunkeln leuchtet (Bologneser Leuchtsteine). Die Notwendigkeit von vorausgegangener Lichteinstrahlung wurde sogleich erkannt und regte zu Fragen nach etwaiger stofflicher Natur' des Lichtes an. In der Folgezeit schafft die Entdeckung des chemischen Elementes Phosphor eine gewisse Verwirrung, weil Photo- und Chemilumineszenzerscheinungen vielfach durcheinandergeworfen werden. Die nächsten anderthalb Jahrhunderte bringen zahlreiche Rezepte und die Erkenntnis, daß man aus einer Fülle verschiedener Mineralien Leuchtsteine herstellen kann, aber physikalische Fortschritte sind so gut wie nicht zu berichten. 1842 setzt die Arbeit E. Becquerels ein und in seinem 1867 erschienenen Buche „La Lumière, ses causes et ses effets" finden wir ein reiches und wertvolles Beobachtungsmaterial, quantitative Messungen und theoretische Anschauungen, die teilweise auch heute noch Geltung haben. Einzelheiten werden in späteren Abschnitten erwähnt. Becquerels Arbeit blieb vor allem deshalb unvollkommen, weil ihm eine ungemein wichtige Erkenntnis entgangen war; er hatte nicht gesehen, daß spurenweise Beimengungen von Schwermetallen für die Phosphoreszenz seiner Stoffe verantwortlich waren. 1886 zeigte Verneuil, daß die blaue Phosphoreszenz der viel benutzten Balmainschen Leuchtfarbe (CaS) auf Wismutbeimengungen beruhte; 1886 bis 1889 untersuchte Lecoq de Boisbaudran den Einfluß von geringen Schwermetallzusätzen auf die Radiolumineszenz von Erdalkalioxyden und -carbonaten und fand reine Stoffe nicht lumineszenzfähig. Hierauf fußend brachten dann die Arbeiten von Lenard und Klatt (1889 und 1904) weitgehende Klarheit über die Herstellungsbedingungen der weitaus wichtigsten Phosphorgruppe, der Erdalkalisulfide. Die weitere physikalische Erforschung gerade dieser Gruppe durch Lenard und seine Mitarbeiter bis zur Gegenwart hat dann zur Aufklärung der Phosphoreszenzvorgänge besonders bedeutsame Beiträge geliefert. Schließlich erwiesen sich die Untersuchungen von Gudden und Pohl über die mit den Phosphoreszenzerscheinungen gekoppelten elektrischen Vorgänge sehr fruchtbar; sie lassen die Phosphoreszenz bestimmter Körpergruppen (Kristallphosphore) bis in Einzelheiten hinein als Sonderfall innerer lichtelektrischer Wirkung kennenlernen. Die Einzelheiten gehen aus den folgenden Abschnitten hervor. Neben diesen Untersuchungen der Erdalkalisulfide usw. liefen die Beobachtungen von E. Wiedemann seit 1888 und G.C. Schmidt, Dewar (1894), Nichols und Merritt (1910), Kowalski (1910), Tiede (1920) an teilweise ganz andersartigen Phosphoreszenzvorgängen (siehe unten). Erst in allerletzter Zeit scheint sich eine einheitliche Behandlungs- und Verständnismöglichkeit aller Phosphoreszenz- (und Fluoreszenz-) Erscheinungen anzubahnen im Zusammenhang mit der Entwicklung der Atomphysik[1]). Zurzeit sind wir aber von einer befriedigenden Erkenntnis noch recht weit entfernt.

---

[1]) Eine ausführliche Darstellung findet sich in „P. Pringsheim, Fluoreszenz und Phosphoreszenz im Licht der neueren Atomtheorie", Berlin, Verlag Julius Springer, 3. Aufl. 1828, sowie in Gehrcke, Handb. d. Physikal. Optik, Bd. II von R. Tomaschek, Verlag A. Barth, 1927.

§ 37. Einteilung der Phosphore. Zur Erleichterung der Übersicht unterscheiden wir drei Hauptgruppen von Phosphoren:

A. Kristallphosphore,
B. Molekülphosphore,
C. Komplexphosphore.

Gemeinsam ist allen Phosphoren, daß es feste Stoffe sind, oder Stoffe mit geringer innerer Beweglichkeit, ferner, daß in bestimmten Absorptionsmechanismen aufgenommene Lichtenergie unter Umwandlung in potentielle Energie eine gewisse Zeit hindurch aufgespeichert und dann zur Anregung von bestimmten Emissionsmechanismen verausgabt werden kann, schließlich, daß diese Mechanismen nur in sehr geringer Konzentration vorhanden sind.

A. Bei den Kristallphosphoren nehmen wir den Einbau von einzelnen Fremd- (meist Schwermetall-) Atomen an. Das Photolumineszenzvermögen[1] entsteht erst durch das Wechselspiel der Kristallgitterkräfte.

B. Bei den Molekülphosphoren sind große organische, an sich schon (d. h. im Dampf oder in flüssiger Lösung) fluoreszenzfähige Moleküle in ein festes oder glasig zähes, verhältnismäßig indifferentes Lösungsmittel eingebettet.

C. Bei den Komplexphosphoren sind keine Fremd-Beimengungen verantwortlich. Wir umfassen mit diesen Bezeichnungen die UO_2-(Uranyl-) und $(PtCy_4)$-(Platincyanid-) Verbindungen.

Ob die weitere Forschung die hier gewählte Einteilung rechtfertigen wird, bleibt eine offene Frage; im gegenwärtigen Zeitpunkt scheint sie zweckmäßig.

Eine weitere Unterteilung der Hauptgruppen läßt sich leicht nach praktischen Gesichtspunkten durchführen.

Die Kristallphosphore teilen wir ein in:

1. Erdalkali- und Zinksulfidphosphore.
2. Sonstige synthetische Phosphore (Erdalkalioxyde und Selenide, Alkalisulfide, MgS, BeS, Silikate, Wolframate, Molybdate, Alkalihalogenide usw.). } Mit Schwermetallzusätzen.
3. Mineralische Phosphore (Flußspat, Kalkspat, Diamant usw.) mit teilweise unbekannten Beimengungen.
4. Radiophosphore (mit Röntgenlicht vorbehandelte synthetische und mineralische Kristalle).

Die Molekülphosphore in:

1. Borsäurephosphore.
2. Alkoholphosphore. } Organische aromatische und heterozyklische Stoffe in fester Lösung.
3. Gelatinephosphore.
4. Undefinierte Phosphore. Viele organische Körper bei tiefer Temperatur.

Die Komplexphosphore in:

1. Uranylphosphore.
2. Platincyanidphosphore.

---

[1] Hierunter wird die Gesamtheit von Absorption, Aufspeicherung und Emission verstanden.

Wir werden nur die besonders gut untersuchten Erdalkali- und Zinksulfidphosphore eingehend besprechen und uns im übrigen auf Hervorhebung etwaiger Abweichungen oder bedeutsamer Übereinstimmungen beschränken.

I. Kristallphosphore.

1. Erdalkali- und Zinksulfidphosphore.

§ 38. Zusammensetzung und Herstellung. Durch besonders dauernde und helle Phosphoreszenz zeichnen sich die Sulfide von Ca, Sr, Ba und Zn mit Zusatz geringer Mengen von Schwermetallen wie Mn, Ni, Cu, Zn, Ag, Sb, Pb, Bi aus. Bei der künstlichen Herstellung ist ein Schmelz- oder Sinterungsvorgang nötig; nasse Herstellungsverfahren versagen. Die Schwerschmelzbarkeit der betreffenden Sulfide macht Verwendung von Mineralisatoren empfehlenswert. Als solche eignen sich die bei Rotglut schmelzenden und weit ins Ultraviolett durchlässigen Alkaliborate, -sulfate, -chloride, CaF_2 usw. Es kommt offenbar darauf an, daß die Schwermetallatome in bestimmter Weise in das Kristallgitter eingebaut werden (Schleede, 1922). Wir wollen im folgenden den Mikrokristallbezirk, der das für die Phosphoreszenz verantwortliche gitterfremde Atom enthält, im Anschluß an Lenards Bezeichnung „Zentrum" nennen, ohne uns damit auf alle einzelnen von Lenard angegebenen Eigenschaften eines solchen Phosphoreszenzzentrums festzulegen. Einige Beispiele der bewährten Herstellungsvorschriften von Lenard und Klatt mögen folgen [1]. Wir bezeichnen dabei mit Lenard abkürzend einen Calciumsulfidphosphor mit Bi-Zusatz als CaSBi; handelt es sich nur um Sulfidphosphore, so mag auch das S noch wegfallen; wird auf den Schmelzzusatz Wert gelegt, so kann er hinzugefügt werden. So sind Bezeichnungen wie beispielsweise $CaBiCaF_2$ zu verstehen:

CaSBi: 2 g CaS, 0,00048 g Bi (in salpetersaurer Lösung),

0,1 g Na_2SO_4, 0,05 g $Na_2B_4O_7$, 0,05 g CaF_2.

20 Min. in heller Rotglut unter Luftabschluß.

SrSBi: 3 g SrS, 0,00024 g Bi, 0,1 g Na_2SO_4.   12 Min. Rotglut.

ZnSMn: 1 g ZnS, 0,002 g Mn, 0,05 g CaF_2 + KCl.

30 Min. bei 1300^0 [Tomaschek].

Die Vorschriften beziehen sich auf sogenannte „normale" Phosphore (Lenard), d. h. solche mit hellstem Nachleuchten. Die günstigsten Glühbedingungen und Mengenverhältnisse müssen für jeden Phosphor durch Versuche ermittelt werden.

Eine erhebliche Schwierigkeit bei der Herstellung physikalisch verwertbarer Phosphore macht die Beschaffung genügend reiner Ausgangsstoffe. Schon chemisch-analytisch nicht mehr nachweisbare Beimengungen können

---

[1] Angabe aller bisher erhaltenen Lenardphosphore mit Anweisung zur Herstellung befindet sich im Handbuch der Arbeitsmethoden in der anorganischen Chemie, Jahrg. IV, Heft 2. (Beitrag Tomaschek: Darstellung und Untersuchung phosphoreszierender Stoffe.)

unbeabsichtigte und daher störende Phosphoreszenzen hervorrufen. Cu wirkt vielfach schon in einer Beimengung von $1:10^6$. Das Fehlen von Phosphoreszenz an den nach Art des Phosphors geglühten Ausgangsstoffen ohne Schwermetallzusatz ist daher der einzige zuverlässige Nachweis der erforderlichen Reinheit.

Auch die günstigsten Mengenverhältnisse Schwermetall : Erdalkalisulfid sind sehr gering, beispielsweise $1:10^5$ bei SrSAg; selten übersteigen sie $1:1000$. Überschreitet man das günstigste Verhältnis erheblich (übernormale Phosphore), so nimmt die Phosphoreszenzfähigkeit bis zum völligen Verschwinden ab[1]).

§ 39. Lichtemission.

Das emittierte Licht besteht spektral aus einer oder mehreren kontinuierlichen Banden, etwa $100\,m\mu$ breit, die sich unter Umständen überlagern. Die Intensitätsverteilung entspricht einigermaßen einer Wahrscheinlichkeitsverteilung (Borissow, 1912), vgl. Fig. 1334. Bei tiefen Temperaturen wird die Bande zwar schmaler, doch löst sie sich selbst bei — 260^0 nicht in Linien auf (Lenard und Kamerlingh Onnes, 1909). Andererseits findet Nichols[2]) (1917) bei sehr genauer Photometrierung Strukturandeutung, die an Molekülbanden bei Gasen erinnert, vgl. Fig. 1335. Wir müssen jedenfalls annehmen, daß die Emission starken äußeren Störungen unter-

Fig. 1334.

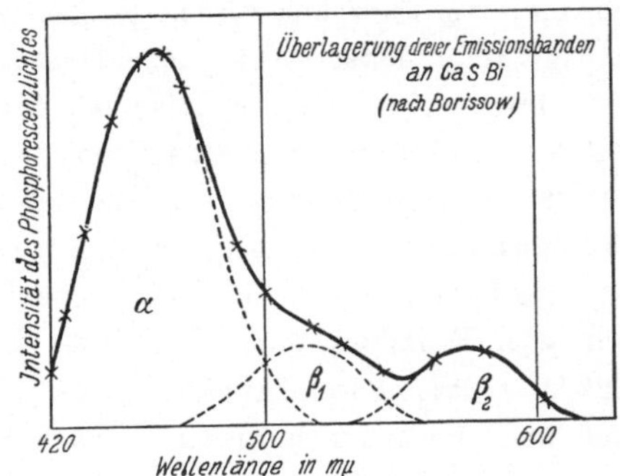

Fig. 1335.

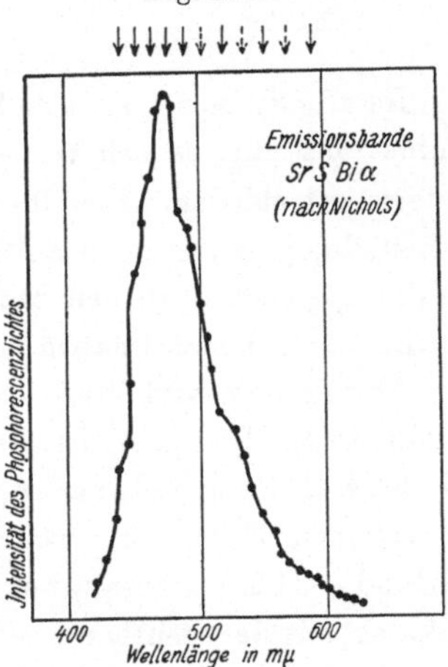

Intensitätsverteilungen in einer Emissionsbande.

liegt (molekulare elektrische Felder), die nicht nur infolge der Wärmeschwingungen zeitlich schwanken, sondern, wie der Befund in flüssigem Wasserstoff beweist, auch von Zentrum zu Zentrum örtlich verschieden sind.

Die spektrale Lage der Phosphoreszenzbanden ist in noch unbekannter Weise durch das System Schwermetall-Erdalkalisulfid bestimmt. Ein und demselben System gehören jedoch meist mehrere, in allen Eigenschaften (siehe unten) voneinander unabhängige Banden an. Wir unterscheiden sie mit

---

[1]) Fluoreszenz und vor allem Radiolumineszenz sind gegen hohe Konzentrationen merklich weniger empfindlich.

[2]) Proc. Amer. Phil. Soc. Philadelphia **56**, 258, 1917.

Lenard durch griechische Buchstaben. Je nach den Herstellungsbedingungen läßt sich die eine oder andere darunter bevorzugen. Die Erkenntnis dieser verschiedenen Banden und ihre getrennte Untersuchung (Prinzip der Bandentrennung) ist der zweite wesentliche Fortschritt, den Lenards und Klatts Arbeiten gebracht haben.

Die meisten Banden der Erdalkalisulfidphosphore liegen im Sichtbaren, im langwelligen Ultraviolett oder kurzwelligen Ultrarot. Tabelle 7 gibt ein paar Beispiele (Ultraviolett- und Ultrarotbanden sind von W. E. Pauli 1911 aufgefunden).

Tabelle 7.

Phosphor	Bande	Emissions-schwerpunkt mμ	Farbe des Phosphoreszenz-lichtes
Sr Se Mn . . .	ϱ	810	(ultrarot)
Ca S Cu	γ	615	rot
Ba S Cu	α	600	orange
Zn S Mn	α	580	gelb
Zn S Cu	α	520	grün
Ca S Bi	α	440	blau
Sr S Bi	ν	395	violett
Ca S Ag	ν	350	(ultraviolett)

Im allgemeinen tritt jede Emissionsbande auch in Fluoreszenz und Radiolumineszenz auf; jedoch verhalten sich die verschiedenen Banden desselben Systems verschieden. Dieselben Banden wie am Phosphor werden gelegentlich in Radiolumineszenz auch an den ungeglühten, daher nicht phosphoreszenzfähigen, gleichen Systemen beobachtet. Der Emissionsmechanismus scheint also im wesentlichen unabhängig vom Aufspeicherungsmechanismus.

Abweichend verhalten sich die Phosphore mit seltenen Erden als Metallzusatz. Hier treten in Emission schmale Banden, ja geradezu Linien auf (Kowalski und Garnier, 1907); ihre Lage hängt in der Hauptsache von der seltenen Erde, nur wenig auch vom Erdalkalisulfid ab [Tiede und Schleede, 1922; Tomaschek[1]), 1924]. Diese Besonderheiten stehen im Einklang mit der heutigen Auffassung über die seltenen Erden, wonach bei ihnen Lichtabsorption und -emission in inneren Gebieten des Atoms vor sich geht.

Das Emissionslicht der Erdalkalisulfid- usw. Phosphore ist auch bei Erregung mit polarisiertem Licht unpolarisiert.

§ 40. Erregungsverteilung und Absorption.

Die Erregung zur Phosphoreszenz setzt Lichtabsorption voraus. In der Tat erregt auch alles im Phosphor absorbierte Licht Phosphoreszenz, jedoch mit bemerkenswerten Unterschieden. Das schwermetallfreie Sulfid ist im sichtbaren Spektralgebiet völlig durchlässig, im langwelligen Ultraviolett wird die Absorption merklich und erreicht für ZnS bei etwa 345 mμ, für CaS, SrS, BaS bei etwas kürzeren

---

[1]) Ann. **75**, 109, 1924.

Wellen so hohe Beträge, daß das Licht nur noch auf winzige Bruchteile eines Millimeters einzudringen vermag. Die Lichtabsorption des unerregten Phosphors unterscheidet sich von der des reinen Sulfids durch einige, der kontinuierlichen Absorption vor- oder übergelagerte, verwaschene, etwa 50 mμ breite Absorptionsstreifen [1]). Die Schwierigkeit des Nachweises dieser Streifen liegt darin, daß all diese Phosphore nur als sehr feinkörniges Pulver vorliegen. Im durchfallenden Licht fand Walter 1912 je einen solchen bei drei Wismutphosphoren, und im reflektierten Licht wiesen Nichols und Howe 1917 in BaSPb deren zwei nach. Gerade in diesen Streifen absorbiertes Licht vermag nun Phosphoreszenz besonders langer Dauer zu erregen.

Entwirft man auf einem flächenhaft ausgebreiteten Phosphor, etwa CaSBi, ein kontinuierliches Ultraviolettspektrum (beispielsweise von einer Al-Funkenstrecke unter Wasser), so leuchtet der Phosphor im ganzen Absorptionsgebiet, also von etwa 430 mμ ab zu kürzeren Wellen, im Licht seiner tiefblauen α-Bande; dies Phosphoreszenzlicht ist jedoch überall innerhalb weniger Sekunden wieder erloschen, ausgenommen in den beiden Absorptionsstreifen bei rund 415 und 315 mμ; diese leuchten noch nach vielen Minuten, ja Stunden merklich nach.

Daß Licht bestimmter enger Spektralgebiete besonders befähigt ist, Phosphoreszenz zu erregen, belegt schon E. Becquerel mit Spektrogrammen. Lenard zeigt 1904 und besonders 1909 [2]) darüber hinaus, daß zu jeder Emissionsbande eine ganz bestimmte „Erregungsverteilung" [3]) gehört, gekennzeichnet durch eine kontinuierlich nach Ultraviolett hin wachsende Erregung zu einer Phosphoreszenz kurzer Dauer und mehrere gesetzmäßig angeordnete Gebiete, in denen Phosphoreszenz langer Dauer erregt wird (vgl. Fig. 1336 a bis c).

Diese Dauererregungsgebiete (d-Gebiete) stimmen mit den obengenannten Streifen selektiver Absorption überein. Die Lage dieser Streifen hängt nach Lenard (1909) vom Schwermetall und der statischen Dielektrizitätskonstante ε des Gesamtphosphors derart ab, daß für entsprechende Banden etwa Cuα, der Quotient $\dfrac{\lambda_{d_i}}{\sqrt{\varepsilon}}$ für die CaS-, SrS-, BaS- und ZnS-Phosphore übereinstimmt; λ_{d_i} bedeutet hier die Wellenlänge des i-ten d-Gebietes der betreffenden Bande. Die Übertragbarkeit einer solchen, für elektrische Wellen bekannten Beziehung auf optische Frequenzen ist höchst merkwürdig. Die — vielleicht näherliegende — Beziehung $\dfrac{\lambda_{d_i}}{n} = const$, wo n der optische Brechungsindex, ist nach M. Curie (1922) nicht erfüllt. Die Emissionsbande erscheint in gleicher Intensitätsverteilung, ganz einerlei, in welchem Spektralgebiet die erregende Lichtabsorption erfolgt.

---

[1]) Eine zusätzliche Lichtabsorption im etwaigen Schmelzzusatz kommt nicht in Betracht, da alle verwendeten Zusätze erst im kurzwelligen Ultraviolett unterhalb 250 mμ absorbieren.

[2]) Ann. **31**, 641, 1910.

[3]) Bezogen auf auffallende (!) Lichtenergie; die Abhängigkeit der Erregung von der absorbierten Energie ist nicht bekannt, im letzteren Falle wäre auch noch der Ort der Absorption zu berücksichtigen.

Im großen und ganzen gilt die Stokessche Regel: das emittierte Licht ist langwelliger als das erregende (E. Becquerel); es gibt immerhin einzelne Fälle, in denen erregende Absorption noch in Teilen der Emissionsbande erfolgt. Auch bei monochromatischer Erregung des Phosphors mit solchen Wellenlängen wird die Emissionsbande in unveränderter Intensitätsverteilung,

Fig. 1336 a.

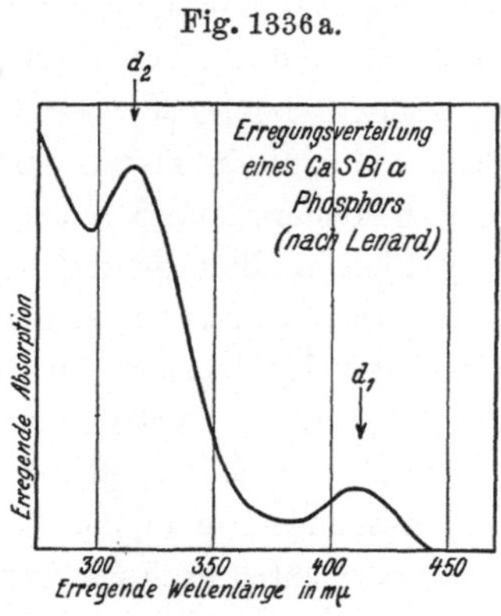

Die Absorption ist nicht unmittelbar gemessen, sondern aus der Phosphoreszenzerregung berechnet. d_1 und d_2 bezeichnen die Stellen des Spektrums, durch die Nachleuchten langer Dauer erregt wird.

Fig. 1336 b.   Fig. 1336 c.

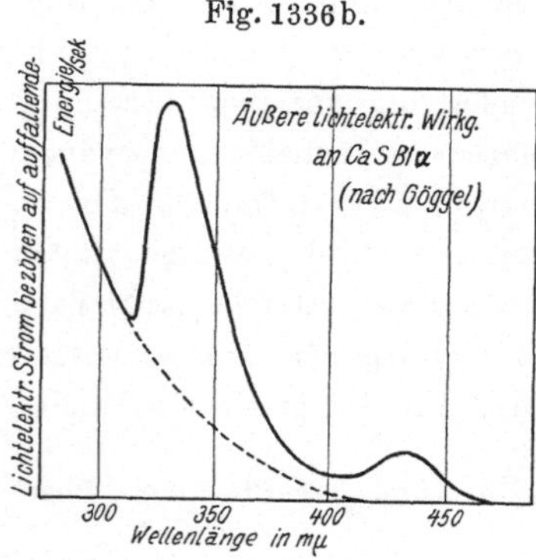

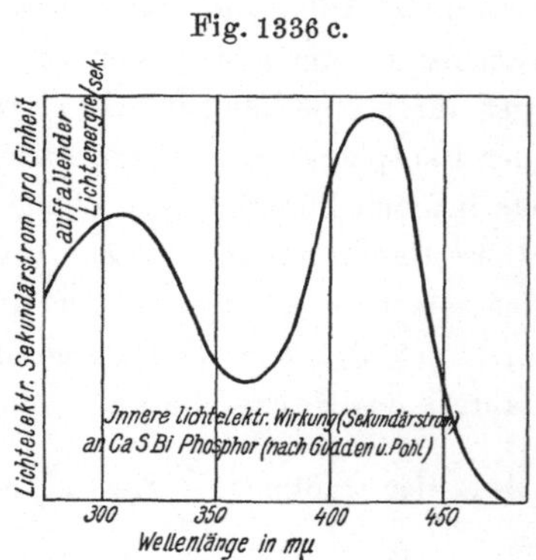

Das Beobachtungsverfahren bevorzugt vielleicht die kürzeren Wellen.

Das Beobachtungsverfahren bevorzugt die längeren Wellen. Die Ordinaten sind überdies der lichtelektrischen Wirkung nicht proportional.

Erregungsverteilung und lichtelektrische Wirkung.

also auch mit bis zu 30 mμ kürzeren Wellenlängen als im erregenden Licht enthalten sind, emittiert (Gudden, 1923). Dies Verhalten entspricht dem bei Fluoreszenz bekannten und beruht offenbar auf einer Inanspruchnahme thermischer Energie.

Zusammenfassend sehen wir also, daß die selektive Lichtabsorption in den Phosphorzentren zu einer vorzüglichen Energieaufspeicherung führt; ihre Verausgabung unter Anregung eines Emissionszentrums kann viele Stunden, ja Tage später erfolgen. Daneben ist es aber auch möglich, daß im Grundmaterial absorbierte Lichtenergie sekundenlang dort aufgespeichert bleibt und dann, wenngleich vermutlich mit geringem Nutzeffekt, an ein Emissionszentrum abgegeben wird; dieser Vorgang im festen Körper entspricht etwa der sensibilisierten Fluoreszenz von Gasen. Wesentlich ist, daß Absorption und Emission in diesen Erdalkalisulfid- usw. Phosphoren keineswegs einfache Umkehrerscheinungen sind, vielmehr ist die Kopplung beider Mechanismen überaus locker. Für eine solche Auffassung spricht auch, daß die Erregungsverteilung von Phosphoren mit seltenen Erden die gleichen verwaschenen d-Gebiete aufweist wie bei den anderen Phosphoren, trotz der schmalen Emissionsbanden.

§ 41. Erregungsverteilung und lichtelektrische Wirkung.

Elster und Geitel gelang es 1889, in der Balmainschen Leuchtfarbe den ersten nichtmetallischen Körper aufzufinden, der eine äußere lichtelektrische Wirkung zeigte. Bald darauf (1891) haben sie dann die offenbare Beziehung zwischen dieser Phosphoreszenz und der lichtelektrischen Wirkung erkannt. Sie zeigten unter anderem, daß nach Lenards Verfahren hergestellte Phosphore um so kräftigere lichtelektrische Wirkung aufwiesen, je heller sie phosphoreszierten. Auch folgerten sie aus der Wirksamkeit der gleichen Spektralbereiche in beiden Fällen, daß man beide Vorgänge als einen Resonanzvorgang zu deuten habe.

Die Kenntnis dieser wichtigen Verknüpfung von lichtelektrischer Wirkung und Phosphoreszenz ist dann 1909 von Lenard und Saeland in einem wesentlichen Punkt erweitert worden. Sie zeigten, daß die Elektronenemission den Erregungsvorgang, nicht die Emission des Phosphoreszenzlichtes begleitet.

Auf diesen Tatsachen aufbauend, hat Lenard seit 1909 eine lichtelektrische Theorie der Phosphoreszenz entwickelt. Ihren Grundgedanken kann man heute folgendermaßen zusammenfassen:

Bei der Erregung wird unter Absorption eines Quants $h\nu_1$ lichtelektrisch ein Elektron abgespalten, dies lagert sich für eine gewisse Zeit an ein anderes näheres oder entfernteres Atom an. Beim Ersatz des abgespaltenen Elektrons wird die Ionisierungsenergie frei und kann, auf den Emissionsmechanismus übertragen, zur Emission eines Lichtquants $h\nu_2$ führen ($\nu_2 \lessgtr \nu_1$). Es ist verständlich, daß man vielfach nach experimentellen Beweisen für diese Anschauung gesucht hat. So fand Göggel 1922 in Ergänzung der älteren Versuche von Lenard und Saeland, daß die beobachtete spektrale Verteilung der äußeren lichtelektrischen Wirkung der Erregungsverteilung des entsprechenden Phosphors weitgehend entspricht (vgl. Fig. 1336 b).

Dies ist zwar eine Stütze der Lenardschen Theorie, aber kein Beweis. Es ist lediglich gezeigt, daß Lichtabsorption in diesen Phosphoren zu lichtelektrischer Wirkung ebenso wie Phosphoreszenzerregung führt, und daß in Gebieten starker optischer Absorption — eben den d-Gebieten — wegen der geringen Eindringungstiefe des Lichtes die beobachtete äußere Wirkung besonders kräftig ist.

Ein ähnlicher Einwand läßt sich gegen eine andere Bestätigung erheben, die schon vor der Göggelschen Veröffentlichung durch Beobachtung der lichtelektrischen Leitfähigkeit (innere lichtelektrische Wirkung) beschrieben wurde[1]) (Gudden und Pohl, 1920). Im lichtelektrischen Sekundärstrom zeichnen sich die d-Gebiete der Phosphoreszenzerregung ebenfalls ab (vgl. Fig. 1336 c). Da jedoch der Sekundärstrom cet. par. mit der Energiedichte der absorbierten Strahlung wächst, könnte man auch in diesem Falle sagen, daß ausschließlich Gebiete stärkerer optischer Absorption nachgewiesen sind.

Daß aber wirklich der Vorgang der Erregung darin besteht, daß ein Elektron abgespalten wird und seine Stelle im erregten Zustand unbesetzt bleibt, daß also das Auftreten freier Elektronen nicht nur eine der Phosphoreszenzerregung parallel gehende Folge der Lichtabsorption ist, wie es etwa bei photochemischer Zersetzung und Fluoreszenz von Lösungen der Fall ist, das geht aus den Untersuchungen von Gudden und Pohl am lichtelekrischen Primärstrom eindeutig hervor. Näheres bringen wir in § 45.

§ 42. Lichtsumme. Ein einzelner Phosphor leuchtet je nach Umständen **hell und kurz**, oder **weniger hell und dafür länger** nach. Diese Beobachtung veranlaßte E. Becquerel zur Einführung des Begriffes „Lichtsumme" (somme de lumière); darunter ist zu verstehen $L = \int\limits_0^\infty J\,dt$, d. h. das Zeitintegral der Helligkeit J eines Phosphors genommen über seine ganze Nachleuchtdauer. Becquerel nahm die Konstanz der Lichtsumme für eine bestimmte Erregungsart und -dauer an und fand auch schon, daß es für jeden Phosphor eine Höchstlichtsumme gibt, die auch bei beliebiger Steigerung der Erregung nicht überschritten wird. Lenard (1912/13) maß Lichtsummen unmittelbar mittels lichtelektrischer Zellen [Aufladeverfahren][2]) und zeigte für die einzelnen Banden quantitativ:

1. daß die Lichtsumme wirklich unabhängig von der Temperatur ist, abgesehen von so hohen Temperaturen, daß die Phosphoreszenzfähigkeit schon nachgelassen hat;

2. daß jede Phosphoreszenzbande ihre **eigene** Lichtsumme aufspeichert, die von keiner anderen verausgabt werden kann;

3. daß die Höchstlichtsumme auch mit monochromatischer Erregung, einerlei aus welchem d-Gebiet, aufgespeichert werden kann;

4. daß die Höchstzahl aufgespeicherter Lichtquanten $h\nu$ von gleicher Größenordnung ist, wie die Zahl der zentrenbildenden Schwermetallatome;

5. daß die Höchstlichtsumme mit wachsendem Schwermetallzusatz einen Grenzwert erreicht. (Die Intensität des ersten Nachleuchtens wächst im Gegensatz dazu mit der Steigerung des Schwermetallgehaltes zunächst noch erheblich an.)

---

[1]) Frühere Beobachter der Widerstandsänderungen von Phosphoren bei Belichtung haben einen Zusammenhang mit der Phosphoreszenz abgelehnt (beispielsweise Lenard, Heidelb. Akad. 1918, 8. Abh.).

[2]) Sitzungsber. Heidelb. Akad. 1912, 5. und 12. Abh.; 1913, 19. Abh.

Diese Ergebnisse bedeuten einen außerordentlichen Fortschritt. Die Lichtsumme L mißt die Zahl der jeweils erregten Zentren, die Höchstlichtsumme L_m den gesamten erregbaren Zentrenbestand. Da schon während der Erregung ein Teil der erregten Zentren wieder in den unerregten Zustand zurückkehrt, wird sich ein Gleichgewicht einstellen. Die Höchstlichtsumme wird um so angenäherter erreicht, je größer die erregende Intensität und je stabiler der erregte Zustand ist. Höchst wichtig ist die Feststellung, daß bei Annäherung an die „Vollerregung" die selektive Absorption in den d-Gebieten verschwindet und statt dessen längere Wellen stärker absorbiert werden (§ 44) (Lenard, 1913). Wird die Lebensdauer der erregten Zentren verschwindend klein, so geht die Phosphoreszenz in Fluoreszenz über; hier ist keine Rede mehr von Erschöpfung der Zahl unerregter, also absorptionsfähiger Zentren; es bleibt $L \ll L_m$, und daher steigt die Emissionshelligkeit

$$J = \frac{dL}{dt}$$ ebenso wie L selbst proportional mit der erregenden Intensität.

§ 43. Wiederherstellung des Ausgangszustandes unter Einwirkung der Wärme (Abklingung).

Bei der Erregung wird Energie aufgenommen, bei der Emission Energie abgegeben; der erregte Zustand ist somit energiereicher und daher weniger stabil als der unerregte. Die Rückkehr in den

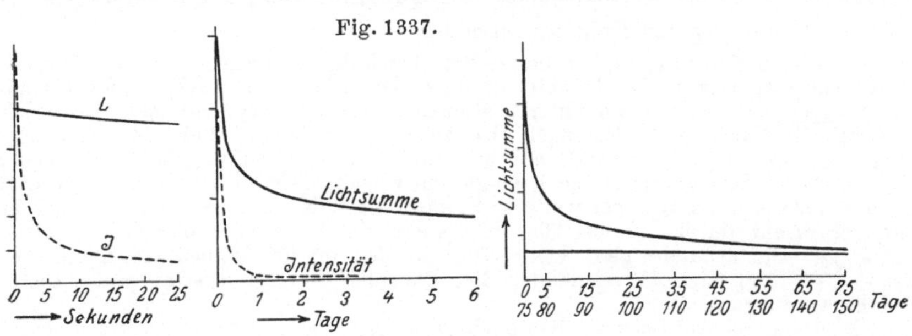

Abklingungskurve.
Zeitliche Abnahme der Lichtintensität (Helligkeit) und der Lichtsumme (Erregung) für einen Ca δ Bi-Phosphor (nach Lenard).

unerregten Zustand setzt jedoch auslösende Störungen irgendwelcher Art voraus. Die wichtigste derartige Störung ist die molekulare Wärmebewegung. Sie vor allem bestimmt die mittlere Lebensdauer des erregten Zustandes. Wäre die Rückverwandlungswahrscheinlichkeit für alle Zentren gleich, so sollte die Abklingung exponentiell verlaufen (E. Becquerel). Die Beobachtung auch an einer einzigen Bande (Lenard, 1912) zeigt jedoch, daß zur Darstellung des Verlaufes eine Summe von Exponentialfunktionen nötig ist, d. h. auch bei gleicher Temperatur verhalten sich die einzelnen Zentren unterschiedlich[1]. Ein Beispiel einer Abklingungskurve, und zwar für die Abnahme der Intensität wie der Lichtsumme, gibt Fig. 1337. Wichtig ist das

---

[1] Wieder ein Hinweis auf örtliche Verschiedenheiten der Bedingungen, wie sie schon aus der Breite der Emissionsbanden bei tiefen Temperaturen gefolgert wurden (§ 39).

Ergebnis, daß ein so gut wie nicht mehr nachleuchtender Phosphor eine noch erhebliche Lichtsumme aufgespeichert enthalten kann. Ein Übersehen dieses Umstandes hat schon manche irrtümliche Schlußfolgerung verursacht.

Je geringer die Schwermetallkonzentration, desto stabiler erweisen sich im allgemeinen die erregten Zentren.

Bei tiefen Temperaturen ist der erregte Zustand so stabil, daß gar kein Nachleuchten beobachtet wird, sondern nur die stets vorhandene Fluoreszenz (Lenards „unterer Momentanzustand"); dabei findet jedoch Aufspeicherung genau wie bei höheren Temperaturen statt, denn beim nachträglichen Erwärmen leuchtet der Phosphor auf und gibt dabei die ihm eigentümliche maximale Lichtsumme („Vollerregung" vorausgesetzt) ab. Bei hohen Temperaturen andererseits fehlt ebenfalls das Nachleuchten („oberer Momentanzustand"), aber diesmal findet keine Aufspeicherung von Lichtsumme statt: Nach Schluß der Bestrahlung bleibt der Phosphor bei jeder Temperatur dunkel. Zwischen diesen beiden Temperaturgebieten wird Nachleuchten beobachtet („Dauerzustand"), wobei die aufgespeicherte Lichtsumme um so schneller verausgabt wird, je höher die Temperatur ist. Die Zahlenwerte der betreffenden Temperaturen schwanken in weiten Grenzen und sind vor allem auch für die Banden eines einzigen Phosphors verschieden. Diese Eigenschaft, zusammen mit der verschiedenen Erregungsverteilung, erleichtert die so wichtige Trennung der Emissionsbanden.

Wird ein CaSNi-Phosphor bei -180^0 durch das unzerlegte Licht einer Quecksilberquarzlampe erregt, so leuchtet er im gelben Licht seiner Kältebande β nach. Die übrigen Banden sind im unteren Momentanzustand. Erwärmt man allmählich, so tritt ein Farbenumschlag nach Orange auf. Es kommt bei -70^0 die rote Hauptbande α in Dauerzustand, während bald, bei -45^0, die gelbe Kältebande β in den oberen Momentanzustand gelangt und verschwindet; bei Zimmertemperatur ist das Nachleuchten rot; bei weiterer Erwärmung tritt ein neuer violetter Farbton auf, verursacht durch die bei 200^0 in Dauerzustand tretende blauviolette Hitzebande γ_2. Die α-Bande geht bei $+200^0$ in den oberen Momentanzustand, und bei $+300^0$ folgt auch die γ_2-Bande. Der Phosphor hat dann seine ganze Lichtsumme verausgabt.

Farbwechsel werden natürlich auch bei konstanter mittlerer Temperatur beobachtet, indem etwa die Kältebande noch im Nachleuchten kürzester Dauer kräftig vertreten ist, während die sehr langsam abklingende Hitzebande schließlich allein noch übrig ist, wenn auch die Hauptbande ihre Lichtsumme verausgabt hat. Ohne Bandentrennung ist mit solchen oft beschriebenen Beobachtungen nicht viel anzufangen.

§ 44. Wiederherstellung des Ausgangszustandes unter Einwirkung langwelligen Lichtes.

Außer durch Wärmebewegung kann die Wiederherstellung des Ausgangszustandes veranlaßt werden durch langwelliges Licht. Die älteste Beobachtung einer Abklingungsbeschleunigung durch rotes Licht stammt von Seebeck am Bologneser Stein (Goethes Farbenlehre, Kap. 3). E. Becquerel beobachtete ein anfängliches Aufleuchten und schloß daraus auf eine Temperaturerhöhung durch Absorption des langwelligen Lichtes. 1904 wies Dahms darauf hin, daß zwei Wirkungen langwelligen Lichtes zu unterscheiden sind: „Anfachung" (später von Lenard „Ausleuchtung" genannt) und „Auslöschung" (bei Lenard „Tilgung"). Im ersten Falle tritt eine merkliche Beschleunigung der normalen Abklingung ein, im zweiten Falle wird der Phosphor sogleich dunkel.

Lenard [1909, 1917/18][1]) zeigte dann, daß bei jeder Phosphoreszenzbande im allgemeinen beide Wirkungen langwelligen Lichtes beobachtbar sind[2]). Manche Banden sind besonders durch Ausleuchtung ausgezeichnet ($ZnSMn\,\alpha$), andere durch Tilgung ($ZnSCu\,\alpha$); bei tiefen Temperaturen und an Zentren großer Lebensdauer tritt meist die Tilgung hinter der Ausleuchtung zurück, bei hohen Temperaturen und an Zentren geringer Stabilität überwiegt sie. Beide Wirkungen haben verschiedene spektrale Verteilungen (vgl. Fig. 1338); die Tilgungsverteilung greift in die Erregungsverteilung über, so daß dieselbe Wellenlänge je nach dem Betrag der schon aufgespeicherten Lichtsumme tilgend oder erregend wirkt. Lichtsummenmessungen Lenards ergaben, daß bei der Ausleuchtung die Lichtsumme streng erhalten bleibt, bei der Tilgung dagegen vernichtet wird.

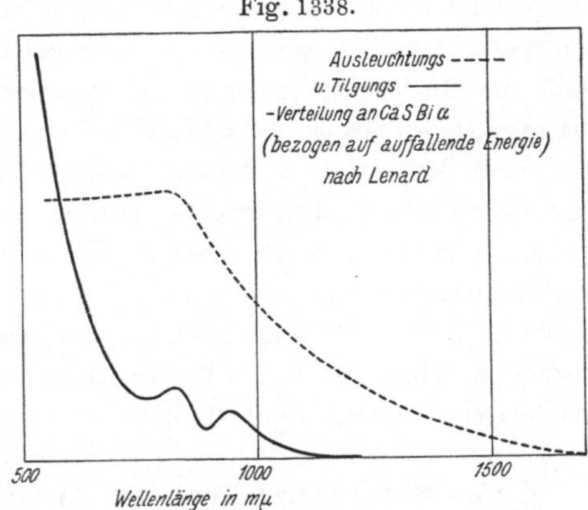

Fig. 1338.

Ausleuchtung und Tilgung.

Als Ordinate ist die berechnete (nicht unmittelbar gemessene) für die Ausleuchtung bzw. Tilgung wirksame Absorption eingetragen.

Läßt man einen Phosphor mit kräftiger Ausleuchtung ($ZnSMn\,\alpha$) nach der Erregung einige Zeit abklingen und belichtet ihn dann durch ein Hartgummifilter oder dergleichen mit Ultrarot, so leuchtet er hell im gelben Licht seiner Emissionsbande α auf, ganz genau so wie beim Erwärmen. Macht man den gleichen Versuch bei einem Phosphor mit starker Tilgung (z. B. $ZnSCu\,\alpha$) unmittelbar nach Schluß der Erregung, so verschwindet das grüne Nachleuchten fast augenblicklich.

Entwirft man auf einem kräftig nachleuchtenden Schirm mit $ZnSCu\,\alpha$ wenige Sekunden lang ein kontinuierliches Spektrum, so zeichnet sich die Tilgungsverteilung, wenn auch durch die Energieverteilung des Spektrums entstellt, mit zwei ausgesprochenen Schwärzungsmaxima bei 1280 und 910 mμ deutlich ab. (Erste Beobachtung durch E. Becquerel.) Man erkennt ferner die tilgende Wirkung bis ins Blaugrüne hinein.

Die Tilgung eignet sich gut zur Vorführung von Ultrarotoptik: beispielsweise lassen sich photographische Negative durch ein Hartgummi- oder Jod-Schwefelkohlenstoffilter hindurch in vorzüglicher Schärfe auf einem mit Ultraviolett zum Nachleuchten erregten $ZnSCu\,\alpha$-Schirm abbilden. Gelegentlich ist die Erscheinung auch zur Aufnahme von Emissions- und Absorptionsspektren im Spektralgebiet von 0,8 bis 1,4 μ erfolgreich benutzt worden (Phosphorographie).

Ausleuchtung und Tilgung werden auch im unteren Momentanzustand beobachtet. Die Ausleuchtung zeigt Trägheit beim Einsetzen und Nach-

---

[1]) Sitzungsber. Heidelberger Akad. 1917, 5. und 7. Abh.; 1918, 8. und 11. Abh.
[2]) Wenn wir die beiden Wirkungen nicht unterscheiden wollen, so werden wir mit Lenard das Wort „Auslöschung" gebrauchen.

wirkung nach Aussetzen der langwelligen Beleuchtung; daraus zog Lenard 1917/18 Schlüsse auf die Eigenschaften der von der Temperaturerhöhung betroffenen Kristallgebiete.

Beide Wirkungen setzen optische Absorption voraus; unmittelbar nachgewiesen ist sie bei den mikrokristallinen Sulfidphosphoren bisher noch nicht, dagegen läßt sich die veränderte Absorption im erregten Zustand leicht an den großen Alkalihalogenidphosphor-Kristallen festellen (siehe unten); offenbar stellt die Ausleuchtungs- und Tilgungsverteilung das Absorptionsspektrum des erregten Phosphors dar (E. Wiedemann, 1888). Die Tilgungsmaxima mag man den erregten Zentren selbst, die übrige, vor allem kurzwellige Tilgungsverteilung, dem erregten Grundmaterial zuordnen und als lichtelektrische Wirkung auf sehr locker gebundene Elektronen deuten. Die Ausleuchtung andererseits wird eher auf Ionenresonanz wie in den Reststrahlen beruhen. Doch sind diese Zuordnungen überaus unsicher, und eine Erklärung, warum im Tilgungsfall die Wiederherstellung des Ausgangszustandes keine Lichtemission anregt, fehlt völlig.

§ 45. Wiederherstellung des Ausgangszustandes und elektrische Vorgänge. Im Falle der Erregung ist innere und äußere lichtelektrische Wirkung feststellbar (§ 41). Wenn wirklich der Vorgang der Erregung darin besteht, daß ein Elektron abgespalten wird und seine Stelle im Erregungszustande unbesetzt bleibt, so ist eine Elektronenbewegung auch beim Rückgängigwerden der Erregung zu erwarten. Dieser Nachweis gelang in der Tat Gudden und Pohl 1920, als sie die Zahl der sekundlich abklingenden Zentren durch Bestrahlung mit auslöschendem Licht vervielfachten. Im elektrischen Felde beobachteten sie an einem Zn S-Phosphor unter diesen Umständen eine galvanometrisch meßbare Elektrizitätsbewegung. Für den Fall der Abklingungsbeschleunigung durch Erwärmung bestätigte E. Rupp (1922) diesen Befund und zeigte darüber hinaus die Proportionalität der bewegten Elektrizitätsmenge mit der ausgetriebenen Lichtsumme und die größenordnungsmäßige Übereinstimmung der Zahl bewegter Elektronen mit der Zahl aufgespeicherter Lichtquanten. Volle Sicherheit brachten Beobachtungen von Gudden und Pohl 1923 am Primärstrom in Phosphoren mit dem Nachweis, daß bei der Ausleuchtung, ebenso wie bei der Tilgung, ebensoviel Elektronen wandern, wie vorher bei der Erregung gewandert waren. Diese hier angeführten Versuche liefern den bündigen Beweis dafür: 1. daß bei der Phosphoreszenzerregung Elektronen das ursprüngliche Kraftfeld verlassen — sonst könnten sie nicht durch ein äußeres elektrisches Feld erfaßt werden —, 2. daß bei der Wiederherstellung des Ausgangszustandes ein Elektron aus einem fremden Kraftfeld her ersetzt wird; es braucht keineswegs mit dem bei der Erregung abgewanderten identisch zu sein. Im elektrischen Felde ist es ja sicher nicht der Fall, obwohl die Lichtsumme unverändert bleibt. Da Ausleuchtung und Tilgung jedoch elektrisch nicht unterscheidbar sind, scheint für die Anregung des Leuchtmechanismus wesentlich, auf welchem Wege das Ersatzelektron kommt.

Die große Empfindlichkeit des elektrischen Nachweises erlaubt eine genaue Ausmessung des Absorptionsspektrums des erregten Phosphors.

Die vorstehend geschilderten elektrischen Beobachtungen eignen sich als Vorlesungsversuch.

Die Wiederherstellung des Ausgangszustandes kann auch unmittelbar durch elektrische Felder erzwungen werden. Ein abklingender ZnSMn α-Phosphor blitzt beim Anlegen hoher elektrischer Felder (einige tausend Volt/cm) hell auf und leuchtet auch noch kurze Zeit heller als ohne Feld (Gudden und Pohl, 1920); Feldwechsel oder Erhöhung des Feldes ruft die Wirkung erneut hervor. Ebenso blitzt ein im Felde erregter Phosphor beim Abschalten des Feldes auf (F. Schmidt, 1922). Phosphore mit starker Ausleuchtung zeigen größere Wirkung als solche mit starker Tilgung.

Neuerdings beobachtete Rupp (1924) auch in sehr starken veränderlichen Magnetfeldern Ausleuchtung. Er deutet diese Erscheinung wohl mit Recht als Wirkung des im veränderlichen Magnetfelde induzierten elektrischen Feldes.

§ 46. Die Druckzerstörung der Phosphore.

§ 46. Die Druckzerstörung der Phosphore. Einseitige Druckwirkung: Zerreiben im Mörser, Einwirkung einer Feile, Pressung usw., vermindert oder zerstört die Phosphoreszenzfähigkeit (Lenard und Klatt, 1903). Dabei werden die Phosphoreszenzzentren aller Lebensdauern in gleichem Maße betroffen (Kuppenheim und Lenard, 1921).

Im Licht der hier vertretenen Auffassung über die Zentren wird durch Translationen od. dgl. das Kristallgefüge unter Zerbrechung in kleinere Bruchstücke spannungsfrei; die gitterfremden Atome sind nur noch eingesprengt, nicht mehr eingebaut.

Druckzerstörte Phosphore, ebenso wie schwermetallfreie Erdalkalisulfide (nicht Zinksulfid), färben sich unter Einwirkung kurzwelligen Lichtes: CaS fleischrotbräunlich, SrS kernrot, BaS grün. Die Färbung ist von kräftiger äußerer lichtelektrischer Wirkung begleitet. Langwelliges Licht macht die Verfärbung rückgängig, ohne die Phosphoreszenzfähigkeit wiederherzustellen. Färbung und Entfärbung durch Licht ist beliebig oft zu wiederholen. Die lichtelektrische Wirkung während der Färbung bleibt jedoch nur ein Bruchteil der erstmaligen. Erhitzung auf einige hundert Grad stellt die Phosphoreszenzfähigkeit wieder her (Lenard und Hausser, 1913/15).

Obwohl strenggenommen diese Beobachtungen nicht mit der Phosphoreszenz zusammenhängen, da sie auch am schwermetallfreien Grundmaterial auftreten, können sie doch für das Verständnis der Phosphoreszenzzentren wertvoll werden.

Hier ist auch auf Gedankengänge von Smekal (1925) über Poren in Realkristallen hinzuweisen.

§ 47. Die Ökonomie der Phosphoreszenz.

§ 47. Die Ökonomie der Phosphoreszenz. Wichtig ist die Frage nach dem Lichtumsatz. Welcher Bruchteil des absorbierten Lichtes wird wieder als Licht emittiert und welcher Bruchteil etwa in Wärme umgesetzt? Die in der Emission vergrößerte Wellenlänge schließt eine verlustlose Umwandlung aus, da ja ein Quant kurzwelligen erregenden Lichtes einen im umgekehrten Verhältnis der Wellenlängen größeren Energiegehalt hat als ein Quant langwelligen, emittierten. Zur Ermittlung der Ökonomie ist nötig, die absorbierte Lichtenergie mit der emittierten zu vergleichen. Die Bestimmung der absorbierten Lichtenergie ist schwierig, weil die Phosphore uns als feinkörnige Pulver vorliegen. Immerhin kommt Lenard[1]) (1914)

---

[1]) Sitzungsber. Heidelberger Akad. 1913, 19. Abh.; 1914, 13. Abh.

zu dem Schluß, daß, von der Änderung der Wellenlänge abgesehen, die Ökonomie bei Erregung mit möglichst langen Wellen nahe 1 ist, also wirklich für jedes absorbierte Lichtquant wieder eines emittiert wird. Berücksichtigt man noch, daß die gesamte Lichtemission vielfach dem sichtbaren Spektralgebiet angehört, so liegt natürlich der Gedanke der technischen Verwertung nahe[1]. Leider sind die Aussichten schlecht, und zwar wegen des geringen Aufspeicherungsvermögens. Ein lange nachleuchtender Phosphor wie 0,01 normaler $CaSBi\alpha$ vermag im Gramm nur 10^5 Erg aufzuspeichern [Lenard und Hausser, 1913][2]; eine nennenswerte Steigerungsmöglichkeit der maximalen Lichtsumme erscheint nach unseren heutigen Kenntnissen nicht möglich. Um also auch nur eine Stunde lang eine Lichtenergie, wie sie etwa 1 HK im sichtbaren Spektralbereich entsendet ($4 . 10^9$ Erg/Stunde), durch die Ausnutzung der maximalen Lichtsumme eines Phosphors zu erhalten, wären nicht weniger als 40 kg Phosphor nötig!

§ 48. Das Wesen des erregten Zustandes.

Man kennt weder den Bau des unerregten, noch erst recht den des erregten Zentrums. Sehr wahrscheinlich enthält jedes Zentrum nur ein, höchstens aber wenige Schwermetallatome. Vielleicht sind diese Atome neutral, wahrscheinlicher aber wohl in gleicher Sulfidbindung wie die $Ca\ddot{}$-, $Sr\ddot{}$-, $Ba\ddot{}$-, $Zn\ddot{}$-Ionen des Gitters; sicher sind sie eingebaut und nicht nur eingesprengt, wenn auch in gestörten Kristallbezirken.

Die einzelnen Banden lassen sich vielleicht verschiedenen Bindungsarten wie MnS, MnS_2, Mn_2S_3 usw. zuordnen. Ein solcher Verband absorbiert und emittiert selektiv. Bei der Absorption wird vermutlich vom Anion ein Elektron frei, d. h. eine Bindung wird zerstört oder mindestens geändert. Wohin das Elektron sich anlagert, ist unbekannt.

Für die Emission ist diese Anlagerung gleichgültig, wie die Beobachtung im elektrischen Felde beweist. Wesentlich ist sie nur für die Stabilisierung des erregten Zustandes.

Man stritt früher, ob die Phosphoreszenz als Gleichgewicht zweier Modifikationen (photochemische Theorie) oder als rein physikalischer Vorgang (lichtelektrische Theorie) anzusprechen sei. Wir sehen das heute als unwesentliche Bezeichnungsfrage an, da jede chemische Veränderung auf Elektronenverlagerung beruht.

Sicher ist, daß das erregte Zentrum andere Eigenschaften hat als das unerregte. Die Absorptionsstreifen des d-Gebietes fehlen dem erregten Phosphor, dafür absorbiert er im Zustand der Erregung langwelliges Licht, das vorher nicht absorbiert wurde.

In einem Sonderfall ($ZnSCu\alpha$) ist der erregte Zustand durch starke Erhöhung (Verdopplung) der scheinbaren Dielektrizitätskonstante des Phosphors ausgezeichnet (Gudden und Pohl, 1920). Die Abhängigkeit dieser Er-

---

[1] Die Leuchtuhren usw. verwenden nicht Phosphoreszenz der Phosphore, sondern Radiolumineszenz durch beigemengte radioaktive Stoffe, meist Mesothor.

[2] Sitzungsber. Heidelberger Akad. 1913, 19. Abh.; 1914, 13. Abh.

höhung von Temperatur und Frequenz des Wechselfeldes läßt auf große Verschiebungswege elektrischer Ladungen in den nur spärlich vorhandenen Zentren schließen.

Unter Verwendung zweier ungedämpfter Schwingungskreise mit Elektronenröhren und Abstimmung beider auf akustisch hörbaren Differenzton (in aperiodischem Detektorkreis) lassen sich die Änderungen der Lichtsumme beim An- und Abklingen sowie Tilgen eines $ZnS\,Cu\,\alpha$-Phosphors einem größeren Kreise akustisch vorführen. Es wird zu dem Zweck der Phosphor als Dielektrikum in die Kapazität eines der Schwingungskreise gebracht und mit erregendem oder auslöschendem Licht belichtet.

2. Sonstige synthetische Kristallphosphore.

§ 49. Oxyde, Selenide, Halogenide usw. Phosphoreszenzfähigkeit, wenn auch teilweise nur kurzer Dauer, war an Erdalkalioxyden und -seleniden schon im vergangenen Jahrhundert bekannt (Becquerel, Lecoq de Boisbaudran). Eine planmäßige Untersuchung, entsprechend der der Sulfidphosphore, ist in der Lenardschen Schule durchgeführt (W. Pauli, 1912, F. Schmidt, 1920). Herstellung und Verhalten der drei Gruppen decken sich so gut wie völlig. Die Sauerstoffphosphore haben durchweg höhere, die Selenphosphore tiefere Temperaturlagen; die Emissionsbanden liegen bei den Oxyden im allgemeinen kurzwelliger, bei den Seleniden langwelliger als die entsprechenden der Sulfide. Besonders bemerkenswert erscheint die Angabe F. Schmidts[1]), daß die Erregungsgebiete entsprechender Banden auch beim Übergang vom Oxyd zum Sulfid und Selenid nur von der Dielektrizitätskonstante des Gesamtphosphors bestimmt werden; so daß also die d-Gebiete etwa der $Cu\,\alpha$-Banden in allen möglichen Kombinationen der Erdalkalimetalle mit O, S, Se, und im ZnS unter Berücksichtigung der Dielektrizitätskonstante dieselbe „absolute" Lage haben sollen.

Phosphoreszierendes ZnO ist nicht bekannt, obwohl es gut fluoresziert und radioluminesziert; das wird mit einer anderen Ausnahmestellung des ZnO zusammenhängen: ZnO ist im Gegensatz zu den entsprechenden phosphoreszenzfähigen, vorzüglich isolierenden Verbindungen und trotz seiner Farblosigkeit ein guter Elektrizitätsleiter.

Abweichend sind die Herstellungsbedingungen für MgS-Phosphore (Tiede, 1922); Schmelzmittel sind nicht verwendbar; physikalisch verhalten sich die Phosphore jedoch offenbar ganz wie die bisher besprochenen. Als wirksamste Zusätze erwiesen sich Bi, Sb und Mn; außerdem einige seltene Erden. Die Herstellung von BeS-Phosphoren ist angekündigt. Besonders merkwürdig ist die Herstellung von phosphoreszierendem SiS_2, da Tiede als wirksame „Schwermetall"beimengung Kohlenstoff feststellen konnte.

Weiterhin (1923) gelang Tiede die Herstellung von Na_2S-Phosphoren mit Fe und Cu, ferner von phosphoreszierendem Rb_2S, dessen Beimengungen noch nicht ermittelt werden konnten. Die Herstellung und Handhabung der außerordentlich unbeständigen und zersetzlichen Alkalisulfide setzt eine besondere Versuchstechnik voraus. Die vorliegenden spärlichen Beobachtungen lassen noch nicht übersehen, ob die Alkalisulfidphosphore in wesentlichen Eigenschaften von den Erdalkaliphosphoren abweichen.

---

[1]) Ann. **63**, 264, 1920.

Auch Silikat-, Wolframat-[1]), Molybdatphosphore lassen sich mit definierten Eigenschaften herstellen (Tiede und Schleede, 1923). Nähere Untersuchung steht noch aus. Jedoch konnte Schleede zeigen, daß mindestens im Falle des Zinksilikats mit den verschiedenen Emissionsbanden auch verschiedene Kristallstrukturen verknüpft sind.

Technisches basisches Zinksilikat zeigt übrigens sehr ausgeprägte Ausleuchtung in elektrischen Feldern (Gudden und Pohl, 1923).

Ganz besondere Bedeutung für die Erforschung der Phosphoreszenzvorgänge dürften die von R. W. Pohl und seinen Mitarbeitern in letzter Zeit

Fig. 1339.

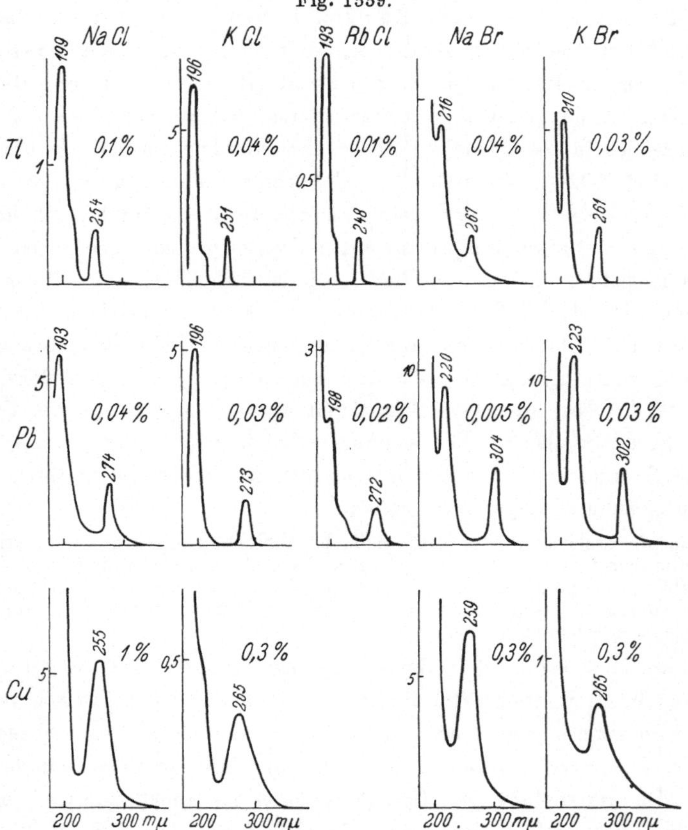

Absorptionsspektren von Alkalihalogenidphosphoren (nach Hilsch u. Smakula).

Ordinaten sind die Absorptionskonstanten in mm^{-1}. Die Prozentzahlen beziehen sich auf den Gehalt der Schmelze an Schwermetallsalz, die Konzentrationen im Phosphor sind wesentlich kleiner. Die Eigenabsorption von Na Cl, K Cl und Rb Cl ist oberhalb 180 mμ zu vernachlässigen, für Na Br und K Br beginnt sie bei etwa 220 mμ und die Absorptionskonstante hat bei 200 mμ schon den Wert von etwa 10 mm^{-1}.

hergestellten Alkalihalogenidphosphore gewinnen, da sie die ersten künstlichen, d. h. mit genau bestimmten Zusätzen versehenen, Phosphore darstellen,

---

[1]) Bei Calciumwolframat konnte bisher nicht der Nachweis erbracht werden, daß spurenweise Beimengungen die Phosphoreszenz verursachen.

die in großen, klar durchsichtigen Kristallen vorliegen. Die Absorptionsspektren (Erregungsverteilung) lassen sich an ihnen quantitativ ausmessen, ja sogar durch Messung der anomalen Dispersion Werte für die Konzentration der Zentren gewinnen. Die neuesten Untersuchungen machen es wahrscheinlich, daß die selektiven Absorptionen (vgl. Fig. 1339) mit den Absorptionsmaxima der reinen Zusätze, also etwa $AgCl$, $PbCl_2$ usw. übereinstimmen. Zur Herstellung wird dem geschmolzenen Alkalihalogenid das entsprechende Schwermetallsalz im Bruchteil eines Prozentes zugesetzt und dann aus der Schmelze ein Einkristall von 1 ccm Größe gezogen. Die Messung der anomalen Dispersion zeigt, daß nur ein kleiner Bruchteil des Zusatzes als Phosphoreszenzzentren eingebaut wird. Die Lage der teilweise bemerkenswert schmalen Absorptionsstreifen verschiebt sich zwar gesetzmäßig beim Wechsel des Grundmaterials (vgl. die Fig. 1339), aber eine Zuordnung zu bestimmten Energiestufen der Atome oder Moleküle war bisher nicht möglich; Bestätigungen für die an Sulfidphosphoren angegebenen Seriengesetzmäßigkeiten und die Abhängigkeit von der Dielektrizitätskonstanten haben sich hier nicht finden lassen. An Emission stehen die neuen Phosphore noch hinter den Sulfidphosphoren zurück. Lage der Emissionsbanden und ihrer Temperaturabhängigkeiten, sowie die Verhältnisse von Tilgung und Ausleuchtung warten noch der Untersuchung; Erregung wie Abklingung spiegelt sich in lichtelektrischer Leitung wieder. Die hier gewonnenen und in Aussicht stehenden Erkenntnisse werden zweifellos auch für die Deutung des reichen an Sulfidphosphoren bisher gewonnenen Beobachtungsmaterials von großer Fruchtbarkeit werden.

Ohne Zweifel wird sich noch eine Fülle anorganischer Verbindungen als geeignete Grundmaterialien für gute Kristallphosphore auffinden lassen.

3. Mineralische Kristallphosphore.

§ 50. Flußspat, Kalkspat usw. Eine außerordentlich große Anzahl natürlicher Mineralien phosphoresziert nach Einwirkung ultravioletten Lichtes; die Dauer und Helligkeit ist meist nur gering, verglichen mit den künstlichen Phosphoren. In vielen Fällen scheint die Beimengung in zu hoher Konzentration vorhanden. In vielen anderen Fällen beruht die geringe Intensität jedoch nur darauf, daß die Banden hohe Temperaturlagen haben. Erst beim Erwärmen wird die aufgespeicherte Lichtsumme abgegeben. Diese lange bekannte Erscheinung ist früher als Thermolumineszenz gesondert behandelt worden, obwohl schon Becquerel zeigte, daß abgeklungene Thermolumineszenz nur durch neue Bestrahlung wiederhergestellt werden kann.

Selbst an den bestbekannten mineralischen Phosphoren: Diamant, Flußspat, Kalkspat, ist weder die wahrscheinlich vielfältige wirksame Metallbeimengung ermittelt, noch liegen verwertbare Bestimmungen von Emissionsbanden und Erregungsverteilungen vor. Die Lichtemission ist im elektrischen Felde mit Elektrizitätsbewegung verbunden (Mackay, 1921). Dies beweist ihre nahe Verwandtschaft mit den vorher behandelten Gruppen. Die Abklingung läßt sich durch langwelliges Licht beeinflussen.

Auch Gläser phosphoreszieren gelegentlich, wenn auch nur kurzdauernd. Wir werden annehmen können, daß diese unterkühlten Flüssigkeiten teilweise entglast sind und die Phosphoreszenz auch hier an Mikrokristallgebiete geknüpft ist. Dafür spricht, daß die Erscheinung vor allem an gealterten Gläsern auftritt. Auch im Quarzglas von Quecksilberlampen wird Phosphoreszenz mit teilweiser Entglasung zusammenhängen.

4. Radiophosphore.

§ 51. Phosphoreszenz nach Einwirkung von Röntgenlicht. Eine Fülle anorganischer Kristalle und natürlicher Mineralien erlangt Phosphoreszenzfähigkeit durch vorausgegangene Bestrahlung mit Röntgenlicht. Eine dabei im Kristallgitter vorgegangene Veränderung äußert sich dabei in der Regel im Auftreten eines vorher fehlenden Absorptionsstreifens im sichtbaren oder ultravioletten Spektralgebiet. Steinsalz zeigt Absorption im Blaugrünen, Kalkspat im langwelligen Ultraviolett. Derart veränderte Kristalle verhalten sich nun vielfach genau wie andere Kristallphosphore. Zum Beispiel erregt blaugrünes Licht Steinsalz zu einer blaugrünlichen Phosphoreszenz. Temperaturerhöhung und rotes Licht leuchtet aus. Erregung und Ausleuchtung sind im elektrischen Felde mit Elektrizitätsbewegung verbunden.

Ein Unterschied besteht in der geringeren Stabilität der durch Röntgenlicht geschaffenen Phosphoreszenzzentren. Erhitzung auf einige hundert Grad zerstört sie beispielsweise bei Steinsalz innerhalb einiger Sekunden, bei Zimmertemperatur und im Dunkeln halten sie sich viele Wochen und Monate; im Sylvin sind die Zentren weit unbeständiger, im Flußspat dagegen viel haltbarer.

Parallel mit der Erregung geht bei Belichtung auch eine Zerstörung von Phosphoreszenzzentren; es handelt sich jedoch offenbar um voneinander unabhängige Lichtwirkungen.

Unbekannt ist noch, ob die Bildung von Phosphoreszenzzentren durch Röntgenlicht an spurenweise Beimengungen geknüpft ist, oder ob die Zentren durch die ionisierende Wirkung der Röntgenstrahlen aus dem Kristallgitter selbst gebildet werden.

Die optischen Erscheinungen sind vor allem von Przibram[1]) seit 1914 untersucht, ihre Deutung, elektrische Untersuchung und Verbindung mit den Kristallphosphoren wurde besonders von Gudden und Pohl und ihren Mitarbeitern seit 1923 durchgeführt.

II. Molekülphosphore [2]).

§ 52. Borsäurephosphore. Im Jahre 1920 fand Tiede[3]), daß viele fluoreszierende Stoffe in großer Verdünnung, in feste Bortrioxydhydrate eingebettet, kräftige Phosphoreszenz zeigen. Nachleuchtdauer und Helligkeit stellt diese neugefundene Gruppe durchaus an die Seite der hellsten sonst bekannten Phosphore, etwa der Erdalkalisulfide. Grundmaterial sind die

---

[1]) Zeitschr. f. Phys. **20**, 196, 1923.
[2]) Das Wort „Molekülphosphore" wurde zuerst von Tomaschek 1922 im Falle der Borsäurephosphore angewendet.
[3]) Ber. d. D. Chem. Gesellschaft **56**, 655, 1923; Ann. **67**, 612, 1922.

zwischen den Grenzfällen $B(OH)_3$ und B_2O_3 liegenden Entwässerungsstufen der Borsäure; die Grenzfälle selbst sind ebenfalls verwendbar; zum Unterschied von Kristallphosphoren kann man auch beim Auskristallisieren von Borsäure aus wässeriger Lösung mit Zusatz der organischen Stoffe gute Phosphore erhalten. Als wirksame Zusätze eignen sich nur aromatische und heterozyklische Verbindungen: Eosin, Fluoreszein, Phenanthren, Hydrochinon usw.; das günstigste Mengenverhältnis ist je nach dem Stoff $1:10\,000$ bis $1:100$. Die Emission wird fast nur durch das Kernsystem des organischen Moleküls bestimmt, Substituenten beeinflussen dagegen die Helligkeit. Die Emissionsbanden sind vielfach anders als die in Lösungsfluoreszenz beobachteten. Die Nachleuchtdauer beträgt $^1/_2$ bis 2 Minuten und ist merklich unabhängig von der Temperatur bis in die Nähe der Erweichungstemperatur. Die Erregungsverteilung fällt mit der selektiven Absorption der organischen Moleküle zusammen; ihre Lage ist weitgehend unabhängig vom Einbettungsmaterial. Ob eine Erregung auch durch Lichtabsorption in der Borsäure, die erst unter $2000\,m\mu$ beginnt, möglich ist, ist unbekannt, aber unwahrscheinlich

Radiolumineszenz fehlt vielfach; Druckzerstörung ist nicht feststellbar. Elektrische Ladungsbewegungen sind nicht nachzuweisen. Der geschmolzene

Fig. 1340.

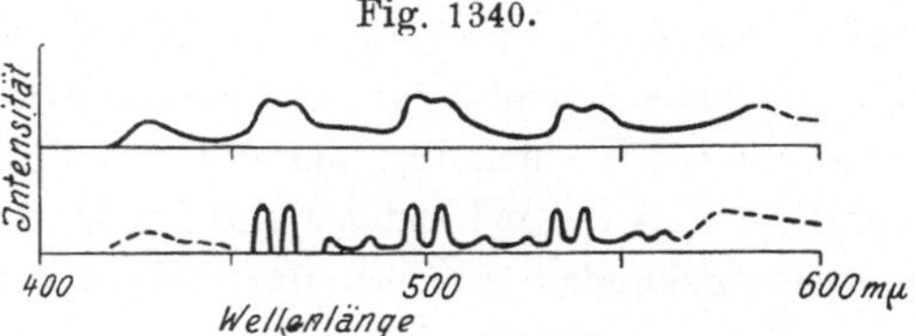

Phosphoreszenz - Emissionsspektrum von Phenanthren
in Borsäure (oben) und in Alkohol (unten); beides bei $-170^0\,C$ (nach Tiede).

Phosphor zeigt weder Phosphoreszenz, noch meist auch Fluoreszenz. Einzelne Verbindungen, beispielsweise Terephthalsäure, ergeben ein ausgedehntes kontinuierliches Spektrum, von einzelnen breiten Banden überlagert, andere, beispielsweise Phenanthren, ein Emissionsspektrum, das aus mehreren schmalen Banden (Fig. 1340) besteht. Da diese Banden nicht unabhängig voneinander variieren können, sind sie keineswegs den verschiedenen Banden etwa eines CaS Bi-Phosphors zu vergleichen.

Zwischen dem Emissionspektrum des Phenanthrens in Borsäure, dem Radiolumineszenzspektrum des festen Phenanthrens und dem Fluoreszenzspektrum des Phenanthrendampfes bestehen offenbar enge, aber noch schwer verständliche Beziehungen. Diese Hinweise mögen genügen; eine einleuchtende Deutung steht noch aus.

Die Abklingung der Borsäurephosphore läßt sich ebensowenig durch eine einzige e-Funktion darstellen wie bei den Kristallphosphoren. Das heißt, das wohldefinierte organische Molekül bestimmt zwar Absorption und Emission, aber die Lebensdauer des erregten Zustandes wird durch die mehr zufällige Wirkung der Borsäure bestimmt. Tiede und Schleede vertreten die einleuchtende Hypothese, daß die Stabilisierung der erregten Zustände durch starke Druckwirkungen in den erstarrten Borsäureschmelzen hervorgerufen wird.

Röntgenographisch findet sich keine Andeutung einer Kristallstruktur.

§ 53. Die Alkoholphosphore. Eng an die Borsäurephosphore schließen sich in ihrem ganzen Verhalten die von Kowalski[1]) (1910) entdeckten und erforschten Alkoholphosphore. Die gleichen organischen Moleküle in etwa 0,05 normaler Verdünnung phosphoreszieren in festem Alkohol unterhalb — 145⁰. Absorptions- und Emissionsbanden stimmen mit denen der Borsäurephosphore so gut wie völlig überein; die einzelnen Banden sind nur noch wesentlich schärfer ausgebildet, offenbar infolge geringerer Störung der Molekülfelder durch das Einbettungsmaterial. Die Absorptionsbanden (Erregungsbanden) sind übrigens schon in flüssigem Alkohol vorhanden und entstehen keineswegs erst beim Erstarren der Lösung.

Bemerkenswert ist, daß die schmalen und regelmäßig angeordneten Emissionsbanden, die sich der ziemlich kontinuierlichen, bei allen Temperaturen vorhandenen Fluoreszenzemission überlagern, erst etwa 10⁰ unterhalb des Alkoholerstarrungspunktes (— 135⁰) in kurzem Nachleuchten sichtbar werden und bei weiterer Abkühlung auf — 190⁰ an Lichtstärke und vor allem Dauer wesentlich zunehmen. Da der feste Alkohol bei dieser Abkühlung starke Kontraktion erfährt, stützt dies die Schleede-Tiedesche Hypothese über die Bedeutung eines Zwangszustandes für die Phosphoreszenz.

Kowalski nannte die Erscheinung „progressive Phosphoreszenz“, da die volle Nachleuchtintensität dieser Banden unter Umständen erst nach einer Bestrahlung von vielen Sekunden erreicht wird. Kopplung von langsamem Abklingen mit langsamem Anklingen ist jedoch ganz selbstverständlich, so daß kein Grund für den besonderen Namen besteht.

§ 54. Gelatinephosphore. Fast alle fluoreszierenden Lösungen phosphoreszieren in eingetrockneten Gelatinelösungen (E. Wiedemann, 1888), beispielsweise Eosin, Fluoreszein, Äsculin, Chininsulfat; die Dauer ist gering, nur beim Chininsulfat ist ein Nachleuchten einige Sekunden lang wahrnehmbar. Es scheinen durchweg dieselben Emissionsbanden wie in Fluoreszenz aufzutreten, nur die Lebensdauer des erregten Zustandes wächst. Zweifellos ist nicht die Gelatine wesentlich, sondern nur die Zähigkeit des Lösungsmittels. In der Tat konnte G. C. Schmidt (1899) die Gelatine durch andere geschmolzene und dann erstarrende organische Stoffe, wie Benzoesäure und Benzamid, ersetzen.

Bei Erregung mit linear polarisiertem Licht ist das Phosphoreszenzlicht im gleichen Betrag (etwa 21 Proz. für Eosin) polarisiert, wie das Fluoreszenzlicht unabhängig von der Lebensdauer des erregten Zustandes [Carelli und Pringsheim, 1923][2]). Die Deutung dieser Erscheinung ist offenbar die, daß die lumineszierenden Moleküle anisotrop sind und daher

---

[1]) Krak. Anz., Math.-Naturw. Kl. A., 1910, S. 12.
[2]) Zeitschr. f. Phys. **17**, 287, 1923.

diejenigen von ihnen bevorzugt absorbieren und nachher emittieren, die eine
bestimmte Lage zum Lichtvektor haben. Auffallend bleibt immerhin, daß
die Vektorlage bei Absorption und Emission so weitgehend übereinstimmen
soll, obwohl Absorption und Emission hier keineswegs einander reziprok sind.

§ 55. Phosphoreszenz bei tiefen Temperaturen. Eine große Zahl
organischer Stoffe erhält bei Abkühlung auf die Temperatur der flüssigen Luft
die Eigenschaft kurz dauernder Phosphoreszenz (Dewar, 1895). Es ist zwecklos,
Beispiele anzuführen, da so gut wie in keinem Falle der eigentliche Träger der
Phosphoreszenz ermittelt ist, sondern stets nur das Einbettungsmaterial bekannt
ist. Es besteht zum mindesten kein Anlaß zu zweifeln, daß auch bei all diesen
Phosphoreszenzen spurenweise Beimengungen vermutlich an sich fluoreszenzfähiger
organischer Moleküle die eine wesentliche Bedingung darstellen, und daß andererseits die tiefe Temperatur die erforderliche Störungsfreiheit (vielleicht auch einen
Zwangszustand) bringt.

III. Komplexphosphore.

§ 56. Die Uranyl- und Platincyanidphosphore. Nur der Vollständigkeit halber seien diese Phosphore erwähnt. Die Nachleuchtdauer ist
überaus kurz; es kommt nur phosphoroskopische Beobachtung in Frage. Ihre
Untersuchung wird daher auch allgemein im Rahmen der Fluoreszenzforschung
durchgeführt. Weder bei Erregung noch bei der Emission haben sich bisher
elektrische Ladungsbewegungen nachweisen lassen. Wir nehmen daher Ver-
lagerung von Elektronenbahnen innerhalb des UO_2- bzw. $PtCy_4$-Komplexes
an. Bei $PtCy_4$ ist die Lumineszenz an den kristallisierten Zustand geknüpft;
Uranylverbindungen fluoreszieren auch in Lösung.

§ 57. Zusammenfassendes über die Phosphoreszenzerscheinungen.
Das Kennzeichnende aller Phosphore ist die Fähigkeit, absorbierte Lichtenergie in potentieller Form eine gewisse Zeitlang aufzuspeichern und dann
unter Lichtemission zu verausgaben. Ob übrigens die Energie durch Lichtabsorption oder durch Korpuskularstrahlung zugeführt wird, ist dabei von
untergeordneter Bedeutung. Bei den Kristallphosphoren ist der Auf-
speicherungsvorgang die Folge einer lichtelektrischen Elektronenabspaltung,
wobei das abgespaltene Elektron keineswegs in eine definierte Endlage zu
gelangen braucht. Wird das Elektron auf irgend eine Weise ersetzt, so wird
mindestens die Ablösungsenergie frei und auf den Emissionsmechanismus
übertragen. Dieser reagiert dann ganz unabhängig von der Größe der zur
Verfügung gestellten Energie stets mit seiner Eigenfrequenz, sofern nur das
Energieminimum geliefert wird.

Diese elektrischen Befunde lassen nun die Phosphoreszenzvorgänge in
Kristallphosphoren in den größeren Rahmen der lichtelektrischen Wirkung
in Kristallen einordnen. Die Lichtabsorption führt zu Elektronenabspaltung,
im elektrischen Felde liefert sie den negativen Anteil des Primärstromes, bei
Phosphoreszenzfähigkeit sprechen wir von Erregung; der folgende Ersatz der
Elektronen liefert einerseits den positiven Anteil des Primärstromes, andererseits die Energie für die Lichtemission. Ob Lichtemission tatsächlich eintritt
oder nicht, hängt von besonderen noch unbekannten Bedingungen ab.

In letzter Zeit hat A. Smekal die Erscheinungen der Kristallphosphoreszenz, inneren lichtelektrischen Wirkung und Verfärbung auf „Lockerstellen" im idealen Kristallgitter zurückzuführen gesucht und mit den Kohäsionseigenschaften der „Real"-Kristalle in Verbindung gebracht (vgl. etwa Phys. Zeitschr. **27**, 837, 1926).

Bei den Molekülphosphoren scheint im Gegensatz dazu als Ergebnis der Lichtabsorption eine „Anregung" des Moleküls wahrscheinlich, d. h. eine ganz bestimmte Umlagerung der Elektronenbahnen in einen energiereicheren Zustand des Moleküls, der durch besondere Einwirkung der Umgebung (Spannungen?) in geringem Maße stabilisiert werden kann. Der Emissionsmechanismus ist auch bei den Molekülphosphoren im wesentlichen unabhängig vom Absorptionsmechanismus.

Auch in den Komplexphosphoren liegt die Annahme angeregter metastabiler Molekülzustände nahe. Zumal bei den Uranylphosphoren bildet überdies das Emissionsspektrum anscheinend eine Fortsetzung des Absorptionsspektrums, so daß hier eine der Resonanzfluoreszenz von Gasen am nächsten kommende Kopplung von Erregung und Emission vorzuliegen scheint.

D. Photochemie.

§ 58. Einleitung. Photochemie ist die Lehre von den chemischen Umsätzen, die an Absorption von Licht jeder Wellenlänge geknüpft sind.

Man kennt heute eine unübersehbare Fülle von Reaktionen, die unter normalen Temperatur- und Druckbedingungen teils nur im Licht verlaufen, teils durch Licht beschleunigt werden; erstere sind teils arbeitsleistend, teils arbeitspeichernd.

Eine scharfe Grenze der photochemischen Erscheinungen gegenüber thermischer Absorption, lichtelektrischer Wirkung, Fluoreszenz und Phosphoreszenz besteht nicht; vielmehr können alle diese Vorgänge gleichzeitig, ja ursächlich verbunden auftreten, und in manchen Fällen bleibt es zudem Geschmacksache, wie weit man den Begriff „chemischer Umsatz" fassen will. Eine reine Zweckmäßigkeitsfrage ist es weiterhin, ob man die chemischen Wirkungen vom Röntgenlicht und γ-Strahlung als Photochemie behandeln will; jene Wirkungen beruhen fast ausschließlich auf der Stoßwirkung von schnellen und langsamen Elektronen, die durch die Absorption und Zerstreuung kurzwelligster Strahlung ausgelöst sind; sie werden daher wohl am besten gemeinsam mit den chemischen Wirkungen von Korpuskularstrahlung betrachtet. Da auf der anderen Seite ultrarotes Licht (vom kurzwelligen Ende abgesehen) und elektromagnetische Wellen keine chemischen Wirkungen mehr aufweisen, ergibt sich eine praktische Beschränkung der Photochemie auf chemische Wirkung des Lichtes im Spektralbereich von etwa 100 bis 1000 mμ. Photochemisch wirksam ist eben wesentlich nur die durch äußere Elektronen verursachte Lichtabsorption, da diese Elektronen gleichzeitig die chemischen Bindungen bedingen.

Die Bedeutung der Photochemie ist vielfältig. Der für das gesamte organische Leben grundlegende Vorgang ist die photochemische Kohlensäureassimilation in den Pflanzen; jede zweckmäßige und wirtschaftliche Ausnutzung der Sonnenenergie wird auf photochemischem Wege erfolgen müssen, jedenfalls nicht auf dem Umwege über thermische Absorption; zahlreiche technische Synthesen und Umsetzungen benutzen photochemische Wirkungen, der auch physikalisch bedeutsamste Prozeß ist der der Photographie; schließlich ist das Studium photochemischer Reaktionen in gleichem Maße fruchtbar für die Atomphysik und ihre Anwendung auf die atomaren und molekularen Vorgänge bei chemischen Umsätzen.

Photochemie läßt sich im Rahmen eines physikalischen Lehrbuches naturgemäß nur sehr einseitig behandeln. Das Schwergewicht der Photochemie liegt auf dem Gebiet der Chemie; diese Seite muß aber hier ganz außer Betracht bleiben. Die Entwicklung der letzten Jahre geht dahin, die Grundlagen der Chemie, molekulare Bindungen und Wechselwirkungen, zu einem Forschungszweig der Physik werden zu lassen. Die verheißungsvollen Ansätze, die die Photochemie in Verbindung mit Quantentheorie und Atomphysik in dieser Richtung bisher geliefert hat, bilden daher den Hauptgegenstand der Darstellung.

§ 59. Charakteristische photochemische Reaktionen. Eine Auswahl einfacherer, und die verschiedenen Möglichkeiten kennzeichnender photochemischer Reaktionen gibt folgende Übersicht: Es sind absichtlich keine stöchiometrischen Formeln angeschrieben, sondern nur die beobachtbaren Endprodukte vermerkt, da über den Umsatzmechanismus wenig bekannt ist. Doppelpfeile besagen, daß Belichtung je nach den Umständen, vor allem Wellenlänge, die Reaktion in der einen oder anderen Richtung leiten kann. Ein gestrichelter Pfeil besagt, daß die Reaktion bei normaler Temperatur im Dunkeln verläuft. Links ist das energieärmere, rechts das energiereichere System.

Tabelle 8.

1. $O_2 \rightleftarrows O_3$, gasförmig.

2. $As_{metall.} \longleftarrow As_{gelb}$, fest.

3. $HCl \rightleftarrows H_2 + Cl_2$, gasförmig.
   Desgleichen für Br und J.

4. $H_2O \rightleftarrows H_2 + O_2$, gasförmig bzw. flüssig und gasförmig.

5. $NH_3 \longrightarrow N_2 + H_2$, gasförmig (umgekehrte Richtung setzt höhere Frequenz als
   $\longleftarrow$ (katalysiert) bisher verwendet voraus).

6. $C_{14}H_{10} \longrightarrow C_{28}H_{20}$, in Lösung und festem Zustand; Anthracen u. Dianthracen.

7. $\underset{\displaystyle HC\!-\!COOH}{HOOC\!-\!CH} \longrightarrow \underset{\displaystyle HC\!-\!COOH}{HC\!-\!COOH}$, Lösung; Malein- u. Fumarsäure, energetisch (Isomere) nahezu gleichwertig.

8. $AgCl \rightleftarrows Ag + Cl_2$, fest; photographischer Prozeß.

9. $Cl_2 + H_2O \longrightarrow HCl + O_2$, Lösung.

10. $C_6H_4{<}^{NO_2}_{COH} \longrightarrow C_6H_4{<}^{NO}_{COOH}$, o-Nitrobenzaldehyd u. o-Nitrobenzolsäure (intramolekulare Umlagerung).

11. $CO_2 + H_2O \longrightarrow (CH_2O)n + O_2$, Kohlensäureassimilation in der Pflanzenzelle.

Die Beispiele zeigen photochemische Reaktion in allen drei Aggregatzuständen; darunter solche mit Energiezunahme und solche mit Energieabnahme; ferner solche, die unter normalen Bedingungen nur im Licht bekannt sind: „spezifische" und solche, die auch im Dunkeln ablaufen (Beispiel Nr. 2), „katalytische"; Photolysen und Photosynthesen.

Als Vorlesungsversuche eignen sich die Zersetzung des Jodwasserstoffs und die Wasserbildung aus Knallgas im ultravioletten Lichte. Man leitet die Gase durch Quarzröhren, die man aus nächster Nähe mit einer Quarzquecksilberlampe belichten kann, in eine Stärkelösung bzw. Wasser. Im Falle des JH färbt sich die Stärkelösung, sobald infolge der Belichtung freies Jod auftritt, im Falle des Knallgases hört das Durchperlen von Gasblasen durch das Wasser auf, sobald durch die Belichtung das Knallgas sich zu Wasser vereinigt. Man entwickelt das Knallgas fortlaufend elektrolytisch, Explosionsgefahr besteht nicht (Coehn).

Gelegentlich wird der Nutzeffekt[1] $\eta \left(\dfrac{= \text{Änderung der chem. Energie}}{\text{absorbierte Strahlungsenergie}} \right)$ betrachtet. Er ist bei arbeitspeichernden Reaktionen positiv, jedoch entsprechend dem zweiten Hauptsatz stets < 1. Wirtschaftlich bedeutsam, läßt sich physikalisch mit dem Begriff nicht viel anfangen, da, wie weiterhin gezeigt wird, die Vorgänge überaus verwickelt sind.

§ 60. Entwicklung der Photochemie bis zum Eingreifen der Quantentheorie. Die erste allgemeingültige Gesetzmäßigkeit für die zahlreichen Beobachtungen „lichtempfindlicher" Stoffe verdanken wir Grotthus und Draper. Schon Grotthus wies 1817 darauf hin, daß Lichtabsorption, wenigstens in vielen Fällen, Ursache chemischer Wirkung sei (das war damals, lange vor Entdeckung des Energiesatzes, keineswegs selbstverständlich). Draper sagte dann 1845, daß ohne Absorption überhaupt keine photochemische Wirkung möglich sei. Eine zweite wichtige Gesetzmäßigkeit fanden Bunsen und Roscoe 1857, indem sie aus dem Falle der Chlorknallgasvereinigung ableiteten, daß der photochemische Umsatz nur vom Produkt: Intensität $\times$ Belichtungszeit ($J.t$) abhängt (Lichtmengengesetz, auch Wittwersches Gesetz, 1853).

An dritter Stelle kann man die Entdeckung H. W. Vogels (1873) nennen, daß photographische Platten durch gewisse Farbstoffe für langwelliges (grün bis rotes) Licht sensibilisiert werden können; daraus war zu folgern, daß die Lichtabsorption nicht notwendig im chemisch sich umsetzenden System erfolgen muß.

Während in der zweiten Hälfte des 19. Jahrhunderts die photochemischen Untersuchungen im wesentlichen von Zielen der photographischen Technik geleitet werden, setzt um die Jahrhundertwende die Entwicklung der Photochemie als Sonderwissenschaft ein. Einerseits waren es präparative Zwecke mannigfachster Art, andererseits war aber auch Erforschung der photochemischen Vorgänge Selbstzweck. Die Arbeitsziele und Fragestellungen waren dabei wesentlich dem chemischen Gedankenkreis entnommen. Man

---

[1] Bezüglich der Bezeichnungen hat sich noch kein fester Gebrauch herausgebildet; es ist daher bei jedem Autor auf die besondere Definition genau zu achten.

untersuchte Gleichgewichte, Anwendbarkeit des Massenwirkungsgesetzes, man bestimmte Temperaturkoeffizienten und Ordnung der Reaktionen, und nur in seltenen Fällen verglich man die absorbierte Energie mit dem chemischen Umsatz. Die Photochemie blieb ausschließlich Teilgebiet der Chemie. Für unsere Betrachtung wichtige Ergebnisse der damaligen Forschung sind folgende:

1. Die Temperaturkoeffizienten photochemischer Reaktionen sind nahezu 1, d. h. die Umsätze sind praktisch temperaturunabhängig, während Dunkelreaktionen bei Zimmertemperatur Temperaturkoeffizienten um 2,5 besitzen, d. h. bei 10⁰ Temperaturerhöhung rund doppelt so rasch ablaufen.

2. Das die normalen chemischen Reaktionen beherrschende Massenwirkungsgesetz erscheint vielfach nicht gültig: Man findet den Umsatz von der Konzentration der Komponenten mehr oder weniger unabhängig.

3. Gewisse photochemische Reaktionen können auch durch optisch unwirksame Zusätze ermöglicht oder gehemmt werden. Zum Beispiel verlaufen viele Reaktionen nur bei Anwesenheit von Wasserdampf; bei anderen wird durch Sauerstoff u. a. Beimengungen der Umsatz herabgesetzt.

Manche als „klassisch" bezeichnete ältere Arbeit, wie die von Bunsen und Roscoe über die chemische Wirkung der Sonnenstrahlung mit einem Chlorknallgas-„Aktinometer", können heute in mancher Hinsicht nicht mehr als sinnvoll angesehen werden. . Aktinometerkurven haben natürlich nichts mit chemischer Wirksamkeit als solcher zu tun, sondern sind mehr oder minder zufälliges Produkt der Versuchsbedingungen.

Das Ergebnis dieser Forschungsperiode war, daß neben den in ihrem Mechanismus völlig unklaren Dunkelreaktionen Lichtreaktionen mit völlig eigenen, aber ebenso unverständlichen Gesetzmäßigkeiten stehen und beide sich anscheinend störungslos überlagern können.

§ 61. Eingreifen der Quantentheorie und photochemisches Grundgesetz. Eine entscheidende Wendung, die sich allerdings nur allmählich auswirkte, brachte das Jahr 1905. A. Einstein[1]) erweiterte die Plancksche Quantenhypothese dahin, daß jede Strahlungsabsorption in Energiequanten der Größe $h\nu$ erfolgt. Diese Auffassung, vereinigt mit der Anwendung des Energieprinzips auf den molekularen Einzelvorgang, liefert das photochemische Grundgesetz. Ein später (1912) von Einstein[2]) abgeleitetes und thermodynamisch begründetes „photochemisches Äquivalentgesetz" sagt aus, daß für jedes absorbierte Lichtquant stets ein und nur ein Molekül umgesetzt wird. Dieser Idealfall scheint selten oder nie verwirklicht. Wir verzichten daher auf diese engere Fassung des Grundgesetzes. Strahlungsabsorption erfolgt in Energiequanten $h\nu$ durch einzelne Moleküle; zum photochemischen Umsatz ist notwendig, daß ein solches Energiequant größer ist als die beim Umsatz erforderliche Wärmetönung q pro Molekül.

---

[1]) Ann. **17**, 132, 1905.
[2]) Ebenda **37**, 832, 1912.

Aus diesem Gesetz läßt sich eine Reihe von Folgerungen ziehen:

1. Nur Absorption genügend hoher Frequenz kann photochemisch wirksam sein; Absorption schlechthin reicht nicht aus.

Dies erklärt die besonders häufige Wirksamkeit ultravioletten Lichtes, die bekanntlich Anlaß zur heute höchst überflüssigen Bezeichnung „chemische" oder „aktinische" Strahlen gegeben hat.

2. Die Strahlungsenergie verteilt sich nur auf so viel Moleküle, als in der absorbierten Strahlung Quanten $h\nu$ enthalten sind. Es erhalten somit einzelne Moleküle Energiebeträge, wie sie der mittleren Wärmeenergie bei einigen $10\,000^0$ entsprechen (vgl. Tabelle 9 und 9a).

Tabelle 9.　　　　　　　　　　Tabelle 9a.

Wellenlänge in $m\mu$	Frequenz in $sec^{-1} \cdot 10^{-14}$	Energiequant in Erg $\cdot 10^{12}$	Energie pro Mol in kgcal	Energiequant, ausgedrückt im Voltmaß	„Soll"-Ausbeute in Mol pro kgcal	Thermische Energie	
						Temperatur in Zentigrad	Mittlere Translationsenergie in Erg $\cdot 10^{12}$
2860	1,05	0,685	10	0,43	0,101	20^0	0,0603
1287	2,33	1,59	23,1	1,0	0,045	200	0,0973
1000	3,0	1,96	28,4	1,23	0,035	1 000	0,262
800	3,75	2,44	35,4	1,53	0,028	5 000	1,088
600	5,0	3,26	47,3	2,05	·0,021	20 000	4,15
570	5,26	3,44	50	2,16	0,020	50 000	10,3
500	6,0	3,92	56,9	2,46	0,0175	100 000	20,5
400	7,5	4,90	71,0	3,07	0,014		
300	10,0	6,53	94,7	4,10	0,0105	Mehr als n-fach mittlere	
283	10,6	6,90	100	4,33	0,010	Energie hat d. Bruchteil ϑ	
246	12,2	7,97	115,5	5,00	0,0087		
200	15,0	9,80	142	6,15	0,0070	n	ϑ
150	20	13,05	189	8,18	0,0053		
142	21,1	13,8	200	8,66	0,0050		
123	24,3	15,9	231	10,0	0,00435	5	$5 \cdot 10^{-4}$
100	30	19,6	284	12,3	0,0035	10	$3 \cdot 10^{-7}$
						20	$8 \cdot 10^{-14}$

Dies erklärt einerseits das Fehlen eines Schwellenwertes der Lichtintensität, andererseits die Bedeutungslosigkeit von geringen Temperaturänderungen (Temperaturkoeffizient ~ 1), schließlich die Erfahrung, daß photochemische Reaktionen häufig Dunkelreaktionen bei sehr hoher Temperatur entsprechen.

3. Die „photochemische Wirkung"[1] $\left(= \dfrac{\text{umgesetzte Menge}}{\text{absorbierte Energie}} \right)$ hängt von der absorbierten Lichtmenge ($J \cdot t$), nicht von den einzelnen Faktoren Intensität (J) und Belichtungsdauer (t) ab. Darin sind die Sätze von Grotthus und Bunsen-Roscoe enthalten.

4. Wenn das „Umsatzverhältnis"[1]

$$\left(= \frac{\text{Zahl der ursprünglich vom Licht umgesetzten Moleküle}}{\text{Zahl der absorbierten Quanten}} \right)$$

---

[1] In der Bezeichnung ist bewußt von den vielfach benutzten Warburgschen Definitionen abgewichen. Darauf ist bei Benutzung der Literatur zu achten.

$u = 1$ ist und die „Folgereaktionen“ (§ 63) eindeutig sind, so ist die „photochemische Ausbeute“ [1]

$$\left(= \frac{\text{Zahl der umgesetzten Mole des Ausgangsstoffes}}{\text{Zahl der absorbierten Grammkalorien}} \right)$$

$\alpha = 0,352 . 10^{-5} \lambda_{m\mu}$ oder unter Umständen ein kleines ganzzahliges Vielfaches davon.

Ist bei eindeutiger Folgereaktion das Umsatzverhältnis kleiner als 1 (siehe unten), so ist auch die Ausbeute nur ein entsprechender Bruchteil vorstehenden Sollwertes.

Das Grundgesetz macht also über das bislang Bekannte hinaus eine quantitative Aussage und ist deshalb gelegentlich mit Recht mit dem Faraday-schen Gesetz der Elektrolyse verglichen worden.

Ein Umsatzverhältnis unter 1 zeigt ein Nebeneinanderbestehen von thermischer und photochemischer Absorption [2] an. Die bei arbeitleistenden photochemischen Reaktionen auftretende Erwärmung kann dagegen nicht als thermische Absorption aufgefaßt werden.

5. Wenn die Folgereaktionen nicht eindeutig sind, sondern völlig unabhängige „sekundäre“ chemische Dunkelreaktionen dem ursprünglichen Lichtumsatz folgen (Kettenreaktion, Nernst, 1918), so kann unabhängig vom Umsatzverhältnis die Ausbeute jeden beliebigen Wert annehmen, vgl. § 64. In solchem Falle ist Temperatur-, Druck-, Konzentrationsabhängigkeit verständlich.

6. Wenn ein bestimmter Umsatz $A \rightarrow \bar{A} \rightarrow B$ nicht möglich ist, weil beispielsweise der durch das verfügbare Quant erreichbare Zustand $\bar{A}$ den Übergang nach B noch nicht gestattet, so kann durch Zusatz einer aus der Endreaktion wieder ausscheidenden Komponente die Möglichkeit geschaffen werden: $A \rightarrow \bar{A} \rightarrow C \rightarrow B$. Beispiel für diese chemische Sensibilisation ist:

$Cl_2 \xrightarrow{+h\nu} Cl + Cl \xrightarrow{+H_2}$ führt zu keiner HCl-Bildung; dagegen

$$Cl_2 \xrightarrow{+h\nu} Cl + Cl \underbrace{\xrightarrow{+H_2O} HCl + OH + Cl}_{\text{hypothetisch}} \xrightarrow{+H_2} 2\,HCl + H_2O.$$

§ 62. Atomphysikalische Ergänzungen zum Grundgesetz. Bei Aufstellung des Grundgesetzes gab es noch keinerlei bestimmte Auffassungen über die Art, wie die absorbierte Energie $h\nu$ verwendet bzw. wieder abgegeben wird. Auf Grund der Bohrschen Atomtheorie (1913) und besonders auf experimentellen Arbeiten von J. Franck fußend, nehmen wir an, daß die Absorption zur „Anregung“ (nur im Grenzfall: Ionisation) führt. Angeregte Moleküle oder Atome tragen die aufgenommene Energie $h\nu$ eine ge-

---

[1] Siehe nebenstehende Note 1.

[2] Entschieden abzulehnen ist die seit Bunsen gelegentlich gemachte Unterscheidung eines photochemischen und eines thermischen Absorptionskoeffizienten, deren Summe den optisch gemessenen ergibt. Ob die von Bunsen angegebene photochemische „Extinktion“ (Änderung der Absorption bei chemischer Reaktionsmöglichkeit) wirklich besteht, ist sehr fraglich. Weigert konnte sie nicht bestätigen, und gegen Bunsens Anordnung lassen sich schwerwiegende Bedenken erheben.

wisse Zeit (Größenordnung 10^{-8} sec, in sogenannten „metastabilen" Zuständen auch um mehrere Größenordnungen länger) bei sich und emittieren sie dann wieder (vgl. dieses Kapitel B). Falls innerhalb der Verweilzeit eine Störung (Zusammenstoß) erfolgt, kann die Energie auch strahlungslos abgegeben werden (Stoß zweiter Art). Sie geht dabei in kinetische Energie der in Wechselwirkung befindlichen Moleküle bzw. chemische Energie über (Dissoziation, Polymerisierung, Umlagerung usw.). Für unseren Zweck wesentlich sind zwei experimentelle Befunde: 1. daß Moleküle durch Strahlungsabsorption Vielfache ihrer Dissoziationsenergien aufnehmen können, ohne zu dissoziieren (Beispiel: J_2, S_2, H_2) [Stern und Volmer u. a. 1919][1]. Daneben gibt es aber auch Fälle einer unmittelbaren Moleküldissoziation durch Lichtabsorption in ein normales und ein angeregtes Atom, wie z. B. bei Chlor, oder in zwei unangeregte, neutrale Atome, wie z. B. bei Na Cl; 2. daß die von einem Molekül aufgenommene Energie mehr oder weniger vollständig an andere durch Stoß abgegeben werden kann, und diese dadurch zur Ausstrahlung oder zu chemischem Umsatz oder Dissoziation befähigt werden [J. Franck, 1920][2]. So kann H_2 durch Licht dissoziiert werden, das von beigemengtem Hg-Dampf absorbiert wird (2536 Å).

Die Auffassung des ursprünglichen photochemischen Vorganges als einer „Anregung" ist vor allem systematisch von Stern und Volmer (1919) und Franck (1921) durchgebildet worden, findet sich jedoch schon bei Warburg (1916), ja J. Stark (1908) angedeutet.

Sie erlaubt nachstehende, das Grundgesetz ergänzende Folgerungen:

1. Da die photochemische Energieabgabe eines angeregten Moleküls meist in Wechselwirkung mit anderen erfolgt, wird ein Bruchteil der Energie auch auf sonst unbeteiligte Moleküle übergehen können. Ist also die verfügbare $h\nu$-Energie nicht wesentlich größer als die zum Umsatz erforderliche q, so wird dieser Umsatz in vielen Fällen unmöglich.

Demnach ist für $h\nu = q$ kein unstetiger Sprung in der Ausbeute von 0 auf den Sollwert α zu erwarten, sondern dieser wird erst für $h\nu \gg q$ erreicht. Im Zwischengebiet ist das Umsatzverhältnis < 1 (gleichzeitige thermische Absorption). Umgekehrt kann ein kleiner Fehlbetrag an Energie aus der Wärmeenergie gedeckt werden. Es sind also auch für $h\nu < q$ noch Umsätze möglich, und in der Nähe dieser Grenzfrequenz auch der größte Temperaturkoeffizient der photochemischen Reaktion zu erwarten.

2. Wenn $h\nu > q$, jedoch die Frequenz ν nicht absorbiert wird, so ist es möglich, durch Zufügung von Molekülen, die die Frequenz ν absorbieren, die aufgenommene Energie auf die reaktionsfähigen Molekeln zu übertragen und so eine photochemische Reaktion optisch zu sensibilisieren (Cl_2 sensibilisiert die O_3-Zerlegung für violettes Licht; Weigert, 1907). Bemerkenswert ist allerdings, daß in bestimmten Fällen nicht einmal innerhalb ein und desselben Moleküls Energieübertragung möglich ist. So zeigten Henri und

---

[1]) Zeitschr. f. wiss. Phot. **19**, 275, 1920.
[2]) Zeitschr. f. Phys. **9**, 259, 1922; **11**, 161, 1922.

Wurmser 1913, daß Acetaldehyd $H-\overset{H}{\underset{H}{C}}-C\overset{O}{\underset{H}{\diagdown}}$ nur in dem Absorptions-

streifen zu photochemischem Umsatz befähigt ist, der der $C\overset{O}{\underset{H}{\diagup}}$-Gruppe zugehört (277 m$\mu$), während die kurzwelligere Absorption der CH_3-Gruppe
($\lambda < 220$ mμ) photochemisch unwirksam bleibt.

3. Da die $h\nu$-Energie eine gewisse Zeit im Molekül aufgespeichert bleibt
und bei einer Wechselwirkung mit einer anderen verfügbar ist, werden Umsätze denkbar, bei denen die Energie für vorhergehende Dissoziation gar nicht
ausreicht. Es können energetisch benachbarte Zustände ineinander übergeführt werden, ohne daß „die Energieberge der freien Atome überschritten
werden" müßten (Bodenstein).

Beispiel: $2\,NH_3 \rightarrow 2\,N + 6\,H \rightarrow N_2 + 3\,H_2$ erfordert s e h r viel mehr
Energie als der unmittelbare Umsatz $2\,NH_3 \rightarrow N_2 + 3\,H_2$ ohne vorherige
völlige Spaltung. $2\,NH_3 + 2.276$ kgcal $= 2\,N + 6\,H = N_2 + 276$ kgcal
$+ 3\,H_2 + 3.100$ kgcal, während $2\,NH_3 + 24$ kgcal $= N_2 + 3\,H_2$; es ist
zufällig die Bildungswärme des Stickstoff- und des Ammoniakmoleküls aus
den Atomen übereinstimmend. Auch $O_2 \rightarrow O + O \xrightarrow{+2\,O_2} 2\,O_3$ erfordert mehr
Energie als der Umsatz $O_2 + O_2 \rightarrow O_3 + O \xrightarrow{+O_2} 2\,O_3$, bei dem nur ein O-Atom
auftritt. Dabei ist das Endergebnis in beiden Auffassungen (auch energetisch)
dasselbe.

4. Falls n u r im a n g e r e g t e n Zustand ein Umsatz möglich ist, so muß
Druckverminderung oder Zusatz indifferenter Gase die Ausbeute herabsetzen,
da die Wahrscheinlichkeit für die angeregten Moleküle, noch im voll angeregten Zustand ein zum Umsatz befähigtes zu treffen, verringert ist.

Einfluß beigemengter Gase wird um so geringer sein, je größer $h\nu$
gegenüber q.

5. Es wird verständlich, daß keineswegs in einer Umkehrung photochemischer A b s o r p t i o n nun auch im umgekehrten Sinne verlaufende
chemische Reaktionen mit E m i s s i o n verbunden sind. Der photochemische
Umsatz ist Übergang von Anregungsenergie in chemische und hat gar nichts
mit dem Absorptionsvorgang selbst zu tun. Die Anregungsenergie wird eben
e n t w e d e r reemittiert (bei Fehlen von Störungen) o d e r in kinetische bzw.
chemische Energie umgewandelt (vgl. die Bemerkungen über Chemilumineszenz
§ 72).

§ 63. Experimentelle Prüfungen des Grundgesetzes. Die aus dem
Grundgesetz und seinen Ergänzungen gezogenen Folgerungen haben, wie wir
sahen, Verständnismöglichkeiten für eine Fülle älterer Beobachtungen gegeben;
notwendig ist aber naturgemäß Prüfung der quantitativen Aussagen; es
kommt an auf die Bestimmung der Ausbeute α in Abhängigkeit von der
Wellenlänge λ. Einleuchtend ist, daß sich zunächst nur chemisch leicht zu
übersehende Reaktionen eignen. Vor allem brauchbar sind Gasreaktionen,
weil nur bei solchen vorläufig die Wechselwirkung zwischen Molekülen einiger-

maßen verfolgt werden kann. Günstig ist eine auf großen Wellenlängenbereich ausgedehnte, nicht zu schwache Absorption. Erforderlich ist quantitative Bestimmung der absorbierten monochromatischen Energie in absolutem Maß und der dadurch bewirkten Umsetzung in Molen. Es würde zu weit führen, Versuchsanordnungen im einzelnen zu besprechen, da sie einerseits sehr vom Einzelfall abhängig sind und andererseits alle angewendeten Meßverfahren aus den übrigen Zweigen der Physik her geläufig sind. Bezüglich Versuchstechnik sei außer auf die Originalarbeiten auf Dr. G. Jung, Photochemische Arbeitsmethoden in Staehlers Handbuch der anorganischen Arbeitsmethoden, verwiesen. Sozusagen alle älteren photochemischen Untersuchungen und auch viele neuere haben mangels Verwendung monochromatischen [1]) Lichtes und Messung der absorbierten Energie für unsere Fragestellung kaum qualitativen Wert. Es bleiben nur die klassischen Untersuchungen E. Warburgs aus den Jahren 1911 bis 1920, zu denen erst in letzter Zeit einige Arbeiten, vor allem aus der Nernstschen Sch

Die grundlegenden Warburgschen[2])   ˙ Tabelle 10.
Sie enthält die beobachtete photochemisc   ab-

Tabelle 10.

Reaktion	$\lambda = 207\,\mathrm{m}\mu$		$\lambda = 253\,\mathrm{m}\mu$		$\lambda =$	
	$\alpha \cdot 10^2$	u	$\alpha \cdot 10^2$	u	$\alpha \cdot 10^2$	
1. $JH \rightarrow J_2 + H_2$	2 . 0,72	0,99	2 . 0,925	1,04	2 . 1,04	1,05
2. $BrH \rightarrow Br_2 + H_2$	2 . 0,765	1,05	2 . 0,895	1,00	—	—
3 a) $O_2 \rightarrow O_3$, Druck 125 kg/cm²	3 . 0,70	0,96	3 . 0,49	0,55	—	—
3 b) $O_2 \rightarrow O_3$, Druck 300 kg/cm²	2 . 0,57	0,78	2 . 0,26	0,29	—	—
4. $O_3 \rightarrow O_2$ in Helium . . .	—	—	2 . 0,76	0,85	—	—
5. $NH_3 \rightarrow N_2 + H_2$	2 . 0,17	0,23	—	—	—	—
6. $KNO_3 \rightarrow KNO_2 + O_2$ in Lösung	0,18	0,25	—	—	—	—
7. Fumarsäure —→ Maleinsäure	0,08	0,11	—	—	—	—
8. Maleinsäure —→ Fumarsäure	0,02	0,03	—	—	—	—

sorbierte gcal und das unter einfachsten Annahmen daraus berechnete Umsatzverhältnis u. Überdies in einem Falle den Nutzeffekt

$$\eta = \left(\frac{\text{Änderung d. chem. Energie}}{\text{absorbierte Energie}}\right).$$

Ersichtlich können nur die beiden ersten Reaktionen als volle Bestätigungen der quantitativen Aussage des Grundgesetzes gelten. Die ge-

---

[1]) Bei nicht monochromatischer Strahlung wird häufig eine von den ursprünglichen Komponenten nicht absorbierte, und daher unwirksame Wellenlänge von einem Umsetzungsprodukt absorbiert und kann dadurch in den Ablauf eingreifen (Antagonismus der Wellenlänge). Wenn sich die Absorptionsgebiete ursprünglicher Komponenten und Umsetzungsprodukte überlappen, ist eine derartige Verwicklung allerdings auch bei monochromatischer Bestrahlung möglich und kann dann zu einem stationären Zustand, dem sogenannten photochemischen Gleichgewicht, führen, wie im Falle einer gleichzeitig ablaufenden Dunkelreaktion. Solche Fälle (besonders des Antagonismus) sind beispielsweise von Coehn und Stuckardt 1916 untersucht.

[2]) Ber. d. Berl. Akad. 1911, S. 746; 1912, S. 216; 1914, S. 881; 1919, S. 960.

fundene Ausbeute ist bei allen Wellenlängen rund doppelt so groß wie der Sollwert. Die Folgereaktion ist eindeutig die, daß auf jedes absorbierte Quant zwei Halogenwasserstoffmoleküle umgesetzt werden. Das Umsatzverhältnis ist also gerade 1.

Die Reaktionen sind offenbar folgende:

$$JH + h\nu = \overline{JH}\,[1])$$

und entweder

$$\alpha)\ \overline{JH} + JH = J_2 + H_2$$

oder

$$\beta)\ \overline{JH} + \text{Störung} = J + H,$$

und darauf

$$H + JH = H_2 + J$$
$$J + J = J_2.$$

In beiden Fällen ist das Ergebnis: $2\,(JH) + 1\,h\nu = J_2 + H_2$.

Die im Falle β) noch denkbaren Folgereaktionen $H + H = H_2$ und $J + JH = J_2 + H$ scheiden aus; die zweite ist energetisch nicht möglich, da dabei die freie Energie zunehmen müßte; die erste ist zu unwahrscheinlich, da Wasserstoffatome längst mit JH reagiert haben werden, ehe das sehr seltene Zusammentreffen mit einem anderen H-Atom erfolgt; zwei J-Atome treffen sich zwar ebenso selten, haben aber keine andere Reaktionsmöglichkeit.

Für Br gilt die ganz entsprechende Betrachtung. HCl-Zerlegung wurde nicht untersucht, da das Absorptionsgebiet ($< 220\,m\mu$) unbequem gelegen ist.

Den tieferen Grund dafür, daß das Umsatzverhältnis in den beiden erstgenannten Reaktionen unabhängig von der Frequenz $= 1$ ist, sehen wir darin, daß erstens die $h\nu$-Energie merklich größer ist als die molekulare Wärmetönung [2]), andererseits kann jeder Zusammenstoß zum Umsatz führen, da keine andersartigen Moleküle vertreten sind.

Ein Umsatzverhältnis kleiner als 1, aber immer noch eindeutige Folgereaktion, liegt in den Fällen 3 bis 5 und wohl auch 7 und 8 vor. Bei der Umwandlung $O_2 \rightarrow O_3$ zeigt sich ein Umsatzverhältnis ~ 1 nur bei $207\,m\mu$, nach längeren Wellen hin nimmt es ab. Das deutet darauf hin, daß die $h\nu$-Energie die Wärmetönung nur ungenügend übertrifft, und daher ein großer Teil der Zusammenstöße die Anregungsenergie nur in kinetische, nicht chemische überführt.

Vermutliche Reaktion

$$O_2 + h\nu = \overline{O_2}$$

und entweder

$$\alpha)\ \overline{O_2} + O_2 = O_3 + O$$
$$O + O_2 = O_3$$

oder

$$\beta)\ \overline{O_2} + \text{Störung} = O + O$$
$$2\,O + 2\,O_2 = 2\,O_3.$$

---

[1]) Mit Überstreichung sei der angeregte Zustand angedeutet; andere Autoren verwenden Akzent, Stern oder den Index b.

[2]) Nach Nernst erfordert der Umsatz $2\,HBr = H_2 + Br_2$ nur 24 kgcal, selbst die Dissoziation $HBr = H + Br$ nur 85 kgcal, während bei $253\,m\mu$ rund 110 kgcal verfügbar sind.

In beiden Fällen Ergebnis: $3\,O_2 + 1\,h\,\nu = 2\,O_3$. Ob Fall β) bei 207 mμ energetisch überhaupt möglich ist, läßt sich aus Unkenntnis der genauen thermochemischen Daten des Sauerstoffs nicht sagen.

Bei der Ozonzersetzung ist anzunehmen:

$$O_3 + h\,\nu = \overline{O_3}$$

und entweder

$$\alpha)\qquad \overline{O_3} + O_3 = 3\,O_2$$

oder

$$\beta)\quad \overline{O_3} + \text{Störung} = O_2 + O$$
$$O + O_3 = 2\,O_2.$$

Daß das Umsatzverhältnis hinter 1 zurückbleibt, ist auf Energieverluste bei Zusammenstößen mit He-Atomen zurückzuführen; dem entspricht ein stärkeres Zurückbleiben in Mischungen mit den leichter Energie aufnehmenden Molekülen N_2 oder gar O_2.

Bei der Ammoniakzerlegung spricht das kleine Umsatzverhältnis $u \sim 0{,}25$ dafür, daß zum Umsatz $\overline{NH_3} + NH_3 = N_2 + 3\,H_2$ bestimmte Konfigurationsverhältnisse beim Stoß erforderlich sind. Dissoziation durch Störung ist nach Absorption von 207 mμ energetisch ausgeschlossen.

Über die drei letzten Fälle der Übersicht ist noch weniger zu sagen, da es sich nicht um gasförmige Systeme handelt und bei solchen zu wenig theoretische Kenntnis vorliegt.

Im Nernstschen Institut konnte noch in weiteren Fällen ein Umsatzverhältnis von rund 1 und dem Grundgesetz entsprechender Frequenzunabhängigkeit gefunden werden. Beispiele sind die Bildung von Monobrom-Cyclohexan aus Brom und Cyclohexan (W. Noddack) und die Bildung von Tetrachlormethan aus Monobromtrichlormethan und Chlor (L. Pusch):

$$1.\ \ Cl_2 + h\,\nu = \overline{Cl_2}\qquad\qquad \text{(W. Noddack)}$$
$$\overline{Cl_2} + C\,Cl_3\,Br = C\,Cl_4 + Br + Cl$$
$$Cl + C\,Cl_3\,Br = C\,Cl_4 + Br$$
$$Br + Br = Br_2,$$

also für 1 Quant 1 Chlormolekel zerlegt. Dies ist der erste Fall einer vollen Bestätigung des Grundgesetzes im flüssigen Aggregatzustand.

$$2.\ \ Br_2 + h\,\nu = \overline{Br_2}\qquad\qquad \text{(L. Pusch)}$$
$$\overline{Br_2} + C_6\,H_{12} = C_6\,H_{11}\,Br + HBr$$
$$HBr + C_6\,H_{12} = C_6\,H_{11}\,Br + H_2,$$

also wird für 1 Quant 1 Brommolekül zerlegt. Da die Reaktion, obschon sehr langsam, auch im Dunkeln abläuft, ist der Energiebedarf pro Molekel nur ein kleiner Bruchteil der aufgenommenen $h\,\nu$-Energie; wenn trotzdem das Grundgesetz erfüllt ist, so zeigt das eindrucksvoll, daß die $h\,\nu$-Energie sich nicht auf zahlreiche Molekeln verteilt hat.

Als weiteres Beispiel sei angeführt die Zerlegung von gasförmigem Chlormonoxyd (J. Bowen, 1923):

$$Cl_2O + h\,\nu = \overline{Cl_2O}$$
$$\text{violett}$$
$$\overline{Cl_2O} + Cl_2O = 2\,Cl_2 + O_2 + 95\,000\ \text{cal.}$$

Das experimentelle Ergebnis war ein Umsatzverhältnis 1 mit eindeutiger Folgereaktion.

Die große Wärmetönung von 95 000 cal vermag zwar Chlormoleküle zu dissoziieren, doch werden sie sich stets wieder zurückbilden, solange kein geeigneter weiterer Reaktionsteilnehmer vorhanden ist.

§ 64. Sekundäre Folgereaktionen.

Bei den bisherigen Beispielen waren die Folgereaktionen, soweit nicht thermische Absorption eintrat, eindeutig bestimmt. Ein sehr oft untersuchtes Beispiel für einen andersartigen Ablauf bietet die Chlorknallgasvereinigung. Hier ergibt sich eine Ausbeute, die in nicht reproduzierbarer Weise die Soll-Ausbeute millionenfach überschreitet. Vor allem Coehn mit Tramm und Jung[1]) zeigten, daß für diese Erscheinung Anwesenheit winziger Wasserdampfspuren (Partialdruck $> 10^{-6}$ mm) notwendig ist. In Abänderung einer ursprünglich von Nernst 1918 vorgeschlagenen „Kettenreaktion" ist die gegenwärtig wahrscheinlichste Deutung nach Coehn und J. Franck folgende:

$$Cl_2 + h\nu = \overline{Cl} + Cl = Cl + Cl$$
$$Cl + H_2O = HCl + OH$$
$$Cl + H_2O = HCl + OH$$
$$OH + H_2 = H_2O + H$$
$$H + Cl_2 = HCl + Cl \text{ usw.}$$

bis durch

$$H + H = H_2$$
$$Cl + Cl = Cl_2$$

die Kette abreißt. H_2O ist hier ein chemischer Sensibilisator und wird immer wieder regeneriert. Daß im sichtbaren Spektralgebiet die HCl-Bildung an Gegenwart von Wasserdampf gebunden ist, läßt schließen, daß der Umsatz $Cl + H_2 = HCl + H$ energetisch nicht möglich ist. Es erfolgt sicher Dissoziation $Cl + Cl$, anderenfalls könnte die Ausbeute nicht bis zu minimalen H_2O-Konzentrationen von dieser unabhängig sein, da die Anregungsenergie des Moleküls oder eines Atoms infolge der zahlreichen früheren unwirksamen Zusammenstöße mit H_2 und Cl_2 längst abgegeben wäre, bis ein Zusammenstoß mit H_2O erfolgt. Für die Dissoziationsarbeit des Cl_2 folgt daher $q < 60$ kgcal, da die Vereinigung noch im blauen Licht erzielt wird. Ein solch niedriges q (57 kgcal) konnte neuerdings auch thermochemisch und spektroskopisch bestätigt werden. Daß bei feuchten Gemischen von H_2 und Br_2 nichts Analoges geschieht, dürfte beweisen, daß $Br + H_2O$ nicht zum Umsatz führt. Im sehr kurzwelligen Licht geht die Chlorknallgasvereinigung auch ohne Wasserdampf vor sich (Coehn und Jung), d. h. es ist möglich, ein Chlormolekül in ein normales und ein so hoch angeregtes Cl-Atom zu dissoziieren, daß der Umsatz $\overline{\overline{Cl}} + H_2 = HCl + H$ ermöglicht wird.

Die Dissoziationsarbeit für H_2 ist rund 100 kgcal.

---

1) Ber. d. D. Chem. Ges. **56**, 458; Zeitschr. f. phys. Chem. **110**, 705, 1924.

Für eine Kettenreaktion ist beim Fehlen von H_2O keine Gelegenheit, und es steht ein Umsatzverhältnis $u \sim 1$ [1]) zu erwarten.

Eine sekundäre Folgereaktion läßt auch eine viel untersuchte Erscheinung, die „photochemische Induktion", verstehen. Darunter versteht man die Beobachtungstatsache, daß gelegentlich, beispielsweise bei Chlorknallgasvereinigung, der Umsatz nur sehr allmählich in Gang kommt, so daß das Lichtmengengesetz erst nach Ablauf einiger Zeit gilt. Die sogenannte „Induktionsperiode" ist daher außer Betracht zu lassen. Unter anderen konnten Goldberg und Luther zeigen, daß es sich dabei um Wirkung reaktionshemmender Beimengungen handelte, die erst durch die Lichtwirkung beseitigt werden mußten. Wir könnten im vorstehenden Falle beispielsweise an O_2 denken, der im Überschuß gegen H_2O zugegen, mit $\overline{Cl_2}$ oder Cl reagiert.

$$Cl_2 + h\nu = \overline{Cl_2}$$
$$\overline{Cl_2} + \text{Störung} = Cl + Cl$$
$$Cl + O_2 = ClO_2.$$

Die Kettenreaktion unter dauernder Rückbildung von H_2O würde erst dann in Gang kommen, wenn die O_2-Konzentration durch ClO_2-Bindung genügend verringert ist. In Wirklichkeit liegen die Verhältnisse jedoch wesentlich verwickelter. Vorstehendes Reaktionsschema soll nur das Erklärungsprinzip veranschaulichen. Auch NH_3-Spuren beispielsweise wirken oft sehr störend.

§ 65. Zusammenfassende Beurteilung. In allen Fällen, in denen bisher eine einwandfreie Prüfung des Grundgesetzes und seiner Ergänzungen möglich war, hat sich bislang kein Widerspruch ergeben. Die quantitativen Aussagen haben sich überall bestätigt, wo das nach Lage der Verhältnisse erwartet werden durfte. In den übrigen Fällen sind zur qualitativen Erklärung keine ad hoc gemachten Annahmen erforderlich, sondern es reichen die gleichen Annahmen aus, die auch in der übrigen Atomphysik gemacht werden. Heute nähert sich die Zahl in dieser Weise quantitativ im Hinblick auf das Einsteinsche Gesetz untersuchten und mehr oder minder gut aufgeklärten photochemischen Reaktionen der Hundert. Dabei sind Beispiele für Umsatzverhältnisse 1 bis herab zu einigen Promille und ebenso eine Reihe weiterer Kettenreaktionen festgestellt worden. Grundsätzlich von den oben besprochenen Fällen Abweichendes scheint jedoch nicht gefunden zu sein.

Ob alle Einzelheiten in den angegebenen Reaktionsmöglichkeiten von der weiteren Forschung bestätigt werden, ist nicht sicher; störend wirkt unter anderem unsere Unkenntnis vieler thermochemischer Daten. Die Reaktionen sind dessenungeachtet so ausführlich behandelt, weil sie die Wege anzeigen, auf denen zurzeit die Lösung gesucht wird. In großen Zügen wird die nächste Entwicklung ohne Zweifel diese Gedankengänge bestätigen.

Bei den ausführlicher besprochenen Reaktionen war das Ergebnis der $h\nu$-Absorption ein Anregungszustand oder eine Dissoziation. Äußere licht-

---

[1]) Als HCl-Ausbeute ist sogar nur der halbe Sollwert zu erwarten. da die Zusammenstöße mit den in gleicher Konzentration wie H_2 vorhandenen Cl_2-Molekülen die Anregungsenergie in Dissoziationsenergie ohne folgende HCl-Bildung überführen, so daß sich Cl_2 rückbildet.

elektrische Wirkung, d. h. Ionisation, lag dabei nicht vor, wie experimentell verschiedentlich (Thomsen, Lenard, Le Blanc und Volmer) sichergestellt ist; andererseits ist selbstverständlich, daß der energiereichere Zustand auch in Ionisation bestehen kann. Ionen sind ebenfalls sehr reaktionsfähig. Man darf daher Photochemie auch im Verein mit äußerer lichtelektrischer Wirkung erwarten.

Auf einen Zusammenhang lichtelektrischer Leitung mit Photochemie hat Volmer[1] (1915) hingewiesen. Offenbar ermöglicht im festen Körper schon die erste Anregungsstufe eines Atoms oder Moleküls einerseits im elektrischen Felde einen Elektronenübergang, und andererseits eine molekulare Umlagerung. Es kommt hier lichtelektrische Leitung ohne gleichzeitige photochemische Reaktion, und natürlich auch umgekehrt vor.

Ob man dagegen die Phosphoreszenz als eine Verknüpfung von Photochemie und Chemilumineszenz ansehen will, oder wie es wohl praktischer geschieht, sie gesondert behandelt, bleibt reine Definitionssache.

Auf Arbeiten von Franck und Hertz fußend, wissen wir, daß Atome und Moleküle durch Zusammenstoß mit Elektronen oder Atomen usw. in die gleichen Anregungszustände gelangen können wie durch Strahlungsabsorption. Da der Anregungszustand Ausgangspunkt für den photochemischen Umsatz ist, muß es gleichgültig sein, wie dieser Zustand erreicht worden ist. So eröffnet sich in gleicher Weise das Verständnis der chemischen Wirkung von Korpuskularstrahlung und letzten Endes das der chemischen Dunkelreaktionen.

Zusammenfassend ist zu sagen: Unleugbar sind wir noch weit von einer physikalischen Beherrschung der photochemischen Erscheinungen entfernt. So wichtige Versuche, wie die von Weigert (1920) über gerichtete photochemische Wirkung polarisierter Strahlung, sind uns noch durchaus rätselhaft. Gerade bei der Mitwirkung von festen Phasen fehlen noch die atomphysikalischen Grundlagen. Trotzdem scheinen aber schon jetzt zahlreiche Beobachtungen der photochemischen Statik und Kinetik Angriffspunkte für erfolgreiche Behandlung zu bieten. Man kann allerdings verstehen, daß viele Chemiker enttäuscht die Bezeichnung „photochemisches Grundgesetz" als Anmaßung ablehnen. Hier liegen zwei völlig verschiedene Einstellungen vor. Der Chemiker wünscht das Reaktionsergebnis, der Physiker den Reaktionsmechanismus zu kennen. Das Grundgesetz kann daher dem Chemiker so lange nicht viel helfen, als chemische Verbindungen sich individuell verhalten; dem Physiker dagegen liefert es zum erstenmal eine Grundlage, auf der er weiterbauen kann. Die Besonderheiten der photochemischen Reaktionen verlieren das Isolierte und fügen sich in allgemein gültige Gesetzmäßigkeiten ein[2]. Dabei ist die Befruchtung von Photochemie und Atomphysik eine durchaus wechselseitige.

---

[1] Zeitschr. f. Elektrochemie **21**, 113, 1915.

[2] Es wird sehr wichtig sein, ob sich die rein quantenhafte Absorption in der Tat ausnahmlos bestätigen lassen wird, oder ob unter gewissen Bedingungen $h\nu$-Beträge sich auf eine größere Anzahl von Molekeln verteilen können. Ein solches Mittelding zwischen einer rein klassischen und einer rein quantenhaft erfolgenden Lichtabsorption könnte manches merkwürdige Ergebnis in der Photochemie erklären (beispielsweise Eggerts Befund bei der Maleinsäureesterumlagerung 1923); eine derartige Auffassung hat aber zurzeit keine experimentellen Stützen.

Anhang I. Photographie.

§ 66. Einleitung und Geschichtliches. Die große Wichtigkeit der Photographie, besonders auch für physikalische Untersuchungen, rechtfertigt eine kurze Sonderbehandlung. Naturgemäß kann aus der Tatsachenfülle nur vereinzeltes herausgegriffen werden; im übrigen und besonders bezüglich der photographischen Praxis muß auf die zahlreichen Sonderwerke verwiesen werden. Zum Beispiel F. Schmidt, Kompendium der praktischen Photographie, Verlag E. A. Saemann, Leipzig.

Auch heute noch steht die wissenschaftliche Erkenntnis der photographischen Vorgänge in einem gewissen Mißverhältnis zur technischen Vollendung. Immerhin haben die letzten Jahre auch hier im Zusammenhang mit den sonstigen physikalischen Fortschritten in der Photo- und Kolloidchemie erheblich weitergeführt.

Die geschichtliche Entwicklung ist in großen Zügen folgende: 1727 entdeckte der Arzt J. H. Schulze in Halle, daß farblose Silbersalze sich im Licht schwärzen und stellte damit Schattenbilder von Schablonen her. Scheele erkannte 1777, daß die Schwärzung von Hornsilber ($AgCl$) im Sonnenlicht auf Silberausscheidung beruht.

1802 hält Davy auf Anregung von Wedgewood auf einer chlorsilberhaltigen Papierschicht das von einer Camera obscura entworfene Bild fest; die weitere Lichtwirkung zerstört diese Bilder natürlich wieder. Die ersten Erfolge im Fixieren hatte Niepce 1839 auf Grund einer viel früheren Beobachtung Herschels, daß unverändertes Halogensilber in Natriumthiosulfat löslich ist. Inzwischen hatte 1839 Daguerre das erste technisch brauchbare Verfahren angegeben. Die sogenannte Daguerreotypie besteht in folgendem: Auf einer jodierten Silberplatte wird das Bild entworfen; nach der Belichtung wird sie Quecksilberdämpfen ausgesetzt; dabei schlägt sich Quecksilber in feinsten Tröpfchen an den belichteten, für das Auge unverändert erscheinenden Stellen nieder. Läßt man nun dunklen Hintergrund sich in der Platte spiegeln, so erscheint das diffus reflektierende Quecksilber hell auf dunklem Grund, und man hat somit ein Positiv des aufgenommenen Bildes.

Schon um die Jahrhundertmitte wurde die Daguerreotypie im Anschluß an Versuche von Talbot (1839) durch ein anderes Verfahren zurückgedrängt. Die Silbersalze ($AgBr$) befinden sich in einer feuchten durchsichtigen Kollodiumschicht. Die „Entwicklung" und „Fixierung" (siehe unten) liefert ein Negativ, d. h. die belichteten Stellen erscheinen in der Durchsicht dunkel, die unbelichteten hell. Von diesem ersten Negativ lassen sich dann in gleicher Weise durch Kontaktdruck beliebig viele Positive gewinnen. In dieser Vervielfältigungsmöglichkeit liegt die Grundlage des technischen Aufschwunges. Gefördert wurde er weiterhin durch die 1871 erfolgte Einführung der bequemen Gelatinetrockenplatte an Stelle der feuchten, nur kurze Zeit verwendbaren Kollodiumplatte.

§ 67. Entstehung des Negativs. Die lichtempfindliche Schicht der heutigen Trockenplatte ist 0,01 bis 0,03 mm dick und besteht aus einer Emulsion von Halogensilberkörnern (meist AgBr) in Gelatine. Die Korngröße schwankt von etwa 1 bis 25 $cb\mu$, ihre Zahl ist von der Größenordnung $5 \cdot 10^6$ auf ein Quadratmillimeter. Die belichtete Platte unterscheidet sich in nichts von der unbelichteten, das Bild ist „latent". Völlige Übereinstimmung über die Natur des latenten Bildes besteht noch nicht. Wir wollen aber die heute wahrscheinlichste Annahme machen, daß die Absorption eines Lichtquants $h\nu$ zur Bildung eines neutralen Silberatoms führt. $\mathrm{Ag^{\cdot}Br'} + h\nu = \mathrm{Ag} + \mathrm{Br}$. Wird an einer belichteten Platte das unveränderte AgBr durch Fixieren (Baden in $\mathrm{Na_2S_2O_3}$-Lösung) weggelöst, so bleibt salpetersäurelösliches Silber in atomarer Verteilung zurück, dessen Menge der aufgefallenen Lichtmenge proportional ist; überdies ist die Anzahl der nachweisbaren Ag-Atome zum mindesten in größenordnungsmäßiger Übereinstimmung mit der Zahl absorbierter Lichtquanten (Eggert und Noddack, 1921/23).

Die Gelatine hat unter anderem den wichtigen Zweck, die Rückbildung $\mathrm{Ag} + \mathrm{Br} \rightarrow \mathrm{Ag^{\cdot}Br'}$ durch Bindung des Halogens zu verhindern. Sie wirkt als Akzeptor für das freie Halogen. Das unsichtbare latente Bild wird durch Entwicklung sichtbar gemacht. Man unterscheidet chemische und physikalische Entwicklung.

Bei letzterer wird zunächst das gesamte unveränderte Halogensilber mit $\mathrm{Na_2S_2O_3}$ gelöst; es bleibt das atomare Silber in Gelatine zurück. Sodann wird durch Reduktion einer Silbersalzlösung freies Silber abgeschieden, wobei die Silberatome des latenten Bildes als Kristallisationskeime wirken. So wird schließlich aus jedem Ag-Atom ein mikroskopisch sichtbares Silberkorn.

Bei der gewöhnlich angewendeten chemischen Entwicklung wird das unveränderte Halogensilber selbst durch irgend einen organischen Entwickler reduziert, wobei in erster Linie nur d i e Körner angegriffen werden, an deren Oberfläche durch die ursprüngliche Lichtwirkung ein Silberkeim gebildet ist. Danach werden die unveränderten Halogensilberkörner in $\mathrm{Na_2S_2O_3}$ gelöst (Fixieren).

Bei der chemischen Entwicklung erhält man für gleiche Belichtungen weit stärkere Schwärzungen als bei physikalischer; ferner wächst die Empfindlichkeit mit der Korngröße, allerdings auf Kosten der Bildfeinheit. Zur Wiedergabe sehr feiner Einzelheiten verwendet man daher nur sehr feinkörnige Platten oder physikalische Entwicklung. Daß die Lichtempfindlichkeit einer Platte im übrigen von den mannigfachsten Umständen abhängt, braucht kaum erwähnt zu werden.

§ 68. Die spektrale Empfindlichkeit. Das lichtempfindliche System ist im allgemeinen das Halogensilber. Demgemäß wirkt das Licht nur in dessen Absorptionsgebiet, für AgBr von etwa 460 $m\mu$ zu kürzeren Wellen hin. Von etwa 230 $m\mu$ ab ins kurzwelligere Ultraviolett stört mehr und mehr die photochemisch unwirksame Gelatineabsorption; man verwendet hier hauchdünne bindemittelarme Schichten [V. Schumann, 1901][1]) oder überzieht die Platten mit dünnen fluoreszierenden Ölschichten (Duclaux, 1921).

Um die photographischen Platten auch für längerwelliges Licht als 460 mμ empfindlich zu machen, benutzt man optische Sensibilisatoren (Vogel, 1873). Verschiedene organische Farbstoffe werden an die Halogensilberkörner derart adsorbiert, daß die von den Farbstoffmolekülen absorbierte Lichtenergie auf das Halogensilber übertragen und auf diese Weise indirekt Ag Br-Spaltung hervorgerufen wird. „Orthochromatische" Platten sind mit einem grün und gelb absorbierenden Farbstoff angefärbt, „panchromatische" außerdem noch mit einem rot absorbierenden. Letztere dürfen natürlich nicht wie alle anderen bei rotem Licht behandelt werden. Mittels dieser Cyanin-(usw.)Farbstoffe lassen sich Platten bis etwa 1 μ sensibilisieren. Auch Zusatz von kolloidalem Silber (Lüppo-Cramer) bzw. schwache Vorbelichtung der Platten verursacht eine wenn auch schwache Sensibilisierung für das ganze sichtbare Spektrum. Die Anwendung eines Desensibilisators, beispielsweise Phenosaphranin, ermöglicht Entwicklung des latenten Bildes in hellem gelben Licht, selbst bei ortho- oder panchromatischen Platten (Lüppo-Cramer). Zur Untersuchung noch längerer Wellen läßt sich mitunter der sogenannte Herscheleffekt benutzen: Lange Wellen können das latente Bild unter Umständen vernichten; man läßt also das langwellige Licht auf eine gleichförmig geeignet vorbelichtete Platte wirken und erhält dann nach genügend kräftiger Einwirkung ein Positiv, indem an den mit langwelligem Licht bestrahlten Stellen die Ag Br-Spaltung wieder rückgängig wird. Es handelt sich dabei vielleicht um denselben Vorgang wie bei Ausleuchtung und Tilgung der Phosphore (§ 44). Auch hierbei dürfte man wohl nicht über 2 μ hinauskommen.

§ 69. Die Schwärzung. Wichtig für die physikalische Anwendung ist der verwickelte Zusammenhang zwischen wirkender Lichtmenge (Intensität $\times$ Zeit) und Schwärzung. Letztere wird gewöhnlich definiert als

$$log^{10} \frac{\text{einfallende Intensität}}{\text{durchgelassene Intensität}} \text{ für das fertige Negativ.}$$

Fig. 1341 zeigt eine sogenannte Schwärzungskurve mit ihrer typischen S-Form. Ordinate ist die Schwärzung; Abszisse log^{10} ($J.t$). Es ist also keine Rede von Proportionalität zwischen Schwärzung und Lichtmenge. Für sehr geringe Lichtmengen besteht eine Art Schwellenwert, oberhalb dessen die erste meßbare Schwärzung auftritt; bei großen Lichtmengen erreicht die Schwärzung keinen Grenzwert, sondern nimmt sogar absolut wieder ab (Solarisation). Eine weitere Verwicklung liegt darin, daß für eine gegebene Schwärzung S nicht $i.t = const$, sondern $i.t^p = const$ (Schwarzschild), wobei $p = 0{,}8$ bis $0{,}95$ ist. Die Schwärzungskurven hängen in vielfältiger Weise von Plattensorte, Entwicklungsart, Wellenlänge des Lichtes u. a. ab. Bei Schwärzungen durch Röntgenlicht und α-Strahlen fehlt eine Schwelle.

---

[1]) Vgl. Angerer, Techn. Kunstgriffe bei phys. Untersuchungen. Sammlung Vieweg, Heft 71, 1923.

Die Silbermengen des latenten Bildes scheinen der wirkenden Lichtmenge streng proportional zu sein, sind aber für praktischen Nachweis viel

Fig. 1341.

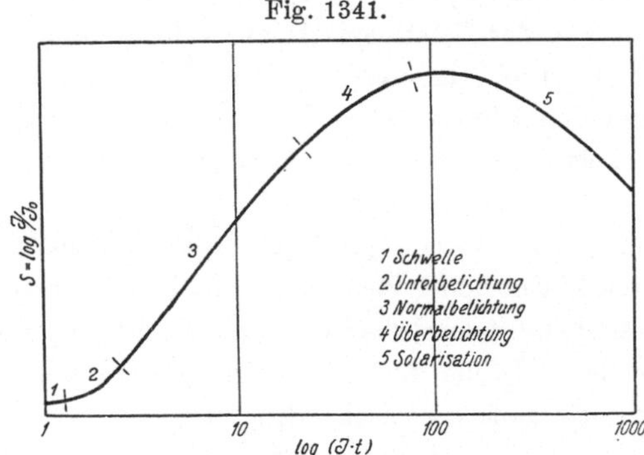

Photographische Schwärzungskurve; als Abszisse Logarithmus
der aufgefallenen Lichtmenge, d. h. der Intensität × Zeit.

zu gering. Leidlich bleibt diese Proportionalität auch noch bei physikalischer
Entwicklung erhalten, doch hat sich ihre Verwendung in die Praxis nicht
eingeführt.

§ 70. Mittelbare Farbenphotographie.

Eine der Schwarzweißphoto-
graphie auch nur einigermaßen gleichwertige Farbenphotographie gibt
es bisher nicht. Am wichtigsten sind die indirekten Verfahren, vor allem
Lumières Autochromplatten (entsprechend Agfa-Farbenplatten) für
subjektive Betrachtung und Projektion und das Pinatypieverfahren für
Reproduktionen. Die Autochromplatte besteht aus einem Farbraster von
etwa 0,01 mm großen rot, gelbgrün und blau gefärbten und flach gequetschten
Stärkekörnern, auf das eine panchromatische Emulsion aufgegossen ist. Die
einzelnen Spektralgebiete wirken nur hinter den entsprechend gefärbten
Rasterelementen auf die lichtempfindliche Schicht, weißes Licht hinter allen.

Durch normale chemische Entwicklung werden die belichteten Halogensilberkörner zu Silber reduziert, dies Silber wird dann in Lösung gebracht,
die Platte erneut kräftig belichtet, diesmal von der Schichtseite her, und abermals entwickelt. Auf diese Weise ist an den Stellen der ersten Lichtwirkung
das Silber entfernt, sie sind durchsichtig, während an den ursprünglich vom
Licht nicht veränderten Stellen Silberkörner liegen, sie sind undurchsichtig.
Das Ergebnis ist ein Diapositiv, bei dem gerade hinter den Rasterelementen,
durch die bei der Aufnahme das Licht hindurchtrat, Freiheit von Silber
besteht. Rote Bildteile erscheinen nur vor roten Rasterelementen durchlässig,
weiße vor allen, schwarze vor keinen. Durch additive (physiologische) Farbenmischung der drei benutzten Grundfarben werden derart alle Farbtöne wiedergegeben. Nachteilig ist die gegenüber der Schwarzweißphotographie etwa ver-
hundertfachte Expositionszeit und die Schwierigkeit einer Vervielfältigung.

Für die Pinatypie wird subtraktive (physikalische) Farbenmischung
benutzt. Durch ein gelbes, blaues und purpurfarbiges Filter wird je ein

gleiches gewöhnliches Negativ aufgenommen und hiervon ein Positiv gewonnen. Diese werden mit der zugehörigen Farbe angefärbt und nacheinander auf dieselbe Gelatineplatte gepreßt, wobei etwas Farbe auf diese übertragen wird. Von der Gelatineplatte aus erfolgt dann die weitere Übertragung auf Papier. Die Überlagerung aller drei Farben liefert schwarz; Stellen, die auf allen drei Positiven weiß waren, bleiben weiß usw. Nachteilig ist die Notwendigkeit dreier identischer Negative.

§ 71. Unmittelbare Farbenphotographie. Physikalisch viel bedeutsamer und in ihren Zielen höher stehend als die in § 70 besprochenen mittelbaren Verfahren sind die unmittelbaren mittels Farbenanpassung und mittels stehender Lichtwellen. Leider sind sie in der Anwendung wesentlich unvollkommener und zurzeit ohne praktische Bedeutung.

a) **Farbenanpassung**: Läßt man Chlorsilberschichten im Licht dunkelviolett anlaufen und entwirft dann ein Spektrum darauf, so färben sich die belichteten Stellen einigermaßen farbenrichtig; nur Gelb und Grün werden unbefriedigend wiedergegeben. Diese Beobachtung stammt schon von Senebier und besonders von Seebeck um 1800. Eine Erklärung gab Wiener 1895. Wir nehmen heute an, daß das verfärbte Chlorsilber (Photochlorid) eine Adsorptionsverbindung von Chlorsilber und Silber ist. Die Färbung derartiger Kolloide hängt außerordentlich von Korngröße und Einbettungsmedium ab. Das dunkle Photochlorid enthält nun Körnchen aller möglichen Färbungen. Rote Körnchen beispielsweise sehen rot aus, weil aus ihnen rotes Licht bevorzugt austritt, während sie andersfarbiges Licht absorbieren; solche Körnchen werden daher nur von nicht rotem Licht chemisch verändert, im vorliegenden Falle gebleicht; genau entsprechend geht es mit andersfarbigen Körnern; das Ergebnis ist ein Übrigbleiben der Färbung, die mit der Farbe des einfallenden Lichtes übereinstimmt.

Aus neuerer Zeit stammen bemerkenswerte, aber noch schwer zu deutende Versuche von Weigert[1]) über den Dichroismus solcher Schichten bei Anwendung polarisierten Lichtes.

Photochloridbilder sind nur im Dunkeln beständig. Ähnliche Versuche sind mit Farbstoffen gemacht und geben das sogenannte Ausbleichverfahren.

Eine Reihe organischer Farbstoffe bleichen im Licht aus. Wirksam ist nur der absorbierte Spektralbereich. Ein blauer Farbstoff wird im wesentlichen durch gelbes Licht, ein roter durch grünes, ein grüner durch rotes Licht gebleicht. Die Mischung dreier solcher Farbstoffe mag schwarz erscheinen; wirkt gelbes Licht, so wird der blaue Farbstoff bleichen und das Ergebnis ein gelber Ton sein usw.

Einer größeren technischen Verwertung steht die außerordentliche Langsamkeit der Ausbleichvorgänge und die bisherige Unmöglichkeit, das entstandene Bild wirksam gegen weiteres Bleichen zu fixieren, entgegen.

---

[1]) Verh. d. D. Phys. Ges. **21**, 1919; Zeitschr. f. Phys. **2**, 1920.

b) **Photographie mittels stehender Wellen.** Die Möglichkeit, durch Ausscheidung schwarzen, metallischen Silbers farbige Wirkungen zu erhalten, hat zuerst W. Zenker 1868 theoretisch erkannt und begründet. Sie beruht auf der Interferenz des Lichtes. Sobald Lichtwellen auf einen Spiegel fallen, werden sie reflektiert. Durch Interferenz der einfallenden und der reflektierten Wellen entsteht ein System von **stehenden Lichtwellen** (siehe Fig. 1342). Dieselben enthalten in Abständen gleich einer halben Wellenlänge **Knoten** (Fehlen elektrischer Feldstärke), dazwischen **Bäuche** (Stellen größter elektrischer Feldstärke). Befindet sich nun vor dem Spiegel als durchsichtiges oder doch durchscheinendes Medium eine Substanz, welche durch Lichtabsorption eine chemische Zersetzung, z. B. Ausscheidung von Silber, erleiden kann, so wird diese Ausscheidung vor allem in den Punkten größter elektrischer Feldstärke stattfinden, dagegen an den Knoten ausbleiben.

Fig. 1342.

Fig. 1343.

Stehende Wellen. Daß die stehenden Wellen wirklich auftreten, hat Wiener 1890 unmittelbar nachgewiesen. Er brachte ein äußerst dünnes, auf Glas aufliegendes Chlorsilberkollodiumhäutchen AB (Fig. 1343), dessen Dicke nur $1/_{30}$ der Wellenlänge des Natriumlichtes, d. h. 20 mμ betrug, so vor eine Spiegelfläche CD, daß es mit derselben einen kleinen Winkel bildete, und beleuchtete diese mit elektrischem Bogenlicht. Die empfindliche Schicht durchschnitt also die Ebenen, in denen die Bäuche der stehenden Lichtwellen lagen. Allein diejenigen Stellen des Häutchens AB, welche mit Bäuchen zusammenfallen, werden zersetzt, die mit Knoten koinzidierenden Stellen bleiben dagegen unbeeinflußt. Durch diese Durchschneidung mußte ein System unter sich und mit dem Spiegel paralleler gerader Linien entstehen, welche desto näher aneinanderlagen, je größer der Winkel zwischen Spiegel und Häutchen war. Der Versuch gelang vollständig und ist einer der direktesten und

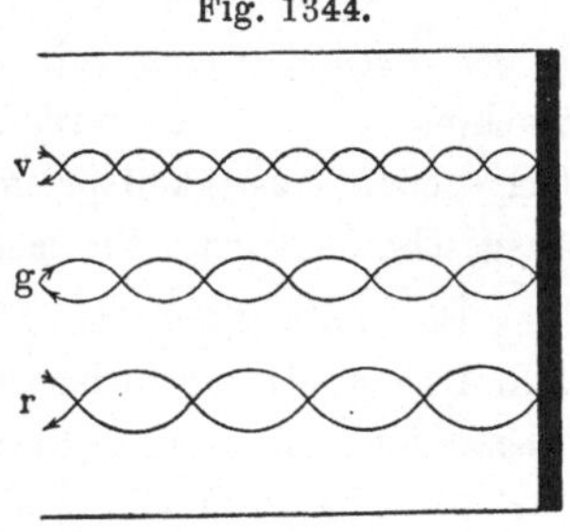

Fig. 1344.

schönsten Beweise für die Wellentheorie des Lichtes, sowie für die Richtigkeit der Zenkerschen Erklärung farbiger Photographien. In einer rückwärts durch einen Spiegel begrenzten empfindlichen Schicht müssen daher durch senkrechten Auffall von Lichtstrahlen, deren Wellenlänge λ beträgt, in einer Schar von dem Spiegel parallelen Ebenen, welche unter sich einen Abstand d gleich der halben Wellenlänge haben, Silberausscheidungen stattfinden. Da für verschiedenfarbige Strahlen der Wert von λ verschieden ist, so sind auch die Abstände dieser Ebenen mit Silberausscheidung verschieden groß (Fig. 1344). Angenommen nun, es sei diese Wirkung durch rotes Licht (r, Fig. 1344) erfolgt und es fällt später dasselbe rote Licht auf dieses System reflektierender Ebenen senkrecht auf, so werden die Lichtwellen zum Teil an der ersten, zum Teil an der zweiten, dritten ... Silberebene reflektiert. Da der Weg von einer solchen Ebene zur zunächst dahinter gelegenen und wieder zurück gleich der Wellenlänge λ des roten Lichtes ist, so treffen die an den verschiedenen Ebenen reflektierten Wellen zuletzt beim Verlassen der Platte alle mit gleicher Phase zusammen und unterstützen sich gegenseitig. Das reflektierte Licht ist daher wieder rot. Trifft aber eine andere, z. B. grüne Lichtsorte (g, Fig. 1344), deren Wellenlänge kleiner ist als λ, auf dieselbe Platte auf, so können die reflektierten Wellen nicht mit gleichen Phasen zusammentreffen, werden sich daher gegenseitig mehr oder weniger schwächen oder aufheben. Trifft daher weißes aus allen Farben bestehendes Licht auf dieselbe Platte, so wird das Rot viel stärker reflektiert als alle anderen Farben. Photographiert man mithin das Spektrum auf einer solchen Platte, so haben die Ebenen reduzierten Silbers an verschiedenen Stellen des Spektrums überall Abstände, welche der halben Wellenlänge der betreffenden Farben entsprechen, und es wird auch an diesen Stellen der Platte die betreffende Farbe vorzugsweise reflektiert werden. Auf Grund der Zenkerschen Überlegung hat zuerst Lippmann (1891) brauchbare Farbenphotographien hergestellt. Man verwendet dazu besonders feinkörnige (Korndurchmesser $\sim$ 0,05 μ), klar durchsichtige Bromsilber-Gelatine oder -Albuminschichten. Die Platten werden möglichst panchromatisch sensibilisiert, anderenfalls die Empfindlichkeitsunterschiede durch verschieden lange Belichtung hinter Farbfiltern ausgeglichen. Die Schichtseite befindet sich in Berührung mit einem Hg- oder Ag-Spiegel; belichtet wird durch die Glasseite. Wegen der Unempfindlichkeit der Platten sind Belichtungsdauern bis zu Stunden erforderlich. Entwickelt wird chemisch; Fixierung ist möglich, aber nicht unbedingt nötig. Die fertigen Bilder werden gegen schwarzen Hintergrund von der Schichtseite aus betrachtet, wobei die störende Oberflächenreflexion durch ein spitzwinkliges Glas- oder Flüssigkeitsprisma von gleichem Brechungsindex wie die Schicht ausgeschaltet wird. Sie lassen sich nicht vervielfältigen.

Der mikroskopische Nachweis der Zenkerschen Schichten in Dünnschnitten von Lippmannaufnahmen gelang zuerst Neuhauss[1]). Bei einem Abstand von $\lambda/2$ liegen diese Strukturen an der Grenze der optischen Auflösbarkeit. Durch Quellung der Schichten konnte Cajal die Abstände stark vergrößern und die Schichten leicht sichtbar machen. Ives gibt nach diesem Verfahren hergestellte Mikrophotographien, die über 100 Zenkersche Schichten deutlich erkennen lassen. Damit diese zahlreichen Schichten auch wirksam werden und das einfallende Licht nicht schon in den ersten Schichten völlig absorbiert ist, bleicht man nach Neuhauss' Vorgang die Schichten mit Quecksilberchlorid. Mit derartigen Platten ist es möglich, streng mono-

---

[1]) R. Neuhauss, Farbenphotographie nach Lippmanns Verfahren. Halle 1898.

chromatisches Licht als Band von weniger als 2 mμ Breite abzubilden·
Aron[1]) erreichte sogar eine gut getrennte Wiedergabe der beiden gelben
Quecksilberlinien 577 und 579 mμ. Dieser einzigartigen Leistung der
Lippmannphotographien stehen jedoch auch schwere Nachteile gegenüber.
Erstens hängt die beobachtete Farbe (λ) vom Feuchtigkeitszustand der Schicht
und der Betrachtungsrichtung ab. Bei schiefer Betrachtung und bei Trock-
nung verschieben sich die Farben nach kürzeren, bei Quellung nach längeren

Fig. 1345.

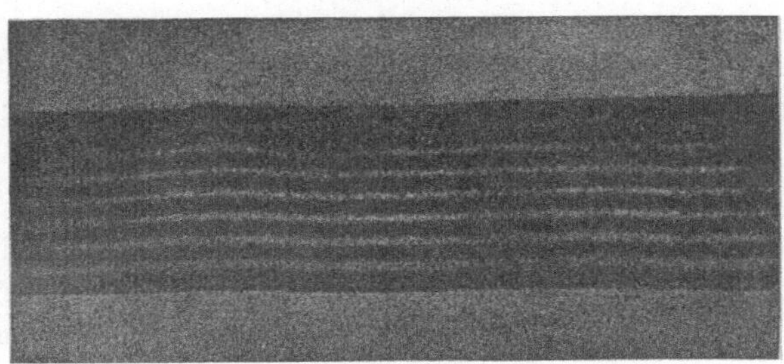

Wellen; beispielsweise wanderte die grüne Quecksilberlinie bei Versuchen Arons
von 526 bis 557 mμ, wenn sich die Luftfeuchtigkeit von 30 bis 90 Proz. änderte.
Der Grund ist einleuchtend: Ist α der Winkel zwischen Lichtrichtung und Ebene
der Zenkerschen Schichten, so wird die Phasendifferenz der an den einzelnen
Schichten reflektierten Lichtbündel $2\,d\sin\alpha$. Bevorzugte Reflexion tritt ein,
wenn $2\,d\sin\alpha = n.\lambda$ ($n = 1, 2, 3\ldots$), d. h. für $\alpha < 90^0$ und bei durch
Trocknung verkleinertem d schon für kleinere Wellenlängen[2]). Zweitens lassen
sich Mischfarben, besonders weiße und graue Töne nur sehr unvollkommen
wiedergeben. Das liegt daran, daß in diesem Falle nur zwei oder drei
Zenkersche Schichten zur Ausbildung kommen können und deren Reflexionsvermögen selten gerade den richtigen Wert hat. Vgl. dazu besonders die
Arbeiten von Ives[3]).

Es mag überraschen, daß die aus Einzelkörnern bestehenden Zenkerschen Schichten noch wie Spiegel wirken; das liegt daran, daß ihre Größe
und mittlerer Abstand doch nur etwa ein Zehntel Wellenlänge beträgt, geradeso
wie ein rauhes Blech noch vorzüglicher Spiegel für ultrarote Wellen sein kann.

Anhang II: Chemilumineszenz.

§ 72. Leuchtvorgänge bei chemischen Umsätzen. Vereinzelte chemische
arbeitleistende Reaktionen sind mit Lumineszenzerscheinungen verbunden, d. h.
mit Lichtemission, die nicht auf Temperatursteigerung zurückzuführen ist.
Bekannte Beispiele sind:

---

[1]) R. Aron, Zeitschr. f. wiss. Photogr. **15**, 65, 1915.
[2]) Gelegentlich liest man, daß ein Lippmannbild bei schiefer Betrachtung
„erröte". Abgesehen davon, daß der Augenschein das Gegenteil zeigt, liegt hier
eine Verwechslung von Lichtweg (der natürlich bei schiefem Lichteinfall größer
wird) und Phasendifferenz vor.
[3]) H. E. Ives, Zeitschr. f. wiss. Photogr. **6**, 374, 1908.

Leuchten des Phosphors bei seiner Oxydation und Bakterienleuchten[1]).

Als Vorlesungsversuch geeignet ist folgende von M. Trautz angegebene hellrote Chemilumineszenzerscheinung: Zu einem Gemisch von 15 ccm 10 proz. Pyrogallollösung, 20 ccm 40 proz. Kaliumcarbonatlösung und 10 ccm 35 proz. Formaldehydlösung (alle in H_2O) gibt man rasch etwa 25 ccm 30 proz. Hydroperoxyd.

Man kann die Chemilumineszenz in gewisser Weise als Umkehr der Photochemie bezeichnen. Genau so wie bei photochemischen Vorgängen die Lichtabsorption nur eine Energiezufuhr an einzelne bevorzugte Moleküle schafft, die zum chemischen Umsatz des absorbierenden oder eines anderen Moleküls führen kann, aber nicht muß, so liefert bei der Chemilumineszenz ein molekularer chemischer Umsatz die Anregungsenergie für die sich umsetzenden oder ein anderes Molekül, die zur Lichtemission führen kann, aber nicht muß. Notwendige Bedingung ist, daß $q \geqq h\nu$.

Der chemische Umsatz selbst erfolgt strahlungslos und im ersten Augenblick trägt das reagierende Molekül noch die ganze molekulare Wärmetönung bei sich; im allgemeinen wird diese Energie bei Zusammenstößen als Translations- und Schwingungsenergie verteilt (Erwärmung), unter Umständen kann sie jedoch zur Anregung dienen und als Strahlung abgegeben werden.

Es scheint, daß vielfach, wenn nicht meist, die Anregung eines an der Reaktion nicht unmittelbar beteiligten Moleküls erfolgt; so beobachtete Stuchtey beim Ozonzerfall das Ozonemissionsspektrum, Haber und Just bei Vereinigung von Natriumdampf mit Chlor die Emission der D-Linien, in beiden Fällen also sicher Emission von Molekülen (Atomen), die selbst noch nicht reagiert haben.

Eingehend untersucht sind die Leuchterscheinungen bei den Reaktionen von Na-Dampf mit den verschiedensten Molekülen, wie HCl, PCl_3, HgJ_2, $HgCN_2$, $CdCl_2$ usw. von Polanyi und Mitarbeitern.

Nicht eindeutig ist der Befund beim bekannten Phosphoroxydationsleuchten, das vom P_2O_5-Molekül ausgesandt wird und den Vorgang $P_2O_3 + O_2 = P_2O_5 + 295\,000\,cal$ begleitet (Zocher und Kautsky 1923, Petrikaln 1924). Hier kann wohl ebensogut das eben gebildete Molekül, wie ein früher gebildetes als Träger der Emission angesprochen werden.

Neben diesen Gasreaktionen sei noch eine an festem Silikalhydroxyd $Si_2(OH)_2$ von Kautsky und Zocher 1923 beschriebene angeführt. Das rot gefärbte Silikalhydroxyd entsteht durch Oxydation aus farblosem Oxydisilin und geht bei weiterer Oxydation in wieder farbloses Leukon über. Diese mit großer Wärmetönung verknüpften Oxydationen sind von lebhafter, dem (reinen?) Silikalhydroxyd zuzuschreibender Chemilumineszenz begleitet. Die gleiche Lichtemission zeigt dieser Stoff in Fluoreszenz und Phosphoreszenz, Kathodo- und Tribolumineszenz; das beweist, daß nicht der chemische Umsatz als solcher, sondern nur die Zuführung einer Anregungsenergie wesentlich

---

[1]) Nach P. Buchner die Ursache allen sogenannten tierischen Leuchtens (Leuchtsymbiose).

ist. Zocher und Kautsky konnten diese Auffassung noch dadurch bestätigen, daß bei diesen Oxydationen auch andere lumineszenzfähige Stoffe, z. B. beigemengte Rhodaminfarbstoffe zur Lumineszenz angeregt werden.

Der Nutzeffekt (ausgestrahlte Energie : Änderung der chemischen Energie) ist im allgemeinen sehr gering; meist geht die frei werdende Energie in Wärme über; Ausstrahlung ist mehr als Zufall anzusprechen. So wird beispielsweise bei der Vereinigung von Na mit J bzw. mit Cl auf 10 000 Fälle nur einmal die freiwerdende Energie auf ein Na-Atom übertragen und als D-Linie ausgestrahlt. Immerhin könnten auch Chemilumineszenzvorgänge wirtschaftlich sein, wenn das gesamte emittierte Licht im sichtbaren Spektralbereich liegt, wie es beispielsweise bei den Leuchtbakterien der Fall ist.

Verwandt sind die Erscheinungen der Kristallo- und Tribolumineszenz, die beim Kristallisieren und beim Zerbrechen von Kristallen gelegentlich beobachtet werden. Dagegen dürfte die Lumineszenzstrahlung glühender Oxyde von seltenen Erden nicht in diesen Zusammenhang gehören.

Namen- und Sachverzeichnis

zur zweiten Hälfte des zweiten Bandes.

997, 1053, 1060; natürliches 945; zirkular polarisiert 997, 1053, 1060.

Lichtäquivalent, mechanisches 1472 ff.

Lichtausbeute 1446; spezifische 1474.

Lichtausstrahlung, spezifische 1108, 1117.

Lichtelektrische Leitung von Kristallen 2304.

Lichtelektrische Photometrie 1293, 1297, 2303.

Lichtelektrische Wirkung 2293; Geschichtliches 2293; äußere: an Alkalien 2302, Grundversuch 2294, Geschwindigkeit der Photoelektronen 2295, normale 2299, selektive 2301, selektive, Demonstrationsversuch 2303; innere und lichtelektrische Leitung 2304 ff.; in Gasen 2309.

Lichtelektrische Zelle (Photozelle) 1287, 1318.

Lichtelektrischer Effekt 1529, 1712.

Lichtelektrischer Primärstrom 2305.

Lichtelektrischer Sekundärstrom 2308; Anwendungen 2308.

Lichtfilter 1341.

Lichtgeschwindigkeit 1565.

Lichtmenge 1106, 1117.

Lichtmengengesetz 2352.

Lichtquellen 1380 ff.; 1908, 1966; Energieverteilung 1482; — mit kontinuierlichem Spektrum 1396; Zusammenstellung 1120.

Lichtstärke 1108, 1117, 1118; mittlere sphärische 1117; obere hemisphärische 1265; untere hemisphärische 1266; horizontale 1266; — des schwarzen Körpers in Hefnerkerzen 1232.

Lichtstrom 1106, 1117, 1265.

Lichtstromdichte 1265.

Lichtsumme 2303, 2336.

Lichttechnik 1470.

Lichtvektor 943, 968; — im Kristall 970; Orientierung beim Photoeffekt 2300.

Lichtverteilung, räumliche 1267.

Linien, letzte 1380.

Linienabsorption 1650.

Linienbreite 2284.

Linienfluoreszenz einatomiger Gase 2312; — mehratomiger Gase 2316.

Linsenpolarisatoren 980.

Lippichscher Polarisationsapparat 1045.

Lippmannphotographien 2371.

Lithiumspektrum Li I 1911.

Littrowsche Montierung 1333, 1337.

Lloyd, konische Refraktion 987.

L-Niveau 1738.

Lockyer 1389; Methode zur Trennung von Funken und Bogenlinien 1390.

Lommelsches Strahlungsgesetz 1132.

Lorentz, H. A., Dispersionsformel 1063; Elektronentheorie 1609; Strahlungsformel 1526.

Lorentzsches Triplett 1792, 1951.

Lorentz-Lorenzsche Formel 1637.

Loschmidtsche Zahl 1519.

Lo Surdo-Methode zur Beobachtung des Starkeffekts 2234.

L-Schale 1736.

L-Serien, Bezeichnung 2049.

L-Strahlung 2027, 2032.

Luftlinien 1389.

Luftplatte nach Perot und Fabry 1341.

Lumen 1114, 1117.

Lumière, Autochromplatte 2367.

Lumineszenz, Photo-, Elektro-, Chemie- 1471; — Lichtquelle 1481; — Strahler 1471, 1480; — Strahlung 1470, 1489.

Lummer und Brodhun 1153.

Lummer und Pringsheim, Strahlung des schwarzen Körpers 1442.

Lummer-Brodhunscher Photometerwürfel 1161, 1168, 1178, 1587.

Lummer-Brodhunsches Spektralphotometer 1193, 1574.

Lummer-Gehrcke, Interferenzspektroskop 1377.

Lummersche Doppelringe 1579, Doppelphänomen 1581; Schmelzphänomen 1467.

Lux 1114, 1117.

Lymansche Serie 1721, 1865; Vakuumspektrograph 1376.

Macaluso-Corbinoeffekt 2133, 2152, 2154, 2290; — an D-Linien 2169; Quantitatives 2171.

Madelungsche Dimensionsformel 1673.

Magnesiumoxyd, diffuse Reflexion, Tabelle 1138; diffuse Indikatrix 1139.

Magnetelektron 1793, 1812, 1895.

Magnetfeld, Erzeugung 2120; Einfluß auf Dispersionserscheinungen 2145; Wirkung auf Phosphore 2341.

Magnetische Drehung der Polarisationsebene 2119; s. auch Magnetorotation.

Magnetische Feldstärke 1560.

Magnetische Quantenzahl 1772, 1898, 1980.

Magnetisches Dublett 1795.

Magnetische Vervollständigung 2002.